U0203243
实例028　颜色平衡（RGB）效果
实例037　镜像效果
实例040　分色效果
实例042　画面锐化效果
夏日狂欢
护肤焕新季
万宏家居
WAN HONG JIA JU
实例060　护肤品过渡动画
实例063　家居过渡动画
父亲的爱
平淡
萌宠欣赏
萌宠欣赏
实例064　宠物店宣传过渡动画
实例065　父爱永恒过渡动画
甜蜜恋人
甜蜜恋人
麻辣龙虾
麻辣龙虾
重庆火锅
重庆火锅
清蒸螃蟹

实例069　毕业季过渡动画——开始动画

实例070　毕业季过渡动画——毕业照片展示

实例072　写字楼宣传动画

实例076　点击动画

实例078　怀旧照片动画

实例082　化妆品广告动画

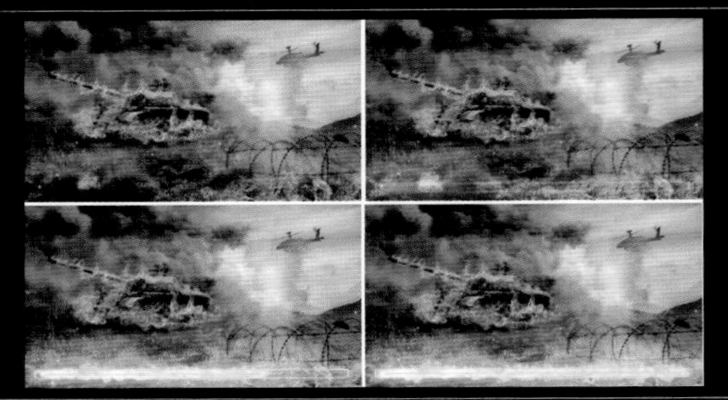

实例083　进度条动画

实例097　路径文字

实例098　镂空文字

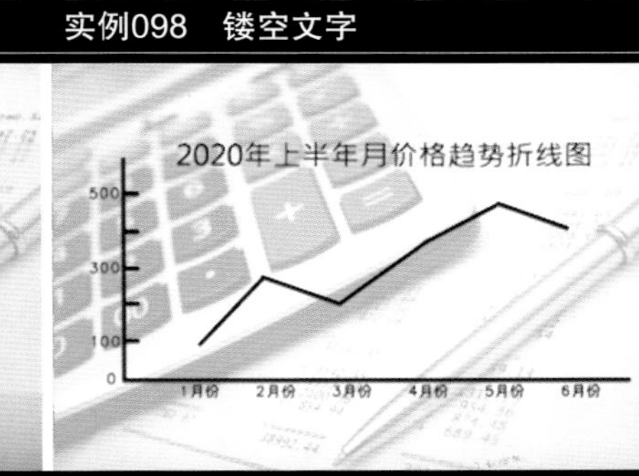

实例105　动态折线图

实例106　发光的星球

实例123　爱在冬天

实例137　百变服饰

实例138　创意字母

实例142　飞舞的花瓣

第8章　简约多彩倒计时动画

第9章　快闪电商促销广告

第10章　儿童电子相册

第11章　酒驾公益短片

第14章　茶叶宣传动画

第15章　旅游宣传动画

Premiere Pro 影视编辑完全实训手册

张锋　编著

清華大學出版社
北　京

内 容 简 介

本书讲解了如何使用 Premiere Pro 对视频进行编辑与处理，将 Premiere Pro 枯燥的知识点融入实例之中，并进行了简要而深刻的说明。读者通过对这些实例的学习，可以举一反三，掌握视频处理与设计的精髓。

本书共 16 章，197 个案例，包括视频剪辑基础、视频特效、视频过渡动画效果、常用影视动画制作、字幕制作技巧、音频与视频编辑技巧、影视调色技巧、简约多彩倒计时动画、快闪电商促销广告、儿童电子相册、酒驾公益短片、环保宣传动画、足球节目预告动画、茶叶宣传动画、旅游宣传动画、电影片头等内容。

本书内容丰富，语言通俗，结构清晰，适合于初、中级读者学习使用，也可以供影视编辑人员阅读，同时还可以作为大中专院校相关专业、相关计算机培训班的上机指导教材。

图书在版编目(CIP)数据

Premiere Pro影视编辑完全实训手册 / 张锋编著. —北京：清华大学出版社，2021.5

ISBN 978-7-302-56935-0

Ⅰ. ①P…　Ⅱ. ①张…　Ⅲ. ①视频编辑软件—手册　Ⅳ. ①TN94-62

中国版本图书馆 CIP 数据核字 (2020) 第 228148 号

责任编辑： 张彦青
封面设计： 李　坤
责任校对： 吴春华
责任印制： 沈　露

出版发行： 清华大学出版社
　　网　　址： http://www.tup.com.cn，http://www.wqbook.com
　　地　　址： 北京清华大学学研大厦 A 座　　**邮　　编：** 100084
　　社 总 机： 010-62770175　　**邮　　购：** 010-62786544
　　投稿与读者服务： 010-62776969，c-service@tup.tsinghua.edu.cn
　　质 量 反 馈： 010-62772015，zhiliang@tup.tsinghua.edu.cn
印 装 者： 三河市铭诚印务有限公司
经　　销： 全国新华书店
开　　本： 210mm×260mm　　**印　　张：** 23　　**插　　页：** 3　　**字　　数：** 559 千字
版　　次： 2021 年 5 月第 1 版　　**印　　次：** 2021 年 5 月第 1 次印刷
定　　价： 118.00 元

产品编号：087196-01

前　言

Adobe Premiere Pro 是由 Adobe 公司推出的一款视音频编辑软件，它提供了采集、剪辑、调色、美化音频、字幕设计、输出、DVD 刻录等一整套流程，深受广大视音频制作爱好者的喜爱。Premiere 作为功能强大的多媒体视频、音频编辑软件，广泛地应用于电视节目制作、广告制作及电影剪辑等领域。

1. 本书内容

全书共分为16章，按照影视编辑工作的实际需求组织内容，基础知识以实用、够用为原则。其中包括视频剪辑基础、视频特效、视频过渡动画效果、常用影视动画制作、字幕制作技巧、音频与视频编辑技巧、影视调色技巧、简约多彩倒计时动画、快闪电商促销广告、儿童电子相册、酒驾公益短片、环保宣传动画、足球节目预告动画、茶叶宣传动画、旅游宣传动画、电影片头等内容。

2. 本书特色

本书以提高读者的动手能力为出发点，覆盖了Premiere 视频编辑方方面面的技术与技巧。通过197个实战案例，由浅入深、由易到难，逐步引导读者系统地掌握软件的操作技能和相关行业知识。

3. 海量的电子学习资源和素材

本书附带大量的学习资料和视频教程，下面截图给出部分概览。

本书附带所有的素材文件、场景文件、效果文件、多媒体有声视频教学录像，读者在读完本书内容以后，可以调用这些资源进行深入学习。

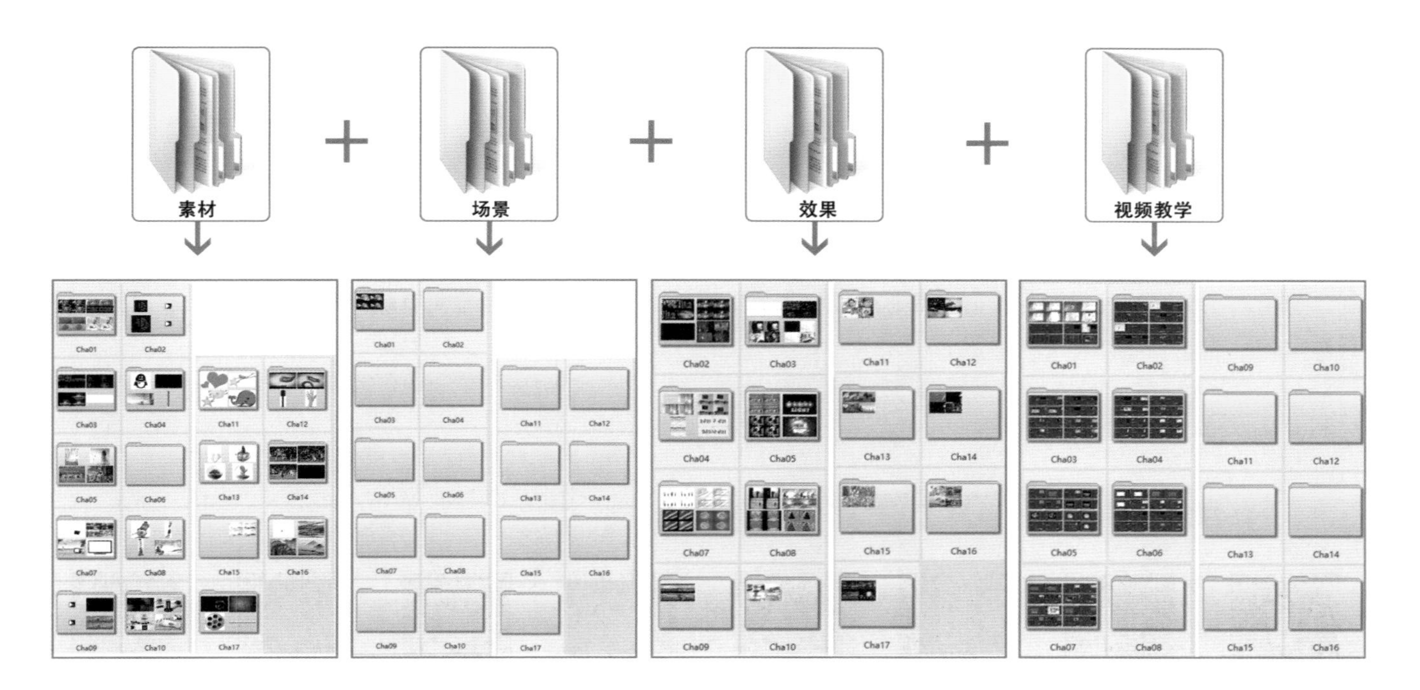

实例001 安装Premiere
实例002 卸载Premiere Pro CC 2018
实例003 个性化界面设置
实例004 更改标签颜色
实例005 新建序列
实例006 导入视频素材
实例007 导入序列图像
实例008 源素材的插入与覆盖
实例009 删除影片中的一段文件
实例010 三点编辑和四点编辑
实例011 添加标记
实例012 解除视音频链接
实例013 链接视音频
实例014 改变素材的持续时间
实例015 设置关键帧
实例016 重命名素材
实例017 剪辑素材
实例018 影片预览
实例019 输出影片
实例020 转换视频格式
实例021 视频色彩平衡校正
实例022 视频垂直翻转效果
实例023 视频水平翻转效果
实例024 裁剪视频效果
实例025 羽化视频边缘
实例026 灰色系数校正
实例027 将彩色视频黑白化
实例028 颜色平衡效果
实例029 替换画面中的色彩
实例030 Cineon转换器特效
实例031 扭曲视频效果
实例032 边角定位效果
实例033 变换效果
实例034 放大效果
实例035 波形变形效果
实例036 Lumetri颜色效果
实例037 镜像效果
实例038 水墨画效果
实例039 3D效果
实例040 分色效果
实例041 画面模糊效果
实例042 画面锐化效果
实例043 球面化效果
实例044 设置渐变效果
实例045 [illegible]效果
实例046 动态色彩背景
实例047 镜头光晕效果
实例048 电流效果
实例049 画面亮度调整
实例050 改变颜色
实例051 调整阴影高光效果
实例052 快速模糊效果
实例053 投影效果
实例054 线条化效果
实例055 [illegible]效果
实例056 电视条纹效果
实例057 Alpha发光效果
实例058 马赛克效果
实例059 闪光文字效果
实例060 护肤品过渡动画
实例061 咖啡过渡动画
实例062 美食过渡动画
实例063 家居过渡动画
实例064 宠物[illegible]过渡动画
实例065 [illegible]过渡动画
实例066 甜蜜恋人过渡动画
实例067 美食过渡动画——美食字幕
实例068 美食过渡动画——美食展示
实例069 毕业季过渡动画——开始动画
实例070 毕业季过渡动画——毕业照片展示
实例071 毕业季过渡动画——结束动画
实例072 [illegible]动画
实例073 [illegible]动画
实例074 旋转的钟表动画
实例075 摇摆的卡通数字动画
实例076 点击动画
实例077 电子产品展示动画
实例078 怀旧照片动画
实例079 婚纱摄影[illegible]动画
实例080 乡村都市动画
实例081 保护动物动画
实例082 化妆品广告动画
实例083 进度条动画
实例084 节日优惠动画
实例085 圣诞快乐——开场动画
实例086 圣诞快乐——动画合成
实例087 动态旋转字幕
实例088 带辉光效果的字幕
实例089 浮雕文字效果
实例090 渐变文字
实例091 [illegible]效果
实例092 字幕排列
实例093 中英文字幕
实例094 纹理效果的字幕
实例095 滚动字幕
实例096 阴影效果字幕
实例097 路径文字
实例098 镂空文字
实例099 木板文字
实例100 通过文字工具创建新版字幕
实例101 使用软件自带的字幕模板
实例102 在视频中添加字幕
实例103 数字化字幕
实例104 动态柱状图
实例105 动态折线图
实例106 发光的星球
实例107 [illegible]
实例108 带相框画面效果
实例109 多画面电视墙效果
实例110 镜头快慢播放效果
实例111 电视节目暂停效果
实例112 视频油画效果
实例113 歌词效果
实例114 旋转时间指针
实例115 [illegible]
实例116 电视播放效果
实例117 宽荧幕电影效果
实例118 画中画效果
实例119 倒放效果
实例120 飘落的树叶
实例121 旋转的城市
实例122 大海的呼唤
实例123 [illegible]
实例124 [illegible]
实例125 飞舞的蝴蝶
实例126 飞舞的蝴蝶
实例127 百变服饰
实例128 创意字母
实例129 [illegible]
实例130 浪漫七夕
实例131 幻彩花朵
实例132 飞舞的花瓣
实例133 创建倒计时字幕
实例134 制作倒计时动画
实例135 最终动画
实例136 添加人声倒计时音效
实例137 对背景音乐的处理
实例138 导出影片
实例139 创建字幕
实例140 制作转场动画
实例141 制作文字1动画
实例142 制作文字2动画
实例143 制作光动画
实例144 制作促销广告动画
实例145 添加背景音乐并进行处理
实例146 输出序列文件
实例147 导入素材
实例148 制作开始动画
实例149 创建标题字幕
实例150 制作标题动画
实例151 制作转场动画1序列
实例152 制作转场动画2序列
实例153 制作转场动画3序列
实例154 制作转场动画4序列
实例155 嵌套序列
实例156 制作进度条动画
实例157 制作父母寄语
实例158 添加背景音乐
实例159 制作霓虹灯动画
实例160 制作汽车行驶动画
实例161 制作[illegible]动画
实例162 制作标志动画
实例163 制作过渡动画
实例164 制作片尾动画
实例165 嵌套系列
实例166 添加背景音乐
实例167 制作环境污染动画
实例168 制作环境保护动画
实例169 制作[illegible]标题动画
实例170 嵌套序列并添加背景音乐
实例171 制作开场动画效果
实例172 制作预告封面
实例173 制作预告封面动画
实例174 制作节目预告动画
实例175 制作足球节目预告最终动画
实例176 制作茶叶标题动画
实例177 为茶叶标题添加音效
实例178 制作茶叶展示动画
实例179 制作茶叶[illegible]动画
实例180 添加背景音乐与转场音效
实例181 制作开场动画
实例182 制作武汉景点欣赏动画
实例183 为武汉景点添加字幕
实例184 制作云南景点欣赏动画
实例185 为云南景点添加字幕
实例186 制作成都景点欣赏动画
实例187 为成都景点添加字幕
实例188 制作旅游[illegible]最终动画
实例189 标题字幕
实例190 标题动画
实例191 电影01
实例192 电影02
实例193 电影03
实例194 致敬电影动画
实例195 结束动画
实例196 最终动画
实例197 添加音频

4. 读者对象

（1）Premiere Pro初学者。

（2）大中专院校和社会培训班影视编辑及其相关专业的教材。

（3）影视编辑从业人员。

5. 致谢

本书的出版凝结了许多优秀教师的心血，在这里衷心感谢在本书出版过程中给予帮助的各位老师。

本书由德州职业技术学院的张锋编著，参加编写的人员还有朱晓文、刘蒙蒙、安洪宇，教学视频由季艳艳录制、剪辑。在编写的过程中，我们虽竭尽所能将最好的讲解呈现给读者，但难免有疏漏和不妥之处，敬请读者不吝指正。

编　者

配送资源01

配送资源02

配送资源03

配送资源04

配送资源05

配送资源06

配送资源07

配送资源08

目 录

总目录

第1章 视频剪辑基础

第2章 视频特效

第3章　视频过渡动画效果

第4章　常用影视动画制作

第5章　字幕制作技巧

第6章　影视特效编辑

第13章　足球节目预告动画

第14章　茶叶宣传动画

第15章　旅游宣传动画

第16章　电影片头

第1章 视频剪辑基础

本章导读

Premiere Pro是美国Adobe公司出品的视音频非线性编辑软件，该软件功能强大，开放性很好，广泛应用于影视后期制作。

实例 001 安装Premiere

Step 01 打开Premiere Pro CC 2018安装文件，找到Set-up.exe文件，双击打开，如图1-1所示。

图1-1

Step 02 运行安装程序，首先等待初始化，如图1-2所示。

Step 03 初始化完成后，将会出现带有安装进度条的界面，说明正在安装Premiere Pro CC 2018软件，如图1-3所示。

图1-2

图1-3

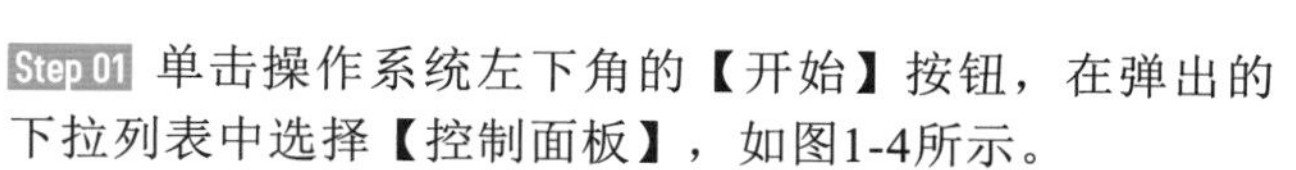

实例 002 卸载Premiere Pro CC 2018

Step 01 单击操作系统左下角的【开始】按钮，在弹出的下拉列表中选择【控制面板】，如图1-4所示。

Step 02 单击【程序】下方的【卸载程序】按钮，如图1-5所示。

图1-4

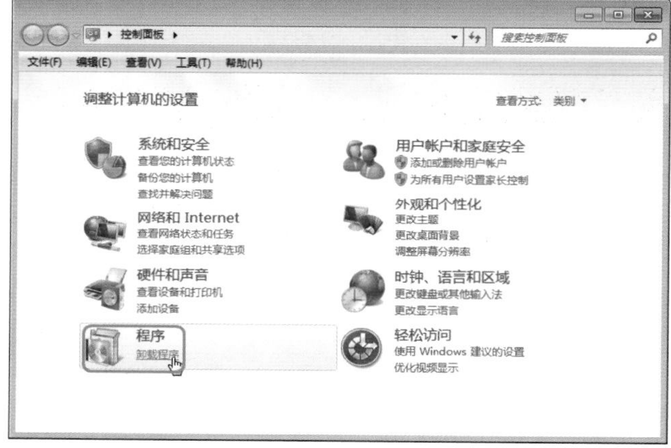

图1-5

Step 03 选择Adobe Premiere Pro CC 2018，单击【卸载/更改】按钮，如图1-6所示。

图1-6

Step 04 单击【是，确定删除】按钮，开始卸载，如图1-7所示。

图1-7

Step 05 等待卸载，界面如图1-8所示。

Step 06 单击【关闭】按钮，如图1-9所示。

图1-8

图1-9

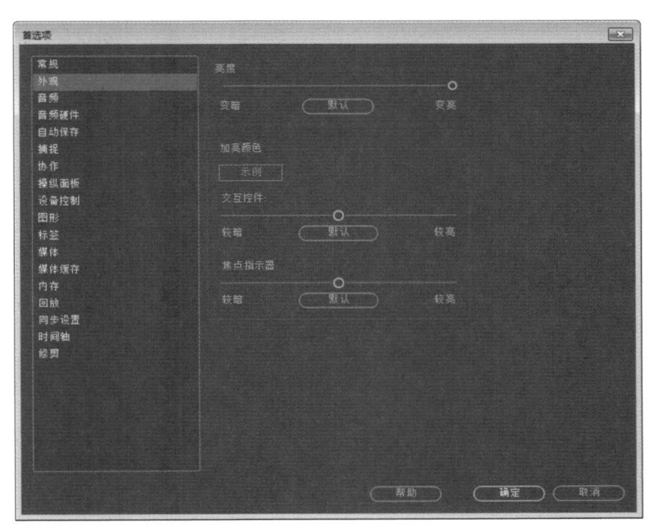

图1-10

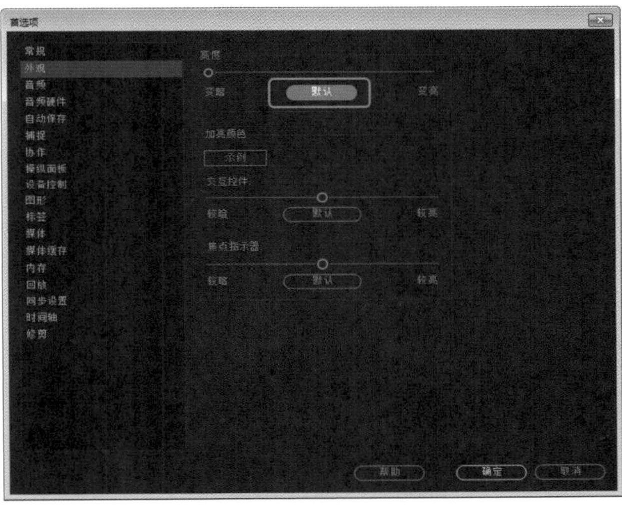

图1-11

实例003 个性化界面设置

Step 01 启动Premiere Pro CC 2018并新建一个项目。在菜单栏中选择【编辑】|【首选项】|【外观】命令，弹出【首选项】对话框，如图1-10所示。

Step 02 调整【亮度】滑动条可以改变Premier的外观亮度，单击【默认】按钮，可以恢复其默认的外观亮度，如图1-11所示。

实例004 更改标签颜色

Step 01 新建项目和序列01。在【项目】面板中，序列的默认标签颜色为森林绿。在菜单栏中选择【编辑】|【首选项】|【标签颜色】命令，弹出【首选项】对话框。将森林绿色更改为红，如图1-12所示。

Step 02 单击【红】右侧的颜色块，在弹出的【拾色器】对话框中，将RGB的值设置为255、0、0，如图1-13所示。

Step 03 单击【确定】按钮，在【项目】面板中，序列标签颜色变为红色，如图1-14所示。

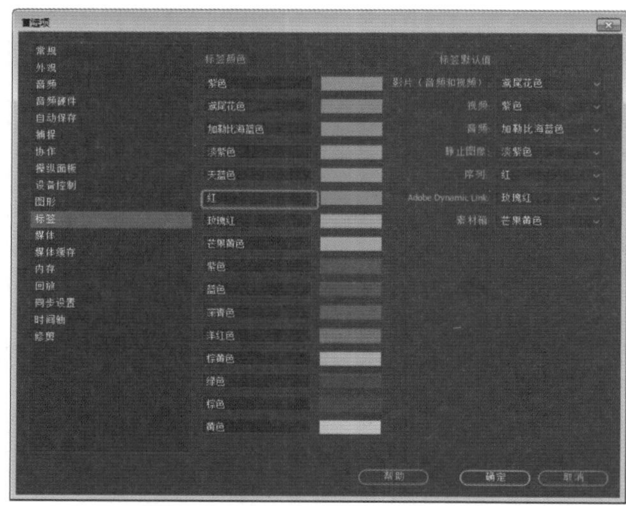

图1-12

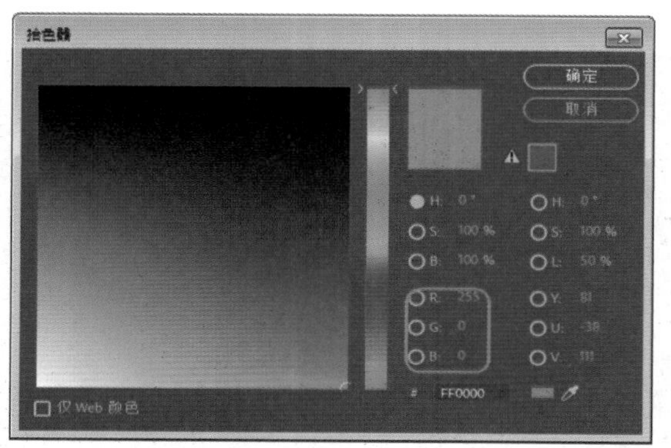

图1-13

图1-14

实例005 新建序列

新建项目文件后，若要对视频进行剪辑操作，需要新建序列并且设置合适的序列方式。只有将视频或音频素材添加到新建序列的视频或音频轨道中，才可以对素材进行编辑。新建序列的操作步骤如下。

Step 01 新建项目文件，在菜单栏中选择【文件】|【新建】|【序列】命令，建立序列01，如图1-15所示。

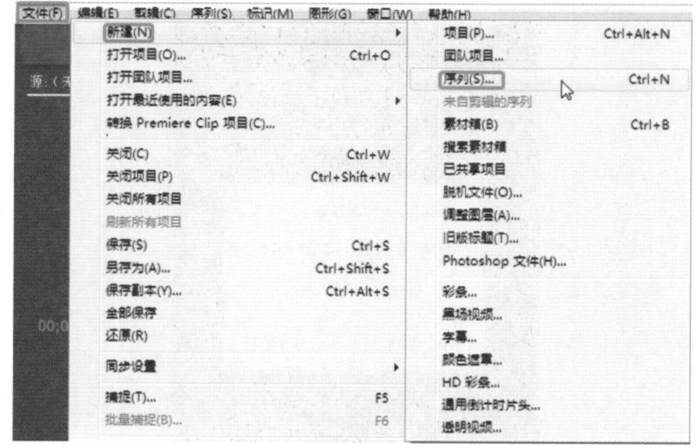

图1-15

Step 02 在弹出的【新建序列】对话框的【可用预设】列表中，选择一种预设。建议选择DV-PAL中的【标准48Hz】，其他保持默认设置，如图1-16所示。

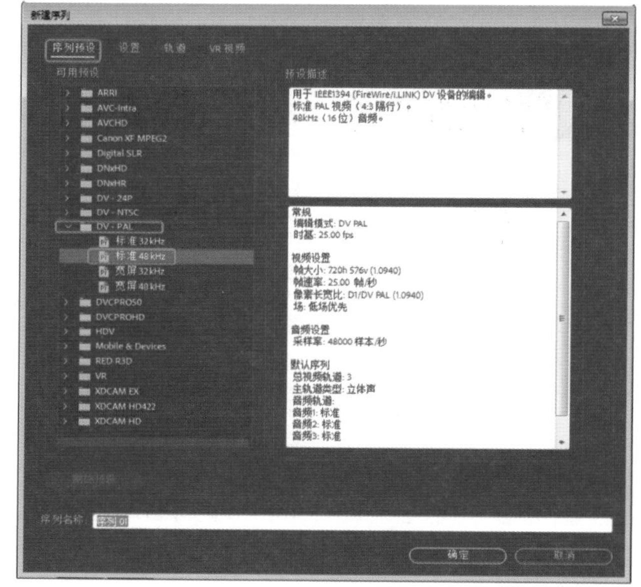

图1-16

Step 03 单击【确定】按钮，创建完成后效果如图1-17所示。

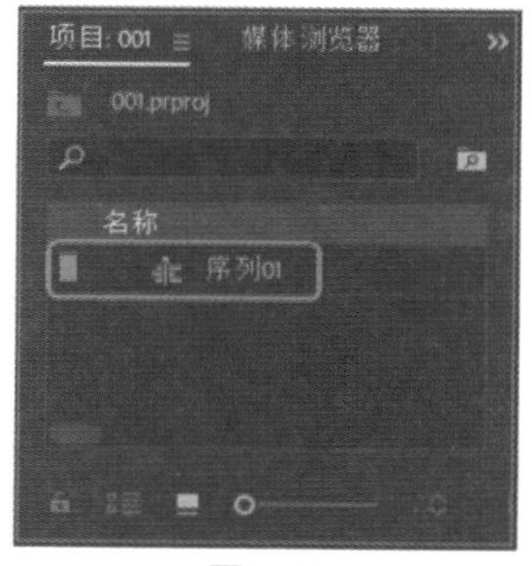

图1-17

实例 006 导入视频素材

素材：001.mp4

场景：导入视频素材.prproj

素材的导入，主要是指将已经存储在计算机硬盘中的素材导入到【项目】面板中，它相当于一个素材仓库，编辑视频时所用的素材都放在其中，具体的操作如下。

Step 01 启动Premiere Pro CC 2018，进入欢迎界面，单击【新建项目】按钮，如图1-18所示。

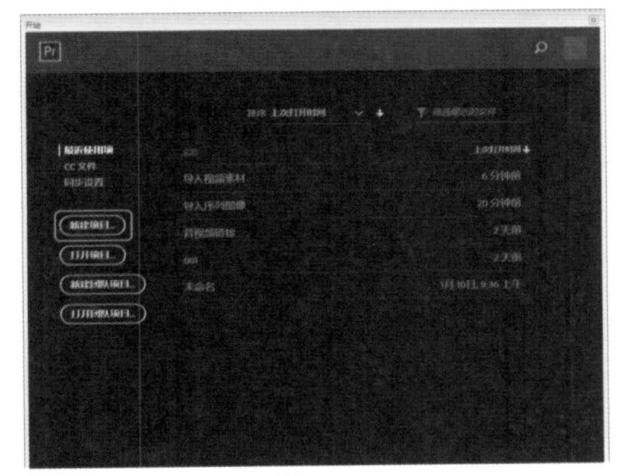

图1-18

Step 02 进入【新建项目】面板，选择项目所保存的位置，并对项目进行重命名【导入视频素材】，如图1-19所示。

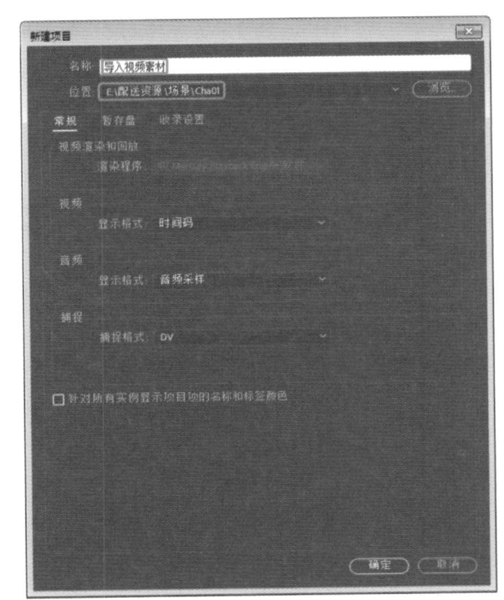

图1-19

Step 03 单击【确定】按钮，按Ctrl+N组合键打开【新建序列】对话框，对序列进行设置，在DV-PAL中选择【标准48kHz】。选择【文件】|【导入】命令，如图1-20所示。

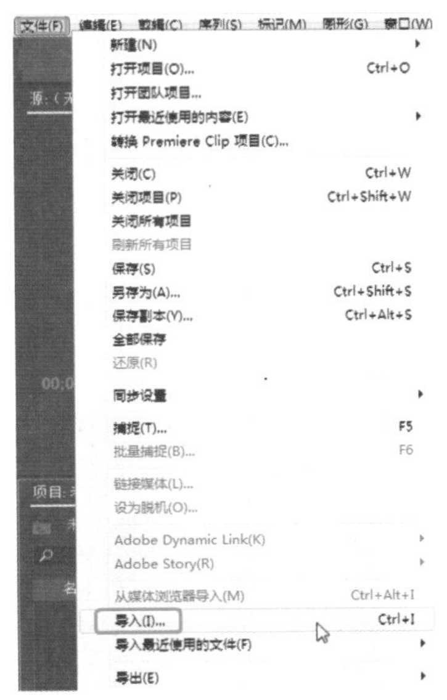

图1-20

Step 04 打开【导入】对话框，选择【素材\Cha01\001.mp4】文件，如图1-21所示。

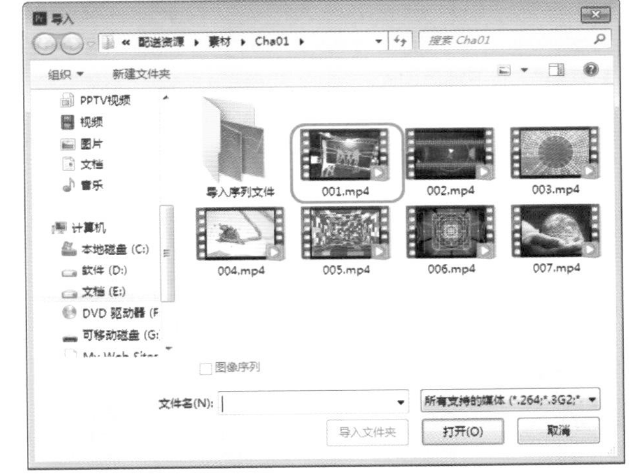

图1-21

Step 05 单击【打开】按钮，将素材导入到【项目】面板中。还可以双击素材箱的空白部分，如图1-22所示，弹出【导入】对话框，选择【素材\Cha01\001.mp4】素材文件，单击【打开】按钮（此操作没有建立序列，在操作中添加上序列即可）。

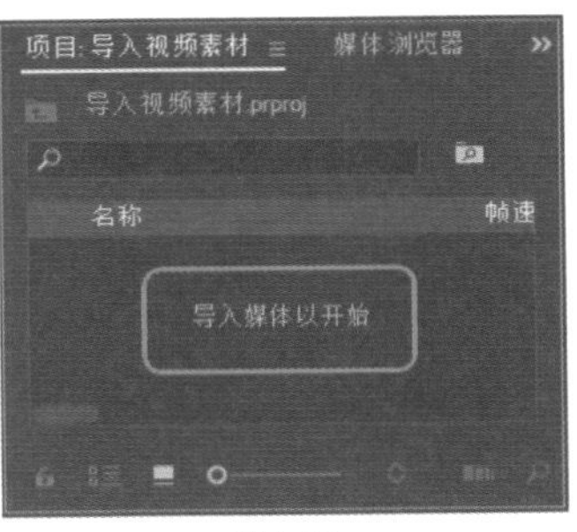

图1-22

实例007 导入序列图像

素材：导入序列文件\
场景：导入序列图像.prproj

Step 01 新建项目文件和序列01，项目文件名称为【导入序列图像】，在【项目】面板【名称】区域下空白处双击鼠标左键，如图1-23所示，打开【导入】对话框。

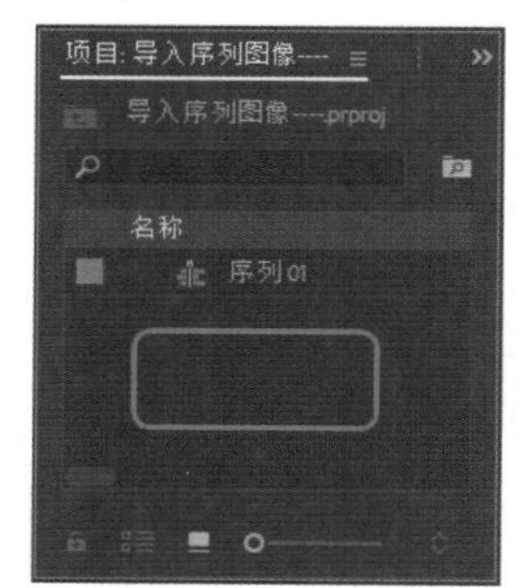

图1-23

Step 02 打开【素材\Cha01\导入序列文件】文件夹，然后选择第一张图片，选中【图像序列】复选框，单击【打开】按钮，如图1-24所示。

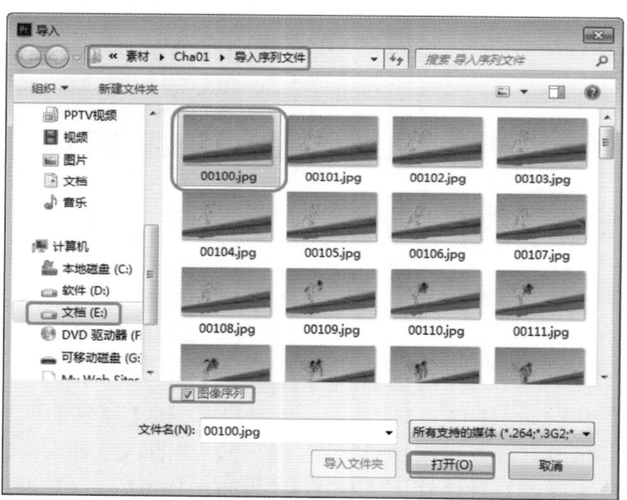

图1-24

Step 03 将素材文件导入。然后选中素材文件，将其拖曳至【时间轴】面板V1轨道中，在弹出的【剪辑不匹配警告】对话框中，单击【更改序列设置】按钮，如图1-25所示。添加完成后，单击【播放】按钮查看效果即可。

图1-25

实例008 源素材的插入与覆盖

素材：002.mp4
场景：源素材的插入与覆盖.prproj

Step 01 新建项目文件和序列01，项目文件名称为【源素材的插入与覆盖】，将【素材\Cha01\002.mp4】文件导入到【项目】面板中。在【项目】面板中双击导入的视频素材，激活【源监视器】面板，分别在00:00:03:10和00:00:05:01处标记入点与出点，时间轴移动到00:00:00:00处，单击【插入】按钮，如图1-26所示。

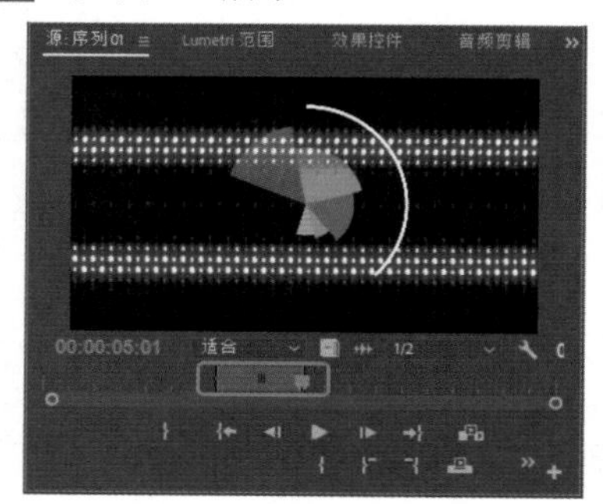

图1-26

Step 02 将入点与出点之间的视频片段插入到【时间轴】面板中，如图1-27所示。

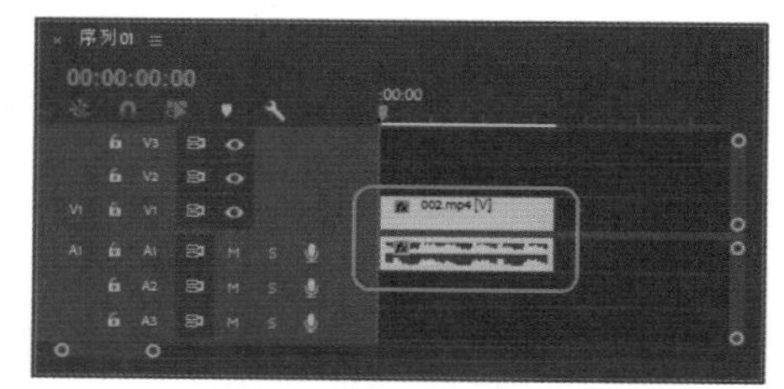

图1-27

在【时间轴】面板中，使用【覆盖】按钮将原来的素材覆盖，具体的操作如下。

Step 01 继续前面的操作，设置【时间轴】当前时间为00:00:00:10，如图1-28所示。

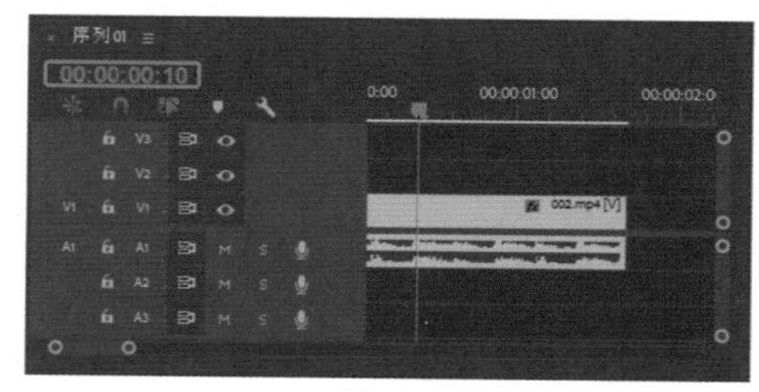

图1-28

Step 02 在【源监视器】面板中单击【覆盖】按钮，执行该操作后，即可将入点与出点之间的片段覆盖到【时间轴】面板中，如图1-29所示。

图1-29

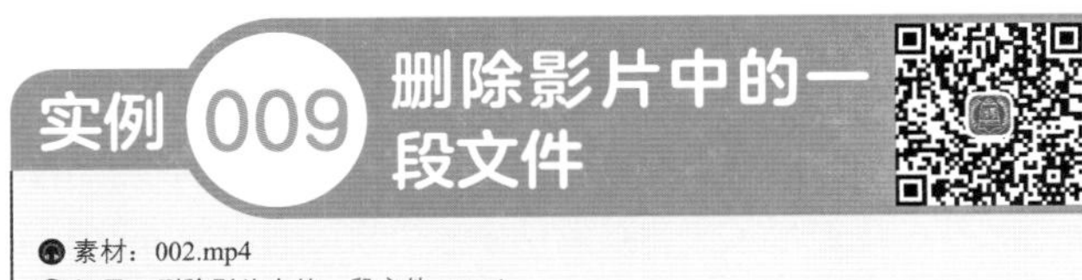

实例009 删除影片中的一段文件

素材：002.mp4
场景：删除影片中的一段文件.prproj

Step 01 新建项目文件和序列01，导入【素材\Cha01\002.mp4】素材文件，将素材拖至V1视频轨道中，在工具箱中选择【剃刀工具】，在00:00:02:15和00:00:06:10两处分别对素材进行裁切，如图1-30所示。

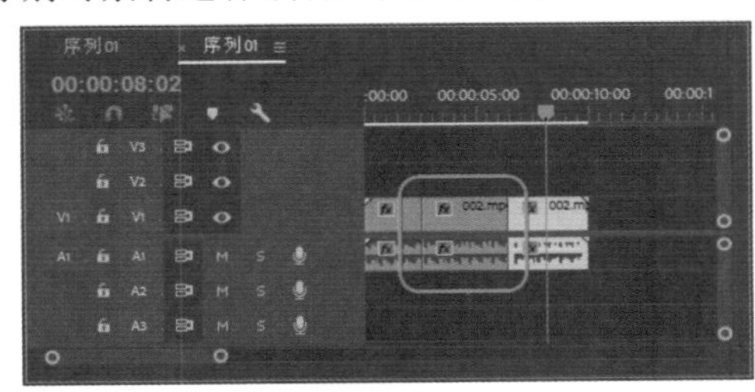

图1-30

Step 02 将裁切后的素材中间部分删除，选中部分按Delete键完成删除，如图1-31所示。

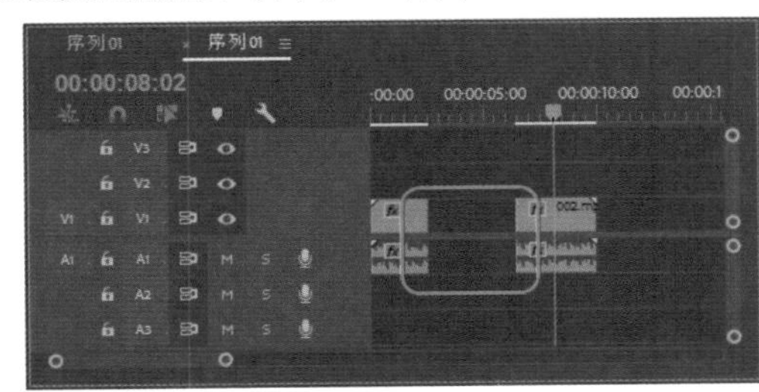

图1-31

实例010 三点编辑和四点编辑

素材：003.mp4
场景：三点编辑和四点编辑.prproj

三点编辑、四点编辑是编辑节目的两种方法，由传统的线性编辑发展而来。所谓三点、四点指的是设置素材与节目的入点和出点个数。本例将使用三点或四点编辑，将素材通过【源监视器】面板加入到【时间轴】面板的节目中。

Step 01 新建项目文件和序列01，在菜单栏中选择【文件】|【新建】|【导入】命令，导入【素材\Cha01\003.mp4】素材文件，进行三点编辑的设置，然后在【源监视器】面板中标记入点00:00:03:02和出点00:00:05:17，如图1-32所示。

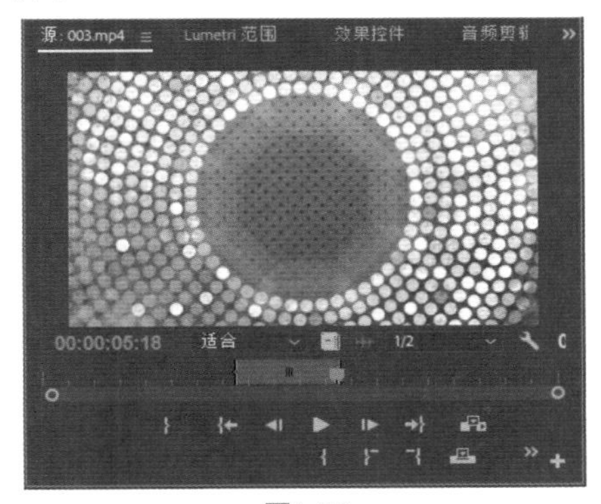

图1-32

Step 02 将当前时间设置为00:00:03:15，在【节目监视器】面板中设置入点，在【源监视器】面板中单击【插入】按钮，插入后的效果如图1-33所示。

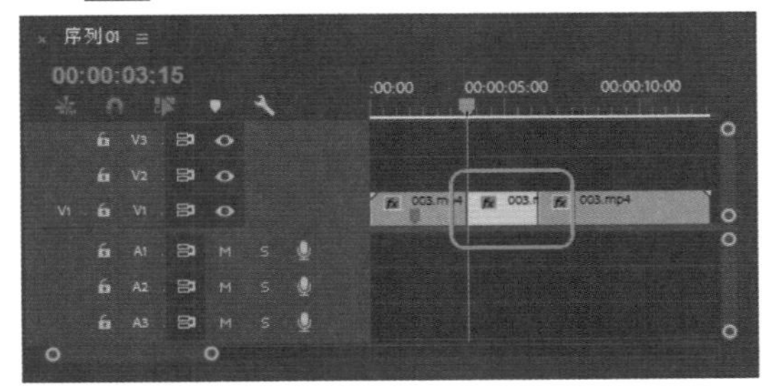

图1-33

Step 03 继续上一步操作，进行四点编辑。在【源监视器】面板中分别设置出点和入点为00:00:06:10和00:00:08:21，在【节目监视器】面板的时间00:00:06:17和00:00:08:20处分别设置相应的入点和出点。在【源监视器】面板中单击【插入】按钮，弹出【适合剪辑】对话框，选择【更改剪辑速度（适合填充）】单选按钮，单击【确定】按钮，如图1-34所示。

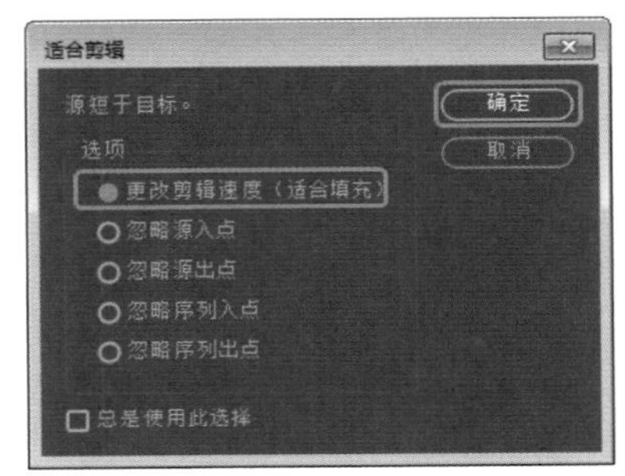

图1-34

Step 04 素材将插入到【时间轴】面板中，如图1-35所示。

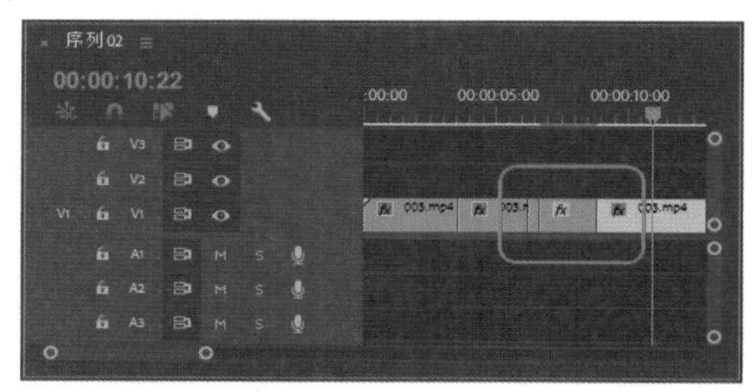

图1-35

实例 011 添加标记

素材：003.mp4
场景：添加标记.prproj

在节目的编辑制作过程中，可以为素材的某一帧设置一个标记，以方便编辑时的反复查找和定位。标记分为非数字和数字两种，前者没有数量的限制，后者可以设置为0~99。本例将通过实际的操作为素材设置标记。

Step 01 新建项目文件和序列01，导入【素材\Cha01\003.mp4】素材文件，将【项目】面板中的素材拖至【时间轴】面板V1视频轨道中，设置时间为00:00:01:15，如图1-36所示。

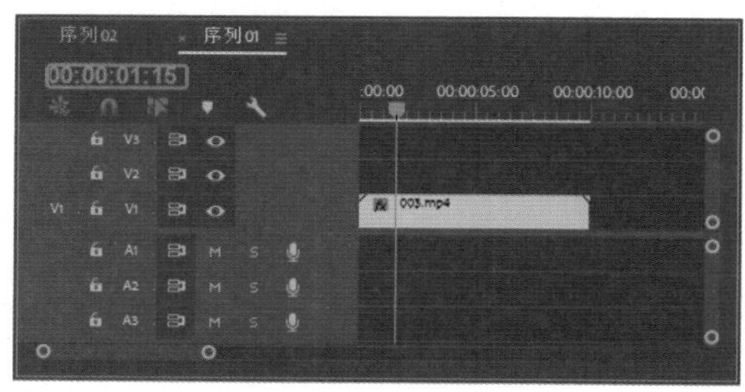

图1-36

Step 02 在【时间轴】面板单击【添加标记】按钮，添加标记，如图1-37所示。

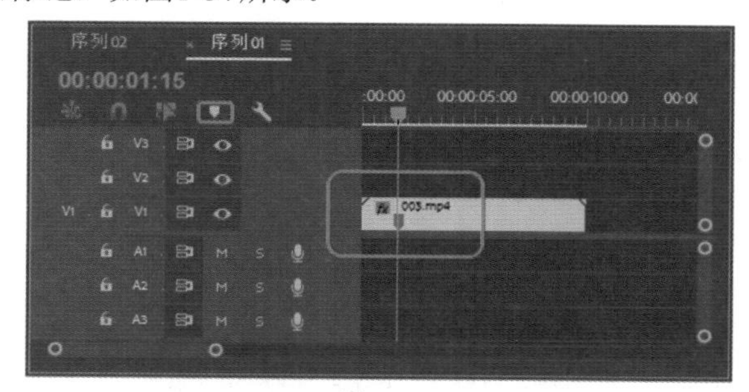

图1-37

实例 012 解除视音频链接

素材：005.mp4
场景：解除视音频链接.prproj

大家平时在观看视频的时候，可能想把非常精彩的部分留下来，以便于以后的欣赏或者使用。当然，在截取视频的时候也会将音频一并截取，但是如果我们只需要视频部分，往往会因为音频而不能采用，所以要能解除视音频链接。本案例就介绍怎样解除视音频的链接。

Step 01 新建项目文件和序列01，添加【素材\Cha01\005.mp4】素材文件，在素材文件上右击鼠标，在弹出的快捷菜单中选择【取消链接】命令，如图1-38所示。

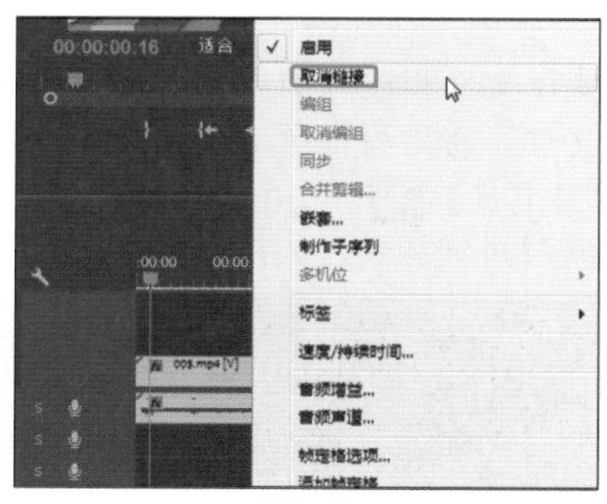

图1-38

Step 02 执行完该命令之后，即可将视频和音频取消链接，选择【剃刀工具】，在视频的任意位置单击，切割视频，移动音频的位置，可以看到音频并未受到影响，如图1-39所示。

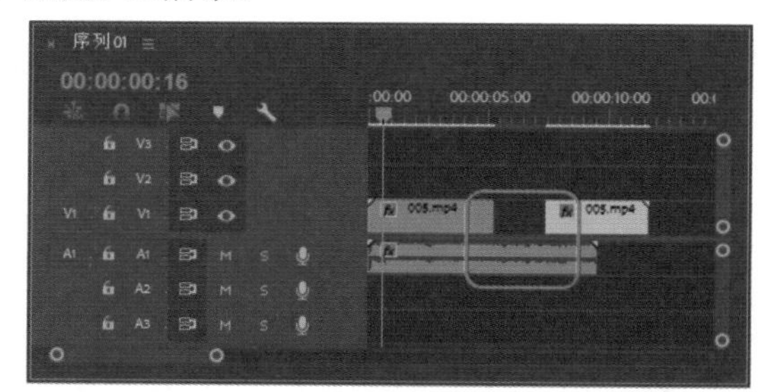

图1-39

实例 013 链接视音频

素材：音视频链接文件.prproj
场景：链接视音频.prproj

Step 01 打开软件，按Ctrl+O组合键，在弹出的对话框中选择【素材\Cha01\音视频链接文件.prproj】文件，单击【打开】按钮，如图1-40所示。

图1-40

Step 02 在【时间轴】面板中同时将视频和音频文件选中，单击鼠标右键，在弹出的快捷菜单中选择【链接】命令，如图1-41所示。执行完该命令，即可将视频和音频进行链接。

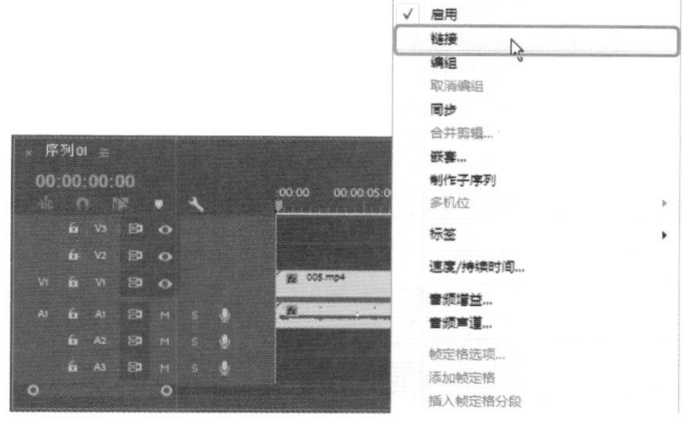

图1-41

实例014 改变素材的持续时间

素材：003.mp4

场景：改变素材的持续时间.prproj

Step 01 新建项目文件和序列01，添加【素材\Cha01\003.mp4】素材文件，单击鼠标右键，在弹出的快捷菜单中选择【速度/持续时间】命令，如图1-42所示，打开【剪辑速度/持续时间】对话框，在该对话框中将【持续时间】设置为00:00:04:00，如图1-43所示。

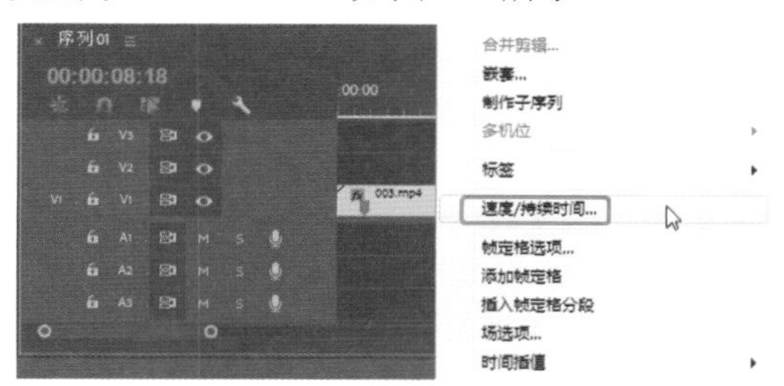

图1-42

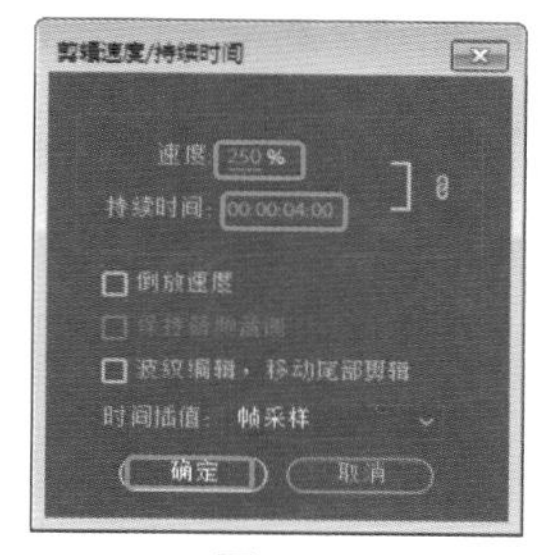

图1-43

Step 02 设置完成后单击【确定】按钮，观察改变素材持续时间后的效果，如图1-44所示。

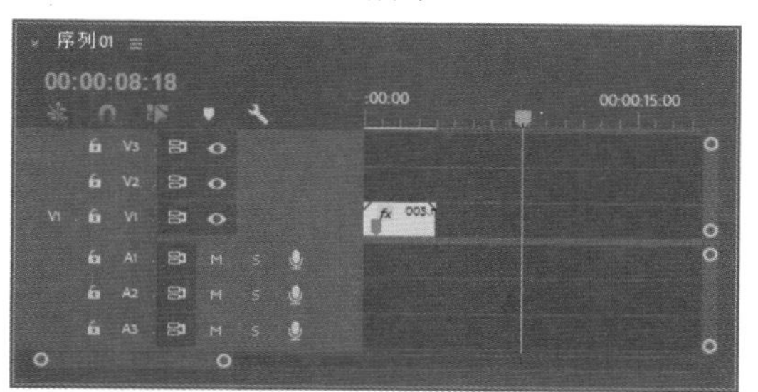

图1-44

实例015 设置关键帧

素材：004.mp4

场景：设置关键帧.prproj

Step 01 新建项目文件和序列01，添加【素材\Cha01\004.mp4】素材文件，选择视频轨道中的素材，切换至【效果控件】面板，展开【运动】选项，将当前时间设置为00:00:00:00，将【缩放】设置为0，单击左侧的【切换动画】按钮，如图1-45所示。

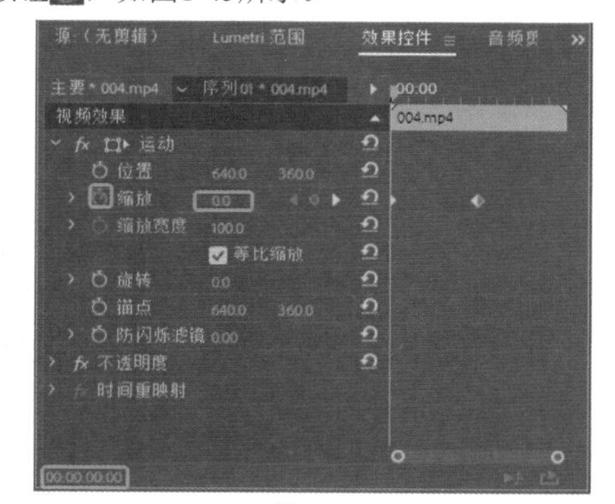

图1-45

Step 02 将当前时间设置为00:00:05:00，将【缩放】设置120，按Enter键确认操作，如图1-46所示。使用同样的方法添加其他动画。

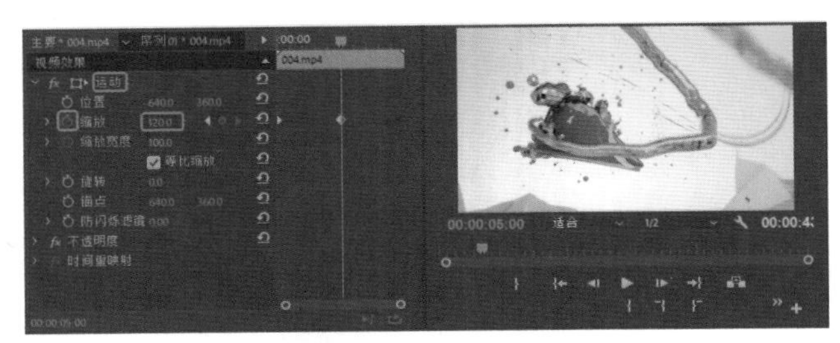
图1-46

实例016 重命名素材

素材：005.mp4
场景：重命名素材.prproj

Step 01 新建项目文件和序列01，添加【素材\Cha01\005.mp4】素材文件并在剪辑箱中选择该文件。双击素材，激活重命名文本框，如图1-47所示。

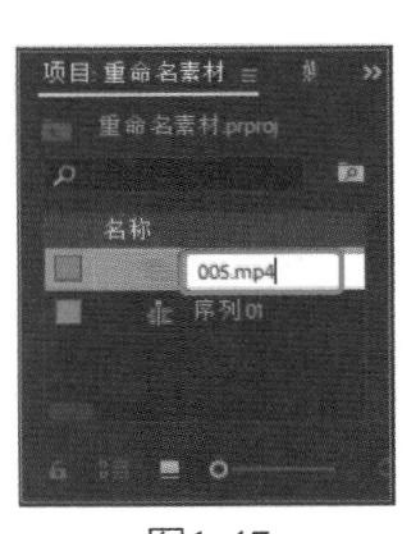
图1-47

Step 02 如果需要修改的素材在修改之前已经添加至【时间轴】面板，可以在【时间轴】面板中右击相应的素材，在弹出的快捷菜单中选择【重命名】命令，在弹出的对话框中对素材进行命名，如图1-48所示。

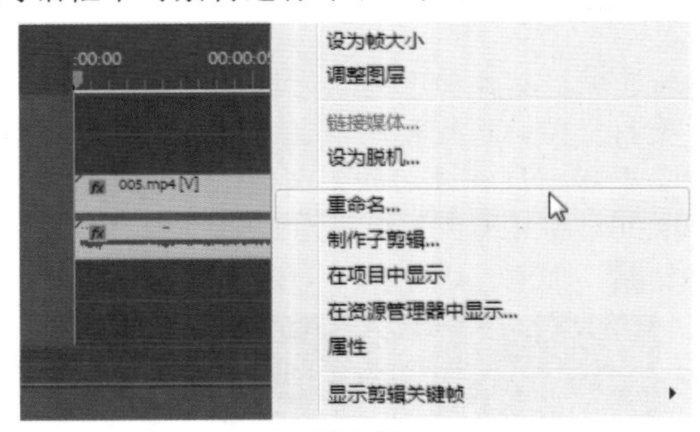

图1-48

实例017 剪辑素材

素材：006.mp4
场景：剪辑素材.prproj

本例所介绍的剪辑素材是通过在【源监视器】面板中设置素材的入点和出点，仅使用素材中有用的部分。这是将素材引入到【时间轴】面板中编辑节目经常需要做的工作。如果在【源监视器】面板中不对素材进行入点、出点设置，素材开始的画面位置就是入点，结尾位置就是出点。

Step 01 新建项目文件和序列01，添加【素材\Cha01\006.mp4】素材文件并双击该素材文件，将其在【源监视器】面板中打开。在【源监视器】面板中将当前时间设置为00:00:01:02，单击【标记入点】按钮；将当前时间设置为00:00:03:00，单击【标记出点】按钮，如图1-49所示。

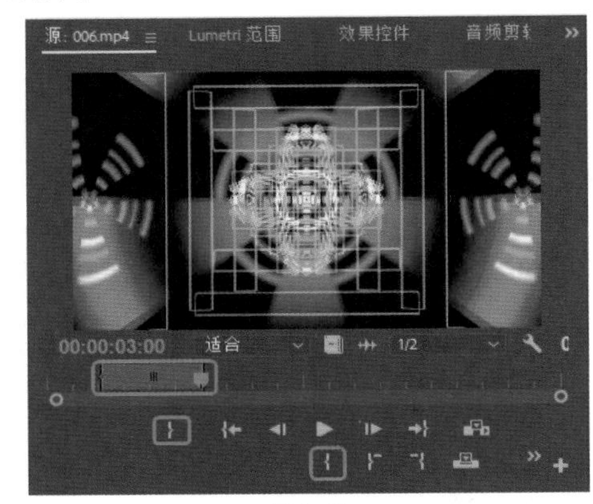
图1-49

Step 02 标记完成后，单击【插入】按钮，观察剪辑后的效果，如图1-50所示

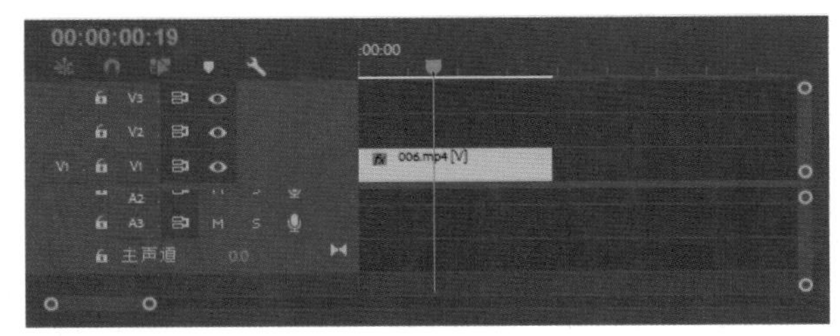
图1-50

实例018 影片预览

素材：007.mp4
场景：影片预览.prproj

Step 01 新建项目文件和序列01，添加【素材\Cha01\007.mp4】素材文件，将素材文件添加至【项目】面板中，如图1-51所示。

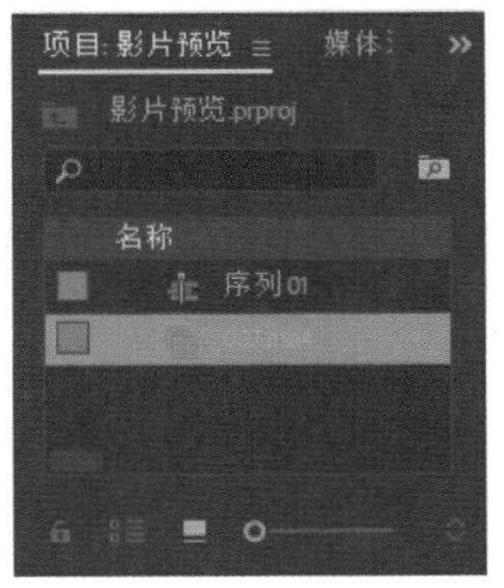
图1-51

Step 02 将素材拖入【时间轴】面板V1视频轨道中，在【节目监视器】面板中单击【播放】按钮，即可预览影片，如图1-52所示。

图1-52

实例 019 输出影片

Step 01 继续上一实例的操作，选择【时间轴】面板，按Ctrl+M组合键打开【导出设置】对话框，将【格式】设置为AVI，单击【输出名称】右侧的蓝色文字，在弹出的对话框中选择要导出视频的路径及视频名称，如图1-53所示。

图1-53

Step 02 设置完成后单击【导出】按钮，视频即可以进度条的形式进行导出，如图1-54所示。

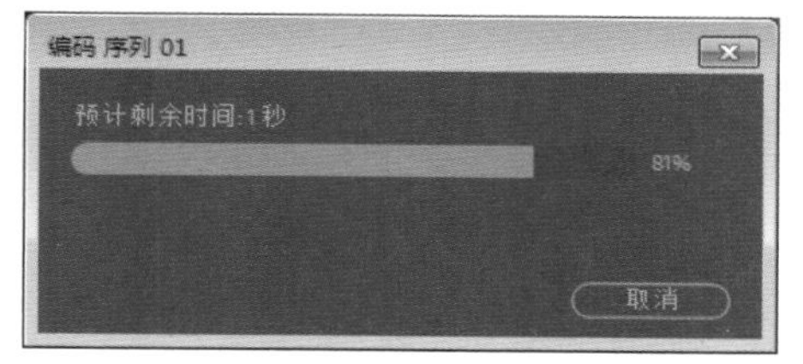

图1-54

实例 020 转换视频格式

场景：转换视频格式.prproj

新建项目文件和序列01，随意导入一个视频，选择【时间轴】面板，按Ctrl+M组合键打开【导出设置】对话框，单击【格式】右侧的下拉三角按钮，在弹出的下拉列表中随意选择一种格式，即可对素材的格式进行转换，如图1-55所示。

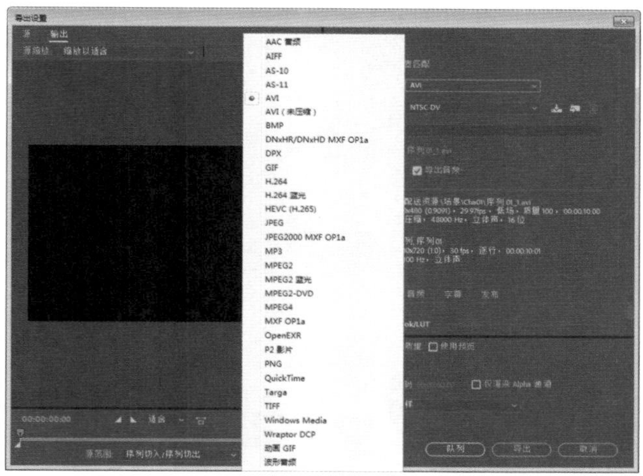

图1-55

第2章 视频特效

本章导读

本章中制作的实例，主要运用了【效果】面板中的视频效果和通过关键帧设置的动态效果。熟练运用效果是制作影视特效的前提。

实例021 视频色彩平衡校正

素材：中国元素.mp4
场景：视频色彩平衡校正.prproj

本例将通过视频效果中的【亮度与对比度】、【颜色平衡】效果，对视频进行调整，效果如图2-1所示。

图2-1

Step 01 运行Premiere Pro CC 2018，在欢迎界面中单击【新建项目】按钮，在打开的对话框中选择项目的保存路径，将项目名称命名为【视频色彩平衡校正】。其他设置均保持默认设置即可，单击【确定】按钮，如图2-2所示。进入工作界面后，在【项目】面板中【名称】选项下的空白处双击鼠标左键，在弹出的【导入】对话框中选择【素材\Cha02\中国元素.mp4】文件，单击【打开】按钮，如图2-3所示。

Step 02 将素材导入到【项目】面板中后，选中该素材，按住鼠标左键将素材拖曳至序列里面自动生成序列设置。然后选中轨道中的素材，此时在【节目】面板中可以看到素材。

Step 03 激活【效果】面板，打开【视频效果】文件夹，选择【颜色校正】下的【亮度与对比度】效果，将该效果拖至V1轨道中的素材文件上，如图2-4所示。

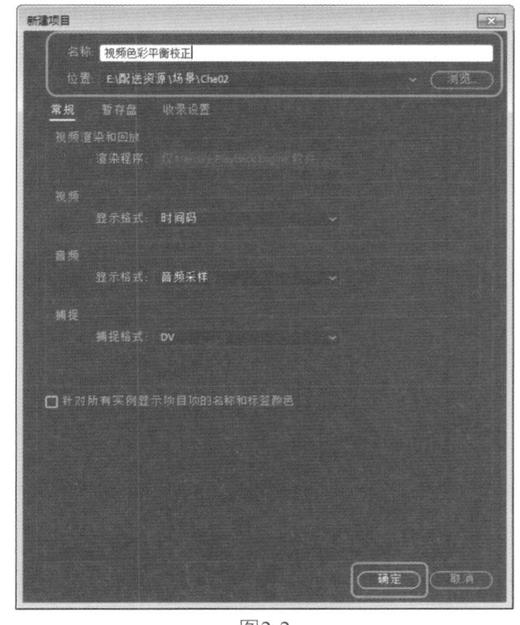

图2-2

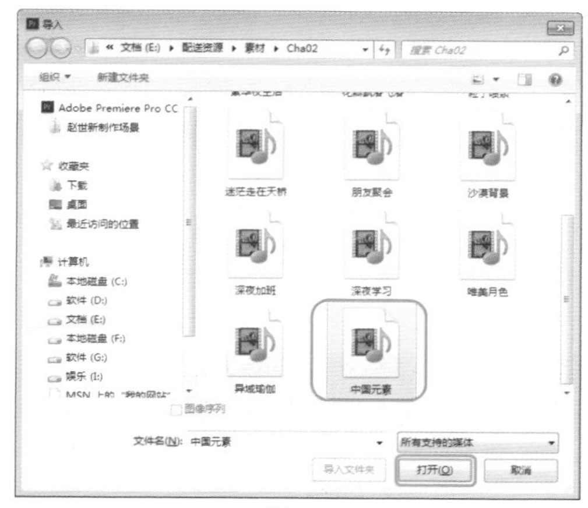

图2-3

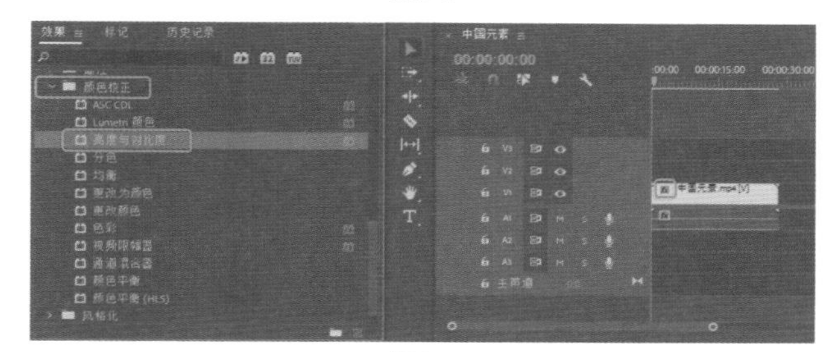

图2-4

Step 04 激活【效果控件】面板，将【亮度与对比度】选项下的【亮度】设置为-20，【对比度】设置为15，如图2-5所示。

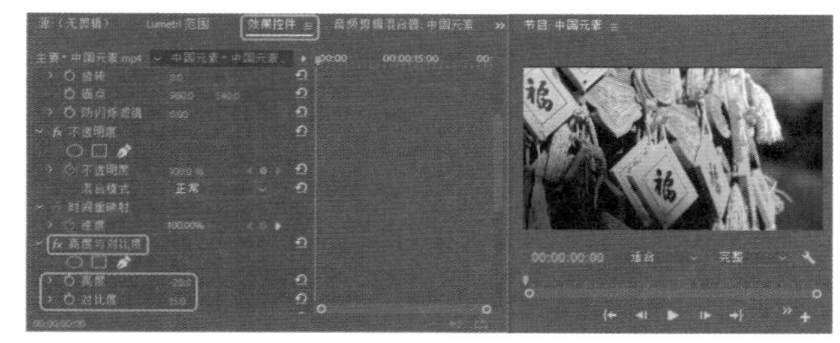

图2-5

Step 05 在【效果】面板中，将【视频效果】|【颜色校正】|【颜色平衡】效果拖至轨道中的素材上，在【效果控件】面板中，将【中间调红色平衡】设置为100，勾选【保持发光度】复选框，如图2-6所示。

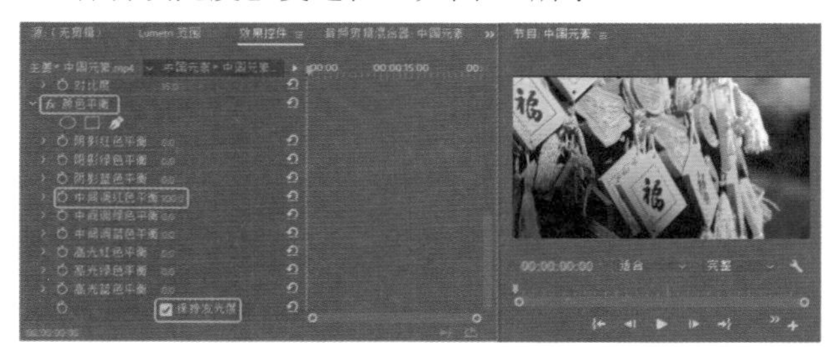

图2-6

Step 06 设置完成后将场景保存，在【节目】面板中，单击【播放-停止切换】按钮 ▶ 观看效果即可。

实例 022 视频垂直翻转效果

素材：唯美月色.avi、花瓣飘落飞落.avi
场景：视频垂直翻转效果.prproj

本例将通过视频效果中的【垂直翻转】效果，来制作画面中垂直翻转的效果，效果如图2-7所示。

图2-7

Step 01 运行Premiere Pro CC 2018，新建项目文件，在【项目】面板中的空白处双击鼠标左键，在弹出的对话框中选择【素材\Cha02\唯美月色.avi】和【花瓣飘落飞落.avi】素材文件，单击【打开】按钮。

Step 02 将导入的【唯美月色.avi】拖曳至【序列】面板中从而自动生成序列，选择V1视频轨道中的素材并用右键单击，选择【速度/持续时间】命令，在打开的对话框中设置【持续时间】00:00:10:00，然后单击【确定】按钮，如图2-8所示。

Step 03 将素材【花瓣飘落飞落.avi】拖曳至【序列】面板V2轨道中，选择V2轨道中的素材并用右键单击，选择【速度/持续时间】命令，在打开的对话框中设置【持续时间】00:00:10:00，然后单击【确定】按钮。

Step 04 选中V2轨道中的素材，打开【效果控件】面板，将【不透明度】选项下的【混合模式】设置为【线性减淡（添加）】，如图2-9所示。

图2-8

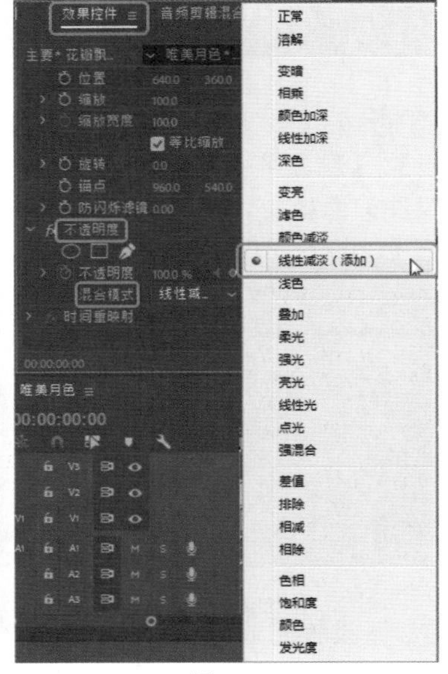

图2-9

Step 05 打开【效果】面板，将【视频效果】|【变换】|【垂直翻转】效果拖至V2轨道中的素材上，如图2-10所示。

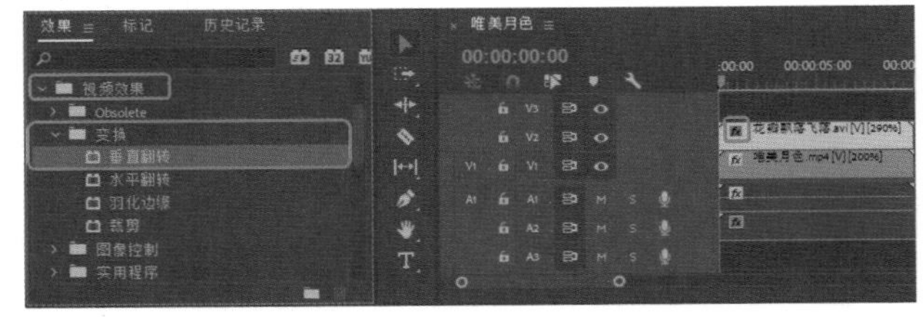

图2-10

Step 06 设置完成后，将A1、A2轨道中文件的结尾处与V1轨道视频文件的结尾处对齐，将场景保存，在【节目】面板中单击【播放-停止切换】按钮▶观看效果即可。

实例 023 视频水平翻转效果

素材：粒子喷泉.mp4
场景：视频水平翻转效果.prproj

本例将介绍使用【水平翻转】效果，该特效可以使素材水平翻转，如图2-11所示。

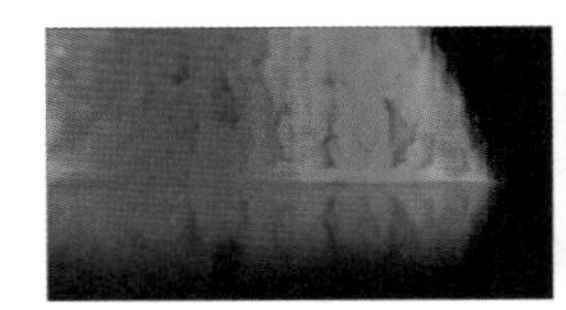
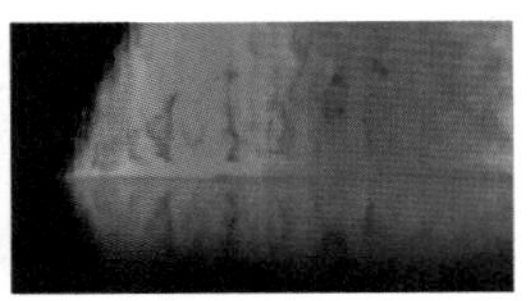

图2-11

Step 01 运行Premiere Pro CC 2018，新建项目文件，在【项目】面板中空白处双击鼠标左键，在弹出的对话框中选择【素材\Cha02\粒子喷泉.mp4】文件，单击【打开】按钮。导入素材后，将【粒子喷泉.mp4】拖至【时间轴】面板，自动生成序列。

Step 02 激活【效果】面板，打开【视频效果】文件夹，选择【变换】下的【水平翻转】效果，将其拖至V1视频轨道中的素材文件上，如图2-12所示。

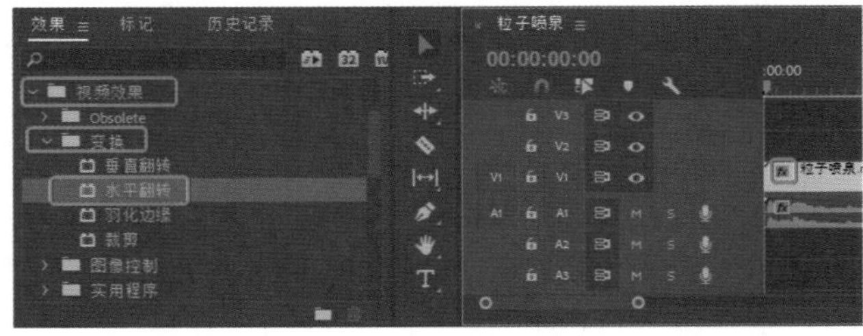

图2-12

Step 03 设置完成后将场景保存，在【节目】面板中单击【播放-停止切换】▶按钮观看效果即可，如图2-13所示。

图2-13

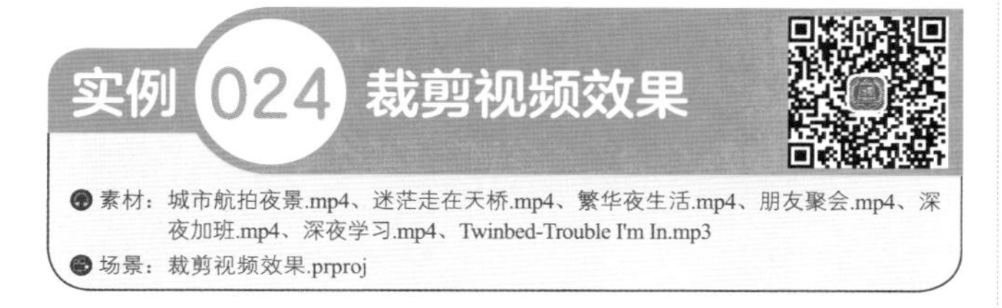

实例 024 裁剪视频效果

素材：城市航拍夜景.mp4、迷茫走在天桥.mp4、繁华夜生活.mp4、朋友聚会.mp4、深夜加班.mp4、深夜学习.mp4、Twinbed-Trouble I'm In.mp3

场景：裁剪视频效果.prproj

本例将对视频路径进行裁剪，同时通过透明度下的【混合模式】，使视频融入视频背景中，效果如图2-14所示。

图2-14

Step 01 运行Premiere，在欢迎界面单击【新建项目】按钮，在弹出的对话框中将【文件名称】命名为【裁剪视频效果】，并为其添加保存路径，然后单击【确定】按钮即可。进入工作页面后，在【项目】面板中空白处双击鼠标左键，在弹出的对话框中选择【素材\Cha02\城市航拍夜景.mp4】、【迷茫走在天桥.mp4】、【繁华夜生活.mp4】、【朋友聚会.mp4】、【深夜加班.mp4】、【深夜学习.mp4】、Twinbed-Trouble I'm In.mp3素材文件，单击【打开】按钮，如图2-15所示。

图2-15

Step 02 导入素材后，将【城市航拍夜景.mp4】拖至【序列】面板中自动生成序列。选中该素材，单击鼠标右键，在弹出来的菜单中选择【速度/持续时间】命令，在弹出的对话框中将【持续时间】设置为00:00:48:00，如图2-16所示。

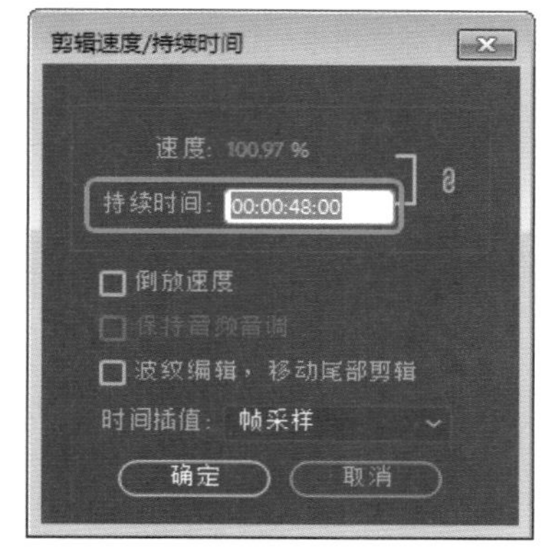

图2-16

Step 03 将当前时间设置为00:00:03:00，在【项目】面板中将素材【迷茫走在天桥.mp4】素材单击拖曳V2轨道并与时间线对齐，如图2-17所示。

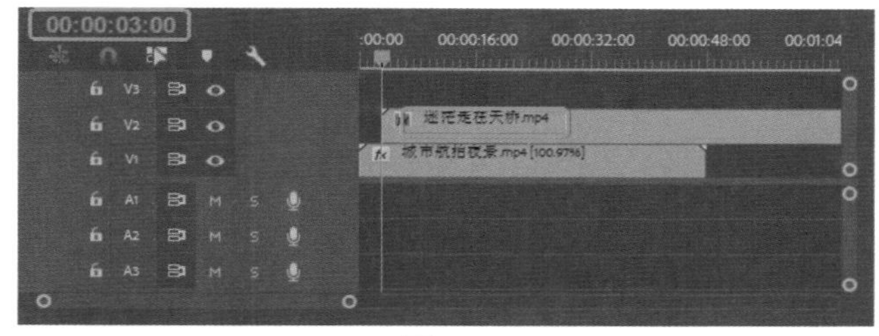

图2-17

Step 04 确定【迷茫走在天桥.mp4】文件在被选中的情况下，确定当前时间在00:00:03:00处，打开【效果】面板【视频效果】文件夹，选择【变换】下的【裁剪】效果并拖至素材上。激活【效果控件】面板，将【裁剪】选项下的【左侧】设置为10%、【顶部】设置为15%、【右侧】设置为10%、【底部】设置为15%，单击【羽化边缘】左侧的【切换动画】按钮，将【不透明度】选项下的【混合模式】为【线性减淡（添加）】，【不透明度】为0%，如图2-18所示。

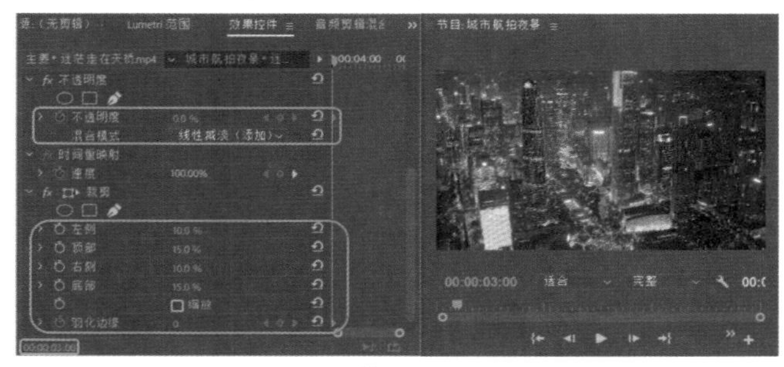

图2-18

Step 05 设置当前时间为00:00:04:00，在【效果控件】面板中将【羽化边缘】设置为55，将【不透明度】设置为100%，如图2-19所示。

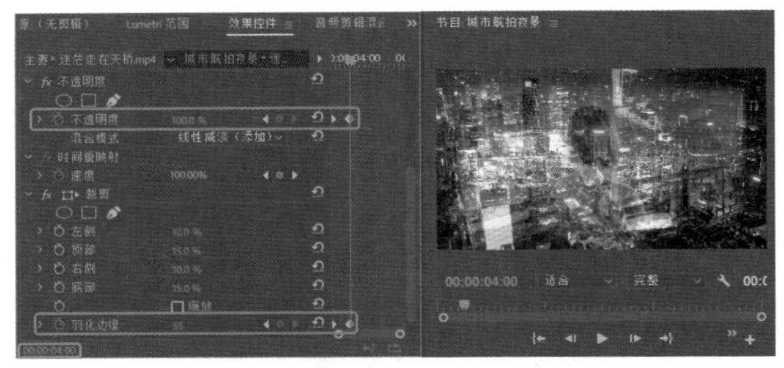

图2-19

Step 06 将当前时间设置为00:00:07:00，在工具箱中选择【剃刀工具】，在时间线上进行裁剪。选择【选择工具】，将后面的素材选中。打开【效果控件】面板，将【不透明度】设置为50%，将【混合模式】设置为【正常】。然后打开【效果】面板，打开【颜色校正】文件夹，选择【亮度与对比度】并将其拖至V2轨道上的第二段素材中，在【效果控件】面板中将【亮度】设置为80，如图2-20所示。

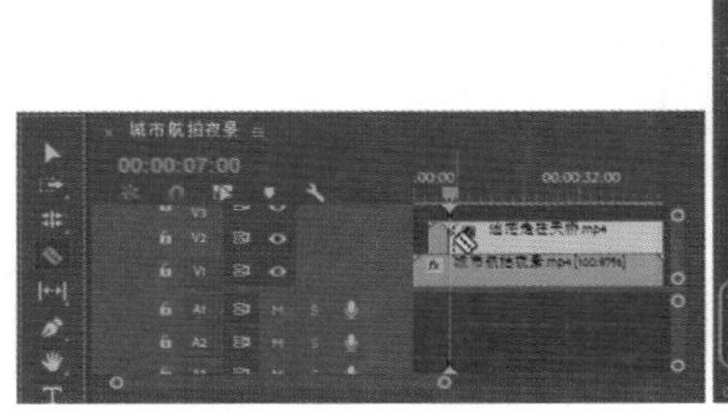
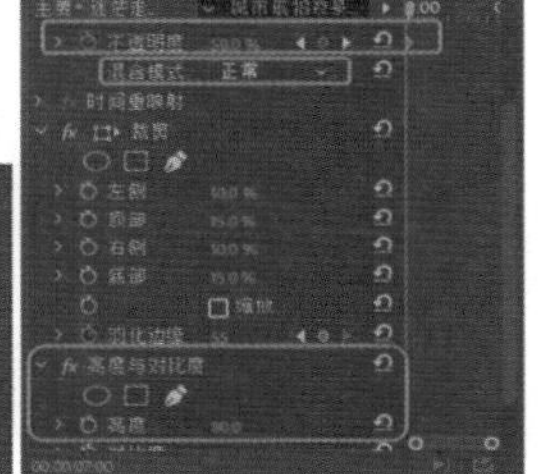

图2-20

Step 07 将当前时间设置为00:00:08:00，将【不透明度】设置为100%，将素材选中，打开【剪辑速度/持续时间】对话框，单击右侧的按钮，将取消链接。将【持续时间】设置为00:00:03:20，【速度】设置为100%，如图2-21所示。

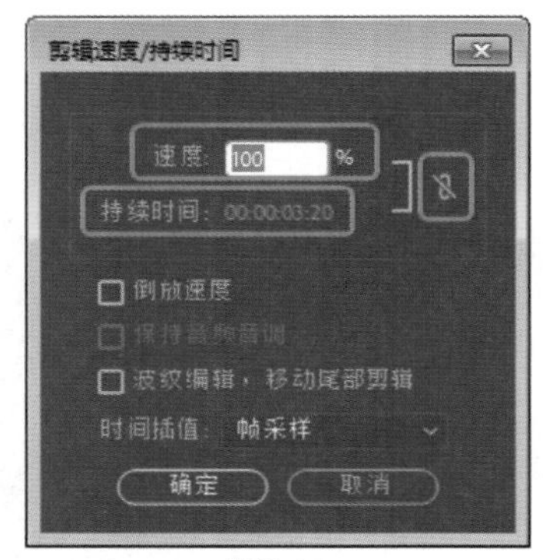

图2-21

Step 08 将当前时间设置为00:00:10:19，在【项目】面板中将素材【繁华夜生活.mp4】拖至V2轨道上并与时间线对齐。选中素材，打开【剪辑速度/持续时间】对话框，将【持续时间】设置为00:00:02:22，【速度】设置为100%，如图2-22所示。

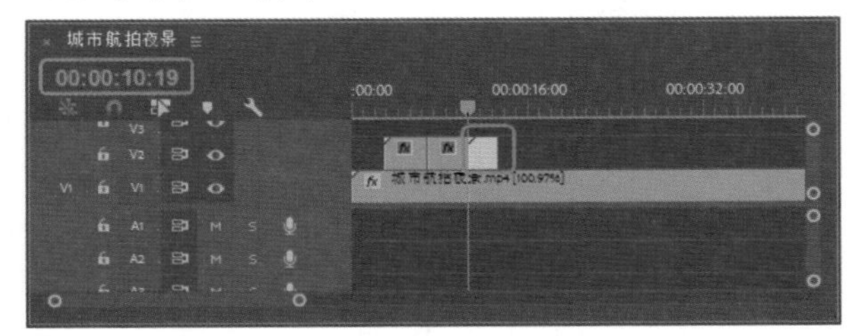

图2-22

Step 09 选中素材【迷茫走在天桥.mp4】第二段，打开【效果控件】面板，选中【裁剪】和【亮度与对比度】对其进行复制。再打开素材【繁华夜生活.mp4】的【效果控件】面板，将复制的效果直接粘贴到该素材的【效果控件】面板，效果如图2-23所示。

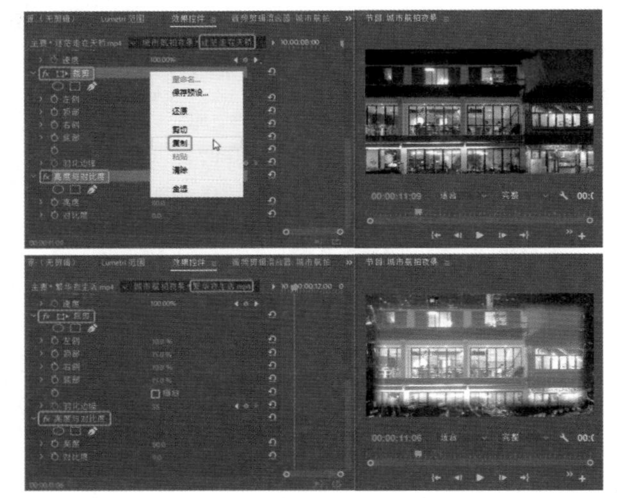

图2-23

Step 10 使用同样的方法将其余的素材添加至V2视频轨道中，根据前面所介绍的方法将【裁剪】和【亮度与对比度】效果复制到新添加的素材文件中，如图2-24所示。

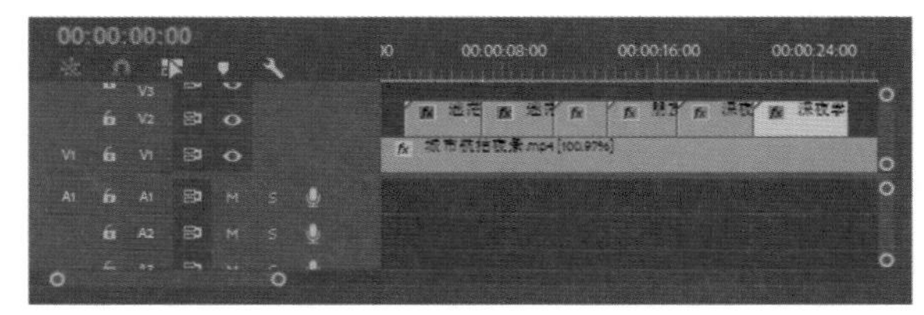

图2-24

Step 11 将当前时间设置为00:00:23:15，选中【深夜学习.mp4】素材并打开其【效果控件】面板，为【不透明度】添加一个【关键帧】。将当前时间设置为00:00:25:24，将【不透明度】设置为0%，如图2-25所示。

Step 12 将当前时间设置为00:00:27:01，在工具箱中选择【文字工具】，在【节目】面板中输入文字，打开【效果控件】面板，将【源文本】选项下的【字体】设置为【经典细空艺】，确定当前时间为00:00:27:01，将【不透明度】设置为0%，如图2-26所示。

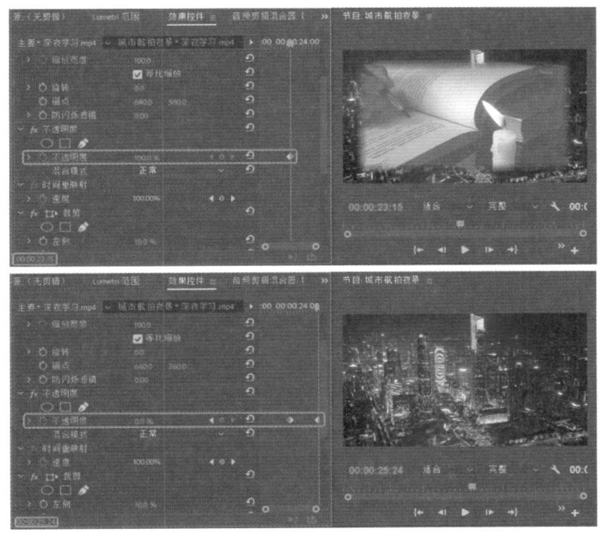

图2-25

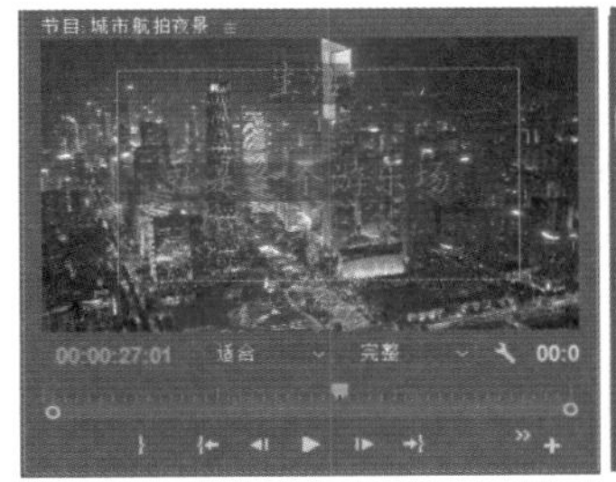

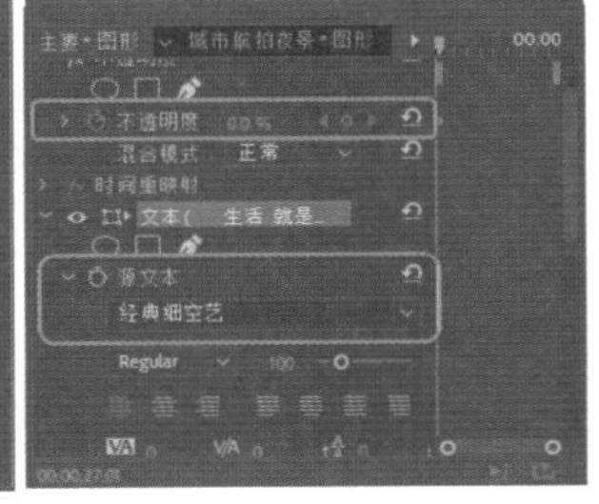

图2-26

Step 13 将当前时间设置为00:00:30:00，在【效果控件】面板中将【不透明度】设置为100%。当前时间设置为00:00:31:29，将【不透明度】设置为0%，如图2-27所示。

图2-27

Step 14 使用同样方法制作其余字幕，如图2-28所示。

图2-28

Step 15 将当前时间设置为00:00:00:00，在【项目】面板中将素材Twinbed-Trouble I'm In.mp3拖至A1轨道并与时间线对齐。双击该素材打开【源】面板，将时间设置为00:01:39:00，单击【标记入点】按钮 设置入点，确定当前时间设置为00:00:00:00，把该素材拖动至与时间线对齐，并将结尾处与V1视频轨道素材结尾处对齐，如图2-29所示。

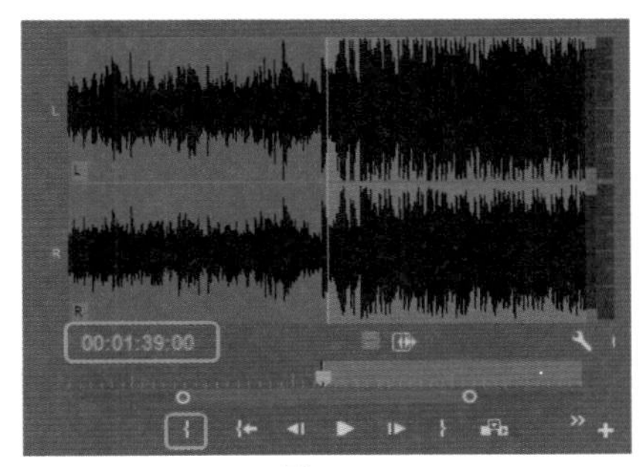

图2-29

Step 16 将时间轴上A1轨道的素材轨道放大，将当前时间设置为00:00:40:22，选择工具箱中的【钢笔工具】，在时间线的位置上添加锚点，再在结尾处添加一个锚点，然后选择【选择工具】 将右侧的【锚点】向下拖动，从而达到音频淡出效果，如图2-30所示。

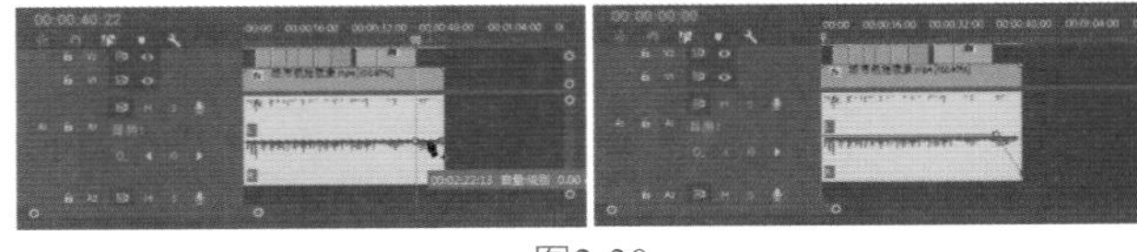

图2-30

Step 17 设置完成后将场景保存，在【节目】面板中单击【播放-停止切换】 按钮观看效果即可。

实例025 羽化视频边缘

素材：沙漠背景.mp4、异域瑜伽.mp4、I Want You To Know.mp3

场景：羽化视频边缘.prproj

本例通过【羽化边缘】效果将视频的边缘与背景融合成一体，效果如图2-31所示。

图2-31

Step 01 运行Premiere，在欢迎界面新建项目文件，在弹出来的对话框中将【文件名称】命名为【羽化视频边缘】，并为其添加保存路径，然后单击【确定】即可。进入到工作页面后，在【项目】面板中【名称】选项下空白处双击鼠标左键，在弹出的对话框中选择【素材\Cha02\沙漠背景.mp4】、【异域瑜伽.mp4】、I Want You To Know.mp3素材文件，单击【打开】按钮，如图2-32所示。

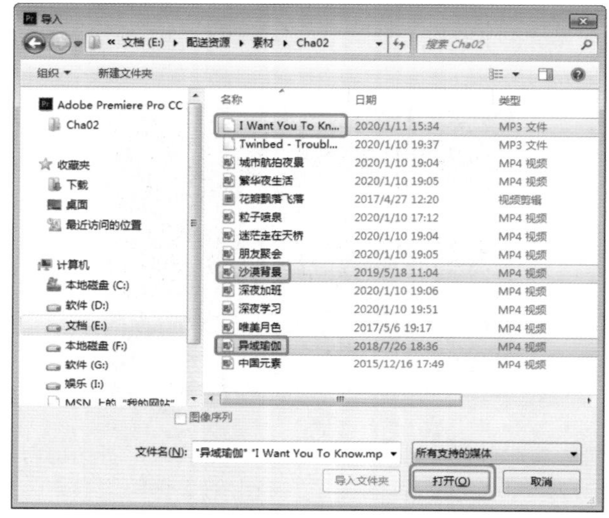

图2-32

Step 02 导入素材后，将【沙漠背景.mp4】拖至【序列】面板中自动生成序列。选中素材，单击右键，选择【取消链接】命令，将A1轨道的音频文件删除，如图2-33所示。

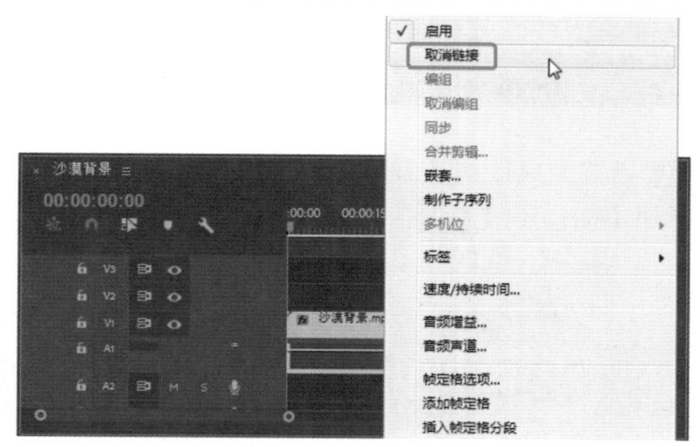

图2-33

Step 03 将当前时间设置为00:00:02:00，将【异域瑜伽.mp4】拖动至V2轨道中与时间线对齐，拖动【异域瑜伽.mp4】素材的结尾处与V1视频轨道中素材的结尾处对齐，并选中素材单击右键，选择【缩放为帧大小】命令，如图2-34所示。

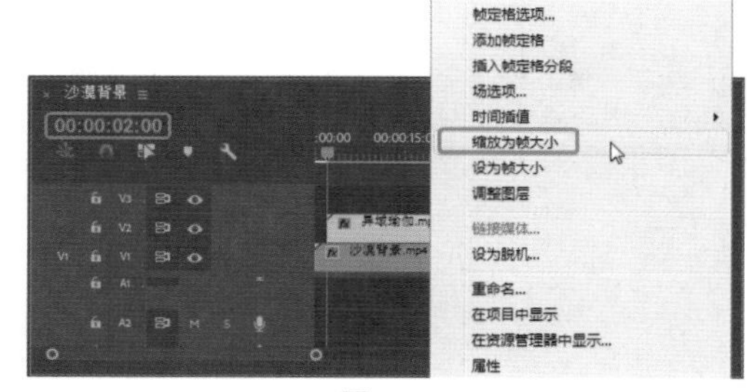

图2-34

Step 04 激活【效果】面板，打开【视频效果】文件夹，选择【变换】下的【羽化边缘】效果拖至素材上，确定当前时间设置为00:00:02:00，在V2轨道中选中素材，切换至【效果控件】面板，将【羽化边缘】选项下的【数量】设置为100，将【不透明度】设置为0%，如图2-35所示。

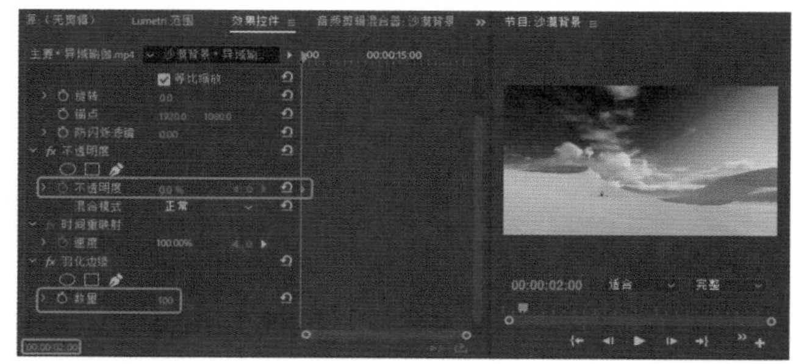

图2-35

Step 05 将当前时间设置为00:00:04:00，将【效果控件】面板中的【不透明度】设置为40%。将当前时间设置为00:00:22:00，将【效果控件】面板中单击【不透明度】右侧【添加/移除关键帧】按钮，为其添加一个关键帧。再将当前时间设置为00:00:26:06，将【效果控件】面板中的【不透明度】设置为0%，如图2-36所示。

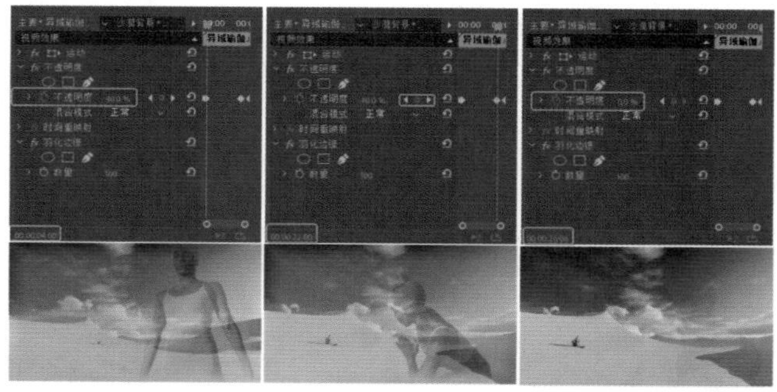

图2-36

Step 06 将当前时间设置为00:00:00:00，在【项目】面板中将素材I Want You To Know.mp3拖至A1轨道与时间线对齐，将结尾处与V1视频轨道素材结尾处对齐。将时间线上A1轨道的素材轨道放大，将当前时间设置为00:00:22:00，选择工具箱中的【钢笔工具】，在如图2-37的位置添加【锚点】，再在结尾处添加一个【锚点】。

然后选择【选择工具】▶，将后面的【锚点】向下拖动，从而达到音频淡出效果，如图2-37所示。

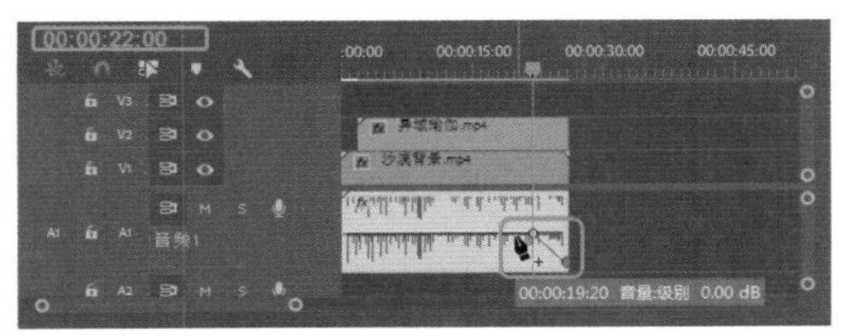

图2-37

Step 07 设置完成后将场景保存，在【节目】面板中单击【播放-停止切换】按钮▶观看效果即可。

实例 026 灰度系数校正

素材：金黄油菜花.mp4

场景：灰度系数校正.prproj

灰度系数校正特效可以使素材渐渐变亮或变暗，下面通过实例来讲解灰度系数校正特效的使用方法，其效果如图2-38所示。

图2-38

Step 01 新建项目和序列文件，将【序列】设置为DV-PAL|【标准48kHz】选项。在【项目】面板中双击鼠标，弹出【导入】对话框，选择【素材\Cha02\金黄油菜花.mp4】，单击【打开】按钮，如图2-39所示。

图2-39

Step 02 在【项目】面板中选择【金黄油菜花.mp4】素材文件，将其添加至时间轴面板中的V1视频轨道上，在弹出的【剪辑不匹配警告】对话框中单击【保持现有设置】按钮，如图2-40所示。

图2-40

Step 03 在轨道中选择【金黄油菜花.mp4】素材文件，打开【效果控件】面板，将【缩放】设置为80，如图2-41所示。

图2-41

Step 04 切换至【效果】面板，打开【视频效果】文件夹，选择【视频效果】|【图像控制】|【灰度系数校正】特效，如图2-42所示。

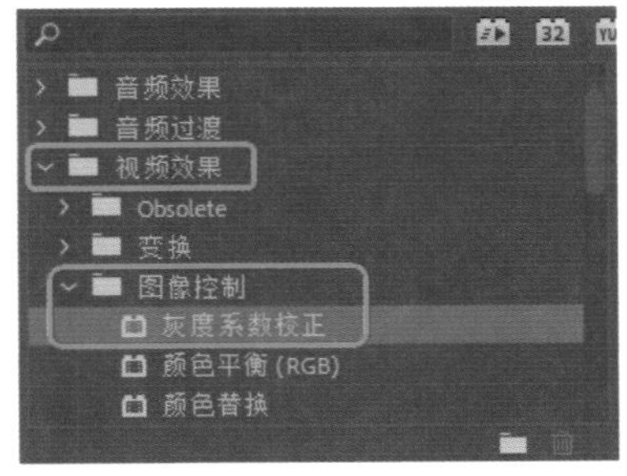

图2-42

Step 05 选择特效后，按住鼠标左键将其拖至时间轴面板中素材文件上，如图2-43所示。

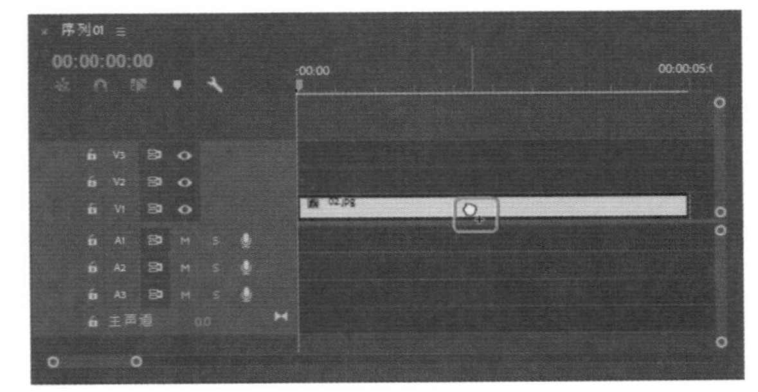

图2-43

Step 06 打开【效果控件】面板，将【灰度系数校正】特效下的【灰度系数】设置为6，如图2-44所示，即可观察效果。

图2-44

实例 027 将彩色视频黑白化

素材：雨中背影.mp4
场景：将彩色视频黑白化.prproj

本例将通过【黑白化】效果将彩色的视频转换为黑白效果，然后通过【灰度系数校正】效果提高画面的亮度，效果如图2-45所示。

图2-45

Step 01 新建项目文件，在【项目】面板中【名称】选项下空白处双击鼠标左键，在弹出的对话框中选择【素材\Cha02\雨中背影.mp4】素材文件，单击【打开】按钮。

Step 02 将导入的【雨中背影.mp4】素材文件拖至时间线上，自动生成序列。激活【效果】面板，打开【视频效果】文件夹，选择【图像控制】下的【黑白】和【灰度系数校正】两个效果并拖至素材上，如图2-46所示。

图2-46

Step 03 确认选中V1视频轨道中的素材，将时间设置为00:00:00:00。切换至【效果控件】面板中，设置【灰度系数校正】下的【灰度系数】为5，然后单击【灰度系数】左侧的【切换动画】按钮，如图2-47所示。

图2-47

Step 04 将当前时间修改为00:00:23:10，在【效果控件】面板中将【灰度系数】设置为28，如图2-48所示。

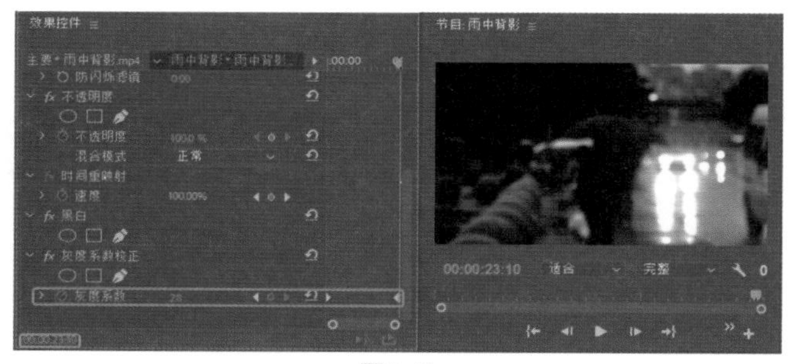
图2-48

Step 05 设置完成后，将场景保存，在【节目】面板中单击【播放-停止切换】按钮即可观看效果。

实例 028 颜色平衡效果

素材：海岸.mp4
场景：颜色平衡（RGB）效果.prproj

颜色平衡（RGB）特效可以按RGB颜色模式调节素材的颜色，达到校色的目的，其效果如图2-49所示。

图2-49

Step 01 新建项目，将【序列】设置为DV-PAL|【标准48kHz】选项。在【项目】面板中空白处双击鼠标，弹出【导入】对话框，选择【素材\Cha02\海岸.mp4】素材文件，如图2-50所示。

Step 02 单击【打开】按钮，在【项目】面板中选择【海岸.mp4】素材文件，将其添加至V1视频轨道上，在弹出的【剪辑不匹配警告】对话框中单击【保持现有设置】按钮。

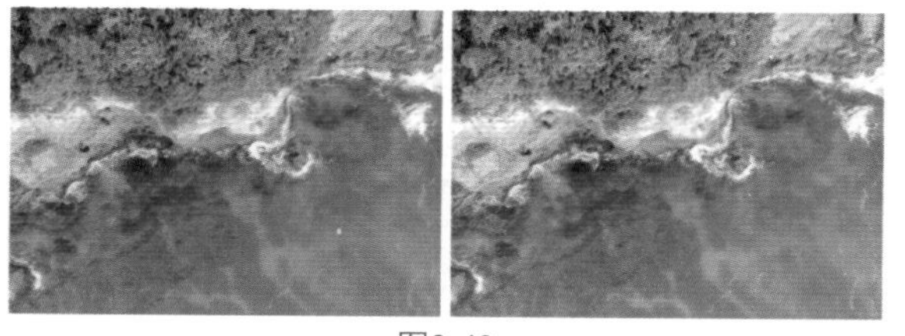

选中V1轨道中的素材文件，在【效果控件】面板中将【缩放】设置为80，如图2-51所示。

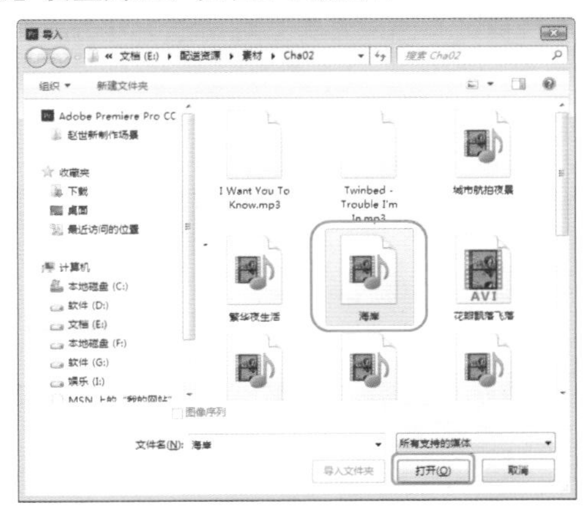

图2-50

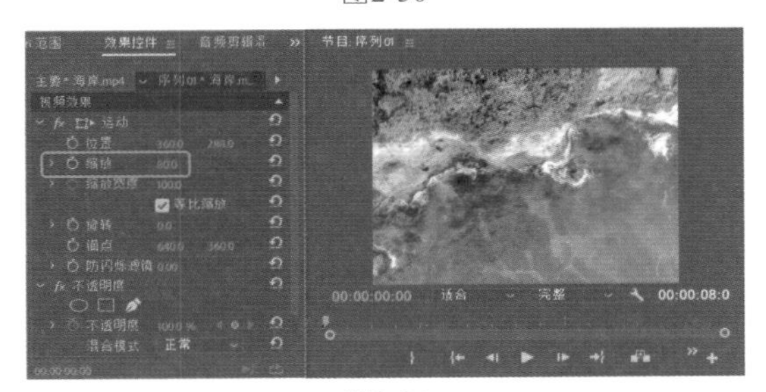

图2-51

Step 03 切换至【效果】面板，打开【视频效果】文件夹，选择【视频效果】|【图像控制】|【颜色平衡（RGB）】特效，将其拖曳至时间轴面板中的【海岸.mp4】素材文件上，如图2-52所示。

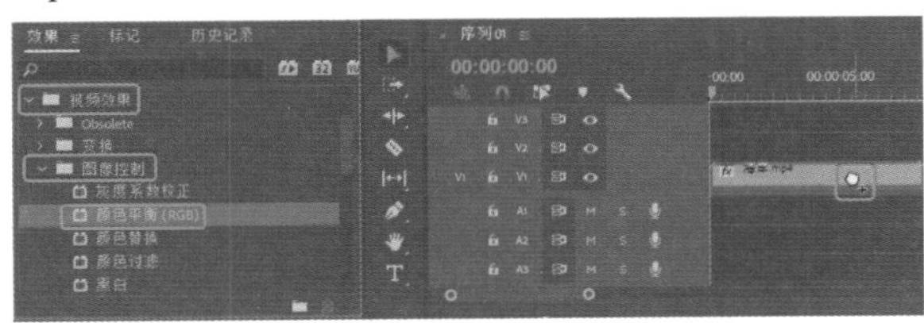

图2-52

Step 04 在【效果控件】面板中将【颜色平衡（RGB）】下的【红色】、【绿色】、【蓝色】分别设置110、105、127，如图2-53所示。

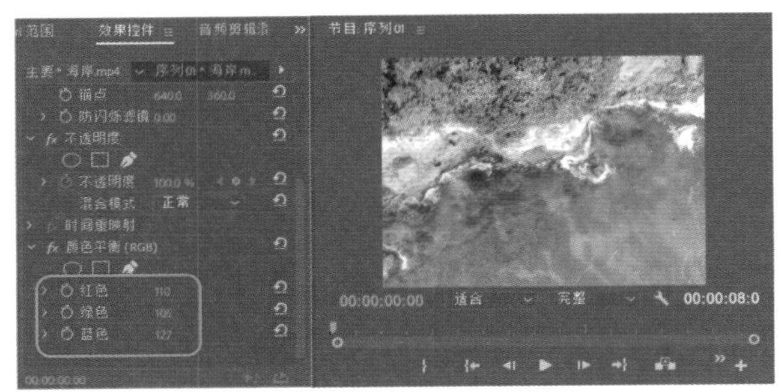

图2-53

实例029 替换画面中的色彩

素材：火焰燃烧特效.mp4

场景：替换画面中的色彩.prproj

本例通过【颜色替换】效果对视频中的颜色进行替换，效果如图2-54所示。

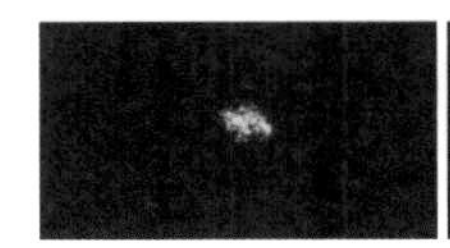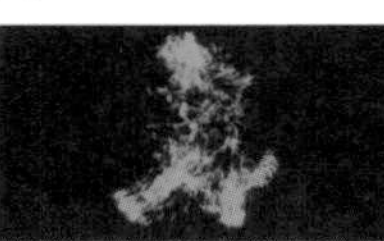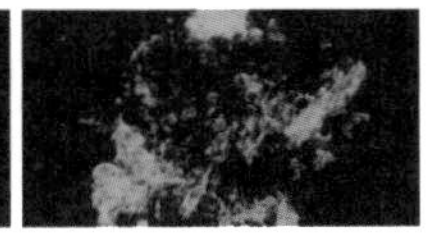

图2-54

Step 01 新建项目文件，在【项目】面板中【名称】选项下空白处双击鼠标左键，在弹出的对话框中选择【素材\Cha02\火焰燃烧特效.mp4】文件，单击【打开】按钮。

Step 02 将导入的【火焰燃烧特效.mp4】素材文件拖至时间线上自动生成序列，然后激活【效果】面板，打开【视频效果】文件夹，选择【图像控制】下的【颜色替换】效果并拖至素材上。

Step 03 切换至【效果控件】面板中，将当前时间设置为00:00:00:00，将【颜色替换】选择组下的【相似性】设置为0，并单击其左侧的【切换动画】按钮。单击【目标颜色】右侧的色块按钮，在弹出的【拾色器】对话框中，将RGB设置为253、218、73。单击【替换颜色】右侧的色块，在弹出的对话框中设置RGB值为115、253、22，并单击其左侧的【切换动画】按钮，如图2-55所示。

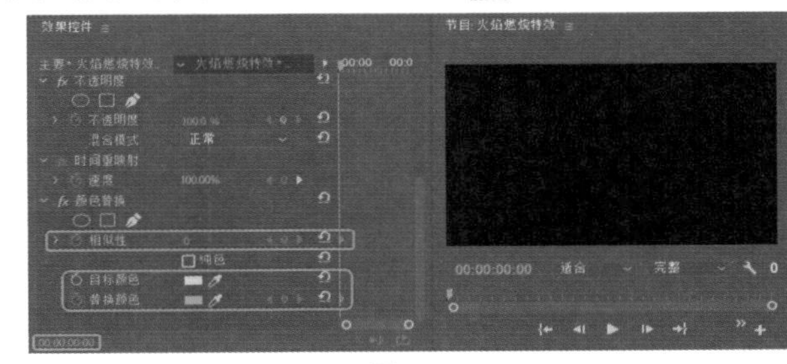

图2-55

Step 04 将当前时间设置为00:00:03:00，在【效果控件】面板中将【颜色替换】选择项组下的【相似性】设置为100，如图2-56所示。

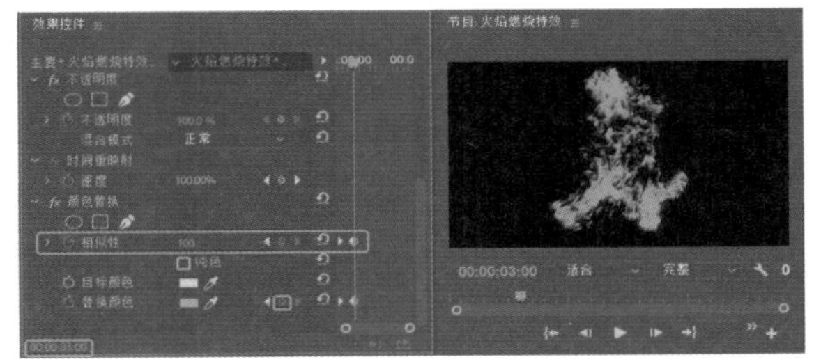

图2-56

Step 05 将当前时间设置为00:00:05:00，打开【效果控件】面板，单击【颜色替换】选择项组下的【替换颜色】右侧的色块，在弹出的对话框中设置RGB值为0、204、255，如图2-57所示。

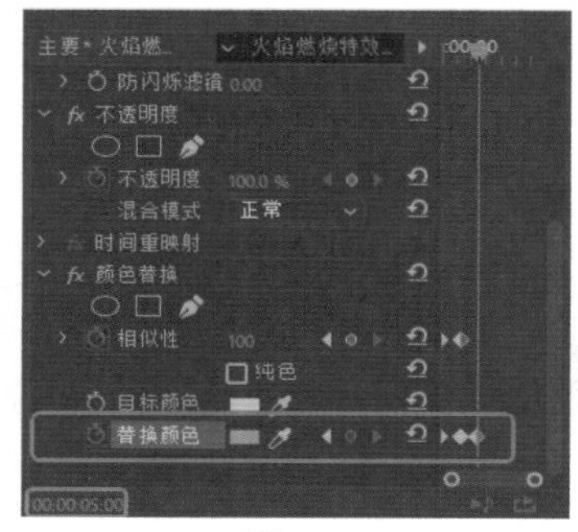

图2-57

Step 06 设置完成后将场景保存，在【节目】面板中单击【播放-停止切换】按钮▶即可观看效果，如图2-58所示。

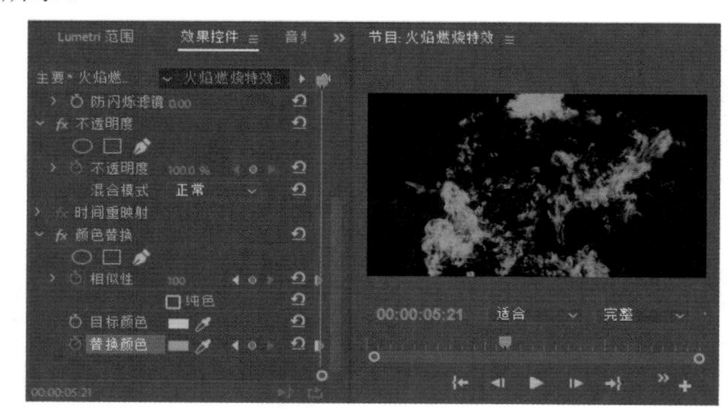

图2-58

实例030 Cineon转换器特效

- 素材：群马奔驰.mp4
- 场景：Cineon转换器特效.prproj

Cineon转换器特效，提供一个高度数的Cineon图像的颜色转换器，效果如图2-59所示。

图2-59

Step 01 新建项目和序列文件，将【序列】设置为DV-PAL|【标准48kHz】选项，如图2-60所示。

Step 02 在【项目】面板中空白处双击鼠标左键，在弹出来的【导入】对话框中选择素材【群马奔驰.mp4】，单击【打开】按钮将素材导入到【项目】面板中。选中该素材，将其拖曳到时间轴面板中的V1视频轨道上，在弹出的【剪辑不匹配警告】对话框中单击【保持现有设置】按钮。继续选中该素材，打开【效果控件】，将【运动】选项组下的【缩放】设置为80，如图2-61所示。

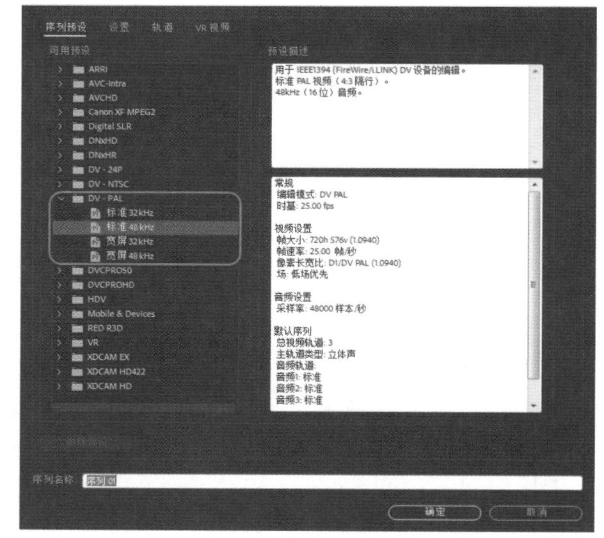

图2-60

图2-61

Step 03 切换至【效果】面板，打开【视频效果】文件夹，选择【实用程序】|【Cineon转换器】特效，如图2-62所示。

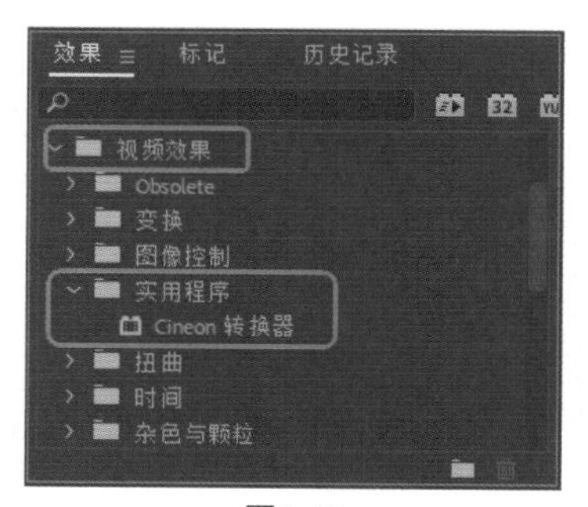

图2-62

Step 04 选择该特效，将其拖曳至V1视频轨道中的素材文件上，在【效果控件】面板中设置【转换类型】为【线性到对数】，将【10位黑场】、【内部黑场】、【10位白场】、【内部白场】、【灰度系数】、【高光滤除】分别设置为200、0、777、1、5、0，如图2-63所示。

图2-63

Step 05 设置完成后将场景保存，在【节目】面板中单击【播放-停止切换】按钮▶，即可观看效果。

知识链接：Cineon转换器

【Cineon转换器】特效选项组中各项命令说明如下。

【转换类型】：指定Cineon文件如何被转换。

【10位黑场】：为转换为10bit对数的Cineon层指定黑点（最小密度）。

【内部黑场】：指定黑点在层中如何使用。

【10位白场】：为转换为10bit对数的Cineon层指定白点（最大密度）。

【内部白场】：指定白点在层中如何使用。

【灰度系数】：指定中间色调值。

【高光滤除】：指定输出值校正高亮区域的亮度。

实例031 扭曲视频效果

素材：梵高星空画.mp4

场景：扭曲视频效果.prproj

本例将对画面添加扭曲的视频效果，其中应用到【扭曲】效果，如图2-64所示。

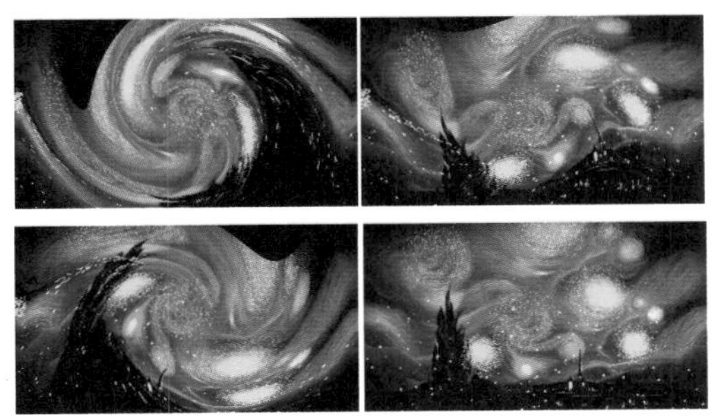

图2-64

Step 01 新建项目文件，在【项目】面板中【名称】选项下空白处双击鼠标左键，在弹出的对话框中选择【素材\Cha02\梵高星空画.mp4】，单击【打开】按钮。

Step 02 将导入的【梵高星空画.mp4】素材文件拖至时间线上自动生成序列，然后激活【效果】面板，打开【视频效果】文件夹，选择【扭曲】下的【旋转】效果并拖至素材上，如图2-65所示。

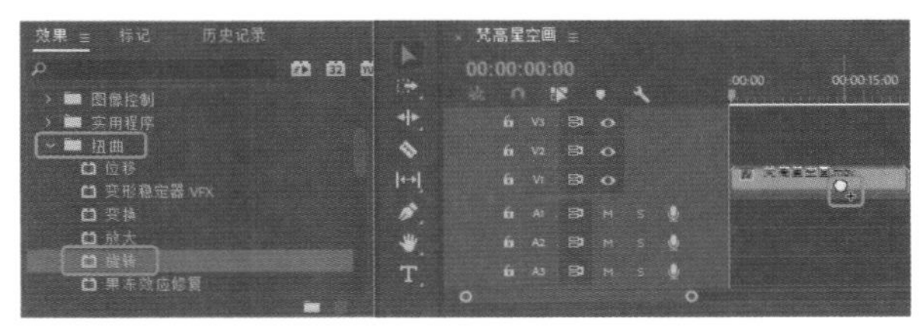

图2-65

Step 03 在【效果控件】面板中将当前时间设置为00:00:00:00，将【旋转】下的【角度】设置为300°，【旋转扭曲半径】设置为48，并单击【角度】左侧的【切换动画】按钮⏱，打开关键帧记录，如图2-66所示。

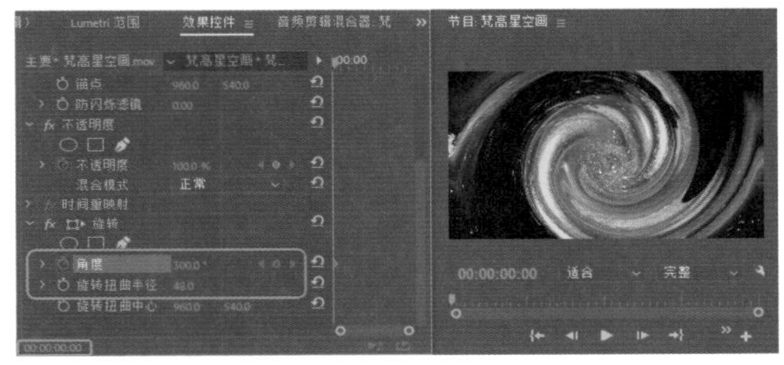

图2-66

Step 04 将当前时间设置为00:00:01:00，【角度】设置为50，如图2-67所示。

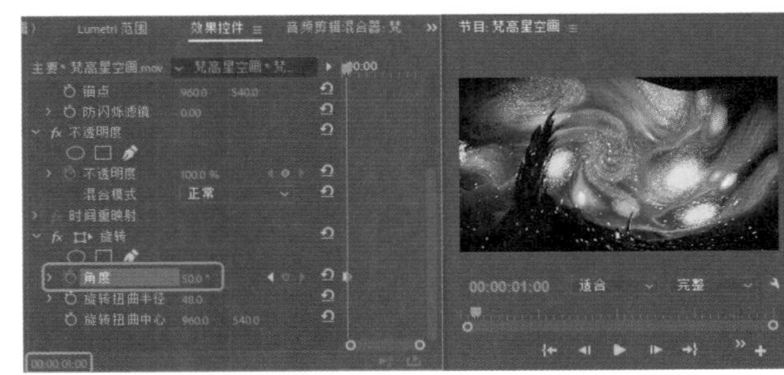

图2-67

Step 05 将当前时间设置为00:00:02:00，【角度】设置为-200°，如图2-68所示。

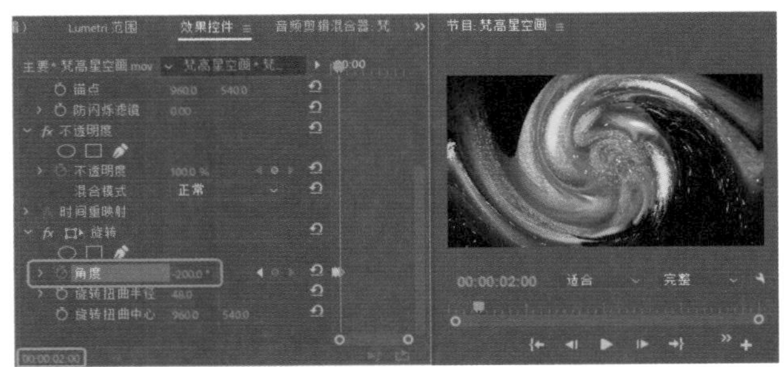

图2-68

Step 06 将当前时间设置为00:00:03:00，【角度】设置为-50°。将当前时间设置为00:00:04:00，【角度】设置为100°。将当前时间设置为00:00:05:00，【角度】设置为0。

Step 07 设置完成后将场景保存，在【节目】面板中单击【播放-停止切换】按钮▶，即可观看效果。

实例 032 边角定位效果

素材：雪山流水.mp4、室内效果.jpg

场景：边角定位效果.prproj

本例介绍如何通过【边角定位】效果，将一段视频放在背景素材上，并对其进行参数调整，效果如图2-69所示。

图2-69

Step 01 新建项目和序列文件，将【序列】设置为DV-PAL|【标准48kHz】选项。在【项目】面板中双击鼠标，弹出【导入】对话框，选择【素材\Cha02\雪山流水.mp4】、【室内效果.jpg】文件，然后单击【打开】按钮。

Step 02 将【雪山流水.mp4】素材文件拖曳至V2视频轨道中，在弹出的【剪辑不匹配警告】对话框中单击【保持现有设置】按钮。右击该素材，在弹出的快捷菜单中选择【缩放为帧大小】命令，如图2-70所示。

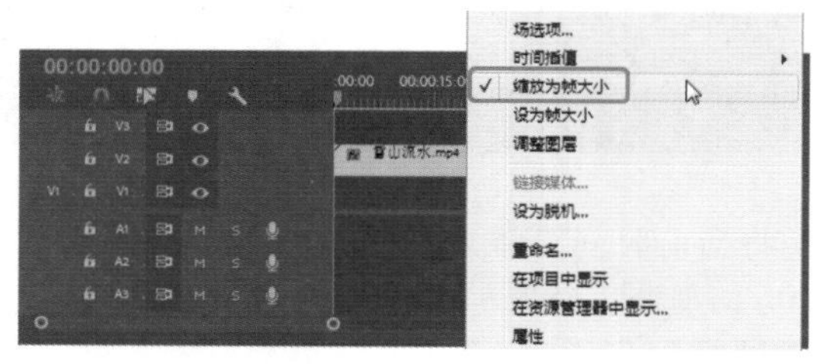

图2-70

Step 03 将【室内效果.jpg】素材文件拖曳至V1视频轨道中。选中该素材，打开【效果控件】面板，将【缩放】设置为29。拖动该素材的结尾处与V2轨道中素材的结尾处对齐，如图2-71所示。

Step 04 切换至【效果】面板，打开【视频效果】文件夹，将【扭曲】下的【边角定位】效果拖曳至V2视频轨道中的【雪山流水.mp4】上。选择素材，切换至【效果控件】面板，将【边角定位】选项下的【左上】设置为81、146，【右上】设置为637、147，【左下】设置为82、440，【右下】设置为638、434，如图2-72所示。

图2-71

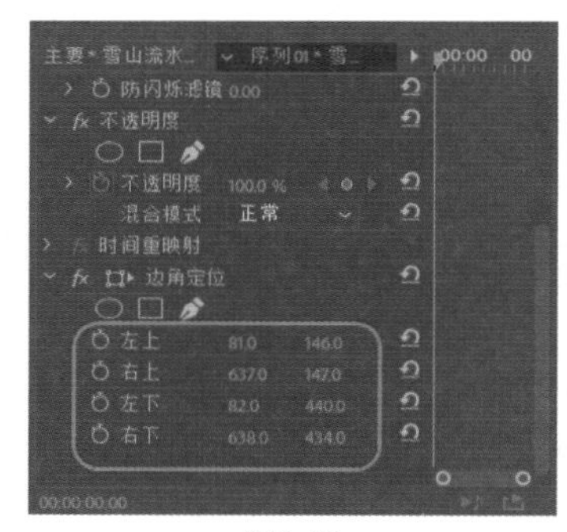

图2-72

Step 05 设置完成后调整其缩放和位置，将场景保存，在【节目】面板中单击【播放-停止切换】按钮▶即可观看效果，如图2-73所示。

图2-73

实例 033 变换效果

素材：奔跑的少女.mp4、变换素材音乐.mp3

场景：变换效果.prproj

变换特效是对素材应用二维几何转换效果。使用变换特效可以沿任何轴向使素材歪斜，本例将对字幕进行变换设置，效果如图2-74所示。

图2-74

Step 01 新建项目，在弹出的对话框中将【文件名称】命名为【变换效果】，并为其添加保存路径，然后单击【确定】按钮即可。进入工作页面后，在【项目】面板中空白处双击鼠标左键，在弹出的对话框中选择【素材\Cha02\奔跑的少女.mp4】、【变换素材音乐.mp3】素材文件，单击【打开】按钮。

Step 02 导入素材后，将【奔跑的少女.mp4】拖至时间轴面板中自动生成序列。单击鼠标右键，在弹出的快捷菜单中选择【速度/持续时间】命令，打开【剪辑速度/持续时间】对话框，将【持续时间】设置为00:00:20:00，将A1轨道中的音频文件删除。双击【项目】面板中的素材【变换素材音乐.mp3】，打开【源】面板，将素材的入点设置为00:00:07:15，将出点设置为00:00:27:10，然后单击【插入】按钮，将其插入时间线中，如图2-75所示。

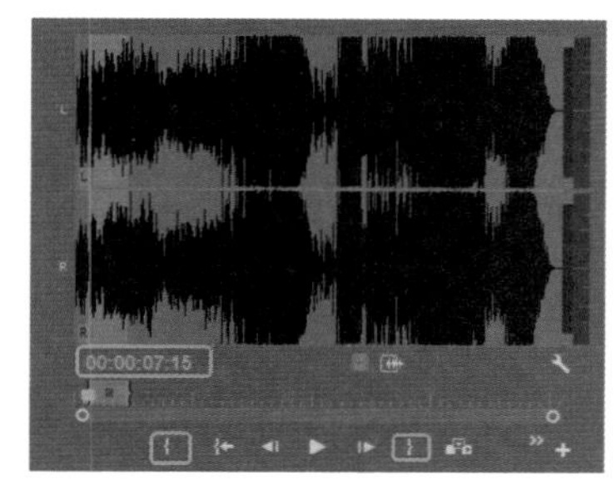

图2-75

Step 03 将当前时间设置为00:00:06:02，在工具箱中选择【文字工具】T，在【节目】面板中绘制一个文本框，输入文字【我爱你】。选中该字幕，单击鼠标右键，在弹出来的快捷菜单中选择【速度/持续时间】命令，将【持续时间】设为00:00:01:23，如图2-76所示。

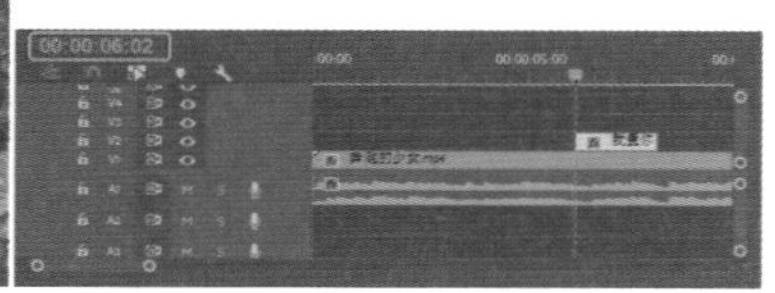

图2-76

Step 04 继续选中该字幕，打开【效果】面板的【视频效果】|【扭曲】文件夹，选择【变换】效果，将其拖曳至字幕【我爱你】中。确认当前时间线为00:00:06:02，打开【效果控件】面板，将【变换】选项下的【不透明度】设置为0，并单击左侧的【切换动画】按钮。将当前时间设置为00:00:07:00，将【不透明度】设置为100%。设置完成后选择【变换】效果，使用Ctrl+C组合键对该效果进行复制，如图2-77所示。

图2-77

Step 05 将当前时间设置为00:00:08:00，在工具箱中选择【文字工具】，在【节目】面板绘制文本框，输入文字【无畏人海的拥挤】，将该字幕拖曳至V3轨道，将其持续时间设置为00:00:03:12。

Step 06 打开该字幕的【效果控件】面板，使用Ctrl+V组合键粘贴刚刚复制的效果，然后将【位置】设置为-61、360，并单击左侧的【切换动画】按钮。将当前时间设置为00:00:08:23，将【位置】设置为625、360，如图2-78所示。

图2-78

Step 07 将当前时间设置为00:00:11:12，使用【文字工具】在【节目】面板绘制文本框，输入文字【用尽余生的勇气】。将该字幕拖曳至V4轨道，将其持续时间设置为00:00:03:12。

Step 08 打开该字幕的【效果控件】面板，使用Ctrl+V组合键粘贴刚刚复制的效果，然后将【缩放】设置为0，并单击左侧的【切换动画】按钮。将当前时间设置为00:00:12:10，将【缩放】设置为100，如图2-79所示。

图2-79

Step 09 将当前时间设置为00:00:14:24，使用【文字工具】在【节目】面板绘制文本框，输入文字【只为能靠近你】。将该字幕拖曳至V5轨道，将其持续时间设置为00:00:02:13。打开该字幕的【效果控件】面板，使用Ctrl+V组合键粘贴刚刚复制的效果，然后将【旋转】设置为0，并单击左侧的【切换动画】按钮。将当前时间设置为00:00:15:24，将【旋转】设置为1×0.0，如图2-80所示。

图2-80

Step 10 将当前时间设置为00:00:17:12，使用【文字工具】在【节目】面板绘制文本框，输入文字【哪怕一厘米】。将该字幕拖曳至V6轨道，将其持续时间设置为00:00:02:13。打开该字幕的【效果控件】面板，使用Ctrl+V组合键粘贴刚刚复制的效果，然后将【倾斜】设置为20，并单击【倾斜】和【倾斜轴】左侧的【切换动画】按钮。将当前时间设置为00:00:19:12，将【倾斜】设置为0，将【倾斜轴】设置为1×0.0，如图2-81所示。

图2-81

Step 11 设置完成后将场景保存，在【节目】面板中单击【播放-停止切换】按钮即可观看效果。

实例 034 放大效果

素材：优美的晚霞下飞鸟经过.mp4、Twlight Rush.mp3

场景：放大效果prproj

放大特效可以将图像局部呈圆形或方形放大，也可以对放大的部分进行羽化、透明等的设置，效果如图2-82所示。

图2-82

Step 01 新建项目，在弹出的对话框中将【文件名称】命名为【放大效果】，并为其添加保存路径，然后单击【确定】按钮即可。进入工作页面后，在【项目】面板中空白处双击鼠标左键，在弹出的对话框中选择【素材\Cha02\优美的晚霞下飞鸟经过.mp4】、Twlight Rush.mp3素材文件，单击【打开】按钮。

Step 02 导入素材后，将【优美的晚霞下飞鸟经过.mp4】拖至时间轴面板中自动生成序列。鼠标右键单击该素材，选择【取消链接】命令，将A1轨道的文件按Delete键删除。双击【项目】面板中的素材Tiwlight Rush.mp3，打开【源】面板，将素材的入点设置为00:00:17:00，将出点设置为00:00:25:24。然后单击【插入】按钮，将其插入时间轴中的A1轨道上。将V1与A1起始处对齐，如图2-83所示。

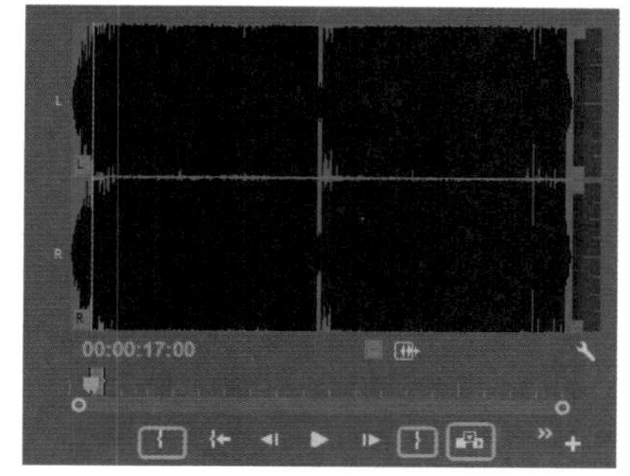

图2-83

Step 03 将当前时间设置为00:00:00:00，选中V1轨道上的素材，打开【效果】面板，打开【视频效果】|【扭曲】文件夹，选择【放大】效果，将其拖曳至素材中。打开【效果控件】面板，将【放大】选项下的【大小】设置为1，并单击左侧的【切换动画】按钮。将当前时间设置为00:00:02:03，将【大小】设置为290，单击【羽化】左侧的【切换动画】按钮，如图2-84所示。

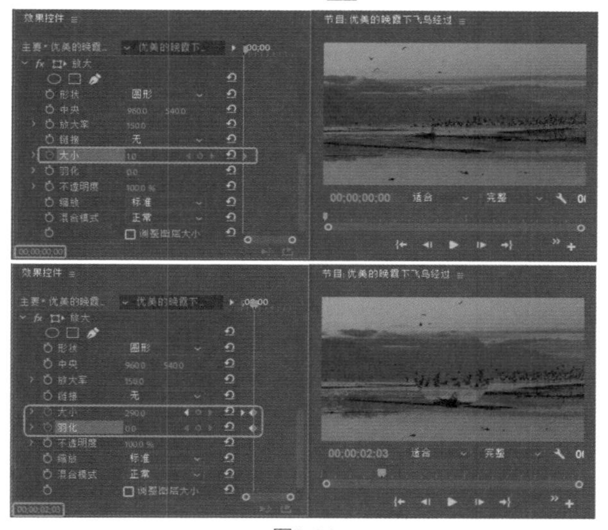

图2-84

Step 04 将当前时间设置为00:00:04:10，将【放大】选项下的【羽化】设置为50，如图2-85所示。

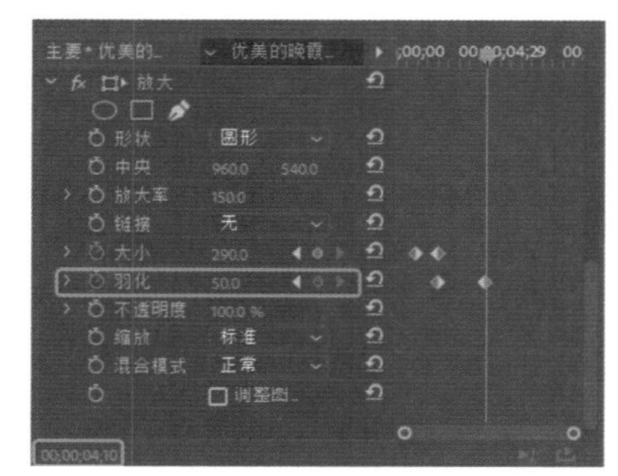

图2-85

Step 05 设置完成后将场景保存，在【节目】面板中单击【播放-停止切换】按钮即可观看效果，如图2-86所示。

图2-86

实例035 波形变形效果

素材：星空成长树.mpge、粒子星空.mp4

场景：波形变形特效.prproj

波形变形特效可以使素材变形为波浪的形状，效果如图2-87所示。

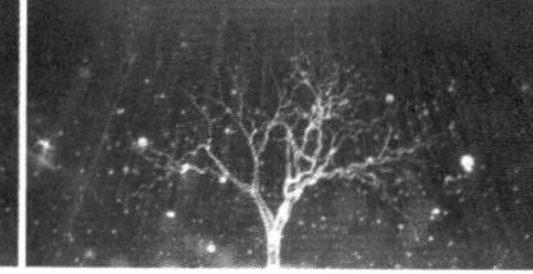

图2-87

Step 01 新建项目，在弹出的对话框中将【文件名称】命名为【波形变形特效】，并为其添加保存路径，然后单击【确定】按钮即可。进入工作页面后，在【项目】面板中空白处双击鼠标左键，在弹出的对话框中选择【素材\Cha02\星空成长树.mpge】、【粒子星空.mp4】素材文件，单击【打开】按钮。

Step 02 导入素材后，将【星空成长树.mpge】拖至时间轴面板中自动生成序列。将当前时间设置为00:01:11:00，再次打开【项目】面板，将素材【粒子星空.mp4】选中，拖曳到V2视频轨道中与时间线对齐。打开【效果控件】面板，将【粒子星空.mp4】素材的【不透明度】设置为0%，将【混合模式】设置为【线性减淡（添加）】，如图2-88所示。将当前时间设置为00:01:13:00，将【粒子星空.mp4】素材的【不透明度】设置为100%，如图2-89所示。

Step 03 将当前时间设置为00:01:10:00，选中素材【星空成长树.mpge】，打开【效果】面板，打开【视频效果】|【扭曲】文件夹，选择【波形变形】效果，将其拖曳至素材中。打开【效果控件】面板，将【波形类型】设置为【正弦】，将【波形高度】、【波形宽度】、【方向】、【波形速度】分别设置为0、1、0、0，并单击左侧的【切换动画】按钮，如图2-90所示。

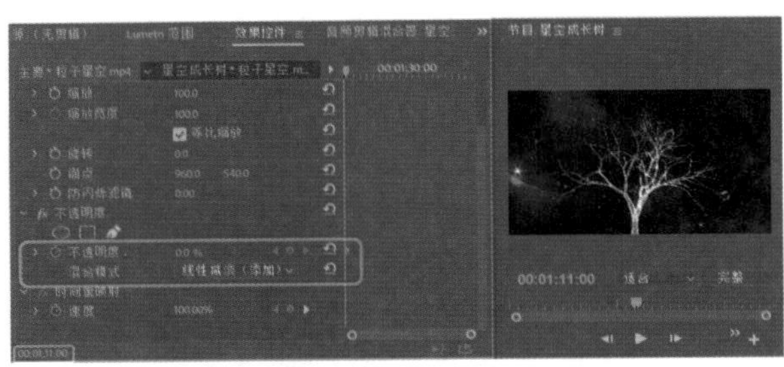
图2-88

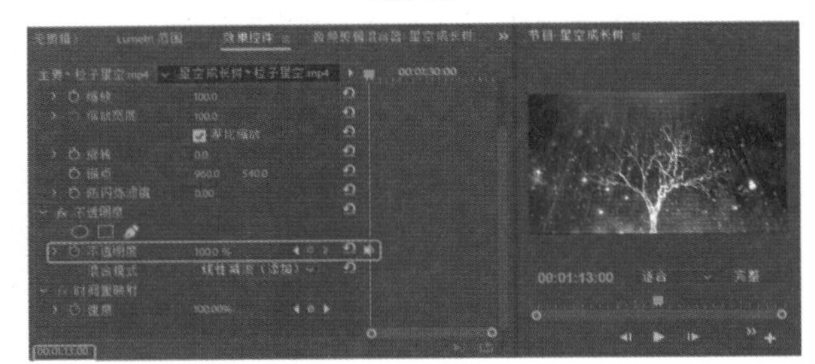
图2-89

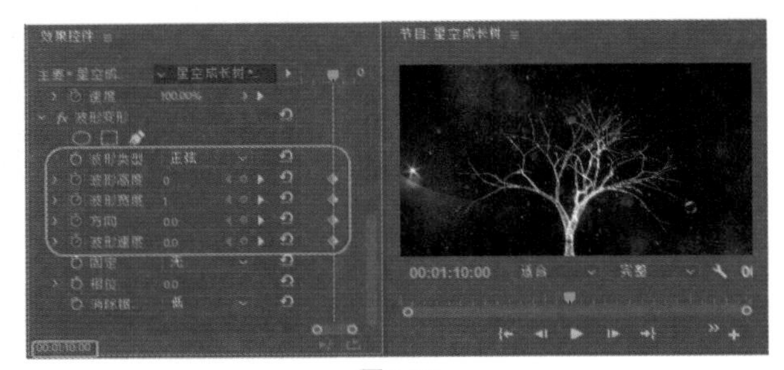
图2-90

Step 04 将当前时间设置为00:01:14:00，打开【效果控件】面板，将【波形高度】、【波形宽度】、【方向】、【波形速度】分别设置为10、40、90、1。将当前时间设置为00:01:15:00，将【波形高度】、【波形宽度】、【方向】、【波形速度】分别设置为0、1、0、0，如图2-91所示。

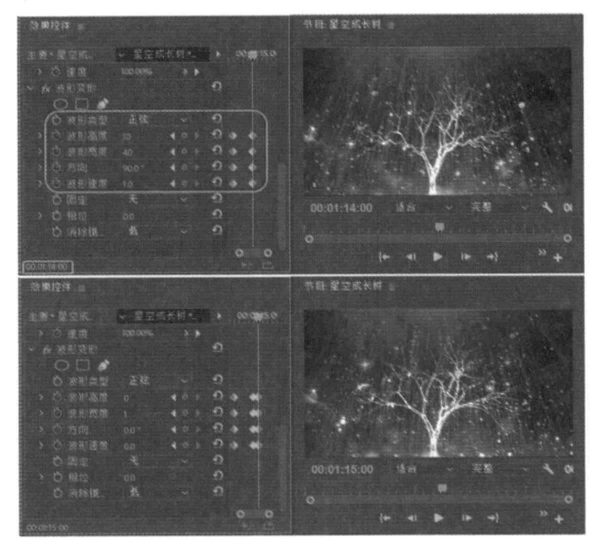
图2-91

Step 05 设置完成后将场景保存，在【节目】面板中单击【播放-停止切换】▶按钮，即可观看效果。

本例将制作视频中指定位置变色的效果，如图2-92所示。

图2-92

Step 01 新建序列，选择DV-24P|【宽屏48kHz】，单击【确定】按钮。进入操作界面，在【项目】面板【名称】选项下双击鼠标左键，在弹出的对话框中，选择【素材\Cha02\草原.mp4】、Bad Liar.mp3素材文件，单击【打开】按钮。

Step 02 导入素材后，将素材【草原.mp4】拖至V1视频轨道中。在弹出的【剪辑不匹配警告】对话框中，单击【保持现有设置】按钮。选中该素材，打开【效果控件】面板，在【运动】选项下将【缩放】设置为46。双击【项目】面板中的素材Bad Liar.mp3，打开【源】面板，将素材的入点设置为00:01:17:00，然后单击【插入】按钮，将其插入时间轴中，调整素材结尾处与V1视频轨道素材结尾处对齐，如图2-93所示。

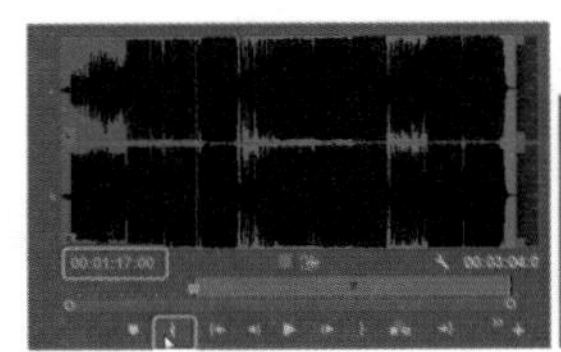
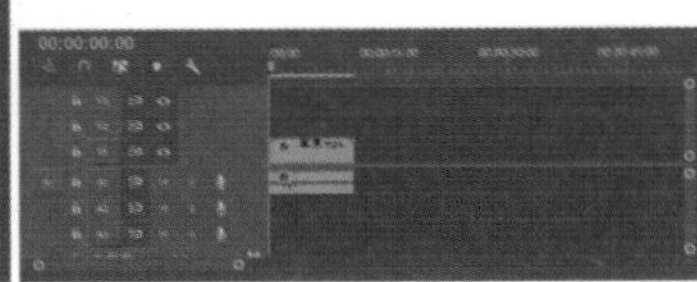
图2-93

Step 03 在【项目】面板的空白处单击鼠标右键，在弹出的快捷菜单中选择【新建项目】|【调整图层】命令，弹出【调整图层】对话框，在该对话框中单击【确定】按钮。将调整图层拖曳到V2视频轨道中，调整其结尾处与V1视频轨道素材结尾处对齐，如图2-94所示。

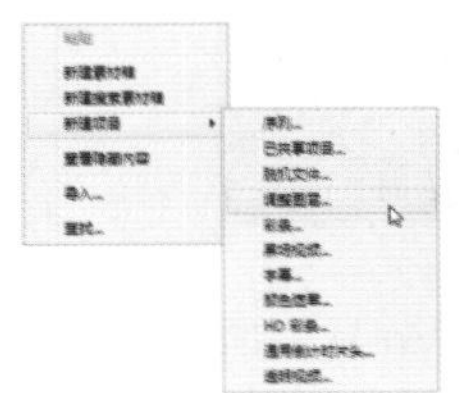

图2-94

Step 04 激活【效果】面板，打开【视频效果】文件夹，选择【颜色校正】下的【Lumetri颜色】效果拖至V2视频轨道素材上。在【效果控件】面板中找到【Lumetri颜色】选项下的【HSL辅助】|【键】，单击【设置颜色】吸管工具，将素材中黄色的草地吸取出来；再单击【添加颜色】吸管工具，将剩余的颜色添加进来。手动调整H、S、L色块，找到【更正】选项，将色轮上的颜色设置为绿色，如图2-95所示。

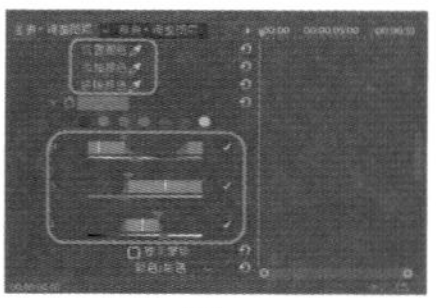
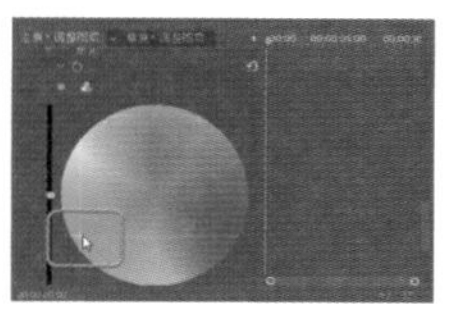

图2-95

Step 05 将当前时间设置为00:00:03:23，在【效果控件】面板中找到【Lumetri颜色】选项下的【HSL辅助】|【键】，单击其左侧的【切换动画】按钮。将当前时间设置为00:00:06:23，将【键】选项下的H、S、L区域的全部调整到最小，如图2-96所示。

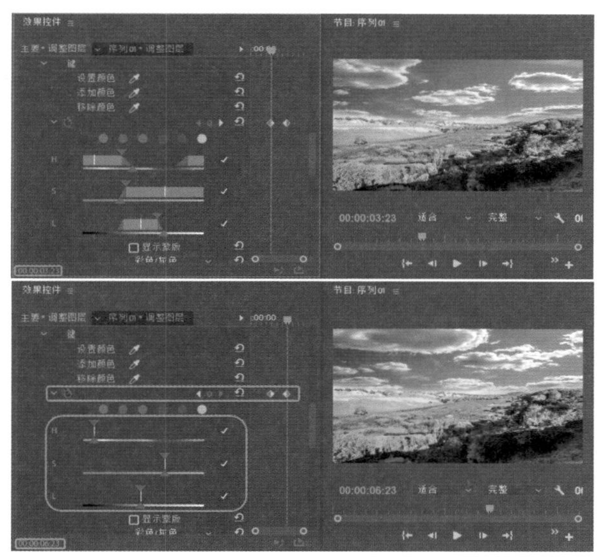

图2-96

Step 06 设置完成后将场景保存，在【节目】面板中，单击【播放-停止切换】按钮观看效果即可。

本例将通过【镜像】效果制作倒影的效果，如图2-97所示。

图2-97

Step 01 新建项目文件，按Ctrl+N组合键，弹出【新建序列】对话框，选择DV-PAL|【标准48kHz】，单击【确定】按钮，进入操作界面，在【项目】面板【名称】选项下双击鼠标左键，在弹出的对话框中选择【素材\Cha02\镜像素材.jpg】素材文件，单击【打开】按钮。

Step 02 将【镜像素材.jpg】文件拖至V1视频轨道中。选中轨道中的素材，单击鼠标右键，在弹出来的快捷菜单中选择【速度/持续时间】命令，在弹出对话框中将【持续时间】设置为00:00:07:00。切换至【效果控件】面板，在【运动】选项下，将【缩放】设置为75，如图2-98所示。

图2-98

Step 03 在时间轴中将V1轨道中的素材复制一层到V2轨道，起始处和结尾处与V1轨道素材对齐。将当前时间设置为00:00:02:00，激活【效果】面板，打开【视频效果】文件夹，选择【扭曲】下的【镜像】效果，拖至V2视频轨道素材上。选中该素材，切换至【效果控件】面板中，将【镜像】选项下的【反射角度】设置为90°，将【反射中心】设置为1152、410，将【不透明度】设置为0%，如图2-99所示。

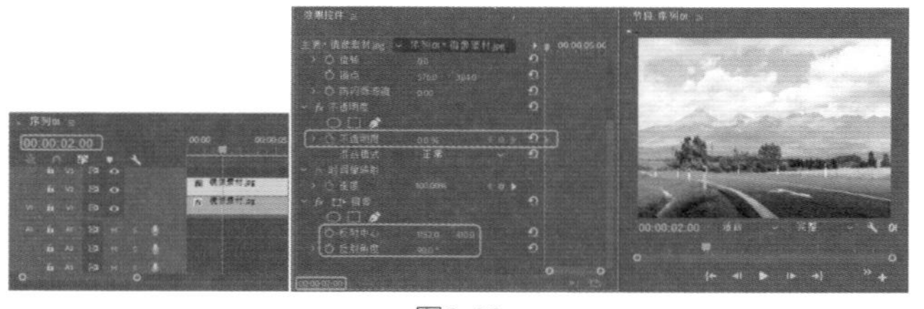

图2-99

Step 04 将当前时间设置为00:00:05:00，在【效果控件】面板中，把【控制版面】的【不透明度】设置为100%。

Step 05 设置完成后将场景保存，在【节目】面板中单击【播放-停止切换】按钮观看效果即可。

实例038 水墨画效果

素材：水墨山水.mpeg、水墨转场.mp4
场景：水墨画效果.prproj

水墨画具有很强的中国民族特色，将画面处理成水墨画效果，会给人一种古色古香、韵味十足的感觉，本例将一个山水风景视频制作成水墨画效果，效果如图2-100所示。

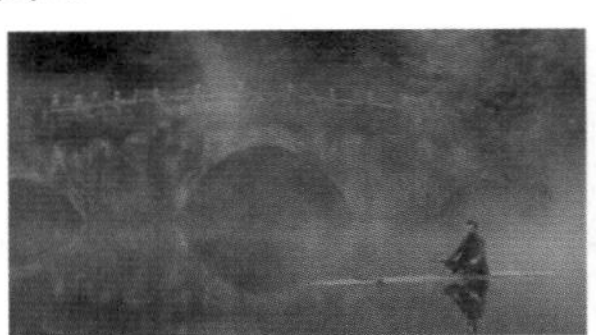
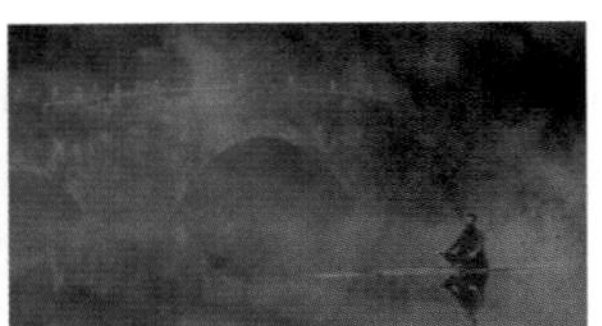

图2-100

Step 01 新建项目文件，按Ctrl+N组合键，弹出【新建序列】对话框，选择DV-24P|【宽屏48kHz】，单击【确定】按钮。进入操作界面，在【项目】面板【名称】选项下双击鼠标左键，在弹出的对话框中，选择【素材\Cha02\水墨山水.mpeg】、【水墨转场.mp4】素材文件，单击【打开】按钮，并在【项目面板】中将【水墨山水.mpeg】素材拖曳至V1视频轨道中。选中该素材，切换至【效果控件】面板中，在【运动】选项下，将【缩放】设置为46。

Step 02 将当前时间设置为00:00:06:00，在工具箱中选择【剃刀工具】，在时间线上单击进行裁剪。将后半段素材拖曳至V2视频轨道，其开始处与V1视频轨道素材的结尾处对齐。在【项目】面板中将素材【水墨转场】拖曳至V3视频轨道与时间线对齐，结尾处与V2对齐，如图2-101所示。

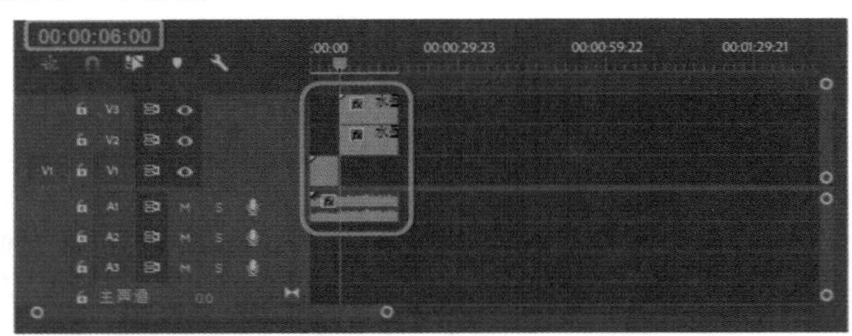

图2-101

Step 03 激活【效果】面板，打开【视频效果】文件夹，选择【键控】下的【轨道遮罩键】效果并拖至V2视频轨道素材上。选中该素材，切换至【效果控件】面板中，在【轨道遮罩键】选项下，将【遮罩】设置为【视频3】，【合成方式】设置为【亮度遮罩】，如图2-102所示。

Step 04 设置完成后将场景保存，在【节目】面板中单击【播放-停止切换】按钮即可观看效果。

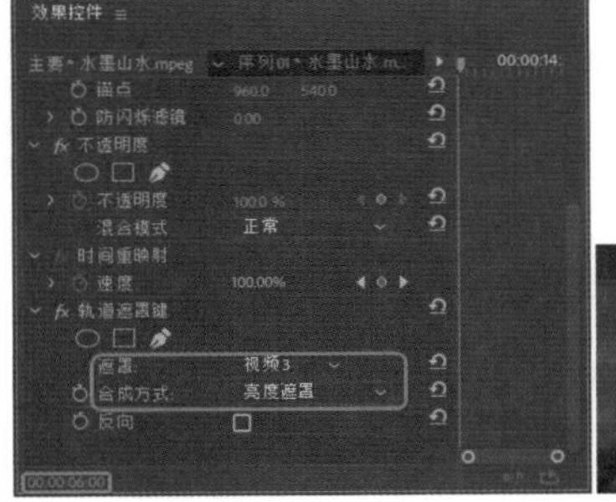

图2-102

实例039 3D效果

素材：再见科比
场景：3D效果.prproj

本例将制作3D效果，通过使用【基本3D】特效，对图像调整出3D空间效果，然后对空间进行装饰，如图2-103所示。

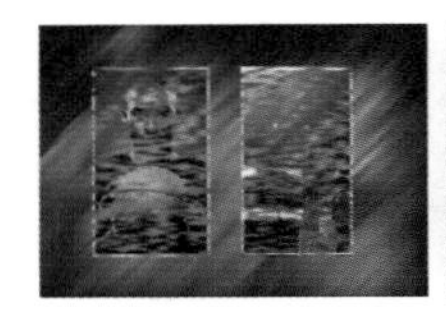

图2-103

Step 01 新建项目和序列，按Ctrl+N组合键，弹出【新建序列】对话框，选择DV-24P|【标准48kHz】，单击【确定】按钮，进入操作界面。在【项目】面板【名称】选项下双击鼠标左键，在弹出的对话框中，打开【素材\Cha02\再见科比】素材文件夹，选择【科比1.jpg】、【科比2.jpg】、【再见科比.jpg】素材文件，单击【打开】按钮。在菜单栏中选择【文件】|【新建】|【旧版标题】命令，在该对话框中保持默认设置，单击【确定】按钮。使用【矩形工具】绘制矩形，在【属性】选项组中将【图形类型】设置为【闭合贝塞尔曲线】，将【线宽】设置为5；在【变换】选项组中将【宽度】、【高度】设置为238.4、401.3，将【X位置】、【Y位置】设置为159.4、241，如图2-104所示。

Step 02 对绘制的矩形进行复制，然后调整复制矩形的位置，将【宽度】、【高度】设置为226.3、396.3，将【X位置】、【Y位置】设置为456.1、241，如图2-105所示。

Step 03 将字幕编辑器关闭，将【科比2】素材文件拖曳至V1视频轨道中，将其持续时间设置为00:00:05:00，将【位置】设置为175、240，将【缩放】设置为21，如图2-106所示。

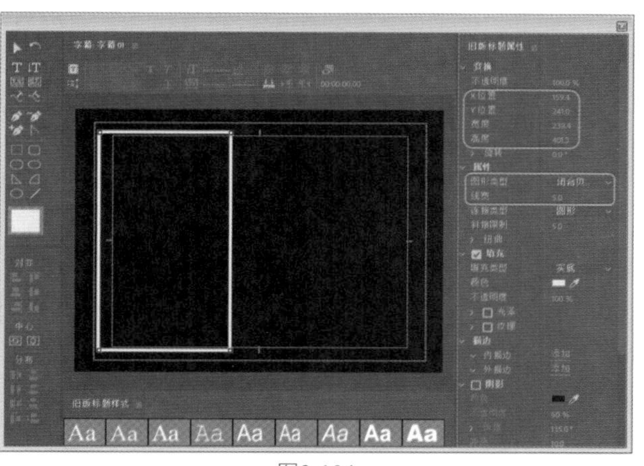

图2-104

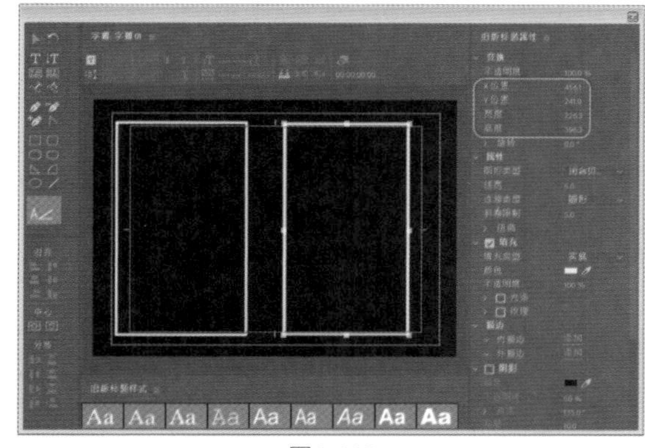

图2-105

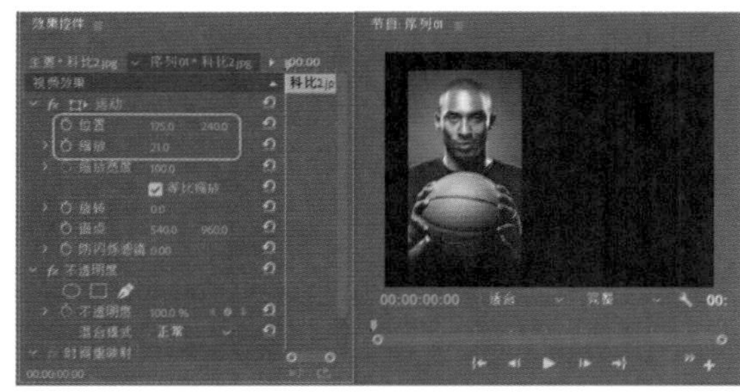

图2-106

Step04 在【效果】面板中将【基本3D】视频特效拖曳至V1视频轨道中的素材文件上，将当前时间设置为00:00:01:14，单击【基本3D】选项组【旋转】左侧的【切换动画】按钮⏱。将当前时间设置为00:00:04:00，将【旋转】设置为-360°，如图2-107所示。

Step05 将当前时间设置为00:00:00:00，将【科比1】素材文件拖曳至V2视频轨道中，将其开始位置与时间线对齐。将【位置】设置为500、240，将【缩放】设置为21，如图2-108所示。

Step06 选择V1视频轨道中的素材文件，在【效果控件】面板中选择【基本3D】视频特效，按Ctrl+C组合键进行复制。选择V2视频轨道中的素材文件，在【效果控件】面板中按Ctrl+V组合键进行粘贴。将当前时间设置为00:00:04:00，将【旋转】设置为360°，如图2-109所示。

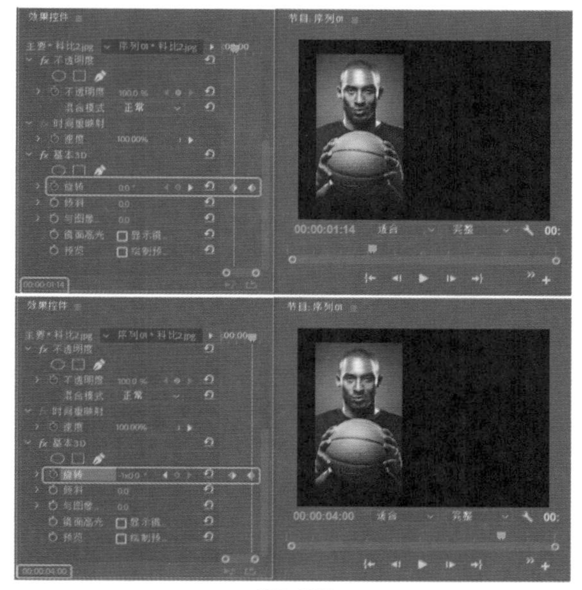

图2-107

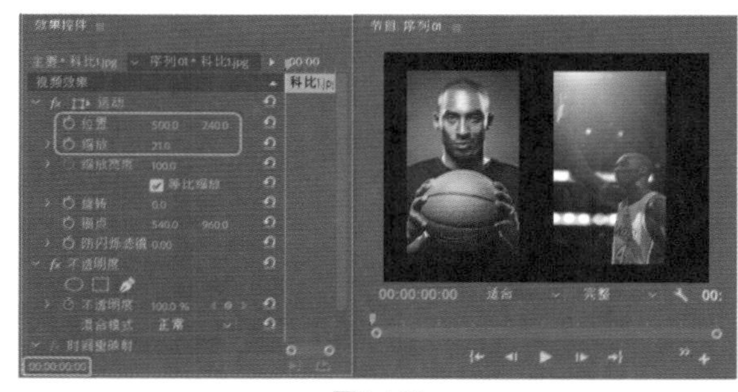

图2-108

图2-109

Step07 将当前时间设置为00:00:00:00，将【字幕01】拖曳至V3轨道中，将其开始位置与时间线对齐。按Ctrl+N组合键，打开【新建序列】对话框，选择【序列预设】选项卡，在【可用预设】选项组选择DV-PAL|【标准48kHz】选项，如图2-110所示。

Step08 单击【确定】按钮，将【再见科比.jpg】素材文件拖曳至【序列02】面板中的V1视频轨道中。将当前时间设置为00:00:03:06，将【位置】设置为290、288，单击其左侧的【切换动画】按钮⏱，将【缩放】设置为65，如图2-111所示。

图2-110

图2-111

Step 09 将当前时间设置为00:00:04:20，将【位置】设置为339、288，将【效果】面板中将【方向模糊】拖曳至V1视频轨道中的素材文件上，将【方向】设置为45°。将当前时间设置为00:00:02:16，将【模糊长度】设置为52，单击其左侧的【切换动画】按钮，如图2-112所示。

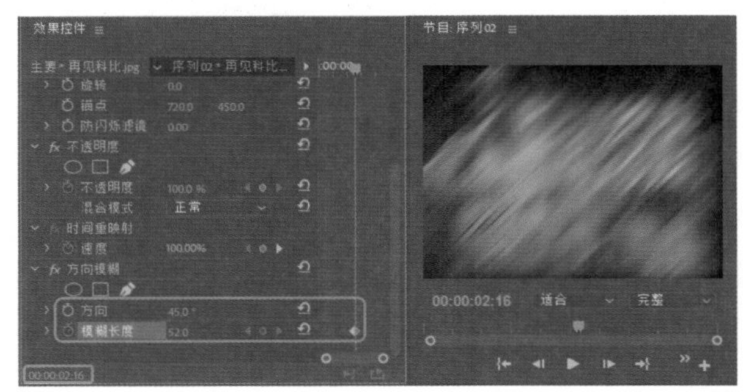

图2-112

Step 10 将当前时间设置为00:00:03:06，将【模糊长度】设置为0。将当前时间设置为00:00:00:00将【序列01】拖曳至【序列02】面板中的V2轨道中，将开始处与时间线对齐。将当前时间设置为00:00:01:14，在【效果控件】面板中，将【位置】设置为372、288，【缩放】设置为100，单击【位置】、【缩放】左侧的【切换动画】按钮。将当前时间设置为00:00:02:15，将【位置】设置为150.3、455.2，将【缩放】设置为45，如图2-113所示。

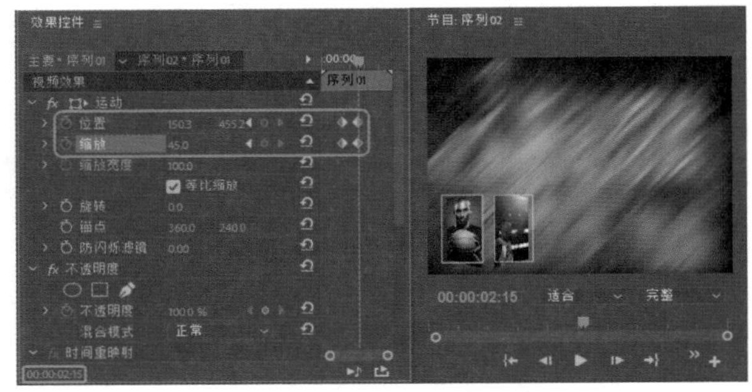

图2-113

Step 11 将当前时间设置为00:00:00:00，在【效果】面板中将【块溶解】拖曳至V2视频轨道中的素材文件上，将【过渡完成】设置为100，单击其左侧的【切换动画】按钮，将【块宽度】、【块高度】设置为20、5。将当前时间设置为00:00:01:00，将【过渡完成】设置为0%，如图2-114所示。

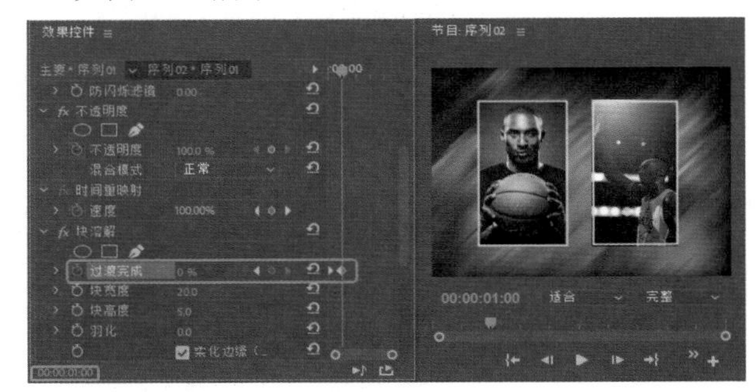

图2-114

Step 12 设置完成后将场景保存，在【节目】面板中单击【播放-停止切换】按钮即可观看效果。

本例通过【分色】效果来调整图片的颜色，如图2-115所示。

图2-115

Step 01 新建项目文件，按Ctrl+N组合键，弹出【新建序列】对话框，选择DV-24P|【宽屏48kHz】，单击【确定】按钮。进入操作界面，在【项目】面板【名称】选项下双击鼠标左键，在弹出的对话框中，选择【素材\Cha02\分色素材.jpg】素材文件，单击【打开】按钮。

Step 02 导入素材后，将素材【分色素材.mp4】拖至V1视频轨道中。选中该素材，打开【效果控件】面板，在【运动】选项下，将【缩放】设置为75。激活【效果】面板，打开【视频效果】文件夹，选择【颜色校正】下的【分色】效果，拖至V1视频轨道素材上，为素材添加【分色】效果。将当前时间设置为00:00:01:00，在【效果控件】面板设置【分色】下【要保留的颜色】为DA2E2D，【脱色量】设置为100%，并单击【脱色量】左侧的【切换动画】按钮，将【容差】设置为43%，【边缘柔和度】设置为0%，如图2-116所示。

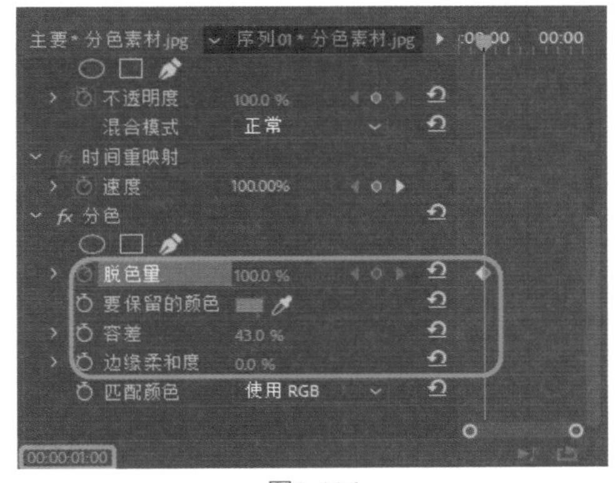

图2-116

Step 03 将当前时间设置为00:00:05:00，在【效果控件】面板，设置【分色】下【脱色量】为0%，如图2-117所示。

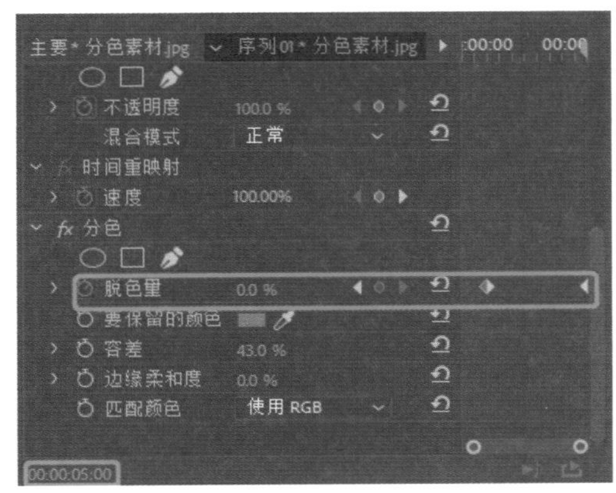

图2-117

Step 04 设置完成后将场景进行保存，在【节目】面板中即可观看效果。

实例041 画面模糊效果

素材：星空萤火虫.mp4

场景：画面模糊效果.prproj

下面将介绍如何制作画面模糊效果，效果如图2-118所示。

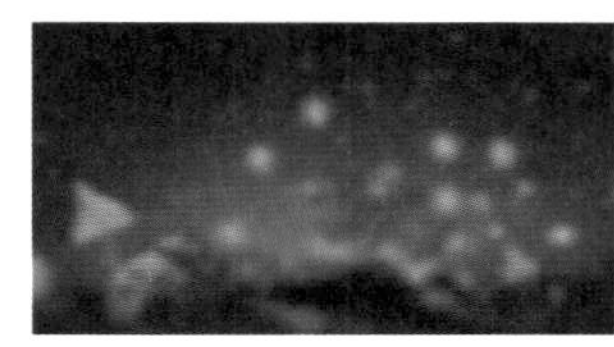

图2-118

Step 01 新建项目文件，按Ctrl+N组合键，弹出【新建序列】对话框，选择DV-24P|【宽屏48kHz】，单击【确定】按钮。进入操作界面，在【项目】面板【名称】选项下双击鼠标左键，在弹出的对话框中，选择【素材\Cha02\星空萤火虫.mp4】素材文件，单击【打开】按钮。

Step 02 导入素材后，将素材【星空萤火虫.mp4】拖至V1视频轨道中，在弹出的【剪辑不匹配警告】对话框中单击【保持现有设置】按钮。将当前时间设置为00:00:00:00，选中该素材，打开【效果控件】面板，在【运动】选项下，将【缩放】设置为95，并单击【缩放】左侧的【切换动画】按钮，如图2-119所示。

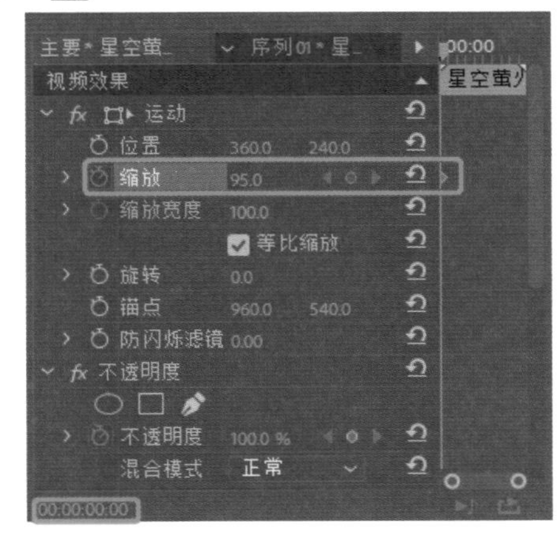

图2-119

Step 03 确定当前时间设置为00:00:00:00，激活【效果】面板，打开【视频效果】文件夹，选择【模糊与锐化】下的【通道模糊】效果并拖至V1视频轨道素材上。在【效果控件】面板中，将【通道模糊】下的【红色模糊度】设置为60，【绿色模糊度】设置为80，【蓝色模糊度】设置为130，并单击其左侧的【切换动画】按钮，如图2-120所示。

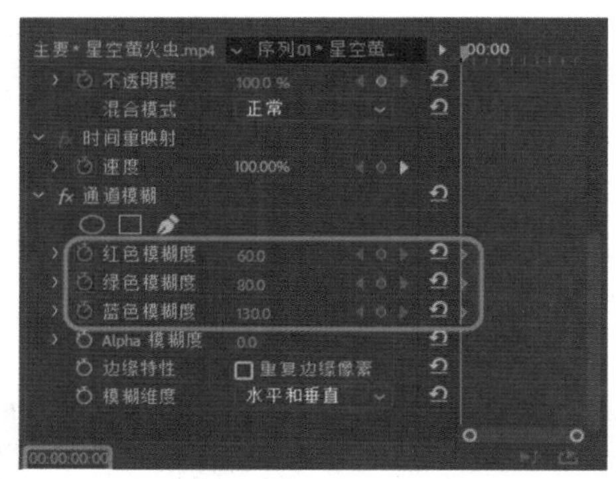
图2-120

Step 04 将当前时间设置为00:00:08:00，在【效果控件】面板中的【运动】选项下，将【缩放】设置为46。将【通道模糊】下的【红色模糊度】设置为0，【绿色模糊度】设置为0，【蓝色模糊度】设置为0，如图2-121所示。

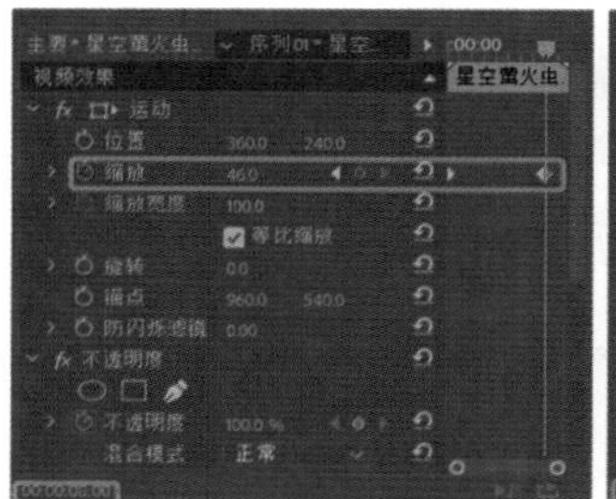
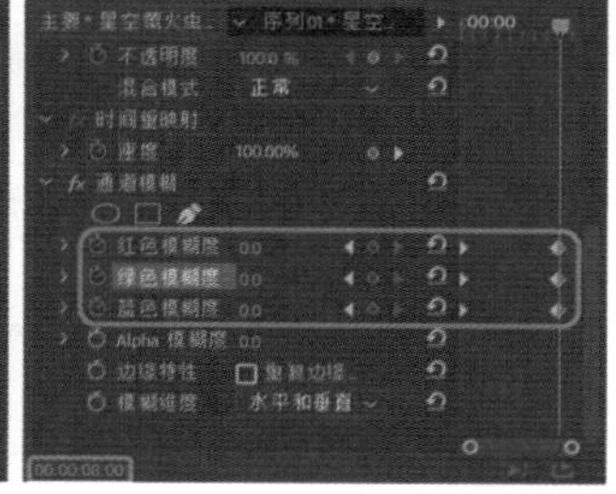
图2-121

Step 05 设置完成后将场景进行保存，在【节目】面板中即可观看效果。

实例 042 画面锐化效果

素材：锐化素材.avi
场景：画面锐化效果.prproj

锐化效果可以将模糊的视频清晰化，本案例将对其进行简单的介绍，效果如图2-122所示。

图2-122

Step 01 新建项目文件，按Ctrl+N组合键，弹出【新建序列】对话框，选择DV-24P|【宽屏48kHz】，单击【确定】按钮。进入操作界面，在【项目】面板【名称】选项下双击鼠标左键，在弹出的对话框中，选择【素材\Cha02\锐化素材.avi】素材文件，单击【打开】按钮。

Step 02 导入素材后，将素材【锐化素材.avi】拖至V1视频轨道中，在弹出的【剪辑不匹配警告】对话框中单击【保持现有设置】按钮。选中该素材，打开【效果控件】面板，在【运动】选项下将【缩放】设置为69。激活【效果】面板，打开【视频效果】文件夹，选择【模糊与锐化】下的【锐化】效果并拖至V1视频轨道素材上，如图2-123所示。

Step 03 选中该素材，打开【效果控件】面板，在【锐化】选项下，将【锐化量】设置为45，如图2-124所示。

图2-123

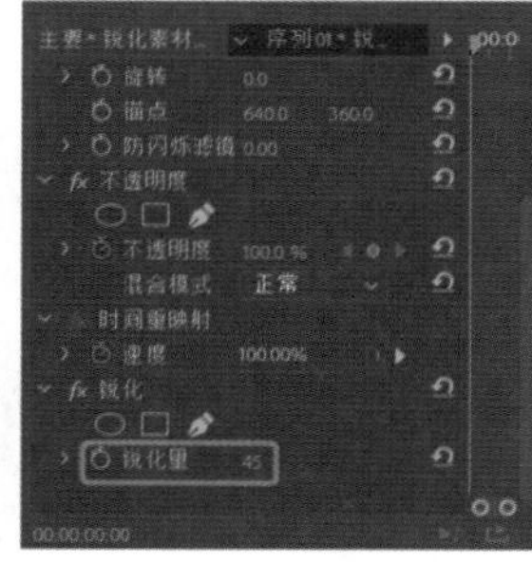
图2-124

Step 04 设置完成后将场景进行保存，在【节目】面板中即可观看效果。

实例 043 球面化效果

素材：放大效果.mp4
场景：球面化效果.prproj

本例通过【球面化】效果为图像添加动态效果，如图2-125所示。

图2-125

Step 01 启动软件后，在【开始】界面中单击【新建项目】按钮，弹出【新建项目】对话框，设置名称以及保存路径，单击【确定】按钮。按Ctrl+N组合键，弹出【新建序列】对话框，选择DV-24P|【宽屏48kHz】选项，单击【确定】按钮，如图2-126所示。

Step 02 进入操作界面，在【项目】面板空白位置处双击鼠标左键，在弹出的【导入】对话框中，选择【素材\Cha02\放大效果.mp4】素材文件，单击【打开】按钮，如图2-127所示。

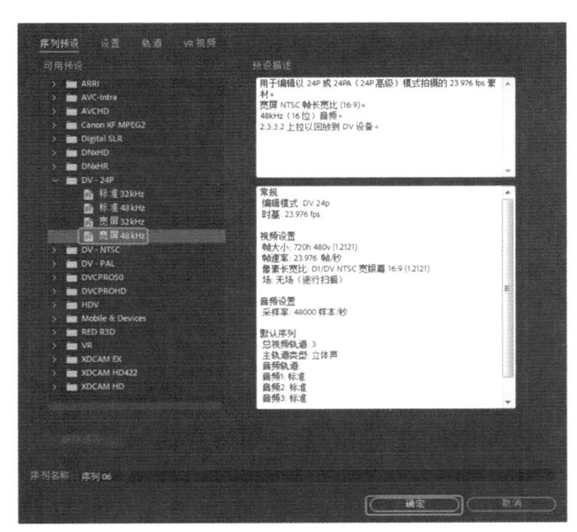

图2-126

图2-127

Step 03 将素材拖曳至【序列】面板的V1视频轨道中，在弹出的【剪辑不匹配警告】对话框中单击【保持现有设置】按钮，选中该素材，打开【效果控件】面板，在【运动】选项下，将【缩放】设置为87。将当前时间设置为00:00:01:00，在【项目】面板中，将素材【放大镜】拖曳至V2视频轨道，起始处与时间线对齐，结尾处与V1视频轨道素材对齐。选中该素材，打开【效果控件】面板，在【运动】选项下，将【位置】设置为-211、227，并单击【位置】左侧的【切换动画】按钮。将当前时间设置为00:00:04:00，将【位置】设置为340、227。当前时间设置为00:00:08:23，将【位置】设置为39、450，如图2-128所示。

Step 04 激活【效果】面板，打开【视频效果】文件夹，选择【扭曲】下的【球面化】效果并拖至V1视频轨道素材上。选中该素材，打开【效果控件】面板，在【球面化】选项下，选中【创建椭圆形蒙版】，在【节目】面板中绘制蒙版。将当前时间设置为00:00:02:11，将【球面化】选项下【蒙版（1）】的【半径】设置为2190，【球面中心】设置为422、408.5，单击【蒙版路径】左侧的【切换动画】按钮，如图2-129所示。

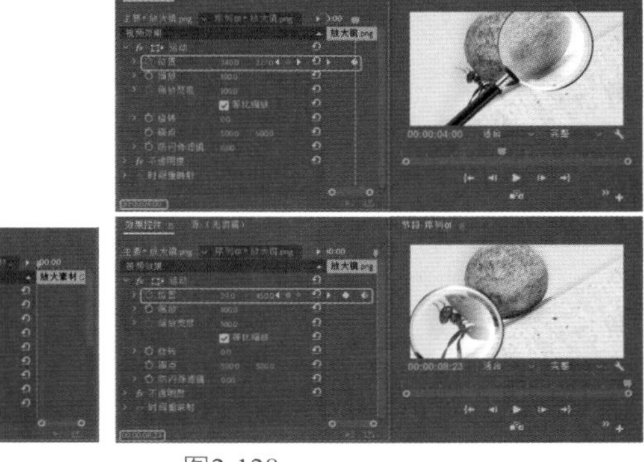

图2-128

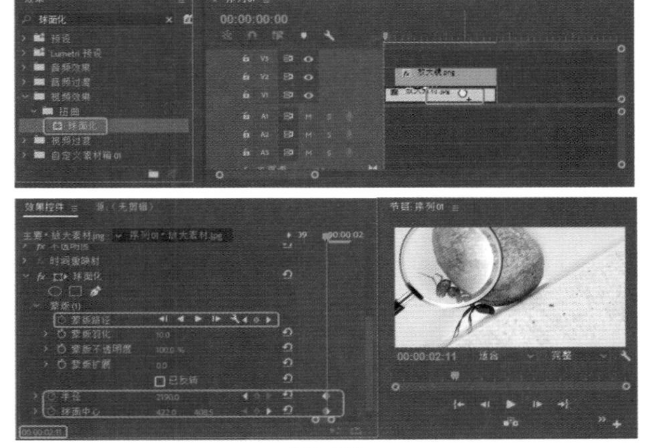

图2-129

Step 05 将当前时间设置为00:00:04:01，【半径】设置为2190，【球面中心】设置为446、374，单击【半径】【球面中心】左侧的【切换动画】按钮。将当前时间设置为00:00:08:23，【半径】设置为2190，【球面中心】设置为500、296.5，添加一个关键帧，用户可以根据需要对关键帧进行调整，完成最终动画的制作。设置完成后将场景进行保存，在【节目】面板中即可观看效果，如图2-130所示。

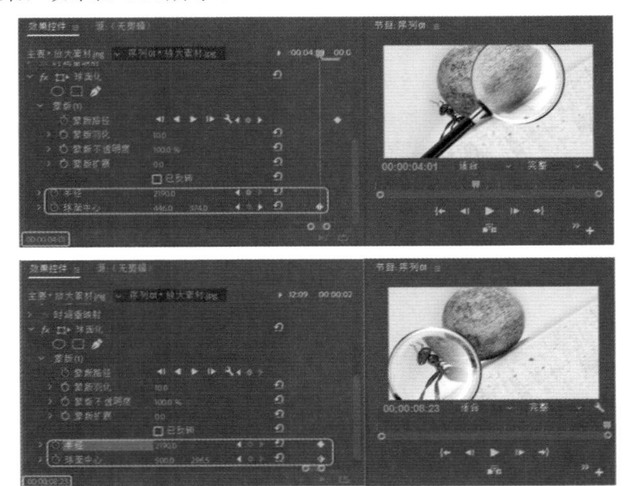

图2-130

实例 044 设置渐变效果

素材：渐变素材.jpg
场景：设置渐变效果.prproj

下面将介绍如何为图片添加渐变效果，如图2-131所示。

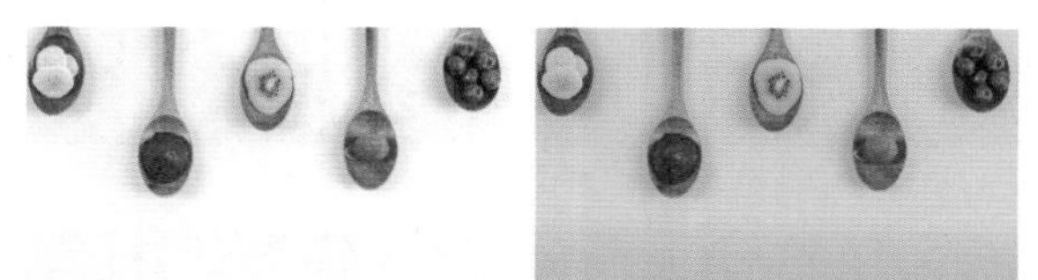

图2-131

Step 01 新建项目文件，按Ctrl+N组合键，弹出【新建序列】对话框，选择DV-24P|【宽屏48kHz】，单击【确定】按钮。进入操作界面，在【项目】面板【名称】选项下双击鼠标左键，在弹出的对话框中，选择【素材\Cha02\渐变素材.jpg】素材文件，单击【打开】按钮。导入素材后，将素材【渐变素材.jpg】拖至V1视频轨道中。选中该素材，打开【效果控件】面板，在【运动】选项下，将【缩放】设置为16。在【项目】面板的空白处单击鼠标右键，在弹出的快捷菜单中选择【新建项目】|【颜色遮罩】命令，弹出【新建颜色遮罩】对话框，单击【确定】按钮；弹出【拾色器】对话框，将颜色设置为白色，单击【确定】按钮；弹出【选择名称】对话框，将名称设置【遮罩L】，如图2-132所示。设置完成后单击【确定】按钮。

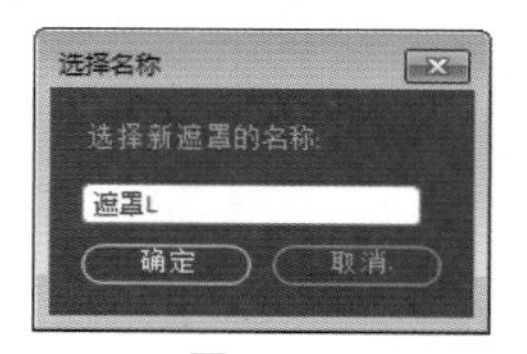

图2-132

Step 02 将【遮罩L】拖曳至V2轨道中，在【效果】面板中选择【视频效果】|【变换】|【羽化边缘】效果，将该效果拖曳至V1视频轨道中的素材【渐变素材.jpg】中，为其添加该效果。在【效果控件】面板将【羽化边缘】选项组中的【数量】设置为39，如图2-133所示。

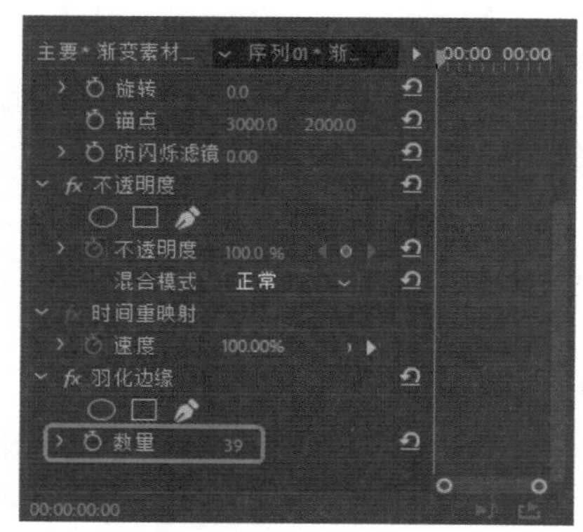

图2-133

Step 03 将当前时间设置为00:00:01:00，选择【遮罩L】，在【效果】面板中选择【视频效果】|【生成】|【渐变】效果，将【渐变】效果拖曳至V2视频轨道中的【遮罩L】中，打开【效果控件】面板，为其添加该效果。将【不透明度】设置为0%，并单击【不透明度】左侧【切换动画】按钮，将【混合模式】设置为【相乘】，将【渐变起点】设置为338、350，将【渐变终点】设置为338、743。将【起始颜色】RGB设置为240、204、182，将【结束颜色】RGB设置为255、66、0，将【渐变形状】设置为【线性渐变】，将【与原始图像混合】设置为20%，如图2-134所示。

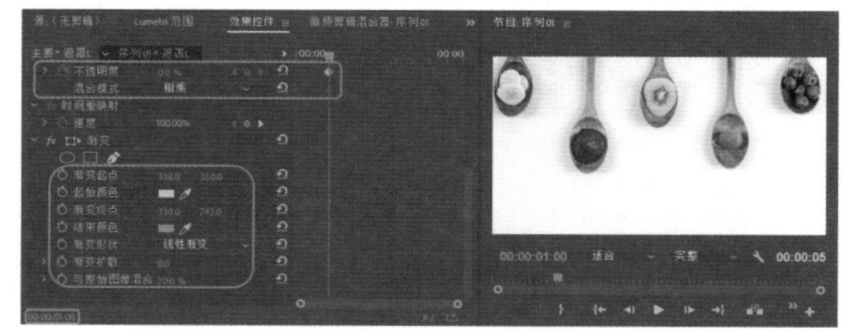

图2-134

Step 04 将当前时间设置为00:00:04:20，打开【效果控件】面板，将【不透明度】设置为100%。设置完成后将场景进行保存，在【节目】面板中即可观看效果，如图2-135所示。

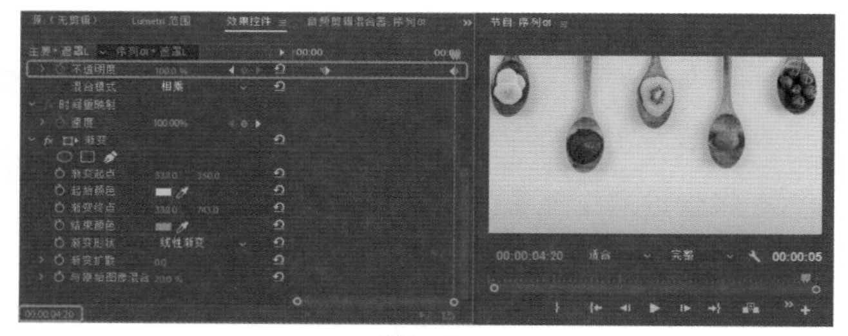

图2-135

实例 045 棋盘格效果

素材：棋盘素材
场景：棋盘格效果.prproj

下面将介绍如何利用【复制】和【棋盘】效果为选中的图片添加棋盘格效果，如图2-136所示。

图2-136

Step 01 新建项目文件，按Ctrl+N组合键，弹出【新建序列】对话框，选择DV-24P|【宽屏48kHz】，单击【确定】按钮。进入操作界面，在【项目】面板【名称】选项下双击鼠标左键，在弹出的对话框中，选择【素材\Cha02\棋盘素材】文件夹里面的【健身1.avi】、【健身2.avi】、【健身3.avi】、【健身4.avi】，单击【打开】按钮。

Step 02 将素材【健身1.avi】拖曳至V1视频轨道中，在素材文件上右击鼠标，在弹出的快捷菜单中选择【取消链接】命令，将V1视频轨道的素材持续时间设置为00:00:14:12。将当前时间设置为00:00:04:15，在【项目】面板中将素材【健身2.avi】拖曳至V3视频轨道中，开始处与时间线对齐。将当前时间设置为00:00:07:10，在工具箱中选择【剃刀工具】，在时间线上单击，对素材【健身2.avi】进行裁剪，如图2-137所示。

图2-137

Step 03 打开【效果】面板，选择【视频效果】|【风格化】|【复制】效果，将该效果拖曳至V3视频轨道素材【健身2.avi】的后半部分，在【效果控件】面板中将【计数】设置为2，如图2-138所示。

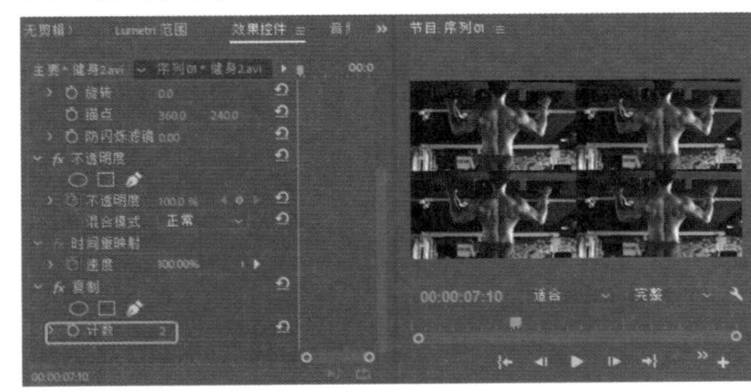

图2-138

Step 04 将当前时间设置为00:00:09:20，在工具箱中选择【剃刀工具】，在时间线上单击，对素材【健身2.avi】进行裁剪。选择【健身2.avi】素材裁剪下来的第三段，打开【效果】面板，选择【视频效果】|【生成】|【棋盘】效果，将该效果拖曳至【健身2.avi】第三段，在【效果控件】面板中将【棋盘】选项组中的【锚点】设置为954、275，将【大小依据】设置为【边角点】，将【边角】设置为1127.6、626.4，将【混合模式】设置为【模板Alpha】，如图2-139所示。

Step 05 确认当前时间设置为00:00:09:20，在【项目】面板中将素材【健身3.avi】拖曳至V2视频轨道，开始处与时间线对齐。将当前时间设置为00:00:14:12，在工具箱中选择【剃刀工具】，在时间线上单击，对素材【健身3.avi】进行裁剪。选择【视频效果】|【生成】|【棋盘】效果，将该效果拖曳至【健身3.avi】第二段，在【效果控件】面板中将【棋盘】选项组中的【锚点】设置为1199、581，将【大小依据】设置为【宽度滑块】，将【宽度】设置为331，将【混合模式】设置为【模板Alpha】，如图2-140所示。

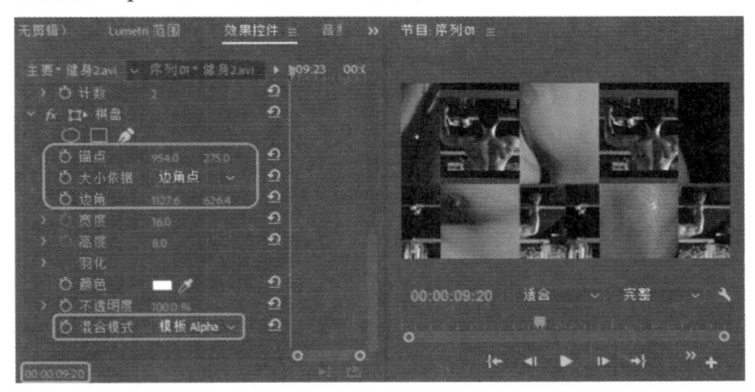

图2-139

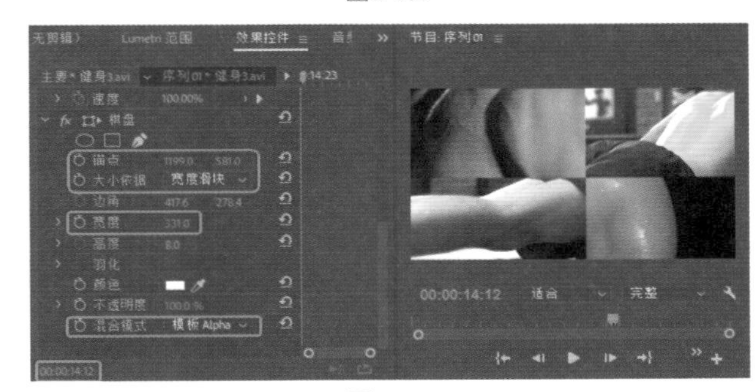

图2-140

Step 06 设置完成后将场景进行保存，在【节目】面板中即可观看效果。

实例046 动态色彩背景

素材：四色素材.mpeg

场景：动态色彩背景.prproj

下面将介绍如何制作动态色彩背景，效果如图2-141所示。

图2-141

Step 01 新建项目文件，按Ctrl+N组合键，弹出【新建序列】对话框，选择DV-24P|【宽屏48kHz】，单击【确定】按钮。进入操作界面，在【项目】面板【名称】选项下双击鼠标左键，在弹出的对话框中，选择【素材\Cha02\四

色素材.mpeg】文件，单击【打开】按钮。

Step 02 在【项目】面板的空白处单击鼠标右键，在弹出的快捷菜单中选择【新建项目】|【颜色遮罩】命令，弹出【新建颜色遮罩】对话框，单击【确定】按钮；弹出【拾色器】对话框，将颜色设置为白色，单击【确定】按钮；弹出【选择名称】对话框，保持默认设置，单击【确定】按钮，如图2-142所示。

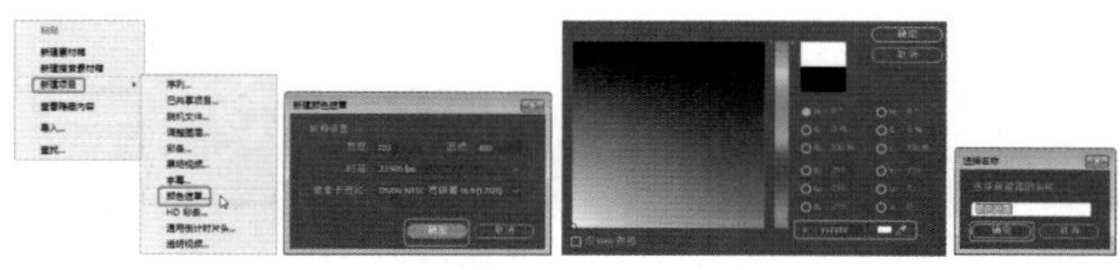

图2-142

Step 03 将素材【四色素材.mpe4】拖曳至【序列】面板的V1视频轨道中，在弹出的【剪辑不匹配警告】对话框中，单击【保持现有设置】按钮，如图2-143所示。鼠标右键单击该素材，选择【速度/持续时间】命令，将其【持续时间】设置为00:00:20:00。继续选中该素材，打开【效果控件】面板，在【运动】选项下，将【缩放】设置为46，如图2-144所示。

图2-143

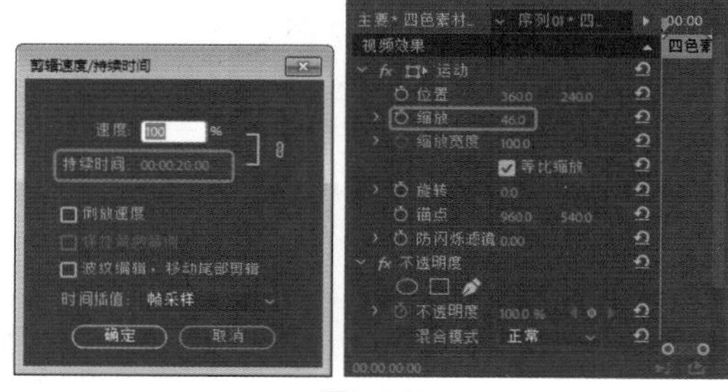

图2-144

Step 04 将当前时间设置为00:00:09:12，将【颜色遮罩】拖曳至【序列】面板的V2视频轨道中，将其开始处与时间线对齐，将其结尾处与V1视频轨道素材结尾处对齐，如图2-145所示。

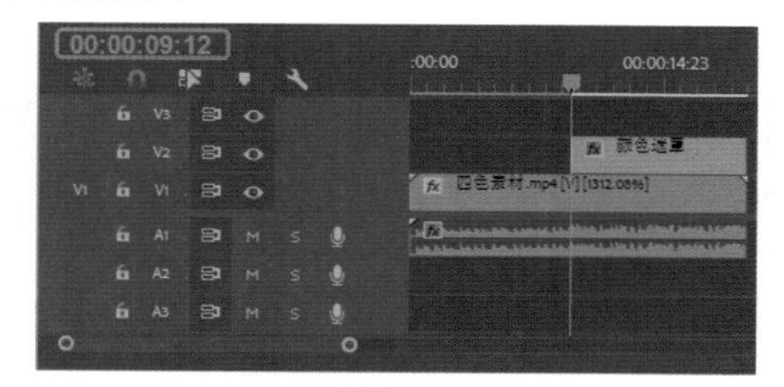

图2-145

Step 05 打开【效果】面板，在该面板中选择【视频效果】|【生成】|【四色渐变】效果，将该效果拖曳至V2视频轨道的素材上。确定当前时间设置为00:00:09:12，将【不透明度】选项下的【混合模式】设置为【强光】。将【四色渐变】下的【点1】设置为72、48，【点2】设置为648、48，【点3】设置为72、432，【点4】设置为648、432，将【颜色1】RGB设置为255、255、0，【颜色2】RGB设置为0、255、0，【颜色3】RGB设置为255、0、255，【颜色4】RGB设置为0、0、255，并单击【颜色1】～【颜色4】左侧的【切换动画】按钮，如图2-146所示。

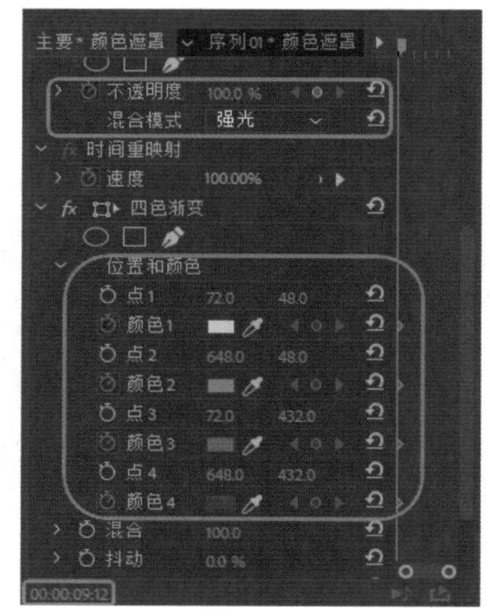

图2-146

Step 06 将当前时间设置为00:00:10:12，将【四色渐变】下的【颜色1】RGB设置为255、0、0，【颜色2】RGB设置为252、255、0，【颜色3】RGB设置为0、12、255，【颜色4】RGB设置为48、255、0，如图2-147所示。

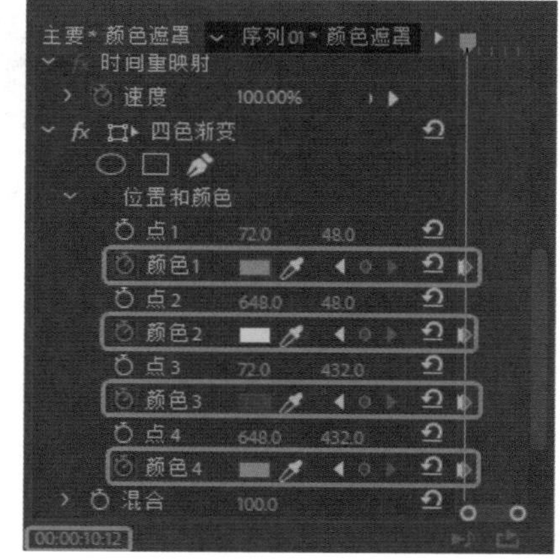

图2-147

Step 07 将当前时间设置为00:00:11:12，将【四色渐变】下的【颜色1】RGB设置为255、132、0，【颜色2】RGB设置为6、255、0，【颜色3】RGB设置为255、0、156，【颜色4】RGB设置为0、255、240，如图2-148所示。

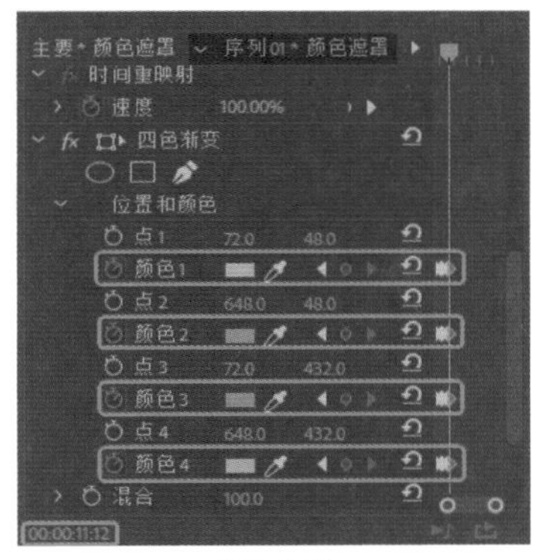

图2-148

Step 08 使用同样的方法设置其他动画，设置完成后将影片导出并保存场景。

实例047 镜头光晕效果

素材：山川异域，风月同天
场景：镜头光晕效果.prproj

下面将介绍如何为视频文件添加镜头光晕效果，效果如图2-149所示。

图2-149

Step 01 新建项目文件，按Ctrl+N组合键，弹出【新建序列】对话框，选择DV-24P|【宽屏48kHz】，单击【确定】按钮。进入操作界面，在【项目】面板【名称】选项下双击鼠标左键，在弹出的对话框中，选择【素材\Cha02\山川异域，风月同天】文件夹中的【光晕1.mp4】、【光晕2.mpeg】、【山川异域，风月同天.mp3】文件，单击【打开】按钮。

Step 02 将素材【光晕1.mp4】拖曳至【序列】面板的V1视频轨道中，在弹出的【剪辑不匹配警告】对话框中，单击【保持现有设置】按钮。鼠标右键单击该素材，选择【取消链接】命令，将A1轨道的文件按Delete键删除。继续选中该素材，打开【效果控件】面板，在【运动】选项下，将【缩放】设置为46，如图2-150所示。

Step 03 将素材【光晕2.mpeg】拖曳至【序列】面板的V1视频轨道中，开始处与素材【光晕1.mp4】结尾处对齐。鼠标右键单击该素材，选择【取消链接】命令，将其持续时间设置为00:00:20:00，A1轨道的文件按Delete键删除，如图2-151所示。

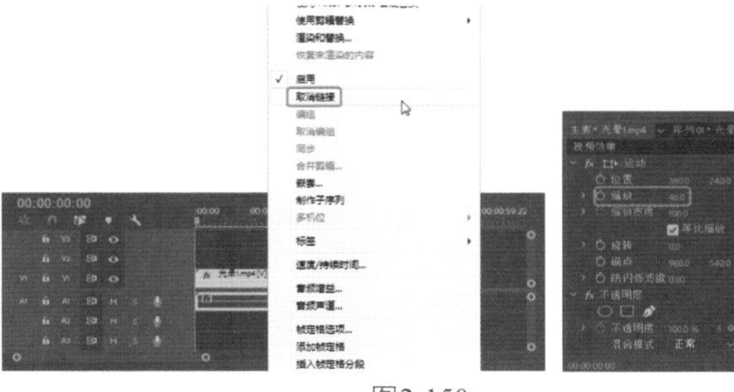

图2-150

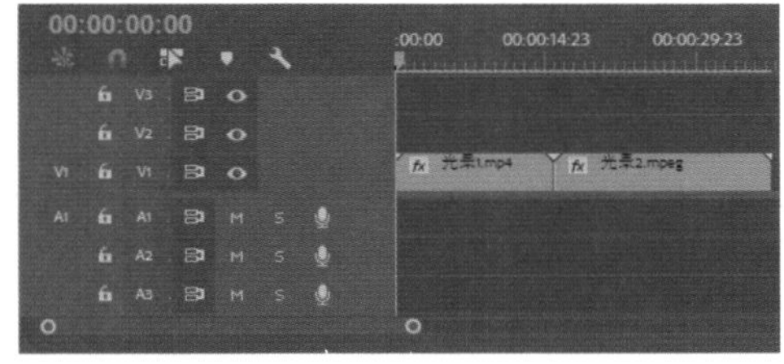

图2-151

Step 04 继续选中该素材，打开【效果控件】面板，在【运动】选项下，将【缩放】设置为46。在【项目】面板中双击素材【山川异域，风月同天.mp3】，打开【源】面板，将当前时间设置为00:00:57:20，单击【标记入点】按钮。在【源】面板中将当前时间设置为00:01:35:20，单击【标记出点】按钮，最后单击【插入】按钮，将素材插入到A1音频轨道。A1音频轨道与【光晕1mp4】起始处对齐，如图2-152所示。

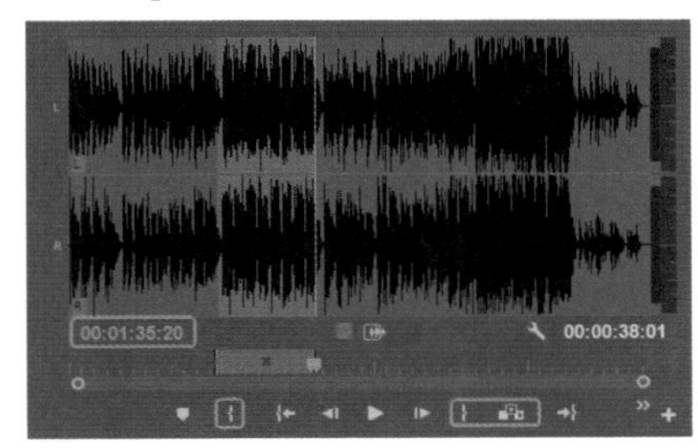

图2-152

Step 05 在菜单栏中选择【文件】|【新建】|【旧版标题】命令，在弹出的对话框中使用其默认设置，单击【确定】按钮，如图2-153所示。

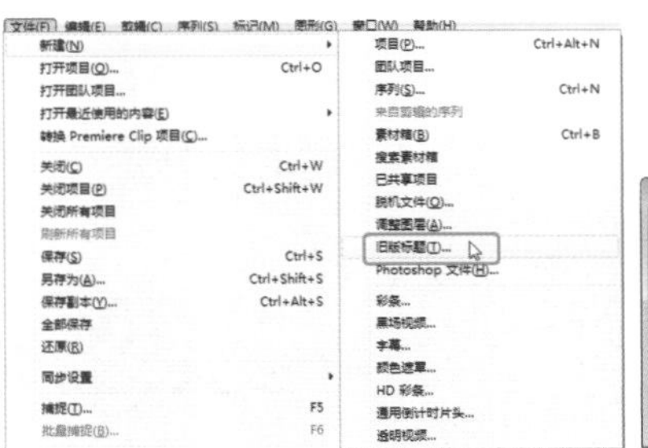
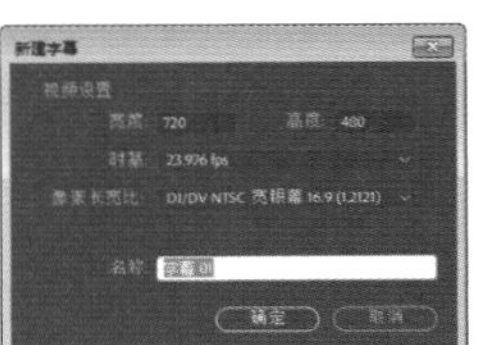

图2-153

Step 06 在打开的对话框中使用【垂直文字工具】绘制一个文本框，输入文字【雾霭散去】。选择输入的文字，在【属性】选项组中将【字体系列】设置为【汉仪尚巍手书W】，将【字体大小】设置为68，将【宽度】设置为46.7，【高度】设置为309.6，【X位置】、【Y位置】设置为72.8、228.6，将【填充】选项组中的【颜色】设置为白色；勾选【阴影】选项，将阴影【颜色】设置为黑色，【不透明度】设置为50%，【角度】设置为-226°，【距离】设置为10，【大小】设置为0，【扩展】设置为30，如图2-154所示。

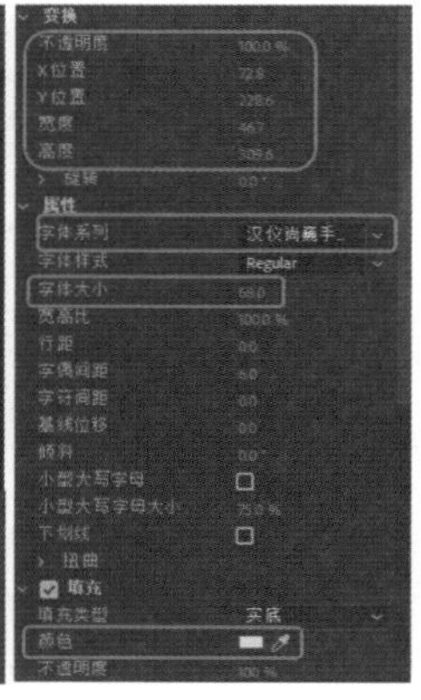

图2-154

Step 07 将当前时间设置为00:00:06:04，将新建好的【字幕01】拖曳至V2视频轨道，在开始处与时间线对齐。单击该素材，打开【效果控件】面板，单击【不透明度】选项下的【创建4点多边形蒙版】按钮，系统将自动创建一个多边形蒙版。调整蒙版的角点，单击【蒙版路径】左侧的【切换动画】按钮，如图2-155所示。

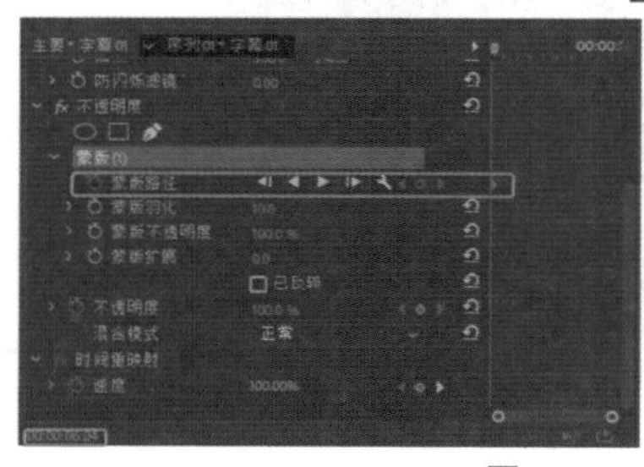
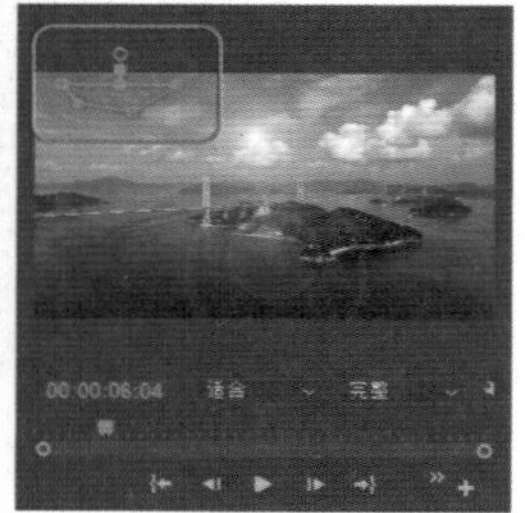

图2-155

Step 08 将当前时间设置为00:00:08:02，在【节目】面板中调整蒙版形状，如图2-156所示。使用相同方法制作其他字幕，如图2-157所示。

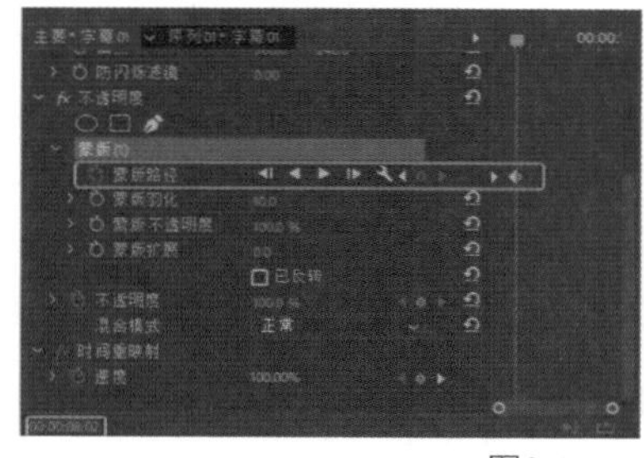

图2-156

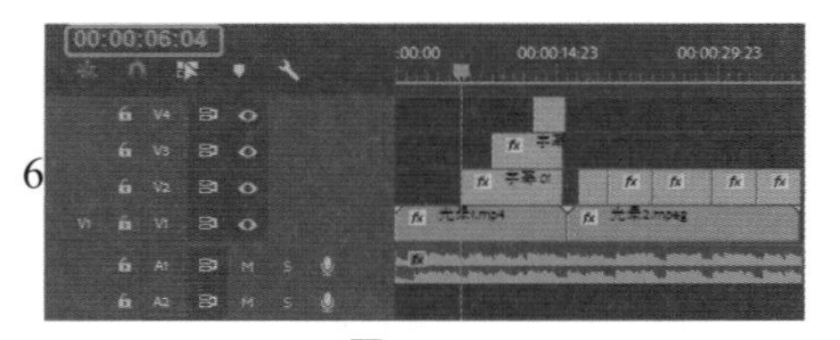

图2-157

Step 09 打开【效果】面板，选择【视频效果】|【生成】|【镜头光晕】效果，将该效果拖曳至V1视频轨道的两段素材上。将当前时间设置为00:00:00:00，将【镜头光晕】下的【光晕中心】设置为374.2、307.6，单击其左侧的【切换动画】按钮。确定当前时间设置为00:00:15:16，将【光晕中心】设置为1766，265.4，如图2-158所示。

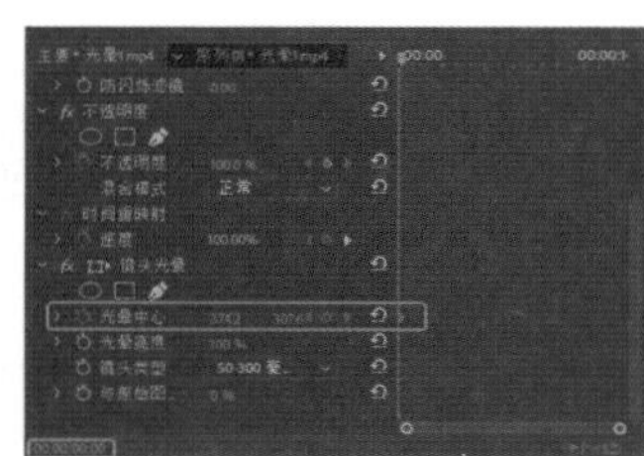

图2-158

Step 10 将当前时间设置为00:00:15:01，将【光晕亮度】设置为100%，并单击其左侧的【切换动画】按钮。将当前时间设置为00:00:15:23，将【光晕亮度】设置为300%，如图2-159所示。

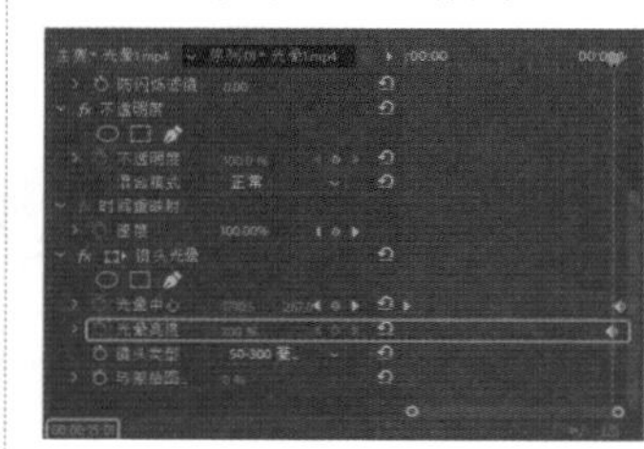
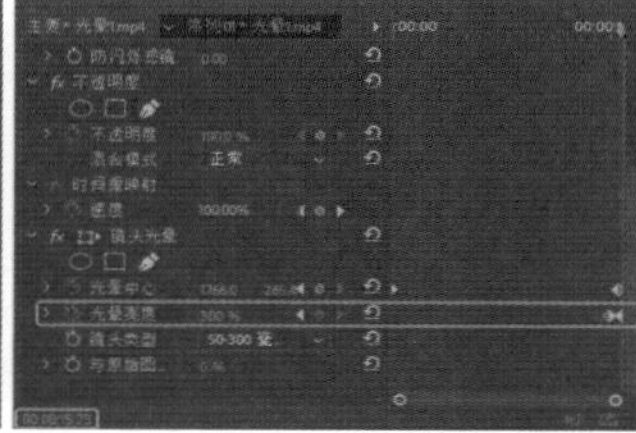

图2-159

Step 11 将当前时间设置为00:00:16:03，单击素材【光晕2】，打开【效果控件】面板，将【光晕亮度】设置为300%，并单击其左侧的【切换动画】按钮。将当前时间设置为00:00:16:21，将【光晕亮度】设置为100%，如图2-160所示。

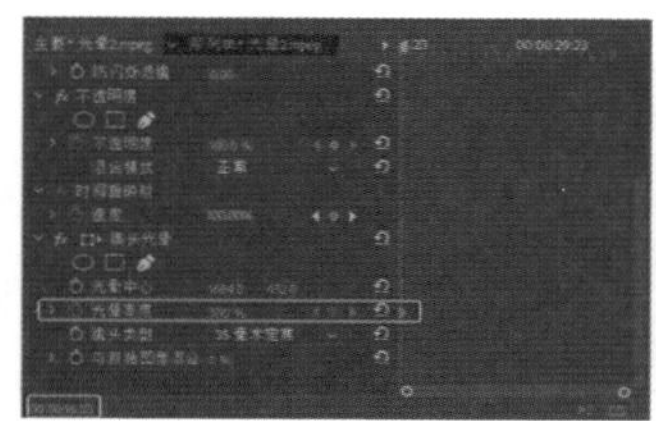
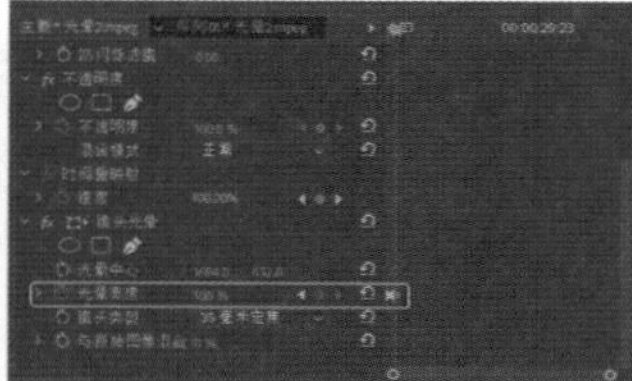

图2-160

Step 12 将当前时间设置为00:00:16:07，将【光晕中心】设置为1684、432，并单击其左侧的【切换动画】按钮。将当前时间设置为00:00:37:14，将【光晕中心】设置为-130、432，如图2-161所示。

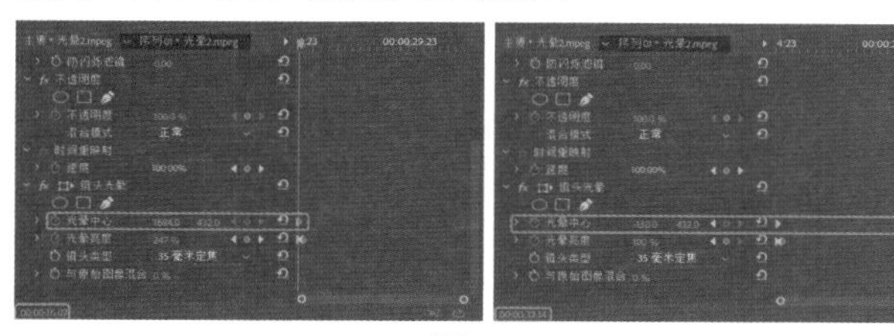

图2-161

Step 13 设置完成后将场景进行保存，在【节目】面板中即可观看效果。

实例048 闪电效果

素材：闪电素材.png

场景：闪电效果.prproj

下面将介绍如何添加闪电效果，如图2-162所示。

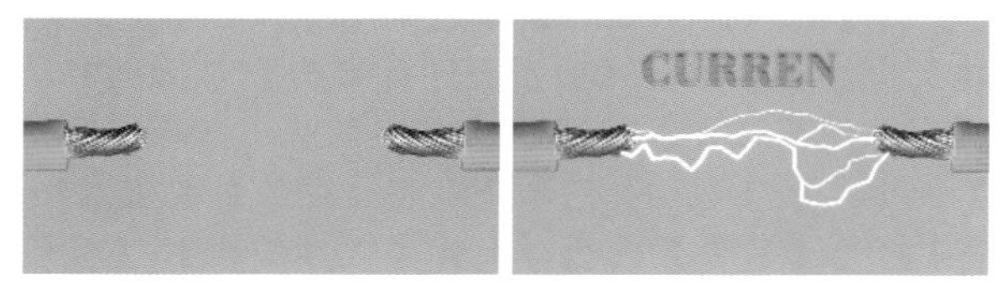

图2-162

Step 01 新建项目文件，按Ctrl+N组合键，弹出【新建序列】对话框，选择DV-24P|【宽屏48kHz】，单击【确定】按钮。进入操作界面，在【项目】面板【名称】选项下双击鼠标左键，在弹出的对话框中，选择【素材\Cha02\闪电素材.png】，单击【打开】按钮。

Step 02 将素材【闪电素材.png】拖曳至【序列】面板的V1视频轨道中。选中该素材打开【效果控件】面板，在【运动】选项下，将【缩放】设置为16，如图2-163所示。

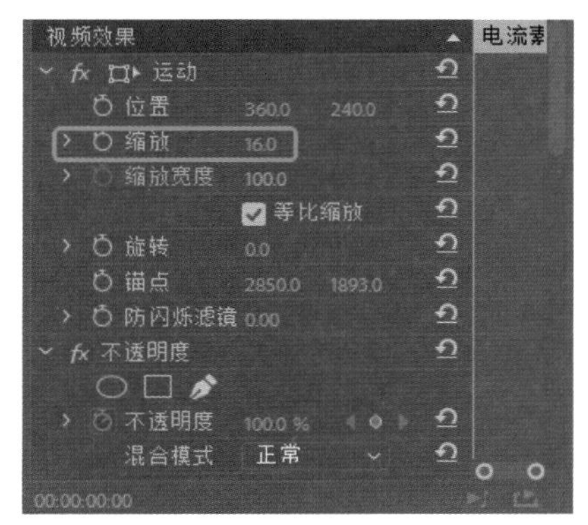

图2-163

Step 03 打开【效果】面板，选择【视频效果】|【生成】|【闪电】效果。将该效果拖曳至V1视频轨道的素材上，打开【效果控件】面板，将【闪电】选项下的【起始点】设置为1431.8、1683.5，【结束点】设置为4352.1、1717，【分段】设置为7，【振幅】设置为10，【宽度】设置为52，【外部颜色】RGB设置为0、0、255，【内部颜色】RGB设置为255、255、255、【混合模式】为相加，如图2-164所示。

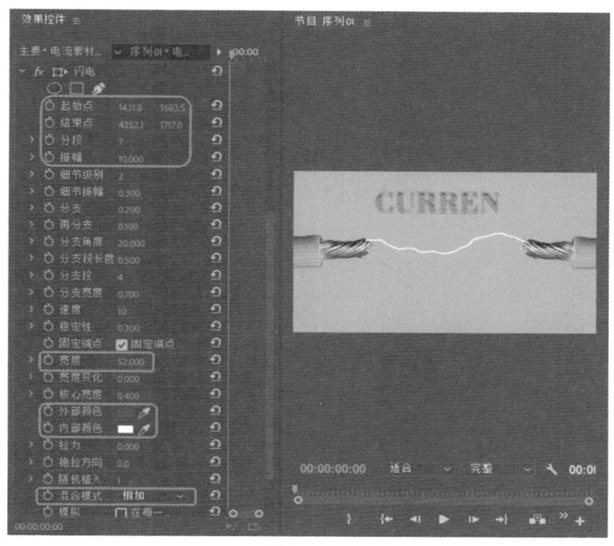

图2-164

Step 04 在【效果控件】面板中，选中【闪电】选项，按Ctrl+C组合键进行复制，再按Ctrl+V组合键进行粘贴。将新粘贴的【闪电】效果下的【起始点】设置为1503.5、1805.9，将【结束点】设置为4283.6、1799.6，【振幅】设置为8，【速度】设置为3，【拉力】设置为34，如图2-165所示。

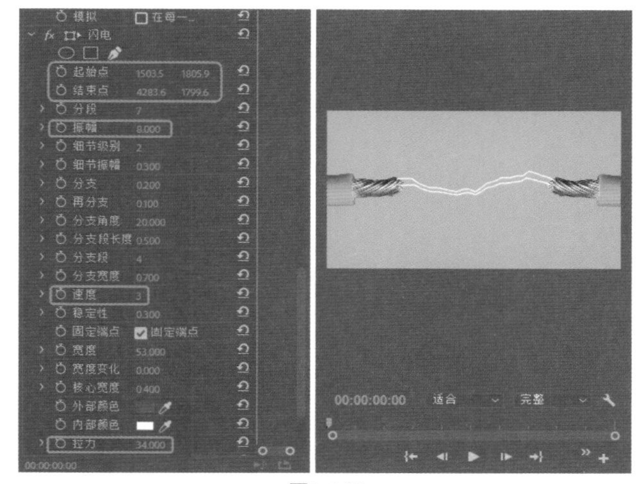

图2-165

Step 05 继续选中【闪电】选项，按Ctrl+C组合键进行复制，再按Ctrl+V组合键进行粘贴。将新粘贴的【闪电】效果下的【起始点】设置为1379.1、1973.9，将【结束点】设置为4426.7、1973.9，将【振幅】设置为

30，【速度】设置为3，【拉力】设置为34，如图2-166所示。

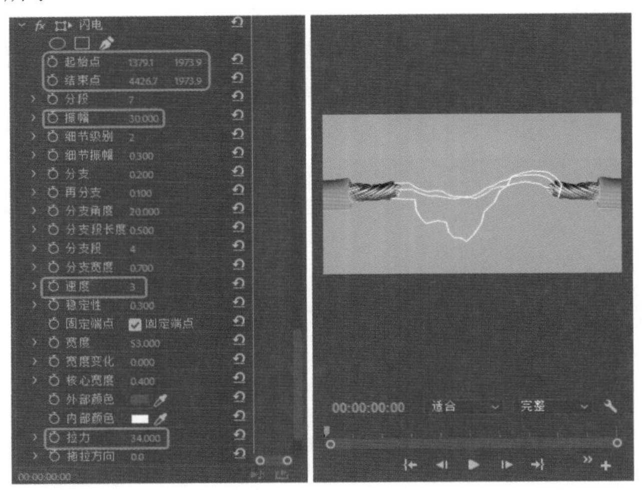

图2-166

Step 06 在菜单栏中选择【文件】|【新建】|【旧版标题】命令，在弹出的对话框中使用其默认设置，单击【确定】按钮。在打开的对话框中使用【文字工具】T绘制一个文本框，输入文字CURRENT。选择输入的文字，在【属性】选项组中将【字体系列】设置为Bodoni Bd BT，【字体样式】设置为Bold，将【字体大小】设置为87；将【宽度】设置为388.6，【高度】设置为78.9，【X位置】、【Y位置】设置为428、100，【字偶间距】设置为-5。将【填充】选项组中的【颜色】GRB设置为73、151、246。勾选【阴影】选项，将阴影【颜色】设置为黑色，【不透明度】设置为66%，【角度】设置为0°，【距离】设置为8，【大小】设置为0，【扩展】设置为30，如图2-167所示。

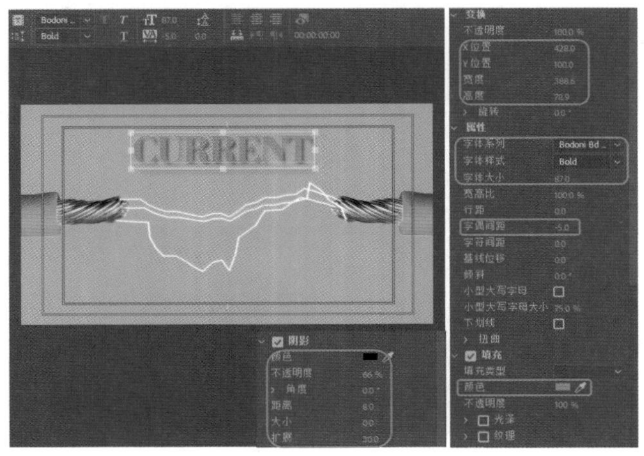

图2-167

Step 07 完成【旧版标题】后将【字幕01】拖曳到V2轨道上，与V1轨道对齐，设置完成后将场景进行保存。在【节目】面板中即可观看效果。

实例049 画面亮度调整

素材：亮度素材.mp4、Silence.mp3
场景：画面亮度调整.prproj

下面将介绍如何调整画面的亮度，效果如图2-168所示。

图2-168

Step 01 新建项目文件，按Ctrl+N组合键，弹出【新建序列】对话框，选择DV-24P|【宽屏48kHz】，单击【确定】按钮。进入操作界面，在【项目】面板【名称】选项下双击鼠标左键，在弹出的对话框中，选择【素材\Cha02\亮度素材.mp4】、Silence.mp3，单击【打开】按钮。

Step 02 将【亮度素材.mp4】拖曳至【序列】面板的V1视频轨道中，在弹出的【剪辑不匹配警告】对话框中，单击【保持现有设置】按钮。选中该素材，打开【效果控件】面板，在【运动】选项下，将【缩放】设置为46。

Step 03 打开【效果】面板，选择【视频效果】|【颜色校正】|【亮度与对比与】效果。将该效果拖曳至V1视频轨道的素材上，打开【效果控件】面板，将【亮度与对比度】选项下的【亮度】设置为40，【对比度】设置为30，如图2-169所示。

图2-169

Step 04 在【项目】面板中双击素材Silence.mp3，打开【源】面板，将当前时间设置为00:03:16:17，单击【标记入点】按钮。继续在【源】面板中将当前时间设置为00:03:36:00，单击【标记出点】按钮。最后单击【插入】按钮将素材插入到A1音频轨道，将V1素材与A1音频对齐，如图2-170所示。

Step 05 在【项目】面板中将素材【亮度素材.mp4】拖曳至【序列】面板的V2视频轨道中，选中该素材打开【效果控件】面板，在【运动】选项下将【缩放】设置为46。

Step 06 将当前时间设置为00:00:00:00，打开【效果】面

板，选择【视频效果】|【变换】|【裁剪】效果，将该效果拖曳至V2视频轨道的素材上。打开【效果控件】面板，将【裁剪】选项下的【左侧】设置为0%，并单击其左侧的【切换动画】按钮。将当前时间设置为00:00:19:09，将【左侧】设置为100%，如图2-171所示。

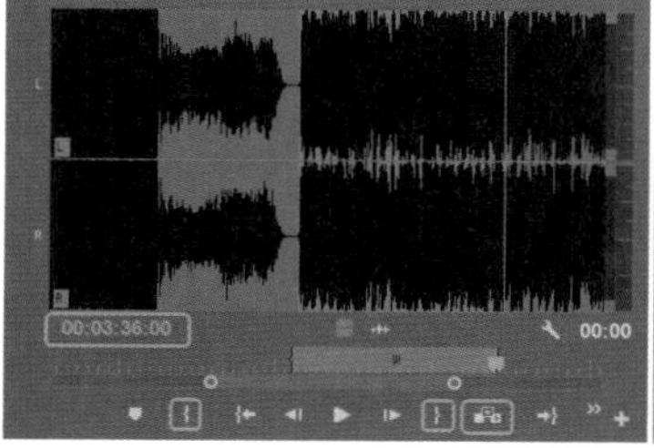

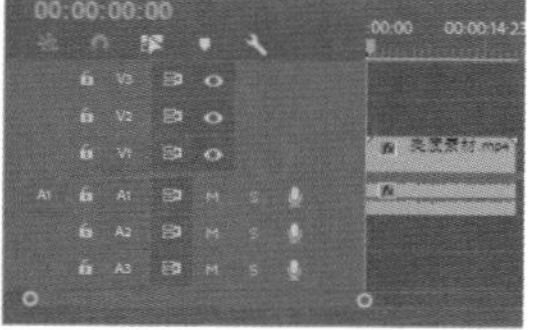

图2-170

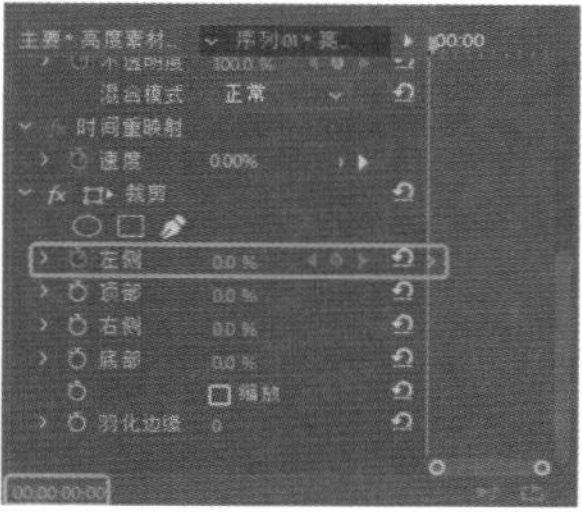

图2-171

Step 07 将当前时间设置为00:00:18:00，选中A1音频轨道的音频，打开【效果控件】面板，将【音量】选项下的【级别】设置为0，并为其添加关键帧。将当前时间设置为00:00:19:09，将【音量】下的【级别】设置为-100，如图2-172所示。

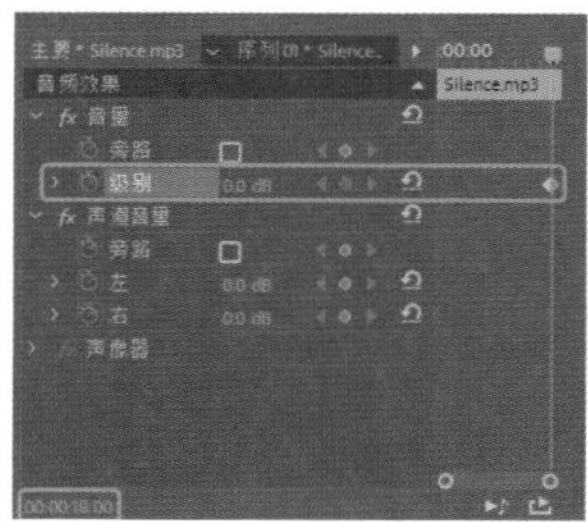

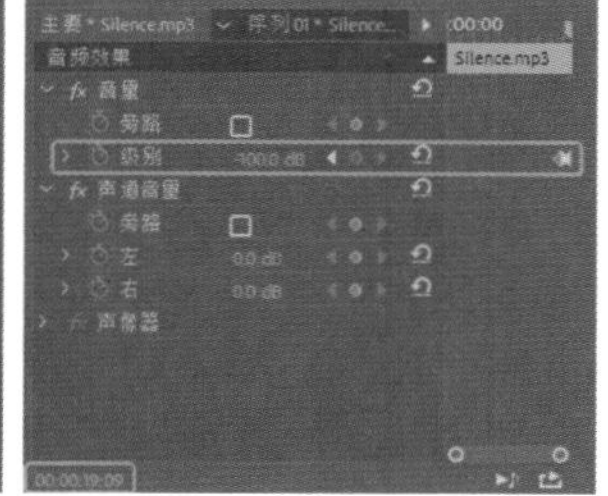

图2-172

Step 08 设置完成后将影片导出并将场景进行保存。

实例 050 改变颜色

素材：改变颜色素材.jpg

场景：改变颜色.prproj

下面将介绍如何改变对象的颜色，效果如图2-173所示。

图2-173

Step 01 新建项目文件，按Ctrl+N组合键，弹出【新建序列】对话框，选择DV-24P|【宽屏48kHz】，单击【确定】按钮。进入操作界面，在【项目】面板【名称】选项下双击鼠标左键，在弹出的对话框中，选择【素材\Cha02\改变颜色素材.jpg】、单击【打开】按钮。

Step 02 将素材【改变颜色素材.jpg】拖曳至【序列】面板的V1视频轨道中，选中该素材，打开【效果控件】面板，在【运动】选项下将【缩放】设置为15，如图2-174所示。

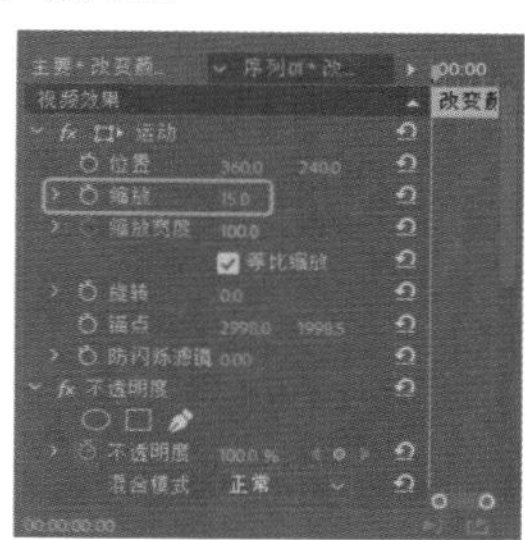

图2-174

Step 03 在【效果】面板中选择【视频效果】|【颜色校正】|【更改颜色】效果，将该效果拖曳至【序列】面板的V1视频轨道中的素材。将当前时间设置为00:00:00:00，在【效果控件】面板中将【色相变换】设置为647，并单击其左侧的【切换动画】按钮，将【亮度变换】设置为6，将【饱和度变换】设置为100，将【要更改的颜色】RGB设置为247、83、117，将【匹配柔和度】设置为78%，如图2-175所示。

图2-175

Step 04 将当前时间设置为00:00:02:14，在【效果控件】面板中将【色相变换】设置为559，如图2-176所示。

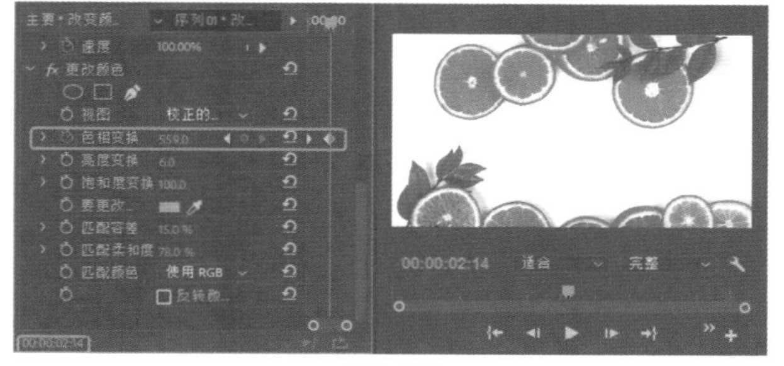

图2-176

Step 05 将当前时间设置为00:00:04:09，将【色相变换】设置为418，如图2-177所示。

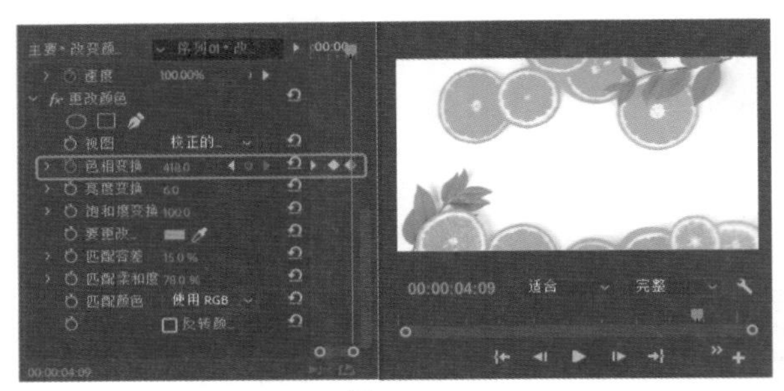

图2-177

Step 06 至此改变颜色效果就制作完成了，将影片导出后保存场景。

实例051 调整阴影/高光效果

素材：阴影高光素材.mpeg
场景：调整阴影/高光效果.prproj

下面将介绍如何调整阴影/高光效果，如图2-178所示。

图2-178

Step 01 新建项目文件，按Ctrl+N组合键，弹出【新建序列】对话框，选择DV-24P|【宽屏48kHz】，单击【确定】按钮。进入操作界面，在【项目】面板【名称】选项下双击鼠标左键，在弹出的对话框中，选择【素材\Cha02\阴影高光素材.mpeg】文件，单击【打开】按钮。

Step 02 将素材【阴影高光素材.mpeg】拖曳至【序列】面板的V1视频轨道中，选中该素材打开【效果控件】面板，在【运动】选项下将【缩放】设置为60，如图2-179所示。

图2-179

Step 03 将当前时间设置为00:00:00:00，选中V1视频轨道的第一段素材，在【效果】面板中选择【视频效果】|【过时】|【阴影/高光】效果，将该效果拖曳至【序列】面板的V1视频轨道中的素材上，在【效果控件】面板【阴影/高光】选项下将【自动数量】右侧的复选框取消勾选，将【阴影数量】设置为30，【高光数量】设置为6。将【更多选项】下的【阴影色调宽度】设置为93，【阴影半径】设置为19，【高光色调宽度】设置为92，【高光半径】设置为76，【颜色校正】设置为20，如图2-180所示。

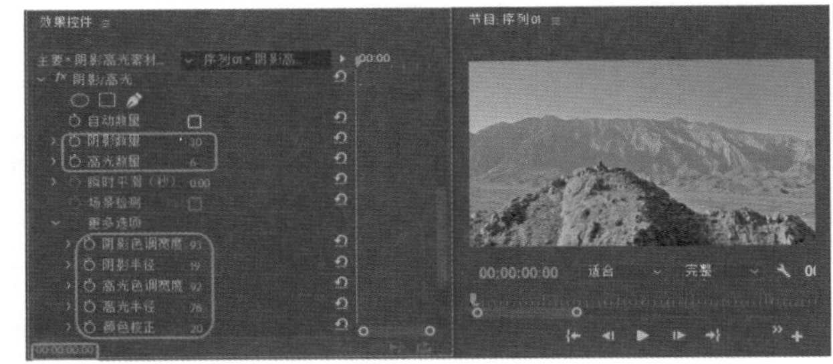

图2-180

Step 04 将当前时间设置为00:00:06:11，在工具箱中选择【剃刀工具】，在时间线上进行裁剪。选择【选择工具】，选中第一段素材，将它复制一层到V2视频轨道。使用同样方法将第二段素材复制一层到V2轨道，如图2-181所示。

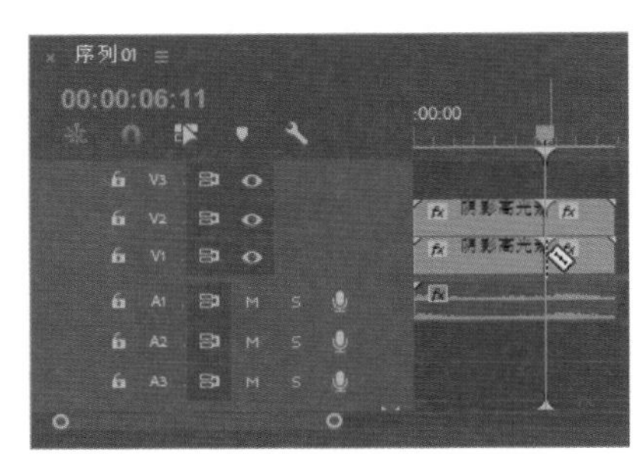

图2-181

Step 05 在【效果】面板中选择【视频效果】|【变换】|【裁剪】效果，将该效果拖曳至【序列】面板的V2视频轨道中的第一段素材上。确定时间设置为00:00:00:00，在该素材的【效果控件】面板中将【裁剪】下的【左侧】设置为0%，并单击其左侧的【切换动画】按钮。将当前时间设置为00:00:04:13，将【左侧】设置为100%，如图2-182所示。

Step 06 选中V1轨道上的第二段素材，打开【效果控件】面板，将【阴影数量】设置为15，【高光数量】设置为10。将【更多选项】下的【阴影色调宽度】设置为27，【阴影半径】设置为60，【高光色调宽度】设置为76，【高光半径】设置为61，【颜色校正】设置为100，如图2-183所示。

Step 07 在【效果】面板中选择【视频效果】|【变换】|【裁剪】效果，将该效果拖曳至【序列】面板的V2视频轨道中的第二段素材上。确定时间设置为00:00:06:11，在该素材的【效果控件】面板中将【裁剪】下的【左侧】设置为0%，并单击其左侧的【切换动画】按钮。将当

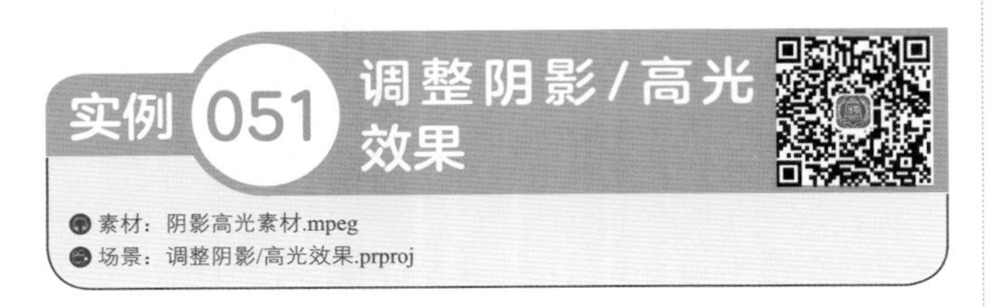

前时间设置为00:00:09:20，将【左侧】设置为100%，如图2-184所示。

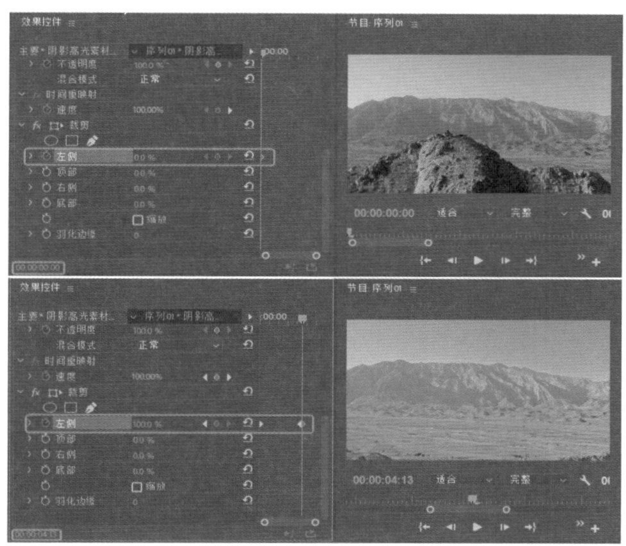

图2-182

图2-183

图2-184

Step 08 选中V1轨道第一段素材【效果控件】中的【阴影/高光】，对其进行复制，最后粘贴到V2视频轨道第二段的素材中。设置完成后，将场景进行保存，在【节目】面板中即可观看效果。

实例052 块溶解效果

素材：武汉加油\武汉航拍.mp4、武汉1.jpg、武汉2.jpg、武汉3.jpg、音乐1.mp3
场景：块溶解效果.prproj

下面将介绍如何为对象添加块溶解效果，如图2-185所示。

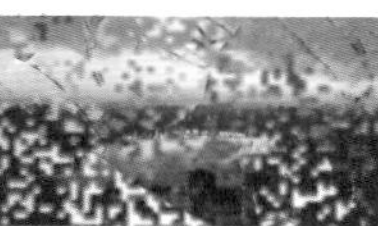

图2-185

Step 01 新建项目文件，按Ctrl+N组合键，弹出【新建序列】对话框，选择DV-24P|【宽屏48kHz】，单击【确定】按钮。进入操作界面，在【项目】面板【名称】选项下双击鼠标左键，在弹出的对话框中，选择【素材\Cha02\武汉加油\武汉航拍.mp4】、【武汉1.jpg】、【武汉2.jpg】、【武汉3.jpg】、【音乐1.mp3】，单击【打开】按钮。

Step 02 在【序列】面板中单击鼠标右键，选择【添加轨道】命令，在弹出的对话框中设置为【添加2视频轨道】。将素材【武汉航拍.mp4】拖曳至【序列】面板的V4视频轨道中，在弹出的【剪辑不匹配警告】对话框中，单击【保持现有设置】按钮。选中该素材，打开【效果控件】面板，在【运动】选项下，将【缩放】设置为46。在时间轴中右击该素材，在弹出的快捷菜单中选择【速度/持续时间】命令，单击右侧的按钮，将对象取消链接。将【持续时间】设置为00:00:09:22，【速度】设置为100%，单击【确定】按钮，如图2-186所示。

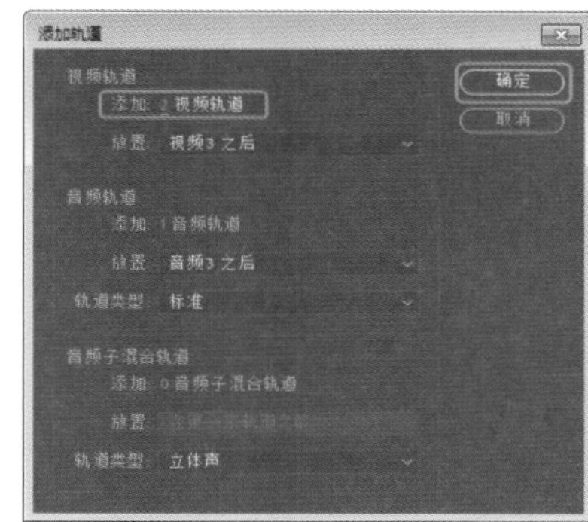

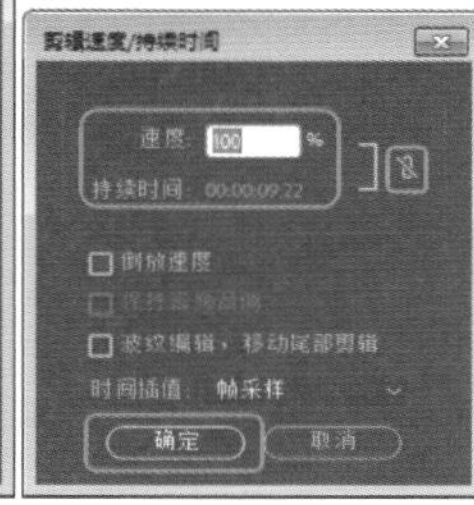

图2-186

Step 03 在【项目】面板中双击素材【音乐1.mp3】，打开【源】面板，将当前时间设置为00:00:42:00，单击【标记入点】按钮。继续在【源】面板中将当前时间设置为00:01:06:06，单击【标记出点】按钮，最后单击【插入】按钮将素材插入到A1音频轨道。将A1与V1起始处对齐，如图2-187所示。

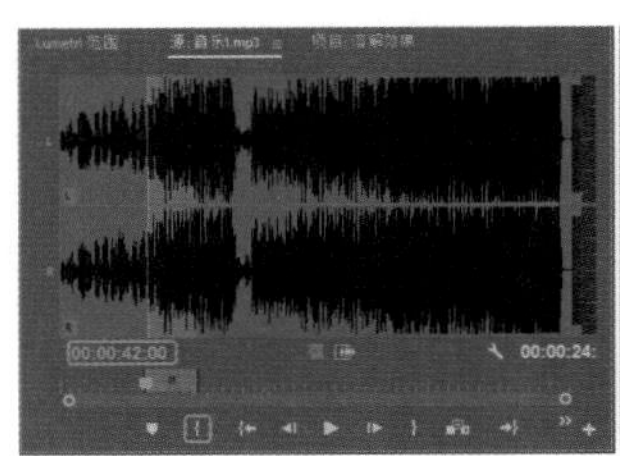
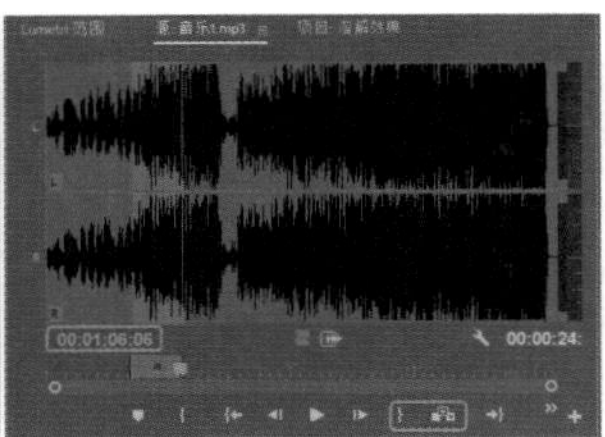

图2-187

Step 04 将当前时间设置为00:00:07:18，在【项目】面板中将素材【武汉1.jpg】拖曳至V3视频轨道中，并使其起始处与时间线对齐。鼠标右击该素材，在弹出的快捷菜单中选择【速度/持续时间】命令，将【持续时间】设置为00:00:05:00。在【效果】面板中选择【视频效果】|【过渡】|【块溶解】效果，将该效果拖曳至【序列】面板的V4视频轨道中的素材上，在【效果控件】面板【块溶解】选项下将【过渡完成】设置为0%，并单击其左侧的【切换动画】按钮，将【块宽度】设置为30，【块高度】设置为30。将当前时间设置为00:00:09:18，将【过渡完成】设置为100%，如图2-188所示。

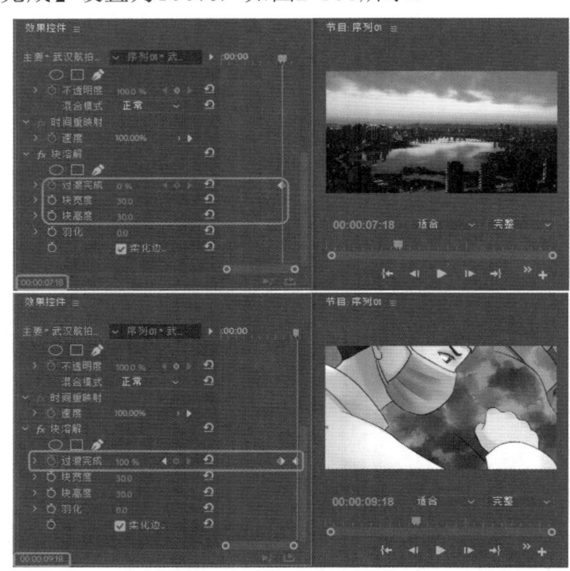

图2-188

Step 05 继续选中该素材，将当前时间设置为00:00:07:23，打开【效果控件】面板，将【运动】下的【缩放】设置为100，并单击其左侧的【切换动画】按钮。将当前时间设置为00:00:10:12，将【缩放】设置为25，如图2-189所示。

Step 06 将当前时间设置为00:00:11:16，在【项目】面板中将素材【武汉2.jpg】拖曳至V2视频轨道中，并使其起始处与时间线对齐。鼠标右击该素材，在弹出的快捷菜单中选择【速度/持续时间】命令，将【持续时间】设置为00:00:05:11。为【序列】面板中V3视频轨道中的素材添加【块溶解】效果，在【效果控件】面板【块溶解】选项下面将【过渡完成】设置为0%，并单击其左侧的【切换动画】按钮。将当前时间设置为00:00:12:16，将【块宽度】设置为150，【块高度】设置为150，【过渡完成】设置为100%，如图2-190所示。

图2-189

图2-190

Step 07 选中V2轨道的素材，将当前时间设置为00:00:12:00，打开【效果控件】面板，将【运动】下的【缩放】设置为100，并单击其左侧的【切换动画】按钮。将当前时间设置为00:00:15:23，将【缩放】设置为24，如图2-191所示。

Step 08 将当前时间设置为00:00:16:04，在【项目】面板中将素材【武汉3.jpg】拖曳至V1视频轨道中，并使其起始处与时间线对齐。鼠标右击该素材，选择【速度/持续时间】命令，将【持续时间】设置为00:00:07:20。为【序列】面板V2视频轨道中的【武汉2.jpg】素材添加

【块溶解】效果，在【效果控件】面板【块溶解】选项下将【过渡完成】设置为0%，并单击其左侧的【切换动画】按钮。将当前时间设置为00:00:17:04，将【块宽度】设置为98，【块高度】设置为33，将【过渡完成】设置为100%，如图2-192所示。

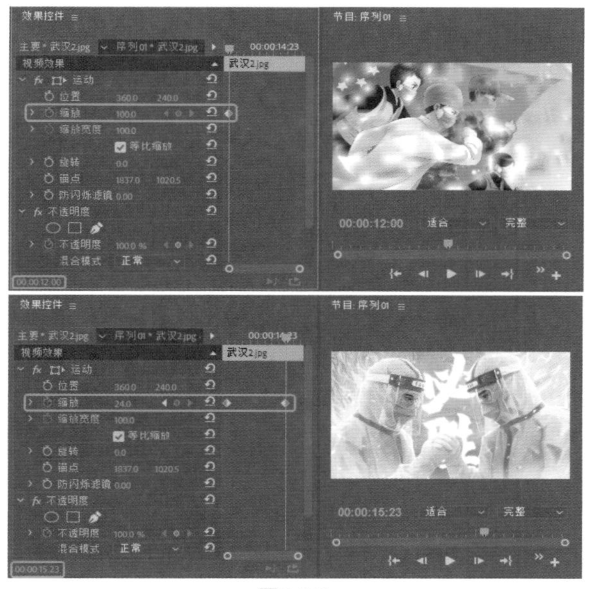

图2-191

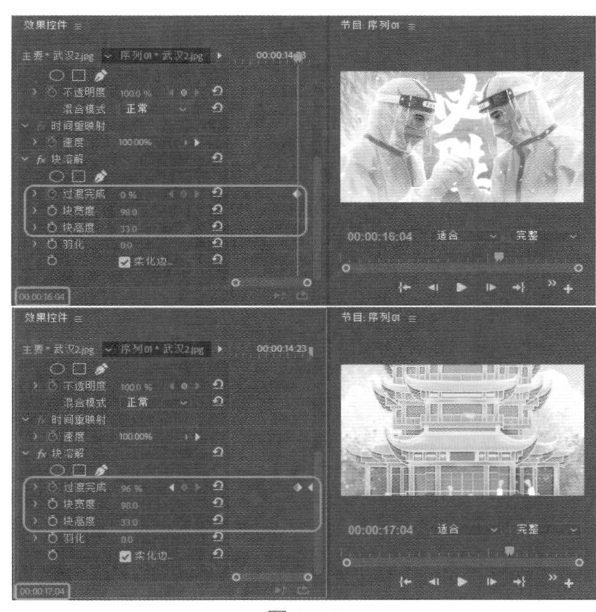

图2-192

Step 09 选中V1轨道的素材，将当前时间设置为00:00:16:08，打开【效果控件】面板，将【运动】下的【缩放】设置为100，并单击其左侧的【切换动画】按钮。将当前时间设置为00:00:22:19，将【缩放】设置为24，如图2-193所示。

Step 10 在菜单栏中选择【文件】|【新建】|【旧版标题】命令，在弹出的对话框中使用其默认设置，单击【确定】按钮，在打开的对话框中使用【文字工具】T绘制一个文本框，输入文字"它想夺去你微笑"。选择输入的文字，在【属性】选项组中将【字体系列】设置为【汉仪秀英体简】，将【字体大小】设置为57；将【宽度】设置为459.9，【高度】设置为63.4，【X位置】、【Y位置】设置为441.2、397.1；将【填充】选项组中的【颜色】设置为白色。将【字幕01】拖曳至V5视频轨道中，将该字幕的持续时间设置为00:00:04:06，如图2-194所示。

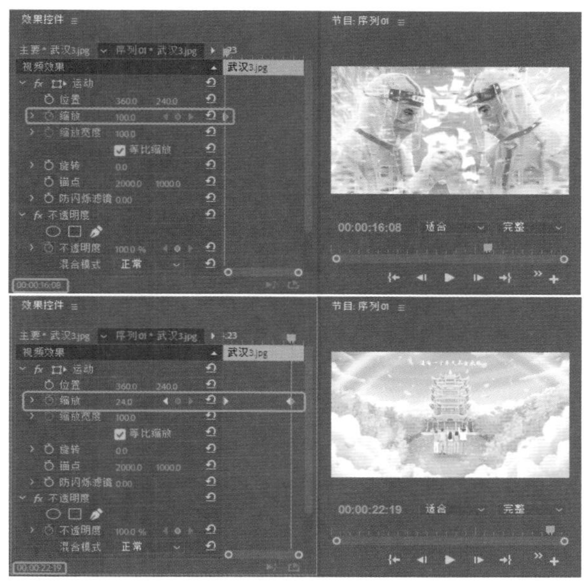

图2-193

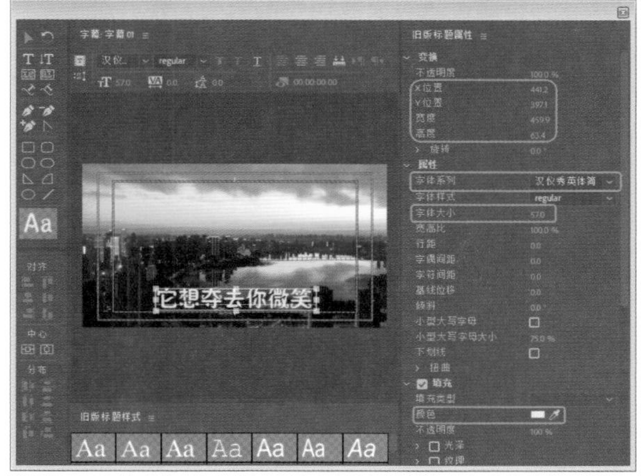

图2-194

Step 11 确定当前时间设置为00:00:00:00，在【效果】面板中选择【视频效果】|【风格化】|【粗糙边缘】效果，将该效果拖曳至V5视频轨道中的素材上。打开【效果控件】面板，将【粗糙边缘】下的【边框】设置为50，并单击其左侧的【切换动画】按钮，其他设置保持为默认设置即可。将当前时间设置为00:00:02:16，将【边框】设置为0，如图2-195所示。

图2-195

Step 12 使用相同的方法制作其他字幕。制作完成后将场景进行保存，在【节目】面板中即可观看效果。

实例053 投影效果

素材：愚人节\愚人节.jpg、尴尬.png、坏笑.png、音效1.mp3~音效5.mp3

场景：投影效果.prproj

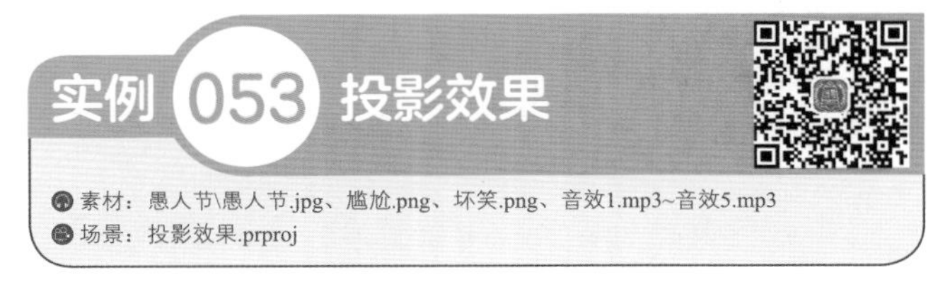

本案例将通过为对象添加投影效果，使其产生立体效果，如图2-196所示。

图2-196

Step 01 新建项目文件，按Ctrl+N组合键，弹出【新建序列】对话框，选择DV-24P|【宽屏48kHz】，单击【确定】按钮。进入操作界面，在【项目】面板【名称】选项下双击鼠标左键，在弹出的对话框中，选择【素材\Cha02\愚人节\【愚人节.jpg】、【尴尬.png】、【坏笑.png】、【音效1.mp3】～【音效5.mp3】素材文件，单击【打开】按钮。

Step 02 将素材【愚人节.jpg】拖曳至【序列】面板的V1视频轨道中，选中该素材打开【效果控件】面板，在【运动】选项下，将【缩放】设置为25。在【序列】面板中右键单击该素材，选择【速度与持续时间】命令，将【持续时间】设置为00:00:14:02。单击右侧的按钮，将对象取消链接。

Step 03 在菜单栏中选择【文件】|【新建】|【旧版标题】命令，在弹出的对话框中使用其默认设置，单击【确定】按钮，在打开的对话框中使用【文字工具】T绘制一个文本框，输入文字【你愿意做我的太阳吗？】。选择输入的文字，将【宽度】设置为545.9，【高度】设置为41.4，【字体系列】设置为【迷你简娃娃篆】，将【字体大小】设置为46，将【X位置】、【Y位置】设置为302.9、92.8，将【填充】选项组中的【颜色】设置为白色，如图2-197所示。

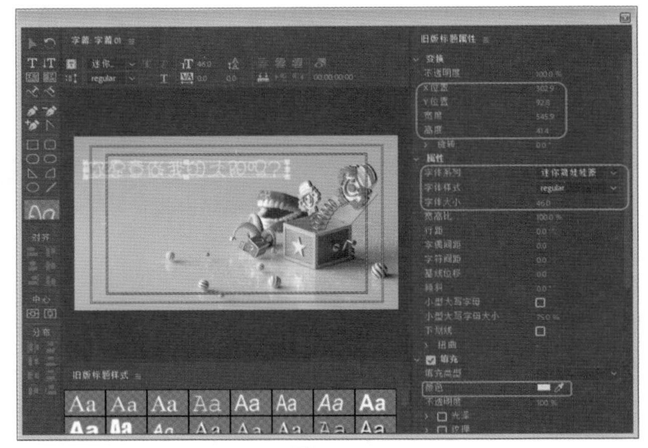

图2-197

Step 04 将当前时间设置为00:00:00:05，将【字幕01】拖曳至V1视频轨道中，将该字幕的持续时间设置为00:00:01:15。打开【效果】面板，选择【视频效果】|【透视】|【投影】效果，将该效果拖曳至V2视频轨道中的字幕上。在【效果控件】面板中将【阴影颜色】设置为黑色，将【不透明度】设置为65%，将【方向】设置为135°，将【距离】设置为10，将【柔和度】设置为10，如图2-198所示。

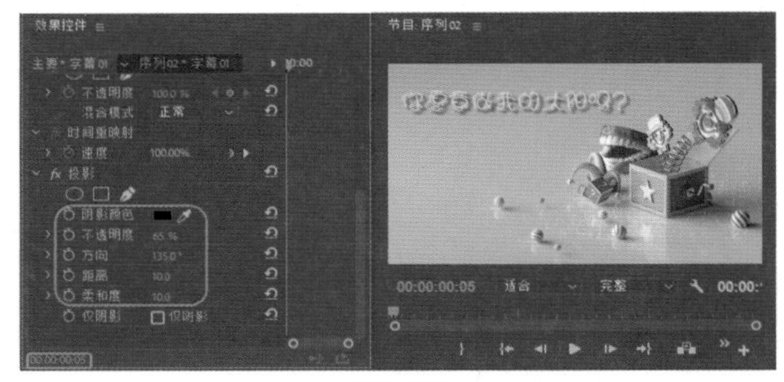

图2-198

Step 05 确定当前时间设置为00:00:00:05，在【效果】面板中选择【视频效果】|【扭曲】|【紊乱置换】效果，将该效果拖曳至V2视频轨道中的字幕上。打开【效果控件】面板，将【紊乱置换】选项下的【置换】设置为【垂直置换】，将【数量】设置为200，将【大小】设置为400，将【复杂度】设置为10，将【演化】设置为10，将【固定】设置为锁定全部固定，并单击【数

量】、【大小】、【复杂度】、【演化】左侧的【切换动画】按钮，将【偏移（湍流）】设置为360、240，如图2-199所示。

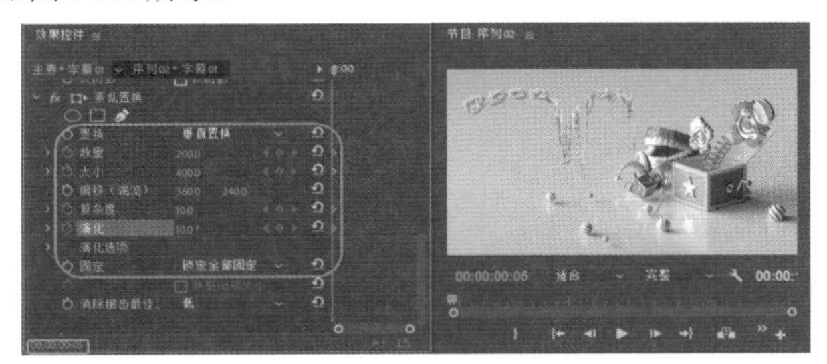

图2-199

Step 06 将当前时间设置为00:00:00:10，将【数量】设置为0，将【大小】设置为2，将【复杂度】设置为1，将【演化】设置为1×0.0，如图2-200所示。

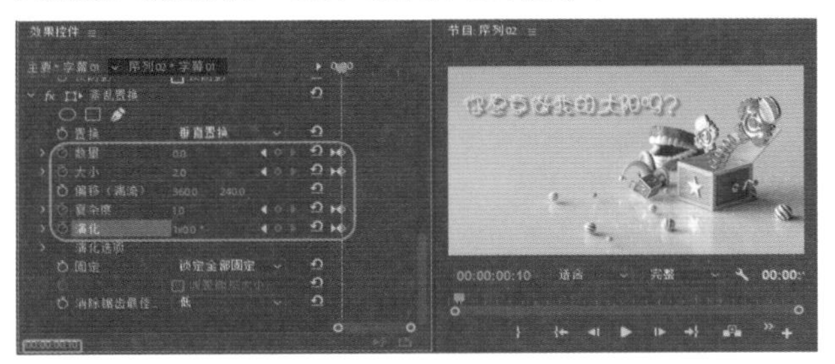

图2-200

Step 07 打开【项目】面板，选中素材【音效1.mp3】，将其拖曳至A1音频轨道上，将其【持续时间】设置为00:00:04:12。使用相同方法制作字幕并为其添加【投影】、【紊乱置换】效果，如图2-201所示。

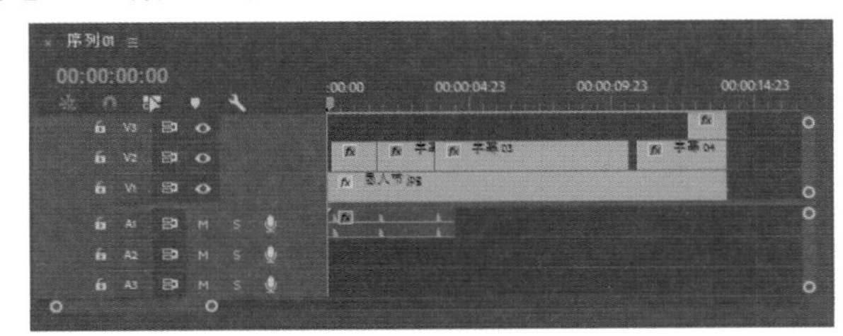

图2-201

Step 08 将当前时间设置为00:00:05:00，将【项目】面板中的素材【音效2.mp3】拖曳至A1音频轨道，将其持续时间设置为00:00:01:01。同时将素材【尴尬.png】拖曳至V3视频轨道，将其持续时间设置为00:00:02:11，选中该素材打开【效果控件】面板，将【缩放】设置为15，将【位置】设置为235、240，如图2-202所示。

Step 09 将当前时间设置为00:00:06:01，将【项目】面板中的素材【音效3.mp3】拖曳至A1音频轨道上，将其持续时间设置为00:00:03:09。使用相同方法导入其余素材【音效4.mp4】、【音效5.mp3】，如图2-203所示。

Step 10 将当前时间设置为00:00:07:11，将【项目】面板中的素材【坏笑.png】拖曳至V3视频轨道上，将其持续时间设置为00:00:03:04，选中该素材打开【效果控件】面板，将【缩放】设置为14，将【位置】设置为220.3、240，并单击【位置】左侧的【切换动画】按钮。将当前时间设置为00:00:07:12，将【位置】设置为267、257。将当前时间设置为00:00:07:13，将【位置】设置为267、244。将当前时间设置为00:00:07:14，将【位置】设置为267、253。依次类推设置【缩放】关键帧，如图2-204所示。

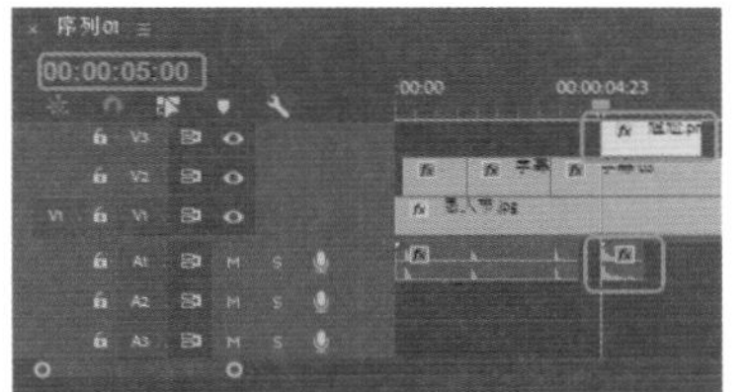

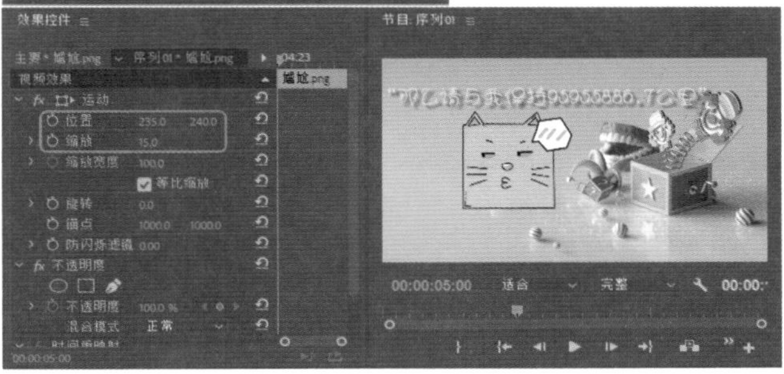

图2-202

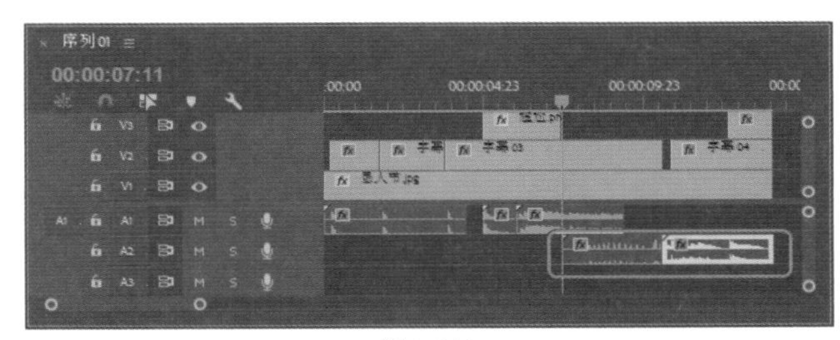

图2-203

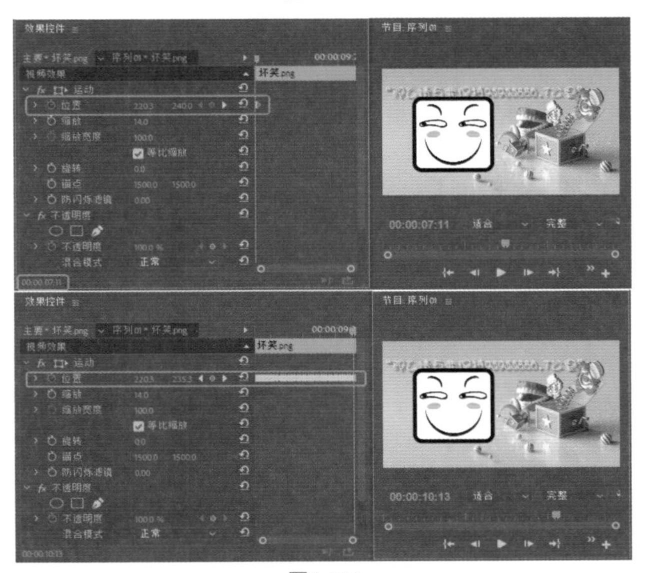

图2-204

Step 11 制作完成后将场景进行保存，在【节目】面板中即可观看效果。

实例 054 线条化效果

素材：线条化素材.mp4、线条化音乐.mp3

场景：线条化效果.prproj

下面将介绍如何为选中的对象添加线条化效果，如图2-205所示。

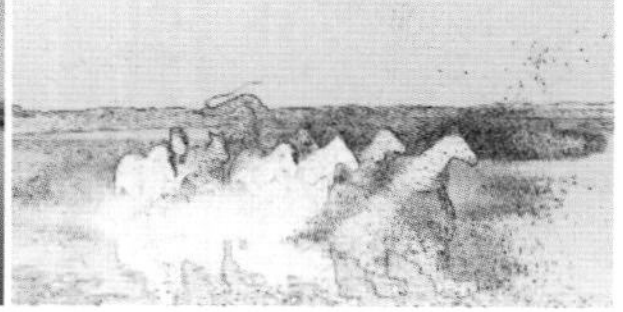

图2-205

Step 01 新建项目文件，按Ctrl+N组合键，弹出【新建序列】对话框，选择DV-24P|【宽屏48kHz】，单击【确定】按钮。进入操作界面，在【项目】面板【名称】选项下双击鼠标左键，在弹出的对话框中，选择【素材\Cha02\线条化素材.mp4】、【线条化音乐.mp3】文件，单击【打开】按钮。

Step 02 将素材【线条化素材.mp4】拖曳至【序列】面板的V1视频轨道中，选中该素材打开【效果控件】面板，在【运动】选项下，将【缩放】设置为46。在【序列】面板中右键单击该素材，选择【速度与持续时间】命令，将【持续时间】设置为00:00:13:08。单击右侧的按钮，将对象取消链接。

Step 03 在【效果】面板中选择【视频效果】|【风格化】|【曝光过渡】效果，将该效果拖曳至V1视频轨道中的素材上，打开【效果控件】面板，将【阈值】设置为0。继续打开【效果】面板，选择【视频效果】|【风格化】|【查找边缘】，将该效果拖曳至V1视频轨道中的素材上，打开【效果控件】面板，将【与原始图像混合】设置为100%。继续打开【效果】面板，选择【视频效果】|【风格化】|【粗糙边缘】，在【效果控件】面板中将【边框】设置为0，将【复杂度】设置为1，如图2-206所示。

Step 04 将当前时间设置为00:00:04:16，在【效果控件】面板中单击【阈值】、【与原始图像混合】、【边框】、【复杂度】左侧的【切换动画】按钮。将当前时间设置为00:00:08:16，将【阈值】设置为95，将【与原始图像混合】设置为10%，将【边框】设置为10，将【复杂度】设置为3，如图2-207所示。

Step 05 至此，线条化效果就制作完成了，图片导出后将场景进行保存。

图2-206

图2-207

实例 055 抠像转场效果

素材：抠像转场素材1.avi、抠像转场素材2.mp4

场景：抠像转场效果.prproj

视频抠像可以通过亮度键对选中的对象进行抠除，效果如图2-208所示。

图2-208

Step 01 在项目中新建序列，在【项目】面板空白处双击，在弹出的【导入】对话框中，选择【素材\Cha02\抠像转场素材1.avi】、【抠像转场素材2.mp4】文件，单击【打开】按钮。

Step 02 将素材【抠像转场素材1.avi】拖曳至【序列】面板的V2视频轨道中，在【序列】面板选中并右键单击该素材，选择【取消链接】命令，然后将A1音频轨道的文件按Delete键删除。

Step 03 将当前时间设置为00:00:03:00，将素材【抠像转场素材2.mp4】拖曳至V1视频轨道上。在【效果控件】面板中将该素材的【缩放】设置为46。选中该素材并单击鼠标右键，选择【速度/持续时间】命令，在弹出的对话框当中单击右侧的按钮，将对象取消链接，将【持续时间】设置为00:00:05:00。在工具箱中选择【剃刀工具】，在时间线上对该素材进行裁剪。在【效果】面板中选择【视频效果】|【键控】|【亮度键】效果，将该效果拖曳至V2视频轨道中的第二段素材上，如图2-209所示。

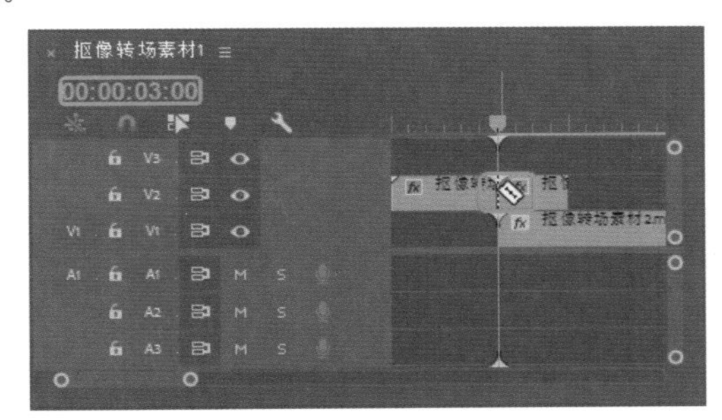

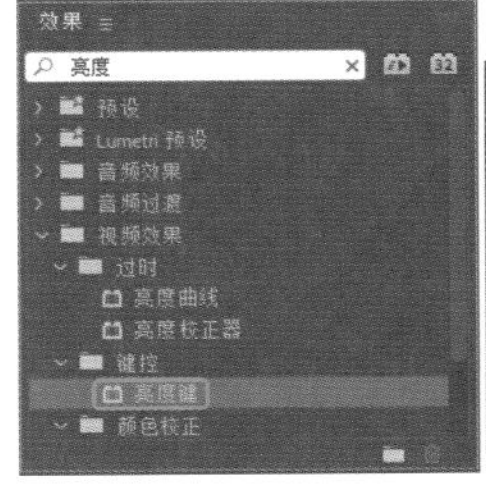

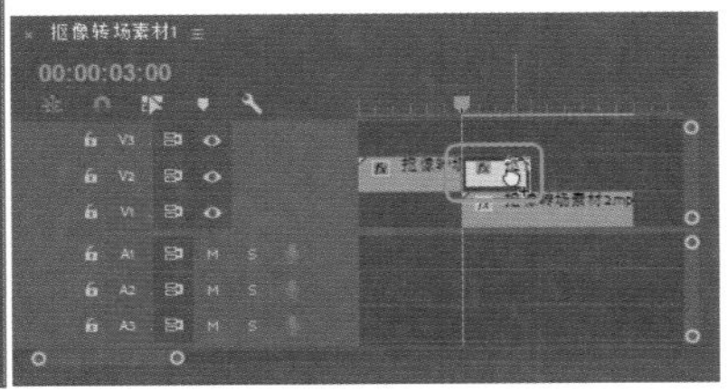

图2-209

Step 04 确定当前时间设置为00:00:03:00，打开【效果控件】面板，将【阈值】设置为0%，将【屏蔽值】设置为0%，并单击【阈值】、【屏蔽值】左侧的【切换动画】按钮。将当前时间设置为00:00:05:00，将【阈值】设置为100%，将【屏蔽值】设置为100%，如图2-210所示。

Step 05 至此，抠像转场效果就制作完成了，影片导出后将场景进行保存。

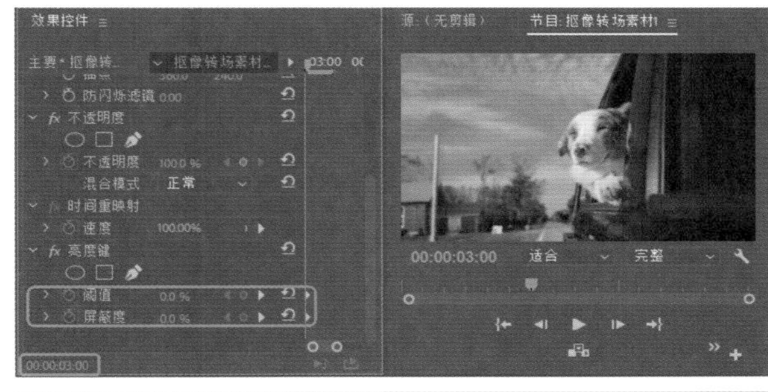

图2-210

实例056 电视条纹效果

素材：电视条纹素材.mp4

场景：电视条纹效果.prproj

下面将介绍如何将视频制作出电视机条纹的效果，如图2-211所示。

图2-211

Step 01 新建序列，进入操作界面，在【项目】面板空白位置双击鼠标左键，在弹出的【导入】对话框中，选择【素材\Cha02\电视条纹素材.mp4】素材文件，单击【打开】按钮。

Step 02 将素材【电视条纹素材.mp4】拖曳至【序列】面板的V1视频轨道中，在弹出的【剪辑不匹配警告】对话框中单击【保持现有设置】按钮。选中该素材，打开【效果控件】面板，在【运动】选项下，将【缩放】设置为60。右击该素材，单击【速度/持续时间】命令，单击右侧的按钮，将对象取消链接；将【持续时间】设置为00:00:06:00，单击【确定】按钮，如图2-212所示。

Step 03 在【效果】面板中选择【视频效果】|【键控】|【网格】效果，将该效果拖曳至V1视频轨道中的素材上，在【效果控件】面板中将【混合模式】设置为【正常】，将【锚点】设置为1910、540，将【大小依据】

设置为【宽度和高度滑块】，将【宽度】设置为1901，将【高度】设置为24，将【边框】设置为3.5，将【颜色】设置为黑色，如图2-213所示。

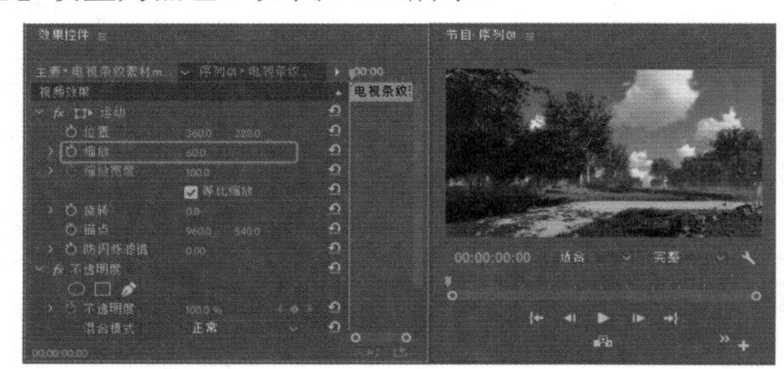

图2-212

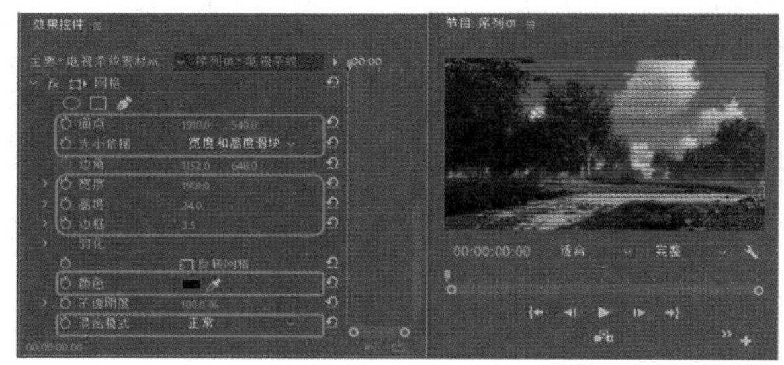

图2-213

Step 04 在【项目】面板中的空白处单击鼠标右键，选择【新建项目】|【调整图层】命令，在弹出来的【新建图层】对话框中单击【确定】按钮。将当前时间设置为00:00:01:13，将新建的【调整图层】拖曳至V2视频轨道，起始处与时间线对齐。将持续时间设置为00:00:01:00。将创建好的图层复制出两个来分别放在V1视频轨道中，如图2-214所示。

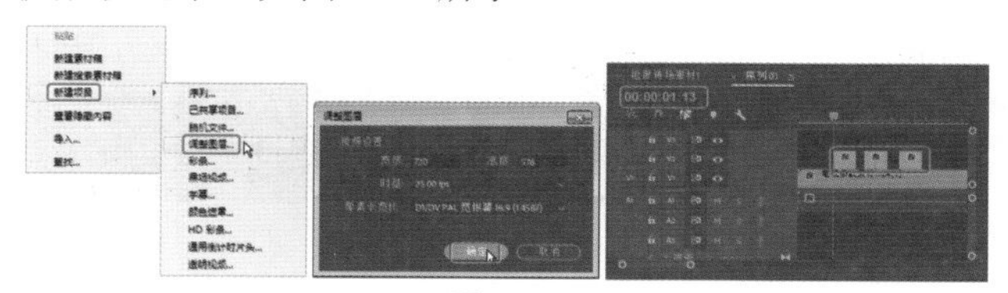

图2-214

Step 05 在【效果】面板中选择【视频效果】|【扭曲】|【波形变形】效果，将该效果拖曳至V2视频轨道中的调整图层上，在【效果控件】面板中将【波形类型】设置为【杂色】，将【波形高度】设置为-10，将【波形宽度】设置为58，将【方向】设置为90°，将【波形速度】设置为10，如图2-215所示。

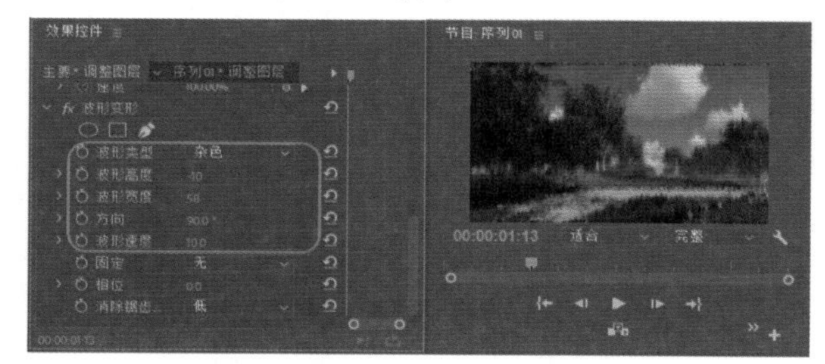

图2-215

Step 06 在【效果控件】面板中选中【波形变形】，按Ctrl+C组合键进行复制。打开V2视频轨道中第二段调整图层的【效果控件】面板，按Ctrl+V组合键进行粘贴，将【方向】设置为180°，如图2-216所示。将第二段【波形变形】效果复制、粘贴到V2视频轨道第三段【调整图层】中。

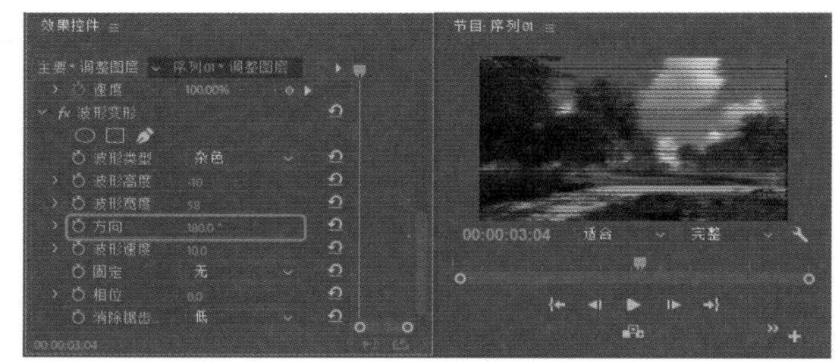

图2-216

Step 07 至此，电视条纹效果就制作完成了，影片导出后将场景进行保存。

实例057 Alpha发光效果

素材：转动的光球.mp4

场景：Alpha发光效果.prproj

下面将介绍如何为对象添加Alpha发光效果，如图2-217所示。

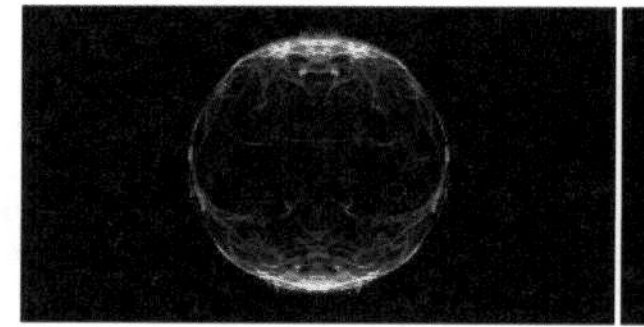
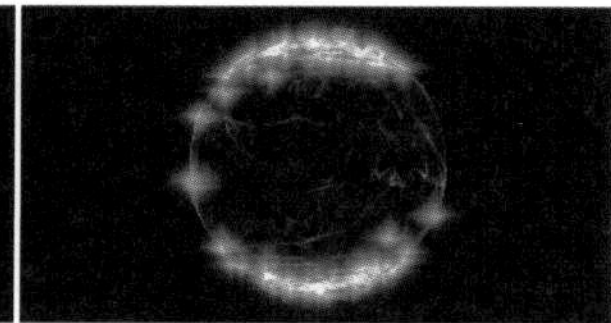

图2-217

Step 01 新建序列，选择DV-24P|【宽屏48kHz】选项，单击【确定】按钮。

Step 02 进入操作界面，在【项目】面板空白位置处双击鼠标左键，在弹出的【导入】对话框中，选择【素材\Cha02\转动的光球.mp4】素材文件，单击【打开】按钮，如图2-218所示。

Step 03 将素材【转动的光球.mp4】拖曳至【序列】面板的V1视频轨道中，在弹出的【剪辑不匹配警告】对话框中单击【保持现有设置】按钮。选中该素材，打开【效果控件】面板，在【运动】选项下，将【缩放】设置为46，如图2-219所示。

Step 04 右击该素材，选择【速度/持续时间】命令，在对话框中单击右侧的按钮，将对象取消链接；将【持续时间】设置为00:00:10:00，单击【确定】按钮，如图2-220所示。

图2-218

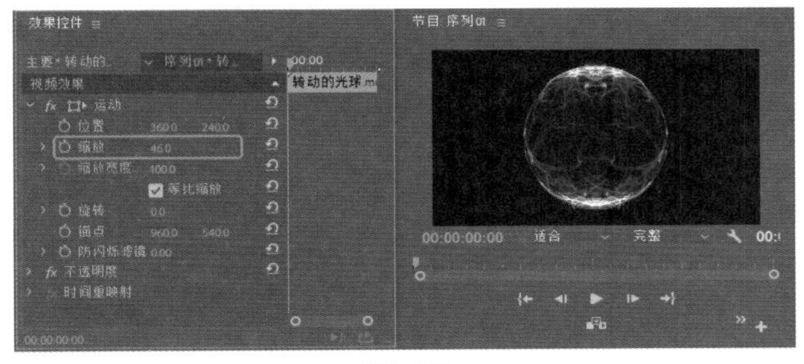

图2-219

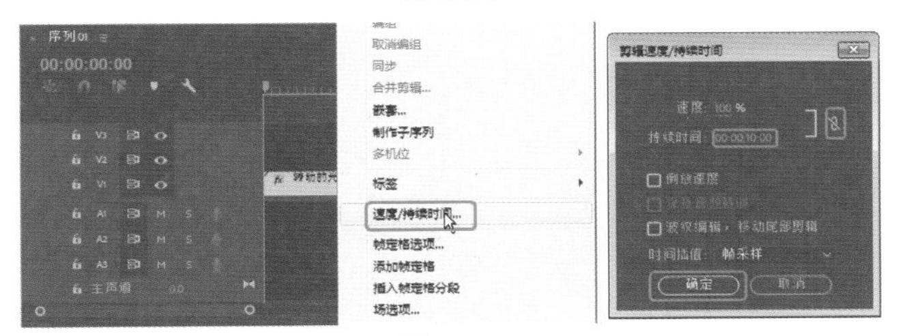

图2-220

Step 05 在【效果】面板中选择【视频效果】|【风格化】|【Alpha发光】效果，将该效果拖曳V1视频轨道中的素材上，如图2-221所示。

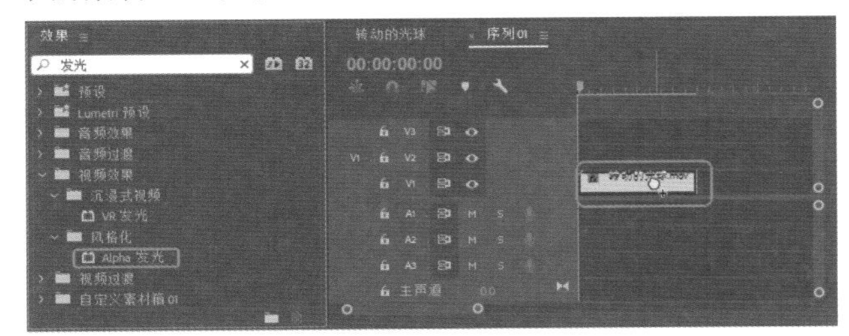

图2-221

Step 06 确定当前时间设置为00:00:00:00，在【效果控件】面板中将【发光】设置为0，单击左侧的【切换动画】按钮。将当前时间设置为00:00:00:20，将【发光】设置为100。以此类推，每20秒添加关键帧，完成最终动画的制作，如图2-222所示。

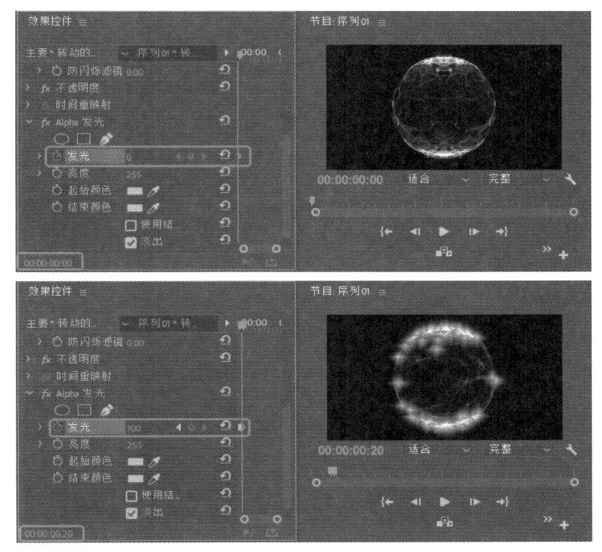

图2-222

下面将介绍如何为对象添加马赛克效果，如图2-223所示。

图2-223

Step 01 新建序列，进入操作界面，在【项目】面板空白位置双击鼠标左键，在弹出的【导入】对话框中选择【素材\Cha02\大鹅.mp4】素材文件，单击【打开】按钮。

Step 02 将素材【大鹅.mp4】拖曳至【序列】面板的V1视频轨道中，在弹出的【剪辑不匹配警告】对话框中，单击【保持现有设置】按钮。选中该素材，打开【效果控件】面板，在【运动】选项下将【缩放】设置为46，如图2-224所示

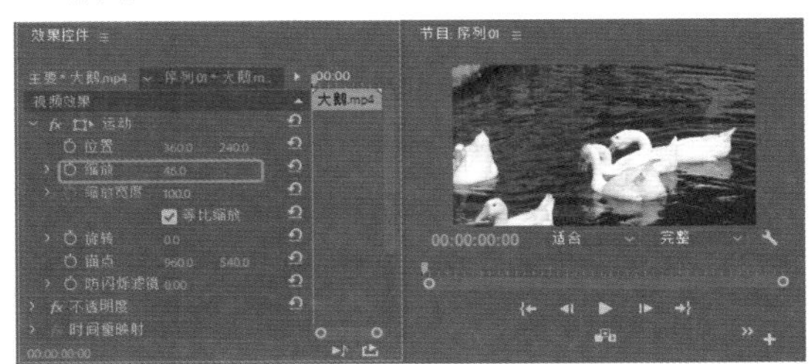

图2-224

Step 03 将当前时间设置为00:00:05:06，在工具箱中选择【剃刀工具】，在时间线上进行裁剪，把V1第一段素材删掉，将当前时间设置为00:00:02:20，选中V1第一段素材，选择【剃刀工具】在时间线上进行裁剪。右键单击V1第二段素材，选择【取消链接】命令，将A1轨道的音频文件删除。单击第二段素材，将【持续时间】设置为00:00:07:04。将A1素材与V1第二段素材的尾部对齐，如图2-225所示。

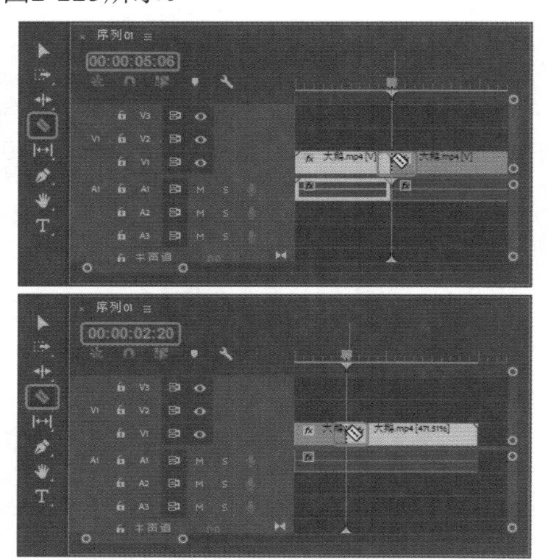

图2-225

Step 04 确定当前时间设置为00:00:02:20，在【效果】面板，打开【视频效果】文件夹，选择【风格化】下的【马赛克】效果拖至V2视频轨道素材上，如图2-226所示。选中该素材，打开【效果控件】面板，在【马赛克】选项下，选中【创建椭圆形蒙版】，单击【切换动画】按钮，点击【向前跟踪所选蒙版】，用户可以根据需要对关键帧进行调整，完成最终动画的制作，如图2-227所示。

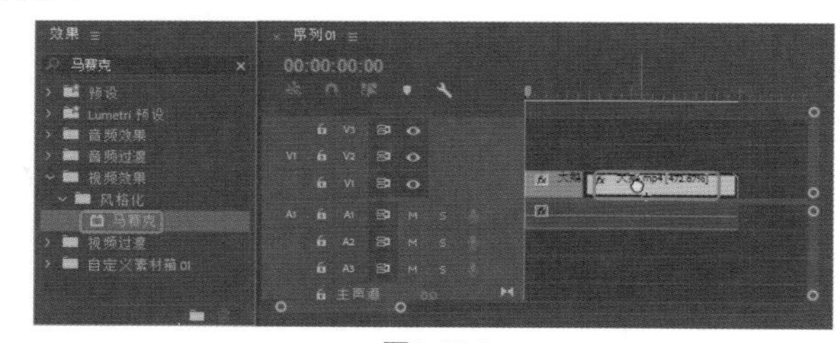

图2-226

图2-227

实例059 闪光文字效果

素材：闪光效果素材.mp4

场景：闪光文字效果.prproj

下面将介绍如何为对象添加闪光效果，如图2-228所示。

图2-228

Step 01 新建序列，进入操作界面，在【项目】面板空白位置处双击鼠标左键，在弹出的【导入】对话框中，选择【素材\Cha02\闪光效果素材.mp4】素材文件，单击【打开】按钮。

Step 02 将素材【闪光效果素材.mp4】拖曳至【序列】面板的V1视频轨道中，在弹出的【剪辑不匹配警告】对话框中单击【保持现有设置】按钮。选中该素材，打开【效果控件】面板，在【运动】选项下将【缩放】设置为103，如图2-229所示。

图2-229

Step 03 将当前时间设置为00:00:09:22，在工具箱中选择【剃刀工具】，在时间线上进行裁剪，把V1第二段素材删掉，如图2-230所示。

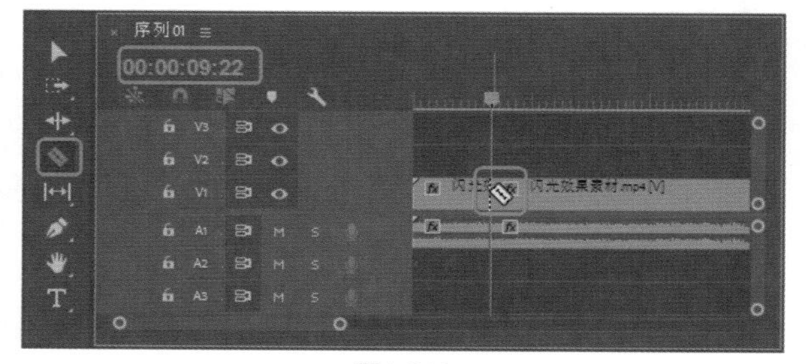

图2-230

Step 04 新建旧版标题，使用【垂直文字工具】T绘制一个文本框，输入文字【Push youhands up!】。选择输入的文字，将【字体系列】设置为【华文彩云】，将【字体大小】设置为74，【宽度】设置为706，【高度】设置为78.5，【X位置】、【Y位置】设置为438.8、210，将【填充】选项组中的【颜色】设置为白色，如图2-231所示。

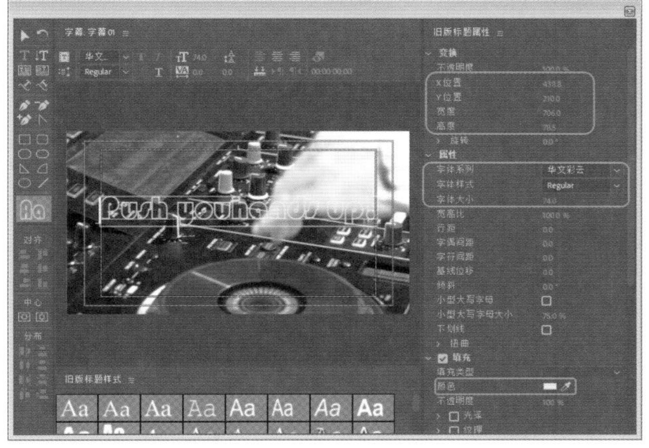

图2-231

Step 05 将当前时间设置为00:00:02:18，将【字幕01】拖曳至V2轨道中，将其开始位置与时间线对齐。在【效果】面板中选择【视频效果】|【风格化】|【闪光灯】效果，将该效果拖曳【字幕01】的素材上，如图2-232所示。

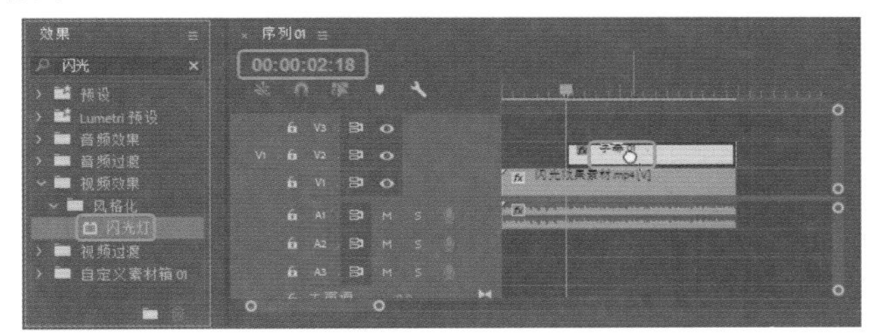

图2-232

Step 06 将当前时间设置为00:00:02:18，打开【效果控件】面板，单击【闪光灯】选项组下【闪光色】右侧的色块，在弹出的对话框中设置RGB值为255、0、0，单击左侧的【切换动画】按钮。将当前时间设置为00:00:02:20，设置RGB值为255、75、0，每2秒添加关键帧。以此类推，完成最终动画的制作，如图2-233所示。

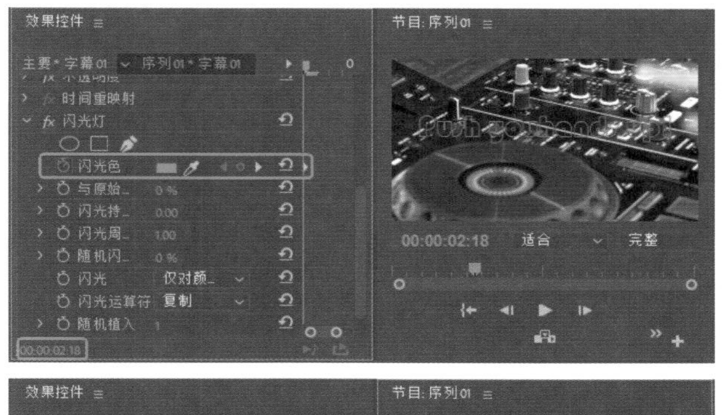

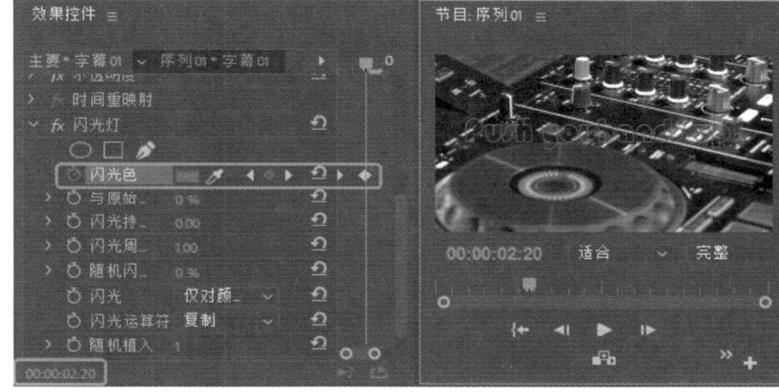

图2-233

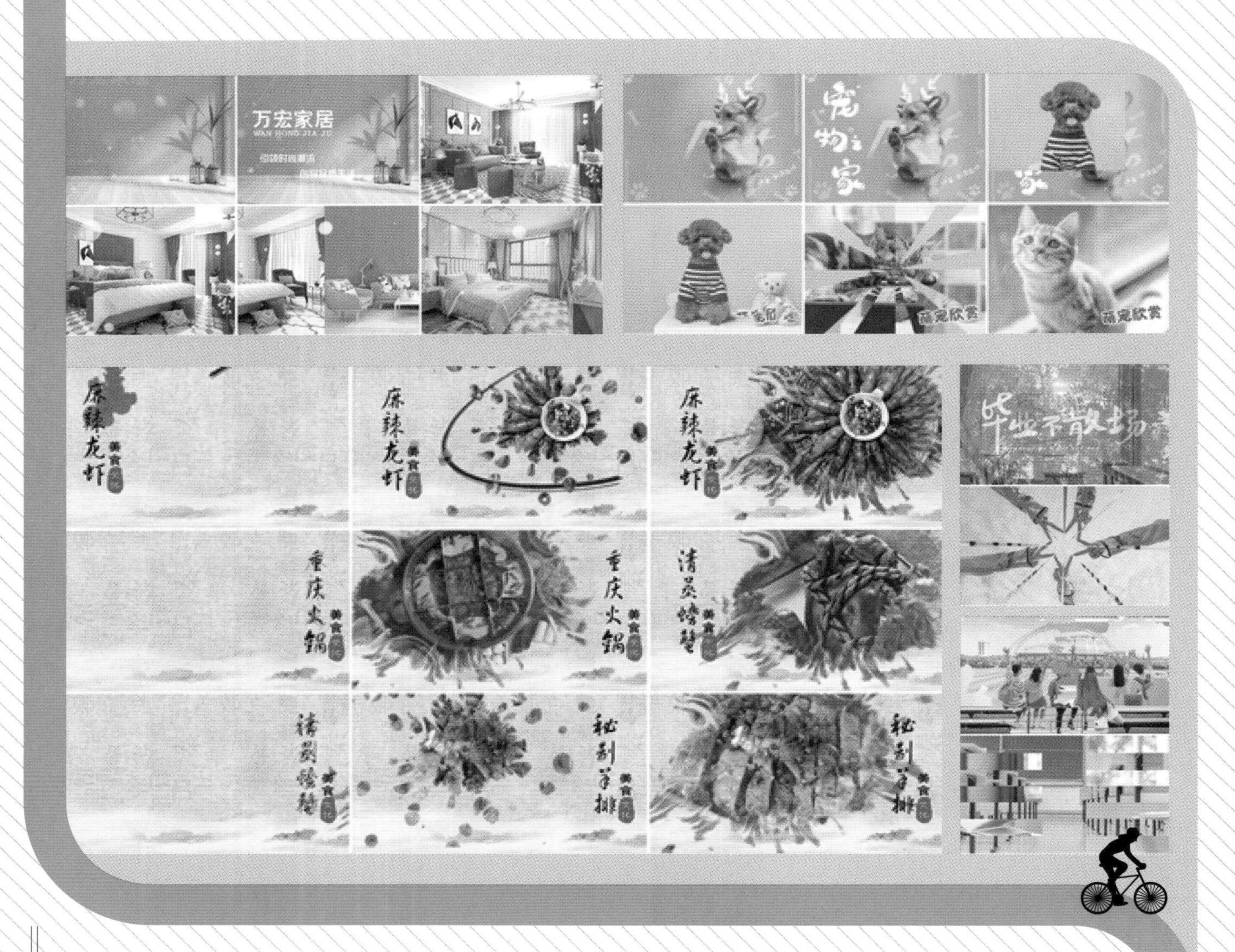

第3章 视频过渡动画效果

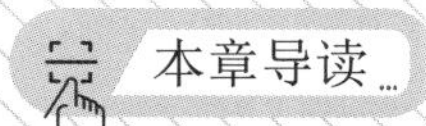

本章中制作的实例，主要通过添加外部素材，并通过添加过渡效果来完成。本章的重点在于如何设计各个素材图片之间的切换，以使每个视频动画不会显得枯燥乏味。这种方法在影视、广告中是最为常见的，参照本章的案例精讲，相信读者可以制作出效果更佳的作品来。

实例 060 护肤品过渡动画

素材：护肤素材01.jpg、护肤素材02.jpg、护肤素材03.jpg
场景：护肤品过渡动画.prproj

本例将通过视频过渡中的【百叶窗】、【风车】过渡效果为素材添加过渡动画，效果如图3-1所示。

图3-1

Step 01 启动软件，单击【新建项目】按钮，在弹出的对话框中指定保存路径，单击【确定】按钮，按Ctrl+N组合键，在弹出的【新建序列】对话框中选择【设置】选项卡，将【编辑模式】设置为【自定义】，将【时基】设置为【25.00帧/每秒】，将【帧大小】分别设置为1500、703，将【像素长宽比】设置为【方形像素（1.0）】，将【场】设置为【无场（逐行扫描）】，如图3-2所示。

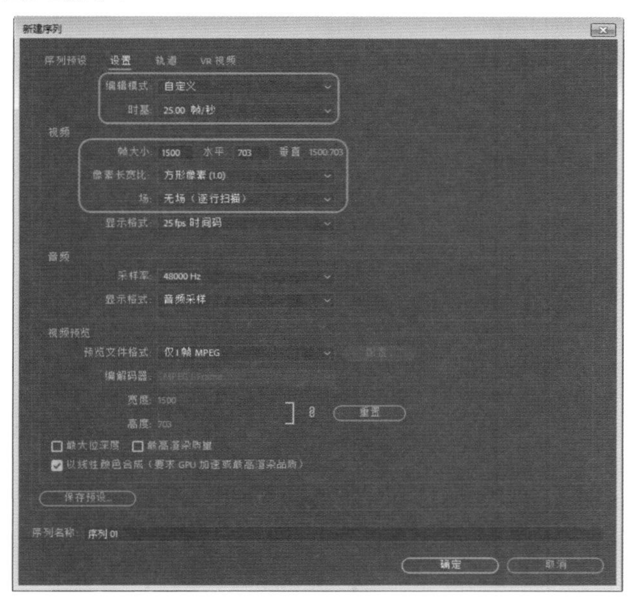

图3-2

Step 02 设置完成后，单击【确定】按钮，在【项目】面板中双击鼠标，在弹出的对话框中选择【素材\Cha03\护肤素材01.jpg】、【护肤素材02.jpg】、【护肤素材03.jpg】素材文件，单击【打开】按钮。在【项目】面板中右击鼠标，在弹出的快捷菜单中选择【新建项目】|【颜色遮罩】命令，如图3-3所示。

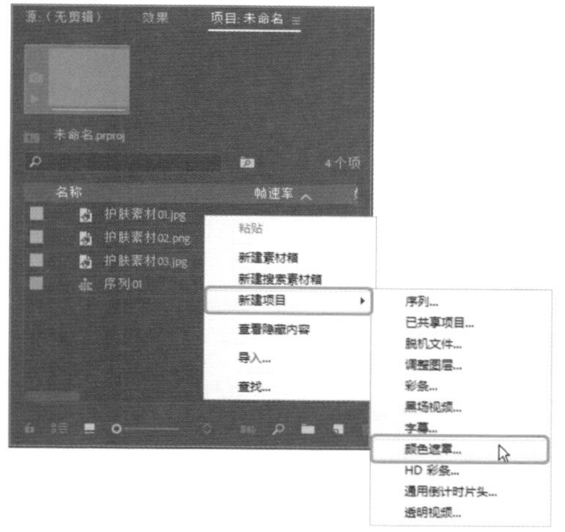

图3-3

Step 03 在弹出的【新建颜色遮罩】对话框中单击【确定】按钮，在弹出的【拾色器】对话框中将颜色值设置为# FFFFFF，如图3-4所示。

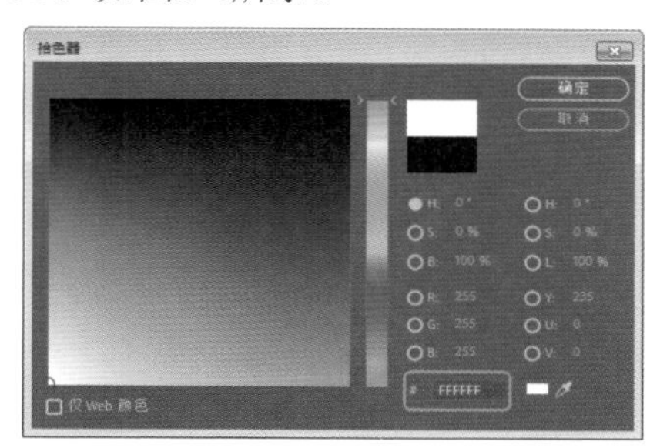

图3-4

Step 04 设置完成后，单击【确定】按钮，在弹出的【选择名称】对话框中单击【确定】按钮。将当前时间设置为00:00:00:00，在【项目】面板中选择【颜色遮罩】，按住鼠标左键将其拖曳至V1视频轨道中，将其开始处与时间线对齐，将其【持续时间】设置为00:00:06:00。将【护肤素材01】拖曳至V2视频轨道中，将其开始处与时间线对齐，将结尾处与V2视频轨道中的结尾处对齐，效果如图3-5所示。

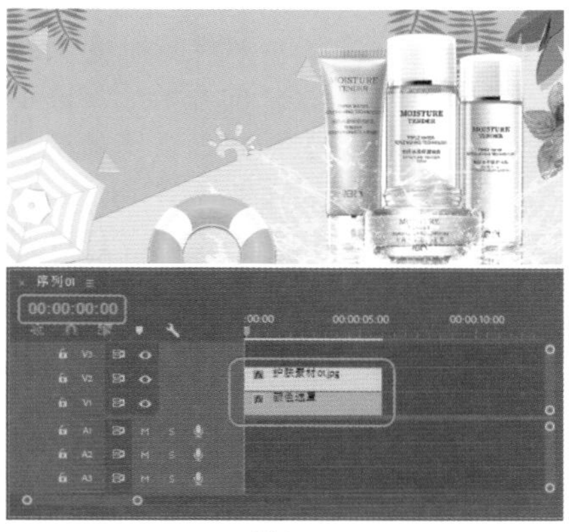

图3-5

Step 05 在【效果】面板中选择【视频过渡】|【擦除】|【风车】效果，按住鼠标左键将其拖曳至V2视频轨道中的【护肤素材01】素材文件的开始处，效果如图3-6所示。

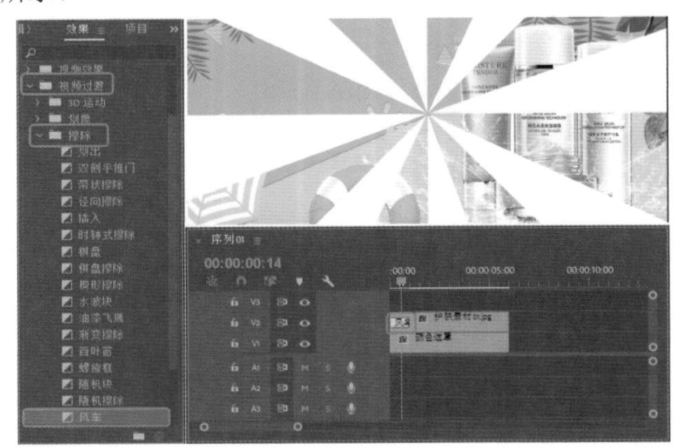

图3-6

Step 06 将当前时间设置为00:00:01:00，在【项目】面板中选择【护肤素材02.png】素材文件，按住鼠标左键将其拖曳至V3视频轨道中，将其开始处与时间线对齐。选中V3视频轨道中的【护肤素材02】素材文件，在【效果控件】面板中将【位置】设置为463、206，效果如图3-7所示。

图3-7

Step 07 在【效果】面板中选择【视频过渡】|【擦除】|【百叶窗】效果，按住鼠标左键将其拖曳至V3视频轨道中的【护肤素材03】素材文件的开始处。选中【护肤素材03】开始处的【百叶窗】效果，在【效果控件】面板中单击【自西向东】按钮，效果如图3-8所示。

Step 08 在菜单栏中选择【文件】|【新建】|【旧版标题】命令，在弹出的对话框中使用默认设置，单击【确定】按钮。选择【文字工具】T，输入文字。选中输入的文字，将【字体系列】设置为【微软简综艺】，将【字体大小】设置为89，将【倾斜】设置为10，将【填充类型】设置为【实底】，将【颜色】设置为#FFFFFF；勾选【阴影】复选框，将阴影下的【颜色】设置为#2DAAED，将【不透明度】、【角度】、【距离】、【大小】、【扩展】分别设置为75%、90、2、0、2；将【旋转】设置为355，将【X位置】、【Y位置】分别设置为349、179，如图3-9所示。

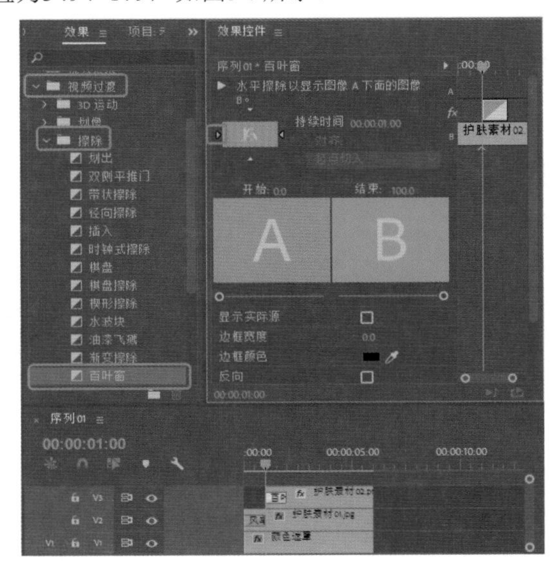

图3-8

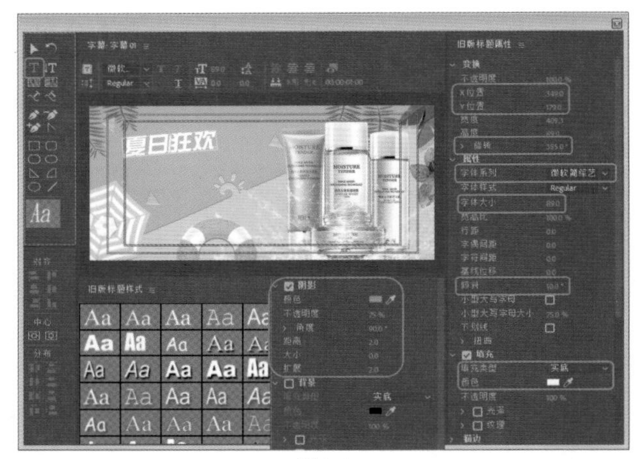

图3-9

Step 09 单击【基于当前字幕新建字幕】按钮，在弹出的对话框中使用默认设置，单击【确定】按钮。将文字修改为【护肤焕新季】，选中修改后的文字，将【X位置】、【Y位置】分别设置为472、278，效果如图3-10所示。

Step 10 单击【基于当前字幕新建字幕】按钮，在弹出的对话框中使用默认设置，单击【确定】按钮。将文字修改为【夏日促销 全场打折 全场优惠送不停】，选中修改后的文字，将【字体系列】设置为【微软雅黑】，将【字体样式】设置为Bold，将【字体大小】设置为25，将【字符间距】设置为5，将【倾斜】设置为0，取消勾选【阴影】复选框，将【X位置】、【Y位置】分别设置为456、98，如图3-11所示。

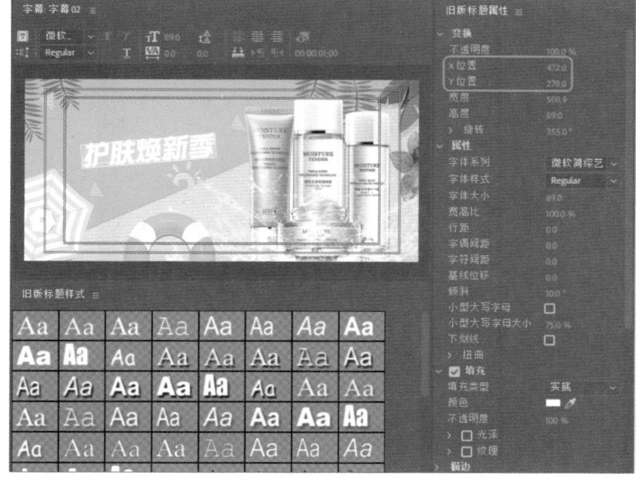

图3-10

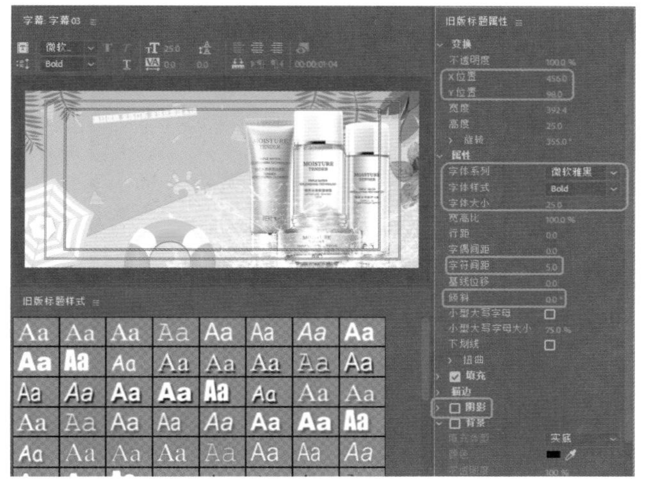

图3-11

Step 11 单击【基于当前字幕新建字幕】按钮，在弹出的对话框中使用默认设置，单击【确定】按钮。将文字修改为【【促销特惠/返现800元】】，选中修改后的文字，将【字体大小】设置为48，将【字符间距】设置为0；勾选【阴影】复选框，将【阴影】下的【距离】、【扩展】均设置为3，将【旋转】设置为0，将【X位置】、【Y位置】分别设置为553、451，如图3-12所示。

Step 12 关闭字幕，在【序列01】的空白处右击鼠标，在弹出的快捷菜单中选择【添加轨道】命令，如图3-13所示。

Step 13 在弹出的【添加轨道】对话框中添加5条视频轨道，单击【确定】按钮。将当前时间设置为00:00:01:00，将【字幕01】拖曳至V4视频轨道中，将其开始处与时间线对齐。在【效果】面板中选择【视频过渡】|【擦除】|【百叶窗】效果，按住鼠标左键将其拖曳至V3视频轨道中的【字幕01】的开始处。选中【字幕01】开始处的【百叶窗】效果，在【效果控件】面板中单击【自西向东】按钮，效果如图3-14所示。

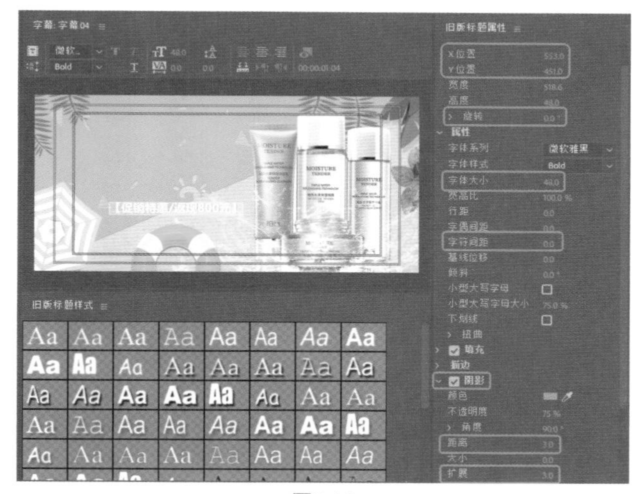

图3-12

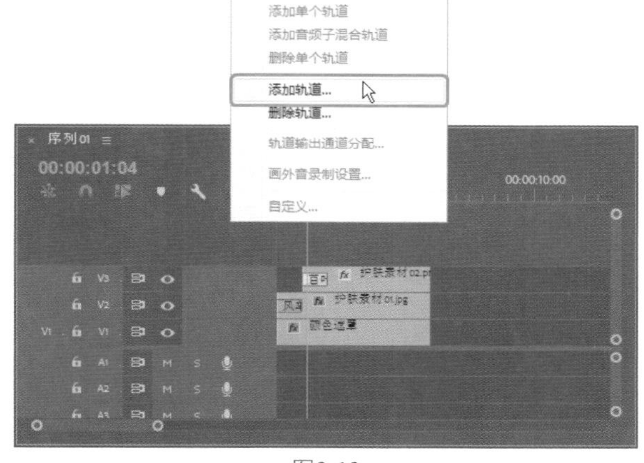

图3-13

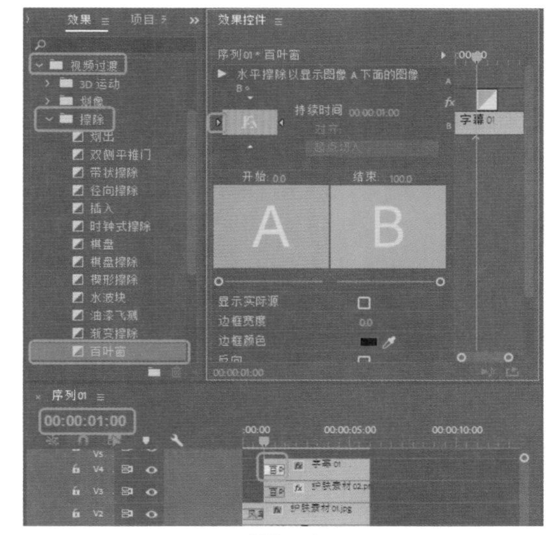

图3-14

Step 14 根据前面所介绍的方法制作其他内容，完成后的效果如图3-15所示。

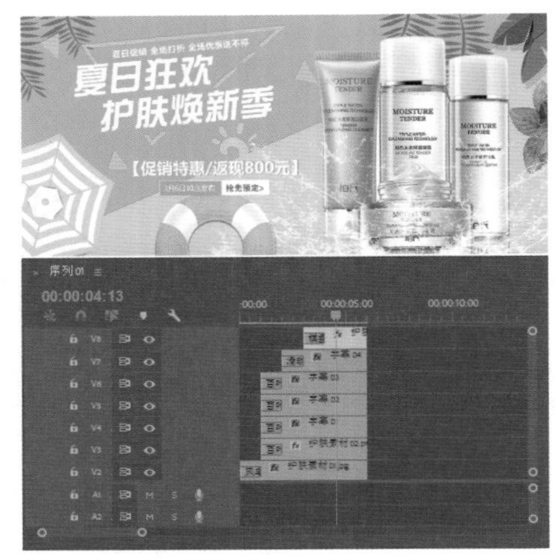

图3-15

实例 061 咖啡过渡动画

素材：咖啡素材01.mp4、咖啡素材02.mov、咖啡素材03.avi、咖啡素材04.png、咖啡素材05.png

场景：咖啡过渡动画.prproj

本例首先对视频素材进行裁剪，然后为视频添加过渡动画，使视频之间切换自然，部分效果如图3-16所示。

图3-16

Step 01 新建一个项目，按Ctrl+N组合键，在弹出的【新建序列】对话框中选择ARRI|1080p|ARRI 1080p 23.976序列预设，单击【确定】按钮，创建序列。将【咖啡素材01.mp4】、【咖啡素材02.mov】、【咖啡素材03.avi】、【咖啡素材04.png】、【咖啡素材05.png】素材文件导入至【项目】面板中，在【项目】面板中选择【咖啡素材01.mp4】素材文件，按住鼠标左键将其拖曳至V1视频轨道中，在弹出的提示对话框中单击【保持现有设置】按钮，将素材文件添加至视频轨道中，效果如图3-17所示。

Step 02 将当前时间设置为00:00:07:04，选择【剃刀工具】，在时间线位置处单击鼠标，对素材进行裁剪，效果如图3-18所示。

图3-17

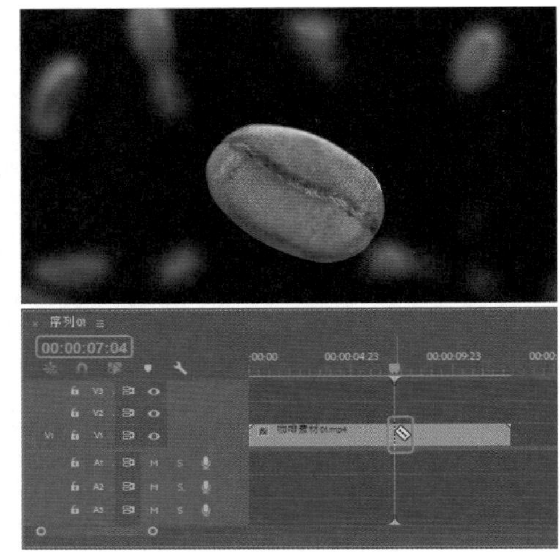

图3-18

Step 03 选择【选择工具】，选择时间线右侧的视频文件，按Delete键将其删除。在【项目】面板中选择【咖啡素材02.mov】素材文件，按住鼠标左键将其拖曳至V1视频轨道中，将其开始处与【咖啡素材01】的结尾处对齐。在【效果】面板中选择【视频过渡】|【溶解】|【交叉溶解】过渡效果，将其拖曳至【咖啡素材02】的开始处，效果如图3-19所示。

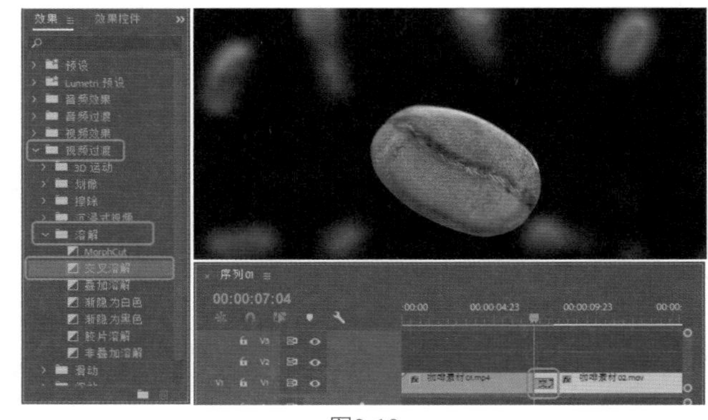

图3-19

Step 04 将当前时间设置为00:00:11:19，选择【剃刀工具】，在时间线位置处单击鼠标，对【咖啡素材02】素材文件进行裁剪，效果如图3-20所示。

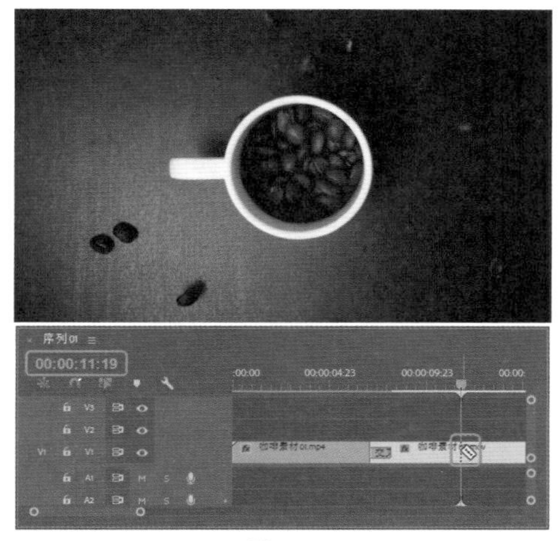

图3-20

Step 05 选择【选择工具】，选择时间线右侧的视频文件，按Delete键将其删除。将当前时间设置为00:00:10:17，在【项目】面板中选择【咖啡素材03.avi】素材文件，将其拖曳至V2视频轨道中，并将其开始处与时间线对齐。在【咖啡素材03】素材文件上右击鼠标，在弹出的快捷菜单中选择【速度/持续时间】命令，在弹出的对话框中将【持续时间】设置为00:00:05:00，单击【确定】按钮。在【效果】面板中选择【交叉溶解】过渡效果，将其拖曳至【咖啡素材03】的开始处，效果如图3-21所示。

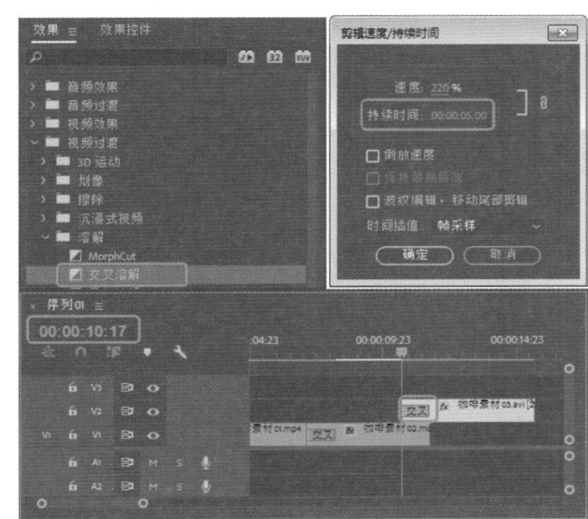

图3-21

Step 06 将当前时间设置为00:00:10:17，在【项目】面板中选择【咖啡素材04.png】素材文件，将其拖曳至V3视频轨道中，并将其开始处与时间线对齐，效果如图3-22所示。

Step 07 将当前时间设置为00:00:11:18，选择V3轨道中的【咖啡素材04】素材文件，在【效果控件】面板中将【位置】设置为976、-151，单击其左侧的【切换动画】按钮，效果如图3-23所示。

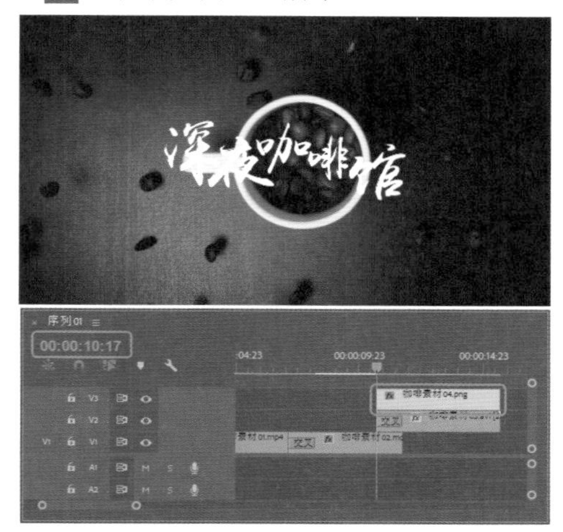

图3-22

图3-23

Step 08 将当前时间设置为00:00:13:09，将【位置】设置为976、241，效果如图3-24所示。

图3-24

Step 09 确认当前时间为00:00:13:09，在【项目】面板中选择【咖啡素材05.png】素材文件，将其拖曳至V3视频轨道的上方，自动创建V4视频轨道，并将其开始处与时间线对齐，将其结尾处与V3视频轨道中的结尾处对齐。将【交叉溶解】过渡效果拖曳至【咖啡素材05】素材文件上，效果如图3-25所示。

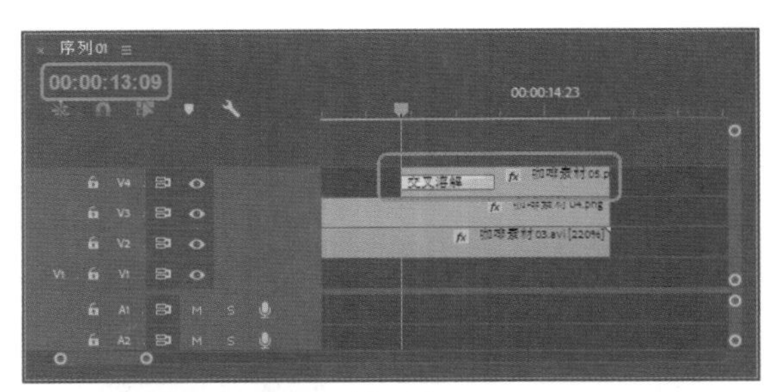

图3-25

Step 10 选择V4视频轨道中的素材文件，在【效果控件】面板中将【位置】设置为1592、896，将【缩放】设置为87，将【旋转】设置为32°，如图3-26所示。

图3-26

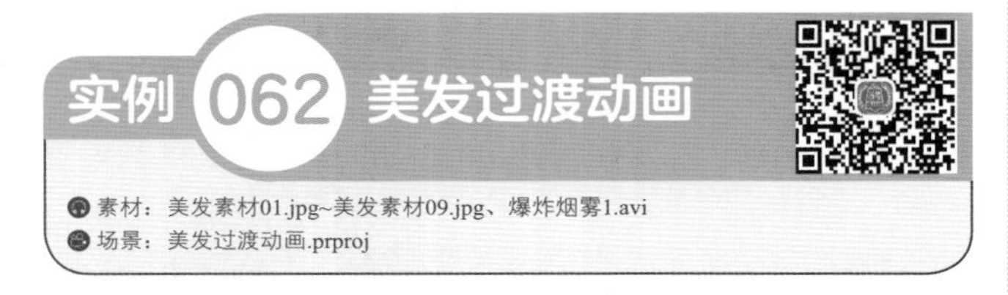

实例 062 美发过渡动画

素材：美发素材01.jpg~美发素材09.jpg、爆炸烟雾1.avi

场景：美发过渡动画.prproj

本案例主要通过为素材图像添加【渐隐为黑色】、【交叉缩放】、【交叉划像】等视频过渡效果，使静态图片产生动态效果，除此之外还添加了动态视频，通过视频与图像的结合使美发过渡动画展示出新潮的艺术效果，如图3-27所示。

图3-27

Step 01 新建序列文件，在【项目】面板中导入【素材\Cha03\美发素材01.jpg】~【美发素材09.jpg】、【爆炸烟雾1.avi】文件。确认当前时间为00:00:00:00，在【项目】面板中选择【美发素材01.jpg】素材文件，将其拖曳至V1视频轨道中，将其持续时间设置为00:00:03:00。在【效果控件】面板中将【缩放】设置为166.5，【位置】设置为360、348，如图3-28所示。

图3-28

Step 02 在【效果】面板中搜索【渐隐为黑色】过渡效果，将其拖曳至V1视频轨道中素材的开始处，如图3-29所示。

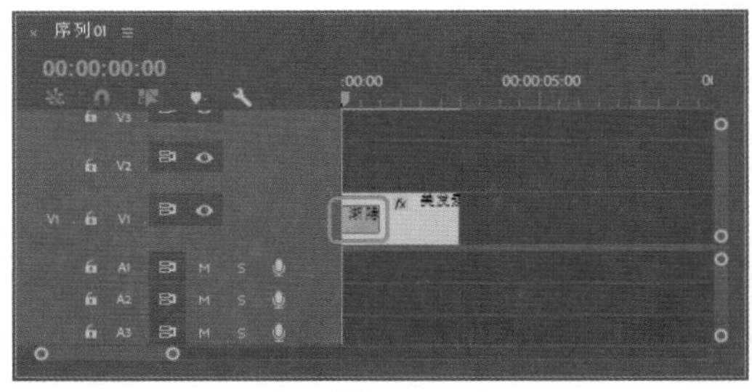

图3-29

Step 03 将当前时间设置为00:00:03:00，在【项目】面板中选择【美发素材02.jpg】素材文件，将其拖曳至V1视频轨道中，使其开始处与时间线对齐。并选中【美发素材02.jpg】，将其持续时间设置为00:00:02:13，在【效果控件】面板中将【缩放】设置为197，【位置】设置为360、361，如图3-30所示。

图3-30

Step 04 在【效果】面板中搜索【交叉缩放】过渡效果，将其拖曳至V1视频轨道中【美发素材01.jpg】与【美发素材02.jpg】素材之间，如图3-31所示。

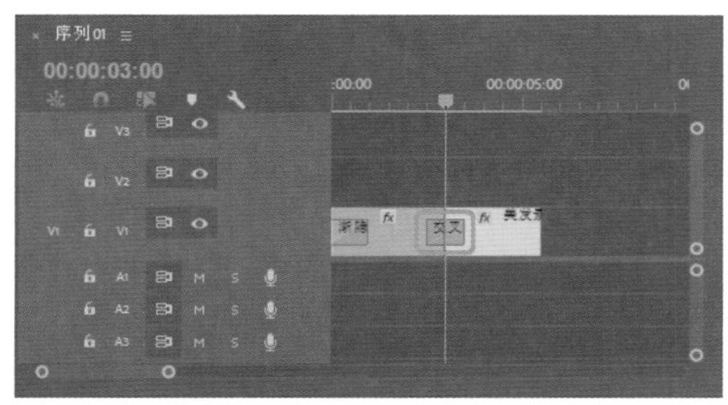

图3-31

Step 05 将当前时间设置为00:00:05:13，在【项目】面板中选择【美发素材03.jpg】素材文件，将其拖曳至V1视频轨道中，使其开始处与时间线对齐，并选中素材，将其持续时间设置为00:00:02:13。在【效果控件】面板中将【缩放】设置为38，如图3-32所示。

图3-32

Step 06 在【效果】面板中搜索【交叉划像】过渡效果，将其拖曳至V1视频轨道中【美发素材02.jpg】与【美发素材03.jpg】素材之间，如图3-33所示。

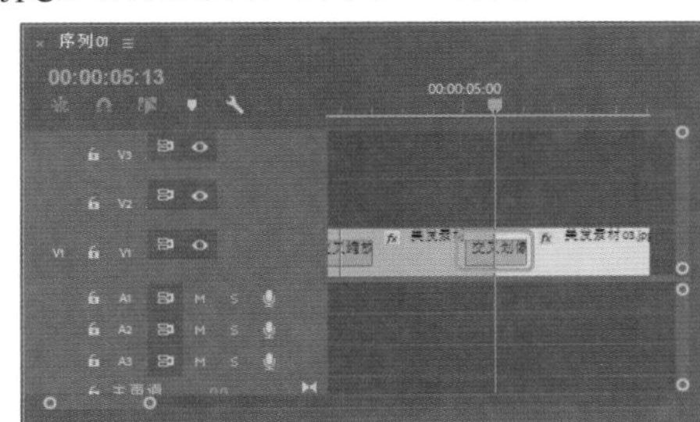

图3-33

Step 07 将当前时间设置为00:00:08:01，在【项目】面板中选择【美发素材04.jpg】素材文件，将其拖曳至V1视频轨道中，使其开始处与时间线对齐，将其持续时间设置为00:00:07:10。在【效果】面板中搜索【快速模糊】效果，将其拖曳至V1视频轨道中的【美发素材04.jpg】素材上，在【效果控件】面板中将【缩放】设置为56，如图3-34所示。

图3-34

Step 08 将当前时间设置为00:00:09:10，在【效果控件】面板中单击【快速模糊】下方【模糊度】左侧的【切换动画】按钮，如图3-35所示。

图3-35

Step 09 将当前时间设置为00:00:10:10，在【效果控件】面板中将【快速模糊】下的【模糊度】设置为100，如图3-36所示。

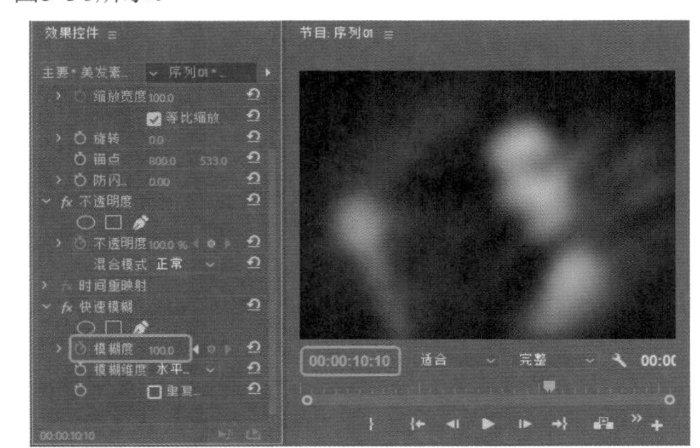

图3-36

Step 10 在【效果】面板中搜索【推】过渡效果，将其拖曳至V1视频轨道中【美发素材03.jpg】与【美发素材04.jpg】素材之间，如图3-37所示。

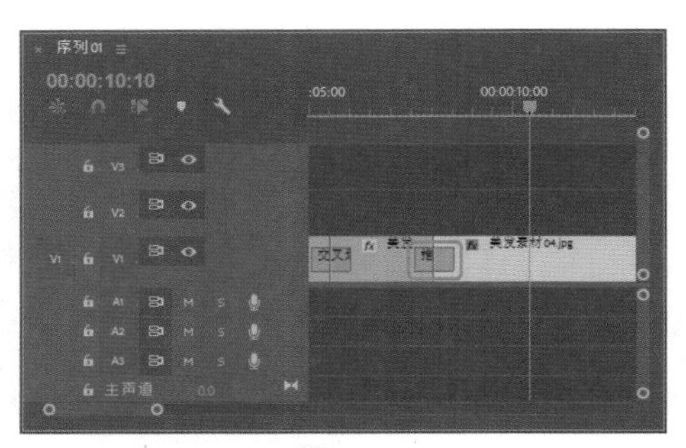

图3-37

Step 11 将当前时间设置为00:00:00:00，在【项目】面板中选择【爆炸烟雾1.avi】素材文件，将其拖曳至V2视频轨道中，使其开始处与时间线对齐。在【效果控件】面板中将【缩放】设置为54，将【混合模式】设置为【柔光】，如图3-38所示。

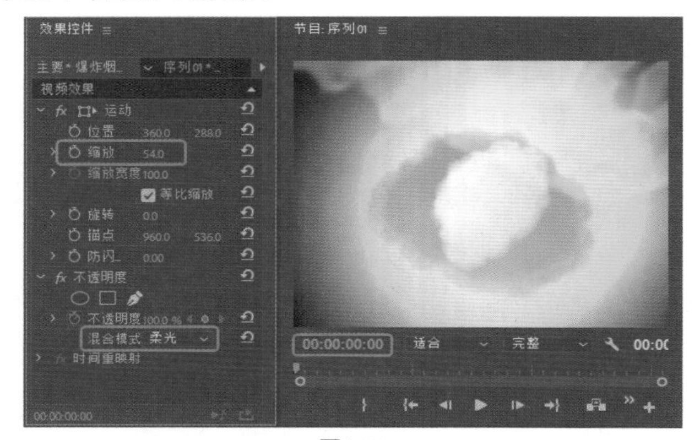

图3-38

Step 12 将当前时间设置为00:00:10:00，在【项目】面板中选择【美发素材05.jpg】素材文件，将其拖曳至V2视频轨道中，使其开始处与时间线对齐，结尾处与V1视频轨道中【美发素材04.jpg】素材的结尾处对齐。并选中【美发素材05.jpg】素材，在【效果控件】面板中将【缩放】设置为103，将【混合模式】设置为【柔光】，如图3-39所示。

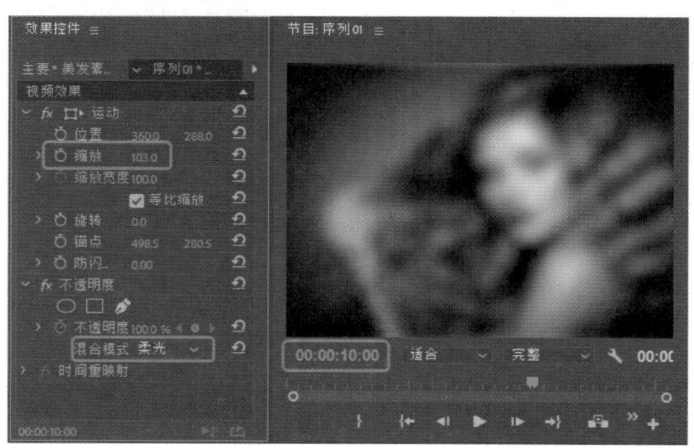

图3-39

Step 13 将当前时间设置为00:00:10:11，在【项目】面板中选择【美发素材06.jpg】素材文件，将其拖曳至V3视频轨道中，使其开始处与时间线对齐，结尾处与V2视频轨道中【美发素材05.jpg】素材的结尾处对齐。在【效果】面板中搜索【裁剪】效果，将其拖曳至V3视频轨道中的【美发素材06.jpg】素材上，并选中【美发素材06.jpg】素材，在【效果控件】面板中将【缩放】设置为11，【位置】设置为15、288，将【裁剪】下的【左侧】、【顶部】、【右侧】、【底部】分别设置为49、0、21、0，如图3-40所示。

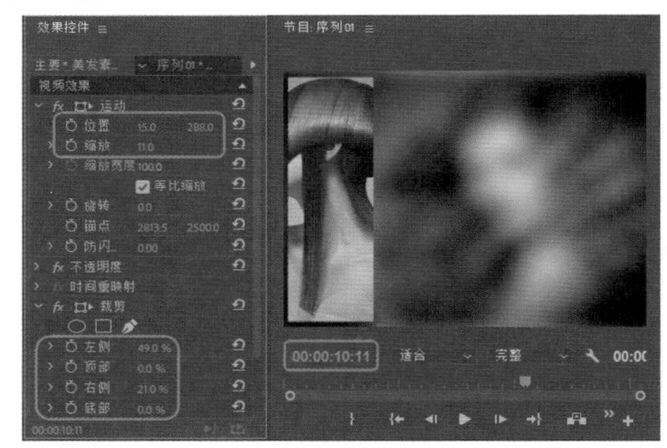

图3-40

Step 14 在【效果】面板中搜索【交叉溶解】过渡效果，将其拖曳至V3视频轨道中【美发素材06.jpg】素材的开始处，并使用同样的方法制作其他内容，效果如图3-41所示。

图3-41

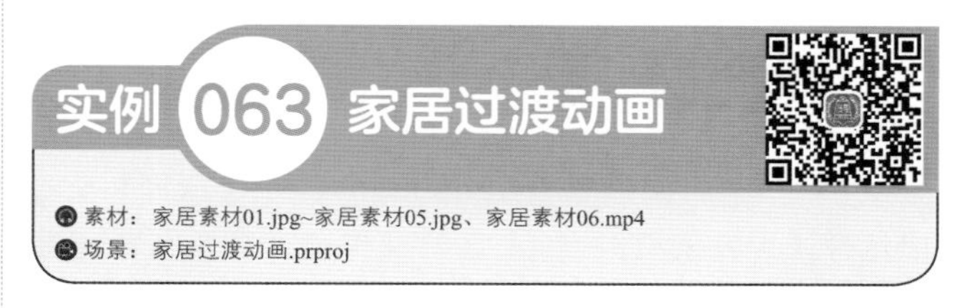

实例063 家居过渡动画

素材：家居素材01.jpg~家居素材05.jpg、家居素材06.mp4

场景：家居过渡动画.prproj

家居过渡动画重在体现出家居装饰的展示效果。本案例中的家居过渡动画主要通过新建字幕输入文字并进行设置，制作出主题名称，最后通过为字幕与素材图片添加视频过渡效果，使文字与素材图片产生切换效果，从而制作出家居的展示动画，如图3-42所示。

图3-42

Step 01 新建序列文件，在【项目】面板导入【素材\Cha03\家居素材01.jpg】~【家居素材05.jpg】、【家居素材06.mp4】素材文件，如图3-43所示。

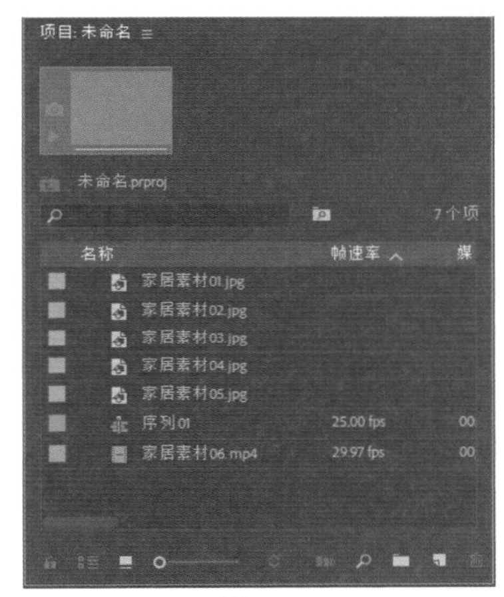

图3-43

Step 02 在菜单栏中选择【文件】|【新建】|【旧版标题】命令，在打开的对话框使用默认设置。单击【确定】按钮。进入到【字幕编辑器】中，使用【文字工具】输入文字，并选中文字，将【字体系列】设置为【汉仪竹节体简】，【字体大小】设置为80，将【填充】下的【颜色】设置为白色，将【X位置】与【Y位置】分别设置为242、197，如图3-44所示。

图3-44

Step 03 根据前面介绍的方法，制作出其他字幕，效果如图3-45所示。

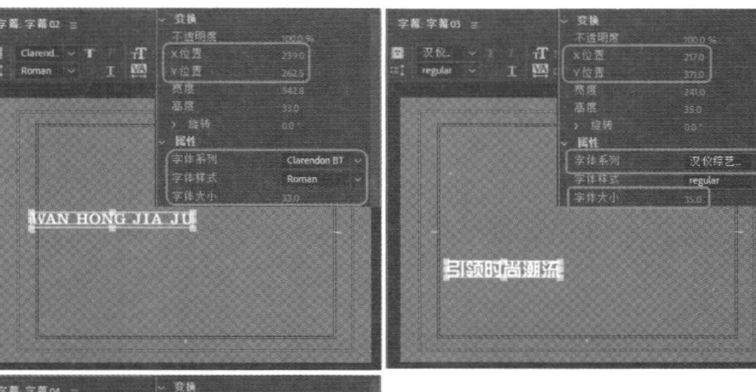

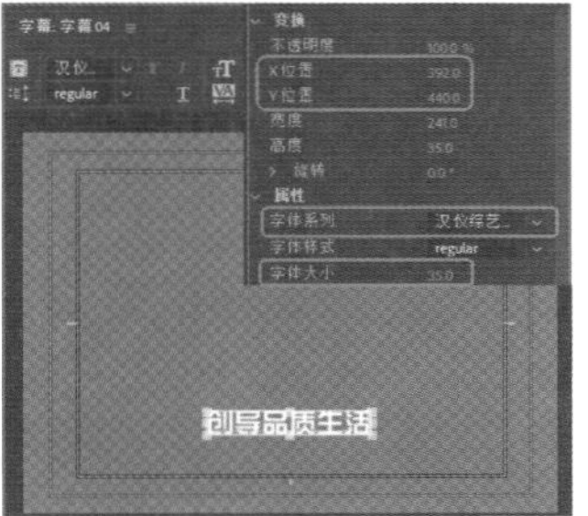

图3-45

Step 04 确认当前时间为00:00:00:00，在【项目】面板中选择【家居素材01.jpg】素材文件，将其拖曳至V1视频轨道中，将其开始处与时间线对齐，将其持续时间设置为00:00:08:18。选中轨道中的素材文件，在【效果控件】面板中将【位置】设置为285、288，将【缩放】设置为41。在【效果】面板中搜索【渐隐为白色】过渡效果，将其拖曳至V1视频轨道的【家居素材01.jpg】的开始处，如图3-46所示。

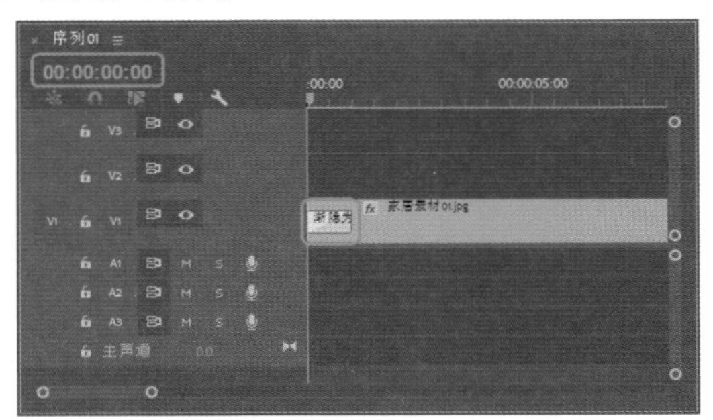

图3-46

Step 05 将当前时间设置为00:00:01:00，在【项目】面板中将【字幕01】拖曳至V2视频轨道中，使其开始处与时间线对齐，并在轨道中选中该字幕，将其持续时间设置为00:00:07:18。在【效果控件】面板中将【位置】设置为360、48，单击其左侧的【切换动画】按钮，将【不透明度】设置为0%，如图3-47所示。

Step 06 将当前时间设置为00:00:03:00，在【效果控件】面板中将【位置】设置为360、288，将【不透明度】设置为100%，如图3-48所示。

Step 07 将当前时间设置为00:00:01:00，在【项目】面板中将【字幕02】拖曳至V3视频轨道中，使其开始处与时间线对齐，并在轨道中选中该字幕，将其持续时间设置为00:00:07:18。在【效果控件】面板中将【位置】设置为360、437，单击其左侧的【切换动画】按钮，将【不透明度】设置为0%，如图3-49所示。

图3-47

图3-48

图3-49

Step 08 将当前时间设置为00:00:03:00，在【效果控件】面板中将【位置】设置为360、288，将【不透明度】设置为100%，如图3-50所示。

Step 09 将当前时间设置为00:00:03:05，在【项目】面板中将【字幕03】拖曳至V3视频轨道的上方，自动创建V4视频轨道，使其开始处与时间线对齐，并在轨道中选中该字幕，将其持续时间设置为00:00:05:13。在【效果】面板中搜索【划出】效果，将其拖曳至V4视频轨道中【字幕03】的开始处，如图3-51所示。

图3-50

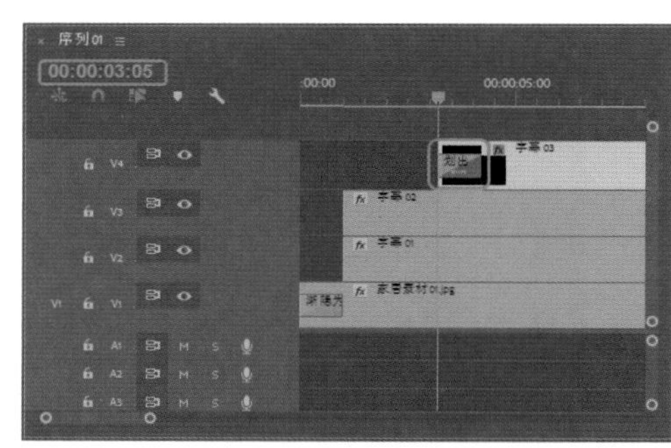

图3-51

Step 10 将当前时间设置为00:00:03:18，在【项目】面板中将【字幕04】拖曳至V4视频轨道的上方，自动创建V5视频轨道，使其开始处与时间线对齐，并在轨道中选中该字幕，将其持续时间设置为00:00:05:00。在【效果】面板中搜索【滑动】效果，将其拖曳至V5视频轨道中【字幕04】的开始处，如图3-52所示。

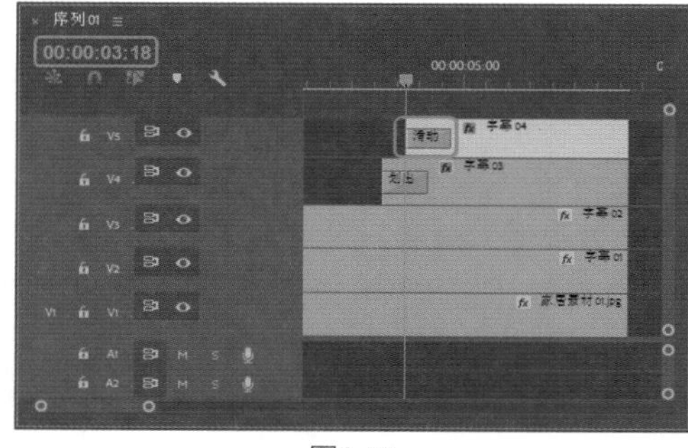

图3-52

Step 11 将当前时间设置为00:00:08:18，在【项目】面板中将【家居素材02.jpg】拖曳至V1视频轨道中，使其开始处与时间线对齐，并在轨道中选中该素材，将其持续时间设置为00:00:03:20。在【效果控件】面板中将【缩放】设置为54。在【效果】面板中搜索【渐隐为白色】效果，将其拖曳至V1视频轨道中【家居素材01.jpg】与【家居素材02.jpg】素材之间，如图3-53所示。

Step 12 使用同样的方法，将其他素材添加至轨道中，设置参数并向素材之间添加过渡效果，如图3-54所示。

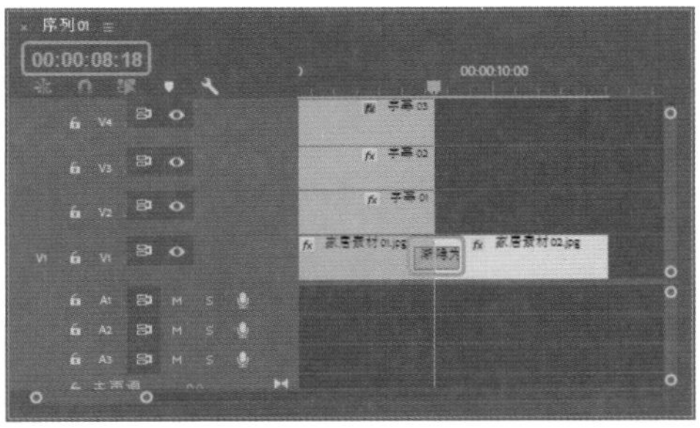

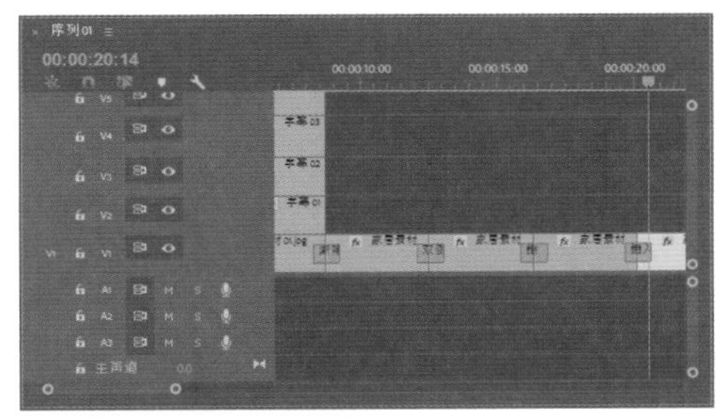

图3-53

图3-54

Step 13 将当前时间设置为00:00:01:00，在【项目】面板中选择【家居素材06.mp4】素材文件，将其拖曳至V5视频轨道上方，自动创建V6视频轨道，将其开始处与时间线对齐，将其持续时间设置为00:00:22:23，如图3-55所示。

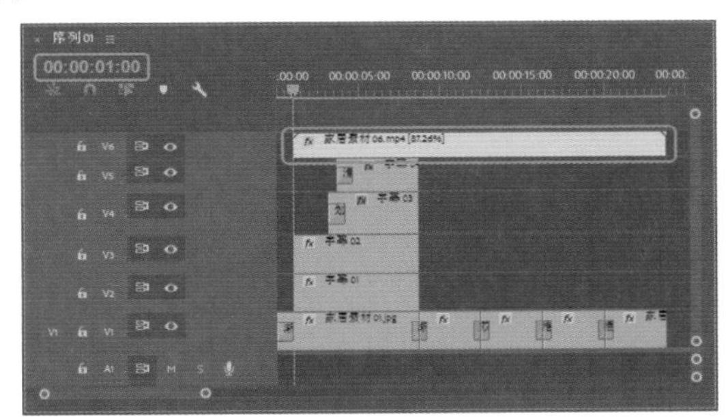

图3-55

Step 14 选择V6视频轨道中的【家居素材06.mp4】素材文件，在【效果控件】面板中将【缩放】设置为54，将【混合模式】设置为【滤色】，如图3-56所示。

图3-56

实例064 美发过渡动画

素材：宠物素材01.jpg~宠物素材07.jpg、宠物素材08.mov、宠物文字.png
场景：宠物店宣传过渡动画.prproj

本案例将介绍如何制作宠物店宣传过渡动画，通过为素材添加合适的过渡效果，从而展现出素材图片中宠物们的可爱萌之处，效果如图3-57所示。

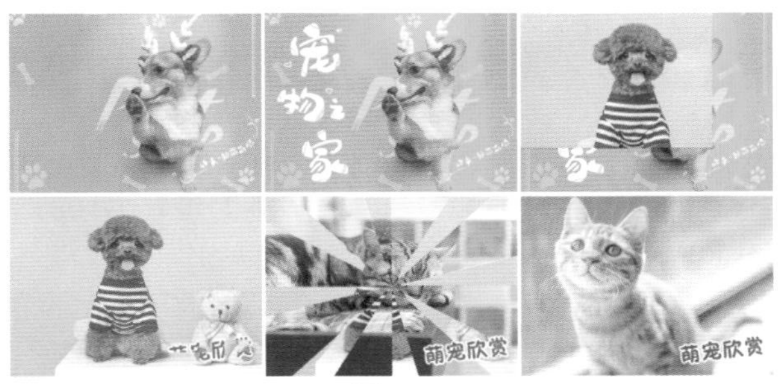

图3-57

Step 01 新建序列文件，在【项目】面板中导入【素材\Cha03\宠物素材01.jpg】~【宠物素材07.jpg】、【宠物素材08.mov】、【宠物文字.png】素材文件，选择【项目】面板中的【宠物素材01.jpg】文件，将其拖曳至V1视频轨道中，将其持续时间设置为00:00:03:12，如图3-58所示。

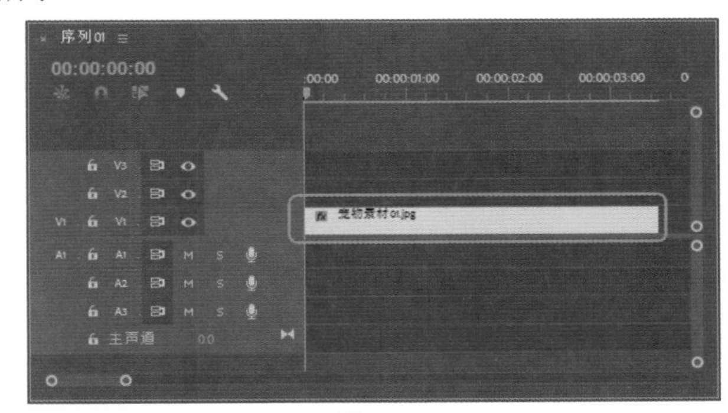

图3-58

Step 02 在【效果】面板中搜索【颜色过滤】效果，拖曳至视频轨道中的素材上，并选择轨道中的素材文件，将当前时间设置为00:00:00:00。在【效果控件】面板中将【缩放】设置为77，将【颜色过滤】下的【相似性】设置为8，单击其左侧的【切换动画】按钮，【颜色】设置为红色，如图3-59所示。

提示

【色彩传递】特效将素材转变成灰度，除了只保留一个指定的颜色外，使用这个效果可以突出素材的某个特殊区域。

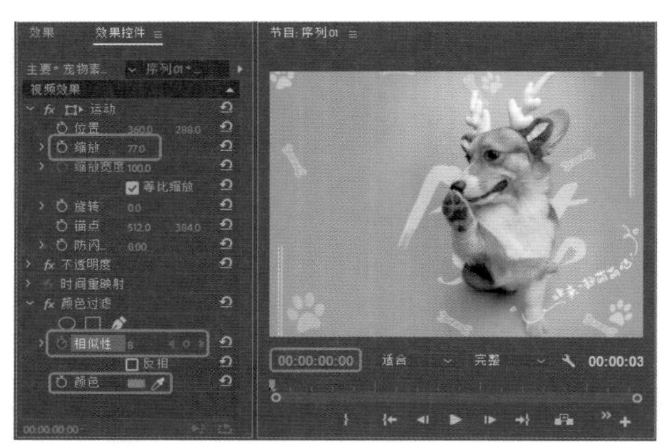

图3-59

Step 03 将当前时间设置为00:00:01:00，在【效果控件】面板中将【颜色过滤】下的【相似性】设置为100，如图3-60所示。

图3-60

Step 04 将当前时间设置为00:00:01:00，在【项目】面板中选择【宠物文字.png】素材文件，将其拖曳至V2视频轨道中，使其开始处与时间线对齐，持续时间设置为00:00:03:00。在【效果】面板中搜索【交叉溶解】效果，将其拖曳至V2视频轨道中【宠物文字.png】的开始处，如图3-61所示。

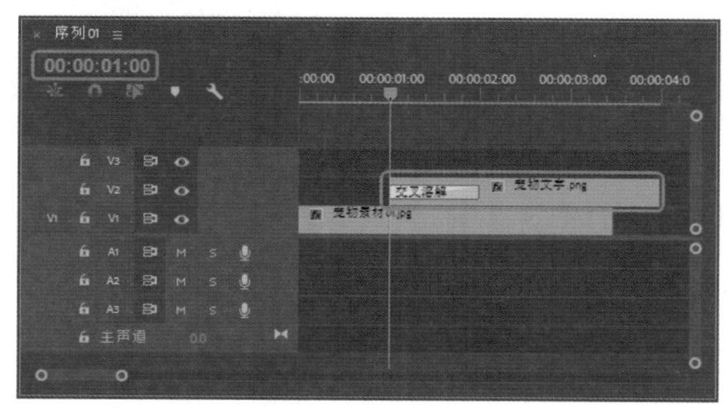

图3-61

Step 05 选中V2视频轨道中的【宠物文字.png】素材文件，在【效果控件】面板中将【位置】设置为137、288，将【缩放】设置为85，效果如图3-62所示。

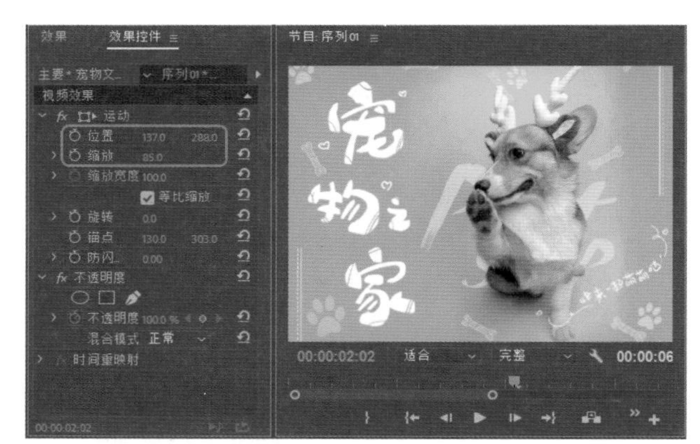

图3-62

Step 06 在菜单栏中选择【文件】|【新建】|【旧版标题】命令，在弹出的对话框中使用默认设置，单击【确定】按钮，进入到【字幕编辑器】中。使用【文字工具】输入文字，并选中文字，将【字体系列】设置为【方正少儿简体】，【字体大小】设置为57，将【填充】下的【颜色】设置为# 64463B，单击【外描边】右侧的【添加】，添加一个外描边，将【类型】设置为【边缘】，将【大小】设置为60，将【颜色】设置为白色，将【变换】下的【旋转】设置为353，将【X位置】、【Y位置】分别设置为628、506，如图3-63所示。

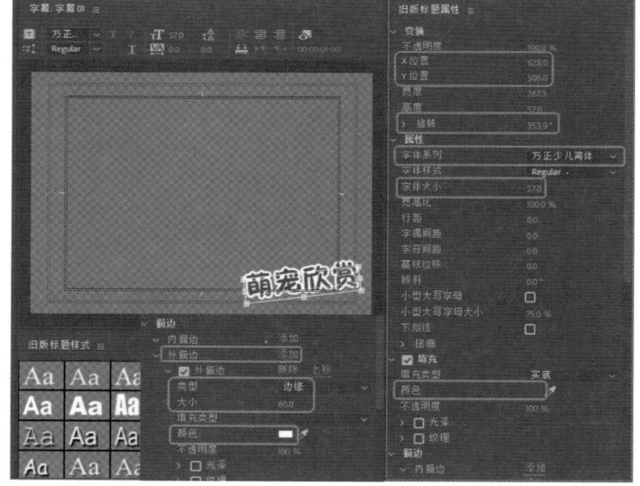

图3-63

Step 07 关闭【字幕编辑器】，在【项目】面板中选择【宠物素材02.jpg】素材文件，将其拖曳至V1视频轨道中，使其开始处与【宠物素材01.jpg】结尾处对齐，持续时间设置为00:00:03:00。在【效果】面板中搜索【插入】效果，将其拖曳至V1视频轨道中两个素材之间。将当前时间设置为00:00:03:00，并选中轨道中的【宠物素材02.jpg】，在【效果控件】面板中单击【缩放】左侧的【切换动画】按钮，如图3-64所示。

Step 08 将当前时间设置为00:00:05:00，在【效果控件】面板中将【缩放】设置为77，如图3-65所示。

图3-64

图3-65

Step 09 在【效果】面板中搜索【插入】效果，将其拖曳至V2视频轨道中【宠物文字.png】的结尾处，如图3-66所示。

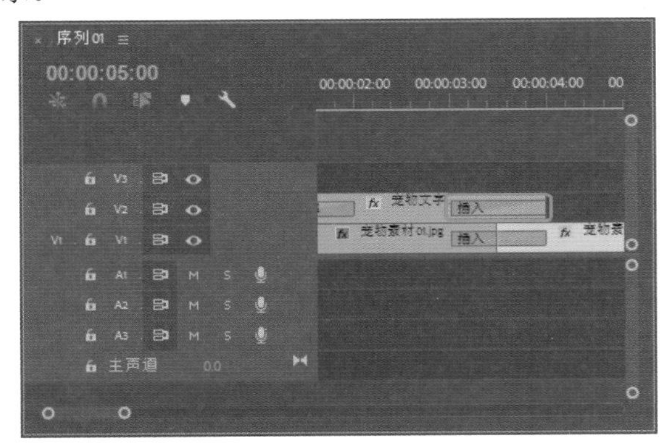

图3-66

Step 10 将当前时间设置为00:00:04:00，在【项目】面板中将【字幕01】拖曳至V3视频轨道中，使其开始处与时间线对齐，持续时间设置为00:00:12:12。在【效果】面板中搜索【随机块】效果，将其拖曳至V3视频轨道中字幕的开始处，如图3-67所示。

Step 11 在【项目】面板中，将【宠物素材03.jpg】拖曳至V1视频轨道中，使其开始处与【宠物素材02.jpg】结尾处对齐，持续时间设置为00:00:02:00。将当前时间设置为00:00:06:12，选中轨道中的【宠物素材03.jpg】，在【效果控件】面板中将【缩放】设置为77，如图3-68所示。

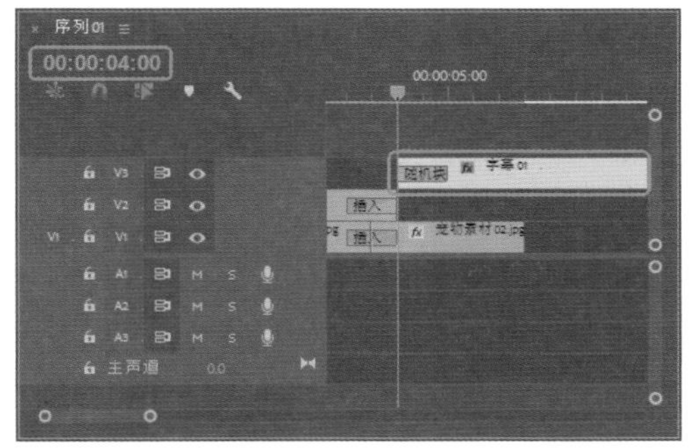

图3-67

图3-68

Step 12 在【效果】面板中搜索【风车】效果，将其拖曳至V1视频轨道中【宠物素材02.jpg】与【宠物素材03.jpg】之间，如图3-69所示。

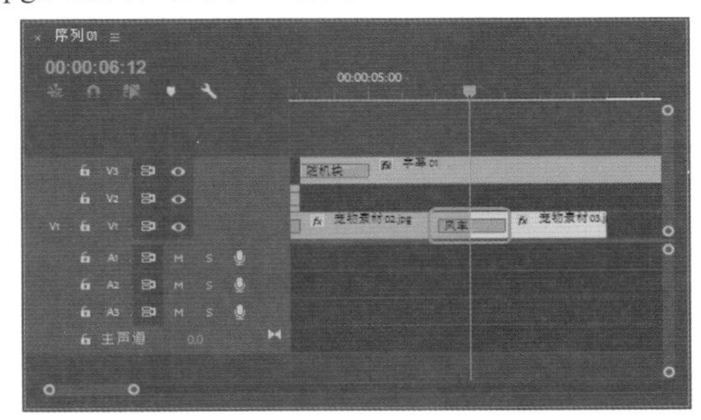

图3-69

Step 13 在【项目】面板中，将【宠物素材04.jpg】拖曳至V1视频轨道中，使其开始处与【宠物素材03.jpg】结尾处对齐，持续时间设置为00:00:02:00。在【效果】面板中搜索【划出】效果，将其拖曳至V1视频轨道中【宠物素材03.jpg】与【宠物素材04.jpg】之间，在【效果控件】面板中将【缩放】设置为77，如图3-70所示。

Step 14 在【项目】面板中，将【宠物素材05.jpg】拖曳至V1视频轨道中，使其开始处与【宠物素材04.jpg】结尾处对齐，持续时间设置为00:00:02:00。在【效果控件】面板中将【缩放】设置为77，如图3-71所示。

图3-70

图3-71

Step 15 在【效果】面板中搜索【交叉划像】效果，将其拖曳至V1视频轨道中的【宠物素材04.jpg】与【宠物素材05.jpg】素材之间，如图3-72所示。

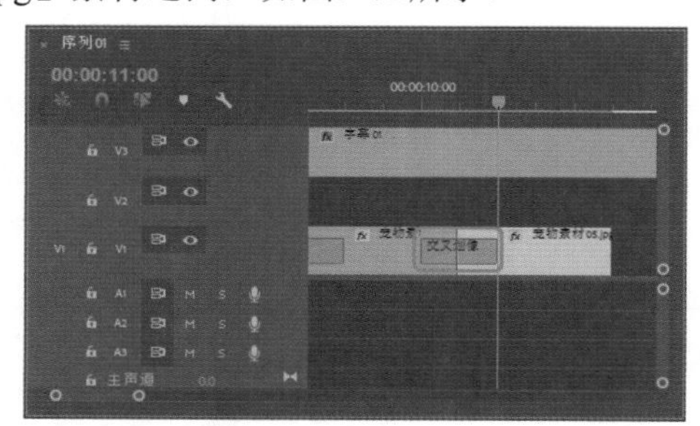
图3-72

Step 16 在【项目】面板中，将【宠物素材06.jpg】拖曳至V1视频轨道中，使其开始处与【宠物素材05.jpg】结尾处对齐，持续时间设置为00:00:02:00。在【效果控件】面板中将【缩放】设置为77，如图3-73所示。

Step 17 根据前面所介绍的方法添加过渡效果与其他素材文件，如图3-74所示。

Step 18 将当前时间设置为00:00:00:00，在【项目】面板中选择【宠物素材08.mov】，将其拖曳至V3视频轨道上，释放鼠标，自动创建V4视频轨道，将其开始处与时间线对齐，将其持续时间设置为00:00:16:11。在【效果控件】面板中，将【混合模式】设置为【滤色】，如图3-75所示。

图3-73

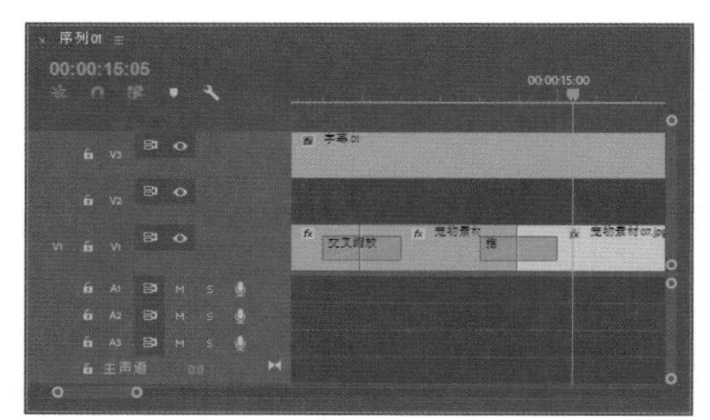
图3-74

图3-75

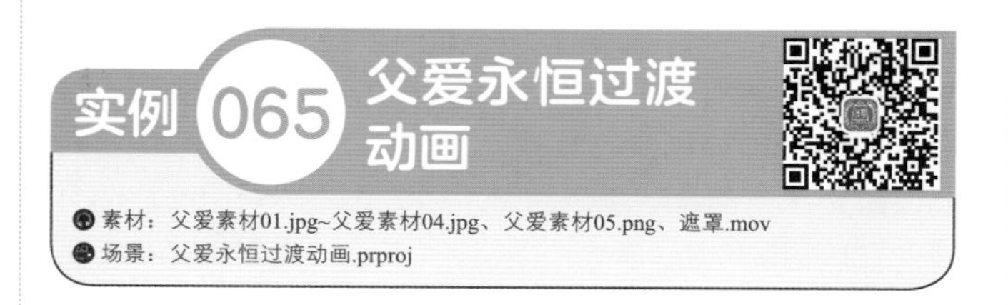

本案例主要通过为背景与文字添加过渡，使观看者感

受到其中的氛围，效果如图3-76所示。

图3-76

Step 01 新建序列文件，在【项目】面板中导入【素材\Cha03\父爱素材01.jpg】~【父爱素材04.jpg】、【父爱素材05.png】、【遮罩.mov】素材文件。在菜单栏中选择【文件】|【新建】|【旧版标题】命令，在弹出的对话框中使用默认设置，单击【确定】按钮，进入【字幕编辑器】中。使用【文字工具】输入文字，并选中文字，将【字体系列】设置为【方正大标宋简体】，【字体大小】设置为76，将【填充】下的【颜色】设置为#623459，将【变换】下的【X位置】与【Y位置】分别设置为467、115，如图3-77所示。

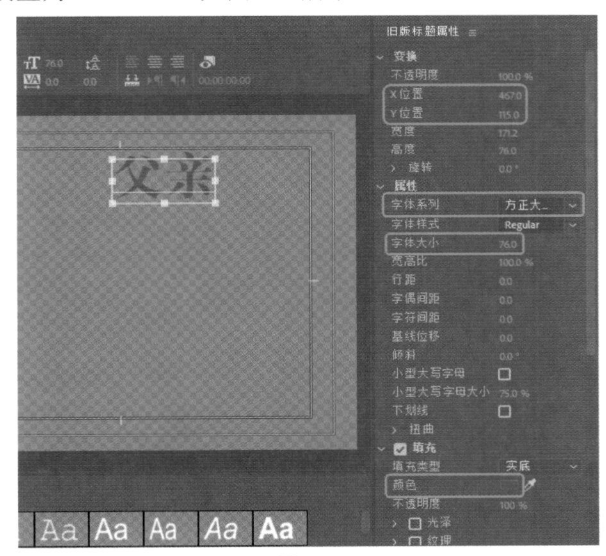

图3-77

Step 02 单击【基于当前字幕新建字幕】按钮，在弹出的对话框中使用默认设置，单击【确定】按钮。修改文字，将【字体大小】设置为37，将【填充】下的【颜色】设置为# 171717，将【变换】下的【X位置】与【Y位置】分别设置为566、163，如图3-78所示。

Step 03 单击【基于当前字幕新建字幕】按钮，在弹出的对话框中使用默认设置，单击【确定】按钮。修改文字，将【字体系列】设置为【方正大黑简体】，【字体大小】设置为131，将【填充】下的【颜色】设置为#623459，将【变换】下的【X位置】与【Y位置】分别设置为648、145，如图3-79所示。

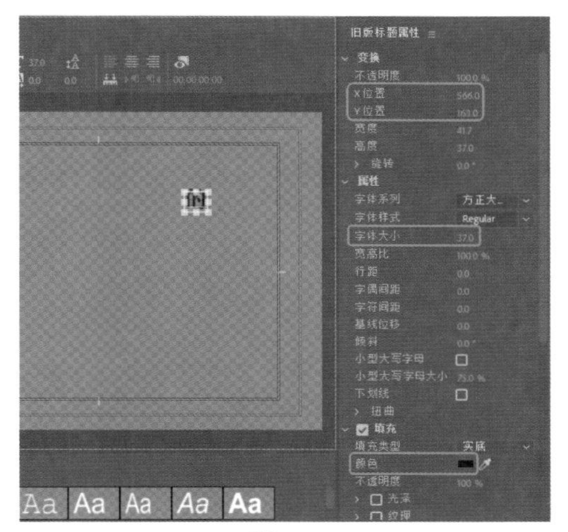

图3-78

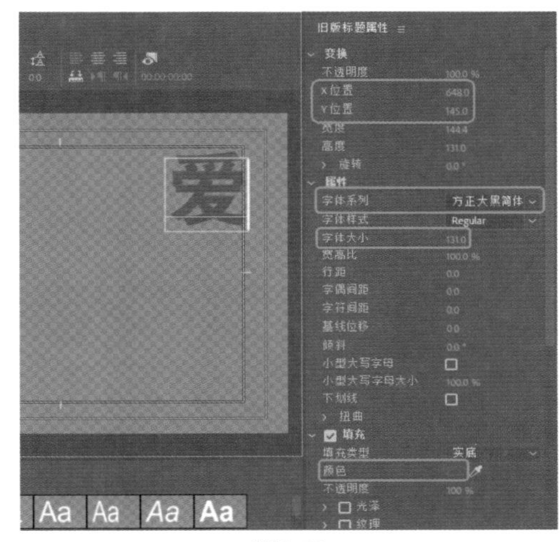

图3-79

Step 04 单击【基于当前字幕新建字幕】按钮，在弹出的对话框中使用默认设置，单击【确定】按钮。修改文字，将【字体大小】设置为78，将【填充】下的【颜色】设置为#0C0100，将【变换】下的【X位置】与【Y位置】分别设置为123、101，如图3-80所示。

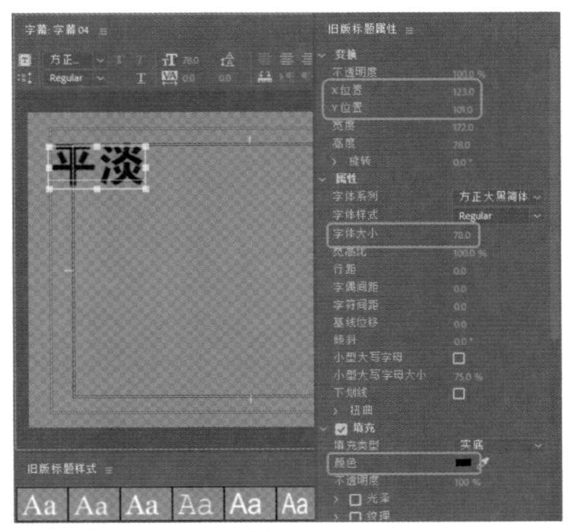

图3-80

Step 05 使用同样的方法制作出其他的字幕，并对字幕进行相应的设置，制作完成后，在【项目】面板中显示的效果如图3-81所示。

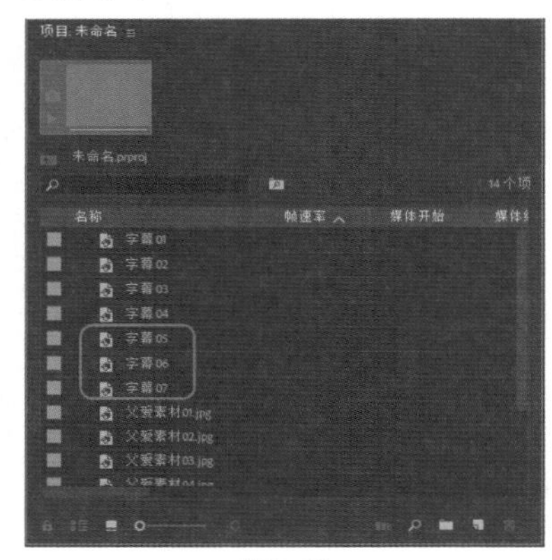

图3-81

Step 06 确认当前时间为00:00:00:00，在【项目】面板中将【父爱素材01.jpg】素材拖曳至V1视频轨道中，选中轨道中的素材，将持续时间设置为00:00:03:12。在【效果控件】面板中，将【运动】选项组的【位置】设置为276、288，并单击【位置】与【缩放】左侧的【切换动画】按钮，如图3-82所示。

图3-82

Step 07 将当前时间设置为00:00:01:00，在【效果控件】面板中将【位置】设置为360、288，将【缩放】设置为75，如图3-83所示。

图3-83

Step 08 将当前时间设置为00:00:00:00，在【项目】面板中选择【字幕01】，将其拖曳至V2视频轨道中，并将其开始处与时间线对齐，选中轨道中的素材，将持续时间设置为00:00:04:00。在【效果】面板中，搜索【推】过渡效果，将其拖曳至V2视频轨道中的字幕开始处，如图3-84所示。

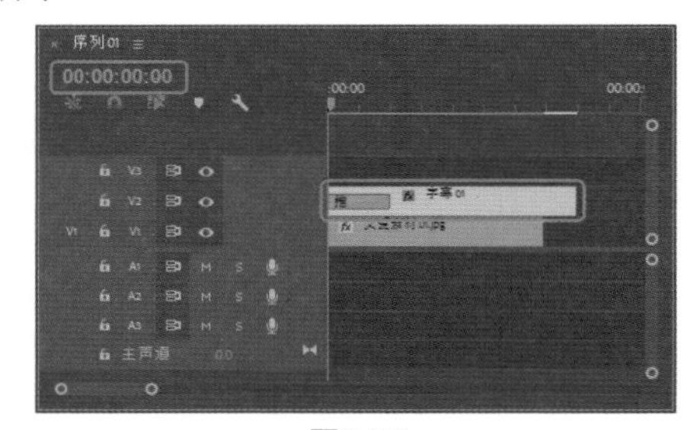

图3-84

Step 09 将当前时间设置为00:00:01:00，在【项目】面板中选择【字幕02】，将其拖曳至V3视频轨道中，将其开始处与时间线对齐，选中轨道中的素材，将持续时间设置为00:00:03:00。在【效果控件】面板中，将【位置】设置为360、108，单击【位置】左侧的【切换动画】按钮，如图3-85所示。

图3-85

Step 10 将当前时间设置为00:00:02:00，在【效果控件】面板中将【位置】设置为360、288，如图3-86所示。

图3-86

Step 11 将当前时间设置为00:00:01:00，在【项目】面板中选择【字幕03】，将其拖曳至V3视频轨道的上方，释放鼠标后，自动创建V4视频轨道，将其开始处与时间线对齐，选中轨道中的素材，将持续时间设置为00:00:03:00。在【效果控件】面板中，将【不透明度】设置为0%，如图3-87所示。

图3-87

Step 12 将当前时间设置为00:00:02:12，在【效果控件】面板中将【不透明度】设置为100%，如图3-88所示。

图3-88

Step 13 将当前时间设置为00:00:03:12，在【项目】面板中选择【父爱素材02.jpg】素材文件，将其拖曳至V1视频轨道中，并将其开始处与时间线对齐，选中轨道中的素材，将持续时间设置为00:00:04:00。在【效果控件】面板中将【缩放】设置为49，如图3-89所示。

图3-89

Step 14 在【效果】面板中搜索【百叶窗】过渡效果，将其添加至V1视频轨道中两素材之间。选中素材文件中间的【百叶窗】过渡效果，在【效果控件】面板中单击【自西向东】按钮。使用同样的方法将【百叶窗】过渡效果添加至V2、V3、V4视频轨道中字幕的结尾处，并进行相同的设置，效果如图3-90所示。

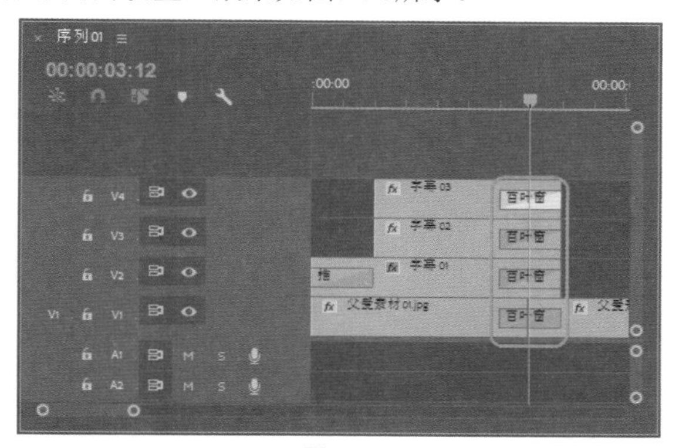

图3-90

Step 15 将当前时间设置为00:00:04:12，在【项目】面板中选中【字幕04】，将其拖曳至V2视频轨道中，并将其开始处与时间线对齐，将持续时间设置为00:00:03:13。选中视频轨道中的【字幕04】，在【效果控件】面板中将【不透明度】设置为0%，如图3-91所示。

图3-91

Step 16 将当前时间设置为00:00:05:12，在【效果控件】面板中将【不透明度】设置为35%，如图3-92所示。

图3-92

Step 17 将当前时间设置为00:00:05:00，在【项目】面板中选择【字幕05】，将其拖曳至V3视频轨道中，并将其开始处与时间线对齐，选中视频轨道中的【字幕05】，将持续时间设置为00:00:03:00。在【效果控件】面板中，将【位置】设置为468、365，单击【位置】左侧的【切换动画】按钮，将【不透明度】设置为0%，如图3-93所示。

图3-93

Step 18 将当前时间设置为00:00:05:12，在【效果控件】面板中将【不透明度】设置为100%，如图3-94所示。

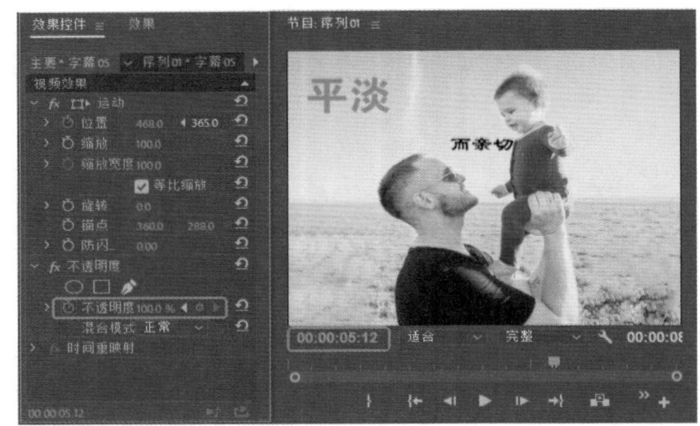

图3-94

Step 19 将当前时间设置为00:00:06:00，在【效果控件】面板中将【位置】设置为360、288，如图3-95所示。

图3-95

Step 20 将当前时间设置为00:00:07:12，在【项目】面板中选择【父爱素材03.jpg】素材文件，将其拖曳至V1视频轨道中，并将其开始处与时间线对齐，选中【父爱素材03.jpg】素材文件，将持续时间设置为00:00:06:00。在【效果控件】面板中，将【缩放】设置为77，如图3-96所示。

图3-96

Step 21 在【效果】面板中搜索【交叉溶解】效果，添加至V1视频轨道中【父爱素材02.jpg】与【父爱素材03.jpg】素材之间，并添加至V2、V3视频轨道中字幕的结尾处，效果如图3-97所示。

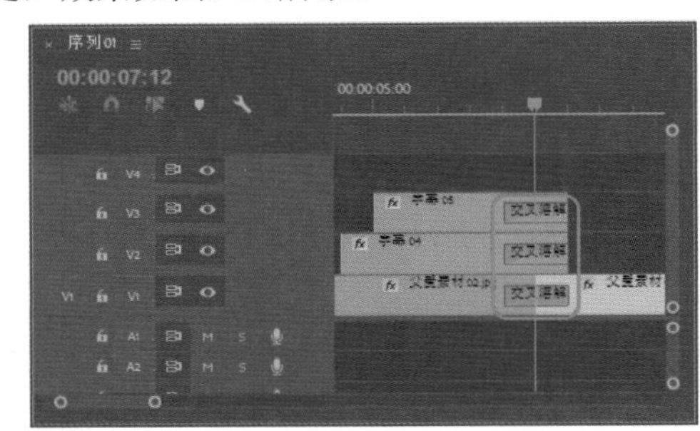

图3-97

Step 22 将当前时间设置为00:00:08:12，在【项目】面板中选择【字幕06】，将其拖曳至V2视频轨道中，将其开始处与时间线对齐，选中视频轨道中的【字幕06】，将持续时间设置为00:00:05:00，在【效果控件】面板中将【位置】设置为360、184，单击其左侧的【切换动画】按钮，如图3-98所示。

图3-98

Step 23 将当前时间设置为00:00:09:12，在【效果控件】面板中将【位置】设置为360、288，如图3-99所示。

图3-99

Step 24 将当前时间设置为00:00:09:00，在【项目】面板中选择【字幕07】，将其拖曳至V3视频轨道中，并将其开始处与时间线对齐，选中视频轨道中的【字幕07】，将持续时间设置为00:00:04:12，在【效果控件】面板中将【不透明度】设置为0%，如图3-100所示。

图3-100

Step 25 将当前时间设置为00:00:10:12，在【效果控件】面板中将【不透明度】设置为100%，如图3-101所示。

图3-101

Step 26 将当前时间设置为00:00:11:12，在【项目】面板中选择【父爱素材04.jpg】，将其拖曳至V4视频轨道中，并将其开始处与时间线对齐，选中视频轨道中的【父爱素材04.jpg】，将持续时间设置为00:00:05:13。在【效果控件】面板中将【位置】设置为75、276，单击左侧的【切换动画】按钮，将【缩放】设置为86，将【不透明度】设置为0%，如图3-102所示。

图3-102

Step 27 将当前时间设置为00:00:13:00，在【效果控件】面板中将【位置】设置为527、276，将【不透明度】设置为100%，如图3-103所示。

图3-103

Step 28 将当前时间设置为00:00:12:00，在【项目】面板中选择【父爱素材05.png】，将其拖曳至V4视频轨道的上方，释放鼠标后，自动创建V5视频轨道，将其开始处与时间线对齐，选中轨道中的素材，将持续时间设置为00:00:05:00。在【效果控件】面板中将【缩放】设置为126，如图3-104所示。

图3-104

Step 29 在【效果】面板中搜索【交叉溶解】过渡效果，将其拖曳至【父爱素材05.png】素材文件的开始处，如图3-105所示。

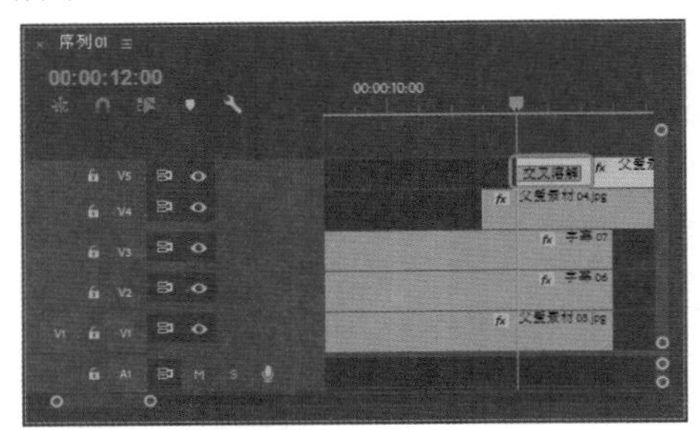

图3-105

Step 30 在菜单栏中选择【文件】|【新建】|【旧版标题】命令，在弹出的对话框中将【名称】设置为【心】，其他使用默认设置，单击【确定】按钮，单击【钢笔工具】，绘制如图3-106所示的图形，将【图形类型】设置为【填充贝塞尔曲线】，将【填充】下的【填充类型】设置为【实底】，将【颜色】设置为# FF0000，将【变换】下的【宽度】、【高度】分别设置为31、26，将【X位置】、【Y位置】分别设置为570、415。

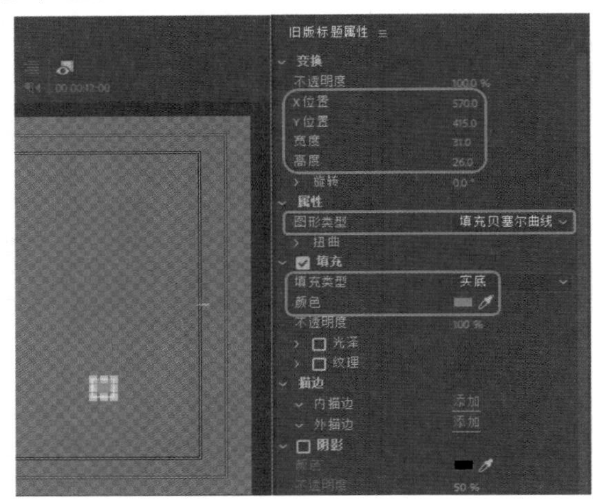

图3-106

Step 31 关闭字幕编辑器，将当前时间设置为00:00:12:00，在【项目】面板中选择【心】字幕，将其拖曳至V5视频轨道的上方，释放鼠标，自动创建V6视频轨道，将其开始处与时间线对齐，将其持续时间设置为00:00:05:00。在【效果】面板中搜索【交叉溶解】过渡效果，将其拖曳至【心】字幕的开始处，如图3-107所示。

Step 32 将当前时间设置为00:00:13:12，选中视频轨道中的【心】字幕，在【效果控件】面板中将【位置】设置为334、313，单击【缩放】左侧的【切换动画】按钮，将【锚点】设置为521、413，如图3-108所示。

Step 33 将当前时间设置为00:00:13:18，在【效果控件】面板中将【缩放】设置为200，如图3-109所示。

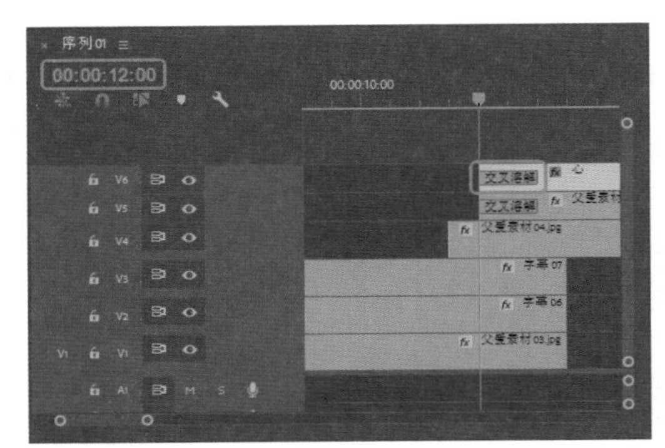

图3-107

图3-108

图3-109

Step 34 将当前时间设置为00:00:13:24，在【效果控件】面板中将【缩放】设置为100，效果如图3-110所示。

图3-110

Step 35 将当前时间设置为00:00:14:05，在【效果控件】面板中将【缩放】设置为200，根据相同的方法在不同的时间设置缩放参数，使心形产生跳动的效果，如图3-111所示。

图3-111

Step 36 将当前时间设置为00:00:00:00，在【项目】面板中选择【遮罩.mov】素材文件，将其拖曳至V6视频轨道的上方，自动创建V7视频轨道，将其开始处与时间线对齐，将其持续时间设置为00:00:16:24。选中该素材文件，在【效果控件】面板中将【缩放】设置为55，将【混合模式】设置为【滤色】，效果如图3-112所示。

图3-112

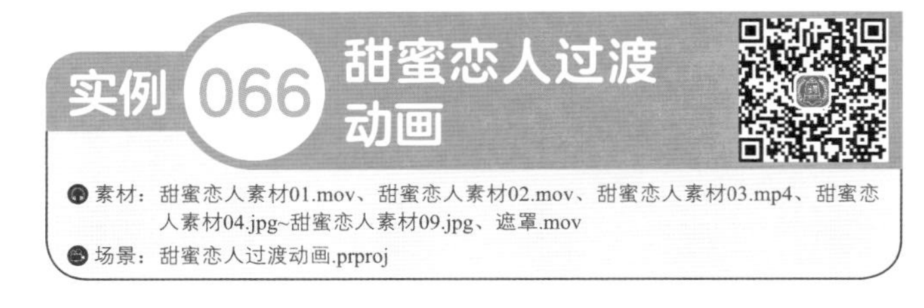

实例066 甜蜜恋人过渡动画

素材：甜蜜恋人素材01.mov、甜蜜恋人素材02.mov、甜蜜恋人素材03.mp4、甜蜜恋人素材04.jpg~甜蜜恋人素材09.jpg、遮罩.mov

场景：甜蜜恋人过渡动画.prproj

本案例将介绍如何将照片制作成甜蜜恋人过渡动画，在本案例中主要利用【叠加溶解】、【交叉溶解】、【百叶窗】、【带状擦除】等效果为视频以及照片添加过渡，使动画看起来自然流畅，效果如图3-113所示。

图3-113

Step 01 新建序列文件，在【项目】面板导入【素材\Cha03\甜蜜恋人素材01.mov】、【甜蜜恋人素材02.mov】、【甜蜜恋人素材03.mp4】、【甜蜜恋人素材04.jpg】~【甜蜜恋人素材09.jpg】、【遮罩.mov】素材文件，在【项目】面板中右击鼠标，在弹出的快捷菜单中选择【新建项目】|【颜色遮罩】命令，在弹出的对话框中使用默认设置，单击【确定】按钮，再在弹出的【拾色器】对话框中将颜色值设置为# 9ACCEF，如图3-114所示。

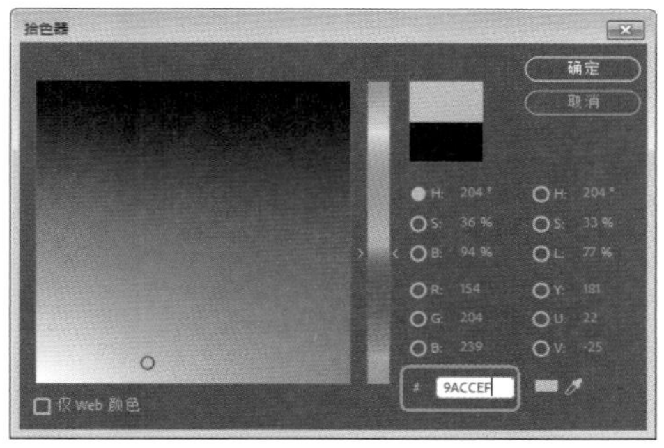

图3-114

Step 02 设置完成后，单击【确定】按钮，在弹出的【选择名称】对话框中将名称命名为【背景】，单击【确定】按钮。在菜单栏中选择【文件】|【新建】|【旧版标题】命令，在弹出的对话框中使用默认设置，单击【确定】按钮。进入【字幕编辑器】中，使用【文字工具】输入文字，并选中文字，在右侧将【属性】下的【字体系列】设置为【汉仪菱心体简】，【字体大小】设置为100，将【填充】下的【颜色】设置为# FFFFFF，添加一个外描边，将【类型】设置为【边缘】，将【大小】设置为15，将【填充类型】设置为【实底】，将【颜色】设置为#2EA6BF，然后将【变换】下的【X位置】、【Y位置】分别设置为505、398，如图3-115所示。

Step 03 单击【基于当前字幕新建字幕】按钮，在弹出的对话框中使用默认设置，单击【确定】按钮，将文字删除。使用【钢笔工具】绘制心形，并选中绘制的图形，在右侧将【属性】下的【图形类型】设置为【填充贝塞尔曲线】，将【填充】下的【颜色】设置为#FF0000，将【变换】下的【宽度】、【高度】分别设置为31、26，将【X位置】与【Y位置】分别设置为570、415，如图3-116所示。

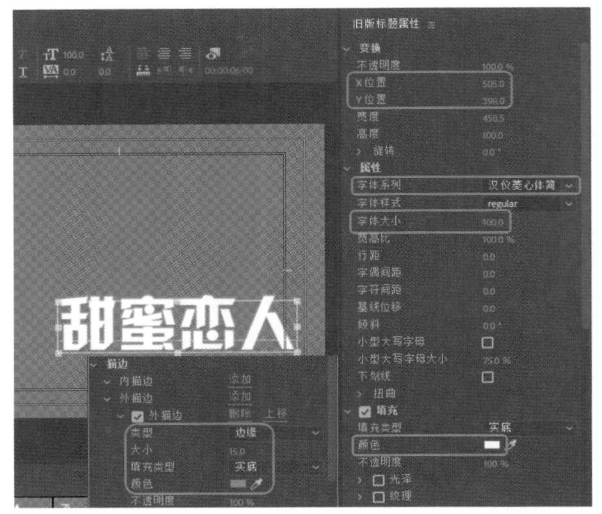

图3-115

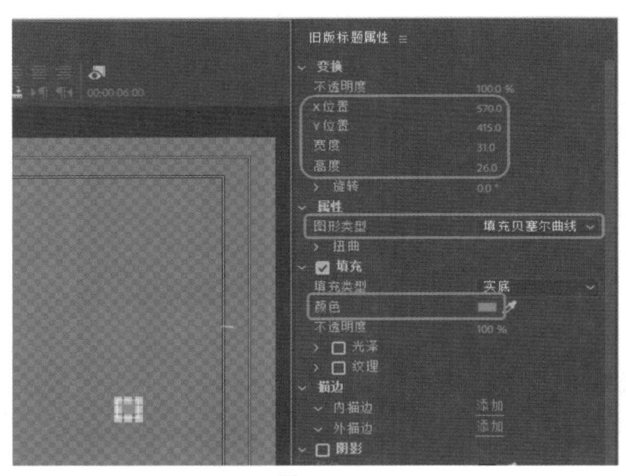

图3-116

Step 04 设置完成后，关闭字幕编辑器，确认当前时间为00:00:00:00，在【项目】面板中将【背景】颜色遮罩拖曳至V1视频轨道中，将其开始处与时间线对齐，并将其持续时间设置为00:00:09:06，如图3-117所示。

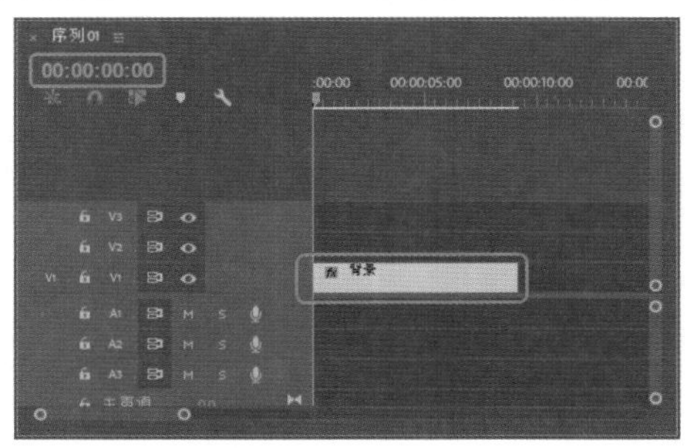

图3-117

Step 05 确认当前时间为00:00:00:00，在【项目】面板中将【甜蜜恋人素材01.mov】素材文件拖曳至V2视频轨道中，将其开始处与时间线对齐。选中V2视频轨道中的素材文件，在【效果控件】面板中将【缩放】设置为50，如图3-118所示。

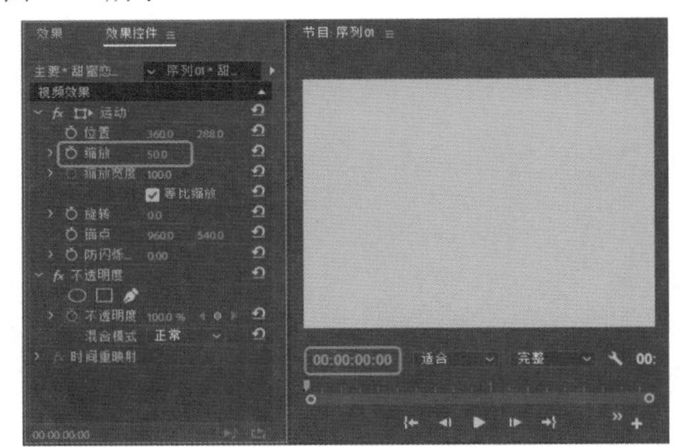

图3-118

Step 06 在【效果】面板中搜索【叠加溶解】过渡效果，将其拖曳至V2视频轨道中的素材的结尾处，效果如图3-119所示。

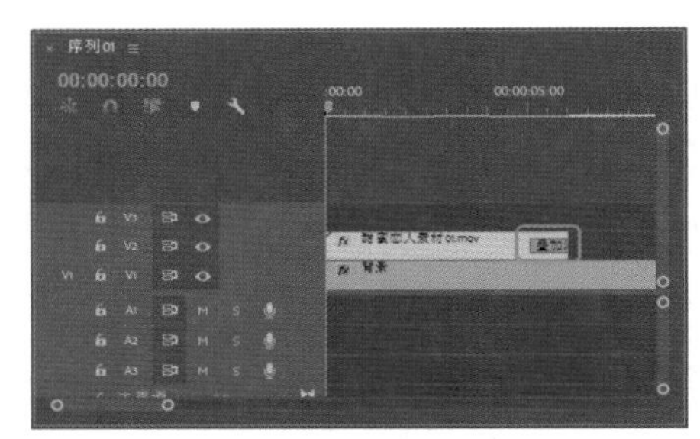

图3-119

Step 07 将当前时间设置为00:00:01:10，在【项目】面板中将【甜蜜恋人素材02.mov】素材文件拖曳至V3视频轨道中，并将其开始处与时间线对齐。选中V3视频轨道中的素材文件，在【效果控件】面板中将【缩放】设置为50，效果如图3-120所示。

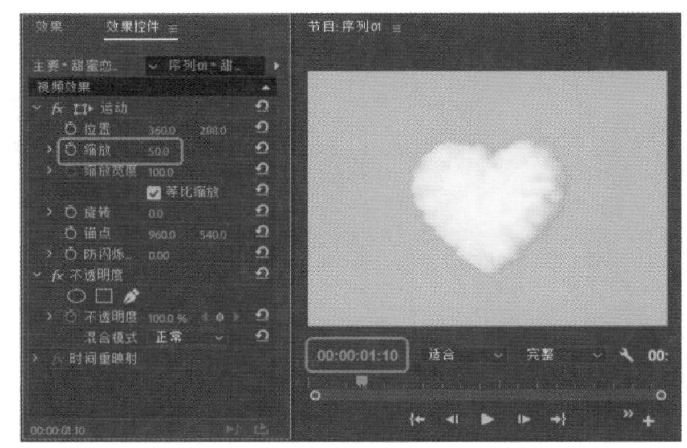

图3-120

Step 08 将当前时间设置为00:00:04:01，在【项目】面板中将【甜蜜恋人素材03.mp4】素材文件拖曳至V3视频轨道中，将其起始位置与时间线对齐。在【效果】面板中搜索【交叉溶解】过渡效果。将其拖曳至【甜蜜恋人素材03.mp4】素材的开始处，效果如图3-121所示。

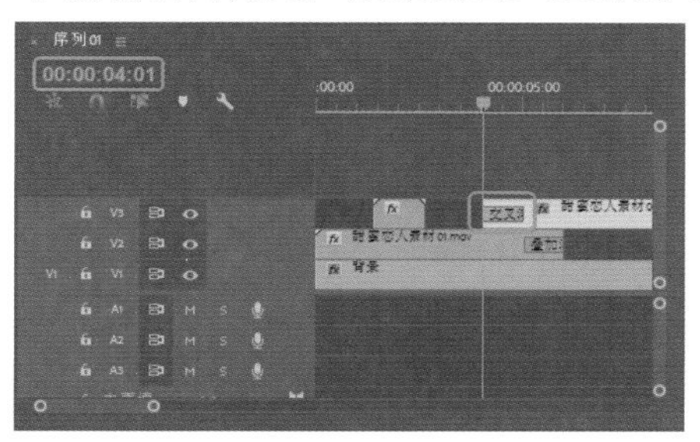

图3-121

Step 09 将当前时间设置为00:00:09:04，在工具箱中选择【剃刀工具】，选中V3视频轨道中的【甜蜜恋人素材03.mp4】素材文件，在时间线处单击鼠标，对选中的素材文件进行裁剪，效果如图3-122所示。

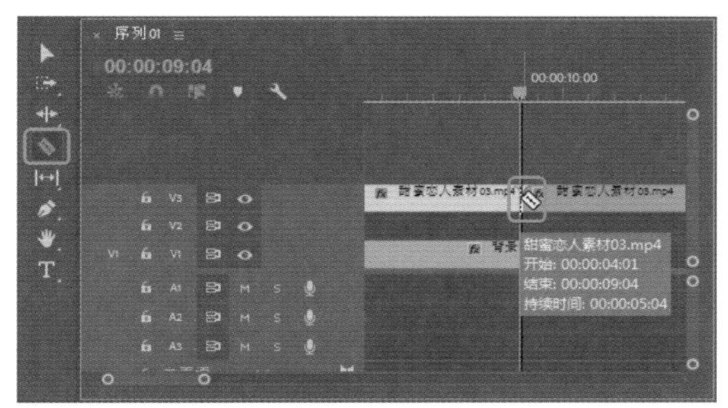

图3-122

Step 10 在工具箱中选择【选择工具】，选中时间线右侧的素材文件，按Delete键将其删除，选中V3视频轨道中的【甜蜜恋人素材03.mp4】素材文件，在【效果控件】面板中将【缩放】设置为80，效果如图3-123所示。

图3-123

Step 11 将当前时间设置为00:00:04:06，在【项目】面板中将【字幕01】拖曳至V3视频轨道的上方，释放鼠标，自动创建V4视频轨道，将其开始处与时间线对齐，将其持续时间设置为00:00:05:00。在【效果】面板中搜索【交叉溶解】过渡效果，将其拖曳至【字幕01】的开始处，效果如图3-124所示。

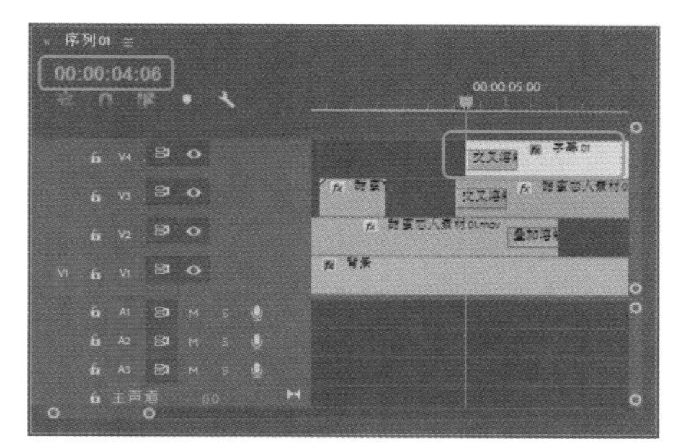

图3-124

Step 12 选中V4视频轨道中的【字幕01】，在【效果控件】面板中将【位置】设置为245、188，效果如图3-125所示。

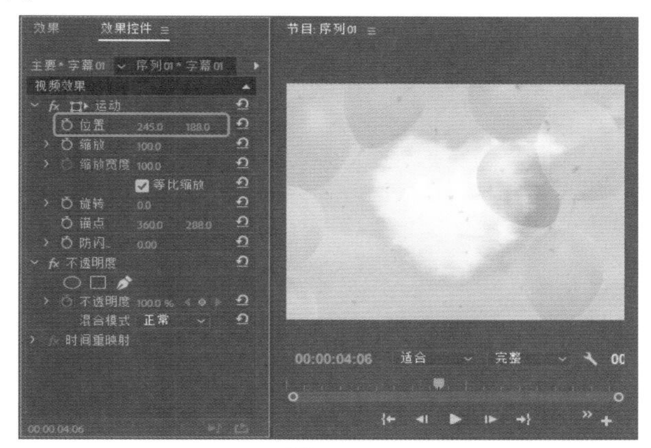

图3-125

Step 13 将当前时间设置为00:00:04:06，在【项目】面板中将【字幕02】拖曳至V4视频轨道的上方，释放鼠标，自动创建V5视频轨道，将其开始处与时间线对齐，将其持续时间设置为00:00:05:00。在【效果】面板中搜索【交叉溶解】过渡效果，将其拖曳至【字幕02】的开始处，效果如图3-126所示。

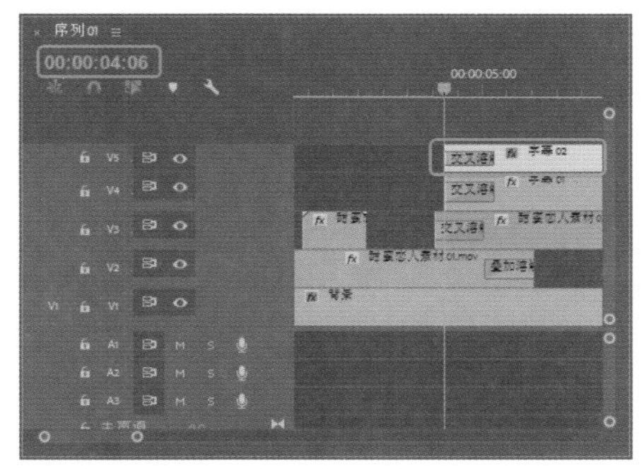

图3-126

Step 14 将当前时间设置为00:00:05:18，选中V5视频轨道中的【字幕02】，在【效果控件】面板中将【位置】设置为407、313，将【锚点】设置为521、413，单击【缩放】左侧的【切换动画】按钮，效果如图3-127所示。

Step 15 将当前时间设置为00:00:05:24，在【效果控件】面板中将【缩放】设置为300，效果如图3-128所示。

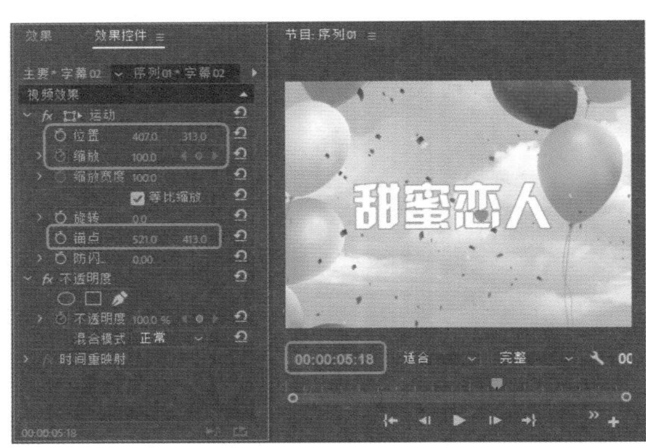

图3-127

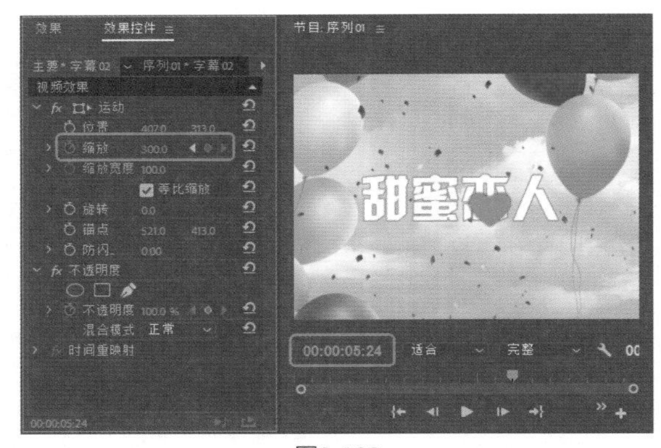

图3-128

Step 16 将当前时间设置为00:00:06:05，在【效果控件】面板中将【缩放】设置为100，效果如图3-129所示。

图3-129

Step 17 将当前时间设置为00:00:06:11，在【效果控件】面板中将【缩放】设置为300，效果如图3-130所示。

Step 18 使用同样的方法在不同的时间设置【缩放】参数，使【字幕02】产生跳动的效果，效果如图3-131所示。

Step 19 将当前时间设置为00:00:07:04，在【项目】面板中将【甜蜜恋人素材04.jpg】素材文件拖曳至V5视频轨道的上方，释放鼠标，自动创建V6视频轨道，将其开始处与时间线对齐，将其持续时间设置为00:00:02:14，效果如图3-132所示。

图3-130

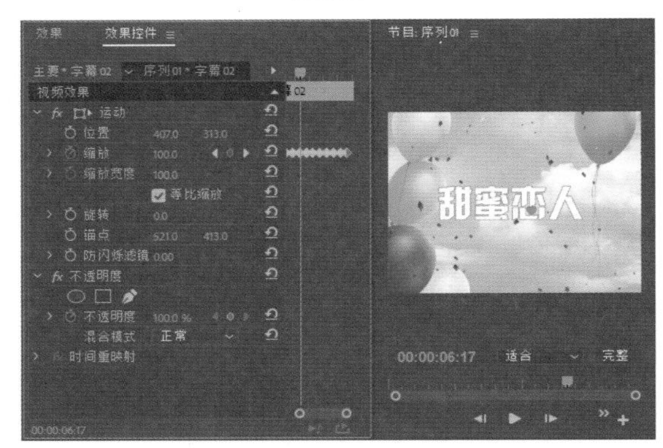

图3-131

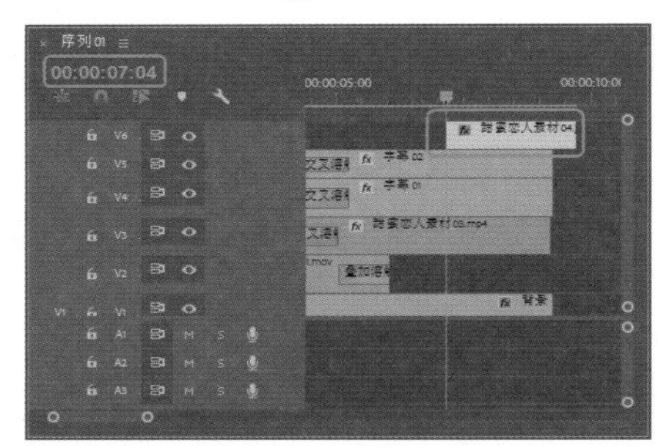

图3-132

Step 20 确认当前时间为00:00:07:04，选中V6视频轨道中的素材文件，在【效果控件】面板中将【缩放】设置为110，单击其左侧的【切换动画】按钮，将【不透明度】设置为0%，效果如图3-133所示。

图3-133

Step 21 将当前时间设置为00:00:08:04，在【效果控件】面板中将【缩放】、【不透明度】分别设置为73、100%，效果如图3-134所示。

图3-134

Step 22 将当前时间设置为00:00:09:18，在【项目】面板中将【甜蜜恋人素材05.jpg】素材文件拖曳至V6视频轨道中，并将其开始处与时间线对齐，将其持续时间设置为00:00:02:00。在【效果】面板中搜索【百叶窗】过渡效果，将其拖曳至【甜蜜恋人素材04.jpg】与【甜蜜恋人素材05.jpg】素材文件的中间处，效果如图3-135所示。

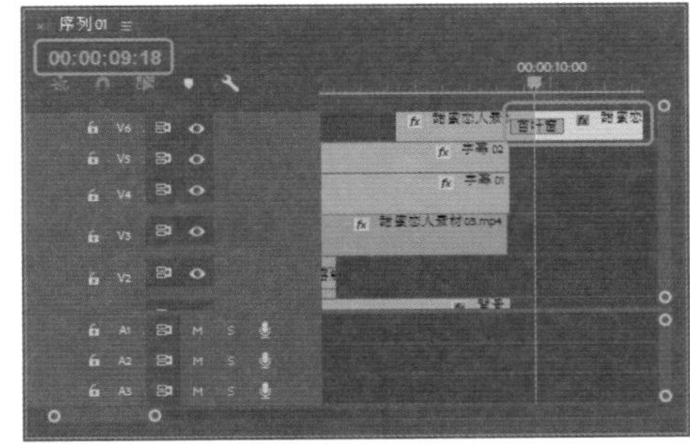

图3-135

Step 23 选中V6视频轨道中的【甜蜜恋人素材05.jpg】素材文件，在【效果控件】面板中将【缩放】设置为73，效果如图3-136所示。

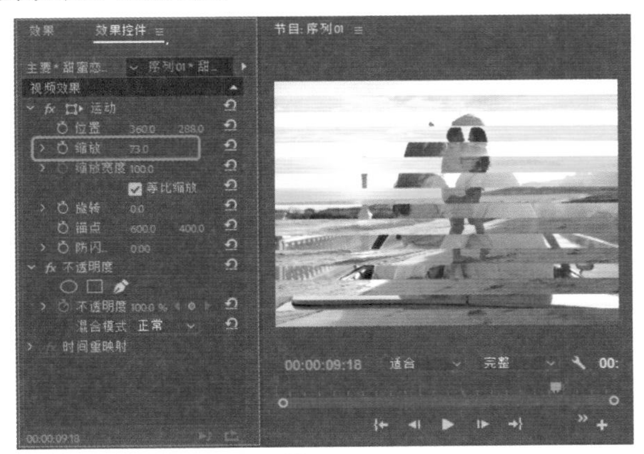

图3-136

Step 24 将当前时间设置为00:00:11:18，在【项目】面板中将【甜蜜恋人素材06.jpg】素材文件拖曳至V6视频轨道中，并将其开始处与时间线对齐，将其持续时间设置为00:00:02:00。在【效果】面板中搜索【带状擦除】过渡效果，将其拖曳至【甜蜜恋人素材05.jpg】与【甜蜜恋人素材06.jpg】素材文件的中间处，效果如图3-137所示。

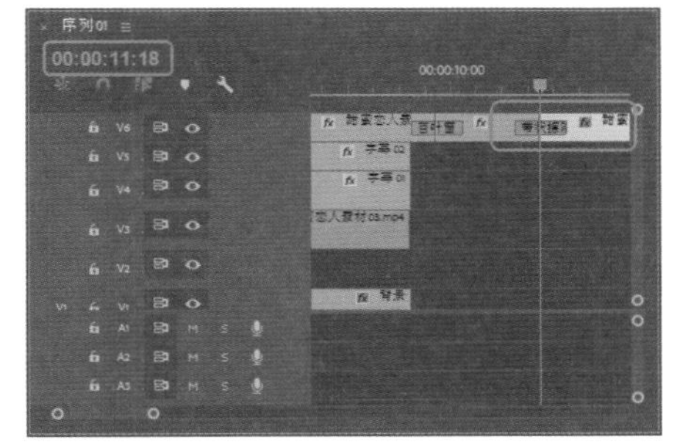

图3-137

Step 25 选中V6视频轨道中的【甜蜜恋人素材06.jpg】素材文件，在【效果控件】面板中将【缩放】设置为72，效果如图3-138所示。

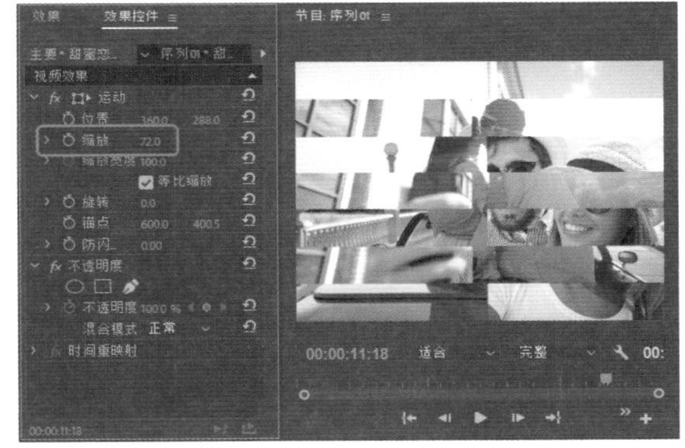

图3-138

Step 26 将当前时间设置为00:00:13:18，在【项目】面板中将【甜蜜恋人素材07.jpg】素材文件拖曳至V6视频轨道中，并将其开始处与时间线对齐，将其持续时间设置为00:00:02:13。在【效果】面板中搜索【交叉溶解】过渡效果，将其拖曳至【甜蜜恋人素材06.jpg】与【甜蜜恋人素材07.jpg】素材文件的中间处，效果如图3-139所示。

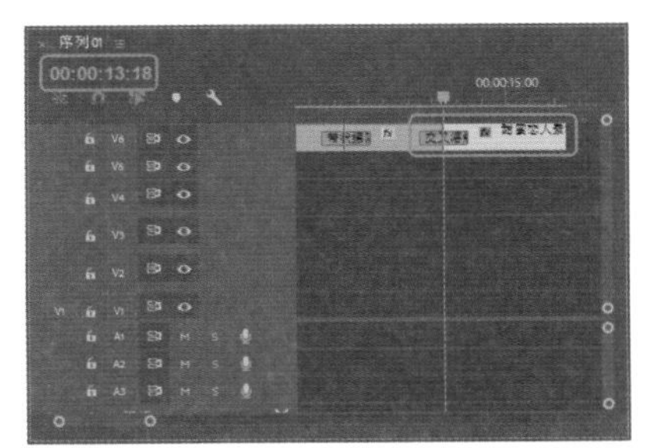

图3-139

Step 27 将当前时间设置为00:00:13:06，选中V6视频轨道中的【甜蜜恋人素材07.jpg】素材文件，在【效果控件】面板中单击【缩放】左侧的【切换动画】按钮，效果如图3-140所示。

图3-140

Step 28 将当前时间设置为00:00:14:18，在【效果控件】面板中将【缩放】设置为88，效果如图3-141所示。

图3-141

Step 29 根据前面所介绍的方法制作其他内容，并添加相应的过渡效果，如图3-142所示。

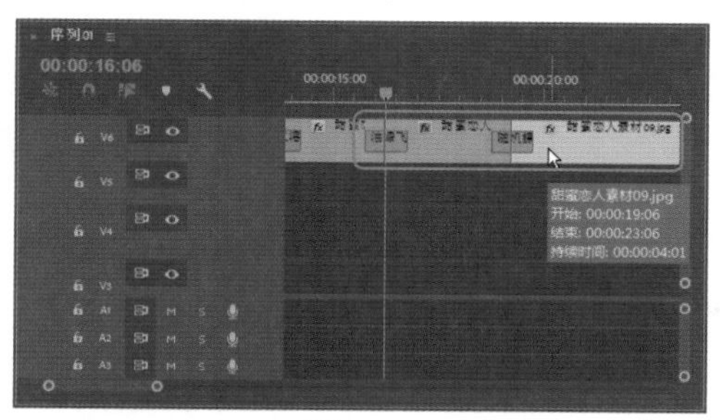

图3-142

Step 30 将当前时间设置为00:00:08:06，在【项目】面板中将【遮罩.mov】素材文件拖曳至V6视频轨道的上方，释放鼠标，自动创建V7视频轨道，将其开始处与时间线对齐。选中V7视频轨道中的素材文件，在【效果控件】面板中取消勾选【等比缩放】复选框，将【缩放高度】、【缩放宽度】分别设置为55、42，将【混合模式】设置为【滤色】，效果如图3-143所示。

图3-143

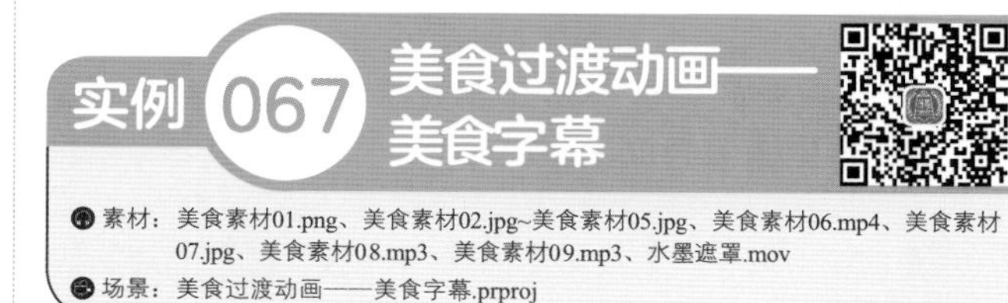

实例067 美食过渡动画——美食字幕

素材：美食素材01.png、美食素材02.jpg~美食素材05.jpg、美食素材06.mp4、美食素材07.jpg、美食素材08.mp3、美食素材09.mp3、水墨遮罩.mov

场景：美食过渡动画——美食字幕.prproj

本案例通过为文字添加【交叉溶解】过渡效果使文字进行切换，效果如图3-144所示。

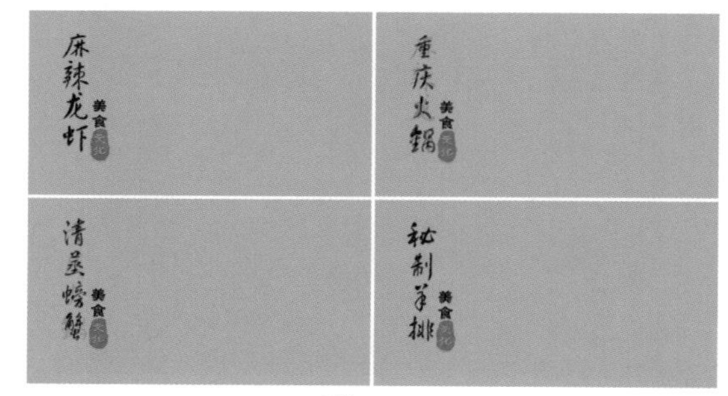

图3-144

Step 01 新建AVCHD 1080p25序列文件，并将其命名为【美食字幕】，在【项目】面板导入【素材\Cha03\美食素材01.png】、【美食素材02.jpg】~【美食素材05.jpg】、【美食素材06.mp4】、【美食素材07.jpg】、【美食素材08.mp3】、【美食素材09.mp3】、【水墨遮罩.mov】素材文件，在菜单栏中选择【文件】|【新建】|【旧版标题】命令，在弹出的字幕编辑器中使用【垂直文字工具】输入文字。选中输入的文字，将【字体系列】设置为【方正黄草简体】，将【字体大小】设置为172，将【字符间距】设置为5，将【填充】下的【颜色】设置为#000000，将【X位置】、【Y位置】分别设置为235、476，如图3-145所示。

Step 02 再次使用【垂直文字工具】输入文字，选中输入的文字，将【字体系列】设置为【方正华隶简体】，将【字体大小】设置为79，将【字符间距】设置为

14，将【填充】下的【颜色】设置为#000000，将【X位置】、【Y位置】分别设置为390、611，如图3-146所示。

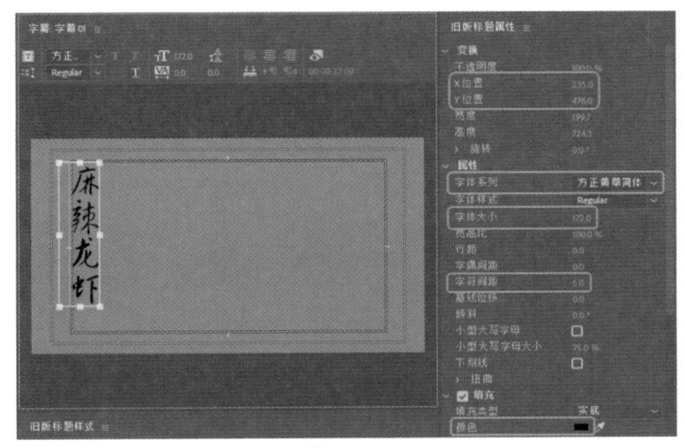

图3-145

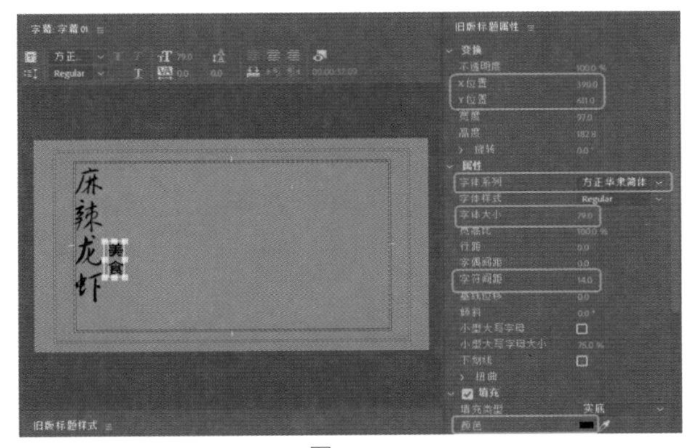

图3-146

Step 03 单击【基于当前字幕新建字幕】按钮，在弹出的对话框中使用默认设置，单击【确定】按钮，并对新建的字幕进行修改，效果如图3-147所示。

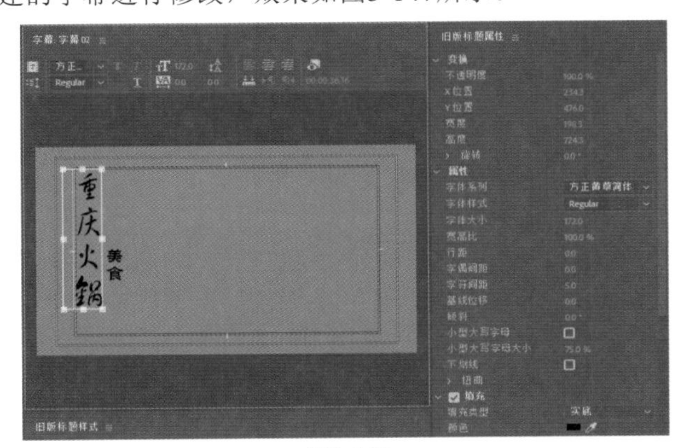

图3-147

Step 04 使用同样的方法创建【字幕03】、【字幕04】，并将其分别修改为【清蒸螃蟹】、【秘制羊排】。在【项目】面板中右击鼠标，在弹出的快捷菜单中选择【新建项目】|【颜色遮罩】命令，在弹出的对话框中使用默认设置，单击【确定】按钮，再在弹出的对话框中将颜色值设置为#00DEFF，如图3-148所示。

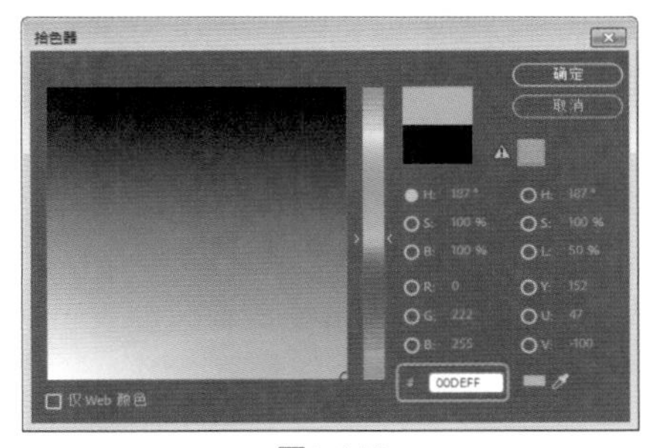

图3-148

Step 05 设置完成后，单击【确定】按钮，再在弹出的对话框中使用默认设置，单击【确定】按钮。将当前时间设置为00:00:00:00，在【项目】面板中将【颜色遮罩】拖曳至V1视频轨道中，将其持续时间设置为00:00:42:12，效果如图3-149所示。

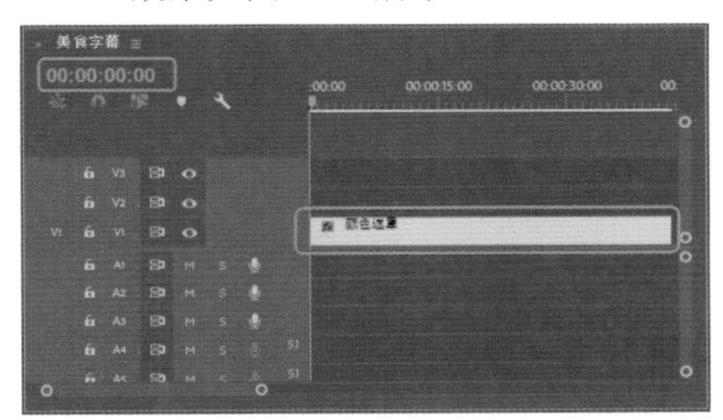

图3-149

Step 06 在【项目】面板中将【字幕01】拖曳至V2视频轨道中，将其开始处与时间线对齐，将其持续时间设置为00:00:11:19，效果如图3-150所示。

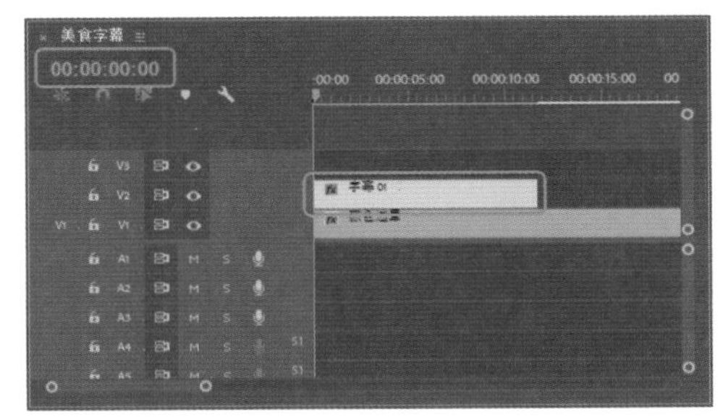

图3-150

Step 07 将当前时间设置为00:00:11:19，在【项目】面板中将【字幕02】拖曳至V2视频轨道中，将其开始处与时间线对齐，将其持续时间设置为00:00:10:06。在【效果】面板中搜索【交叉溶解】过渡效果，按住鼠标将其拖曳至【字幕01】与【字幕02】之间，效果如图3-151所示。

Step 08 将当前时间设置为00:00:22:00，在【项目】面板中将【字幕03】拖曳至V2视频轨道中，将其开始处与时间线对齐，将其持续时间设置为00:00:10:06。在【效果】面板中搜索【交叉溶解】过渡效果，将其拖曳至【字幕02】与【字幕03】之间，效果如图3-152所示。

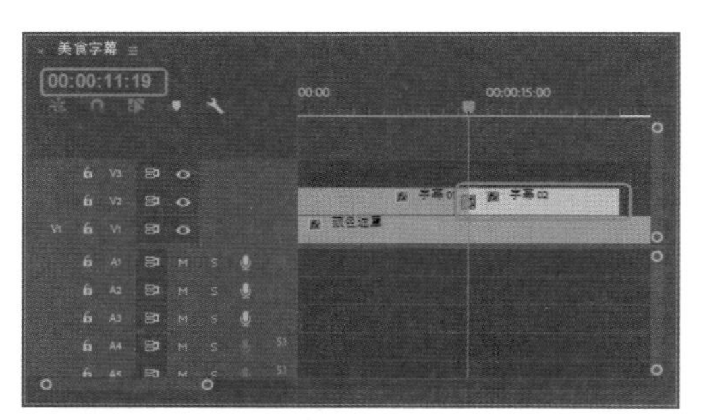
图3-151

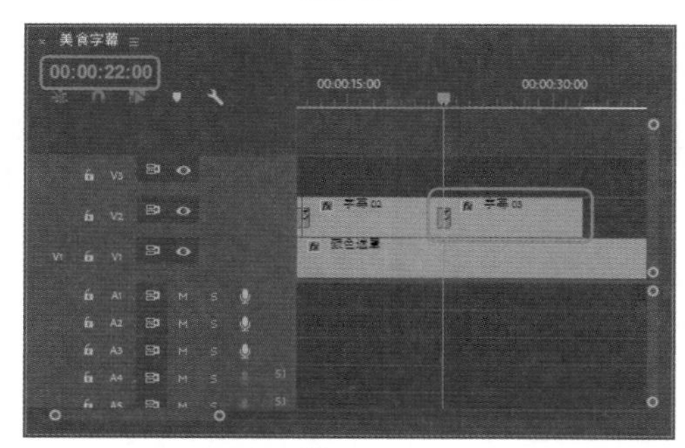
图3-152

Step 09 使用同样的方法将【字幕04】添加至V2视频轨道中，并进行调整，效果如图3-153所示。

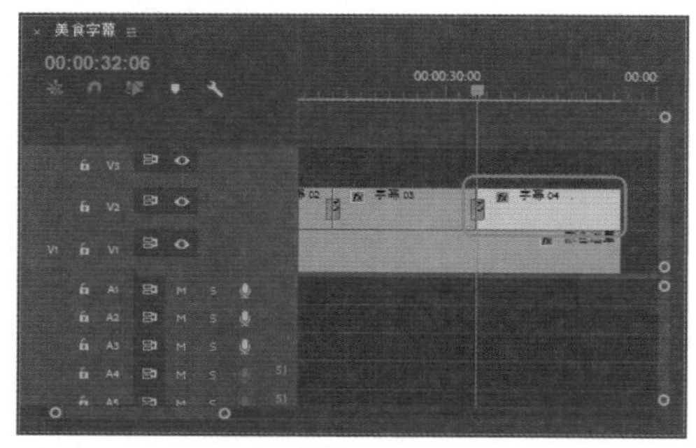
图3-153

Step 10 将当前时间设置为00:00:00:00，在【项目】面板中将【美食素材01.png】拖曳至V3视频轨道中，并将其开始处与时间线对齐，将其持续时间设置为00:00:42:12。选中V3视频轨道中的素材文件，在【效果控件】面板中将【位置】设置为400、791，将【缩放】设置为12，效果如图3-154所示。

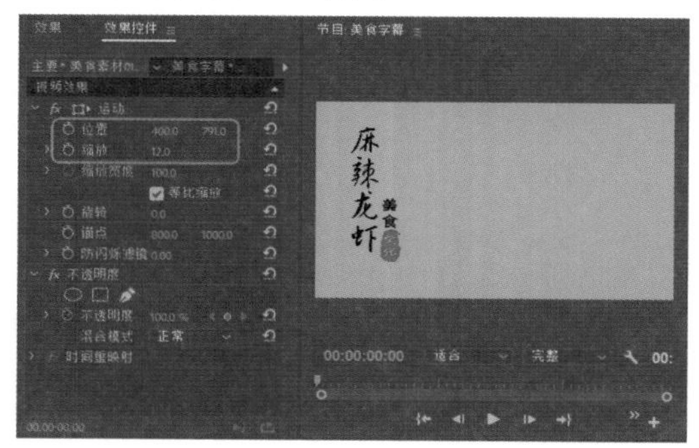
图3-154

实例068 美食过渡动画——美食展示

场景：美食过渡动画——美食展示.prproj

本案例将介绍如何制作美食过渡动画中的美食展示，然后结合前面所制作的美食字幕完成最终效果，如图3-155所示。

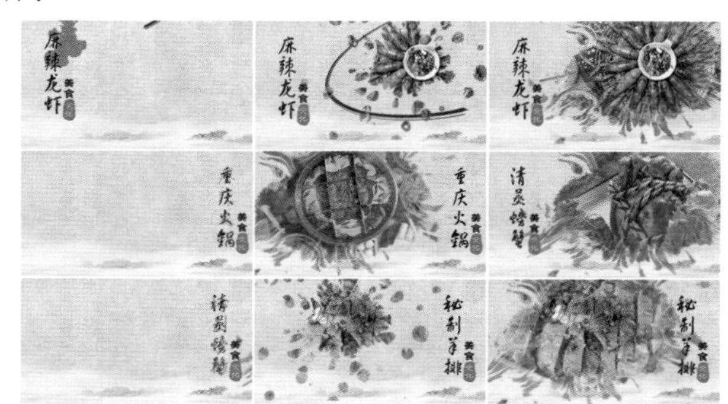
图3-155

Step 01 继续上例的操作，在【美食字幕】序列中将V1视频轨道隐藏。按Ctrl+N组合键，在弹出对话框中将【序列名称】设置为【展示01】，单击【确定】按钮，如图3-156所示。

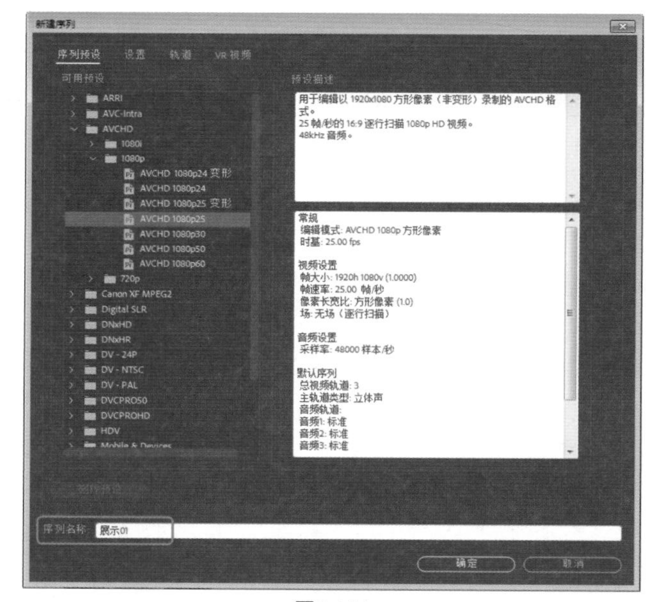
图3-156

Step 02 将当前时间设置为00:00:00:00，在【项目】面板中将【美食素材02.jpg】拖曳至V1视频轨道中，将其持续时间设置为00:00:10:08，如图3-157所示。

Step 03 选中V1视频轨道中的素材文件，在【效果控件】面板中将【位置】设置为1097、380，将【缩放】设置为34，效果如图3-158所示。

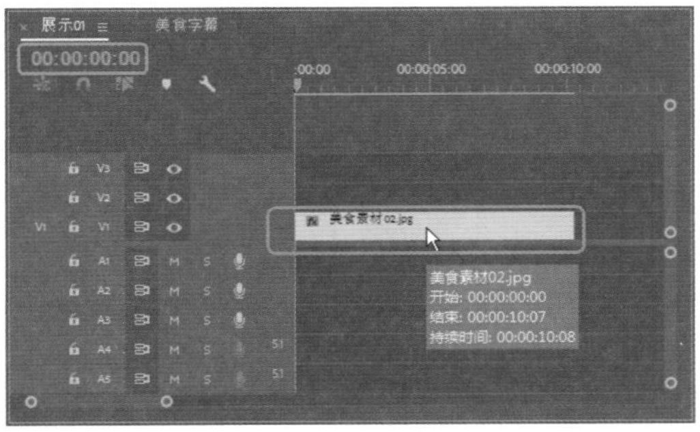

图3-157

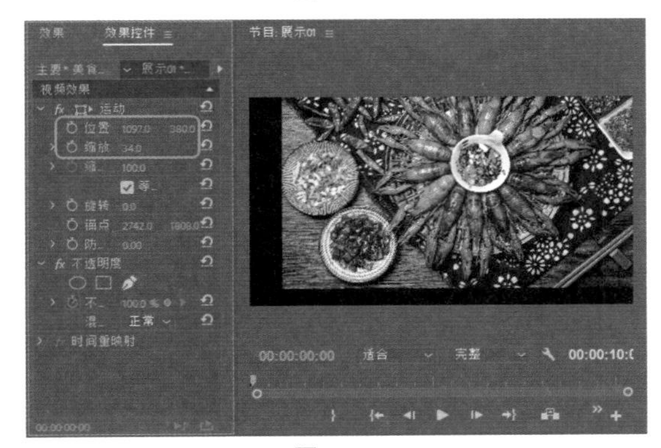

图3-158

Step 04 在【项目】面板中将【水墨遮罩.mov】拖曳至V2视频轨道中，将其开始处与时间线对齐，如图3-159所示。

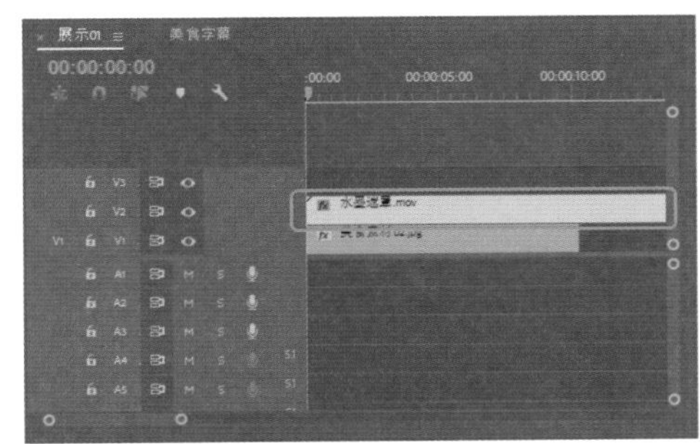

图3-159

Step 05 将当前时间设置为00:00:10:07，在工具箱中选择【剃刀工具】，选中V2视频轨道中的素材文件，在时间线位置处单击鼠标，对素材进行裁剪，效果如图3-160所示。

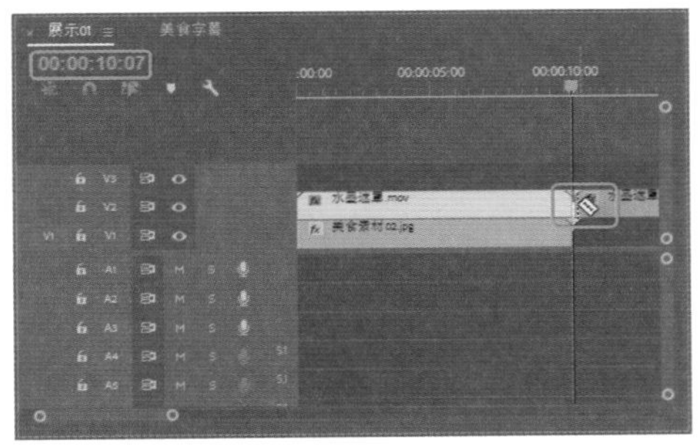

图3-160

Step 06 在工具箱中选择【选择工具】，选中时间线右侧的素材，按Delete键将其删除。选中V2视频轨道中的素材文件，在【效果控件】面板中将【位置】设置为1001、617，将【缩放】设置为114，效果如图3-161所示。

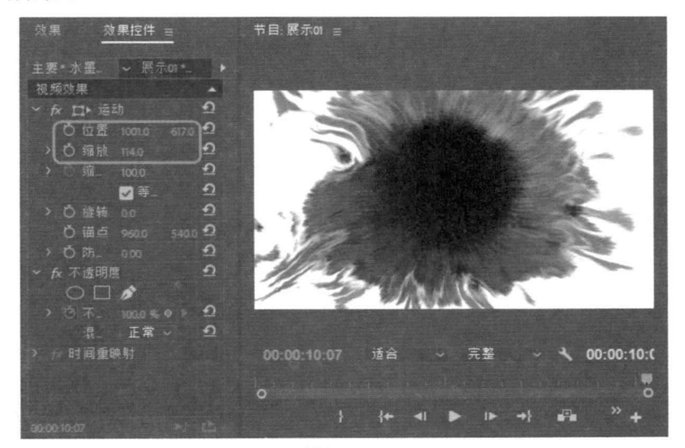

图3-161

Step 07 选中V1视频轨道中的【美食素材02.jpg】素材文件，在【效果】面板中搜索【轨道遮罩键】并双击，为选中的素材文件添加视频效果，在【效果控件】面板中将【遮罩】设置为【视频2】，将【合成方式】设置为【亮度遮罩】，勾选【反向】复选框，效果如图3-162所示。

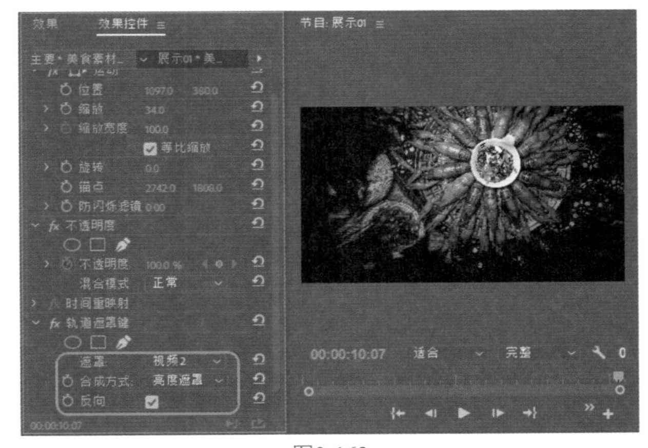

图3-162

Step 08 在【项目】面板中选择【展示01】序列文件，右击鼠标，在弹出的快捷菜单中选择【复制】命令，如图3-163所示。

Step 09 在【项目】面板中按Ctrl+V组合键进行粘贴，并将粘贴后的序列名称命名为【展示02】。双击【展示02】序列文件，在【项目】面板中选择【美食素材03.jpg】素材文件，然后选中【展示02】序列中V1视频轨道中的素材文件，在V1视频轨道中的素材文件上右击鼠标，在弹出的快捷菜单中选择【使用剪辑替换】|【从素材箱】命令，如图3-164所示。

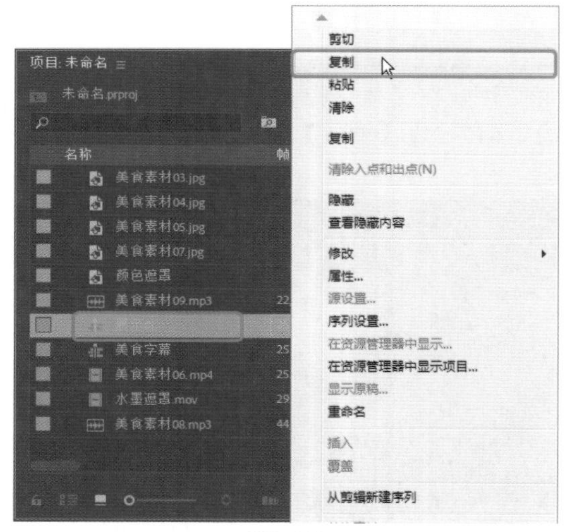
图3-163

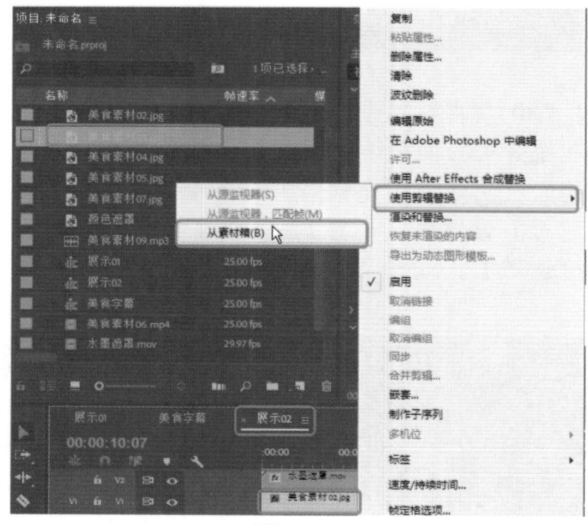
图3-164

Step 10 执行该操作后，即可将V1视频轨道中的【美食素材02.jpg】素材文件替换为【美食素材03.jpg】素材文件。选中V1视频轨道中的【美食素材03.jpg】素材文件，在【效果控件】面板中将【位置】设置为1023、411，将【缩放】设置为45，效果如图3-165所示。

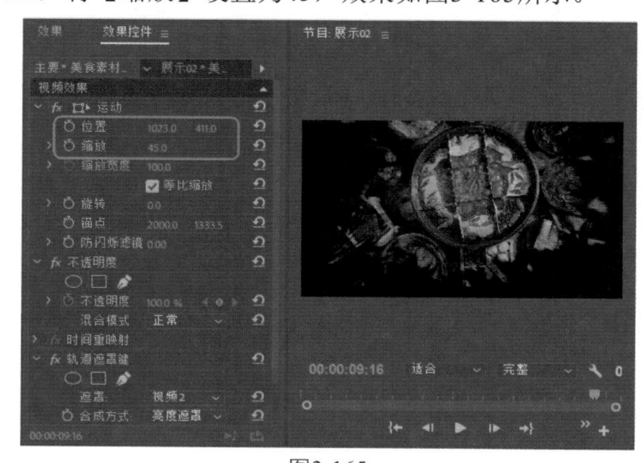
图3-165

Step 11 根据前面所介绍的方法制作【展示03】、【展示04】，效果如图3-166所示。

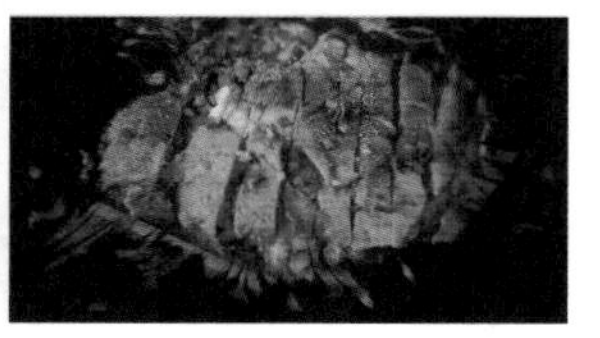
图3-166

Step 12 新建一个【美食】序列文件，将当前时间设置为00:00:00:00，在【项目】面板中将【美食素材06.mp4】素材文件拖曳至V1视频轨道中，将其开始处与时间线对齐，效果如图3-167所示。

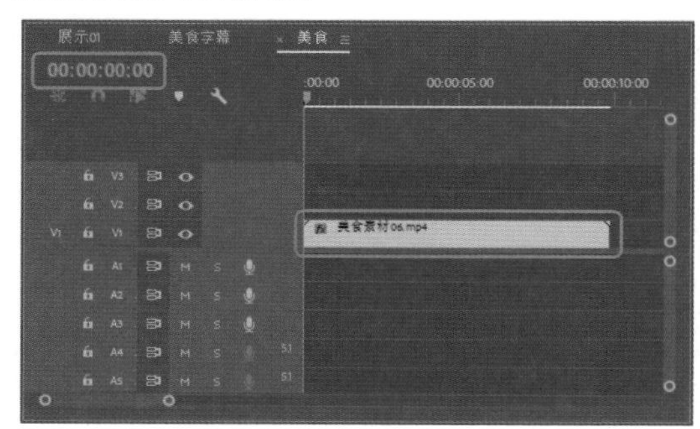
图3-167

Step 13 将当前时间设置为00:00:09:23，在【项目】面板中将【美食素材07.jpg】素材文件拖曳至V1视频轨道中，将其开始处与时间线对齐，将其持续时间设置为00:00:32:19，效果如图3-168所示。

图3-168

Step 14 将当前时间设置为00:00:01:18，在【项目】面板中将【展示01】拖曳至V2视频轨道中，将其开始处与时间线对齐。在【效果】面板中搜索【推】过渡效果，将其拖曳至【展示01】序列文件的结尾处，效果如3-169所示。

Step 15 确认当前时间为00:00:01:18，选中V2视频轨道中的【展示01】序列文件，在【效果控件】面板中将【位置】设置为1181、540，单击【缩放】左侧的【切换动画】按钮，如图3-170所示。

Step 16 将当前时间设置为00:00:06:12，在【效果控件】面板中将【缩放】设置为106，如图3-171所示。

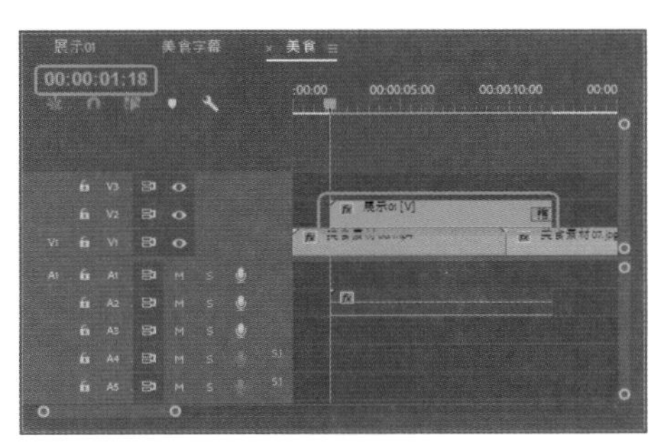

图3-169

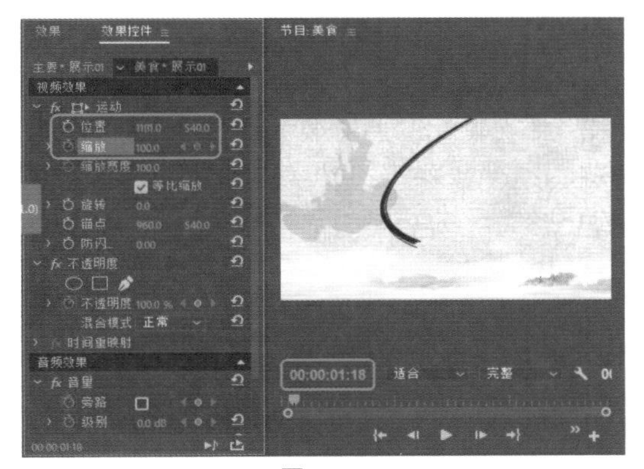

图3-170

图3-171

Step 17 将当前时间设置为00:00:11:10，在【效果控件】面板中将【缩放】设置为112，单击【不透明度】右侧的【添加/移除关键帧】按钮，如图3-172所示。

图3-172

Step 18 将当前时间设置为00:00:11:23，在【效果控件】面板中将【缩放】设置为111，将【不透明度】设置为0%，如图3-173所示。

图3-173

Step 19 将当前时间设置为00:00:11:24，在【项目】面板中将【展示02】序列文件拖曳至V3视频轨道中，将其开始处与时间线对齐。在【效果】面板中搜索【推】过渡效果，将其拖曳至V3视频轨道中的【展示02】的开始处，并在【展示02】的结尾处添加【交叉缩放】过渡效果，如图3-174所示。

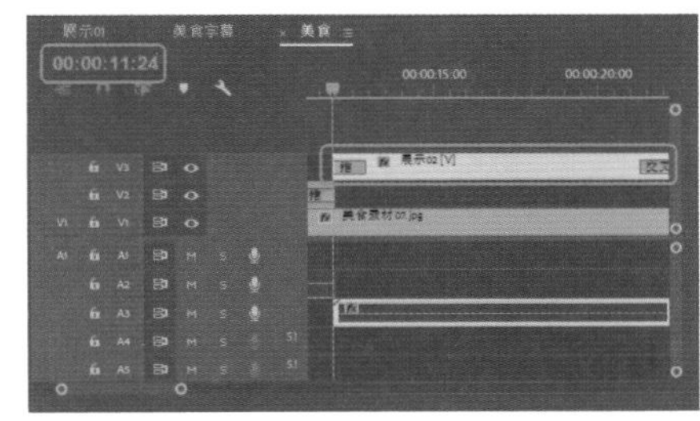

图3-174

Step 20 选中V3视频轨道中的【展示02】序列文件，将当前时间设置为00:00:11:24，在【效果控件】面板中将【位置】设置为675、540，单击【缩放】左侧的【切换动画】按钮，如图3-175所示。

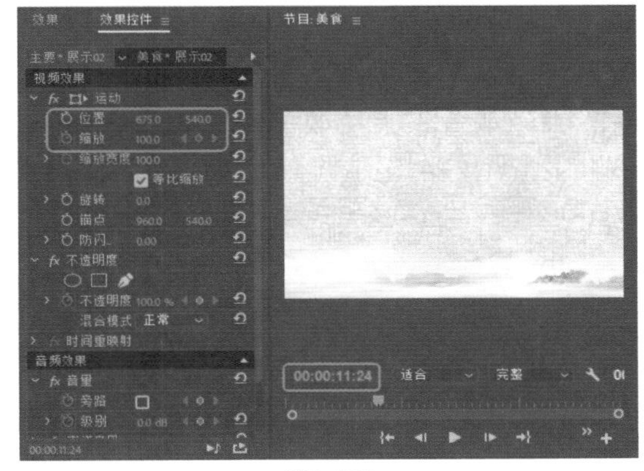

图3-175

Step 21 将当前时间设置为00:00:16:18，在【效果控件】面板中将【缩放】设置为106，如图3-176所示。

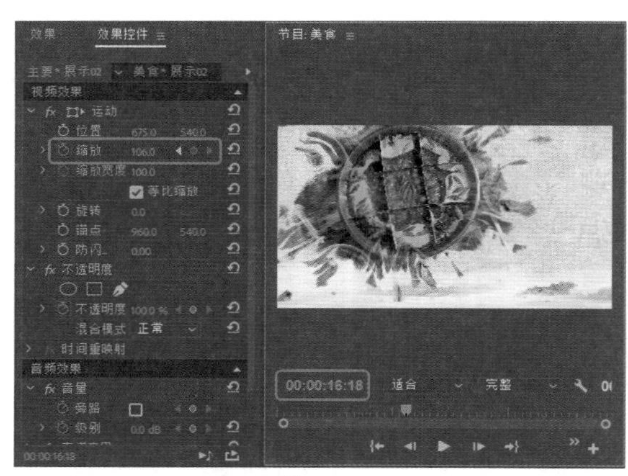

图3-176

Step 22 将当前时间设置为00:00:21:16，在【效果控件】面板中将【缩放】设置为112，效果如图3-177所示。

图3-177

Step 23 将当前时间设置为00:00:22:04，在【效果控件】面板中将【缩放】设置为111。根据前面所介绍的方法将【展示03】、【展示04】序列文件添加至视频轨道中，并对其进行相应的设置，效果如图3-178所示。

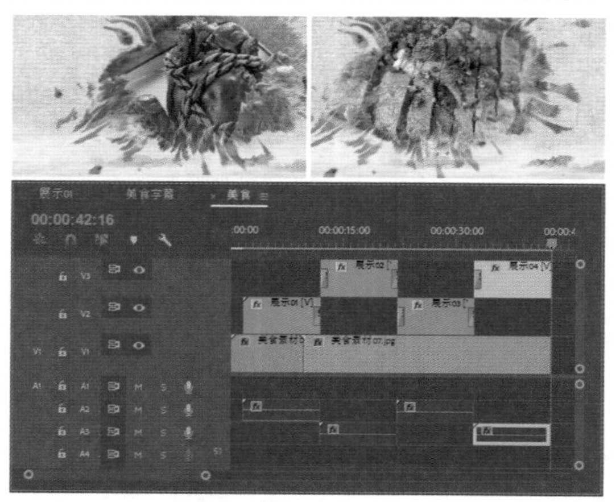

图3-178

Step 24 将当前时间设置为00:00:00:05，在【项目】面板中将【美食字幕】序列文件拖曳至V3视频轨道的上方，释放鼠标，自动创建V4视频轨道。选中V4视频轨道中的序列文件，在【效果控件】面板中将【不透明度】设置为0%，如图3-179所示。

图3-179

Step 25 将当前时间设置为00:00:00:14，单击【位置】左侧的【切换动画】按钮，将【不透明度】设置为100%，如图3-180所示。

图3-180

Step 26 将当前时间设置为00:00:02:08，在【效果控件】面板中将【位置】设置为960、540，如图3-181所示。

图3-181

Step 27 将当前时间设置为00:00:11:10，在【效果控件】面板中单击【位置】右侧的【添加/移除关键帧】按钮，添加一个关键帧，效果如图3-182所示。

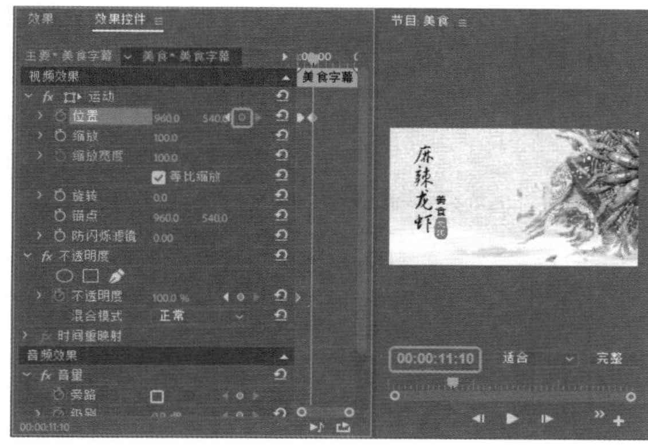

图3-182

Step 28 将当前时间设置为00:00:11:21，在【效果控件】面板中将【位置】设置为2397、540，如图3-183所示。

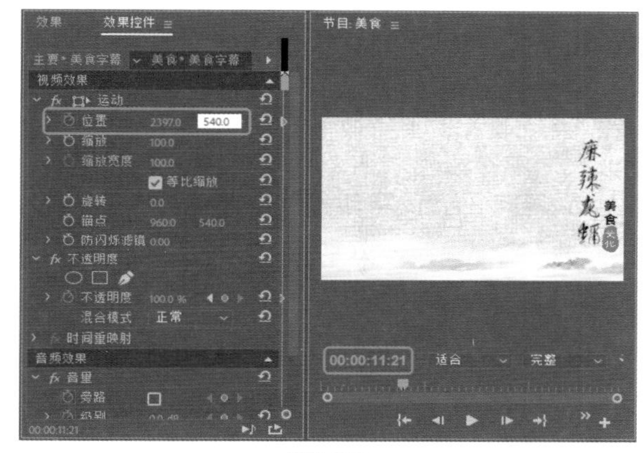

图3-183

Step 29 将当前时间设置为00:00:21:15，在【效果控件】面板中单击【位置】右侧的【添加/移除关键帧】按钮，添加一个关键帧，效果如图3-184所示。

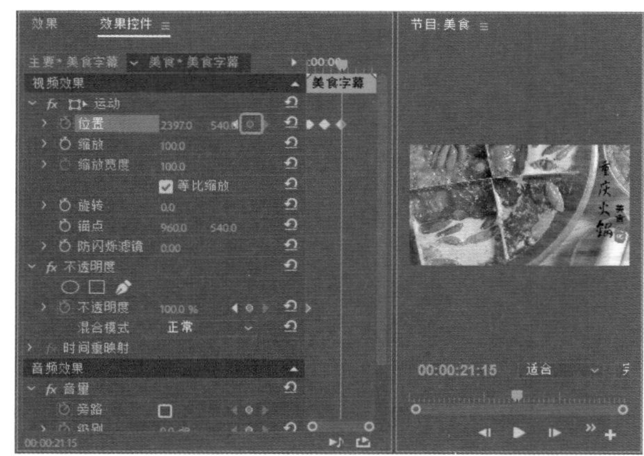

图3-184

Step 30 将当前时间设置为00:00:22:01，在【效果控件】面板中将【位置】设置为942、540，如图3-185所示。

Step 31 将当前时间设置为00:00:31:10，在【效果控件】面板中单击【位置】右侧的【添加/移除关键帧】按钮，添加一个关键帧，效果如图3-186所示。

图3-185

图3-186

Step 32 将当前时间设置为00:00:32:07，在【效果控件】面板中将【位置】设置为2345、540，如图3-187所示。

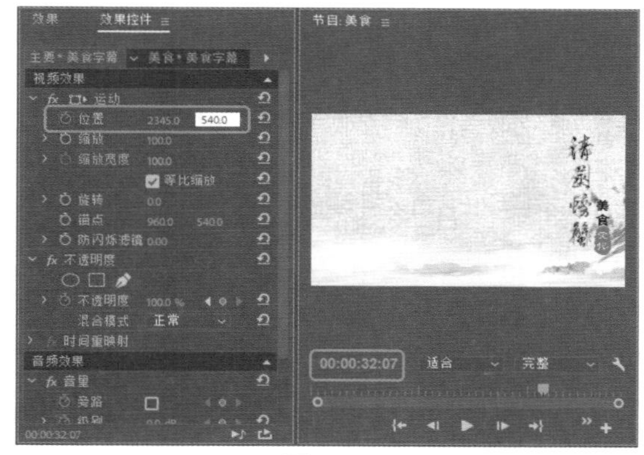

图3-187

Step 33 选中V2视频轨道中的【展示01】序列文件，右击鼠标，在弹出的快捷菜单中选择【取消链接】命令，并将A2音频轨道中的音频删除。使用同样的方法将【展示02】、【展示03】、【展示04】序列文件取消视音频的链接，并将音频轨道中的音频文件删除，效果如图3-188所示。

Step 34 将当前时间设置为00:00:00:00，在【项目】面板中将【美食素材08.mp3】音频文件拖曳至A1视频轨道中。将当前时间设置为00:00:01:18，在工具箱中选择【剃刀工具】，选中A1音频轨道中的素材文件，在时间线位置处单击鼠标，对其进行裁剪，效果如图3-189所示。

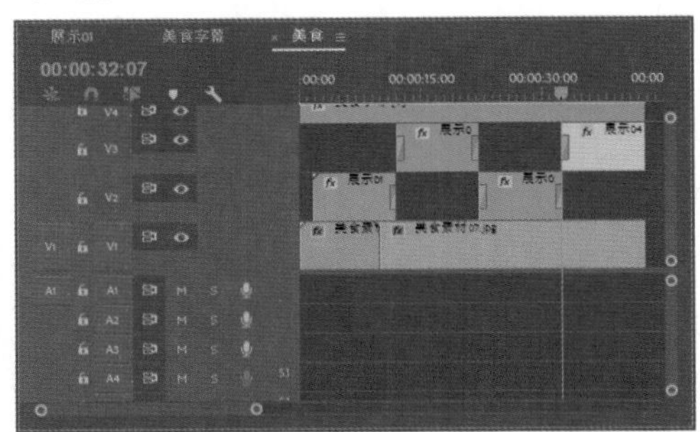

图3-188

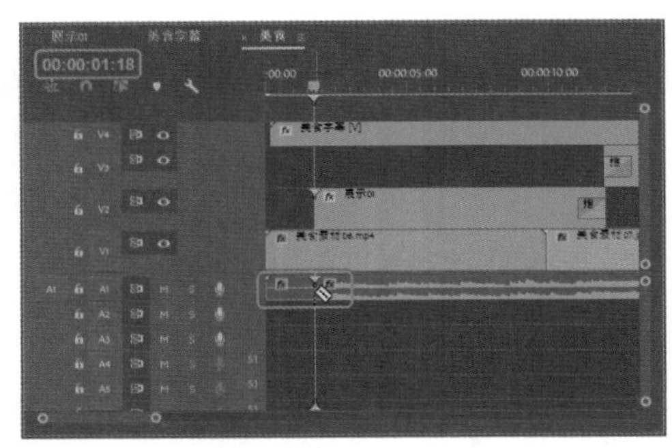

图3-189

Step 35 将时间线左侧的音频文件删除，然后将当前时间设置为00:00:44:18，使用【剃刀工具】对音频素材文件进行裁剪，效果如图3-190所示。

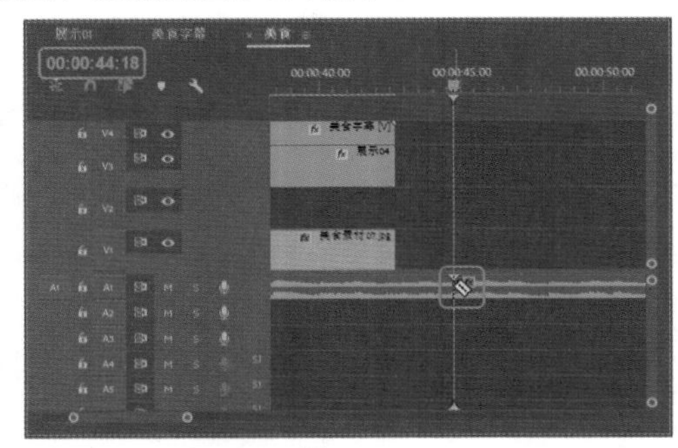

图3-190

Step 36 将时间线右侧的音频文件删除，将当前时间设置为00:00:00:00，将A1音频轨道中素材文件的开始处与时间线对齐，如图3-191所示。

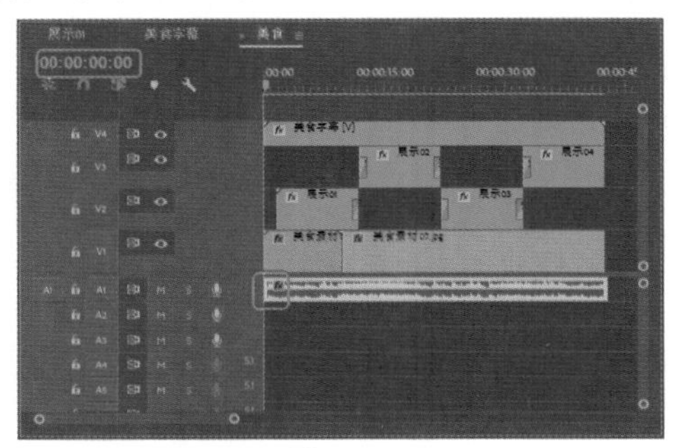

图3-191

Step 37 将当前时间设置为00:00:41:16，选中A1音频轨道中的素材文件，在【效果控件】面板中单击【级别】右侧的【添加/移除关键帧】按钮，如图3-192所示。

图3-192

Step 38 将当前时间设置为00:00:43:00，在【效果控件】面板中将【级别】设置为-23。并使用同样的方法在其他音频轨道中添加音频文件，如图3-193所示。

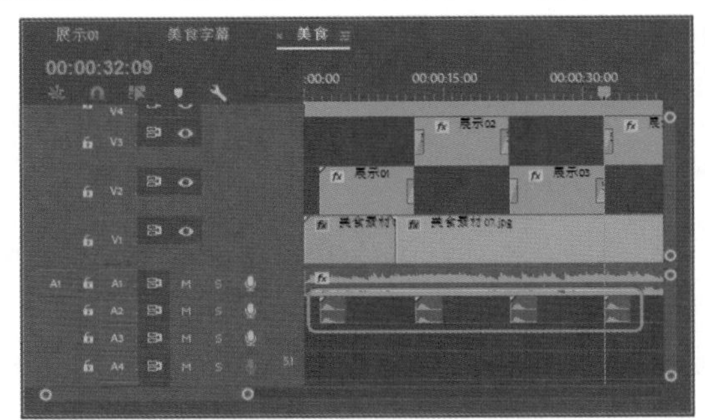

图3-193

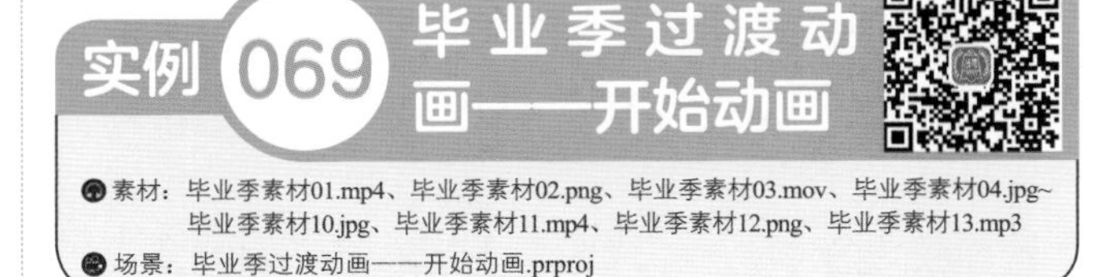

实例069 毕业季过渡动画——开始动画

素材：毕业季素材01.mp4、毕业季素材02.png、毕业季素材03.mov、毕业季素材04.jpg~毕业季素材10.jpg、毕业季素材11.mp4、毕业季素材12.png、毕业季素材13.mp3

场景：毕业季过渡动画——开始动画.prproj

本案例将介绍如何制作毕业季过渡动画的开始动画，方法是将视频与图片进行结合，并为其添加过渡效果，从而制作出开始动画，效果如图3-194所示。

图3-194

Step 01 新建AVCHD 1080p25的序列文件，在【项目】面板导入【素材\Cha03\毕业季素材01.mp4】、【毕业季素材02.png】、【毕业季素材03.mov】、【毕业季素材04.jpg】~【毕业季素材10.jpg】、【毕业季素材11.mp4】、【毕业季素材12.png】、【毕业季素材13.mp3】素材文件。将当前时间设置为00:00:00:00，在【项目】面板中将【毕业季素材01.mp4】拖曳至V1视频轨道中，将其开始处与时间线对齐，如图3-195所示。

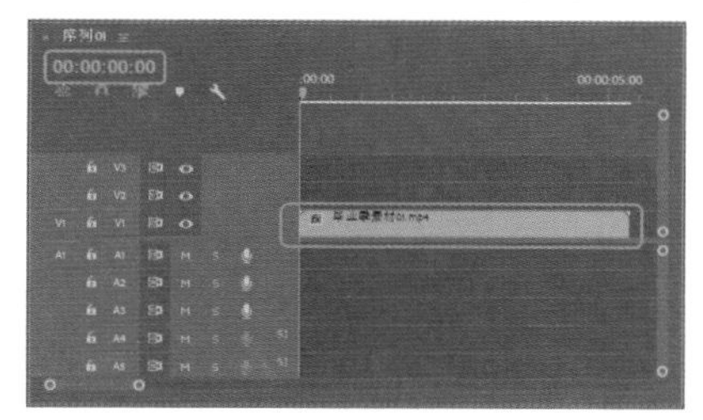

图3-195

Step 02 确认当前时间为00:00:00:00，在【项目】面板中将【毕业季素材02.png】素材文件拖曳至V2视频轨道中，将其开始处与时间线对齐，将其持续时间设置为00:00:05:09。在【效果】面板中搜索【交叉溶解】过渡效果，将其拖曳至【毕业季素材02.png】的开始处，如图3-196所示。

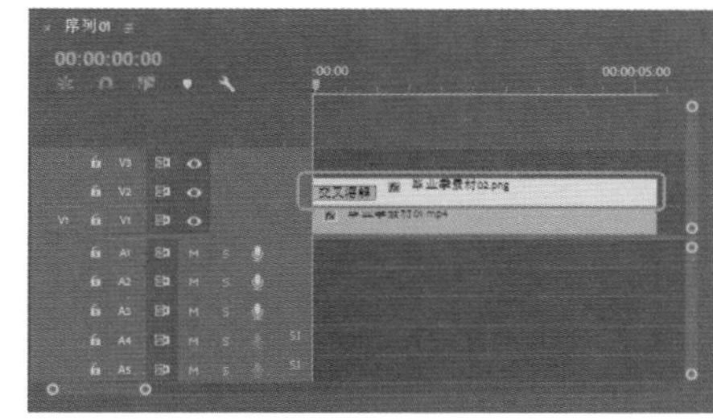

图3-196

Step 03 选中V2视频轨道中的素材文件，在【效果】面板中搜索【裁剪】视频效果并双击为选中的素材添加【裁剪】效果。将当前时间设置为00:00:00:19，在【效果控件】面板中将【缩放】设置为64，将【裁剪】下的【右侧】设置为89，并单击其右侧的【切换动画】按钮，将【羽化边缘】设置为86，效果如图3-197所示。

图3-197

Step 04 将当前时间设置为00:00:02:07，在【效果控件】面板中将【裁剪】下的【右侧】设置为0，效果如图3-198所示。

图3-198

Step 05 将当前时间设置为00:00:00:00，在【项目】面板中将【毕业季素材03.mov】拖曳至V3视频轨道中，将其开始处与时间线对齐，将其持续时间设置为00:00:05:09，如图3-199所示。

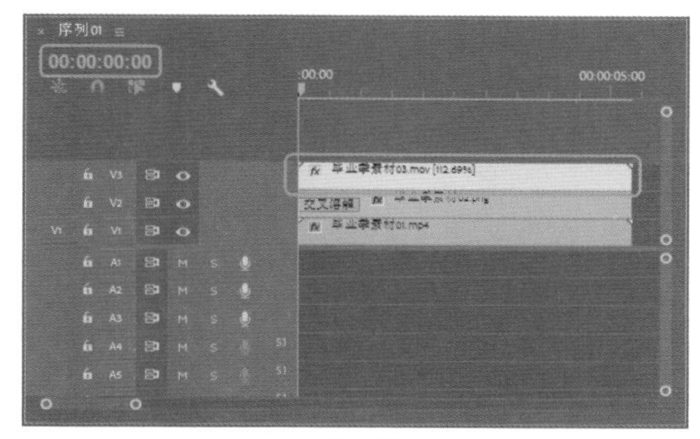

图3-199

Step 06 选中V3视频轨道中的素材文件，在【效果控件】面板中将【缩放】设置为231，效果如图3-200所示。

图3-200

实例070 毕业季过渡动画——毕业照片展示

场景：毕业季过渡动画——毕业照片展示.prproj

本案例将介绍如何制作毕业季过渡动画的毕业照片展示动画，方法是通过为照片添加过渡效果，使静态图片产生动态的动画，效果如图3-201所示。

图3-201

Step 01 继续上例的操作，将当前时间设置为00:00:04:12，在【项目】面板中将【毕业季素材04.jpg】拖曳至V3视频轨道的上方，自动创建V4视频轨道，将其开始处与时间线对齐，将其持续时间设置为00:00:04:00。在【效果】面板中搜索【交叉溶解】过渡效果，将其拖曳至【毕业季素材04.jpg】素材文件的开始处，如图3-202所示。

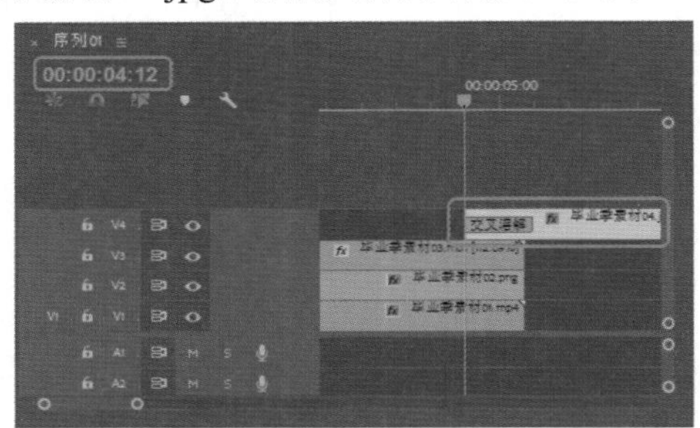

图3-202

Step 02 选中V4视频轨道中的【毕业季素材04.jpg】素材文件，在【效果控件】面板中将【缩放】设置为135，效果如图3-203所示。

图3-203

Step 03 将当前时间设置为00:00:08:12，在【项目】面板中将【毕业季素材05.jpg】拖曳至V4视频轨道中，将其开始处与时间线对齐，将其持续时间设置为00:00:03:00。在【效果】面板中搜索【交叉缩放】过渡效果，将其拖曳至【毕业季素材04.jpg】与【毕业季素材05.jpg】素材文件的中间，如图3-204所示。

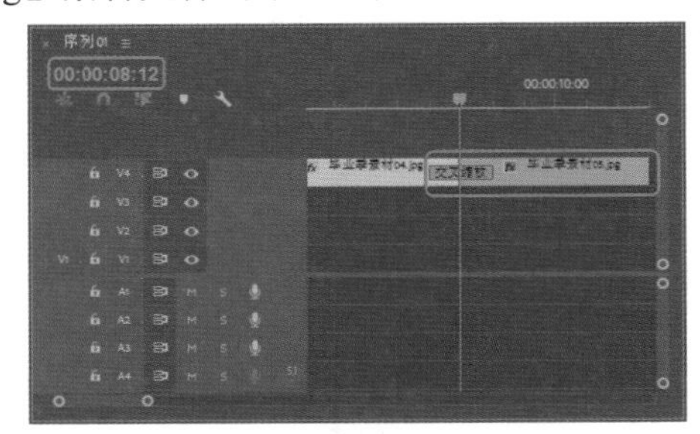

图3-204

Step 04 选中【毕业季素材04.jpg】与【毕业季素材05.jpg】素材文件之间的【交叉缩放】过渡效果，在【效果控件】面板中将【持续时间】设置为00:00:02:00，如图3-205所示。

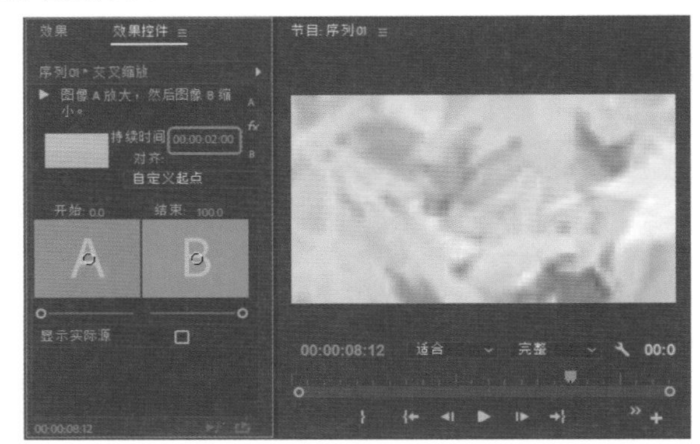

图3-205

Step 05 选中V4视频轨道中的【毕业季素材05.jpg】素材文件，在【效果控件】面板中将【缩放】设置为126，效果如图3-206所示。

图3-206

Step 06 使用同样同样的方法添加其他图片，并进行相应的设置，添加过渡效果，如图3-207所示。

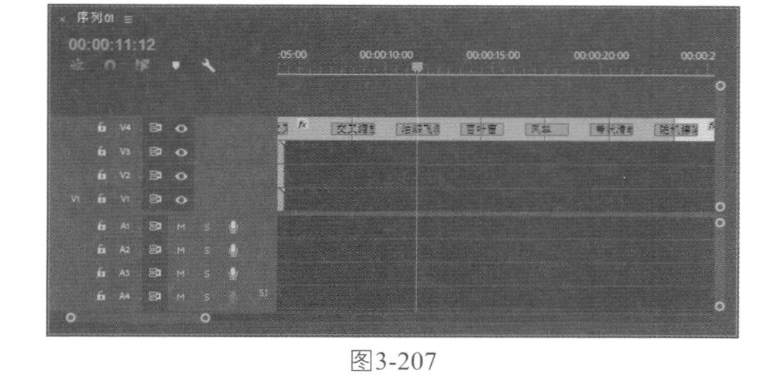
图3-207

图3-210

Step 03 将当前时间设置为00:00:27:00，在【项目】面板中将【毕业季素材12.png】素材文件拖曳至V4视频轨道的上方，自动创建V5视频轨道，将其开始处与时间线对齐，将其持续时间设置为00:00:10:17，如图3-211所示。

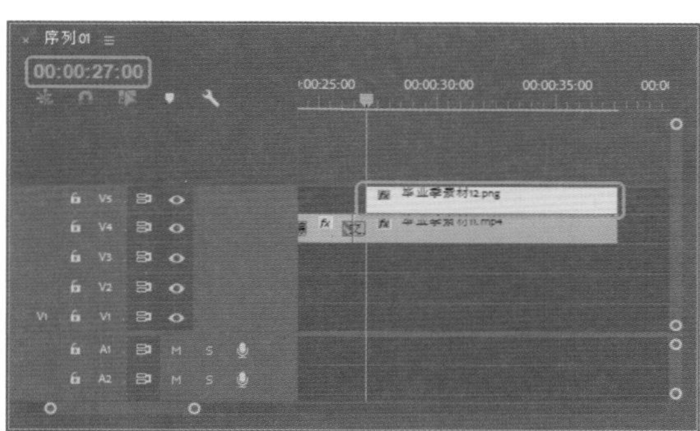
图3-211

Step 04 在【效果】面板中搜索【裁剪】视频效果，将其拖曳至【毕业季素材12.png】素材文件上。将当前时间设置为00:00:27:23，选中【毕业季素材12.png】素材文件，在【效果控件】面板中将【缩放】设置为66，将【裁剪】下的【底部】设置为100，单击其左侧的【切换动画】按钮，将【羽化边缘】设置为45，如图3-212所示。

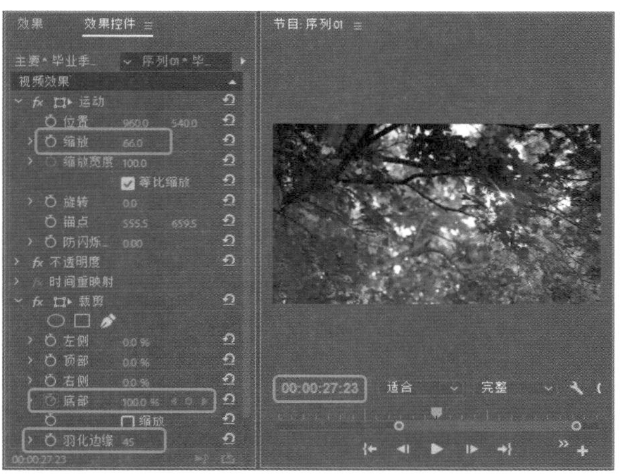
图3-212

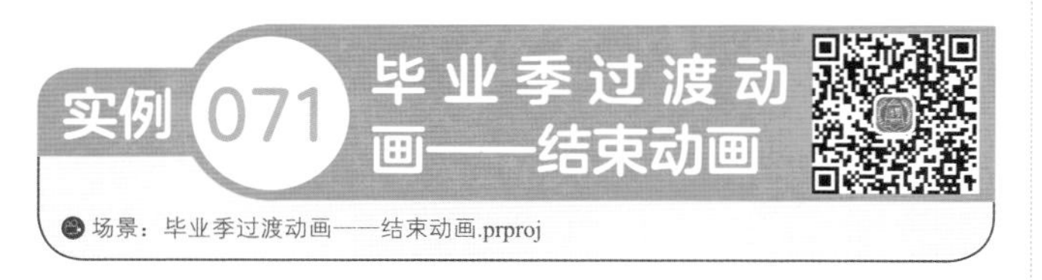

实例071 毕业季过渡动画——结束动画

场景：毕业季过渡动画——结束动画.prproj

本案例将介绍如何制作毕业季结束动画，效果如图3-208所示。

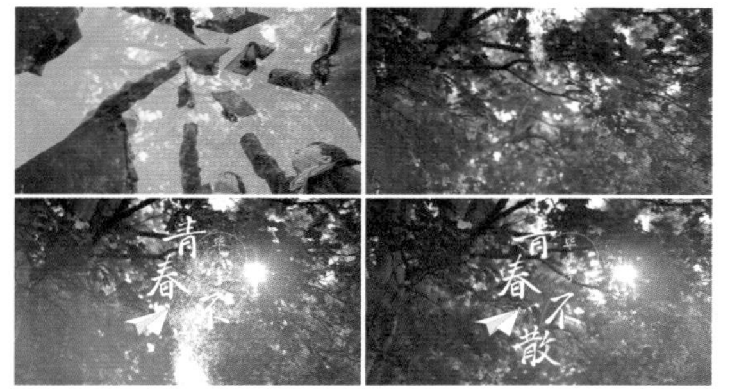

图3-208

Step 01 继续上例的操作，将当前时间设置为00:00:26:12，在【项目】面板中将【毕业季素材11.mp4】拖曳至V4视频轨道中，将其开始处与时间线对齐。在【效果】面板中搜索【交叉溶解】过渡效果，将其拖曳至【毕业季素材11.mp4】的开始处，效果如图3-209所示。

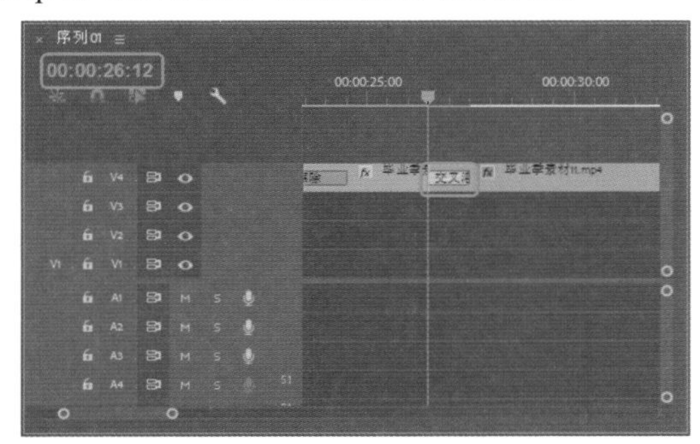
图3-209

Step 02 选中【毕业季素材11.mp4】开始处的【交叉溶解】过渡效果，在【效果控件】面板中将【对齐】设置为【中心切入】，如图3-210所示。

Step 05 将当前时间设置为00:00:29:18，在【效果控件】面板中将【底部】设置为0，如图3-213所示。

图3-213

Step 06 将当前时间设置为00:00:27:00，在【项目】面板中将【毕业季素材03.mov】拖曳至V5视频轨道的上方，自动创建V6视频轨道，将其开始处与时间线对齐，如图3-214所示。

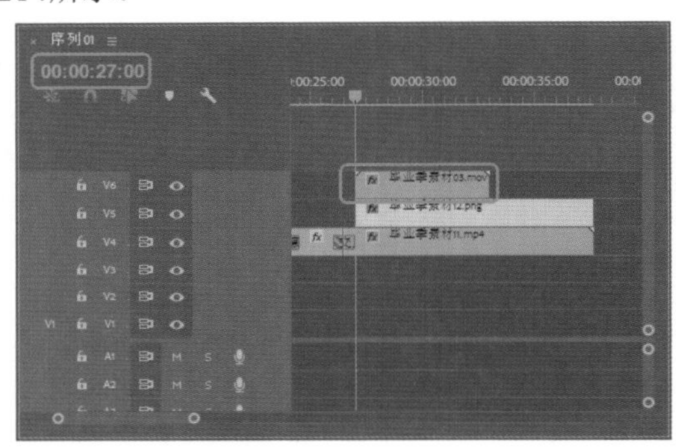

图3-214

Step 07 选中V6视频轨道中的素材文件，在【效果控件】面板中将【缩放】设置为133，将【旋转】设置为90，如图3-215所示。

图3-215

Step 08 将当前时间设置为00:00:00:00，在【项目】面板中将【毕业季素材13.mp3】拖曳至A1音频轨道中。将当前时间设置为00:00:37:14，选择【剃刀工具】，在时间线位置处对音频文件进行裁剪，如图3-216所示。

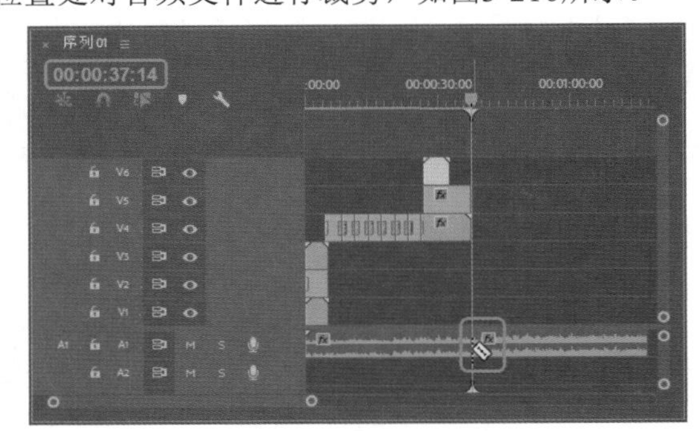

图3-216

Step 09 将时间线右侧的音频文件删除。将当前时间设置为00:00:35:18，选中A1音频轨道中的音频文件，在【效果控件】面板中单击【级别】右侧的【添加/移除关键帧】按钮，如图3-217所示。

图3-217

Step 10 将当前时间设置为00:00:37:13，在【效果控件】面板中将【级别】设置为-18，效果如图3-218所示。

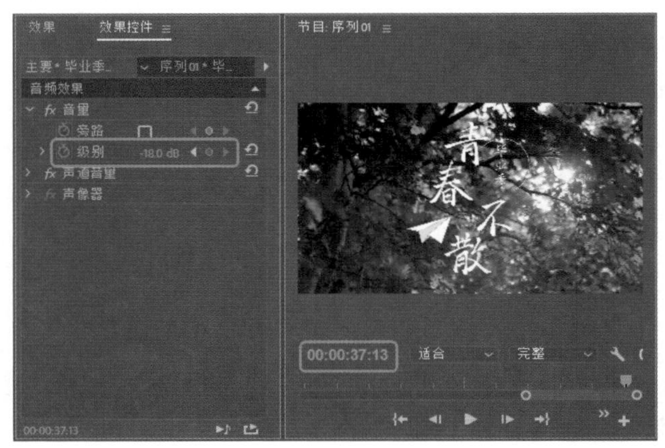

图3-218

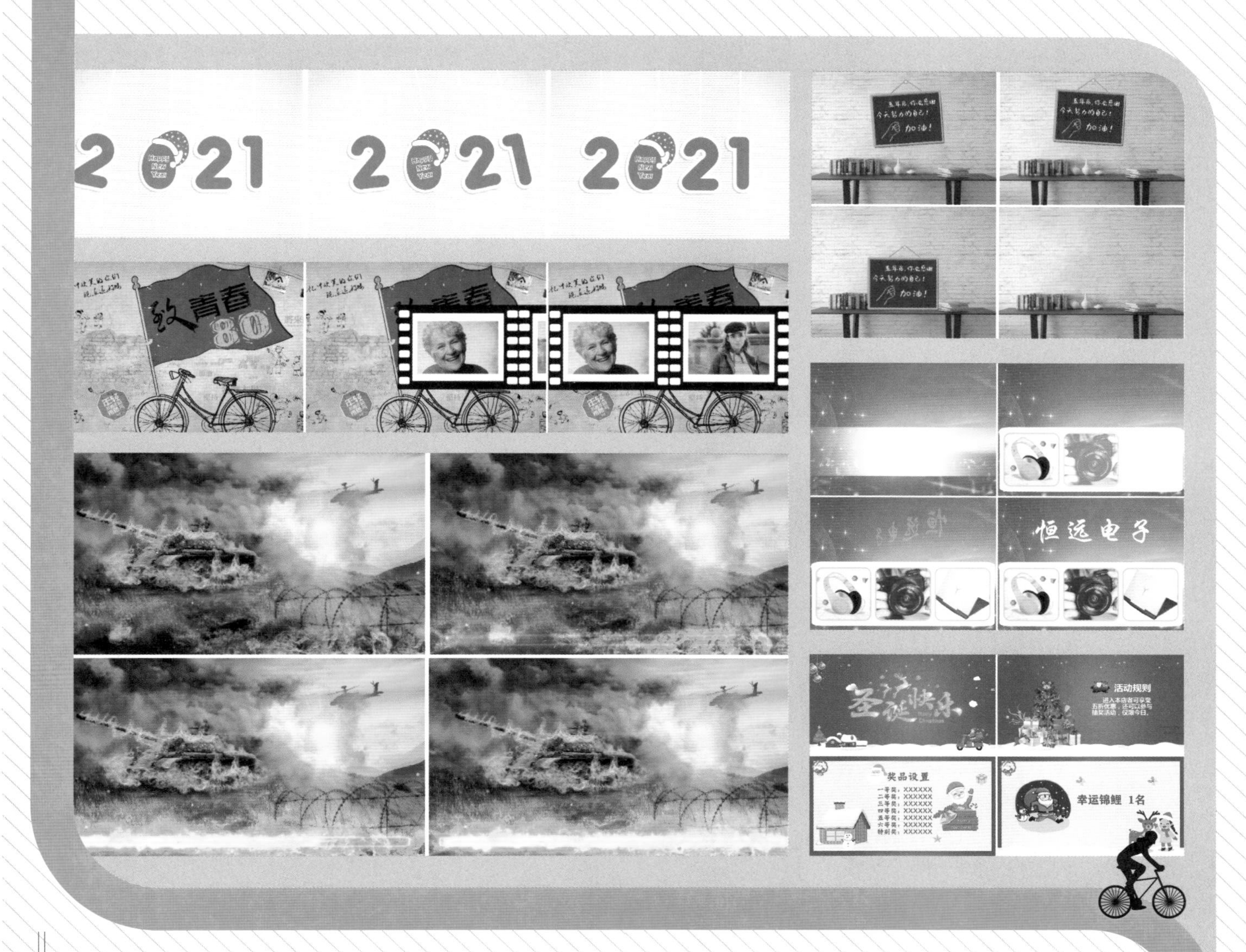

第4章 常用影视动画制作

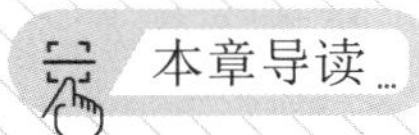

本章导读

本章将介绍常用的影视动画效果的制作，其中包括旋转的钟表、点击动画、电子产品展示动画、化妆品广告动画以及进度条动画等。通过本章的学习，读者可以掌握常见影视动画的制作方法。

实例 072 写字楼宣传动画

素材：写字楼.jpg
场景：写字楼宣传动画.prproj

为了更直观地表现写字楼，本案例使用写字楼图片作为广告背景。使用红色矩形作为文字的底纹，能够突显出白色的文字，效果如图4-1所示。

图4-1

Step 01 新建序列，在【项目】面板的空白处双击鼠标，弹出【导入】对话框，选择【素材\Cha04\写字楼.jpg】文件，单击【打开】按钮，在【项目】面板中可以查看导入的素材文件，如图4-2所示。

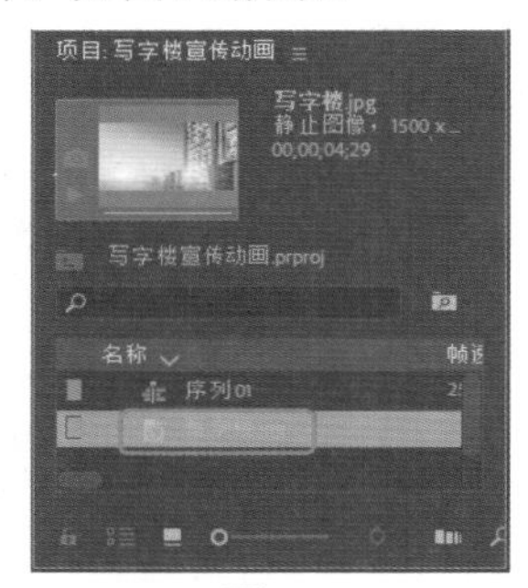

图4-2

Step 02 在菜单栏中选择【文件】|【新建】|【旧版标题】命令，弹出【新建字幕】对话框，保持默认设置，单击【确定】按钮。使用【矩形工具】绘制矩形，将【填充】选项组中的【颜色】设置为#FF0000，在【变换】选项组中将【宽度】、【高度】设置为256、372，将【X位置】、【Y位置】设置为240、287，如图4-3所示。

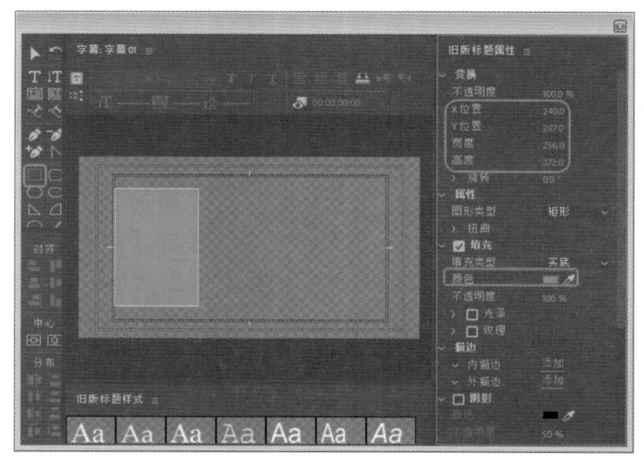

图4-3

Step 03 关闭字幕编辑器，在菜单栏中再次选择【文件】|【新建】|【旧版标题】命令，弹出【新建字幕】对话框，保持默认设置，单击【确定】按钮。使用【文字工具】输入【中央商务写字楼】文本，将【字体系列】设置为微软雅黑，【字体样式】设置为Bold，【颜色】设置为白色，将【中央商务】的【字体大小】设置为32，【写字楼】的【字体大小】设置为19，将【X位置】、【Y位置】设置为241、148，如图4-4所示。

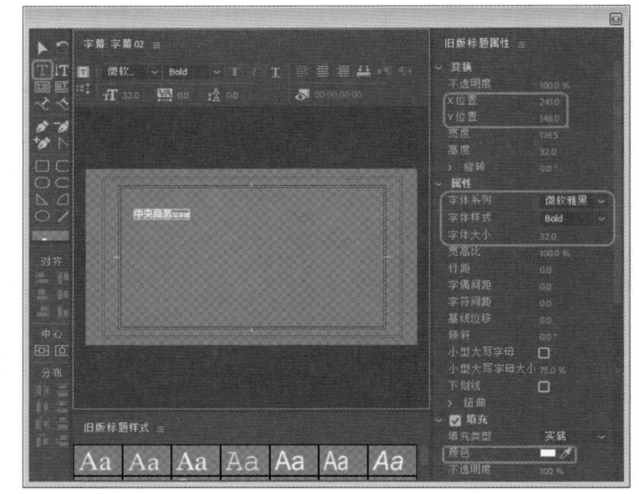

图4-4

Step 04 通过【文字工具】输入其他的文本，并进行相应的设置，设置文本后的效果如图4-5所示。

图4-5

Step 05 关闭字幕编辑器，在【项目】面板中选择【写字楼.jpg】素材文件，拖曳至【序列】面板V1轨道中，将【效果控件】面板中的【缩放】设置为80。在【写字楼.jpg】素材文件上单击鼠标右键，在弹出的快捷菜单中选择【速度/持续时间】命令，弹出【剪辑速度/持续时间】对话框，将【持续时间】设置为00:00:05:22，单击【确定】按钮，如图4-6所示。

Step 06 在【效果】面板中搜索【交叉缩放】效果，拖曳至【写字楼.jpg】素材文件的开始处。选中【交叉缩放】特效，在【效果控件】面板中将【持续时间】设置为00:00:01:05，如图4-7所示。

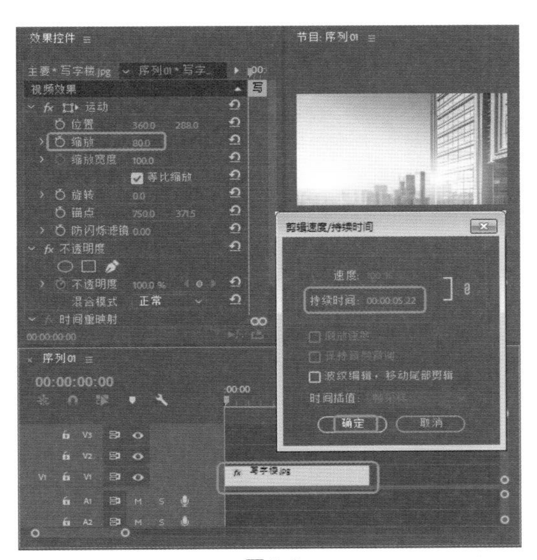
图4-6

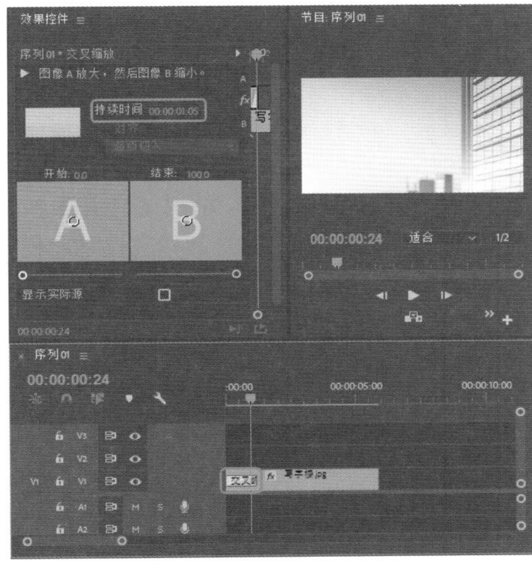
图4-7

◎提示·◦

选择素材文件后，在菜单栏中选择【素材】|【速度/持续时间】命令或者按Ctrl+R组合键，同样可以弹出【剪辑速度/持续时间】对话框。

Step 07 将当前时间设置为00:00:00:22，将【项目】中【字幕01】拖曳至V2轨道中，将开始处与时间线对齐，将结尾处与V1视频轨道中的结尾处对齐。在【效果控件】面板中将【位置】设置为438、288，将【缩放】设置为130，如图4-8所示。

Step 8 在【效果】面板中搜索【块溶解】效果，拖曳至【字幕01】上。确认当前时间为00:00:00:22，将【过渡完成】设置为100%，单击左侧的【切换动画】按钮，将【块宽度】、【块高度】、【柔化】设置为1、1、20，如图4-9所示。

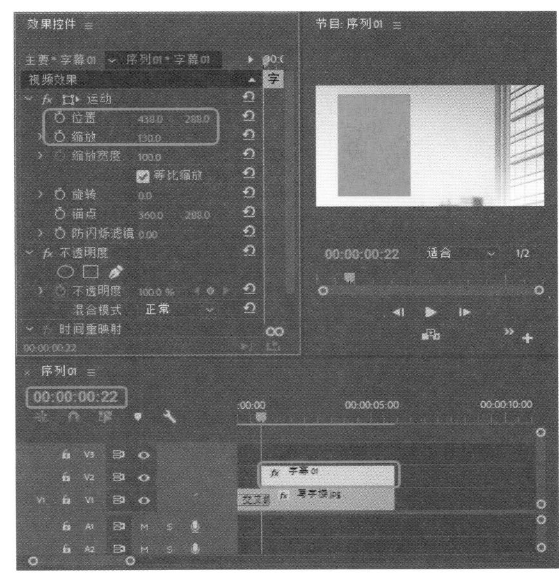
图4-8

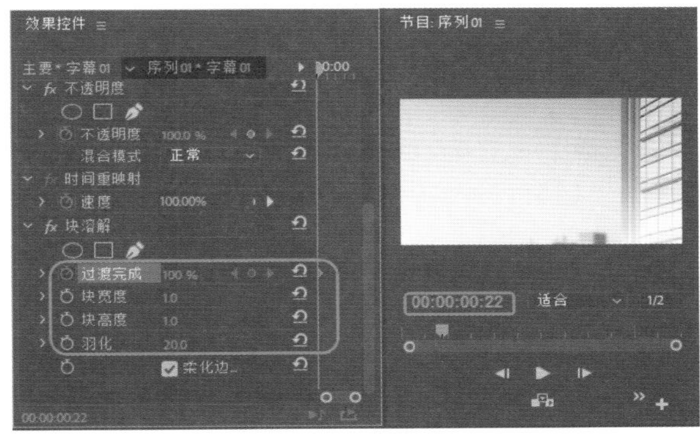
图4-9

Step 9 将当前时间设置为00:00:02:22，将【过渡完成】设置为0%，如图4-10所示。

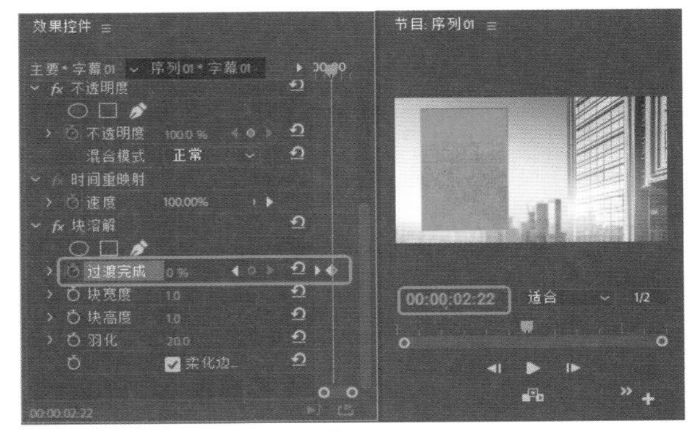
图4-10

Step 10 将当前时间设置为00:00:00:22，将【项目】中的【字幕02】拖曳至V3轨道中，将开始处与时间线对齐。将结尾处与V2视频轨道中的结尾处对齐。在【效果控件】面板中将【位置】设置为442、279，将【缩放】设置为140，如图4-11所示。

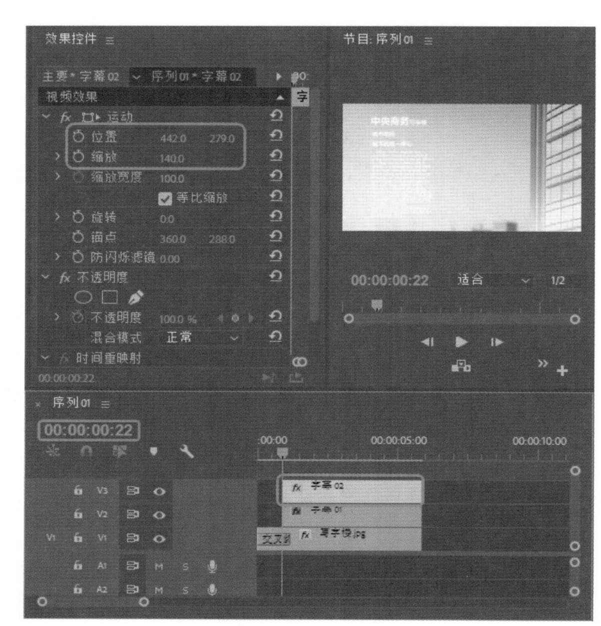

图4-11

Step 11 在【效果】面板中搜索【线性擦除】效果，拖曳至【字幕02】上。将当前时间设置为00:00:02:22，将【过渡完成】设置为100%，单击左侧的【切换动画】按钮，【擦除角度】、【羽化】设置为0，如图4-12所示。

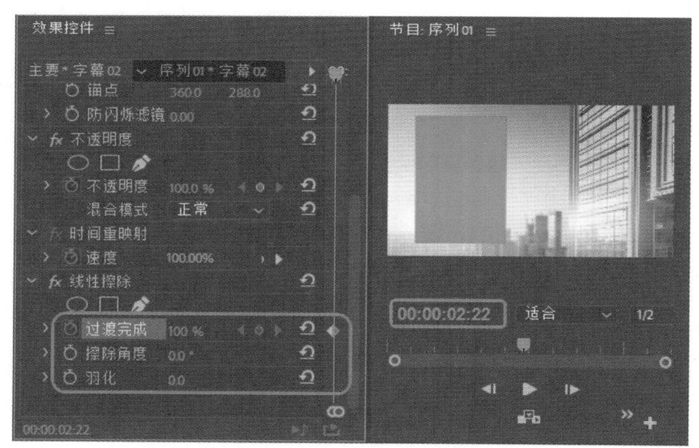

图4-12

Step 12 将当前时间设置为00:00:04:22，将【过渡完成】设置为0%，如图4-13所示。

图4-13

实例073 掉落的黑板动画

素材：黑板背景.jpg、黑板.png

场景：掉落的黑板动画.prproj

本案例介绍制作卡通黑板掉落的动画，效果如图4-14所示。

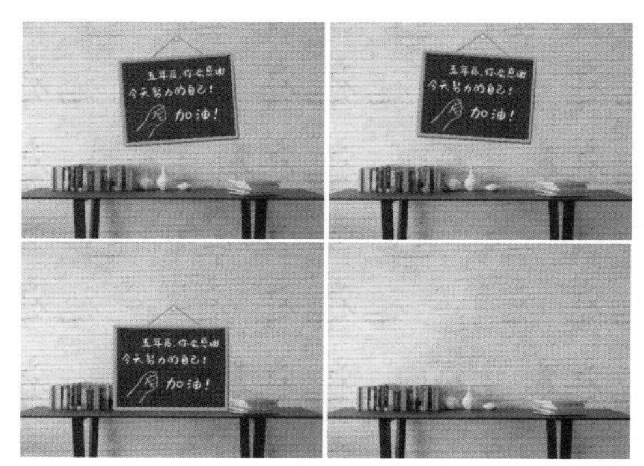

图4-14

Step 01 新建序列，在【项目】面板的空白处双击鼠标左键，弹出【导入】对话框，选择【素材\Cha04\黑板背景.jpg】、【黑板.png】文件，单击【打开】按钮，在【项目】面板中可以查看导入的素材文件以及创建的序列，如图4-15所示。

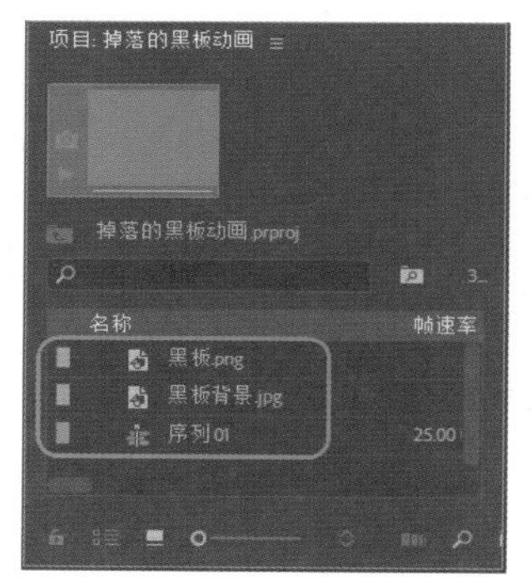

图4-15

Step 02 确认当前时间为00:00:00:00，在【项目】面板中将【黑板背景.jpg】素材图片拖曳至V1轨道中，与时间线对齐，将其【持续时间】设置为00:00:03:00，单击【确定】按钮，如图4-16所示。

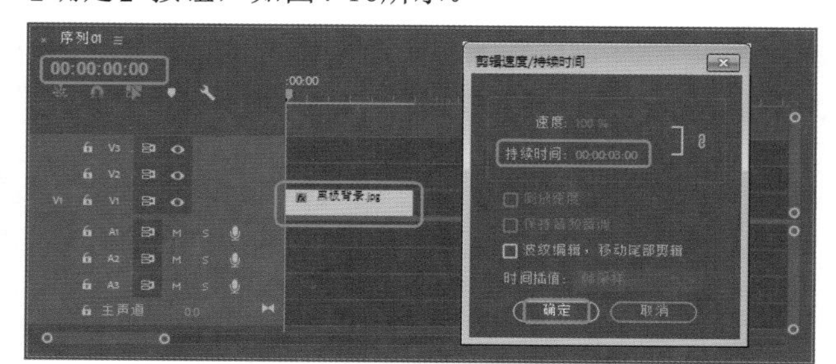

图4-16

◎提示·◦

【项目】面板用来管理当前项目中用到的各种素材。在【项目】面板的左上方有预览窗口。选中每个素材后，都会在预览窗口中显示当前素材的画面，在预览窗口右侧会显示出当前选中素材的详细资料，包括文件名、文件类型、持续时间等。

Step 03 在【效果控件】面板中将【位置】设置为361、294，将【缩放】设置为90，如图4-17所示。

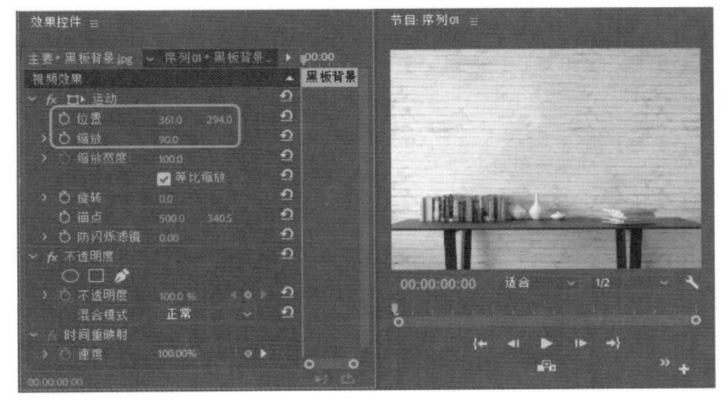

图4-17

Step 04 在【项目】面板中将【黑板.png】素材图片拖曳至V2轨道中，与时间线对齐，将其结尾处与V1轨道中【黑板背景.jpg】素材图片结尾处对齐。然后将当前时间设置为00:00:01:11，在【效果控件】面板中将【位置】设置为427、18，将【缩放】设置为34，单击【位置】左侧的【切换动画】按钮，添加一个关键帧，将【锚点】设置为723.2、30.4，如图4-18所示。

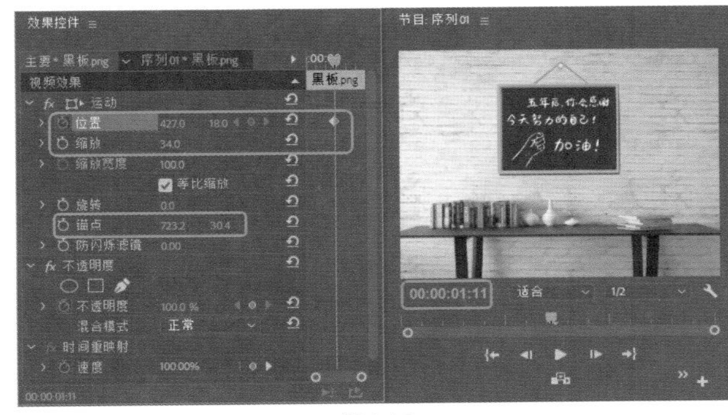

图4-18

◎提示·◦

【锚点】可以设置被设置对象的旋转或移动控制点。

Step 05 将当前时间设置为00:00:01:23，在【效果控件】面板中单击【位置】右侧的【添加/移除关键帧】按钮，如图4-19所示。

Step 06 将当前时间设置为00:00:02:11，在【效果控件】面板中将【位置】设置为419、613，如图4-20所示。

Step 07 将当前时间设置为00:00:00:03，在【效果控件】面板中将【旋转】设置为0°，单击【旋转】左侧的【切换动画】按钮，添加一个关键帧，如图4-21所示。

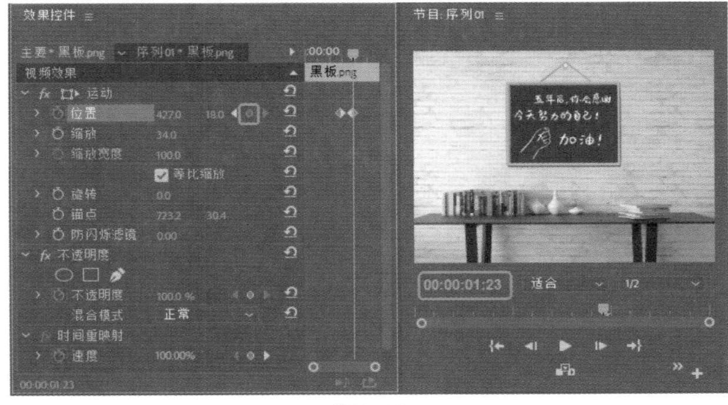

图4-19

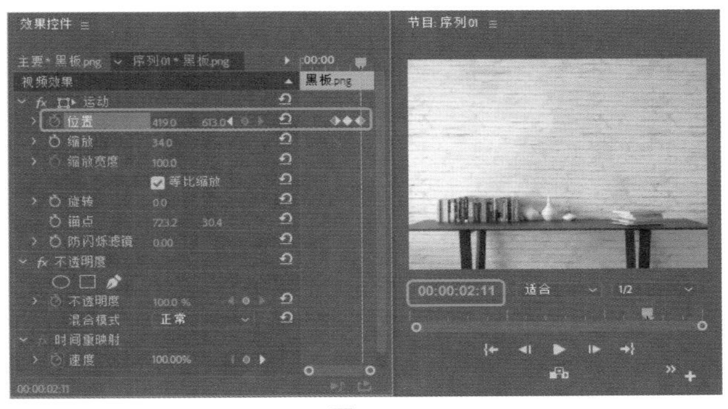

图4-20

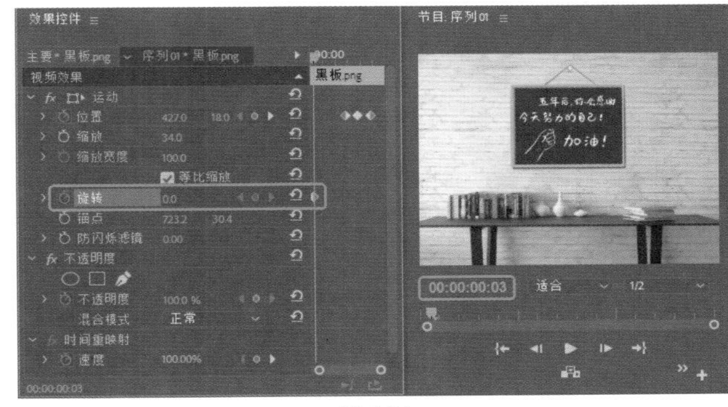

图4-21

Step 08 将当前时间设置为00:00:00:10，在【效果控件】面板中将【旋转】设置为-5°，如图4-22所示。

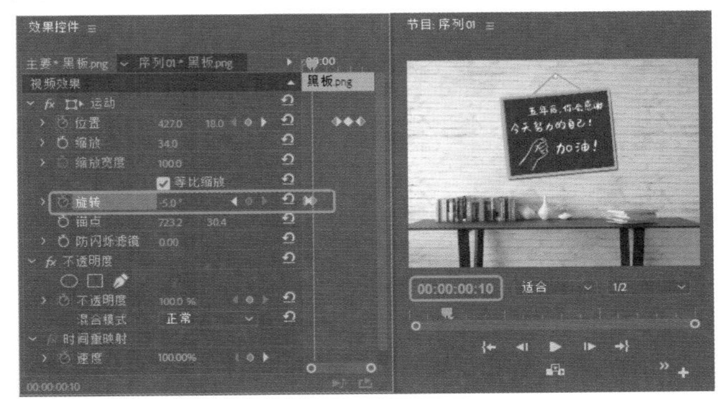

图4-22

Step 09 将当前时间设置为00:00:00:17，在【效果控件】面板中将【旋转】设置为0°。将当前时间设置为00:00:00:24，在【效果控件】面板中将【旋转】设置为5°。将当前时间设置为00:00:01:06，在【效果控件】面板中将【旋转】设置为0°，制作出黑板摇摆的动画，效果如图4-23所示。

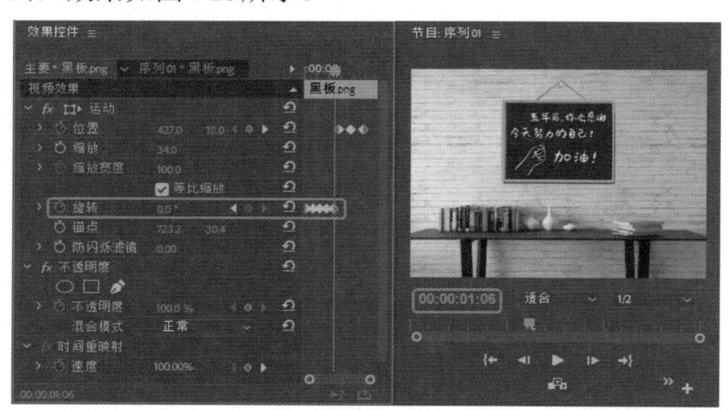

图4-23

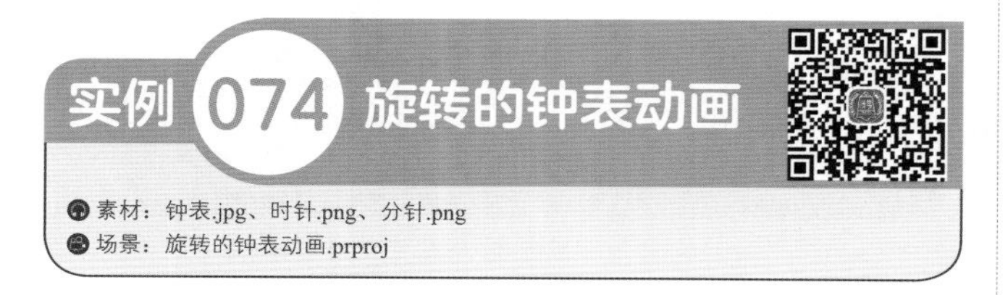

实例074 旋转的钟表动画

素材：钟表.jpg、时针.png、分针.png

场景：旋转的钟表动画.prproj

本案例就来介绍如何制作模拟钟表转动的动画，效果如图4-24所示。

图4-24

Step 01 在欢迎界面中单击【新建项目】按钮，在弹出的【新建项目】对话框中选择文件的存储位置，输入【名称】为【旋转的钟表动画】，单击【确定】按钮。按Ctrl+N组合键，弹出【新建序列】对话框，选择【设置】选项卡，将【编辑模式】设置为【自定义】，【帧大小】、【水平】设置为1300、2098，单击【确定】按钮，如图4-25所示。

Step 02 在【项目】面板的空白处双击鼠标左键，弹出【导入】对话框，选择【素材\Cha04\钟表.jpg】、【时针.png】、【分针.png】文件，单击【打开】按钮。确认当前时间为00:00:00:00，在【项目】面板中将【钟表.jpg】素材图片拖曳至V1轨道中，与时间线对齐，并将其【持续时间】设置为00:00:03:12，如图4-26所示。

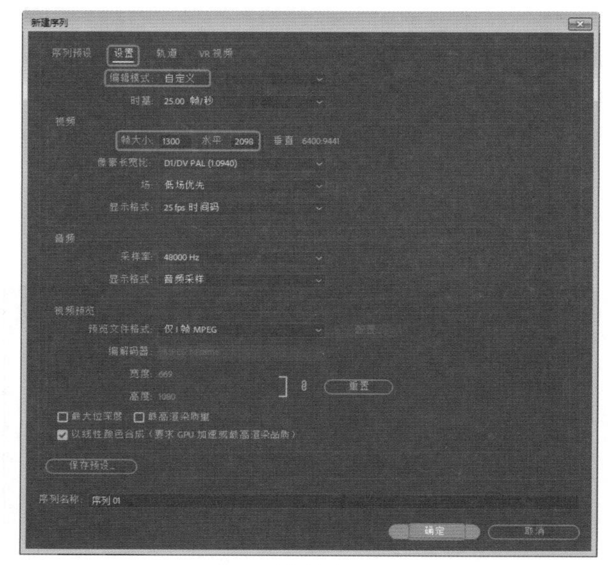

图4-25

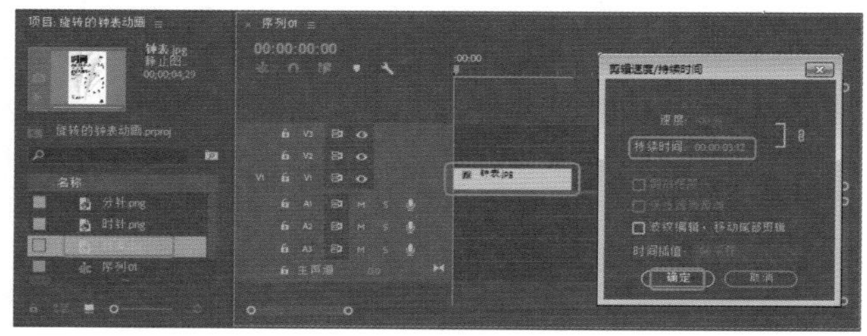

图4-26

Step 03 在【项目】面板中将【分针.png】素材图片拖曳至V2轨道中，与时间线对齐，并将其结尾处与V1轨道中【钟表.jpg】素材图片结尾处对齐。在【效果控件】面板中将【位置】设置为877、1240，将【缩放】设置为50，将【旋转】设置为42°，并单击【旋转】左侧的【切换动画】按钮，将【锚点】设置为57.5、190，如图4-27所示。

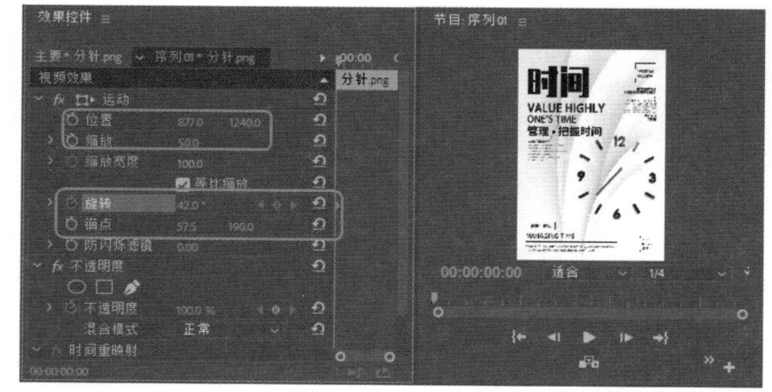

图4-27

Step 04 将当前时间设置为00:00:03:00，在【效果控件】面板中将【旋转】设置为2×0.0°，如图4-28所示。

Step 05 将当前时间设置为00:00:00:00，在【项目】面板中将【时针.png】素材图片拖曳至V3轨道中，与时间线对齐，并将其结尾处与V2轨道中【分针.png】素材图片结尾处对齐。在【效果控件】面板中，将【位置】设置为906、1247，将【缩放】设置为50，将【旋转】设置为-90°，并单击【旋转】左侧的【切换动画】按钮，将【锚点】设置为57.5、458，如图4-29所示。

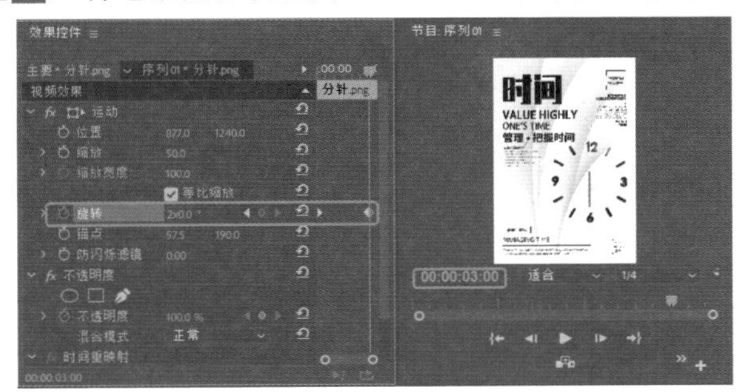

图4-28

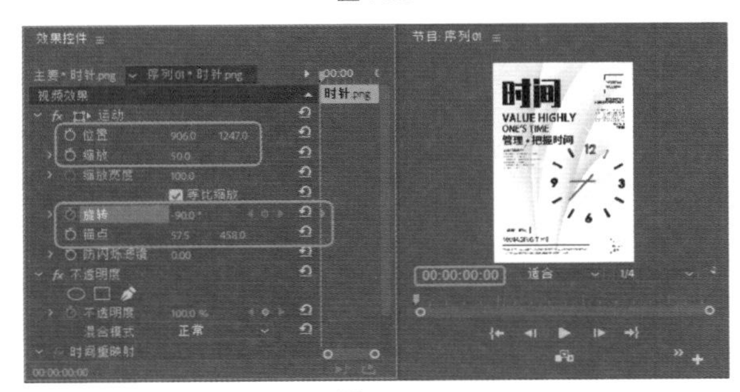

图4-29

Step 06 将当前时间设置为00:00:03:00，在【效果控件】面板中将【旋转】设置为-50°，如图4-30所示。

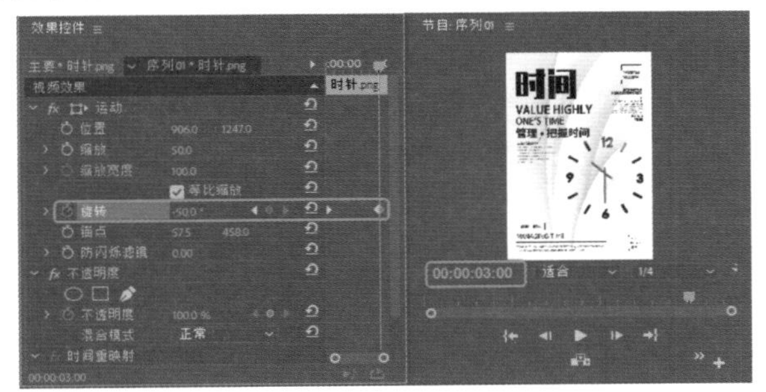

图4-30

提示

使用【缩放】选项可调节被设置对象的缩放度，通过设置关键帧可以制作对象缩放动画。

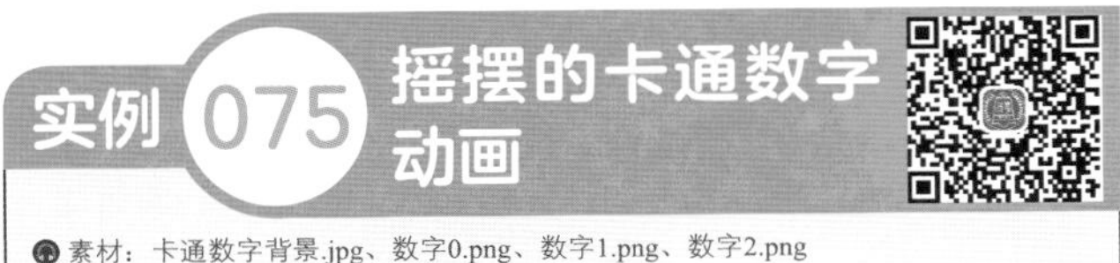

实例075 摇摆的卡通数字动画

素材：卡通数字背景.jpg、数字0.png、数字1.png、数字2.png

场景：摇摆的卡通数字动画.prproj

在制作摇摆的卡通数字动画之前，不仅需要考虑背景图片与卡通数字的排列方式，还需要考虑卡通数字的动画方式。本案例中设计的摇摆的卡通数字动画，首选摇摆卡通数字2，然后带动其他卡通数字摇摆，效果如图4-31所示。

图4-31

Step 01 新建序列，在【项目】面板的空白处双击鼠标左键，弹出【导入】对话框，在该对话框中选择【素材\Cha04\卡通数字背景.jpg】、【数字0.png】、【数字1.png】、【数字2.png】文件，单击【打开】按钮。确认当前时间为00:00:00:00，在【项目】面板中将【卡通数字背景.jpg】素材图片拖曳至V1轨道中，与时间线对齐，如图4-32所示。

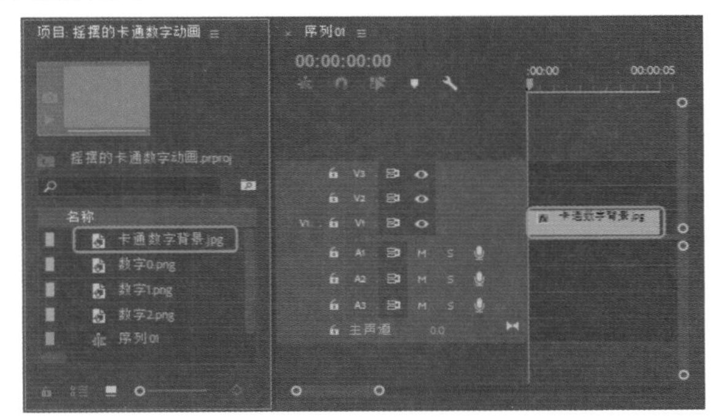

图4-32

Step 02 选择该素材图片，在【效果控件】面板中将【位置】设置为360、397，将【缩放】设置为33，如图4-33所示。

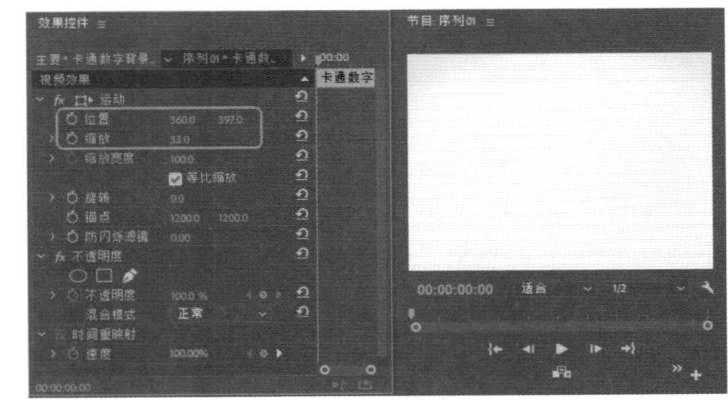

图4-33

Step 03 在【项目】面板中将【数字2.png】素材图片拖曳至V2轨道中，与时间线对齐，并选择该素材图片。将当前时间设置为00:00:00:12，在【效果控件】面板中将【位置】设置为153、2，将【缩放】设置为33，单击【旋转】左侧的【切换动画】按钮，将【锚点】设置为229、280，如图4-34所示。

Step 04 将当前时间设置为00:00:01:00，在【效果控件】

面板中将【旋转】设置为23°，如图4-35所示。

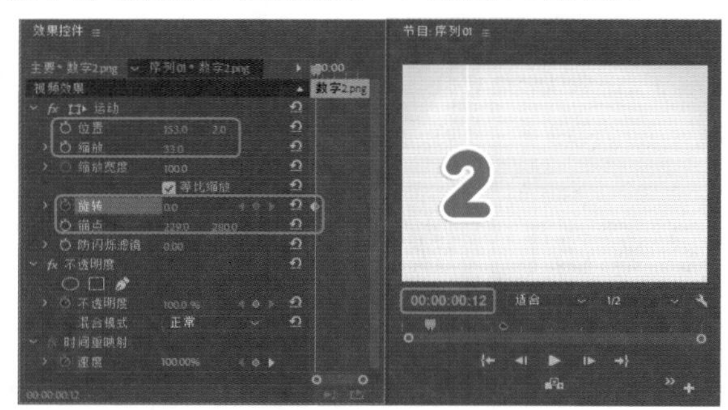

图4-34

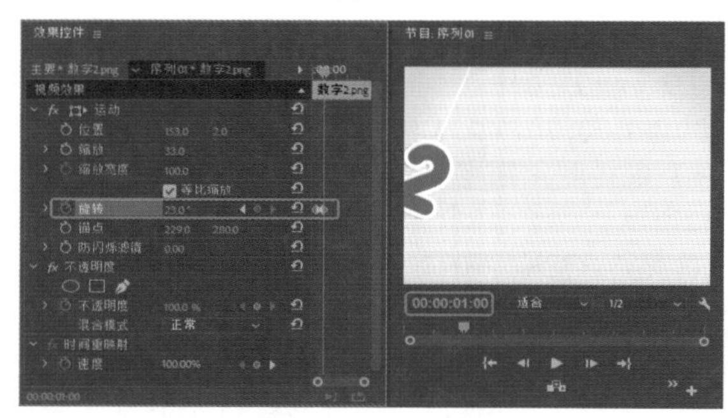

图4-35

Step 05 将当前时间设置为00:00:02:00，在【效果控件】面板中将【旋转】设置为-21°，如图4-36所示。

图4-36

◎提示·◦

使用【旋转】选项可以设置被设置对象在屏幕中的旋转角度。对象的旋转中心点就是对象的【锚点】。通过添加关键帧，可以制作对象旋转动画。

Step 06 将当前时间设置为00:00:03:00，在【效果控件】面板中将【旋转】设置为15°，如图4-37所示。

Step 07 将当前时间设置为00:00:03:12，在【效果控件】面板中将【旋转】设置为0°，如图4-38所示。

Step 08 将当前时间设置为00:00:00:00，在【项目】面板中将【数字0.png】素材图片拖曳至V3轨道中，与时间线对齐，并选择该素材图片。将当前时间设置为00:00:01:15，在【效果控件】面板中将【位置】设置为327、2，将【缩放】设置为33，单击【旋转】左侧的【切换动画】按钮，将【锚点】设置为350、266，如图4-39所示。

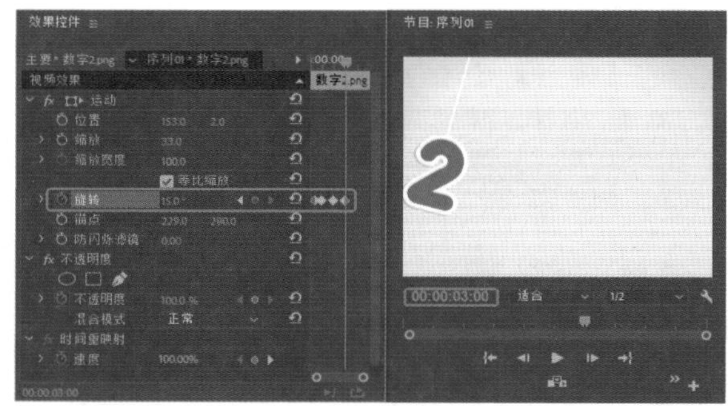

图4-37

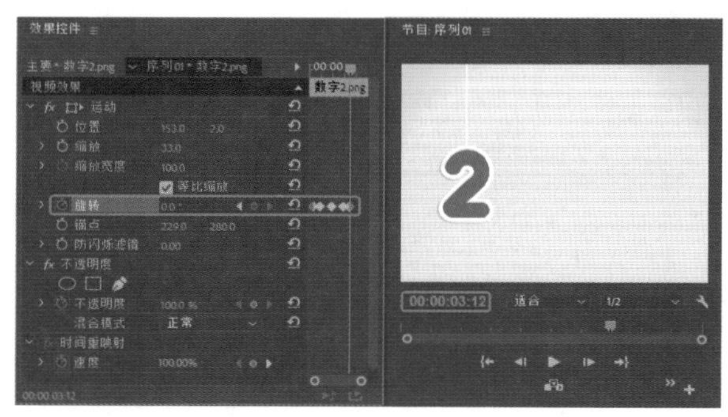

图4-38

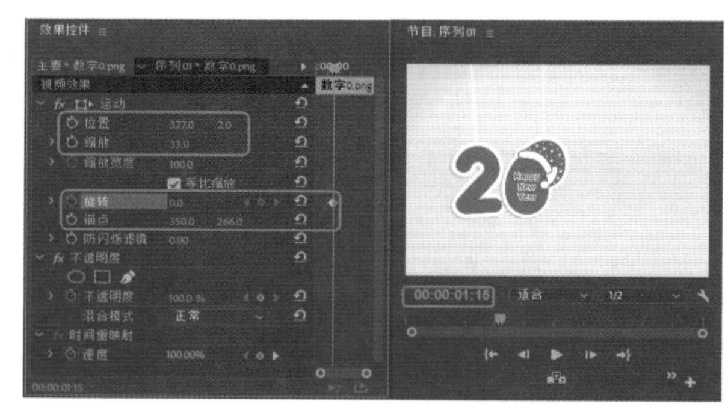

图4-39

Step 09 将当前时间设置为00:00:02:00，在【效果控件】面板中将【旋转】设置为-22°，如图4-40所示。

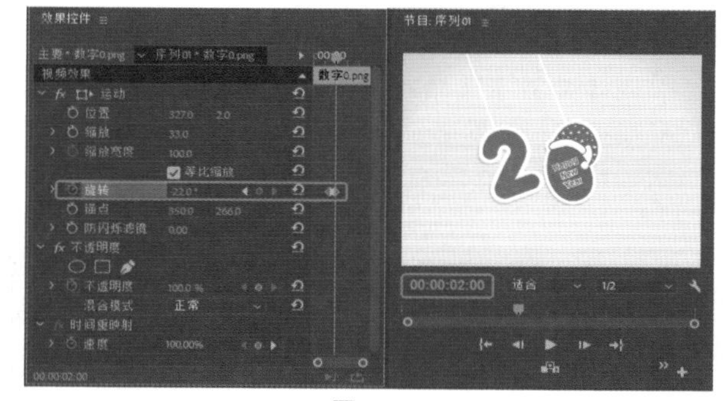

图4-40

Step 10 将当前时间设置为00:00:03:00，在【效果控件】面板中将【旋转】设置为3°，如图4-41所示。

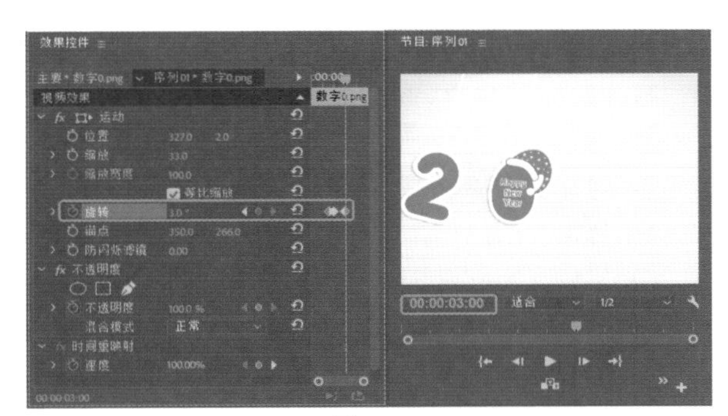

图4-41

Step 11 将当前时间设置为00:00:03:12，在【效果控件】面板中将【旋转】设置为0°，如图4-42所示。

图4-42

Step 12 使用同样的方法，制作其他卡通数字摇摆动画，如图4-43所示。

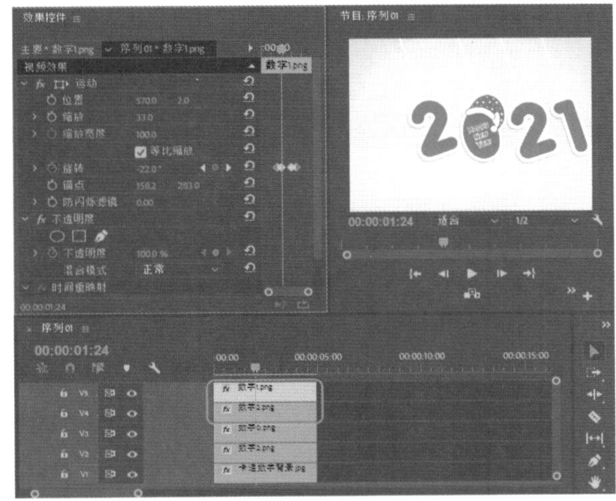

图4-43

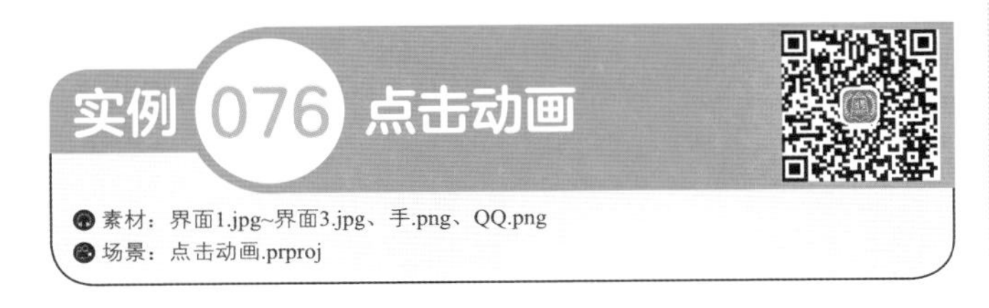

实例076 点击动画

素材：界面1.jpg~界面3.jpg、手.png、QQ.png

场景：点击动画.prproj

点击动画，顾名思义就是通过点击而产生的动画，效果如图4-44所示。

图4-44

Step 01 新建项目和序列。在【新建序列】对话框中，选择【设置】选项卡，将【编辑模式】设置为【自定义】，将【时基】设置为【25.00帧/秒】，将【帧大小】、【水平】设置为980、2330，将【像素长宽比】设置为D1/DV PAL（1.0940），单击【确定】按钮，如图4-45所示。

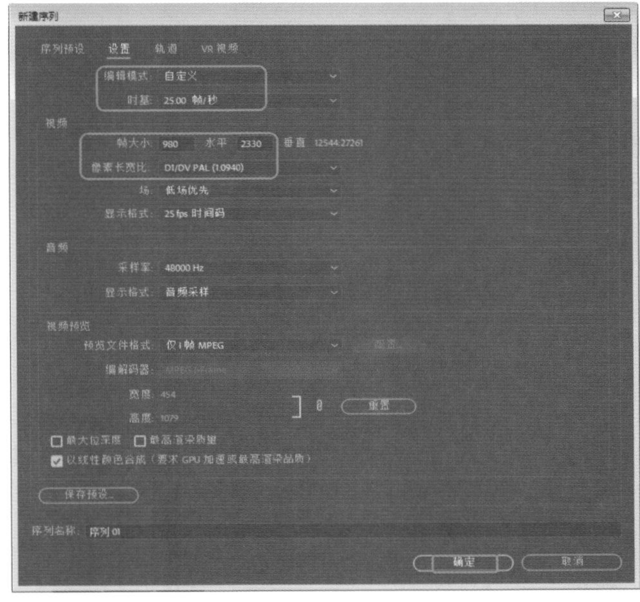

图4-45

Step 02 在【项目】面板的空白处双击鼠标左键，弹出【导入】对话框，选择【素材\Cha04\界面1.jpg】~【界面3.jpg】、【手.png】、QQ.png文件，单击【打开】按钮。将【界面1.jpg】素材文件拖曳至V1轨道中，将【持续时间】设置为00:00:02:00，如图4-46所示。

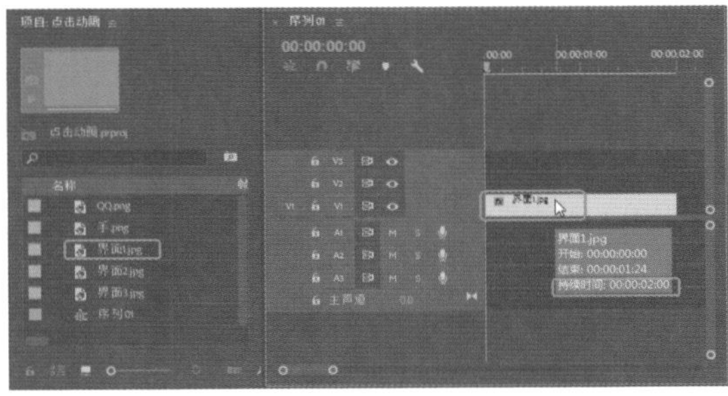

图4-46

Step 03 将当前时间设置为00:00:02:00，将【界面2.jpg】素材文件拖曳至V1轨道中，将其开始处与时间线对齐，如图4-47所示。

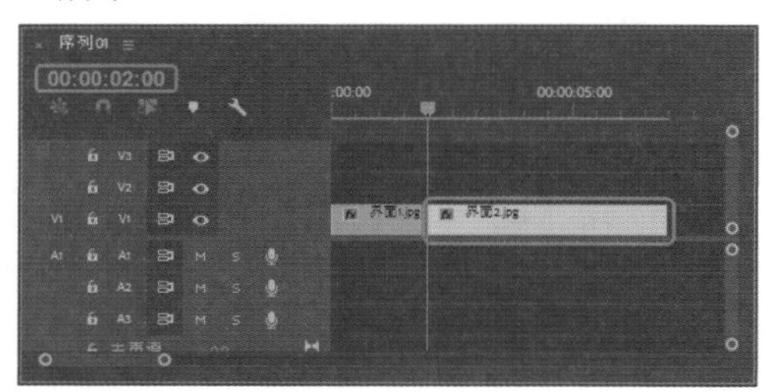

图4-47

Step 04 在【效果】面板中将【推】切换特效拖曳至【界面1.jpg】和【界面2.jpg】素材文件之间。选择【推】切换特效，在【效果控件】面板中将【持续时间】设置为00:00:01:00，单击【从东向西】按钮，如图4-48所示。

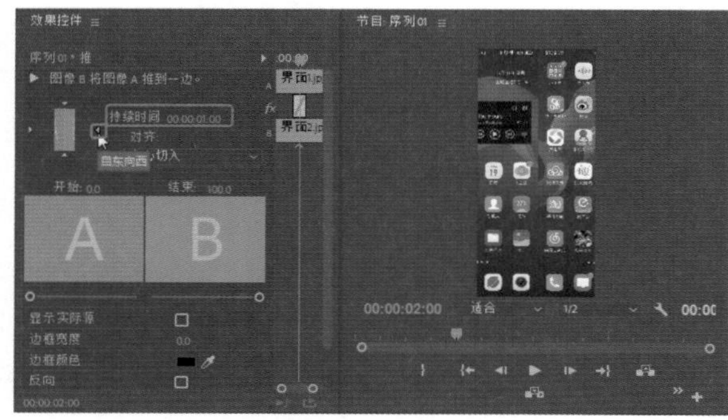

图4-48

Step 05 将当前时间设置为00:00:01:24，将QQ.png拖曳至V2轨道中，将其开始处与时间线对齐，将【持续时间】设置为00:00:05:00。将【位置】设置为850、204.4，将【缩放】设置为100。确认当前时间为00:00:01:24，将【不透明度】设置为0%，如图4-49所示。

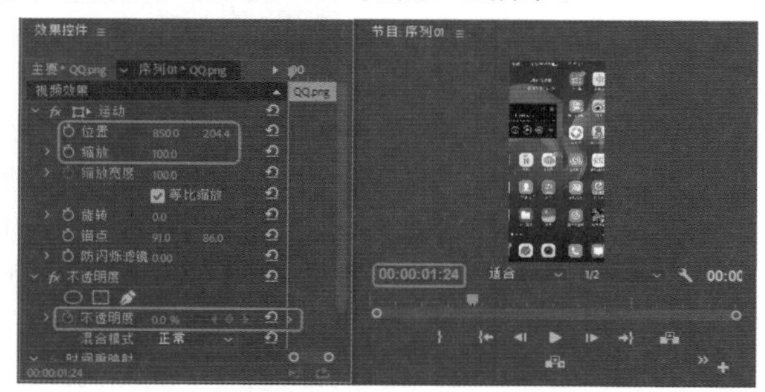

图4-49

Step 06 将当前时间设置为00:00:02:08，单击【不透明度】右侧的【添加/移除关键帧】按钮。将当前时间设置为00:00:02:18，将【不透明度】设置为100%。将当前时间设置为00:00:03:23，单击【不透明度】右侧的【添加/移除关键帧】按钮。将当前时间设置为00:00:04:01，将【不透明度】设置为60%。将当前时间设置为00:00:04:04，将【不透明度】设置为100%。将当前时间设置为00:00:04:07，将【不透明度】设置为60%。将当前时间设置为00:00:04:10，将【不透明度】设置为100%，如图4-50所示。

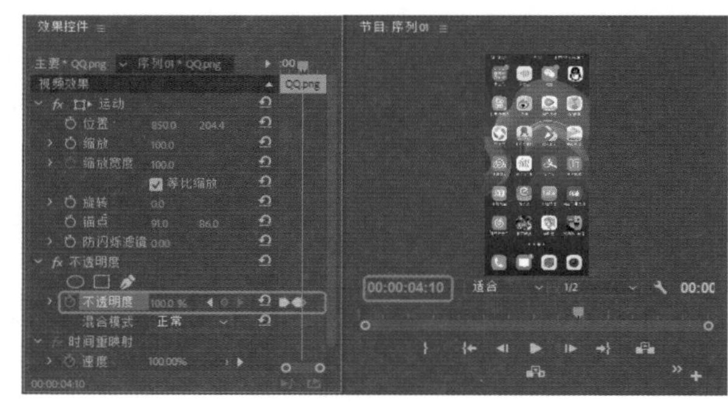

图4-50

Step 07 将当前时间设置为00:00:03:14，在【效果】面板中将【亮度与对比度】拖曳至QQ.png素材文件上，将【亮度】、【对比度】设置为0.9、0.2，单击【亮度】、【对比度】左侧的【切换动画】按钮。将当前时间设置为00:00:03:24，将【亮度】、【对比度】设置为100、23，如图4-51所示。

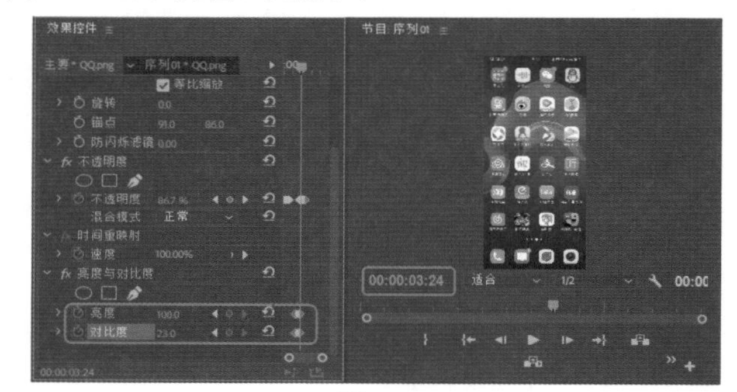

图4-51

Step 08 将当前时间设置为00:00:04:11，将【界面3.jpg】素材文件拖曳至V3轨道中，将其开始处与时间线对齐，将【持续时间】设置为00:00:02:14，如图4-52所示。

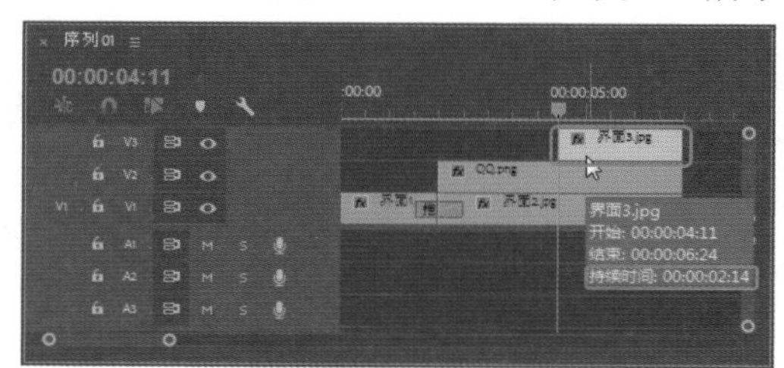

图4-52

Step 09 在【效果】面板中将【交叉溶解】切换特效拖曳至V3轨道文件的开始处。当前时间设置为00:00:00:00，将【手.png】素材文件拖曳至V3轨道的上方，此时系统软件自动新建V4轨道，将其开始处与时间线对齐，将【持续时间】设置为00:00:07:00，单击【位置】左侧的【切换动画】按钮，将【位置】设置为1583.8、3272.7，将【缩放】设置为183，如图4-53所示。

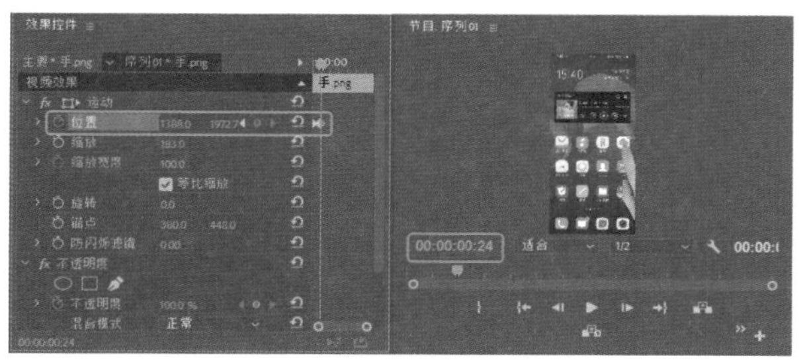
图4-53

Step 10 将当前时间设置为00:00:00:24，将【位置】设置为1388、1972.7，如图4-54所示。

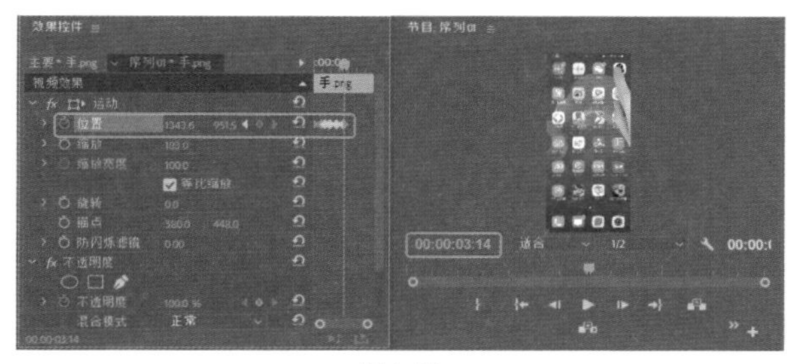
图4-54

Step 11 将当前时间设置为00:00:01:09，将【位置】设置为776.4、1972.7。将当前时间设置为00:00:01:23，将【位置】设置为1002.5、1972.7。将当前时间设置为00:00:02:20，将【位置】设置为823.5、1972.7。将当前时间设置为00:00:03:14，将【位置】设置为1343.6、951.5，如图4-55所示。

图4-55

Step 12 将当前时间设置为00:00:04:10，单击【不透明度】右侧的【添加/移除关键帧】按钮。将当前时间设置为00:00:04:20，将【不透明度】设置为0%，如图4-56所示。

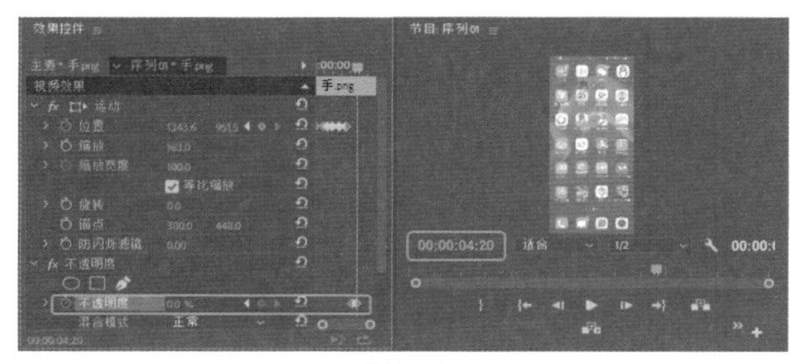
图4-56

实例077 电子产品展示动画

素材：科技背景.jpg、耳机.jpg、相机.jpg、电脑.jpg
场景：电子产品展示动画.prproj

产品展示是指对客户的产品进行详细展示，包括规格，产品的款式、颜色等所有产品详细的信息，本案例将介绍如何制作电子产品展示动画，效果如图4-57所示。

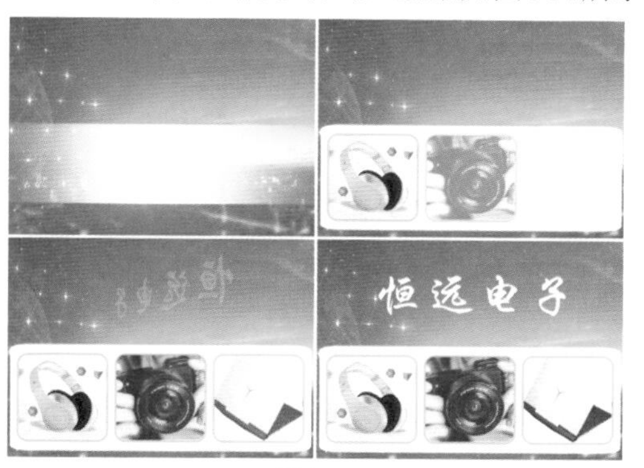

图4-57

Step 01 新建项目和序列，将【序列】设置为DV-PAL|【标准48kHz】选项。按Ctrl+I组合键，打开【导入】对话框，选择【素材\Cha04\科技背景.jpg】文件，单击【打开】按钮。在菜单栏中选择【文件】|【新建】|【旧版标题】命令，弹出【新建字幕】对话框，保持默认设置，单击【确定】按钮。打开字幕编辑器，使用【圆角矩形工具】绘制圆角矩形，在【属性】选项组中将【圆角大小】设置为5，将【宽度】、【高度】设置为775.3、280，将【X位置】、【Y位置】设置为394.4、417.7，将【填充】选项组中的【颜色】设置为白色，如图4-58所示。

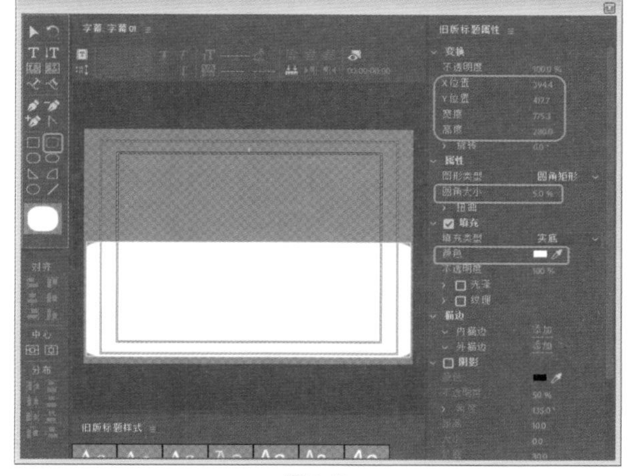
图4-58

Step 02 单击【基于当前字幕新建字幕】按钮，在弹出的对话框中保持默认设置，单击【确定】按钮。将原有的圆角矩形对象删除，使用【圆角矩形工具】绘制圆角矩形，将【圆角大小】设置为10.5，在【变换】选项组中将【宽度】、【高度】设置为227、223.4，将【X位置】、【Y位置】设置为141.8、417.1，如图4-59所示。

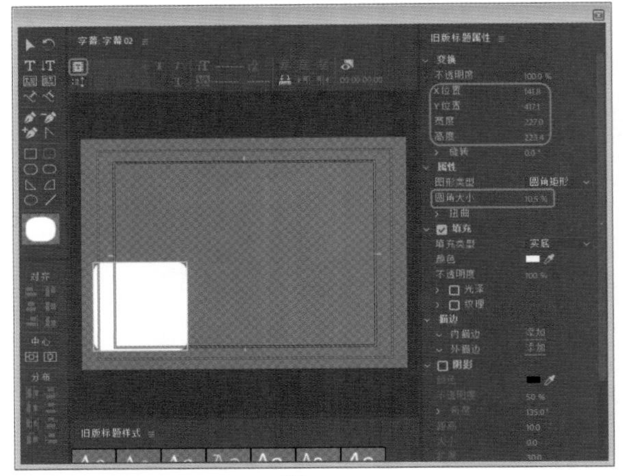

图4-59

Step 03 勾选【填充】选项组中的【纹理】复选框，单击【纹理】右键的按钮，在弹出的【选择纹理图像】对话框中选择【素材\Cha04\耳机.jpg】素材文件，单击【打开】按钮，如图4-60所示。

图4-60

Step 04 展开【描边】选项，单击【外描边】右侧的【添加】按钮，将【类型】设置为【边缘】，将【大小】设置为5，将【颜色】RGB设置为234、255、0，效果如图4-61所示。

Step 05 单击【基于当前字幕新建字幕】按钮，在弹出的对话框中保持默认设置，单击【确定】按钮。在【变换】选项组中将【X位置】、【Y位置】设置为394.4、417.1。单击【纹理】右侧的按钮，在打开的对话框中选择【素材\Cha04\相机.jpg】素材文件，如图4-62所示。

Step 06 单击【基于当前字幕新建字幕】按钮，在弹出的对话框中保持默认设置，单击【确定】按钮。在【变换】选项组中将【X位置】、【Y位置】设置为646.4、417.1。单击【纹理】右侧的按钮，在打开的对话框中选择【素材\Cha04\电脑.jpg】素材文件，如图4-63所示。

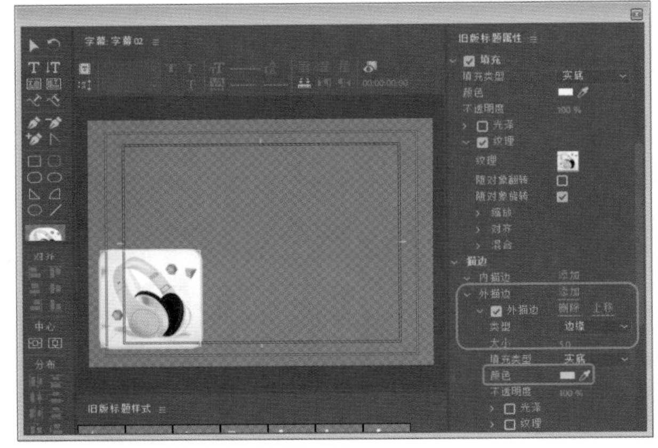

图4-61

图4-62

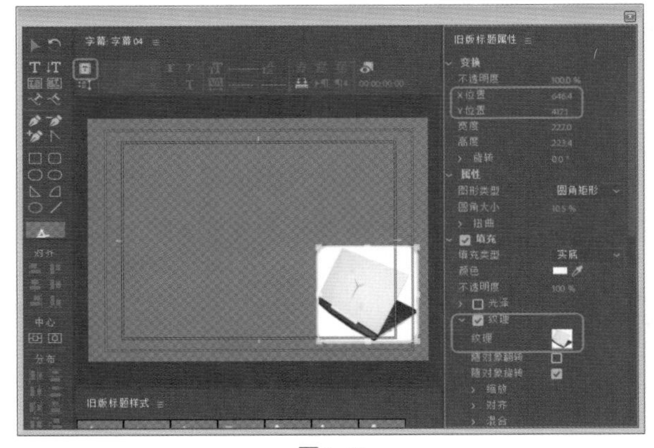

图4-63

Step 07 在菜单栏中选择【文件】|【新建】|【旧版标题】命令，弹出【新建字幕】对话框，保持默认设置，单击【确定】按钮。打开字幕编辑器，使用【文字工具】输入文字【恒远电子】，在【属性】选项组中将【字体系列】设置为【方正行楷简体】，将【字体大小】设置为120，将【字符间距】设置为5，将【X位置】、【Y位置】设置为409.3、149.4，将【填充】选项组中的【颜色】设置为白色，如图4-64所示。

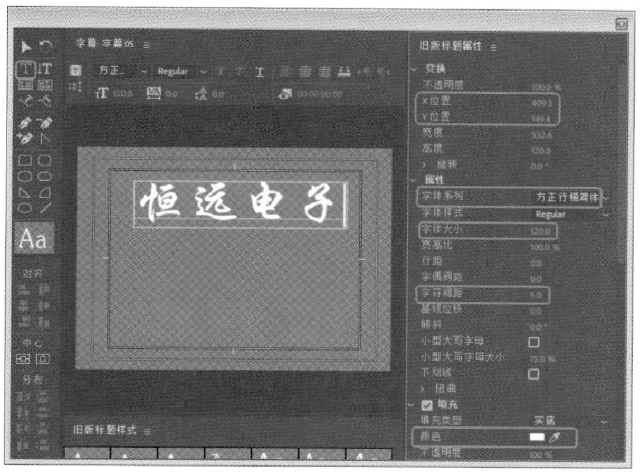

图4-64

Step 08 将字幕编辑器关闭，在V1轨道中单击鼠标右键，在弹出的快捷菜单中选择【添加轨道】命令，弹出【添加轨道】对话框，添加3视频轨道，将【放置】设置为【视频3之后】，如图4-65所示。

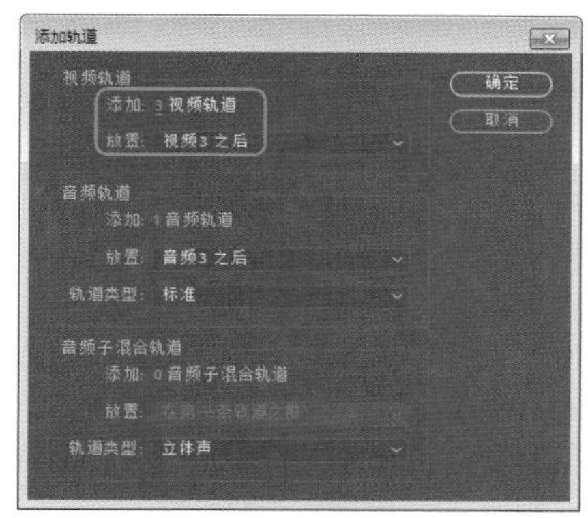

图4-65

◎提示·◦

字幕属性的设置是使用【旧版标题属性】参数栏对文本或者是图形对象进行相应的参数设置。使用不同的工具创建不同的对象时，【字幕属性】参数栏也略有不同。

Step 09 单击【确定】按钮，将当前时间设置为00:00:01:02。在【项目】面板中将【科技背景.jpg】素材文件拖曳至V1轨道中，将【持续时间】设置为00:00:08:00，将【缩放】设置为110。在【效果】面板中搜索【交叉溶解】过渡效果，拖曳至【科技背景.jpg】素材文件的开始处，在【效果控件】面板中将【持续时间】设置为00:00:00:15，如图4-66所示。

Step 10 将当前时间设置为00:00:00:17，将【字幕01】拖曳至V2轨道中，将其结尾处与V1轨道中的素材结尾处对齐。确定当前时间为00:00:00:17，将【缩放】设置为0，单击【缩放】左侧的【切换动画】按钮，将当前时间设置为00:00:02:17，将【缩放】设置为100，如图4-67所示。

图4-66

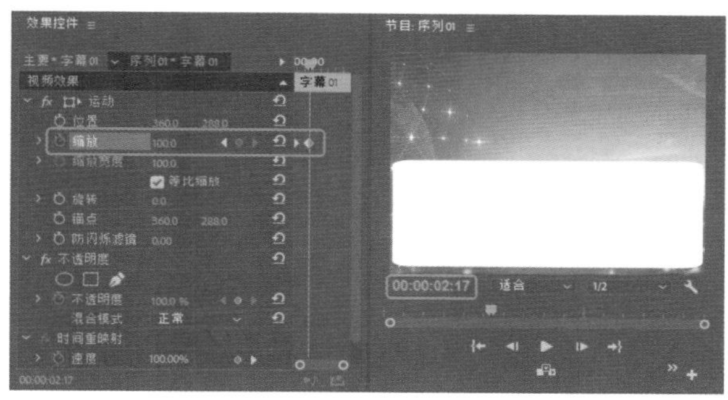

图4-67

Step 11 在【效果】面板中将【高斯模糊】特效拖曳至V2轨道中的素材文件上。将当前时间设置为00:00:01:21，将【模糊度】设置为1000，单击【模糊度】左侧的【切换动画】按钮，将【模糊尺寸】设置为水平。将当前时间设置为00:00:02:14，将【模糊度】设置为0，如图4-68所示。

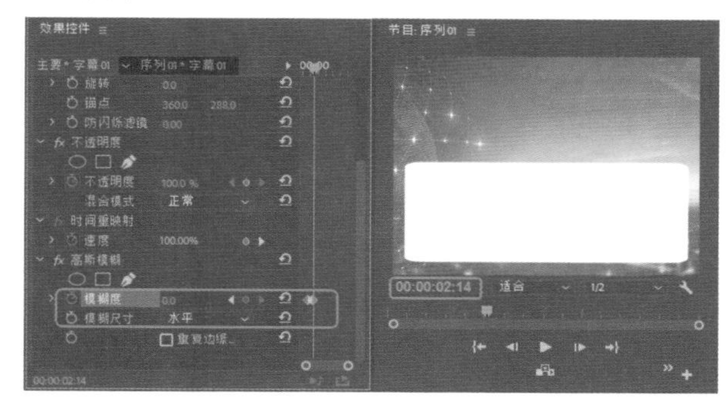

图4-68

Step 12 将当前时间设置为00:00:00:17，将【字幕02】拖曳至V3轨道中，将其结尾处与V2轨道中的素材结尾处对齐。将当前时间设置为00:00:02:17，将【不透明度】设置为0%。将当前时间设置为00:00:03:17，将【不透明度】设置为100%，如图4-69所示。

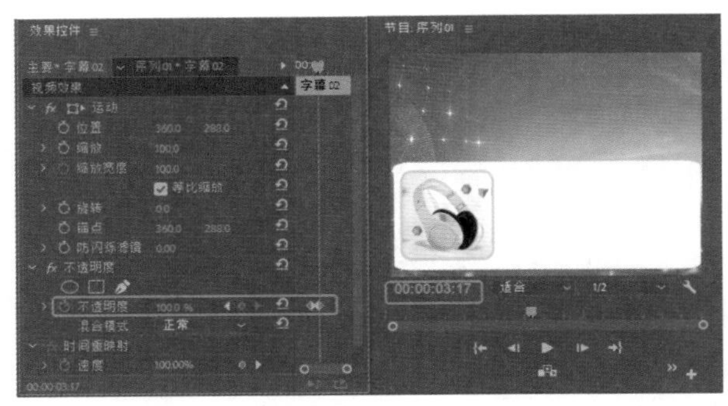

图4-69

Step 13 将当前时间设置为00:00:00:17，将【字幕03】拖曳至V4轨道中，将其开始处与时间线对齐，将其结尾处与V3轨道中的素材结尾处对齐。将当前时间设置为00:00:03:17，将【不透明度】设置为0%。将当前时间设置为00:00:04:17，将【不透明度】设置为100%，如图4-70所示。

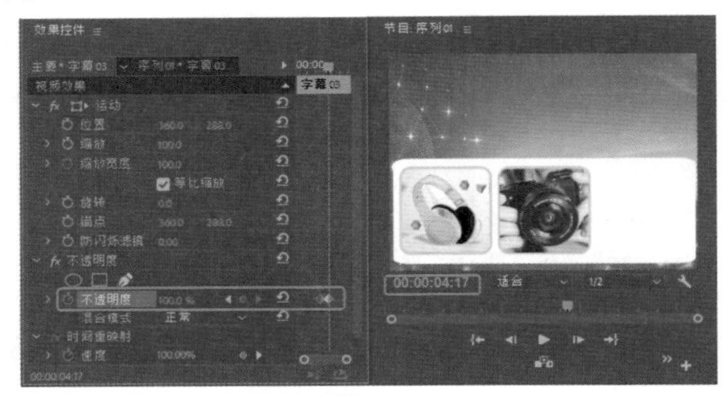

图4-70

Step 14 将【字幕04】拖曳至V5轨道中，将该素材的开始处与【字幕03】开始处对齐，将该素材的结尾处与【字幕03】结尾处对齐。确定当前时间为00:00:04:17，将【不透明度】设置为0%。将当前时间设置为00:00:05:17，将【不透明度】设置为100%，如图4-71所示。

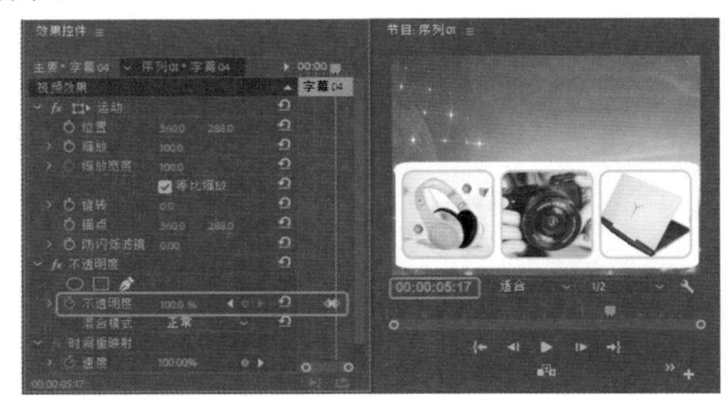

图4-71

Step 15 将当前时间设置为00:00:00:17，将【字幕05】拖曳至V6轨道中，将其开始处与时间线对齐，将其结尾处与V5轨道中的素材结尾处对齐。将当前时间设置为00:00:04:05，单击【缩放】左侧的【切换动画】按钮，将【缩放】设置为0，如图4-72所示。

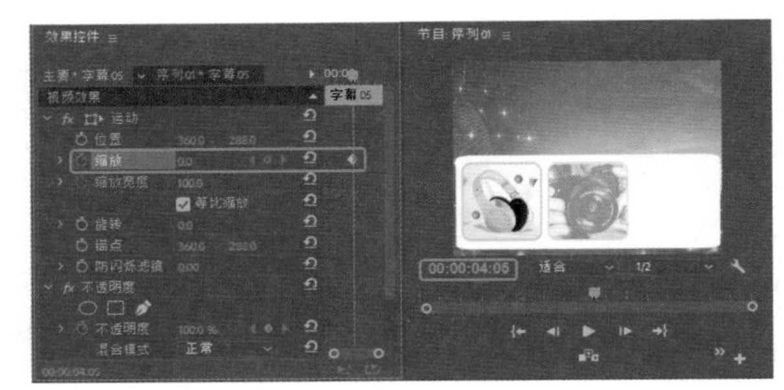

图4-72

Step 16 将当前时间设置为00:00:05:03，将【缩放】设置为100，将【不透明度】设置为0%。将当前时间设置为00:00:06:15，将【不透明度】设置为100%，如图4-73所示。

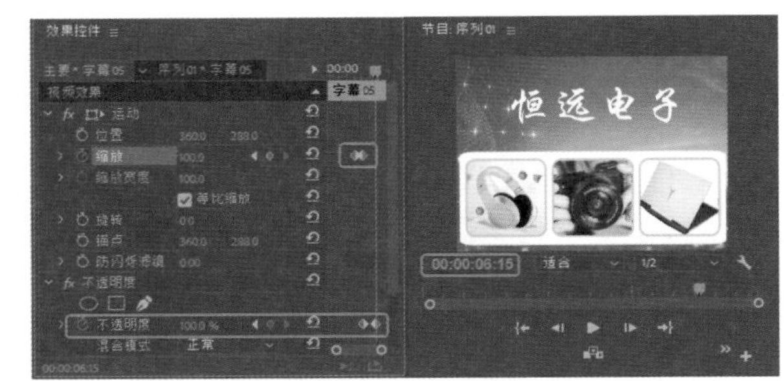

图4-73

Step 17 在【效果】面板中将【基本3D】特效拖曳至V6轨道中的素材文件上。将当前时间设置为00:00:05:03，将【旋转】设置为-180°，单击【旋转】左侧的【切换动画】按钮，如图4-74所示。

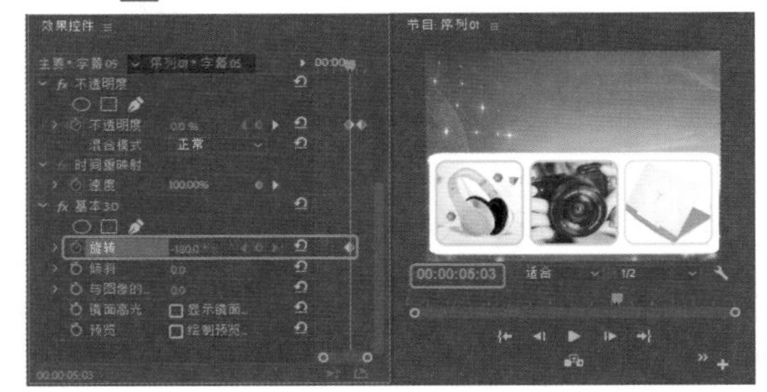

图4-74

Step 18 将当前时间设置为00:00:06:15，将【旋转】设置为0°，如图4-75所示。

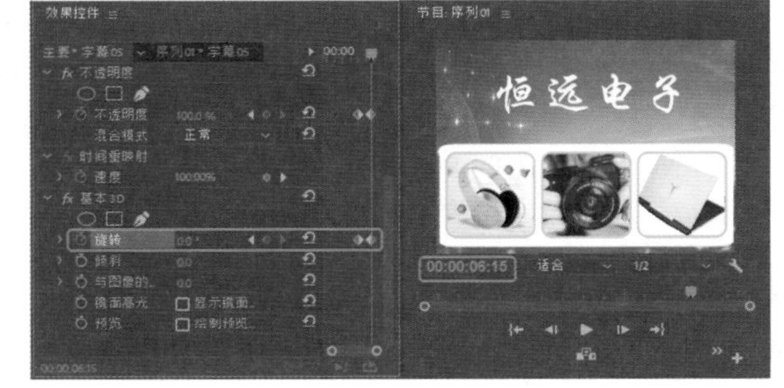

图4-75

实例 078 怀旧照片动画

素材：怀旧照片1.jpg~怀旧照片3.jpg
场景：怀旧照片动画.prproj

本案例在一个独立的序列中，将制作的胶卷相片素材作为怀旧照片的载体，导入素材文件，然后设置序列的位置动画，为视频增加动态效果，效果如图4-76所示。

图4-76

Step 01 新建项目和序列，将【序列】设置为DV-PAL|【标准48kHz】选项，按Ctrl+I组合键打开【导入】对话框，选择【素材\Cha04\怀旧照片1.jpg】~【怀旧照片3.jpg】文件，单击【打开】按钮，如图4-77所示。

图4-77

Step 02 在【项目】面板中将【怀旧照片1.jpg】素材文件拖曳至V1轨道中，在【效果控件】面板中将【缩放】设置为10.2，如图4-78所示。

图4-78

Step 03 在菜单栏中选择【文件】|【新建】|【旧版标题】命令，弹出【新建字幕】对话框，保持默认设置，单击【确定】按钮。打开字幕编辑器，使用【矩形工具】绘制矩形，将【填充】选项组中的【颜色】设置为黑色，在【变换】选项组中将【宽度】、【高度】设置为790、574，将【X位置】、【Y位置】设置为392、287，如图4-79所示。

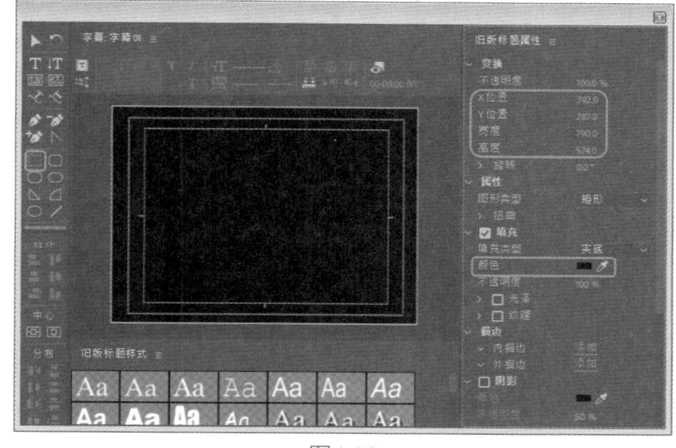

图4-79

Step 04 使用【矩形工具】绘制矩形，将【填充】选项组中的【颜色】设置为白色，在【变换】选项组中将【宽度】、【高度】设置为600、460，将【X位置】、【Y位置】设置为395、288，如图4-80所示。

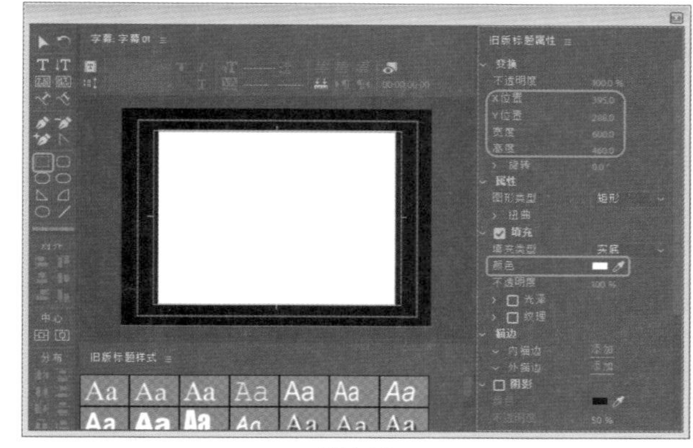

图4-80

Step 05 使用【圆角矩形工具】绘制圆角矩形，将【圆角大小】设置为20，【颜色】设置为白色，在【变换】选项组中将【宽度】、【高度】设置为70、50，将【X位置】、【Y位置】设置为41、63，如图4-81所示。

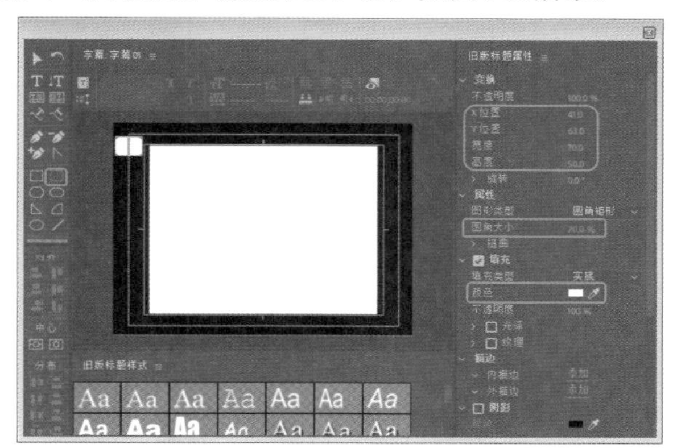

图4-81

Step 06 选中绘制的圆角矩形，按住Alt键的同时拖动鼠标，复制多个圆角矩形，并调整对象的位置，效果如图4-82所示。

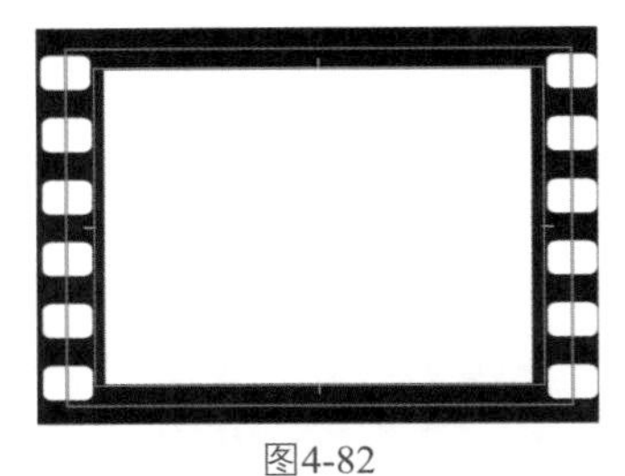

图4-82

Step 07 关闭字幕编辑器。按Ctrl+N组合键，弹出【新建序列】对话框，选择【设置】选项卡，将【编辑模式】设置为【自定义】，【帧大小】、【水平】设置为1440、576，单击【确定】按钮，如图4-83所示。

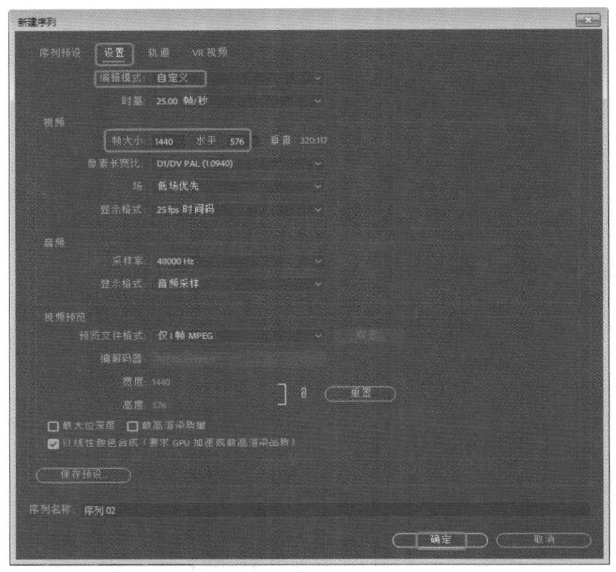

图4-83

Step 08 将当前时间设置为00:00:00:00，在【项目】面板中将【字幕01】拖曳至V1轨道中，将开始处与时间线对齐，将【效果控件】面板中的【位置】设置为360、288，如图4-84所示。

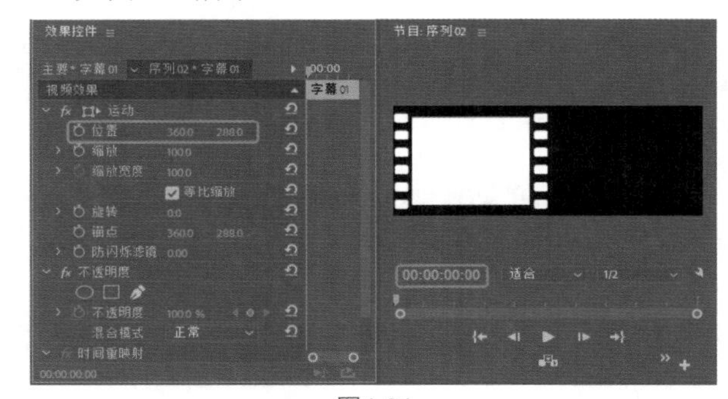

图4-84

Step 09 在【项目】面板中将【字幕01】拖曳至V2轨道中，将开始处与时间线对齐，将【效果控件】面板中的【位置】设置为1080、288，如图4-85所示。

Step 10 在【项目】面板中将【怀旧照片2.jpg】拖曳至V3轨道中，将开始处与时间线对齐，将【效果控件】面板中的【位置】设置为360、289.4，【缩放】设置为52，如图4-86所示。

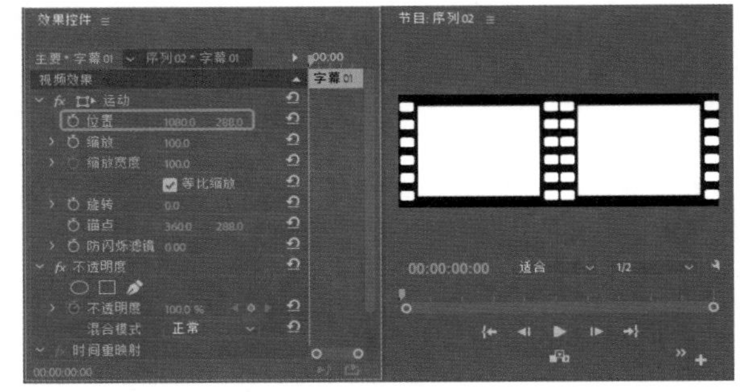

图4-85

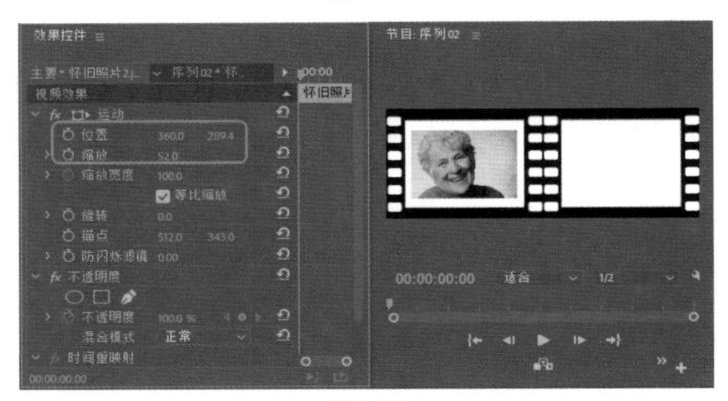

图4-86

Step 11 在【项目】面板中将【怀旧照片3.jpg】拖曳至V3轨道的上方，系统自动新建V4轨道，将开始处与时间线对齐，将【效果控件】面板中的【位置】设置为1082、287，【缩放】设置为52，如图4-87所示。

图4-87

Step 12 在【效果】面板中搜索【黑白】特效，分别拖曳至【怀旧照片2.jpg】、【怀旧照片3.jpg】素材文件上，添加黑白特效后的效果如图4-88所示。

图4-88

Step 13 切换至【序列01】序列面板中，在【项目】面板中选择【序列02】，将其拖曳至V2轨道中。将当前时间设置为00:00:00:00，将【位置】设置为1090、288，单击【位置】左侧的【切换动画】按钮，【缩放】设置为50，如图4-89所示。

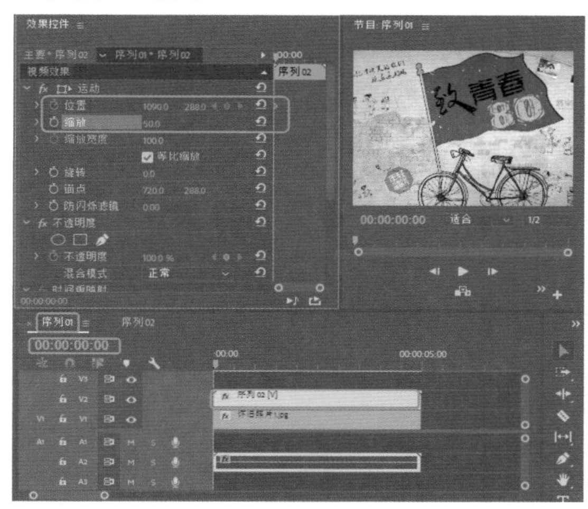

图4-89

Step 14 将当前时间设置为00:00:03:10，将【位置】设置为361、288，如图4-90所示。

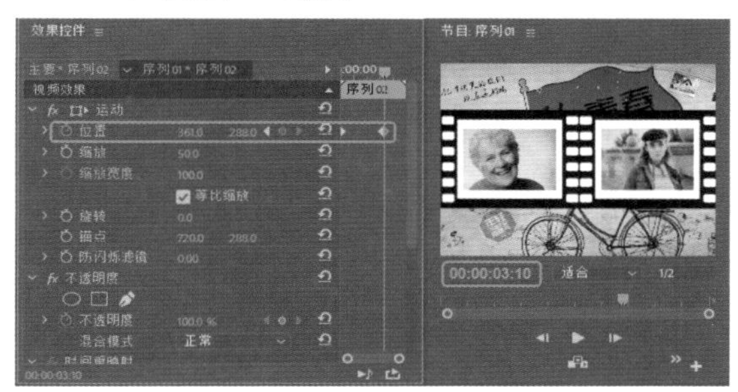

图4-90

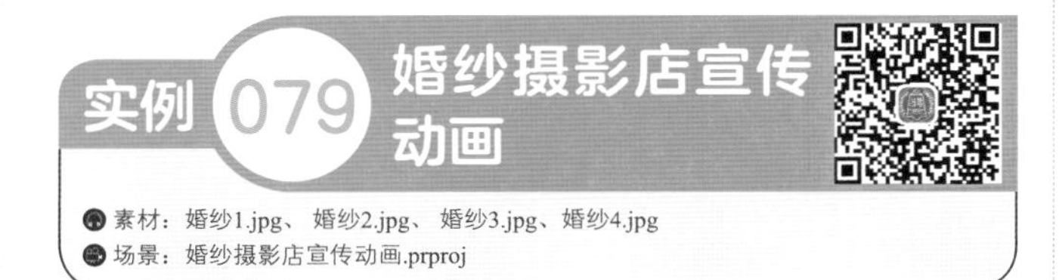

实例 079 婚纱摄影店宣传动画

素材：婚纱1.jpg、婚纱2.jpg、婚纱3.jpg、婚纱4.jpg

场景：婚纱摄影店宣传动画.prproj

本例将介绍如何制作婚纱摄影店宣传片，效果如图4-91所示。

图4-91

Step 01 新建项目文件和标准48kHz的序列文件，在【项目】面板空白处双击鼠标，导入【素材\Cha04\婚纱1.jpg】、【婚纱2.jpg】、【婚纱3.jpg】、【婚纱4.jpg】文件。选择【项目】面板中的【婚纱1.jpg】文件，拖曳至V1轨道中，将【持续时间】设置为00:00:08:00，并选择添加的素材文件。确认当前时间为00:00:00:00，切换至【效果控件】面板，将【运动】下的【缩放】值设置为60，【位置】设置为195、1135，单击【位置】左侧的【切换动画】按钮，如图4-92所示。

图4-92

Step 02 将当前时间设置为00:00:03:00，在【效果控件】面板中将【位置】设置为195、470，如图4-93所示。

图4-93

Step 03 在菜单栏中选择【文件】|【新建】|【旧版标题】命令，弹出【新建字幕】对话框，保持默认设置，单击【确定】按钮，打开字幕编辑器。使用【文字工具】输入文字，并选中文字，在右侧将【字体系列】设置为【方正隶书简体】，【字体大小】设置为37，将【填充】选项组中的【颜色】设置为白色，添加一个【外描边】，将【大小】设置为20，【颜色】设置为#D22221，并选中第一个文字，将【因】文字的【字体大小】设置为82，如图4-94所示。

Step 04 选中文本框，在【变换】选项组中设置【X位置】、【Y位置】分别为145.5、434.4，如图4-95所示。

Step 05 使用相同的方法继续输入文字并进行设置，将【字体大小】设置为29，在【变换】选项组中设置【X位置】、【Y位置】分别为191.1、488.7，如图4-96所示。

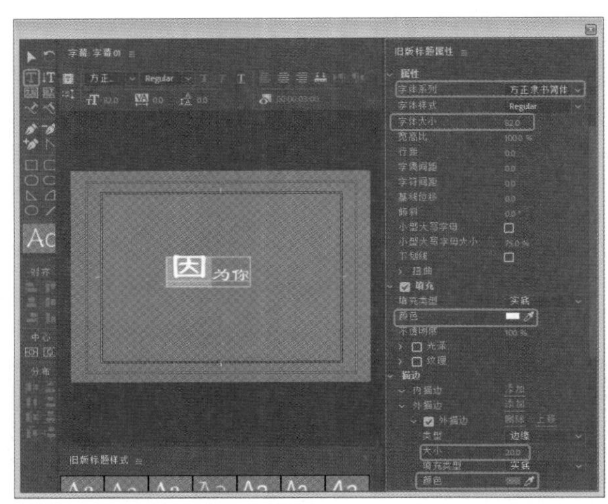

图4-94

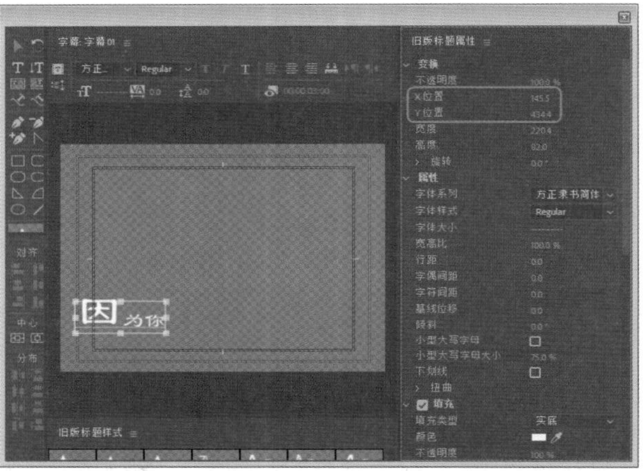

图4-95

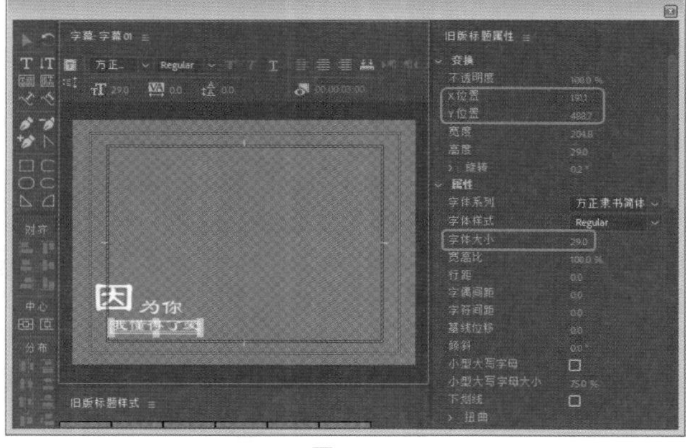

图4-96

Step 06 在菜单栏中选择【文件】|【新建】|【旧版标题】命令，弹出【新建字幕】对话框，保持默认设置，单击【确定】按钮，打开字幕编辑器。使用【文字工具】输入文字，并选中文字，在右侧将【字体系列】设置为【方正隶书简体】，【字体大小】设置为50，将【填充】选项组中的【颜色】设置为#BA454A，【X位置】、【Y位置】分别为549.4、80.4，如图4-97所示。

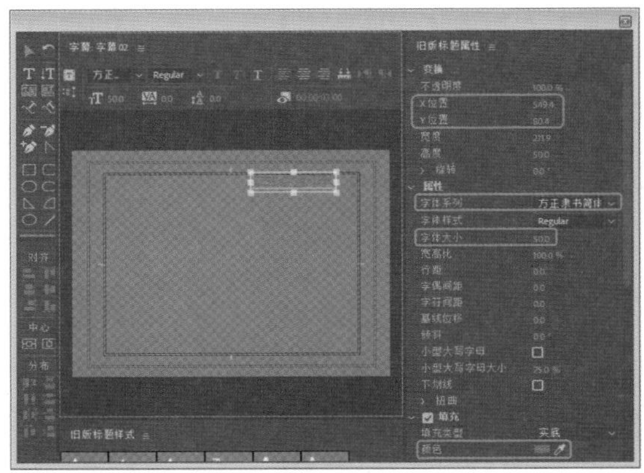

图4-97

Step 07 添加【外描边】，将【大小】设置为20，【颜色】设置为白色，如图4-98所示。

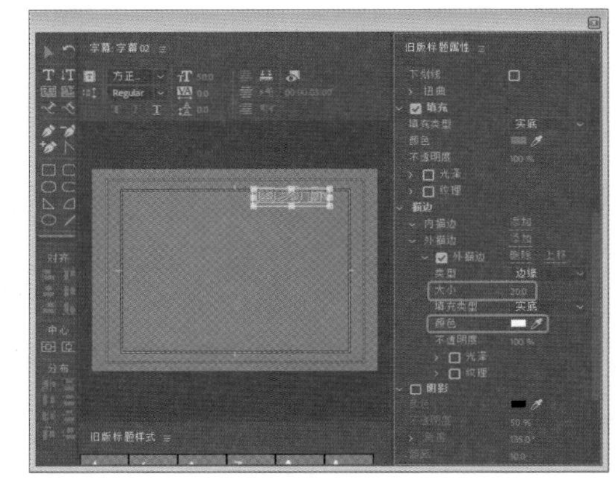

图4-98

Step 08 在菜单栏中选择【文件】|【新建】|【旧版标题】命令，弹出【新建字幕】对话框，保持默认设置，单击【确定】按钮，打开字幕编辑器。使用【文字工具】输入文字，并选中文字，在右侧将【字体系列】设置为【方正隶书简体】，【字体大小】设置为29，将【填充】选项组中的颜色设置为#BA454A，添加一个【外描边】，将【大小】设置为20，【颜色】设置为白色，将【X位置】、【Y位置】设置为640.9、130，如图4-99所示。

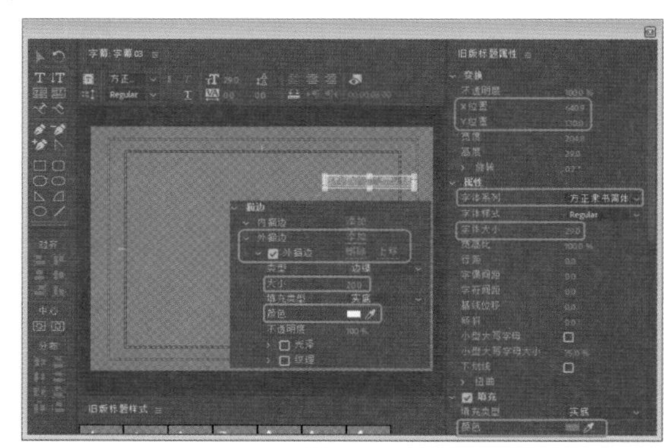

图4-99

Step 09 在菜单栏中选择【文件】|【新建】|【旧版标题】命令，弹出【新建字幕】对话框，保持默认设置，单击【确定】按钮，打开字幕编辑器。使用【矩形工具】绘制矩形，并选中绘制的矩形，在右侧将【图形类型】设置为【矩形】，【颜色】设置为#FF59E5，将【不透明度】设置为40%，在【变换】选项组中将【宽度】设置为788.7，【高度】设置为199.3，【X位置】设置为392.5，【Y位置】设置为484.8，如图4-100所示。

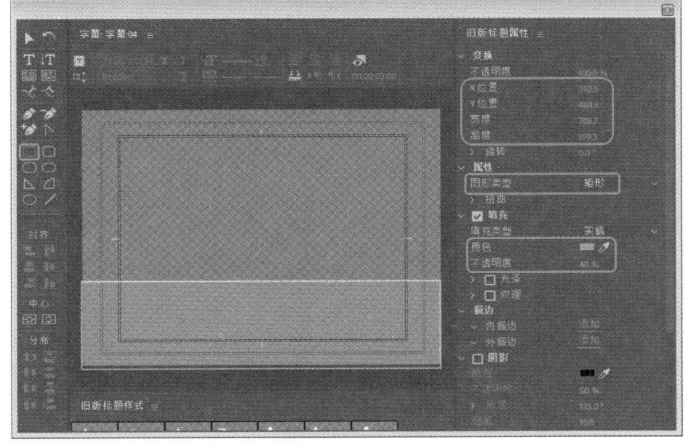

图4-100

Step 10 根据前面介绍的方法制作字幕05，效果如图4-101所示。

图4-101

Step 11 然后关闭字幕编辑器。将当前时间设置为00:00:04:00，在【项目】面板中将【婚纱2】拖至V2轨道中，将【持续时间】设置为00:00:08:00，开始处与时间线对齐。将当前时间设置为00:00:08:00，将【缩放】设置为81，单击左侧的【切换动画】按钮。将当前时间设置为00:00:04:00，将【位置】设置为1065、288，单击左侧的【切换动画】按钮，将【不透明度】设置为0%，如图4-102所示。

图4-102

Step 12 将当前时间设置为00:00:05:00，【不透明度】设置为100%，如图4-103所示。

图4-103

Step 13 将当前时间设置为00:00:07:00，在【效果控件】面板中将【位置】设置为436、288，如图4-104所示。

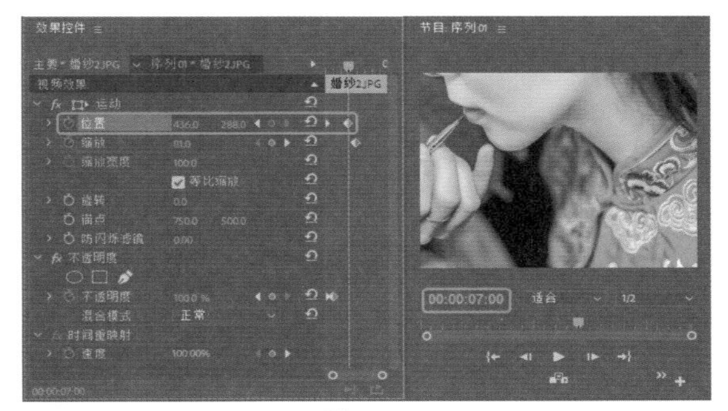

图4-104

Step 14 将当前时间设置为00:00:08:00，在【效果控件】面板中单击【位置】右侧的【添加/移除关键帧】按钮，添加关键帧，如图4-105所示。

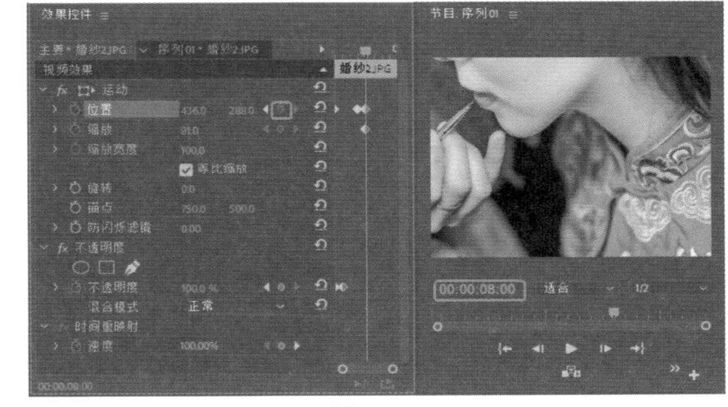

图4-105

Step 15 将当前时间设置为00:00:10:00，在【效果控件】面板中将【缩放】设置为66，如图4-106所示。

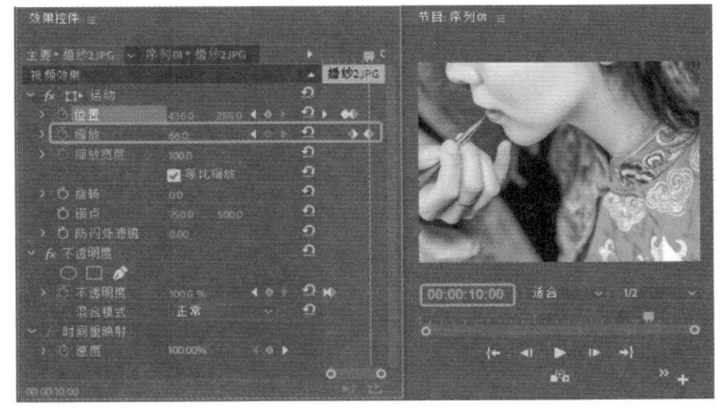

图4-106

Step 16 将当前时间设置为00:00:08:00，在【项目】面板中将【字幕01】拖至V3轨道中，将【持续时间】设置为00:00:04:13，开始处与时间线对齐，在【效果控件】面板中将【不透明度】设置为0%，如图4-107所示。

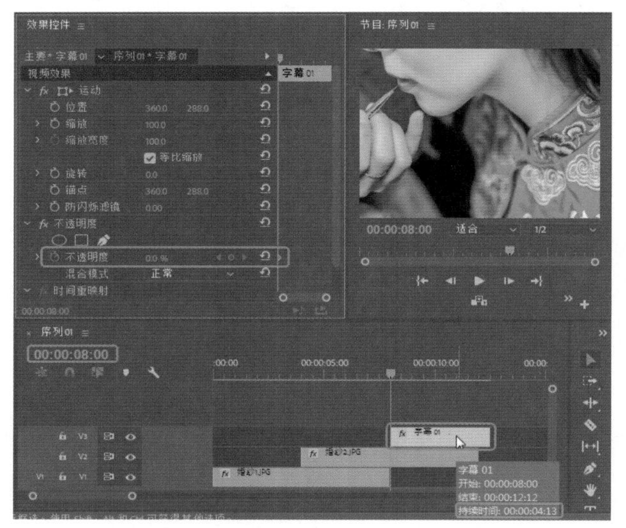

图4-107

Step 17 将当前时间设置为00:00:10:00， 在【效果控件】面板中将【不透明度】设置为100%，添加关键帧，如图4-108所示。

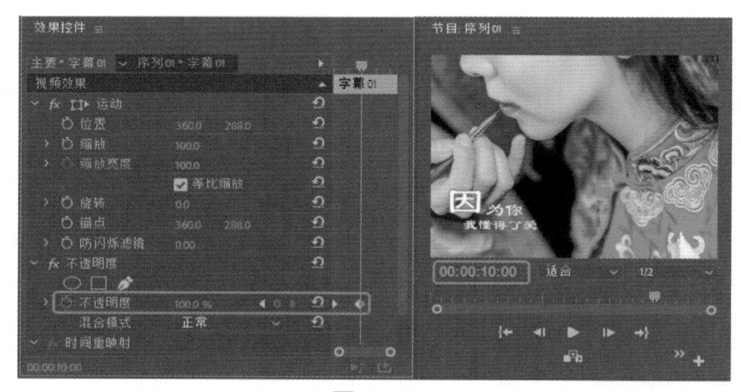

图4-108

Step 18 在【项目】面板中将【婚纱3.jpg】拖至V2轨道中，将开始处与【婚纱2】素材的结尾处对齐，将【持续时间】设置为00:00:05:12，在【效果控件】面板中将【位置】设置为330、288，【缩放】设置为35，如图4-109所示。

图4-109

Step 19 在【效果】面板中搜索【交叉划像】效果，将其拖至V2轨道中的两个素材之间，然后拖至V3轨道中字幕01的结尾处，将持续时间设置为00:00:01:00，如图4-110所示。

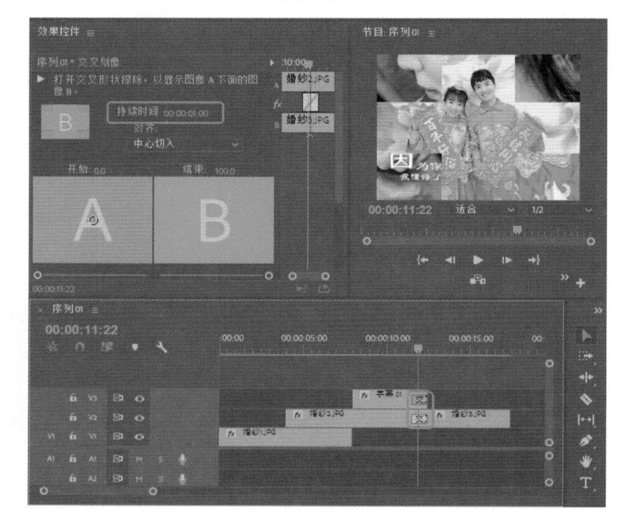

图4-110

Step 20 将当前时间设置为00:00:13:12，在【项目】面板中将【字幕02】拖至V3轨道中，开始处与时间线对齐，将【持续时间】设置为00:00:04:12。在【效果控件】面板中将【位置】设置为360、190，单击【位置】左侧的【切换动画】按钮，添加关键帧，如图4-111所示。

图4-111

Step 21 将当前时间设置为00:00:14:12，在【效果控件】面板中将【位置】设置为360、288，如图4-112所示。

图4-112

Step 22 将当前时间设置为00:00:14:12，在【项目】面板中将【字幕03】轨道上方，系统自动新建V4轨道，将【持续时间】设置为00:00:03:12，开始处与时间线对齐，在【效果控件】面板中将【不透明度】设置为0%，如图4-113所示。

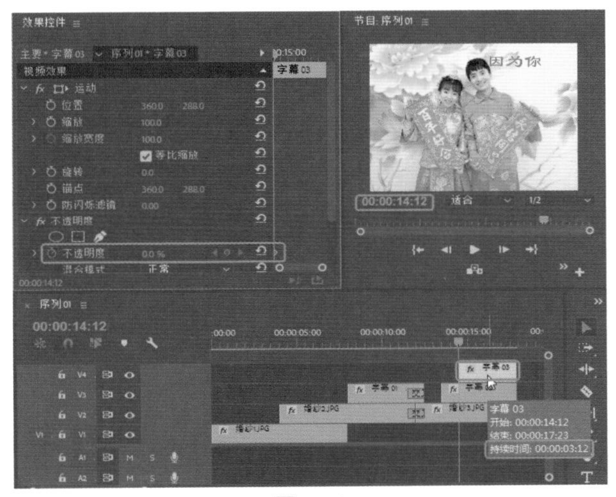
图4-113

Step 23 将当前时间设置为00:00:15:12，在【效果控件】面板中将【不透明度】设置为100%，如图4-114所示。

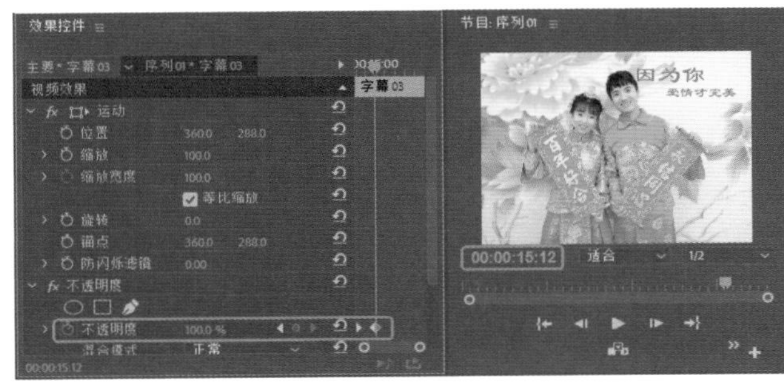
图4-114

Step 24 在【项目】面板中将【婚纱4.jpg】拖至V2轨道中，将【持续时间】设置为00:00:06:11，开始处与【婚纱3.jpg】素材的结尾处对齐，在【效果控件】面板中将【缩放】设置为18，【位置】设置为475、240，如图4-115所示。

Step 25 在【效果】面板中搜索【推】效果，拖至V3、V4轨道中字幕02、字幕03的结尾处，然后在V2轨道中【婚纱3.jpg】与【婚纱4. jpg】首尾相接处添加【推】效果，将【持续时间】设置为00:00:01:00，如图4-116所示。

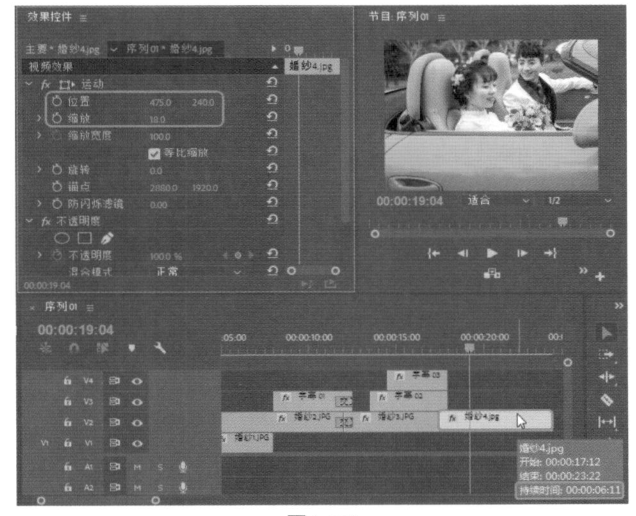
图4-115

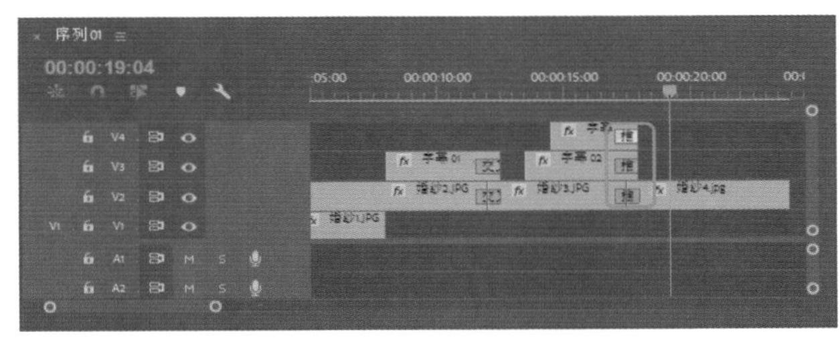
图4-116

Step 26 将当前时间设置为00:00:18:12，在【项目】面板中将【字幕04】拖至V3轨道中，开始处与时间线对齐，将【持续时间】设置为00:00:05:11，如图4-117所示。

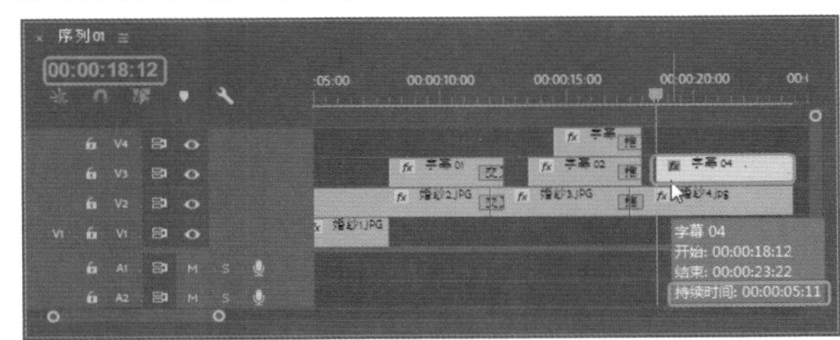
图4-117

Step 27 在【效果】面板中搜索【交叉溶解】效果，拖至V3轨道中【字幕04】的开始处，将【持续时间】设置为00:00:01:00，如图4-118所示。

Step 28 将当前时间设置为00:00:20:15，在【项目】面板中将【字幕05】拖至V4轨道中，将【持续时间】设置为00:00:03:08，开始处与时间线对齐。在【效果】面板中搜索【胶片溶解】效果，拖至V4轨道中字幕05的开始处，将【持续时间】设置为00:00:01:00，如图4-119所示。

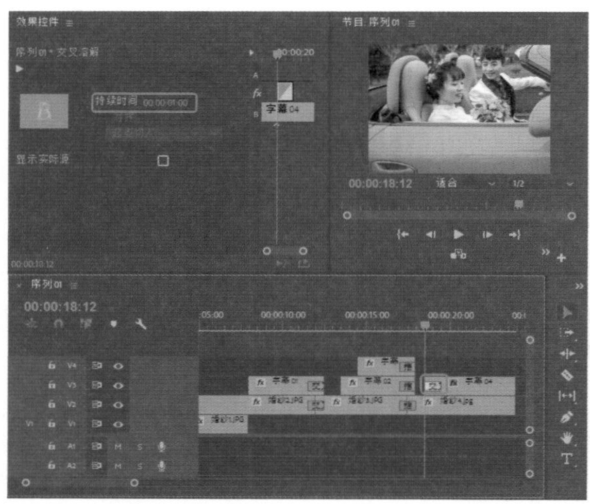

图4-118

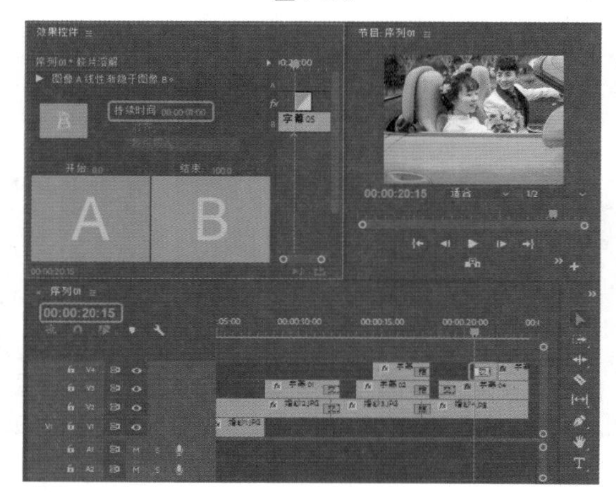

图4-119

实例 080 华丽都市动画

素材：都市1.jpg、都市2.jpg

场景：华丽都市动画.prproj

本案例选用多幅都市夜景素材图片，通过为其添加并设置放大效果，将都市夜景图逐个放大显示，以照片的形式进行浏览。效果如图4-120所示。

图4-120

Step 01 新建项目文件和宽屏48kHz的序列文件，在【项目】面板空白处双击鼠标，导入【素材\Cha04\都市1.jpg】、【都市2.jpg】文件。选择【项目】面板中的【都市1.jpg】文件，拖曳至V1轨道中，将【持续时间】设置为00:00:06:00。并选择添加的素材文件，切换至【效果控件】面板，将【运动】下的【缩放】值设置为162，如图4-121所示。

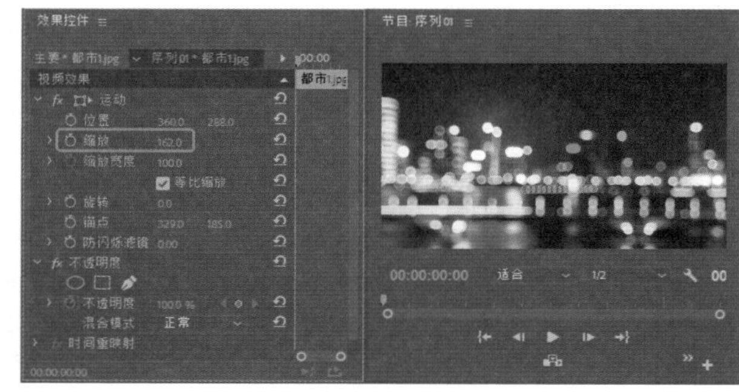

图4-121

Step 02 将当前时间设置为00:00:00:00，将【都市2.jpg】拖曳至V2轨道中，将【持续时间】设置为00:00:06:00，在【效果控件】面板中将【位置】设置为360、860，单击左侧的【切换动画】按钮，将【缩放】设置为81，如图4-122所示。

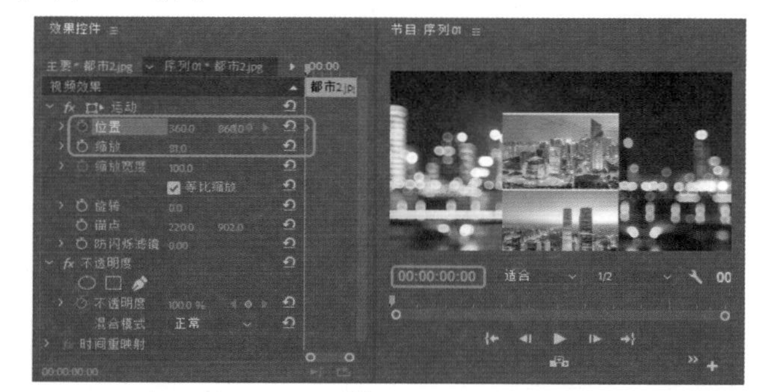

图4-122

Step 03 将当前时间设置为00:00:01:00，将【位置】设置为360、694.9，如图4-123所示。

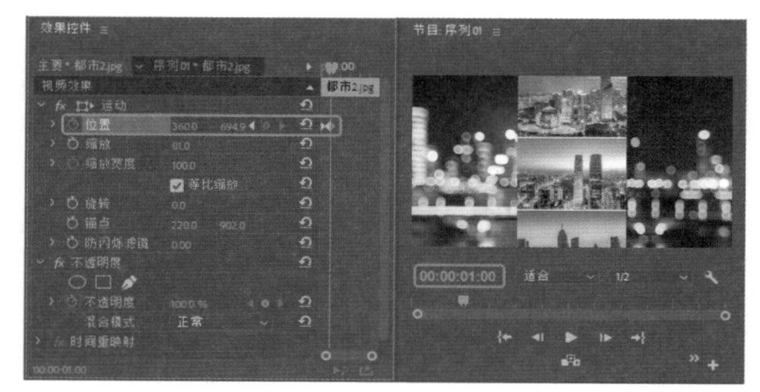

图4-123

Step 04 将当前时间设置为00:00:01:15，在【效果控件】面板中单击【位置】右侧的【添加/移除关键帧】按钮，添加关键帧，如图4-124所示。

Step 05 将当前时间设置为00:00:02:00，将【位置】设置为360、425。将当前时间设置为00:00:02:15，在【效果控件】面板中单击【位置】右侧的【添加/移除关键帧】按钮，添加关键帧，如图4-125所示。

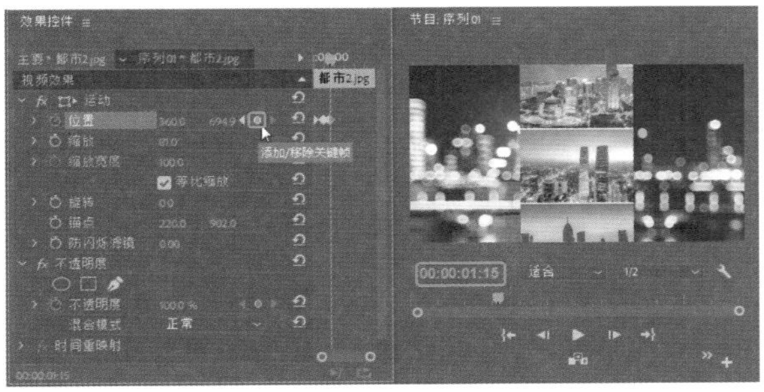

图4-124

图4-125

Step 06 将当前时间设置为00:00:03:00，将【位置】设置为360、187。将当前时间设置为00:00:03:15，在【效果控件】面板中单击【位置】右侧的【添加/移除关键帧】按钮，添加关键帧，如图4-126所示。

图4-126

Step 07 将当前时间设置为00:00:04:00，将【位置】设置为360、-45。将当前时间设置为00:00:04:15，在【效果控件】面板中单击【位置】右侧的【添加/移除关键帧】按钮，添加关键帧，如图4-127所示。

图4-127

Step 08 将当前时间设置为00:00:05:00，将【位置】设置为360、-259，如图4-128所示。

图4-128

Step 09 在【效果】面板中搜索【放大】特效，拖曳至【都市2.jpg】素材文件上。将当前时间设置为00:00:00:00，在【效果控件】面板中将【形状】设置为【正方形】，【中央】设置为220、0，【放大率】设置为148，【大小】设置为450，单击【中央】、【大小】左侧的【切换动画】按钮，如图4-129所示。

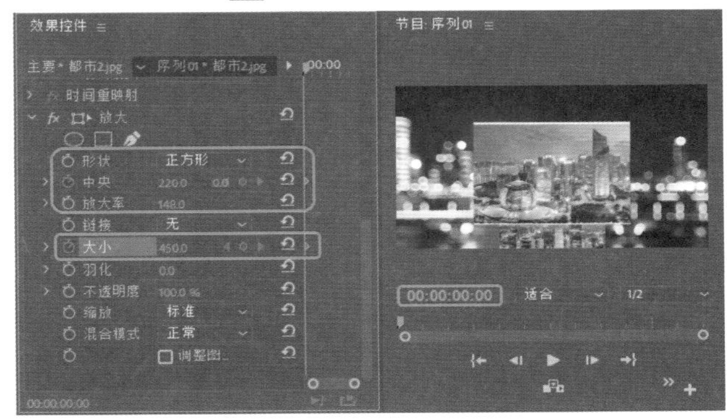
图4-129

Step 10 将当前时间设置为00:00:01:00，将【中央】设置为220、452，【大小】设置为226，如图4-130所示。

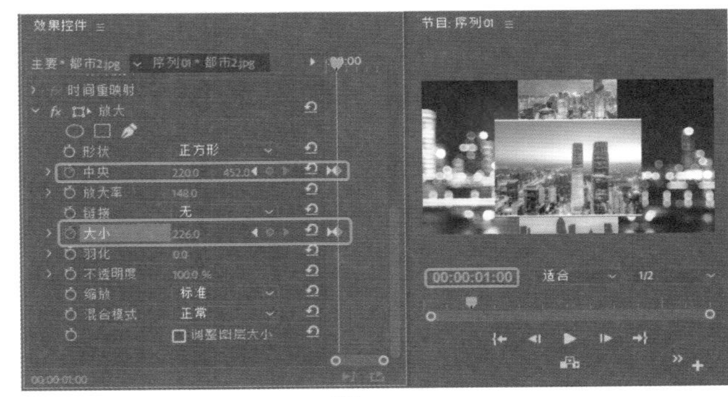
图4-130

Step 11 将当前时间设置为00:00:01:15，单击【中央】、【大小】右侧的【添加/移除关键帧】按钮，添加关键帧，如图4-131所示。

Step 12 将当前时间设置为00:00:02:00，将【中央】设置为220、750。将当前时间设置为00:00:02:15，单击【中央】右侧的【添加/移除关键帧】按钮，如图4-132所示。

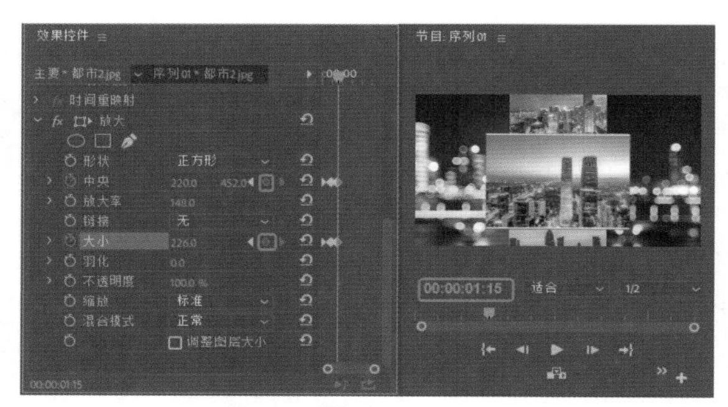
图4-131

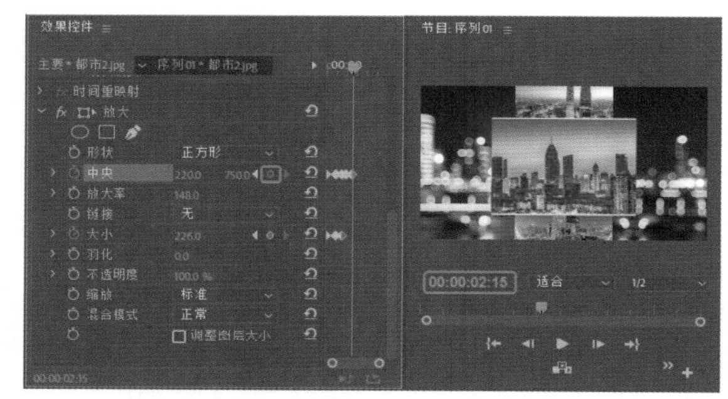
图4-132

Step 13 将当前时间设置为00:00:03:00，将【中央】设置为220、1048。将当前时间设置为00:00:03:15，单击【中央】右侧的【添加/移除关键帧】按钮，如图4-133所示。

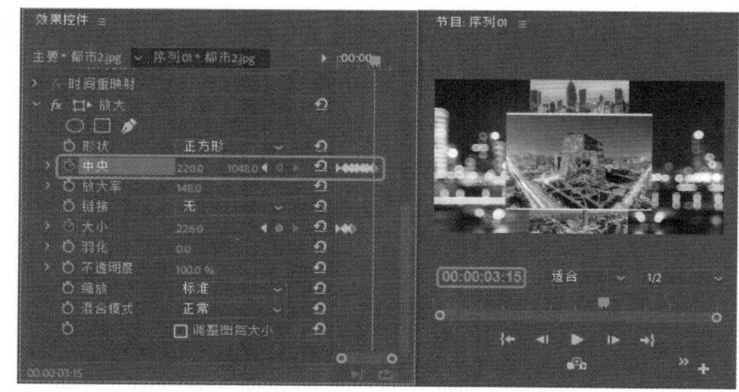
图4-133

Step 14 将当前时间设置为00:00:04:00，将【中央】设置为220、1350。将当前时间设置为00:00:04:15，单击【中央】右侧的【添加/移除关键帧】按钮，单击【大小】右侧的【添加/移除关键帧】按钮，如图4-134所示。

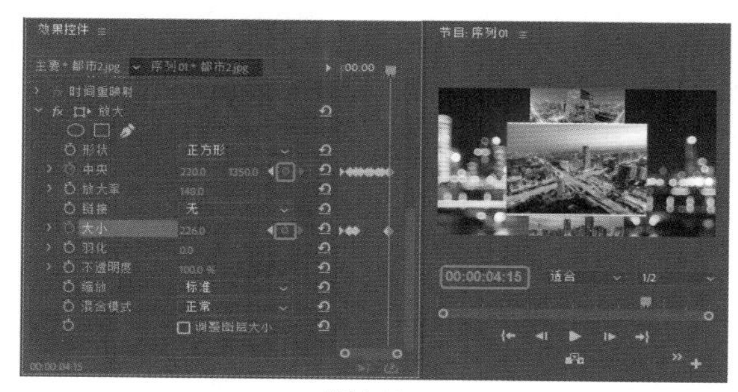
图4-134

Step 15 将当前时间设置为00:00:05:00，将【中央】设置为220、1785，【大小】设置为430，如图4-135所示。

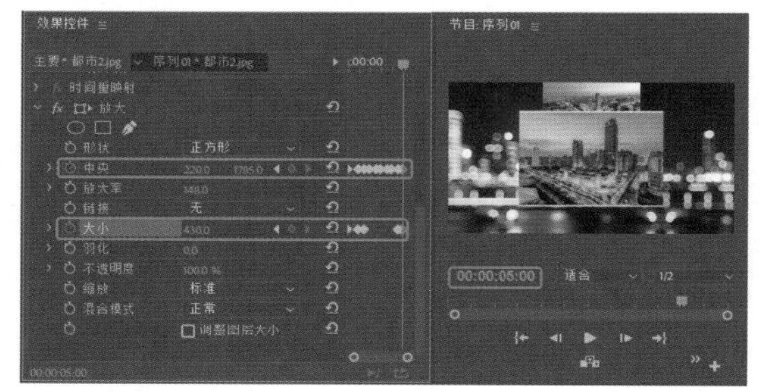
图4-135

实例081 保护动物动画

素材：动物1.jpg~ 动物7.jpg
场景：保护动物动画.prproj

在制作保护动物短片之前，需要对设计的思路进行分析，不仅需要将保护动物的思想表现出来，还需要从素材的颜色上进行筛选，动画效果如图4-136所示。

图4-136

Step 01 新建项目文件和标准48kHz的序列文件，在【项目】面板空白处双击鼠标，导入【素材\Cha04\动物1.jpg】~【动物7.jpg】文件。在菜单栏中选择【文件】|【新建】|【旧版标题】命令，弹出【新建字幕】对话框，保持默认设置，单击【确定】按钮。打开字幕编辑器，使用【矩形工具】绘制矩形，并选中矩形，将【宽度】、【高度】设置为787.1、575.3，【X位置】、【Y位置】设置为393.5、289.3，将【填充】选项组中的【颜色】设置为白色，如图4-137所示。

Step 02 在菜单栏中选择【文件】|【新建】|【旧版标题】命令，弹出【新建字幕】对话框，保持默认设置，单击【确定】按钮。打开字幕编辑器，使用【文字工具】，在字幕编辑器中绘制文本框，输入段落文字，将【字体系列】设置为【黑体】，【字体大小】设置为28，【行距】设置为17，将【填充】选项组中的【颜色】设置为#590000，【X位置】、【Y位置】设置为403.3、301.7，如图4-138所示。

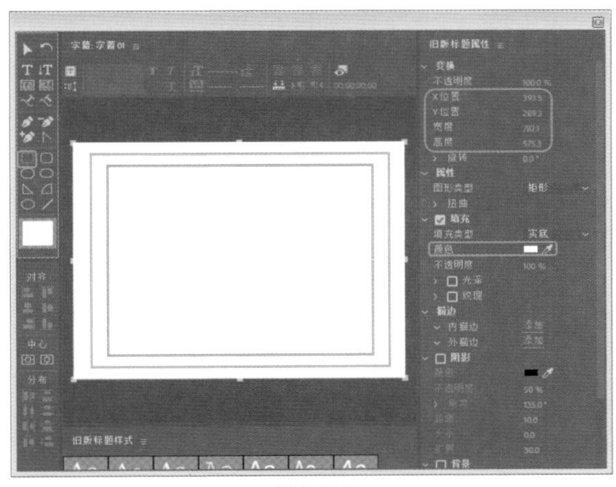

图4-137

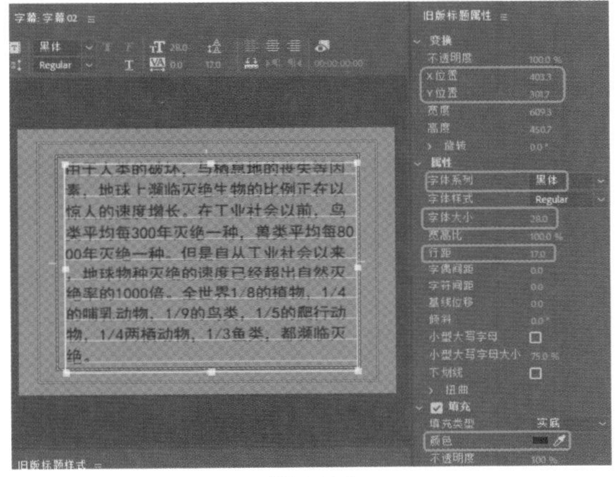

图4-138

Step 03 在菜单栏中选择【文件】|【新建】|【旧版标题】命令，弹出【新建字幕】对话框，保持默认设置，单击【确定】按钮。打开字幕编辑器，使用【文字工具】T输入文字，将【字体系列】设置为【方正行楷简体】，【字体大小】设置为90，【行距】设置为0，将【填充】选项组中的【颜色】设置为白色，【X位置】、【Y位置】设置为260.6、108.3，如图4-139所示。

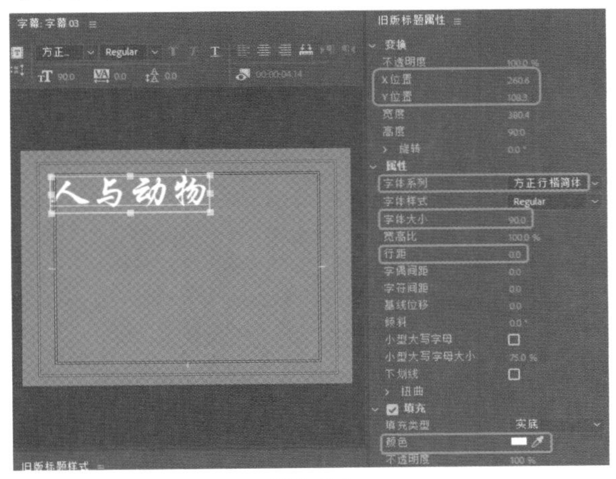

图4-139

Step 04 展开【描边】选项组，单击【外描边】右侧的【添加】按钮，将【大小】设置为20，【颜色】设置为#FFC000；勾选【阴影】复选框，将【颜色】设置为#FFC000；将【不透明度】、【角度】、【距离】、【大小】、【扩展】设置为50%、45°、0、20、80，如图4-140所示。

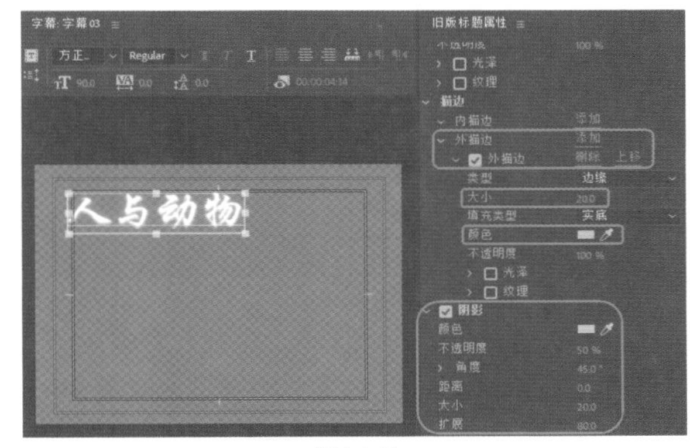

图4-140

Step 05 单击【基于当前字幕新建字幕】按钮，在弹出的对话框中保持默认设置，单击【确定】按钮。将文本替换为【息息相关】，将【外描边】和【阴影】选项下的【颜色】设置为#BDD700，【X位置】、【Y位置】设置为427.9、227.2，如图4-141所示。

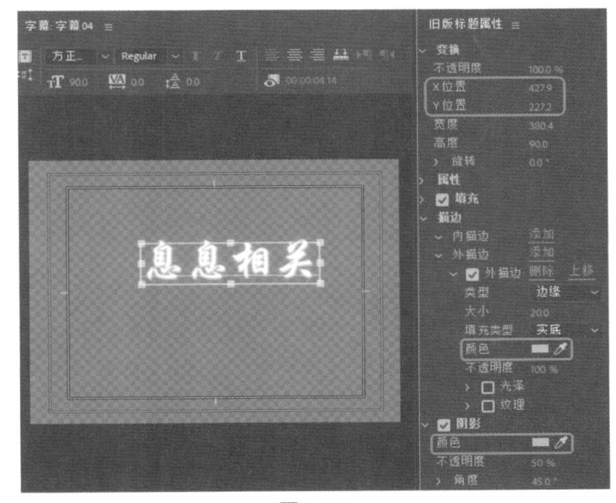

图4-141

Step 06 使用同样的方法制作【字幕05】、【字幕06】，效果如图4-142所示。

图4-142

Step 07 在菜单栏中选择【文件】|【新建】|【旧版标题】

命令，弹出【新建字幕】对话框，保持默认设置，单击【确定】按钮。打开字幕编辑器，单击【椭圆工具】按钮，按住Shift键绘制正圆。展开【描边】选项组，单击【外描边】右侧的【添加】按钮，将【大小】设置为30，【颜色】设置为#ED0000，如图4-143所示。

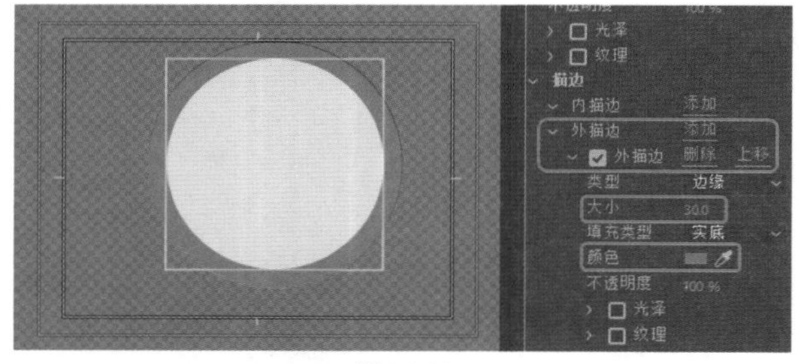

图4-143

Step 08 在【属性】选项组中将【图形类型】设置为【椭圆】，将【填充】选项下的【不透明度】设置为0%，【宽度】、【高度】设置为296.4、296.4，【X位置】、【Y位置】设置为378.6、306.2，如图4-144所示。

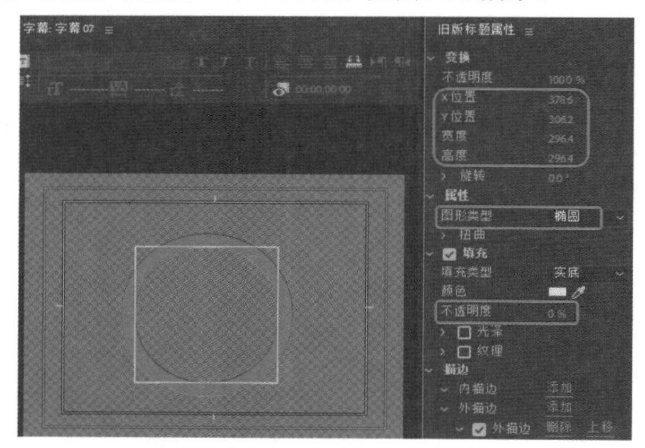

图4-144

Step 09 使用【文字工具】输入文字，将【字体系列】设置为【经典隶变简】，【字体大小】设置为310，将【填充】选项组中的【颜色】设置为#ED0000，【不透明度】设置为100%，如图4-145所示。

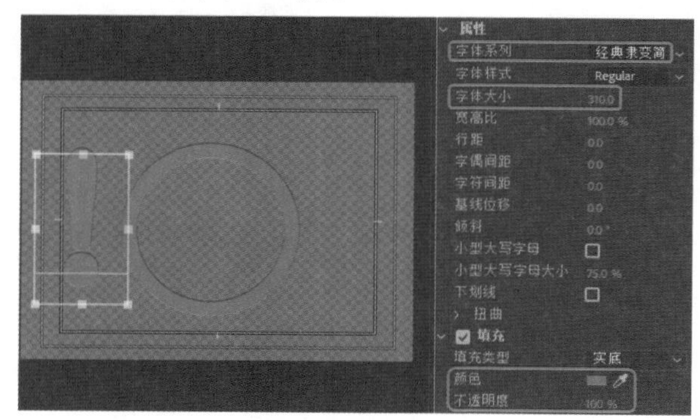

图4-145

Step 10 将【外描边】的【大小】设置为7，【颜色】设置为#ED0000，【旋转】设置为325.2°，【X位置】、【Y位置】设置为395.5、333.2，如图4-146所示。

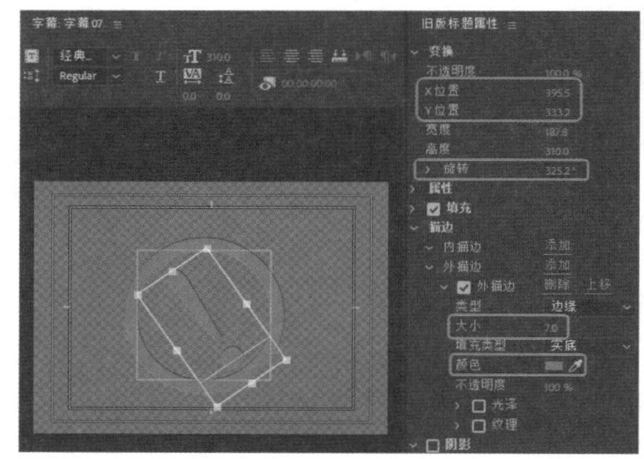

图4-146

Step 11 关闭字幕编辑器，将【项目】面板中的【动物1.jpg】素材文件拖曳至V1轨道中，将【持续时间】设置为00:00:02:00，将【效果控件】面板中的【缩放】设置为77，如图4-147所示。

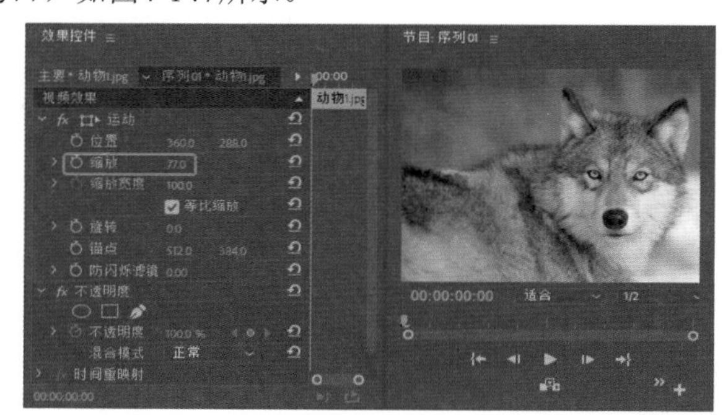

图4-147

Step 12 依次将【动物2.jpg】~【动物7.jpg】素材文件拖曳至V1轨道中，根据素材分别设置【缩放】参数，使素材在【节目】面板中正常显示。将【动物2.jpg】~【动物6.jpg】的【持续时间】设置为00:00:02:00，将【动物7.jpg】素材文件的【持续时间】设置为00:00:14:00，如图4-148所示。

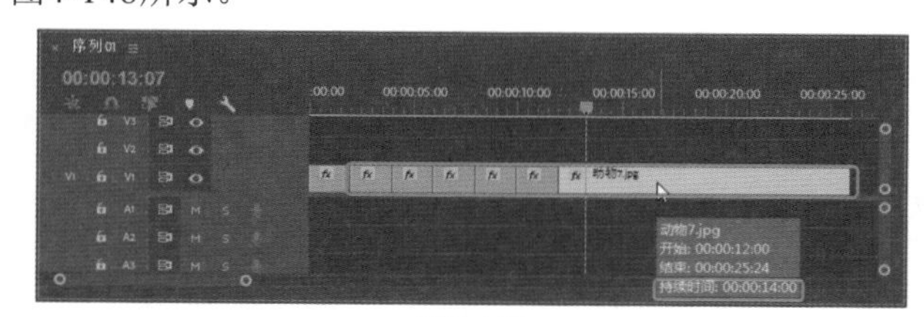

图4-148

Step 13 在【效果】面板中搜索【渐隐为黑色】过渡效果，拖曳至【动物1.jpg】素材文件开始处，将【持续时间】设置为00:00:01:00，如图4-149所示。

Step 14 分别在【效果】面板中搜索其他过渡效果，添加素材文件上，使素材在播放的时候呈现视频过渡效果，将过渡效果的【持续时间】设置为00:00:01:00，如图4-150所示。

图4-149

图4-150

Step 15 将当前时间设置为00:00:12:13，将【字幕04】拖曳至V2轨道中，将开始处与时间线对齐，将【持续时间】设置为00:00:04:00，将【位置】设置为855、288，单击左侧的【切换动画】按钮，添加关键帧，如图4-151所示。

图4-151

Step 16 将当前时间设置为00:00:14:13，将【位置】设置为360、288，如图4-152所示。

图4-152

Step 17 将当前时间设置为00:00:15:13，将【缩放】设置为100，单击左侧的【切换动画】按钮，添加【缩放】关键帧；单击【不透明度】右侧的【添加/移除关键帧】按钮，如图4-153所示。

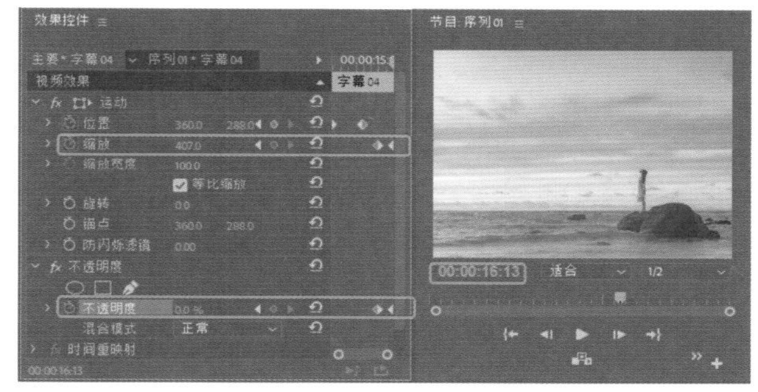

图4-153

Step 18 将当前时间设置为00:00:16:13，将【缩放】设置为407，将【不透明度】设置为0%，如图4-154所示。

图4-154

Step 19 将当前时间设置为00:00:12:13，将【字幕03】拖曳至V3轨道中，将开始处与时间线对齐，将【持续时间】设置为00:00:04:00，将【位置】设置为-58、288，单击左侧的【切换动画】按钮，添加关键帧，如图4-155所示。

图4-155

Step 20 将当前时间设置为00:00:14:13，将【位置】设置为360、288，如图4-156所示。

Step 21 将当前时间设置为00:00:15:13，将【缩放】设置为100，单击左侧的【切换动画】按钮，添加【缩放】关键帧；单击【不透明度】右侧的【添加/移除关键帧】按钮，如图4-157所示。

图4-156

图4-157

Step 22 将当前时间设置为00:00:16:13，将【缩放】设置为407，将【不透明度】设置为0%，如图4-158所示。

图4-158

Step 23 确认当前时间为00:00:16:13，将【字幕06】拖曳至V2轨道中，将【持续时间】设置为00:00:09:12，将【效果控件】面板中的【缩放】设置为222，单击左侧的【切换动画】按钮，将【不透明度】设置为0%。将当前时间设置为00:00:18:13，将【缩放】设置为100，【不透明度】设置为100%，如图4-159所示。

图4-159

Step 24 将当前时间为00:00:16:13，将【字幕05】拖曳至V3轨道中，将【持续时间】设置为00:00:09:12，将【效果控件】面板中的【缩放】设置为222，单击左侧的【切换动画】按钮，将【不透明度】设置为0%。将当前时间设置为00:00:18:13，将【缩放】设置为100，【不透明度】设置为100%，如图4-160所示。

图4-160

Step 25 将当前时间设置为00:00:20:13，将【字幕07】拖曳至V3轨道的上方，此时系统会自动新建V4轨道，将【持续时间】设置为00:00:05:12，在【效果控件】面板中将【位置】设置为601、217.1，【缩放】设置为240，单击【缩放】左侧的【切换动画】按钮，【不透明度】设置为0%，如图4-161所示。

图4-161

Step 26 将当前时间设置为00:00:22:13，【缩放】设置为30，【不透明度】设置为100%。将当前时间设置为00:00:22:16，【缩放】设置为34，【不透明度】设置为73%。将当前时间设置为00:00:22:19，【缩放】设置为30，【不透明度】设置为100%，如图4-162所示。

图4-162

实例 082 化妆品广告动画

素材：化妆品(1).jpg~ 化妆品(7).jpg、护肤品.png、光效.mp4
场景：化妆品广告动画.prproj

本案例主要是通过新建字幕输入文字并进行设置，为素材添加切换特效，效果如图4-163所示。

图4-163

Step 01 新建项目文件和标准48kHz的序列文件，在【项目】面板空白处双击鼠标，导入【素材\Cha04\化妆品(1).jpg】~【化妆品(7).jpg】、【护肤品.png】、【光效.mp4】文件，在【项目】面板中可以观察新建的序列文件以及导入的素材文件，如图4-164所示。

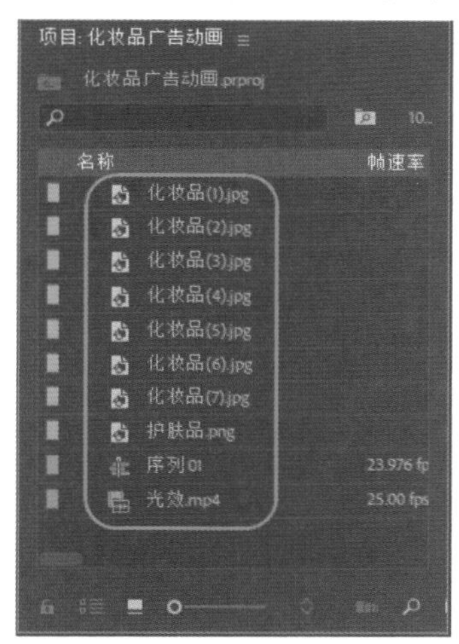

图4-164

Step 02 在菜单栏中选择【文件】|【新建】|【旧版标题】命令，弹出【新建字幕】对话框，保持默认设置，单击【确定】按钮。打开字幕编辑器，使用【文字工具】T输入文字【巧彩美妆】，将【字体系列】设置为【方正综艺简体】，【字体大小】设置为100，【字符间距】设置为10，将【填充】选项组中的【颜色】设置为#B51F04，【X位置】、【Y位置】设置为329.1、256.9，如图4-165所示。

Step 03 勾选【阴影】复选框，将【颜色】设置为白色，将【不透明度】、【角度】、【距离】、【大小】、【扩展】分别设置为100%、-205°、0、22、33，如图4-166所示。

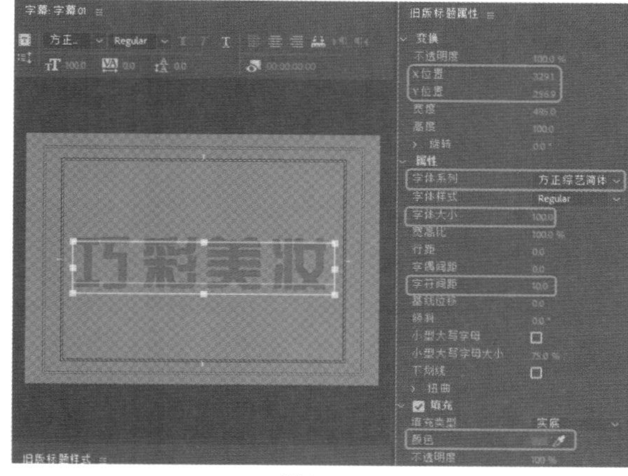

图4-165

图4-166

Step 04 单击【基于当前字幕新建字幕】按钮，在弹出的对话框中保持默认设置，单击【确定】按钮。将文本替换为FASHION，将【字体系列】设置为Book Antiqua，【字体样式】设置为Bold，【字体大小】设置为104，【X位置】、【Y位置】设置为324.9、85.1，如图4-167所示。

图4-167

Step 05 关闭字幕编辑器，选择【项目】面板中的【化妆品(1).jpg】文件，拖曳至V1轨道中，将【持续时间】设置为00:00:04:00，并选择添加的素材文件。确认当前时间为00:00:00:00，切换至【效果控件】面板，将【运动】下的【缩放】值设置为82，【不透明度】设置为0%。将当前时间设置为00:00:01:00，【不透明度】设置为100%，如图4-168所示。

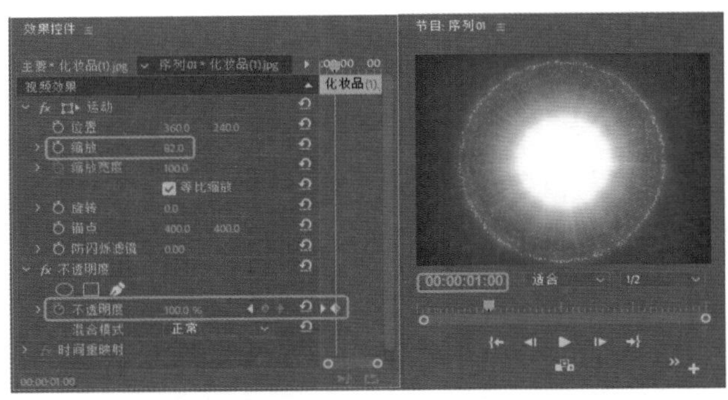
图4-168

Step 06 依次将【化妆品(2).jpg】~【化妆品(5).jpg】拖曳至V1轨道中，将【持续时间】设置为00:00:01:00，根据素材分别设置【缩放】参数，使素材在【节目】面板中正常显示，如图4-169所示。

图4-169

Step 07 将当前时间设置为00:00:08:00，将【化妆品(6).jpg】素材文件拖曳至V1轨道中，将开始处与时间线对齐，将持续时间设置00:00:04:00。将当前时间设置为00:00:09:00，将【缩放】设置为68，单击【缩放】左侧的【切换动画】按钮，单击【不透明度】右侧的【添加/移除关键帧】按钮，如图4-170所示。

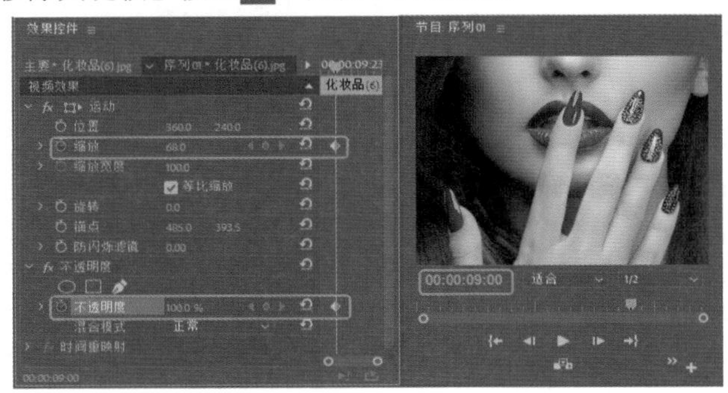
图4-170

Step 08 将当前时间设置为00:00:11:23，将【缩放】设置为126，将【不透明度】设置为58%，如图4-171所示。

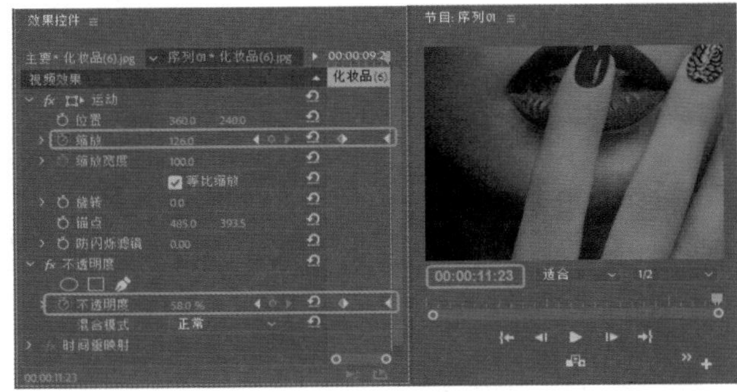
图4-171

Step 09 将当前时间设置为00:00:12:00，将【化妆品(7).jpg】拖曳至V1轨道中，将开始处与时间线对齐，将【持续时间】设置为00:00:09:00，将【效果控件】面板中将【缩放】设置为69，如图4-172所示。

图4-172

Step 10 在【效果】面板中搜索【划出】、【油漆飞溅】过渡效果，分别添加至【化妆品(2).jpg】~【化妆品(7).jpg】素材之间，将【持续时间】设置为00:00:01:00，如图4-173所示。

图4-173

Step 11 将当前时间设置为00:00:01:00，将【字幕01】拖曳至V2轨道中，将【持续时间】设置为00:00:08:00，将【位置】设置为360、240，单击【位置】左侧的【切换动画】按钮，将【不透明度】设置为0%，如图4-174所示。

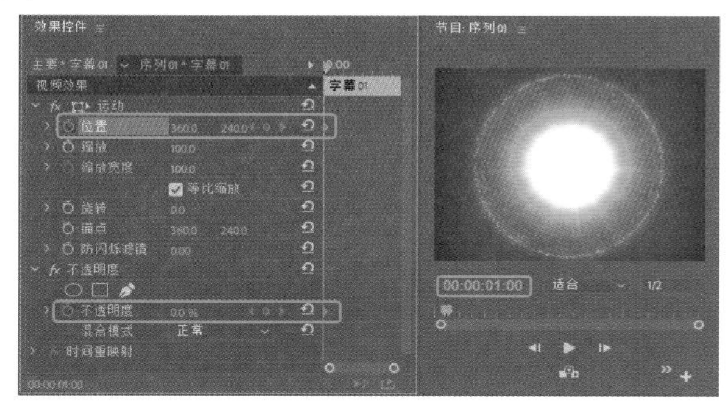

图4-174

Step 12 将当前时间设置为00:00:03:23，单击【位置】右侧的【添加/移除关键帧】按钮，添加关键帧，单击【缩放】左侧的【切换动画】按钮，【不透明度】设置为100%，如图4-175所示。

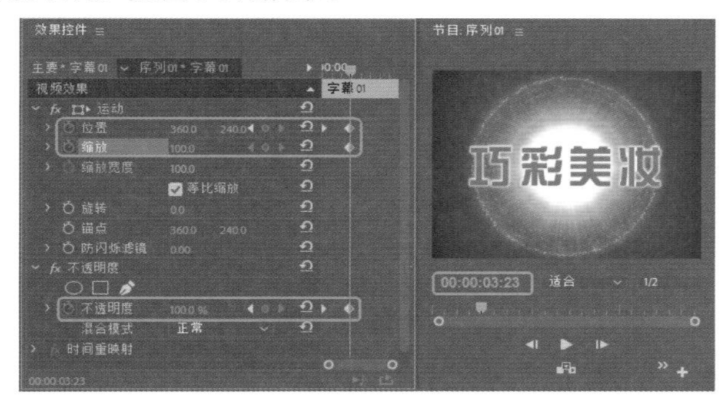

图4-175

Step 13 将当前时间设置为00:00:04:12，将【位置】设置为532.4、428.7，【缩放】设置为65，如图4-176所示。

图4-176

Step 14 将当前时间设置为00:00:12:13，将【字幕01】拖曳至V2轨道中，将开始处与时间线对齐，将【持续时间】设置为00:00:08:11。在【效果控件】面板中，将【位置】设置为187.7、426.8，【缩放】设置为65。在【效果】面板中搜索【叠加溶解】过渡效果，拖曳至【字幕01】的开始处，将【持续时间】设置为00:00:01:06，如图4-177所示。

图4-177

Step 15 将当前时间设置为00:00:14:08，将【护肤品.png】拖曳至V3轨道中，将【持续时间】设置为00:00:06:16，将【位置】设置为145、261，【缩放】设置为88，【不透明度】设置为0%，如图4-178所示。

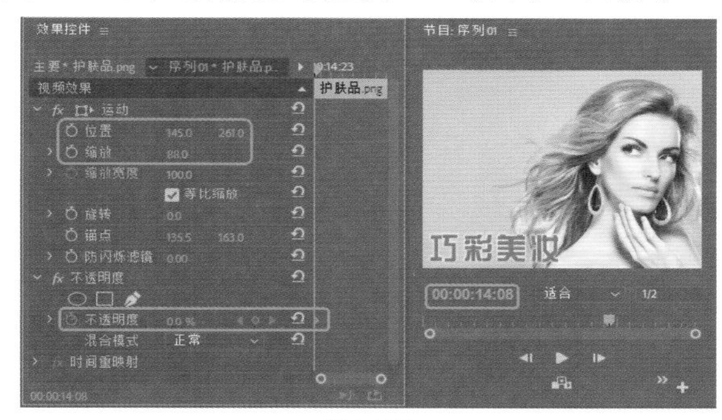

图4-178

Step 16 将当前时间设置为00:00:18:18，【不透明度】设置为100%，如图4-179所示。

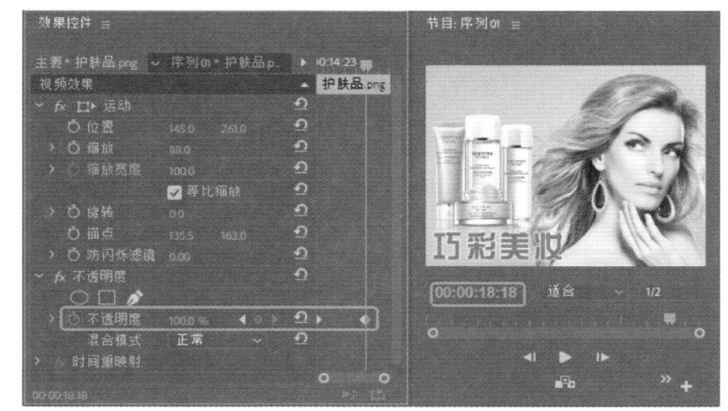

图4-179

Step 17 将当前时间设置为00:00:14:08，将【字幕02】拖曳至V3轨道上方，系统自动新建V4轨道，将【持续时间】设置为00:00:06:16，如图4-180所示。

Step 18 在【效果】面板中搜索【线性擦除】特效，拖曳至【字幕02】中。将当前时间设置为00:00:15:08，在【效果控件】面板中将【过渡完成】设置为100%，单击左侧的【切换动画】按钮，【擦除角度】设置为180，【羽化】设置为0，如图4-181所示。

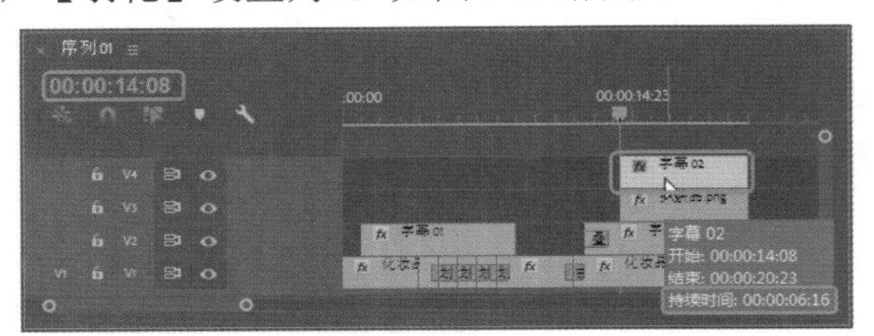

图4-180

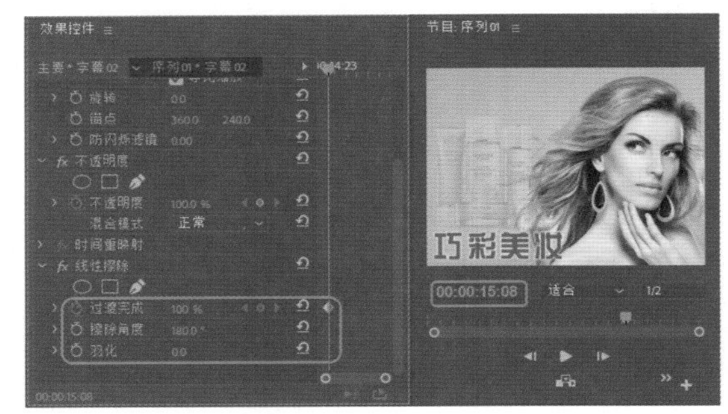

图4-181

Step 19 将当前时间设置为00:00:18:18，在【效果控件】面板中将【过渡完成】设置为0%，如图4-182所示。

图4-182

Step 20 将当前时间设置为00:00:00:00，在【项目】面板中将【光效.mp4】视频文件拖曳至V4轨道的上方，系统自动新建V5轨道，将开始处与时间线对齐，将【持续时间】设置为00:00:21:00。在【效果控件】面板中将【不透明度】设置为0%，将【混合模式】设置为【滤色】。将当前时间设置为00:00:00:09，将【不透明度】设置为100%，如图4-183所示。

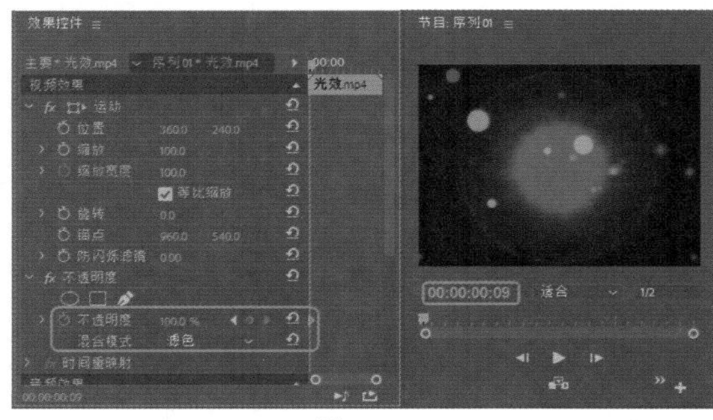

图4-183

实例083 进度条动画

素材：战火场景.jpg、进度条.mp4

场景：进度条动画.prproj

本案例将介绍进度条动画的制作方法，首先导入素材文件，通过为素材设置混合模式来完成制作，效果如图4-184所示。

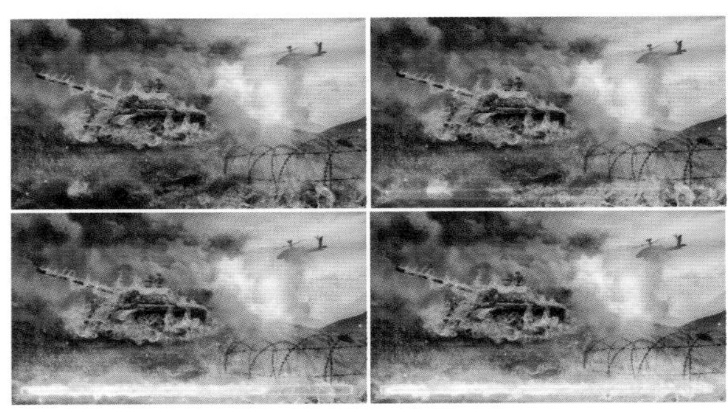

图4-184

Step 01 新建项目文件和宽屏48kHz的序列文件，在【项目】面板空白处双击鼠标，导入【素材\Cha04\战火场景.jpg】、【进度条.mp4】文件。选择【项目】面板中的【战火场景.jpg】文件，拖曳至V1轨道中，将【持续时间】设置为00:00:05:21，并选择添加的素材文件。切换至【效果控件】面板，将【运动】下的【缩放】值设置为63，如图4-185所示。

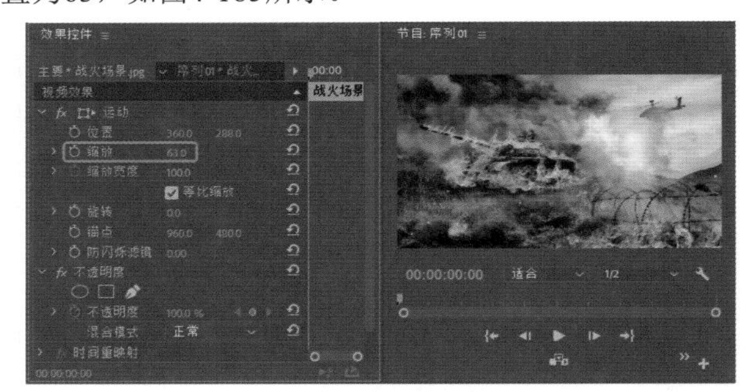

图4-185

Step 02 将当前时间设置为00:00:00:21，在【项目】面板中将【进度条】拖曳至V2轨道中，将开始处与时间线对齐，将【持续时间】设置为00:00:05:00，将【效果控件】面板中将【位置】设置为360、537，取消勾选【等比缩放】复选框，将【缩放高度】、【缩放宽度】设置为35、93，【混合模式】设置为【线性减淡（添加）】，如图4-186所示。

Step 03 在【效果】面板中搜索【胶片溶解】过渡效果，拖曳至【进度条.mp4】素材文件开始处，在【效果控件】面板中将【持续时间】设置为00:00:01:05，如图4-187所示。

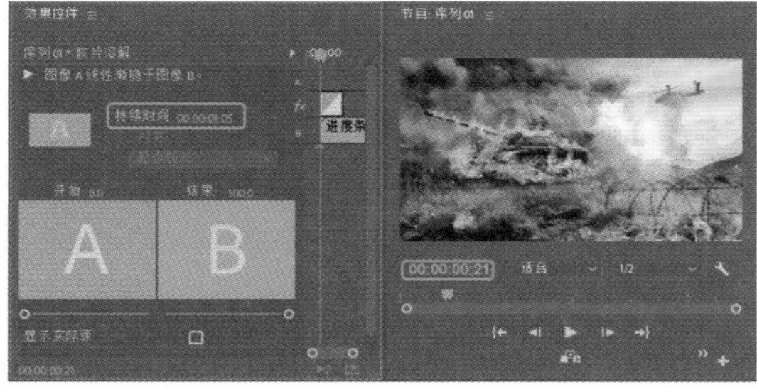
图4-186

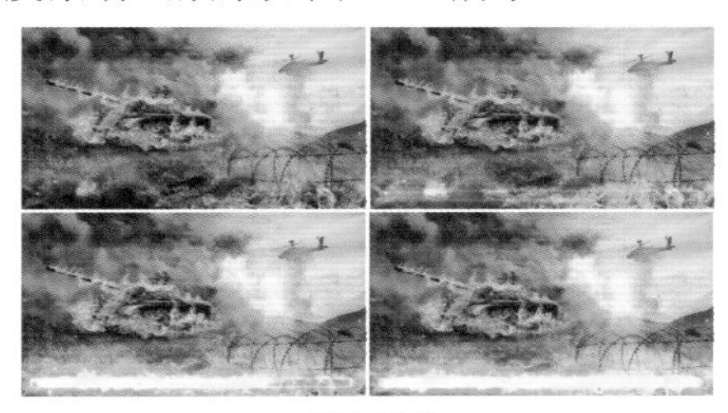
图4-187

Step 04 进度条动画效果如图4-188所示。

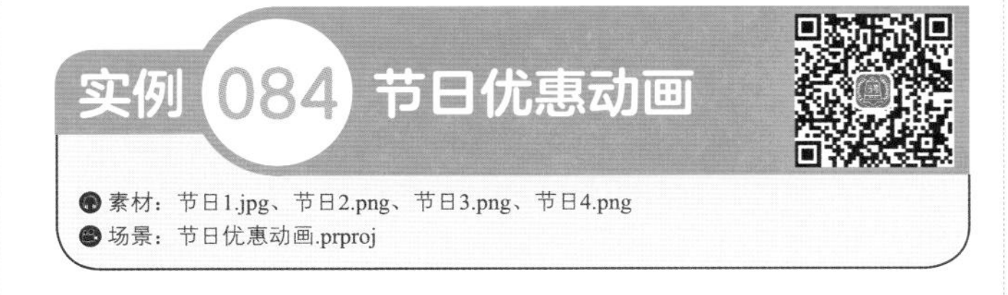
图4-188

实例 084 节日优惠动画

素材：节日1.jpg、节日2.png、节日3.png、节日4.png
场景：节日优惠动画.prproj

本案例主要通过新建字幕并进行设置，最后为文字添加特效，效果如图4-189所示。

图4-189

Step 01 新建项目文件，按Ctrl+N组合键，弹出【新建序列】对话框，选择【设置】选项卡，将【编辑模式】设置为【自定义】，【帧大小】、【水平】设置为720、330，将【像素长宽比】设置为【D1/DV PAL宽银幕16:9（1.4587）】，单击【确定】按钮，如图4-190所示。

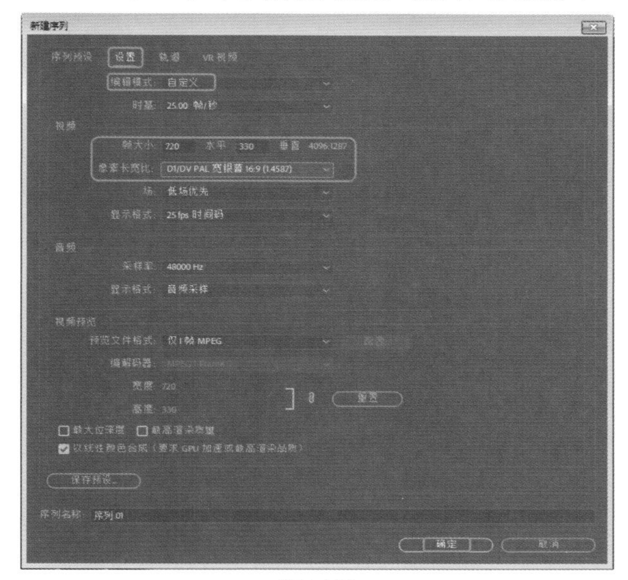
图4-190

Step 02 在【项目】面板空白处双击鼠标，导入【素材\Cha04\节日1.jpg】、【节日2.png】、【节日3.png】、【节日4.png】文件。选择【项目】面板中的【节日1.jpg】文件，拖曳至V1轨道中，将【持续时间】设置为00:00:08:03。并选择添加的素材文件，切换至【效果控件】面板，将【运动】下的【缩放】值设置为56，如图4-191所示。

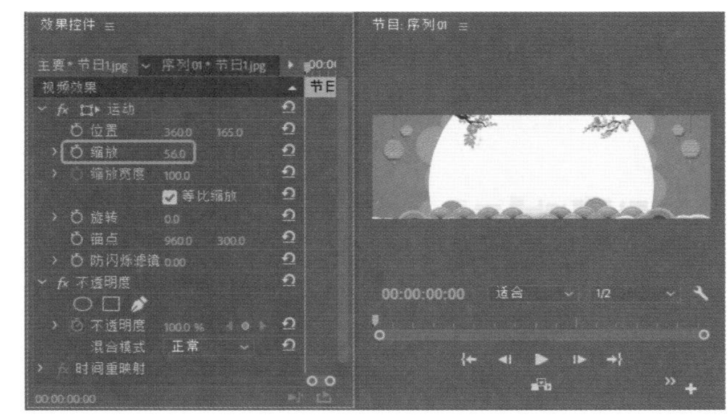
图4-191

Step 03 在【效果】面板中搜索【线性擦除】特效，拖曳至【节日1.jpg】素材文件上。确定当前时间为00:00:00:00，在【效果控件】面板中进行参数设置，如图4-192所示。

Step 04 将当前时间为00:00:00:00，选择【项目】面板中的【节目2.png】文件，拖曳至V2轨道中，将开始处与时间线对齐，将【持续时间】设置为00:00:08:03，并选择添加的素材文件，在【效果控件】面板中进行参数设置，如图4-193所示。

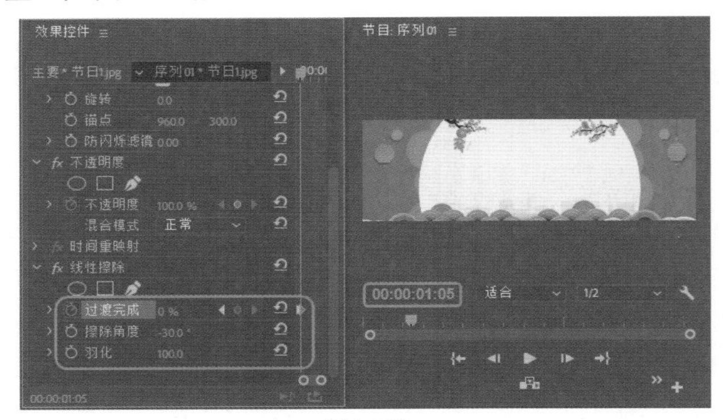

图4-192

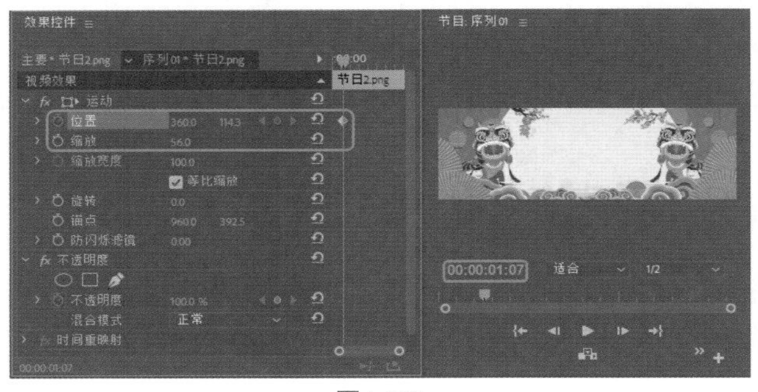

图4-193

Step 05 将当前时间设置为00:00:03:00，将【位置】设置为360、126.3。将当前时间设置为00:00:04:21，将【位置】设置为360、115.3。将当前时间设置为00:00:06:17，将【位置】设置为360、126.3。将当前时间设置为00:00:08:02，将【位置】设置为360、115.3，如图4-194所示。

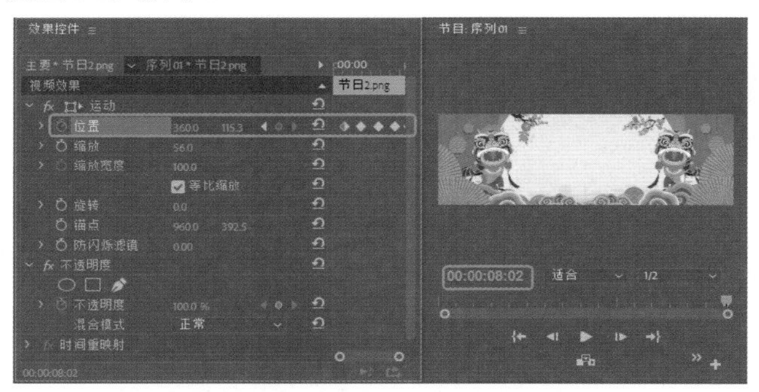

图4-194

Step 06 在【效果】面板中选择【视频效果】|【过渡】|【渐变擦除】特效，拖曳至【节目2.png】素材文件上。将当前时间设置为00:00:00:13，【效果控件】面板中的参数设置如图4-195所示。

Step 07 将当前时间设置为00:00:02:15，将【过渡完成】设置为0%，如图4-196所示。

Step 08 将当前时间设置为00:00:01:07，选择【项目】面板中的【节目3.png】文件，拖曳至V3轨道中，将开始处与时间线对齐，将【持续时间】设置为00:00:06:21，并选择添加的素材文件，切换至【效果控件】面板，将【运动】下的【缩放】设置为73，将【位置】设置为367、-46.4，单击【位置】左侧的【切换动画】按钮，如图4-197所示。

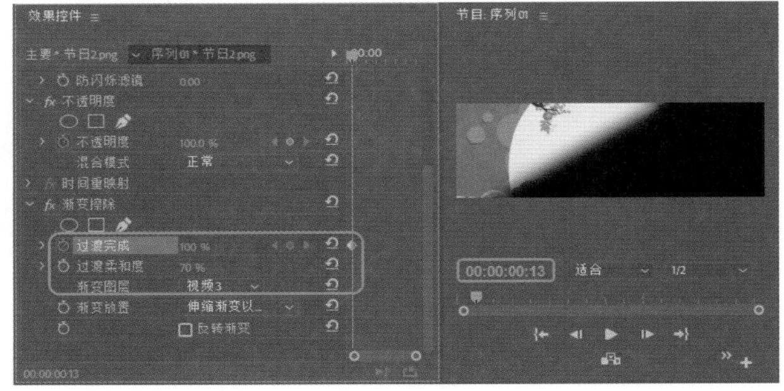

图4-195

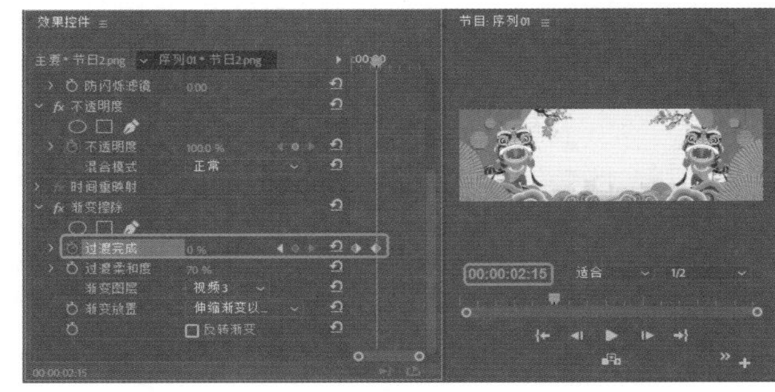

图4-196

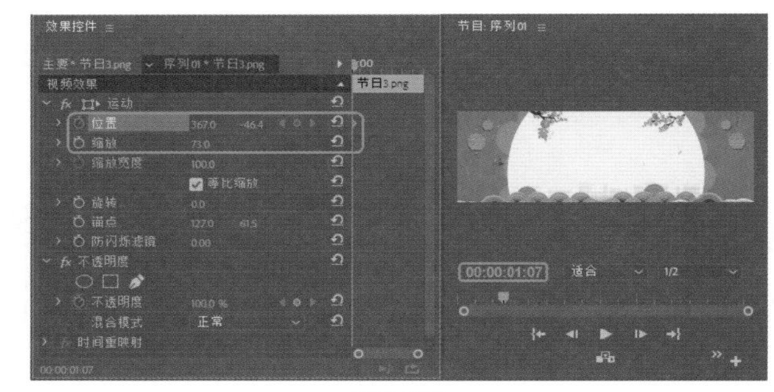

图4-197

Step 09 将当前时间设置为00:00:02:13，将【位置】设置为355、148.6，如图4-198所示。

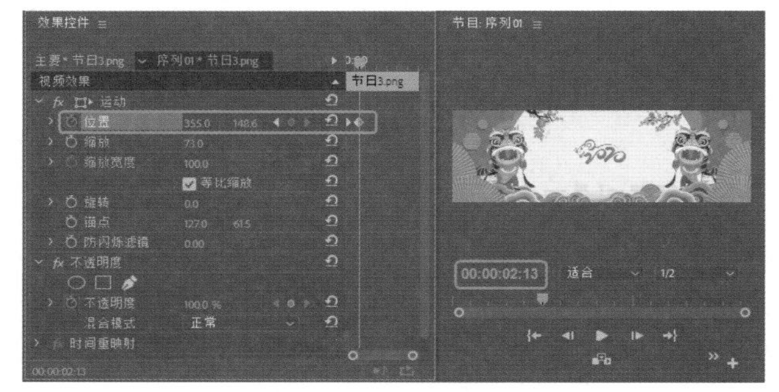

图4-198

Step 10 将当前时间设置为00:00:03:21，单击【位置】

右侧的【添加/移除关键帧】按钮。将当前时间设置为00:00:04:24，将【位置】设置为355、47.6，如图4-199所示。

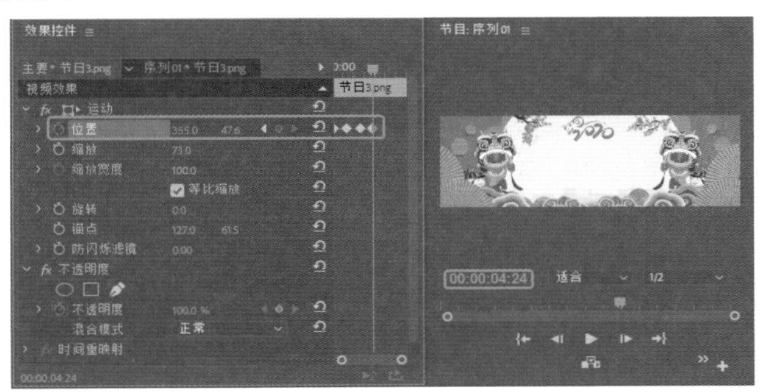

图4-199

Step 11 将当前时间设置为00:00:01:07，选择【项目】面板中的【节目4.png】文件，拖曳至V3轨道上方，此时系统自动新建V4轨道，将开始处与时间线对齐，将【持续时间】设置为00:00:06:21，并选择添加的素材文件。将当前时间设置为00:00:02:13，切换至【效果控件】面板，将【位置】设置为355、148.6，单击【位置】左侧的【切换动画】按钮，【缩放】设置为73，如图4-200所示。

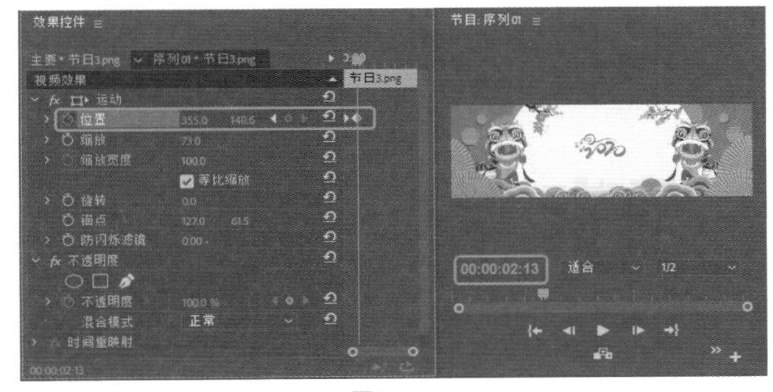

图4-200

Step 12 将当前时间设置为00:00:04:24，将【位置】设置为365、174.6，如图4-201所示。

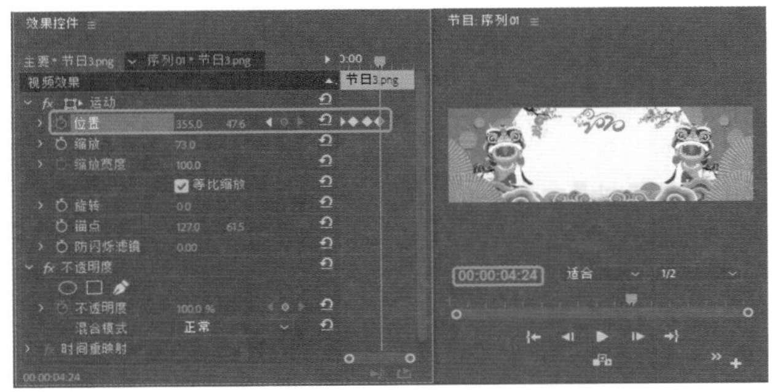

图4-201

Step 13 在菜单栏中选择【文件】|【新建】|【旧版标题】命令，弹出【新建字幕】对话框，保持默认设置，单击【确定】按钮。打开字幕编辑器，使用【文字工具】T输入文字【全场消费满100送100，满200送200】，并选中文字，在右侧将【字体系列】设置为【汉仪超粗宋简】，【字体大小】设置为20，将【填充】选项组中的【颜色】设置为#E20F16，将【X位置】、【Y位置】设置为511.7，255.4，如图4-202所示。

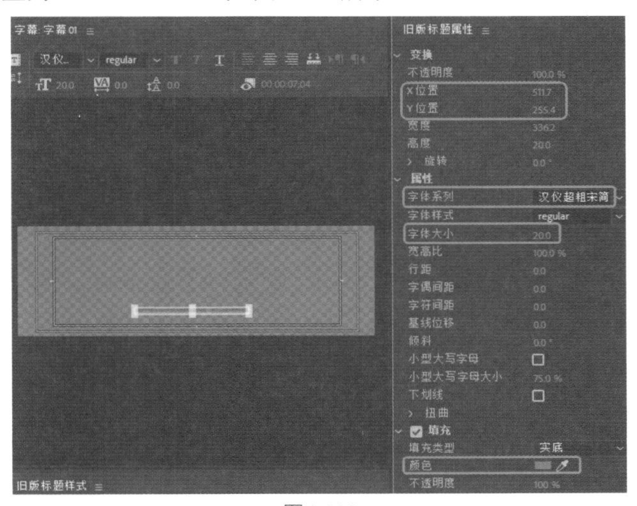

图4-202

Step 14 关闭字幕编辑器，将当前时间设置为00:00:05:16，选择【项目】面板中的【字幕01】文件，拖曳至V4轨道上方，此时系统自动新建V5轨道，将开始处与时间线对齐，将【持续时间】设置为00:00:02:12，如图4-203所示。

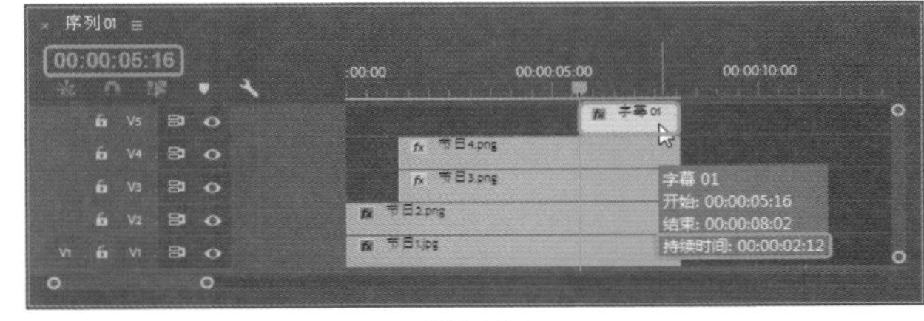

图4-203

Step 15 选择添加的素材文件，切换至【效果控件】面板，将【位置】设置为354、177，将【运动】下的【缩放】值设置为100，如图4-204所示。

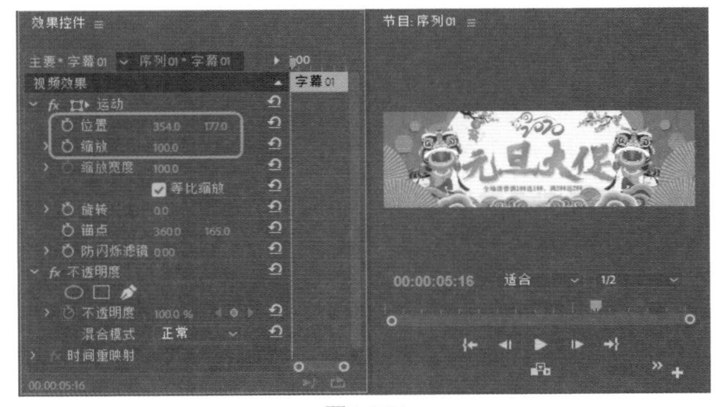

图4-204

Step 16 在【效果】面板中搜索【推】过渡效果，拖曳至【字幕01】文件的开始处，将【持续时间】设置为

00:00:01:05，如图4-205所示。

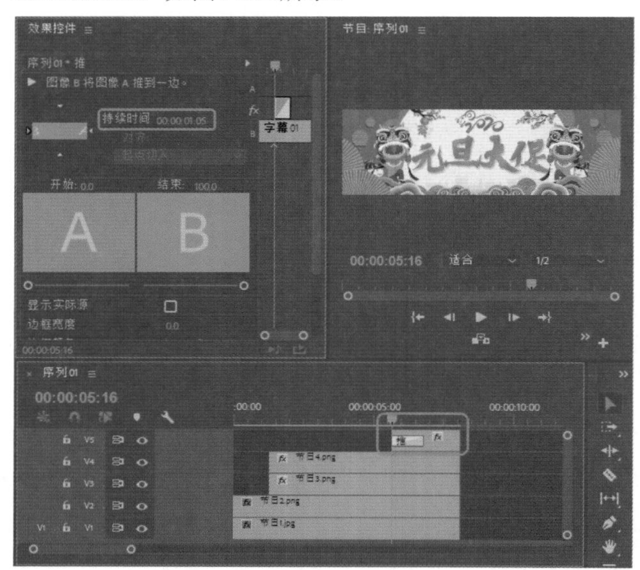

图4-205

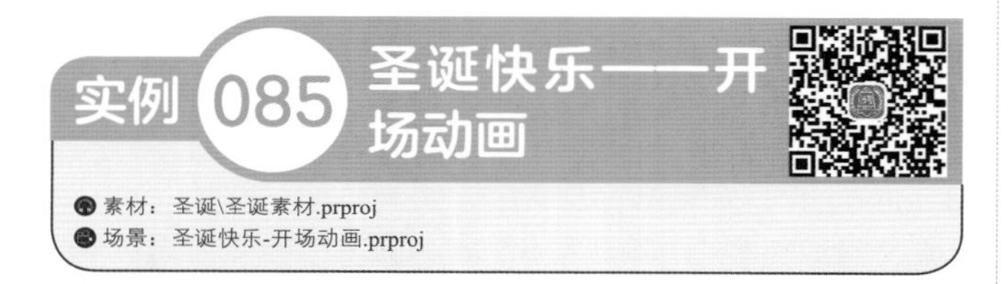

实例 085 圣诞快乐——开场动画

素材：圣诞\圣诞素材.prproj

场景：圣诞快乐-开场动画.prproj

本案例先打开项目文件，然后导入分层素材文件，在【效果控件】面板设置相应的参数，从而完成节日影片开场动画的制作，最终效果如图5-206所示。

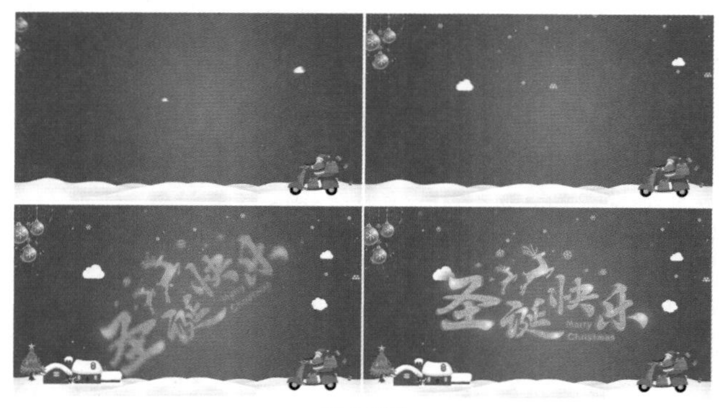

图4-206

Step 01 按Ctrl+O组合键，弹出【打开项目】对话框，选择【素材\Cha04\圣诞\圣诞素材.prproj】项目文件，单击【打开】按钮。确定当前时间为00:00:00:00，在【项目】面板中展开【场景1】文件夹，将【图层 1/场景1.psd】拖曳至【场景1】序列中V1轨道，将开始处与时间线对齐，将【持续时间】设置为00:00:07:09，如图4-207所示。

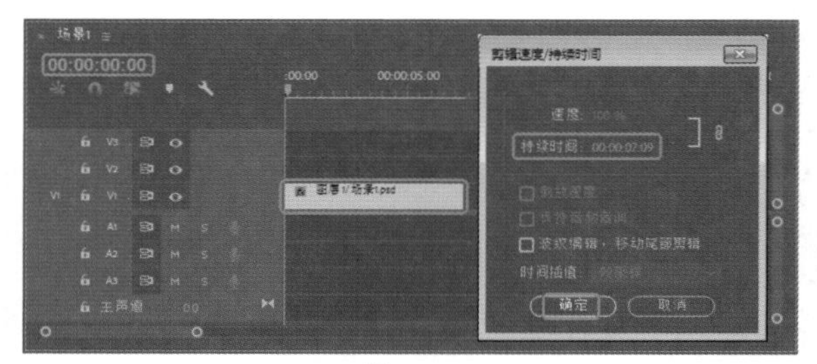

图4-207

Step 02 将当前时间设置为00:00:00:00，在【项目】面板中将【图片5/场景1.psd】拖曳至V2轨道中，将【持续时间】设置为00:00:07:09。在【效果】面板中搜索【变换】效果，拖曳至【图片5/场景1.psd】文件上，将【变换】下的【位置】设置为960、1620，单击【位置】左侧的【切换动画】按钮，取消勾选【使用合成的快门角度】复选框，将【快门角度】设置为200，如图4-208所示。

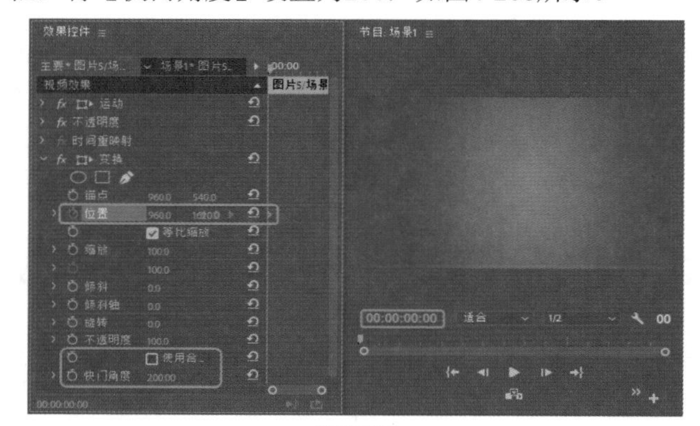

图4-208

Step 03 将当前时间设置为00:00:00:12，将【变换】下的【位置】设置为960、540，在关键帧上单击鼠标右键，在弹出的快捷菜单中选择【临时插值】|【贝塞尔曲线】命令，如图4-209所示。

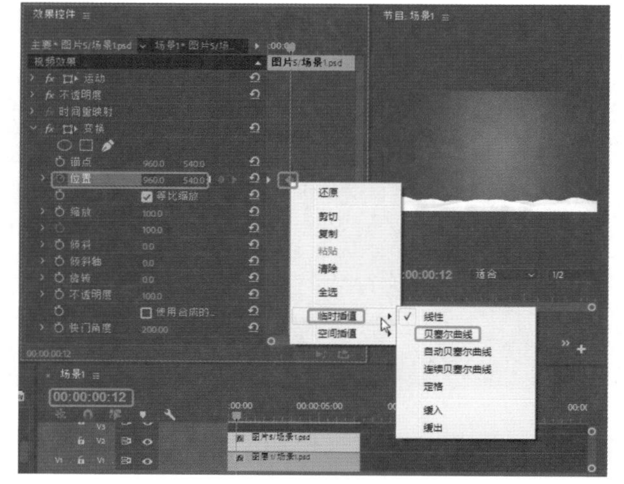

图4-209

Step 04 将当前时间设置为00:00:00:00，在【效果】面板中搜索【Alpha 调整】效果，拖曳至【图片5/场景1.psd】文件上，在【效果控件】面板中将【Alpha 调整】下的【不透明度】设置为0%，单击【Alpha 调整】下的【不透明度】左侧的【切换动画】按钮，如图4-210所示。

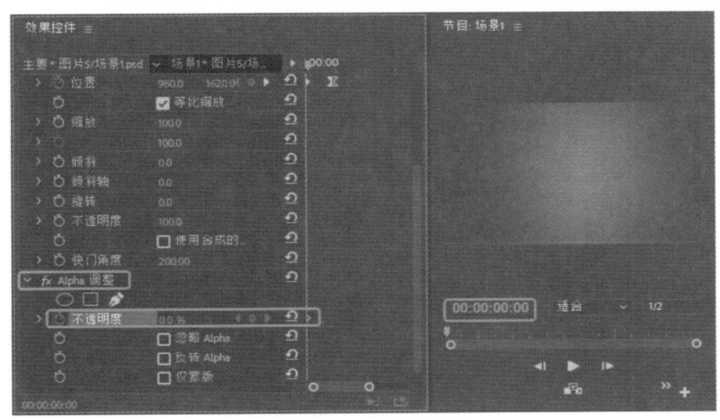

图4-210

Step 05 将当前时间设置为00:00:00:12，将【Alpha 调整】下的【不透明度】设置为100%。在关键帧上单击鼠标右键，在弹出的快捷菜单中选择【贝塞尔曲线】命令，如图4-211所示。

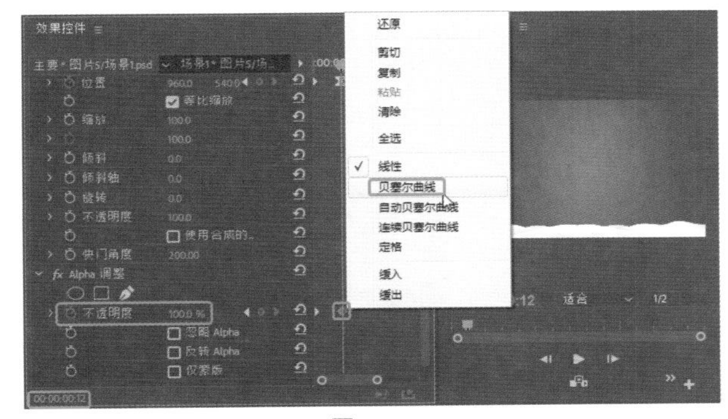

图4-211

Step 06 将当前时间设置为00:00:00:18，在【项目】面板中将【图片8/场景1.psd】拖曳至V3轨道中，将【持续时间】设置为00:00:06:16。为素材添加【变换】特效，在【效果控件】面板中将【变换】下的【缩放】设置为0，单击左侧的【切换动画】按钮，取消勾选【使用合成的快门角度】复选框，将【快门角度】设置为200，如图4-212所示。

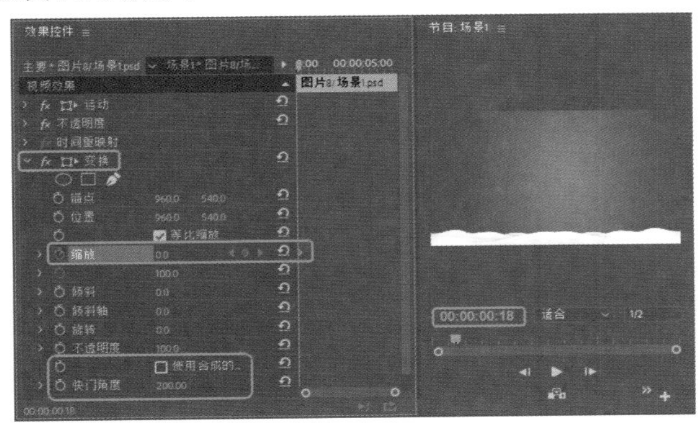

图4-212

Step 07 将当前时间设置为00:00:01:05，将【缩放】设置为100，在关键帧上单击鼠标右键，在弹出的快捷菜单中选择【临时插值】|【贝塞尔曲线】命令，将其转换为【贝塞尔曲线】关键帧，效果如图4-213所示。

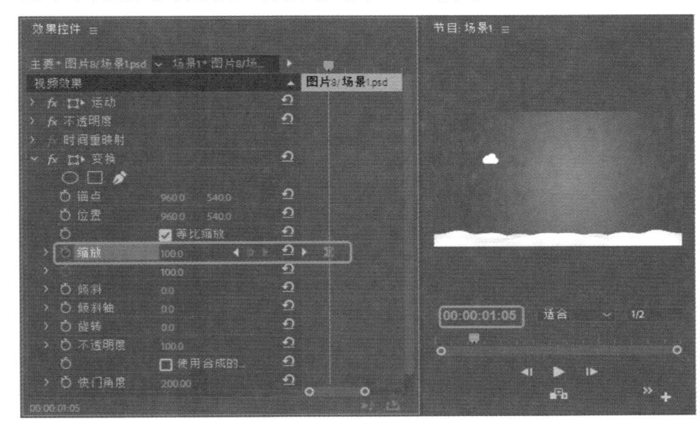

图4-213

Step 08 将当前时间设置为00:00:00:12，在【项目】面板中将【图片8 拷贝/场景1.psd】拖曳至V3轨道上方，系统自动新建V4轨道，将【持续时间】设置为00:00:06:22。选择V3轨道中的【图片8/场景1.psd】素材文件，在【效果控件】面板中，选择【变换】选项，单击鼠标右键，在弹出的快捷菜单中选择【复制】命令，如图4-214所示。

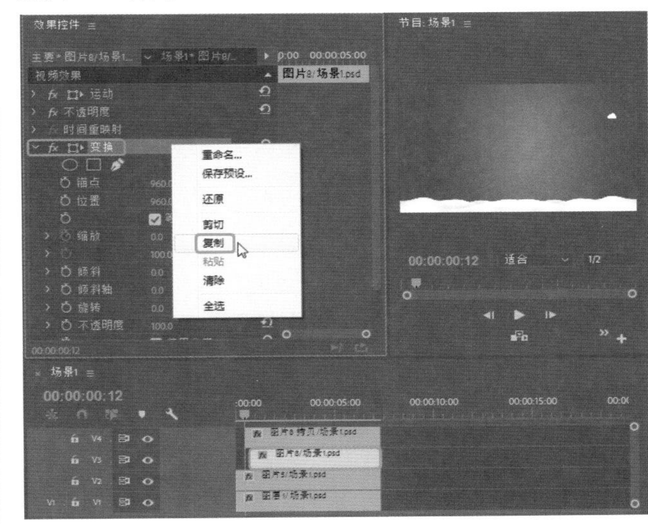

图4-214

Step 09 选择V4轨道中的【图片8 拷贝/场景1.psd】素材文件，在【效果控件】面板空白位置单击鼠标右键，在弹出的快捷菜单中选择【粘贴】命令，如图4-215所示。

Step 10 使用同样的方法，将其他素材添加至轨道中，根据需要分别添加【变换】、【Alpha调整】特效，通过在【效果控件】面板中设置动画关键帧，完成最终效果，如图4-216所示。

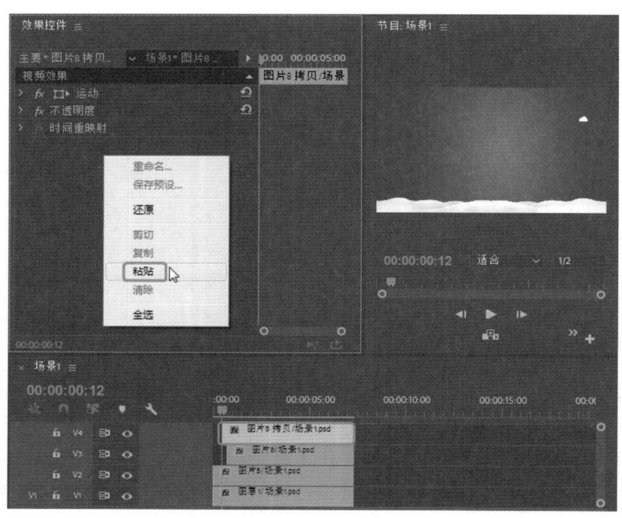

图4-215

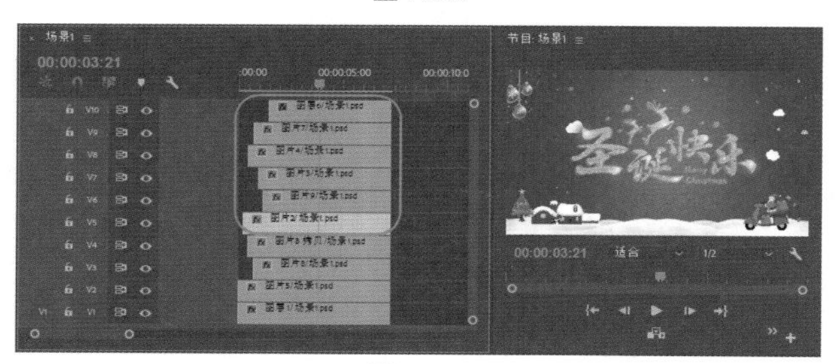

图4-216

实例086 圣诞快乐——动画合成

场景：圣诞快乐-动画合成.prproj

下面讲解动画合成的方法，效果如图4-217所示。

图4-217

Step 01 继续上面的操作，按Ctrl+N组合键，弹出【新建序列】对话框，选择【设置】选项卡，将【编辑模式】设置为【AVCHD 1080p方形像素】，将【序列名称】设置为【动画合成】，单击【确定】按钮，如图4-218所示。

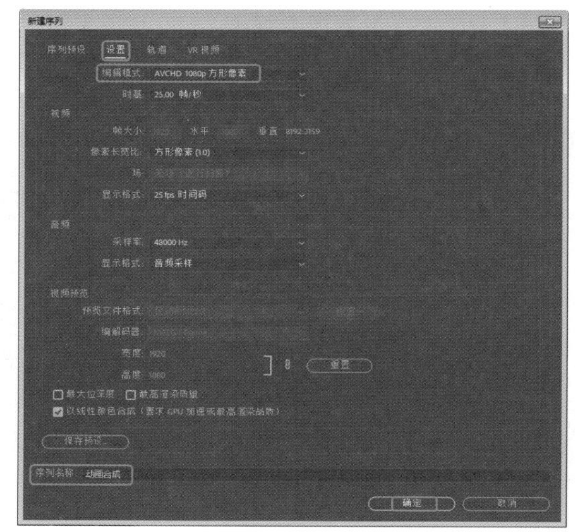

图4-218

Step 02 在【项目】面板中分别选择【场景1】~【场景4】序列文件，拖曳至【动画合成】面板V1轨道中，在弹出的【剪辑不匹配】对话框中，单击【保持现有设置】按钮，将【场景1】、【场景3】、【场景4】的【速度】设置为100%，【持续时间】设置为00:00:05:00，将【场景2】的【速度】设置为100%，【持续时间】设置为00:00:07:04，如图4-219所示。

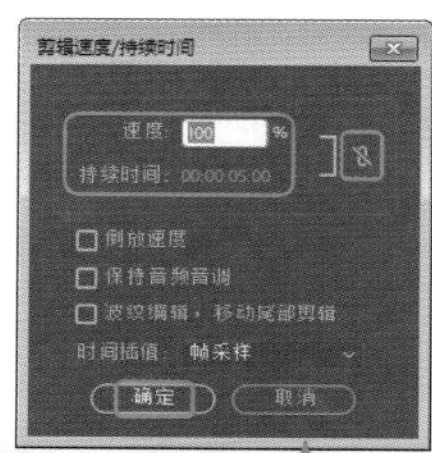

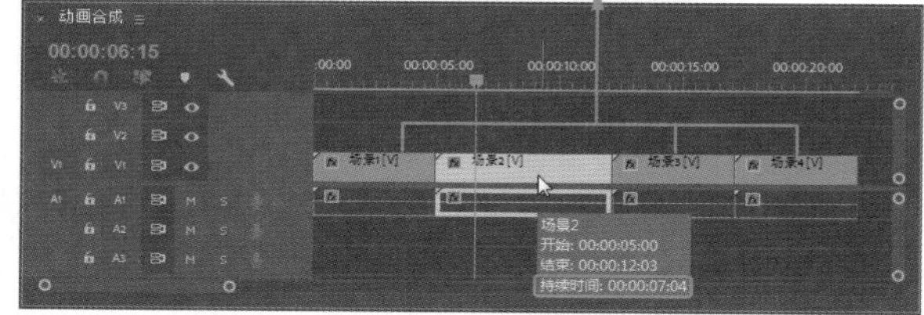

图4-219

Step 03 将当前时间设置为00:00:06:15，在【项目】面板中展开【字幕】选项卡，将【字幕01】拖曳至V2轨道中，将开始处与时间线对齐，将【持续时间】设置为00:00:05:15，如图4-220所示。

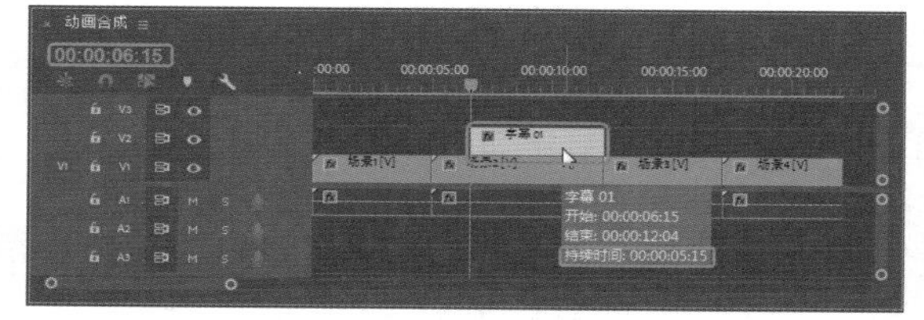

图4-220

Step 04 将当前时间设置为00:00:06:15，在【效果】面板中搜索【变换】特效，拖曳至【字幕01】上，在【效果控件】面板中将【缩放】设置为0，单击左侧的【切换动画】按钮，取消勾选【使用合成的快门角度】复选框，将【快门角度】设置为200，如图4-221所示。

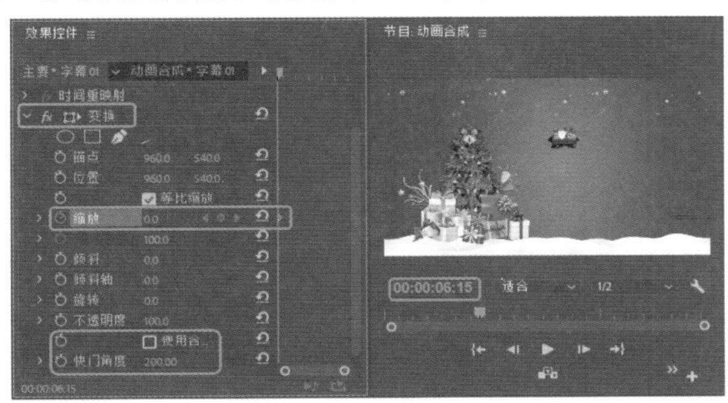

图4-221

Step 05 将当前时间设置为00:00:07:02，将【变换】特效下方的【缩放】设置为100，在关键帧上单击鼠标右键，在弹出的快捷菜单中选择【贝塞尔曲线】命令，如图4-222所示。

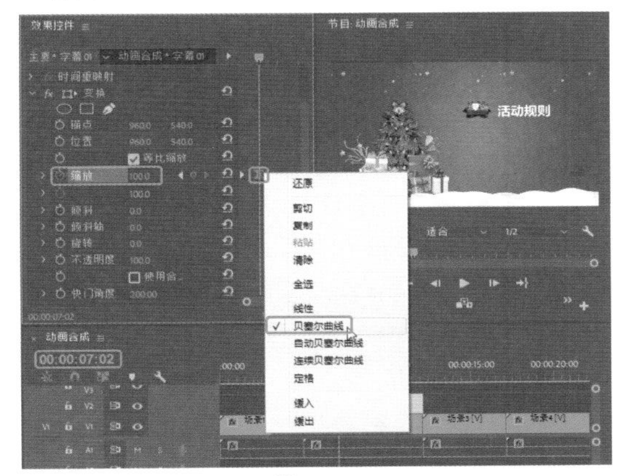

图4-222

Step 06 将当前时间设置为00:00:06:15，再次为【字幕01】添加【变换】特效，在【效果控件】面板中将【缩放】设置为0，【旋转】设置为-180，单击【缩放】、【旋转】左侧的【切换动画】按钮，取消勾选【使用合成的快门角度】复选框，将【快门角度】设置为200，如图4-223所示。

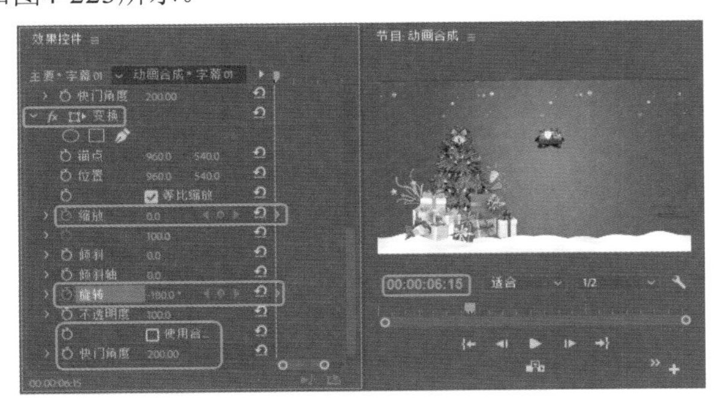

图4-223

Step 07 将当前时间设置为00:00:07:02，将【变换】特效下方的【缩放】设置为100，【旋转】设置为0，框选【缩放】和【旋转】关键帧，如图4-224所示。

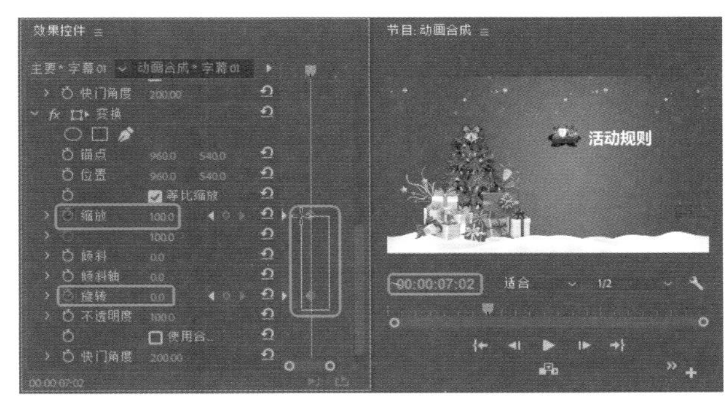

图4-224

Step 08 在关键帧上单击鼠标右键，在弹出的快捷菜单中选择【贝塞尔曲线】命令，如图4-225所示。

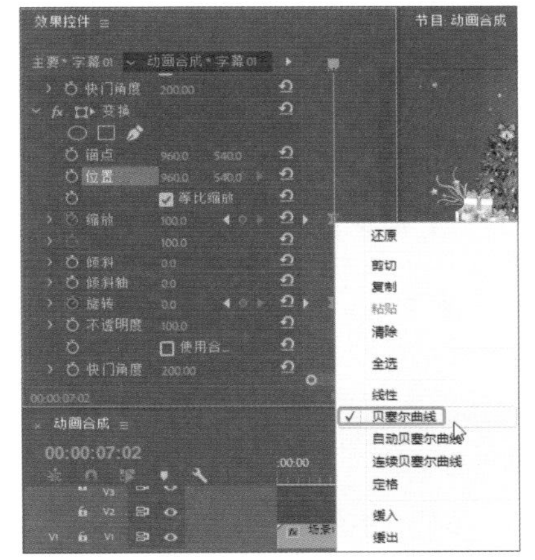

图4-225

Step 09 将当前时间设置为00:00:13:19，在【项目】面板中将【字幕03】拖曳至V2轨道中，将开始处与时间线对齐，将【持续时间】设置为00:00:03:11，如图4-226所示。

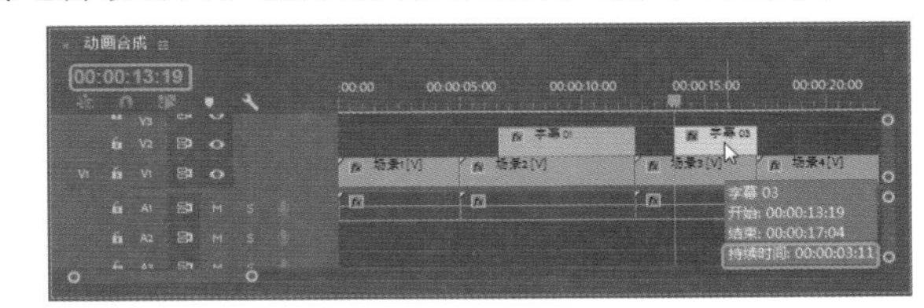

图4-226

Step 10 选择【字幕01】，在【效果控件】面板中分别选择添加两次的【变换】特效，单击鼠标右键，在弹出的快捷菜单中选择【复制】命令。选择【字幕03】，在【效果控件】面板空白位置处单击鼠标右键，在弹出的快捷菜单中选择【粘贴】命令，如图4-227所示。

> **提示**
>
> 由于在【效果控件】面板中无法同时选中多个【变换】特效进行复制、粘贴，所以这里需要分别进行操作。

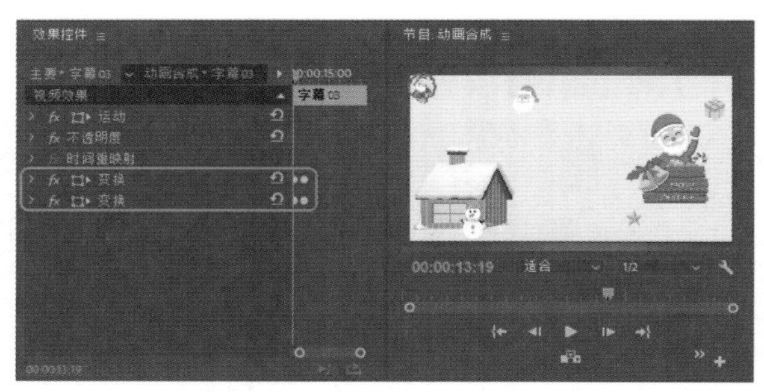

图4-227

Step 11 将当前时间设置为00:00:07:02，将【字幕02】拖曳至V3轨道中，将开始处与时间线对齐，将结尾处与V2轨道中的【字幕01】的结尾处对齐，如图4-228所示。

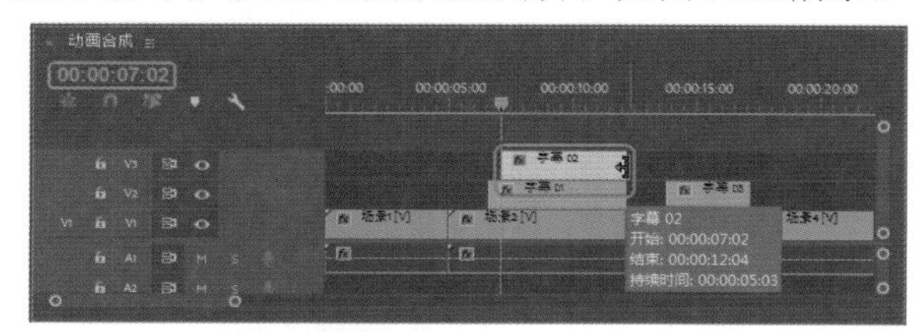

图4-228

Step 12 在【效果】面板中搜索【基本3D】特效，拖曳至【字幕02】文件上，在【效果控件】面板中将【基本3D】选项组下的【倾斜】设置为90，单击左侧的【切换动画】按钮，如图4-229所示。

图4-229

Step 13 将当前时间设置为00:00:07:08，将【倾斜】设置为-10。将当前时间设置为00:00:07:14，将【倾斜】设置为0，如图4-230所示。

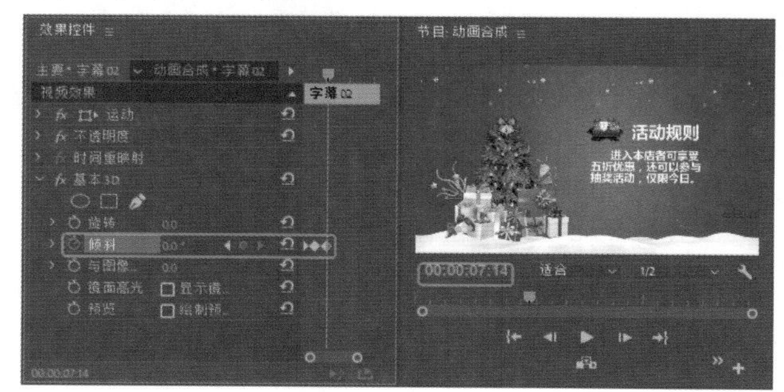

图4-230

Step 14 选择【倾斜】右侧的三个关键帧，在关键帧上单击鼠标右键，在弹出的快捷菜单中选择【贝塞尔曲线】命令，如图4-231所示。

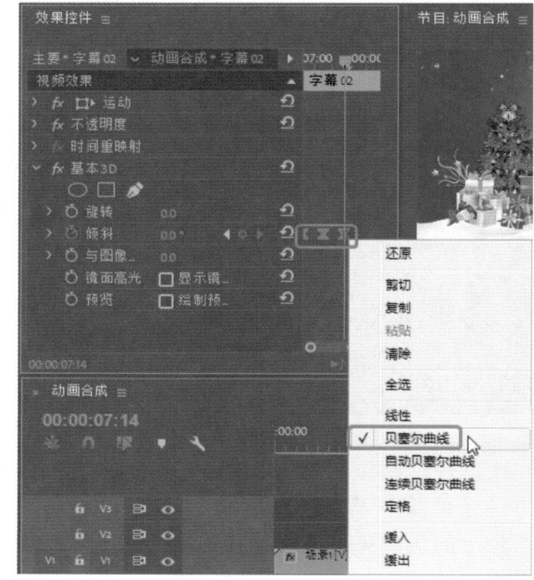

图4-231

Step 15 将当前时间设置为00:00:13:19，在【项目】面板中将【字幕04】拖曳至V3轨道中，将开始处与时间线对齐，将【持续时间】设置为00:00:03:11。在【效果】面板中搜索【胶片溶解】过渡效果，拖曳至【字幕04】开始处，在【效果控件】面板中将【持续时间】设置为00:00:00:15，如图4-232所示。

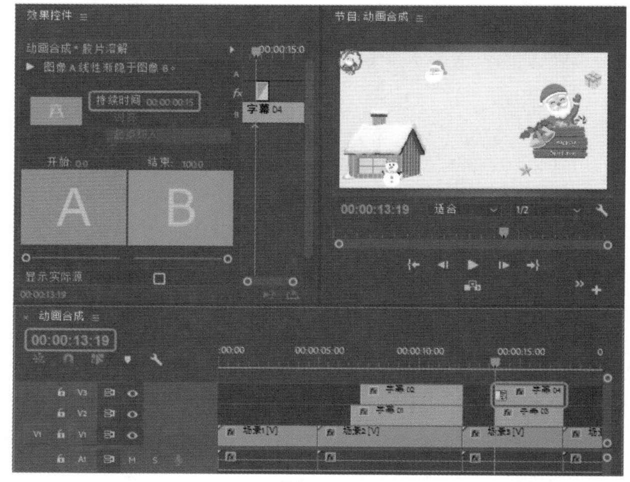

图4-232

Step 16 将当前时间设置为00:00:18:22，在【项目】面板中将【字幕05】拖曳至V3轨道中，将开始处与时间线对齐，将【持续时间】设置为00:00:03:08，如图4-233所示。

Step 17 选择【字幕02】，在【效果控件】面板中选择添加的【基本3D】特效，单击鼠标右键，在弹出的快捷菜单中选择【复制】命令。选择【字幕05】，在【效果控件】面板空白位置单击鼠标右键，在弹出的快捷菜单中选择【粘贴】命令，效果如图4-234所示。

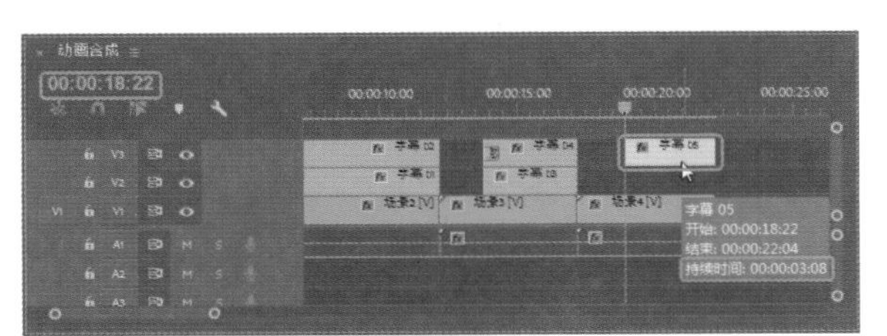

图4-233

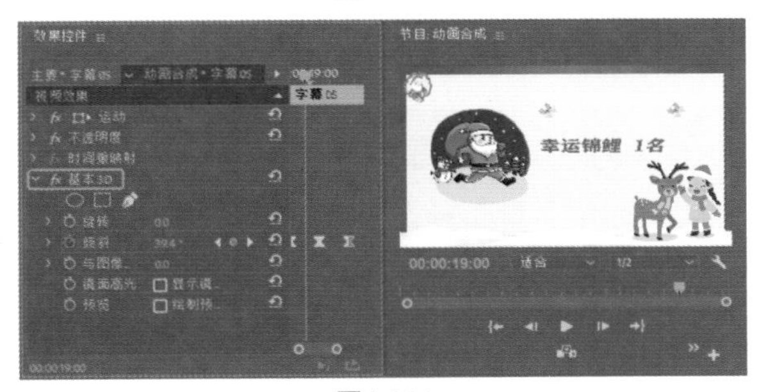

图4-234

Step 18 在【项目】面板中选择【背景音乐.wav】音频文件，拖曳至A2音频轨道中，如图4-235所示。

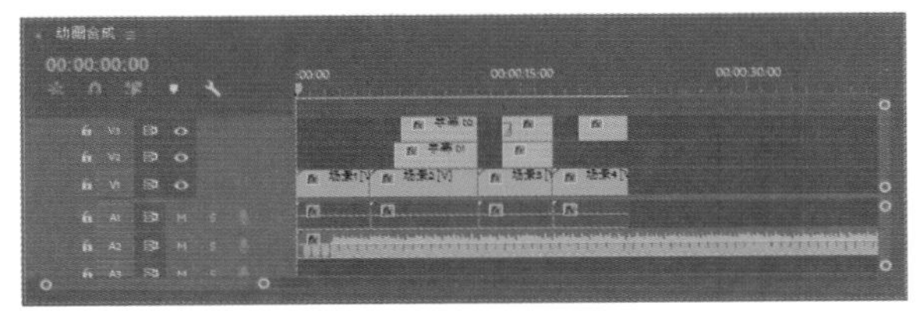

图4-235

Step 19 将当前时间设置为00:00:02:03，在工具箱中选择【剃刀工具】，在A2轨道时间线上单击，切割音频文件，如图4-236所示。

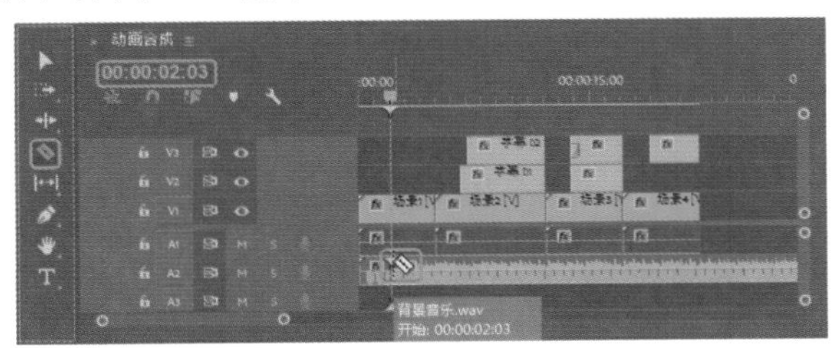

图4-236

Step 20 将当前时间设置为00:00:24:07，在时间线上单击，切换素材，选择如图4-237所示的两段音频文件。

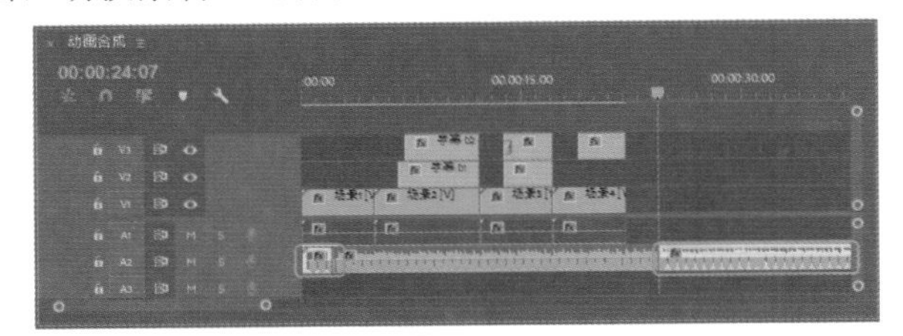

图4-237

Step 21 按Delete键进行删除。将当前时间设置为00:00:00:00，切割后的音频文件与时间线对齐，如图4-238所示。

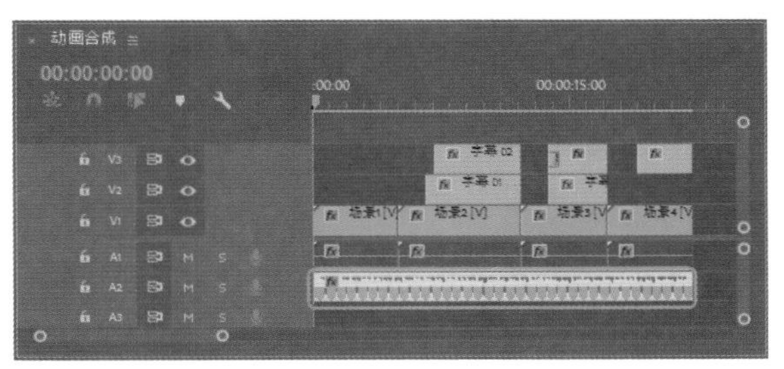

图4-238

Step 22 将当前时间设置为00:00:18:08，在【效果控件】面板中将【级别】设置为5.9，如图4-239所示。

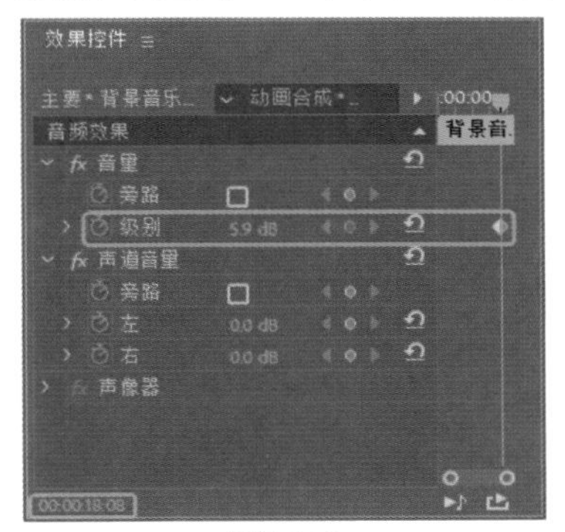

图4-239

Step 23 将当前时间设置为00:00:20:22，将【级别】设置为-13.5，如图4-240所示。

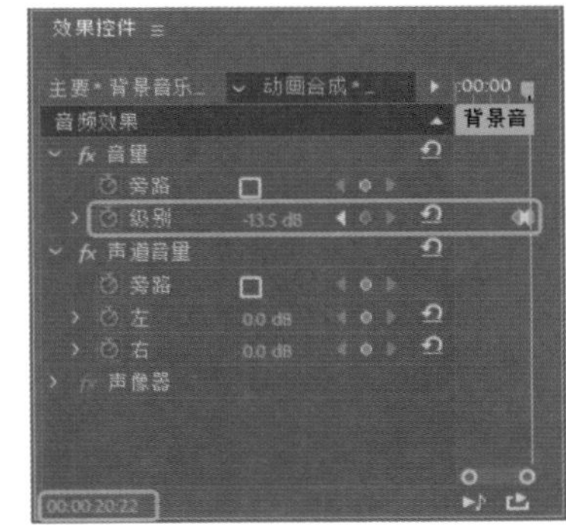

图4-240

Step 24 将当前时间设置为00:00:22:05，将【级别】设置为-20，如图4-241所示。

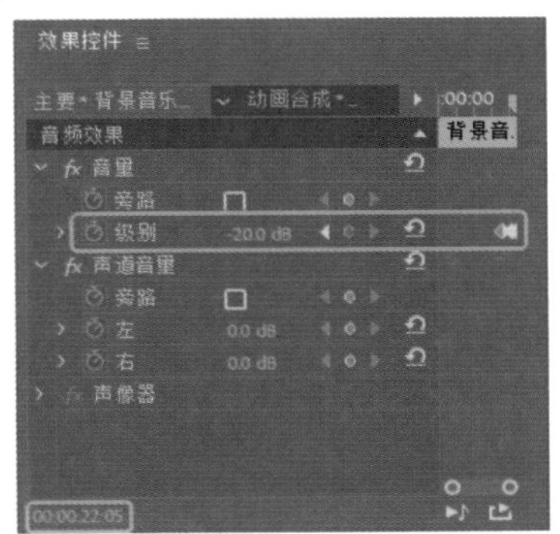

图4-241

第5章 字幕制作技巧

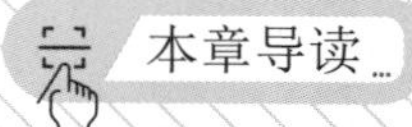

本章导读

在一个完整的影视节目中，字幕和声音一般是必不可少的。而字幕可帮助影片更全面地展现其信息内容，起到解释画面、补充内容等作用。字幕的设计主要包括字幕、提示文字、标题文字等信息的设计与表现。本章主要介绍如何通过字幕编辑器提供的各种文字编辑、属性设置以及绘图功能进行字幕的编辑。

实例087 动态旋转字幕

素材：动态旋转字幕背景.jpg
场景：动态旋转字幕.prproj

本案例主要在字幕编辑器中进行制作，需要对文字的旋转角度进行调整，从而达到所需的效果。此外，还需要为其搭配相应的背景图片，最终制作出动态旋转字幕，如图5-1所示。

图5-1

Step 01 新建项目文件和标准48kHz的序列文件，在【项目】面板的空白处双击鼠标左键，在弹出的对话框，选择【素材\Cha05\动态旋转字幕背景.jpg】文件，单击【打开】按钮，导入素材后可以在【项目】面板中查看，如图5-2所示。

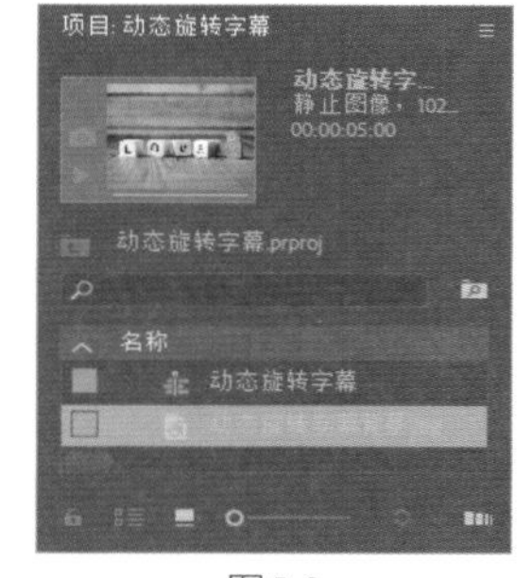

图5-2

Step 02 选择【项目】面板中的【动态旋转字幕背景.jpg】素材文件，将其拖曳至V1视频轨道中，选择添加的素材文件，切换【效果控件】面板，将【运动】选项组下的将【位置】设置为360、296，将【缩放】设置为77，如图5-3所示。

图5-3

Step 03 在菜单栏中选择【文件】|【新建】|【旧版标题】命令，弹出【新建字幕】对话框，使用默认设置单击【确定】按钮。进入到字幕编辑器中，使用【垂直文字工具】输入文字【爱情】，选中文字，将【字体系列】设置为【方正隶变简体】，将【字体大小】设置为38，将【填充】选项组下的颜色设置为红色，在【变换】选项组下，【X位置】、【Y位置】分别设置为169、138，如图5-4所示。

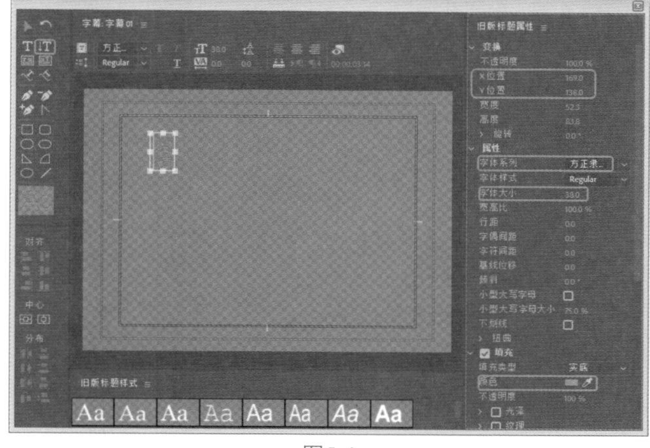

图5-4

Step 04 使用【文字工具】输入文字并选中输入的文字，在右侧将【字体系列】设置为【方正美黑简体】，【字体大小】设置为79，【字偶间距】设置为-13，将【填充】选项组下的【颜色】设置为#FAF3E4，在【变换】下设置【X位置】、【Y位置】分别为417、149，如图5-5所示。

图5-5

Step 05 关闭字幕编辑器，在【项目】面板中将【字幕01】拖曳至V2视频轨道中，使其结尾位置与V1视频轨道中的素材结尾位置对齐，并选中【字幕01】，切换至【效果控件】面板中，将【运动】选项组下的【缩放】设置为0，【位置】设置为360、155，单击【缩放】、【旋转】左侧的【切换动画】按钮，将【锚点】设置为360、138，如图5-6所示。

Step 06 将当前时间设置为00:00:02:12，在【效果控件】面板中将【运动】选项组下的【缩放】设置为100，将【旋转】设置为1×0.0°，如图5-7所示。

Step 07 设置完成后，按Ctrl+M组合键打开【导出设置】对话框，单击【输出名称】右侧的蓝色文字，设置导出文件的保存位置和名称，单击【保存】按钮，返回到【导出设置】对话框，单击【导出】按钮，即可将视频导出，如图5-8所示。

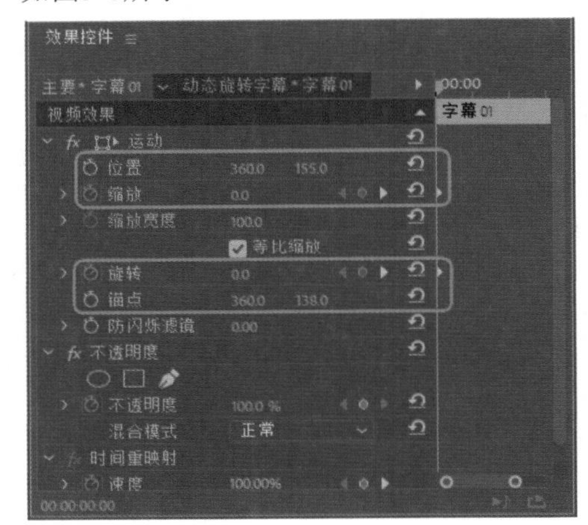

图5-6

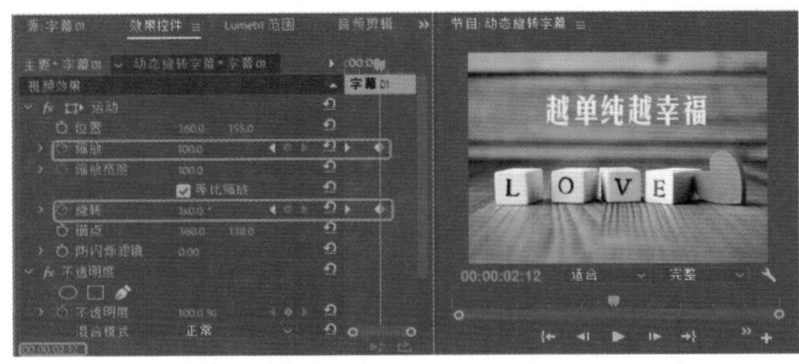

图5-7

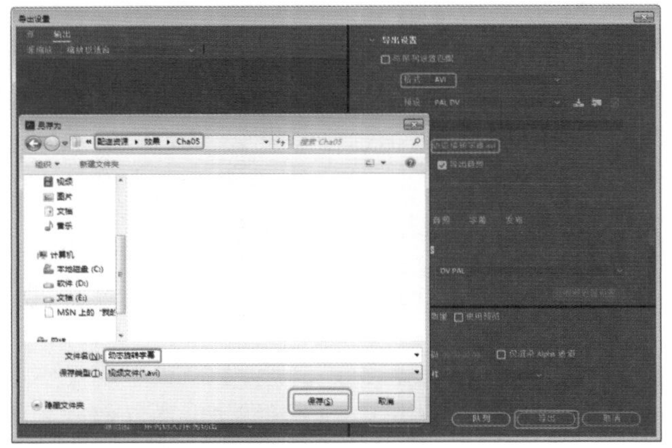

图5-8

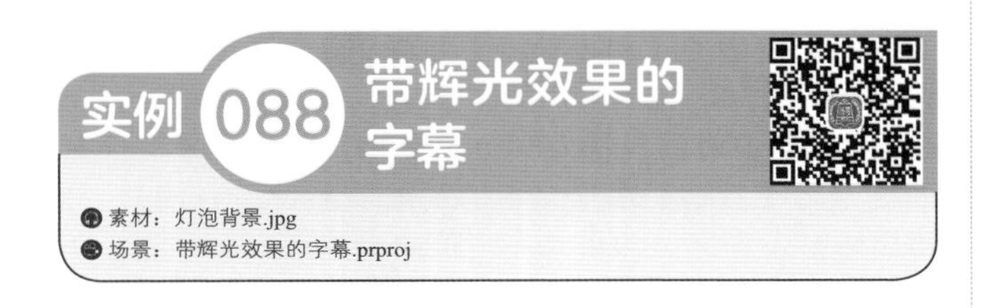

实例088 带辉光效果的字幕

素材：灯泡背景.jpg
场景：带辉光效果的字幕.prproj

本案例通过使用【文字工具】输入文本，设置文字的字体与位置，对字体进行颜色上的替换，考虑到该带辉光效果字幕的美观性，还需要为其搭配相应的背景图片，以达到更好的效果，效果如图5-9所示。

Step 01 新建项目文件和标准48kHz的序列文件，在【项目】面板的空白处双击鼠标左键，在弹出的对话框中选择【素材\Cha05\灯泡背景.jpg】文件，单击【打开】按钮，导入素材后可以在【项目】面板中查看，如图5-10所示。

图5-9　图5-10

Step 02 选择【项目】面板中的【灯泡背景.jpg】素材文件，将其拖曳至V1视频轨道中，将其【持续时间】设置为00:00:05:00，切换【效果控件】面板，将【运动】选项组下的【缩放】设置为22，如图5-11所示。

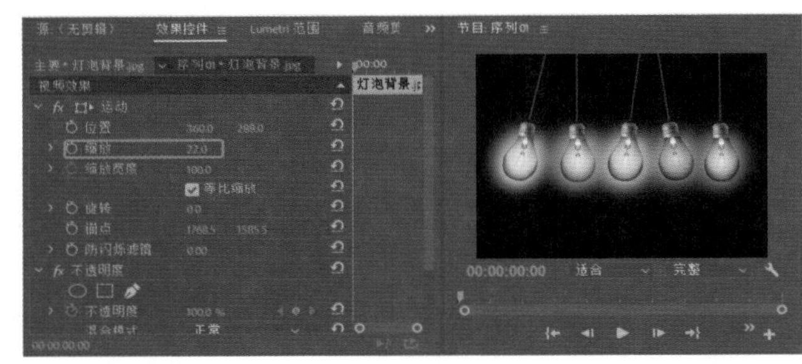

图5-11

Step 03 在菜单栏中选择【文件】|【新建】|【旧版标题】命令，弹出【新建字幕】对话框，使用默认设置单击【确定】按钮，进入到字幕编辑器中。使用【文字工具】T输入文字，并选中输入的文字，将【字体系列】设置为Stencil Std，【字体大小】设置为120，【字偶间距】设置为14，将【填充】选项组下的【颜色】设置为#BAB8B8，如图5-12所示。

Step 04 然后选中第一个文字，对其单独进行设置，勾选【光泽】复选框，将【颜色】设置为白色，将【大小】设置为50；添加一个【外描边】，将【类型】设置为【凹进】，将【颜色】设置为#E4C720；勾选【阴影】复选框，将颜色设置为#E4C720，将【不透明度】设置为100%，【角度】设置为0°，【距离】设置为0，【大小】设置为40，【扩展】设置为100，如图5-13所示。

图5-12

图5-13

◎提示·○

文字工具：使用该工具可以输入文字，它是制作字幕的主要工具之一。

Step 05 使用同样方法设置其他文字的参数，并为其设置不同的阴影颜色，效果如图5-14所示。

图5-14

Step 06 关闭字幕编辑器，在【项目】面板中，将【字幕01】拖曳至V2视频轨道中。设置完成后，按Ctrl+M组合键打开【导出设置】对话框，单击【输出名称】右侧的蓝色文字，设置导出文件的保存位置和名称，单击【保存】按钮，返回到【导出设置】对话框，单击【导出】按钮，即可将视频导出，效果如图5-15所示。

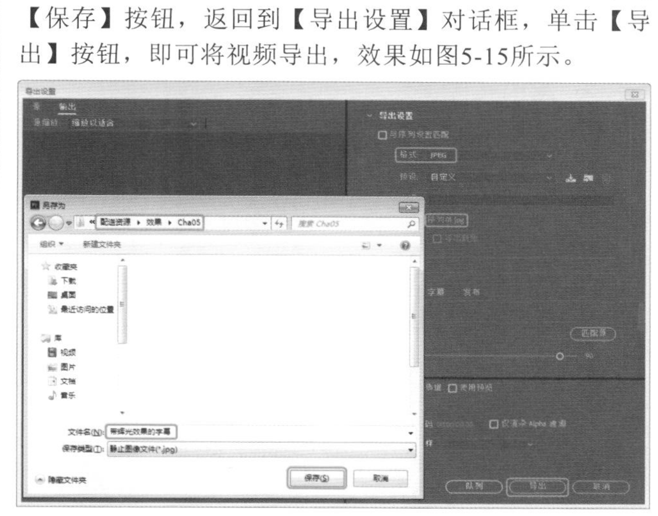

图5-15

实例 089 浮雕文字效果

素材：浮雕文字背景.jpg

场景：浮雕文字效果.prproj

本案例通过【文字工具】输入文字，为文字添加【斜面Alpha】视频效果，从文字含义与背景内容相符合的角度设置合适的效果，以达到更好的场景，效果如图5-16所示。

图5-16

Step 01 新建项目文件和标准48kHz的序列文件，在【项目】面板的空白处双击鼠标左键，在弹出的对话框中选择【素材\Cha05\浮雕文字背景.jpg】文件，单击【打开】按钮，导入素材后可以在【项目】面板中查看，如图5-17所示。

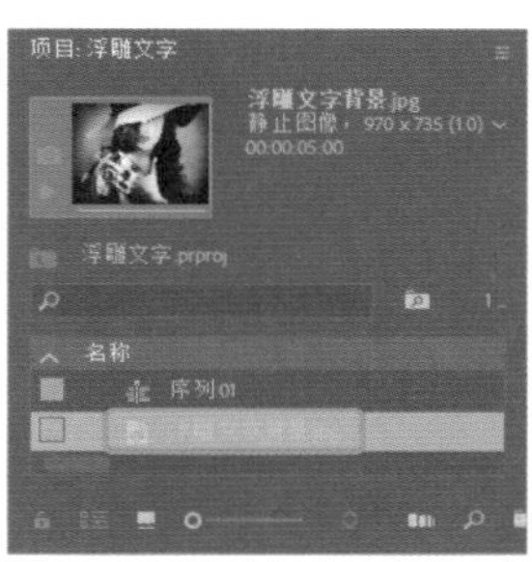

图5-17

Step 02 选择【项目】面板中的【浮雕文字背景.jpg】素材文件，将其拖曳至V1 视频轨道中，将其【持续时间】设置为00:00:05:00；选择添加的素材文件，切换至【效果控件】面板，将【运动】选项组下的【缩放】设置为79，如图5-18所示。

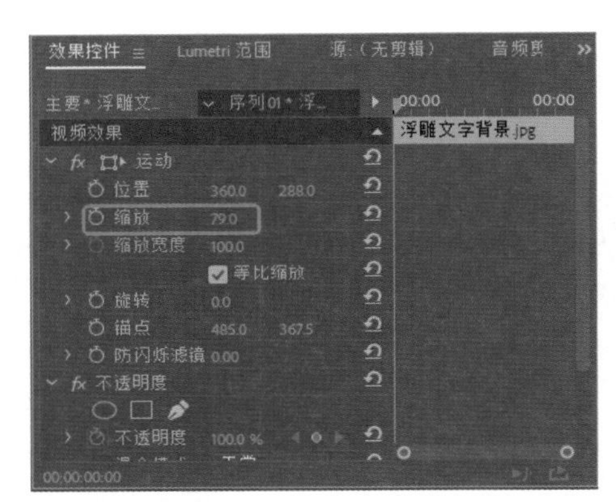

图5-18

Step 03 在菜单栏中选择【文件】|【新建】|【旧版标题】命令，弹出【新建字幕】对话框，使用默认设置单击【确定】按钮，进入到字幕编辑器中。使用【文字工具】T输入文字FASHION，并选中文字，将【字体系列】设置为【方正超粗黑简体】，【字体大小】设置为110，【宽高比】设置为73.6%，将【填充】选项组下的【颜色】设置为#E5E5E5，在【变换】选项组下将【X位置】、【Y位置】分别设置为541、478，如图5-19所示。

图5-19

Step 04 在菜单栏中选择【文件】|【新建】|【旧版标题】命令，弹出【新建字幕】对话框，使用默认设置单击【确定】按钮，进入到字幕编辑器中。使用【文字工具】T输入文字Do a confident beautiful woman，并选中文字，将【字体系列】设置为Impact，【字体大小】设置为28，将【宽高比】设置为22.6%，将【填充】选项组下的【类型】设置为【线性渐变】，将【颜色】分别设置为#FBFAF8、#646464，在【变换】选项组下将【X位置】、【Y位置】分别设置为525、467，如图5-20所示。

Step 05 关闭字幕编辑器，将当前时间设置为00:00:01:00，在【项目】面板中将【字幕01】拖曳V2视频轨道中，将其结尾位置与V1视频轨道中素材的结尾位置对齐，在【效果】面板中搜索【滑动】效果，将其拖曳至V2视频轨道中字幕的开始位置，如图5-21所示。

图5-20

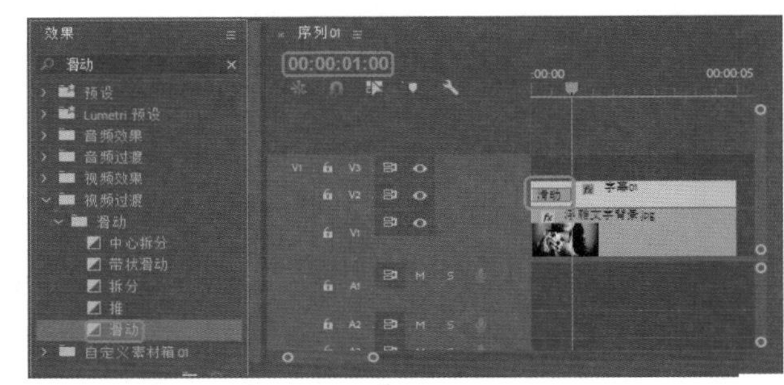

图5-21

Step 06 在【效果】面板中搜索【渐变】和【斜面Alpha】视频效果，将其添加至V2视频轨道中【字幕01】素材文件上，将【渐变】下的【渐变起点】设置为512、384，【起始颜色】设置为#CFBEA5，【渐变终点】设置为360、576，【结束颜色】设置为#9D7D47，【渐变形状】设置为【线性渐变】，将【斜面A1pha】选项下的【边缘厚度】设置为3.9，【光照角度】设置为-60°，【光照颜色】设置为白色，【光照强度】设置为0.4，如图5-22所示。

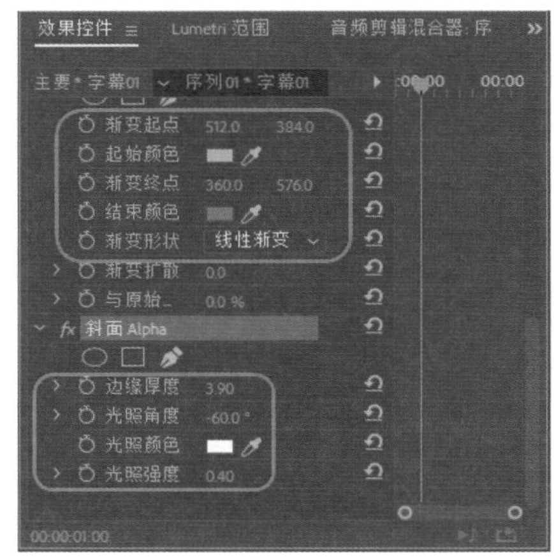

图5-22

Step 07 将当前时间设置为00:00:01:00，在【项目】面板中将【字幕02】拖曳V3视频轨道中，将其结尾位置与V1视频轨道中的素材的结尾位置对齐，在【效果】面板中搜索【推】特效，将其拖曳至V3视频轨道中字幕的开始位置，如图5-23所示。

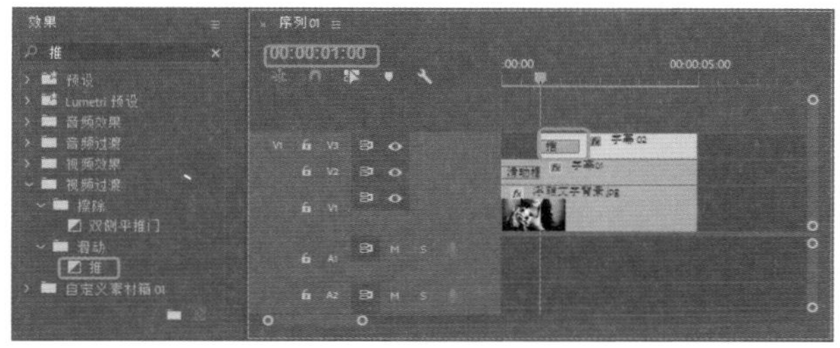

图5-23

Step 08 选中字幕开始处的【推】效果，在【效果控件】面板中单击【自南到北】按钮，如图5-24所示。

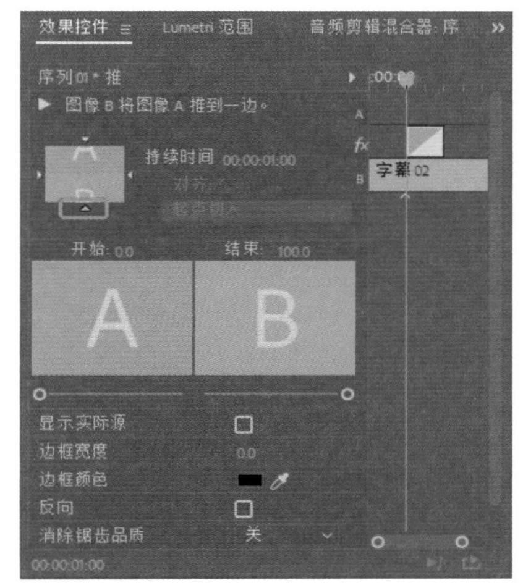

图5-24

Step 09 设置完成后，按Ctrl+M组合键打开【导出设置】对话框，单击【输出名称】右侧的蓝色文字，设置导出文件的保存位置和名称，单击【保存】按钮，返回到【导出设置】对话框，单击【导出】按钮，即可将视频导出，如图5-25所示。

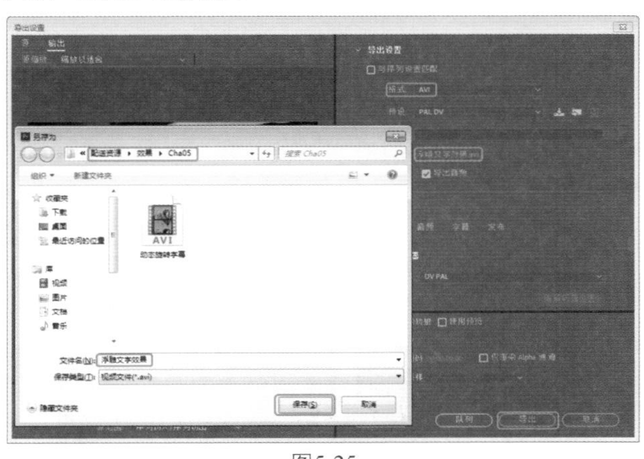

图5-25

实例090 渐变文字

素材：渐变文字背景.jpg
场景：渐变文字.prproj

本例将制作颜色渐变的字幕效果，在对字幕设置填充时，应用了【四色渐变】类型，效果如图5-26所示。

Step 01 新建项目文件和标准48kHz的序列文件，在【项目】面板的空白处双击鼠标左键，在弹出的对话框中选择【素材\Cha05\渐变文字背景.jpg】文件，单击【打开】按钮，导入素材后可以在【项目】面板中查看，如图5-27所示。

图5-26

图5-27

Step 02 选择【项目】面板中的【渐变文字背景.jpg】文件，将其拖曳到V1轨道中，将持续时间设置为00:00:05:00，在菜单栏中选择【文件】|【新建】|【旧版标题】命令，弹出【新建字幕】对话框，使用默认设置单击【确定】按钮，进入到字幕编辑器中。使用【文字工具】输入文字并选中文字，在右侧将【字体系列】设置为Arial，【字体样式】设置为Bold，【字体大小】设置为107，【行距】设置为17；将【填充】选项组的【填充类型】设置为【四色渐变】，将左上角的颜色块设置为#AA087C、右上角的色块设置为#FF0096，下方的两个颜色块均设置为#050344，将【变换】选项组的【X位置】、【Y位置】分别设置为366.2、266.5，如图5-28所示。

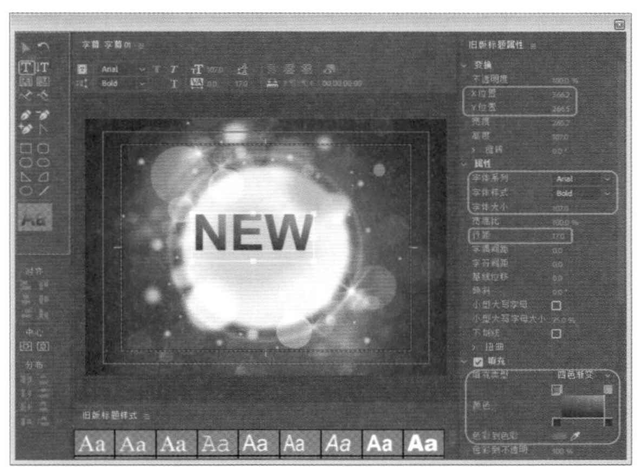

图5-28

Step 03 勾选【阴影】选项，将颜色设置为#FF0096，【不透明度】设置为50%，【角度】设置为0°，【距离】设置为0，【大小】设置为0，【扩散】设置为30，如图5-29所示。

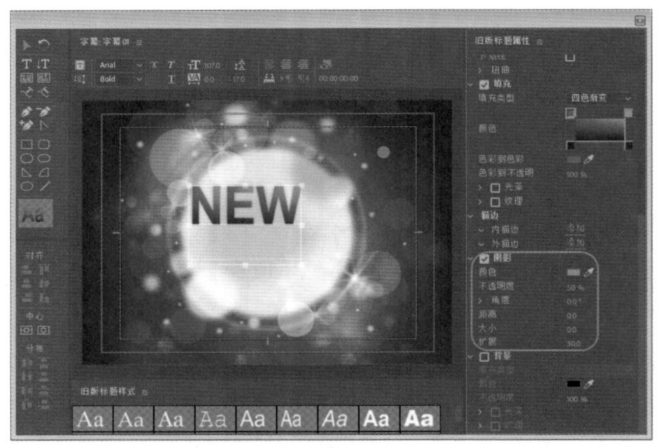

图5-29

Step 04 按Enter键输入文字products listed，将【字体大小】设置为42，效果如图5-30所示。

图5-30

Step 05 在菜单栏中选择【文件】|【新建】|【旧版标题】命令，弹出【新建字幕】对话框，使用默认设置单击【确定】按钮，进入到字幕编辑器中。使用【钢笔工具】绘制一个菱形，并将【属性】选项组下的【图形类型】设置为【填充贝塞尔曲线】，将【填充】选项组下的【不透明度】设置为50%，效果如图5-31所示。

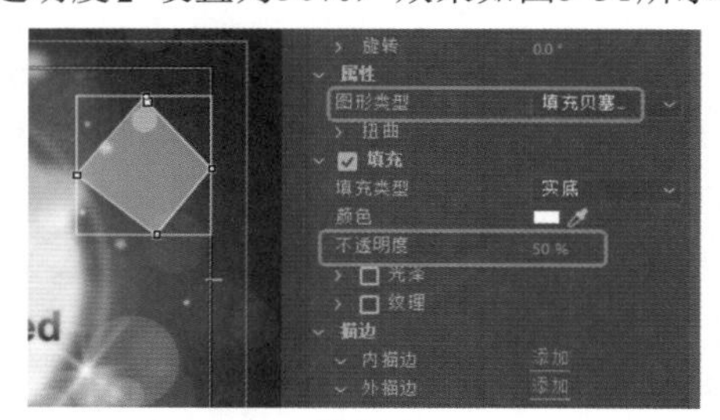

图5-31

Step 06 在【变换】下设置【宽度】为6，【高度】为124.5，【旋转】设置为90°，【X位置】、【Y位置】分别设置为481.3、294.7，然后对它进行多次复制，并旋转角度，调整位置，效果如图5-32所示。

图5-32

Step 07 设置完成后，关闭字幕编辑器，将创建完成后的字幕拖曳至V2视频轨道中，在【项目】面板中，将【字幕02】拖曳V3轨道中，在【节目】面板中查看效果即可。设置完成后，按Ctrl+M组合键打开【导出设置】对话框，设置文件的保存位置和名称，单击【保存】按钮，返回到【导出设置】对话框，单击【导出】按钮，即可将视频导出，效果如图5-33所示。

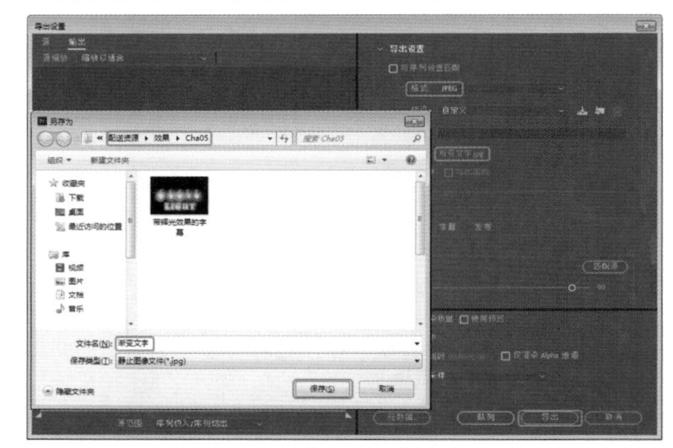

图5-33

实例 091 卷展画效果

素材：卷轴画背景.jpg、卷轴画.png

场景：卷展画效果.prproj

本案例通过卷展的方式打开一幅图片，显示其中的内容，卷展效果的字幕具有古韵的效果。新建字幕，使用【文字工具】输入文字，选择合适的字体，再为素材图片添加合适的特效就可制作出卷展画效果，如图5-34所示。

图5-34

Step 01 新建项目文件和标准48kHz的序列文件，在【项目】面板的空白处双击鼠标左键，在弹出的对话框中选择【素材\Cha05\卷轴画背景.jpg】、【卷轴画.png】文件，单击【打开】按钮，导入素材后可以在【项目】面板中查看，如图5-35所示。

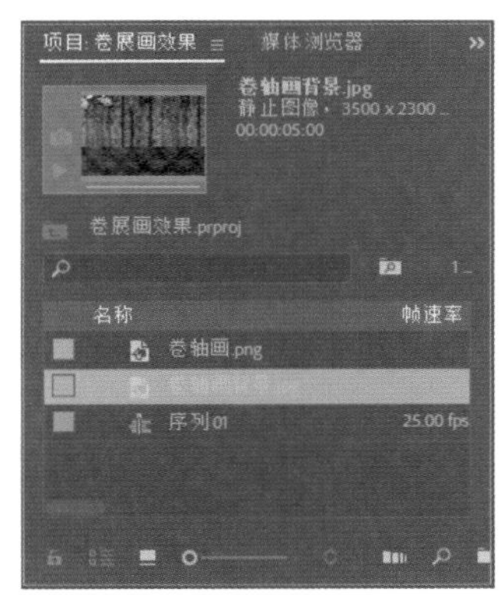

图5-35

Step 02 选择【项目】面板中的【卷轴画背景.jpg】文件，将其拖曳到V1轨道中，切换【效果控件】面板，将【运动】选项组下的【缩放】设置为26，如图5-36所示。

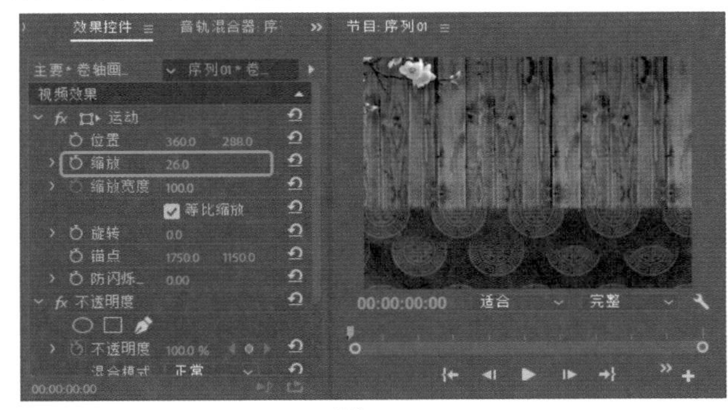

图5-36

Step 03 在【项目】面板中将【卷轴画.png】素材文件拖曳到V2轨道中，选择【效果控件】面板，将【运动】选项组下的【缩放】设置为26，【位置】设置为350、288，如图5-37所示。

图5-37

Step 04 在菜单栏中选择【文件】|【新建】|【旧版标题】命令，弹出【新建字幕】对话框，使用默认设置单击【确定】按钮，进入到字幕编辑器中。使用【文字工具】输入【鹤仙中云】并选中文字，将【字体】设置为【方正黄草简体】，【字体大小】设置为133，【字偶间距】设置为-22，将【填充】选项组下的【颜色】设置为黑色，将【变换】下的【X位置】、【Y位置】设置为410、314.2，如图5-38所示。

图5-38

◎提示

在【新建项目】对话框中单击【位置】右侧的【浏览】按钮，在弹出的【浏览文件夹】对话框中可以设置文字的存储位置。

Step 05 关闭字幕编辑器，在【项目】面板中将【字幕01】拖曳至V3轨道中，将结尾处与V2视频轨道中的结尾处对齐。在【效果】面板中搜索【滑动】效果，按住鼠标左键拖曳至V2、V3轨道中素材文件的开始处，并在轨道中分别选中该效果，在【效果控件】面板中勾选【滑动】效果的【反向】复选框，如图5-39所示。

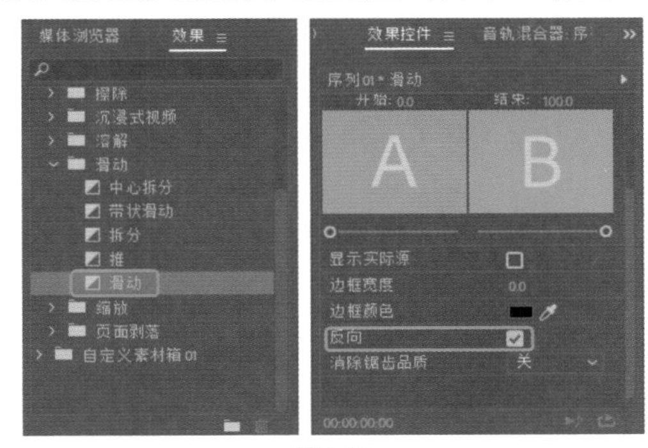

图5-39

Step 06 设置完成后，按Ctrl+M组合键打开【导出设置】对话框，单击【输出名称】右侧的蓝色文字，设置导出文件的保存位置和名称，单击【保存】按钮，返回到【导出设置】对话框，单击【导出】按钮，即可将视频导出，如图5-40所示。

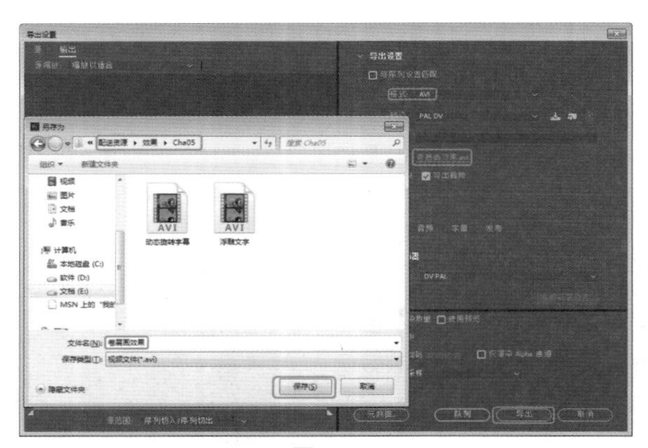

图5-40

实例 092 字幕排列

素材：字幕排列.jpg

场景：字幕排列.prproj

本案例为素材设置合适的大小与位置，然后使用【文字工具】输入文本，并为文字设置字体与颜色。设置完成后将新建字幕拖曳至视频轨道中，制作出字幕排列效果，如图5-41所示。

图5-41

Step 01 新建项目，按Ctrl+N组合键，在弹出的对话框中选择【设置】选项卡，将【编辑模式】设置为【自定义】，将【时基】设置为【23.976帧/秒】，将【帧大小】设置为520，将【水平】设置为480，将【像素长宽比】设置为【D1/DV NTSC（0.9091）】，单击【确定】按钮，如图5-42所示。

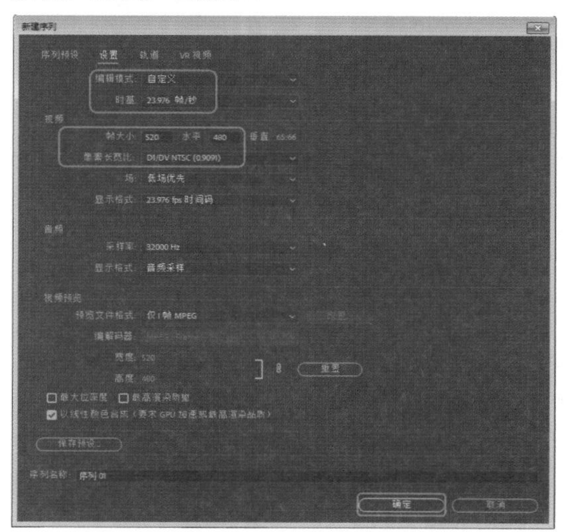

图5-42

Step 02 在【项目】面板中双击鼠标，选择【素材\Cha05\字幕排列.jpg】文件，单击【打开】按钮。

Step 03 在【项目】面板中选择添加的素材文件，将其拖曳至V1轨道中，选中该轨道中的素材文件，在【效果控件】面板中将【缩放】设置为17，如图5-43所示。

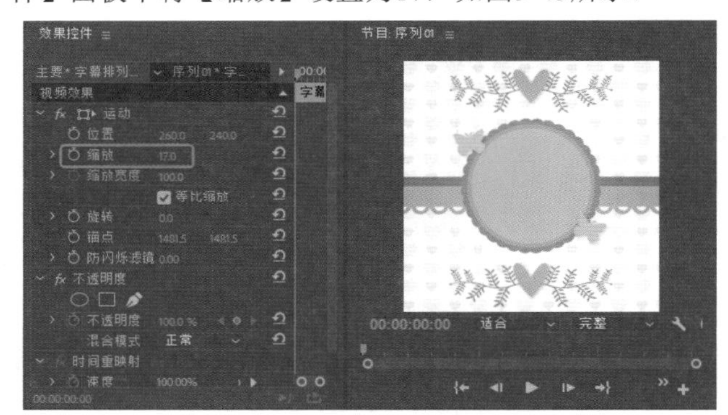

图5-43

Step 04 在菜单栏中选择【文件】|【新建】|【旧版标题】命令，弹出【新建字幕】对话框，使用默认设置单击【确定】按钮，进入到字幕编辑器中，如图5-44所示。

图5-44

Step 05 单击【确定】按钮，使用【文字工具】输入【春】，选中输入的文字，将【字体系列】设置为【汉仪秀英体简】，将【字体大小】设置为90；将【填充】区域下的【填充类型】设置为【实底】，【颜色】设置为#FFB500；在【描边】区域下单击【外描边】右侧的【添加】按钮，将【类型】设置为【边缘】，【大小】设置为3，将【颜色】设置为#FFFFFF，如图5-45所示、

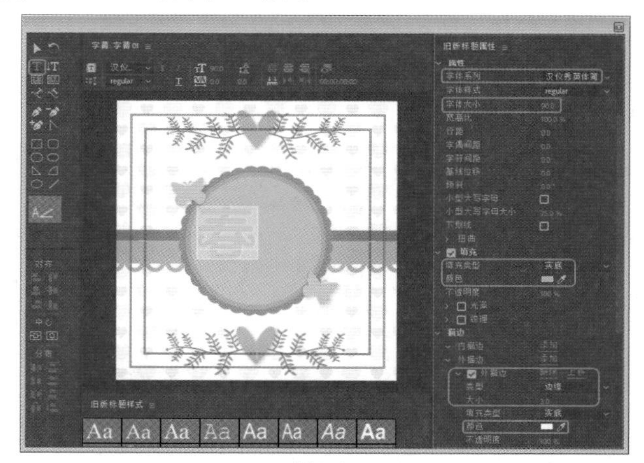

图5-45

Step 06 勾选【阴影】复选框，将【颜色】设置为白色，将【不透明度】、【角度】、【距离】、【大小】、【扩展】分别设置为100%、45°、3、0、21，如

图5-46所示。

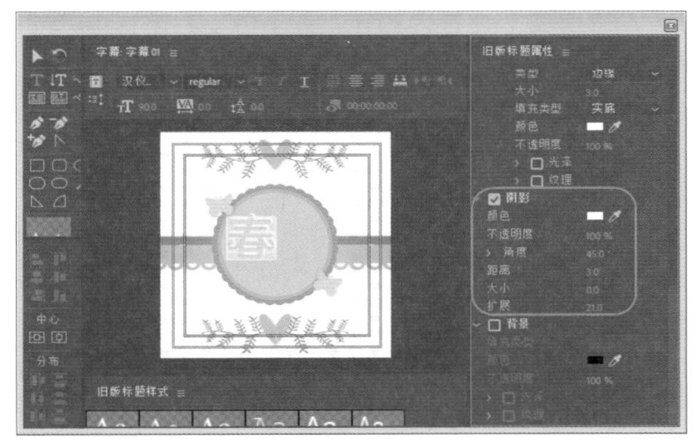
图5-46

Step 07 继续选中该文字，在【变换】选项组中将【X位置】、【Y位置】分别设置为187、227，如图5-47所示。

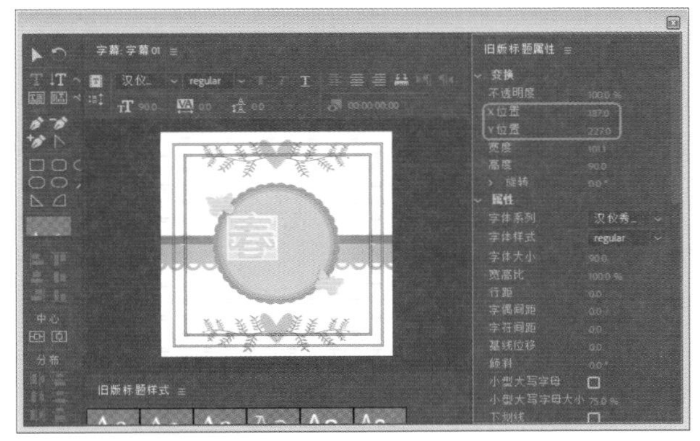
图5-47

Step 08 选中该文字，按住Alt键拖曳鼠标，对选中的文字进行复制，将其修改为【意】，将【X位置】、【Y位置】分别设置为281.3、257.6，如图5-48所示。

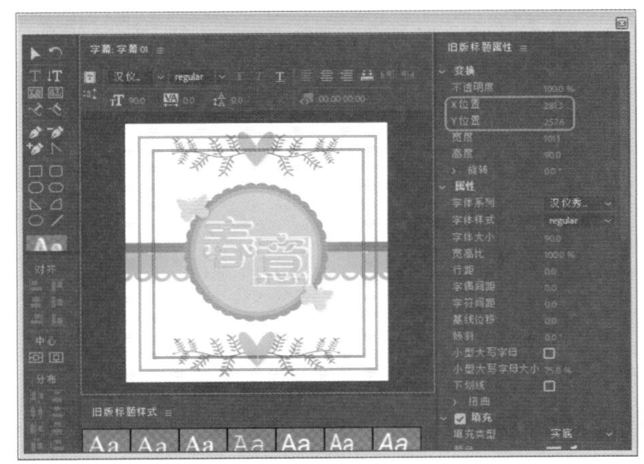
图5-48

Step 09 选中复制后的文字，在【项目】面板中选择【字幕01】，将其拖曳至V2视频轨道中，完成后的效果如图5-49所示。

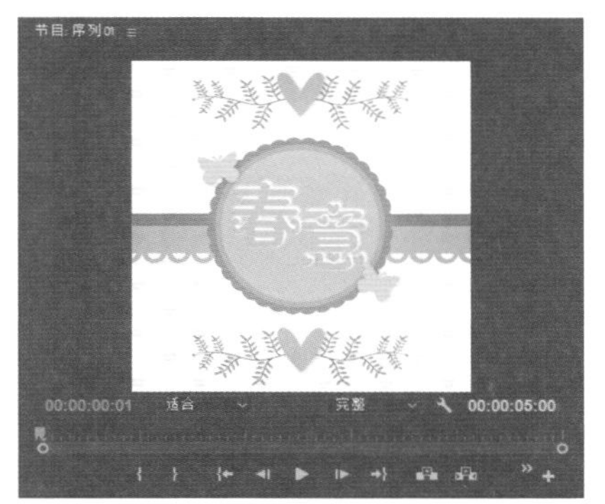
图5-49

实例 093 中英文字幕

素材：卡通背景.jpg

场景：中英文字幕.prproj

本案例制作出的中英文字幕效果如图5-50所示。

图5-50

Step 01 新建项目文件和标准48kHz的序列文件，在【项目】面板的空白处双击鼠标左键，在弹出的对话框中选择【素材\Cha05\卡通背景.jpg】文件，单击【打开】按钮，导入素材后可以在【项目】面板中查看，如图5-51所示。

Step 02 选择【卡通背景.jpg】文件，将其拖曳到V1轨道中，选择添加的素材文件，打开【效果控件】面板，将【运动】下的【缩放】值设置为65，如图5-52所示。

图5-51

图5-52

Step 03 在菜单栏中选择【文件】|【新建】|【旧版标题】命令，弹出【新建字幕】对话框，使用默认设置单击【确定】按钮，进入到字幕编辑器中，如图5-53所示。

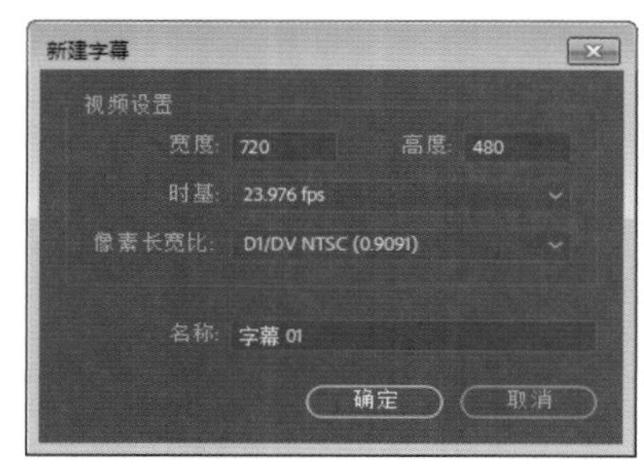

图5-53

Step 04 弹出字幕编辑器，选择【文字工具】，输入【花】，将【字体系列】设置为【方正行楷简体】，将【字体大小】设置为150，将【X位置】、【Y位置】分别设置为556、92.6，如图5-54所示。

图5-54

Step 05 在【填充】选项组中将【填充类型】设置为【线性渐变】，将第一个色标的颜色设置为#C1A961，将第二个色标的颜色设置为#F5E19E，并适当调整色标的位置，如图5-55所示。

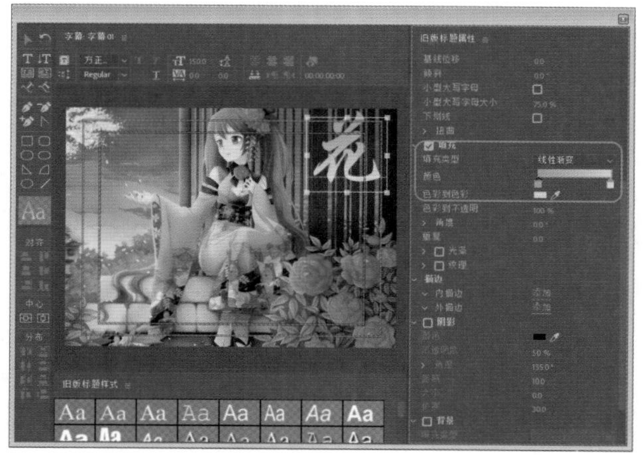

图5-55

Step 06 勾选【阴影】复选，将【颜色】设置为#FD1F00，将【不透明度】设置为89%，将【角度】设置为90°，将【距离】设置为0，将【大小】设置为14，将【扩展】设置为63，如图5-56所示。

图5-56

Step 07 选择【花】文字，按住Alt键拖曳鼠标，对选中的文字进行复制，然后将文字复制的文字【花】修改为Flower，如图5-57所示。

图5-57

Step 08 选择修改的文字，将【字体系列】设置为Bell MT，将【字体样式】设置为Italic，将【字体大小】设置为55，将【字符间距】设置为5，如图5-58所示。

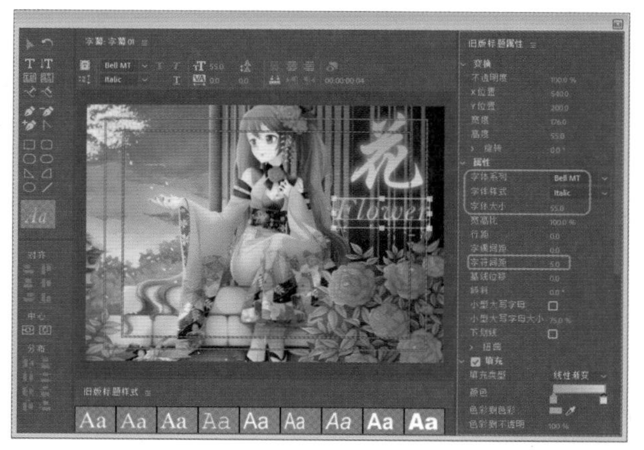

图5-58

Step 09 使用【选择工具】对中英文字进行适当调整，如图5-59所示。

Step 10 关闭字幕编辑器，将创建的【字幕01】拖曳到V2轨道中，使其与V1轨道中的素材结尾处对齐，如图5-60所示。

图5-59

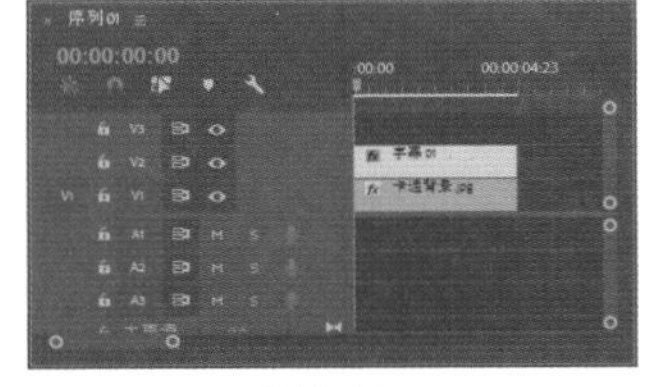

图5-60

实例094 纹理效果的字幕

素材：纹理01.jpg、纹理02.jpg

场景：纹理效果的字幕.prproj

本案例通过对素材添加纹理，制作出纹理效果的字幕，如图5-61所示。

图5-61

Step 01 新建项目文件和宽屏48kHz的序列文件，在【项目】面板的空白处双击鼠标左键，选择【素材\Cha05\纹理01.jpg】文件，单击【打开】按钮，将其拖曳到V1轨道中。选择添加的素材文件，打开【效果控件】面板，将【运动】下的【缩放】设置为42，如图5-62所示。

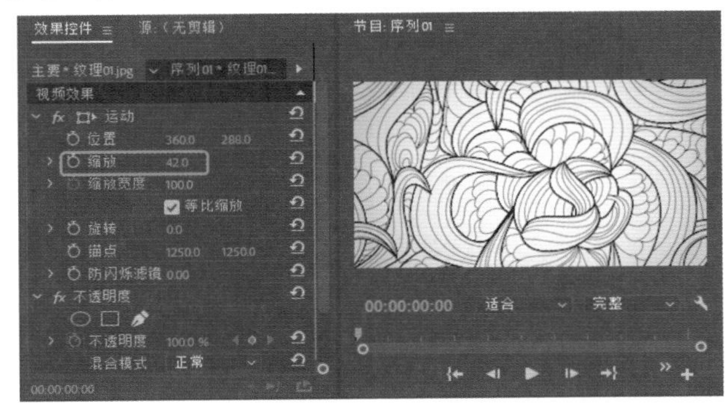

图5-62

Step 02 在菜单栏中选择【文件】|【新建】|【旧版标题】命令，弹出【新建字幕】对话框，使用默认设置单击【确定】按钮，进入到字幕编辑器中。使用【文字工具】输入文字FIRST，将【字体系列】设置为Snap ITC，【字体样式】设置为Regular，【字体大小】设置为161，【字符间距】设置为30，X、Y设置为546、305，如图5-63所示。

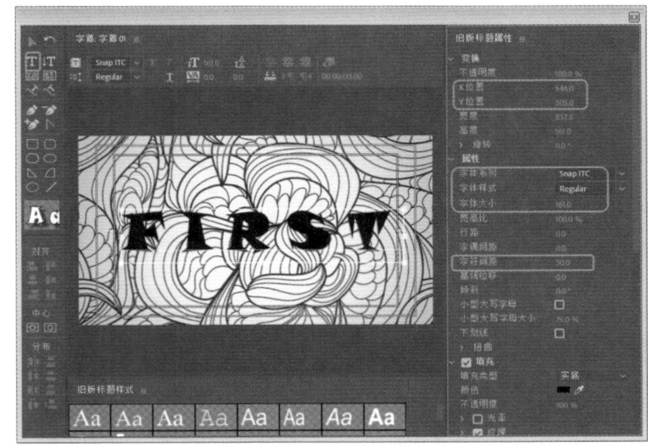

图5-63

Step 03 在【填充】区域下勾选【纹理】复选框，单击【纹理】右侧图块，在弹出的【选择纹理图像】对话框中，选择【素材\Cha05\纹理02.jpg】文件，单击【打开】按钮。将【缩放】下的【对象X】、【对象Y】都设置为【纹理】，将【水平】、【垂直】分别设置为40%、35%，取消勾选【平铺X】、【平铺Y】复选框，将【对齐】下的【X偏移】、【Y偏移】分别设置为-28、-27，如图5-64所示。

图5-64

Step 04 在【描边】区域下单击【外描边】右侧的【添加】，将【类型】设置为【边缘】，将【大小】设置为21，【颜色】设置为# 000000，如图5-65所示。

Step 05 勾选【阴影】复选框，将【颜色】设置为黑色，将【不透明度】设置为50%，将【角度】、【距离】、【大小】、【扩展】分别设置为135°、10、4、2，如图5-66所示。

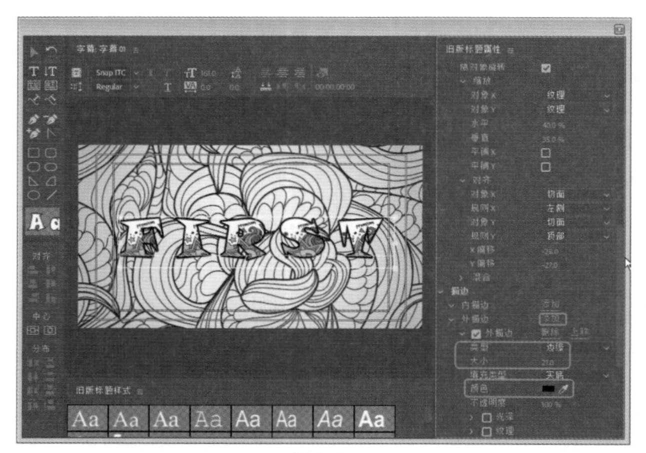

图5-65

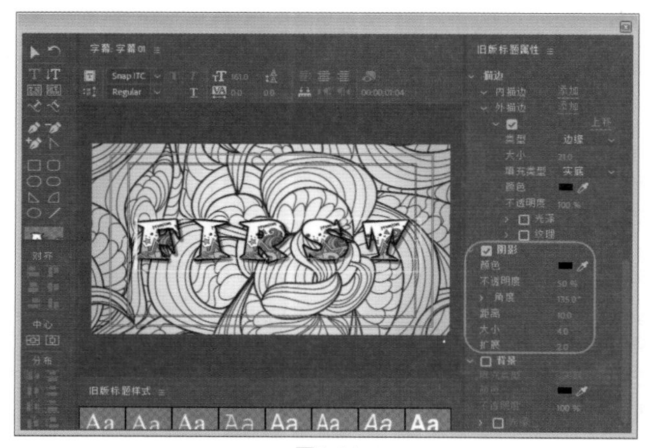

图5-66

Step 06 关闭字幕编辑器，将【字幕01】拖曳至【时间轴】面板V2轨道中，与V1视频素材结尾处对齐即可，如图5-67所示。

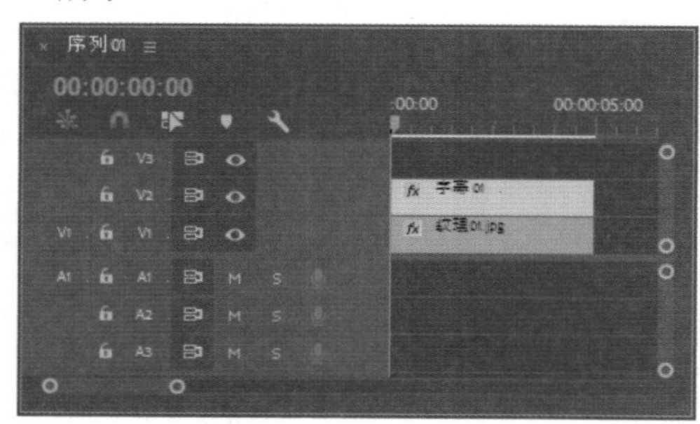

图5-67

实例095 涂鸦字幕

素材：涂鸦01.jpg、涂鸦02.jpg、涂鸦03.jpg

场景：涂鸦字幕.prproj

本案例制作出的涂鸦字幕效果如图5-68所示。

Step 01 新建项目文件和标准48kHz的序列文件，在【项目】面板的空白处双击鼠标左键，在弹出的对话框中选择【素材\Cha05\涂鸦01.jpg】文件，单击【打开】按钮，导入素材后可以在【项目】面板中查看，如图5-69所示。

图5-68

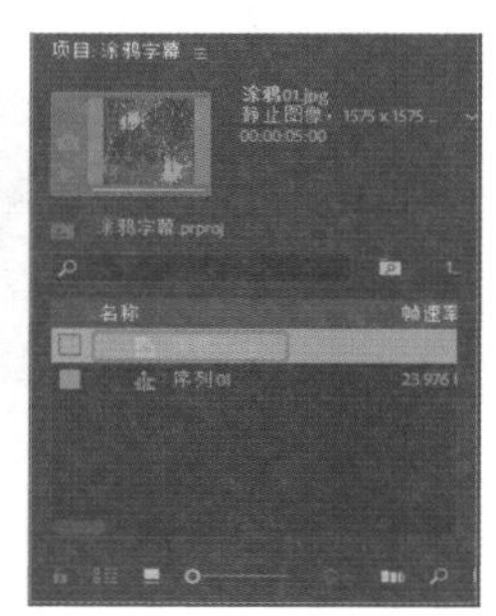

图5-69

Step 02 选择【涂鸦01.jpg】文件，将其拖曳到V1轨道中。选择添加的素材文件，打开【效果控件】面板，将【运动】下的【缩放】设置为64，如图5-70所示。

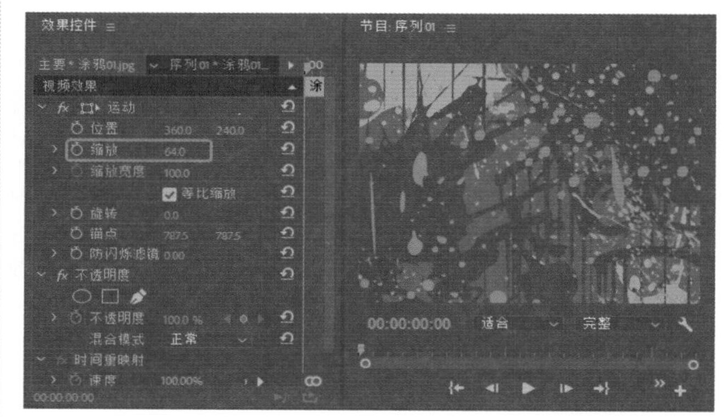

图5-70

Step 03 在菜单栏中选择【文件】|【新建】|【旧版标题】命令，弹出【新建字幕】对话框，使用默认设置单击【确定】按钮，如图5-71所示。

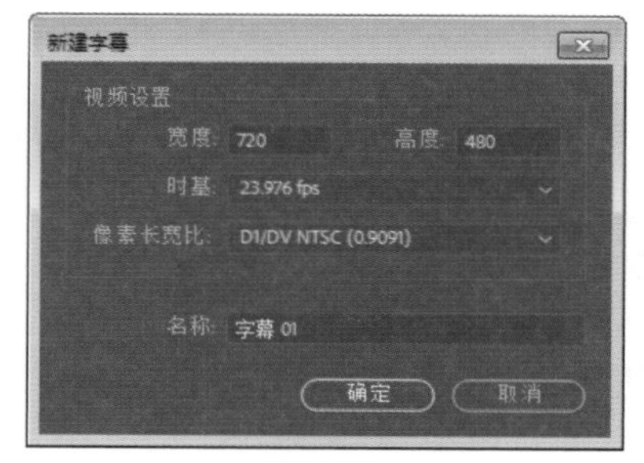

图5-71

Step 04 进入字幕编辑器中，选择【文字工具】，输入文字ONLY，将【字体系列】设置为【汉仪竹节体简】，将【字体大小】设置为185，将【倾斜】设置为20，将【X位置】、【Y位置】设置为320、240，如图5-72所示。

Step 05 添加一个【内描边】，将【类型】设置为【凹进】，【角度】设置为90，然后勾选【纹理】复选框，单击【纹理】右侧图标，弹出【选择纹理图像】对话框，选择【素材\Cha05\涂鸦02.jpg】文件，单击【打开】按钮，如图5-73所示。

图5-72

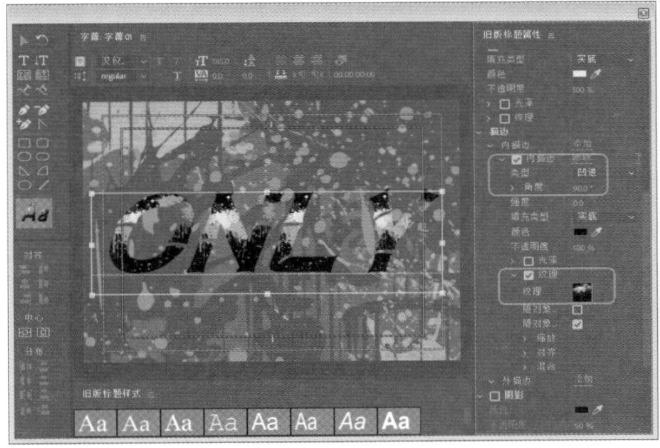

图5-73

Step 06 添加一个【外描边】，将【类型】设置为【边缘】，将【大小】设置为40；然后勾选【纹理】复选框，单击【纹理】右侧的图标，弹出【选择纹理图像】对话框，选择【素材\Cha05\涂鸦03.jpg】文件，单击【打开】按钮，如图5-74所示。

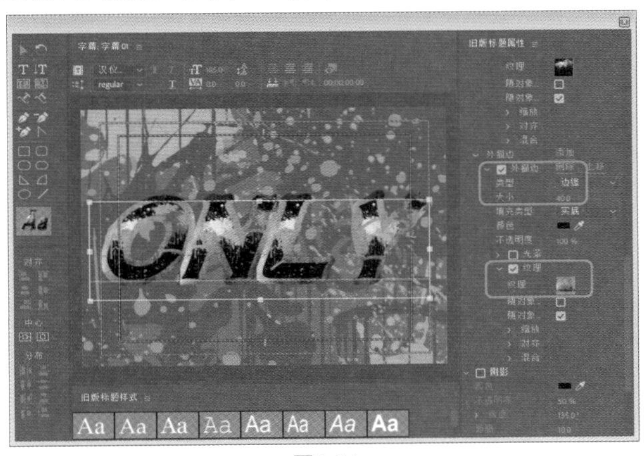

图5-74

Step 07 再添加一个【外描边】，设置与上一步的【外描边】相同的参数，如图5-75所示。

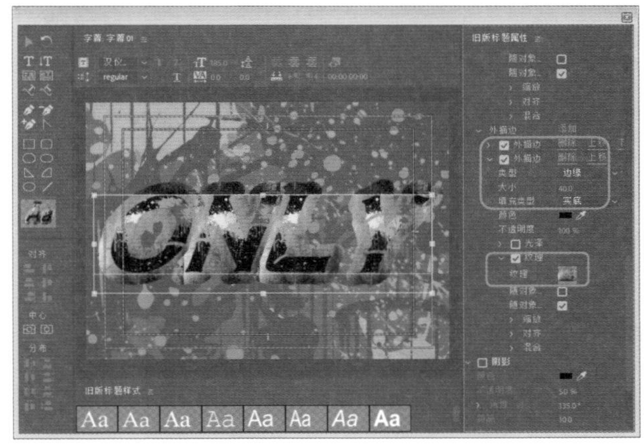

图5-75

Step 08 勾选【阴影】复选框，将【颜色】设置为黑色，将【不透明度】设置为100%，将【角度】设置为-215°，将【距离】设置为25，将【大小】设置为0，将【扩展】设置为50，如图5-76所示。

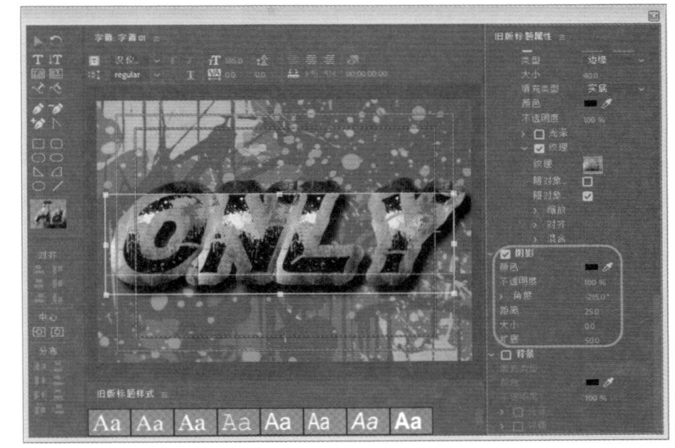

图5-76

Step 09 关闭字幕编辑器，选择【字幕01】，将其拖曳到V2轨道中，并与V1轨道中的素材文件结尾处对齐，如图5-77所示。

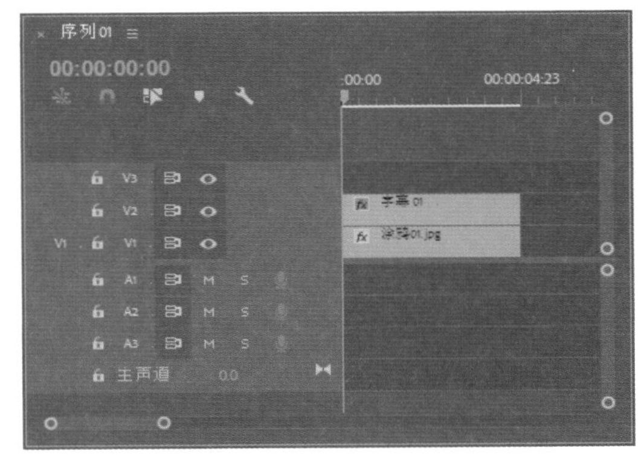

图5-77

实例096 阴影效果字幕

素材：阴影背景.jpg、雪花.png、雪花02.png

场景：阴影效果字幕.prproj

本案例制作出的阴影效果字幕如图5-78所示。

图5-78

Step 01 新建项目文件和标准48kHz的序列文件，在【项目】面板的空白处双击鼠标左键，在弹出的对话框中选择【素材\Cha05\阴影背景.jpg】、【雪花.png】、【雪花02.png】文件，单击【打开】按钮，导入素材后可以在【项目】面板中查看，如图5-79所示。

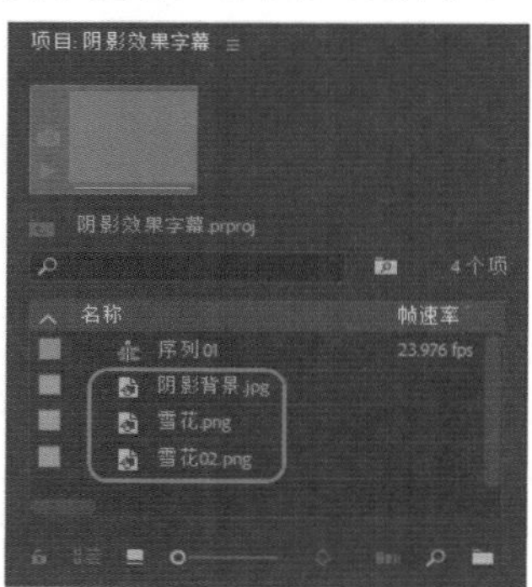

图5-79

Step 02 选择【阴影背景.jpg】素材文件，将其拖曳到V1视频轨道中，切换至【效果控件】面板，将【运动】选项组下的【缩放】设置为21，【位置】设置为360、240，如图5-80所示。

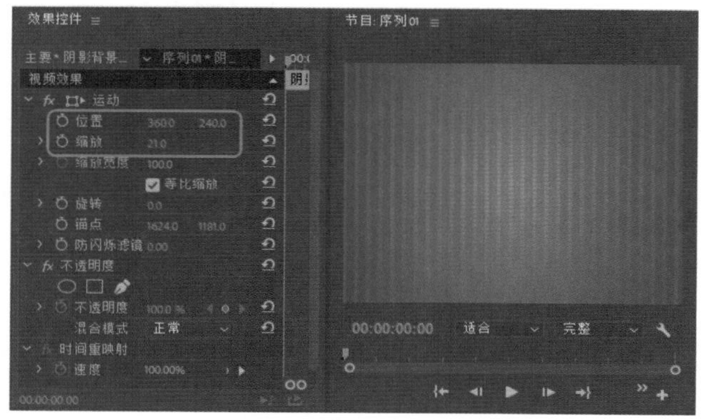

图5-80

Step 03 在菜单栏中选择【文件】|【新建】|【旧版标题】命令，弹出【新建字幕】对话框，使用默认设置单击【确定】按钮，进入到字幕编辑器中。使用【文字工具】输入文字FIRE并选中文字，在右侧将【字体】设置为Snap ITC，【字体大小】设置为174，将【填充】选项组下的【颜色】设置为#FF0000，在【变换】下将【X位置】与【Y位置】分别设置为334、257，如图5-81所示。

图5-81

Step 04 在【描边】区域下添加一个【内描边】，将【大小】设置为18，【颜色】设置为# FFFFFF；勾选【阴影】复选框，将【颜色】设置为黑色，将【不透明度】设置为35%，【角度】设置为50°，【距离】设置为10，【大小】设置为0，【扩展】设置为30，如图5-82所示。

图5-82 添加描边及阴影

Step 05 设置完成后，关闭字幕编辑器，将【字幕01】拖曳至V2轨道中，将【项目】面板中的【雪花.png】文件拖曳至V3轨道中，切换至【效果控件】面板，将【运动】选项组下的【缩放】设置为40，【位置】设置为167、190，如图5-83所示。

Step 06 将【项目】面板中的【雪花02.png】文件拖曳至V4轨道中，切换至【效果控件】面板，将【运动】选项组下的【缩放】设置为27，【位置】设置为634、157，如图5-84所示。

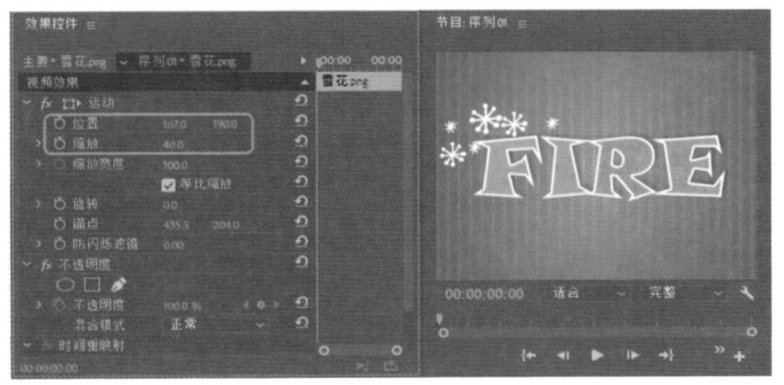

图5-83

图5-84

实例097 路径文字

素材：奔跑.jpg

场景：路径文字.prproj

本案例制作出的路径文字效果如图5-85所示。

Step 01 新建项目文件和序列文件，在【项目】面板的空白处双击鼠标左键，在弹出的对话框中选择【素材\Cha05\奔跑.jpg】文件，单击【打开】按钮，导入素材后可以在【项目】面板中查看，如图5-86所示。

图5-85　图5-86

Step 02 选择【奔跑，jpg】素材文件，将其拖曳到V1视频轨道中，在【效果控件】面板中将【缩放】设置为11，效果如图5-87所示。

图5-87

Step 03 在菜单栏中选择【文件】|【新建】|【旧版标题】命令，弹出【新建字幕】对话框，使用默认设置单击【确定】按钮，如图5-88所示。

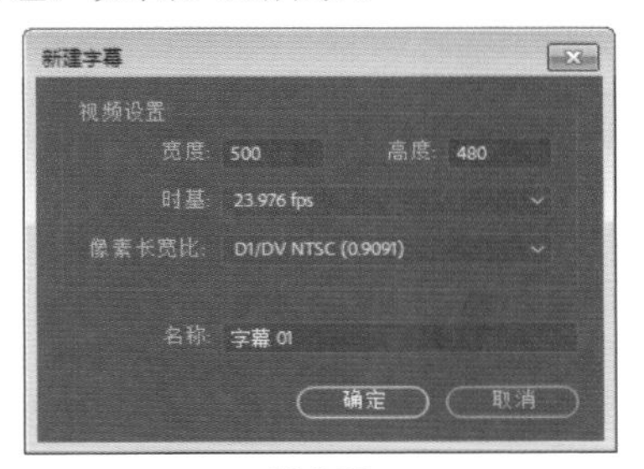

图5-88

Step 04 进入字幕编辑器，选择【路径文字工具】鼠标绘制路径，如图5-89所示。

图5-89

Step 05 输入并选中文字，将【字体系列】设置为【方正综艺简体】，将【字体大小】设置为82，并调整其位置，如图5-90所示。

图5-90

Step 06 勾选【填充】区域下的【纹理】复选框，单击【纹理】右侧的图块，在弹出的对话框中选择【奔跑02.jpg】素材文件，单击【打开】按钮，将【缩放】下的【水平】、【垂直】分别设置为144%、117%，将【对齐】下的【Y偏移】设置为-10，如图5-91所示。

图5-91

Step 07 单击【描边】区域下【外描边】右侧的【添加】按钮，将【类型】设置为【边缘】，将【大小】设置为18，将【颜色】设置为#FFFFFF，如图5-92所示。

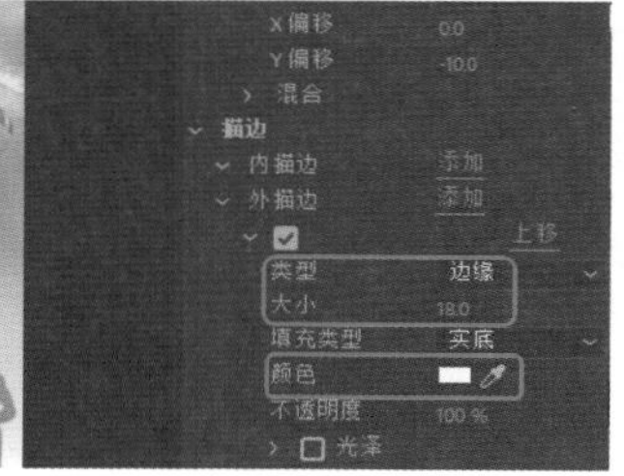

图5-92

Step 08 设置完成后，关闭字幕编辑器，将新创建的【字幕01】拖曳至V2视频轨道中，结尾处与V1轨道视频对齐，效果如图5-93所示。

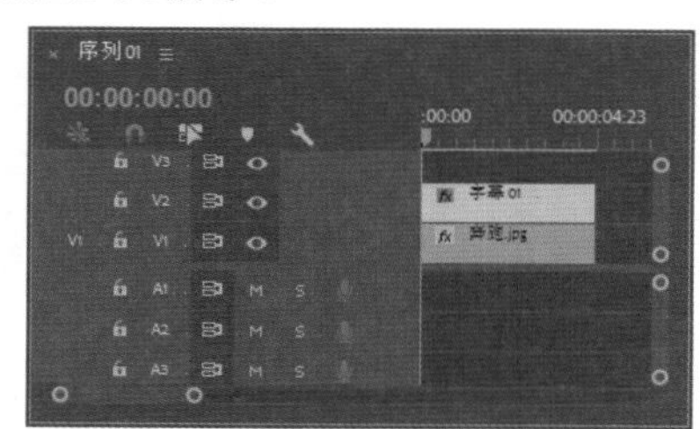

图5-93

实例098 镂空文字

素材：镂空文字背景.jpg

场景：镂空文字.prproj

本案例制作出的镂空文字效果如图5-94所示。

图5-94

Step 01 新建项目和标准48kHz的序列。

Step 02 进入操作界面，在【项目】面板中【名称】区域下空白处双击鼠标左键，在弹出的对话框中选择【素材\Cha05\镂空文字背景.jpg】文件，单击【打开】按钮。将【镂空文字背景.jpg】文件拖曳至【序列01】中的V1轨道上，在【效果控件】面板中将【缩放】设置为75，如图5-95所示。

图5-95

Step 03 在菜单栏中选择【文件】|【新建】|【旧版标题】命令，弹出【新建字幕】对话框，单击【确定】按钮，进入到字幕编辑器中。使用【文字工具】输入play game，将【字体系列】设置为Impact，然后在【变换】选项组中将【X位置】设置为494，【Y位置】设置为290.4，如图5-96所示。

图5-96

Step 04 在【填充】选项组中将【不透明度】设置为0%；

在【描边】选项组中单击【外描边】右侧的【添加】按钮，将【大小】设置为28，将【填充类型】设置为【四色渐变】，将左上方色块的颜色设置为#F9F9F9，右上方色块设置为#767676，左下方色块设置为#767676，右下方色块设置为#F9F9F9，将【色彩到色彩】设置为白色，将【色彩到不透明度】设置为100%，如图5-97所示。

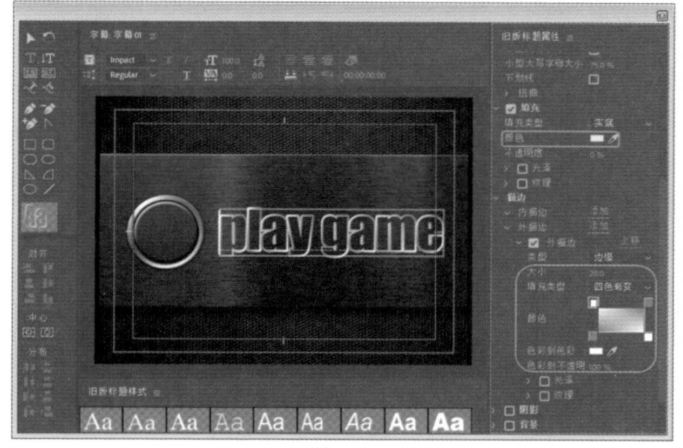

图5-97

Step 05 将【字幕01】拖曳至V2轨道上，结尾处与V2轨道视频对齐，如图5-98所示。

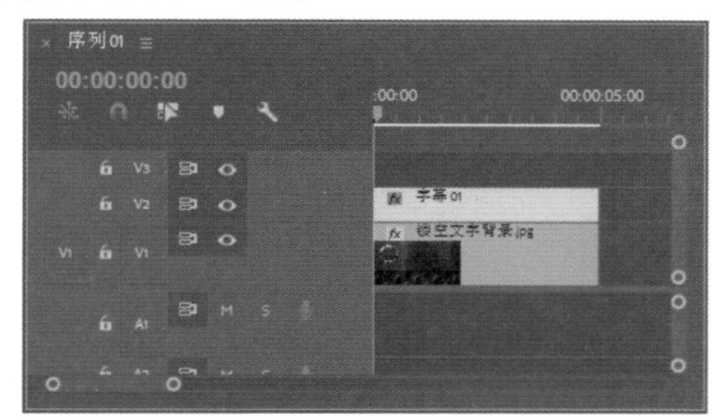

图5-98

实例099 木板文字

素材：木板文字背景.jpg
场景：木板文字.prproj

本案例制作出的木板文字效果如图5-99所示。

Step 01 新建项目和标准48kHz的序列。

Step 02 进入操作界面，在【项目】面板【名称】区域下空白处双击鼠标左键，选择【素材\Cha05\木板文字背景.jpg】文件，

图5-99

单击【打开】按钮。

Step 03 在菜单栏中选择【文件】|【新建】|【旧版标题】命令，新建字幕，使用默认设置单击【确定】按钮，进入到字幕编辑器中。使用【文字工具】输入welcome，将【字体系列】设置为【方正少儿简体】，【字体大小】设置为79；在【填充】选项组中将【填充类型】设置为【实底】，将【颜色】设置为#C8B9AA；在【变换】选项组中将【X位置】设置为403.3，【Y位置】设置为159.2，如图5-100所示。

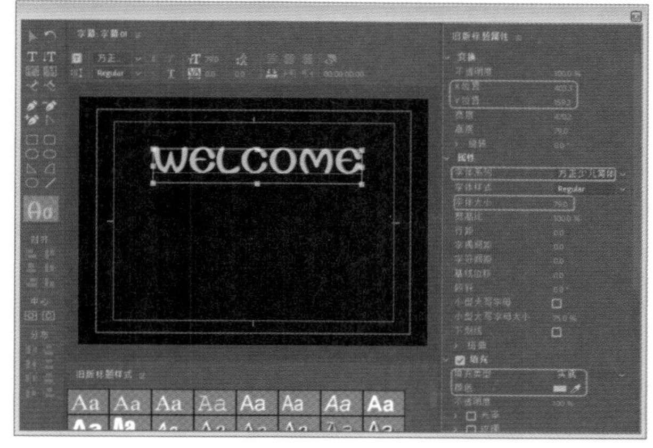

图5-100

Step 04 确认当前时间为00:00:00:00，将【背景.jpg】文件拖曳至【序列01】中的V1轨道上，在【效果控件】面板中将【位置】设置为360、390，【缩放】设置为38，如图5-101所示。

图5-101

Step 05 将【字幕01】拖曳至【序列01】中的V2轨道上。选中【字幕01】，切换到【效果控件】面板，将【不透明度】下的【混合模式】设置为【相乘】。然后切换到【效果】面板中搜索【斜面Alpha】，在【效果控件】面板中选择【斜面Alpha】，将【边缘厚度】设置为3，【光照角度】设置为120，【光照颜色】RGB设置为215、215、215，【光照强度】设置为0.4，完成后将场景保存，如图5-102所示。

图5-102

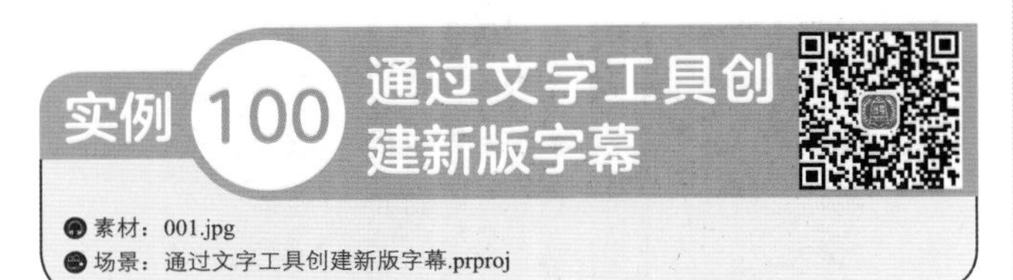

本案例制作出的以文字工具创建新版字幕效果如图5-103所示。

Step 01 按Ctrl+N组合键，在弹出的对话框中选择【设置】选项卡，将【编辑模式】设置为【自定义】，将【时基】设置为23.976帧/秒，将【帧大小】、【水平】设置为390、480，将【像素长宽比】设置为【D1/DV NTSC（0.9091）】。

Step 02 单击【确定】按钮，在【项目】面板中双击鼠标，选择【素材\Cha05\001.jpg】文件，单击【打开】按钮，导入素材后可以在【项目】面板中查看，如图5-104所示。

图5-103

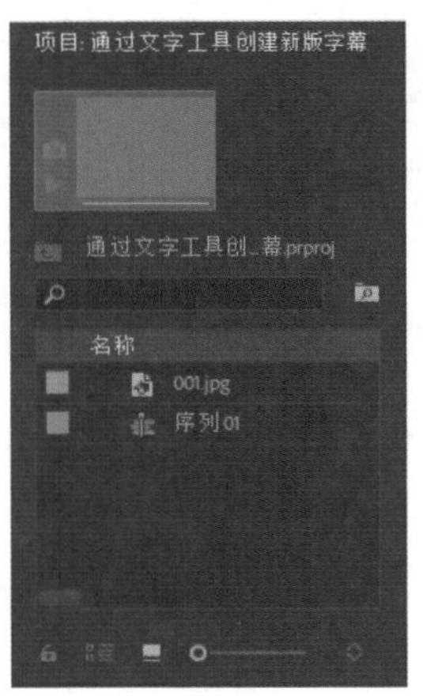
图5-104

Step 03 在【项目】面板中选择添加的素材文件，将其拖曳至V1轨道中。选中该轨道中的素材文件，在【效果控件】面板中将【缩放】设置为10，如图5-105所示。

图5-105

Step 04 在菜单栏中选择【文件】|【新建】|【旧版标题】命令，弹出【新建字幕】对话框，使用默认设置单击【确定】按钮，进入到字幕编辑器中。使用【垂直文字工具】输入文本【约惠春天】，将【字体】设置为【方正康体简体】，将【字体大小】设置为50，将【字偶间距】设置为10；勾选【填充】复选框，将【填充类型】设置为【实底】，【颜色】设置为#5DFFC0；在【变换】选项组中将【位置】设置为172、249，如图5-106所示。

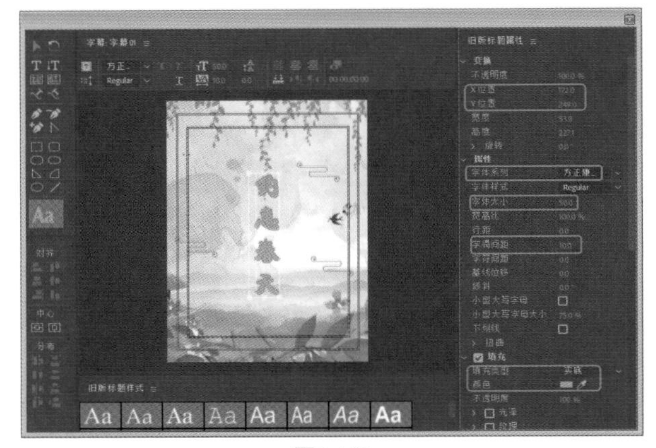
图5-106

Step 05 在【描边】选项组中单击【外描边】右侧的【添加】按钮，将【类型】设置为【边缘】，【大小】设置为20，【颜色】设置为#0FC39B，如图5-107所示。

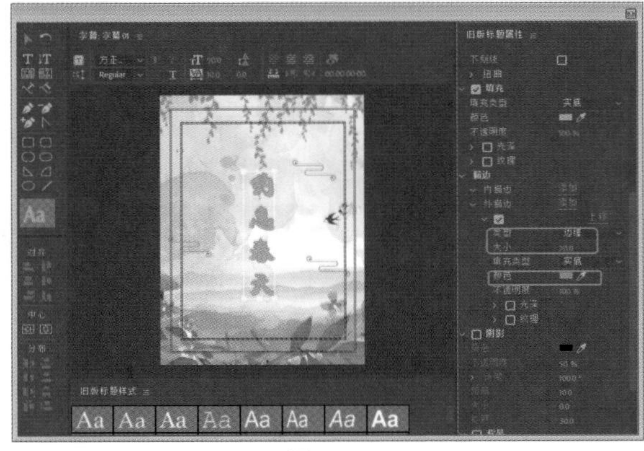
图5-107

实例101 使用软件自带的字幕模板

素材：002.jpg

场景：使用软件自带的字幕模板.prproj

本案例制作出使用软件自带的字幕模板效果如图5-108所示。

图5-108

Step 01 新建项目文件。按Ctrl+N组合键，在弹出的对话框中选择【设置】选项卡，将【编辑模式】设置为【自定义】，将【时基】设置为23.976帧/秒，将【帧大小】设置为520，将【水平】设置为480，将【像素长宽比】设置为【D1/DV NTSC（0.9091）】，单击【确定】按钮。

Step 02 在【项目】面板中双击鼠标，选择【素材\Cha05\002.jpg】文件，单击【打开】按钮，并将导入的素材拖曳至V1轨道中。选中该素材文件，在【效果控件】面板中将【缩放】设置为47，如图5-109所示。

图5-109

Step 03 在菜单栏中选择【文件】|【新建】|【旧版标题】命令，在弹出的【新建字幕】对话框中使用默认命名，单击【确定】按钮，进入字幕编辑器。使用【垂直文字工具】 输入文本【悠悠我心】，选中【悠悠我心】文字，在下方【字幕样式】面板中选择Arial Black blue gradient样式，将【字体系列】设置为【汉仪秀英体简】，将【字体大小】设置为70，将【字偶间距】设置为23，将【X位置】和【Y位置】分别设置为164.3、249.2，如图5-110所示。

图5-110

Step 04 关闭字幕编辑器，然后在【项目】面板中将【字幕01】拖曳至V2轨道，将【字幕01】的结尾处与V1轨道中002.jpg素材文件的结尾处对齐，在【节目】面板中查看效果，如图5-111所示。

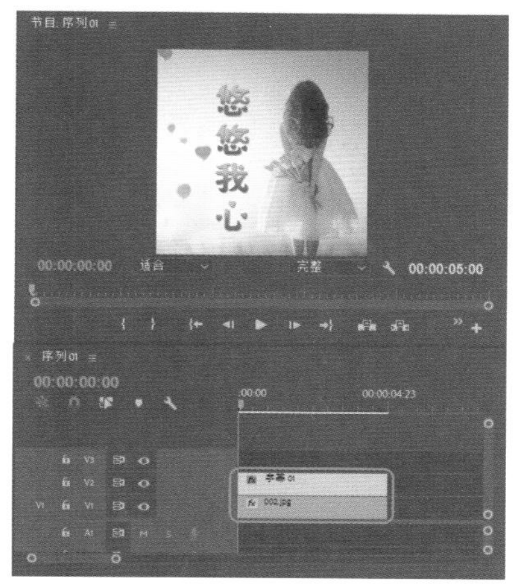
图5-111

实例102 在视频中添加字幕

素材：彩色气球.mov

场景：在视频中添加字幕.prproj

本案例制作的字幕效果如图5-112所示。

Step 01 新建项目文件，按Ctrl+N组合键，在弹出的对话框中选择【设置】选项卡，将【编辑模式】设置为【自定义】，将【时基】设置为23.976帧/秒，将【帧大小】设置为720，将【水平】设置为380，将【像素长宽比】设置为【D1/DV NTSC（0.9091）】。

Step 02 在【项目】面板中双击鼠标，选择【素材\Cha05\彩色气球.mov】文件，单击【打开】按钮，如图5-113所示。

图5-112

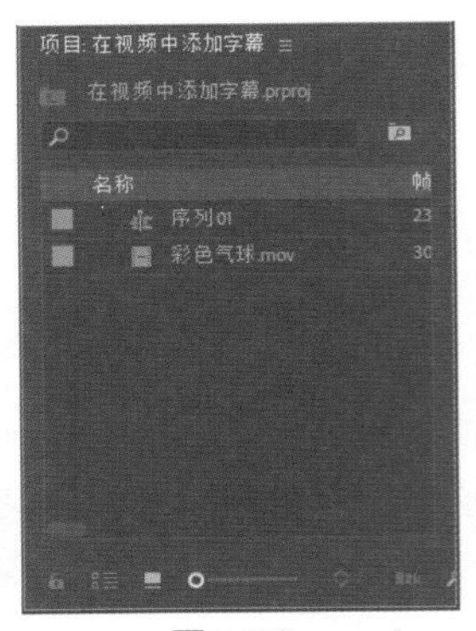

图5-113

Step 03 将导入的素材拖曳至V1轨道中，选中该素材文件，在【效果控件】面板中将【缩放】设置为36，如图5-114所示。

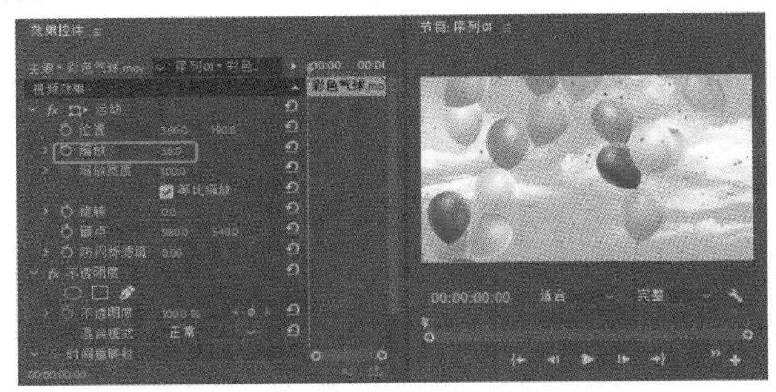

图5-114

Step 04 在菜单栏中选择【文件】|【新建】|【旧版标题】命令，使用默认命名，进入字幕编辑器。使用【文字工具】在字幕编辑器中输入【彩色气球】，在【属性】选项组中将【字体系列】设置为【华文行楷】，将【字体大小】设置为50，将【字符间距】设置为6.7；在【变换】选项组中设置【X位置】为484、【Y位置】为336，如图5-115所示。

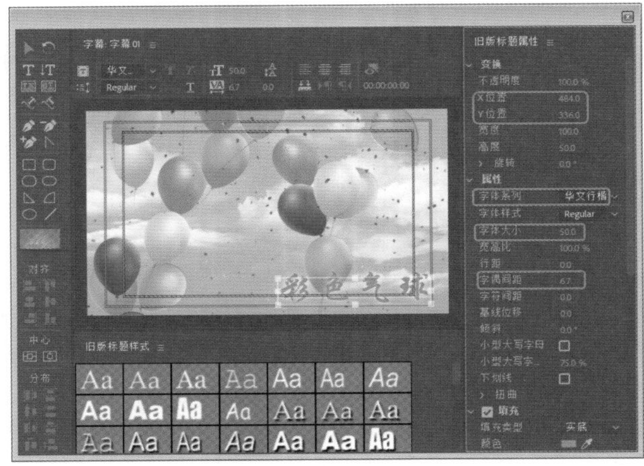

图5-115

Step 05 将【填充】选项组下的【颜色】设置为#FF1FA3；勾选【阴影】复选框，将【颜色】设置为白色，【不透明度】设置为100%，【角度】设置为45°，【距离】设置为0，【大小】设置为4，【扩展】设置为64.8，如图5-116所示。

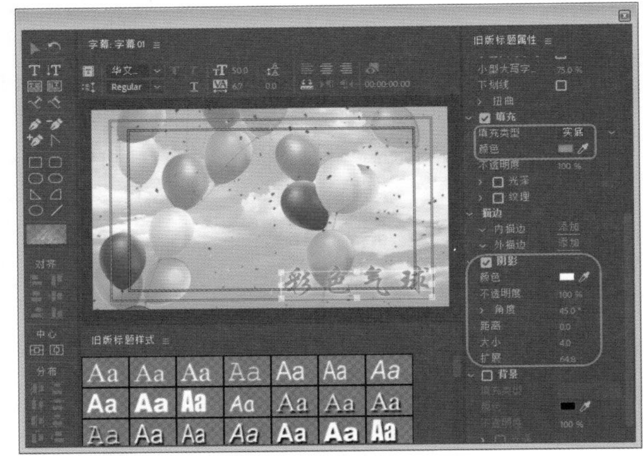

图5-116

Step 06 设置完成后关闭该字幕编辑器，在【项目】面板中将【字幕01】拖曳至V2轨道中，将【字幕01】的结尾处与【彩色气球.mov】的结尾处对齐，在【节目】面板中查看效果，如图5-117所示。

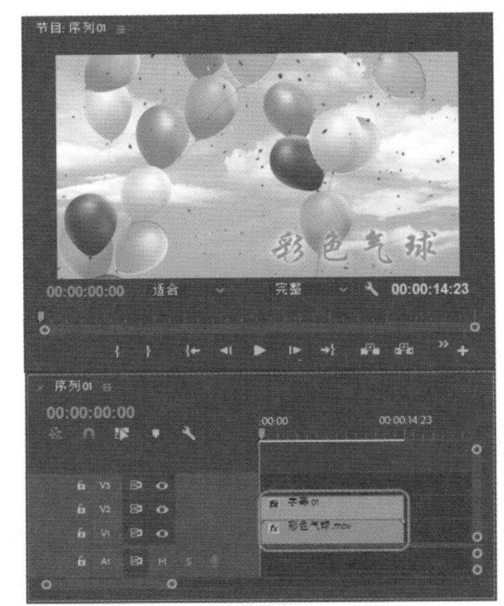

图5-117

实例103 数字化字幕

素材：数字化字幕背景.jpg

场景：数字化字幕.prproj

本案例制作出的数字化字幕效果如图5-118所示。

图5-118

Step 01 新建项目文件和标准48kHz的序列文件，在【项目】面板的空白处双击鼠标左键，在弹出的对话框中选择【素材\Cha05\数字化字幕背景.jpg】文件，单击【打开】按钮，导入素材后可以在【项目】面板中查看，如图5-119所示。

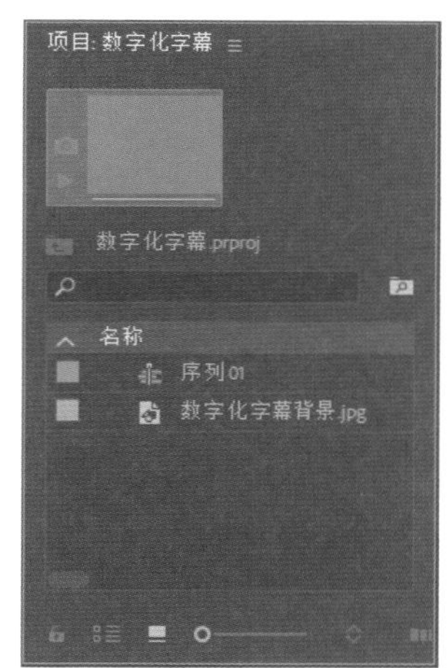

图5-119

Step 02 选择【项目】面板中的【数字化字幕背景.jpg】文件，将其拖曳到V1轨道中，将【持续时间】设置为00:00:06:03。选择添加的素材文件，切换至【效果控件】面板，将【运动】选项组下的【缩放】值设置为143，如图5-120所示。

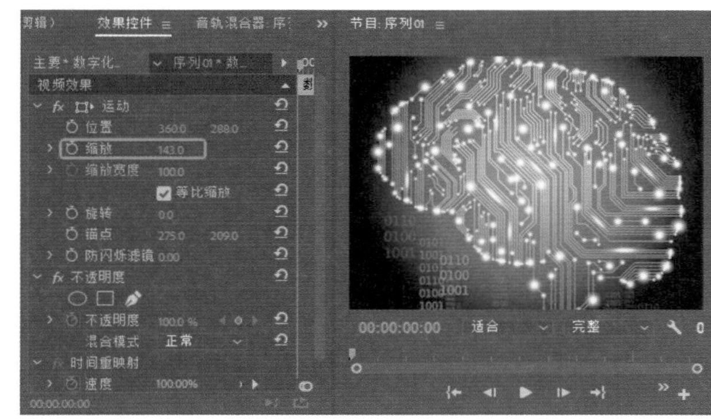

图5-120

Step 03 选择【文件】|【新建】|【旧版标题】命令，保持默认值，然后单击【确定】按钮，进入字幕编辑器。使用【文字工具】T输入文本，将【属性】下的【字体】设置为Courier New，【字体大小】设置为100，【宽高比】79.8%，【填充类型】为【实底】，【颜色】为【白色】，如图5-121所示。

Step 04 选择【描边】选项组下的【外描边】复选框，设置外描边【类型】为【边缘】，【大小】为10，【填充类型】为【实底】，【颜色】为#00B2FF；勾选【阴影】复选框，设置【颜色】为#00B2FF，【不透明度】为50%，【角度】为45°，【距离】为0，【大小】为40，【扩展】为50，如图5-122所示。

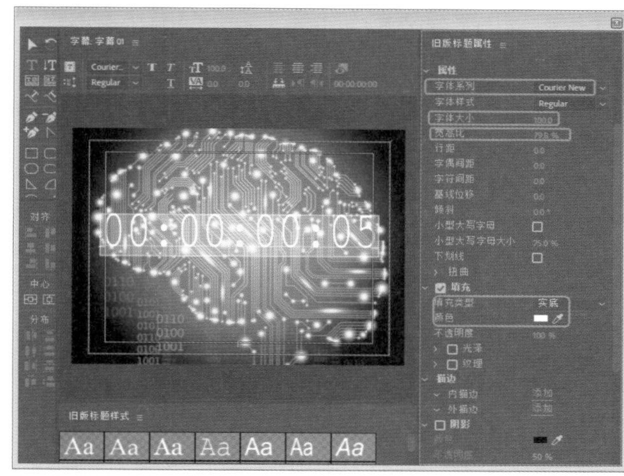

图5-121

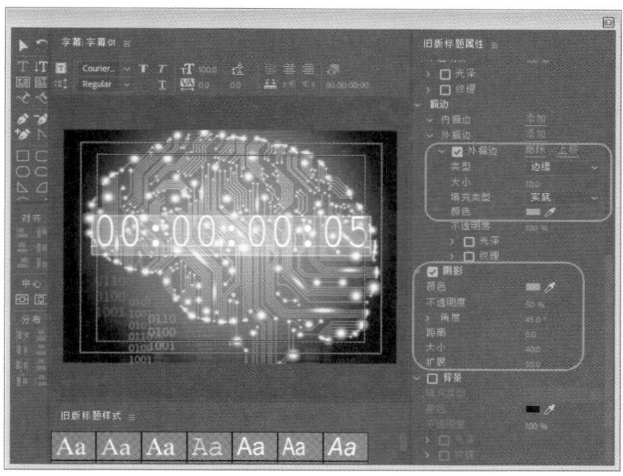

图5-122

Step 05 关闭字幕编辑器，将【字幕01】拖曳V2轨道中。选中该字幕，设置持续时间为00:00:06:03。打开【效果控件】面板，确认时间在00:00:00:00处，将【缩放】设置为0，单击【缩放】和【旋转】左侧的【切换动画】按钮添加关键帧，如图5-123所示。

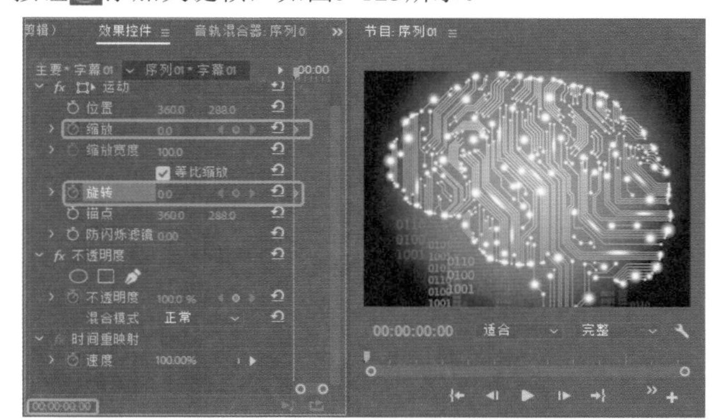

图5-123

Step 06 将当前时间设置为00:00:02:00，将【缩放】设置为100，【旋转】设置为3×0.0，单击【不透明度】右侧的【添加/移除关键帧】按钮，如图5-124所示。

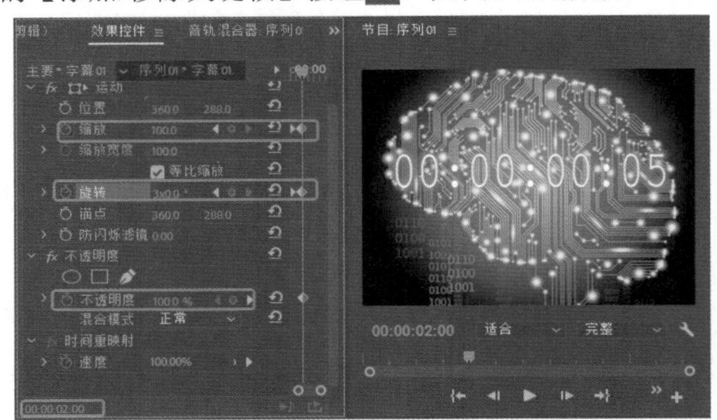

图5-124

Step 07 将当前时间设置为00:00:03:00，将【缩放】设置为230，【不透明度】设置为0%，如图5-125所示。

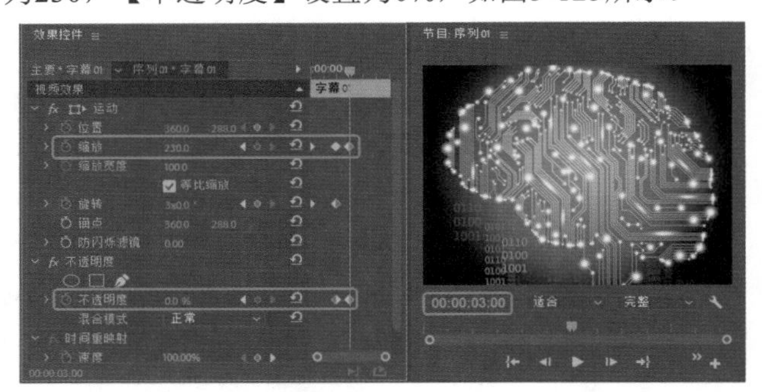

图5-125

Step 08 将当前时间设置为00:00:04:00，将【缩放】设置为100，【不透明度】设置为100%，如图5-126所示。

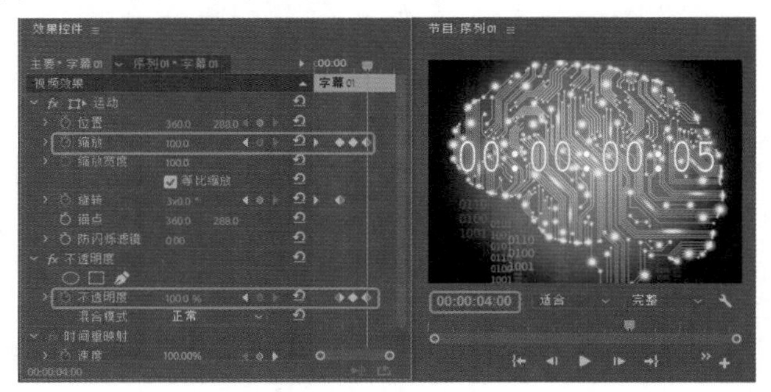

图5-126

Step 09 将当前时间设置为00:00:05:00，单击【位置】左侧的【切换动画】按钮，单击【缩放】右侧的【添加/移除关键帧】按钮，如图5-127所示。

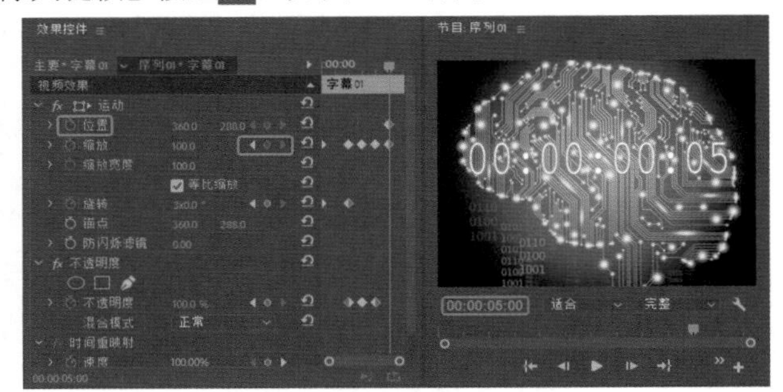

图5-127

Step 10 将当前时间设置为00:00:06:00，将【位置】设置为185.2、547.2，【缩放】设置为60，如图5-128所示。

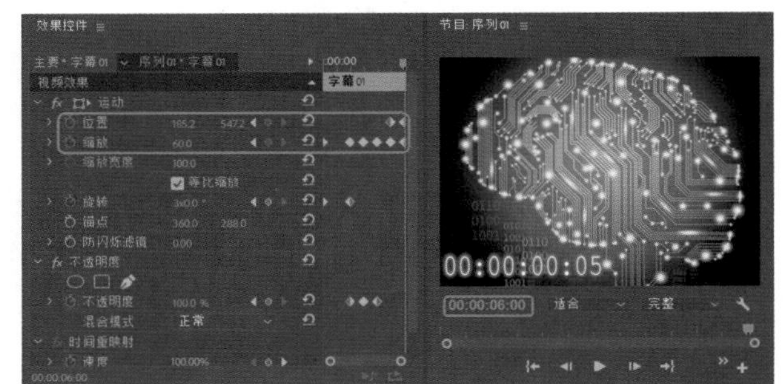

图5-128

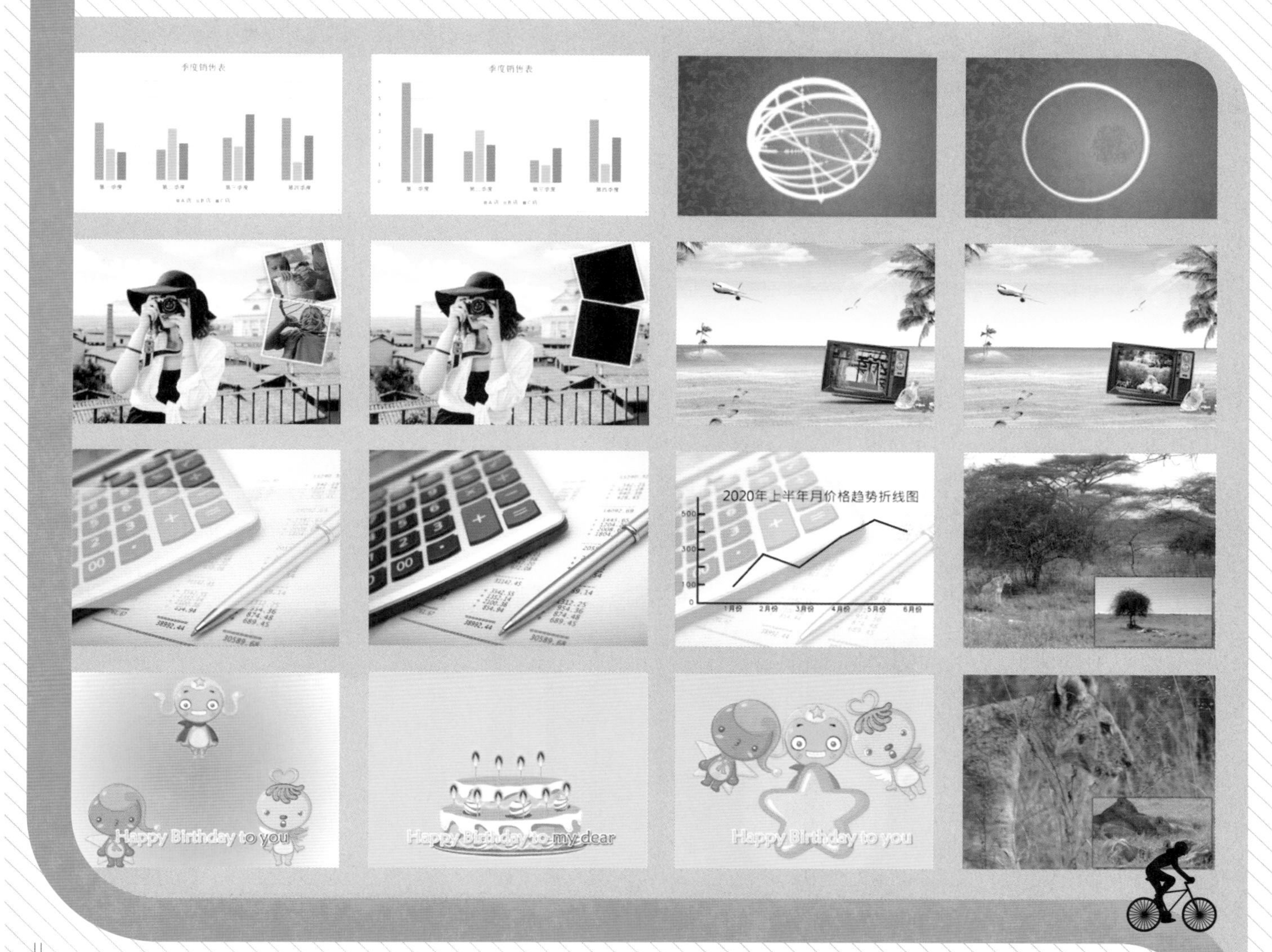

第6章 影视特效编辑

视频特效可以对一些实际拍摄中出现的瑕疵进行处理，同时也可以制作一些拍摄不到的特技效果。

实例 104 动态柱状图

素材：动态柱状图.jpg
场景：动态柱状图.prproj

本案例制作出动态柱状图的效果如图6-1所示。

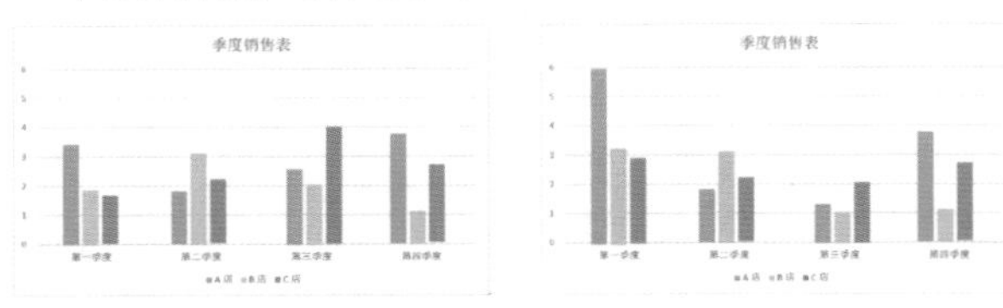

图6-1

Step 01 新建项目和宽屏48kHz序列，在【项目】面板双击鼠标左键，在弹出的【导入】对话框中选择【素材\Cha07\动态柱状图.jpg】文件，单击【打开】按钮，效果如图6-2所示。

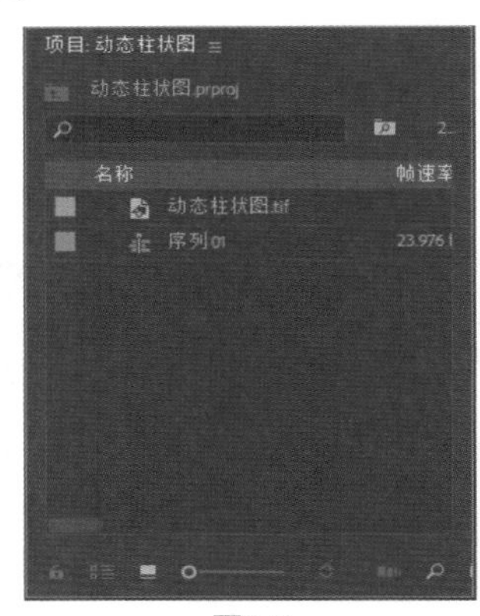

图6-2

Step 02 将导入的素材拖至V1轨道中，并将素材的【持续时间】设置为00:00:05:05。确认选中素材，切换至【效果控件】面板，将【运动】选项下【缩放】设置为89，如图6-3所示。

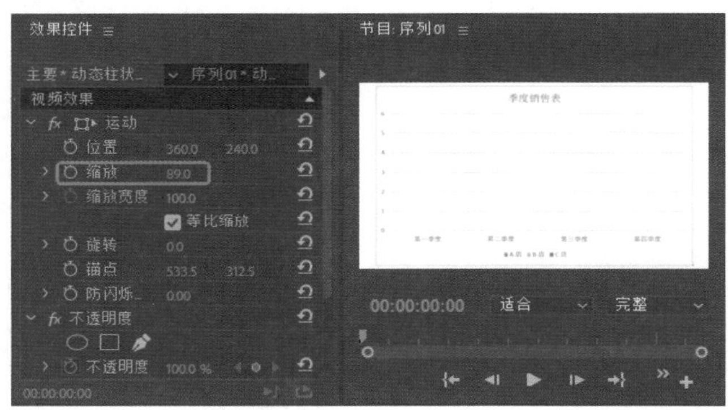

图6-3

Step 03 在菜单栏中选择【文件】|【新建】|【旧版标题】命令，弹出【新建字幕】对话框，将【像素长宽比】设置为【D1/DV NTSC（0.9091）】，使用默认命名，进入字幕编辑器。使用【矩形工具】绘制一个矩形，将【变换】区域下的【宽度】设置为26，【高度】设置为171.4；在【填充】区域下，将【颜色】设置为#EE7C30；将【变换】选项下的【X位置】、【Y位置】设置为25.9、296.2，如图6-4所示。

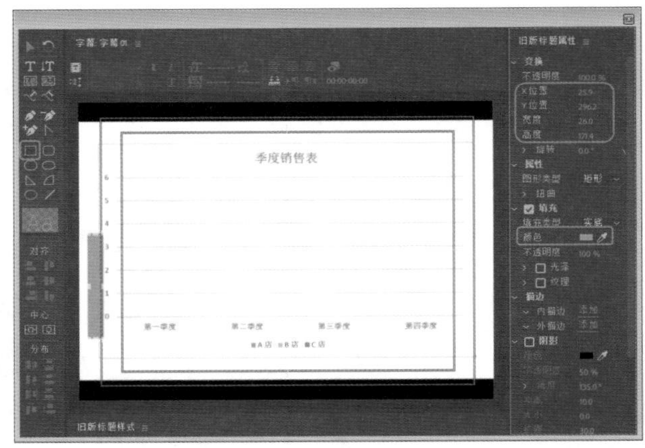

图6-4

Step 04 再次使用【矩形工具】绘制矩形，设置【变换】区域下的【宽度】、【高度】为26、93.5，设置【填充】区域下的【颜色】为#FEC000，将【X位置】、【Y位置】设置为58.6、335.4，如图6-5所示。

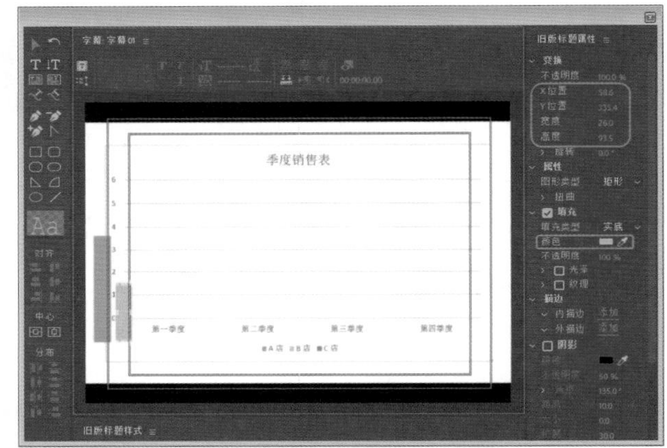

图6-5

Step 05 再次使用【矩形工具】绘制矩形，设置【变换】区域下的【宽度】、【高度】为26、83.1，设置【填充】区域下的【颜色】为#6EAD46，将【X位置】、【Y位置】设置为90.8、339.4。设置完成后，使用所介绍的方法绘制其他矩形，如图6-6所示。

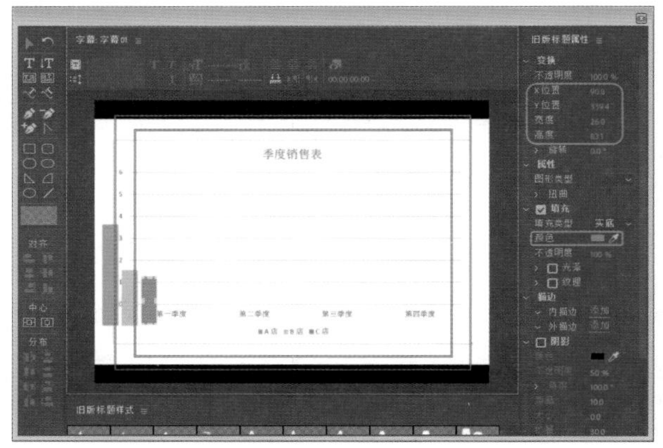

图6-6

Step 06 将矩形制作完成后，将创建的【字幕01】～【字幕04】依次拖至V2～V5轨道中，将所有字幕的结尾处与【动态柱状图】素材的结尾处对齐。并选中【字幕01】，将当前时间设置为00:00:00:00。切换至【效果控件】面板，取消勾选【等比缩放】复选框，单击【缩放高度】左侧的【切换动画】按钮。确认当前时间为00:00:04:18，将【缩放高度】设置为175，将【锚点】设置为67、378，【位置】设置为141.5、378.3，如图6-7所示。

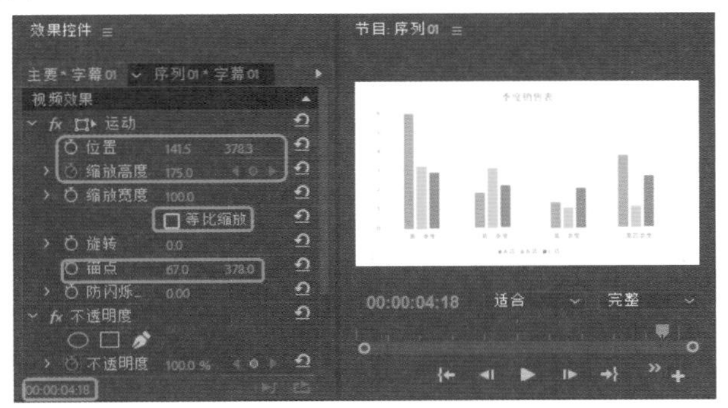

图6-7

Step 07 在V4轨道中选中素材，将当前时间设置为00:00:00:00，切换至【效果控件】，取消勾选【等比缩放】，单击【缩放高度】左侧的【切换动画】按钮，将【锚点】设置为464、381，将【位置】设置为446.9、383.8，如图6-8所示。

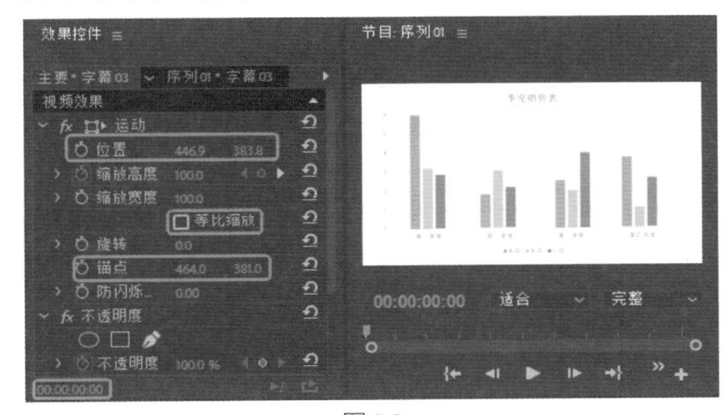

图6-8

Step 08 设置当前时间为00:00:04:18，切换至【效果控件】面板，将【缩放高度】设置为52，如图6-9所示。

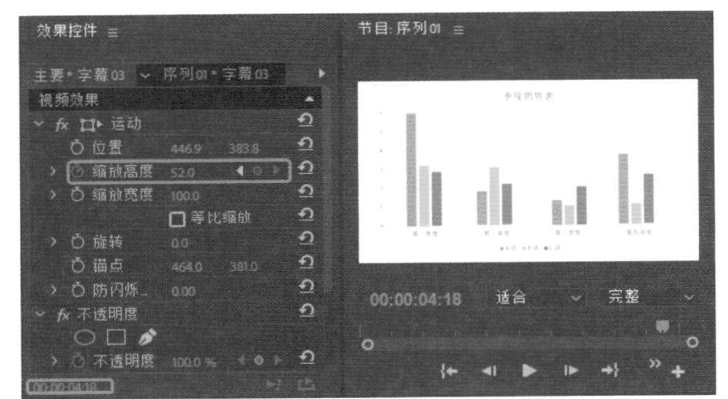

图6-9

实例105 动态折线图

素材：DTZXTBJ.jpg

场景：动态折线图.prproj

本案例制作出的动态折线图效果如图6-10所示。

图6-10

Step 01 新建标准48kHz序列，在【项目】面板的空白处双击鼠标，在弹出的对话框中选择【素材\Cha07\DTZXTBJ.jpg】素材，单击【打开】按钮，将选中的素材文件导入至【项目】面板中，如图6-11所示。

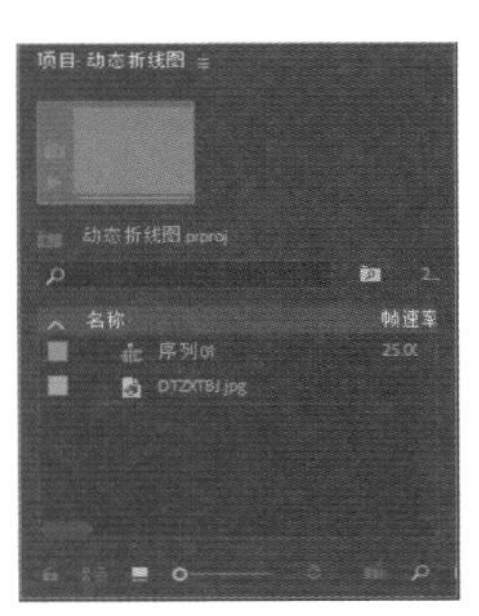

图6-11

Step 02 在【项目】面板中将导入的素材图片拖曳至V1轨道中，确定素材处于选择状态，在【效果控件】面板中将【缩放】设置为13，如图6-12所示。

图6-12

Step 03 在菜单栏中选择【文件】|【新建】|【旧版标题】命令，弹出【新建字幕】对话框，使用默认参数，进入字幕编辑器。使用【文字工具】T输入文字，选择输入的文字，将【字体系列】设置为Microsoft Jhenghei，将【字体大小】设置为40，将填充【颜色】设置为黑色，将【变换】下的【X位置】、【Y位置】设置为434、130，如图6-13所示。

Step 04 使用【直线工具】绘制垂直的直线，在【属性】选项组中将【图形类型】设置为【开放贝塞尔曲线】，【线宽】设置为5，【大写字母类型】设置为【正方形】，【连接类型】设置为【圆形】，【斜接限制】设置为5，将【填充】选项组中的【颜色】设置为黑色，将【变换】下的【宽度】、【高度】设置为5、300，将【X位置】、【Y位置】设置为92、280，完成后的效果如图6-14所示。

图6-13

图6-14

Step 05 再次使用【直线工具】绘制水平线，将【变换】下的【宽度】、【高度】分别设置为665、5，将【X位置】、【Y位置】设置为422.1、430.7，如图6-15所示。

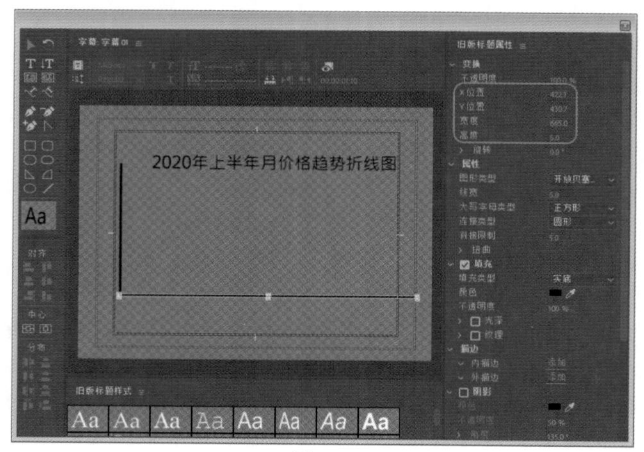

图6-15

Step 06 使用同样的方法设置其他对象，完成后的效果如图6-16所示。

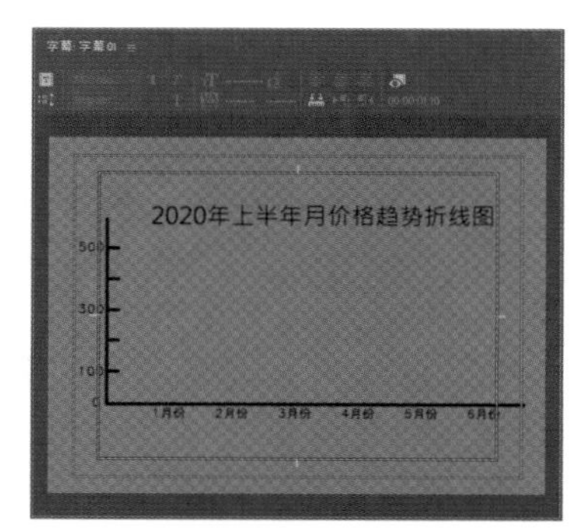

图6-16

Step 07 关闭字幕编辑器。在菜单栏中再次选择【文件】|【新建】|【旧版标题】命令，弹出【新建字幕】对话框，保持默认设置。使用【矩形工具】在字幕中绘制矩形，将【变换】下的【宽度】、【高度】设置为787、535，将【X位置】、【Y位置】设置为390、290，将【填充】选项组中的【颜色】设置为白色，将【不透明度】设置为70%，如图6-17所示。

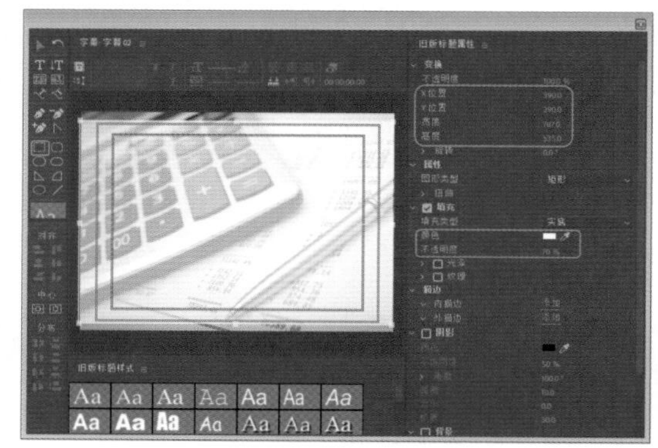

图6-17

Step 08 关闭字幕编辑器。将当前时间设置为00:00:00:00，将【字幕02】拖曳至V2轨道上，在【效果控件】面板中取消勾选【等比缩放】复选框，将【缩放高度】设置为0，并单击其左侧的【切换动画】按钮，如图6-18所示。

图6-18

Step 09 将当前时间设置为00:00:00:15，将【缩放高度】设置为110。将当前时间设置为00:00:01:00，将【字幕1】拖曳至V3轨道中，将其开始位置与时间线对齐，结尾处与V2轨道中的素材对齐，完成后的效果如图6-19所示。

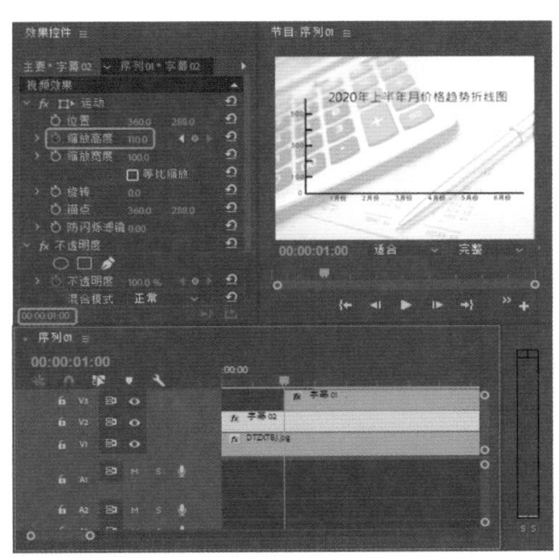

图6-19

Step 10 在菜单栏中再次选择【文件】|【新建】|【旧版标题】命令，弹出【新建字幕】对话框，保持默认设置，在弹出的字幕编辑器中使用【直线工具】绘制直线，完成后的效果如图6-20所示。

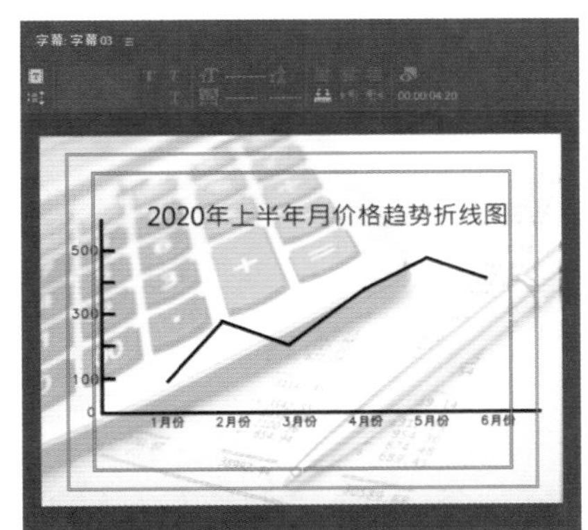

图6-20

Step 11 关闭字幕编辑器，在V3轨道中单击鼠标右键，在弹出的快捷菜单中选择【添加轨道】命令，弹出【添加轨道】对话框，在该对话框中添加1条视频轨，0条音频轨，单击【确定】按钮，如图6-21所示。

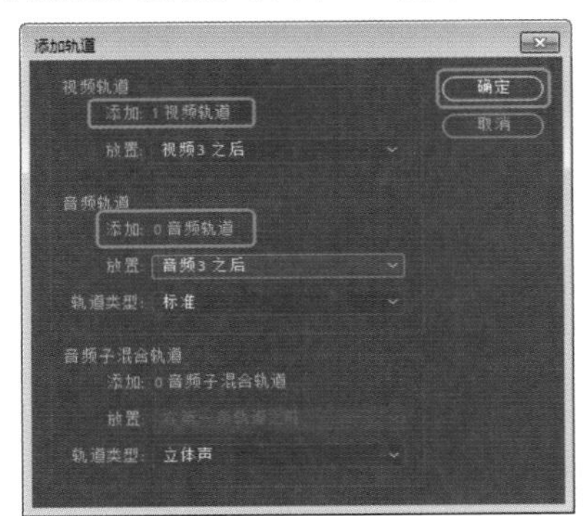

图6-21

Step 12 将当前时间设置为00:00:01:12，将【字幕03】拖曳至V4轨道中，将其开始位置与时间线对齐，结尾处与V3轨道中素材文件的结尾处对齐，完成后的效果如图6-22所示。

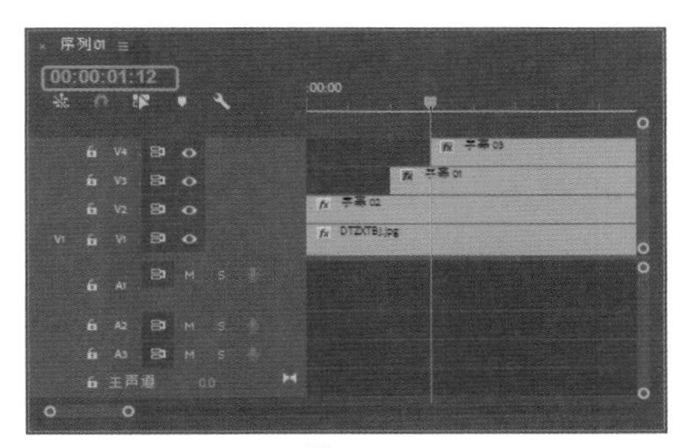

图6-22

Step 13 在【效果】面板中选择【视频效果】文件夹下的【变换】|【裁剪】效果，将其拖曳至【字幕03】上。确定当前时间为00:00:01:12，在【效果控件】面板中将【裁剪】选项组下的【右侧】设置为100%，单击其左侧的【切换动画】按钮，如图6-23所示。

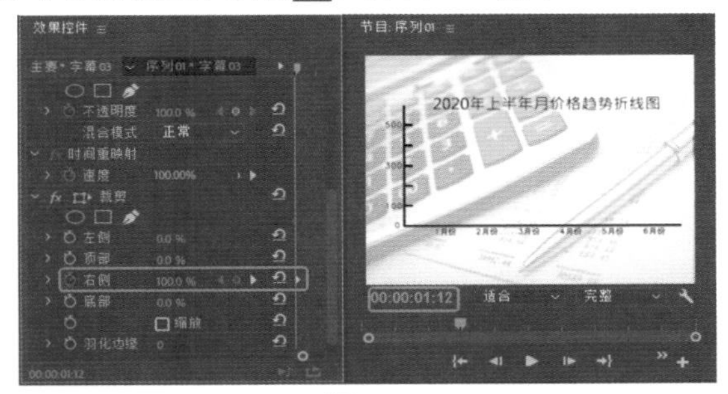

图6-23

Step 14 将当前时间设置为00:00:04:00，将【裁剪】选项组下的【右侧】设置为0，完成后的效果如图6-24所示。

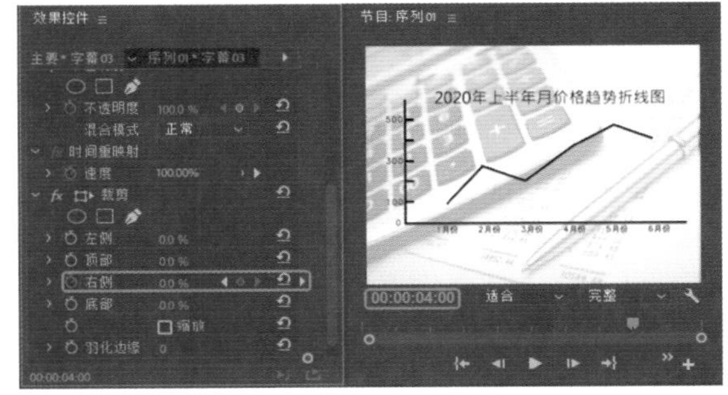

图6-24

提示

折线图可以显示随时间（根据常用比例设置）而变化的连续数据，因此非常适合显示在相等时间间隔下数据的趋势。在折线图中，类别数据沿水平轴均匀分布，所有数据值沿垂直轴均匀分布。

实例 106 发光的星球

素材：FGXQBJ.jpg
场景：发光的星球.prproj

本案例制作出的发光的星球效果如图6-25所示。

图6-25

Step 01 在欢迎界面中单击【新建项目】按钮，在弹出的对话框中设置位置，输入【名称】为【发光的星球】，单击【确定】按钮。按Ctrl+N组合键，弹出【新建序列】对话框，选择【设置】选项卡，将【编辑模式】设置为【自定义】，将【时基】设置为15.00帧/秒；在【视频】选项组中将【帧大小】、【水平】设置为352、288，将【像素长宽比】设置为【方形像素(1.0)】，将【场】设置为【无场（逐行扫描）】，单击【确定】按钮，如图6-26所示。

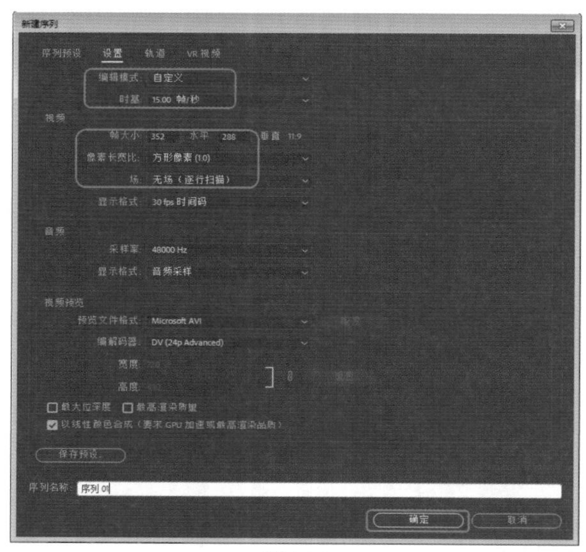

图6-26

Step 02 在【项目】面板中双击鼠标，在弹出的对话框中选择【素材\Cha07\FGXQBJ.jpg】素材文件，单击【打开】按钮。将导入的素材拖曳至V1轨道中，在【效果控件】面板中将【缩放】设置为79.3，效果如图6-27所示。

Step 03 在【效果】面板中将【视频效果】|【生成】|【镜头光晕】效果拖曳至素材文件上。将当前时间设置为00:00:00:00，在【效果控件】中将【镜头光晕】选项下的【光晕中心】设置为85.3、46，将【光晕亮度】、【与原始图像混合】设置为80%、40%，单击其左侧的【切换动画】按钮，将【镜头类型】设置为【105毫米定焦】，如图6-28所示。

图6-27

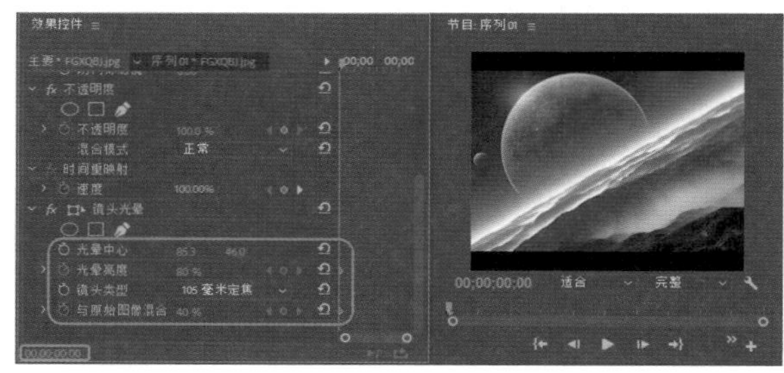

图6-28

Step 04 将当前时间设置为00:00:04:00，将【光晕亮度】、【与原始图像混合】设置为120%、0%，至此场景就制作完成了，将场景进行保存即可，如图6-29所示。

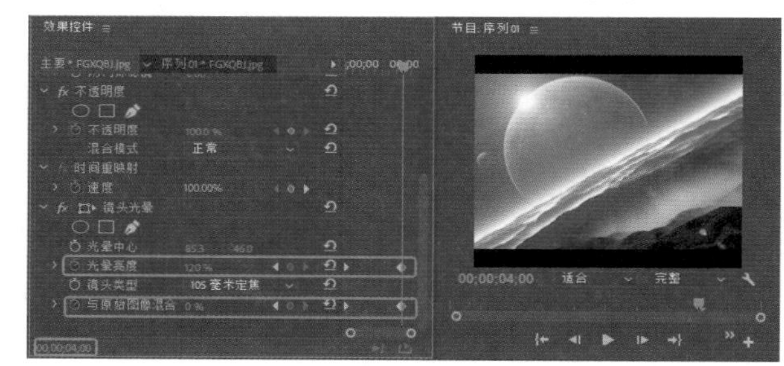

图6-29

实例 107 动态偏移

素材：动态偏移01.png、动态偏移02.jpg
场景：动态偏移.prproj

本案例制作出的动态偏移效果如图6-30所示。

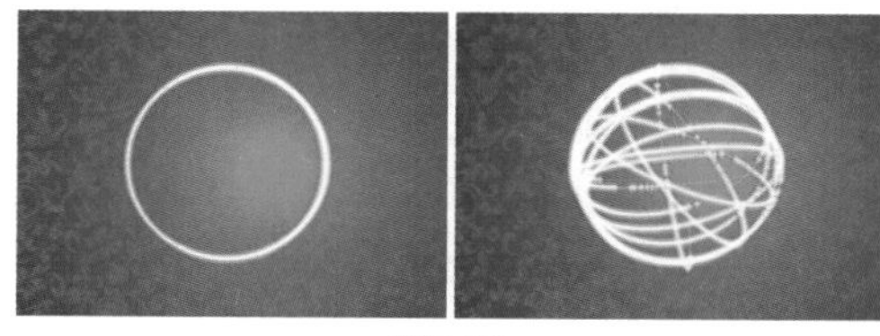

图6-30

Step 01 新建标准48kHz的序列。

Step 02 在【项目】面板【名称】区域下空白处双击鼠标左键，在弹出的对话框中选择【素材\Cha07\动态偏移01.png】、【动态偏移02.jpg】素材文件，单击【打开】按钮，如图6-31所示。

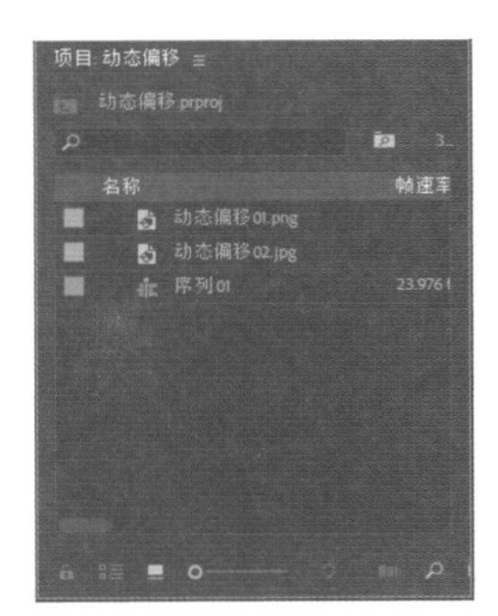

图6-31

Step 03 在【项目】面板中，将【动态偏移01.png】素材文件拖曳至V1轨道中。选中【动态偏移01.png】素材，在【效果】面板中找到【基本3D】和【Alpha发光】效果并添加至V1轨道中的素材上。确定当前时间为00:00:00:00，在【效果控件】面板中，将【缩放】设置为42，单击【基本3D】选项下【旋转】和【倾斜】左侧的【切换动画】按钮，在【Alpha发光】选项下将【发光】设置为20，【起始颜色】设置为白色，【结束颜色】设置为红色，如图6-32所示。

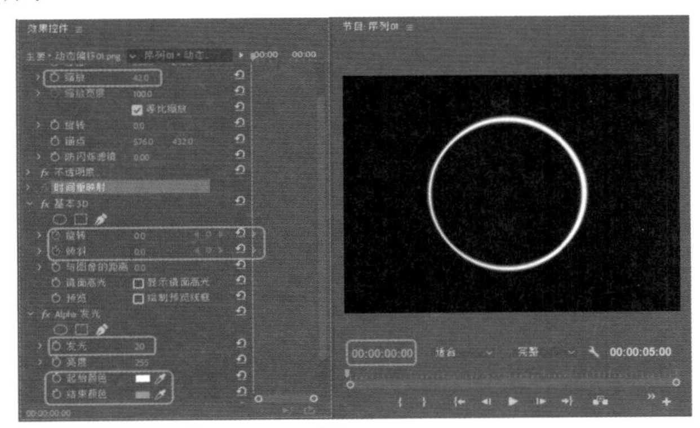

图6-32

Step 04 将当前时间设置为00:00:04:07，设置【基本3D】区域下【旋转】为1×0.0°，【倾斜】设置为2×0.0°，如图6-33所示。

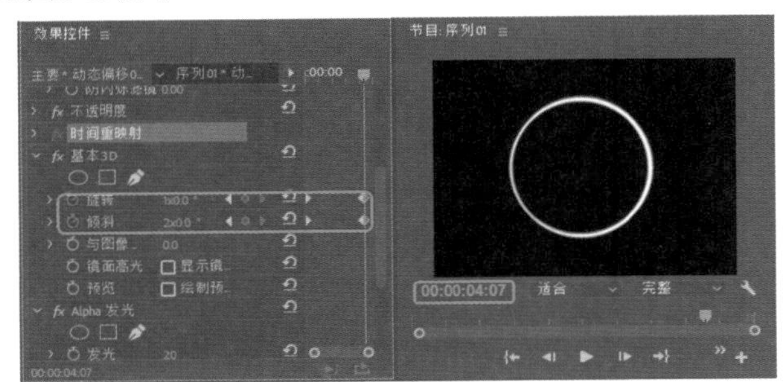

图6-33

Step 05 将当前时间设置为00:00:00:04，在V1轨道中对【动态偏移01.png】素材文件进行复制、粘贴，拖曳至V2轨道中，使其开始处与时间线对齐，如图6-34所示。

Step 06 使用同样的方法再对【动态偏移01.png】文件进行复制、粘贴，然后每隔4帧在各个轨道中进行排列，如图6-35所示。

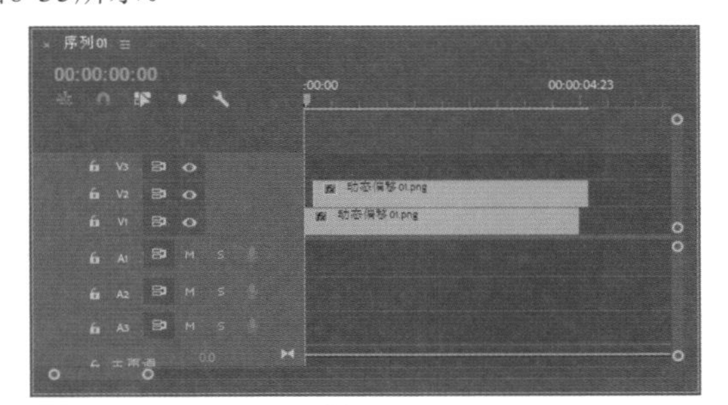

图6-34

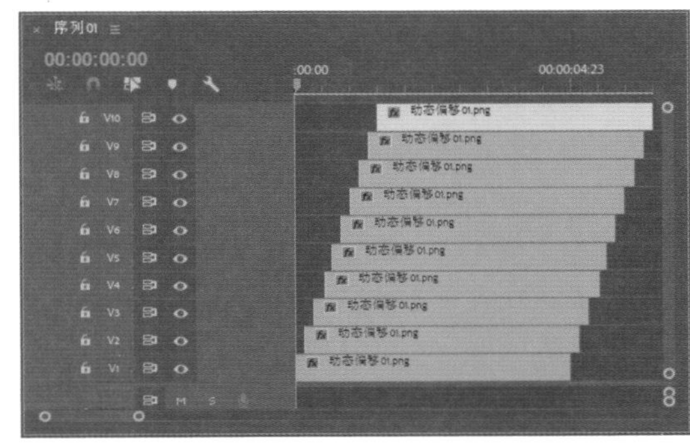

图6-35

Step 07 按Ctrl+N组合键新建序列，在【项目】面板中将【动态偏移02.jpg】素材文件拖曳至V1轨道中，确定V1轨道中的【动态偏移02.jpg】素材文件选中，切换至【效果控件】面板，将【缩放】设置为23，如图6-36所示。

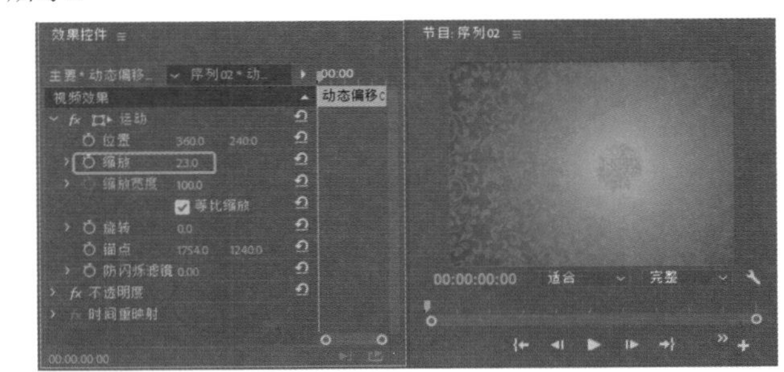

图6-36

Step 08 在【项目】面板中将【序列01】序列拖曳至V2轨道中，拖动【动态偏移02.jpg】文件的结束处与【序列01】的结束处对齐，如图6-37所示。

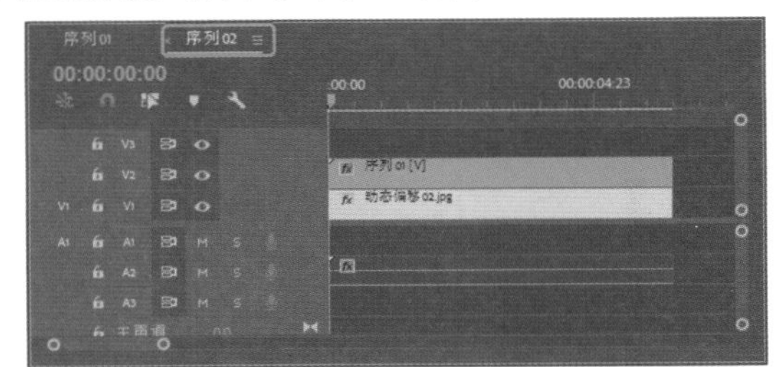

图6-37

Step 09 选中V2轨道中的【序列01】，切换至【效果控件】面板，将【不透明度】选项下的【混合模式】设置为【滤色】，如图6-38所示。

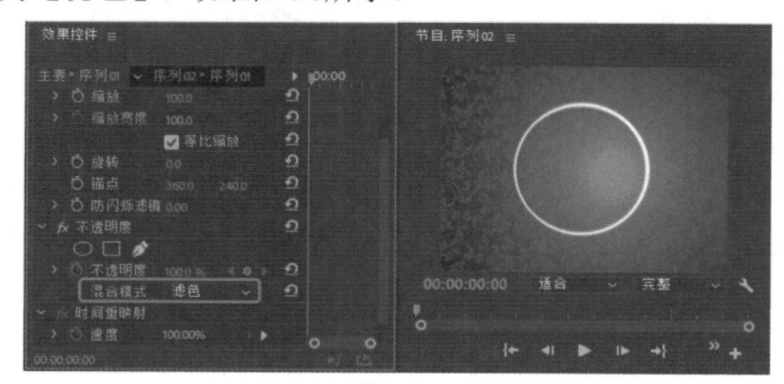

图6-38

Step 10 切换至【效果】面板，打开【视频效果】文件夹，选择【颜色校正】下的【更改颜色】效果，拖动至V2视频轨道中的【序列01】上，将【更改颜色】下的【色相变换】设置为56，将【亮度变换】设置为96，将【饱和度变换】设置为100，将【要更改的颜色】设置为白色，将【匹配容差】设置为0%，将【匹配柔和度】设置为59%，将【匹配颜色】设置为【使用色相】，如图6-39所示。

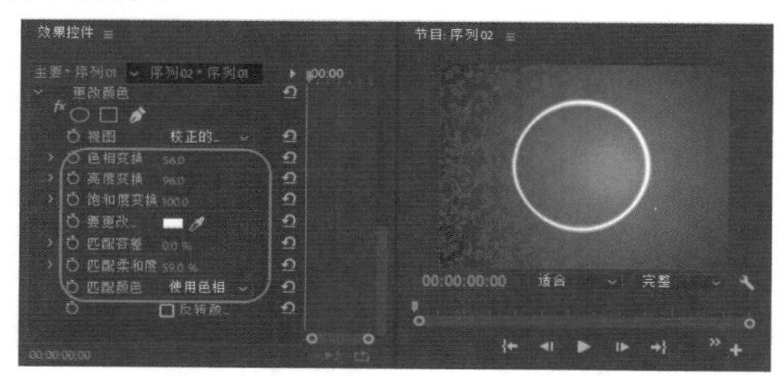

图6-39

实例108 带相框的画面效果

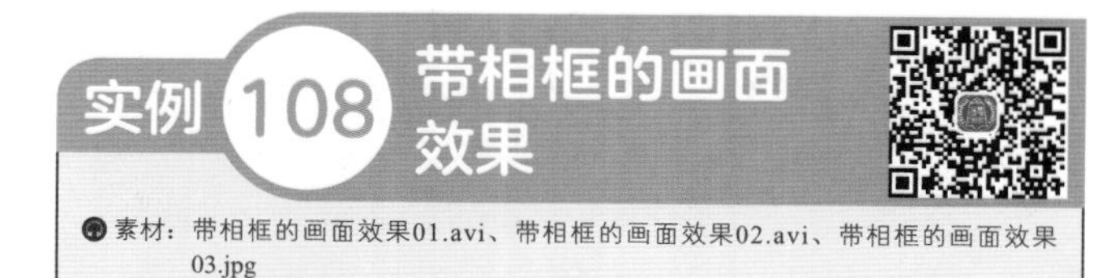

素材：带相框的画面效果01.avi、带相框的画面效果02.avi、带相框的画面效果03.jpg

场景：带相框的画面效果.prproj

本案例制作出带相框的画面效果，如图6-40所示。

图6-40

Step 01 新建序列，导入【素材\Cha07\带相框的画面效果01.avi】、【带相框的画面效果02.avi】、【带相框的画面效果03.jpg】素材文件。将【带相框的画面效果01.avi】素材文件拖曳至V1轨道中，弹出【剪辑不匹配】对话框，单击【保持现有设置】按钮，在【效果控件】面板中将【位置】设置为643.8、104.7，【缩放】设置为30，【旋转】设置为-13.0°，如图6-41所示。

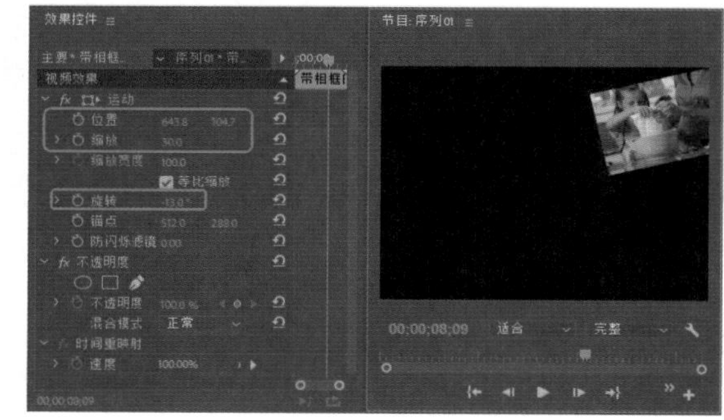

图6-41

Step 02 将【带相框的画面效果02.avi】素材文件拖曳至V2轨道中，选中V2素材文件，在【效果控件】面板中将【位置】设置为572.4、226.3，【缩放】设置为30，【旋转】设置为9.0°，如图6-42所示。

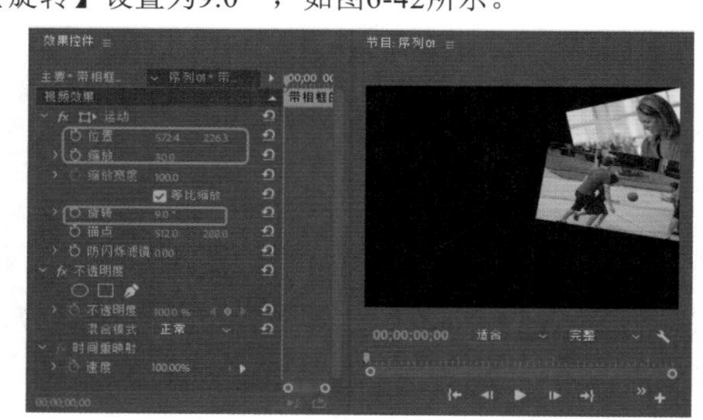

图6-42

Step 03 将【带相框的画面效果03.jpg】素材文件拖曳至V3轨道中，选中V3素材文件，在【效果控件】面板中将【缩放】设置为160，如图6-43所示。

图6-43

Step 04 将V3轨道中素材文件的【持续时间】设置为00:00:13:00，为V3轨道中素材文件添加【视频效果】|【键控】|【亮度键】效果，在【效果控件】面板中，将【阈值】设置为80.0%，【屏蔽度】设置为30.0%，如

图6-44所示。

图6-44

Step 05 在【效果】面板中选择【视频过渡】|【滑动】|【滑动】效果，添加至V2轨道的素材文件中。选中添加的过渡效果，在【效果控件】面板中将【持续时间】设置为00:00:03:00，单击【自东向西】小三角按钮，如图6-45所示。

Step 06 在【效果】面板中选择【视频过渡】|【滑动】|【推】效果，添加至V1轨道的素材文件中。选中添加的过渡效果，在【效果控件】面板中将【持续时间】设置为00:00:03:00，【开始】设置为10.0，单击【自东向西】按钮，如图6-46所示。

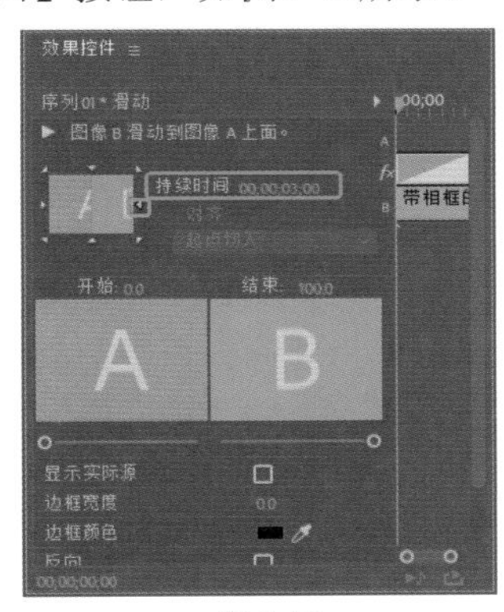

图6-45

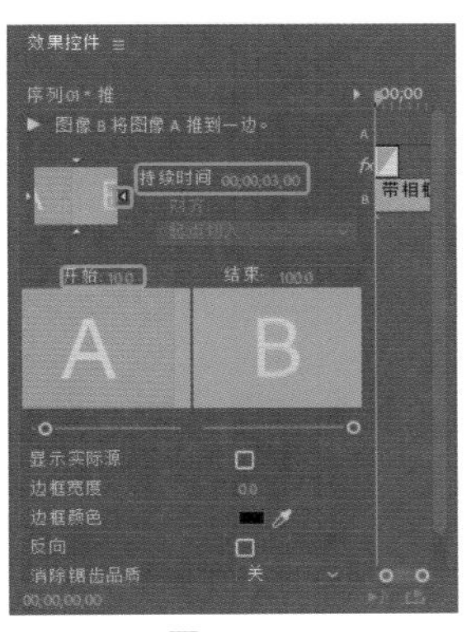

图6-46

实例109 多画面电视墙效果

素材：多画面电视墙效果1.wmv、多画面电视墙效果2.wmv

场景：多画面电视墙效果.prproj

本案例制作出多画面电视墙效果，效果如图6-47所示。

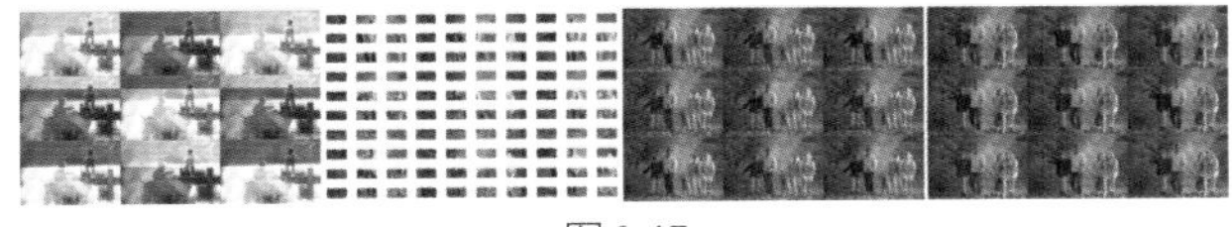

图6-47

Step 01 新建序列，导入【素材\Cha07\多画面电视墙效果1.WMV】、【多画面电视墙效果2.WMV】素材文件，将【多画面电视墙效果1.avi】文件拖曳至V1轨道中，弹出【剪辑不匹配】对话框，单击【更改序列设置】按钮，在【效果】面板选择【视频效果】|【风格化】|【复制】效果并添加至V1轨道中，将【计数】设置为3，如图6-48所示。

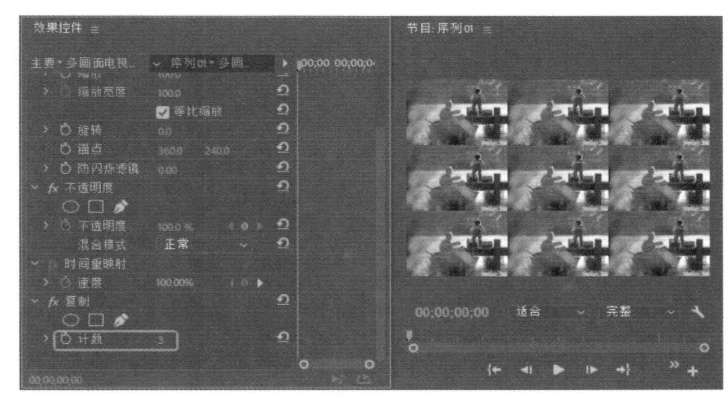

图6-48

Step 02 将当前时间设置为00:00:00:00，在【效果控件】面板中【棋盘】选项下将【大小依据】设置为【边角点】，将【锚点】设置为240、192，将【边角】设置为480、384，将【混合模式】设置为【叠加】，如图6-49所示。

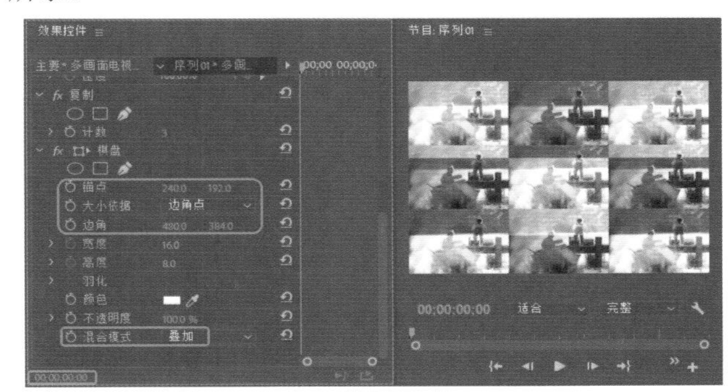

图6-49

Step 03 将当前时间设置为00:00:02:06，将【多画面电视墙效果2.avi】素材文件拖曳至V2轨道中，与时间线对齐，如图6-50所示。

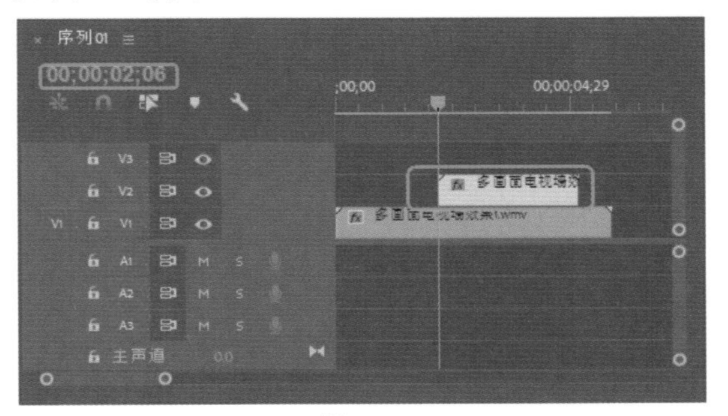

图6-50

Step 04 选中轨道中的【多画面电视墙效果2.avi】，为其添加【复制】和【棋盘】特效，将【计数】设置为3，将【大小依据】设置为【边角点】，将【锚点】设置为

240、192，将【边角】设置为479.6、384，将【混合模式】设置为【色相】，如图6-51所示。

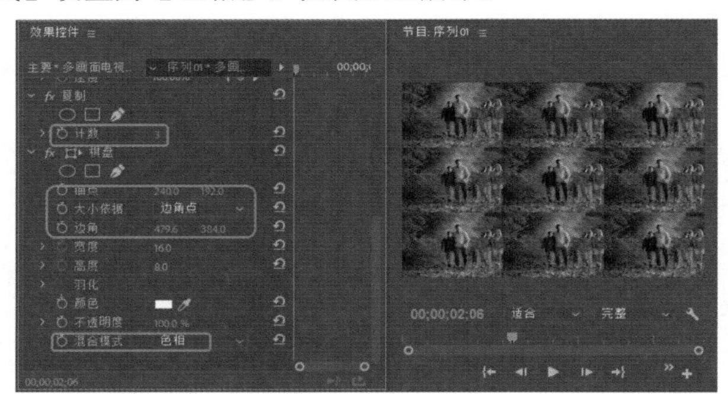

图6-51

Step 05 在【效果】面板中选择【视频效果】|【生成】|【网格】效果并添加至V2轨道中。确认当前时间为00:00:02:06，选择【效果控件】面板，设置【网格】区域下的【边框】为60，并单击其左侧的【切换动画】按钮，将【混合模式】设置为【正常】，如图6-52所示。

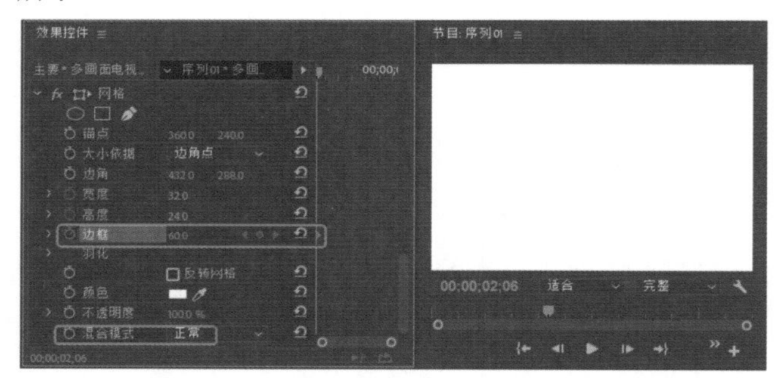

图6-52

Step 06 将当期时间设置为00:00:03:16，单击【棋盘】中【锚点】、【边角】、【混合模式】左侧的【切换动画】按钮，将【网格】中的【边框】设置为0.0，如图6-53所示。

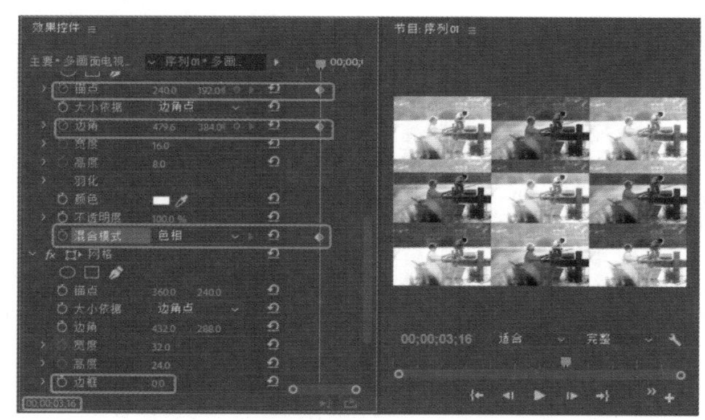

图6-53

Step 07 将当期时间设置为00:00:05:05，在工具箱中选择【剃刀工具】剪切素材文件。在【多画面电视墙效果1.WMV】文件的时间线处单击，将剪切的素材后半部分删除，如图6-54所示。

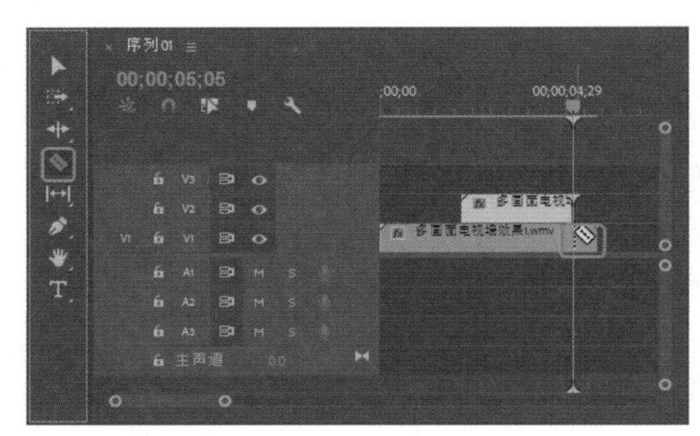

图6-54

实例110 镜头快慢播放效果

素材：镜头快慢播放效果.wmv

场景：镜头快慢播放效果.prproj

本案例制作出镜头快慢播放效果，如图6-55所示。

图6-55

Step 01 在欢迎界面中单击【新建项目】按钮，在弹出的对话框中设置位置，输入【名称】为【镜头快慢播放效果】，单击【确定】按钮。导入【素材\Cha07\镜头快慢播放效果.wmv】素材文件，将素材文件拖曳至V1轨道中，弹出【剪辑不匹配】对话框，单击【保持默认设置】按钮，如图6-56所示。

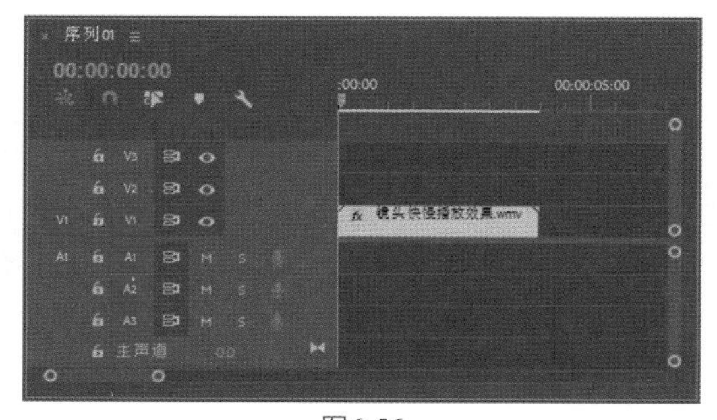

图6-56

Step 02 选中【镜头快慢播放效果.wmv】素材文件，在【效果控件】中将【缩放】设置为130，如图6-57所示。

Step 03 将当前时间设置为00:00:02:00，在工具箱中选择【剃刀工具】，在轨道时间线处对素材文件进行切割，切割后的效果如图6-58所示。

图6-57

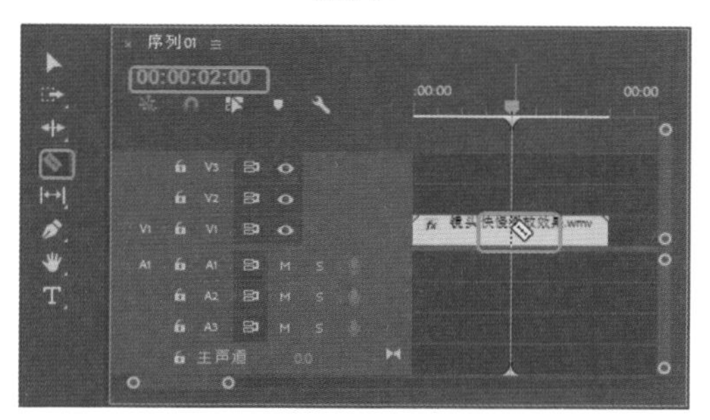

图6-58

Step 04 选择【选择工具】，选中V1轨道中裁剪后的第一个素材，右击鼠标，在弹出的快捷菜单中选择【速度/持续时间】命令，如图6-59所示。

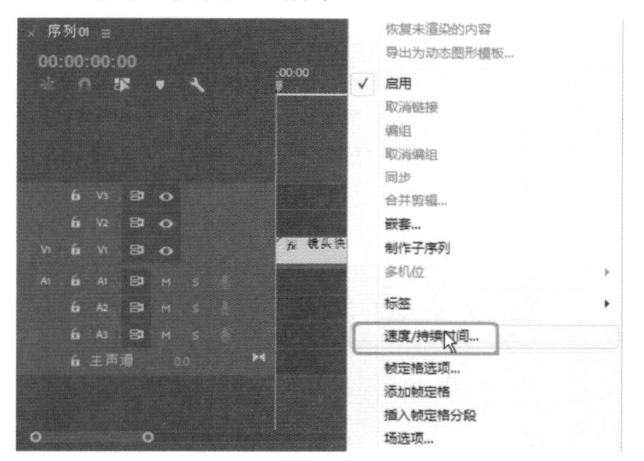

图6-59

Step 05 在弹出的对话框中将【速度】设置为200，单击【确定】按钮。选择V1轨道中的第二个素材，将其拖曳至第一个对象的结尾处，并在该对象上右击鼠标，在弹出的快捷菜单栏中选择【速度/持续时间】命令，在弹出的对话框中将【速度】设置为30，如图6-60所示。

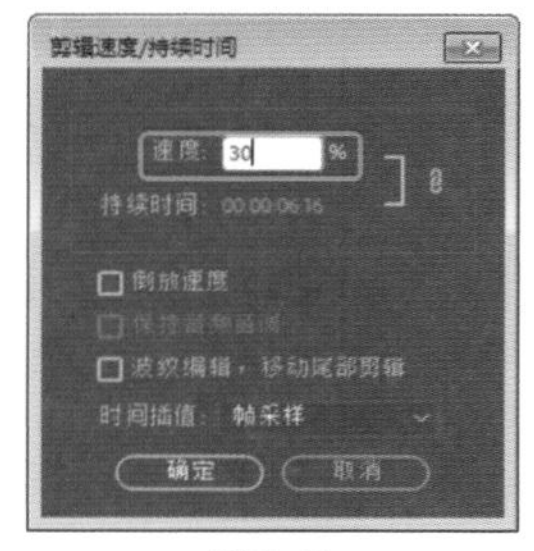

图6-60

Step 06 设置完成后，单击【确定】按钮，即可完成对选中对象的更改，效果如图6-61所示。

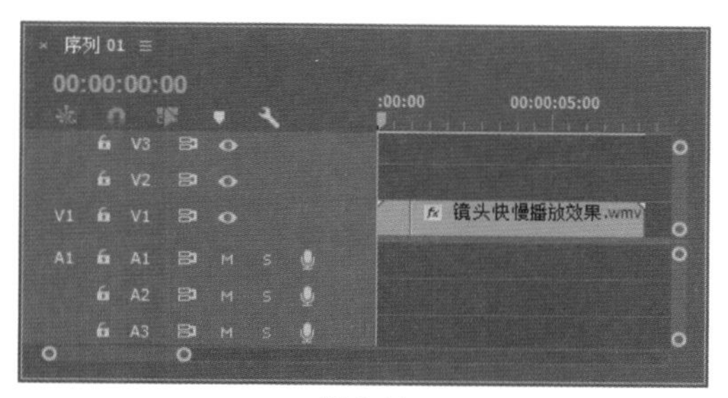

图6-61

实例 111 电视节目暂停效果

素材：电视节目暂停效果.jpg

场景：电视节目暂停效果.prproj

本案例制作电视节目暂停效果，如图6-62所示。

图6-62

Step 01 新建标准48kHz序列。导入【素材\Cha07\电视节目暂停效果.jpg】文件，将其拖曳至V1轨道中。选中该素材，在【效果控件】中将【缩放】设置为160，如图6-63所示。

图6-63

Step 02 选中V1轨道上的素材并右击鼠标，在弹出的快捷菜单中选择【速度/持续时间】命令，在弹出的对话框中将【持续时间】设置为00:00:15:00，如图6-64所示。

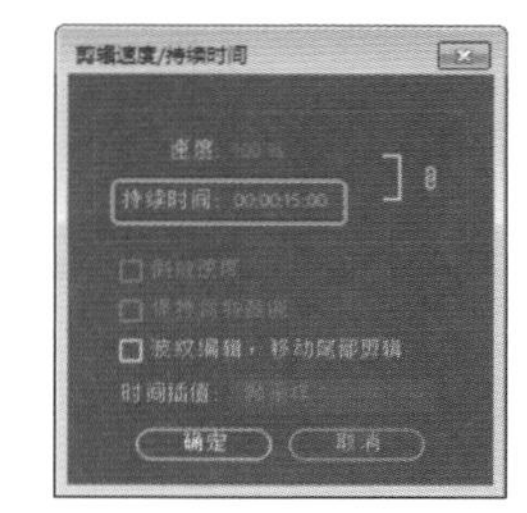

图6-64

Step 03 设置完成后，单击【确定】按钮。在【项目】面板中右击鼠标，在弹出的快捷菜单中选择【新建项目】|【HD

彩条】命令，在弹出的对话框中将【宽度】和【高度】分别设置为534、352，如图6-65所示。

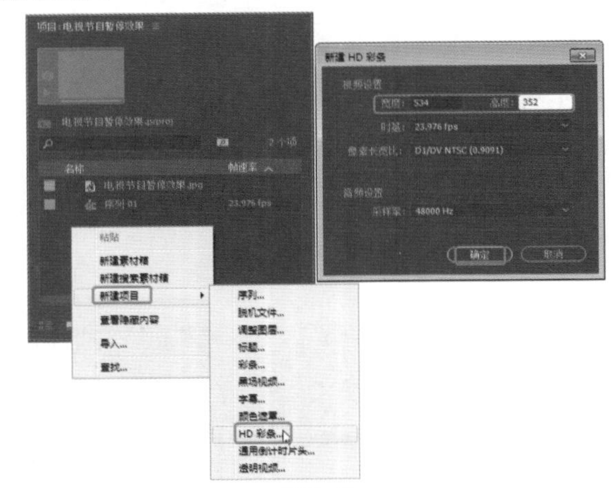

图6-65

Step 04 设置完成后，单击【确定】按钮。按住鼠标左键，将其拖曳至V2轨道中，并将其【持续时间】设置为00:00:15:00，如图6-66所示。

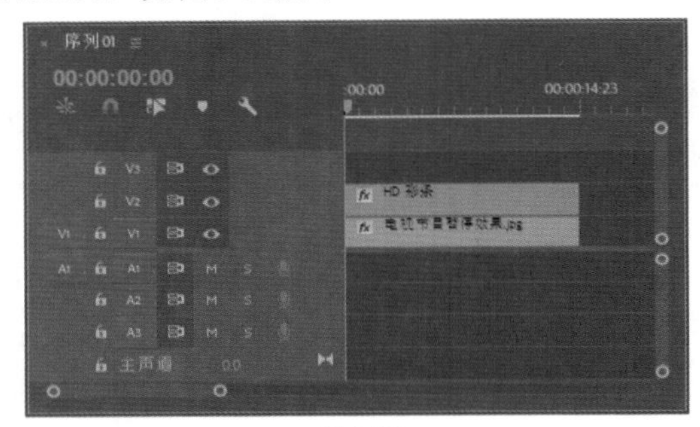

图6-66

Step 05 选择V2轨道上的【HD彩条】，在【效果控件】中将【位置】设置为397.5、200，取消勾选【等比缩放】复选框，将【缩放高度】和【缩放宽度】分别设置为46、60，如图6-67所示。

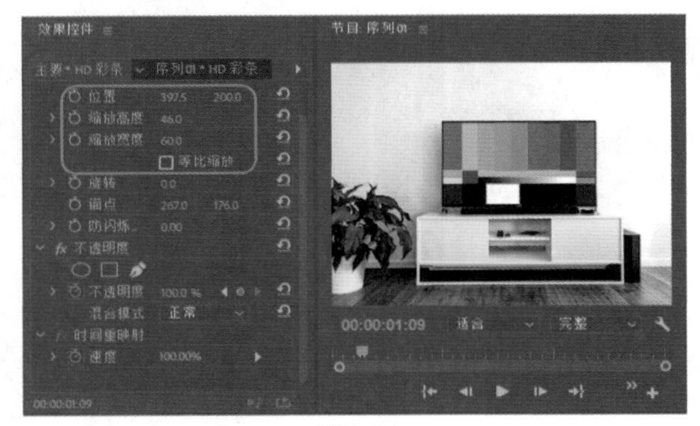

图6-67

Step 06 将当前时间设置为00:00:00:00，在【效果控件】中将【不透明度】设置为0%。再将当前时间设置为00:00:00:05，将【不透明度】设置为100%，如图6-68所示。

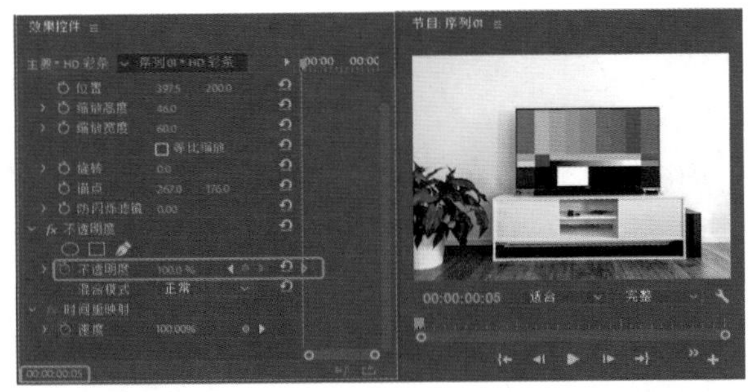

图6-68

实例 112 视频油画效果

素材：视频油画效果.avi

场景：视频油画效果.prproj

本案例制作视频油画效果，如图6-69所示。

图6-69

Step 01 新建标准48kHz序列，导入【素材\Cha07\视频油画效果.avi】素材文件，将其拖曳至V1轨道中，在弹出的对话框中单击【保持默认设置】按钮。选中V1素材文件，选择【效果控件】面板，将【缩放】设置为126，如图6-70所示。

图6-70

Step 02 切换至【效果】面板，为素材文件添加【视频效果】|【风格化】|【查找边缘】效果，如图6-71所示。

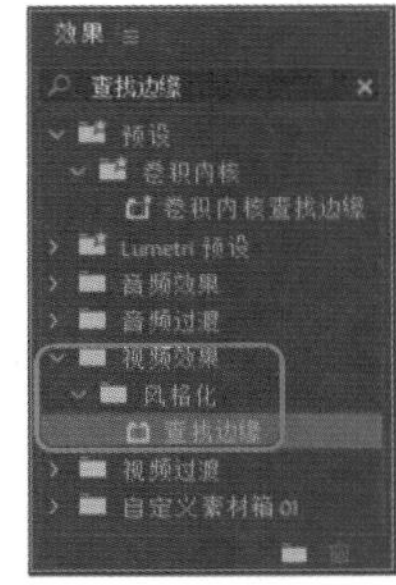

图6-71

Step 03 将当前时间设置为00:00:00:00，在【效果控件】面板中将【查找边缘】下的【与原始图像混合】设置0%，然后单击其左侧的【切换动画】按钮，如图6-72所示。

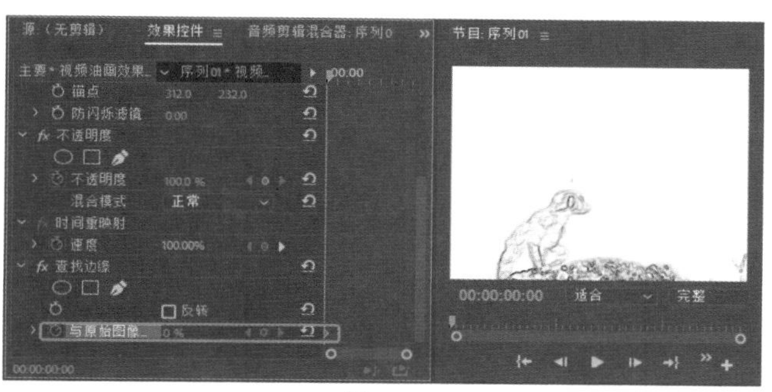

图6-72

Step 04 将当前时间设置为00:00:11:00，在【效果控件】面板中将【查找边缘】下的【与原始图像混合】设置100%，如图6-73所示。

图6-73

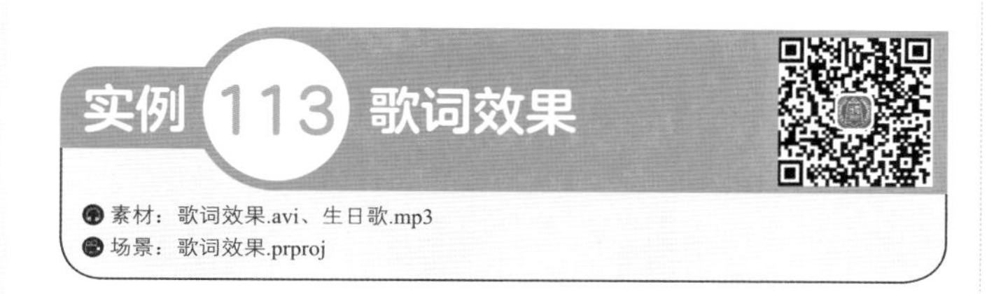

实例113 歌词效果

素材：歌词效果.avi、生日歌.mp3

场景：歌词效果.prproj

本案例制作歌词切换的效果，如图6-74所示。

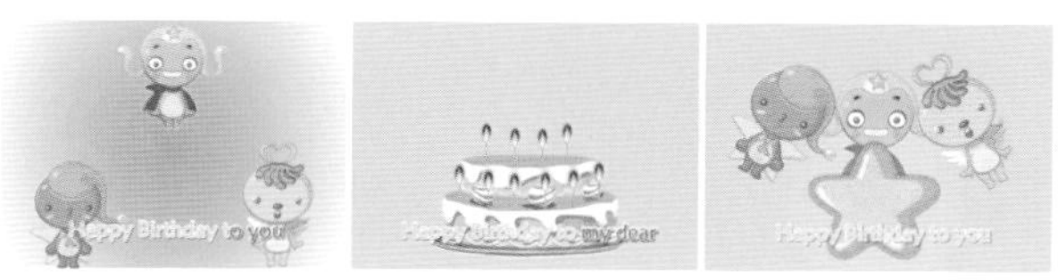

图6-74

Step 01 新建标准48kHz序列，导入【素材\Cha07\歌词效果.avi】、【生日歌.mp3】素材文件，将【生日歌.mp3】素材文件拖曳至A1轨道中；将【歌词效果.avi】素材文件拖曳至V1轨道中，在弹出的对话框中单击【保持默认设置】按钮。选中V1素材文件，选择【效果控件】面板，将【缩放】设置为165，如图6-75所示。

Step 02 在菜单栏中选择【文件】|【新建】|【旧版标题】命令，弹出【新建字幕】对话框，将【名称】设置为【原句01】，如图6-76所示。

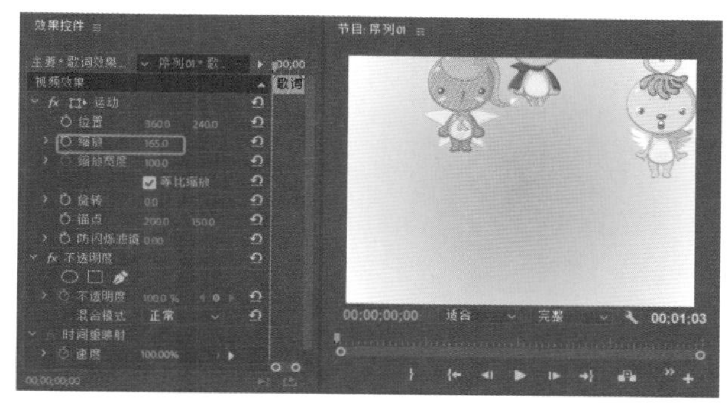

图6-75

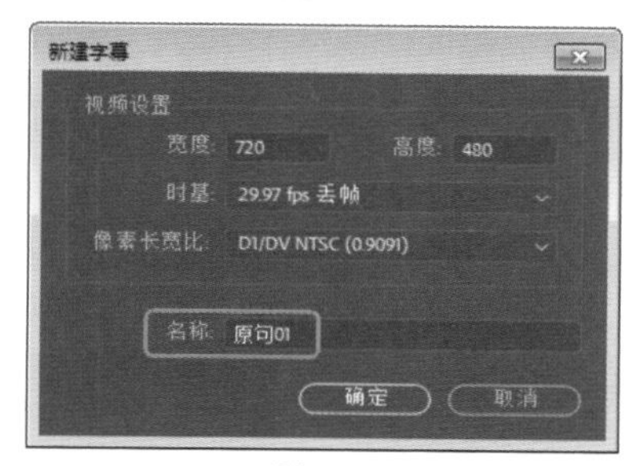

图6-76

Step 03 在弹出的字幕编辑器中使用【文字工具】输入文字Happy Birthday to you，将【字体系列】设置为华文新魏，【字体大小】设置为38.0，将【X位置】、【Y位置】设置为336.3、407.1，如图6-77所示。

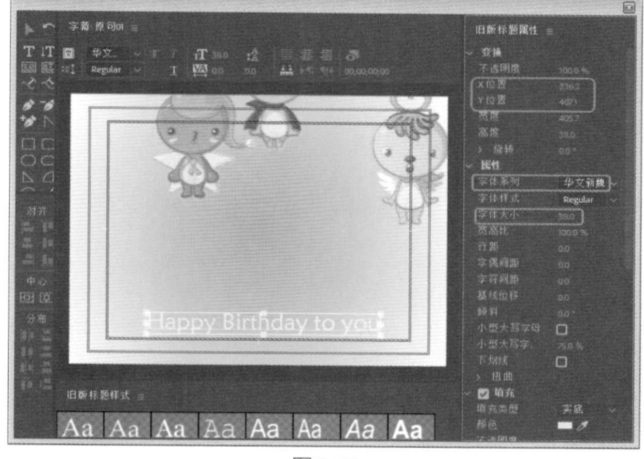

图6-77

Step 04 在【填充】区域中，将【颜色】设置为#055FAC；在【描边】区域中，添加【外描边】，将【大小】设置为40.0，【颜色】设置为白色；勾选【阴影】复选框，将【不透明度】设置为54%，【距离】设置为4.0，【大小】设置为0，【扩展】设置为19.0，如图6-78所示。

Step 05 关闭字幕编辑器，将【原句01】拖曳至V3轨道中，并将其【持续时间】设置为00:00:03:20。在【项目】面板中对【原句01】进行复制、粘贴，并将粘贴后的对象重新命名为【原句01副本】，然后将【原句01副本】拖至V2轨道中，使其开始处与时间线对齐，并将其【持续时间】设置为00:00:03:20，如图6-79所示。

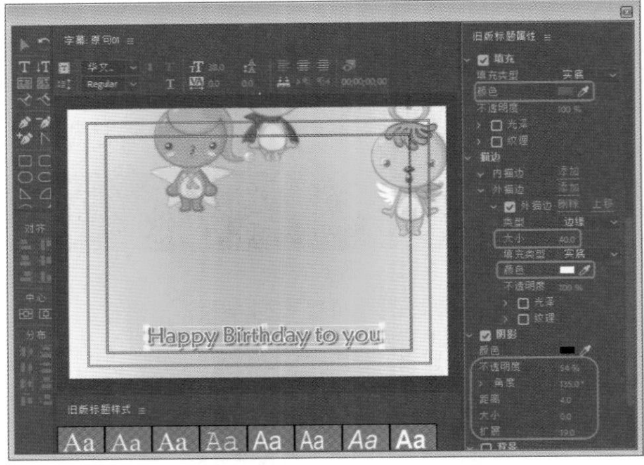

图6-78

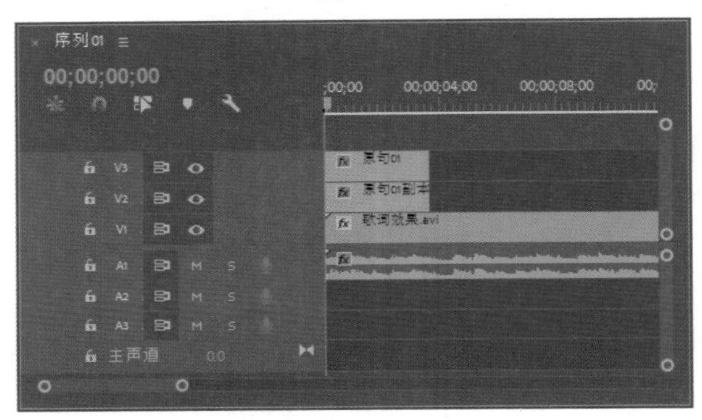

图6-79

Step 06 双击【原句01副本】，弹出字幕编辑器，将其【填充】下的【颜色】设置为#FFD200，如图6-80所示。

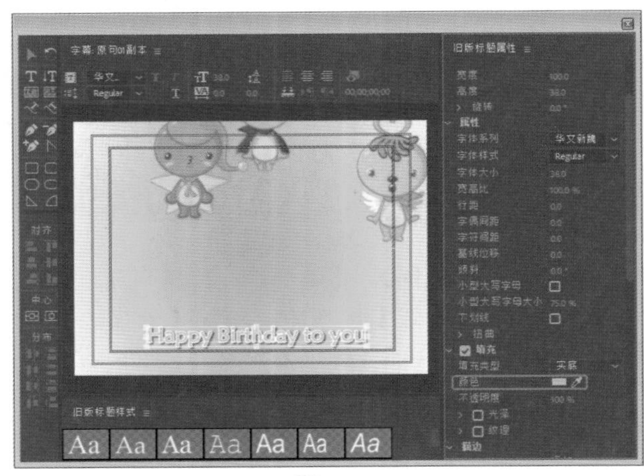

图6-80

Step 07 使用相同的方法新建【原句02】，将【填充】下的【颜色】设置为#055FAC。复制【原句02副本】字幕，将【填充】下的【颜色】更改为#FFD200，如图6-81和图6-82所示。

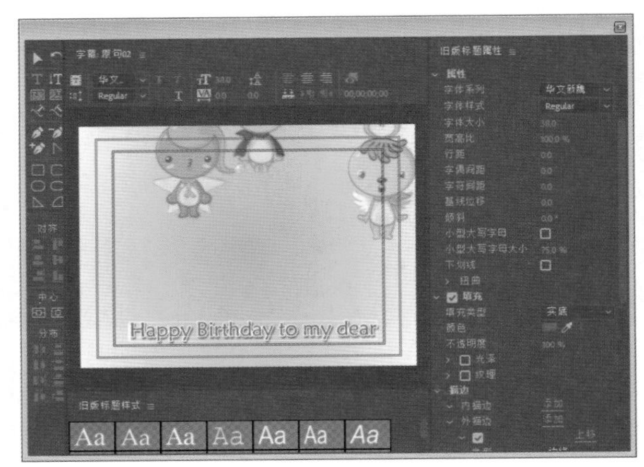

图6-81

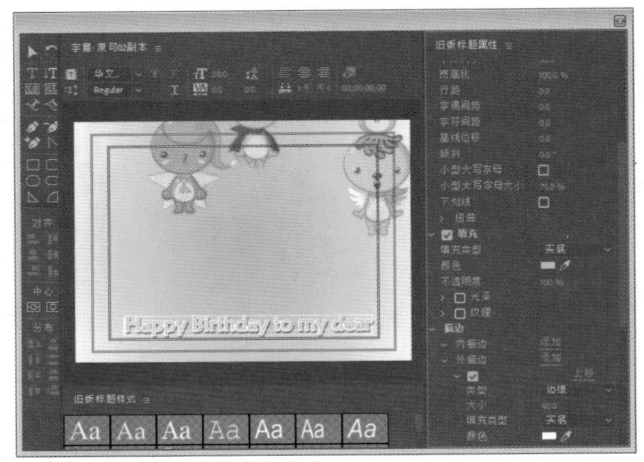

图6-82

Step 08 为V3轨道中的【原句01】字幕添加【裁剪】效果。将当前时间设置为00:00:00:03，在【效果控件】面板中，将【裁剪】下的【左侧】设置为23.0%，然后单击其左侧的【切换动画】按钮，如图6-83所示。

图6-83

Step 09 将当前时间设置为00:00:00:13，在【效果控件】面板中，将【裁剪】下的【左侧】设置为32.0%，如图6-84所示。

Step 10 使用相同的方法，为【原句01】字幕的【左侧】继续添加关键帧。将当前时间设置为00:00:01:24，【左侧】设置为57.0%，将当前时间设置为00:00:03:02，

【左侧】设置为81.0%；将当前时间设置为00:00:03:18，【左侧】设置为100.0%，如图6-85所示。

图6-84

图6-85

Step 11 将当前时间设置为00:00:03:20，在V2和V3轨道中再次添加【原句01副本】和【原句01】字幕，并将其【持续时间】都设置为00:00:04:08，如图6-86所示。

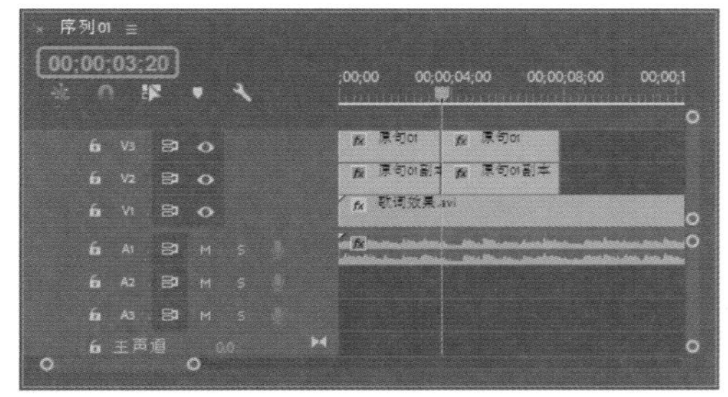

图6-86

Step 12 将当前时间设置为00:00:08:17，将【原句02】和【原句02副本】字幕拖曳至V3和V2轨道中，与时间线对齐，将其【持续时间】设置为00:00:04:02，如图6-87所示。

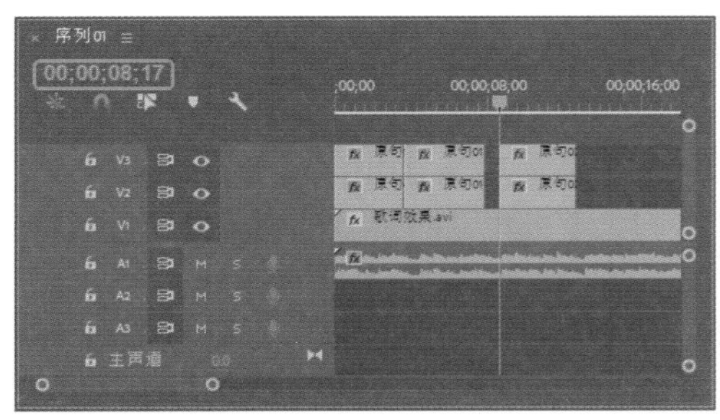

图6-87

Step 13 使用相同的方法，为添加的【原句02】字幕添加【裁剪】效果并设置【左侧】的关键帧。将当前时间设置为00:00:08:17，【左侧】设置为0.0%；将当前时间设置为00:00:09:10，【左侧】设置为33.0%；将当前时间设置为00:00:10:12，【左侧】设置为58.0%；将当前时间设置为00:00:11:26，【左侧】设置为73.0%；将当前时间设置为00:00:12:17，【左侧】设置为100.0%，如图6-88所示。

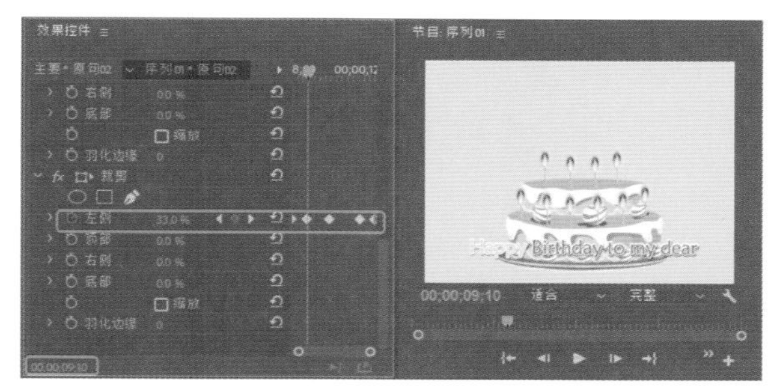

图6-88

Step 14 将当前时间设置为00:00:13:01，再次将【原句01】和【原句01副本】字幕拖曳至V3和V2轨道中，与时间线对齐，将其【持续时间】设置为00:00:04:08，如图6-89所示。

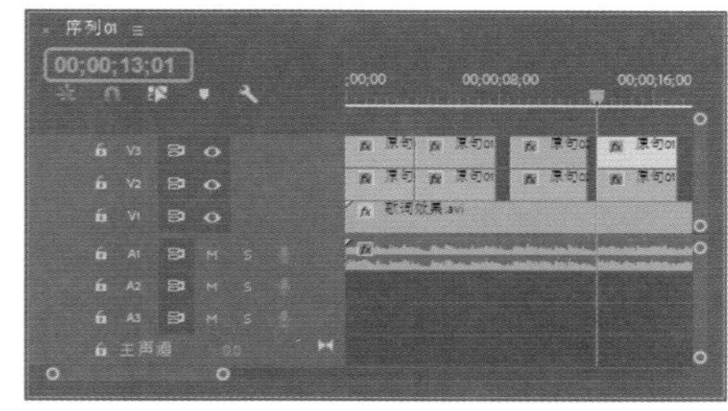

图6-89

Step 15 使用相同的方法，为【原句01】字幕添加【裁剪】效果并设置【左侧】的关键帧。将当前时间设置为00:00:13:01，【左侧】设置为0.0%；将当前时间设置为00:00:13:18，【左侧】设置为39.0%；将当前时间设置为00:00:14:29，【左侧】设置为63.0%；将当前时间设置为00:00:15:27，【左侧】设置为75.0%；将当前时间设置为00:00:17:07，【左侧】设置为100.0%，如图6-90所示。

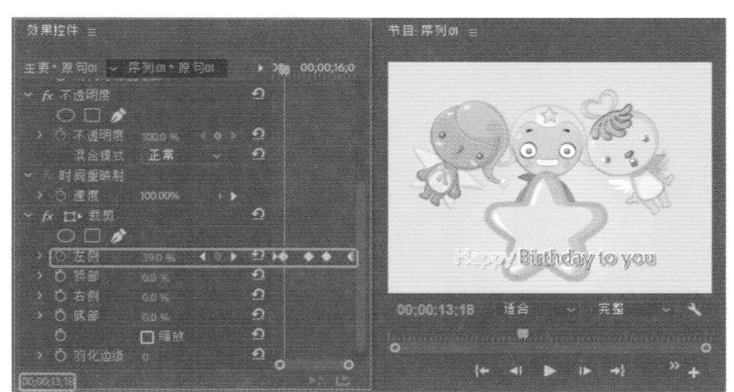

图6-90

实例 114 旋转时间指针

素材：旋转时间指针.jpg
场景：旋转时间指针.prproj

本案例制作旋转时间指针，效果如图6-91所示。

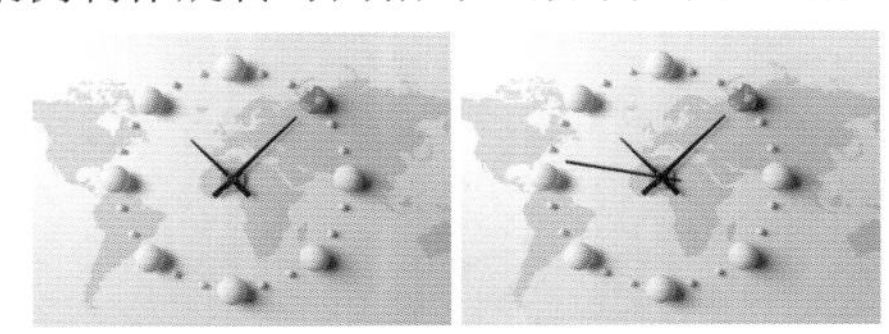

图6-91

Step 01 新建标准48kHz序列，在【项目】面板中双击鼠标，弹出【导入】对话框，选择【素材\Cha07\旋转时间指针.jpg】素材文件，并将其拖曳至面板V1轨道中，然后将其持续时间设置为00:00:30:00。选择【效果控件】面板，将【缩放】设置为18.0%，如图6-92所示。

图6-92

Step 02 在菜单栏中选择【文件】【新建】【旧版标题】命令，弹出【新建字幕】对话框，使用默认命名，进入字幕编辑器。使用【矩形工具】绘制一个矩形，将【宽度】设置为4.7，【高度】设置为222.4，【X位置】设置为376.9，【Y位置】设置为359.3，【颜色】设置为黑色，如图6-93所示。

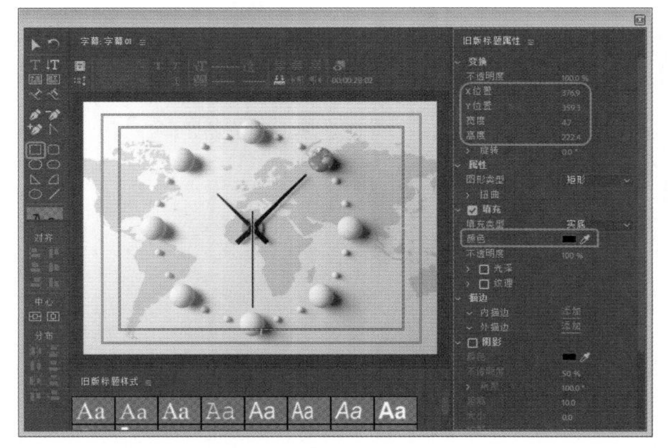

图6-93

Step 03 关闭字幕编辑器，将【字幕01】拖曳至V2轨道中，然后将其【持续时间】设置为00:00:30:00，如图6-94所示。

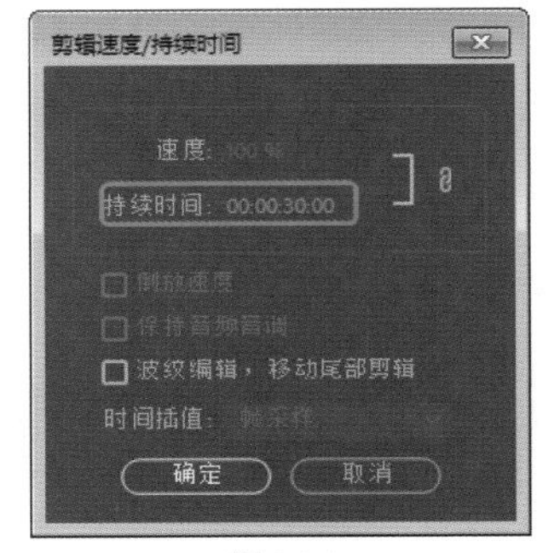

图6-94

Step 04 将当前时间设置为00:00:00:00，选中【字幕01】，在【效果控件】面板中将【位置】设置为343.1、288.0，单击【旋转】左侧的【切换动画】按钮，将【锚点】设置为344、288，如图6-95所示。

图6-95

Step 05 将当前时间设置为00:00:29:24，在【效果控件】面板中将【旋转】设置为180.0°，如图6-96所示。

图6-96

Step 06 将当前时间设置为00:00:00:00，在【视频效果】、【扭曲】【球面化】效果添加至V1轨道中的素材文件上，在【效果控件】面板中将【半径】设置为160.0，单击【球面中心】左侧的【切换动画】按钮，将【球面中心】设置为2507.4、2938.8，如图6-97所示。

Step 07 使用相同的方法，为【球面中心】添加关键帧。

将当前时间设置为00:00:07:06，将【球面中心】设置为1620.5、2587.5；将当前时间设置为00:00:15:06，将【球面中心】设置为1289.1、1729.0；将当前时间设置为00:00:22:15，将【球面中心】设置为1630.2、880.2；将当前时间设置为00:00:29:21，将【球面中心】设置为2497.7、509.5，如图6-98所示。

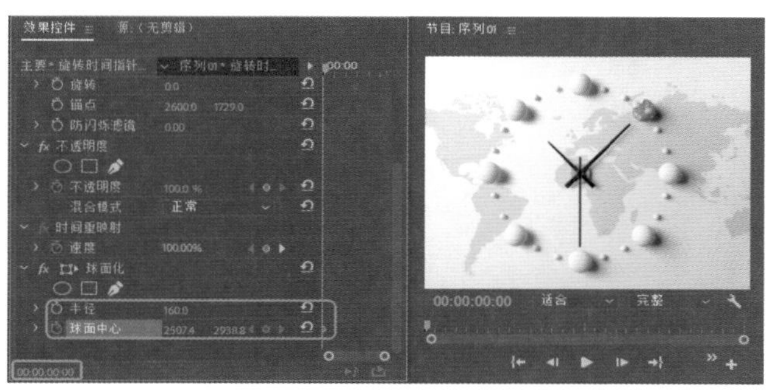

图6-97

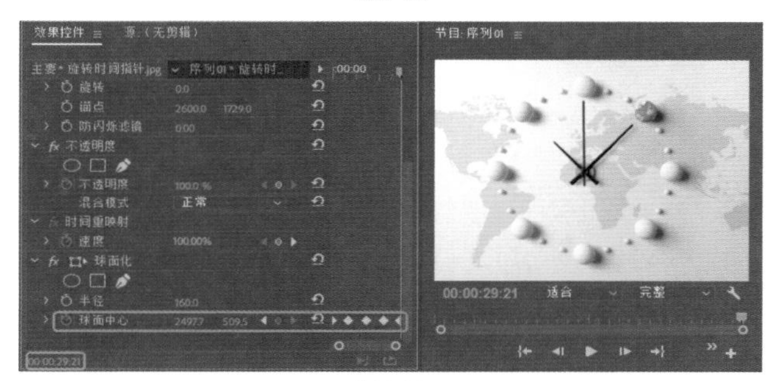

图6-98

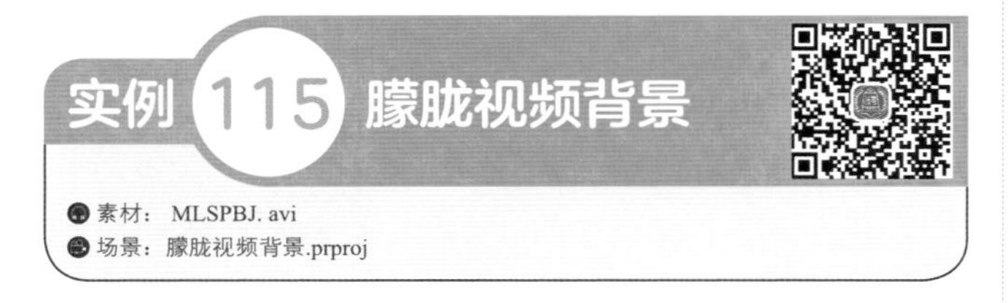

实例115 朦胧视频背景

素材：MLSPBJ. avi

场景：朦胧视频背景.prproj

本案例制作模糊背景，效果如图6-99所示。

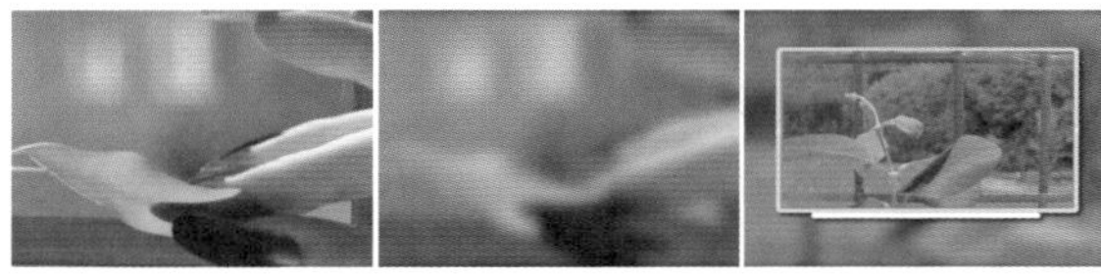

图6-99

Step 01 新建序列，在【项目】面板的空白处双击鼠标，在弹出的对话框中导入MLSPBJ. avi素材文件，在【项目】面板中将MLSPBJ. avi素材文件拖曳至V1视频轨道中，在【效果控件】面板中将【缩放】设置为166，如图6-100所示。

Step 02 在【效果】面板中将【视频效果】|【模糊与锐利】|【高斯模糊】效果拖曳至V1轨道素材上，在【效果控件】面板中将【高斯模糊】选项下的【模糊度】设置为30，如图6-101所示。

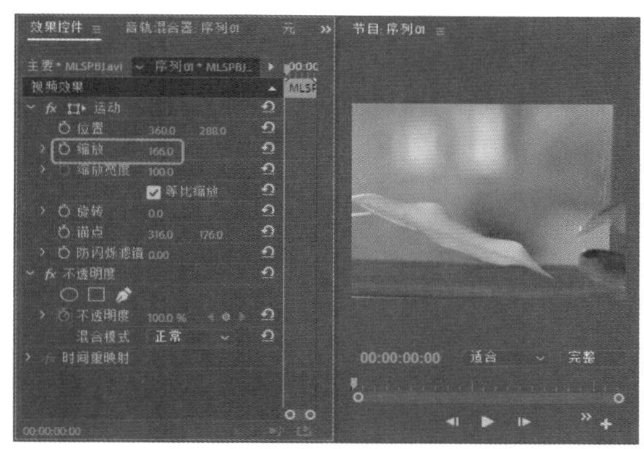

图6-100

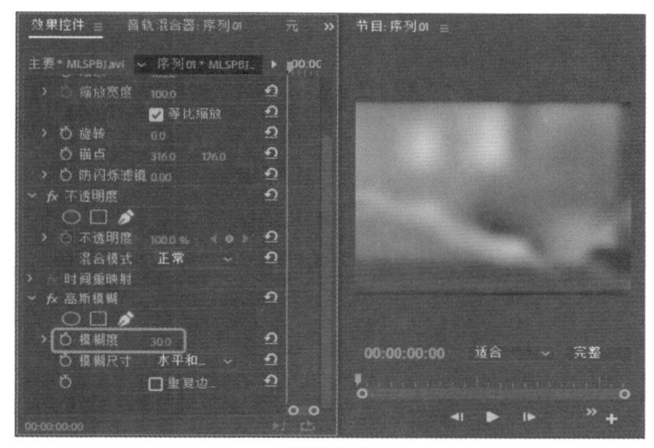

图6-101

Step 03 在菜单栏中选择【文件】【新建】【旧版标题】命令，弹出【新建字幕】对话框，使用默认命名，进入字幕编辑器中。使用【矩形工具】绘制矩形，将【宽度】、【高度】、【X位置】、【Y位置】分别设置为640、352、399、270，在【填充】选项组中将【颜色】设置为#888888。单击【外描边】右侧的【添加】按钮，将【类型】设置为【边缘】，将【大小】设置为10，将【颜色】设置为白色，如图6-102所示。

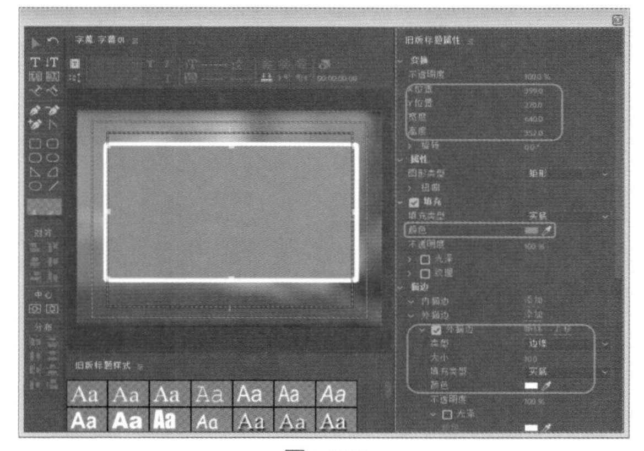

图6-102

Step 04 勾选【光泽】复选框，将【颜色】设置为#FAFAFA，【不透明度】设置为100%，【大小】设置为10，【角度】设置为0，【偏移】设置为0。勾选【阴影】复选框，将【颜色】设置为黑色，将【不透明度】设置为80%，将【角度】设置为135°，将【距离】设置为10，将【大小】设置为0，将【扩散】设置为50，如图6-103所示。

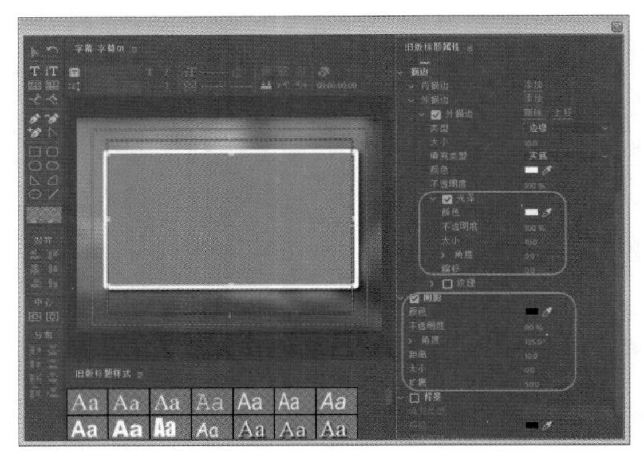

图6-103

Step 05 使用【圆角矩形工具】绘制一个圆角矩形，取消勾选【外描边】复选框，将【填充】选项组中的【颜色】设置为白色，将【变换】下的【宽度】、【高度】、【X位置】、【Y位置】分别设置为500、13、396、462，如图6-104所示。

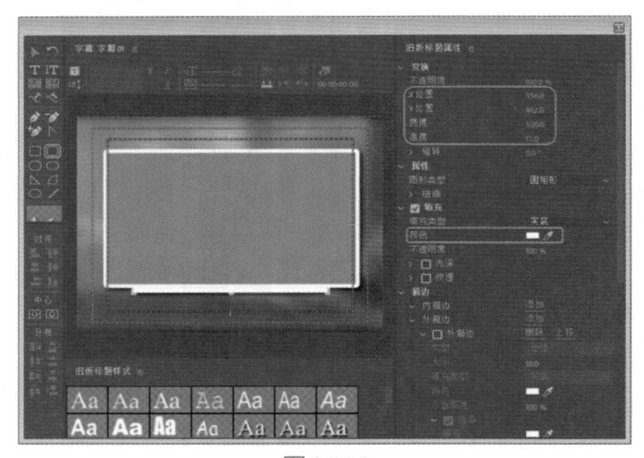

图6-104

Step 06 关闭字幕编辑器，将【字幕01】拖曳至V2轨道中，将其与V1轨道中的素材对齐。然后将MLSPBJ. avi素材文件拖曳至V3轨道上，选中V3视频轨道中的素材文件，在【效果控件】面板中将【位置】设置为366、269，如图6-105所示。

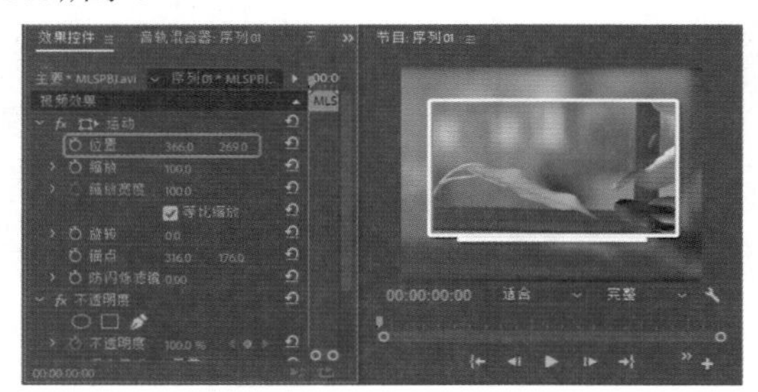

图6-105

实例116 电视播放效果

素材：001.jpg、002.avi、003.png

场景：电视播放效果.prproj

本案例制作电视播放效果，如图6-106所示。

图6-106

Step 01 新建序列，导入001.jpg、002.avi、003.png素材文件，在【项目】面板中选择001.jpg，将其拖曳至V1轨道中。选中该对象，右击鼠标，在弹出的快捷菜单中选择【速度/持续时间】命令，如图6-107所示。

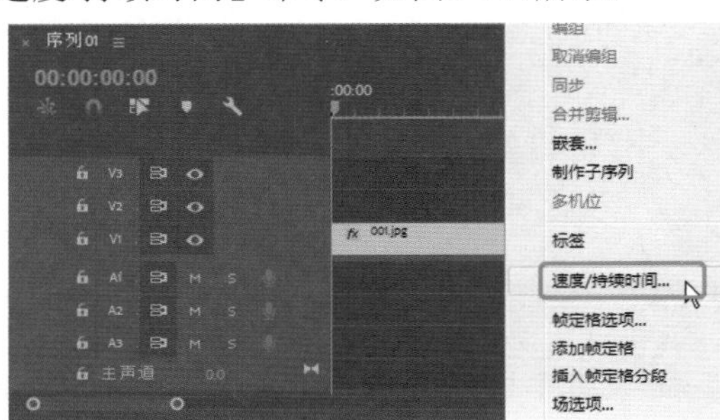

图6-107

Step 02 在弹出的对话框中将【持续时间】设置为00:00:05:07，如图6-108所示。

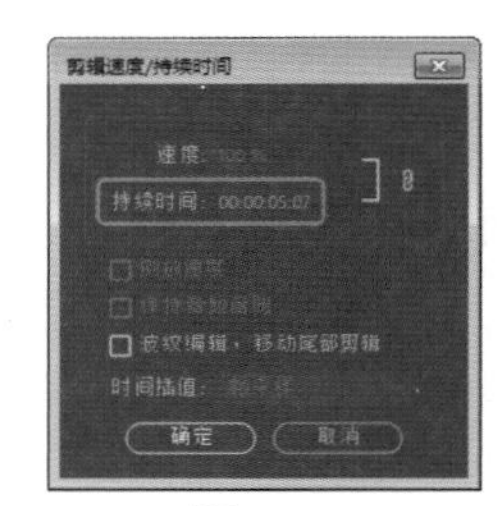

图6-108

Step 03 设置完成后，单击【确定】按钮。继续选中该对象，在【效果控件】面板中将【缩放】设置为15，如图6-109所示。

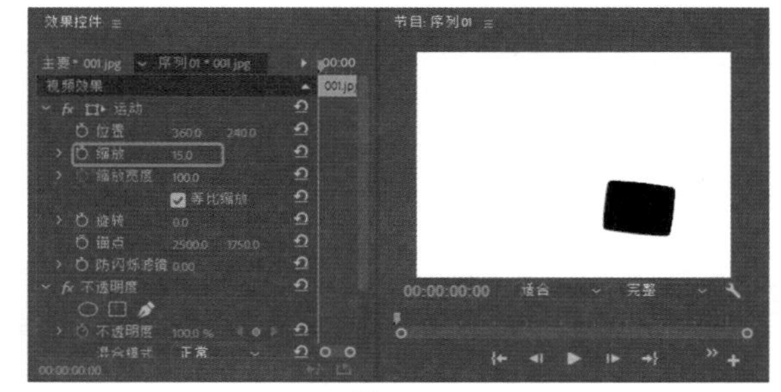

图6-109

Step 04 在【项目】面板中选择002.avi，将其拖曳至V2轨道中，将该素材的【持续时间】设置为00:00:05:07，在【效果控件】面板中将【位置】设置为510.0、332.0，取消勾选【等比缩放】复选框，将【缩放高度】和【缩放宽度】分别设置为30、24，将【旋转】设置为7，如图6-110所示。

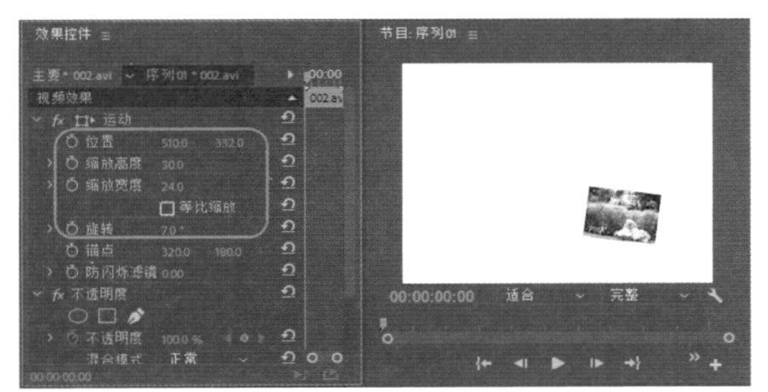

图6-110

Step 05 切换至【效果】面板，选择【视频效果】|【变换】|【羽化边缘】效果并拖曳至V2轨道上，在【效果控件】面板中将【数量】设置为58，如图6-111所示。

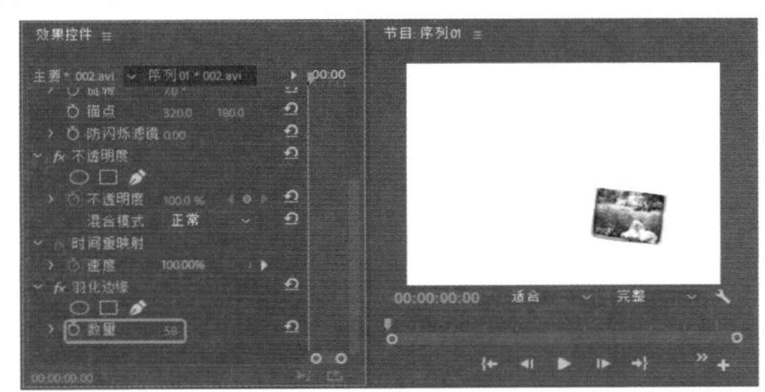

图6-111

Step 06 切换至【效果】面板，选择【视频效果】|【杂色与颗粒】|【杂色】效果并拖曳至V2轨道上，在【效果控件】面板中将【杂色数量】设置为17.6%，如图6-112所示。

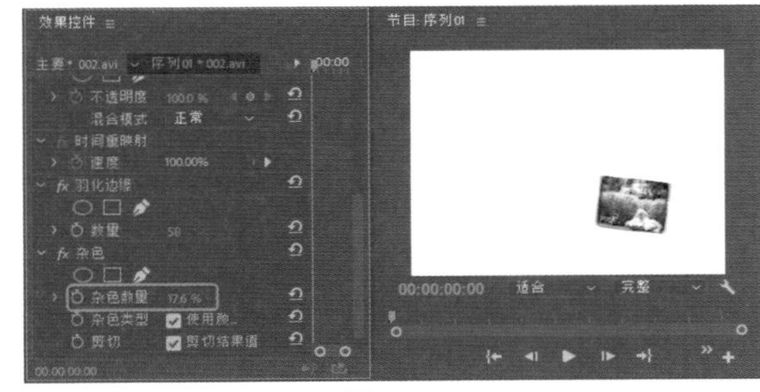

图6-112

Step 07 在【项目】面板中选择003.png，将其拖曳至V3轨道中。选中该对象，在【效果控件】面板中将【缩放】设置为15，如图6-113所示。

图6-113

Step 08 将该素材的【持续时间】设置为00:00:05:07，设置完成后，对文件进行输出，如图6-114所示。

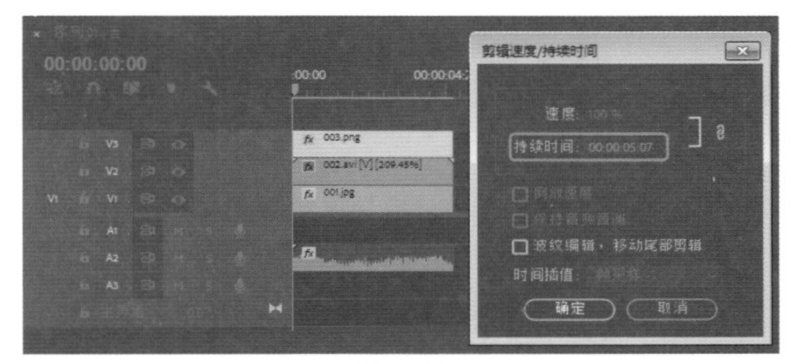

图6-114

实例117 宽荧屏电影效果

素材：004.jpg、005.avi

场景：宽荧屏电影效果.prproj

本案例制作宽荧屏电影效果，如图6-115所示。

图6-115

Step 01 新建序列，在【项目】面板空白处双击鼠标，弹出对话框，导入【素材\Cha07\004.jpg】、005.avi素材文件。在【项目】面板中选择004.jpg，将其拖曳至V1轨道中。选中该对象，右击鼠标，在弹出的快捷菜单中选择【速度/持续时间】命令，如图6-116所示。

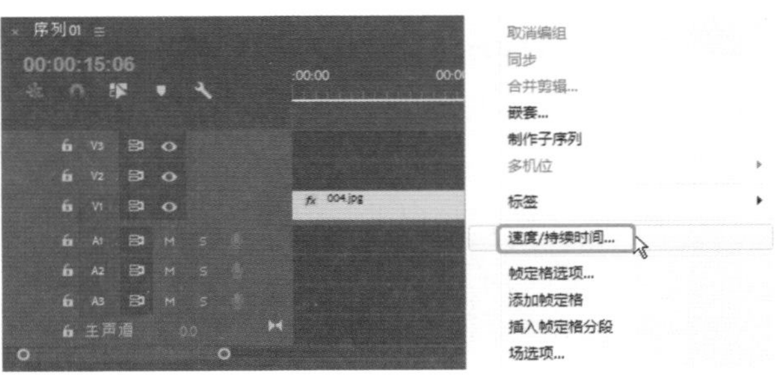

图6-116

Step 02 在弹出的对话框中将【持续时间】设置为00:00:19:20，如图6-117所示。

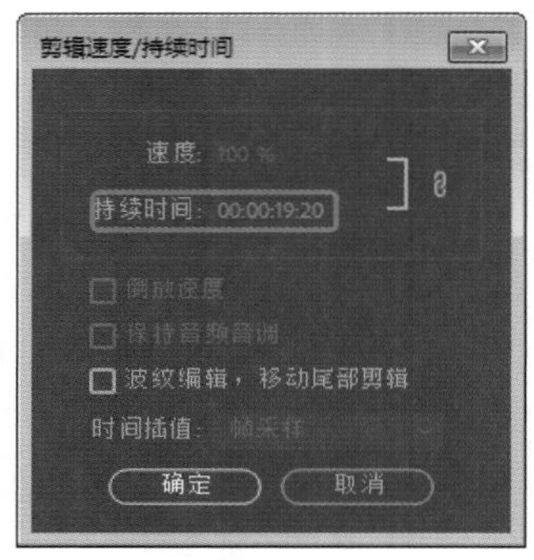

图6-117

Step 03 设置完成后，单击【确定】按钮。继续选中该对象，在【效果控件】中将【缩放】设置为33，如图6-118所示。

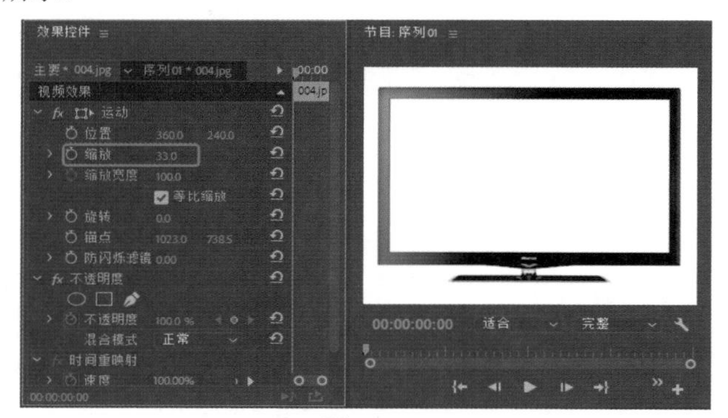

图6-118

Step 04 在【项目】面板中选择005.avi，将其拖曳至V2轨道中。选中该对象，在【效果控件】中将【位置】设置为358、219，将【缩放】设置为85.5，如图6-119所示。

图6-119

实例118 画中画效果

素材：006.avi、007.avi

场景：画中画效果.prproj

本案例制作画中画效果，如图6-120所示。

图6-120

Step 01 新建序列，在【项目】面板空白处双击鼠标，弹出对话框，导入【素材\Cha07\006.avi】、007.avi素材文件。将006.avi素材文件拖曳至V1轨道中，在弹出的对话框中单击【保持现有设置】按钮。选中V1轨道的视频并右击鼠标，在弹出的快捷菜单中选择【取消链接】命令，如图6-121所示。

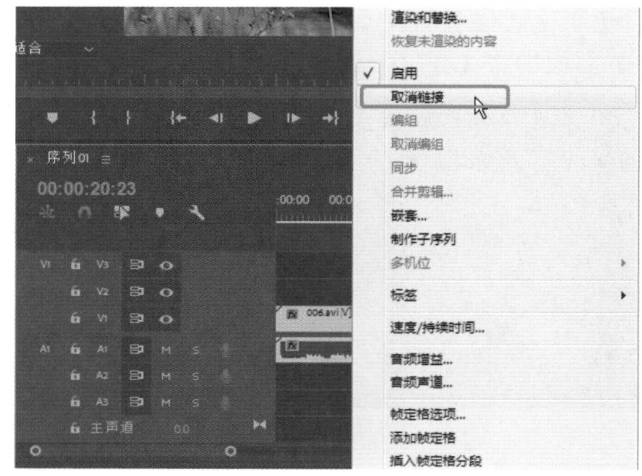

图6-121

Step 02 取消链接后，选中A1轨道中的音频，按Delete键将其删除，效果如图6-122所示。

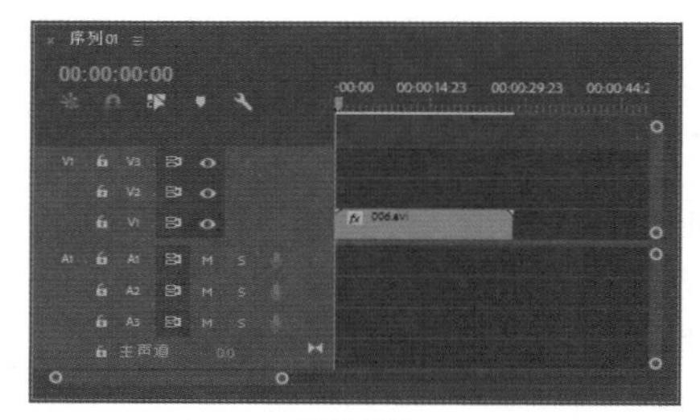

图6-122

Step 03 选中V1轨道中的对象，在【效果控件】面板中将【缩放】设置为45，如图6-123所示。

图6-123

Step 04 将007.avi素材文件拖曳至V2轨道中，在【效果控件】面板中将【位置】设置为558.3、392.6，将【缩放】设置为20，如图6-124所示。

图6-124

Step 05 选中V2轨道素材，为其添加【裁剪】效果，在【效果控件】面板中将【左侧】、【顶部】、【右侧】、【底部】分别设置为14、9、14、12，效果如图6-125所示。

图6-125

Step 06 继续选中该对象，为其添加【Alpha发光】效果，在【效果控件】面板中将【起始颜色】和【结束颜色】都设置为黑色，如图6-126所示。

图6-126

本案例制作倒放效果，如图6-127所示。

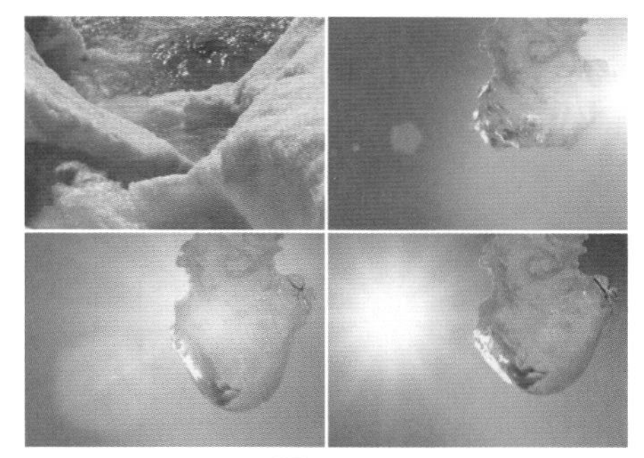
图6-127

Step 01 新建文件，将素材文件导入至【项目】面板中，将008.avi素材文件拖曳至V1轨道中，在弹出的对话框中单击【保持现有设置】按钮。选中该对象，在【效果控件】中将【缩放】设置为45，如图6-128所示。

图6-128

Step 02 选中V1轨道上的素材，按住Alt键将其拖曳至该对象的结尾处，释放鼠标，完成复制，效果如图6-129所示。

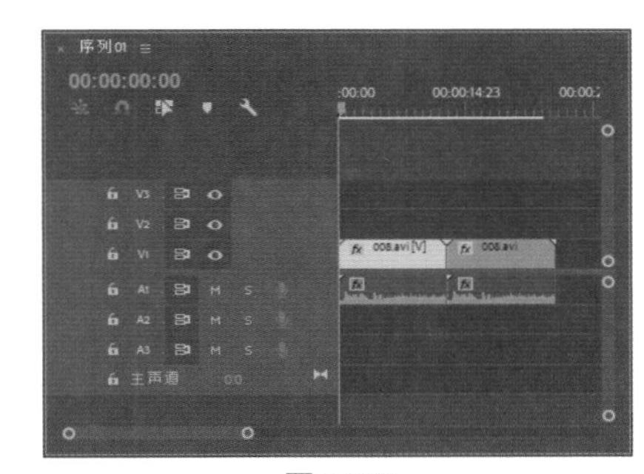
图6-129

Step 03 继续选中V1轨道上第二段素材，在该对象上右击鼠标，在弹出的快捷菜单中选择【速度/持续时间】命令，如图6-130所示。

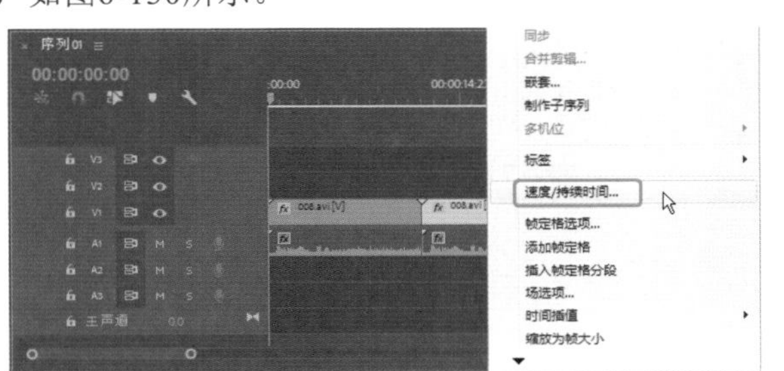
图6-130

Step 04 在弹出的对话框中勾选【倒放速度】复选框，然后单击【确定】按钮，对完成后的文件进行输出即可，如图6-131所示。

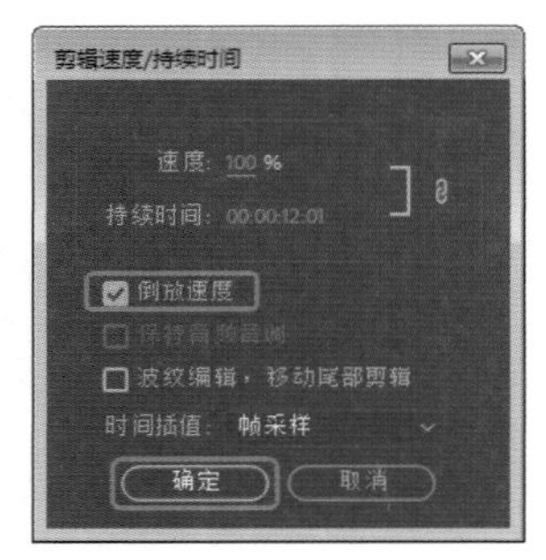

图6-131

实例 120 飘落的树叶

素材：树叶.jpg、树叶背景.jpg

场景：倒放效果.prproj

本案例制作飘落的树叶，效果如图6-132所示。

图6-132

Step 01 新建文件，按Ctrl+I组合键，打开【导入】对话框，选择【树叶.jpg】、【树叶背景.jpg】素材文件，单击【打开】按钮，即可将选中的素材文件导入至【项目】面板中，如图6-133所示。

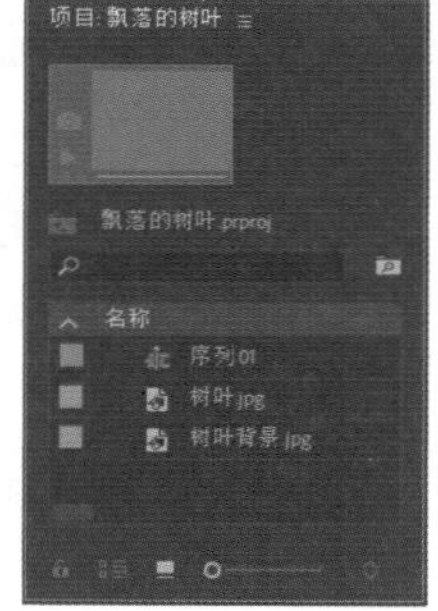

图6-133

Step 02 将【树叶背景.jpg】素材文件拖曳至V1轨道中，在【效果控件】面板中将【运动】选项下的【缩放】设置为155，如图6-134所示。

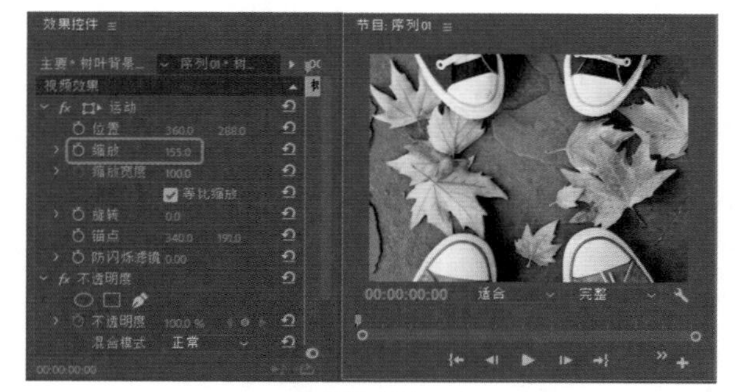

图6-134

Step 03 将当前时间设置为00:00:00:00，将【树叶.jpg】素材图片拖曳至V2轨道中，将其开始位置与时间线对齐。在【效果】面板中，将【视频效果】|【键控】|【颜色键】效果拖曳至V2轨道中的素材文件上，在【效果控件】面板中将【颜色容差】、【边缘细化】、【羽化边缘】设置为10、3、1，单击【主要颜色】右侧的颜色块，将颜色设置为#F7F5F7，完成后的效果如图6-135所示。

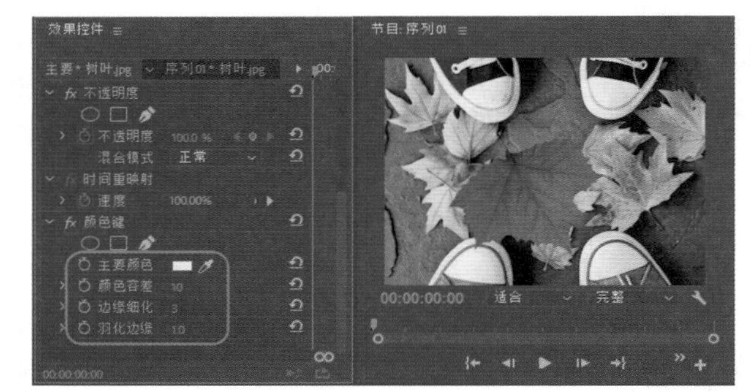

图6-135

Step 04 将当前时间设置为00:00:00:00，将【位置】设置为322、344.7，将【缩放】、【旋转】分别设置为50、10，然后单击【位置】、【缩放】、【旋转】左侧的【切换动画】按钮，如图6-136所示。

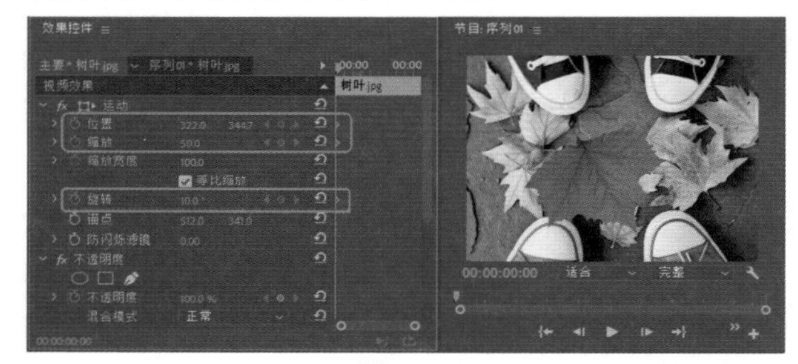

图6-136

Step 05 将当前时间设置为00:00:01:09，将【位置】设置为315.1、306.9，将【缩放】、【旋转】分别设置为40、0。将当前时间设置为00:00:02:17，将【位置】设置为385.6、300.9，将【缩放】、【旋转】分别设置为33、-10。将当前时间设置为00:00:03:16，将【位置】设置为393.7、268.4。将当前时间设置为00:00:04:10，将【位置】设置为359.3、260，将【缩放】、【旋转】分别设置为30、-20，如图6-137所示。

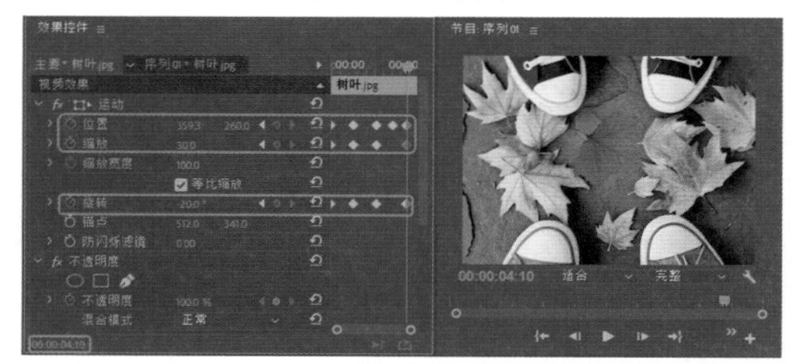

图6-137

实例121 旋转的城市

素材：旋转城市素材.jpg
场景：旋转的城市.prproj

本案例制作旋转的城市效果，如图6-138所示。

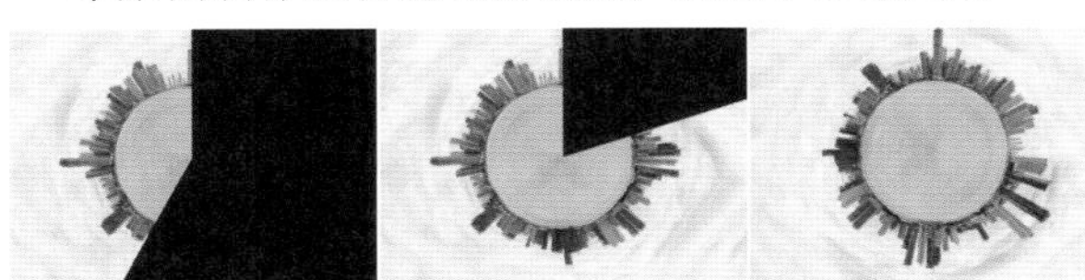

图6-138

Step 01 新建文件，在【项目】面板的空白处双击鼠标，在弹出的对话框中选择【旋转城市素材.jpg】素材文件，如图6-139所示。

Step 02 将导入的素材拖曳至V1轨道上，单击鼠标右键，在弹出的快捷菜单中选择【速度/持续时间】命令，再在弹出的对话框中将【持续时间】设置为00:00:07:00，如图6-140所示。

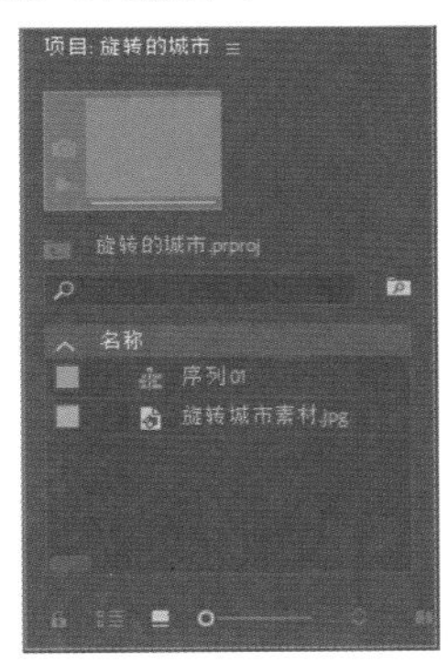

图6-139

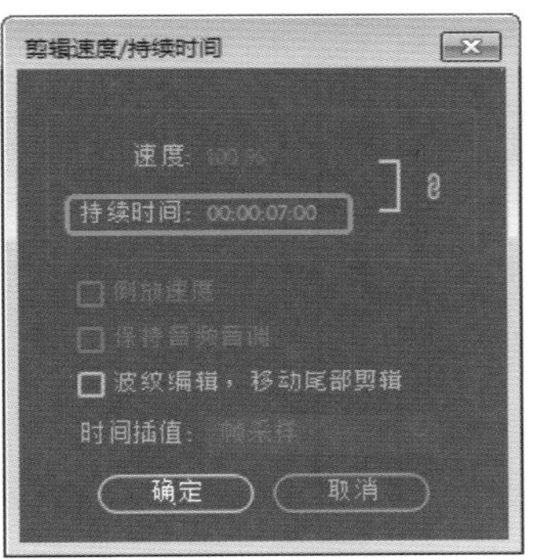

图6-140

Step 03 将当前时间设置为00:00:02:13，在【效果控件】面板中将【缩放】设置为65，将【旋转】设置为0，单击其左侧的【切换动画】按钮，如图6-141所示。

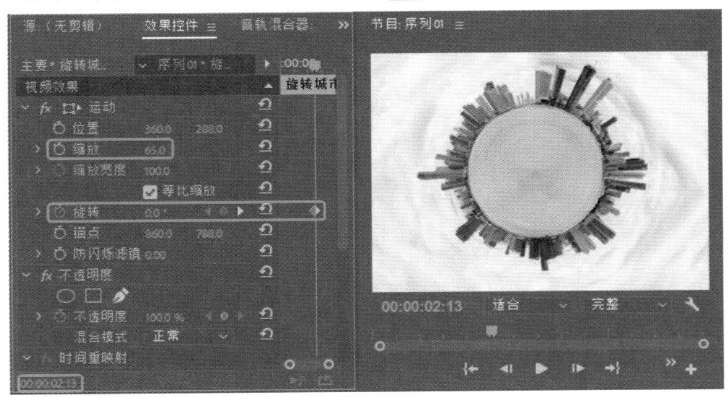

图6-141

Step 04 将当前时间设置为00:00:06:24，将【旋转】设置为180，如图6-142所示。

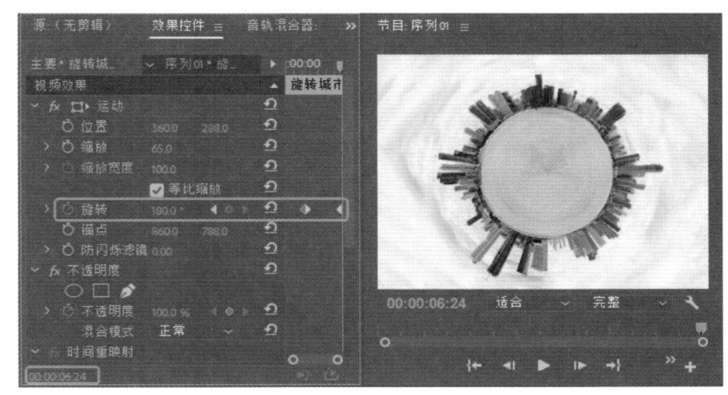

图6-142

Step 05 将当前时间设置为00:00:00:00，在【效果】面板中选择【视频效果】|【过渡】|【径向擦除】效果，将其拖曳至素材文件上。在【效果控件】面板中将【径向擦除】下的【过渡完成】设置为100%，并单击【过渡完成】左侧的【切换动画】按钮，如图6-143所示。

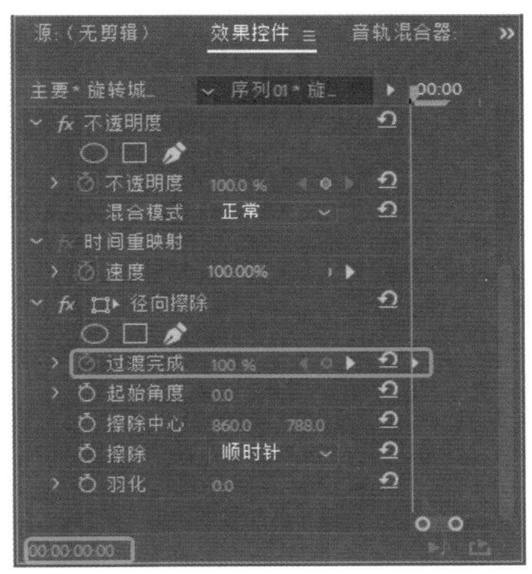

图6-143

Step 06 将当前时间设置为00:00:02:00，将【过渡完成】设置为0%，至此旋转的城市效果就制作完成了，将场景进行保存即可，如图6-144所示。

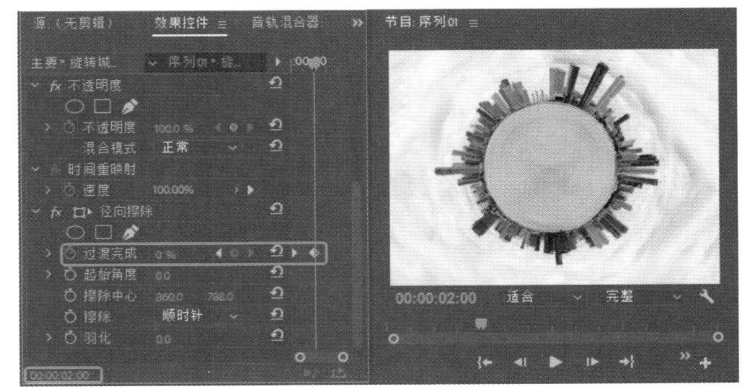

图6-144

第7章 影视调色技巧

Premiere是最常用的影视后期制作软件之一，调色可以从形式上更好地配合影片内容的表达。通过本章节的学习，读者可以了解Premiere常用的影视调色技巧。

实例122 大海的呼唤

素材：PL01.jpg、PL02.jpg
场景：大海的呼唤.prproj

本案例效果如图7-1所示。

图7-1

Step 01 新建文件，按Ctrl+N组合键，在弹出的对话框中选择【设置】选项卡，将【编辑模式】设置为DV PAL，将【时基】设置为【25.00帧/秒】，将【像素长宽比】设置为【D1/DV 宽银幕16:9（1.4587）】，如图7-2所示。

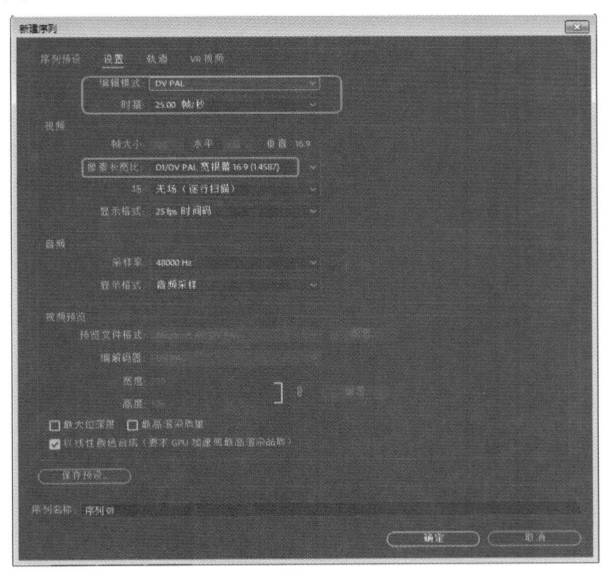
图7-2

Step 02 将PL01.jpg、PL02.jpg素材文件导入到场景中。在菜单栏中选择【文件】|【新建】|【旧版标题】命令，弹出【新建字幕】对话框，单击【确定】按钮。在弹出的字幕编辑器中使用【文字工具】输入文字People who come to the seaside often hear，单击【粗体】按钮 T ，将【属性】下的【字体系列】设置为Agency FB，将【字体样式】设置为Bold，将【字体大小】设置为50，将【X位置】、【Y位置】设置为557、60，将【填充】下的【颜色】设置为白色，如图7-3所示。

Step 03 使用同样的方法新建字幕，将原有的文字更改为Call of the sea，将【字体系列】设置为Agency FB，将【字体大小】设置为80，将【宽高比】设置为60%，将【行距】设置为20，将【X位置】、【Y位置】设置为217、289，如图7-4所示。

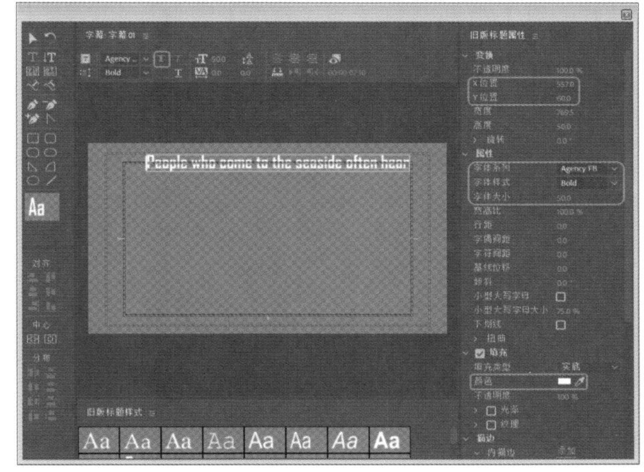

图7-3

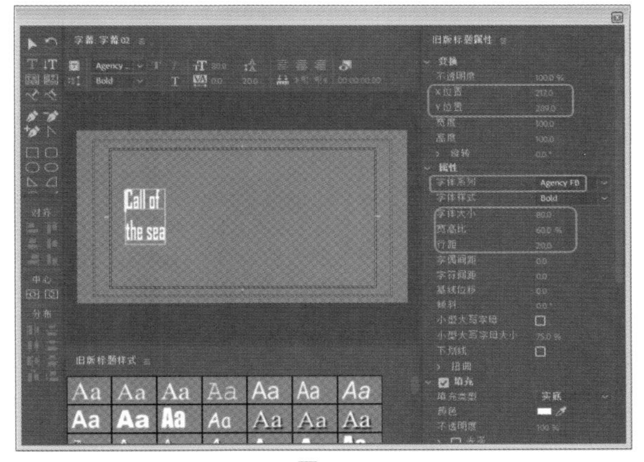

图7-4

Step 04 将字幕编辑器关闭，将PL01.jpg拖曳至V1视频轨道，在【效果】面板中将【视频效果】|【调整】|【光照效果】效果拖曳至V1视频轨道中的素材文件上，在【效果控件】面板中将【缩放】设置为200，将【光照1】下的【主要半径】、【次要半径】均设置为53.1，将【强度】设置为11，如图7-5所示。

图7-5

Step 05 在【效果】面板中将【线性擦除】视频效果拖

曳至V1视频轨道中的素材文件上，将当前时间设置为00:00:00:23，将【过渡完成】设置为0%，单击其左侧的【切换动画】按钮，将【擦除角度】设置为90，将【羽化】设置为0，如图7-6所示。

图7-6

Step 06 将当前时间设置为00:00:02:24，将【过渡完成】设置为35%。在【效果】面板中将【颜色平衡】视频特效拖曳至V1轨道中的素材文件上，将【阴影红色平衡】、【中间调红色平衡】、【高光蓝色平衡】设置为80、30、-20，如图7-7所示。

图7-7

Step 07 将当前时间设置为00:00:00:00，将【字幕02】拖曳至V2视频轨道中，将其开始位置与时间线对齐。确定当前时间为00:00:02:24，使用【剃刀工具】沿时间线进行切割。选择V2视频轨道中第2段素材文件，在【效果】面板中将【Alpha发光】拖曳至该素材文件上。将当前时间设置为00:00:03:00，将【发光】设置为34，将【亮度】设置为200，如图7-8所示。

图7-8

> **提示**
>
> 【Alpha发光】特效可以对素材的Alpha通道起作用，从而产生一种辉光效果。如果素材拥有多个Alpha通道，那么仅对第一个Alpha通道起作用。

Step 08 将PL02.jpg素材文件拖曳至V1视频轨道中，使其开始处与V1视频轨道中的素材文件结尾处对齐。将当前时间设置为00:00:05:00，将【缩放】设置为200，单击【缩放】左侧的【切换动画】按钮，如图7-9所示。

图7-9

Step 09 将当前时间设置为00:00:09:24，将【缩放】设置为175，如图7-10所示。

图7-10

Step 10 在【效果】面板中将【视频效果】|【颜色校正】|【色彩】效果拖曳至V1轨道中的PL02.jpg素材文件上，如图7-11所示。

图7-11

Step 11 将【字幕01】拖曳至V2视频轨道中，将其开始处与V2轨道中的素材文件结尾处对齐。将当前时间设置为00:00:05:00，单击【缩放】左侧的【切换动画】按钮；将当前时间设置为00:00:09:24，将【缩放】设置为

90，如图7-12所示。

图7-12

实例 123 爱在冬天

素材：01.png、02.png、03.png、AZDTBJ01.jpg、AZDTBJ02.jpg

场景：爱在冬天.prproj

本案例效果如图7-13所示。

图7-13

Step 01 新建文件，按Ctrl+I组合键，在打开的对话框中选择01.png、02.png、03.png、AZDTBJ01.jpg、AZDTBJ02.jpg素材文件，如图7-14所示。

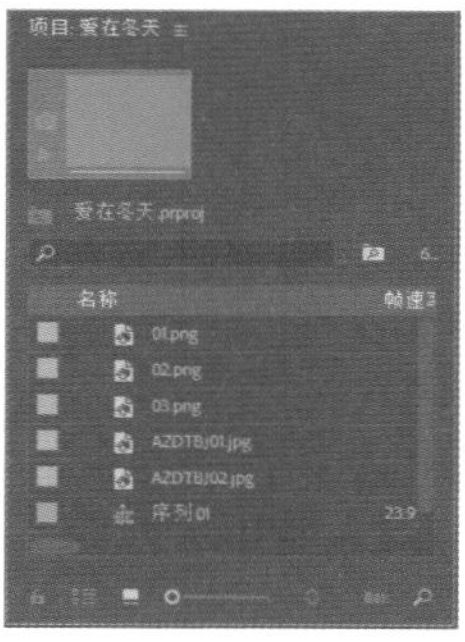

图7-14

Step 02 将AZDTBJ01.jpg素材文件拖曳至V1视频轨道中，在【效果控件】面板中将【缩放】设置为18，如图7-15所示。

图7-15

Step 03 将AZDTBJ02.jpg拖曳至V1视频轨道中的素材文件上，将其与AZDTBJ01.jpg首尾相连，将【缩放】设置为90，如图7-16所示。

图7-16

Step 04 在【效果】面板中将【视频效果】|【颜色校正】|【色彩】效果拖曳至AZDTBJ02.jpg素材文件上，【将黑色映射到】颜色设置为#005D77，【将白色映射到】颜色设置为白色，将【着色量】设置为30%，如图7-17所示。

图7-17

Step 05 将当前时间设置为00:00:00:00，将01.png素材文件拖曳至V2视频轨道中，将其开始位置与时间线对齐。将【位置】设置为-148.7、335.4，并单击其左侧的【切换动画】按钮，将【缩放】设置为45，如图7-18所示。

图7-18

Step 06 将当前时间设置为00:00:02:00，将【位置】设置为530.3、335.4。在【效果】面板中将【方向模糊】拖曳至01.png素材文件上，将【方向】设置为90，将【模糊长度】设置为100，单击【模糊长度】左侧的【切换动画】按钮，如图7-19所示。

提示

【方向模糊】特效是选择一个有方向性的模糊，为素材添加运动感觉。

图7-19

Step 07 将当前时间设置为00:00:02:01，将【模糊长度】设置为0。将当前时间设置为00:00:00:00，将【模糊长度】设置为5，如图7-20所示。

图7-20

Step 08 将当前时间设置为00:00:00:00，将03.png素材文件拖曳至V3视频轨道中，将其开始位置与时间线对齐。将【位置】设置为385、320，将【缩放】设置为50。将当前时间设置为00:00:02:01，将【不透明度】设置为0%，如图7-21所示。

图7-21

Step 09 将当前时间设置为00:00:04:00，将【不透明度】设置为100%。将当前时间设置为00:00:00:00，新建轨道4，将02.png素材文件拖曳至V4轨道上，将其开始位置与时间线对齐。将当前时间设置为00:00:02:01，将【位置】设置为321、320，将【缩放】设置为50，将【不透明度】设置为0%。将当前时间设置为00:00:04:00，将【不透明度】设置为100%，如图7-22所示。

图7-22

Step 10 在菜单栏中选择【文件】|【新建】|【旧版标题】命令，弹出【新建字幕】对话框，单击【确定】按钮，在弹出的字幕编辑器中使用【垂直文字工具】输入文字【冬天的秘密】。选择输入的文字，将【字体系列】设置为【经典宋体简】，将【字体大小】设置为28，将【字偶间距】设置为18，将【字符间距】设置为6.7，将【X位置】、【Y位置】设置为335、158.2，如图7-23所示。

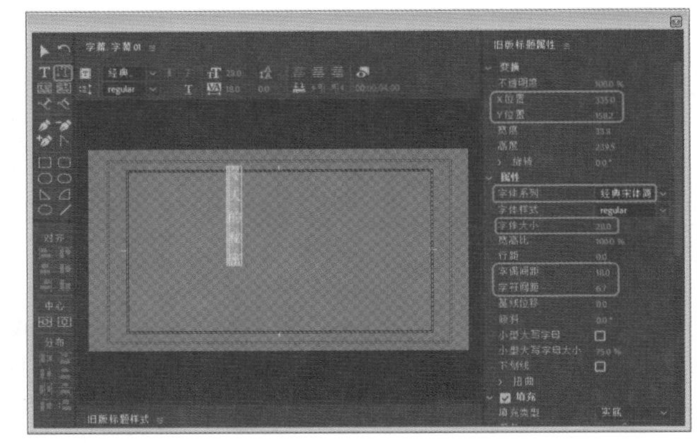

图7-23

Step 11 将【填充】下的【颜色】设置为#075490，勾选【阴影】复选框，将【颜色】设置为白色，【不透明度】设置为50%，将【角度】设置为45°，将【距离】、【大小】、【扩散】设置为0、40.1、64.8，如图7-24所示。

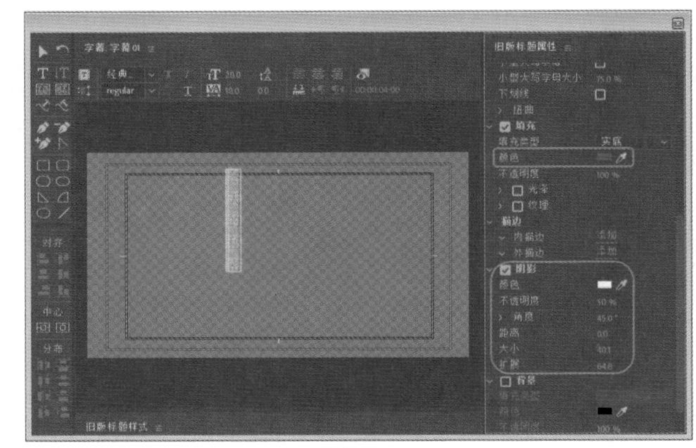

图7-24

Step 12 使用【椭圆工具】按住Shfit键绘制正圆，将【宽度】、【高度】设置为17、17，将【X位置】、【Y位置】设置为336.5、25.6，将【填充】下的【颜色】设置为#075490，取消勾选【阴影】复选框，如图7-25所示。

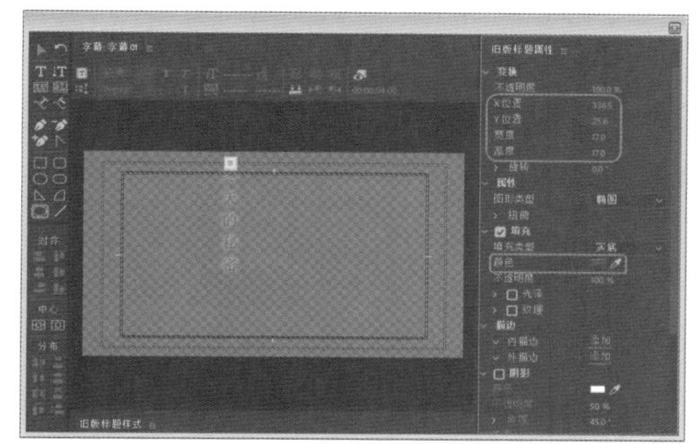

图7-25

Step 13 选择绘制的正圆，按住Alt键拖动鼠标对其进行复制，然后调整其位置，将【X位置】、【Y位置】设置为335.7、293.9，如图7-26所示。

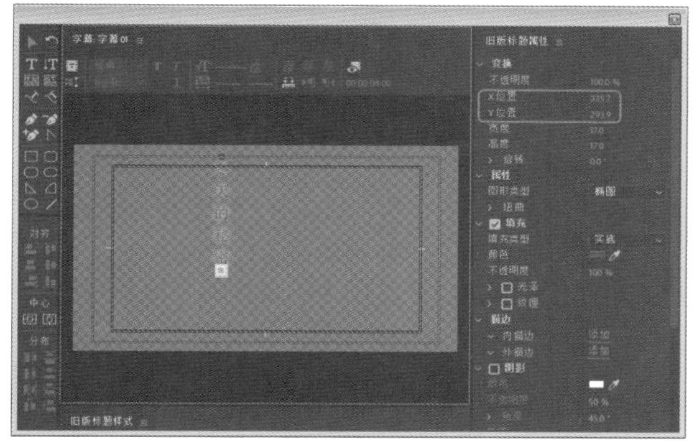

图7-26

Step 14 将字幕编辑器关闭，将【字幕01】拖曳至V2视频轨道中，将其开始处与V2视频轨道中的素材文件结尾处对齐。在素材文件上单击鼠标右键，在弹出的快捷菜单中选择【速度/持续时间】命令，在弹出的对话框中将【持续时间】设置为00:00:05:00，如图7-27所示。

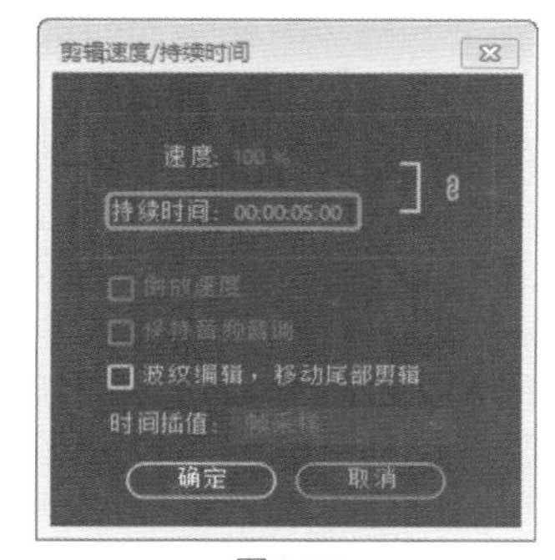

图7-27

Step 15 将当前时间设置为00:00:06:13，将【不透明度】设置为0%。将当前时间设置为00:00:08:21，将【不透明度】设置为100%，如图7-28所示。

图7-28

Step 16 选择V3轨道中的素材文件，按Ctrl+C组合键进行复制。将当前时间设置为00:00:05:00，确定只选择V3视频轨道，文件处于未选择状态，按Ctrl+V组合键进行粘贴。使用同样的方法对V4轨道中素材文件进行复制，完成后的效果如图7-29所示。

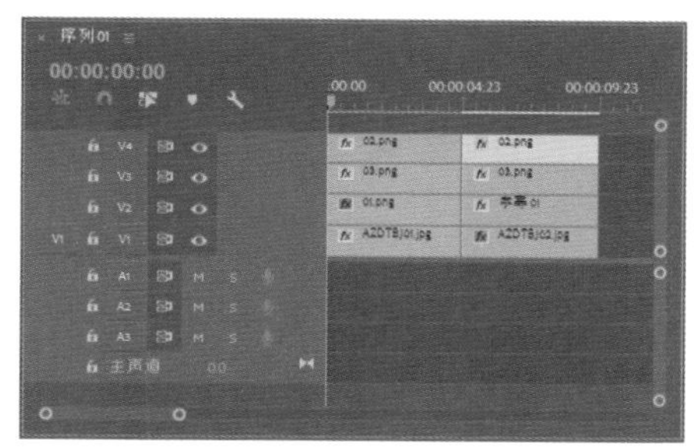

图7-29

Step 17 选择V3轨道中第二段03.png素材文件，将【位置】设置为418、345，将【缩放】设置为42，如图7-30所示。

图7-30

Step 18 选择V4轨道中复制的02.png素材文件，将【位置】设置为365、354，将【缩放】设置为42。将当前时间设置为00:00:07:01，将【不透明度】设置为0%。将当前时间设置为00:00:09:00，将【不透明度】设置为100%。在【效果】面板中将【交叉溶解】拖曳至V2视频轨道中两个素材之间。使用同样的方法为V3、V4轨道中素材添加【交叉溶解】切换特效。至此，场景制作完成，保存后将效果导出即可，如图7-31所示。

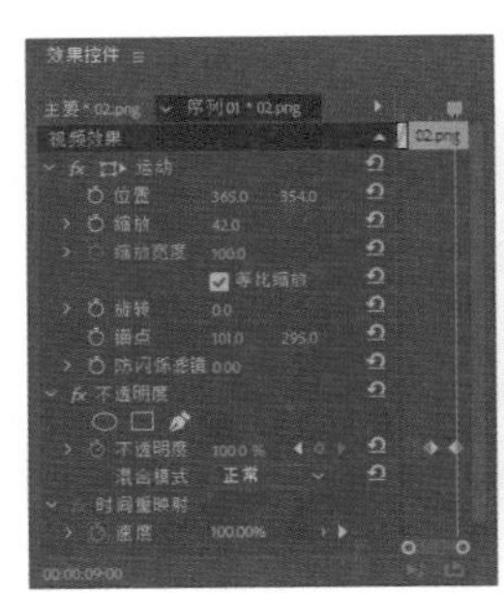
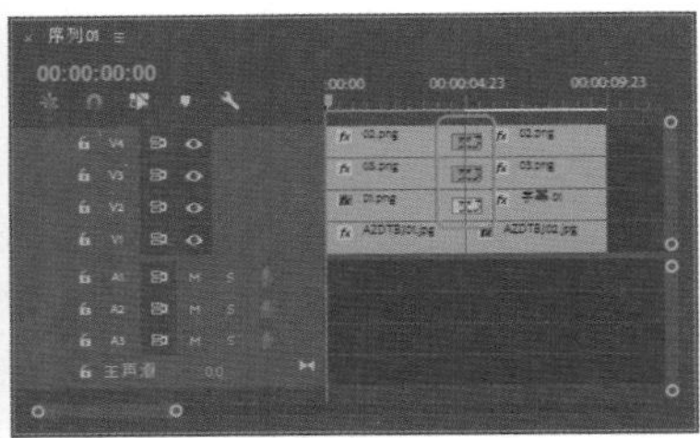

图7-31

实例 124 战场壁画

素材：战场壁画背景.jpg、战场壁画.jpg
场景：战场壁画.prproj

本案例制作战场壁画效果，如图7-32所示。

图7-32

Step 01 新建序列，在对话框中选择【设置】选项卡，将【编辑模式】设置【自定义】，将【时基】设置为【15帧/秒】，将【帧大小】、【水平】设置为640、480，将【像素长宽比】设置为【方形像素】，如图7-33所示。

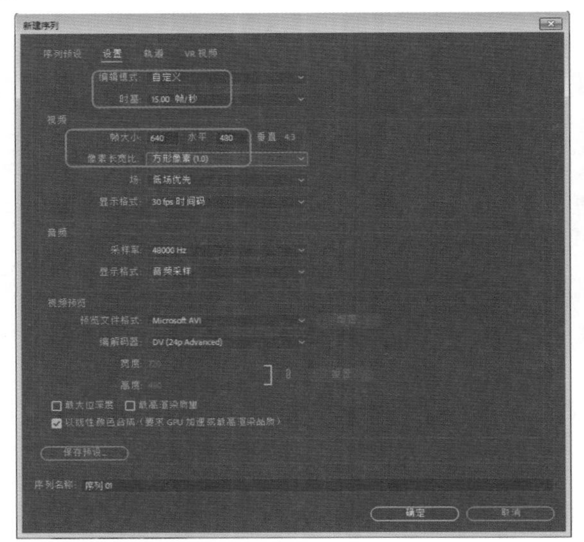

图7-33

Step 02 在菜单栏中选择【文件】|【新建】|【旧版标题】命令，弹出【新建字幕】对话框，单击【确定】按钮，在弹出的【字幕编辑器】中使用【文字工具】输入文字【永恒的丰碑】，将【属性】下的【字体系列】设置为AIGDT，将【字体大小】设置为120，将【变换】下的【X位置】、【Y位置】设置为322、395.3，将【填充】下的【颜色】设置为白色，勾选【阴影】复选框，将【颜色】设置为黑色，将【不透明度】设置为50%，将【角度】设置为135°，将【距离】设置为10，将【大小】设置为0，将【扩散】设置为30，如图7-34所示。

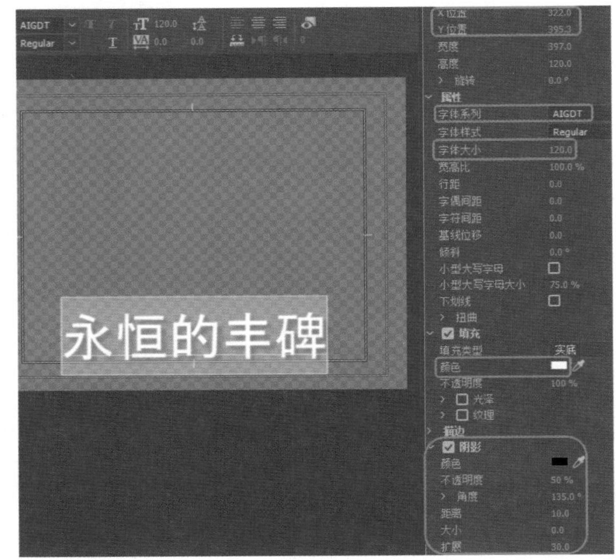

图7-34

Step 03 将字幕编辑器关闭，按Ctrl+I组合键打开【导入】对话框，选择【战场壁画背景.jpg】、【战场壁画.jpg】素材文件。将【战场壁画背景.jpg】素材文件拖曳至V1视频轨道中，选择素材，在【效果控件】面板中将【缩放】设置为63，如图7-35所示。

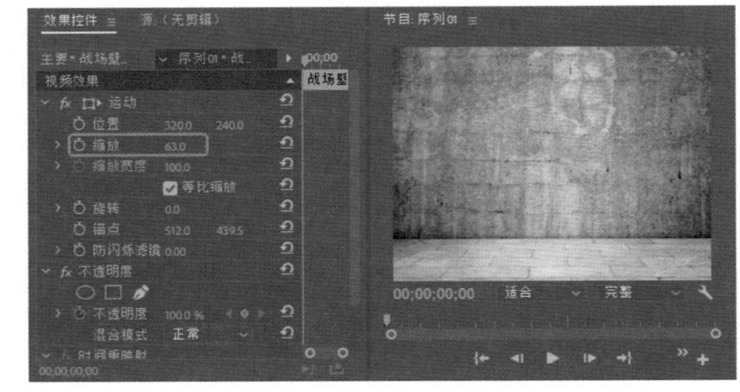

图7-35

Step 04 将【战场壁画.jpg】素材文件拖曳至V2视频轨道中，在【效果控件】面板中将【位置】设置为320、195，将【缩放】设置为65，如图7-36所示。

Step 05 在【效果】面板中将【粗糙边缘】效果添加至V2视频轨道中的素材文件上，如图7-37所示。

Step 06 将【视频效果】|【过时】|【亮度曲线】效果拖曳至V2视频轨道中的素材文件上，在【效果控件】面板中调整【亮度波形】，完成后的效果如图7-38所示。

图7-36

图7-37

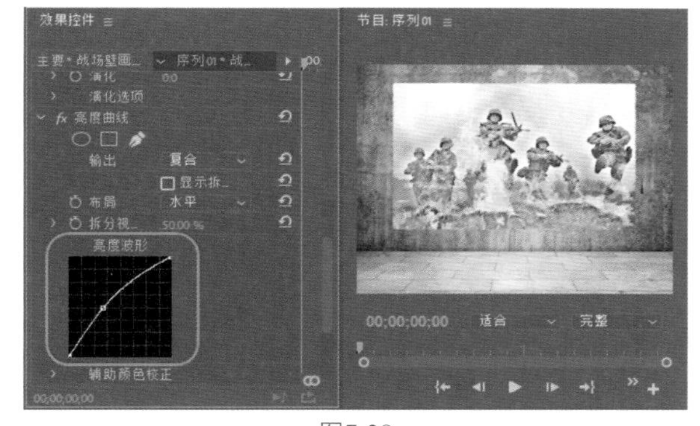

图7-38

Step 07 展开【效果】面板中的【视频效果】|【风格化】|【浮雕】效果，将其拖曳至V2轨道中的素材文件上。将当前时间设置为00:00:00:00，在【效果控件】面板中将【与原始图像混合】设置为100%，单击【与原始图像】左侧的【切换动画】按钮，如图7-39所示。

图7-39

> **提示**
>
> 【粗糙边缘】特效可以使图像的边缘产生粗糙效果，将图像边缘软化，在【边缘类型】列表中可以选择图像的粗糙类型，如腐蚀、影印等。
>
> 【亮度曲线】特效使用曲线来调整剪辑的亮度和对比度。通过使用【辅助颜色校正】控件，还可以指定要校正的颜色范围。

Step 08 将当前时间设置为00:00:03:14，将【与原始图像混合】设置为0%，如图7-40所示。

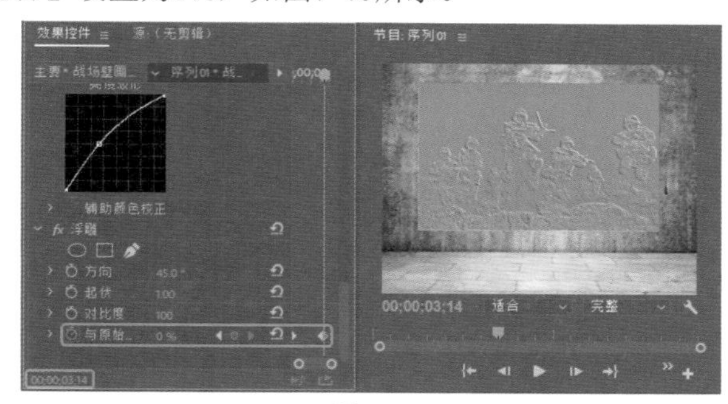

图7-40

Step 09 将当前时间设置为00:00:00:00，将【字幕01】拖曳至V3视频轨道中，将其开始位置与时间线对齐，其结尾处与V2视频轨道中素材的结尾处对齐。至此，场景制作完成，保存后将效果导出即可，如图7-41所示。

图7-41

实例125 圣诞快乐

素材：圣诞背景.jpg、圣诞树.jpg

场景：圣诞快乐.prproj

本案例效果如图7-42所示。

图7-42

Step 01 新建项目和序列，在菜单栏中选择【文件】|【新建】|【旧版标题】命令，弹出【新建字幕】对话框，单击【确定】按钮，在弹出的字幕编辑器中使用【椭圆工具】按住Shift键绘制正圆，将【变换】下的【宽度】、【高度】设置为66、66，将【X位置】、【Y位置】设置为137.8、185.7，将【填充】下的【颜色】设置为#A70BCE，如图7-43所示。

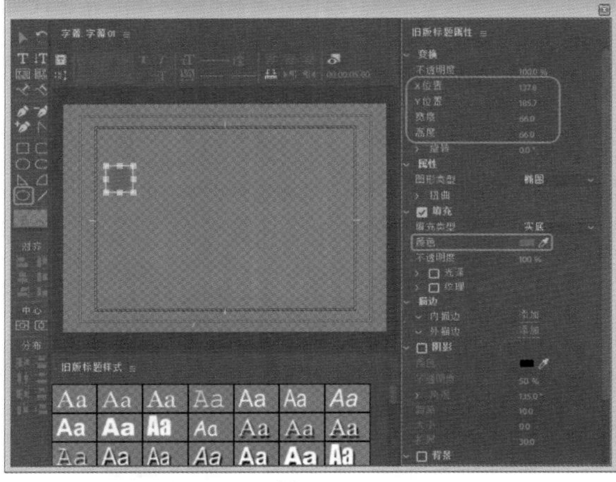

图7-43

Step 02 使用【直线工具】绘制垂直的直线，将【属性】下的【线宽】设置为5，将【宽度】、【高度】设置为5、169.8，将【X位置】、【Y位置】设置为137.8、82.4，将【填充】下的【颜色】设置为白色，如图7-44所示。

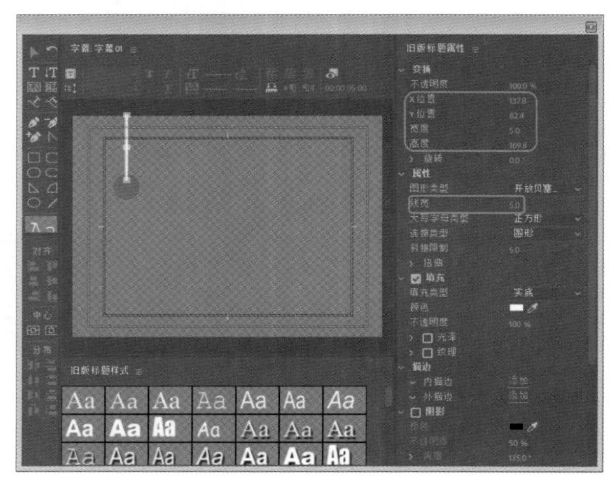

图7-44

Step 03 关闭字幕编辑器，在菜单栏中选择【文件】|【新建】|【旧版标题】命令，弹出【新建字幕】对话框，单击【确定】按钮。使用【椭圆形工具】绘制正圆，将【宽度】、【高度】均设置为66，将【X位置】、【Y位置】设置为139.3、131.7，将【填充】下的【颜色】设置为#FF0000，如图7-45所示。

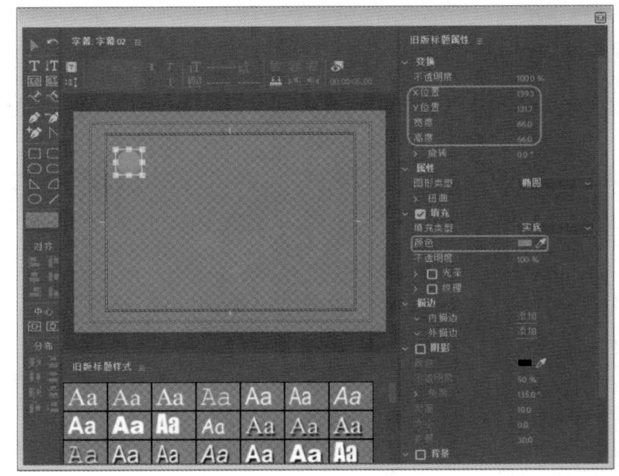

图7-45

Step 04 使用【直线工具】绘制垂直的直线，将【属性】下的【线宽】设置为5，将【宽度】、【高度】设置为5、117.4，将【X位置】、【Y位置】设置为137.8、56.2，将【填充】下的【颜色】设置为白色，如图7-46所示。

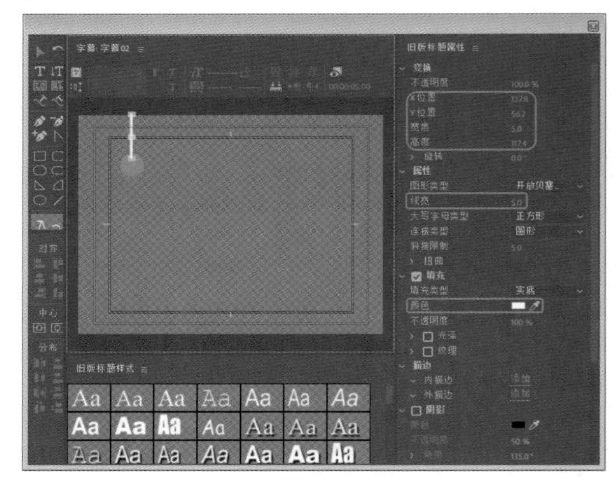

图7-46

Step 05 使用同样的方法新建字幕【字幕03】、【字幕04】，颜色分别设置为#054DDF、#FFE221。再次新建字幕，单击【确定】按钮，使用【垂直文字工具】输入文字【圣诞快乐】，选择输入的文字，将【属性】下的【字体系列】设置为【方正行楷简体】，将【字体大小】设置为60，将【X位置】、【Y位置】设置为676、299，将【填充】下的【颜色】设置为红色，如图7-47所示。

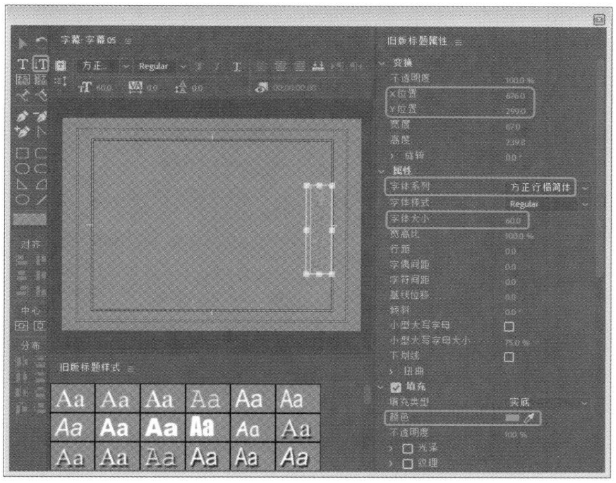

图7-47

Step 06 单击【描边】选项组中【外描边】右侧的【添加】按钮，将【类型】设置为【边缘】，将【大小】设置为50，将【填充类型】设置为【实底】，将【颜色】设置为白色，如图7-48所示。

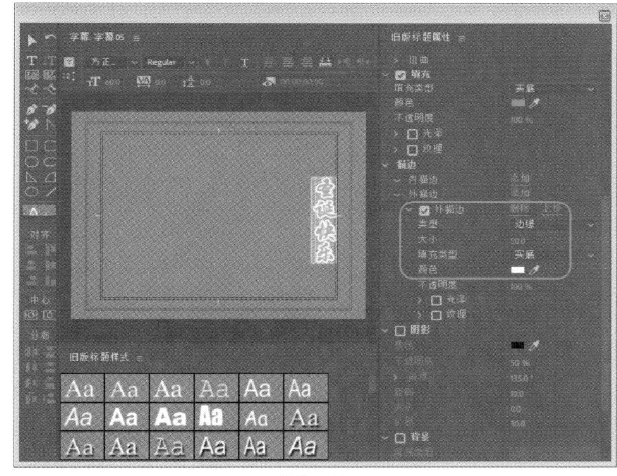

图7-48

Step 07 将关闭字幕编辑器，按Ctrl+I组合键打开【导入】对话框，选择【圣诞背景.jpg】、【圣诞树.jpg】素材文件，如图7-49所示。

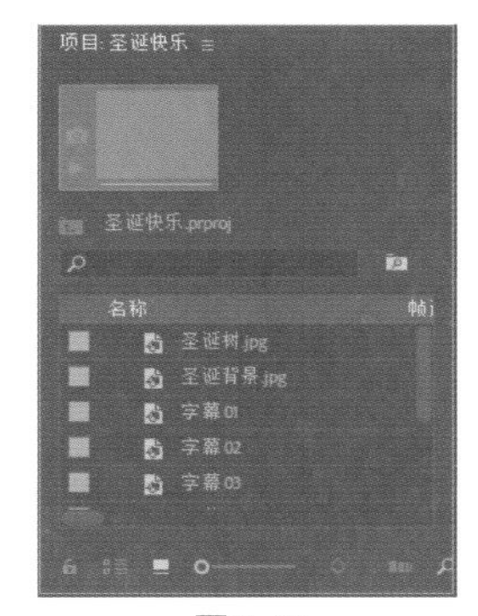

图7-49

Step 08 将【圣诞背景.jpg】素材文件拖曳至V1视频轨道中，将【缩放】设置为192，如图7-50所示。

Step 09 在【效果】面板中将【亮度与对比度】视频效果拖曳至V1视频轨道中的素材文件上，在【效果控件】面板中将【亮度】、【对比度】设置为20、15，如图7-51所示。

Step 10 在【效果】面板中将【双侧平推门】效果拖曳至V1视频轨道中素材文件的开始位置。将当前时间设置为00:00:00:00，将【圣诞树.jpg】素材文件拖曳至V2视频轨道中，将其开始位置与时间线对齐。将当前时间设置为00:00:01:16，将【位置】设置为358.2、289.8，将【缩放】设置为60，单击其左侧的【切换动画】按钮，如图7-52所示。

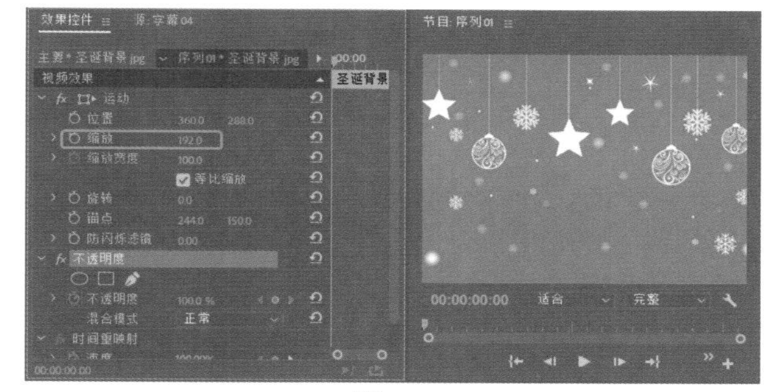

图7-50

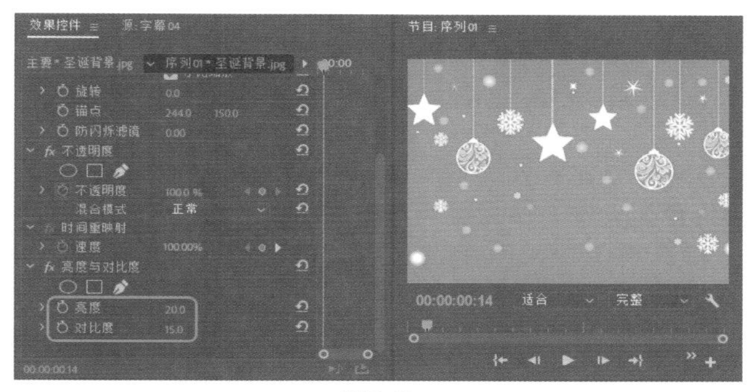

图7-51

图7-52

Step 11 将当前时间设置为00:00:03:03，将【缩放】设置为85。在【效果】面板中将【颜色键】效果拖曳至V2视频轨道中的素材文件上，在【效果控件】面板中将【颜色键】选项组中的【主要颜色】设置为#FFFEFF，将【颜色容差】设置为10，将【边缘细化】设置为1，将【羽化边缘】设置为1，如图7-53所示。

Step 12 在【效果】面板中将【颜色平衡（RGB）】效果拖曳至V2轨道中的素材上。当前时间设置为00:00:01:16，将【红色】、【绿色】、【蓝色】均设置为0，然后单击【红色】、【绿色】左侧的【切换动画】按钮，如图7-54所示。

图7-53

图7-54

Step 13 将当前时间设置为00:00:03:03，将【红色】、【绿色】设置为140、150，如图7-55所示。

图7-55

Step 14 将当前时间设置为00:00:00:00，将【字幕05】拖曳至V3视频轨道中，将其开始位置与时间线对齐。将当前时间设置为00:00:03:03，将【不透明度】设置为0%。将当前时间设置为00:00:03:14，将【不透明度】设置为100%，如图7-56所示。

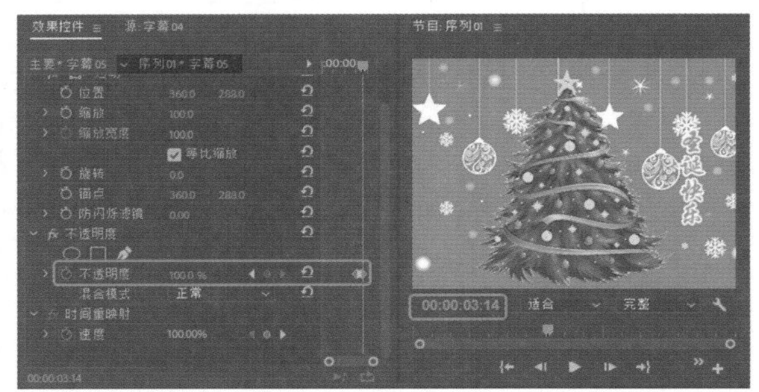

图7-56

Step 15 新建标准48kHz序列。

Step 16 将【字幕01】拖曳至【序列02】面板的V1视频轨道中。将当前时间设置为00:00:00:21，将【位置】设置为400、66，单击其左侧的【切换动画】按钮，如图7-57所示。

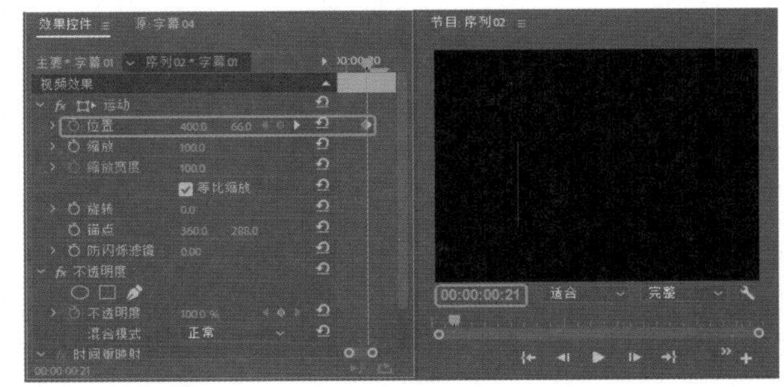

图7-57

Step 17 将当前时间设置为00:00:01:02，将【位置】设置为400、283。将当前时间设置为00:00:00:00，将【字幕02】拖曳至V2视频轨道中，将其开始位置与时间线对齐。将当前时间设置为00:00:00:20，在【效果控件】面板中将【位置】设置为290、123，单击其左侧的【切换动画】按钮，如图7-58所示。

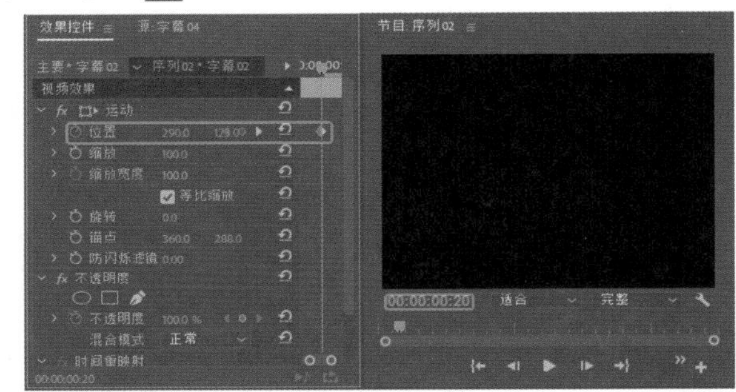

图7-58

Step 18 将当前时间设置为00:00:01:08，将【位置】设置为290、288。将当前时间设置为00:00:00:00，将【字幕03】拖曳至V3视频轨道中，将其开始位置与时间线对齐。将当前时间设置为00:00:00:21，将【位置】设置为450、123，单击其左侧的【切换动画】按钮，如图7-59所示。

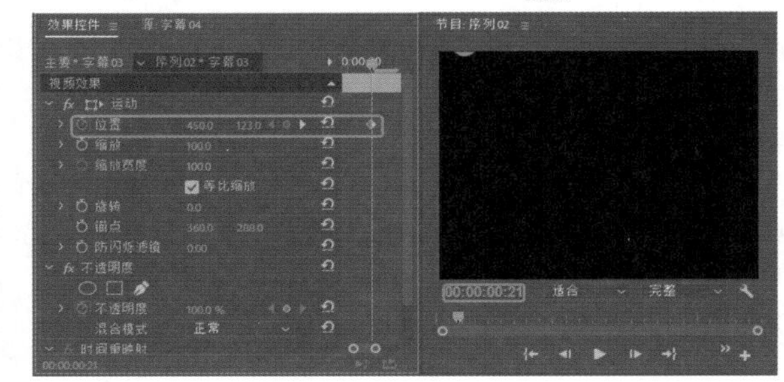

图7-59

Step 19 将当前时间设置为00:00:01:03，将【位置】设置为450、237，如图7-60所示。

Step 20 将当前时间设置为00:00:00:00，将【字幕04】拖曳至V3视频轨道中的上方，新建V4视频轨道，将其开始位置与时间线对齐。将当前时间设置为00:00:00:23，将【位置】设置为353、113，单击其左侧的【切换动画】按钮，如图7-61所示。

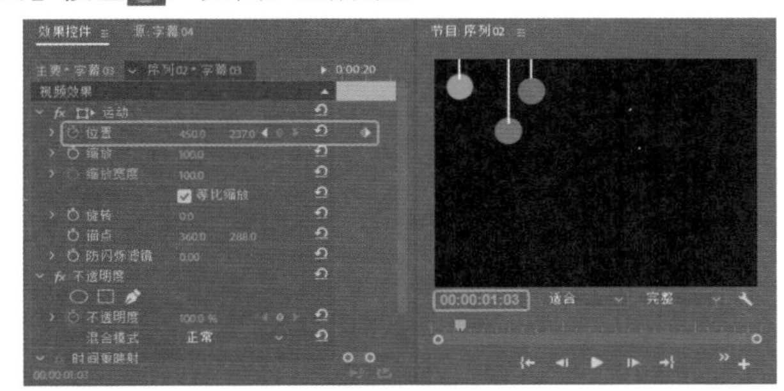

图7-60

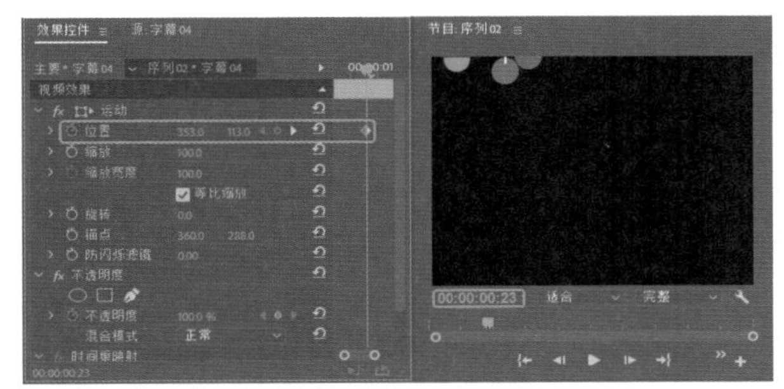

图7-61

Step 21 将当前时间设置为00:00:01:10，将【位置】设置为353、288，如图7-62所示。

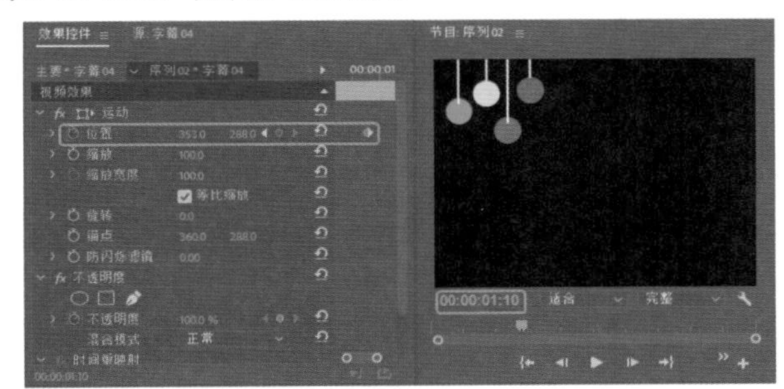

图7-62

Step 22 返回至【序列01】序列中，新建V4轨道，将【序列02】拖曳至V4轨道中，至此，场景制作完成，保存后将效果导出即可，如图7-63所示。

图7-63

实例126 飞舞的蝴蝶

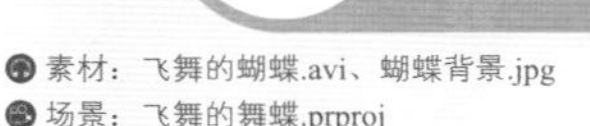

素材：飞舞的蝴蝶.avi、蝴蝶背景.jpg

场景：飞舞的舞蝶.prproj

本案例制作飞舞的蝴蝶效果，如图7-64所示。

图7-64

Step 01 新建项目和序列，按Ctrl+I组合键，打开【导入】对话框，选择【飞舞的蝴蝶.avi】、【蝴蝶背景.jpg】文件，单击【打开】按钮，将其导入至【项目】面板中，如图7-65所示。

Step 02 将【蝴蝶背景.jpg】素材文件拖曳至V1视频轨道中，在素材文件上单击鼠标右键，在弹出的快捷菜单中选择【速度/持续时间】命令，在弹出的对话框中将【持续时间】设置为00:00:03:03，如图7-66所示。

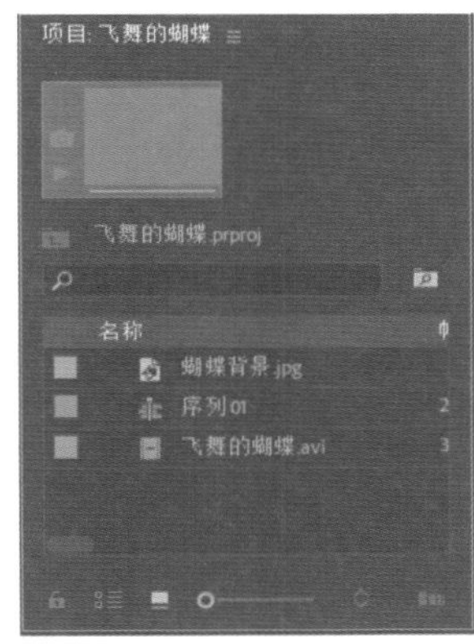

图7-65

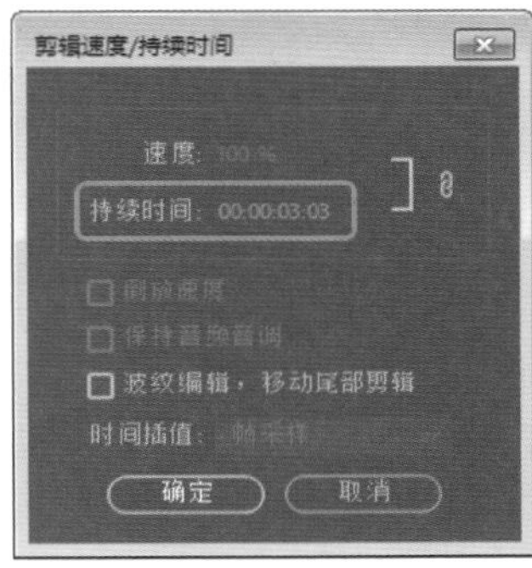

图7-66

Step 03 确定素材处于选择状态，在【效果控件】面板中将【缩放】设置为160，如图7-67所示。

图7-67

Step 04 将【飞舞的蝴蝶.avi】素材文件拖曳至V2轨道中，在【效果】面板中将【颜色键】拖曳至V2视频轨道中的素材文件上，将【主要颜色】设置为#FFFDFF，将

【颜色容差】设置为54，将【边缘细化】设置为1，将【羽化边缘】设置为1，如图7-68所示。

图7-68

实例127 百变服饰

素材：百变服饰背景.jpg
场景：百变服饰.prproj

本案例制作出百变服饰效果，如图7-69所示。

图7-69

Step 01 新建项目和序列，将序列的【编辑模式】设置为【自定义】，【时基】设置为【25.00帧/秒】，将【帧大小】设置为550，【水平】设置为576，【像素长宽比】设置为D1/DV PAL(1.0940)。

Step 02 导入【百变服饰背景.jpg】素材文件，在菜单栏中选择【文件】|【新建】|【旧版标题】命令，弹出【新建字幕】对话框，单击【确定】按钮，打开【字幕编辑器】，使用【文字工具】输入文字【百变服饰】，将【属性】下的【字体系列】设置为【汉仪行楷简】，将【字体大小】设置为40，将【X位置】、【Y位置】设置为500、140，将【填充】下的【颜色】设置为#A7140C，如图7-70所示。

Step 03 将字幕编辑器关闭，将【百变服饰背景.jpg】拖曳至V1视频轨道中，将【缩放】设置为200，如图7-71所示。

Step 04 在【效果】面板中将【更改颜色】视频效果拖曳至V1轨道中的素材文件上，将【色相变换】设置为0，单击其左侧的【切换动画】按钮，将【要更改的颜色】设置为#AD120F，将【匹配容差】和【匹配柔和度】分别设置为20%、10%。将当前时间设置为00:00:04:20，将【色相变换】设置为300，如图7-72所示。

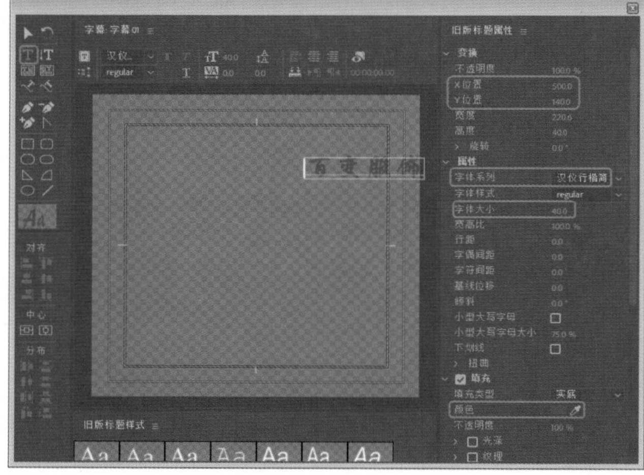

图7-70

图7-71

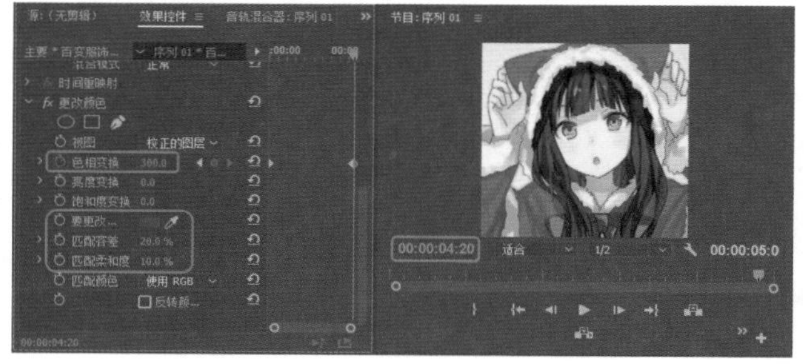

图7-72

> **提示**
>
> 【更改颜色】特效通过在素材色彩范围内调整色相、亮度和饱和度，来改变色彩范围内的颜色。

Step 05 选择【更改颜色】视频特效，按Ctrl+C组合键进行复制。将当前时间设置为00:00:00:00，在【项目】面板中将【字幕01】拖曳至V2视频轨道中，将其开始位置与时间线对齐。选择【效果控件】面板，按Ctrl+V组合键进行粘贴，如图7-73所示。

图7-73

实例128 创意字母

素材：创意字母背景.jpg
场景：创意字母.prproj

本案例制作出创意字母效果，如图7-74所示。

图7-74

Step 01 新建序列。

Step 02 按Ctrl+I组合键打开【导入】对话框，选择【素材\Cha08\创意字母背景.jpg】素材文件，单击【打开】按钮，将选中的素材导入，如图7-75所示。

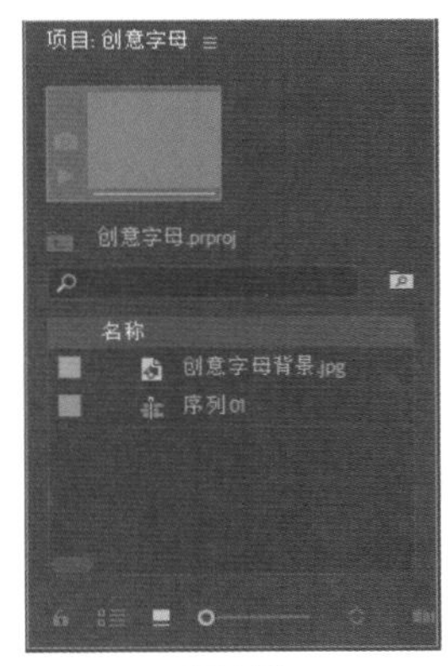
图7-75

Step 03 在菜单栏中选择【文件】|【新建】|【旧版标题】命令，弹出【新建字幕】对话框，单击【确定】按钮，再在弹出的字幕编辑器中使用【文字工具】输入字母A。将【字体系列】设置为方正综艺简体，将【字体大小】设置为100，将【字符间距】设置为16，将【X位置】、【Y位置】设置为260、320，将【填充类型】设置为径向渐变，选择左侧的渐变滑块，将【色彩到色彩】设置为#F9E62F，选择右侧的渐变滑块，将【色彩到色彩】设置为#A10505，如图7-76所示。

Step 04 单击【内描边】右侧的【添加】按钮，将【类型】设置为【边缘】，将【大小】设置为8，将【填充类型】设置为【线性渐变】。选择左侧的渐变滑块，将【色彩到色彩】设置为#6E3402；选择右侧的渐变滑块，将【色彩到色彩】设置为#FBDFBA。将【色彩到不透明】设置为100%，将【角度】设置为130，如图7-77所示。

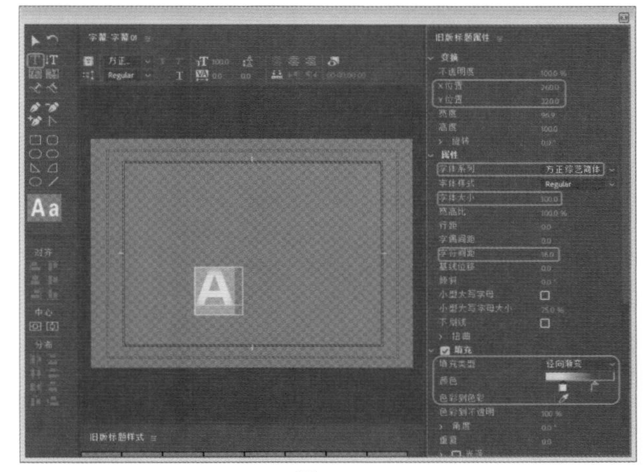
图7-76

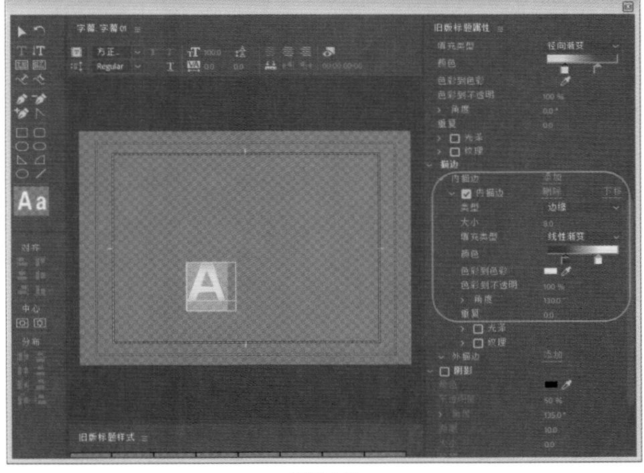
图7-77

Step 05 单击【外描边】右侧的【添加】按钮，将【类型】设置为【深度】，将【大小】设置为27，将【角度】设置为354°，将【填充类型】设置为【线性渐变】。选择左侧的渐变滑块，将【色彩到色彩】设置为#F9F0BD；选择右侧的渐变滑块，将【色彩到色彩】设置为#792A02。勾选【阴影】复选框，将【颜色】设置为黑色，将【不透明度】设置为65%，将【角度】设置为-205，将【距离】设置为14，将【大小】、【扩展】设置为6、31，如图7-78所示。

Step 06 单击【基于当前字幕新建字幕】按钮，在弹出的对话框中保持默认设置，单击【确定】按钮。将原有的文字更改为B，完成后的效果如图7-79所示。

Step 07 使用同样的方法新建字幕并将文字进行更改，完成后将字幕编辑器关闭。将【创意字母背景.jpg】素材文件拖曳至V1视频轨道中，在素材文件上单击鼠标右键，在弹出的快捷菜单中选择【速度/持续时间】命令，在弹出的对话框中将【持续时间】设置为00:00:12:11，如图7-80所示。

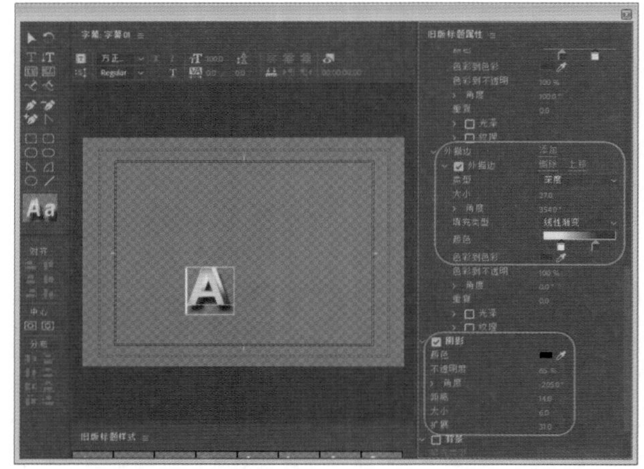

图7-78

图7-79

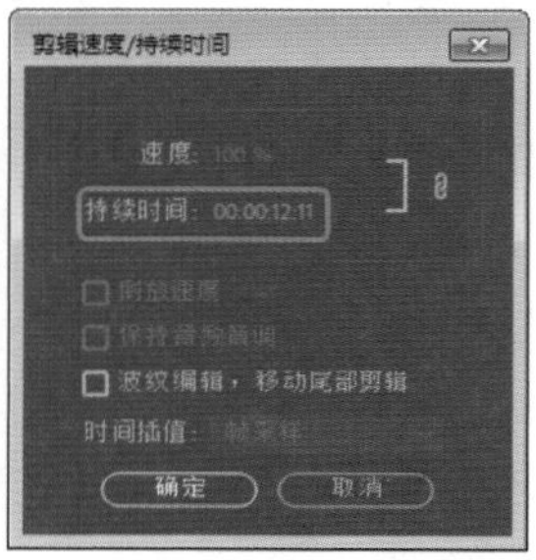

图7-80

Step 08 设置完成后，单击【确定】按钮，在【效果控件】面板中将【缩放】设置为160，如图7-81所示。

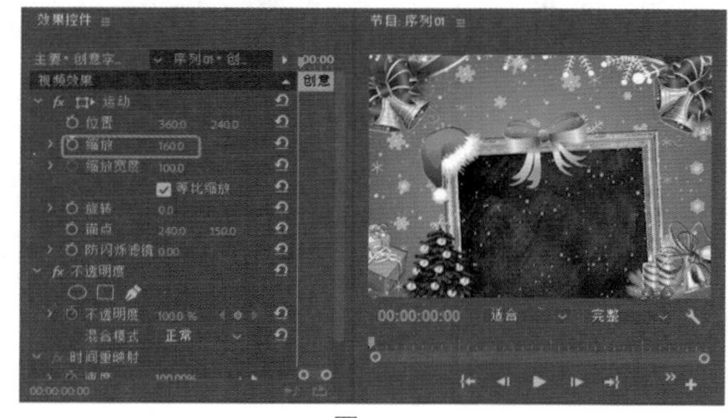

图7-81

Step 09 将【字幕01】拖曳至V2视频轨道中，将其与V1视频轨道中的素材文件对齐。将当前时间设置为00:00:07:00，将【位置】设置为379、226，单击【缩放】左侧的【切换动画】按钮，如图7-82所示。

Step 10 将当前时间设置为00:00:08:00，将【缩放】设置为120，如8-83所示。将当前时间设置为00:00:09:00，将【缩放】设置为100。

Step 11 在【效果】面板中将【颜色平衡（HLS）】效果拖曳至V2视频轨道中的素材文件上。将当前时间设置为00:00:01:00，单击【色相】左侧的【切换动画】按钮。将当前时间设置为00:00:07:00，将【色相】设置为10×57.0，如图7-84所示。

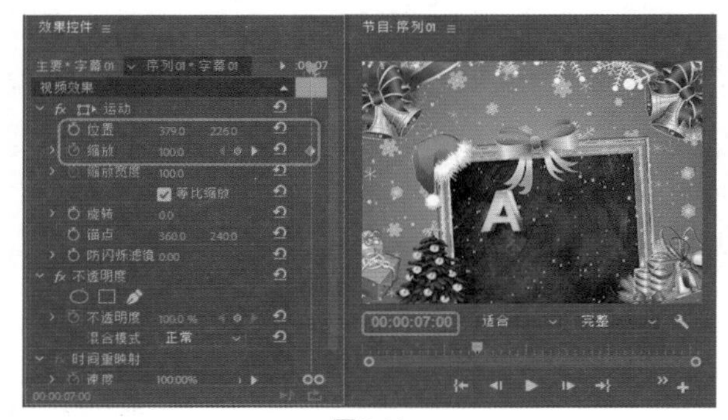

图7-82

图7-83

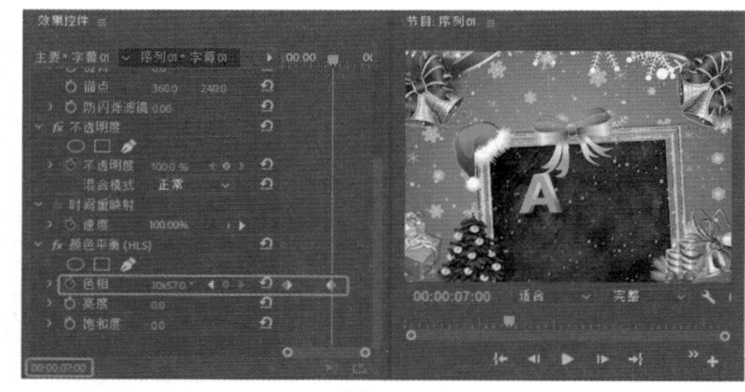

图7-84

Step 12 将【字幕02】拖曳至V3视频轨道中，将其与V2视频轨道中的素材文件对齐。将当前时间设置为00:00:08:00，将【位置】设置为546、220，将【缩放】设置为100，单击其左侧的【切换动画】按钮，如图7-85所示。

图7-85

Step 13 将当前时间设置为00:00:09:00，将【缩放】设置为120。将当前时间设置为00:00:10:00，将【缩放】设置为100。将当前时间设置为00:00:01:00，将【不透明度】设置为0%。将当前时间设置为00:00:02:00，将【不透明度】设置为100%，如图7-86所示。

图7-86

Step 14 在【效果】面板中将【色彩】视频效果添加至V3视频轨道中的素材文件上，将当前时间设置为00:00:02:00，将【将白色映射到】设置为#FF0000，单击其左侧的【切换动画】按钮，如图7-87所示。

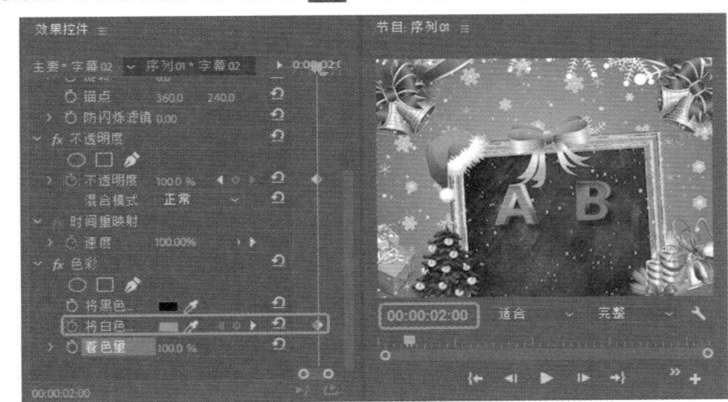

图7-87

Step 15 将当前时间设置为00:00:03:00，将【将白色映射到】设置为#0006FF。将当前时间设置为00:00:04:00，将【将白色映射到】设置为#01FFFF，将当前时间设置为00:00:05:00，将【将白色映射到】设置为#02FF00。将当前时间设置为00:00:06:00，【将白色映射到】设置为#966995。将当前时间设置为00:00:06:17，【将白色映射到】设置为#FF00FF，如图7-88所示。

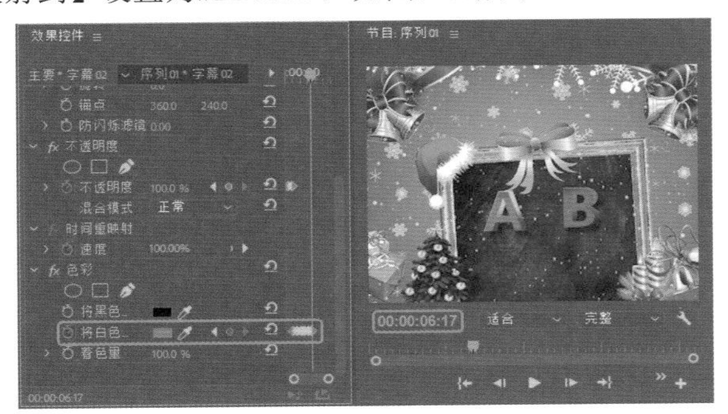

图7-88

Step 16 将【字幕03】拖曳至V3视频轨道中的上方，新建V4视频轨道，将其与V3视频轨道中的素材文件对齐。将【位置】设置为380、350，将当前时间设置为00:00:09:00，将【缩放】设置为100，单击其左侧的【切换动画】按钮，如图7-89所示。

图7-89

Step 17 将当前时间设置为00:00:10:00，将【缩放】设置为120。将当前时间设置为00:00:11:00，将【缩放】设置为100。将当前时间设置为00:00:02:00，将【不透明度】设置为0%。将当前时间设置为00:00:03:00，将【不透明度】设置为100%，如图7-90所示。

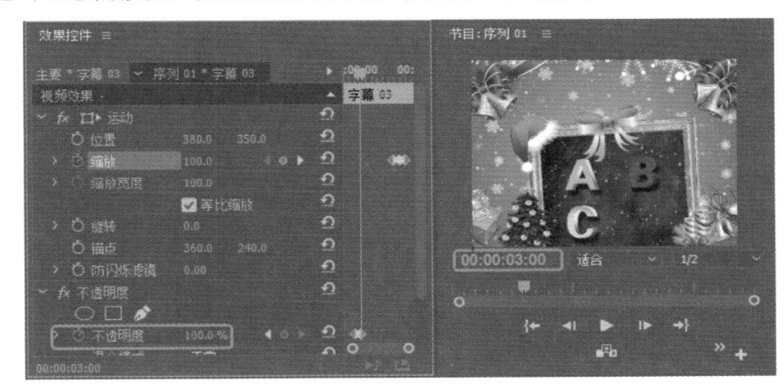

图7-90

Step 18 在【效果】面板中将【颜色平衡（HLS）】拖曳至V4视频轨道中的素材文件上，将当前时间设置为00:00:03:00，单击【色相】左侧的【切换动画】按钮。将当前时间设置为00:00:07:00，将【色相】设置为-10×-227.0，如图7-91所示。

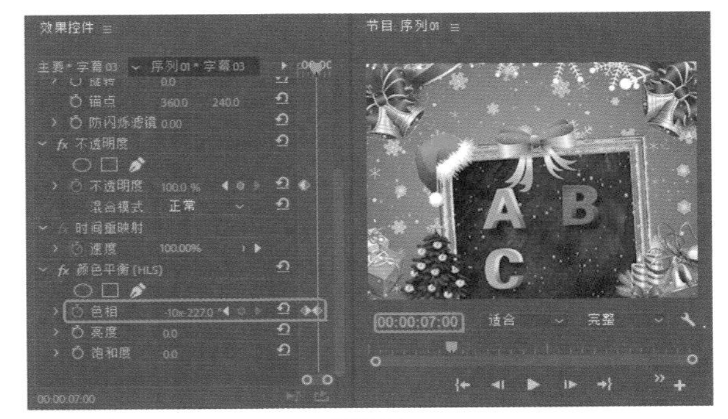

图7-91

Step 19 使用同样的方法将【字幕04】拖曳至V4视频轨道的上方，将其与V4视频轨道中的素材文件对齐。然后使用同样的方法为该素材添加特效和关键帧，如图7-92所示。

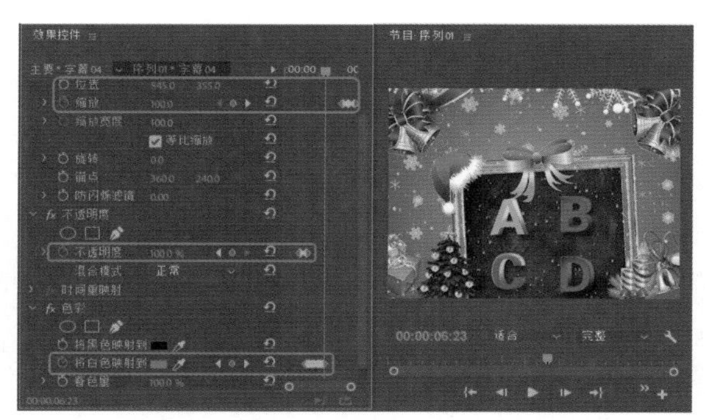

图7-92

Step 20 激活【序列】面板，按Ctrl+M 组合键打开【导出设置】对话框，将【格式】设置为AVI，单击【输出名称】右侧的文字按钮，在弹出的对话框设置存储路径，将【文件名】设置为【创意字母】，单击【导出】按钮，如图7-93所示。

图7-93

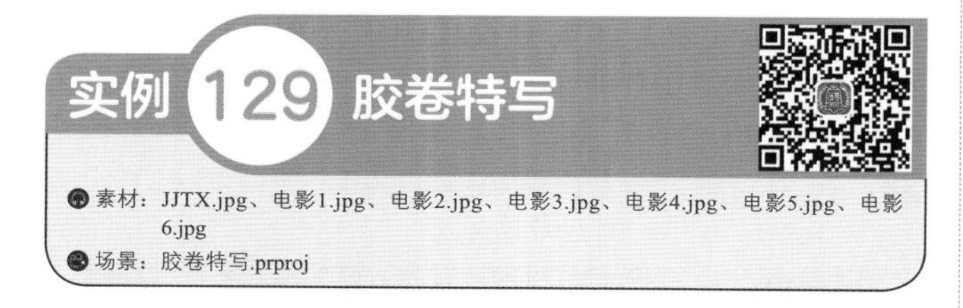

实例129 胶卷特写

素材：JJTX.jpg、电影1.jpg、电影2.jpg、电影3.jpg、电影4.jpg、电影5.jpg、电影6.jpg

场景：胶卷特写.prproj

本案例的制作思路是结合电影胶卷，首先选择一个适合的背景图片，然后利用特效对其颜色设置关键帧，使其颜色变化，对制作的胶卷关键帧进行设置，完成动画的创作，效果如图7-94所示。

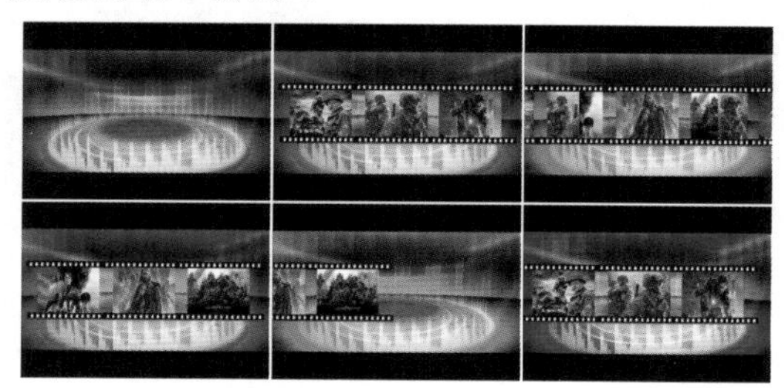

图7-94

Step 01 新建项目和序列，导入素材JJTX.jpg。

Step 02 将JJTX.jpg素材文件拖曳至V1视频轨道中，将其【持续时间】设置为00:00:15:16。在菜单栏中选择【文件】|【新建】|【旧版标题】命令，弹出【新建字幕】对话框，单击【确定】按钮，打开字幕编辑器，使用【矩形工具】绘制矩形，将【变换】下的【宽度】、【高度】设置为230.3、17.7，将【X位置】、【Y位置】设置为326.3、170，将【填充】下的【颜色】设置为黑色，如图7-95所示。

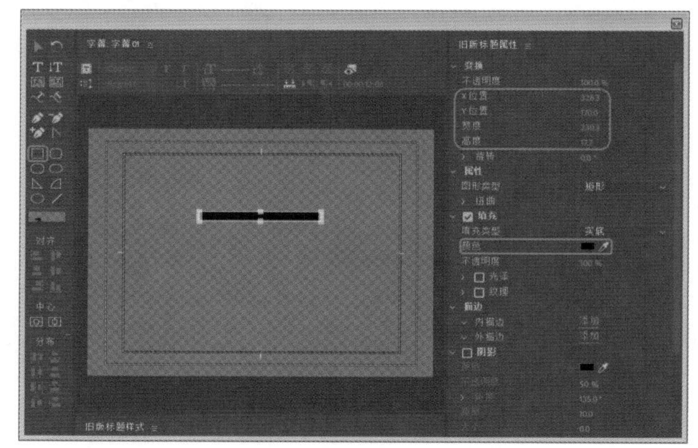

图7-95

Step 03 继续使用【矩形工具】绘制矩形，将【宽度】、【高度】设置为7、10，将【X位置】、【Y位置】设置为430.6、170.3，将【填充】下的【颜色】设置为白色，然后对绘制的矩形进行复制并调整复制矩形的位置，如图7-96所示。

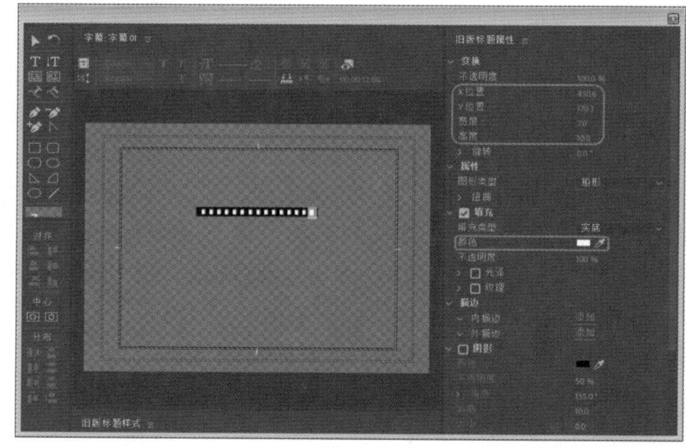

图7-96

Step 04 选择所有绘制的矩形，对其进行复制，调整复制对象的位置，将【X位置】、【Y位置】设置为330.2、312，如图7-97所示。

Step 05 继续绘制矩形，将【宽度】、【高度】设置为163.9、126，将【X位置】、【Y位置】设置为324.3、241.1，勾选【填充】选项组中的【纹理】复选框。单击【材质】右侧的按钮，在弹出的对话框中选择【素材\Cha08\电影1.jpg】素材文件，如图7-98所示。

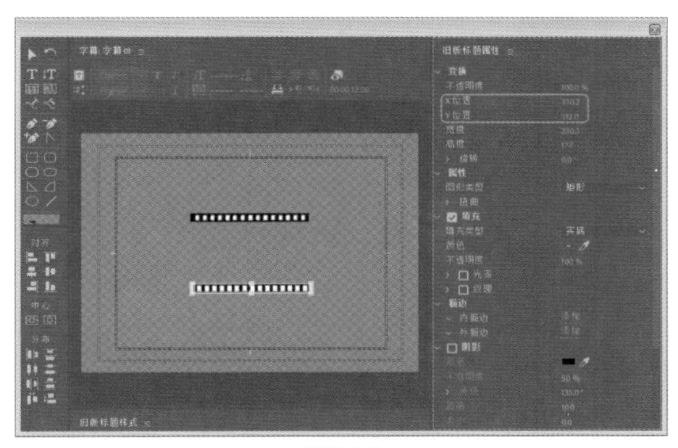

图7-97

图7-98

Step 06 单击【打开】按钮，完成后的效果如图7-99所示。

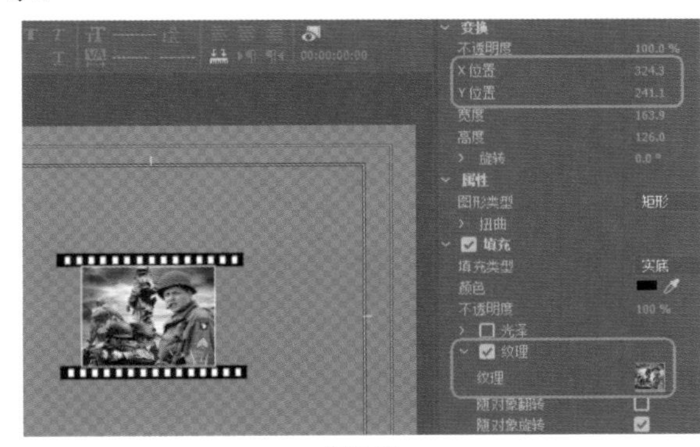

图7-99

Step 07 单击【基于当前字幕新建字幕】按钮，在弹出的对话框中保持默认设置，单击【确定】按钮。选择中间的矩形，单击【纹理】右侧的按钮，在弹出的对话框中选择【电影2.jpg】素材文件，完成后的效果如图7-100所示。

Step 08 使用同样的方法新建【字幕03】~【字幕06】，将字幕编辑器关闭。选择V1视频轨道中的素材文件，在【效果控件】面板中将【缩放】设置为65，在【效果】面板中将【颜色平衡（HLS）】拖曳至V1视频轨道中的素材文件上，确定当前时间是00:00:00:00，单击【色相】左侧的【切换动画】按钮，如图7-101所示。

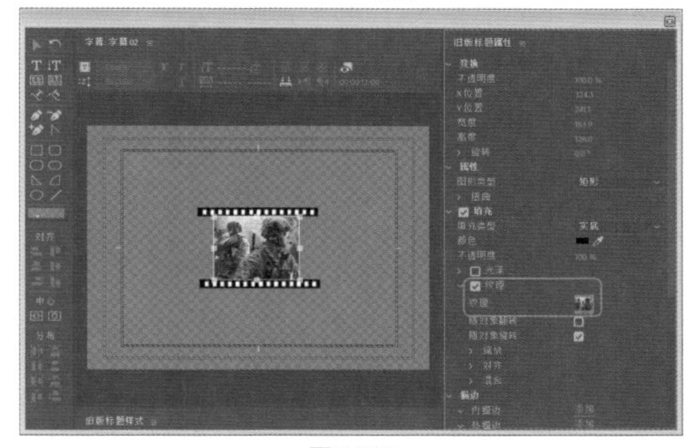

图7-100

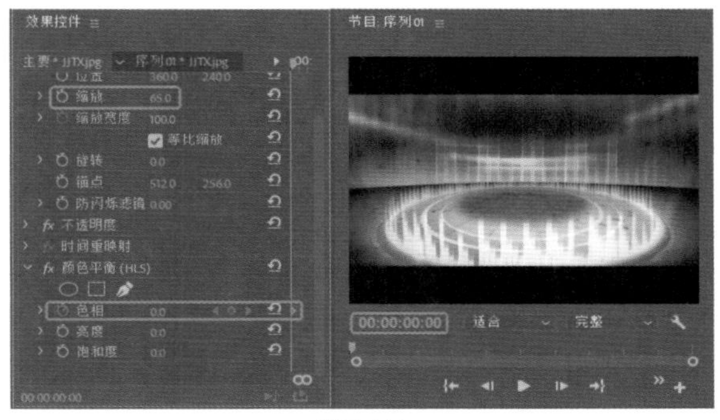

图7-101

Step 09 将当前时间设置为00:00:15:16，将【色相】设置为90×359.0。将当前时间设置为00:00:00:00，将【字幕01】拖曳至V2视频轨道上，将【位置】设置为140、240，将【不透明度】设置为0%。将当前时间设置为00:00:03:00，将【不透明度】设置为100%，如图7-102所示。

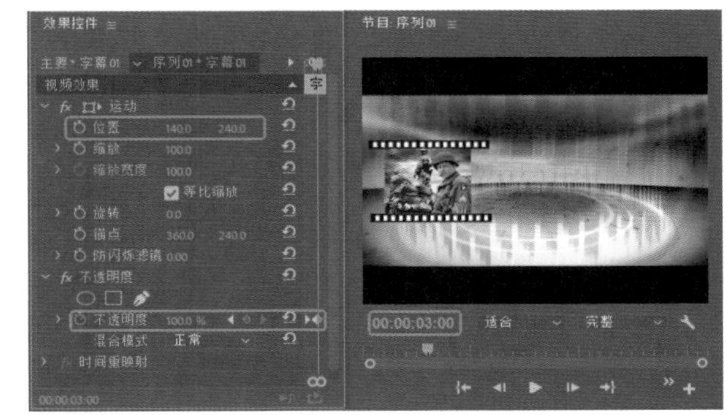

图7-102

Step 10 将当前时间设置为00:00:00:00，将【字幕02】拖曳至V3视频轨道中，将其开始位置与时间线对齐。确定当前时间为00:00:00:00，将【不透明度】设置为0%。将当前时间设置为00:00:03:00，将【不透明度】设置为100%，如图7-103所示。

Step 11 将当前时间设置为00:00:00:00，将【字幕03】拖曳至V3视频轨道上方，新建V4视频轨道，将其开始位置与时间线对齐。将【位置】设置为574、240，将当前时间设置为00:00:00:00，将【不透明度】设置为0%。将当前时间设置为00:00:03:00，将【不透明度】设置为100%，如图7-104所示。

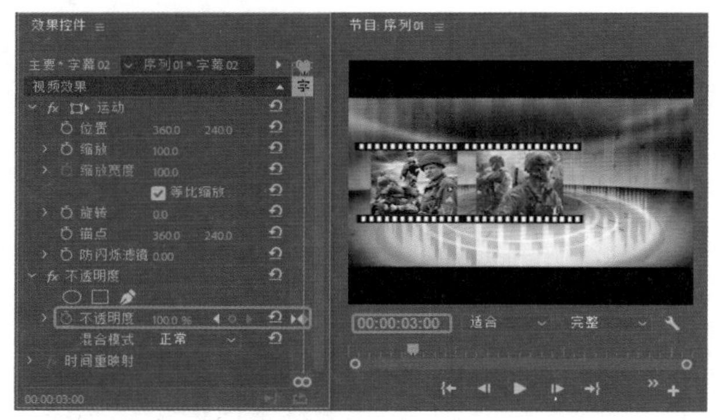

图7-103

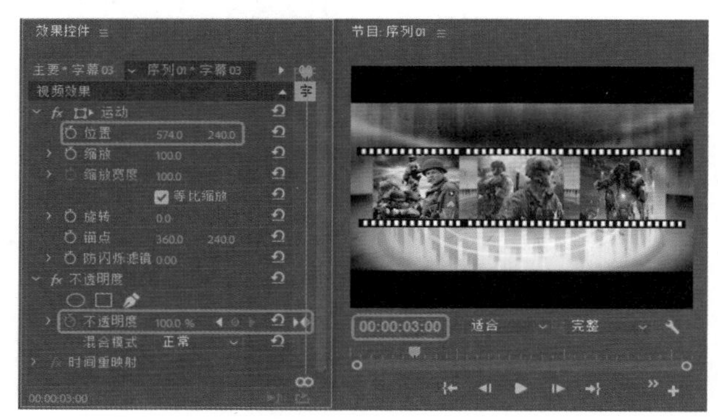

图7-104

Step 12 将【字幕04】拖曳至V2视频轨道中，将其开始位置与V2视频轨道中素材结尾处对齐，将该素材持续时间设置为00:00:04:19。将当前时间设置为00:00:08:00，将【位置】设置为140、240，单击其左侧的【切换动画】按钮，如图7-105所示。

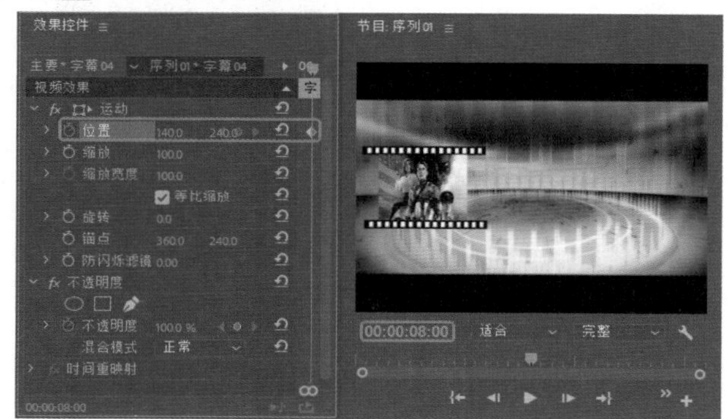

图7-105

Step 13 将当前时间设置为00:00:10:00，将【位置】设置为-563、240，将【字幕05】拖曳至V3视频轨道中，将其与V3视频轨道中素材首尾相连，将该素材的持续时间设置为00:00:04:19。将当前时间设置为00:00:08:00，将【位置】设置为360、240，单击【位置】左侧的【切换动画】按钮。将当前时间设置为00:00:10:00，将【位置】设置为-343、240，如图7-106所示。

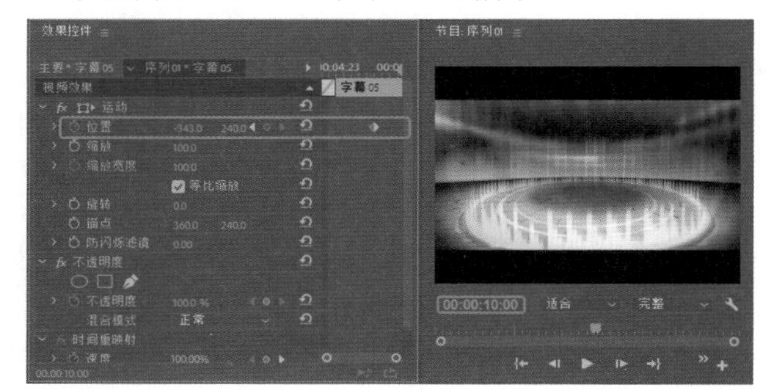

图7-106

Step 14 将【字幕06】拖曳至V4视频轨道中，将其与V4视频轨道中的素材文件首尾相连，将该素材的持续时间设置为00:00:04:19。将当前时间设置为00:00:08:00，将【位置】设置为576、240，单击【位置】左侧的【切换动画】按钮。将当前时间设置为00:00:10:00，将【位置】设置为-133、240，如图7-107所示。

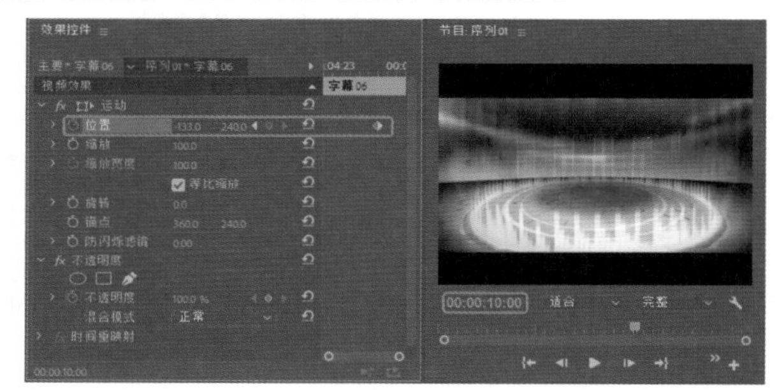

图7-107

Step 15 将【效果】面板中的【拆分】效果拖曳至V2视频轨道中【字幕01】与【字幕04】文件之间，使用同样的方法将【拆分】效果拖曳至V3、V4视频轨道中的素材文件之间，如图7-108所示。

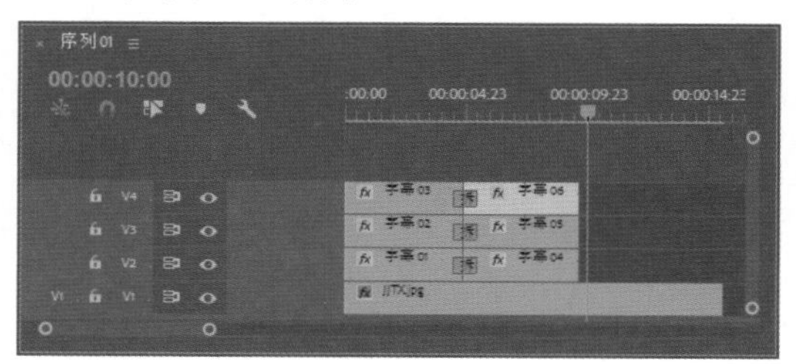

图7-108

Step 16 将【字幕01】拖曳至V2视频轨道中，将其开始处与V2视频轨道中的【字幕04】结尾处对齐，将其结尾处与V1视频轨道中的素材结尾处对齐。将当前时间设置为00:00:10:00，将【位置】设置为799、240，单击其左侧的【切换动画】按钮，如图7-109所示。

Step 17 将当前时间设置为00:00:12:00，将【位置】设置为120、240。将【字幕02】拖曳至V3视频轨道中，将其开始处与V3视频轨道中素材的结尾对齐。将持续时间设置为00:00:05:22，将当前时间设置为00:00:10:00，将【位置】设置为1019、240，单击其左侧的【切换动画】按钮。将当前时间设置为00:00:12:00，将【位置】设置为340、240，如图7-110所示。

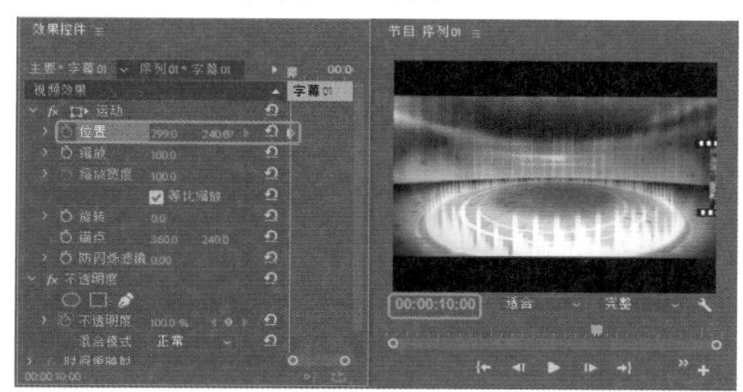
图7-109

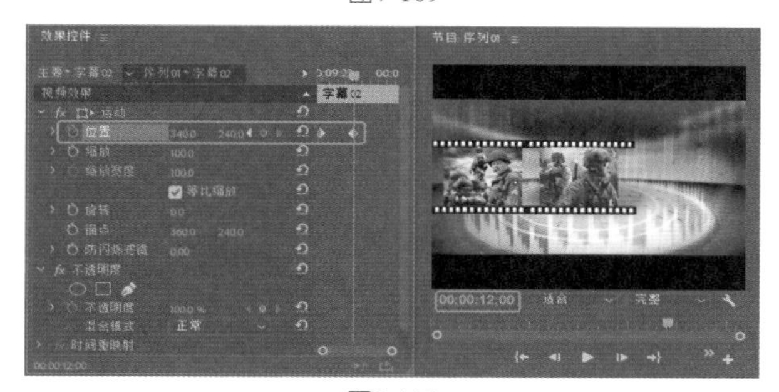
图7-110

Step 18 将【字幕03】拖曳至V4视频轨道中，将其开始处与V4视频轨道中的素材的结尾处对齐。将持续时间设置为00:00:05:22，将当前时间设置为00:00:10:00，将【位置】设置为1233、240，单击其左侧的【切换动画】按钮，将当前时间设置为00:00:12:00，将【位置】设置为554、240，如图7-111所示。

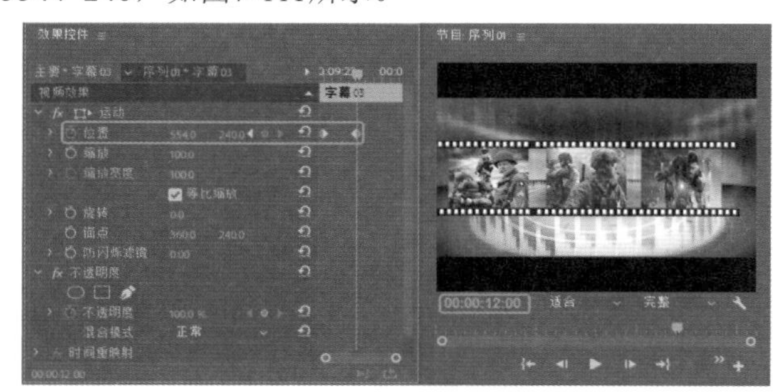
图7-111

实例 130 浪漫七夕

素材：QU.png、Yun.png、LMQXBJ.jpg

场景：浪漫七夕.prproj

本案例效果如图7-112所示。

图7-112

Step 01 新建项目和序列，按Ctrl+I组合键打开【导入】对话框，选择素材QU.png、Yun.png、LMQXBJ.jpg，单击【打开】按钮，导入素材后可以在【项目】面板中查看，如图7-113所示。

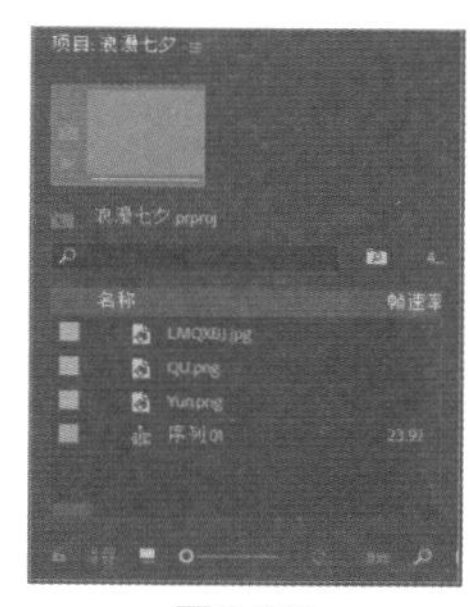
图7-113

Step 02 将LMQXBJ.jpg素材文件拖曳至V1视频轨道中，将其【持续时间】设置为00:00:20:15。将当前时间设置为00:00:00:00，将【缩放】设置为83，将【不透明度】设置为0%。将当前时间设置为00:00:01:00，将【不透明度】设置为100%，如图7-114所示。

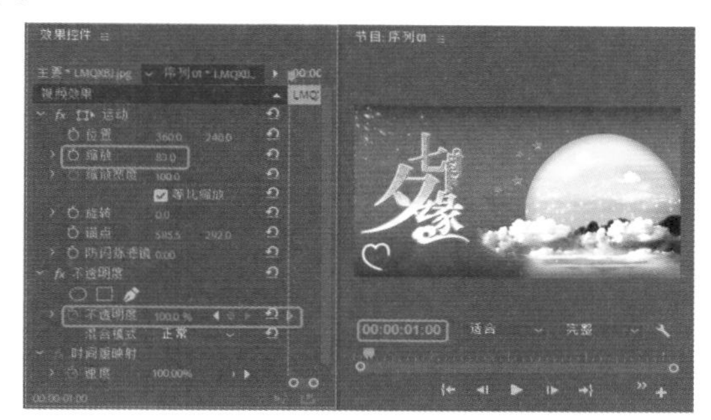
图7-114

Step 03 在【效果】面板中将【颜色平衡】效果拖曳至V1视频轨道中的素材文件上，在【效果控件】面板中将【阴影红色平衡】、【阴影绿色平衡】、【阴影蓝色平衡】分别设置为20、20、10，将【中间调红色平衡】、【中间调绿色平衡】、【中间调蓝色平衡】设置为5、-20、100，将【高光红色平衡】、【高光绿色平衡】、【高光蓝色平衡】设置为50、70、60，如图 7-115所示。

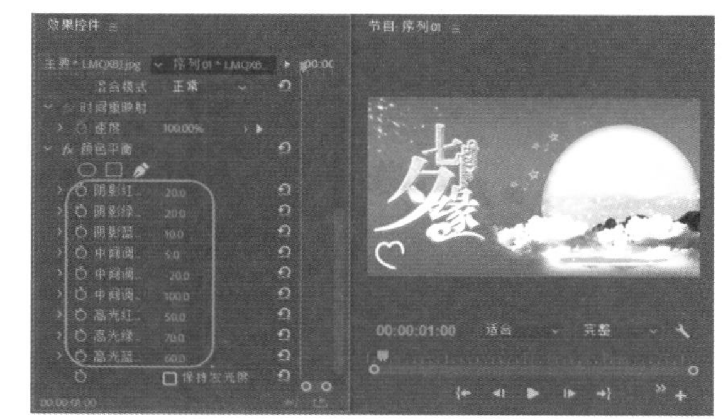
图7-115

提示

【颜色平衡】特效可以设置图像在阴影、中值和高光下的红绿蓝三色的参数。

Step 04 将当前时间设置为00:00:01:00，将QU.png素材文件拖曳至V2视频轨道中，将其开始位置与时间线对齐，将结尾处与V1视频轨道中的素材对齐。将【位置】设置为566.7、195.2，将【缩放】设置为7，如图7-116所示。

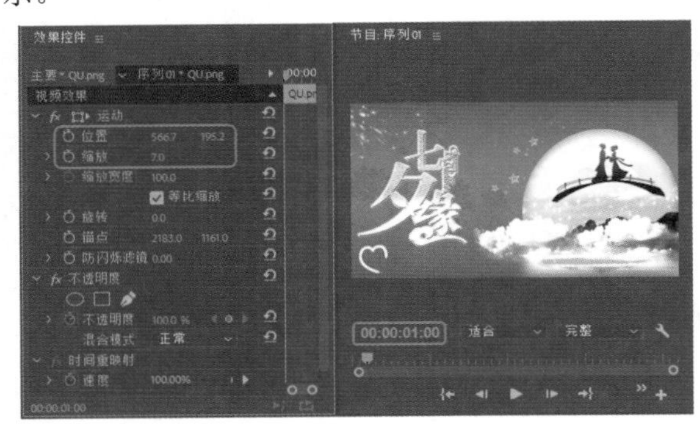

图7-116

Step 05 在【效果】面板中将【双侧平推门】效果拖曳至V2视频轨道中的素材文件的开始位置。选择添加的过渡效果，在【效果控件】面板中将【持续时间】设置为00:00:02:00，将切换方式设置为【自南向北】，如图7-117所示。

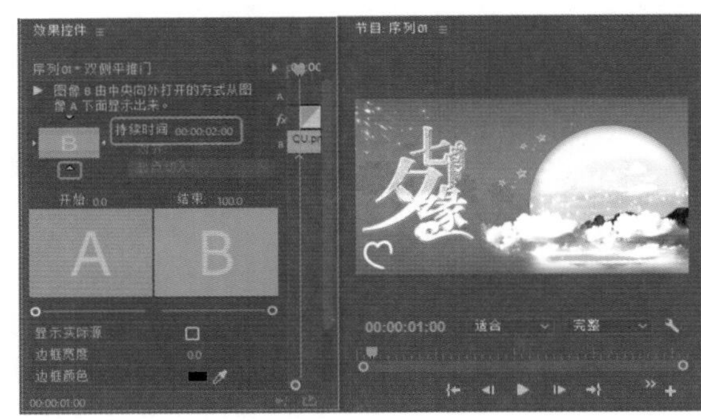

图7-117

Step 06 在【效果】面板中将【颜色平衡（HLS）】特效拖曳至V2视频轨道中的素材文件上，在【效果控件】面板中将当前时间设置为00:00:03:00，单击【色相】左侧的【切换动画】按钮。将当前时间设置为00:00:20:11，将【色相】设置为4×190.0°，如图7-118所示。

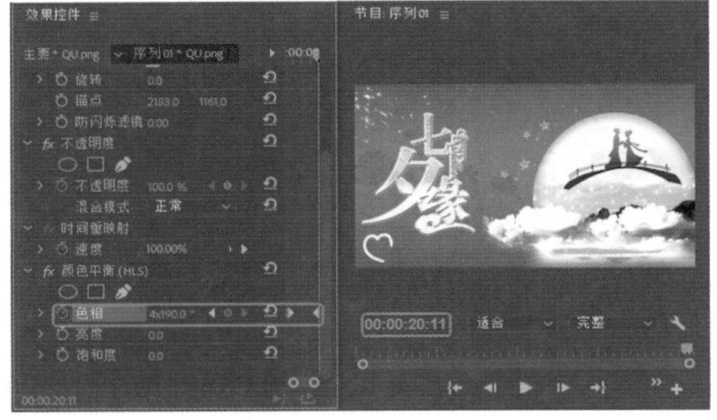

图7-118

Step 07 将当前时间设置为00:00:03:00，将Yun.png素材文件拖曳至V3视频轨道中，将其开始位置与时间线对齐，结尾处与V2视频轨道中素材的结尾处对齐。将【位置】设置为1207.1、227.5，将【缩放】设置为20，单击【位置】左侧的【切换动画】按钮，如图7-119所示。

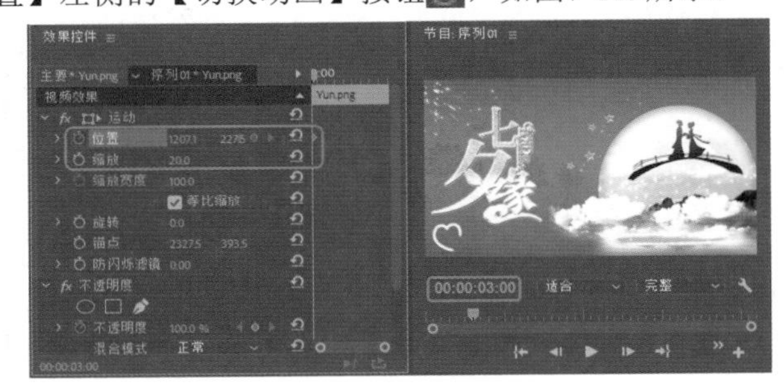

图7-119

Step 08 将当前时间设置为00:00:20:14，将【位置】设置为245.4、227.5，如图7-120所示。

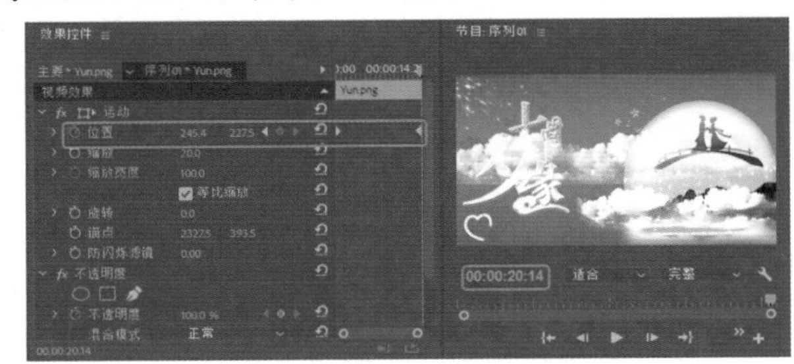

图7-120

Step 09 在菜单栏中选择【文件】|【新建】|【旧版标题】命令，弹出【新建字幕】对话框，单击【确定】按钮，使用【文字工具】输入文字“情到深处时时浓，无情无爱何需节，七夕易过，天长难留， 难求暖心人，共终老；若求得，一生皆七夕”。将【属性】下的【字体系列】设置为【方正琥珀简体】，将【字体大小】设置为41，将【填充】下的【颜色】设置为#5B2304，将【变换】下的【X位置】、【Y位置】设置为1367.8、439.2，如图7-121所示。

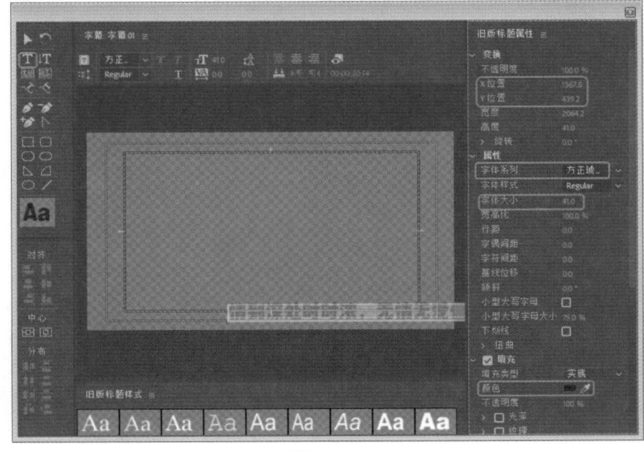

图7-121

Step 10 在字幕编辑器中单击【滚动/游动选项】按钮，在弹出的对话框中选中【向左游动】单选按钮，勾选【开始于屏幕外】和【结束于屏幕外】复选框，如图7-122所示。

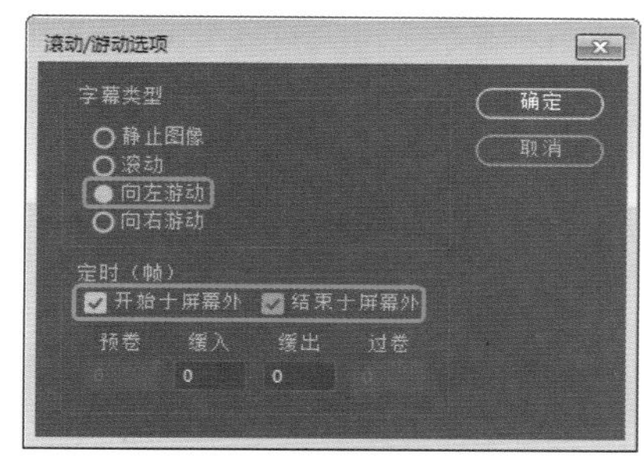

图7-122

Step 11 单击【确定】按钮，将字幕编辑器关闭，将【字幕01】拖曳至V3轨道中的上方，新建V4视频轨道，将其与V3轨道中的素材文件的开始处与结尾处对齐，至此，浪漫七夕场景就制作完成了，将场景进行保存，如图7-123所示。

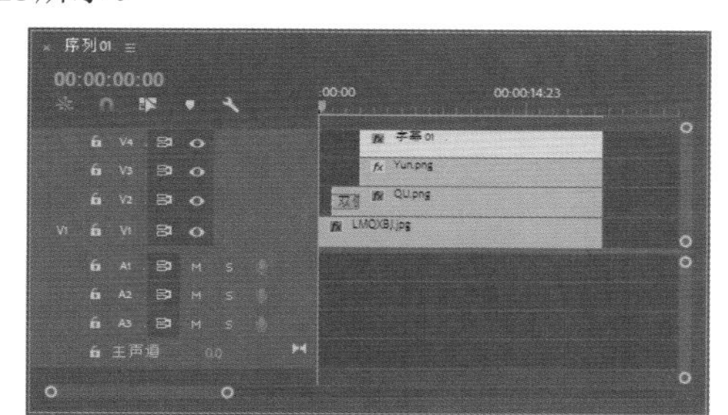
图7-123

本例制作幻彩花朵效果，如图7-124所示。

图7-124

Step 01 新建项目和序列。

Step 02 按Ctrl+I组合键打开【导入】对话框，导入【花.jpg】文件。

Step 03 将【花.jpg】素材文件拖曳至V1视频轨道中，将当前时间设置为00:00:00:00，在【效果控件】面板中将【缩放】设置为120，单击左侧的【切换动画】按钮，如图7-125所示。

图7-125

Step 04 将当前时间设置为00:00:04:23，将【缩放】设置为70，如图7-126所示。

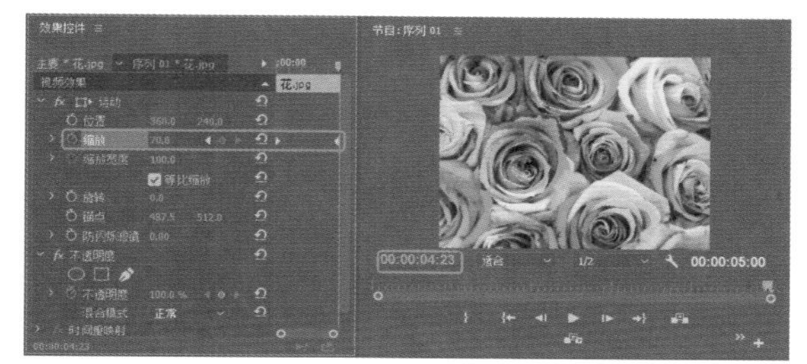
图7-126

Step 05 在【效果】面板中搜索【颜色平衡（HLS）】效果，为素材文件添加效果，将当前时间设置为00:00:00:00，在【效果控件】面板中将【色相】设置为0，单击左侧的【切换动画】按钮，如图7-127所示。

图7-127

Step 06 将当前时间设置为00:00:04:23，将【色相】设置为2×0.0，如图7-128所示。

图7-128

实例 132 飞舞的花瓣

素材：飞舞的花瓣背景.jpg、飞舞的花瓣素材.avi
场景：飞舞的花瓣.prproj

本案例制作飞舞的花瓣效果，如图7-129所示。

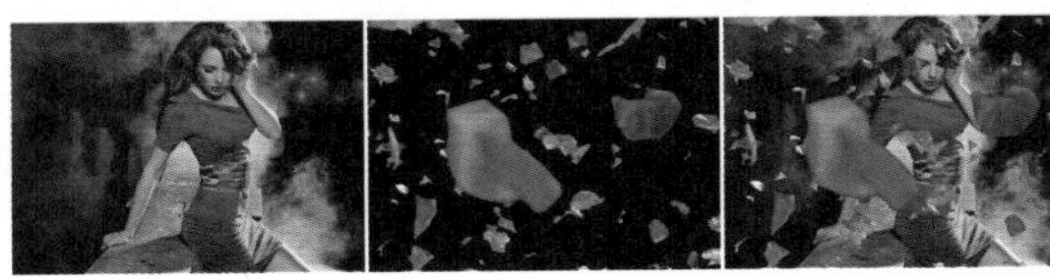

图7-129

Step 01 启动软件后新建项目和序列，按Ctrl+I组合键，在打开的对话框中选择【素材\Cha08\飞舞的花瓣背景.jpg】、【飞舞的花瓣素材.avi】素材文件。

Step 02 单击【打开】按钮，将【飞舞的花瓣背景.jpg】素材文件拖曳至V1轨道中，在【效果控件】面板中将【位置】设置为360、240，将【缩放】设置为120。将当前时间设置为00:00:00:00，单击【缩放】左侧的【切换动画】按钮，如图7-130所示。

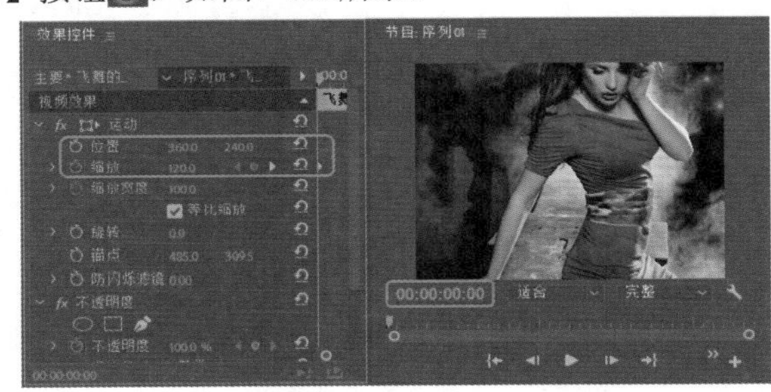

图7-130

Step 03 在素材文件上单击鼠标右键，在弹出的快捷菜单中选择【速度/持续时间】命令，在弹出的对话框中将【持续时间】设置为00:00:26:22，如图7-131所示。

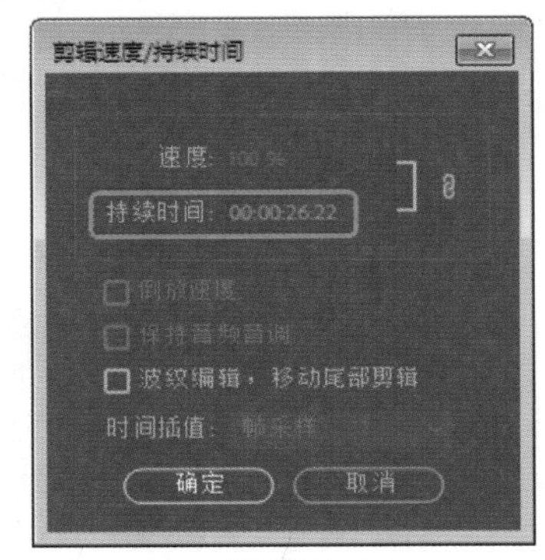

图7-131

Step 04 单击【确定】按钮，将当前时间设置为00:00:10:00，将【缩放】设置为80，如图7-132所示。

Step 05 将时间设置为00:00:00:00，将【飞舞的花瓣素材.avi】拖曳至V2轨道中，在【效果控件】面板中将【缩放】设置为84，如图7-133所示。

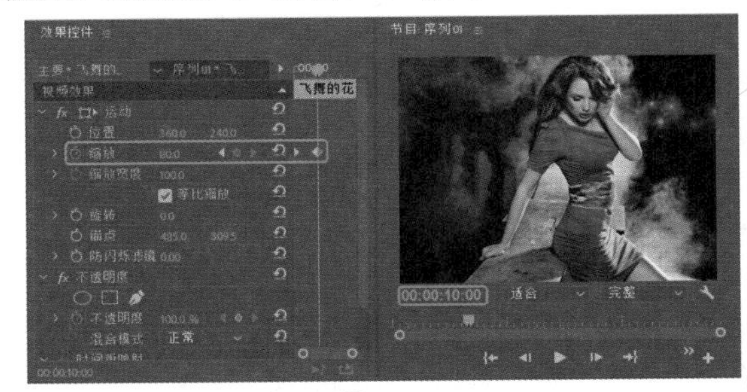

图7-132

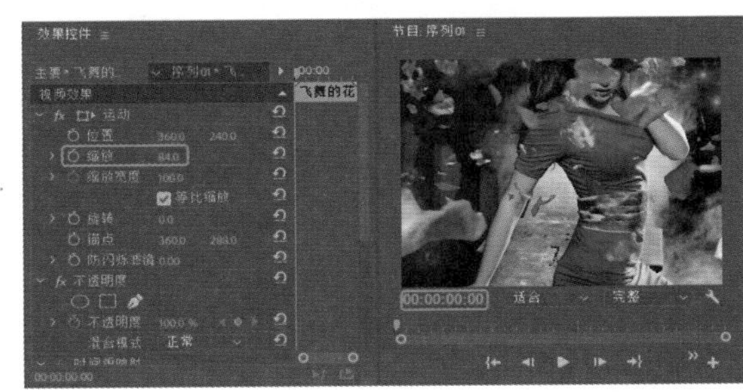

图7-133

Step 06 在【效果】面板中，将【颜色键】视频效果添加至V2轨道中的素材文件上，在【效果控件】面板中将【主要颜色】设置为黑色，将【颜色容差】设置为20，将【边缘细化】设置为3，将【羽化边缘】设置为0，如图7-134所示。

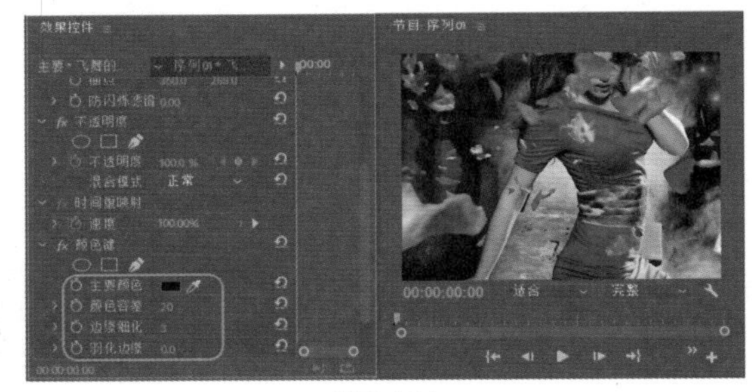

图7-134

Step 07 在【效果】面板中将【颜色平衡】拖曳至V2轨道中，将【阴影红色平衡】、【阴影绿色平衡】、【阴影蓝色平衡】设置为49、-90、50，将【中间调红色平衡】、【高光红色平衡】设置为48、-36，如图7-135所示。

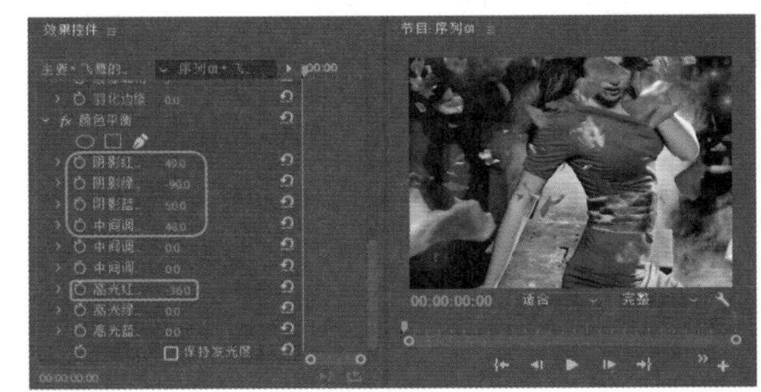

图7-135

第8章 简约多彩倒计时动画

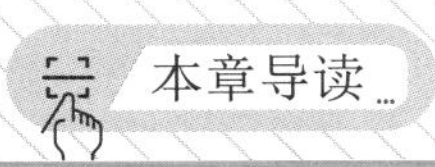

本章导读

倒计时动画通常用于影片开始前的倒计时准备，本案例讲解简约多彩倒计时动画的制作方法。

实例 133 创建倒计时字幕

素材：
场景：简约多彩倒计时动画.prproj

下面将讲解如何制作倒计时字幕，并对字幕进行分组。

Step 01 在菜单栏中选择【文件】|【新建】|【旧版标题】命令，弹出【新建字幕】对话框，将【名称】更改为【数字10】，单击【确定】按钮，如图8-1所示。

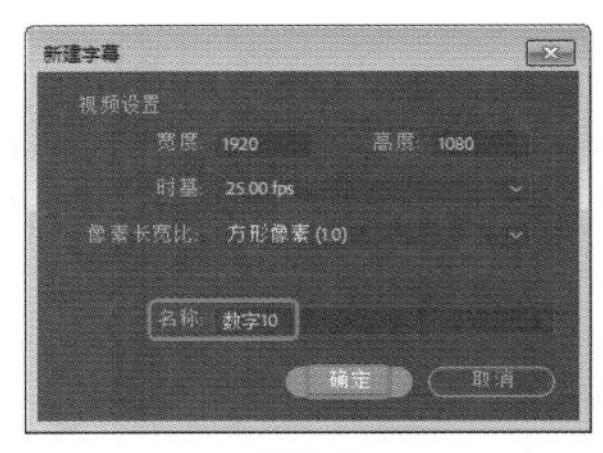

图8-1

Step 02 使用【文字工具】T输入10，将【字体系列】设置为【方正兰亭中黑_GBK】，【颜色】设置为白色，将【字体大小】设置为200，将【X位置】、【Y位置】设置为955.7、551.2，如图8-2所示。

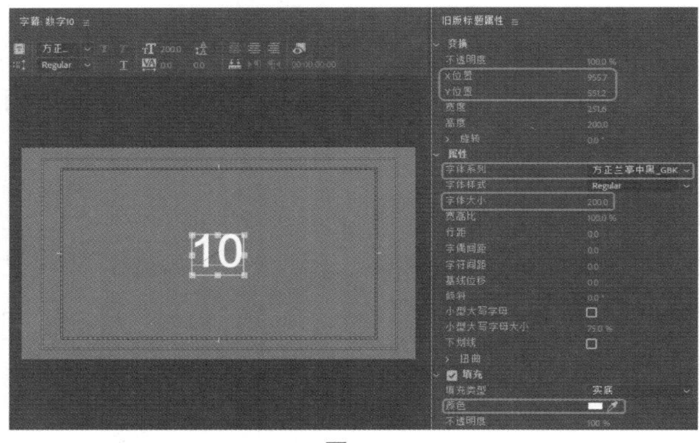
图8-2

Step 03 单击【基于当前字幕新建字幕】按钮，在弹出的对话框中将【名称】更改为【数字9】，单击【确定】按钮，将数字更改为9，将【X位置】、【Y位置】设置为961.1、551.2，如图8-3所示。

图8-3

Step 04 使用同样的方法制作【数字8】~【数字1】字幕，在【项目】面板中单击【新建素材箱】按钮，将素材箱名称重命名为【字幕】，选中【数字1】~【数字10】并拖曳至【字幕】素材箱中，如图8-4所示。

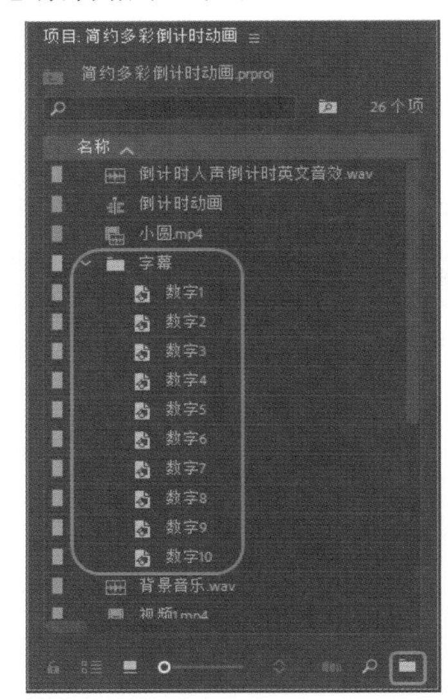

图8-4

实例 134 制作倒计时动画

素材：
场景：简约多彩倒计时动画.prproj

对【视频1】~【视频10】进行处理，配合字幕，制作出倒计时动画。

Step 01 将当前时间设置为00:00:00:00，在【项目】面板中将【视频1.mp4】视频文件拖曳至【倒计时动画】序列面板V1轨道中，将开始处与时间线对齐，弹出【剪辑不匹配警告】对话框，单击【保持现有设置】按钮。单击鼠标右键，在弹出的快捷菜单中选择【速度/持续时间】命令，弹出【剪辑速度/持续时间】对话框，将【速度】、【持续时间】锁定，将【持续时间】设置为00:00:01:19，单击【确定】按钮，如图8-5所示。

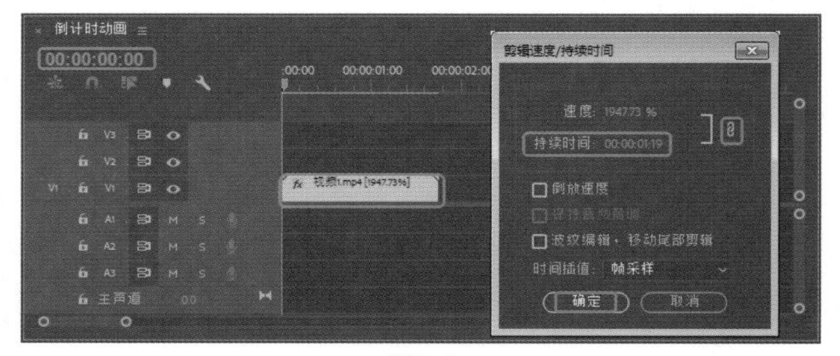

图8-5

Step 02 在【效果控件】面板中将【缩放】设置为50，在

【效果】面板中搜索【亮度与对比度】特效，并拖曳至【视频1.mp4】素材文件上，在【效果控件】面板中将【亮度】、【对比度】都设置为15，如图8-6所示。

图8-6

Step 03 将当前时间设置为00:00:00:00，在【项目】面板中将【数字10】拖曳至V2轨道中，将开始处与时间线对齐，将【持续时间】设置为00:00:01:19，将当前时间设置为00:00:00:02，在【效果控件】面板中将【不透明度】设置为0%，如图8-7所示。

图8-7

Step 04 将当前时间设置为00:00:00:09，将【不透明度】设置为100%，如图8-8所示。

图8-8

Step 05 将当前时间设置为00:00:00:17，将【不透明度】设置为0%，如图8-9所示。

图8-9

Step 06 将当前时间设置为00:00:00:00，在【项目】面板中将【小圆.mp4】拖曳至V3轨道中，将开始处与时间线对齐。单击鼠标右键，在弹出的快捷菜单中选择【速度/持续时间】命令，弹出【剪辑速度/持续时间】对话框，取消【速度】、【持续时间】的锁定，将【速度】设置为100%，将【持续时间】设置为00:00:01:19，单击【确定】按钮，如图8-10所示。

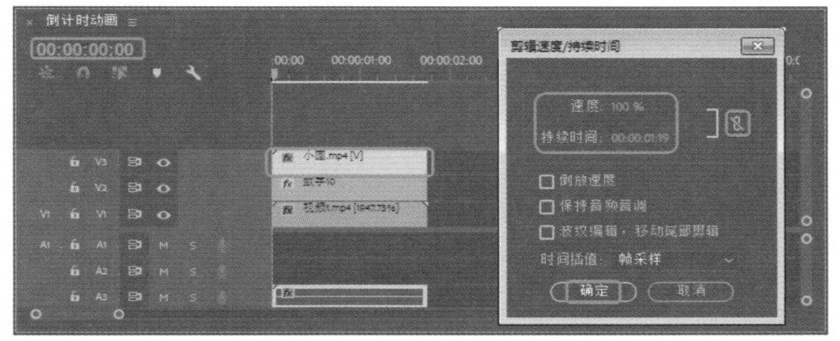

图8-10

> **提示**
>
> 在改变视频或音频持续时间时，素材的速度会跟着一起改变。如果单击按钮，会取消素材速度与持续时间的链接，在更改持续时间的同时不会更改素材的速度。

Step 07 在【效果控件】面板中将【不透明度】选项组下方的【混合模式】设置为【浅色】，如图8-11所示。

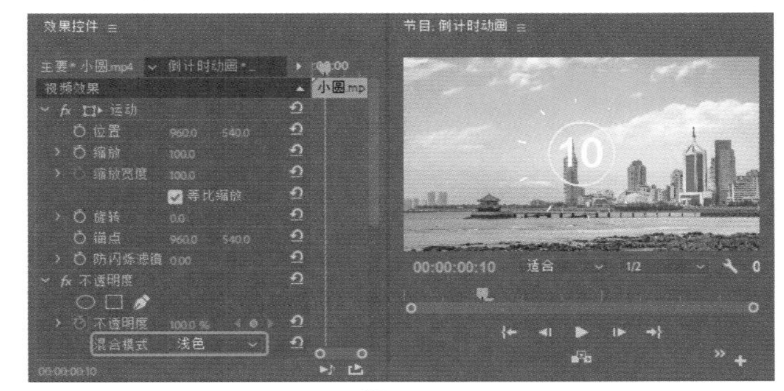

图8-11

Step 08 将当前时间设置为00:00:01:19，在【项目】面板中将【视频2.mp4】素材文件拖曳至V1轨道中，将开始处与时间线对齐。单击鼠标右键，在弹出的快捷菜单中选择【速度/持续时间】命令，弹出【剪辑速度/持续时间】对话框，取消【速度】、【持续时间】的锁定，将【速度】设置为100%，将【持续时间】设置为00:00:01:19，单击【确定】按钮，如图8-12所示。

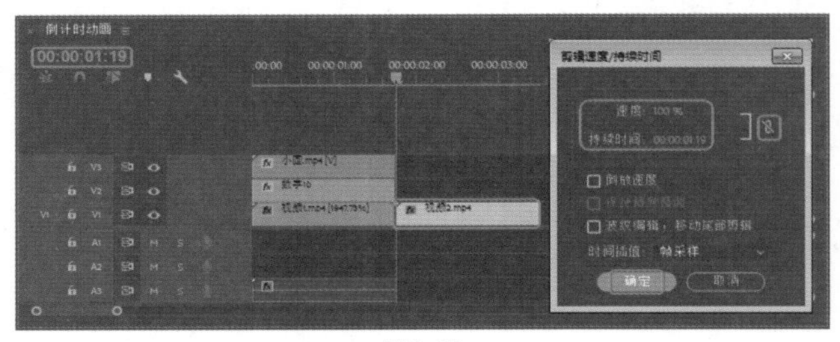

图8-12

Step 09 在【效果】面板中搜索【亮度与对比度】特效，并拖曳至【视频2.mp4】素材文件上，在【效果控件】面板中将【亮度】、【对比度】设置为15、30，如图8-13所示。

图8-13

Step 10 将当前时间设置为00:00:03:13，在【项目】面板中将【视频3.mp4】素材文件拖曳至V1轨道中，将开始处与时间线对齐。单击鼠标右键，在弹出的快捷菜单中选择【速度/持续时间】命令，弹出【剪辑速度/持续时间】对话框，取消【速度】、【持续时间】的锁定，将【速度】设置为100%，将【持续时间】设置为00:00:01:19，单击【确定】按钮。在【效果】面板中搜索【亮度与对比度】特效，并拖曳至【视频3.mp4】素材文件上，在【效果控件】面板中将【亮度】、【对比度】都设置为15，如图8-14所示。

Step 11 依次将【视频4.mp4】~【视频10.mp4】拖曳至V1轨道中，取消【速度】、【持续时间】的锁定，将【速度】设置为100%，将【持续时间】设置为00:00:01:10，为【视频4.mp4】、【视频6.mp4】~【视频10.mp4】添加【亮度与对比度】特效，在【效果控件】面板中将【亮度】、【对比度】都设置为15，如图8-15所示。

图8-14

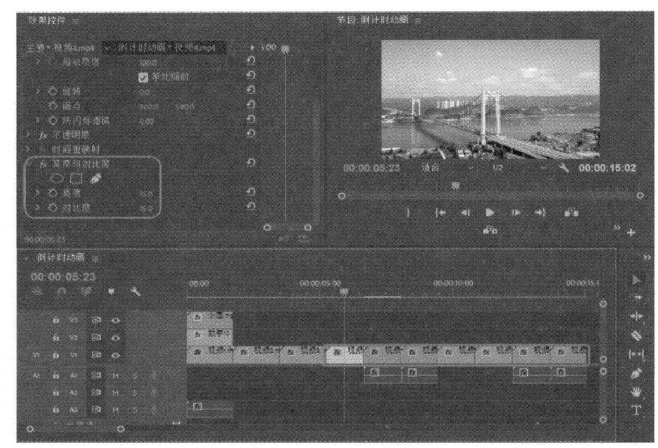

图8-15

Step 12 将当前时间设置为00:00:01:19，在【项目】面板中将【数字9】拖曳至V2轨道中，将开始处与时间线对齐，将【持续时间】设置为00:00:01:19。将当前时间设置为00:00:01:21，将【不透明度】设置为0%。将当前时间设置为00:00:02:03，将【不透明度】设置为100%，如图8-16所示。

图8-16

Step 13 将当前时间设置为00:00:02:11，将【不透明度】设置为0%，如图8-17所示。

图8-17

Step 14 使用同样的方法将其他的字幕文件拖曳至V2轨道中，并进行相应的设置。将【小圆.mp4】添加至V3轨道中，设置速度/持续时间，【混合模式】设置为【浅色】，制作完成后的效果如图8-18所示。

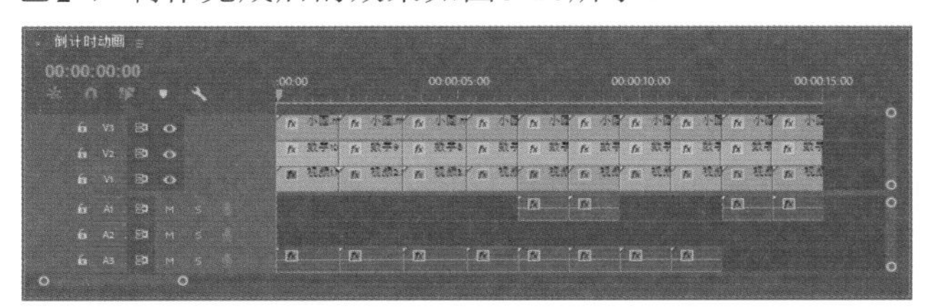

图8-18

Step 15 框选如图8-19所示的对象。

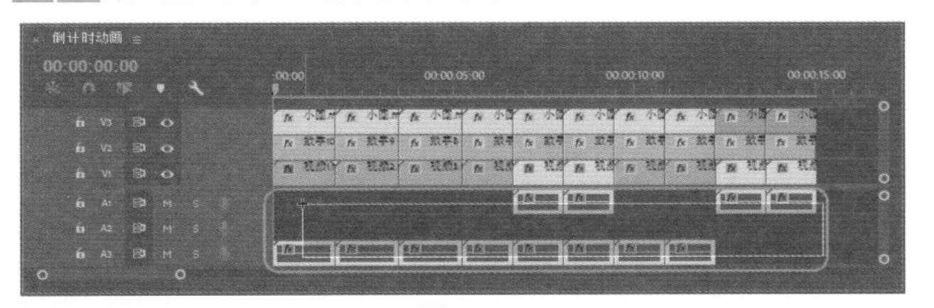

图8-19

Step 16 单击鼠标右键，在弹出的快捷菜单中选择【取消链接】命令，选择A1、A3轨道中的多余音频文件，按Delete键进行删除，效果如图8-20所示。

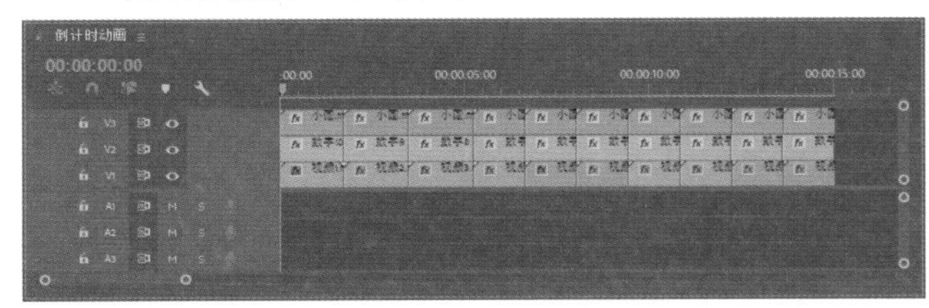

图8-20

实例135 最终动画

素材：

场景：简约多彩倒计时动画.prproj

Step 01 按Ctrl+N组合键，弹出【新建序列】对话框，选择【设置】选项卡，将【编辑模式】设置为【自定义】，将【帧大小】、【水平】设置为1920、1080，将【像素长宽比】设置为【方形像素（1.0）】，将【场】设置为【无场（逐行扫描）】，将【序列名称】设置为【最终动画】，单击【确定】按钮，如图8-21所示。

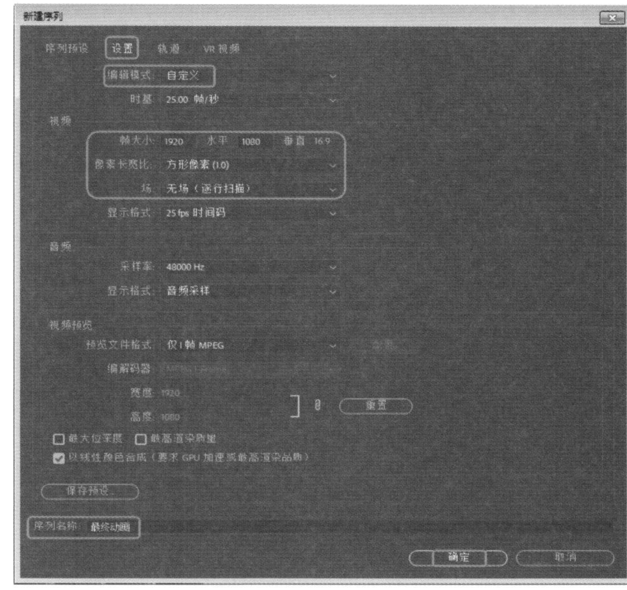

图8-21

Step 02 将当前时间设置为00:00:00:00，在【项目】面板中将【倒计时动画】序列文件拖曳至【最终动画】的V1轨道中，将开始处与时间线对齐。单击鼠标右键，在弹出的快捷菜单中选择【取消链接】命令，将A1轨道中的文件删除。在【项目】面板中将【黑边.png】素材文件拖曳至V2轨道中，将开始处与时间线对齐，将结尾处与V1轨道中【倒计时动画】序列文件的结尾处对齐，如图8-22所示。

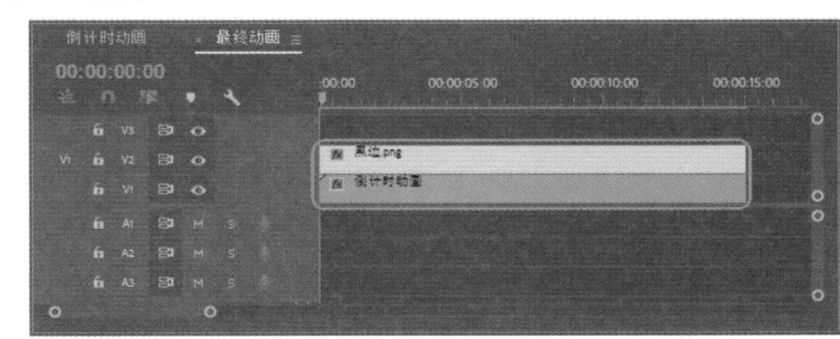

图8-22

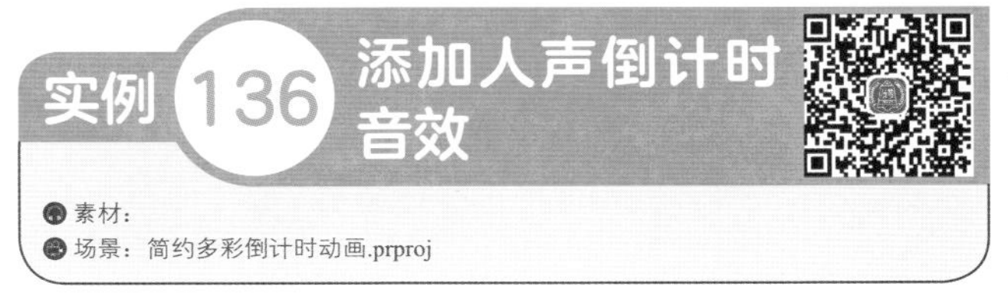

实例136 添加人声倒计时音效

素材：

场景：简约多彩倒计时动画.prproj

本案例将讲解如何制作人声倒计时音效。

Step 01 将当前时间设置为00:00:00:00，在【项目】面板中将【倒计时人声倒计时英文音效.wav】音频文件拖曳至A1轨道中，将开始处与时间线对齐，如图8-23所示。

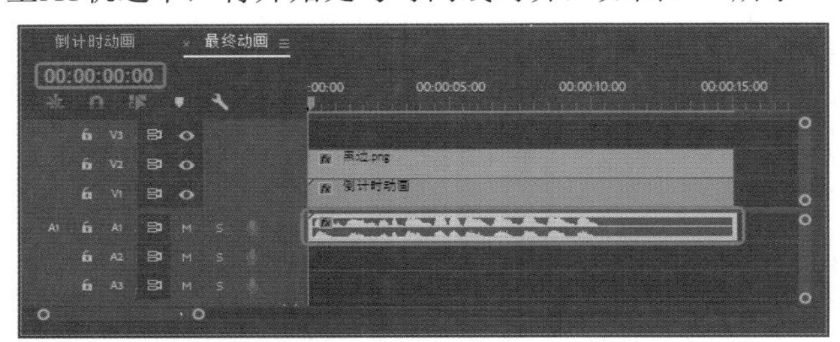

图8-23

Step 02 在工具箱中选择【剃刀工具】，将当前时间设置为00:00:01:02，在时间线上单击鼠标，对音频文件进行裁切，如图8-24所示。

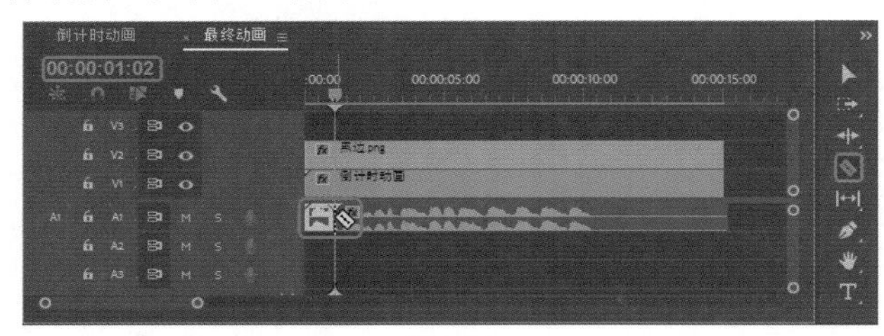

图8-24

Step 03 将当前时间设置为00:00:01:19，在工具箱中选择【选择工具】，选中裁切后半部分音频文件，将开始处与时间线对齐。将当前时间设置为00:00:02:24，使用【剃刀工具】进行裁切，如图8-25所示。

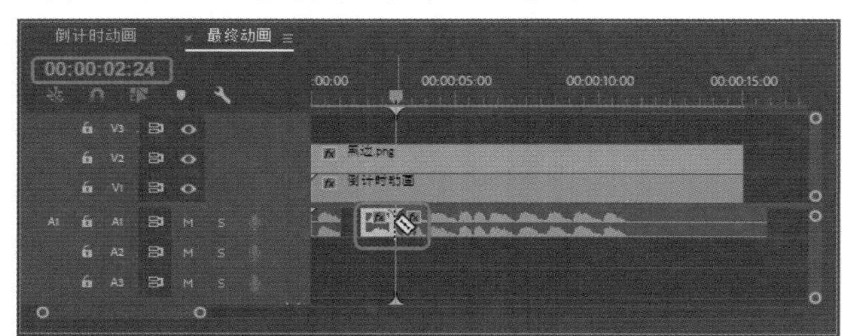

图8-25

Step 04 将当前时间设置为00:00:03:13，将裁切后半部分音频文件的开始处与时间线对齐。将当前时间设置为00:00:04:11，使用【剃刀工具】进行裁切，如图8-26所示。

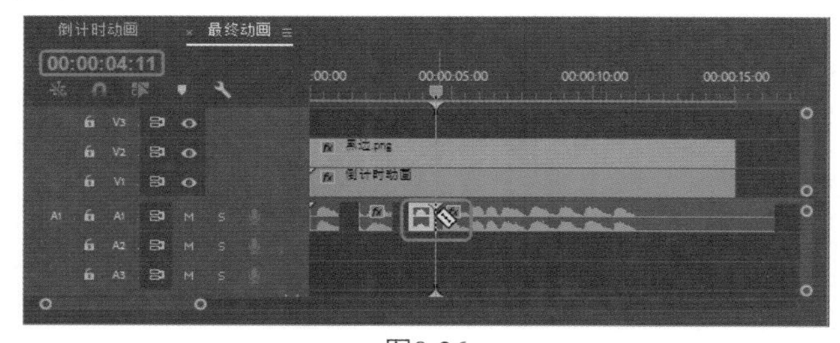

图8-26

Step 05 将当前时间设置为00:00:05:07，将裁切后半部分音频文件的开始处与时间线对齐。将当前时间设置为00:00:06:13，使用【剃刀工具】进行裁切，如图8-27所示。

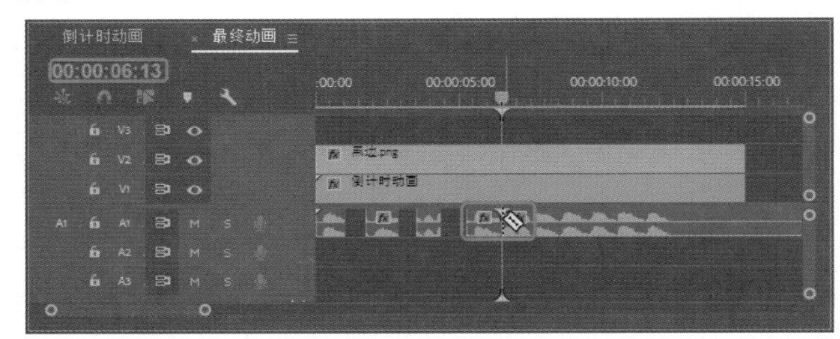

图8-27

Step 06 将当前时间设置为00:00:06:17，将裁切后半部分音频文件的开始处与时间线对齐。将当前时间设置为00:00:07:18，使用【剃刀工具】进行裁切，如图8-28所示。

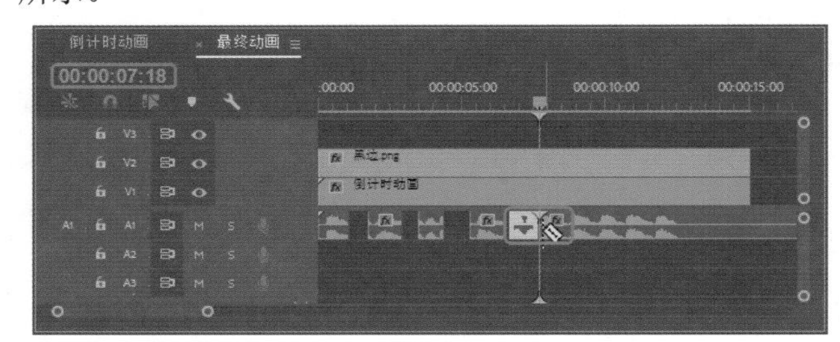

图8-28

Step 07 将当前时间设置为00:00:08:02，将裁切后半部分音频文件的开始处与时间线对齐。将当前时间设置为00:00:09:02，使用【剃刀工具】进行裁切，如图8-29所示。

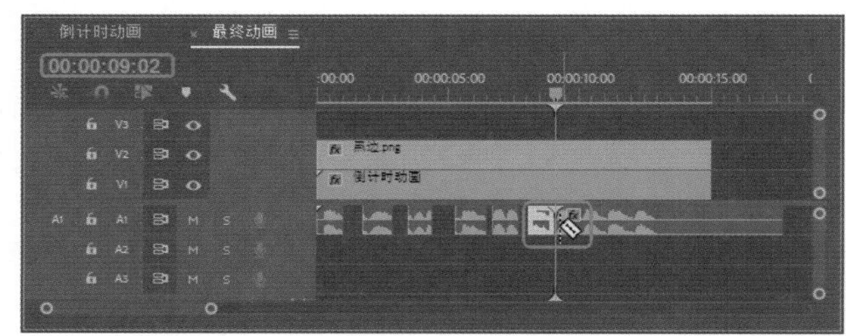

图8-29

Step 08 将当前时间设置为00:00:09:12，将裁切后半部分音频文件的开始处与时间线对齐。将当前时间设置为00:00:10:10，使用【剃刀工具】进行裁切，如图8-30所示。

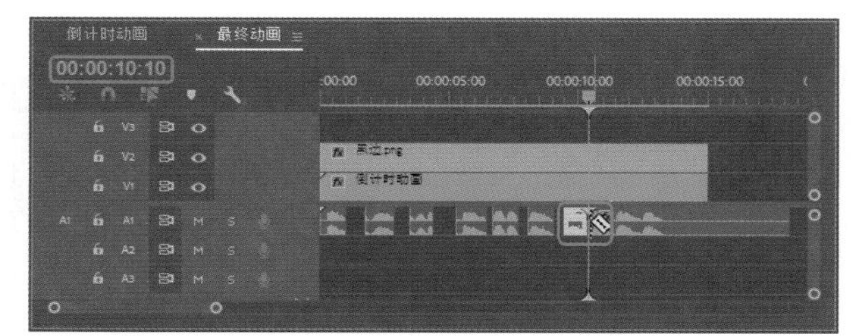

图8-30

Step 09 将当前时间设置为00:00:10:22，将裁切后半部分音频文件的开始处与时间线对齐。将当前时间设置为00:00:11:21，使用【剃刀工具】进行裁切，如图8-31所示。

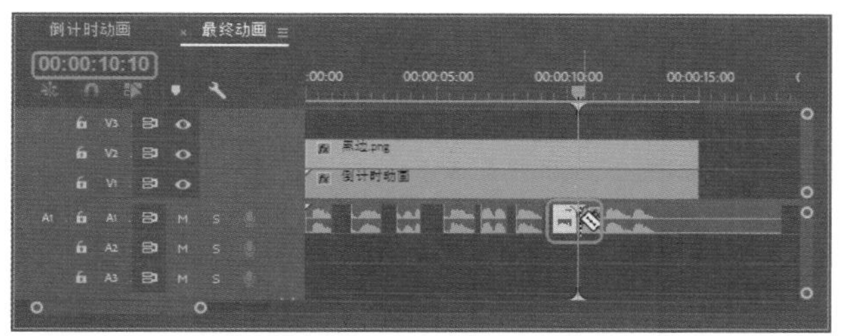

图8-31

Step 10 将当前时间设置为00:00:12:06，将裁切后半部分音频文件的开始处与时间线对齐。将当前时间设置为00:00:13:04，使用【剃刀工具】进行裁切，如图8-32所示。

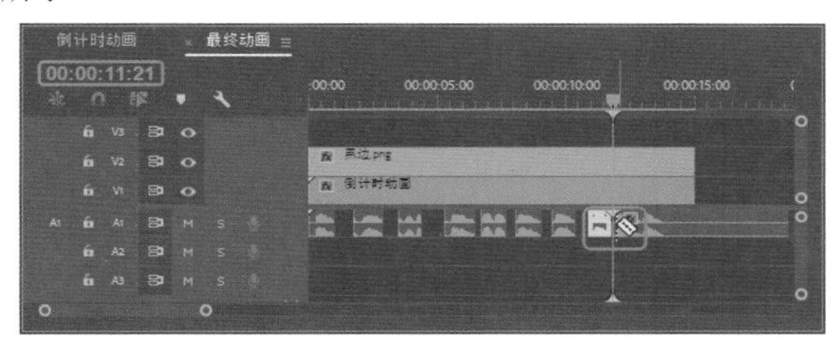

图8-32

Step 11 将当前时间设置为00:00:13:16，将裁切后半部分音频文件的开始处与时间线对齐。将当前时间设置为00:00:14:21，使用【剃刀工具】进行裁切。选中多余的音频，按Delete键删除，如图8-33所示。

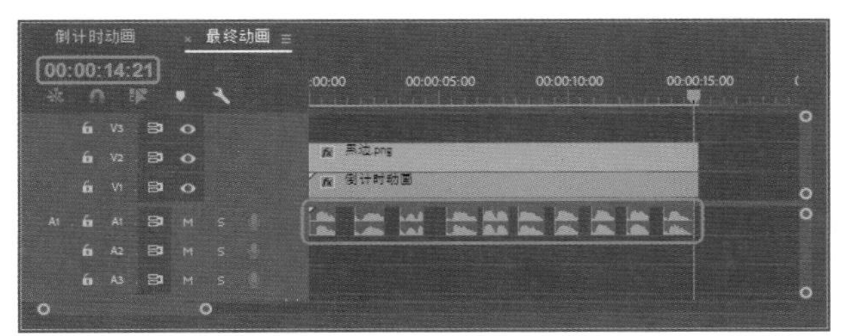

图8-33

实例137 对背景音乐进行处理

素材：

场景：简约多彩倒计时动画.prproj

下面将讲解如何对背景音乐进行处理，方法是设置背景音乐的速度、持续时间，然后为音频文件添加【指数淡化】音频过渡效果。

Step 01 将当前时间设置为00:00:00:00，在【项目】面板中将【背景音乐.wav】音频文件拖曳至A2轨道中。单击鼠标右键，在弹出的快捷菜单中选择【速度/持续时间】命令，弹出【剪辑速度/持续时间】对话框，取消【速度】、【持续时间】的锁定，将【速度】设置为100%，将【持续时间】设置为00:00:15:02，单击【确定】按钮，如图8-34所示。

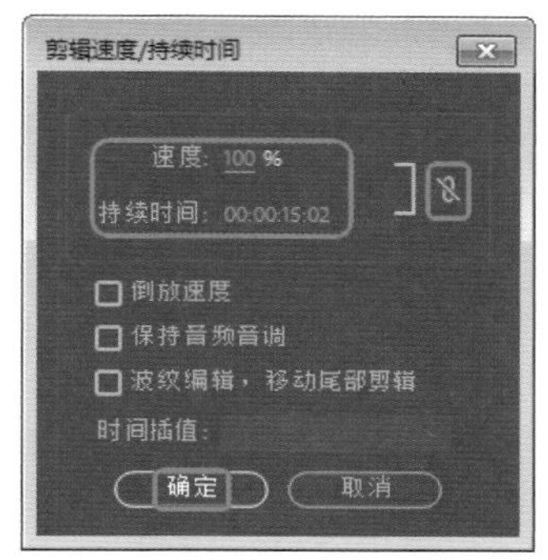

图8-34

Step 02 在【效果】面板中搜索【指数淡化】音频过渡效果，并拖曳至【背景音乐.wav】音频文件的结尾处，如图8-35所示。

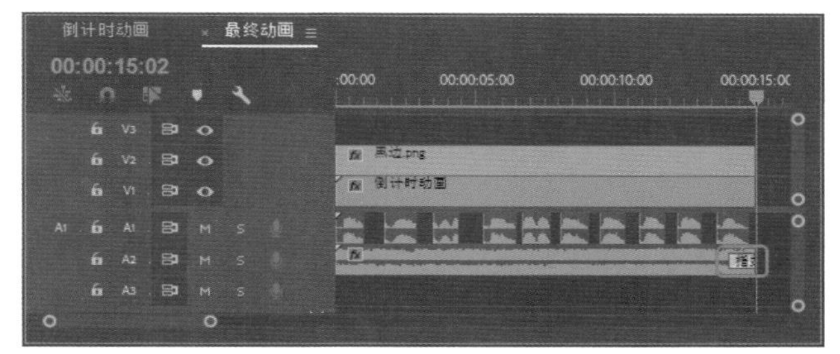

图8-35

实例138 导出影片

素材：

场景：简约多彩倒计时动画.prproj

视频动画制作完成后，需要对动画进行输出，用户可以根据需要保存成自己需要的格式。

Step 01 在菜单栏中选择【文件】|【导出】|【媒体】命令，弹出【导出设置】对话框，将【格式】设置为H.264，【预设】设置为【匹配源-高比特率】，单击【输出名称】右侧的蓝色文字，如图8-36所示。

Step 02 弹出【另存为】对话框，设置保存路径，将【文件名】设置为【简约多彩倒计时动画】，【保存类型】设置为【视频文件（*.mp4）】，单击【保存】按钮，如图8-37所示。

图8-36

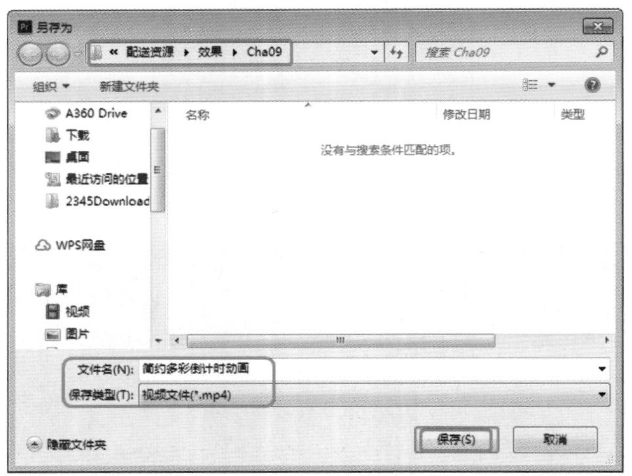

图8-37

Step 03 返回至【导出设置】对话框中，单击【导出】按钮，在弹出的对话框中可以查看渲染进度，等待即可，如图8-38所示。

图8-38

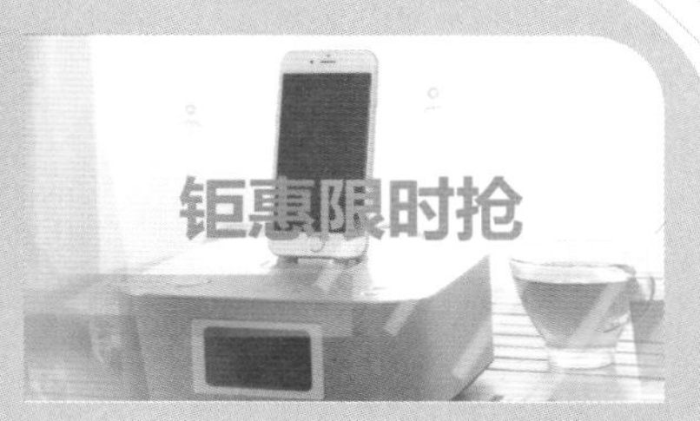

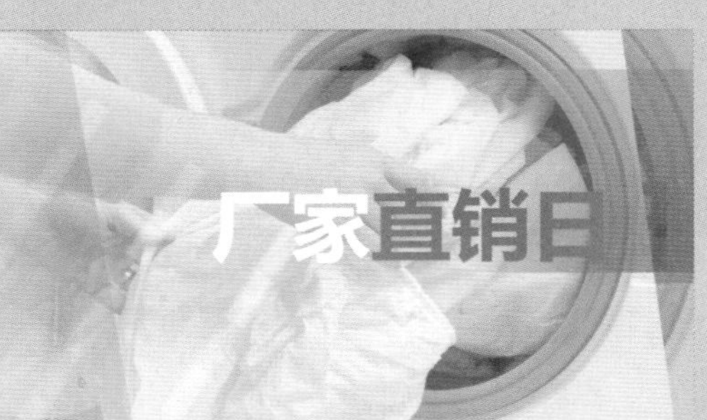

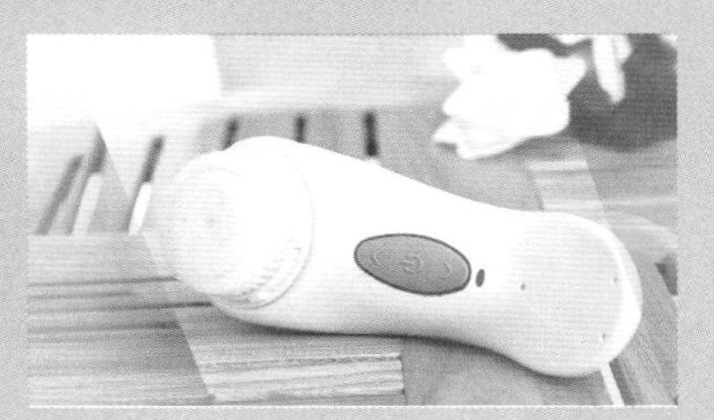

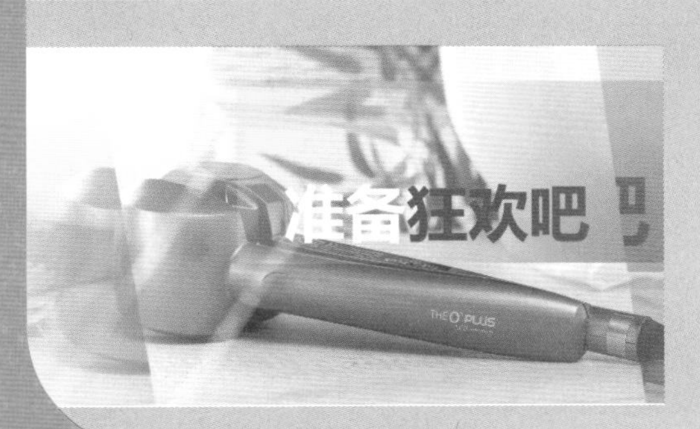

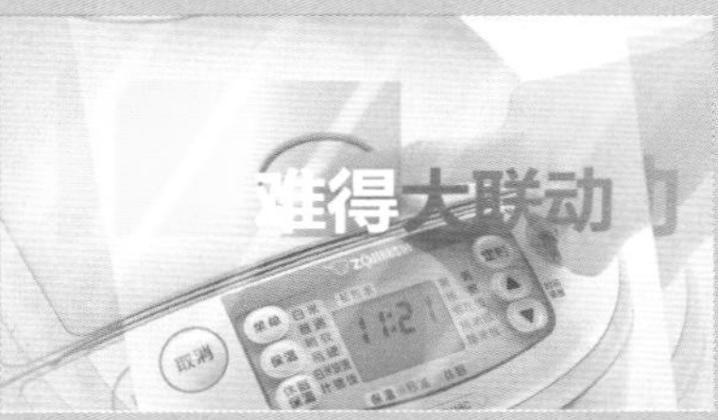

第9章　快闪电商促销广告

快闪就是将文字或图片一幕一幕快速播放出来，像动画一样，本章就来讲解如何制作出快闪电商促销广告。

实例139 创建字幕

素材：

场景：快闪电商促销广告.prproj

下面通过【旧版标题字幕】命令来制作出快闪电商促销广告的字幕文件。

Step 01 在菜单栏中选择【文件】|【新建】|【旧版标题】命令，弹出【新建字幕】对话框，将【名称】更改为【转场文字】，单击【确定】按钮，如图9-1所示。

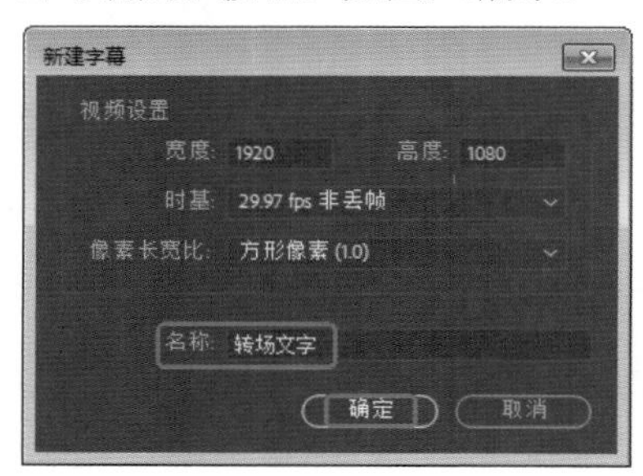

图9-1

Step 02 使用【区域文字工具】输入29行段落内容，将【字体系列】设置为Courier New，【颜色】设置为白色，将【字体大小】设置为250，【行距】设置为-177，【字偶间距】设置为36，如图9-2所示。

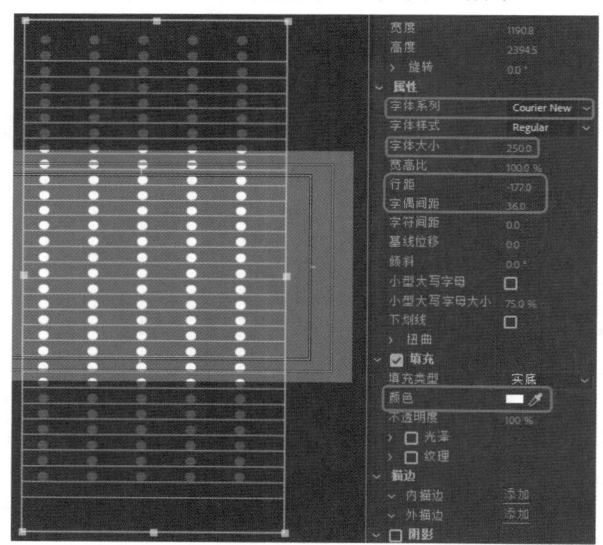

图9-2

Step 03 调整文本框的位置，将【X位置】、【Y位置】设置为1022.9、623.4，如图9-3所示。

Step 04 在菜单栏中选择【文件】|【新建】|【旧版标题】命令，弹出【新建字幕】对话框，将【名称】设置为【文字 01】，单击【确定】按钮。使用【文字工具】输入【品牌节】，将【字体系列】设置为【微软雅黑】，【字体样式】设置为Bold，【字体大小】设置为220，【字偶间距】设置为36，【颜色】设置为#EE0282，将【X位置】、【Y位置】设置为941、453.6，如图9-4所示。

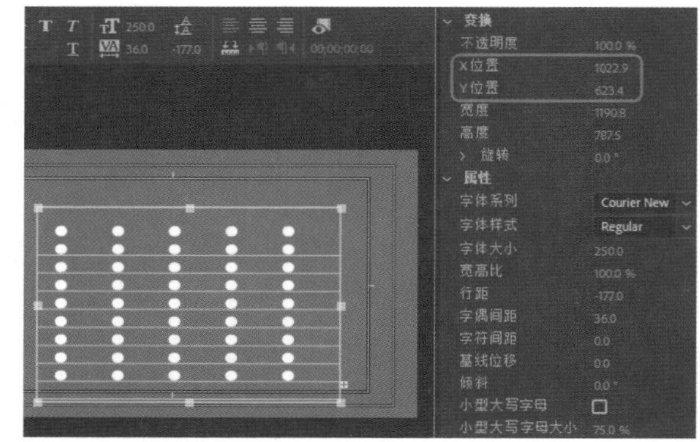

图9-3

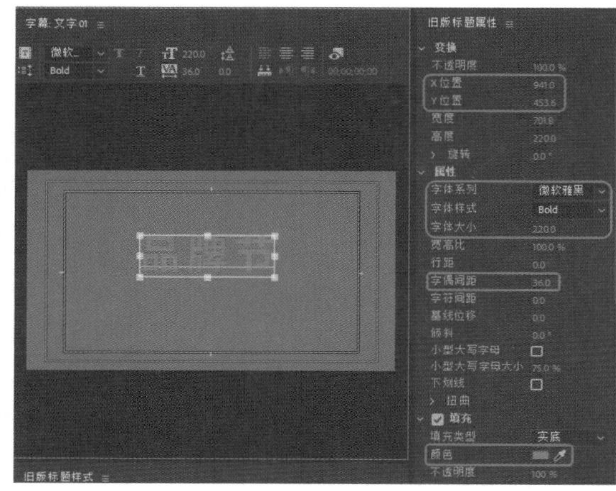

图9-4

Step 05 使用【文字工具】输入【嗨滚来袭】，将【字体系列】设置为【微软雅黑】，【字体样式】设置为Bold，【字体大小】设置为220，【字偶间距】设置为36，【颜色】设置为白色，将【X位置】、【Y位置】设置为944.3、721.2，如图9-5所示。

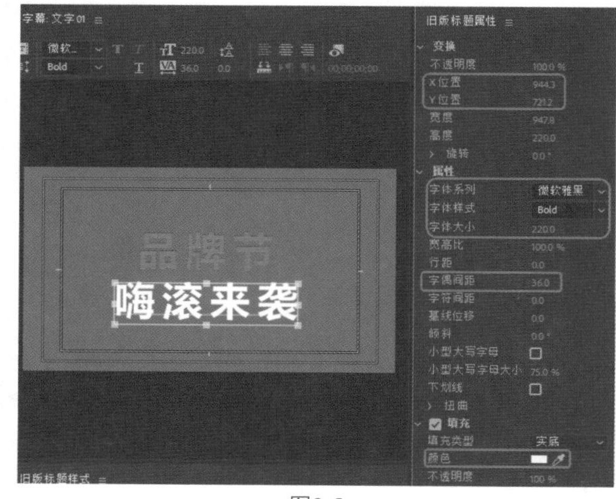

图9-5

Step 06 单击【基于当前字幕新建字幕】按钮，在弹出的对话框中将【名称】更改为【文字02】，单击【确定】按钮。将原文本删除，输入【准备狂欢吧】，将【准备】的颜色设置为白色，将【狂欢吧】的颜色设置为#2E2ED7，将【字体系列】设置为【微软雅黑】，【字体样式】设置为Bold，【字体大小】设置为220，【字偶间距】设置为0，将【X位置】、【Y位置】设置为1267、518.9，如图9-6所示。

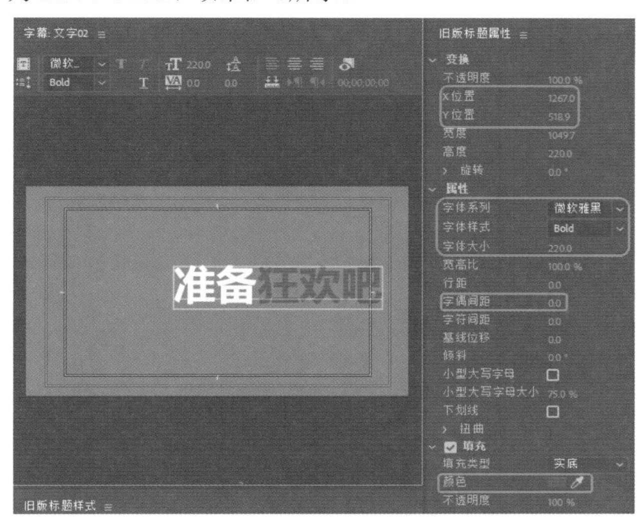

图9-6

Step 07 单击【基于当前字幕新建字幕】按钮，在弹出的对话框中将【名称】更改为【文字03】，单击【确定】按钮。将原文本更改为【难得大联动】，将【难得】的颜色设置为白色，将【大联动】的颜色设置为# 9B27D7，将【字体系列】设置为【微软雅黑】，【字体样式】设置为Bold，将【字体大小】设置为220，【字偶间距】设置为0，将【X位置】、【Y位置】设置为1212.1、518.9，如图9-7所示。

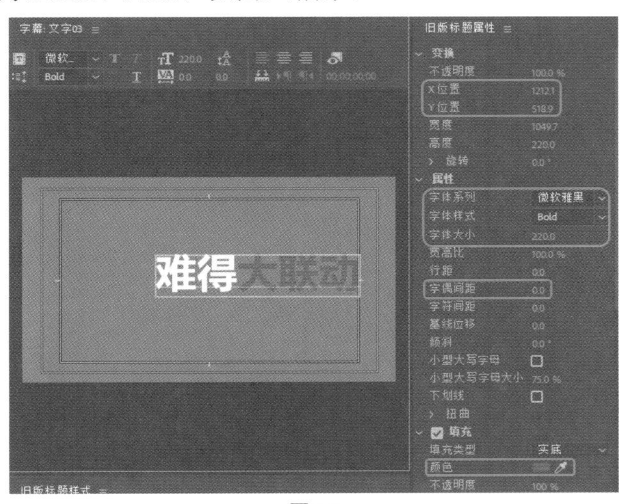

图9-7

Step 08 使用同样的方法制作【文字04】～【文字11】字幕，效果如图9-8所示。

图9-8

实例 140 制作转场动画

素材：

场景：快闪电商促销广告.prproj

新建【转场动画】序列，首先创建颜色遮罩，为颜色遮罩添加【四色渐变】与【反转】特效，制作出转场渐变动画；然后添加字幕，为字幕添加关键帧并进行设置，完成转场动画的制作。

Step 01 按Ctrl+N组合键，弹出【新建序列】对话框，选择【设置】选项卡，将【编辑模式】设置为【自定义】，【时基】设置为【29.97帧/秒】，将【帧大小】、【水平】设置为1920、1080，将【像素长宽比】设置为【方形像素（1.0）】，【场】设置为【无场（逐行扫描）】，【显示格式】设置为【29.97fpsx无丢帧时间码】，将【序列名称】设置为【转场动画】，单击【确定】按钮，如图9-9所示。

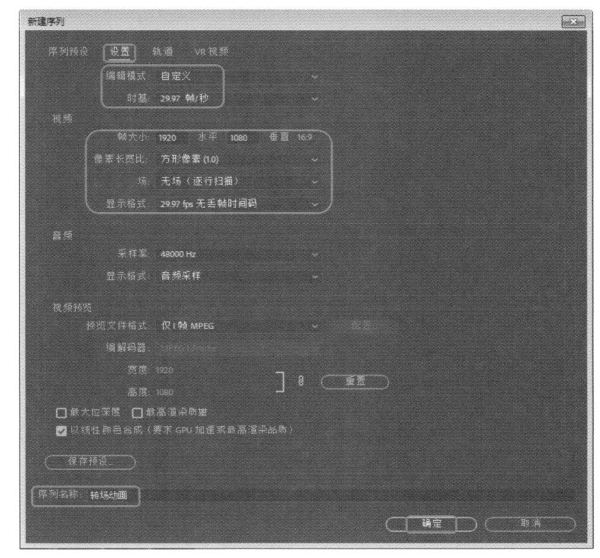

图9-9

Step 02 在【项目】面板的空白位置右击鼠标，在弹出的快捷菜单中选择【新建项目】|【颜色遮罩】命令，弹出【新建颜色遮罩】对话框，保持默认设置，单击【确定】按钮；在弹出的【拾色器】对话框中将【颜色】设置为#000000，单击【确定】按钮，弹出【选择名称】对话框，保持默认设置，单击【确定】按钮。将当前时间设置为00:00:00:00，在【项目】面板中将【颜色遮罩】拖曳至V1轨道中，将开始处与时间线对齐，将【持续时间】设置为00:00:00:07，如图9-10所示。

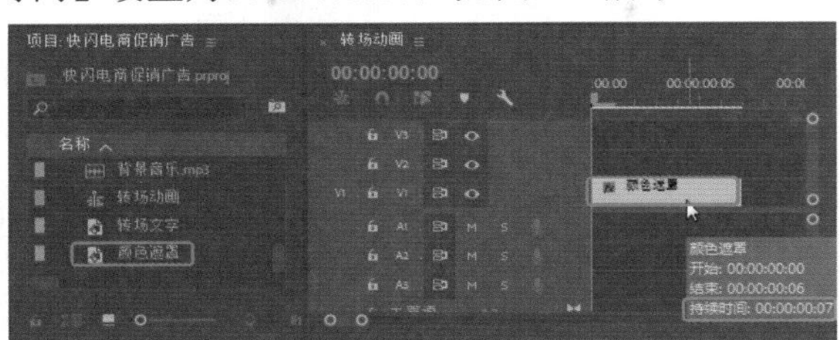

图9-10

Step 03 在【效果】面板中搜索【四色渐变】特效，并拖曳至【颜色遮罩】上，在【效果控件】面板中将【点1】设置为192、108，【颜色1】设置为#F9C831；将【点2】设置为1728、108，【颜色2】设置为#DE4EE0；将【点3】设置为192、972，【颜色3】设置为#E6A636；将【点4】设置为1728、972，【颜色4】设置为#AD0794，如图9-11所示。

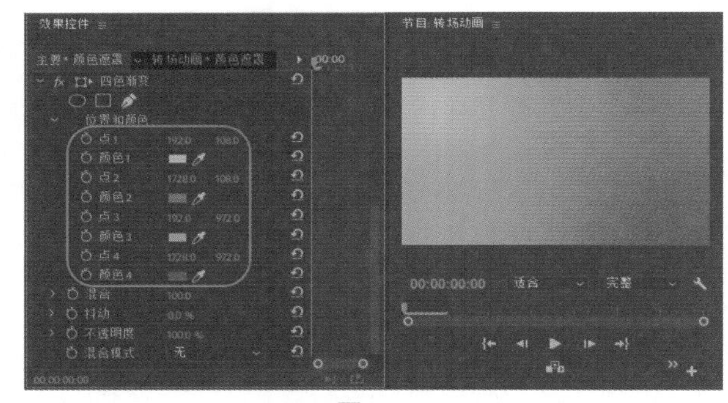

图9-11

Step 04 在【效果控件】面板中将【位置】设置为726.7、400.6，将【缩放】设置为38.5，【不透明度】设置为60%，如图9-12所示。

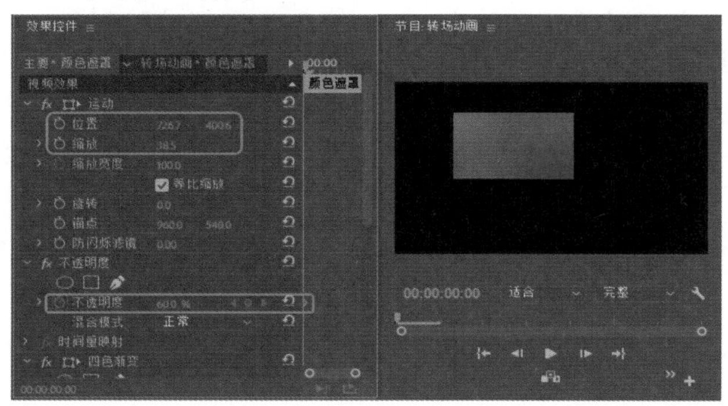

图9-12

Step 05 将当前时间设置为00:00:00:07，在【项目】面板中将【颜色遮罩】拖曳至V1轨道中，将开始处与时间线对齐，将【持续时间】设置为00:00:00:07，将【位置】设置为395.3、700，单击左侧的【切换动画】按钮，取消勾选【等比缩放】复选框，将【缩放高度】、【缩放宽度】设置为0.5、22，如图9-13所示。

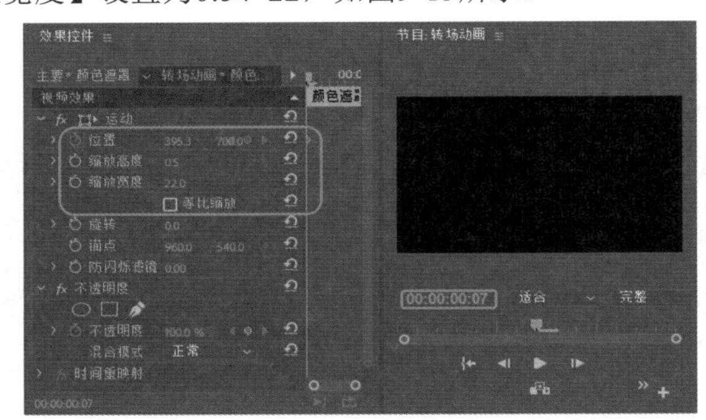

图9-13

Step 06 在【效果】面板中搜索【反转】特效，将其拖曳至【颜色遮罩】上，在【效果控件】面板中将【声道】设置为RGB，【与原始图像混合】设置为0%，如图9-14所示。

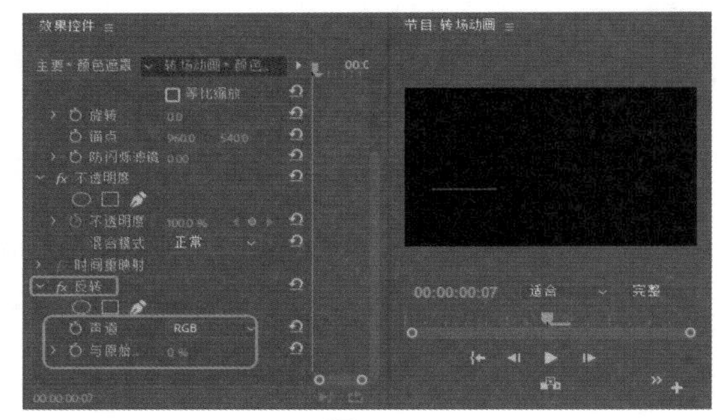

图9-14

Step 07 将当前时间设置为00:00:00:14，将【位置】设置为1635.3、700，在【位置】关键帧上单击鼠标右键，在弹出的快捷菜单中选择【临时插值】|【贝塞尔曲线】命令，如图9-15所示。

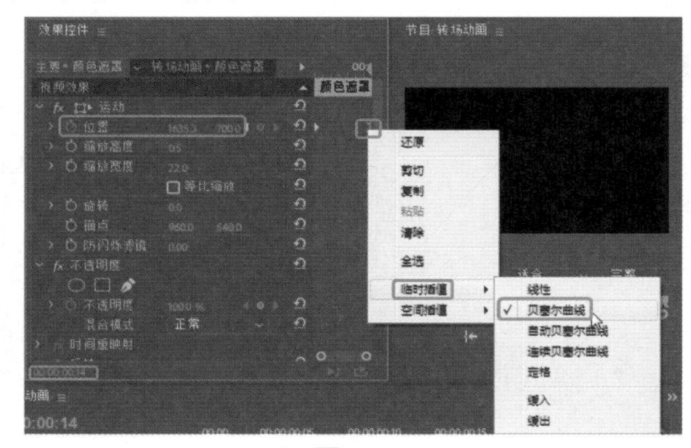

图9-15

Step 08 将当前时间设置为00:00:00:14，在【项目】面板中将【颜色遮罩】拖曳至V1轨道中，将开始处与时间线对齐，将【持续时间】设置为00:00:00:07。为其添加【四色渐变】特效，在【效果控件】面板中将【点1】设置为192、108，【颜色1】设置为#F9C831；将【点2】设置为1728、108，【颜色2】设置为#DE4EE0；将【点3】设置为192、972，【颜色3】设置为#E6A636；将【点4】设置为1728、972，【颜色4】设置为#AD0794，如图9-16所示。

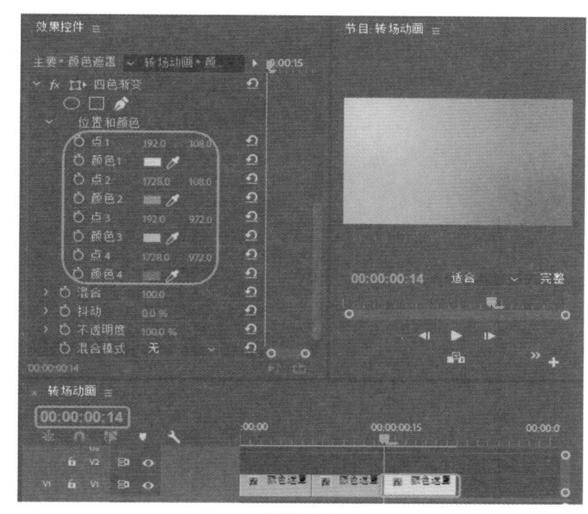

图9-16

Step 09 在【效果控件】面板中将【位置】设置为614.1、765.1，取消勾选【等比缩放】复选框，将【缩放宽度】、【缩放高度】设置为14.5、38.5，【不透明度】设置为60%，如图9-17所示。

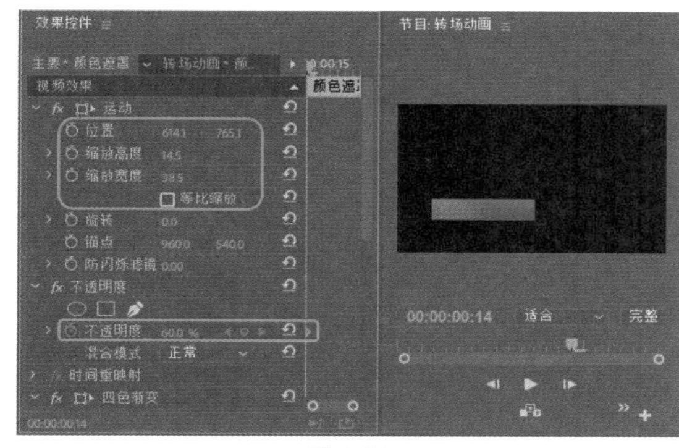

图9-17

Step 10 在【效果】面板中搜索【反转】特效，并拖曳至【颜色遮罩】上，在【效果控件】面板中将【声道】设置为RGB，【与原始图像混合】设置为0%，如图9-18所示。

Step 11 使用同样的方法添加其他的【颜色遮罩】，并对其进行相应的设置，如图9-19所示。

Step 12 将当前时间设置为00:00:00:00，将【转场文字】字幕拖曳至V2轨道中，将【持续时间】设置为00:00:01:19。在【效果控件】面板中将【位置】设置为880、396，【缩放】设置为122.8，单击【位置】、【缩放】左侧的【切换动画】按钮，【旋转】设置为33.4°，【不透明度】设置为60%，如图9-20所示。

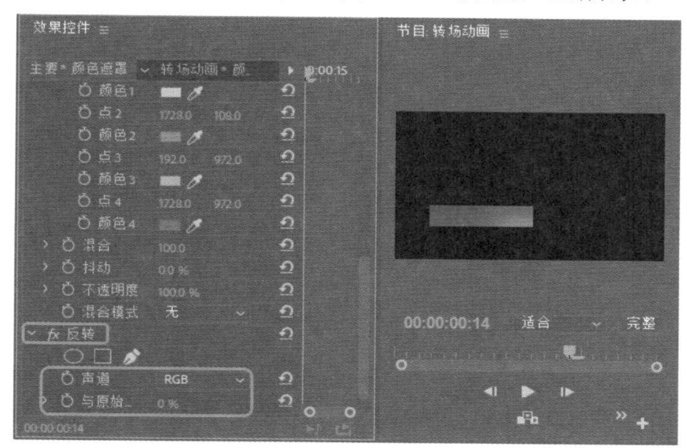

图9-18

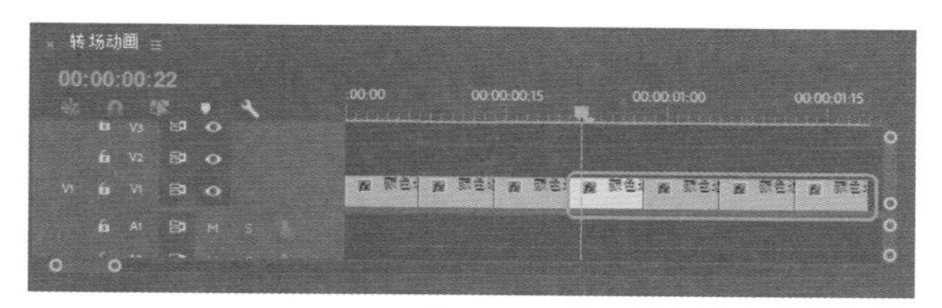

图9-19

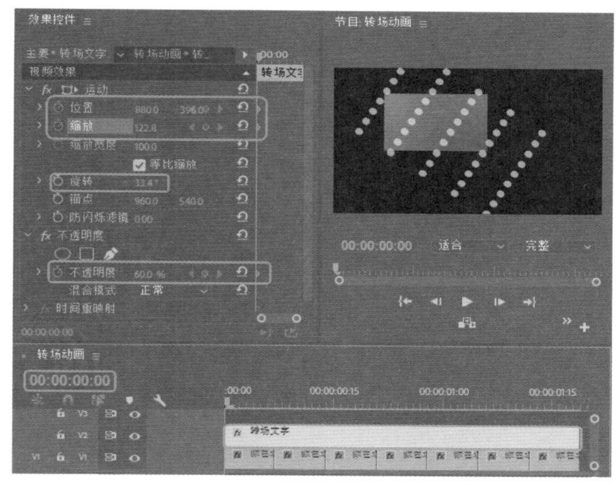

图9-20

Step 13 将当前时间设置为00:00:00:07，在【效果控件】面板中将【位置】设置为819.6、619.7，【缩放】设置为91.5，如图9-21所示。

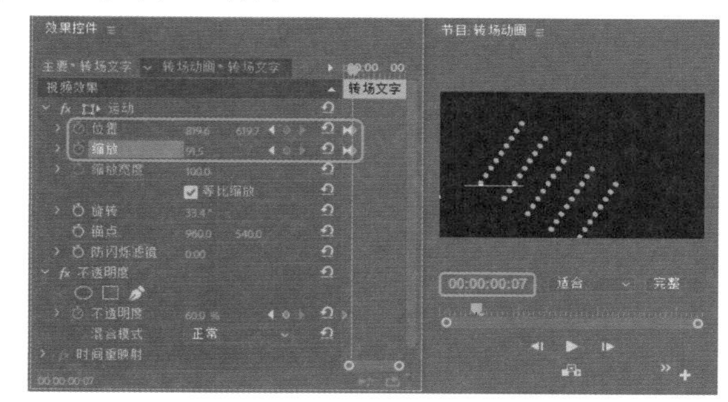

图9-21

Step 14 将当前时间设置为00:00:00:14，将【位置】设置为1444、632。将当前时间设置为00:00:00:22，在【效果控件】面板中将【位置】设置为1301.6、333.9，【缩放】设置为104.5，如图9-22所示。

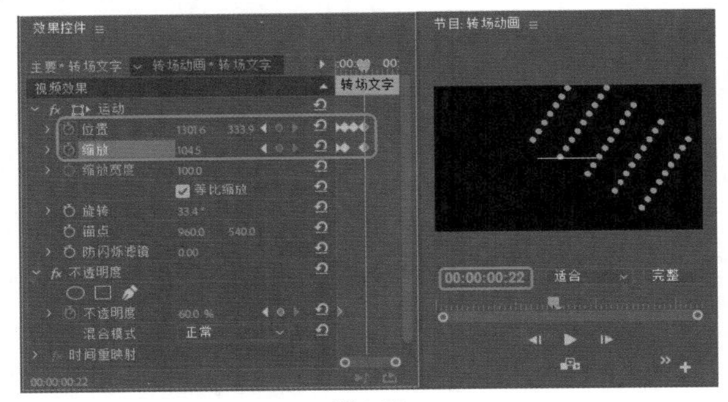

图9-22

Step 15 将当前时间设置为00:00:01:00，将【位置】设置为308、512。将当前时间设置为00:00:01:09，在【效果控件】面板中将【位置】设置为842、581.9，【缩放】设置为66.7。将当前时间设置为00:00:01:17，将【位置】设置为1356、332，如图9-23所示。

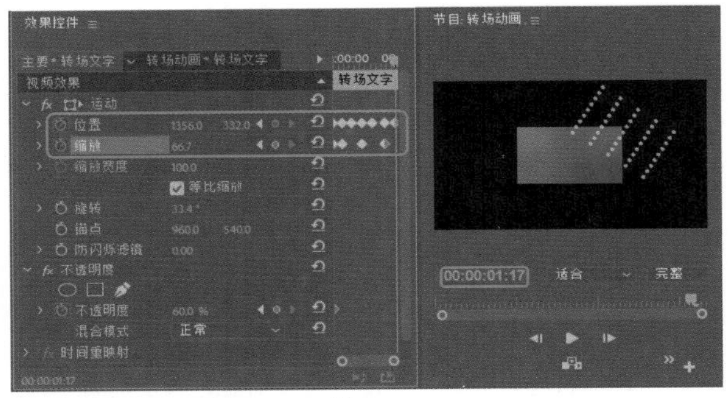

图9-23

Step 16 选中【位置】、【缩放】的所有关键帧，单击鼠标右键，在弹出的快捷菜单中选择【临时插值】|【定格】命令，如图9-24所示。

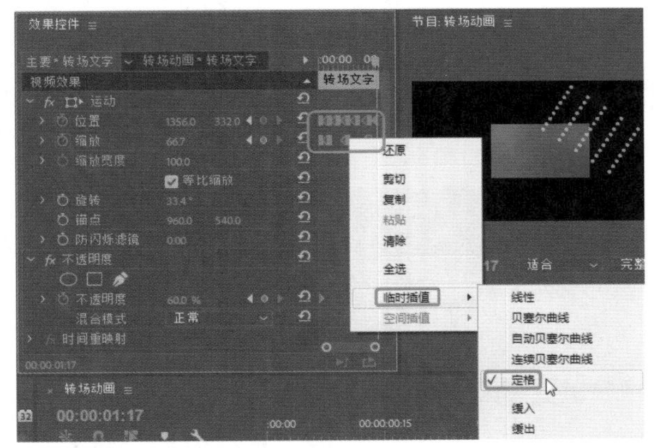

图9-24

Step 17 为【转场文字】字幕添加【马赛克】特效。将当前时间设置为00:00:00:00，在【效果控件】面板中将【马赛克】选项组下的【水平块】、【垂直块】设置为671、1，单击【水平块】、【垂直块】左侧的【切换动画】按钮，如图9-25所示。

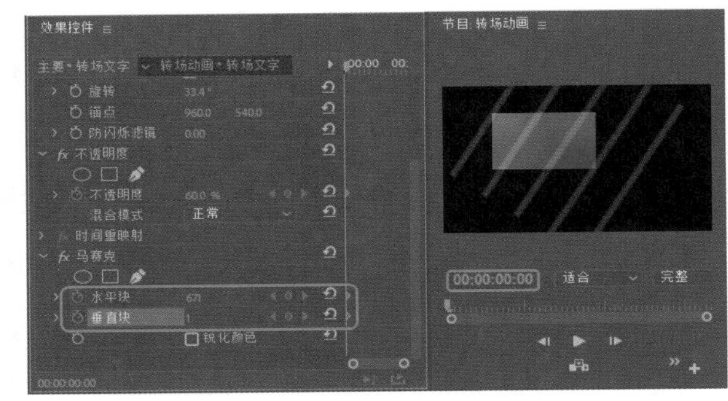

图9-25

Step 18 将当前时间设置为00:00:00:23，在【效果控件】面板中将【水平块】、【垂直块】设置为401、26。将当前时间设置为00:00:01:16，将【垂直块】设置为4，如图9-26所示。

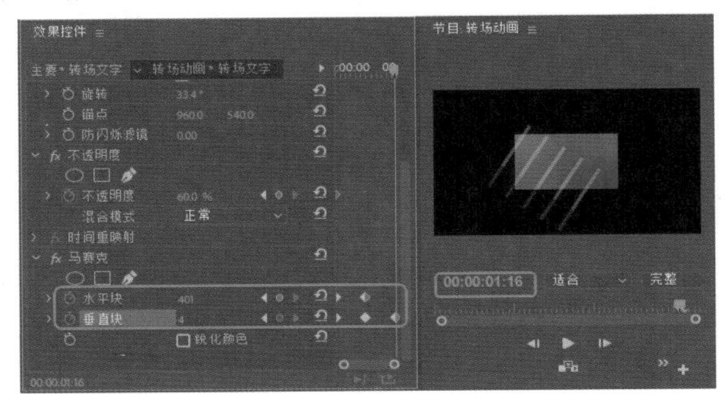

图9-26

实例 141 制作文字1动画

素材：

场景：快闪电商促销广告.prproj

新建【文字1动画】序列，将制作的字幕文件拖曳至V1轨道中，设置【缩放】参数，制作出文字1动画。

Step 01 参照上例新建序列，将【序列名称】设置为【文字1动画】，单击【确定】按钮。将当前时间设置为00:00:00:00，将【文字02】字幕拖曳至【文字1动画】序列面板中V1轨道，将开始处与时间线对齐，将【持续时间】设置为00:00:00:07，在【效果控件】面板中将【缩放】设置为80，单击【缩放】左侧的【切换动画】按钮，如图9-27所示。

Step 02 将当前时间设置为00:00:00:07，将【缩放】设置为100，如图9-28所示。

Step 03 确认当前时间为00:00:00:07，将【文字03】字幕文件拖曳至V1轨道中，将开始处与时间线对齐，将【持续时间】设置为00:00:00:07，在【效果控件】面板中将

【缩放】设置为80，如图9-29所示。

图9-27

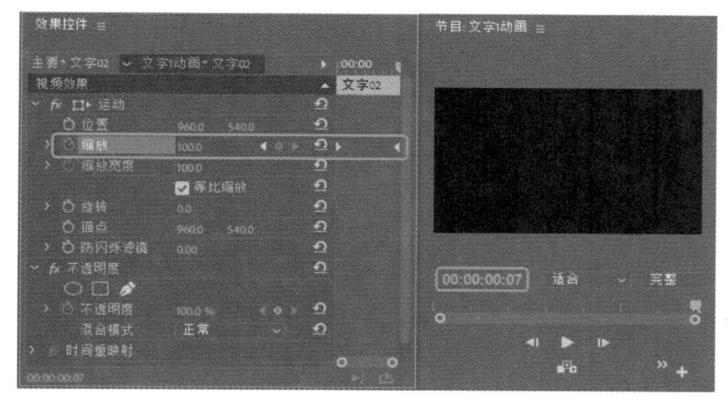

图9-28

图9-29

Step 04 将【文字04】~【文字08】依次拖曳至V1轨道中，将【持续时间】设置为00:00:00:07，在【效果控件】面板中将【缩放】设置为80，如图9-30所示。

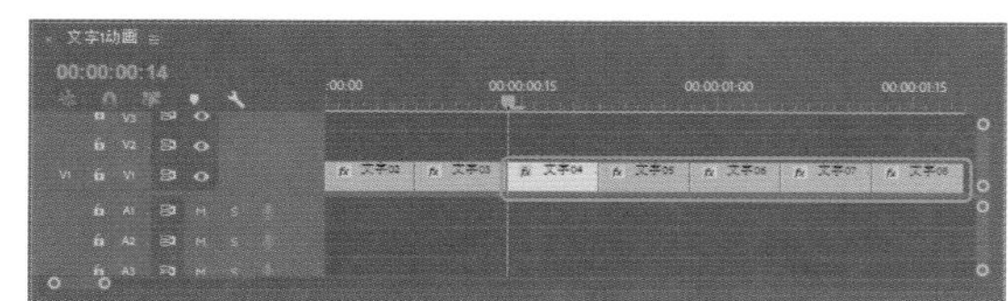

图9-30

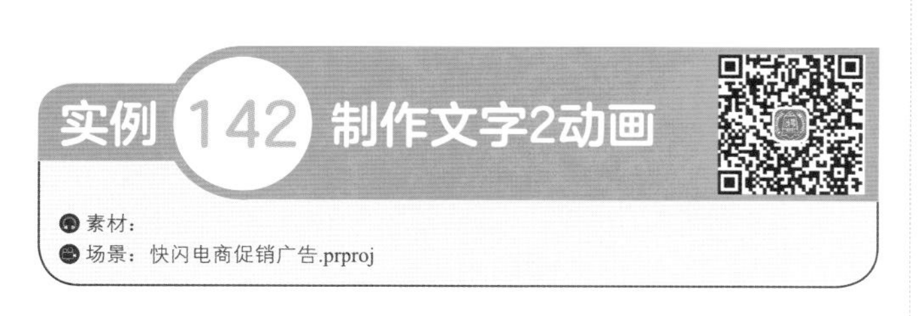

实例142 制作文字2动画

素材：

场景：快闪电商促销广告.prproj

新建【文字2动画】序列，将制作的字幕文件拖曳至V1轨道中，进行相应的设置，完成文字2动画的制作。

Step 01 参照例140新建序列，将【序列名称】设置为【文字2动画】，单击【确定】按钮。将当前时间设置为00:00:00:00，将【文字02】字幕拖曳至【文字2动画】序列面板中的V1轨道，将开始处与时间线对齐，将【持续时间】设置为00:00:00:18，在【效果控件】面板中将【缩放】设置为80，如图9-31所示。

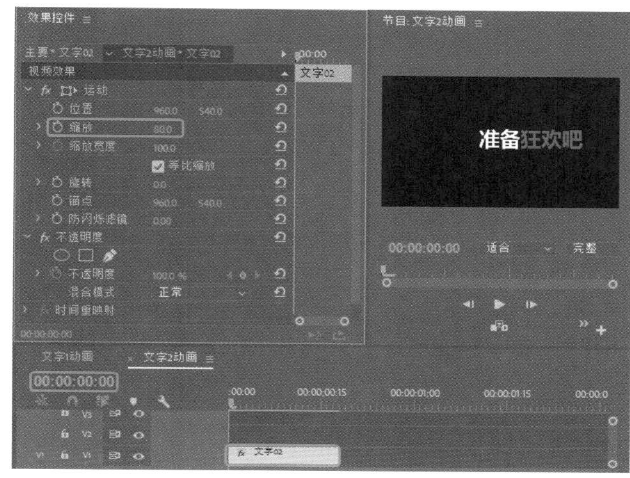

图9-31

Step 02 将当前时间设置为00:00:00:18，将【文字03】拖曳至V1轨道中，将【持续时间】设置为00:00:00:17，在【效果控件】面板中将【缩放】设置为80，如图9-32所示。

图9-32

Step 03 将【文字04】~【文字11】拖曳至V1轨道中，并进行相应的设置，如图9-33所示。

Step 04 将当前时间设置为00:00:03:25，将【文字05】拖曳至V1轨道中，将开始处与时间线对齐，将【持续时间】设置为00:00:00:05，在【效果控件】面板中将【缩放】设置为80，如图9-34所示。

图9-33

图9-34

实例143 制作光动画

素材：
场景：快闪电商促销广告.prproj

新建【光动画】序列文件，将light.mp4素材拖曳至序列面板中，通过设置【混合模式】制作出光动画。

Step 01 参照例140创建序列，将【序列名称】设置为【光动画】，单击【确定】按钮。将当前时间设置为00:00:00:00，将light.mp4素材文件拖曳至【光动画】序列面板中V1轨道，将开始处与时间线对齐。单击鼠标右键，在弹出的快捷菜单中选择【速度/持续时间】命令，弹出【剪辑速度/持续时间】对话框，取消【速度】、【持续时间】的锁定，将【速度】设置为100%，将【持续时间】设置为00:00:55:25，单击【确定】按钮，如图9-35所示。

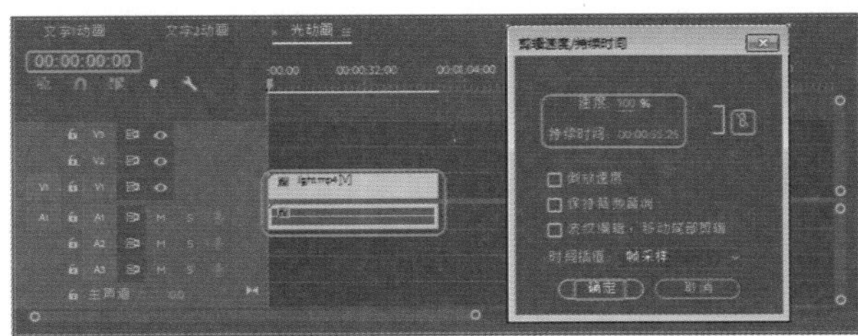

图9-35

Step 02 在【效果控件】面板中将【不透明度】选项组下的【混合模式】设置为【变亮】，如图9-36所示。

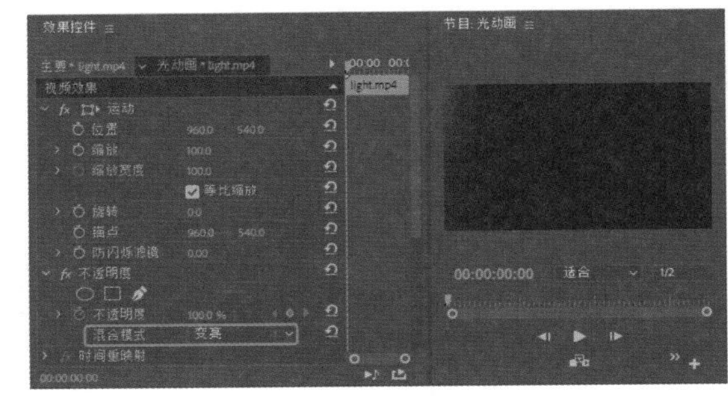

图9-36

Step 03 将当前时间设置为00:00:00:00，将light.mp4素材文件拖曳至【光动画】序列面板中的V2轨道上，将开始处与时间线对齐。单击鼠标右键，在弹出的快捷菜单中选择【速度/持续时间】命令，弹出【剪辑速度/持续时间】对话框，取消【速度】、【持续时间】的锁定，将【速度】设置为100%，将【持续时间】设置为00:00:55:25，单击【确定】按钮。在【效果控件】面板中将【不透明度】选项组下的【混合模式】设置为【变亮】，如图9-37所示。

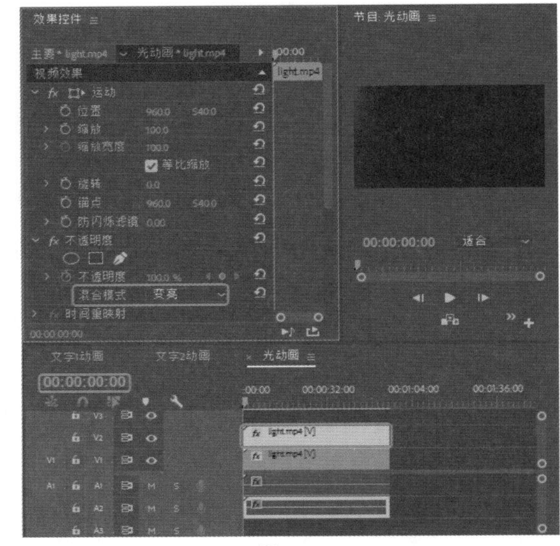

图9-37

Step 04 选择两个light.mp4文件，单击鼠标右键，在弹出的快捷菜单中选择【取消链接】命令，如图9-38所示。

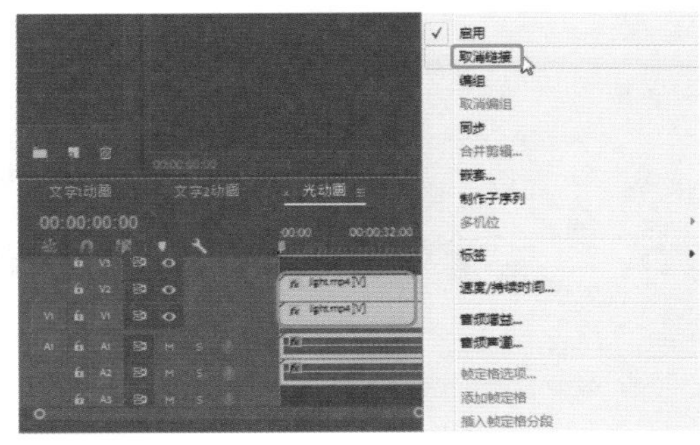

图9-38

Step 05 将多余的音频文件按Delete键删除，如图9-39所示。

图9-39

实例144 制作促销广告动画

● 素材：

● 场景：快闪电商促销广告.prproj

新建【促销广告动画】序列文件，将前面创建的序列文件进行组合，然后制作出促销广告的最终动画。

Step 01 参照例140创建序列，将【序列名称】设置为【促销广告动画】，单击【确定】按钮。将当前时间设置为00:00:00:00，将【图片1.jpg】素材文件拖曳至【促销广告动画】序列面板的V1轨道上，将开始处与时间线对齐，将【持续时间】设置为00:00:02:28，如图9-40所示。

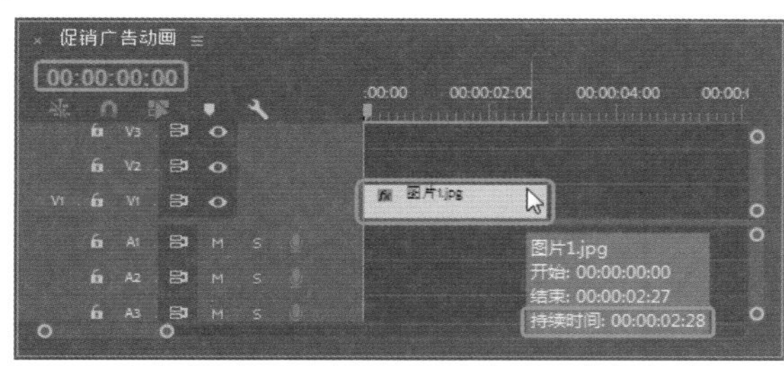

图9-40

Step 02 将当前时间设置为00:00:00:13，在【效果控件】面板中将【缩放】设置为127，单击【缩放】左侧的【切换动画】按钮。在【效果】面板中搜索【基本3D】特效，并拖曳至【图片1.jpg】素材文件上。在【效果控件】面板中将【基本3D】选项组下方的【旋转】、【倾斜】设置为15、-10，单击【旋转】、【倾斜】左侧的【切换动画】按钮，如图9-41所示。

Step 03 将当前时间设置为00:00:01:07，将【运动】选项组下方的【缩放】设置为100，将【基本3D】选项组下方的【旋转】、【倾斜】设置为0、0，选择【缩放】、【旋转】、【倾斜】3个关键帧，在关键帧上单击鼠标右键，在弹出的快捷菜单中选择【贝塞尔曲线】命令，如图9-42所示。

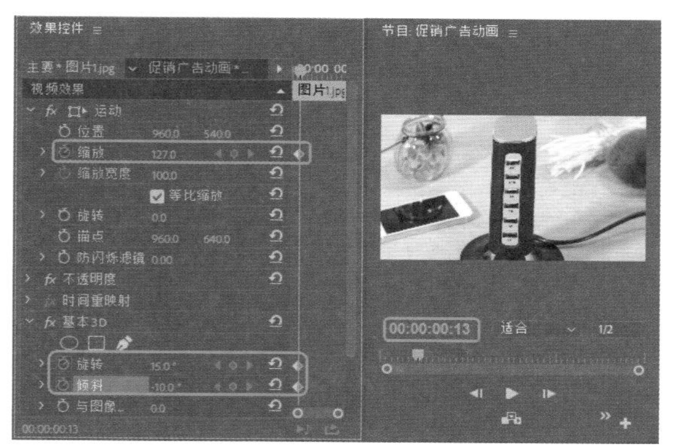

图9-41

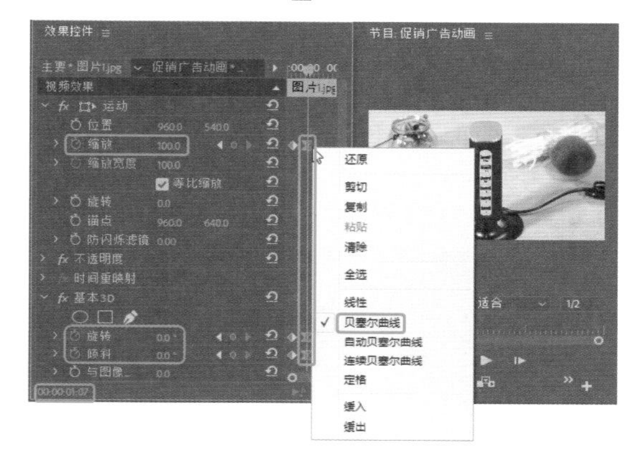

图9-42

Step 04 将当前时间设置为00:00:01:11，单击【缩放】右侧的【添加/移除关键帧】按钮。将当前时间设置为00:00:01:16，将【缩放】设置为110。将当前时间设置为00:00:01:22，将【缩放】设置为105。将当前时间设置为00:00:01:27，将【缩放】设置为100。将当前时间设置为00:00:02:02，将【缩放】设置为110。将当前时间设置为00:00:02:07，将【缩放】设置为115。将当前时间设置为00:00:02:12，将【缩放】设置为110。将当前时间设置为00:00:02:17，将【缩放】设置为115。将当前时间设置为00:00:02:22，将【缩放】设置为120。将当前时间设置为00:00:02:27，将【缩放】设置为125，如图9-43所示。

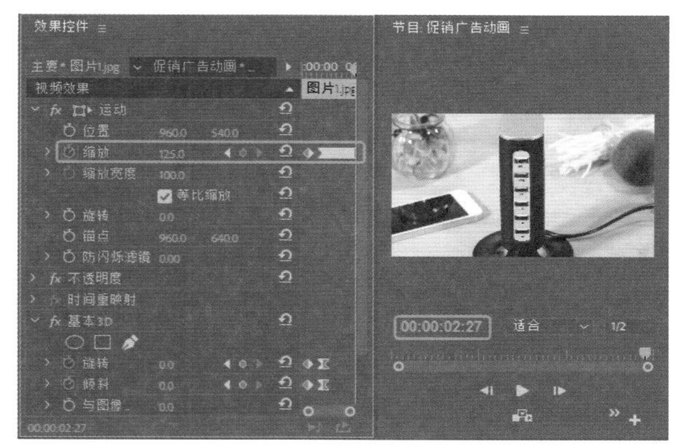

图9-43

Step 05 选择添加的10个关键帧，单击鼠标右键，在弹出的快捷菜单中选择【定格】命令，如图9-44所示。

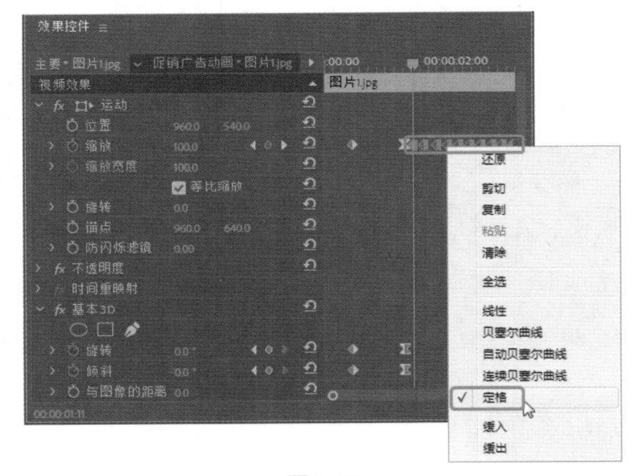

图9-44

Step 06 将当前时间设置为00:00:02:28，在【项目】面板中将【图片2.jpg】拖曳至V1轨道上，将开始处与时间线对齐，将【持续时间】设置为00:00:02:11，如图9-45所示。

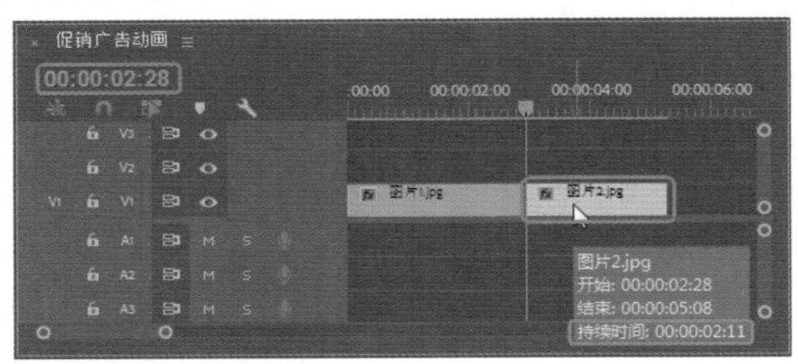

图9-45

Step 07 选择V1轨道中的【图片1.jpg】素材文件，在【效果控件】面板中选择【运动】选项，单击鼠标右键，在弹出的快捷菜单中选择【复制】命令，如图9-46所示。

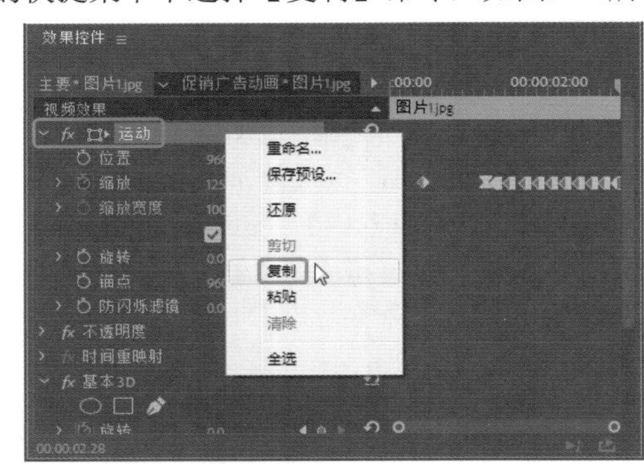

图9-46

Step 08 选择V1轨道中的【图片2.jpg】素材文件，在【效果控件】面板中选择【运动】选项，单击鼠标右键，在弹出的快捷菜单中选择【粘贴】命令，如图9-47所示。

Step 09 选择V1轨道中的【图片1.jpg】素材文件，选择【效果控件】面板中的【基本3D】选项，单击鼠标右键，在弹出的快捷菜单中选择【复制】命令。选择V1轨道中的【图片2.jpg】素材文件，在【效果控件】面板的空白位置处单击鼠标右键，在弹出的快捷菜单中选择【粘贴】命令，粘贴【基本3D】特效的效果如图9-48所示。

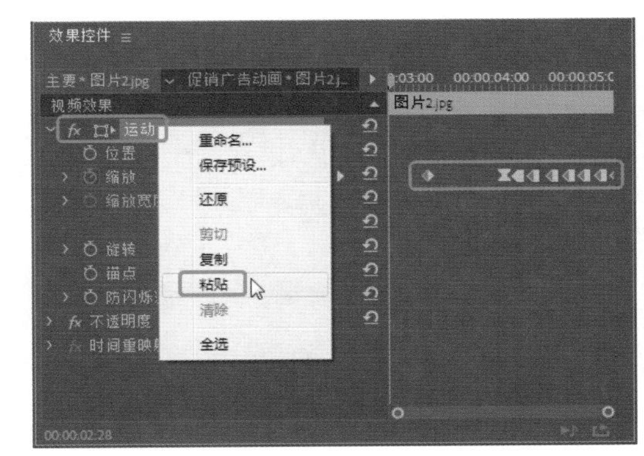

图9-47

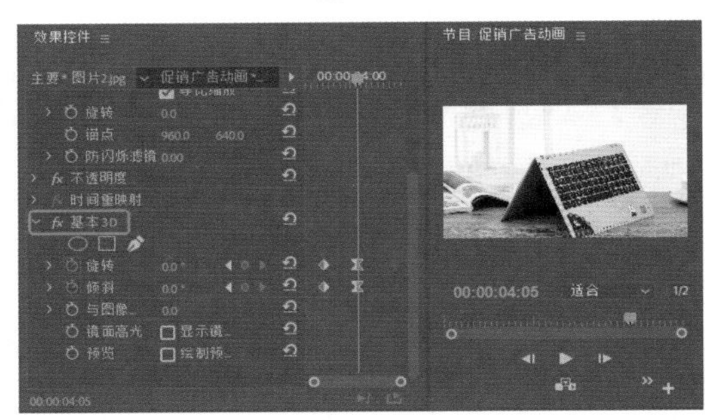

图9-48

Step 10 将当前时间设置为00:00:05:09，在【项目】面板中将【图片3.jpg】拖曳至V1轨道上，将开始处与时间线对齐，将【持续时间】设置为00:00:00:19。在【效果控件】面板中将【位置】设置为960、540，【缩放】设置为127，单击【位置】、【缩放】左侧的【切换动画】按钮，如图9-49所示。

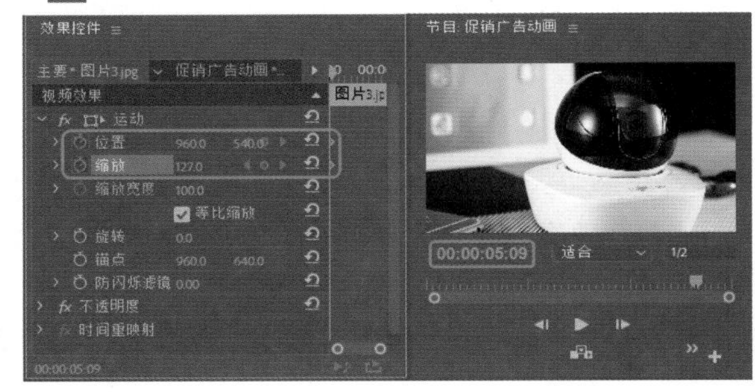

图9-49

Step 11 将当前时间设置为00:00:05:27，单击【位置】右侧的【添加/移除关键帧】按钮，将【缩放】设置为100，如图9-50所示。

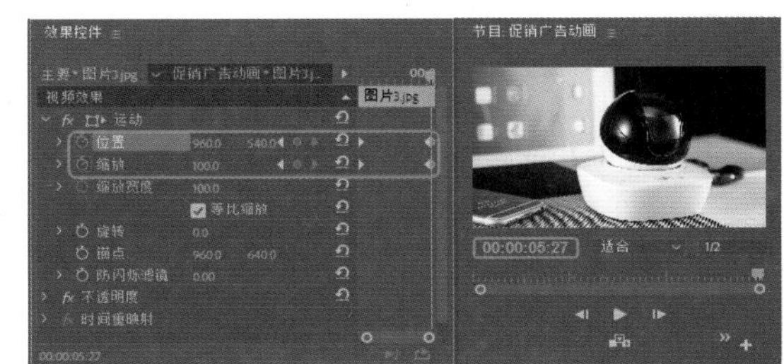

图9-50

Step 12 为【图片3.jpg】添加【基本3D】特效，将当前时间设置为00:00:05:09，在【效果控件】面板中将【基本3D】选项组下方的【旋转】、【倾斜】设置为15、-10，单击【旋转】、【倾斜】左侧的【切换动画】按钮。将当前时间设置为00:00:05:27，将【旋转】、【倾斜】设置为0，如图9-51所示。

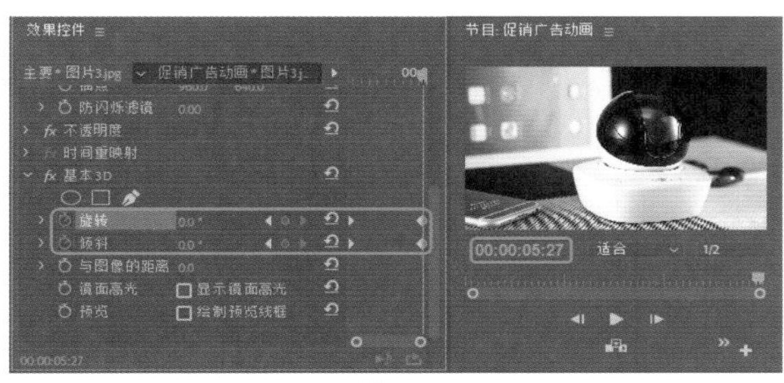

图9-51

Step 13 使用同样的方法添加其他的素材并进行相应的设置，在【效果】面板中搜索【叠加溶解】过渡效果，并拖曳至【图片11.jpg】素材文件的结尾处，在【效果控件】面板中将【持续时间】设置为00:00:01:11，如图9-52所示。

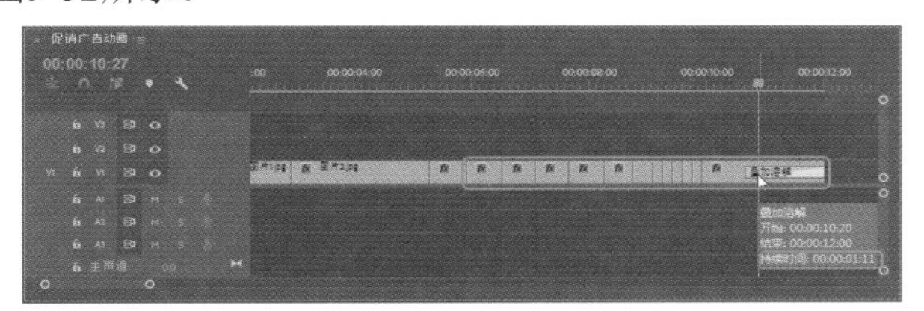

图9-52

Step 14 将当前时间设置为00:00:00:00，在【项目】面板中将【文字01】字幕拖曳至V2轨道上，将开始处与时间线对齐，将【持续时间】设置为00:00:02:28，在【效果控件】面板中将【不透明度】选项组下方的【混合模式】设置为【强光】，如图9-53所示。

图9-53

Step 15 将当前时间设置为00:00:03:20，在【项目】面板中将【转场动画】序列文件拖曳至V2轨道中，将开始处与时间线对齐，取消【速度】、【持续时间】的锁定，将【速度】设置为100%，将【持续时间】设置为00:00:01:19。在【效果控件】面板中将【缩放】设置为100，单击【缩放】左侧的【切换动画】按钮，如图9-54所示。

图9-54

Step 16 将当前时间设置为00:00:05:08，将【缩放】设置为150，将【不透明度】选项组下方的【混合模式】设置为【强光】，如图9-55所示。

图9-55

Step 17 选择V2轨道中的【转场动画】，按住Alt键拖动鼠标进行复制，将【持续时间】更改为00:00:01:18；按住Alt键再次进行复制，将【持续时间】设置为00:00:01:19；再次进行复制，将【持续时间】设置为00:00:01:12，如图9-56所示。

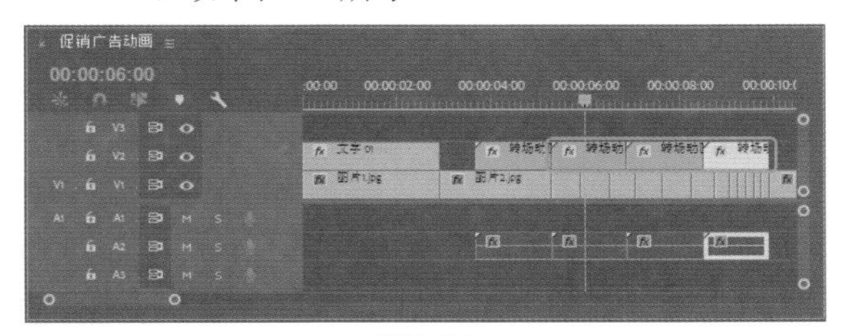

图9-56

Step 18 将当前时间设置为00:00:03:20，在【项目】面板中将【文字1动画】序列文件拖曳至V3轨道上 ，将开始处与时间线对齐，将【速度】设置为100，将【持续时间】设置为00:00:01:19，如图9-57所示。

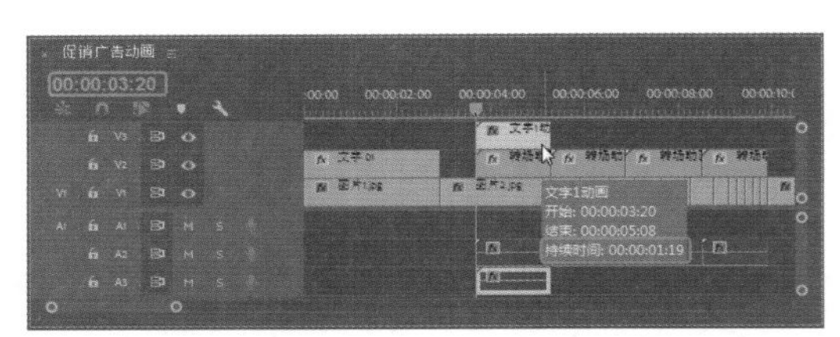

图9-57

Step 19 将当前时间设置为00:00:05:28，在【项目】面板中将【文字2动画】序列文件拖曳至V3轨道上，将开始处与时间线对齐，将【速度】设置为100，将【持续时间】设置为00:00:04:00，在【效果控件】面板中将【缩放】设置为100，单击左侧的【切换动画】按钮，如图9-58所示。

图9-58

Step 20 将当前时间设置为00:00:09:28，将【缩放】设置为150，如图9-59所示。

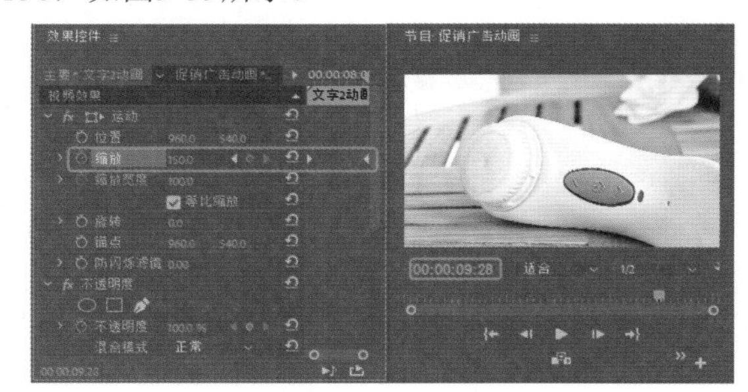

图9-59

Step 21 在【项目】面板的空白位置处右击鼠标，在弹出的快捷菜单中选择【新建项目】|【调整图层】命令，弹出【调整图层】对话框，保持默认设置，单击【确定】按钮，如图9-60所示。

Step 22 将当前时间设置为00:00:00:13，在【项目】面板中将【调整图层】拖曳至V3轨道的上方，系统自动新建V4轨道，将开始处与时间线对齐，将【持续时间】设置为00:00:02:15，在【不透明度】选项组下方单击【自由绘制贝塞尔曲线】按钮，将【蒙版羽化】设置为0，将【蒙版扩展】设置为0，勾选【已反转】复选框，绘制如图9-61所示的形状，将【混合模式】设置为【相乘】。

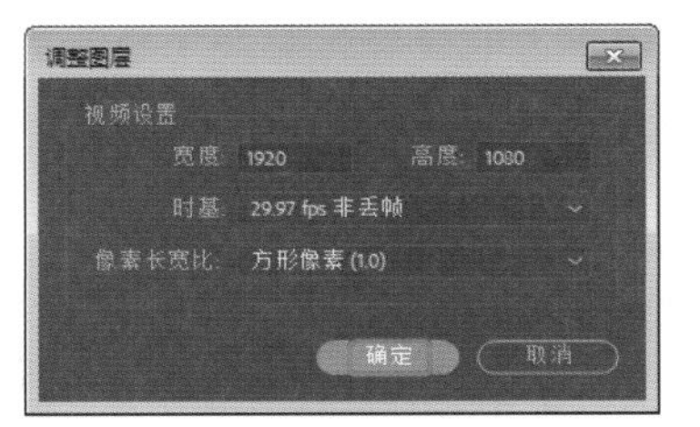

图9-60

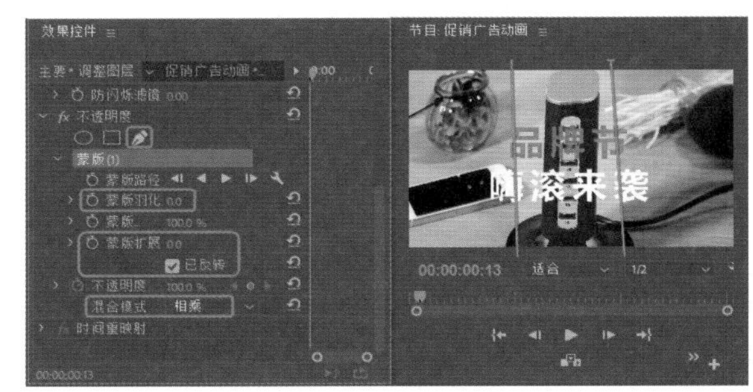

图9-61

Step 23 在【效果控件】面板中取消勾选【等比缩放】复选框，将【缩放高度】、【缩放宽度】设置为121.4、0，单击【缩放高度】、【缩放宽度】左侧的【切换动画】按钮，将【旋转】设置为174.2，如图9-62所示。

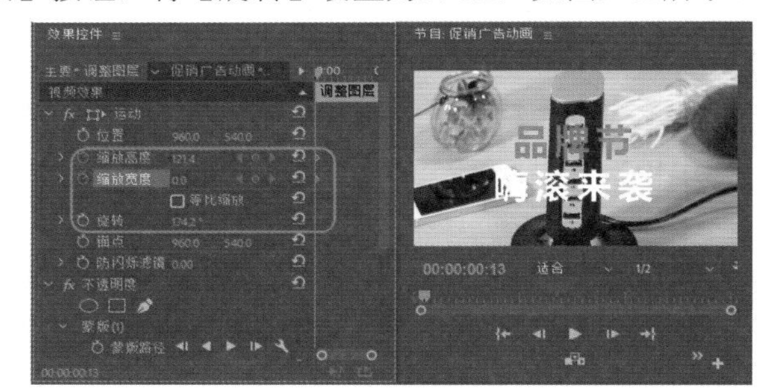

图9-62

Step 24 将当前时间设置为00:00:02:09，将【缩放高度】、【缩放宽度】设置为243.8、232.8。选中两个添加的关键帧，单击鼠标右键，在弹出的快捷菜单中选择【贝塞尔曲线】命令，如图9-63所示。

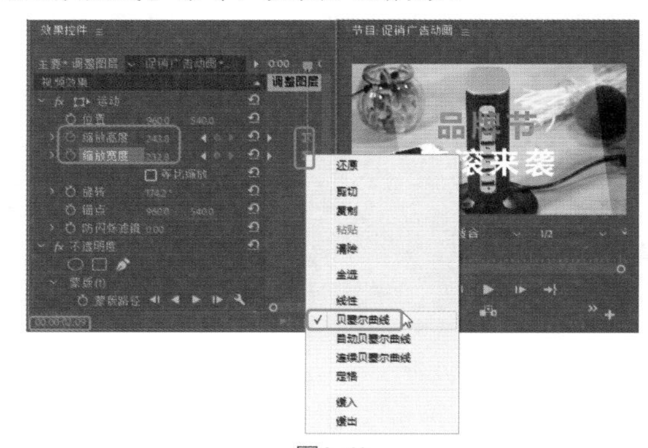

图9-63

Step 25 为【调整图层】添加【变换】特效，在【效果控件】面板中将【变换】选项组下方的【缩放】设置为120，如图9-64所示。

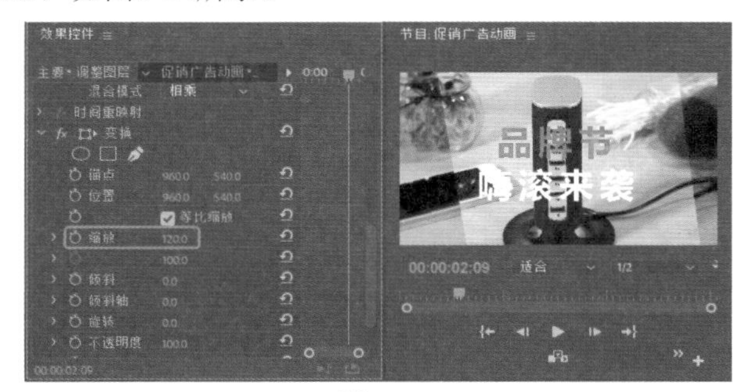

图9-64

Step 26 使用同样的方法，添加其他的【调整图层】并进行设置，如图9-65所示。

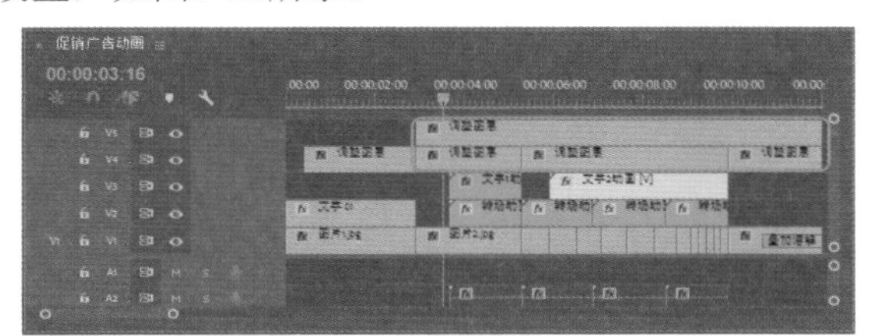

图9-65

Step 27 将当前时间设置为00:00:00:00，在【项目】面板中将【光动画】拖曳至V5轨道上方，系统自动新建V6轨道，将开始处与时间线对齐，将【速度】设置为100，【持续时间】设置为00:00:12:01，在【效果控件】面板中将【混合模式】设置为【滤色】，如图9-66所示。

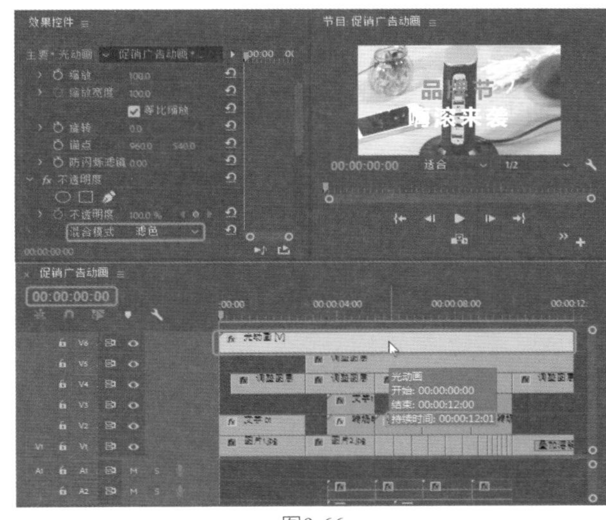

图9-66

Step 28 在【效果】面板中搜索【叠加溶解】过渡效果，并拖曳至【光动画】序列文件的开始处与结尾处，在【效果控件】面板中将【持续时间】设置为00:00:01:11，如图9-67所示。

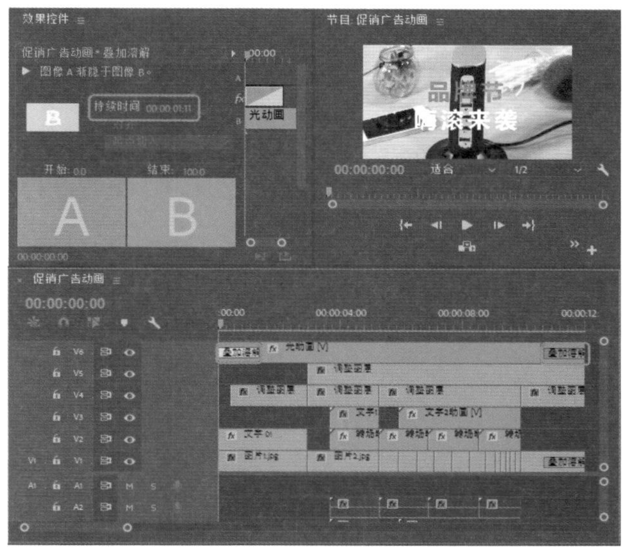

图9-67

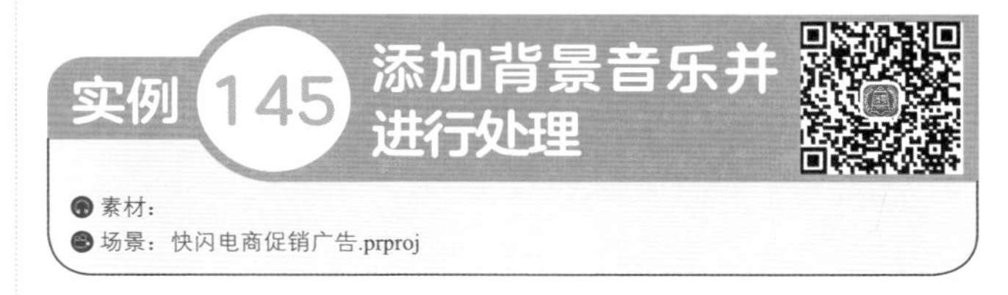

实例145 添加背景音乐并进行处理

素材：

场景：快闪电商促销广告.prproj

下面将讲解如何对背景音乐进行处理：先对背景音乐进行裁切，然后为音频文件添加【恒定功率】音频过渡效果。

Step 01 选中A2、A3、A4轨道中的多余音频文件，单击鼠标右键，在弹出的快捷菜单中选择【取消链接】命令，将多余的音频文件删除。将当前时间设置为00:00:00:00，在【项目】面板中将【背景音乐.mp3】音频文件拖曳至A1轨道中，将开始处与时间线对齐，如图9-68所示。

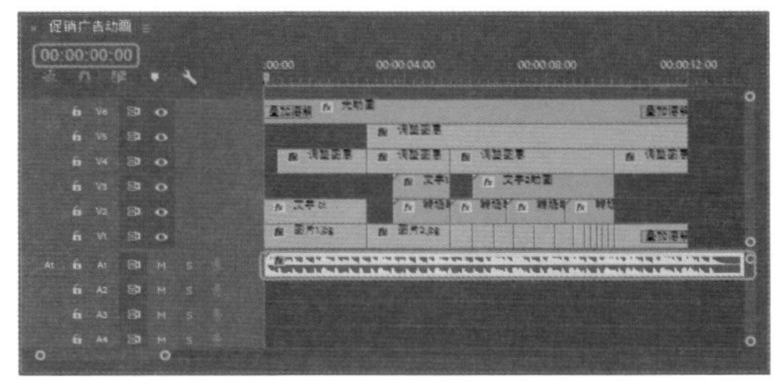

图9-68

Step 02 将当前时间设置为00:00:06:27，在工具箱中选择【剃刀工具】，在时间线上单击鼠标，对音频文件进行裁切，如图9-69所示。

Step 03 将当前时间设置为00:00:09:16，对音频文件进行裁切，选中中间的音频文件，如图9-70所示。

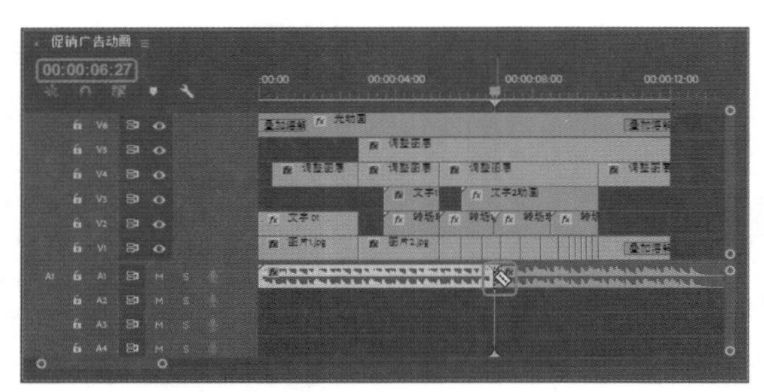

图9-69

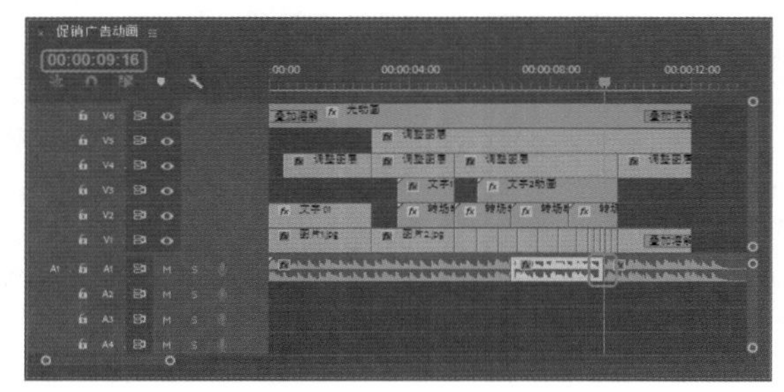

图9-70

Step 04 按Delete键删除，将后半部分的开始处与前半部分的结尾处首尾相接，在【效果】面板中搜索【恒定功率】特效，添加至两个音频文件之间，如图9-71所示。

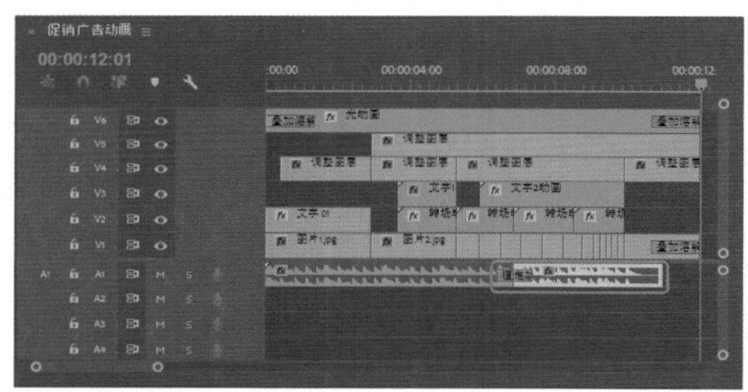

图9-71

视频动画制作完成后，需要对动画进行输出，用户可以根据需要保存成自己需要的格式。

Step 01 在菜单栏中选择【文件】|【导出】|【媒体】命令，弹出【导出设置】对话框，将【格式】设置为H.264，【预设】设置为【匹配源-高比特率】，单击【输出名称】右侧的蓝色文字，如图9-72所示。

Step 02 弹出【另存为】对话框，设置保存路径，将【文件名】设置为【快闪电商促销广告】，【保存类型】为【视频文件（*.mp4）】，单击【保存】按钮，如图9-73所示。

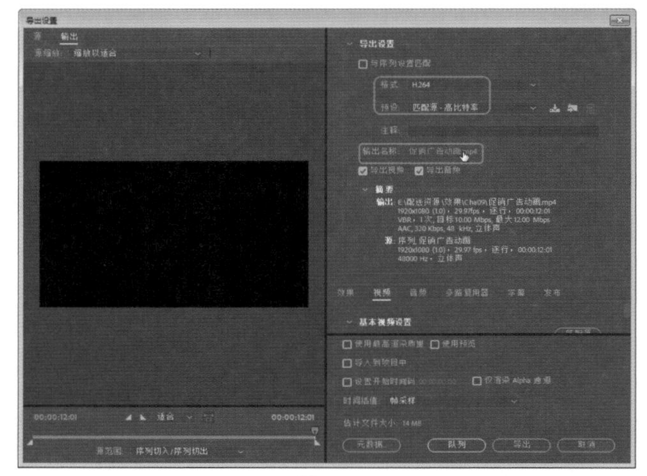

图9-72

图9-73

Step 03 返回至【导出设置】对话框中，单击【导出】按钮，在弹出的对话框中可以查看渲染进度，等待即可，如图9-74所示。

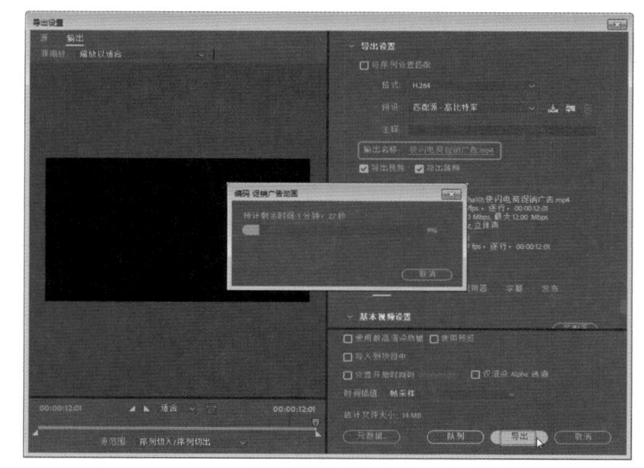

图9-74

第10章 儿童电子相册

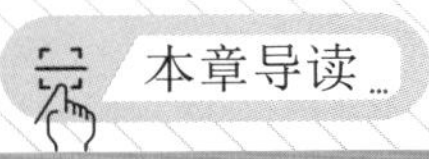

电子相册是指可以在电脑上观赏的区别于CD/VCD中静止图片的特殊文档。电子相册具有传统相册无法比拟的优越性：图、文、声、像并茂的表现手法，随意修改编辑的功能，快速的检索方式，永不褪色的恒久保存特性等。本章就来介绍儿童电子相册的制作方法。

实例 147 导入素材

素材：
场景：儿童电子相册.prproj

使用Premiere软件将自己喜欢的图片、数码短片制作成电子相册后，可将其保存为视频格式，可以上传到网上与网友分享，也可以作为礼物发送给自己的朋友。在制作电子相册之前，首先需要将素材图片导入至软件中。

Step 01 在欢迎界面中单击【新建项目】按钮，弹出【新建项目】对话框，在该对话框中选择文件的存储位置，将【名称】设置为【儿童电子相册】，单击【确定】按钮，如图10-1所示。

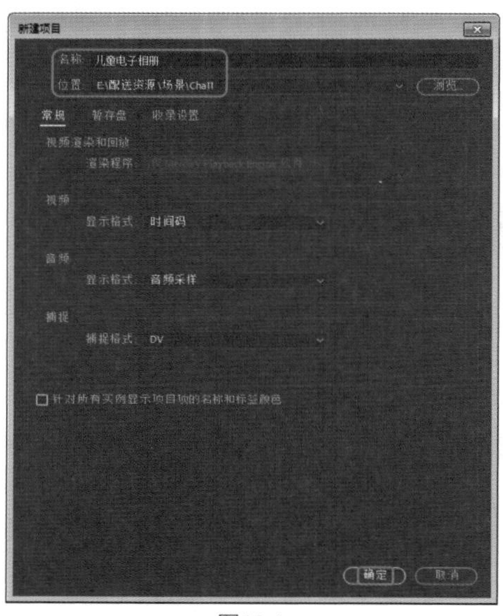

图10-1

Step 02 在【项目】面板的空白位置处双击鼠标，弹出【导入】对话框，选择【素材\Cha11】文件夹，单击【导入文件夹】按钮，如图10-2所示。

图10-2

实例 148 制作开始动画

素材：
场景：儿童电子相册.prproj

开始动画起着非常重要的引导作用，本案例中设计的开始动画，首先选择了一个充满梦幻色彩的背景，蓝天下有梯子和天窗。首先从梯子的底部向上运动，给人一种神秘的色彩，运动到天窗后放大天窗，以便显示标题文字。

Step 01 新建序列，输入【序列名称】为【开始动画】，单击【确定】按钮，如图10-3所示。

图10-3

Step 02 即可新建【开始动画】序列。确认当前时间为00:00:00:00，在【项目】面板中将【背景1.png】素材图片拖曳至V1轨道中，选择V1轨道中的素材图片，在【效果控件】面板中将【位置】设置为360、-150，并单击左侧的【切换动画】按钮，将【缩放】设置为30，将【锚点】设置为1485、1745，如图10-4所示。

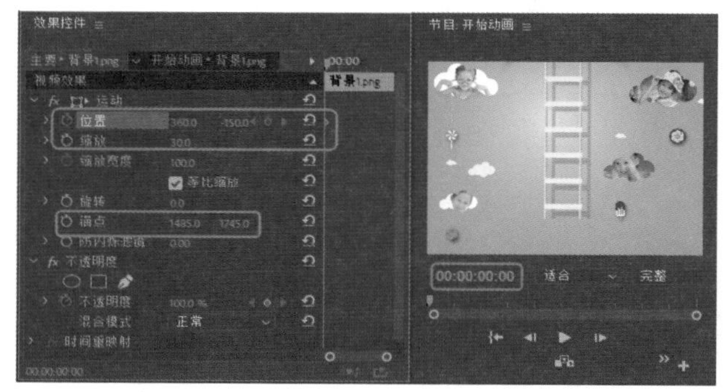

图10-4

Step 03 将当前时间设置为00:00:02:00，将【位置】设置为360、282，如图10-5所示。

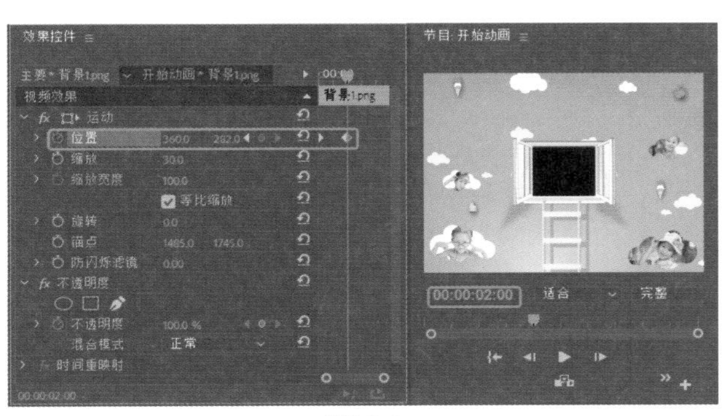

图10-5

◎提示

【位置】：通过设置该选项，可以任意调整图片在动画中的位置。

【缩放】：通过设置该选项可以调整图片在动画中的大小。

Step 04 将当前时间设置为00:00:02:12，单击【缩放】左侧的【切换动画】按钮，即可添加一个关键帧。然后将当前时间设置为00:00:03:12，将【缩放】设置为140，如图10-6所示。

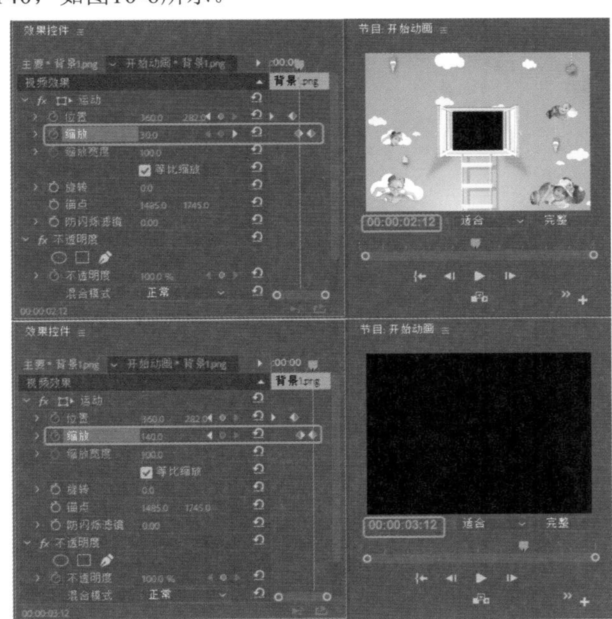

图10-6

实例 149 创建标题字幕

素材：

场景：儿童电子相册.prproj

任何一个动画，都需要有一个标题，本案例中创建的标题字幕，首先为其应用了一个比较卡通的字体，然后为标题填充了比较鲜艳且与背景比较搭配的颜色。

Step 01 在菜单栏中选择【文件】|【新建】|【旧版标题】命令，弹出【新建字幕】对话框，输入【名称】为【宝贝回忆录】，单击【确定】按钮，在弹出的字幕编辑器中选择【文字工具】输入文字，并选择输入的文字，在【属性】选项组中将【字体系列】设置为【方正少儿简体】；选择文字【宝贝】，在【填充】选项组中将【颜色】的RGB值设置为255、22、99；选择文字【回忆录】，将【颜色】的RGB值设置为8、165、255，如图10-7所示。

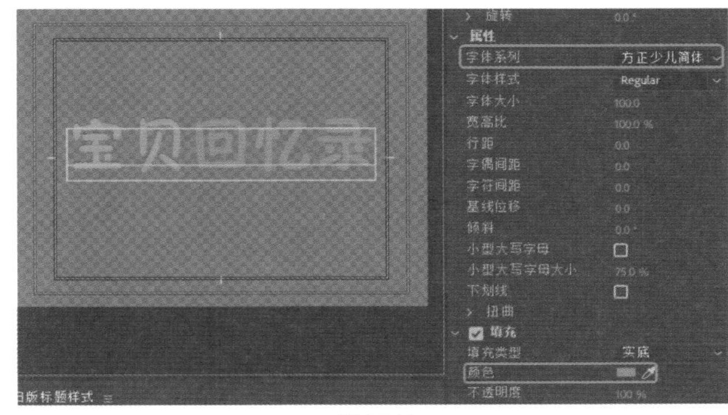

图10-7

Step 02 然后选择所有的文字，在【描边】选项组中添加【外描边】，将【大小】设置为28，将【颜色】设置为白色，如图10-8所示。

图10-8

◎提示

【内描边】：选择添加内描边效果，可以为文字绘制的形状添加一个内侧描边效果。

【外描边】：选择添加外描边效果，可以为文字绘制的形状添加一个外侧描边效果。

Step 03 在【变换】选项组中将【X位置】设置为394.8，将【Y位置】设置为276.9。使用同样的方法，输入文字Baby growth record，并对输入的文字进行设置，如图10-9所示。

Step 04 在【字幕编辑器】中单击【基于当前字幕新建字幕】按钮，弹出【新建字幕】对话框，输入【名称】为【宝】，单击【确定】按钮，如图10-10所示。

图10-9

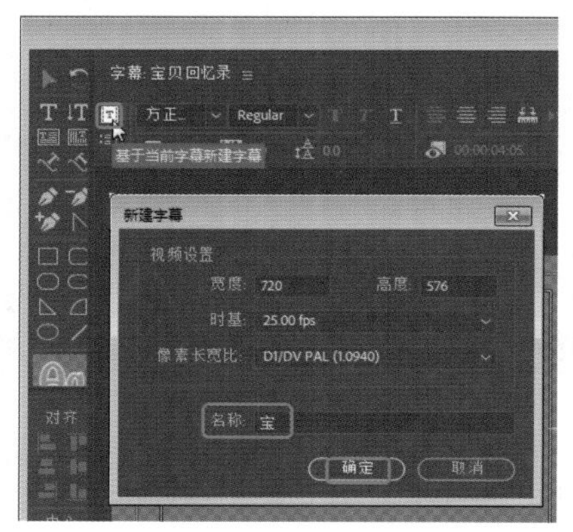

图10-10

◎提示·◦

【基于当前字幕新建字幕】按钮：使用该按钮创建的字幕，会保留原字幕中的内容，且输入新内容时，会为新内容应用原字幕中最后设置的属性效果。

Step 05 返回到字幕编辑器中，将除文字【宝】以外的其他文字删除，如图10-11所示。

Step 06 在字幕编辑器中单击【字幕：宝】右侧的☰按钮，在弹出的下拉列表中选择【字幕：宝贝回忆录】命令，如图10-12所示。

图10-11

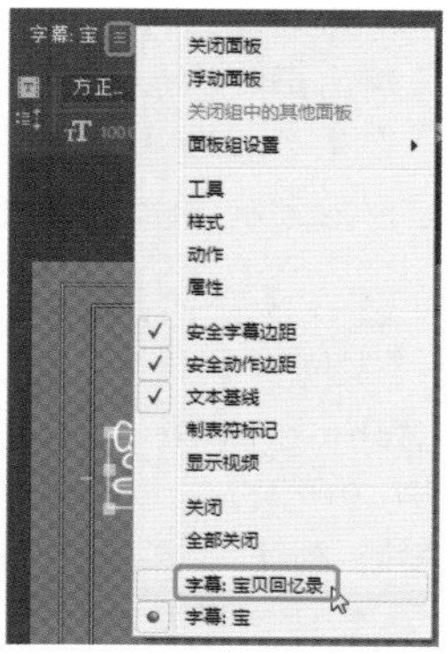

图10-12

Step 07 再次单击【基于当前字幕新建字幕】按钮，弹出【新建字幕】对话框，输入【名称】为【贝】，单击【确定】按钮，如图10-13所示。

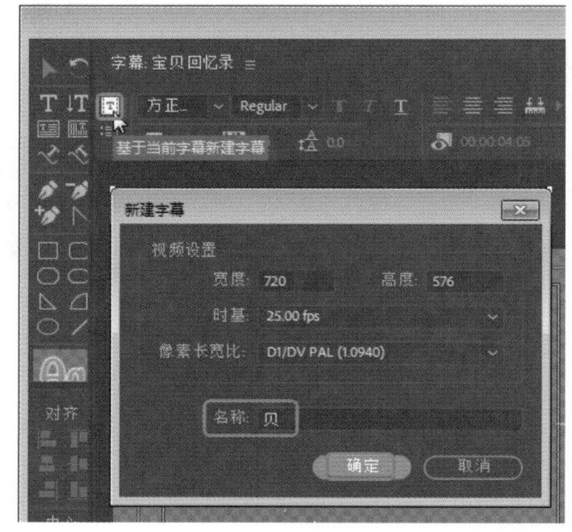

图10-13

Step 08 返回到【字幕编辑器】中，将除文字【贝】以外的其他文字删除，并选择文字【贝】，在【变换】选项组中将【X位置】设置为277.4，将【Y位置】设置为276.9，如图10-14所示。

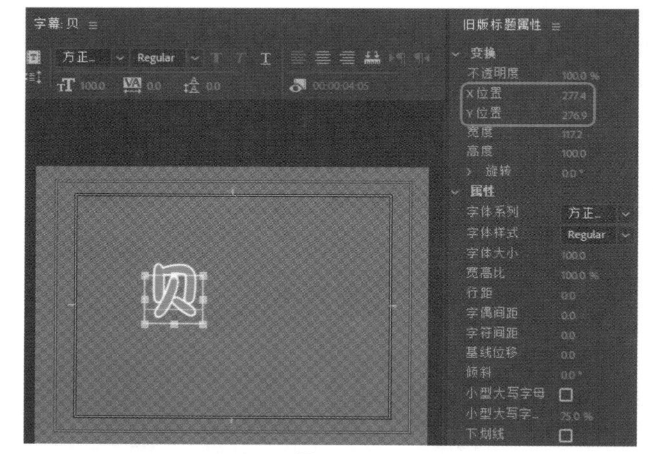

图10-14

Step 09 使用同样的方法，基于字幕【宝贝回忆录】创建其他字幕，如图10-15所示。

图10-15

实例150 制作标题动画

素材：
场景：儿童电子相册.prproj

在制作开始动画时，是将天窗从小到大显示的，因此，在制作标题动画时，需要将其与开始动画结合起来，在天窗慢慢变大的同时将标题显示出来，然后通过设置关键帧参数将标题文字以旋转的方式逐个变小。

Step 01 将当前时间设置为00:00:02:12，在【项目】面板中将【宝贝回忆录】字幕拖曳至V2轨道中，与时间线对齐，并选择该字幕，在【效果控件】面板中将【缩放】设置为0，并单击左侧的【切换动画】按钮。然后将当前时间设置为00:00:03:12，将【缩放】设置为100，如图10-16所示。

图10-16

Step 02 在【宝贝回忆录】字幕上单击鼠标右键，在弹出的快捷菜单中选择【速度/持续时间】命令，如图10-17所示。

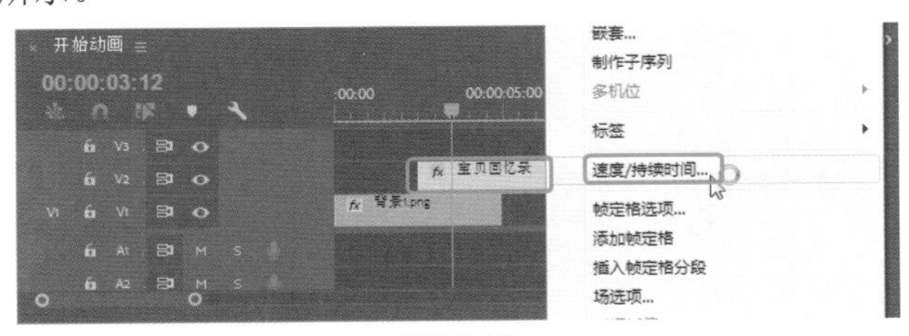

图10-17

Step 03 弹出【剪辑速度/持续时间】对话框，将【持续时间】设置为00:00:01:13，单击【确定】按钮，如图10-18所示。

Step 04 将当前时间设置为00:00:04:00，在【项目】面板中将【宝】字幕拖曳至V2轨道中，与时间线对齐，并在字幕上单击鼠标右键，在弹出的快捷菜单中选择【速度/持续时间】命令，弹出【剪辑速度/持续时间】对话框，将【持续时间】设置为00:00:05:12，单击【确定】按钮，如图10-19所示。

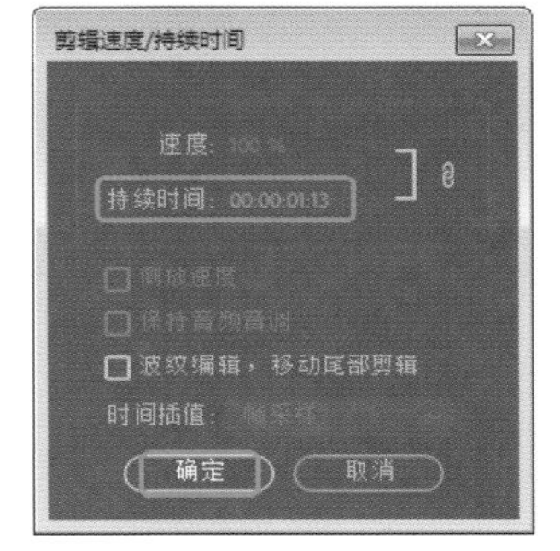

图10-18

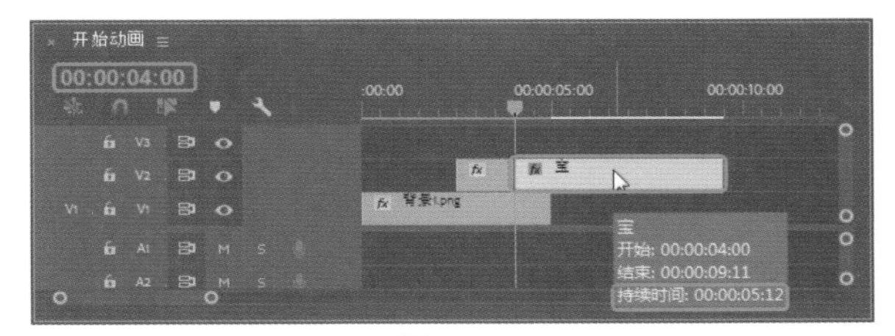

图10-19

Step 05 将当前时间设置为00:00:04:00，在【效果控件】面板中单击【位置】、【缩放】和【旋转】左侧的【切换动画】按钮，如图10-20所示。

图10-20

Step 06 将当前时间设置为00:00:05:00，将【位置】设置为144、554，将【缩放】设置为49，将【旋转】设置为1×0.0°，如图10-21所示。

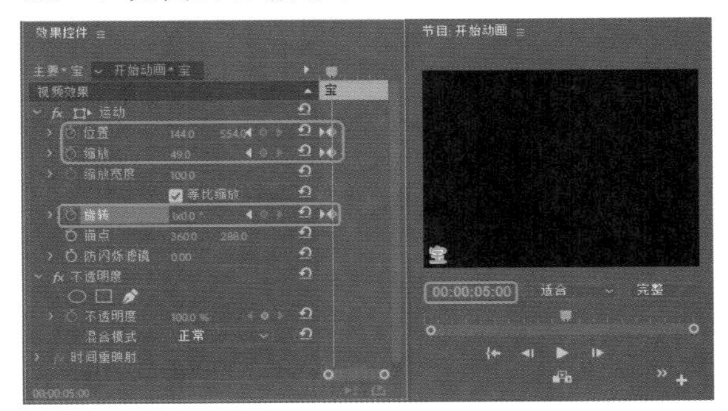

图10-21

Step 07 将当前时间设置为00:00:04:00，在【项目】面板中将【贝】字幕拖曳至V3轨道中，与时间线对齐，并将其【持续时间】设置为00:00:05:12，如图10-22所示。

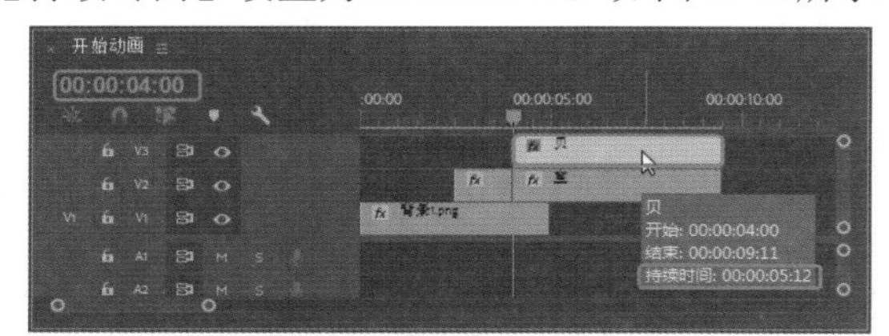

图10-22

Step 08 将当前时间设置为00:00:05:00，在【效果控件】面板中单击【位置】、【缩放】和【旋转】左侧的【切换动画】按钮，打开动画关键帧。然后将当前时间设置为00:00:06:00，将【位置】设置为144、554，将【缩放】设置为49，将【旋转】设置为1×0.0°，如图10-23所示。

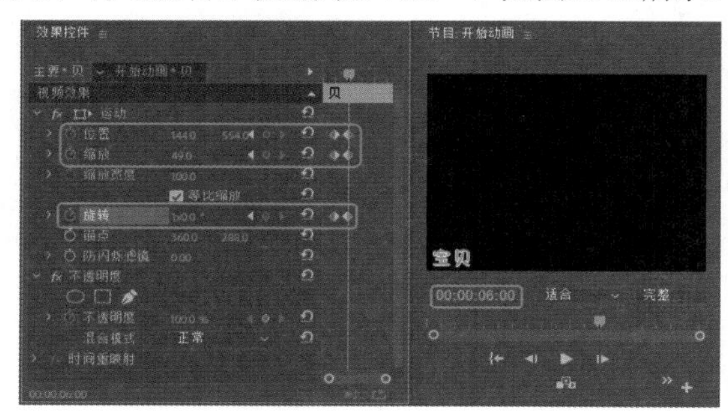

图10-23

Step 09 在菜单栏中选择【序列】|【添加轨道】命令，弹出【添加轨道】对话框，在该对话框中添加4视频轨道，添加0音频轨道，单击【确定】按钮，如图10-24所示。

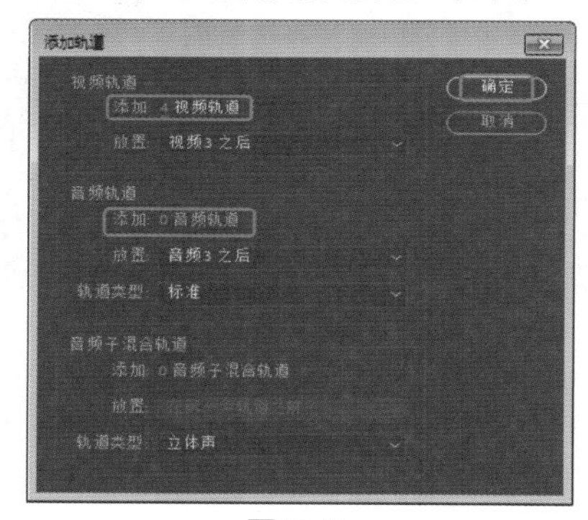

图10-24

Step 10 结合前面介绍的方法，在【项目】面板中将其他字幕拖曳至视频轨道中并调整持续时间，然后在【效果控件】面板中设置动画参数，如图10-25所示。

> **提示**
>
> 【添加轨道】：使用【添加轨道】对话框可以根据需要添加视频轨和音频轨，也可以添加音频子混合轨。

Step 11 将当前时间设置为00:00:04:00，在【项目】面板中将Baby growth record字幕拖曳至V7轨道中，与时间线对齐，并将其【持续时间】设置为00:00:05:12，如图10-26所示。

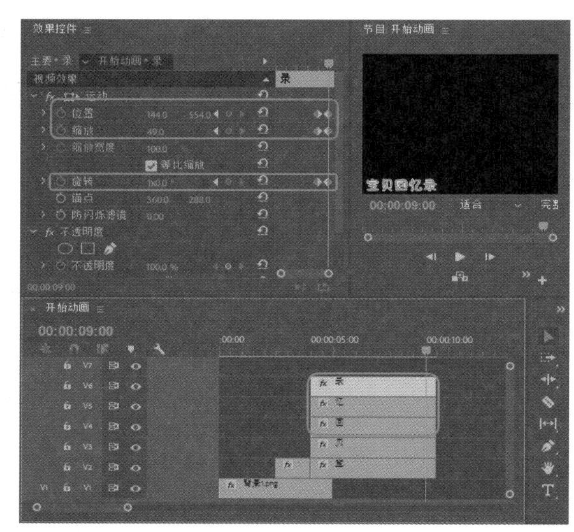

图10-25

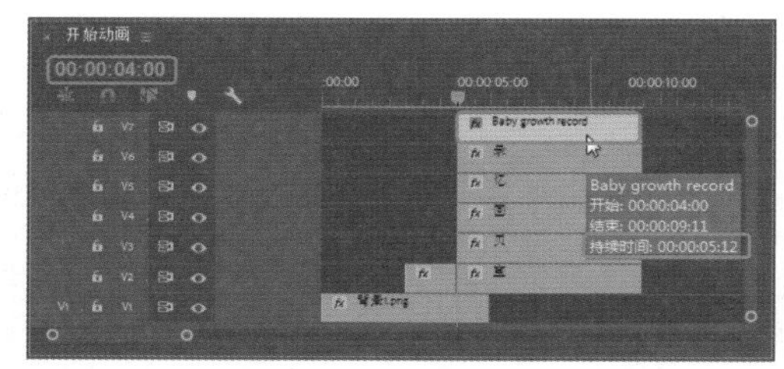

图10-26

Step 12 确认Baby growth record字幕处于选择状态，将当前时间设置为00:00:07:00，在【效果控件】面板中单击【位置】左侧的【切换动画】按钮。然后将当前时间设置为00:00:08:00，将【位置】设置为754、288，如图10-27所示。

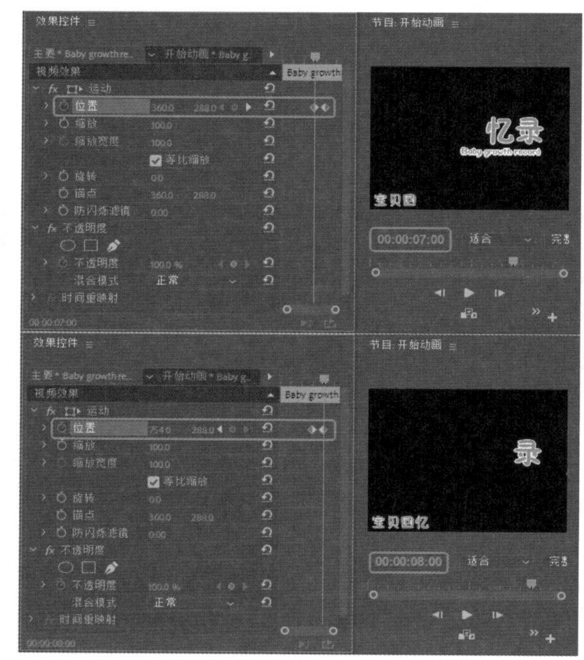

图10-27

实例151 制作转场动画1序列

素材：
场景：儿童电子相册.prproj

在制作转场动画1序列时，需要对设计思路进行分析，不仅需要考虑照片的动画效果，还需要考虑背景图片与照片是否可以完美地搭配在一起。因为提供的3张照片中，颜色最多的是蓝色，因此选择了一个蓝色且类似天空的背景，因为背景有些单调，所以添加了一些星星，并制作星星闪烁动画，再添加两个卡通小动物，增添了几分可爱，最后展示照片并显示文字。

Step 01 新建序列，输入【序列名称】为【转场动画1】，单击【确定】按钮，即可新建【转场动画1】序列。在菜单栏中选择【序列】|【添加轨道】命令，弹出【添加轨道】对话框，在该对话框中添加23视频轨道，添加0音频轨道，单击【确定】按钮，如图10-28所示。

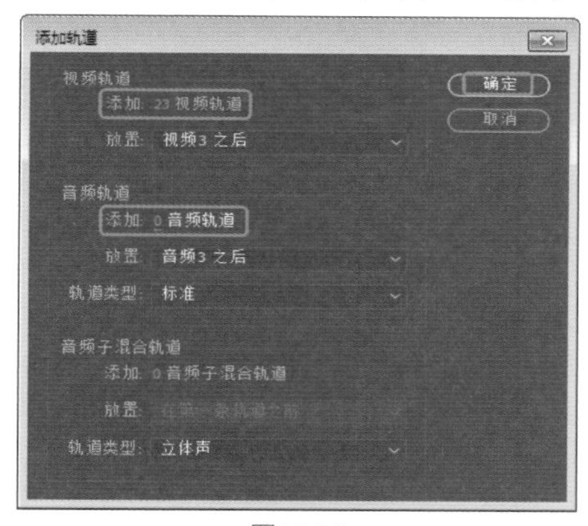

图10-28

Step 02 确认当前时间为00:00:00:00，在【项目】面板中将【背景3.jpg】素材图片拖曳至V1轨道中，与时间线对齐，并选择该素材图片，在【效果控件】面板中将【缩放】设置为53，如图10-29所示。

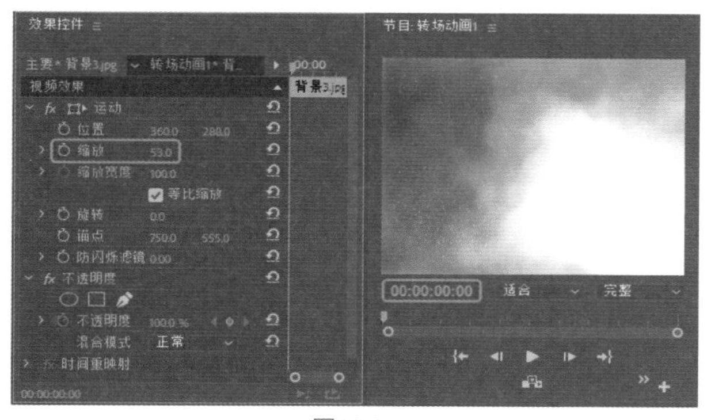

图10-29

Step 03 在【项目】面板中将【星1.png】素材图片拖曳至V2轨道中，与时间线对齐。选择该素材图片，在【效果控件】面板中将【位置】设置为72、38，将【缩放】设置为10，并单击【缩放】左侧的【切换动画】按钮，将【不透明度】设置为20%，如图10-30所示。

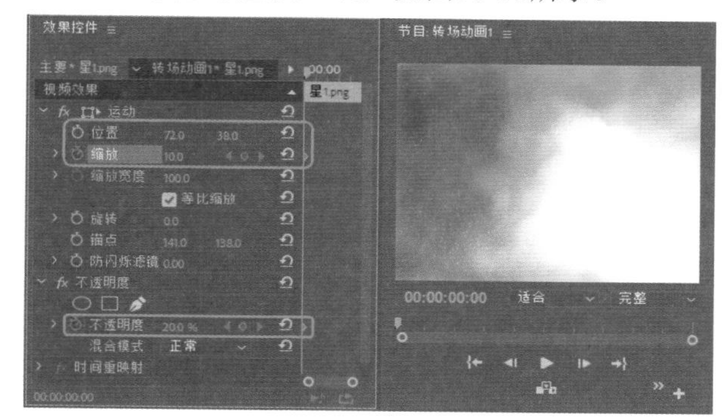

图10-30

Step 04 将当前时间设置为00:00:00:12，在【效果控件】面板中将【缩放】设置为13，将【不透明度】设置为100%，如图10-31所示。

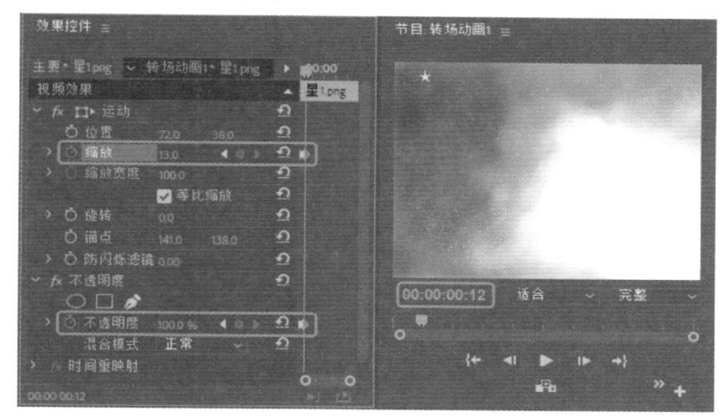

图10-31

Step 05 使用同样的方法，设置其他关键帧参数，模仿星星闪烁效果，如图10-32所示。

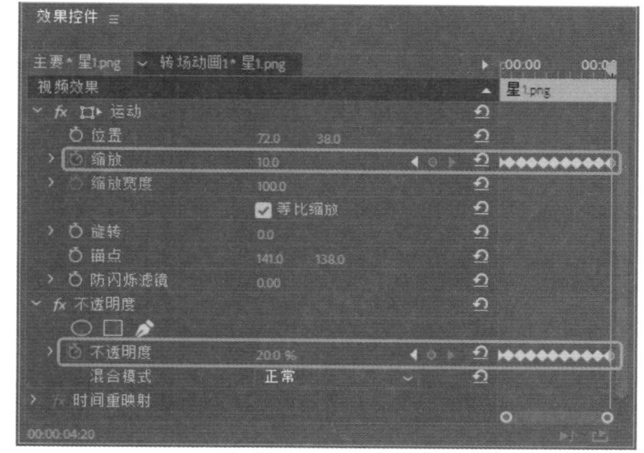

图10-32

Step 06 结合前面介绍的方法，继续在V3~V10轨道中添加素材图片【星1.png】，然后对其参数进行设置，效果如图10-33所示。

Step 07 结合设置【星1.png】素材图片的方法，将【星2.png】素材图片拖曳至V11~V20轨道中，并为其设置星星闪烁动画，效果如图10-34所示。

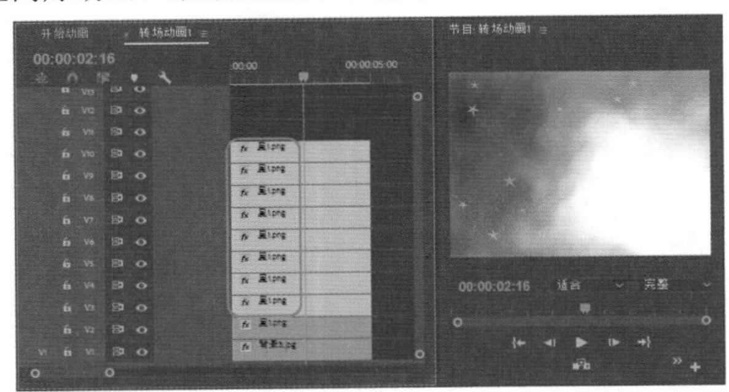

图10-33

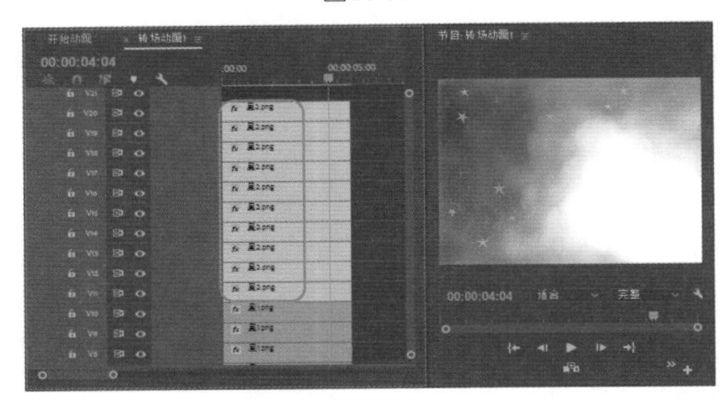

图10-34

Step 08 将当前时间设置为00:00:00:00，在【项目】面板中将【卡通羊.png】素材图片拖曳至V21轨道中，与时间线对齐。选择该素材图片，在【效果控件】面板中将【位置】设置为500、-71，并单击左侧的【切换动画】按钮，将【缩放】设置为18。将当前时间设置为00:00:04:00，将【位置】设置为-94、479，如图10-35所示。

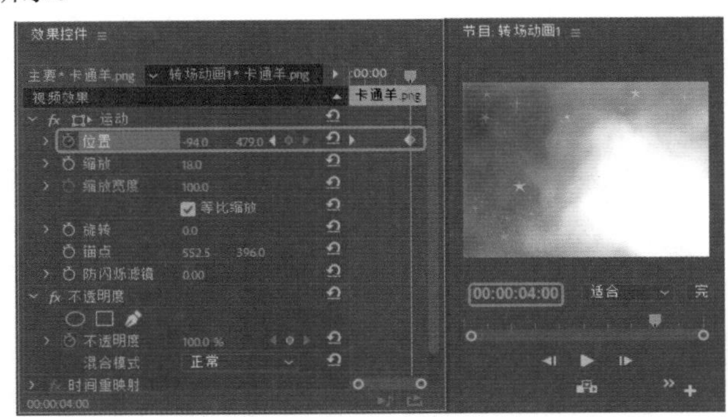

图10-35

Step 09 将当前时间设置为00:00:00:00，在【项目】面板中将【卡通动物.png】素材图片拖曳至V22轨道中，与时间线对齐。选择该素材图片，将当前时间设置为00:00:01:00，在【效果控件】面板中将【位置】设置为523、-84，并单击左侧的【切换动画】按钮，将【缩放】设置为18。将当前时间设置为00:00:04:24，将【位置】设置为-101、300，如图10-36所示。

Step 10 将当前时间设置为00:00:00:00，在【项目】面板中将【照片3-01.jpg】素材图片拖曳至V23轨道上，与时间线对齐。选择该素材图片，在【效果控件】面板中将【位置】设置为332、459，将【缩放】设置为28，如图10-37所示。

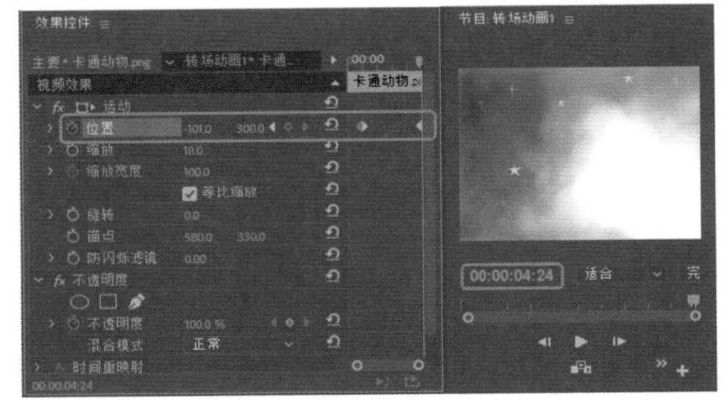

图10-36

图10-37

Step 11 将当前时间设置为00:00:00:12，在【效果控件】面板中将【不透明度】设置为0%。将当前时间设置为00:00:01:12，将【不透明度】设置为100%，如图10-38所示。

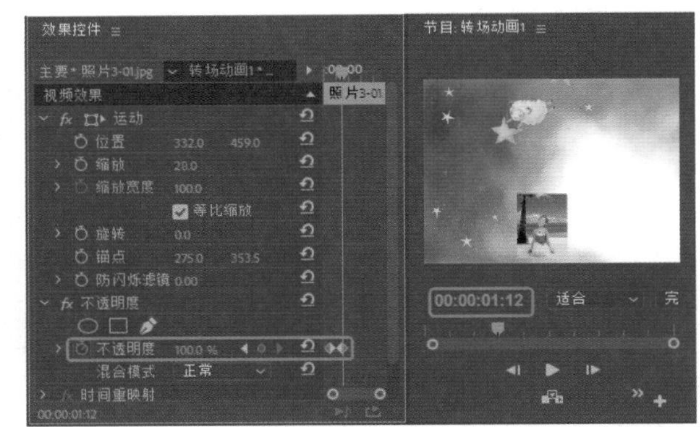

图10-38

Step 12 确认当前时间为00:00:01:12，在【项目】面板中将【照片3-03.jpg】素材图片拖曳至V24轨道上，与时间线对齐，并将其结束处与V23轨道中的素材图片结束处对齐，如图10-39所示。

Step 13 确认【照片3-03.jpg】素材图片处于选择状态，在【效果控件】面板中将【位置】设置为631、459，将【缩放】设置为28，如图10-40所示。

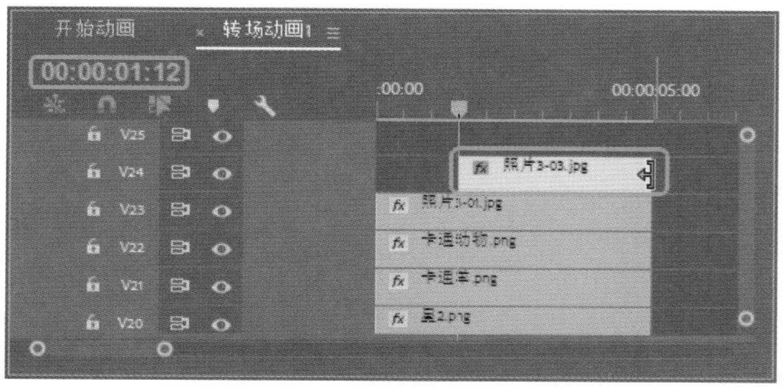

图10-39

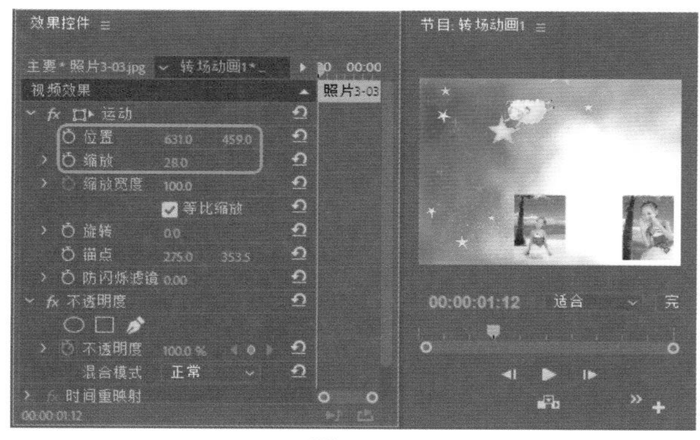

图10-40

Step 14 在【效果】面板中选择【视频过渡】|【滑动】|【推】视频切换效果，并将其拖曳至【照片3-03.jpg】素材图片的开始处，如图10-41所示。

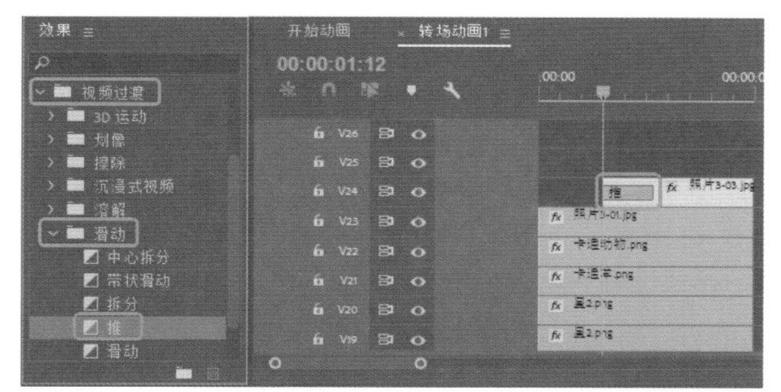

图10-41

Step 15 选择该切换效果，在【效果控件】面板中将【持续时间】设置为00:00:01:00，单击【自东向西】按钮，如图10-42所示。

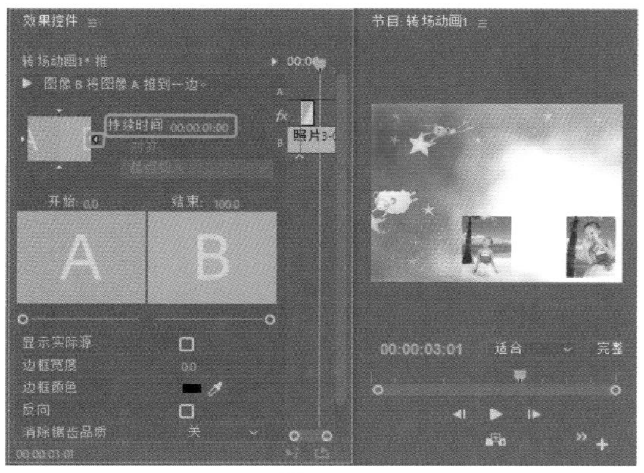

图10-42

Step 16 将当前时间设置为00:00:02:12，在【项目】面板中将【照片3-02.jpg】素材图片拖曳至V25轨道上，与时间线对齐，并将其结束处与V24轨道中的素材图片结束处对齐，然后在【效果控件】面板中将【位置】设置为481、459，将【缩放】设置为28，如图10-43所示。

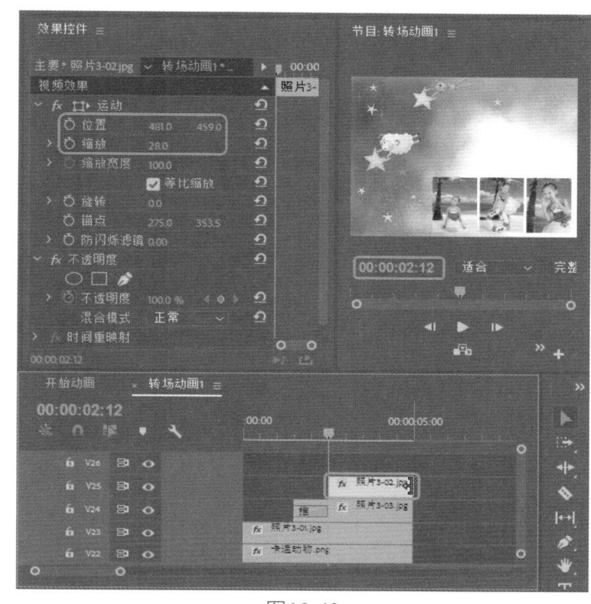

图10-43

Step 17 在【效果】面板中搜索【推】视频切换效果，并将其拖曳至【照片3-02.jpg】素材图片的开始处，如图10-44所示。

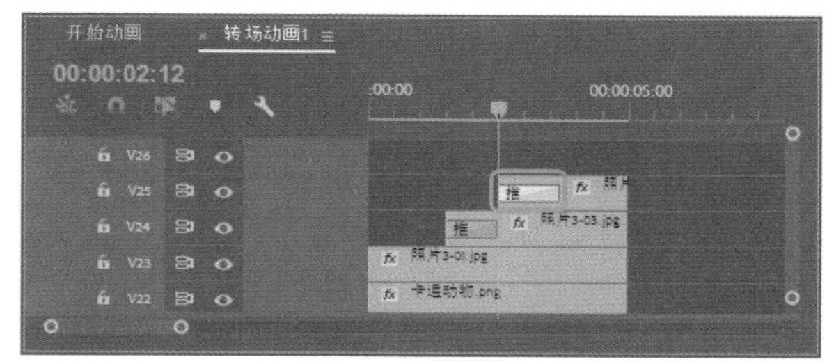

图10-44

Step 18 选择【推】切换效果，在【效果控件】面板中单击【从北到南】按钮，将【持续时间】设置为00:00:01:00，如图10-45所示。

Step 19 在菜单栏中选择【文件】|【新建】|【旧版标题】命令，弹出【新建字幕】对话框，输入【名称】为【文字】，单击【确定】按钮，在弹出的字幕编辑器中选择【文字工具】T输入文字。选择输入的文字，单击【右对齐】按钮，在【属性】选项组中将【字体系列】设置为【方正大标宋简体】，将【字体大小】设置为10，将【行距】设置为3，在【填充】选项组中将【颜色】的RGB值设置为31、59、115，如图10-46所示。

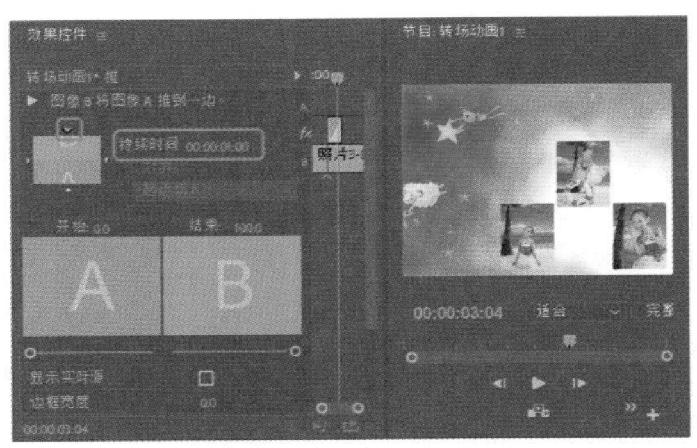

图10-45

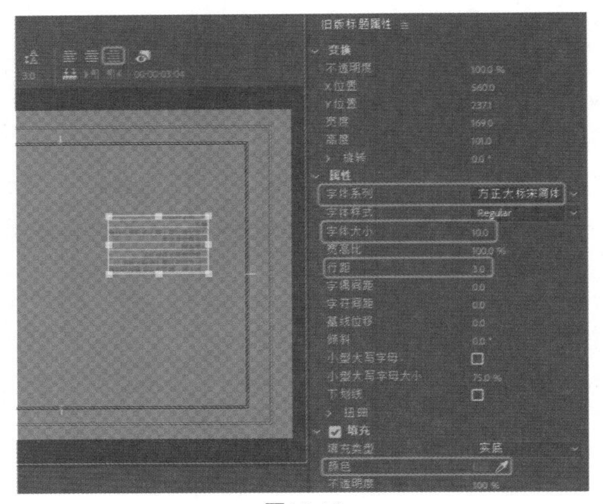

图10-46

Step 20 选择文字【送给孩子的礼物】，在【属性】选项组中将【字体大小】设置为23，如图10-47所示。

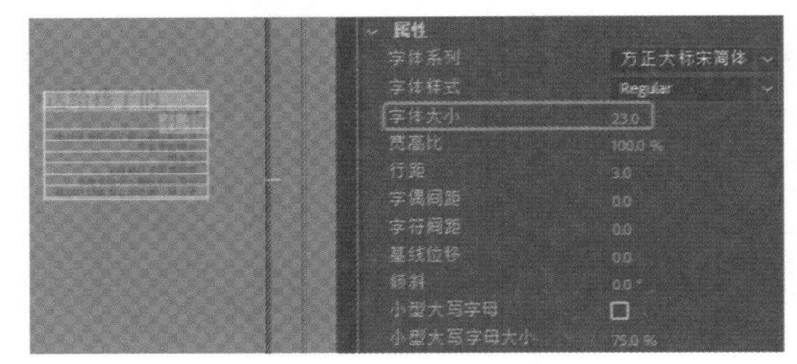

图10-47

Step 21 选择第一行中的文字【孩子】，在【属性】选项组中将【字体系列】设置为【方正平和简体】，将【字体大小】设置为42，如图10-48所示。

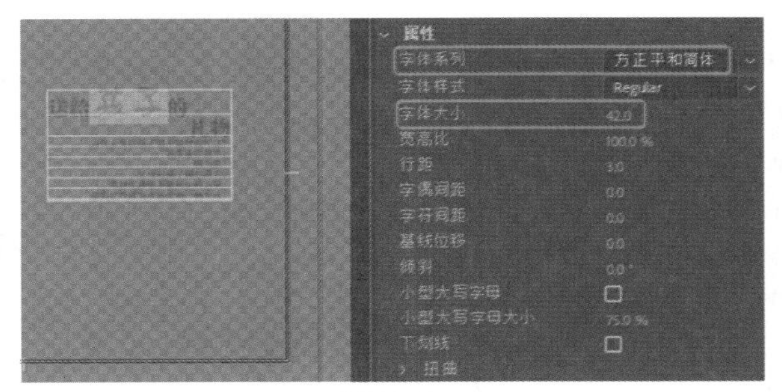

图10-48

Step 22 选择所有的文字，在【变换】选项组中将【X位置】设置为630.7，将【Y位置】设置为262.4，并结合前面介绍的方法，输入其他文字，效果如图10-49所示。

图10-49

Step 23 关闭字幕编辑器，将当前时间设置为00:00:03:12，在【项目】面板中将【文字】字幕拖曳至V26轨道中，与时间线对齐，将其结束处与V25轨道中的素材图片结束处对齐，如图10-50所示。

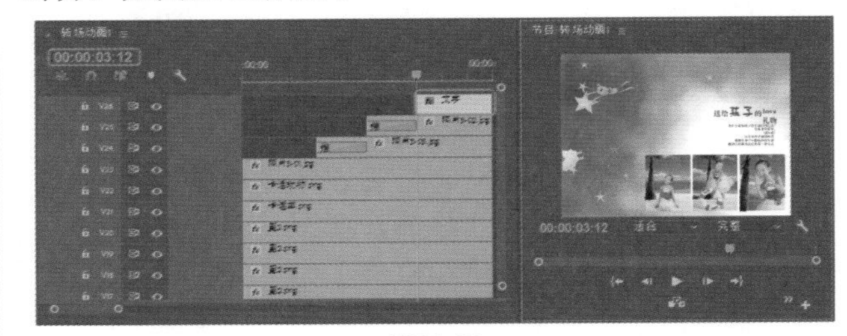

图10-50

Step 24 确认【文字】字幕处于选择状态，在【效果控件】面板中将【不透明度】设置为0%；将当前时间设置为00:00:04:12，将【不透明度】设置为100%，如图10-51所示。

图10-51

实例152 制作转场动画2序列

素材：

场景：儿童电子相册.prproj

因为在制作转场动画2序列时所使用的照片色调偏

暗，所以选择了色调暗的背景图片，在整个动画中都有运动的卡通热气球，给动画添加了一些色彩。

Step 01 新建【转场动画2】序列。在菜单栏中选择【序列】|【添加轨道】命令，弹出【添加轨道】对话框，在该对话框中添加2视频轨道，添加0音频轨道，单击【确定】按钮，如图10-52所示。

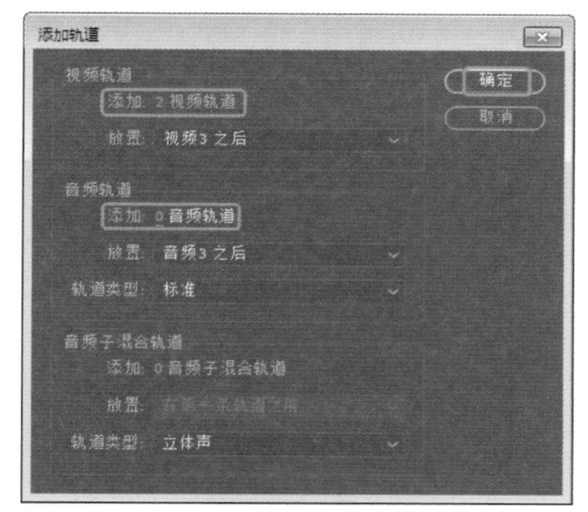

图10-52

Step 02 确认当前时间为00:00:00:00，在【项目】面板中将【背景4.jpg】素材图片拖曳至V1轨道上，与时间线对齐，并在素材图片上单击鼠标右键，在弹出的快捷菜单中选择【速度/持续时间】命令，弹出【剪辑速度/持续时间】对话框，将【持续时间】设置为00:00:04:12，单击【确定】按钮，如图10-53所示。

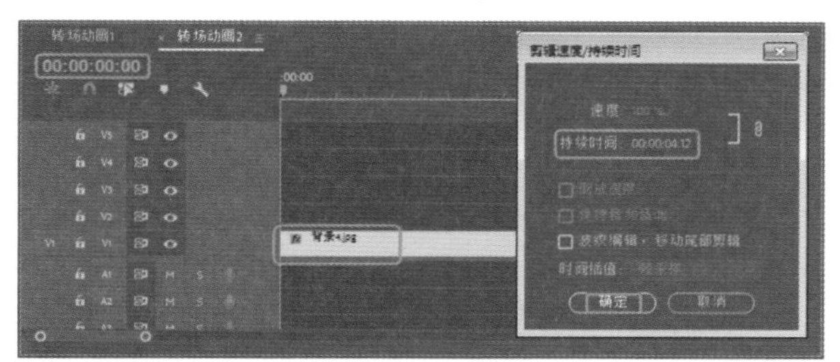

图10-53

Step 03 在【效果控件】面板中将【缩放】设置为27，如图10-54所示。

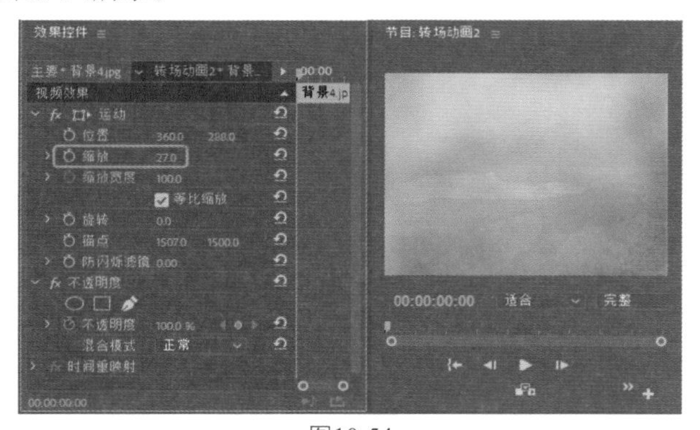

图10-54

Step 04 在【项目】面板中将【相框1.png】素材图片拖曳至V4轨道中，与时间线对齐，并将其结束处与V1轨道中的素材图片结束处对齐，如图10-55所示。

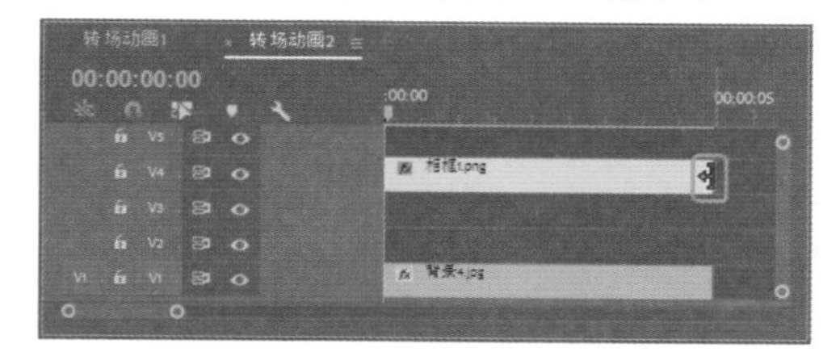

图10-55

Step 05 在【效果控件】面板中将【位置】设置为360、202，将【缩放】设置为27，如图10-56所示。

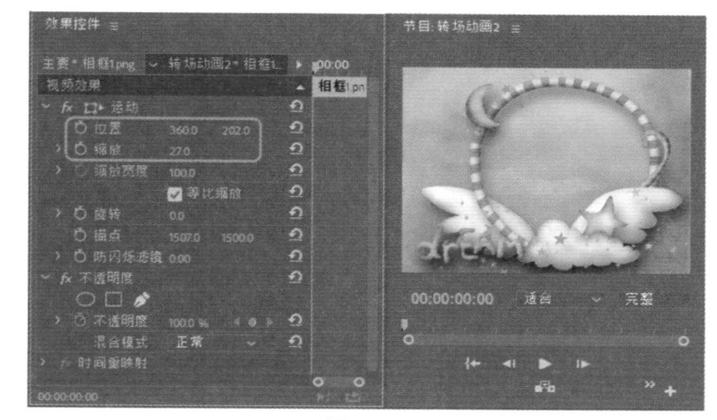

图10-56

Step 06 在【项目】面板中将【照片4-01.jpg】素材图片拖曳至V2轨道中，与时间线对齐，并将其【持续时间】设置为00:00:02:00。然后在【效果控件】面板中将【位置】设置为432、262，将【缩放】设置为30，如图10-57所示。

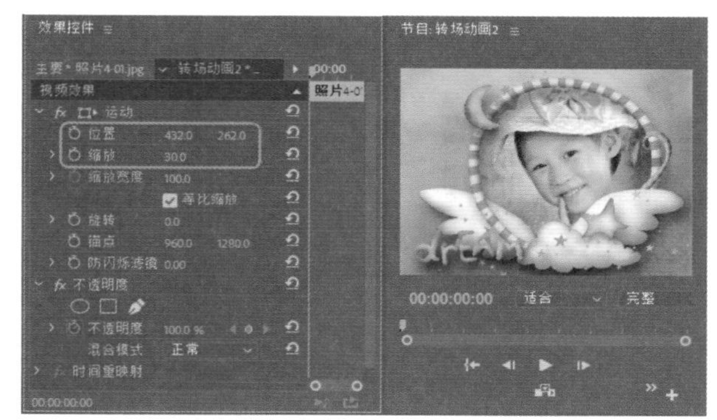

图10-57

Step 07 在【效果】面板中搜索【滑动】视频切换效果，并将其拖曳至【照片4-01.jpg】素材图片的开始处，在【效果控件】面板中将【持续时间】设置为00:00:01:00，如图10-58所示。

Step 08 在【项目】面板中将【照片4-02.jpg】素材图片拖曳至V2轨道中【照片4-01.jpg】素材图片的结束处，并将其持续时间设置为00:00:01:00，然后在【效果控件】面板中将【位置】设置为391、352，将【缩放】设置为41，如图10-59所示。

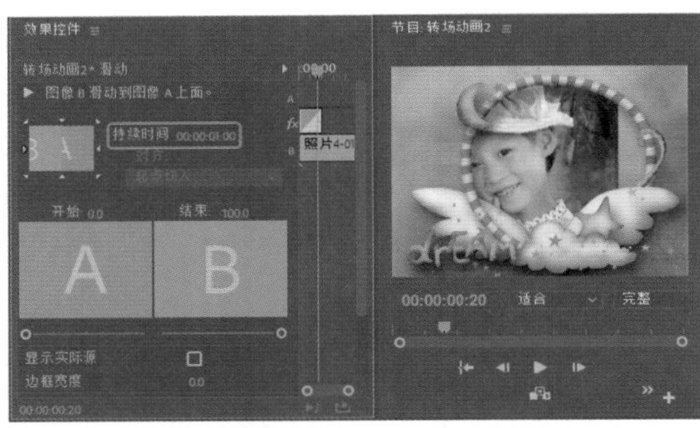

图10-58

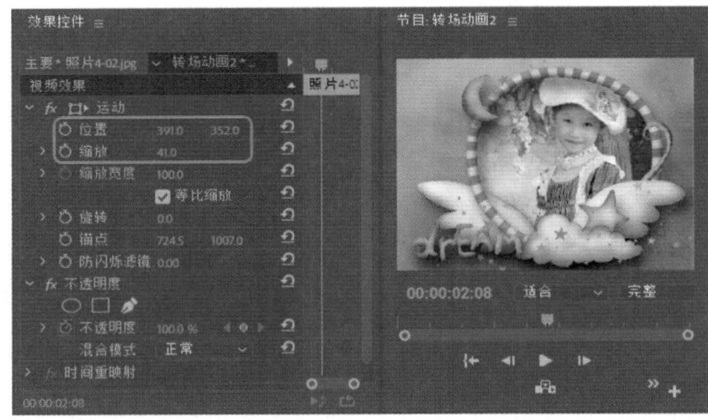

图10-59

Step 09 在【项目】面板中将【照片4-03.jpg】素材图片拖曳至V2轨道中【照片4-02.jpg】素材图片的结束处，并将其【持续时间】设置为00:00:02:00，然后在【效果控件】面板中将【位置】设置为470、321，将【缩放】设置为32，如图10-60所示。

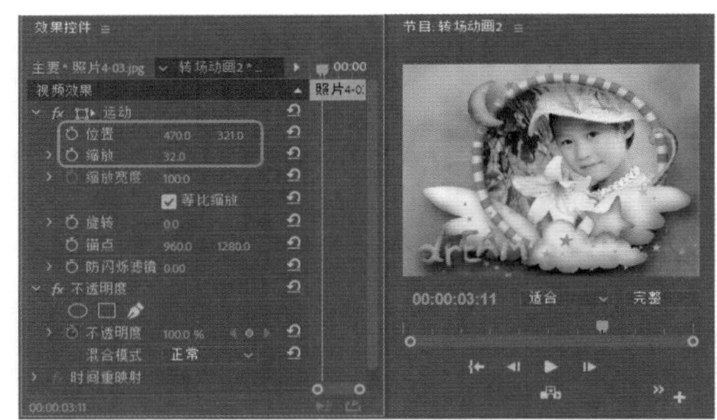

图10-60

Step 10 将当前时间设置为00:00:00:00，在【项目】面板中将【热气球1.png】素材图片拖曳至V5轨道中，与时间线对齐，并将其结束处与V4轨道中的素材图片结束处对齐，如图10-61所示。

Step 11 在【效果控件】面板中将【位置】设置为347、437，并单击左侧的【切换动画】按钮，将【缩放】设置为24。将当前时间设置为00:00:04:00，将【位置】设置为-65、105，如图10-62所示。

Step 12 在【项目】面板中将【背景5.jpg】素材图片拖曳至V1轨道中【背景4.jpg】素材图片的结束处，并将其【持续时间】设置为00:00:03:13，如图10-63所示。

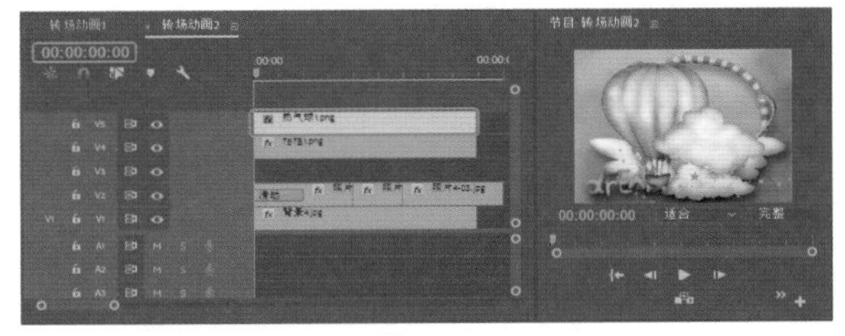

图10-61

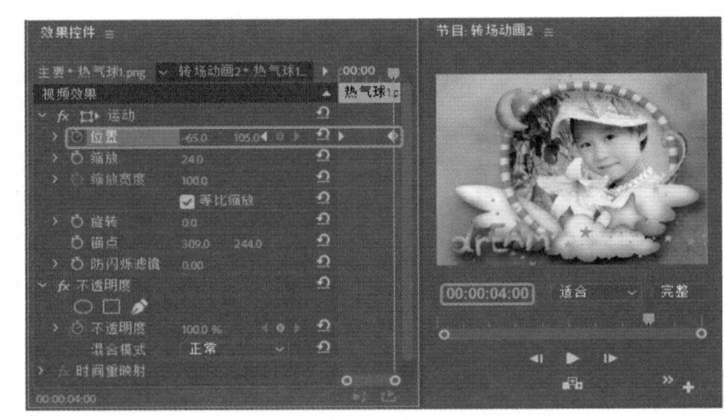

图10-62

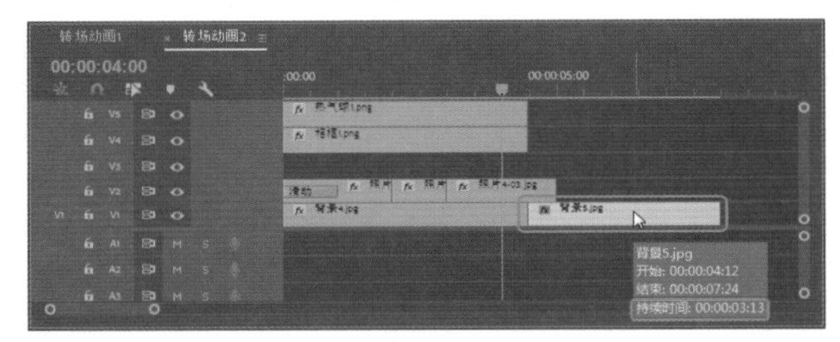

图10-63

Step 13 确认【背景5.jpg】素材图片处于选择状态，在【效果控件】面板中将【缩放】设置为27，如图10-64所示。

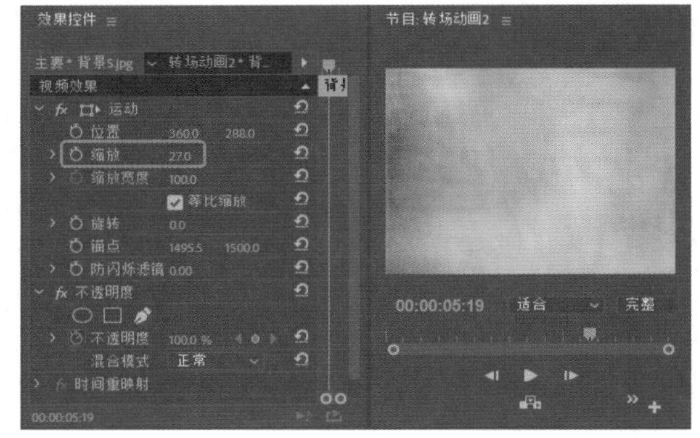

图10-64

Step 14 结合前面介绍的方法，在【背景4.jpg】和【背景5.jpg】素材图片之间，以及【照片4-03.jpg】素材图片的结尾处添加【推】视频切换效果，在【效果控件】面板中将【持续时间】设置为00:00:01:00，如图10-65所示。

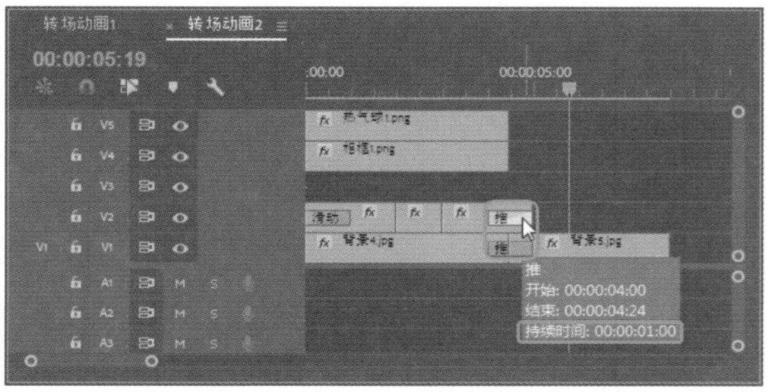

图10-65

◎提示·○

【推】：该切换效果可以使图像B将图像A推到另一侧，类似于幻灯片效果。

Step 15 在【项目】面板中将【相框2.png】素材图片拖曳至V4轨道中【相框1.png】素材图片的结束处，并将其持续时间设置为00:00:03:13，然后在两个相框之间添加【推】视频切换效果，将【持续时间】设置为00:00:01:00，如图10-66所示。

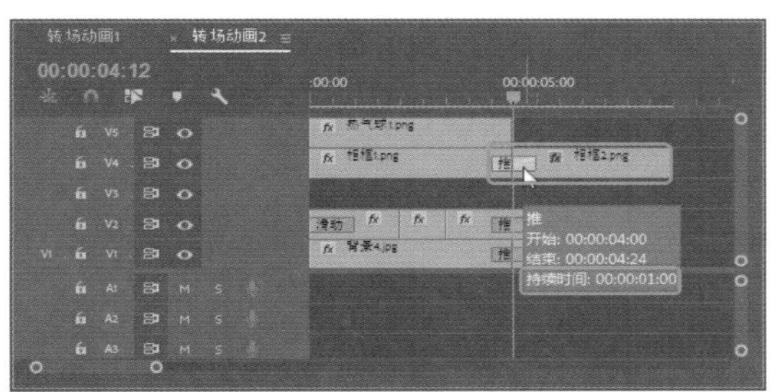

图10-66

Step 16 在V4轨道中选择【相框2.png】素材图片，在【效果控件】面板中将【位置】设置为360、261，将【缩放】设置为27，如图10-67所示。

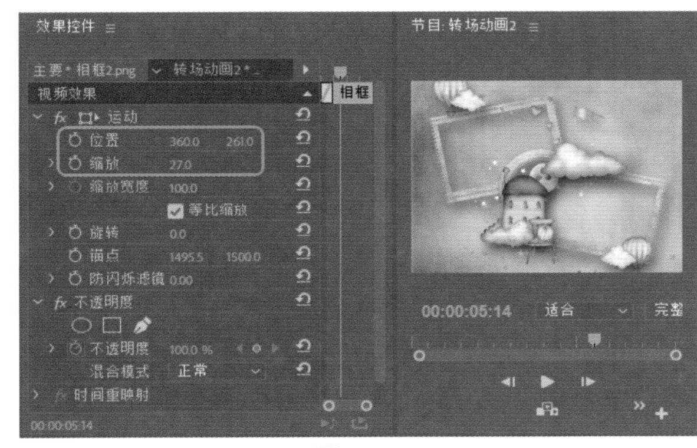

图10-67

Step 17 将当前时间设置为00:00:05:12，在【项目】面板中将【照片4-04.jpg】素材图片拖曳至V2轨道中，与时间线对齐，并将其【持续时间】设置为00:00:01:13。然后在【效果控件】面板中将【位置】设置为239、218，将【缩放】设置为18，将【旋转】设置为-12，如图10-68所示。

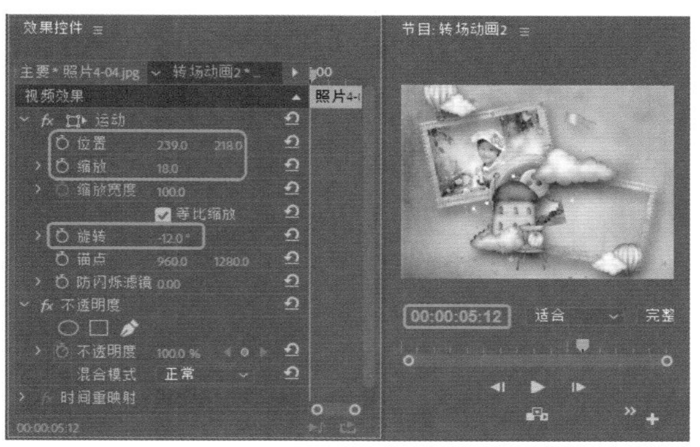

图10-68

Step 18 在【项目】面板中将【照片4-01.jpg】素材图片拖曳至V2轨道中【照片4-04.jpg】素材图片的结束处，并将其【持续时间】设置为00:00:01:00。然后在【效果控件】面板中将【位置】设置为238、214，将【缩放】设置为17，将【旋转】设置为-11，如图10-69所示。

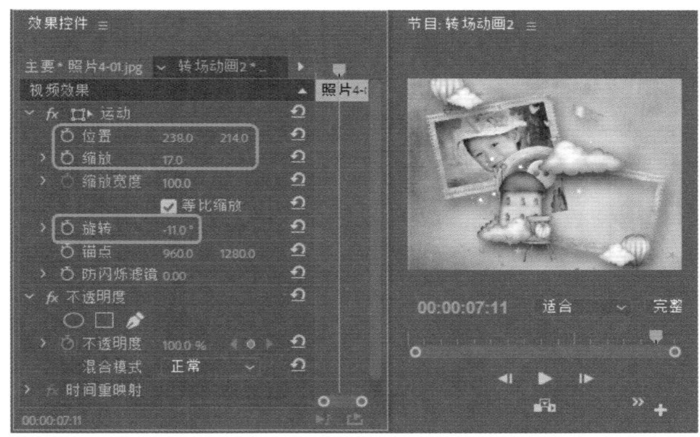

图10-69

Step 19 在【照片4-04.jpg】素材图片和【照片4-01.jpg】素材图片之间添加【交叉溶解】视频切换效果，将【持续时间】设置为00:00:01:00，如图10-70所示。

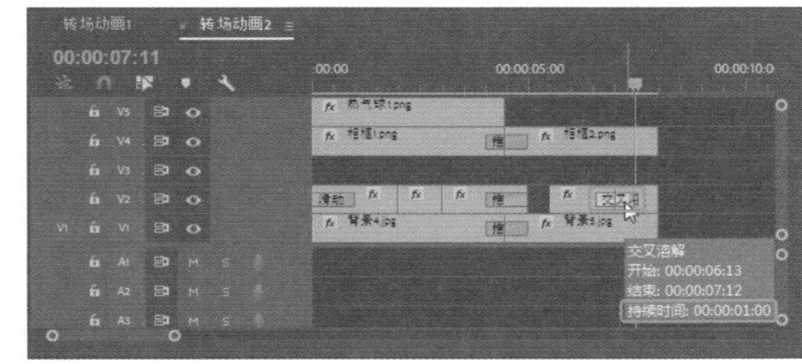

图10-70

Step 20 使用同样的方法，将【照片4-05.jpg】素材图片和【照片4-06.jpg】素材图片拖曳至V3轨道中，并在【效果控件】面板中进行相应的设置，在两个素材图片之间添加【交叉溶解】视频切换效果，将【持续时间】设置为00:00:01:00，如图10-71所示。

Step 21 将当前时间设置为00:00:05:00，在【项目】面板中将【热气球1.png】素材图片拖曳至V5轨道中，与时间线对齐，并将其结束处与V4轨道中的【相框2.png】

素材图片结束处对齐，如图10-72所示。

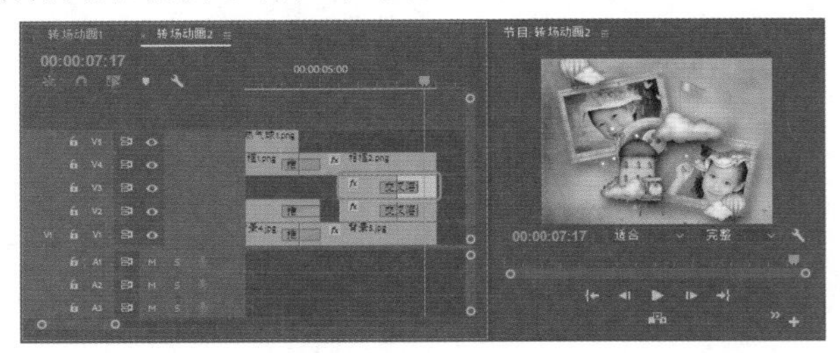

图10-71

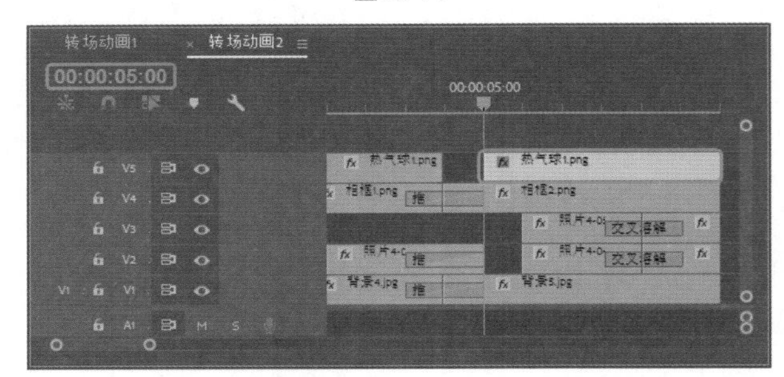

图10-72

Step 22 在【效果控件】面板中将【位置】设置为360、820，并单击左侧的【切换动画】按钮。将当前时间设置为00:00:06:00，将【位置】设置为360、-232，如图10-73所示。

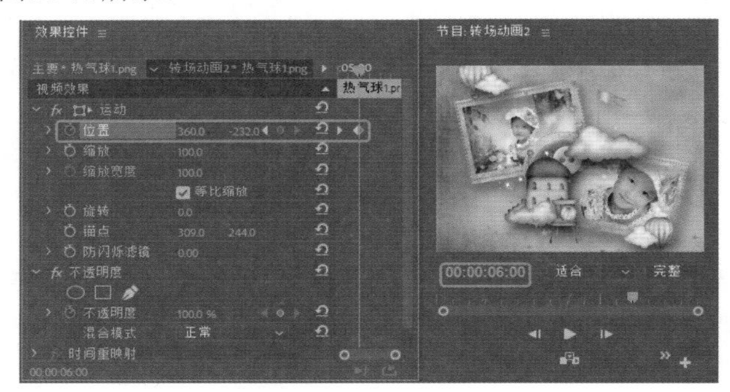

图10-73

实例 153 制作转场动画3序列

素材：

场景：儿童电子相册.prproj

因为转场动画3的照片背景比较简单，而且色调单一，所以选择了一个颜色比较鲜艳的沙滩背景，在展示照片的时候，首先选用一个卡通飞机拖动照片飞行，最后逐个展示大照片。

Step 01 新建序列，在菜单栏中选择【序列】|【添加轨道】命令，弹出【添加轨道】对话框，添加3视频轨道，添加0音频轨道，单击【确定】按钮，如图10-74所示。

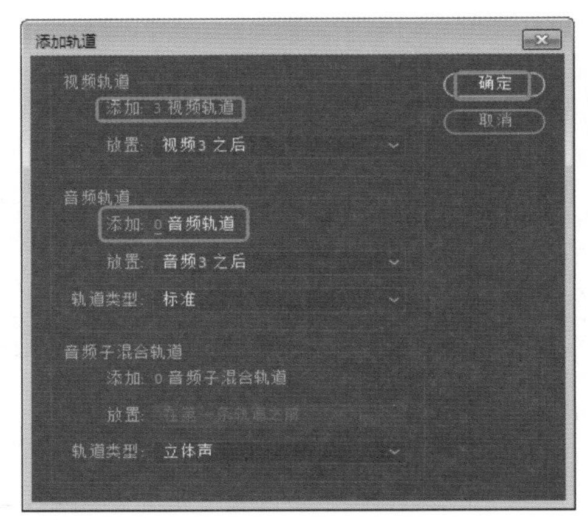

图10-74

Step 02 确认当前时间为00:00:00:00，在【项目】面板中将【背景2.jpg】素材图片拖曳至V1轨道上，与时间线对齐，并将其【持续时间】设置为00:00:08:12，如图10-75所示。

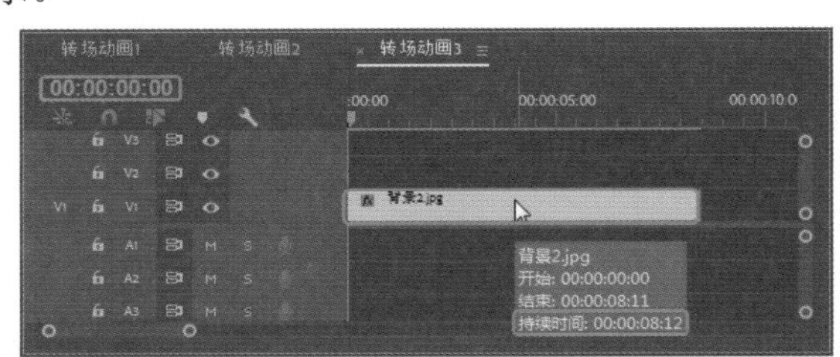

图10-75

Step 03 确认【背景2.jpg】素材图片处于选择状态，在【效果控件】面板中将【位置】设置为360、400，将【缩放】设置为20.5，如图10-76所示。

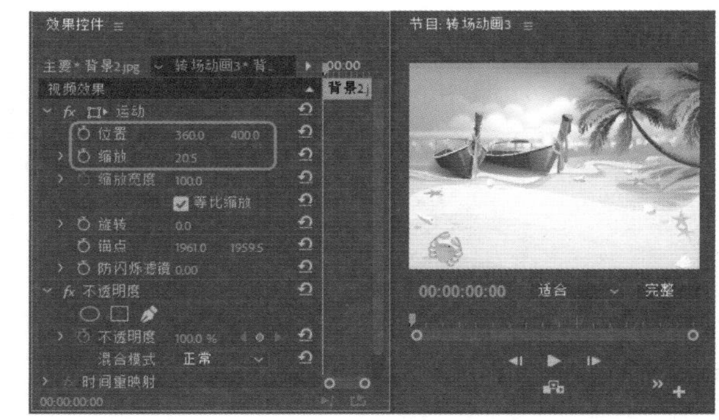

图10-76

Step 04 将当前时间设置为00:00:04:00，在【项目】面板中将【照片1-01.png】素材图片拖曳至V2轨道上，与时间线对齐，并将其结束处与V1轨道中的【背景2.jpg】素材图片的结束处对齐，在【效果控件】面板中将【位置】设置为-105、478，将【缩放】设置为15，将【旋转】设置为-113°，并单击【位置】和【旋转】左侧的【切换动画】按钮，如图10-77所示。

Step 05 将当前时间设置为00:00:05:00，在【效果控件】面板中将【位置】设置为432、339，将【旋转】设置为

27°，如图10-78所示。

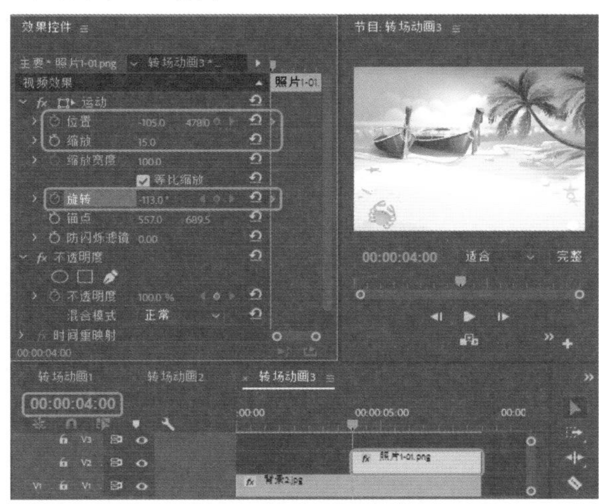

图10-77

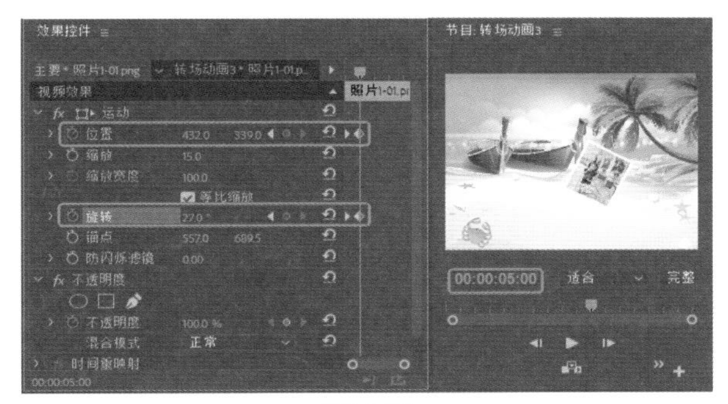

图10-78

Step 06 将当前时间设置为00:00:05:12，在【项目】面板中将【照片1-02.png】素材图片拖曳至V3轨道上，与时间线对齐，并将其结束处与V2轨道中【照片1-01.png】素材图片结束处对齐，然后在【效果控件】面板中将【位置】设置为937、543，将【缩放】设置为15，将【旋转】设置为339°，并单击【位置】和【旋转】左侧的【切换动画】按钮。将当前时间设置为00:00:06:12，在【效果控件】面板中将【位置】设置为266、356，将【旋转】设置为-28°，如图10-79所示。

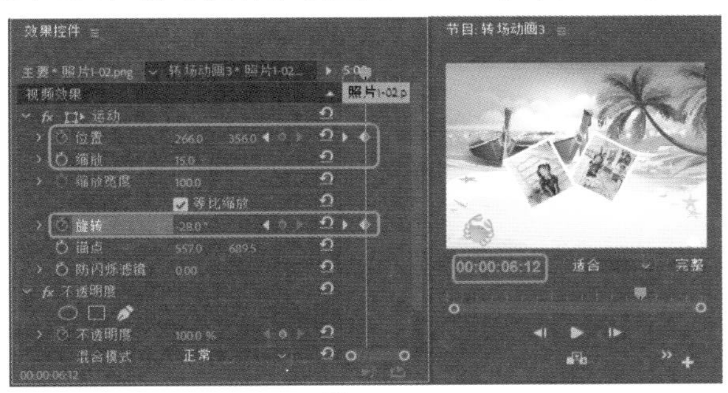

图10-79

Step 07 将当前时间设置为00:00:07:00，在【项目】面板中将【照片1-03.png】素材图片拖曳至V4轨道上，与时间线对齐，并将其结束处与V3轨道中【照片1-02.png】素材图片结束处对齐，然后在【效果控件】面板中将【位置】设置为360、680，将【缩放】设置为15，将【旋转】设置为162°，并单击【位置】和【旋转】左侧的【切换动画】按钮。将当前时间设置为00:00:07:12，在【效果控件】面板中将【位置】设置为360、452，将【旋转】设置为0°，如图10-80所示。

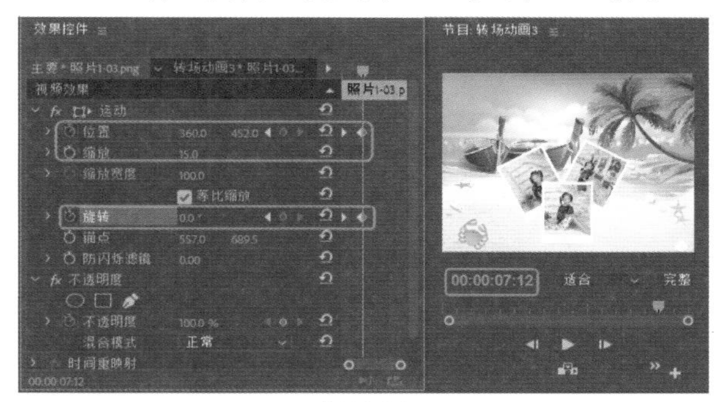

图10-80

Step 08 将当前时间设置为00:00:00:00，在【项目】面板中将【飞机.png】素材图片拖曳至V6轨道中，与时间线对齐，并将其持续时间设置为00:00:05:10，如图10-81所示。

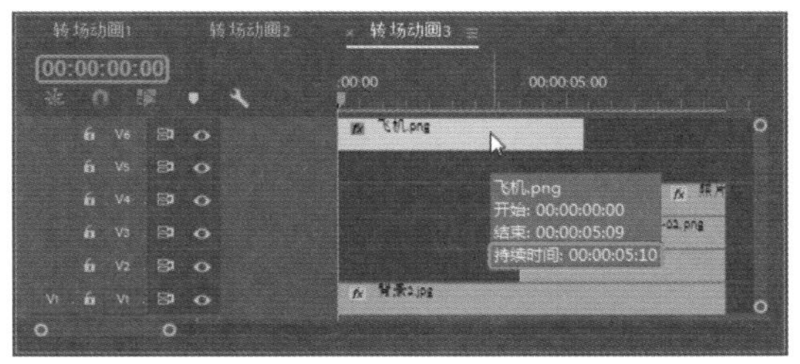

图10-81

Step 09 在【效果控件】面板中将【位置】设置为795、290，并单击左侧的【切换动画】按钮，将【缩放】设置为11。将当前时间设置为00:00:04:12，在【效果控件】面板中将【位置】设置为-520、-24，如图10-82所示。

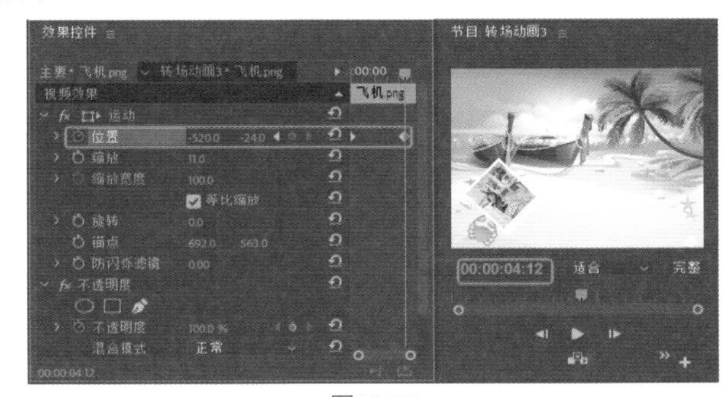

图10-82

Step 10 将当前时间设置为00:00:00:00，在【项目】面板中将【照片1-04.png】素材图片拖曳至V5轨道上，与时间线对齐，并将其结束处与V6轨道中的【飞机.png】素材图片结束处对齐。在【效果控件】面板中将【位置】

设置为830、347，并单击左侧的【切换动画】按钮，将【缩放】设置为11，将【锚点】设置为70、124.5。将当前时间设置为00:00:04:12，在【效果控件】面板中将【位置】设置为-475、3，如图10-83所示。

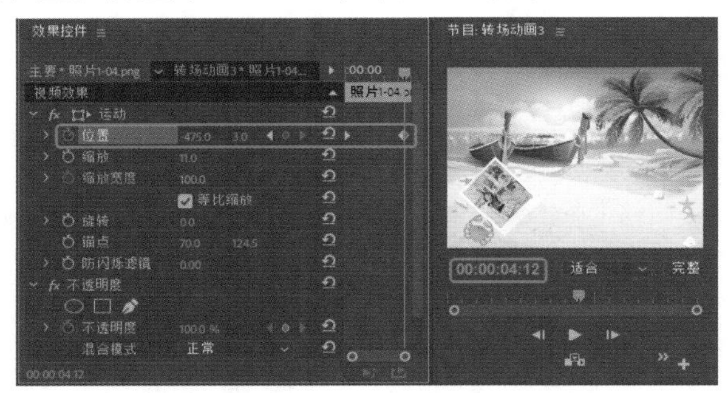

图10-83

Step 11 将当前时间设置为00:00:00:12，在【效果控件】面板中单击【旋转】左侧的【切换动画】按钮，即可添加关键帧，如图10-84所示。

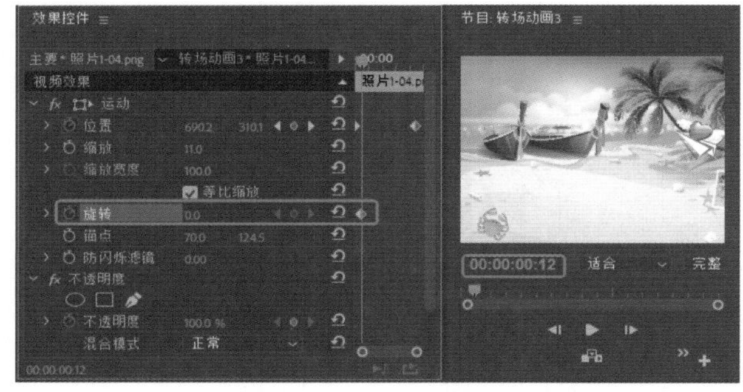

图10-84

Step 12 将当前时间设置为00:00:01:12，在【效果控件】面板中将【旋转】设置为10°，如图10-85所示。

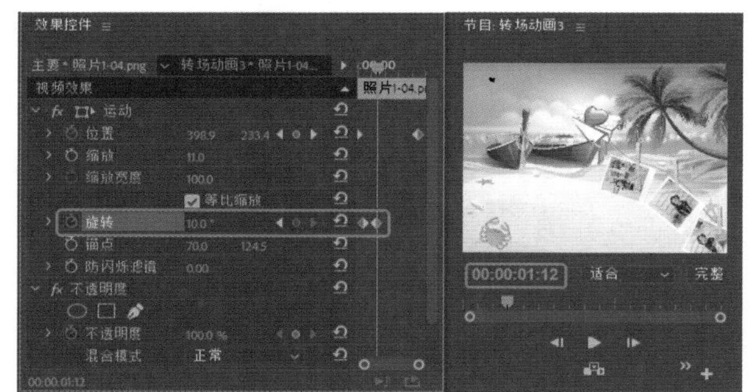

图10-85

Step 13 将当前时间设置为00:00:03:12，将【旋转】设置为-10°。将当前时间设置为00:00:04:12，将【旋转】设置为0°，如图10-86所示。

提示

由于飞机与【照片1-04.png】都起始并结束于屏幕外，所以在设置关键帧时在屏幕中看不到，用户可以通过拖动时间线来查看运动效果。

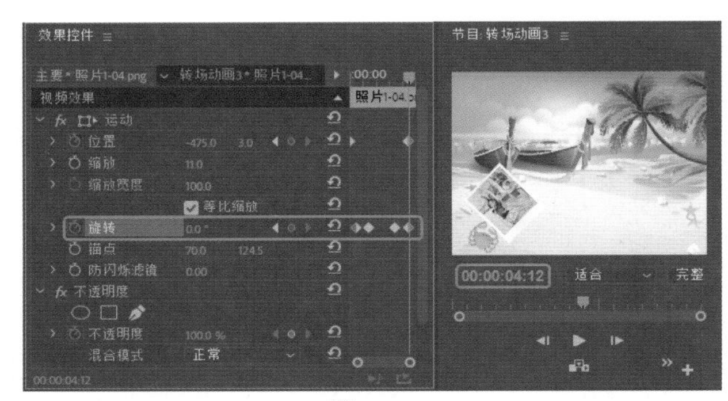

图10-86

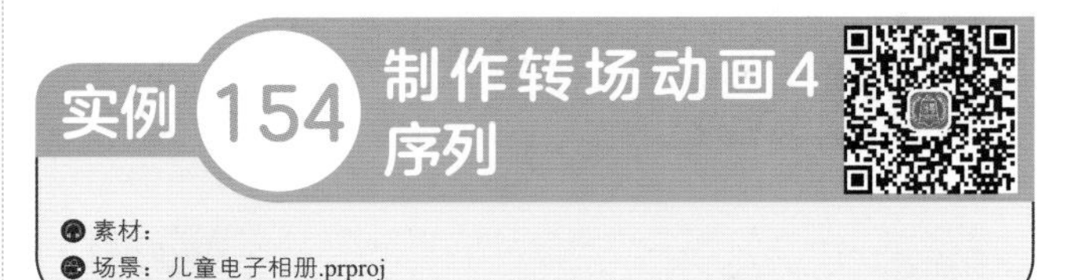

实例 154 制作转场动画4序列

素材：

场景：儿童电子相册.prproj

在制作转场动画4序列时，因为照片素材比较多，所以没有选择背景图片，而是先全屏幕展示3张照片，然后将多个照片逐一展示出来，从而铺满整个屏幕。

Step 01 新建“转场动画4”序列。在菜单栏中选择【序列】|【添加轨道】命令，弹出【添加轨道】对话框，在该对话框中添加9视频轨道，添加0音频轨道，单击【确定】按钮，如图10-87所示。

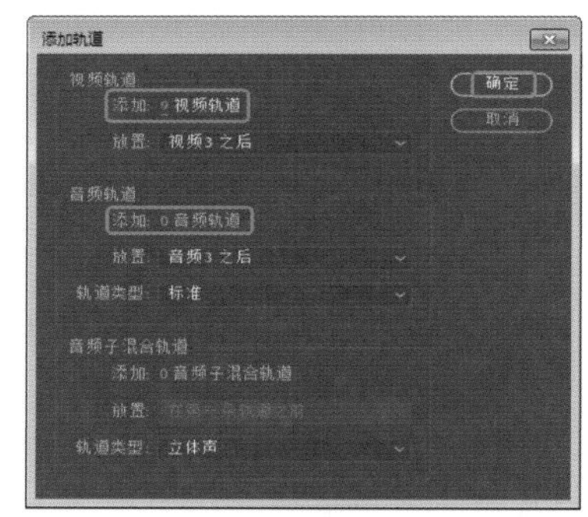

图10-87

Step 02 确认当前时间为00:00:00:00，在【项目】面板中将【照片2-01.jpg】素材图片拖曳至V1轨道上，与时间线对齐，并将其持续时间设置为00:00:02:12，如图10-88所示。

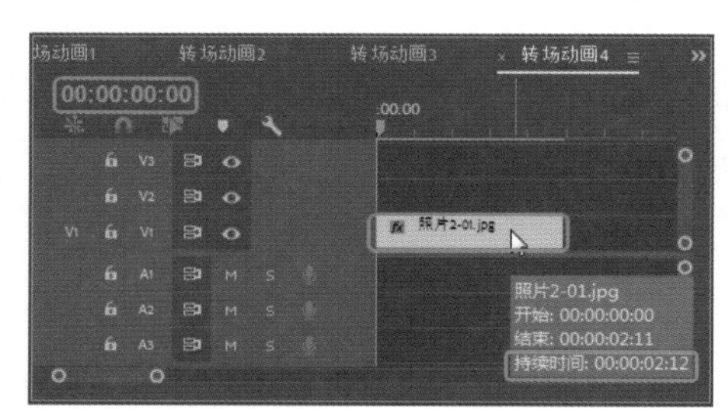

图10-88

Step 03 在【效果控件】面板中将【位置】设置为360、700，并单击左侧的【切换动画】按钮⏱，将【缩放】设置为123，如图10-89所示。

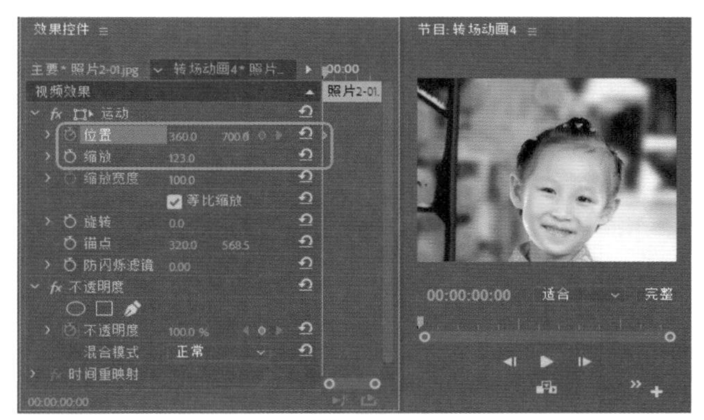

图10-89

Step 04 将当前时间设置为00:00:01:12，在【效果控件】面板中将【位置】设置为360、492，如图10-90所示。

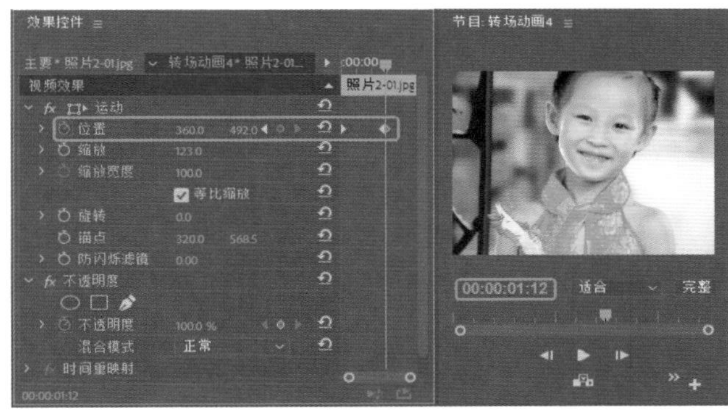

图10-90

Step 05 在【项目】面板中将【照片2-02.jpg】素材图片拖曳至V1轨道上，与【照片2-01.jpg】素材图片结束处对齐，将其【持续时间】设置为00:00:01:13，如图10-91所示。

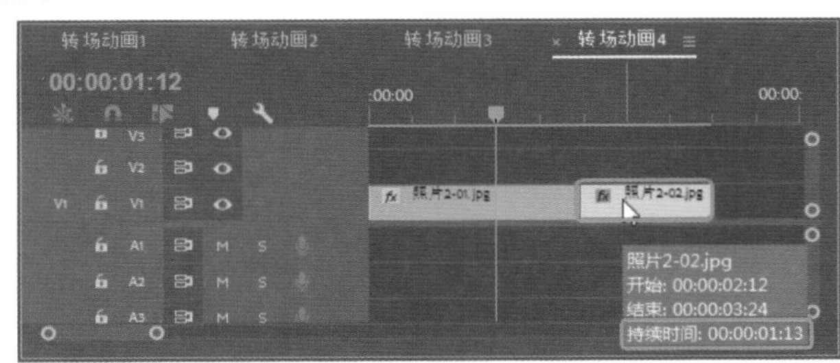

图10-91

Step 06 在【效果控件】面板中将【位置】设置为360、354，将【缩放】设置为123，如图10-92所示。

Step 07 在【项目】面板中将【照片2-03.jpg】素材图片拖曳至V1轨道上，与【照片2-02.jpg】素材图片结束处对齐，将其【持续时间】设置为00:00:11:12，然后在【效果控件】面板中将【位置】设置为360、395，将【缩放】设置为123，如图10-93所示。

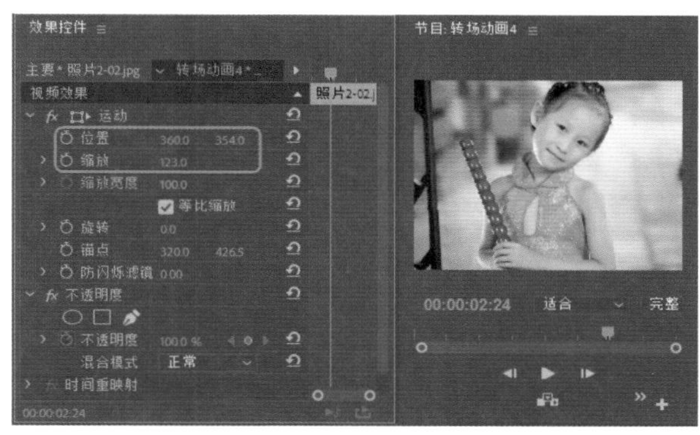

图10-92

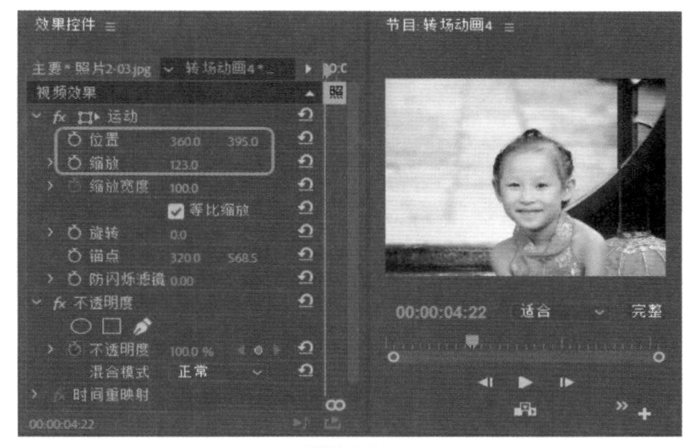

图10-93

Step 08 在【效果】面板中搜索【高斯模糊】特效，并将其拖曳至V1轨道中【照片2-03.jpg】素材图片上，即可为素材图片添加该特效。将【效果控件】面板中【高斯模糊】选项组下的【模糊度】设置为20，如图10-94所示。

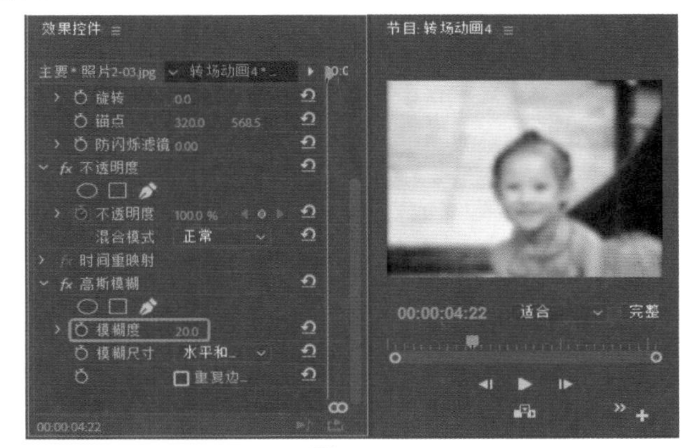

图10-94

Step 09 在素材图片【照片2-01.jpg】和【照片2-02.jpg】之间，以及素材图片【照片2-02.jpg】和【照片2-03.jpg】之间添加【交叉溶解】视频切换效果，将【持续时间】设置为00:00:01:00，如图10-95所示。

Step 10 将当前时间设置为00:00:00:00，在【项目】面板中将【热气球2.png】素材图片拖曳至V2轨道上，与时间线对齐，将其结束处与V1轨道中【照片2-03.jpg】素材图片结束处对齐。在【效果控件】面板中，将【位置】设置为-282、495，并单击左侧的【切换动画】按钮，将【缩放】设置为30。将当前时间设置为00:00:11:00，将【位置】设置为435、495，如图10-96所示。

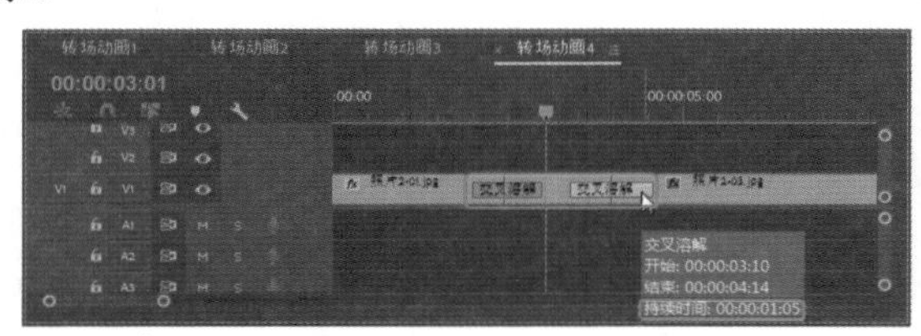

图10-95

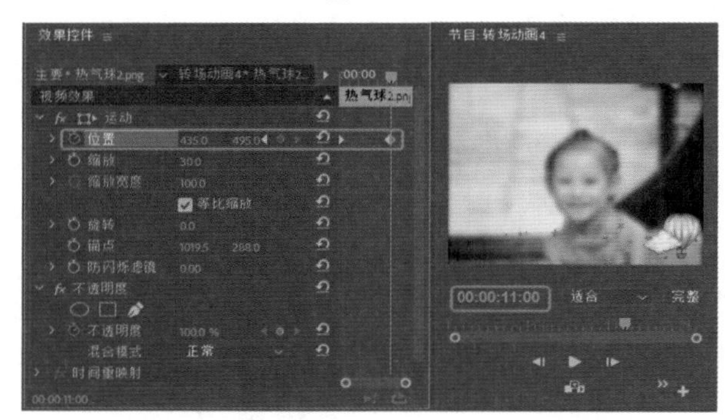

图10-96

Step 11 将当前时间设置为00:00:05:00，在【项目】面板中将【照片2-04.jpg】素材图片拖曳至V3轨道上，与时间线对齐，并将其结束处与V2轨道中【热气球2.png】素材图片结束处对齐，然后在【效果控件】面板中将【位置】设置为812、288，单击左侧的【切换动画】按钮，将【缩放】设置为76.6，如图10-97所示。

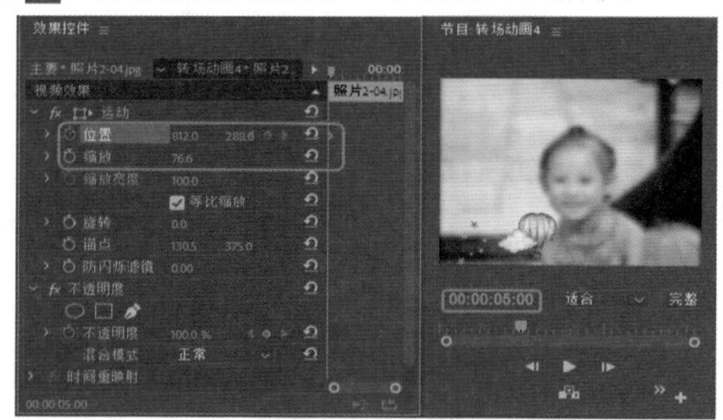

图10-97

Step 12 将当前时间设置为00:00:06:00，在【效果控件】面板中将【位置】设置为92、288，如图10-98所示。

Step 13 将当前时间设置为00:00:06:12，在【项目】面板中将【照片2-05.jpg】素材图片拖曳至V4轨道上，与时间线对齐，并将其结束处与V3轨道中【照片2-04.jpg】素材图片结束处对齐，在【效果控件】面板中将【位置】设置为271、98，将【缩放】设置为76.6，如图10-99所示。

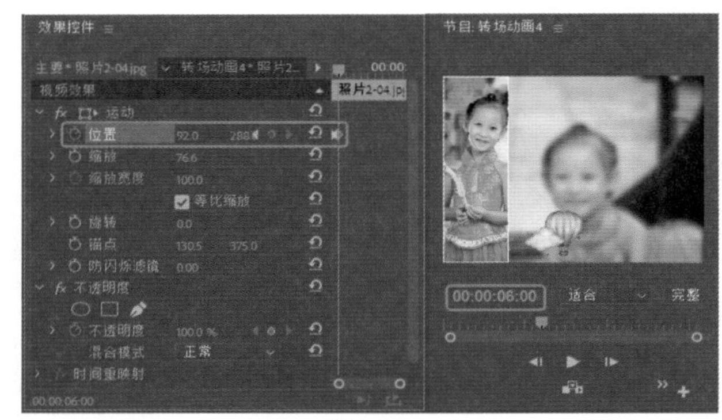

图10-98

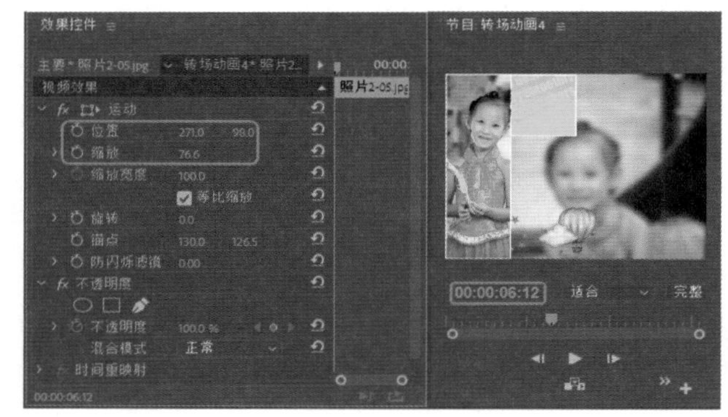

图10-99

Step 14 将当前时间设置为00:00:14:12，在【效果控件】面板中将【不透明度】设置为0%。将当前时间设置为00:00:15:00，在【效果控件】面板中将【不透明度】设置为100%，如图10-100所示。

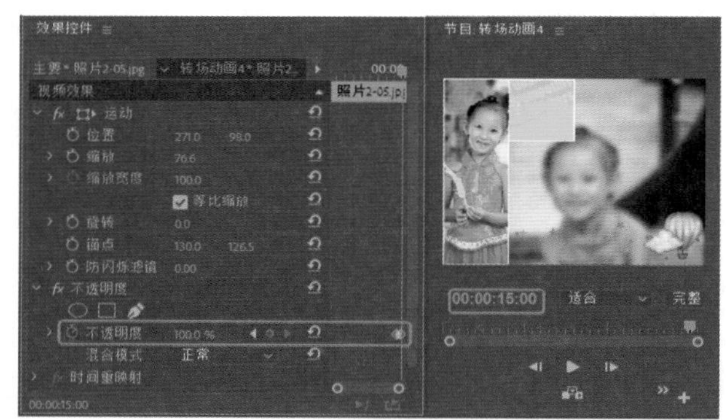

图10-100

Step 15 将当前时间设置为00:00:06:12，在【项目】面板中将【照片2-06.jpg】素材图片拖曳至V5轨道上，与时间线对齐，并将其结束处与V4轨道中【照片2-05.jpg】素材图片结束处对齐。然后将当前时间设置为00:00:11:12，在【效果控件】面板中将【位置】设置为271、288，将【缩放】设置为76.6，将【不透明度】设置为0%。将当前时间设置为00:00:11:24，将【不透明度】设置为100%，如图10-101所示。

Step 16 结合前面介绍的方法，继续在视频轨道中添加素材图片，并对素材图片进行设置，如图10-102所示。

图10-101

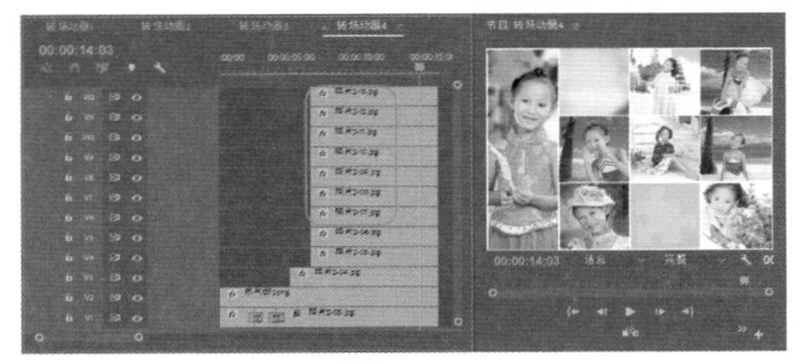

图10-102

实例155 嵌套序列

素材：
场景：儿童电子相册.prproj

制作完成开始动画序列，以及各种转场动画序列后，需要将它们嵌套在一个新的序列中，才能组成完整的动画效果。本案例将介绍嵌套序列的方法。

Step 01 新建“儿童电子相册”序列。将当前时间设置为00:00:00:00，在【项目】面板中将【照片.jpg】素材图片拖曳至V1轨道上，与时间线对齐，并将其持续时间设置为00:00:59:00，如图10-103所示。

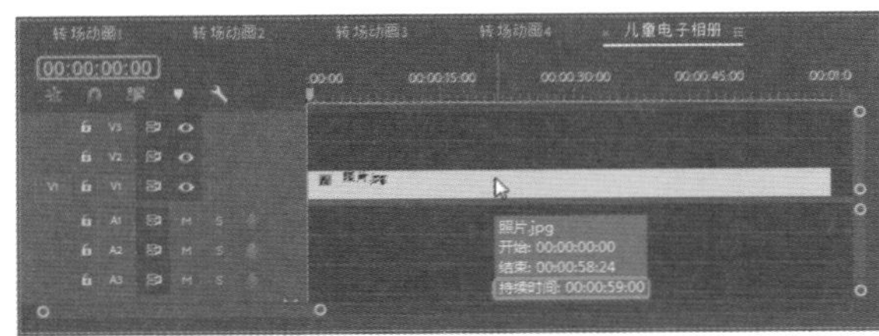

图10-103

Step 02 确认【照片.jpg】素材图片处于选择状态，在【效果控件】面板中将【缩放】设置为130，如图10-104所示。

Step 03 在【效果】面板中搜索【高斯模糊】视频特效，并将其拖曳至V1轨道中【照片.jpg】素材图片上，即可为素材图片添加该特效。将当前时间设置为00:00:00:00，将【模糊度】设置为0，单击左侧的【切换动画】按钮。将当前时间设置为00:00:02:07，将【模糊度】设置为22。将当前时间设置为00:00:09:05，将【模糊度】设置为0，如图10-105所示。

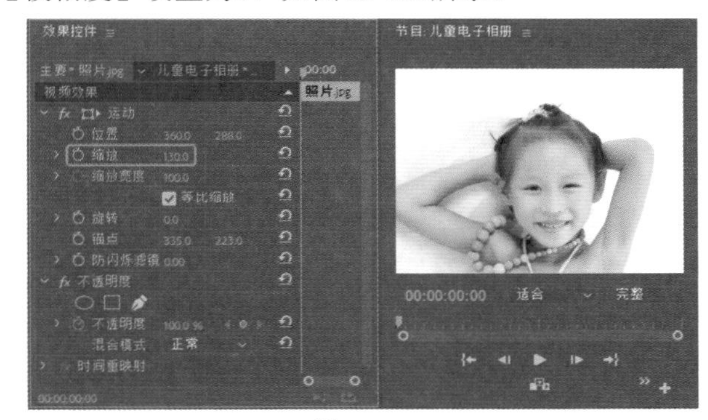

图10-104

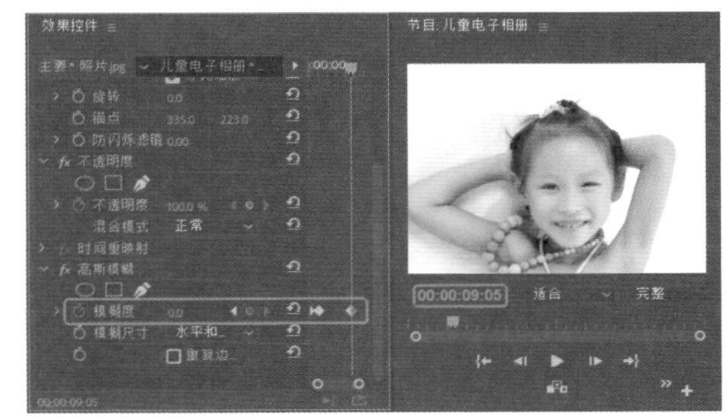

图10-105

Step 04 确认当前时间为00:00:00:00，在【项目】面板中将【开始动画】序列拖曳至V2轨道中，与时间线对齐，如图10-106所示。

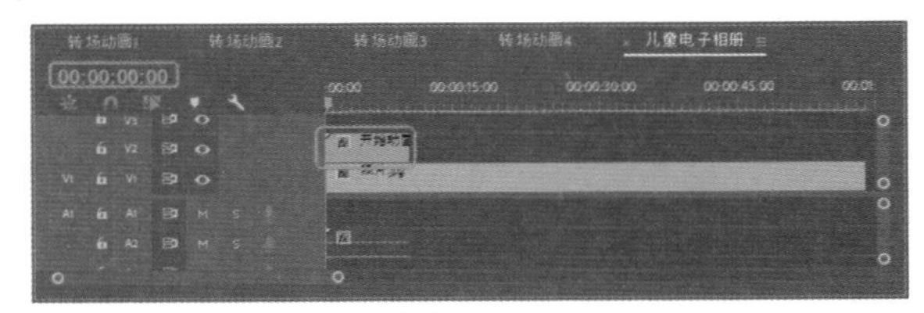

图10-106

Step 05 在【开始动画】序列上单击鼠标右键，在弹出的快捷菜单中选择【取消链接】命令。然后选择V2轨道中的【开始动画】序列，按Delete键将其删除。将当前时间设置为00:00:13:00，在【项目】面板中将【转场动画1】序列拖曳至V2轨道上，与时间线对齐，且将V2轨道中的【转场动画1】取消链接，将音频序列删除，如图10-107所示。

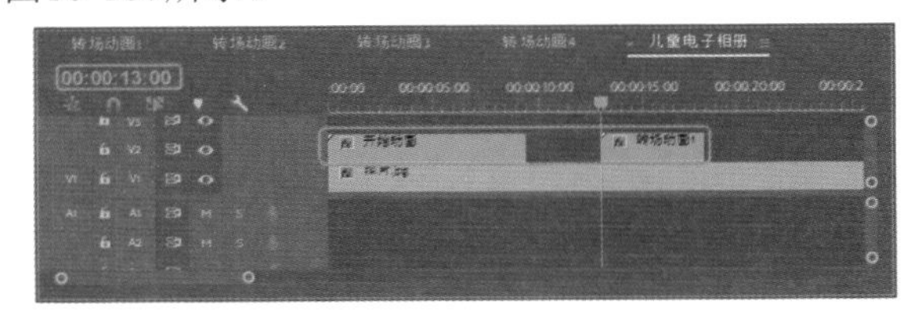

图10-107

◎提示

【取消链接】：在编辑工作中，经常需要将序列中的视、音频链接素材的视频和音频部分分离。用户可以完全打断或者暂时释放链接素材的链接关系并重新放置其各部分。当然，很多时候也需要将各自独立的视频和音频链接在一起，作为一个整体调整。

Step 06 使用同样的方法，将其他序列拖曳至V2轨道上，并删除V2轨道中的序列，如图10-108所示。

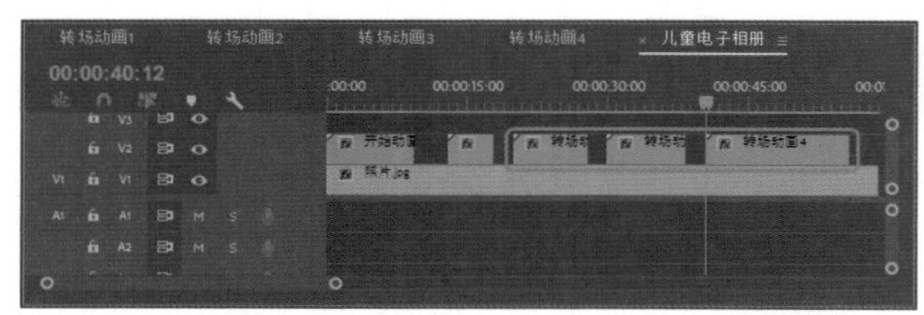

图10-108

◎提示

【嵌套序列】：可以将一个序列嵌套到另外一个序列中，作为一整段素材使用。对嵌套序列的源序列进行修改，会影响到嵌套序列；而对嵌套序列的修改则不会影响到其源序列。使用嵌套可以完成普通剪辑无法完成的复杂工作，并且可以在很大程度上提高工作效率。双击嵌套序列，可以直接回到其源序列中进行编辑。

实例156 制作进度条动画

素材：
场景：儿童电子相册.prproj

在制作进度条动画时，需要对设计思路进行分析，不仅要考虑进度条的外观样式，还要考虑如何将进度条动画与嵌套序列结合起来。播放完开始动画后，将显示进度条，以及小鲸鱼运动，从而完成进度条动画的制作。

Step 01 在菜单栏中选择【文件】|【新建】|【旧版标题】命令，弹出【新建字幕】对话框，输入【名称】为【进度条】，单击【确定】按钮，在弹出的字幕编辑器中选择【矩形工具】绘制矩形。选择绘制的矩形，在【变换】选项组中将【宽度】设置为790.2，将【高度】设置为18.2，将【X位置】设置为392，将【Y位置】设置为87，在【填充】选项组中将【颜色】的RGB值设置为8、165、255，将【不透明度】设置为20%，如图10-109所示。

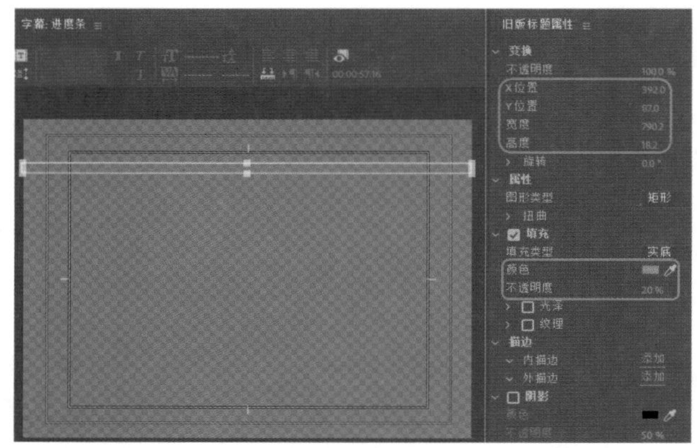

图10-109

Step 02 选择绘制的矩形，按Ctrl+C组合键进行复制，然后按Ctrl+V组合键进行粘贴。确认复制后的矩形处于选择状态，在【变换】选项组中将【宽度】设置为790.2，将【高度】设置为5，将【X位置】设置为392，将【Y位置】设置为87，在【填充】选项组中将【不透明度】设置为100%，如图10-110所示。

图10-110

Step 03 选择【钢笔工具】绘制心形。选择绘制的心形，在【变换】选项组中将【X位置】设置为110.6，将【Y位置】设置为87.3，在【属性】选项组中将【图形类型】设置为【填充贝塞尔曲线】，在【填充】选项组中将【颜色】的RGB值设置为247、148、30，如图10-111所示。

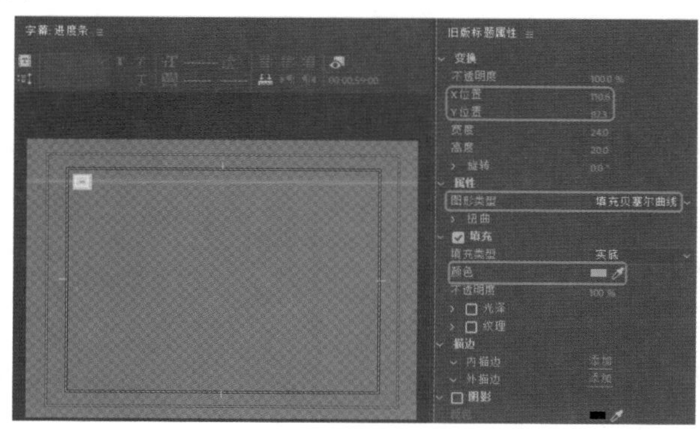

图10-111

Step 04 复制3个绘制的心形，并调整心形位置，如图10-112所示。

图10-112

Step 05 在字幕编辑器中单击【基于当前字幕新建字幕】按钮，弹出【新建字幕】对话框，输入【名称】为【红心】，单击【确定】按钮，返回到字幕编辑器中，将除左侧心形以外的所有图形删除，然后选择左侧心形，在【填充】选项组中将【颜色】的RGB值设置为237、28、36，如图10-113所示。

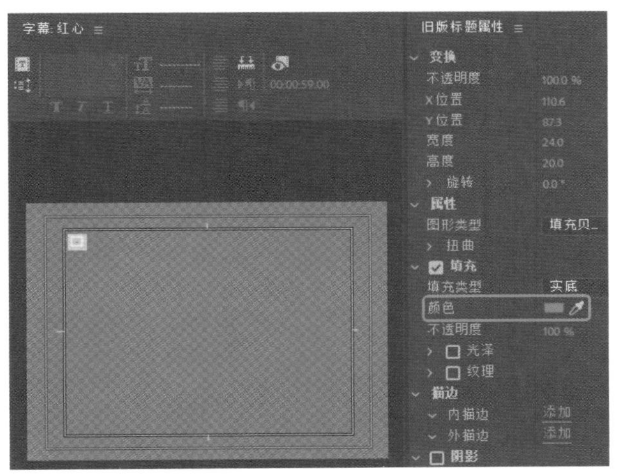

图10-113

Step 06 将当前时间设置为00:00:09:12，在【项目】面板中将【进度条】字幕拖曳至V3轨道上，与时间线对齐，并将其结束处与V2轨道中【转场动画1】序列的开始处对齐，如图10-114所示。

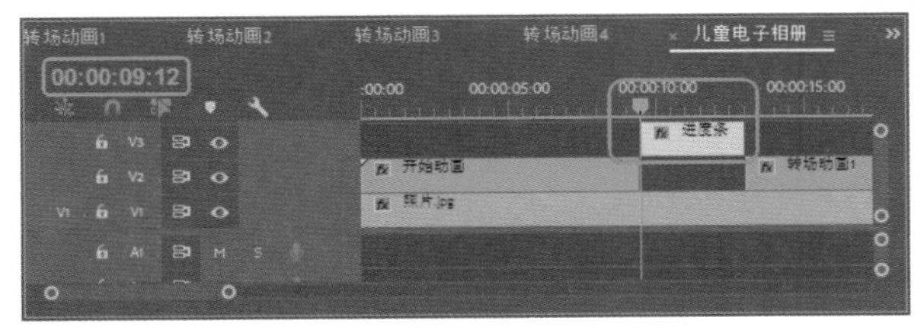

图10-114

Step 07 为【进度条】字幕添加【线性擦除】视频特效，然后在【效果控件】面板中将【过渡完成】设置为100%，并单击左侧的【切换动画】按钮，将【擦除角度】设置为-90°。将当前时间设置为00:00:10:12，将【过渡完成】设置为0%，如图10-115所示。

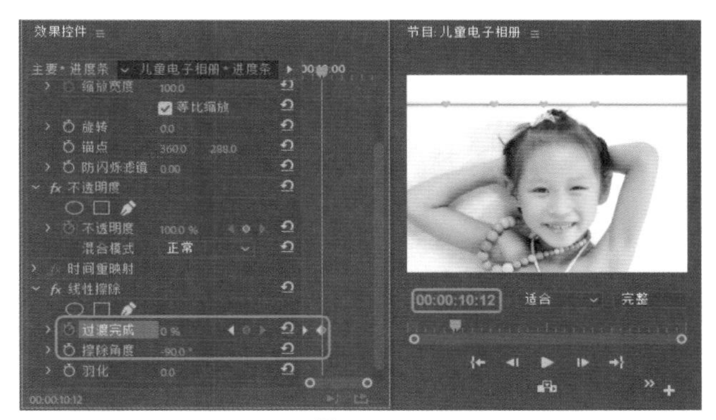

图10-115

提示

【线性擦除】：用黑色区域从图像的一边向另一边抹去，最后图像完全消失。

Step 08 在菜单栏中选择【序列】|【添加轨道】命令，弹出【添加轨道】对话框，添加9视频轨道，添加0音频轨道，单击【确定】按钮，即可添加视频轨。将当前时间设置为00:00:10:08，在【项目】面板中将【可爱鲸鱼2.png】素材图片拖曳至V4轨道上，与时间线对齐，并将其结束处与V3轨道中【进度条】字幕结束处对齐，在【效果控件】面板中将【位置】设置为627、74，将【缩放】设置为5，如图10-116所示。

图10-116

Step 09 为【可爱鲸鱼2.png】素材图片添加【线性擦除】视频特效，然后在【效果控件】面板中将【过渡完成】设置为100%，并单击左侧的【切换动画】按钮，将【擦除角度】设置为-90°。将当前时间设置为00:00:10:10，将【过渡完成】设置为0%，如图10-117所示。

提示

在实际操作过程中，系统默认是3条视频轨道，用户也可以将对象直接拖动V3轨道的上方，系统会自动新建V4轨道。

Step 10 将当前时间设置为00:00:10:24，在【项目】面板中将【可爱鲸鱼1.png】素材图片拖曳至V5轨道上，与时间线对齐，并将其结束处与V4轨道中【可爱鲸鱼2.png】素材图片结束处对齐，在【效果控件】面板中将【位置】设置为-33、74，单击左侧的【切换动画】按钮，将【缩放】设置为5。将当前时间设置为00:00:11:24，将【位置】设置为94、74，如图10-118所示。

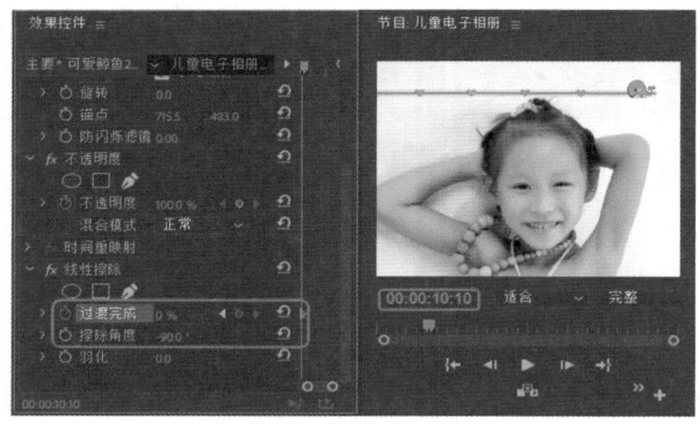

图10-117

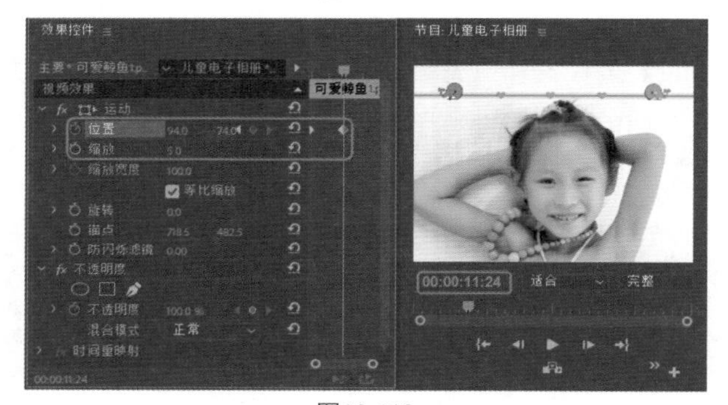

图10-118

Step 11 将当前时间设置为00:00:18:00，在【项目】面板中将【进度条】字幕拖曳至V3轨道上，与时间线对齐，并将其结束处与V2轨道中【转场动画2】序列开始处对齐。在【项目】面板中将【红心】字幕和【可爱鲸鱼2.png】素材图片拖曳至V4和V5轨道上，将结束处与V3轨道中【进度条】字幕结束处对齐。选择【可爱鲸鱼2.png】素材图片，在【效果控件】面板中将【位置】设置为627、74，将【缩放】设置为5，如图10-119所示。

Step 12 确认当前时间为00:00:18:00，在【项目】面板中将【可爱鲸鱼1.png】素材图片拖曳至V6轨道上，与时间线对齐，将其结束处与V5轨道中【可爱鲸鱼2.png】素材图片结束处对齐。在【效果控件】面板中将【位置】设置为94、74，并单击左侧的【切换动画】按钮，将【缩放】设置为5。将当前时间设置为00:00:19:00，将【位置】设置为216.2、74，如图10-120所示。

Step 13 结合前面介绍的方法，制作其他进度条动画，效果如图10-121所示。

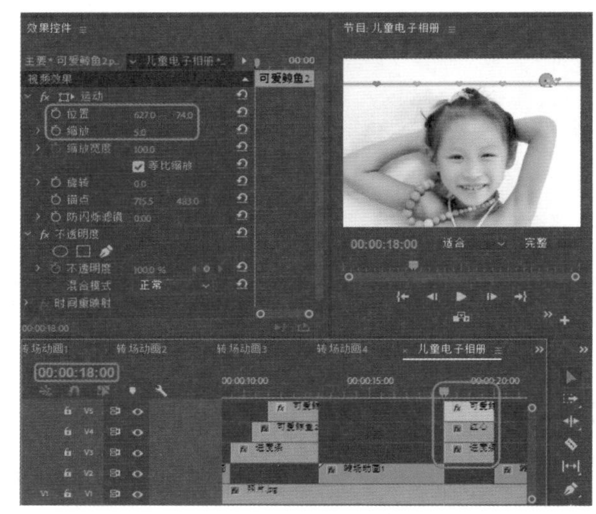

图10-119

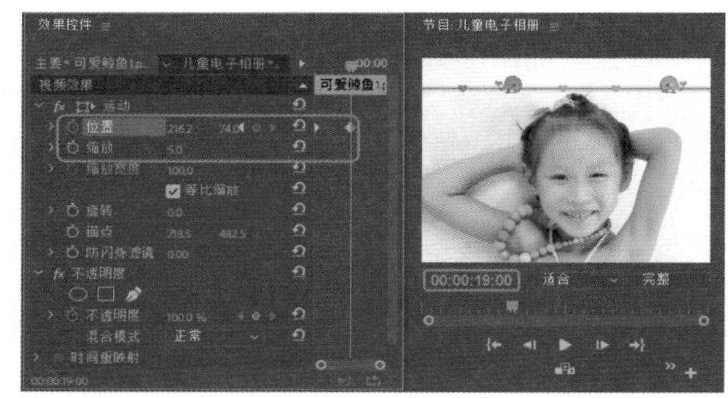

图10-120

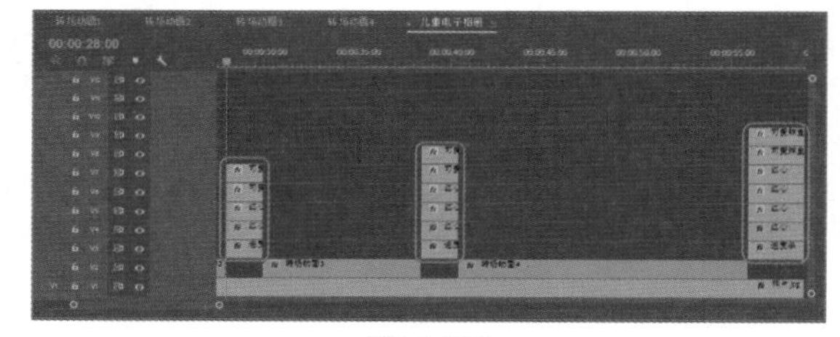

图10-121

提示

【切换动画】按钮：任何支持关键帧的效果属性都包括该按钮，单击该按钮可插入一个动画关键帧。插入动画关键帧（即激活关键帧）后，就可以添加和调整素材所需要的属性。

实例 157 制作父母寄语动画

素材：

场景：儿童电子相册.prproj

在儿童电子相册的最后添加了一个父母寄语动画，也是儿童电子相册的结束动画。本案例将介绍父母寄语动画的制作。

Step 01 将当前时间设置为00:00:56:18，在【项目】面板中将【心.png】素材图片拖曳至V10轨道中，与时间线对齐，将其结束处与V9轨道中【可爱鲸鱼1.png】素材文件结束处对齐，然后在【效果控件】面板中将【位置】设置为593、34，将【缩放】设置为6，如图10-122所示。

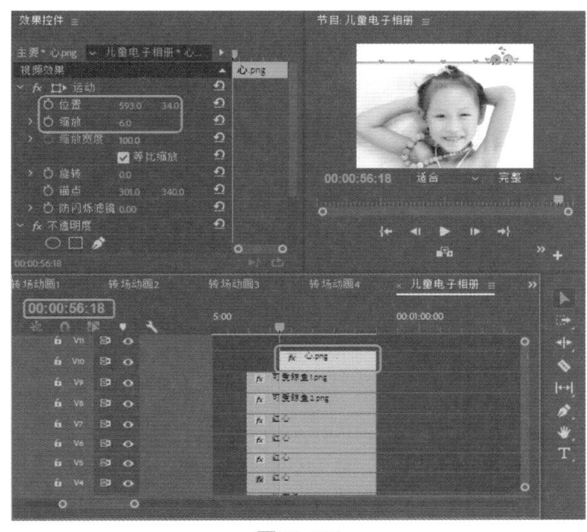

图10-122

Step 02 为【心.png】素材图片添加【线性擦除】视频特效，在【效果控件】面板中将【过渡完成】设置为100%，并单击左侧的【切换动画】按钮，将【擦除角度】设置为180°。将当前时间设置为00:00:57:06，将【过渡完成】设置为0%，如图10-123所示。

图10-123

Step 03 将当前时间设置为00:00:56:18，在【项目】面板中将【两颗心.png】素材图片拖曳至V11轨道上，与时间线对齐，将其结束处与V10轨道中【心.png】素材图片结束处对齐。在【效果控件】面板中将【位置】设置为360、347，将【缩放】设置为0，并单击【缩放】左侧的【切换动画】按钮。将当前时间设置为00:00:57:18，在【效果控件】面板中将【缩放】设置为16，如图10-124所示。

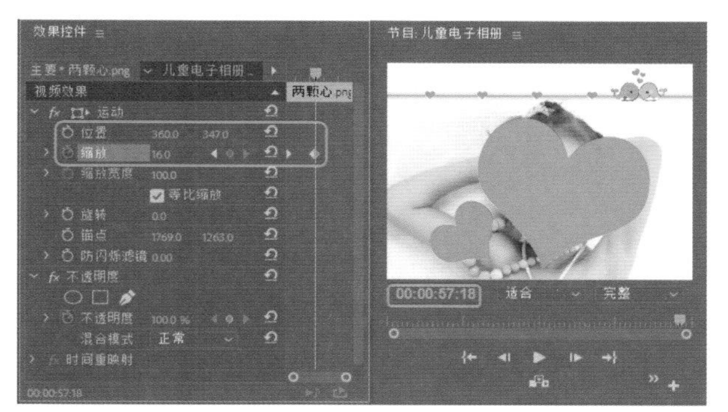

图10-124

Step 04 在菜单栏中选择【文件】|【新建】|【旧版标题】命令，弹出【新建字幕】对话框，输入【名称】为【父母寄语】，单击【确定】按钮，在弹出的字幕编辑器中选择【区域文字工具】，然后绘制文本框并输入文字。选择文本框，在【属性】选项组中将【字体系列】设置为【微软雅黑】，将【字体大小】设置为20，将【行距】设置为13；在【填充】选项组中将【颜色】设置为白色，在【变换】选项组中将【宽度】设置为304，将【高度】设置为266.3，将【旋转】设置为11.9°，将【X位置】设置为442.5，将【Y位置】设置为394.8，如图10-125所示。

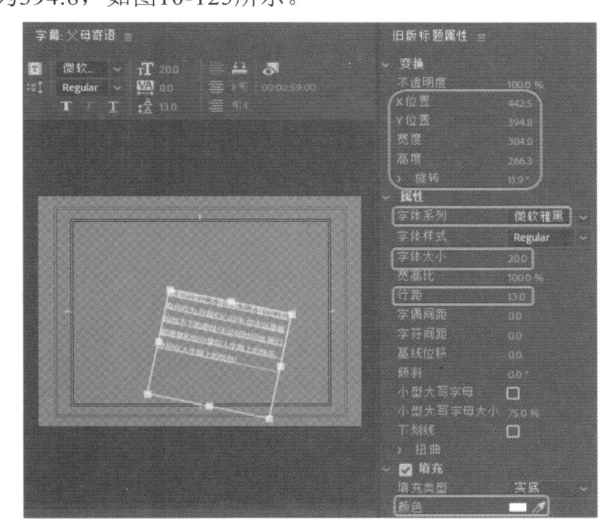

图10-125

Step 05 选择【文字工具】输入文字【父母寄语】。选择输入的文字，在【属性】选项组中将【字体系列】设置为【微软雅黑】，将【字体大小】设置为33，在【填充】选项组中将【颜色】设置为白色，在【变换】选项组中将【旋转】设置为320.6°，将【X位置】设置为202.5，将【Y位置】设置为461，如图10-126所示。

> **提示**
>
> 当需要输入大段的文字时，用户可以使用【区域文字工具】输入相应的文字。

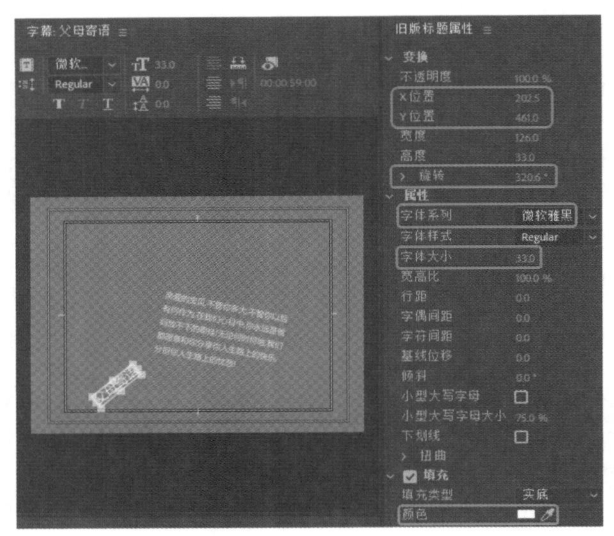
图10-126

Step 06 将当前时间设置为00:00:56:18，在【项目】面板中将【父母寄语】字幕拖曳至V12轨道上，与时间线对齐，将其结束处与V11轨道中【两颗心.png】素材图片结束处对齐。在【效果控件】面板中将【位置】设置为357、353，将【缩放】设置为0，并单击【缩放】左侧的【切换动画】按钮，将【锚点】设置为359、356。将当前时间设置为00:00:57:18，在【效果控件】面板中将【缩放】设置为100，如图10-127所示。

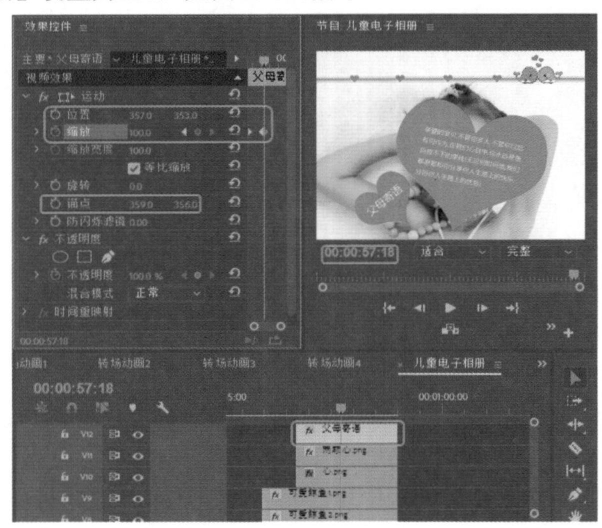
图10-127

提示

【锚点】：可以设置被设置对象的旋转或移动控制点。

实例158 添加背景音乐

素材：

场景：儿童电子相册.prproj

为电子相册添加背景音乐，可在观看动画时不觉得单调，起到锦上添花的作用。

Step 01 将当前时间设置为00:00:00:00，将【项目】面板中的【背景音乐.mp3】添加到【音频1】轨道上，将开始处与时间线对齐，如图10-128所示。

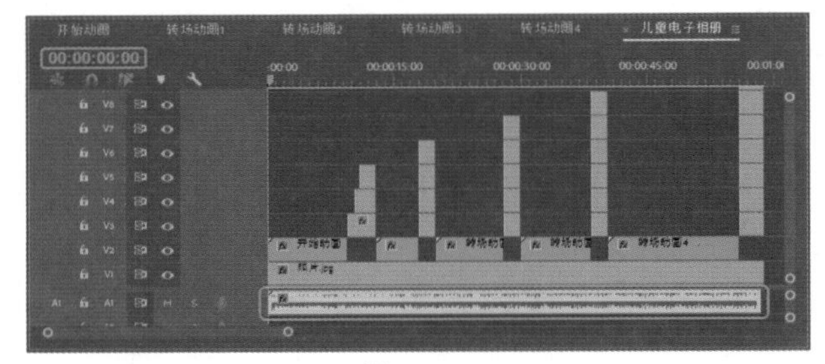
图10-128

Step 02 将当前时间设置为00:00:49:10，在【效果控件】面板中将【级别】设置为0.6dB。将当前时间设置为00:00:58:11，在【效果控件】面板中将【级别】设置为-200dB，如图10-129所示。

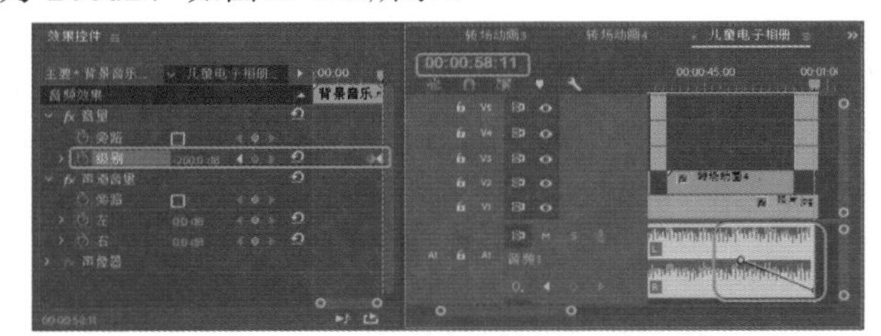
图10-129

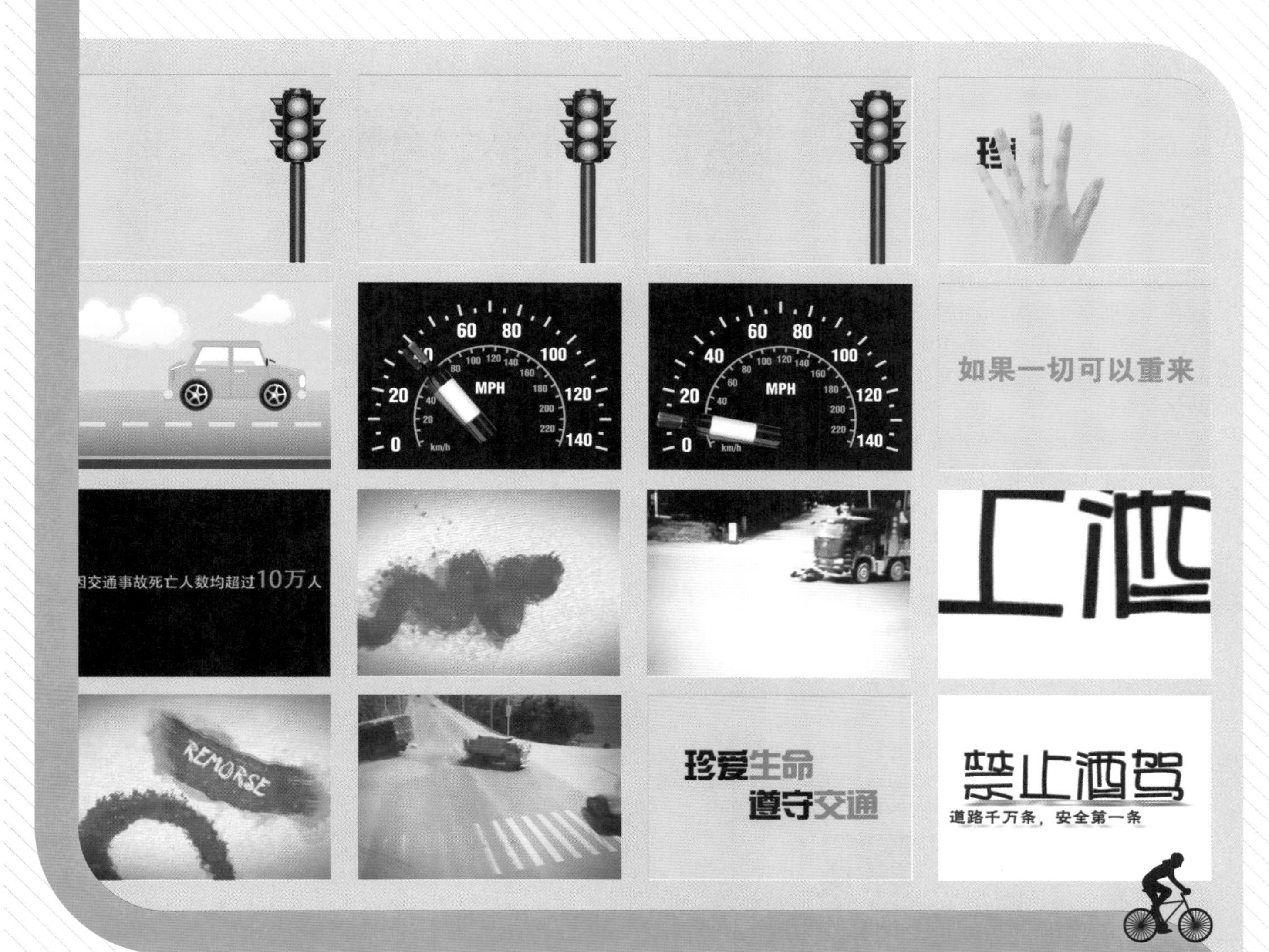

第11章 酒驾公益短片

随着“汽车社会”的临近，酒后驾驶行为所造成的事故越来越多，对社会的影响也越来越大，酒精正在成为越来越凶残的“马路杀手”。本章将根据前面所学的知识来制作酒驾公益短片，从而提醒人们遵守交通规则，预防交通事故发生。

实例159 制作闯红灯动画

素材：
场景：酒驾公益短片.prproj

本章中通过多个小动画来简单讲解了违反交通规则的危害，下面将介绍如何制作第一个动画效果。

Step 01 在欢迎界面中单击【新建项目】按钮，在弹出的对话框中将【名称】设置为【酒驾公益短片】，并指定其保存路径。

Step 02 设置完成后，单击【确定】按钮，完成新建项目。在【项目】面板的空白位置处双击鼠标，弹出【导入】对话框，选择1.jpg、2.jpg、【交通指示灯.png】、【手.png】、【背景.jpg】、【视频01.avi】、【视频02.mp4】、【视频03.avi】、【视频04.avi】、【车.png】、【车速表.png】、【轮胎.png】、【酒瓶.png】、【音频01.mp3】~【音频03.mp3】素材文件，单击【打开】按钮。

Step 03 新建序列，将【序列】名称设置为【闯红灯动画】。

Step 04 设置完成后，单击【确定】按钮，在【项目】面板空白处中右击鼠标，在弹出的快捷菜单中选择【新建项目】|【颜色遮罩】命令，如图11-1所示。

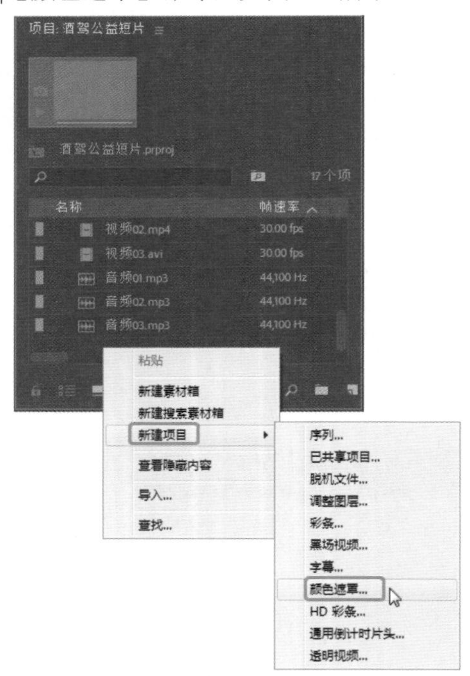

图11-1

Step 05 在弹出的【新建颜色遮罩】对话框中单击【确定】按钮，在弹出的【拾色器】对话框中将RGB值设置为252、209、17，如图11-2所示。

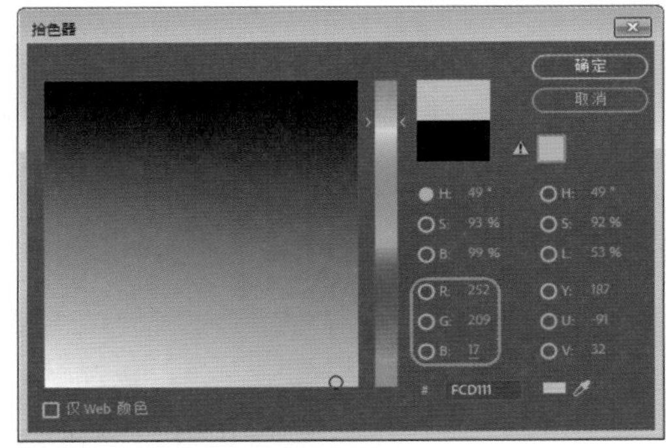

图11-2

Step 06 单击【确定】按钮，在弹出的对话框中将遮罩名称设置为【纯色背景】，如图11-3所示。

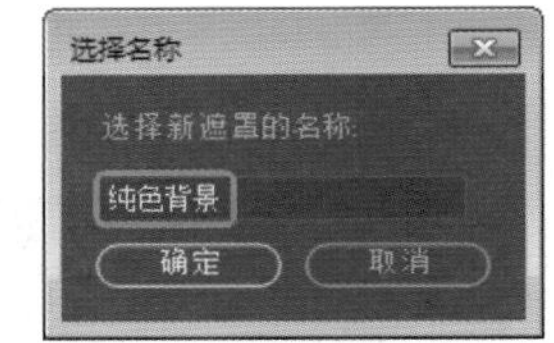

图11-3

Step 07 单击【确定】按钮。选中新建的【纯色背景】，将其拖曳至V1轨道中，在该对象上右击鼠标，在弹出的快捷菜单中选择【速度/持续时间】命令，如图11-4所示。

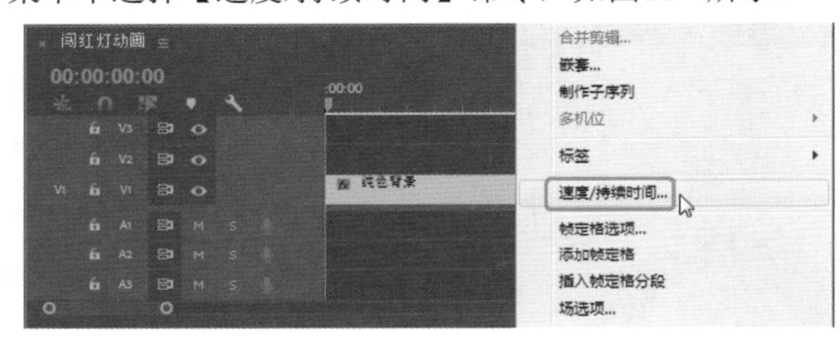

图11-4

Step 08 在弹出的【剪辑速度/持续时间】对话框中，将【持续时间】设置为00:00:10:15，如图11-5所示。

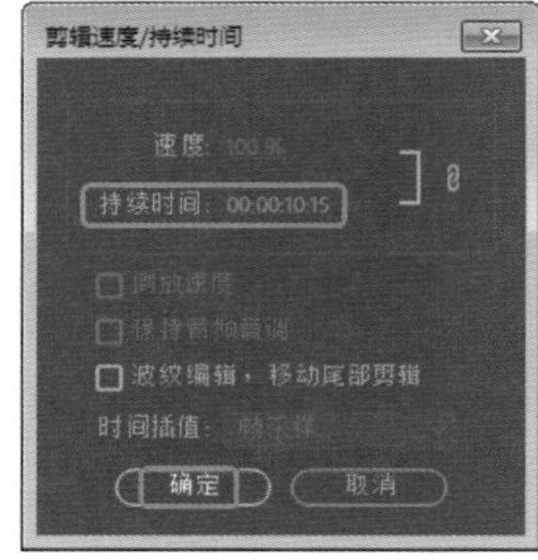

图11-5

Step 09 设置完成后，单击【确定】按钮。在【项目】面板中选择【交通指示灯.png】素材文件，将其拖曳至V2轨道中，并将其结尾处与V1轨道中【纯色背景】的结尾处对齐。选中该对象，在【效果控件】面板中将【位置】设置为626.3、276.2，将【缩放】设置为46，如图11-6所示。

Step 10 在菜单栏中选择【文件】|【新建】|【旧版标题】命令，在弹出的对话框中将【名称】设置为【红灯】，其他使用默认参数即可，如图11-7所示。

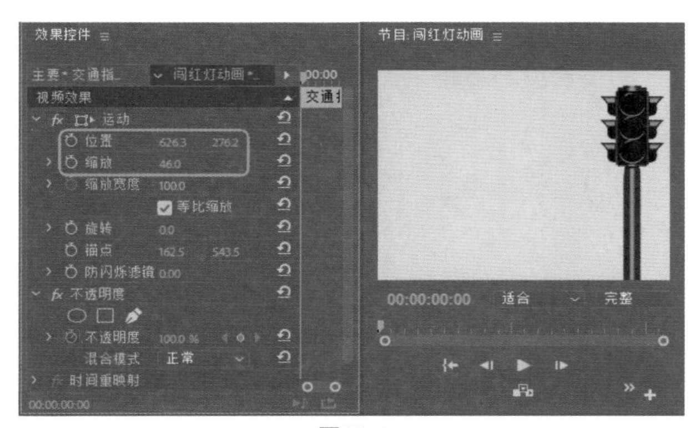

图11-6

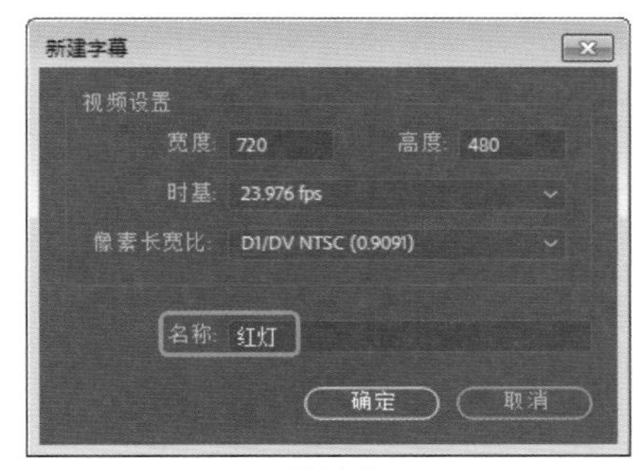

图11-7

Step 11 单击【确定】按钮，在弹出的字幕编辑器中，使用【椭圆工具】绘制一个椭圆，在【填充】选项组中将【填充类型】设置为【径向渐变】，将左侧色标的RGB值设置为255、240、0，将右侧色标的RGB值设置为255、0、0，在【变换】选项组中将【宽度】和【高度】分别设置为50.4、46.9，将【X位置】和【Y位置】分别设置为570.3、78.8，如图11-8所示。

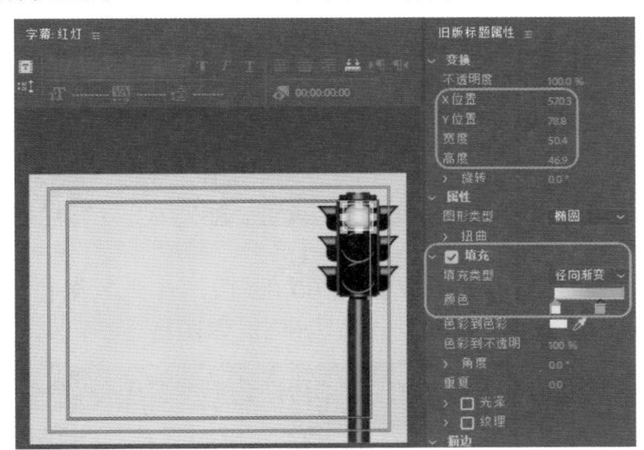

图11-8

Step 12 绘制完成后，在字幕编辑器中单击【基于当前字幕新建字幕】按钮，在弹出的对话框中将【名称】设置为【黄灯】，然后单击【确定】按钮，在【填充】选项组中将左侧色标的RGB值设置为255、252、0，将右侧色标的RGB值设置为255、120、0，在【变换】选项组中将【X位置】和【Y位置】分别设置为570.2、133.9，如图11-9所示。

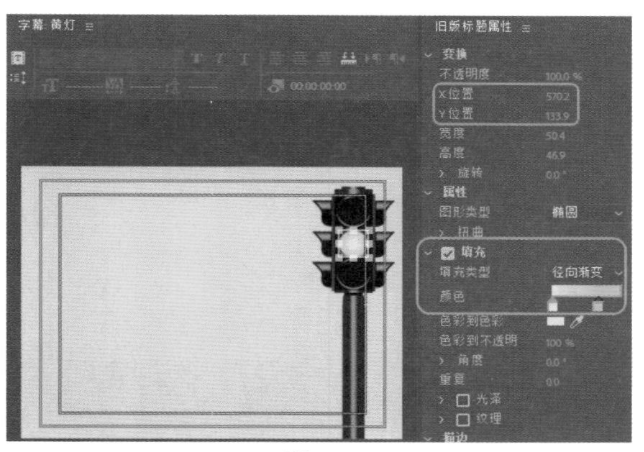

图11-9

Step 13 在字幕编辑器中单击【基于当前字幕新建字幕】按钮，在弹出的对话框中将【名称】设置为【绿灯】，然后单击【确定】按钮，在【填充】选项组中将左侧色标的RGB值设置为255、246、0，将右侧色标的RGB值设置为21、181、0，在【变换】选项组中将【X位置】和【Y位置】分别设置为570.2、187.7，如图11-10所示。

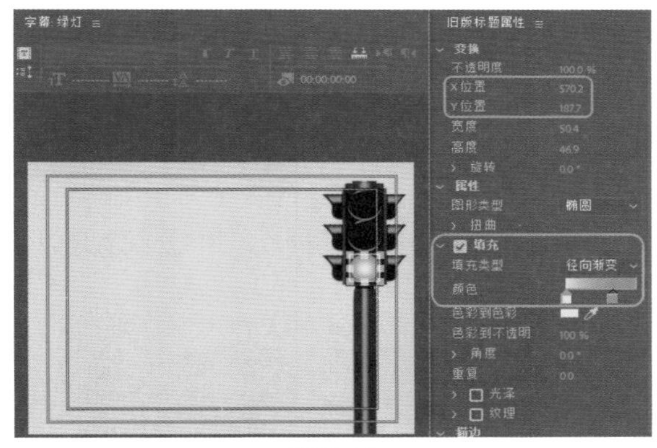

图11-10

Step 14 设置完成后，将字幕编辑器关闭。在【项目】面板中选择【红灯】，将其拖曳至V3轨道中，并将其结尾处与V2轨道中【交通指示灯】的结尾处对齐。选中该对象，在【效果控件】面板中将【位置】设置为360、350.2，如图11-11所示。

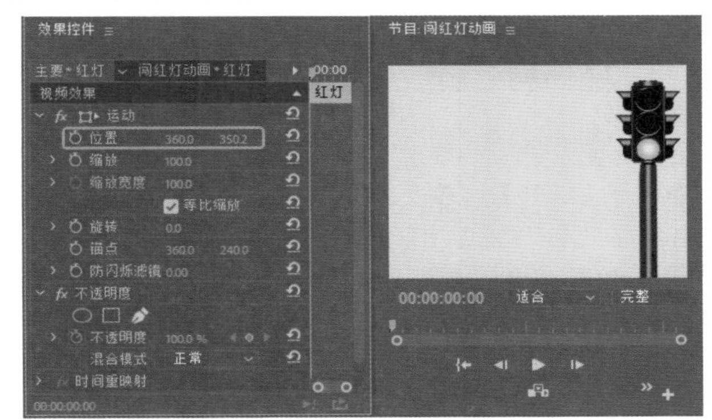

图11-11

Step 15 继续选中该对象，为其添加【黑白】效果，如图11-12所示。

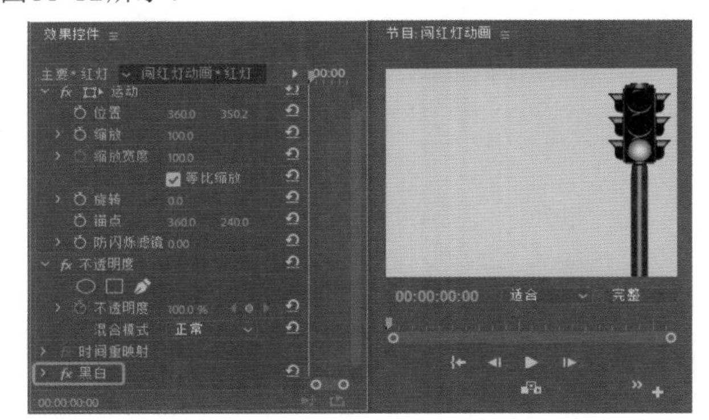

图11-12

Step 16 添加完成后，在时间轴面板中右击鼠标，在弹出的快捷菜单中选择【添加轨道】命令，如图11-13所示。

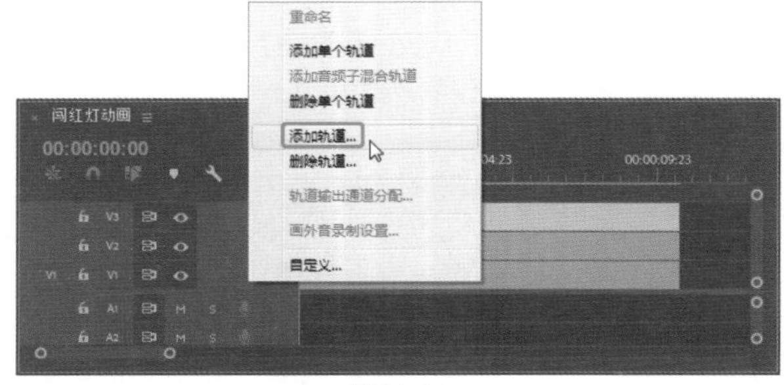

图11-13

Step 17 弹出【添加轨道】对话框，添加5视频轨道，添加0音频轨道，如图11-14所示。

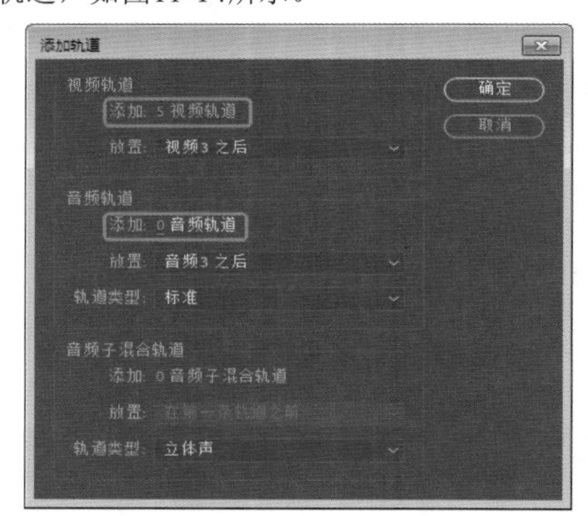

图11-14

Step 18 设置完成后，单击【确定】按钮。在【项目】面板中选择【绿灯】字幕文件，将其拖曳至V4轨道中，并将其结尾处与V3轨道中红灯的结尾处对齐。将当前时间设置为00:00:00:00，选中该对象，在【效果控件】面板中单击【不透明度】右侧的【添加/移除关键帧】按钮 ，添加一个关键帧，效果如图11-15所示。

Step 19 将当前时间设置为00:00:00:20，在【效果控件】面板中将【不透明度】设置为0%，如图11-16所示。

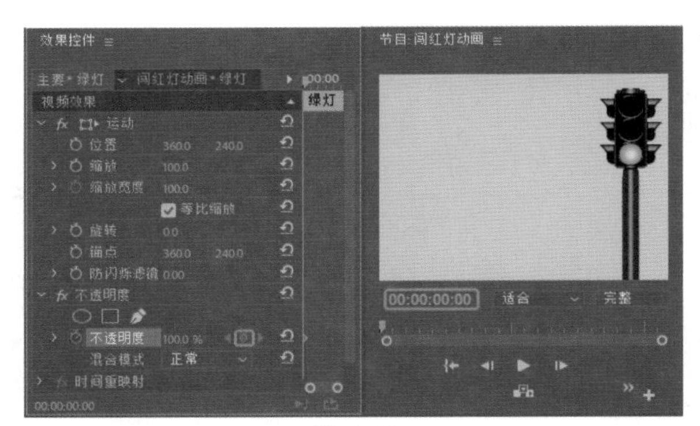

图11-15

图11-16

Step 20 将当前时间设置为00:00:01:16，在【效果控件】面板中将【不透明度】设置为100%，如图11-17所示。

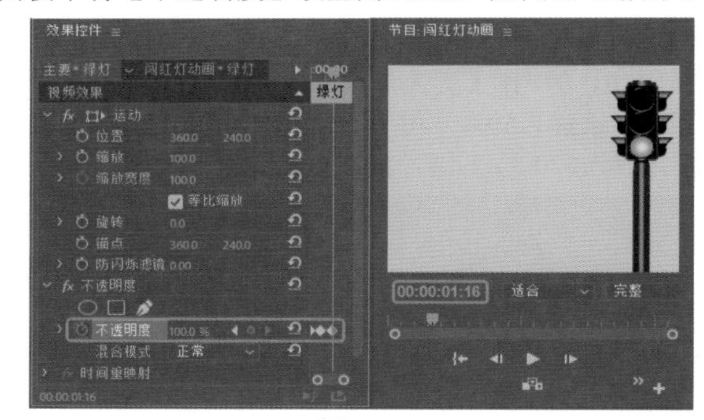

图11-17

Step 21 将当前时间设置为00:00:02:12，在【效果控件】面板中将【不透明度】设置为0%，如图11-18所示。

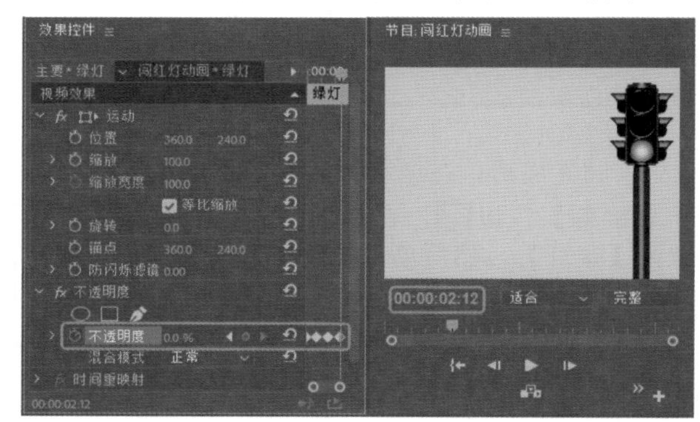

图11-18

Step 22 选中V3轨道中的【红灯】字幕文件，按住Alt键将其拖曳至V5轨道中。选中V5轨道中的对象，在【效果控件】面板中将【位置】设置为360、295.5，如图11-19所示。

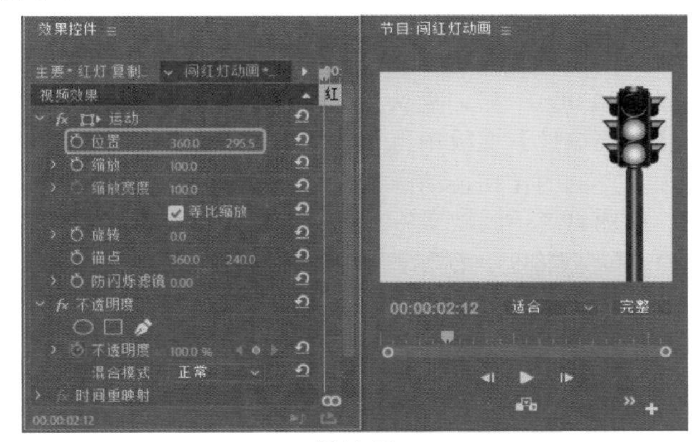

图11-19

Step 23 在【项目】面板中选择【黄灯】字幕文件，将其拖曳至V6轨道中，并将其结尾处与V5轨道中对象的结尾处对齐。选中该对象，将当前时间设置为00:00:02:07，在【效果控件】面板中将【不透明度】设置为0%，如图11-20所示。

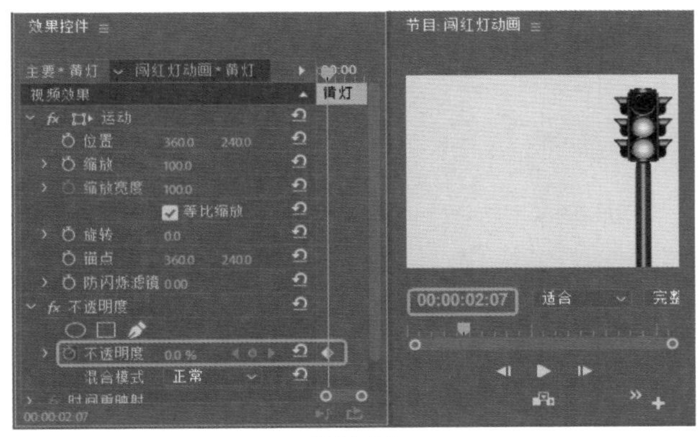

图11-20

Step 24 将当前时间设置为00:00:03:01，在【效果控件】面板中将【不透明度】设置为100%，如图11-21所示。

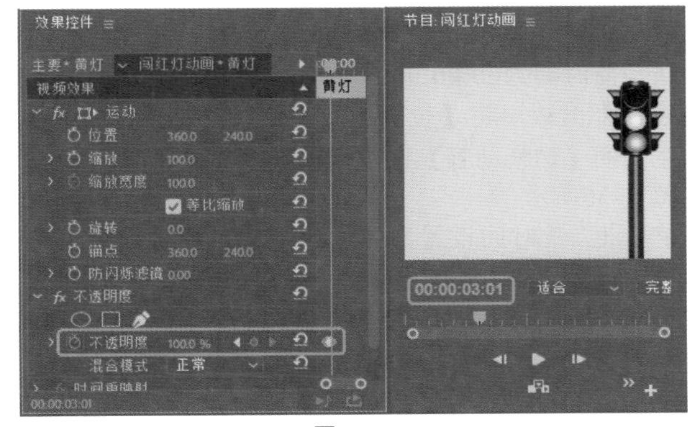

图11-21

Step 25 将当前时间设置为00:00:03:21，在【效果控件】面板中将【不透明度】设置为0%，如图11-22所示。

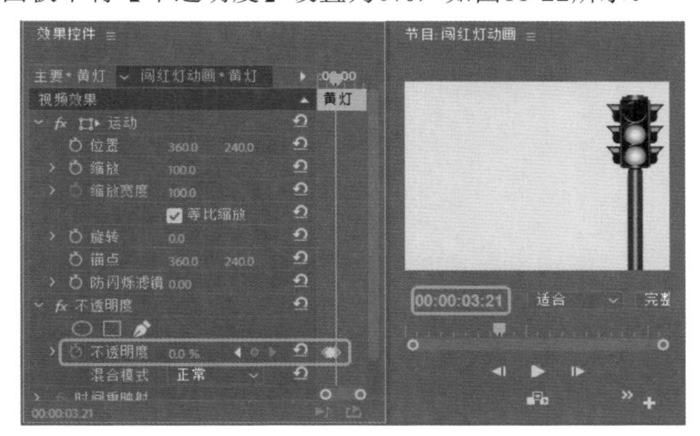

图11-22

Step 26 将当前时间设置为00:00:04:17，在【效果控件】面板中将【不透明度】设置为100%，效果如图11-23所示。

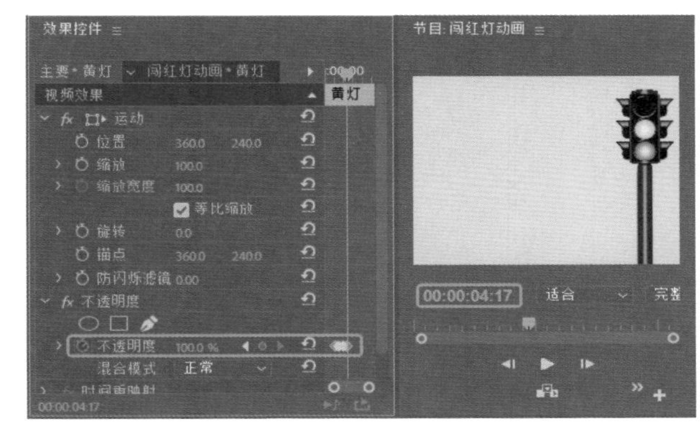

图11-23

Step 27 使用同样的方法添加其他不透明度关键帧，效果如图11-24所示。

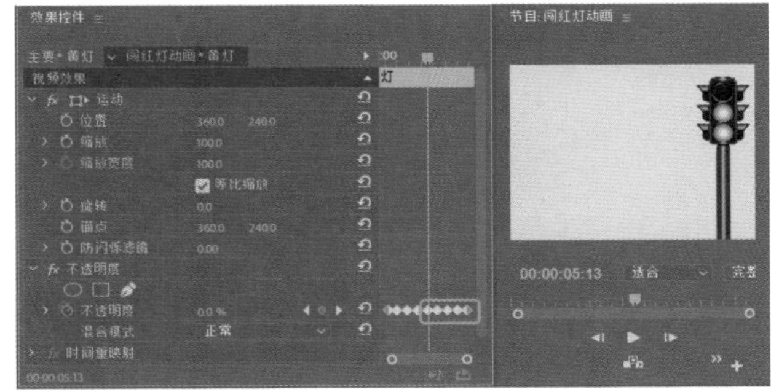

图11-24

Step 28 在【项目】面板中选择【红灯】字幕文件，将其拖曳至V7轨道中，将其结尾处与V6轨道中【黄灯】的结尾处对齐。选中该对象，为其添加【黑白】效果，如图11-25所示。

Step 29 再次将【红灯】字幕文件拖曳至V8轨道中，将其结尾处与V7轨道中的对象的结尾处对齐，选中该对象。将当前时间设置为00:00:08:19，在【效果控件】面板中将【不透明度】设置为0%，如图11-26所示。

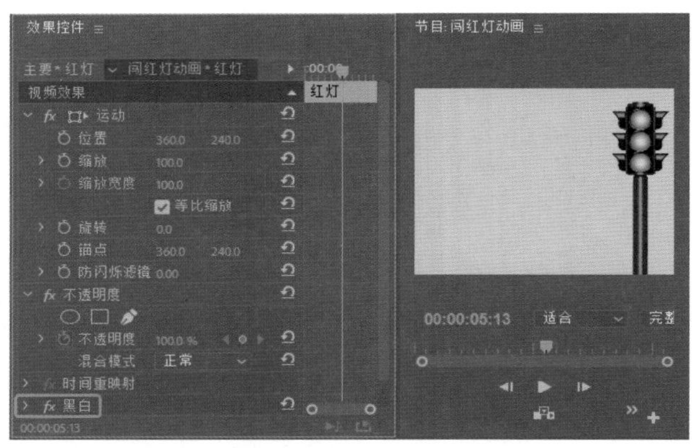

图11-25

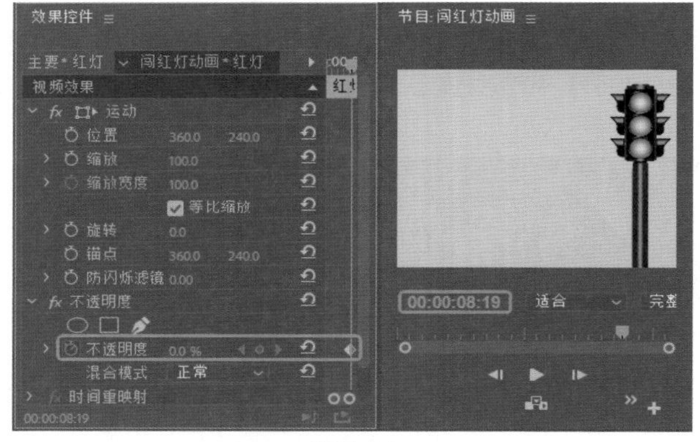

图11-26

Step 30 将当前时间设置为00:00:10:14，在【效果控件】面板中将【不透明度】设置为100%，如图11-27所示。

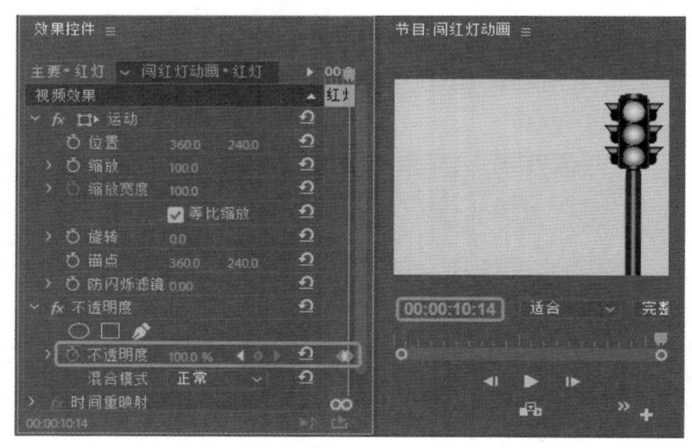

图11-27

实例160 制作汽车行驶动画

素材：

场景：酒驾公益短片.prproj

本案例为背景图片添加了位置关键帧，使其产生动态运动效果；其次，为汽车与轮胎添加了位置关键帧动画，还为汽车轮胎添加了旋转关键帧，使其产生旋转行走的动画效果。通过汽车与背景图像的完美结合，充分体现了物体相对运动效果。

Step 01 新建序列，将【名称】设置为【汽车行驶】，单击【确定】按钮。在【项目】面板中选择【背景.jpg】素材文件，将其拖曳至V1轨道中，并将其【持续时间】设置为00:00:01:17。确认当前时间设置为00:00:00:00，在【效果控件】面板中将【位置】设置为753、240，并单击其左侧的【切换动画】按钮，将【缩放】设置为33，如图11-28所示。

图11-28

Step 02 将当前时间设置为00:00:01:16，在【效果控件】面板中将【位置】设置为-27、240，如图11-29所示。

图11-29

Step 03 将当前时间为00:00:00:00，在【项目】面板中选择【车.png】素材文件，将其拖曳至V2轨道中，将其开始处与时间线对齐，将其持续时间设置为00:00:01:17。确认当前时间为00:00:00:00，选中该素材文件，在【效果控件】面板中将【位置】设置为-176、240，并单击其左侧的【切换动画】按钮，将【缩放】设置为26，如图11-30所示。

Step 04 将当前时间设置为00:00:01:16，在【效果控件】面板中将【位置】设置为928、240，如图11-31所示。

Step 05 将当前时间为00:00:00:00，在【项目】面板中选择【轮胎.png】素材文件，将其拖曳至V3轨道中，将其开始处与时间线对齐，将其持续时间设置为00:00:01:17。确认当前时间为00:00:00:00，选中该素材文件，在【效果控件】面板中将【位置】设置为-283、

290.6，并单击【位置】左侧的【切换动画】按钮，将【缩放】设置为26，将【旋转】设置为0，单击【旋转】左侧的【切换动画】按钮，如图11-32所示。

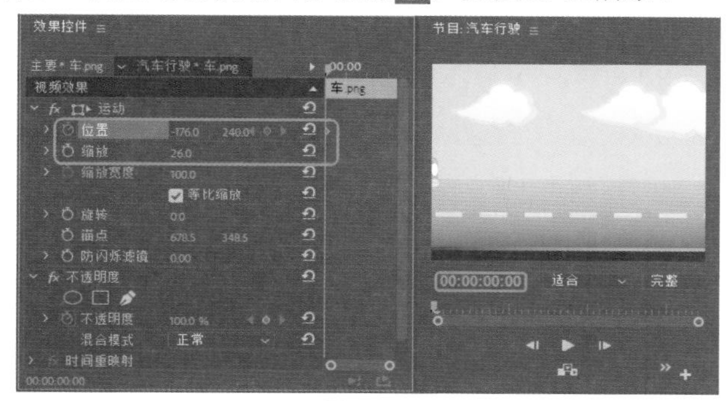

图11-30

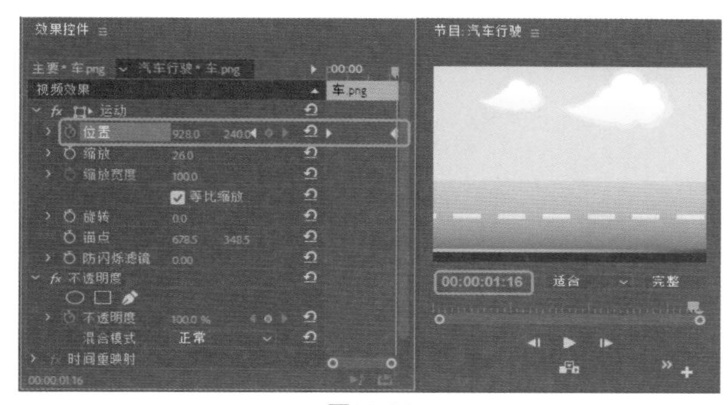

图11-31

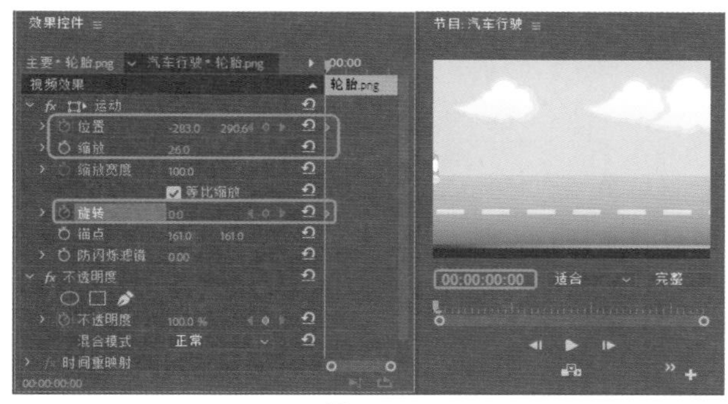

图11-32

Step 06 将当前时间设置为00:00:01:16，在【效果控件】面板中将【位置】设置为820、290.6，将【旋转】设置为1024，如图11-33所示。

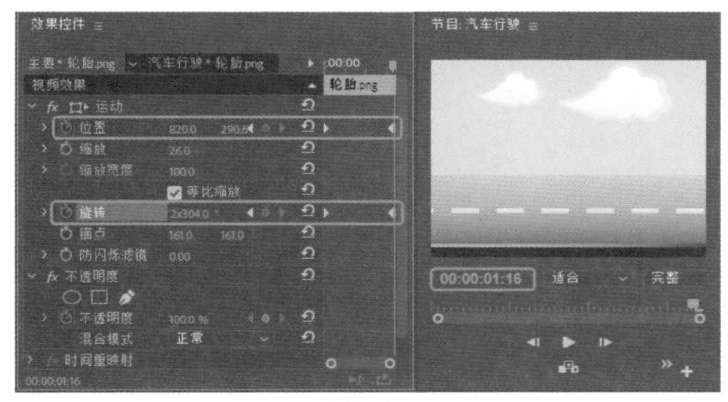

图11-33

◎提示·◦

当将【旋转】设置为1024时，软件显示的为2×304，此处的2×代表两个360°，一个360°则为1×。

Step 07 将当前时间为00:00:00:00，在【项目】面板中选择【轮胎.png】素材文件，将其拖曳至V3轨道上方的空白处，系统自动新建V4轨道，将其开始处与时间线对齐，将其【持续时间】设置为00:00:01:17，如图11-34所示。

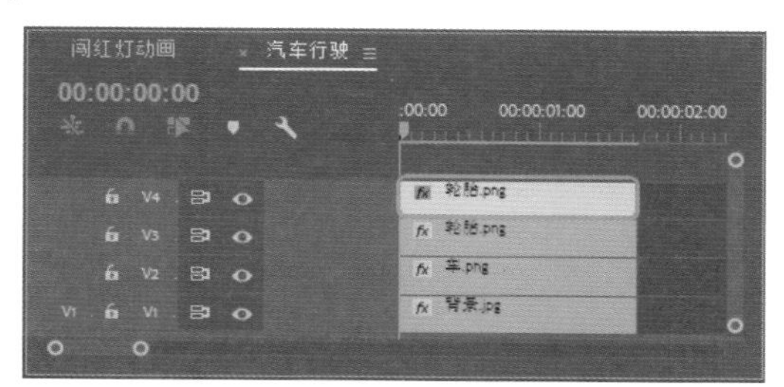

图11-34

Step 08 确认当前时间为00:00:00:00，选中该素材文件，在【效果控件】面板中将【位置】设置为-67、290.6，并单击【位置】左侧的【切换动画】按钮，将【缩放】设置为26，将【旋转】设置为0，单击【旋转】左侧的【切换动画】按钮，如图11-35所示。

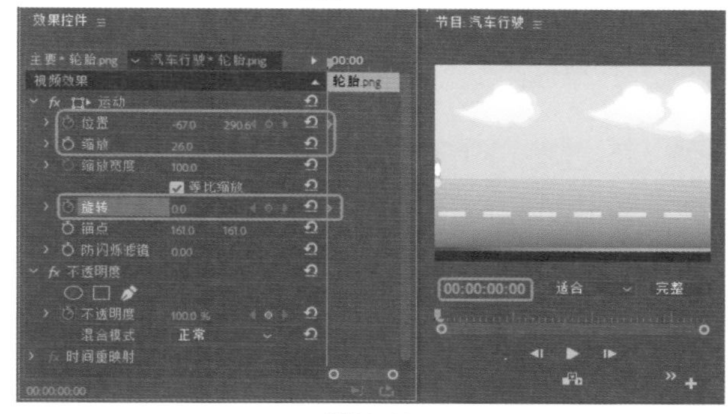

图11-35

Step 09 将当前时间设置为00:00:01:16，在【效果控件】面板中将【位置】设置为1035.8、290.6，将【旋转】设置为1024，如图11-36所示。

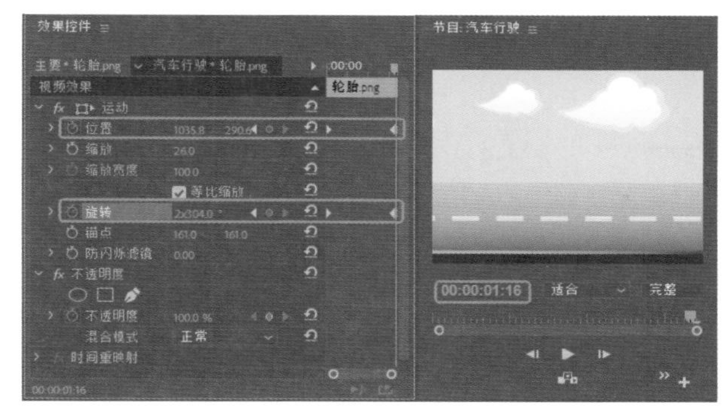

图11-36

Step 10 设置完成后，用户可以通过拖动时间滑块查看汽车行驶动画，效果如图11-37所示。

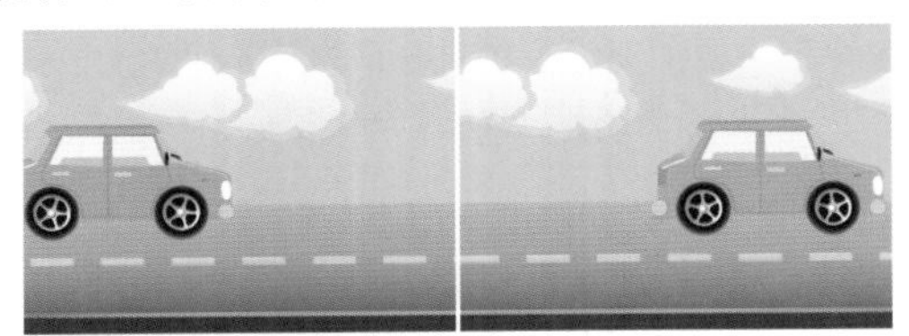

图11-37

实例161 制作酒驾动画

素材：

场景：酒驾公益短片.prproj

本案例采用了开车以及撞车音效作为背景音乐，以提高动画效果的真实性。除此之外，本案例还将酒瓶素材文件作为车速表的指针，来体现酒后驾车效果，从而起到警示的作用。

Step 01 新建序列，将【名称】设置为【酒驾动画】，单击【确定】按钮。在【项目】面板中选择【音频01.mp3】音频文件，将其拖曳至A1轨道中。将当前时间设置为00:00:08:00，在【项目】面板中选择【音频02.mp3】音频文件，将其拖曳至A1轨道中，将其开始处与时间线对齐，如图11-38所示。

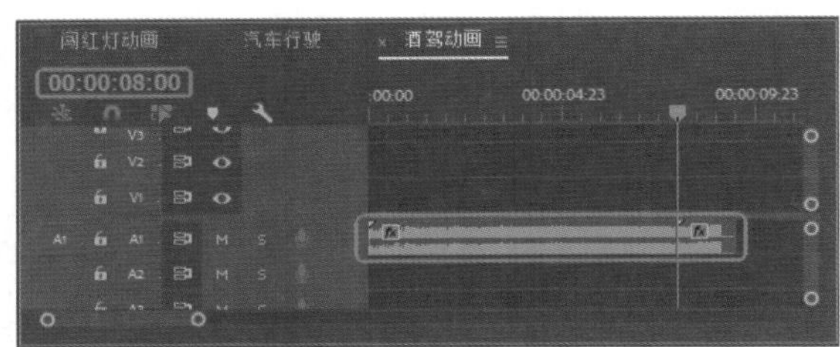

图11-38

Step 02 将当前时间设置为00:00:01:07，在【项目】面板中选择【汽车行驶】序列文件，将其拖曳V2轨道中，将其开始处与时间线对齐，如图11-39所示。

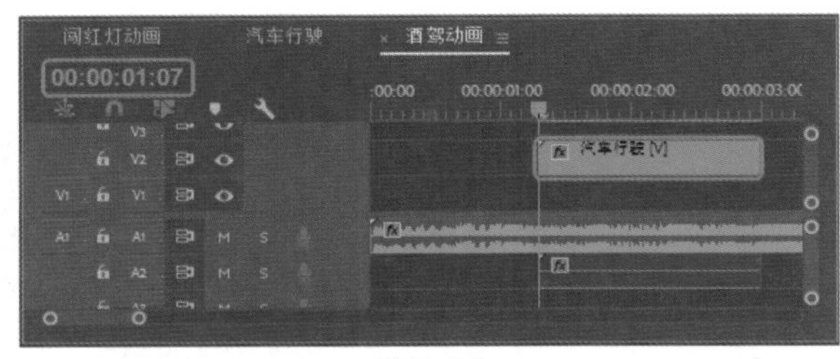

图11-39

Step 03 将当前时间设置为00:00:03:00，在【项目】面板中选择【车速表.png】素材文件，将其拖曳至V1轨道中，将其开始处与时间线对齐，将其【持续时间】设置为00:00:05:21，如图11-40所示。

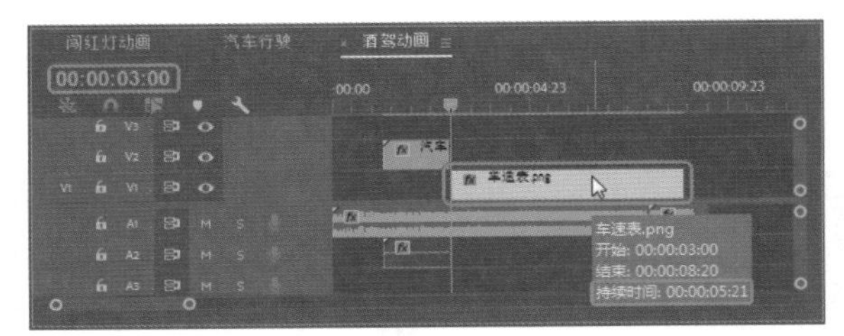

图11-40

Step 04 在视频轨道中选中新添加的素材文件，在【效果控件】面板中将【缩放】设置为52，如图11-41所示。

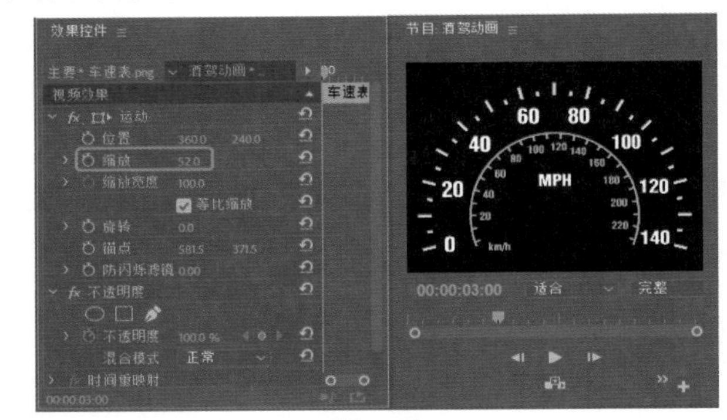

图11-41

Step 05 确认当前时间为00:00:03:00，在【项目】面板中选择【酒瓶.png】素材文件，将其拖曳至V2轨道中，将其开始处与时间线对齐，将其【持续时间】设置为00:00:05:21，如图11-42所示。

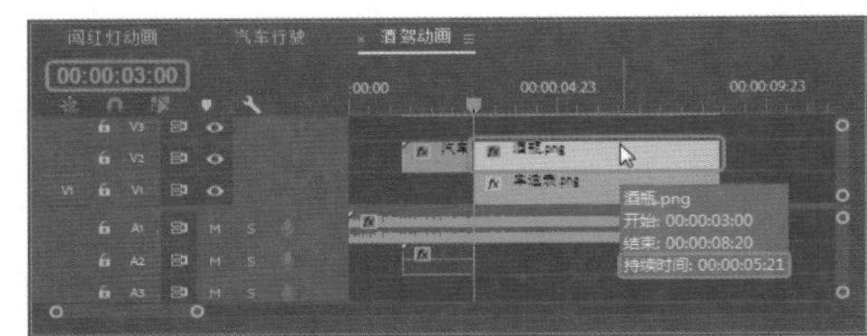

图11-42

Step 06 选中轨道中新添加的素材文件，将当前时间设置为00:00:03:00，在【效果控件】面板中将【位置】设置为360、396，将【缩放】设置为52，将【旋转】设置为-79，并单击【旋转】左侧的【切换动画】按钮，将【锚点】设置为51.5、596，如图11-43所示。

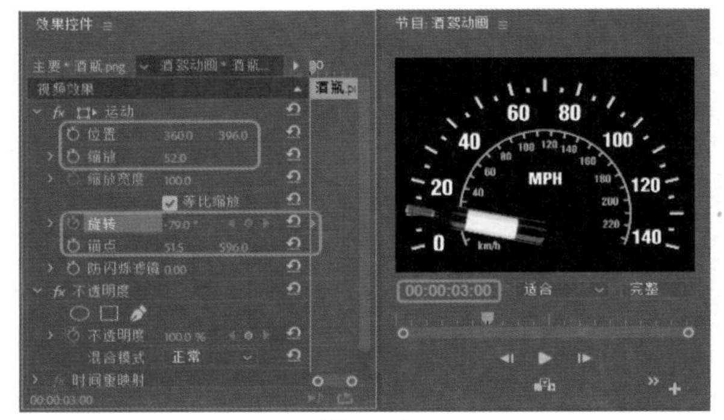

图11-43

Step 07 将当前时间设置为00:00:04:01，在【效果控件】面板中将【旋转】设置为-59，如图11-44所示。

图11-44

Step 08 将当前时间设置为00:00:04:12，在【效果控件】面板中将【旋转】设置为-56，如图11-45所示。

图11-45

Step 09 将当前时间设置为00:00:07:23，在【效果控件】面板中将【旋转】设置为-20，如图11-46所示。

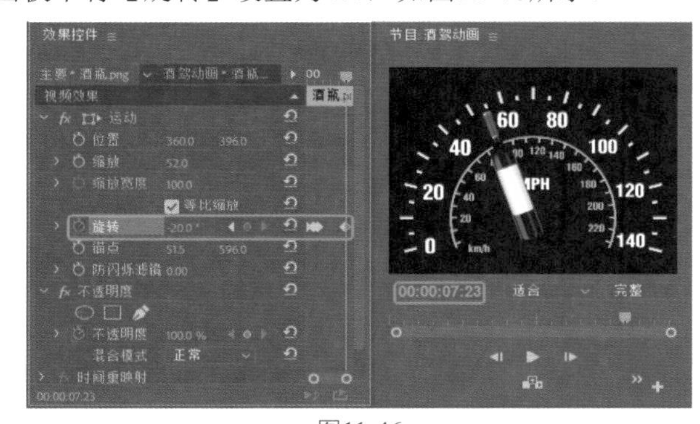
图11-46

Step 10 将当前时间设置为00:00:08:01，在【效果控件】面板中将【旋转】设置为-17，如图11-47所示。

Step 11 将当前时间设置为00:00:08:20，在【效果控件】面板中将【旋转】设置为-95，将【不透明度】设置为48%，如图11-48所示。

Step 12 将当前时间设置为00:00:03:00，在【项目】面板中选择【酒瓶.png】素材文件，将其拖曳至V3轨道中，并将其开始处与时间线对齐，将其【持续时间】设置为00:00:05:21，如图11-49所示。

图11-47

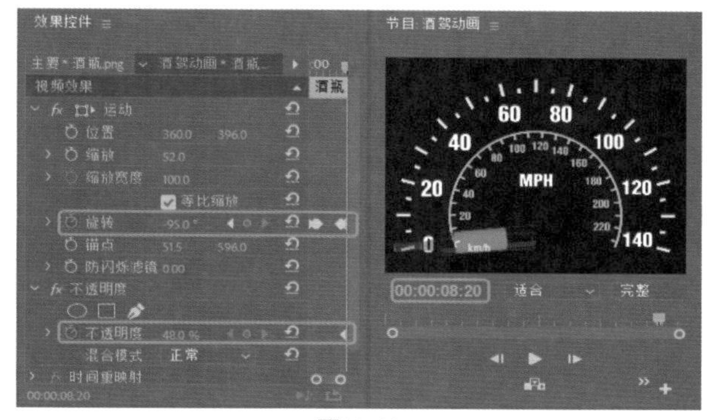
图11-48

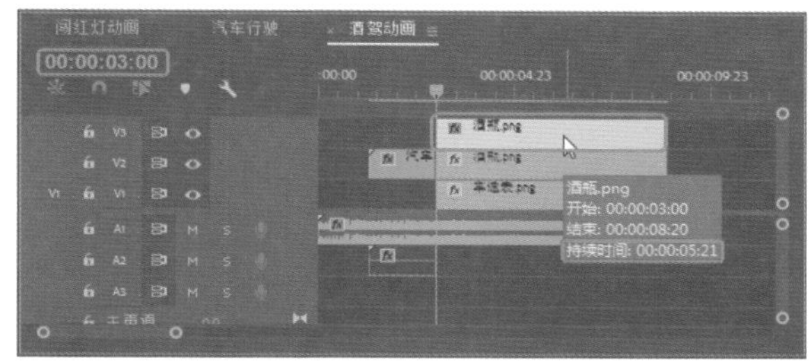
图11-49

Step 13 在视频轨道中选中新添加的素材文件，在【效果控件】面板中将【位置】设置为360、396，将【缩放】设置为52，将【旋转】设置为-76°，并单击【旋转】左侧的【切换动画】按钮，将【锚点】设置为51.5、596，如图11-50所示。

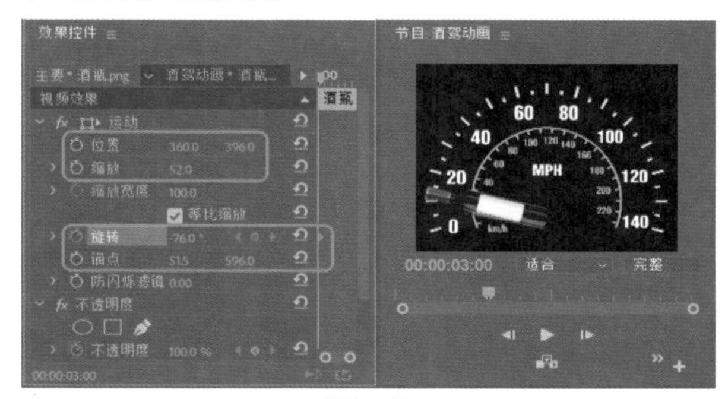
图11-50

Step 14 将当前时间设置为00:00:04:01，在【效果控件】面板中将【旋转】设置为-55°，如图11-51所示。

图11-51

Step 15 将当前时间设置为00:00:04:12，在【效果控件】面板中将【旋转】设置为-51°，如图11-52所示。

图11-52

Step 16 将当前时间设置为00:00:07:23，在【效果控件】面板中将【旋转】设置为-15°，如图11-53所示。

图11-53

Step 17 将当前时间设置为00:00:08:01，在【效果控件】面板中将【旋转】设置为-11°，如图11-54所示。

图11-54

Step 18 将当前时间设置为00:00:08:20，在【效果控件】面板中将【旋转】设置为-92°，如图11-55所示。

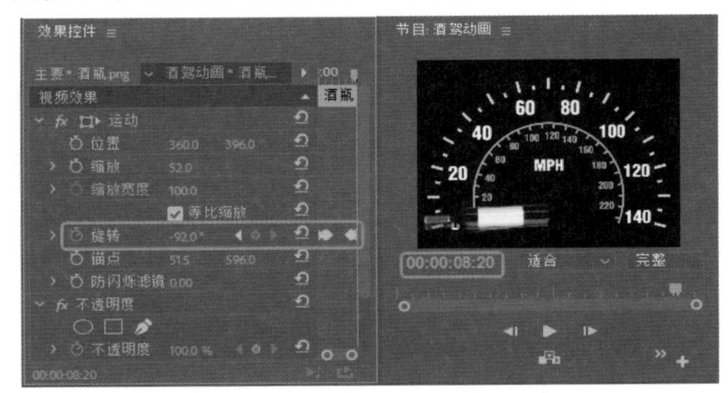

图11-55

实例162 制作标语动画

素材：

场景：酒驾公益短片.prproj

下面将介绍制作标语动画的具体操作步骤。

Step 01 新建序列，将【序列名称】设置为【标语动画】，单击【确定】按钮。在菜单栏中选择【文件】|【新建】|【旧版标题】命令，在弹出的对话框中将【名称】设置为【中国每年交通事故50万起】，如图11-56所示。

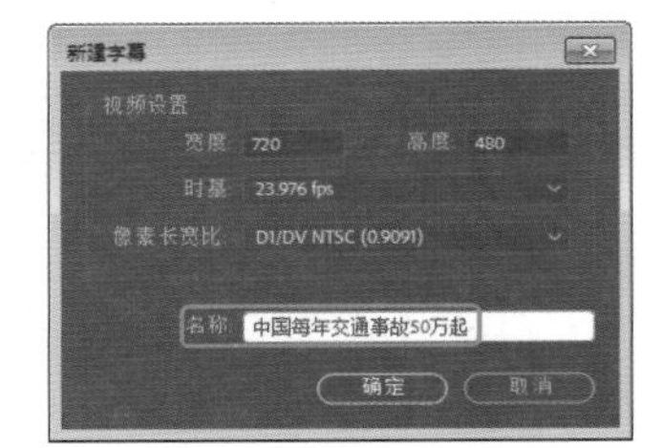

图11-56

Step 02 单击【确定】按钮，在弹出的字幕编辑器中使用【文字工具】输入文字。选中输入的文字，将【字体系列】设置为【Adobe黑体 Std】，将【字体大小】设置为47，将填充【颜色】RGB设置为229、229、229，如图11-57所示。

图11-57

Step 03 选中【50万】，在【字幕属性】面板中将【字体大小】设置为62，将填充【颜色】RGB值设置为255、0、0，将【X位置】和【Y位置】分别设置为326.6、232.1，如图11-58所示。

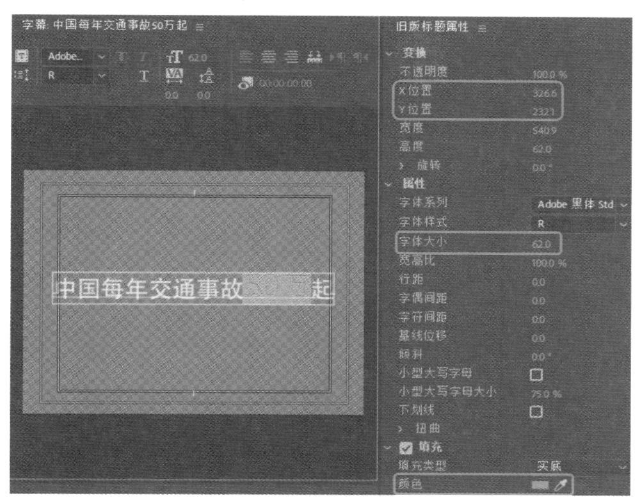

图11-58

Step 04 在字幕编辑器中单击【基于当前字幕新建字幕】按钮，在弹出的【新建字幕】对话框中设置【名称】为【因交通事故死亡人数均超过10万人】，然后对文字进行修改，并将白色文字的【字体大小】设置为39，将【X位置】和【Y位置】分别设置为321.4、232.1，如图11-59所示。

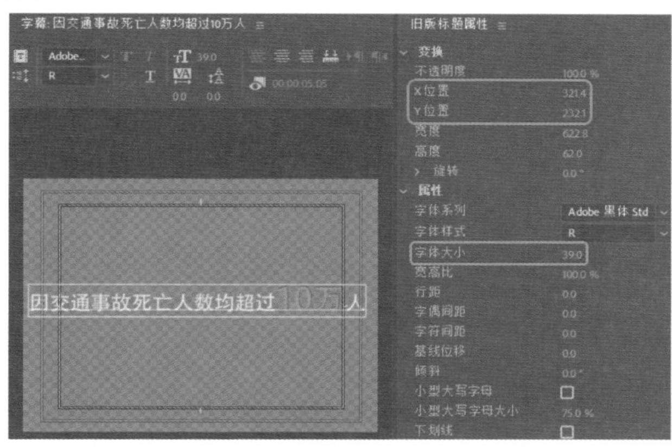

图11-59

Step 05 再次单击【基于当前字幕新建字幕】按钮，在弹出的对话框中输入字幕名称【每1分钟都会有一人因为交通事故而伤残】，然后对文字进行修改，将白色文字的【字体大小】设置为35，将红色文字的【字体大小】设置为53，将【X位置】和【Y位置】分别设置为326.7、227.6，如图11-60所示。

Step 06 单击【基于当前字幕新建字幕】按钮，在弹出的对话框中输入字幕名称【每5分钟就有人丧身车轮】，然后对文字进行修改，将白色文字的【字体大小】设置为47，将红色文字的【字体大小】设置为62，将【X位置】和【Y位置】分别设置为330、232.1，如图11-61所示。

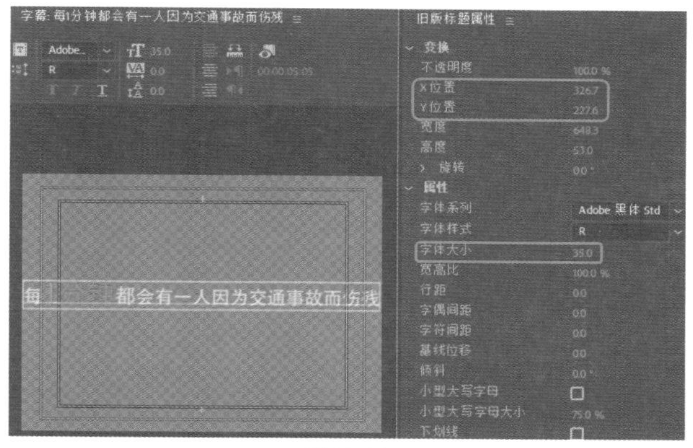

图11-60

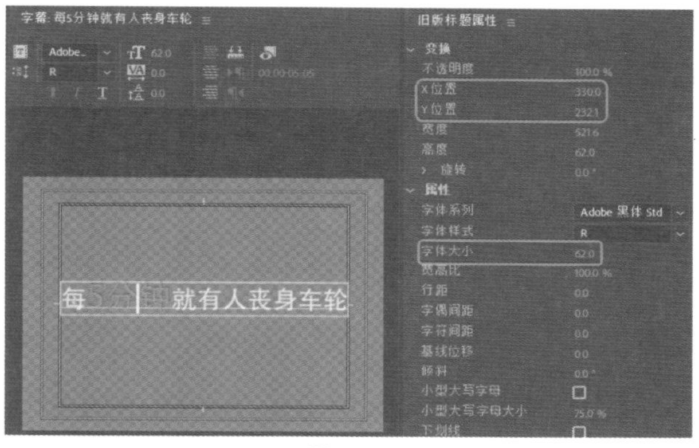

图11-61

Step 07 设置完成后，将字幕编辑器关闭，在【项目】面板中选择【中国每年交通事故50万起】字幕文件，将其拖曳至V1轨道中，将其【持续时间】设置为00:00:02:15，如图11-62所示。

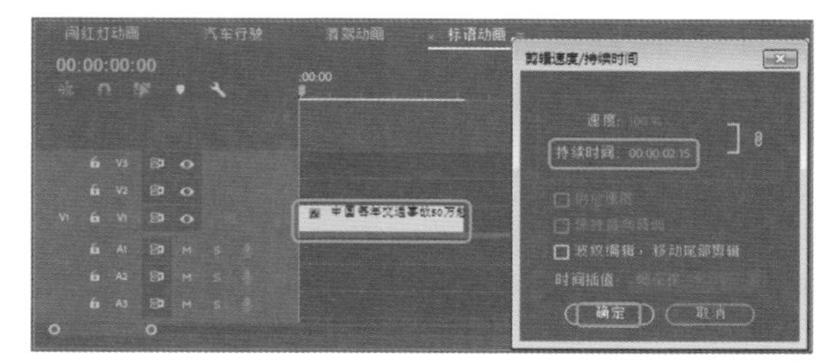

图11-62

Step 08 将当前时间设置为00:00:00:00，选中该对象，在【效果控件】面板中将【缩放】设置为90，并单击【缩放】左侧的【切换动画】按钮，将【不透明度】设置为11%，如图11-63所示。

Step 09 将当前时间设置为00:00:00:10，在【效果控件】面板中将【缩放】设置为100，如图11-64所示。

Step 10 将当前时间设置为00:00:01:12，在【效果控件】面板中单击【缩放】右侧的【添加/移除关键帧】按钮，将【不透明度】设置为100%，如图11-65所示。

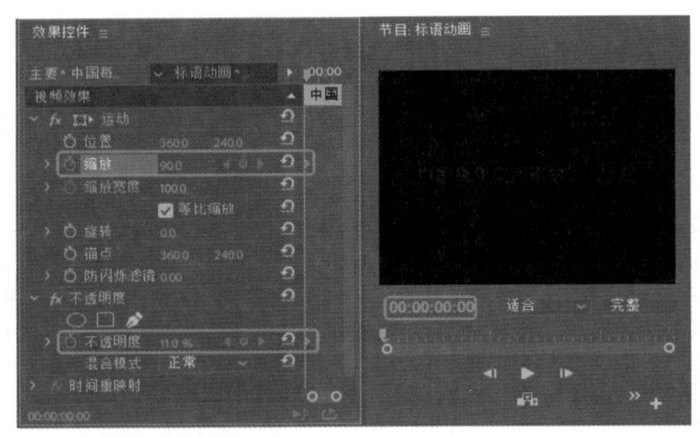

图11-63

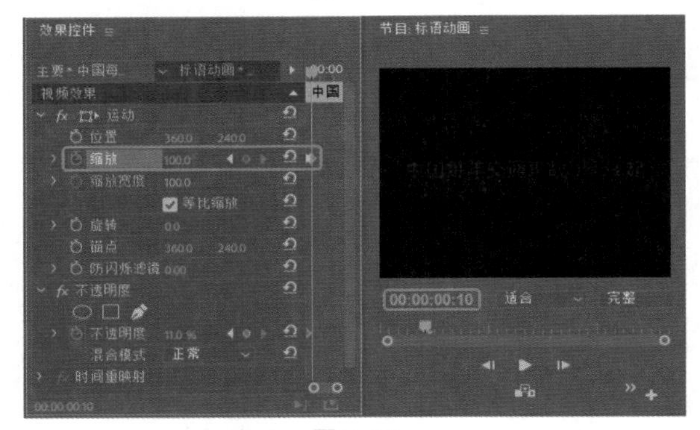

图11-64

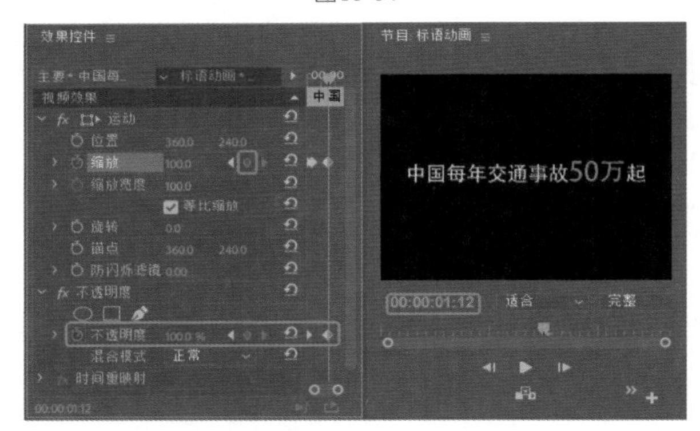

图11-65

Step 11 将当前时间设置为00:00:02:15，在【效果控件】面板中单击【缩放】右侧的【添加/移除关键帧】按钮，将【不透明度】设置为12.3%，如图11-66所示。

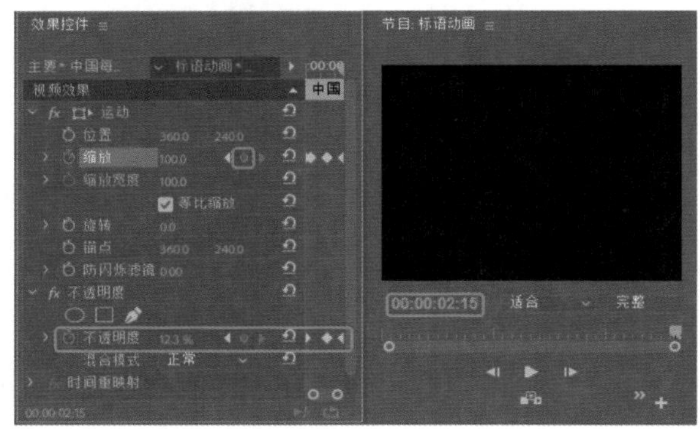

图11-66

Step 12 将新建的其他三个字幕添加至V1轨道中，并将【持续时间】设置为00:00:02:15。选中V1轨道中的第一个对象，右击鼠标，在弹出的快捷菜单中选择【复制】命令，如图11-67所示。

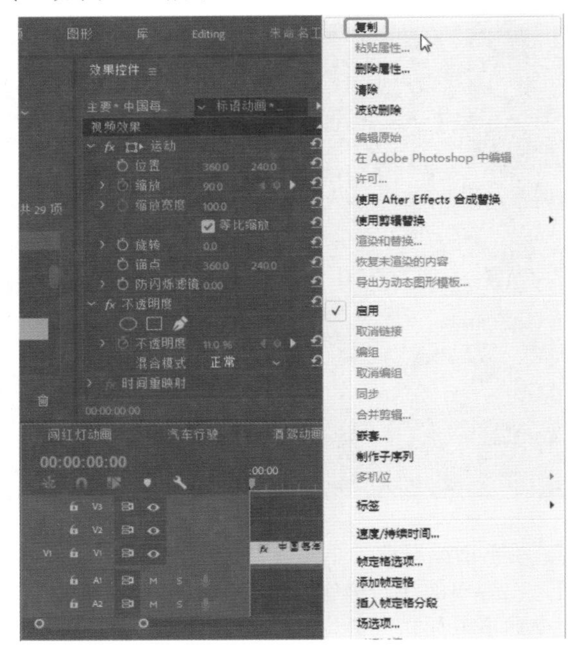

图11-67

Step 13 在V1轨道中选择第二个对象，右击鼠标，在弹出的快捷菜单中选择【粘贴属性】命令，在弹出的对话框中勾选所有的复选框，如图11-68 所示。

图11-68

Step 14 单击【确定】按钮，然后分别在第二个和第三个对象上右击鼠标，将复制的属性进行粘贴，如图11-69所示。

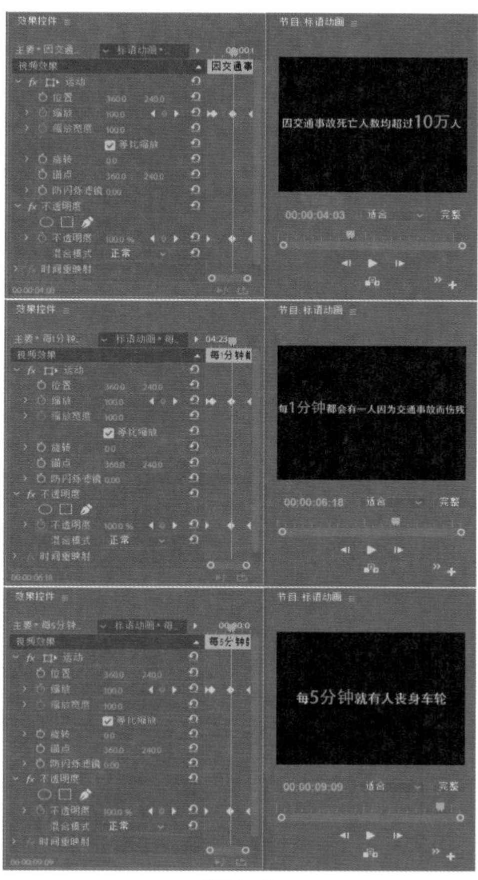
图11-69

实例163 制作过渡动画

素材：
场景：酒驾公益短片.prproj

Step 01 按Ctrl+N组合键，在弹出的对话框中将【序列名称】设置为【过渡动画】，在【项目】面板中选择【视频01.avi】素材文件，在弹出的对话框中单击【保持现有设置】按钮，在该对象上右击鼠标，在弹出的快捷菜单中选择【速度/持续时间】命令，在弹出的对话框中取消【速度】和【持续】时间的链接，将【持续时间】设置为00:00:05:22，如图11-70所示。

图11-70

Step 02 设置完成后，单击【确定】按钮。继续选中该对象，在【效果控件】面板中将【缩放】设置为178，如图11-71所示。

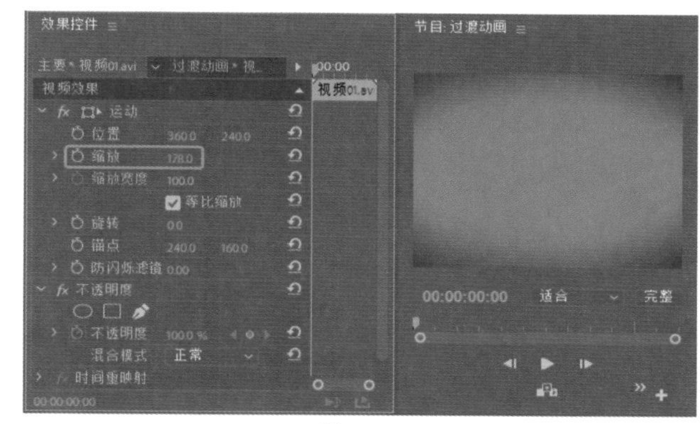
图11-71

Step 03 在【项目】面板中选择1.JPG素材文件，将其拖曳至V1轨道中，并与第一个对象的结尾处对齐，将其【持续时间】设置为00:00:00:08，如图11-72所示。

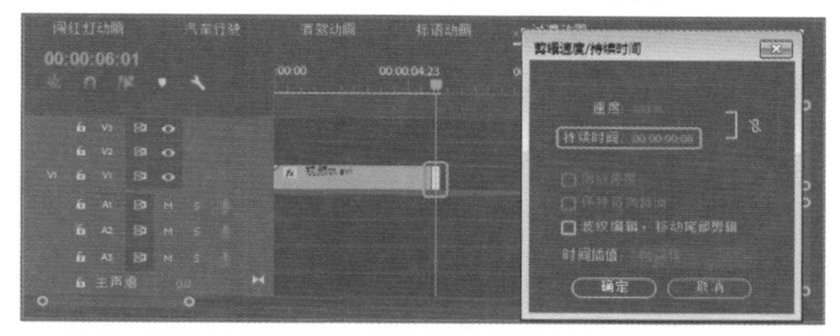
图11-72

Step 04 将当前时间设置为00:00:06:03，在【效果控件】面板中将【缩放】设置为178，单击【不透明度】右侧的【添加/移除关键帧】按钮，如图11-73所示。

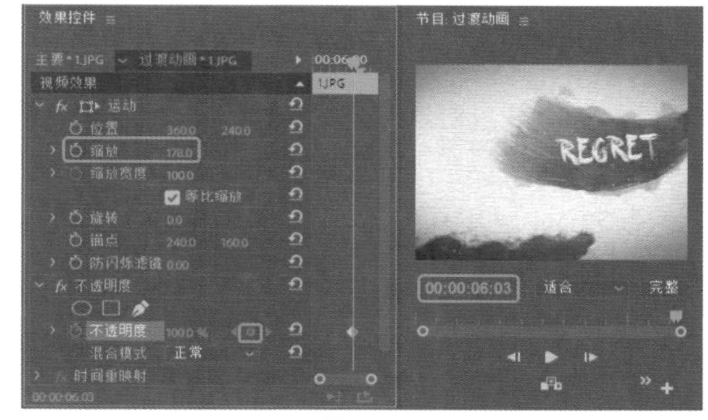
图11-73

Step 05 将当前时间设置为00:00:06:06，在【效果控件】面板中将【不透明度】设置为0%，如图11-74所示。

Step 06 在菜单栏中选择【文件】|【新建】|【旧版标题】命令，在弹出的对话框中将字幕名称设置为【黑白渐变】，单击【确定】按钮，在弹出的字幕编辑器中选择【矩形工具】，在【字幕】面板中绘制一个矩形，将【填充类型】设置为【径向渐变】，将左侧色标的RGB值设置为255、255、255，将右侧色标的RGB值设置为

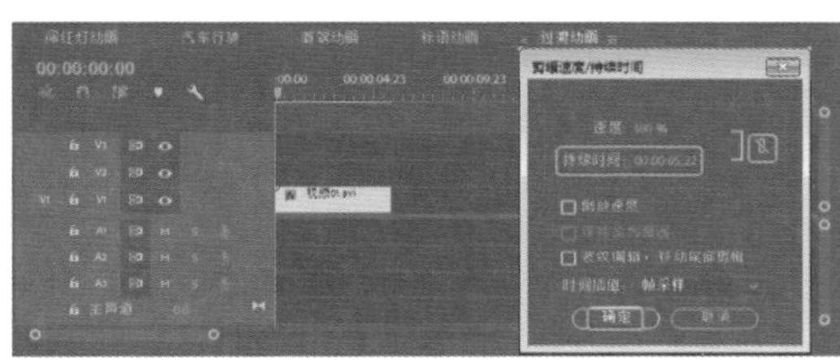

72、67、67，将【宽度】和【高度】分别设置为658、481，将【X位置】和【Y位置】分别设置为326.5、238，如图11-75所示。

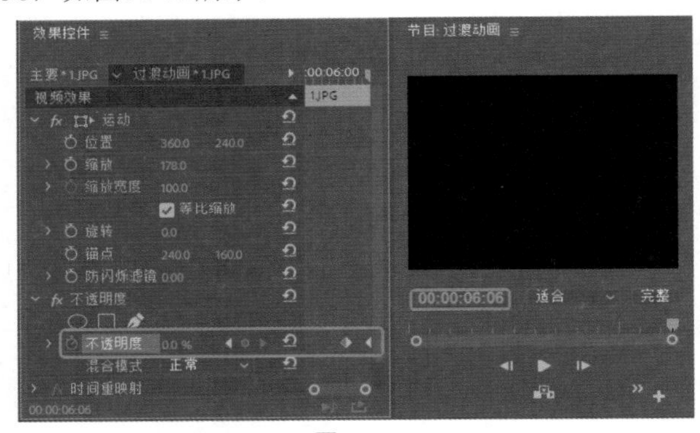

图11-74

图11-75

Step 07 设置完成后，将字幕编辑器关闭，在【项目】面板中选择【视频02.avi】素材文件，将其拖曳至V1轨道中，并将其开始处与V1轨道中的对象的结尾处对齐。在该对象上右击鼠标，在弹出的快捷菜单中选择【速度/持续时间】命令，在弹出的对话框中将【速度】设置为100，将【持续时间】设置为00:00:06:19，如图11-76所示。

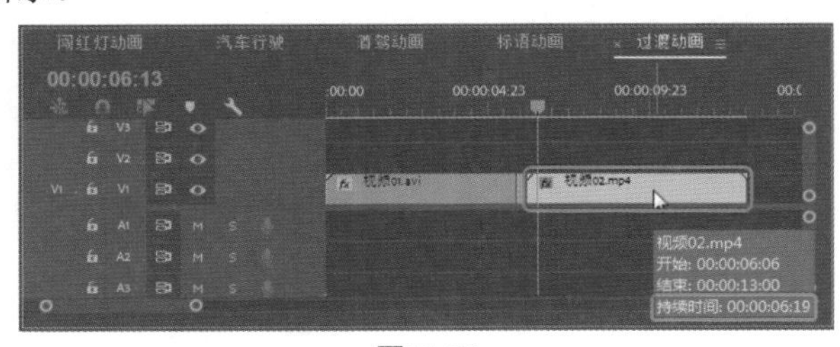

图11-76

Step 08 设置完成后，在【效果控件】面板中将【位置】设置为360、203，如图11-77所示。

Step 09 确认当前时间为00:00:06:09，在【项目】面板中选择【黑白渐变】，将其拖曳至V2轨道中，并与时间线对齐，将其结尾处与V1轨道中【视频02.avi】的结尾处对齐。在【效果控件】面板中将【缩放】设置为102，将【不透明度】设置为67%，将【混合模式】设置为【叠加】，如图11-78所示。

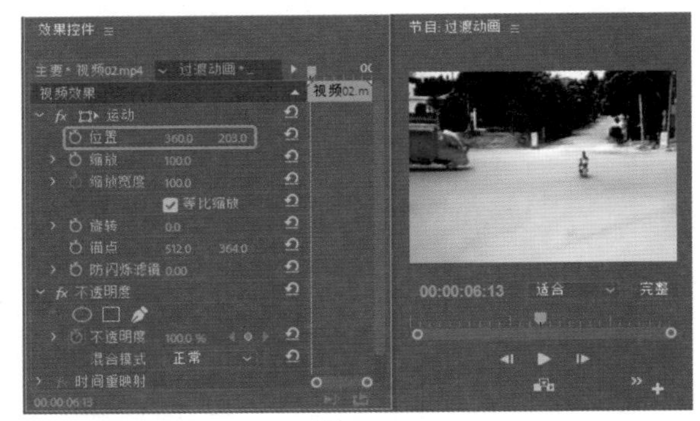

图11-77

图11-78

Step 10 在【项目】面板中选择【视频03.avi】素材文件，将其拖曳至V1轨道中，将其开始处与【视频02.avi】的结尾处对齐。选中该对象，在【效果控件】面板中将【缩放】设置为178，如图11-79所示。

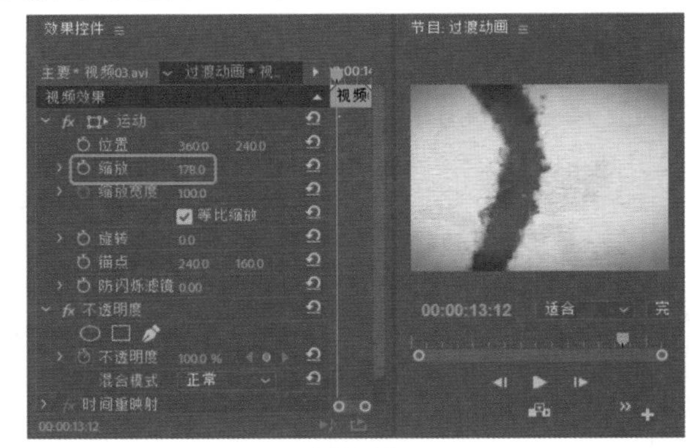

图11-79

Step 11 在【项目】面板中选择2.JPG素材文件，将其拖曳至V1轨道中，将其开始处与视频03的结尾处对齐，并将其【持续时间】设置为00:00:00:11。选中该对象，将当前时间设置为00:00:16:05，在【效果控件】面板中将【缩放】设置为178，然后单击【不透明度】右侧的【添加/移除关键帧】按钮，如图11-80所示。

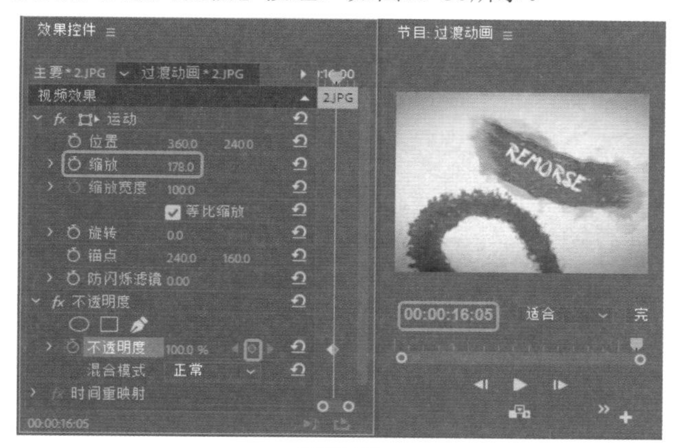

图11-80

Step 12 将当前时间设置为00:00:16:09，在【效果控件】面板中将【不透明度】设置为0%，如图11-81所示。

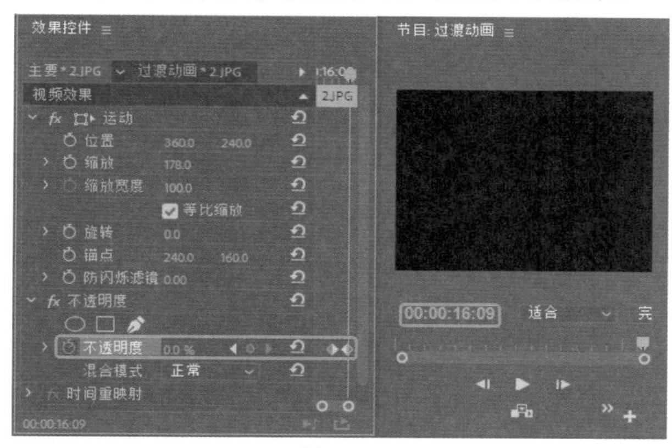

图11-81

Step 13 根据前面所介绍的方法，将【视频04.avi】素材添加至V1轨道中，然后在上方添加一个【黑白】渐变，并设置其相应的参数，效果如图11-82所示。

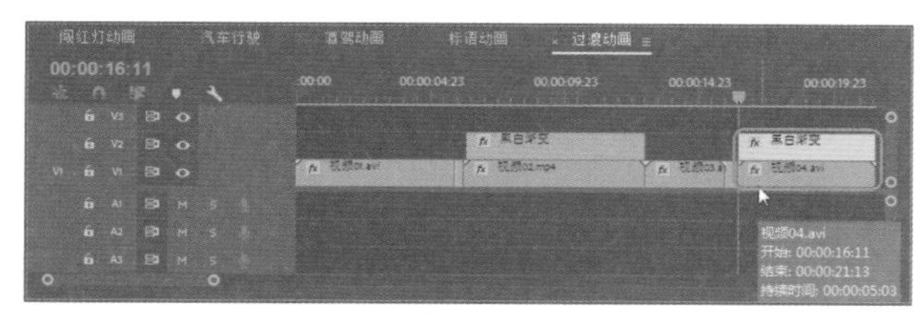

图11-82

Step 14 在菜单栏中选择【文件】|【新建】|【旧版标题】命令，在弹出的对话框中将字幕名称设置为【珍爱生命】，单击【确定】按钮，在弹出的字幕编辑器中选择【文字工具】，输入文字。选中输入的文字，将【字体系列】设置为【长城新艺体】，将【字体大小】设置为73，将【行距】设置为30，将【珍爱】和【遵守】的颜色设置为黑色，将【生命】和【交通】的RGB值设置213、0、0，将【X位置】、【Y位置】分别设置为330.7、231.7，如图11-83所示。

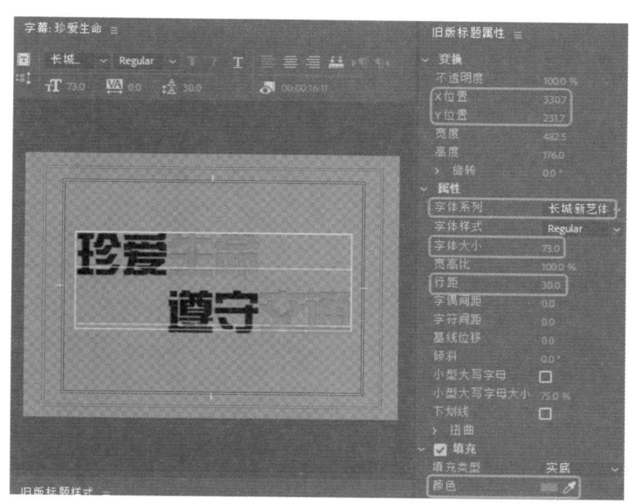

图11-83

Step 15 设置完成后，关闭字幕编辑器。在【项目】面板中选择【纯色背景】，将其拖曳至V1轨道中，并将其开始处与【视频04.avi】的结尾处对齐，将其【持续时间】设置为00:00:06:12。然后在【项目】面板中选择【珍爱生命】，将其拖曳至V2轨道中，并将其开始处、结尾处与V1轨道中【纯色背景】的开始处、结尾处对齐。将当前时间设置为00:00:22:02，在【效果控件】面板中将【缩放】设置为407，单击【缩放】左侧的【切换动画】按钮，将【不透明度】设置为0%，如图11-84所示。

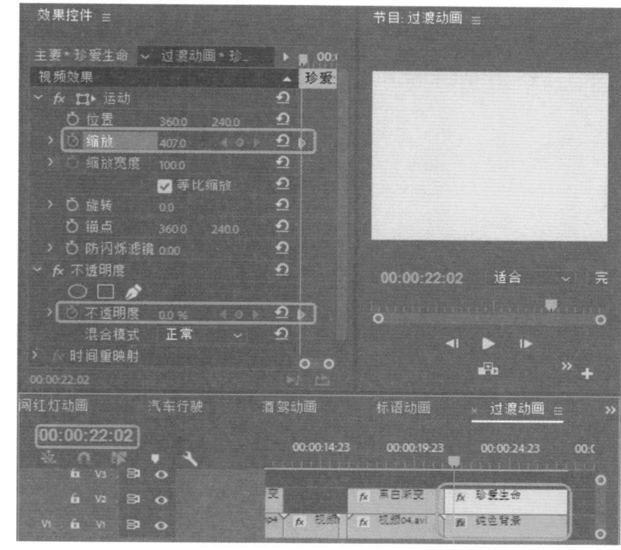

图11-84

Step 16 将当前时间设置为00:00:23:13，在【效果控件】面板中将【缩放】和【不透明度】分别设置为100、100%，如图11-85所示。

Step 17 将当前时间设置为00:00:23:16，在【效果控件】面板中将【缩放】设置为110，如图11-86所示。

Step 18 将当前时间设置为00:00:23:19，在【效果控件】面板中将【缩放】设置为100，如图11-87所示。

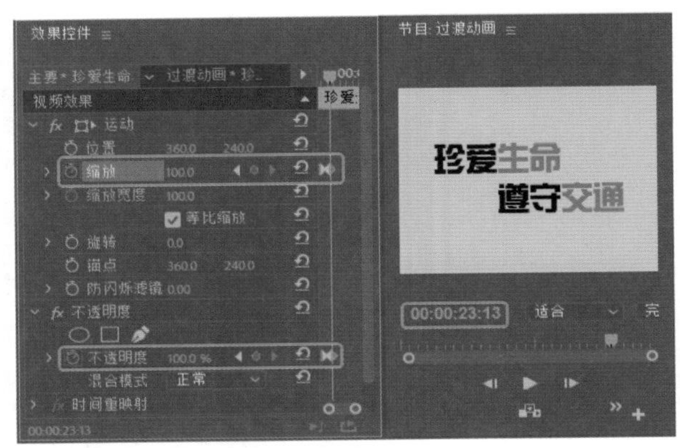

图11-85

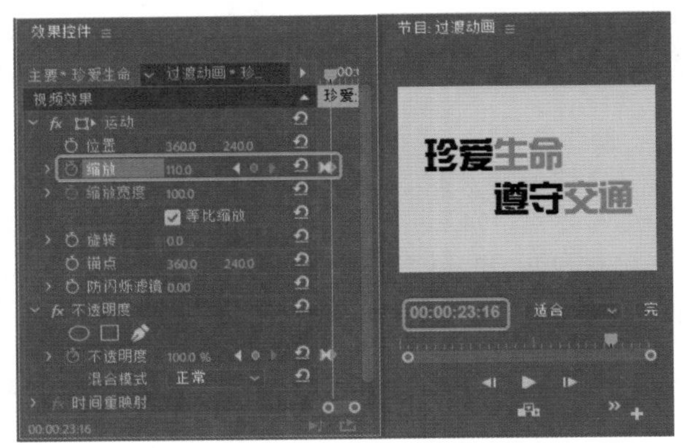

图11-86

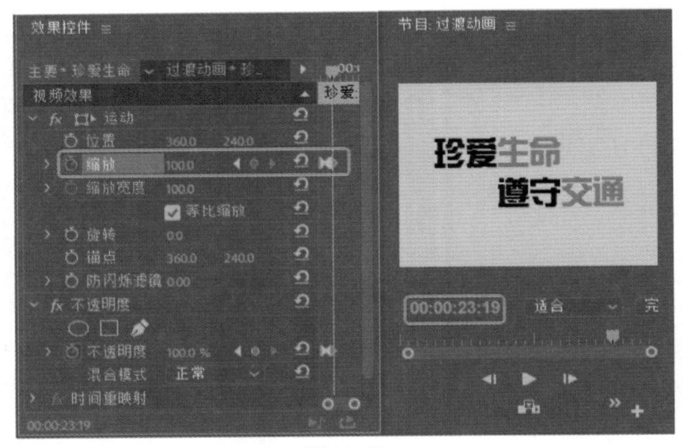

图11-87

Step 19 使用同样的方法制作其他内容，为V1轨道中的视频文件设置倒放效果，并设置持续时间，如图11-88所示。

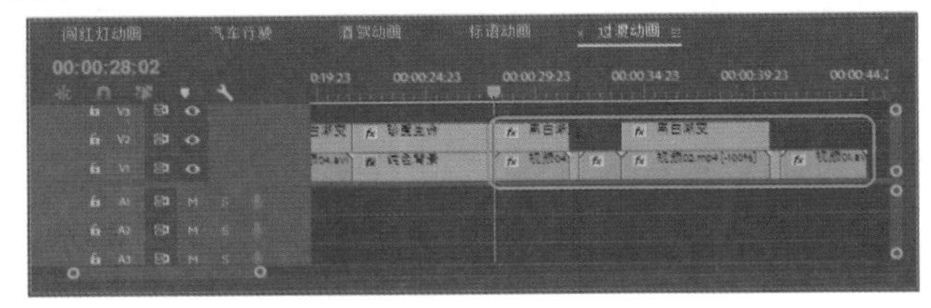

图11-88

Step 20 将当前时间设置为00:00:24:21，在【项目】面板中将【纯色背景】拖曳至V3轨道中，将开始处与时间线对齐，将【持续时间】设置为00:00:03:05。在【效果】面板中搜索【插入】过渡效果，将其拖曳至【纯色背景】的开始处。在【效果控件】面板中单击【自东北向西南】按钮，将【持续时间】设置为00:00:01:01，如图11-89所示。

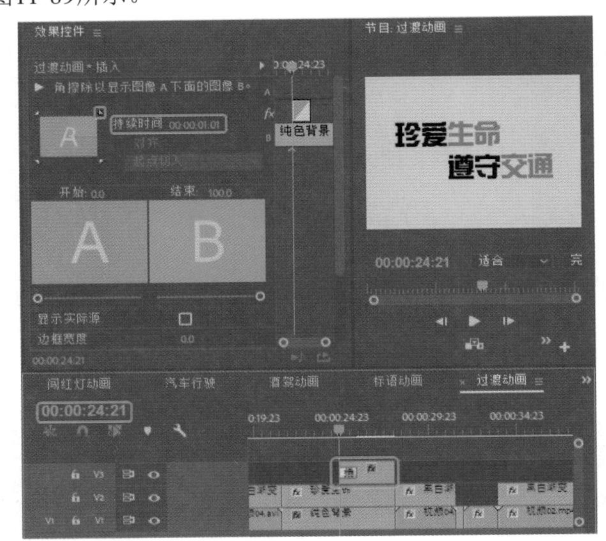

图11-89

Step 21 将当前时间设置为00:00:24:21，在【项目】面板中将【手.png】拖曳至V3轨道上方，系统自动新建V4轨道，将开始处与时间线对齐，将【持续时间】设置为00:00:03:05。在【效果控件】面板中将【位置】设置为890.4、136.2，单击左侧的【切换动画】按钮，将【缩放】设置为73，如图11-90所示。

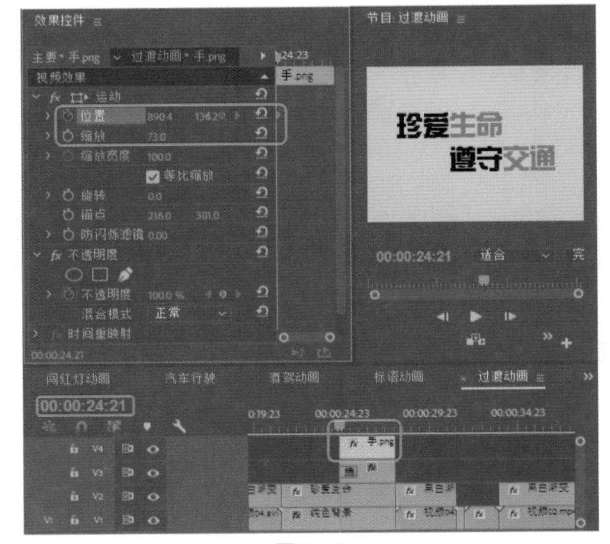

图11-90

Step 22 将当前时间设置为00:00:26:04，在【效果控件】面板中将【位置】设置为-185.8、517.9，如图11-91所示。

Step 23 在菜单栏中选择【文件】|【新建】|【旧版标题】

命令，在弹出的对话框中将字幕名称设置为【如果一切可以重来】，单击【确定】按钮，在弹出的字幕编辑器中使用【文字工具】输入文字。选中输入的文字，将【字体系列】设置为【方正大黑简体】，将【字体大小】设置为65，将【行距】设置为0，将【颜色】的RGB值设置为230、0、0，将【X位置】、【Y位置】分别设置为329.6、231.2，如图11-92所示。

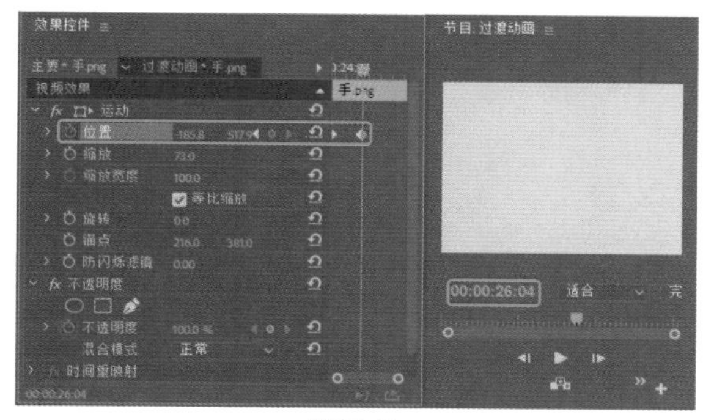

图11-91

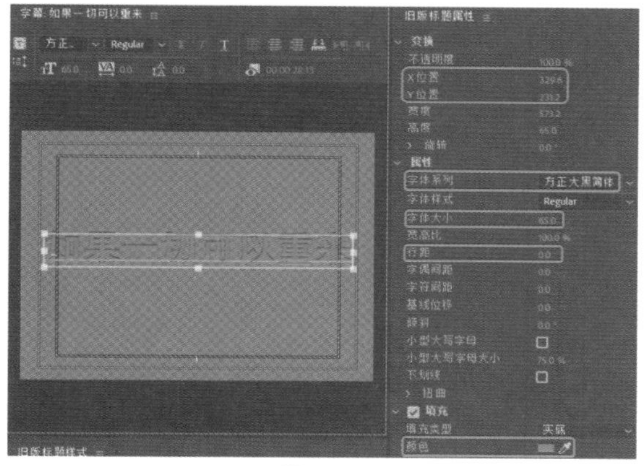

图11-92

Step 24 确定当前时间为00:00:26:04，在【项目】面板中将【如果一切可以重来】字幕文件拖曳至V4轨道上方，系统自动新建V5轨道，将开始处与时间线对齐，将【持续时间】设置为00:00:01:22。在【效果】面板中搜索【交叉缩放】过渡效果，将其拖曳至【如果一切可以重来】字幕文件的开始处，将【持续时间】设置为00:00:01:01，如图11-93所示。

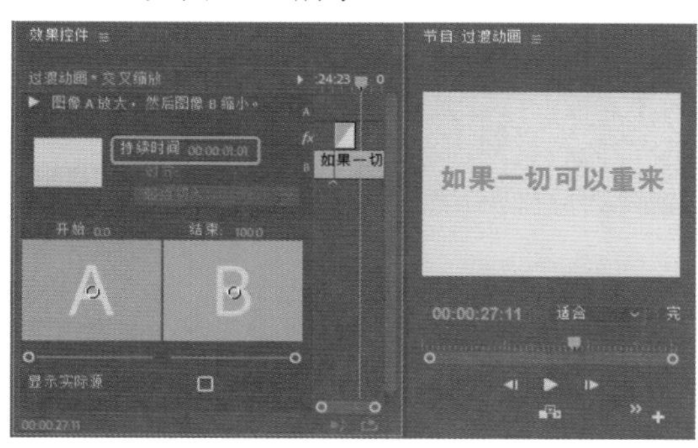

图11-93

实例164 制作片尾动画

素材：

场景：酒驾公益短片.prproj

为了更好地表现禁止酒驾的公益主题，本案例主要对主题字幕进行设置，通过主题字幕提示人们禁止酒驾，珍爱生命，起到点明主旨的作用。

Step 01 新建序列，将【名称】设置为【片尾动画】，单击【确定】按钮，在【项目】面板中右击鼠标，在弹出的快捷菜单中选择【新建项目】|【颜色遮罩】命令，在弹出的【新建颜色遮罩】对话框中使用其默认设置，单击【确定】按钮，在弹出的【拾色器】对话框中将RGB值设置为248、248、248，单击【确定】按钮，在弹出的对话框中将名称设置为【纯色背景2】。在【项目】面板中选中【纯色背景2】，将其拖曳至V1轨道中，将其【持续时间】设置为00:00:09:15，如图11-94所示。

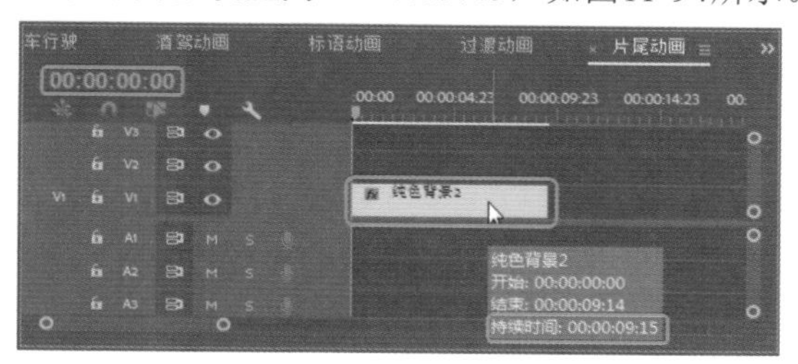

图11-94

Step 02 将当前时间设置为00:00:00:00，在【项目】面板中选择【车.png】素材文件，将其拖曳至V2轨道中，将其开始处与时间线对齐，将【持续时间】设置为00:00:04:10，如图11-95所示。

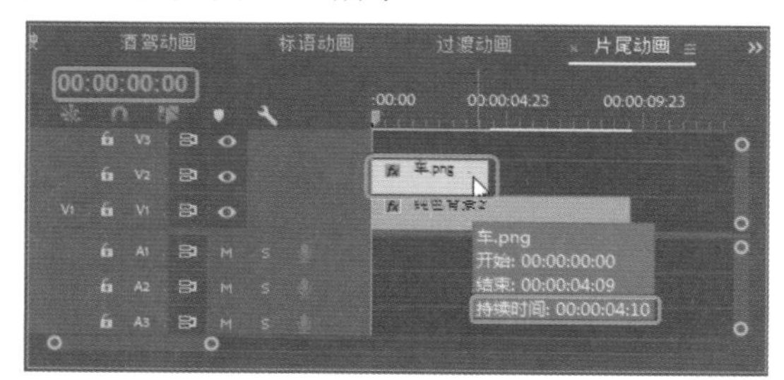

图11-95

Step 03 在视频轨道中选中该素材文件，确认当前时间为00:00:00:00，在【效果控件】面板中将【位置】设置为-95、240，单击【位置】左侧的【切换动画】按钮，将【缩放】设置为12，如图11-96所示。

Step 04 将当前时间设置为00:00:02:00，在【效果控件】面板中将【位置】设置为811、240，如图11-97所示。

Step 05 将当前时间设置为00:00:00:00，在【项目】面板中选择【轮胎.png】素材文件，将其拖曳至V3轨道中，将其开始处与时间线对齐，将其结尾处与V2轨道中的素材文件的结尾处对齐，如图11-98所示。

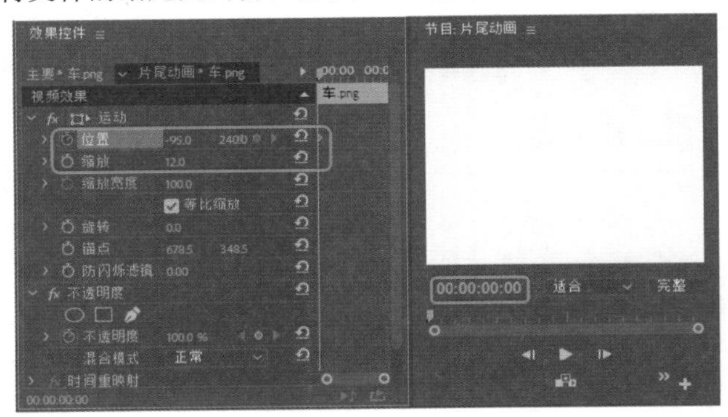

图11-96

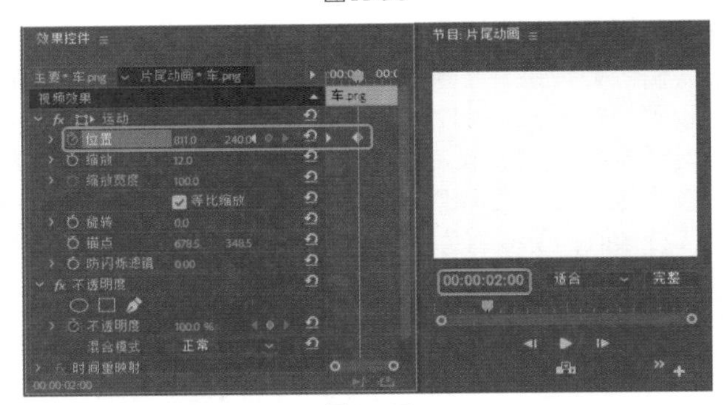

图11-97

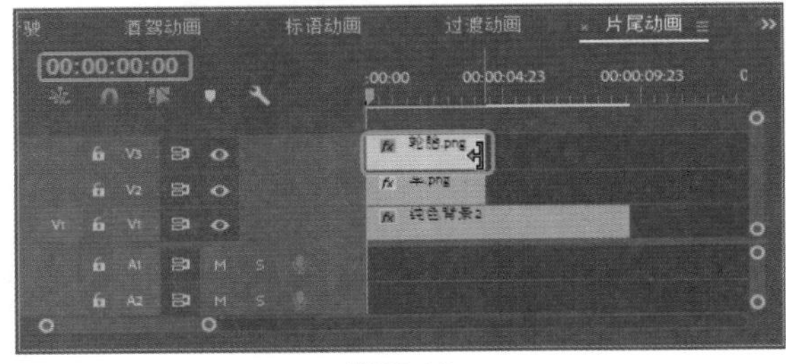

图11-98

Step 06 在视频轨道中选中该素材文件，确认当前时间为00:00:00:00，在【效果控件】面板中将【位置】设置为-145、264，单击【位置】左侧的【切换动画】按钮，将【缩放】设置为12，将【旋转】设置为0，并单击【旋转】左侧的【切换动画】按钮，如图11-99所示。

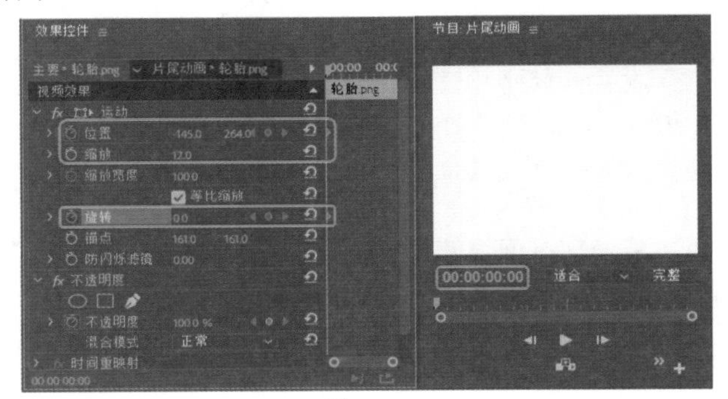

图11-99

Step 07 将当前时间设置为00:00:02:00，在【效果控件】面板中将【位置】设置为761、264，将【旋转】设置为1440，如图11-100所示。

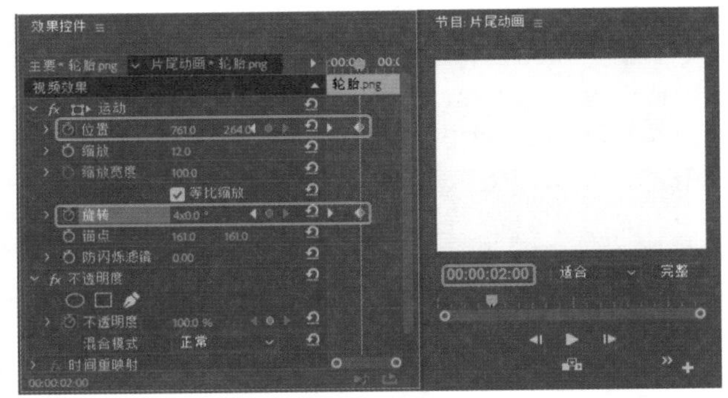

图11-100

Step 08 将当前时间设置为00:00:00:00，在【项目】面板中选中【轮胎.png】素材文件，将其拖曳至V3轨道上方的空白处，系统自动新建V4轨道，将其开始处与时间线对齐，将其结尾处与V3轨道中的素材文件的结尾处对齐，如图11-101所示。

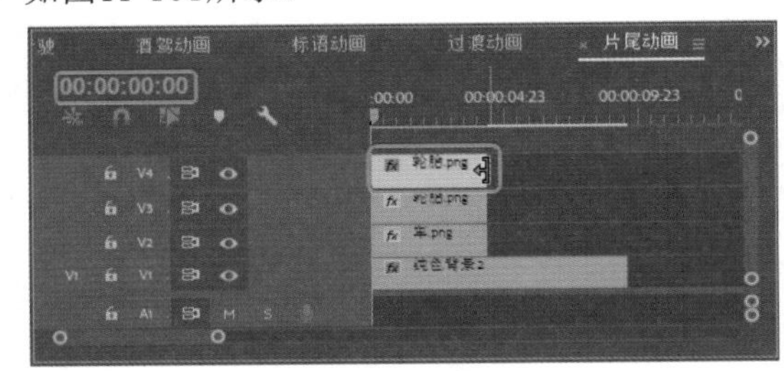

图11-101

Step 09 在视频轨道中选中该素材文件，确认当前时间为00:00:00:00，在【效果控件】面板中将【位置】设置为-42、264，单击【位置】左侧的【切换动画】按钮，将【缩放】设置为12，将【旋转】设置为0，并单击【旋转】其左侧的【切换动画】按钮，如图11-102所示。

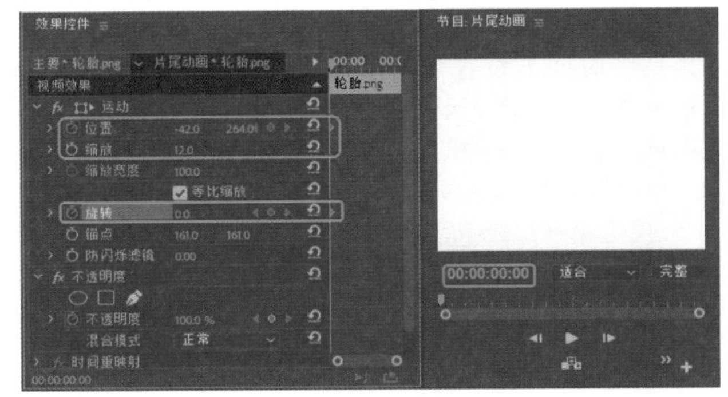

图11-102

Step 10 将当前时间设置为00:00:02:00，在【效果控件】面板中将【位置】设置为860、264，将【旋转】设置为1440，如图11-103所示。

Step 11 将当前时间设置为00:00:04:10，在【项目】面板中选择【车.png】素材文件，将其拖曳至V2轨道中，将其开始处与时间线对齐，将其【持续时间】设置为00:00:05:05，如图11-104所示。

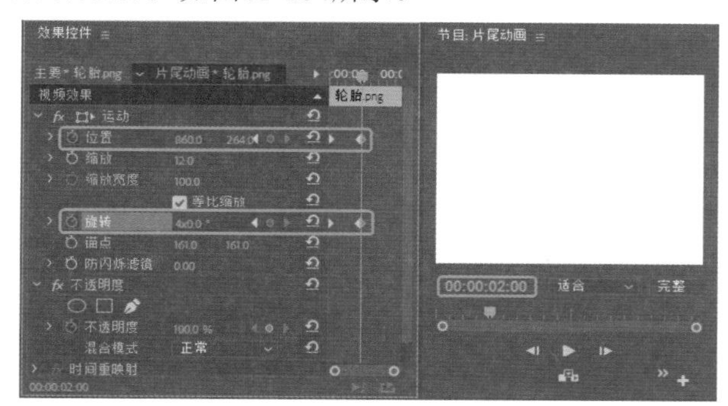

图11-103

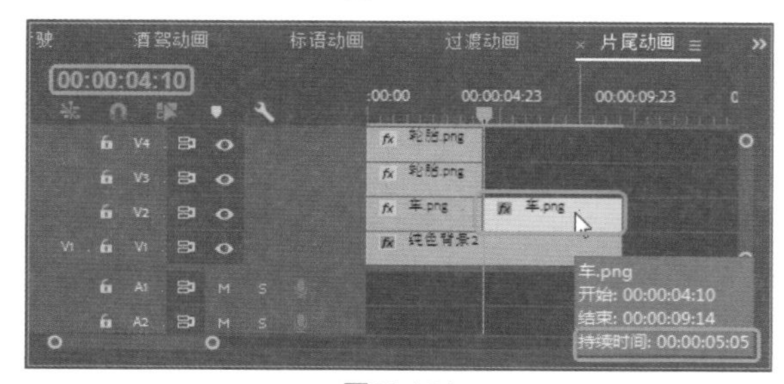

图11-104

Step 12 确认当前时间为00:00:04:10，在【视频】轨道中选中新添加的素材文件，在【效果控件】面板中将【位置】设置为779、316，单击【位置】左侧的【切换动画】按钮，将【缩放】设置为8，如图11-105所示。

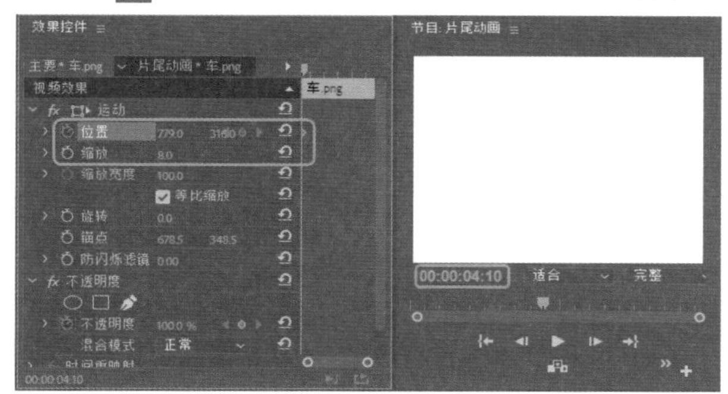

图11-105

Step 13 将当前时间设置为00:00:06:10，在【效果控件】面板中将【位置】设置为-70、316，在【效果】面板中搜索【水平翻转】视频特效，将其拖曳至【车.png】素材文件上，如图11-106所示。

Step 14 使用前面所介绍的方法添加轮胎动画效果，如图11-107所示。

Step 15 设置完成后，在菜单栏中选择【文件】|【新建】|【旧版标题】命令，在弹出的【新建字幕】对话框中将【名称】设置为【禁止酒驾】，单击【确定】按钮，在弹出的字幕编辑器中使用【文字工具】输入文字。选中输入的文字，在【属性】面板中将【字体】设置为【汉仪漫步体简】，将【字体大小】设置为100，在【填充】选项组中将【颜色】的RGB值设置为0、0、0，在【描边】选项组中单击【外描边】右侧的【添加】按钮，将【大小】设置为5，将【颜色】的RGB值设置为0、0、0，在【变换】选项组中将【X位置】、【Y位置】分别设置为327.8、210.8，如图11-108所示。

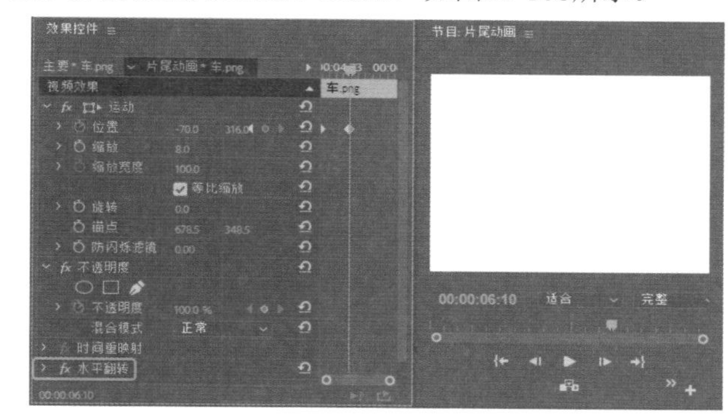

图11-106

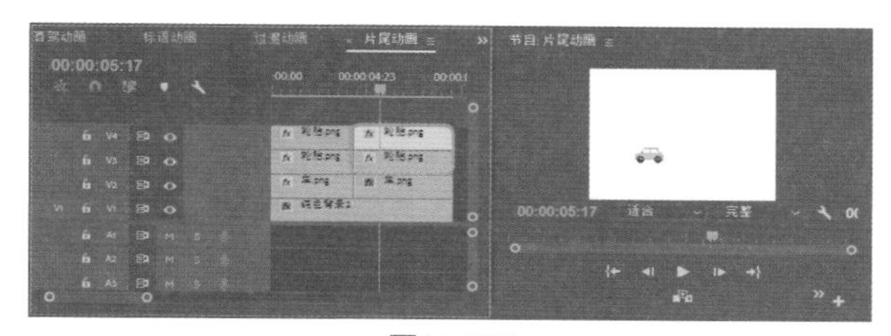

图11-107

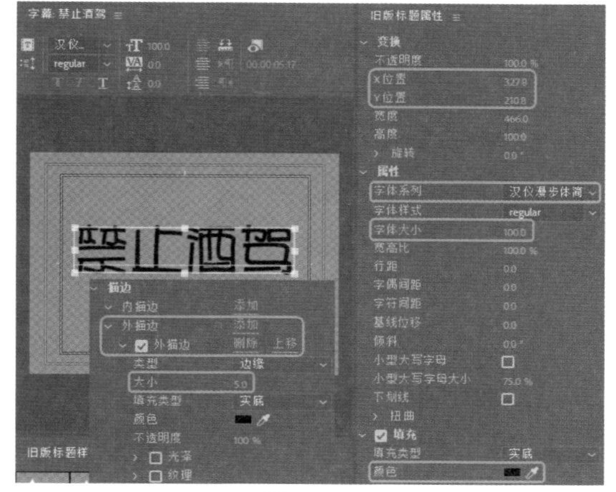

图11-108

Step 16 在字幕编辑器中单击【基于当前字幕新建字幕】按钮，在弹出的【新建字幕】对话框中将【名称】设置为【禁止酒驾2】，单击【确定】按钮。选中复制后的文字，在【填充】选项中将【颜色】的RGB值设置为255、228、0，在【描边】选项组中将【外描边】下的【颜色】设置为255、228、0，如图11-109所示。

Step 17 调整完成后，在字幕编辑器中单击【基于当前字幕新建字幕】按钮，在弹出的【新建字幕】对话框中将【名称】设置为【道路安全】，单击【确定】按钮。将复制的字幕删除，在字幕编辑器中使用【文字工具】输入文字。选中输入的文字，在【属性】面板中将

【字体】设置为【方正华隶简体】，将【字体大小】设置为34，在【填充】选项组中将【颜色】的RGB值设置为0、0、0，在【描边】选项组中单击【外描边】右侧的【删除】按钮，在【变换】选项组中将【X位置】、【Y位置】分别设置为318.4、308.9，如图11-110所示。

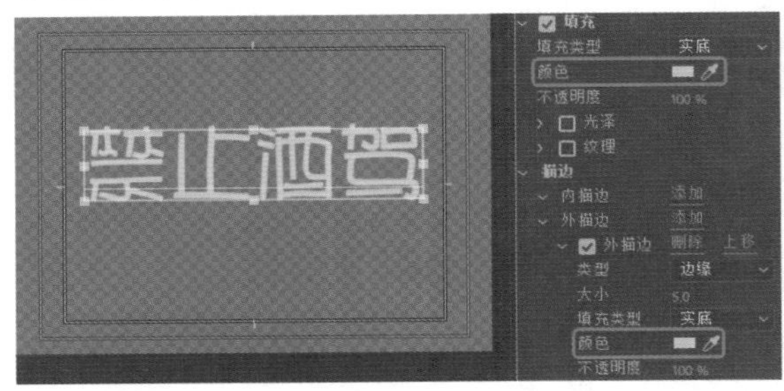

图11-109

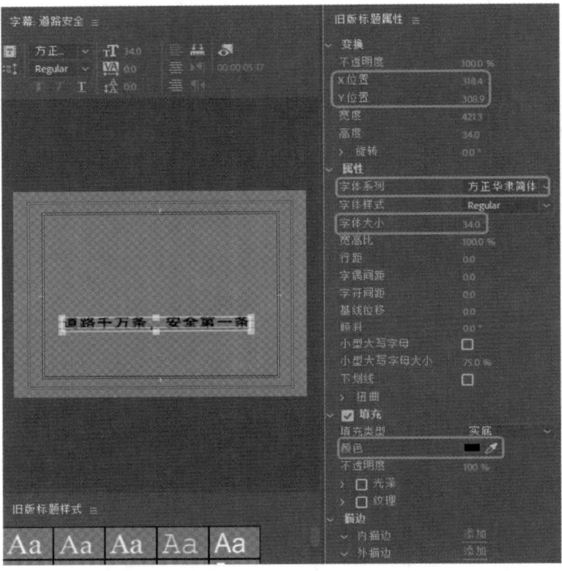

图11-110

Step 18 设置完成后，将字幕编辑器关闭，添加5条视频轨道。将当前时间设置为00:00:00:00，在【项目】面板中选择【禁止酒驾】，将其拖曳至V7轨道中，将其开始处与时间线对齐，将其【持续时间】设置为00:00:09:15，如图11-111所示。

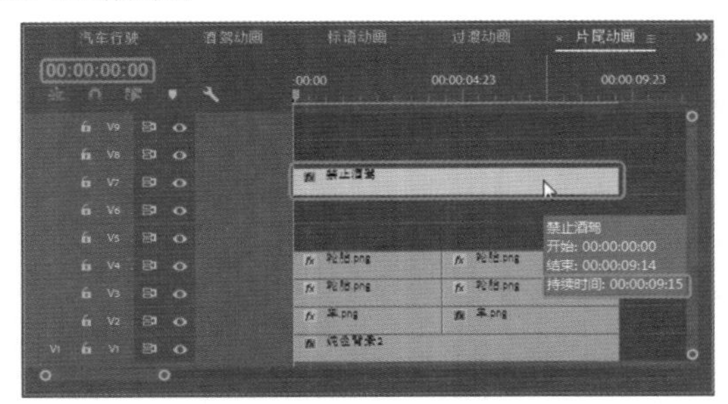

图11-111

Step 19 在视频轨道中选中新添加的字幕文件，在【效果控件】面板中将【位置】设置为847.5、241.4，并单击其左侧的【切换动画】按钮，如图11-112所示。

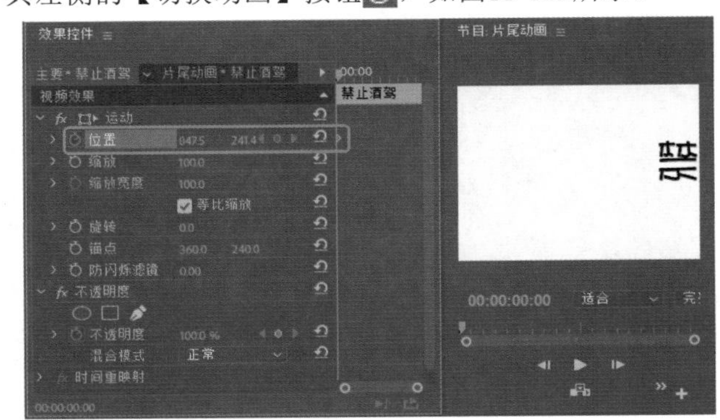

图11-112

Step 20 将当前时间设置为00:00:02:00，在【效果控件】面板中将【位置】设置为350.5、241.4，单击【缩放】左侧的【切换动画】按钮，将【缩放】设置为343，如图11-113所示。

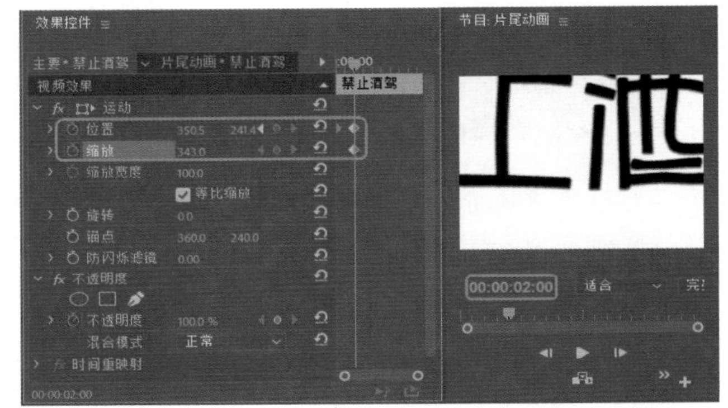

图11-113

Step 21 将当前时间设置为00:00:04:00，在【效果控件】面板中将【缩放】设置为100。将当前时间设置为00:00:04:09，在【效果控件】面板中将【缩放】设置为105，如图11-114所示。

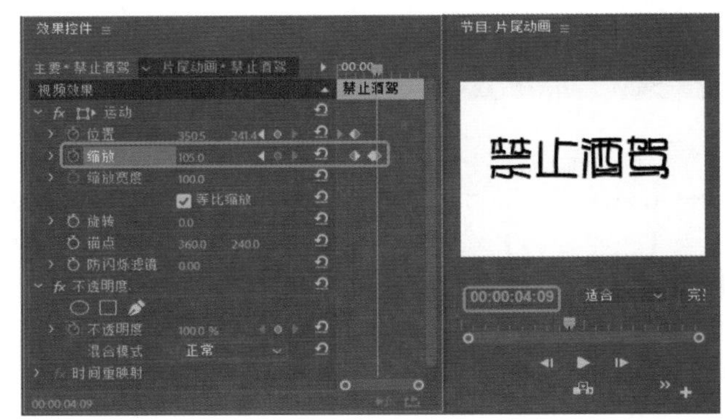

图11-114

Step 22 将当前时间设置为00:00:00:00，在【项目】面板中选择【禁止酒驾2】字幕文件，将其拖曳至V6轨道中，将其开始处与时间线对齐，将其【持续时间】设置为00:00:09:15，如图11-115所示。

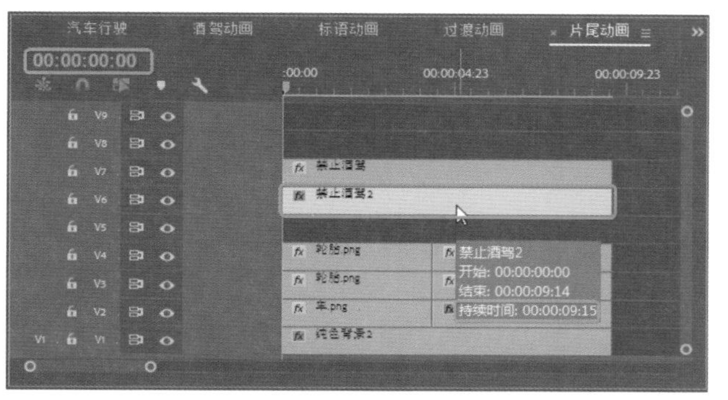

图11-115

Step 23 将当前时间设置为00:00:04:09，在【效果控件】面板中将【位置】设置为350.5、241.4，取消勾选【等比缩放】复选框，将【缩放高度】设置为105，【缩放宽度】设置为100，单击【缩放高度】左侧的【切换动画】按钮，将【不透明度】设置为0%，如图11-116所示。

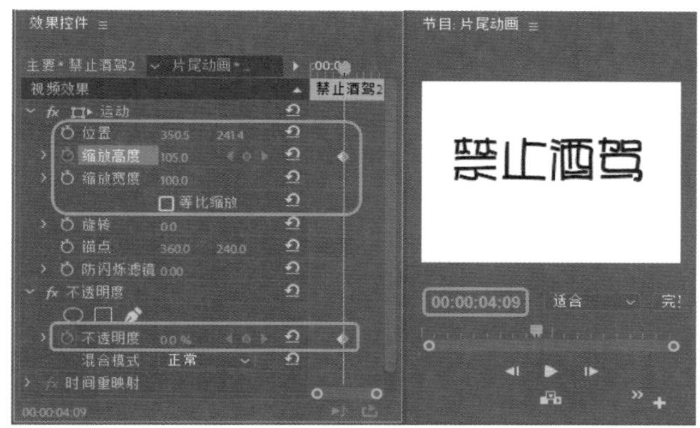

图11-116

Step 24 将当前时间设置为00:00:04:10，在【效果控件】面板中将【不透明度】设置为100%，如图11-117所示。

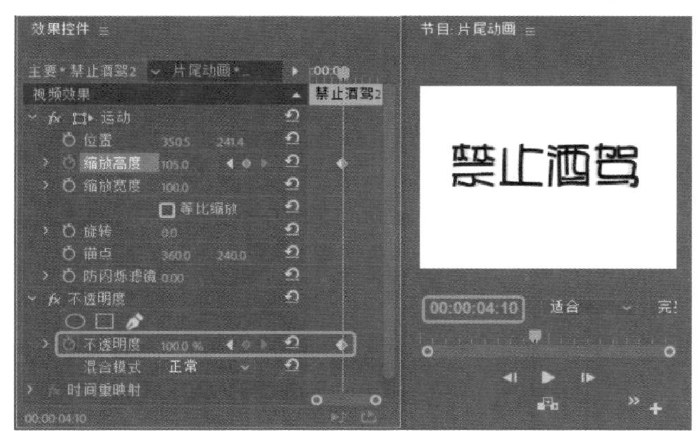

图11-117

Step 25 将当前时间设置为00:00:04:12，在【效果控件】面板中将【缩放高度】设置为111，如图11-118所示。

Step 26 将当前时间设置为00:00:04:15，在【效果控件】面板中将【缩放高度】设置为105，如图11-119所示。

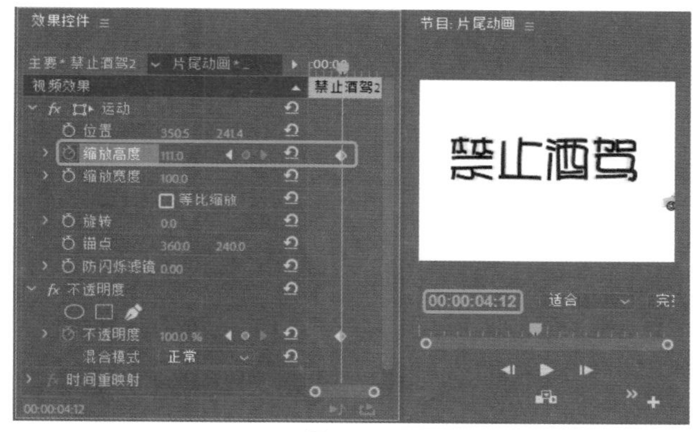

图11-118

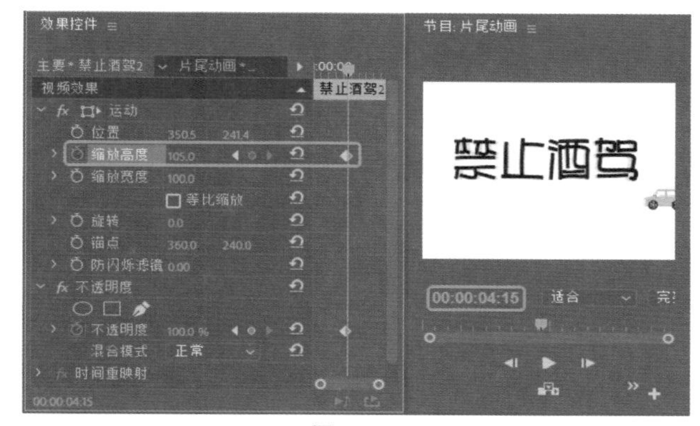

图11-119

Step 27 将当前时间设置为00:00:04:18，在【效果控件】面板中将【缩放高度】设置为111，如图11-120所示。

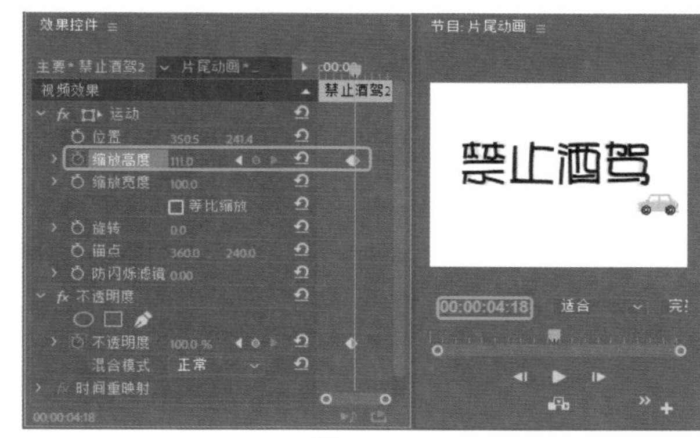

图11-120

Step 28 将当前时间设置为00:00:04:19，在【效果控件】面板中单击【不透明度】右侧的【添加/移除关键帧】按钮，添加一个关键帧，如图11-121所示。

Step 29 将当前时间设置为00:00:04:20，在【效果控件】面板中将【缩放高度】设置为105，将【不透明度】设置为0%，如图11-122所示。

Step 30 设置完成后，将当前时间设置为00:00:00:00，在【项目】面板中选择【禁止酒驾】，将其拖曳至V5轨道中，将其开始处与时间线对齐，将其【持续时间】设置为00:00:09:15，如图11-123所示。

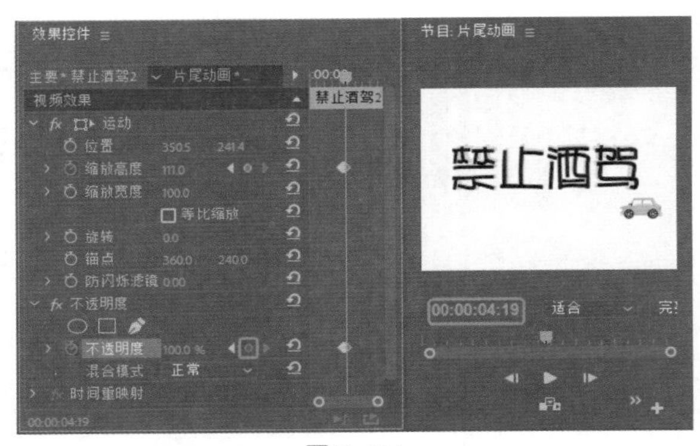

图11-121

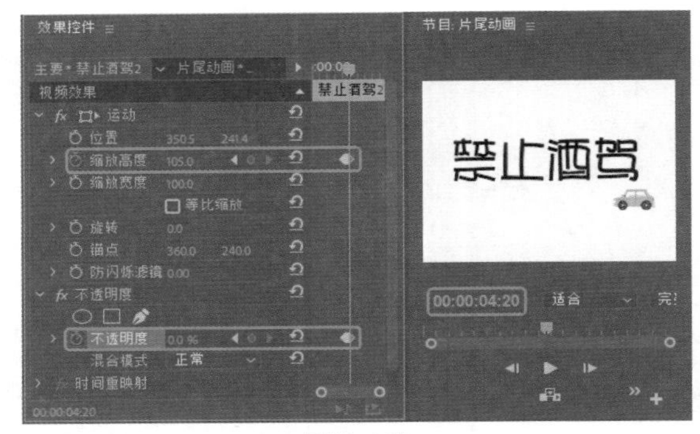

图11-122

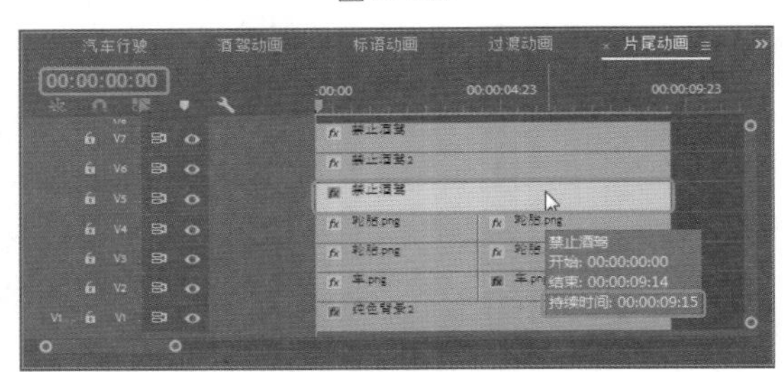

图11-123

Step 31 在视频轨道中选中新添加的字幕文件，在【效果】面板中搜索【相机模糊】视频特效，将其拖曳至V5轨道中的素材文件上。然后搜索【基本3D】视频特效，同样将其添加至V5轨道中的素材文件上。在【效果控件】面板中将【相机模糊】下的【百分比模糊】设置为19，将【基本3D】下的【倾斜】设置为97，如图11-124所示。

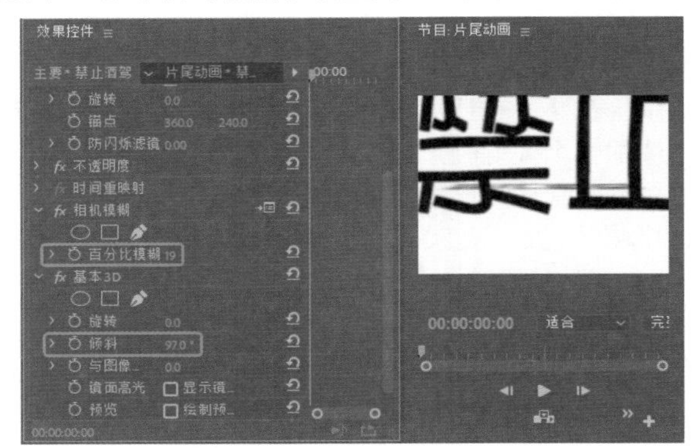

图11-124

Step 32 将当前时间设置为00:00:03:10，在【效果控件】面板中将【不透明度】设置为0%，如图11-125所示。

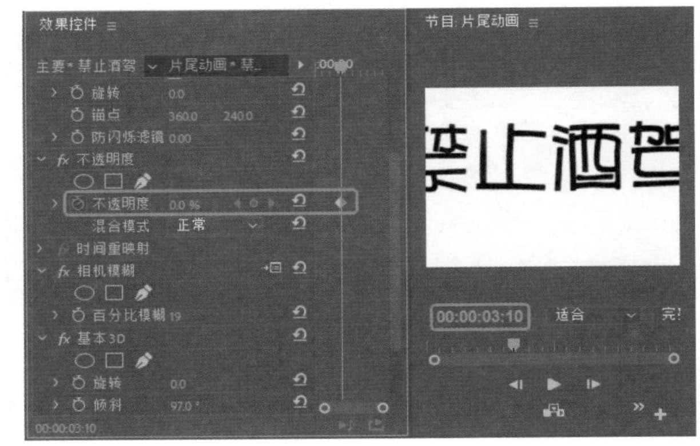

图11-125

Step 33 将当前时间设置为00:00:04:00，在【效果控件】面板中将【位置】设置为360、268，将【缩放】设置为90，单击【缩放】左侧的【切换动画】按钮，将【不透明度】设置为100%，如图11-126所示。

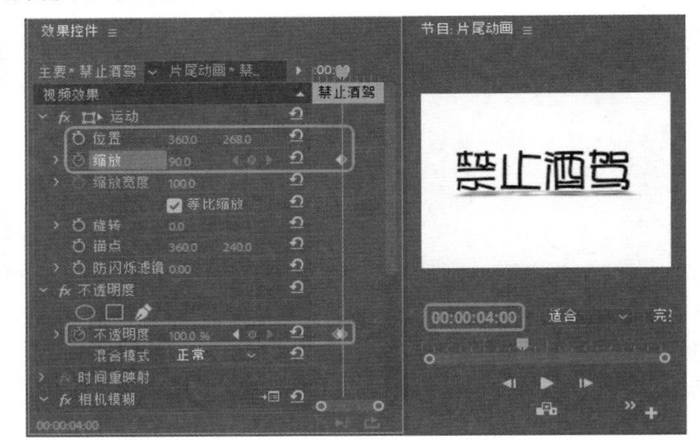

图11-126

Step 34 将当前时间设置为00:00:04:03，在【效果控件】面板中将【缩放】设置为95，如图11-127所示。

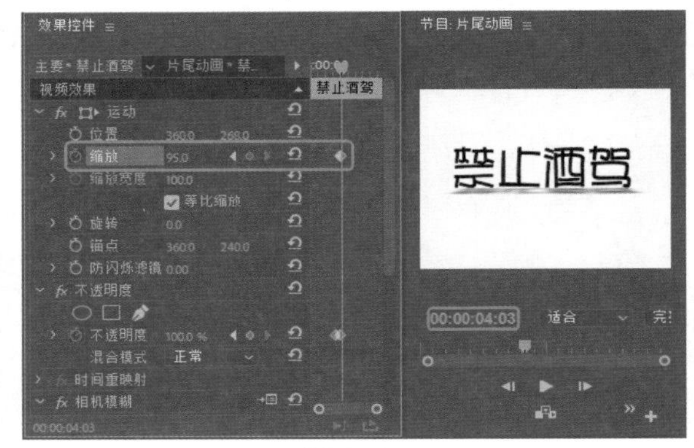

图11-127

Step 35 将当前时间设置为00:00:04:06，在【效果控件】面板中将【缩放】设置为90，如图11-128所示。

Step 36 将当前时间设置为00:00:04:09，在【效果控件】面板中将【缩放】设置为95，如图11-129所示。

图11-128

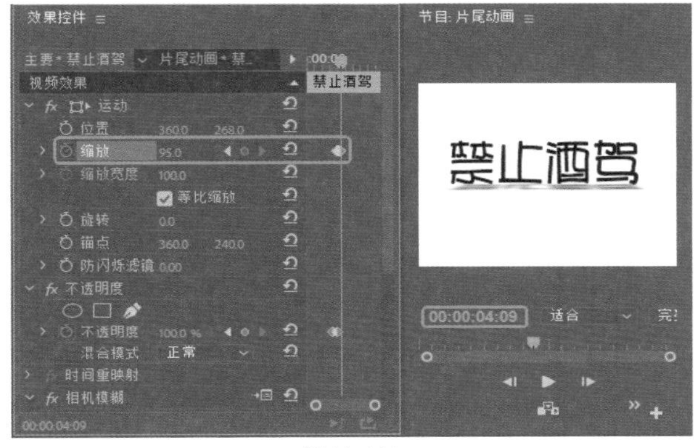

图11-129

Step 37 将当前时间设置为00:00:04:10，在【项目】面板中选择【道路安全】，将其拖曳至V9轨道中，如图11-130所示。

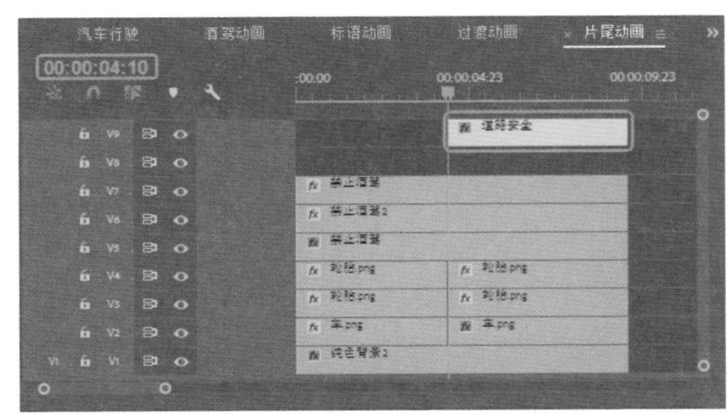

图11-130

Step 38 确认当前时间为00:00:04:10，在视频轨道中选择新添加的字幕文件，在【效果控件】面板中将【位置】设置为1045、240，单击其左侧的【切换动画】按钮，如图11-131所示。

Step 39 将当前时间设置为00:00:06:12，在【效果控件】面板中将【位置】设置为340、240，如图11-132所示。

Step 40 将当前时间设置为00:00:06:17，在【效果控件】面板中将【位置】设置为360、240，如图11-133所示。

Step 41 将当前时间设置为00:00:04:10，在【项目】面板中选择【道路安全】，将其拖曳至V8轨道中，将其开始处与时间线对齐。选中该字幕文件，在【效果控件】面板中将【位置】设置为1045、346，单击其左侧的【切换动画】按钮，将【缩放】设置为107，将【不透明度】设置为38%，如图11-134所示。

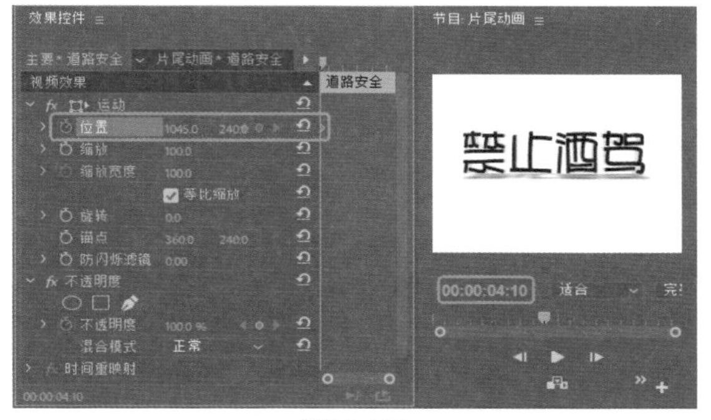

图11-131

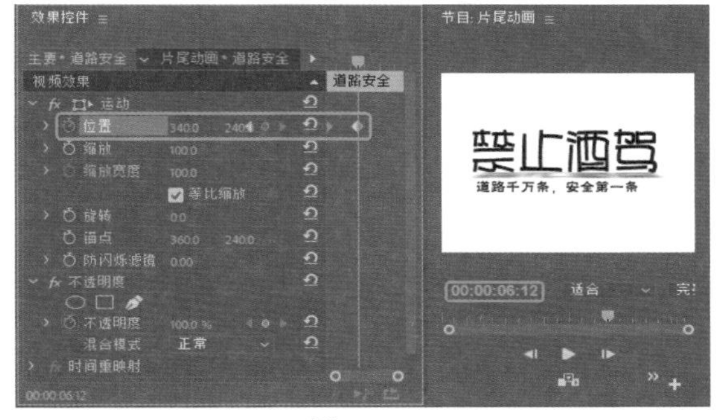

图11-132

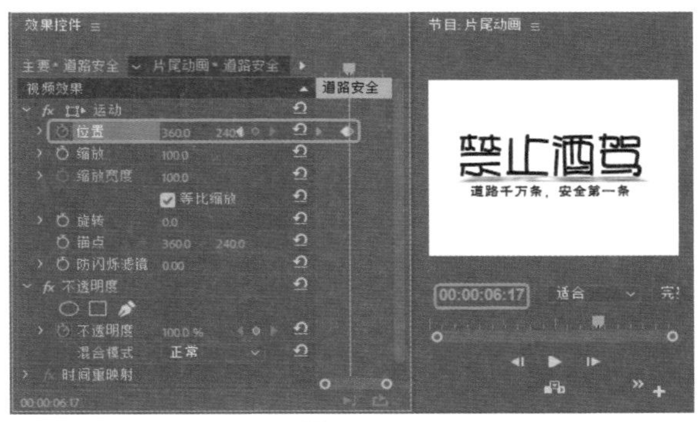

图11-133

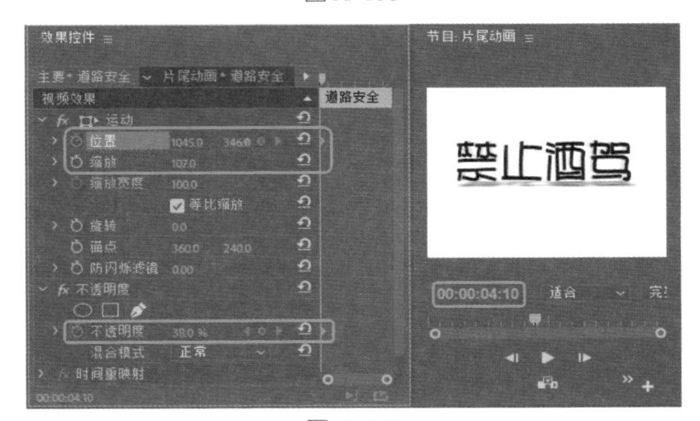

图11-134

Step 42 将当前时间设置为00:00:06:10，在【效果控件】面板中将【位置】设置为340、346，如图11-135所示。

图11-135

Step 43 将当前时间设置为00:00:06:17，在【效果控件】面板中将【位置】设置为360、346，如图11-136所示。

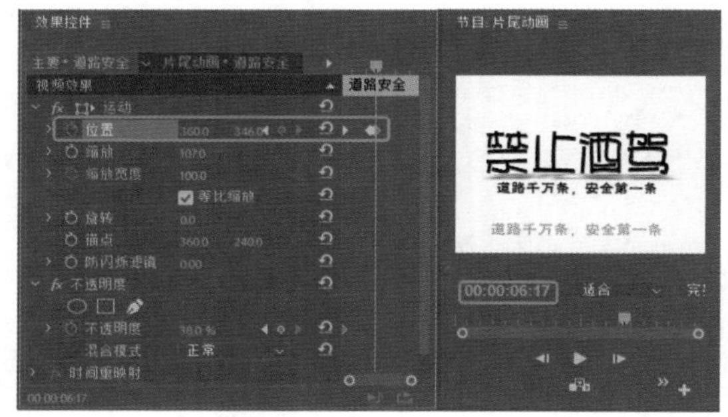

图11-136

Step 44 在【效果】面板中搜索【相机模糊】视频特效，将其拖曳至V8轨道中的素材文件上。然后搜索【基本3D】视频特效，同样添加至V8轨道中的素材文件上。在【效果控件】面板中将【相机模糊】下的【百分比模糊】设置为10，将【基本3D】下的【倾斜】设置为110，如图11-137所示。

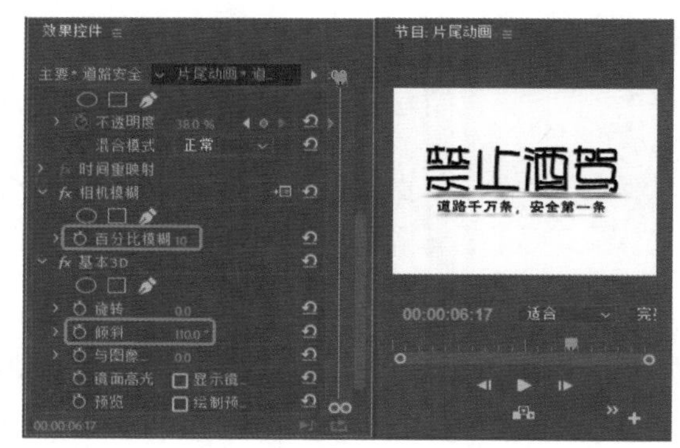

图11-137

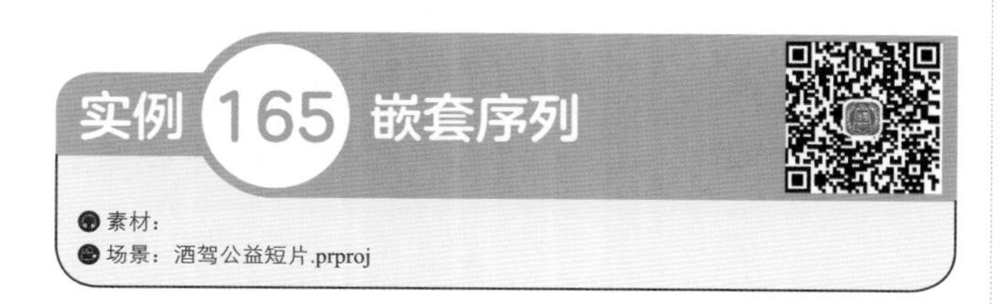

实例 165 嵌套序列

素材：

场景：酒驾公益短片.prproj

下面将介绍如何将前面所介绍的序列动画进行嵌套，其具体操作步骤如下。

Step 01 按Ctrl+N组合键，在弹出的对话框中将【序列名称】设置为【酒驾公益短片】，单击【确定】按钮。在【项目】面板中选择【闯红灯动画】，将其拖曳至V1轨道中，如图11-138所示。

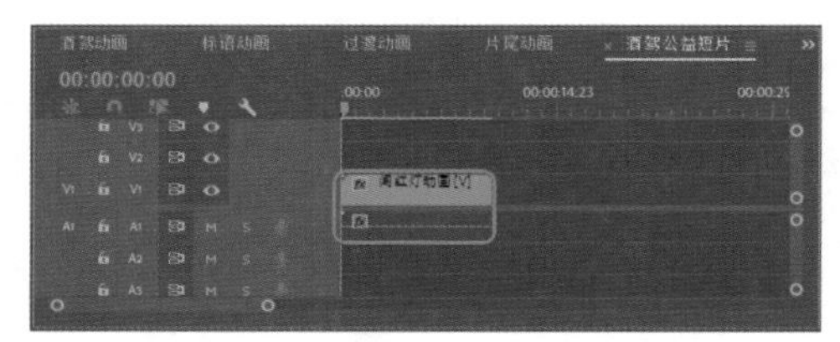

图11-138

Step 02 分别将【汽车行驶】、【酒驾动画】、【标语动画】、【过渡动画】、【片尾动画】添加至V1轨道中，如图11-139所示。

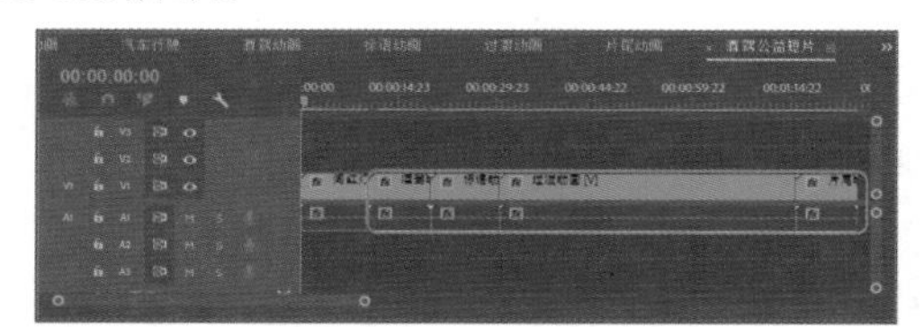

图11-139

实例 166 添加背景音乐

素材：

场景：酒驾公益短片.prproj

下面将介绍如何为酒驾公益短片添加背景音乐，其具体操作步骤如下。

Step 01 将当前时间设为00:00:20:02，将【音频03.mp3】拖至A2轨道中，将开始处与时间线对齐，在A2音频轨道上双击鼠标，将音频轨放大，如图11-140所示。

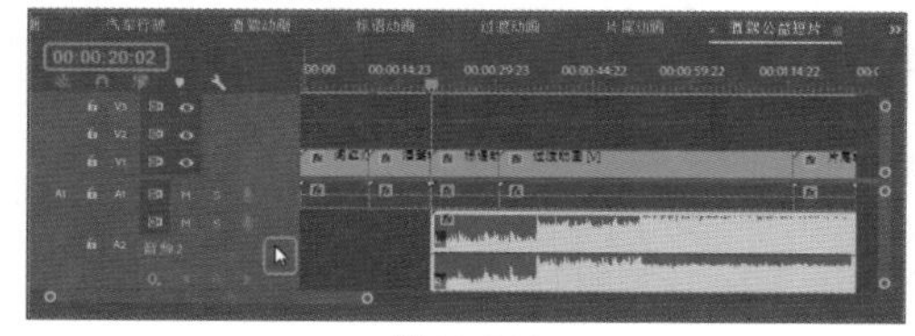

图11-140

Step 02 在工具箱中选择【钢笔工具】，在A2音频文件上添加关键点并进行调整，效果如图11-141所示。

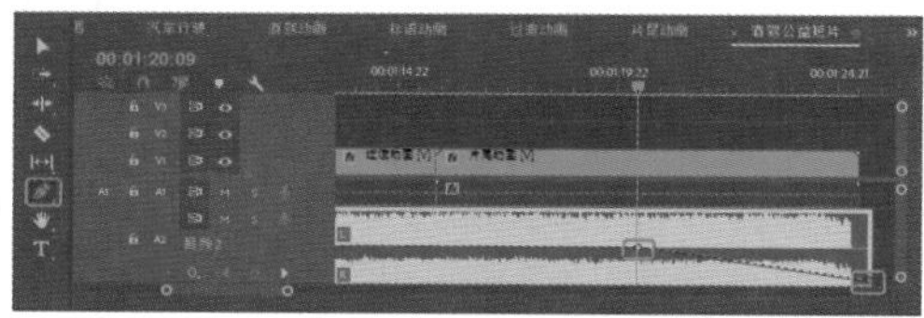

图11-141

第12章 环保宣传动画

本章导读

环境污染会给生态系统造成直接的破坏和影响，也会给人类社会造成危害，本案例将通过制作环保宣传动画来呼吁人们重视环境问题，增强绿色低碳意识，让环保理念更加普及。

实例167 制作环境污染动画

素材：

场景：环保宣传动画.prproj

环境污染是由于人为因素使环境的构成或状态发生变化，环境素质下降，从而扰乱和破坏了生态系统和人类的正常生产和生活条件的现象。本案例将制作环境污染动画，通过它来警示人们环境污染的危害，使人们认识到保护环境的重要性。

Step 01 新建项目和标准序列，将【序列名称】设置为【环境污染动画】。在【项目】面板的空白位置双击鼠标，弹出【导入】对话框，选择【素材\Cha13】文件夹中所有的素材文件，单击【打开】按钮，如图12-1所示。

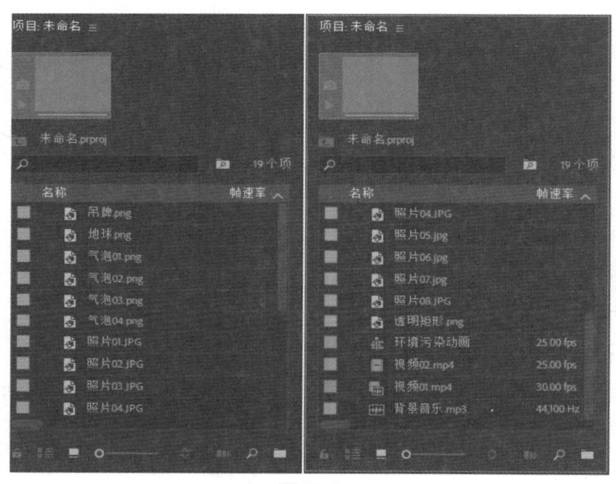

图12-1

Step 02 将当前时间设置为00:00:00:00，在【项目】面板中选择【视频01.mp4】素材文件，将其拖曳至V1视频轨道中，在弹出的对话框中单击【保持现有设置】按钮，在【效果控件】面板中将【缩放】设置为55，如图12-2所示。

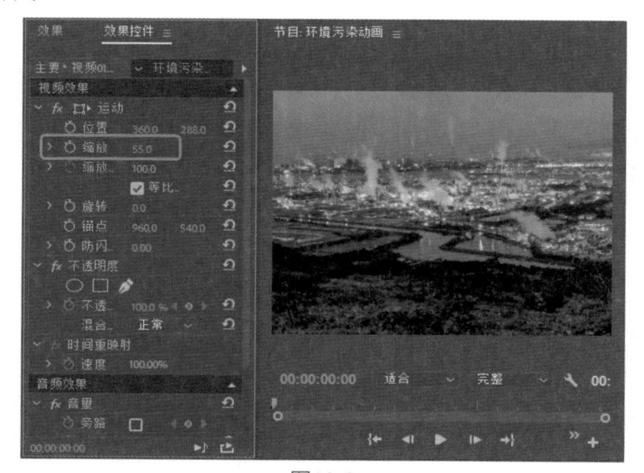

图12-2

Step 03 将当前时间设置为00:00:07:10，在【项目】面板中选择【照片01.JPG】素材文件，将其拖曳至V2视频轨道中，并将其开始处与时间线对齐，将其持续时间设置为00:00:07:16，如图12-3所示。

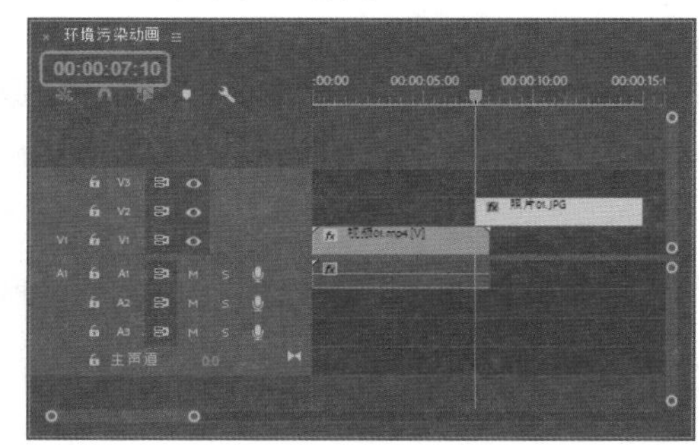

图12-3

Step 04 确认当前时间为00:00:07:10，在【效果控件】面板中将【缩放】设置为300，单击其左侧的【切换动画】按钮，将【不透明度】设置为0%，如图12-4所示。

图12-4

Step 05 将当前时间设置为00:00:08:10，在【效果控件】面板中单击【位置】左侧的【切换动画】按钮，将【缩放】设置为60，将【不透明度】设置为100%，如图12-5所示。

图12-5

Step 06 将当前时间设置为00:00:10:01，将【位置】设置为411、299，如图12-6所示。

图12-6

Step 07 将当前时间设置为00:00:12:01，将【位置】设置为329、282，如图12-7所示。

图12-7

Step 08 在【效果】面板中搜索【四色渐变】视频效果，将其拖曳至【照片01.JPG】素材文件上，在【效果控件】面板中将【点1】设置为150、100，将【颜色1】设置为#372600；将【点2】设置为1350、100，将【颜色2】设置为#303330；将【点3】设置为150、898，将【颜色3】设置为#2D012D；将【点4】设置为1350、898，将【颜色4】设置为#010127，将【不透明度】设置为64%，将【混合模式】设置为【滤色】，如图12-8所示。

图12-8

Step 09 将当前时间设置为00:00:12:10，在【项目】面板中选择【照片02.JPG】素材文件，将其拖曳至V3视频轨道中，将其开始处与时间线对齐，将其持续时间设置为00:00:08:09，如图12-9所示。

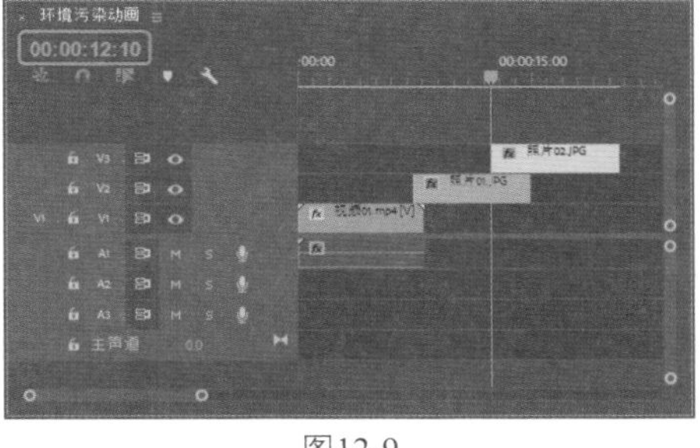

图12-9

Step 10 确认当前时间为00:00:12:10，在【效果控件】面板中将【缩放】设置为230，单击其左侧的【切换动画】按钮，将【不透明度】设置为0%，如图12-10所示。

图12-10

Step 11 将当前时间设置为00:00:13:10，单击【位置】左侧的【切换动画】按钮，将【缩放】设置为65，将【不透明度】设置为100%，如图12-11所示。

图12-11

Step 12 将当前时间设置为00:00:16:02，将【位置】设置为438、288，如图12-12所示。

Step 13 将当前时间设置为00:00:19:02，将【位置】设置为284、288，如图12-13所示。

图12-12

图12-13

Step 14 在【效果】面板中搜索【四色渐变】视频效果，将其拖曳至【照片02.JPG】素材文件上。在【效果控件】面板中将【点1】设置为150、100，将【颜色1】设置为#151500；将【点2】设置为1350、100，将【颜色2】设置为#303330；将【点3】设置为150、900，将【颜色3】设置为#222019；将【点4】设置为1350、900，将【颜色4】设置为#010127；将【不透明度】设置为27%，将【混合模式】设置为【叠加】，如图12-14所示。

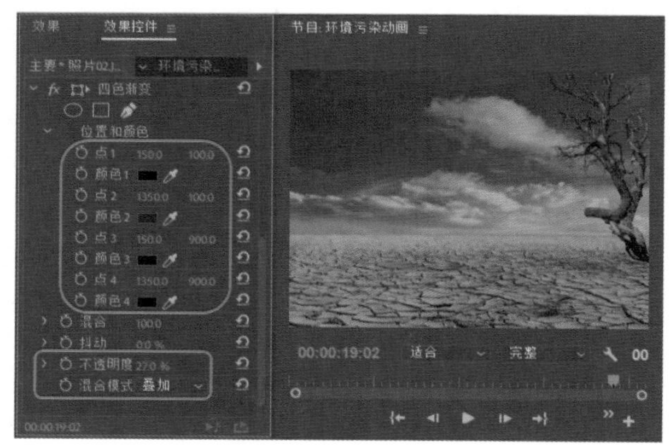

图12-14

Step 15 将当前时间设置为00:00:20:19，在【项目】面板中选择【照片03.JPG】素材文件，将其拖曳至V1视频轨道中，将其开始处与时间线对齐，将其持续时间设置为00:00:06:10，如图12-15所示。

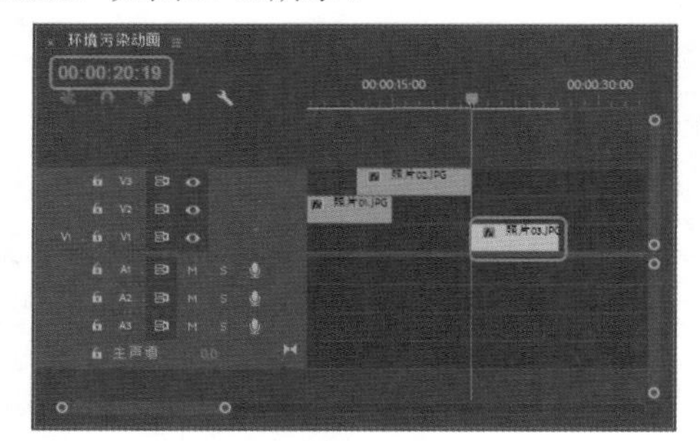

图12-15

Step 16 继续选中【照片03.JPG】文件，在【效果控件】面板中将【缩放】设置为59，如图12-16所示。

图12-16

Step 17 在菜单栏中选择【文件】|【新建】|【旧版标题】命令，在弹出的对话框中将【名称】设置为【文字01】，如图12-17所示。

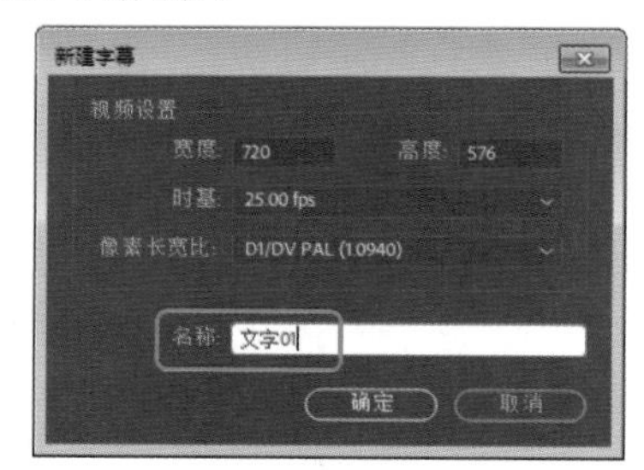

图12-17

Step 18 单击【确定】按钮，在弹出的对话框中选择【垂直文字工具】，输入文字【乱砍滥伐的现象】，将【字体系列】设置为【微软雅黑】，将【字体大小】设置为26，将【填充】下的【颜色】设置为白色，将【X位置】、【Y位置】分别设置为684、179，如图12-18所示。

Step 19 在该对话框中单击【基于当前字幕新建字幕】按钮，在弹出的对话框中将【名称】设置为【文字02】，单击【确定】按钮。将文字更改为【使土地沙漠化】，将【X位置】、【Y位置】分别设置为640、

190，如图12-19所示。

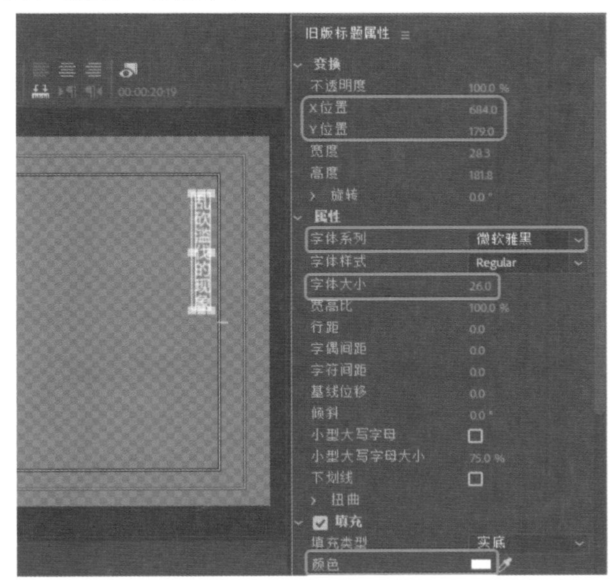

图12-18

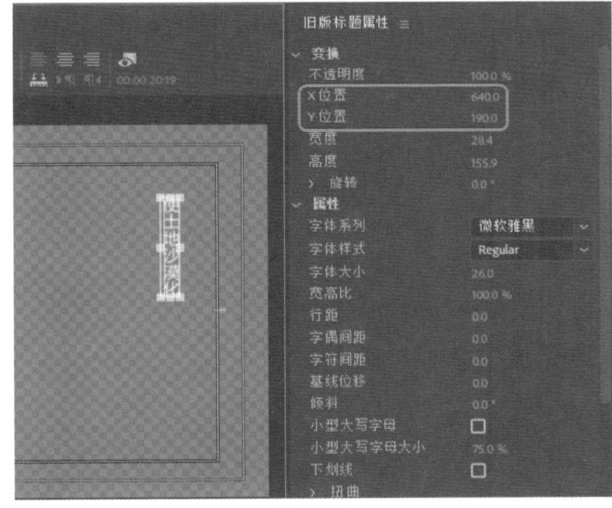

图12-19

Step 20 在该对话框中单击【基于当前字幕新建字幕】按钮，在弹出的对话框中将【名称】设置为【文字03】，单击【确定】按钮。将文字更改为【全球变暖等问题加剧】，将【X位置】、【Y位置】分别设置为596、139，如图12-20所示。

Step 21 在菜单栏中选择【文件】|【新建】|【旧版标题】命令，在弹出的对话框中将【名称】设置为【线】，如图12-21所示。

Step 22 设置完成后，单击【确定】按钮。选择【直线工具】，按住Shift键绘制一条垂直直线，将【线宽】设置为2，将【填充】下的【颜色】设置为白色，将【宽度】、【高度】分别设置为2、200，将【X位置】、【Y位置】分别设置为665、198，如图12-22所示。

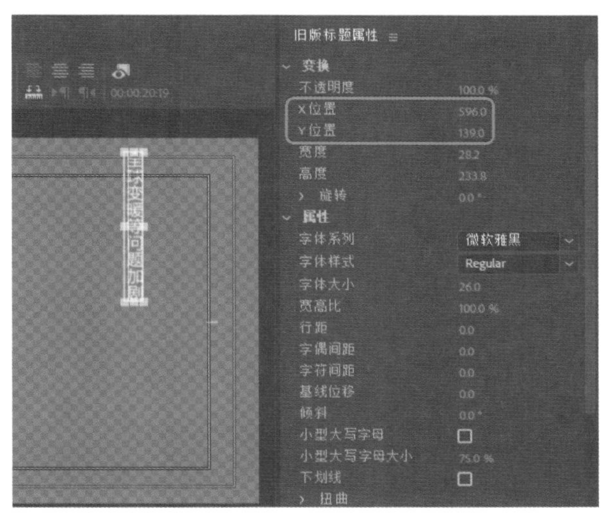

图12-20

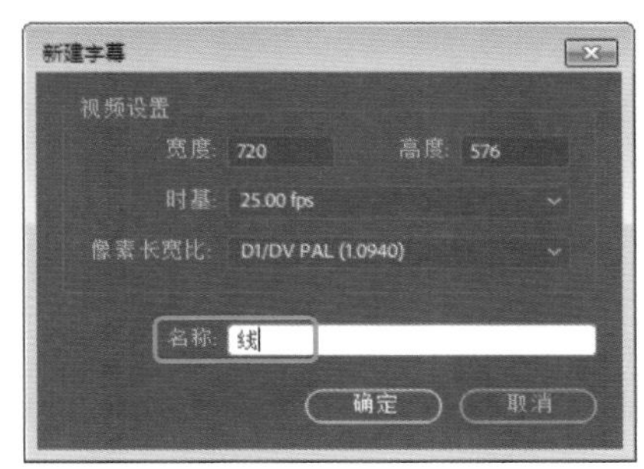

图12-21

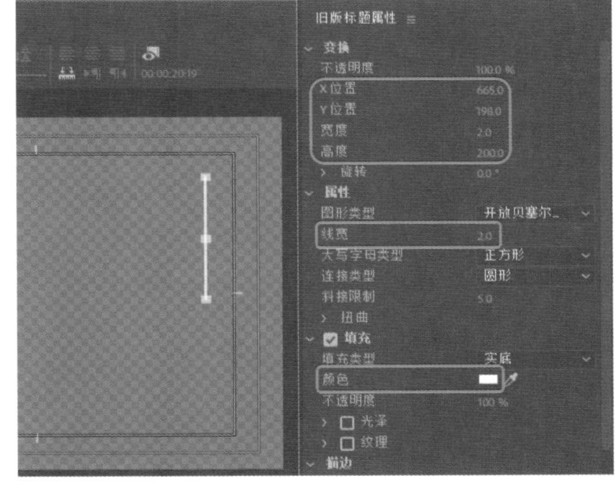

图12-22

Step 23 设置完成后，关闭字幕编辑器。将当前时间设置为00:00:20:19，将字幕【文字01】拖曳至V2视频轨道中，将其开始处与时间线对齐，将其持续时间设置为00:00:05:22，如图10-23所示。

Step 24 选中【文字01】字幕对象，确认当前时间为00:00:20:19，在【效果控件】面板中将【位置】设为-300、210，并单击其左侧的【切换动画】按钮，打开动画关键帧记录，将【不透明度】设为0%，如图12-24所示。

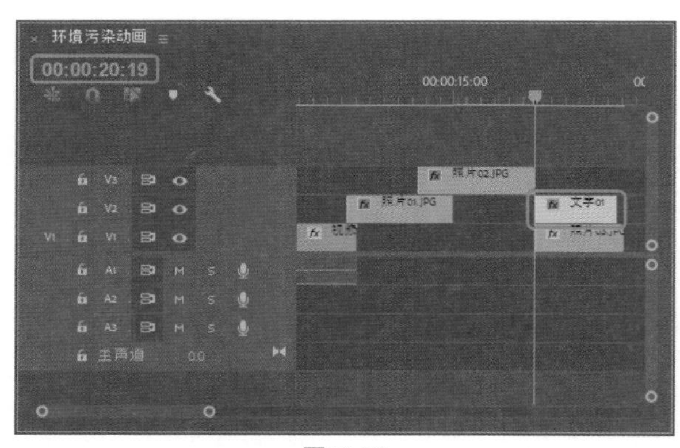

图12-23

图12-24

Step 25 将当前时间设置为00:00:21:18，在【效果控件】面板中，将【位置】设为-100、221，将【不透明度】设为100%，如图12-25所示。

图12-25

Step 26 将当前时间设置为00:00:20:19，将【线】拖曳至V3视频轨道中，将其开始处与时间线对齐，将其结束处与V2视频轨道中的【文字01】结尾处对齐。选中V3视频轨道中的【线】，在【效果控件】面板中将【位置】设置为-98、219，并为其添加【裁剪】特效。将当前时间设置为00:00:21:24，将【底部】和【羽化边缘】分别设置为84、0，并单击【底部】和【羽化边缘】左侧的【切换动画】按钮，如图12-26所示。

图12-26

Step 27 将当前时间设置为00:00:22:11，将【底部】和【羽化边缘】分别设置为63、90，效果如图12-27所示。

图12-27

Step 28 将当前时间设置为00:00:20:19，将【文字02】字幕对象拖曳至V3视频轨道上方，自动创建V4视频轨道，将其开始处与时间线对齐，将其结束处与V3视频轨道中的【线】结束处对齐。选中V4视频轨道中的【文字02】，在【效果控件】面板中将【位置】设置为-94、288。将当前时间设置为00:00:22:16，将【不透明度】设置为0%，如图12-28所示。

图12-28

Step 29 将当前时间设置为00:00:23:01，将【不透明度】设置为100%，如图12-29所示。

图12-29

Step 30 将当前时间设置为00:00:20:19，将【线】素材拖曳至V4视频轨道的上方，自动创建V5视频轨道，将其结尾处与【文字02】的结尾处对齐。选中V5视频轨道中的【线】，为其添加【裁剪】特效。将当前时间设置为00:00:23:06，在【效果控件】面板中将【位置】设置为-131、306，将【底部】、【羽化边缘】分别设置为84、0，然后单击其左侧的【切换动画】按钮，如图12-30所示。

图12-30

Step 31 将当前时间设置为00:00:23:18，将【底部】、【羽化边缘】分别设置为63、90，如图12-31所示。

Step 32 将当前时间设置为00:00:20:19，将字幕【文字03】拖曳至V5视频轨道的上方，自动创建V6视频轨道，将其开始处与时间线对齐，将其结束处与V5轨道中的【线】结束处对齐。选中V6视频轨道中的【文字03】字幕对象，将当前时间设置为00:00:23:23，在【效果控件】面板中将【位置】设置为-89、394，将【不透明度】设置为0%，如图12-32所示。

Step 33 将当前时间设置为00:00:24:08，将【不透明度】设置为100%，如图12-33所示。

图12-31

图12-32

图12-33

Step 34 将当前时间设置为00:00:27:04，将【照片04.JPG】素材文件拖曳至V1视频轨道中，与时间线对齐，并将其【持续时间】设为00:00:16:06，效果如图12-34所示。

Step 35 选中素材文件【照片04.JPG】，在【效果控件】面板中将【缩放】设为68，如图12-35所示。

Step 36 在【效果】面板中，展开【视频过渡】文件夹，选择【擦除】|【油漆飞溅】过渡效果，将其拖曳至序列面板中【照片03.JPG】和【照片04.JPG】文件的中间处，如图12-36所示。

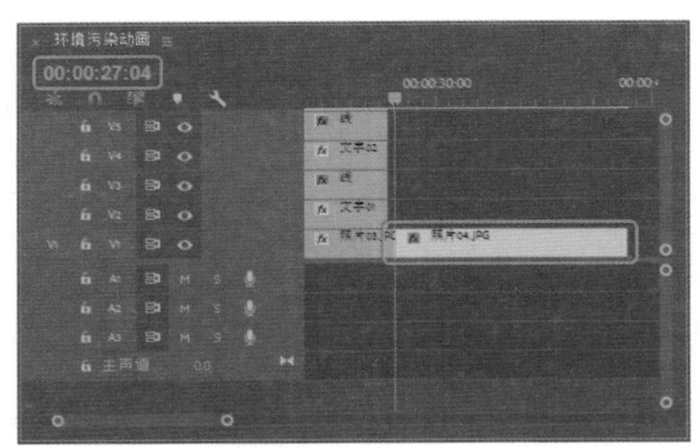

图12-34

图12-35

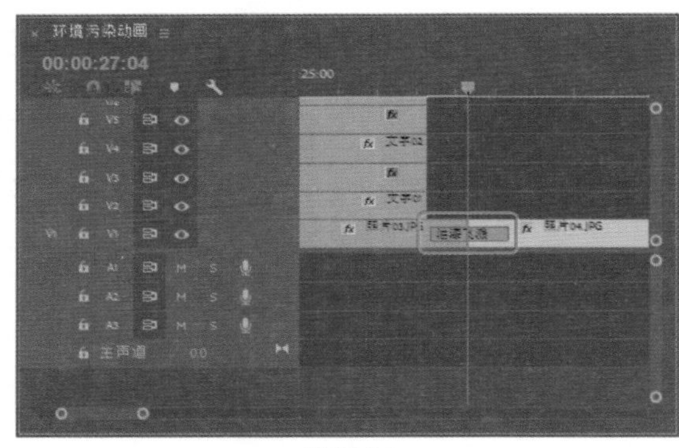

图12-36

Step 37 将当前时间设置为00:00:27:17，将【吊牌.png】素材文件拖曳至V2视频轨道中，与时间线对齐，如图12-37所示。

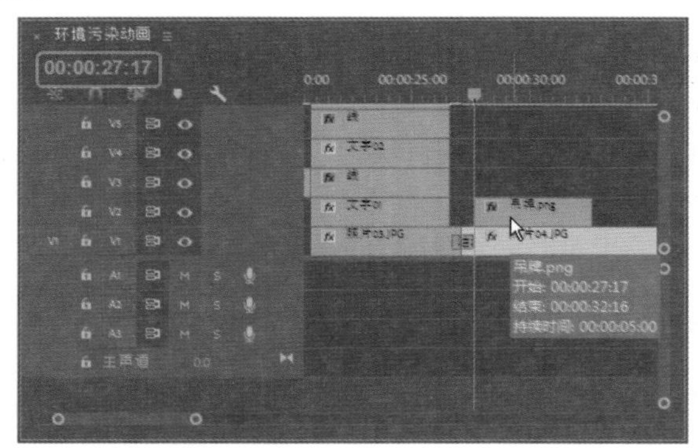

图12-37

Step 38 选中素材文件【吊牌.png】，确认当前时间为00:00:27:17，在【效果控件】面板中将【位置】设为125、-181，并单击其左侧的【切换动画】按钮，打开动画关键帧记录，如图12-38所示。

图12-38

Step 39 将当前时间设置为00:00:28:17，在【效果控件】面板中将【位置】设为125、170，如图12-39所示。

图12-39

Step 40 将当前时间设置为00:00:29:02，在【效果控件】面板中将【位置】设为125、130，如图12-40所示。

图12-40

Step 41 将当前时间设置为00:00:29:12，在【效果控件】面板中将【位置】设为125、170，如图12-41所示。

图12-41

Step 42 将当前时间设置为00:00:30:17，在【效果控件】面板中单击【位置】右侧的【添加/移除关键帧】按钮，添加关键帧，如图12-42所示。

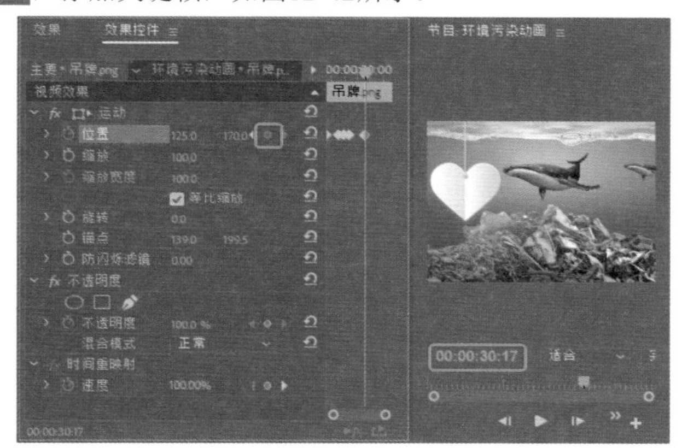

图12-42

Step 43 将当前时间设置为00:00:31:17，在【效果控件】面板中将【位置】设为125、-181，如图12-43所示。

图12-43

Step 44 新建一个【名称】为【标语】的字幕，在字幕编辑器中使用【文字工具】，输入文字【因为环境问题 珍稀动物濒临灭绝】。选中输入的文字，将【字体系列】设置为【方正新舒体简体】，将【字体大小】设置为14，将【行距】设置为17.4，将【填充】下的【颜色】设置为黑色，将【X位置】、【Y位置】分别设置为108、244，如图12-44所示。

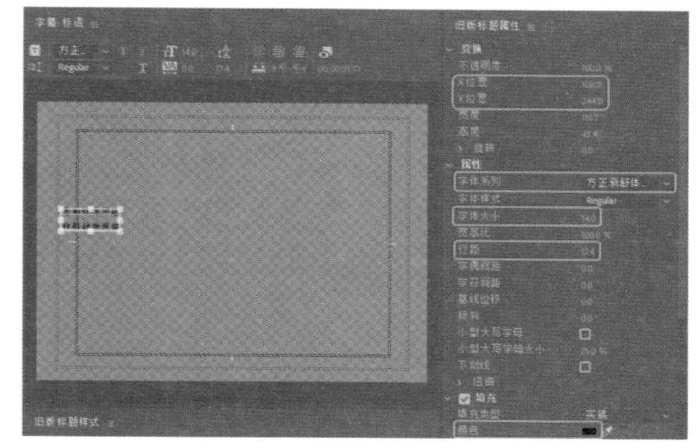

图12-44

Step 45 使用【文字工具】输入文字【灭绝】。选中输入的文字，将【字体系列】设置为【方正新舒体简体】，将【字体大小】设置为18，将【行距】设置为0，将【填充】下的【颜色】设置为#A40000，将【X位置】、【Y位置】分别设置为192、259，如图12-45所示。

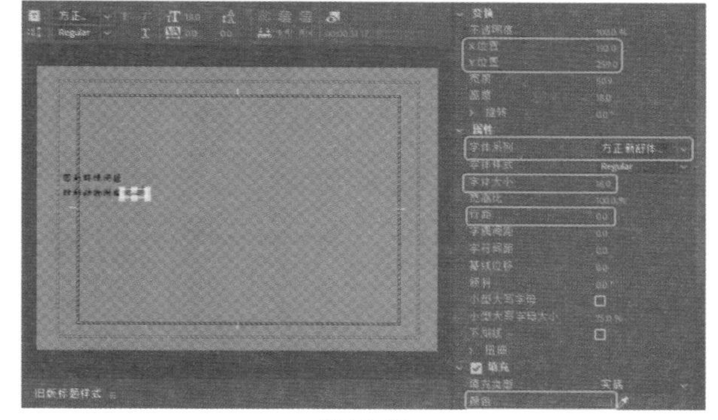

图12-45

Step 46 设置完成后，关闭字幕编辑器。将当前时间设置为00:00:27:17，选中【标语】字幕，将其拖曳至V3视频轨道中，将其与时间线对齐，在【效果控件】面板中将【位置】设为360、-34，并单击其左侧的【切换动画】按钮，打开动画关键帧记录，如图12-46所示。

图12-46

Step 47 将当前时间设置为00:00:28:17，在【效果控件】面板中将【位置】设为360、288，如图12-47所示。

图12-47

Step 48 将当前时间设置为00:00:29:02，在【效果控件】面板中将【位置】设为360、255，如图12-48所示。

图12-48

Step 49 将当前时间设置为00:00:29:12，在【效果控件】面板中将【位置】设为360、288，如图12-49所示。

图12-49

Step 50 将当前时间设置为00:00:30:17，在【效果控件】面板中单击【位置】右侧的【添加/移除关键帧】按钮 ，添加关键帧，如图12-50所示。

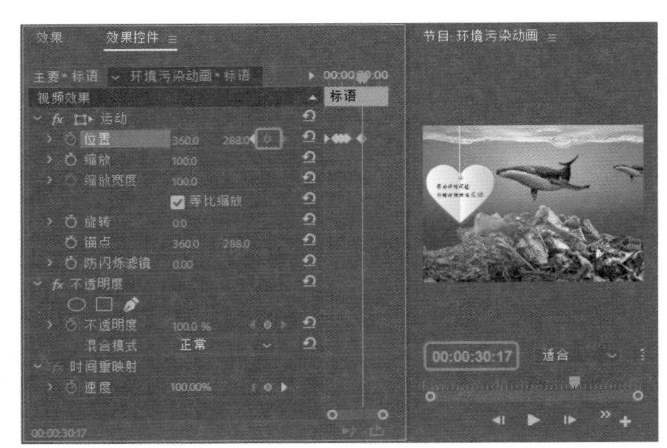

图12-50

Step 51 将当前时间设置为00:00:31:17，在【效果控件】面板中，将【位置】设为360、-34，如图12-51所示。

图12-51

Step 52 将当前时间设置为00:00:27:04，将【照片04.JPG】添加至V4视频轨道中，将其开始处与时间线对齐，将其【持续时间】设置为00:00:16:06，为其添加【黑白】特效。将当前时间设置为00:00:31:17，在【效果控件】面板中将【缩放】设置为68，将【不透明度】设置为0%，如图12-52所示。

图12-52

Step 53 将当前时间设置为00:00:32:22，将【不透明度】设置为100%，如图12-53所示。

图12-53

Step 54 将当前时间设置为00:00:31:24，将【透明矩形.png】素材文件拖曳至V5视频轨道中，将其开始处与时间线对齐，并将其【持续时间】设为00:00:06:11。选中【透明矩形.png】素材文件，在【效果控件】面板中将【位置】设为361、471，取消勾选【等比缩放】复选框，将【缩放高度】和【缩放宽度】分别设置为28、214，如图12-54所示。

图12-54

Step 55 在【效果】面板中选择【百叶窗】过渡效果，将其拖曳至V5视频轨道中【透明矩形.png】素材文件的开始处。选中添加的【百叶窗】过渡效果，在【效果控件】面板中单击【自东向西】按钮，效果如图12-55所示。

图12-55

Step 56 将当前时间设置为00:00:33:10，将【照片05.jpg】素材文件拖至V6视频轨道中，将其开始处与时间线对齐，将其结束处与V5视频轨道中的【透明矩形.png】文件结尾处对齐，如图12-56所示。

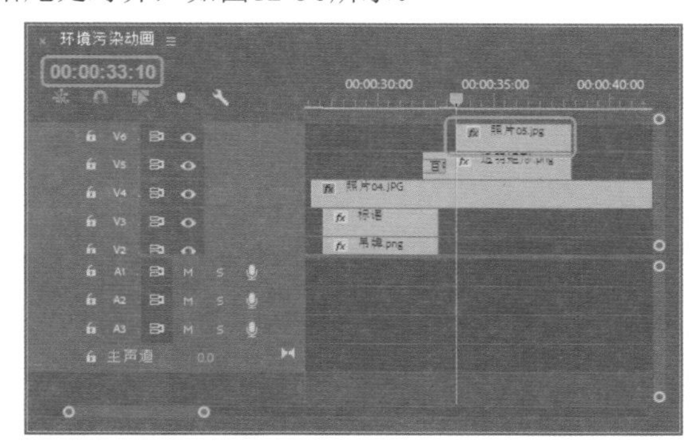

图12-56

Step 57 选中V6视频轨道中的【照片05.jpg】素材文件，确定当前时间为00:00:33:10，在【效果控件】面板中，将【位置】设为-176、473，并单击其左侧的【切换动画】按钮，打开动画关键帧记录，将【缩放】设为24，如图12-57所示。

图12-57

Step 58 将当前时间设置为00:00:34:19，在【效果控件】面板中将【位置】设为130、473，将【不透明度】设为50%，如图12-58所示。

图12-58

Step 59 将当前时间设置为00:00:34:20，在【效果控件】面板中，将【不透明度】设为100%，如图12-59所示。

图12-59

Step 60 将当前时间设置为00:00:34:19，将【照片06.jpg】素材文件拖至V6视频轨道的上方，自动创建V7视频轨道，将其开始处与时间线对齐，将其结束处与V6视频轨道中的【照片05.jpg】文件结束处对齐，效果如图12-60所示。

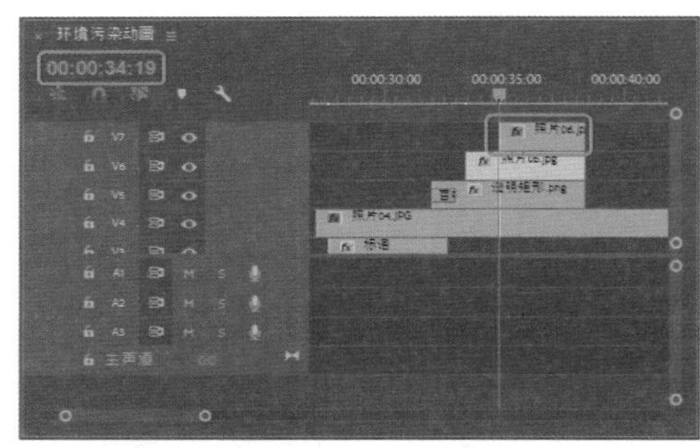

图12-60

Step 61 选中V7视频轨道中的【照片06.jpg】素材文件，将当前时间设置为00:00:35:04，在【效果控件】面板中将【位置】设为130、473，并单击其左侧的【切换动画】按钮，打开动画关键帧记录，将【缩放】设为24，将【不透明度】设置为0%，如图12-61所示。

图12-61

Step 62 将当前时间设置为00:00:36:04，在【效果控件】面板中将【位置】设为361、473，将【不透明度】设为100%，如图12-62所示。

图12-62

Step 63 将当前时间设置为00:00:35:24，将【照片07.jpg】素材文件拖至V7视频轨道的上方，自动创建V8视频轨道，将其开始处与时间线对齐，将其结束处与V7视频轨道中的【照片06.jpg】文件结束处对齐。选中V8视频轨道中的【照片07.jpg】素材文件，将当前时间设置为00:00:36:10，在【效果控件】面板中将【位置】设为361、473，并单击其左侧的【切换动画】按钮，打开动画关键帧记录，将【缩放】设为50，将【不透明度】设置为0%，如图12-63所示。

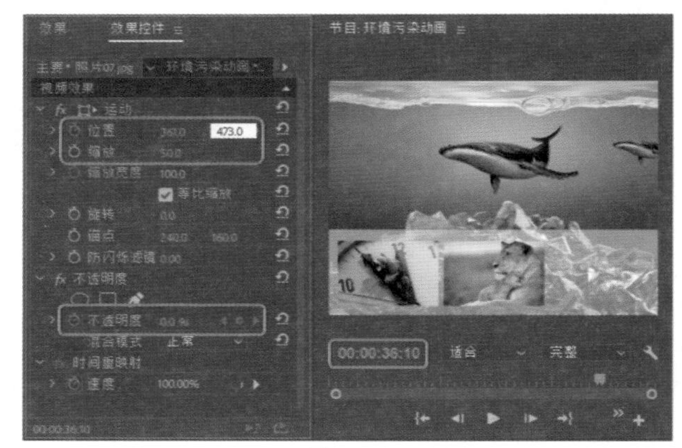

图12-63

Step 64 将当前时间设为00:00:37:10，在【效果控件】面板中，将【位置】设为590、473，将【不透明度】设置为100%，如图12-64所示。

Step 65 新建一个【名称】为【标语2】的字幕，在字幕编辑器中使用【文字工具】输入文字【环保　马上行动起来~】，将【字体系列】设置为【方正新舒体简体】，将【字体大小】设置为20，将【行距】设置为17.4，将【环保】的填充颜色设置为#DB0043，将【马上行动起来~】的填充颜色设置为#000000。继续选中文字，将【X位置】、【Y位置】分别设置为133、223，如

图12-65所示。

图12-64

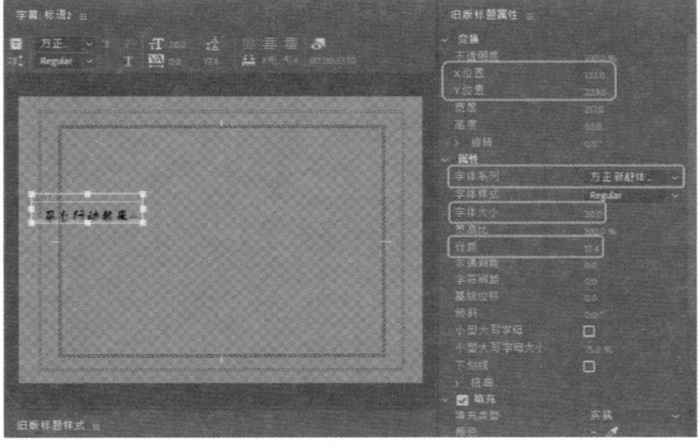

图12-65

Step 66 设置完成后，关闭字幕编辑器，在V3和V2视频轨道中选择【标语】和【吊牌】素材文件，按住Alt键拖曳至【透明矩形】的结尾处。在【项目】面板中选择【标语2】，选择V6视频轨道中的【标语 复制 01】，右击鼠标，在弹出的快捷菜单中选择【使用剪辑替换】|【从素材箱】命令，效果如图12-66所示。

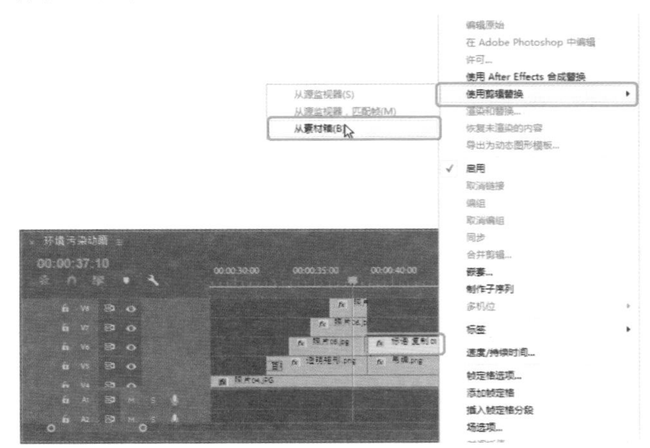

图12-66

实例168 制作保护环境动画

素材：

场景：环保宣传动画.prproj

完成环境污染动画后，我们需要再制作一个保护环境动画，通过它来呼吁人们保护环境，爱护地球。

Step 01 新建一个【序列名称】为【保护环境动画】的标准48kHz序列，将当前时间设置为00:00:00:00，将【照片08.JPG】拖曳至V1视频轨道中，将其与时间线对齐，并将其【持续时间】设置为00:00:12:18，在【效果控件】面板中将【缩放】设置为60，效果如图12-67所示。

图12-67

Step 02 将当前时间设置为00:00:00:24，选择【气泡01.png】素材文件，将其添加至V2视频轨道中，将其【持续时间】设置为00:00:09:00。确认当前时间为00:00:00:24，在【效果控件】面板中，将【位置】设为-83、345，并单击其左侧的【切换动画】按钮，打开动画关键帧记录，如图12-68所示。

图12-68

Step 03 将当前时间设置为00:00:01:24，在【效果控件】面板中，将【位置】设为231、252，将【缩放】设为

40，并单击其左侧的【切换动画】按钮，打开动画关键帧记录，如图12-69所示。

图12-69

Step 04 将当前时间设置为00:00:02:11，在【效果控件】面板中，将【缩放】设为55，如图12-70所示。

图12-70

Step 05 将当前时间设置为00:00:02:24，在【效果控件】面板中，将【缩放】设为40，如图12-71所示。

图12-71

Step 06 将当前时间设置为00:00:03:11，在【效果控件】面板中，将【缩放】设为55，如图12-72所示。

Step 07 将当前时间设置为00:00:03:24，在【效果控件】面板中，将【缩放】设为40，如图12-73所示。

图12-72

图12-73

Step 08 使用同样的方法，继续设置【缩放】关键帧，效果如图12-74所示。

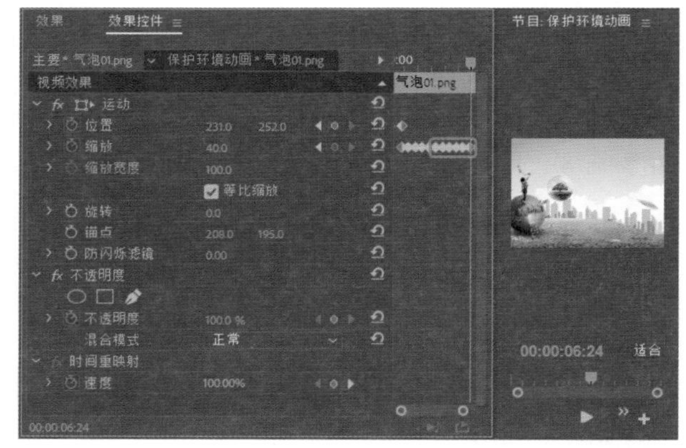

图12-74

Step 09 将当前时间设置为00:00:06:24，在【效果控件】面板中，单击【位置】右侧的【添加/移除关键帧】按钮，添加关键帧，如图12-75所示。

Step 10 将当前时间设置为00:00:07:19，在【效果控件】面板中，将【位置】设为420、360，将【缩放】设为0，如图12-76所示。

Step 11 使用相同的方法在V3～V5视频轨道中添加【气泡02】、【气泡03】、【气泡04】素材，并对其进行相应的设置，效果如图12-77所示。

图12-75

图12-76

图12-77

Step 12 将当前时间设置为00:00:07:19，将【地球.png】素材文件拖至V5视频轨道上方，自动创建V6视频轨道，将其开始处与时间线对齐，并将其【持续时间】设为00:00:04:22，如图12-78所示。

Step 13 选择【地球.png】素材文件，确认当前时间为00:00:07:19，在【效果控件】面板中将【位置】设为361、305，将【缩放】设为0，并单击其左侧的【切换动画】按钮，打开动画关键帧记录，如图12-79所示。

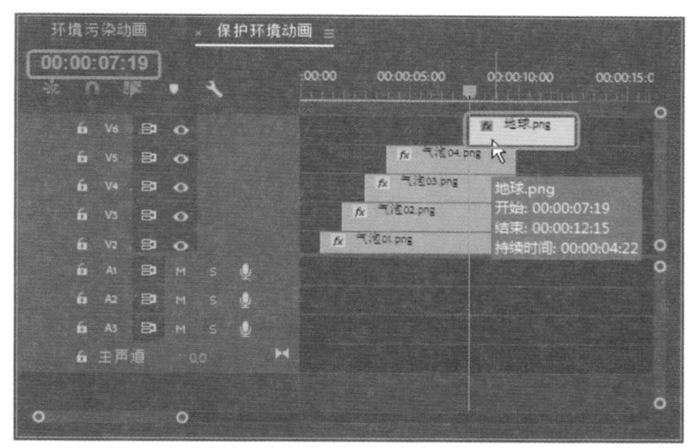

图12-78

图12-79

Step 14 将当前时间设置为00:00:09:19，在【效果控件】面板中将【缩放】设为45，如图12-80所示。

图12-80

Step 15 选择V1视频轨道中的【照片08.JPG】素材文件，在【效果】面板中选择【视频效果】|【模糊与锐化】|【高斯模糊】特效，双击该特效，将其添加至选中的素材文件。将当前时间设置为00:00:07:19，单击【模糊度】左侧的【切换动画】按钮，如图12-81所示。

Step 16 将当前时间设置为00:00:09:07，在【效果控件】面板中将【模糊度】设置为61，如图12-82所示。

图12-81

图12-82

实例 169 制作结尾宣传标题动画

● 素材：
● 场景：环保宣传动画.prproj

本案例将介绍如何制作结尾宣传标题动画，首先添加一个视频素材，然后通过字幕创建标题效果，最后为创建的标题添加动画效果。

Step 01 将当前时间设置为00:00:12:05，在【项目】面板中选择【视频02.mp4】素材文件，将其拖曳至V6视频轨道的上方，自动创建V7视频轨道，将其开始处与时间线对齐。在【效果】面板中搜索【交叉溶解】过渡效果，将其拖曳至【视频02.mp4】的开始处，如图12-83所示。

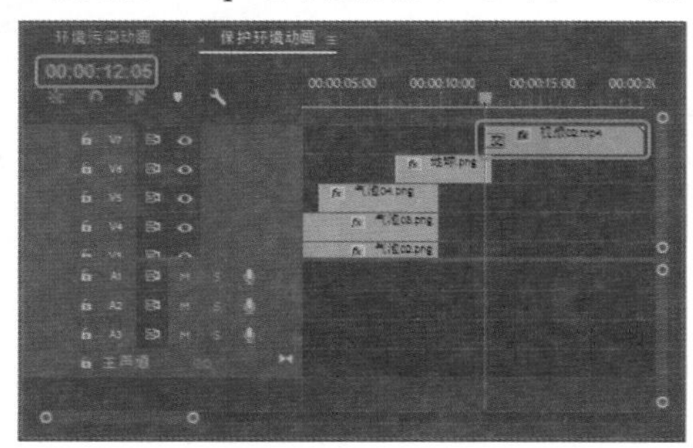

图12-83

Step 02 选中V7视频轨道中的【视频02.mp4】素材文件，在【效果控件】面板中将【缩放】设置为55，如图12-84所示。

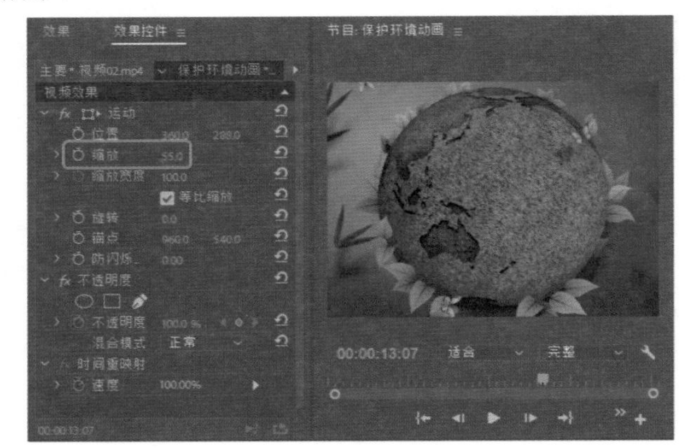

图12-84

Step 03 新建一个【名称】为【标题】的字幕，在字幕编辑器中使用【文字工具】输入文字【4　22】，将【字体系列】设置为【方正综艺简体】，将【字体大小】设置为187，将【行距】设置为0，将【填充】下的【颜色】设置为#FFFFFF。勾选【阴影】复选框，将【颜色】设置为#000000，将【不透明度】、【角度】、【距离】、【大小】、【扩展】分别设置为26%、-204°、6、0、7，将【X位置】、【Y位置】分别设置为403、222，如图12-85所示。

图12-85

Step 04 选择【椭圆工具】，按住Shift键绘制一个正圆，将【宽度】、【高度】均设置为30，将【填充】下的【颜色】设置为# FFFFFF，将【X位置】、【Y位置】分别设置为349、215，效果如图12-86所示。

Step 05 使用【文字工具】输入文字【世界地球日】，将【字体系列】设置为【微软繁综艺】，将【字体大小】设置为115，将【填充】下的【颜色】设置为#FFFFFF，将【X位置】、【Y位置】分别设置为396、357，如图12-87所示。

图12-86

图12-87

Step 06 使用同样的方法输入其他文字，并进行相应的设置，效果如图12-88所示。

图12-88

Step 07 关闭字幕编辑器，将当前时间设置为00:00:13:05，在【项目】面板中将【标题】字幕拖曳至V7视频轨道上方，自动创建V8视频轨道，将其开始处与时间线对齐，将其【持续时间】设置为00:00:06:23，如图12-89所示。

Step 08 将当前时间设置为00:00:13:05，选中V8视频轨道中的【标题】字幕，在【效果控件】面板中将【位置】设置为360、276，将【缩放】设置为0，单击其左侧的【切换动画】按钮，将【旋转】设置为3×0.0°，单击其左侧的【切换动画】按钮，将【不透明度】设置为0%，如图12-90所示。

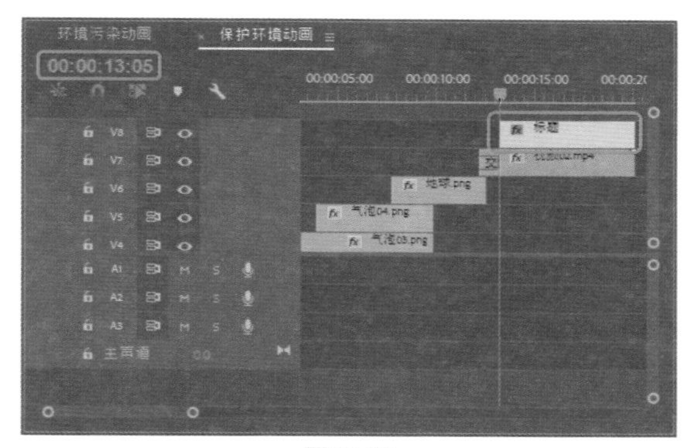

图12-89

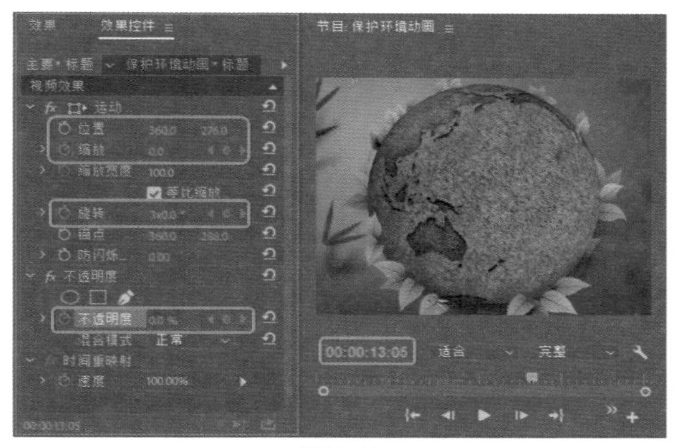

图12-90

Step 09 将当前时间设置为00:00:15:08，将【缩放】、【旋转】、【不透明度】分别设置为100、0°、100%，如图12-91所示。

图12-91

本案例主要介绍如何将前面所制作的内容连接起来，

使每个分段动画组合成一个完整的动画，并为动画添加背景音乐。

Step 01 新建一个【序列名称】为【环保宣传动画】的标准48kHz的序列，将当前时间设置为00:00:00:00，在【项目】面板中选择【环境污染动画】，将其拖曳至V1视频轨道中，将其开始处与时间线对齐，如图12-92所示。

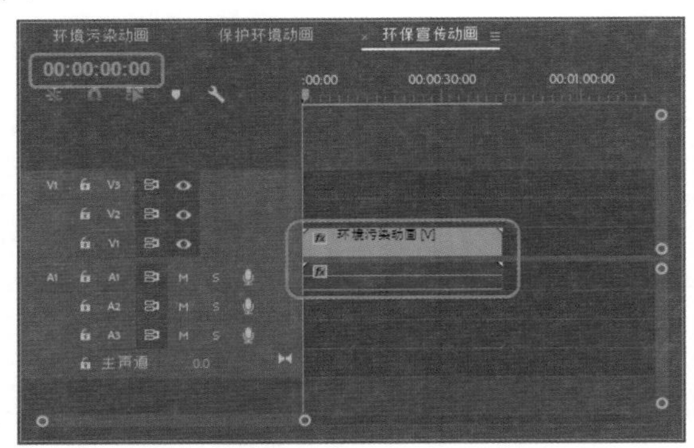

图12-92

Step 02 将当前时间设置为00:00:43:12，在【项目】面板中选择【保护环境动画】，将其拖曳至V1视频轨道中，将其开始处与时间线对齐，效果如图12-93所示。

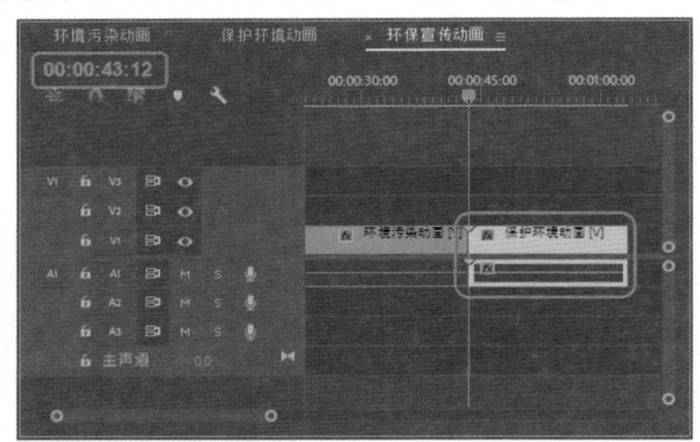

图12-93

Step 03 将当前时间设置为00:00:00:00，在【项目】面板中选择【背景音乐.mp3】，将其拖曳至A2音频轨道中，将其开始处与时间线对齐，如图12-94所示。

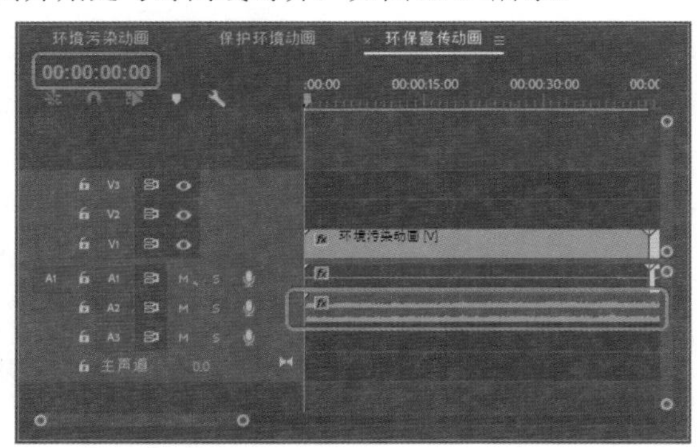

图12-94

Step 04 将当前时间设置为00:01:03:14，在工具箱中选择【剃刀工具】，选中A2音频轨道中的音频文件，在时间线位置处单击鼠标，对音频进行裁剪，效果如图12-95所示。

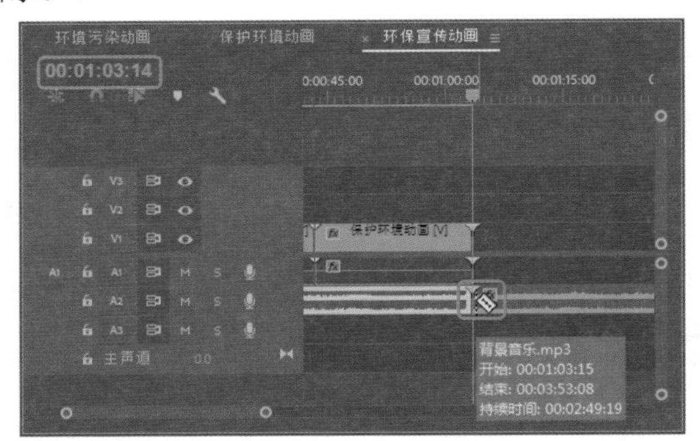

图12-95

Step 05 将时间线右侧的音频文件删除，然后选中A2音频轨道中的音频文件，将当前时间设置为00:01:01:20，在【效果控件】面板中单击【级别】右侧的【添加/移除关键帧】按钮，添加一个关键帧，如图12-96所示。

图12-96

Step 06 将当前时间设置为00:01:03:14，在【效果控件】面板中将【级别】设置为-23dB，如图12-97所示。对完成后的场景进行保存、输出即可。

图12-97

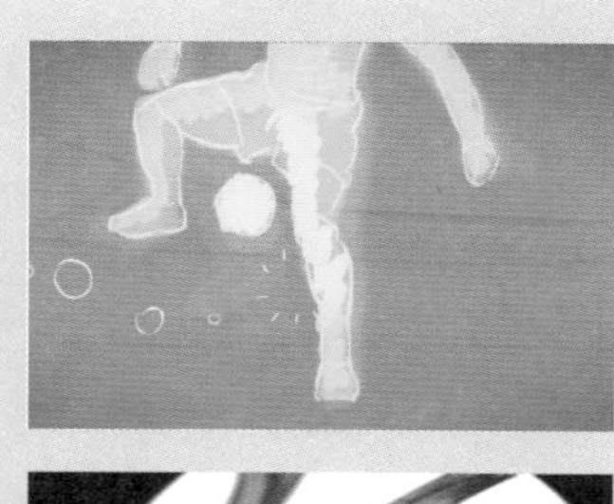

第13章 足球节目预告动画

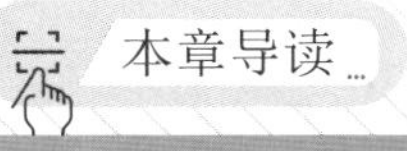

本章导读

本章将根据前面所介绍的知识制作一个足球节目预告。

实例 171 制作开场动画效果

素材：
场景：足球节目预告.prproj

在制作足球节目预告之前，首先制作一个开场动画进行过渡，操作步骤如下。

Step 01 新建项目和序列，将【序列】设置为标准48 kHz，将【序列名称】设置为【开场动画】。在【项目】面板的空白位置处双击鼠标，弹出【导入】对话框，选择【素材\Cha14】文件夹中所有的素材文件，单击【打开】按钮，如图13-1所示。

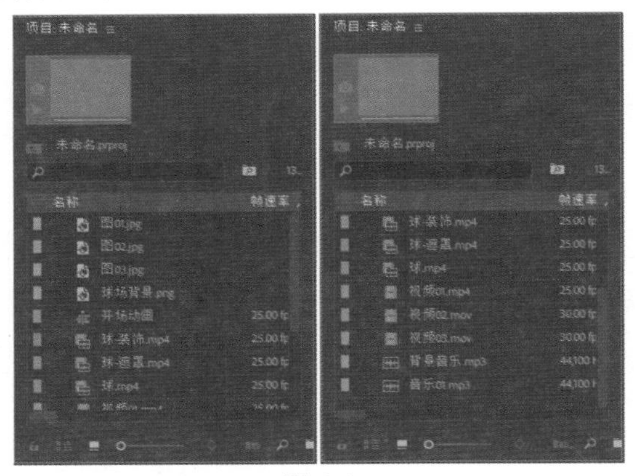

图13-1

Step 02 将当前时间设置为00:00:00:00，在【项目】面板中选择【视频01.mp4】，将其拖曳至V1视频轨道中，在弹出的对话框中单击【保持现有设置】按钮。在【效果】面板中搜索【交叉溶解】过渡效果，并将其拖曳至V1视频轨道中的【视频01.mp4】素材文件的结尾处。选中添加的【交叉溶解】过渡效果，在【效果控件】面板中将【持续时间】设置为00:00:00:15，如图13-2所示。

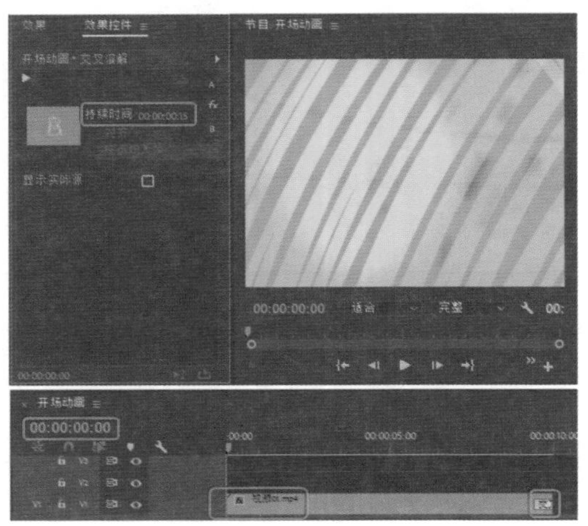

图13-2

Step 03 选中V1视频轨道中的【视频01.mp4】素材文件，在【效果控件】面板中将【缩放】设置为54，如图13-3所示。

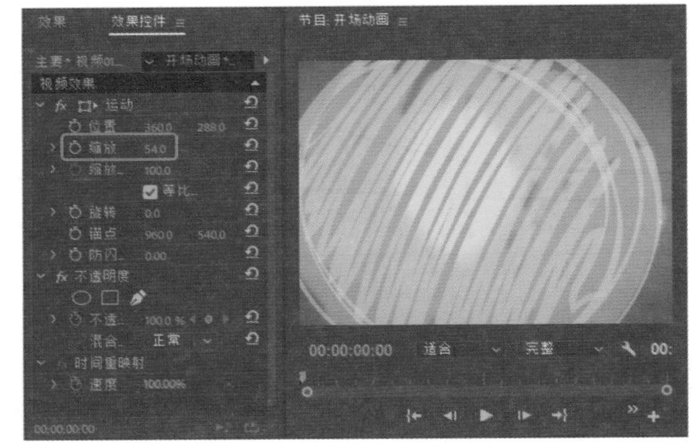

图13-3

Step 04 将当前时间设置为00:00:06:01，在【项目】面板中选择【球场背景.png】素材文件，将其拖曳至V2视频轨道中，将其开始处与时间线对齐，将其【持续时间】设置为00:00:03:12，如图13-4所示。

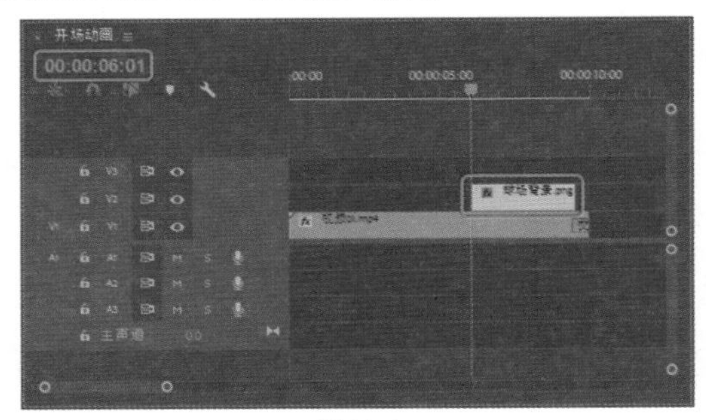

图13-4

Step 05 将当前时间设置为00:00:06:01，在【项目】面板中选择【球.mp4】素材文件，将其拖曳至V3视频轨道中，将其开始处与时间线对齐，将其【持续时间】设置为00:00:03:12，如图13-5所示。

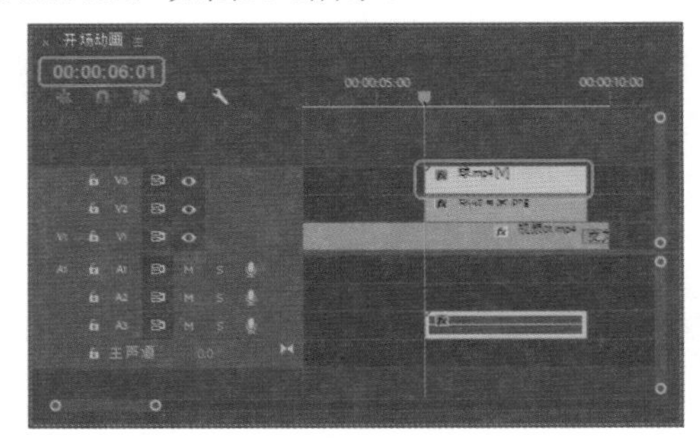

图13-5

> **提示**
>
> 在此设置【球.mp4】素材文件的持续时间时，需要将【速度】与【持续时间】取消链接，这样只会缩短视频素材的持续时间，并不会改变视频的速度。

Step 06 选中V3视频轨道中的【球.mp4】素材文件，在

【效果控件】面板中将【缩放】设置为27，如图13-6所示。

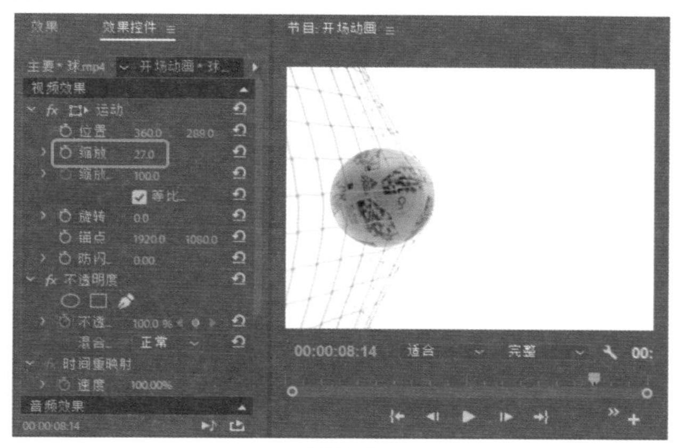

图13-6

Step 07 将当前时间设置为00:00:06:01，在【项目】面板中选择【球-遮罩.mp4】素材文件，将其拖曳至V3视频轨道上方，自动创建V4视频轨道，将其开始处与时间线对齐，将其持续时间设置为00:00:03:12，如图13-7所示。

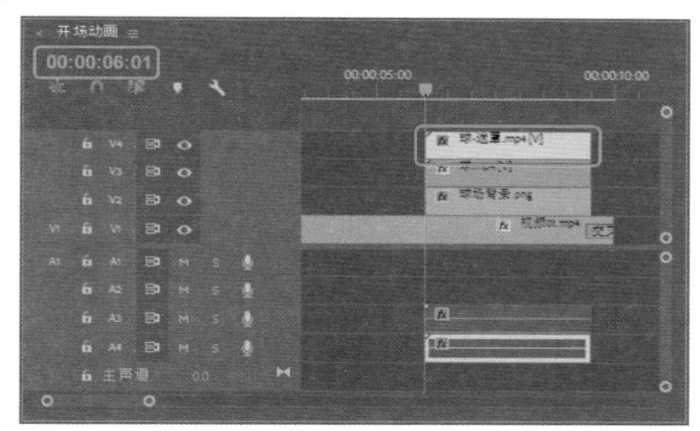

图13-7

> **提示**
>
> 在此设置【球-遮罩.mp4】素材文件的持续时间时，需要将【速度】与【持续时间】取消链接，这样只会缩短视频素材的持续时间，并不会改变视频的速度。

Step 08 选中V4视频轨道中的【球-遮罩.mp4】素材文件，在【效果】面板中搜索【颜色键】视频效果，双击鼠标，将其添加至选中的素材文件上。在【效果控件】面板中将【缩放】设置为27，将【不透明度】下的【混合模式】设置为【滤色】，将【颜色键】下的【主要颜色】设置为#010001，将【颜色容差】、【边缘细化】、【羽化边缘】分别设置为255、5、8.5，如图13-8所示。

Step 09 设置完成后，将V4视频轨道关闭，效果如图13-9所示。

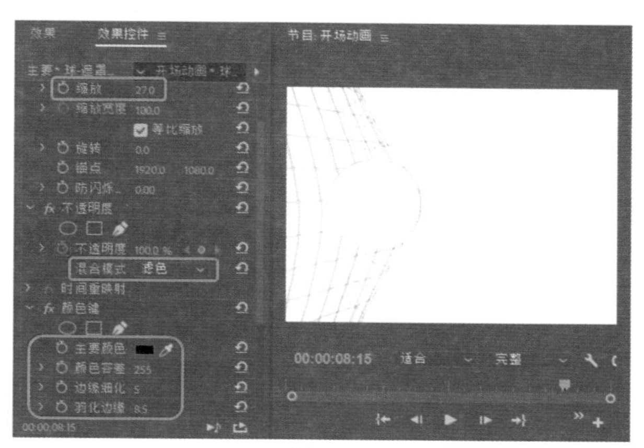

图13-8

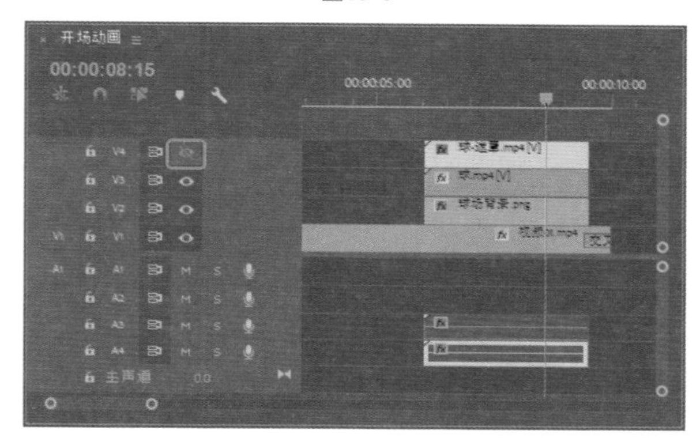

图13-9

Step 10 选择V3视频轨道中的【球.mp4】视频文件，在【效果】面板中选择【设置遮罩】与【亮度与对比度】视频效果，为选中的视频文件添加该效果。在【效果控件】面板中将【设置遮罩】下的【从图层】设置为【视频4】，将【用于遮罩】设置为【蓝色通道】，将【亮度与对比度】下的【亮度】、【对比度】分别设置为50、25，如图13-10所示。

图13-10

Step 11 将当前时间设置为00:00:06:01，在【项目】面板中选择【球-装饰.mp4】素材文件，将其拖曳至V4视频轨道的上方，自动创建V5视频轨道，将其开始处与时间线对齐，将其【持续时间】设置为00:00:03:12，如

图13-11所示。

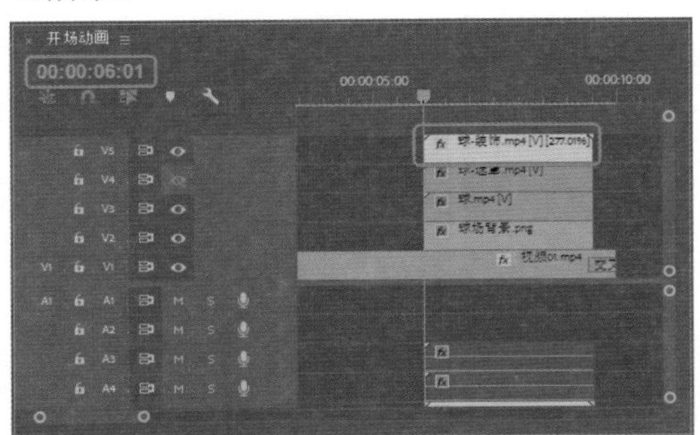

图13-11

◎提示◦

在此设置【球-装饰.mp4】素材文件的持续时间时，需要将【速度】与【持续时间】进行链接，在改变视频素材的持续时间的同时，同样改变播放速度。

Step 12 选中V5视频轨道中的素材文件，将当前时间设置为00:00:07:16，在【效果控件】面板中将【位置】设置为155、297，单击【位置】左侧的【切换动画】按钮，将【缩放】设置为27，将【不透明度】下的【混合模式】设置为【颜色减淡】，如图13-12所示。

图13-12

Step 13 将当前设置为00:00:09:09，在【效果控件】面板中将【位置】设置为300、297，如图13-13所示。

图13-13

Step 14 将当前时间设置为00:00:00:00，在【项目】面板中选择【音乐01.mp3】素材文件，将其拖曳至A1音频轨道中，如图13-14所示。

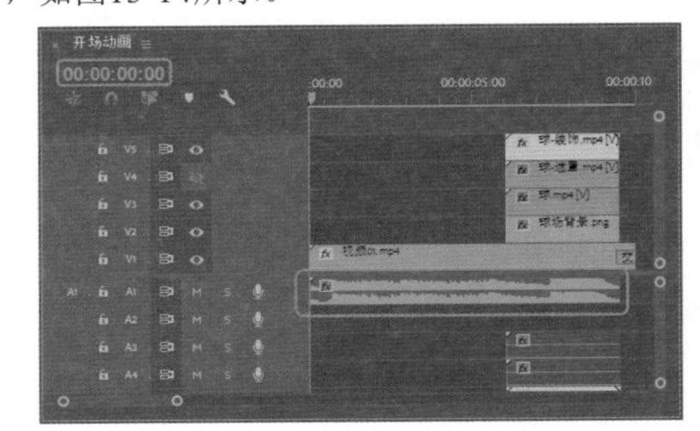

图13-14

实例 172 制作预告封面

素材：

场景：足球节目预告.prproj

Step 01 按Ctrl+N组合键，在弹出的对话框中将【序列名称】设置为【封面】。

Step 02 在该对话框中选择【轨道】选项卡，将【视频】设置为4轨道，如图13-15所示。

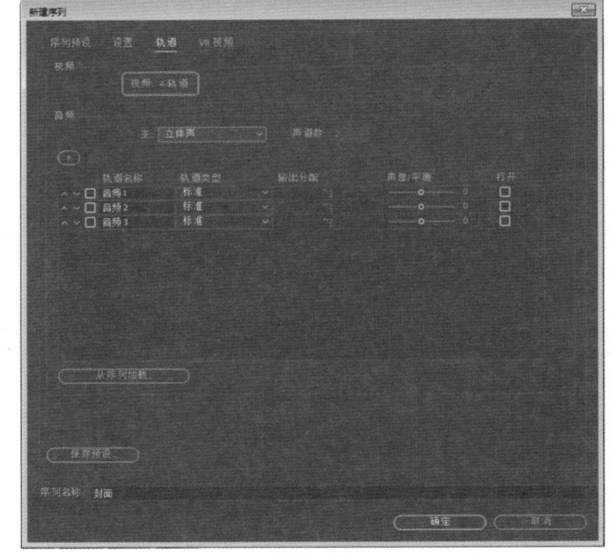

图13-15

Step 03 设置完成后，单击【确定】按钮，在【项目】面板中右击鼠标，在弹出的快捷菜单中选择【新建项目】|【颜色遮罩】命令，如图13-16所示。

Step 04 在弹出的对话框中使用其默认参数，单击【确定】按钮，再在弹出的对话框中将颜色值设置为#E0F0C2，如图13-17所示。

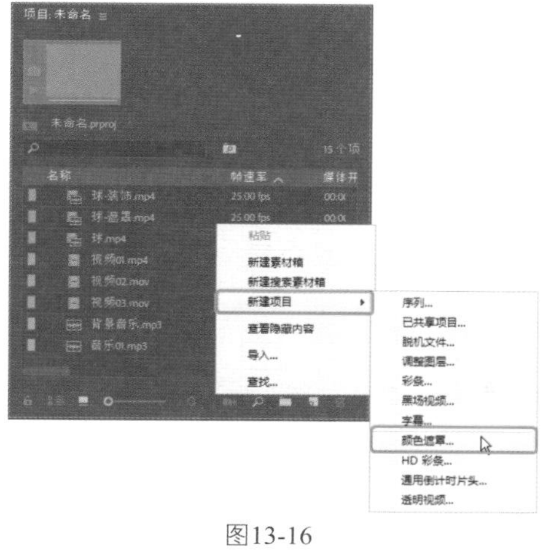

图13-16

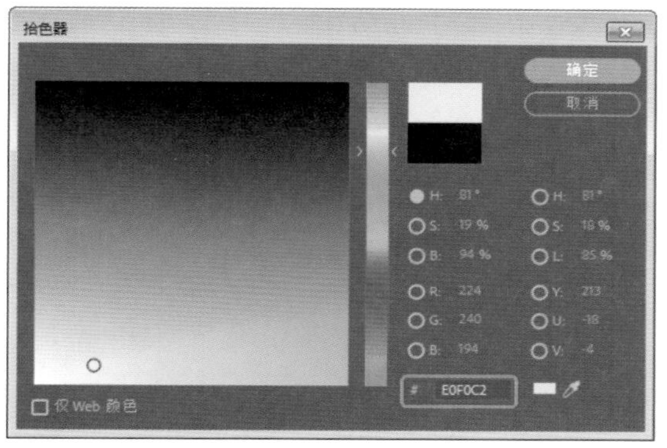

图13-17

Step 05 设置完成后，单击【确定】按钮，在弹出的对话框中使用其默认参数，单击【确定】按钮。将当前时间设置为00:00:00:00，在【项目】面板中选择【颜色遮罩】，将其拖曳至V1视频轨道中，将其开始处与时间线对齐，并将其【持续时间】设置为00:00:21:00，如图13-18所示。

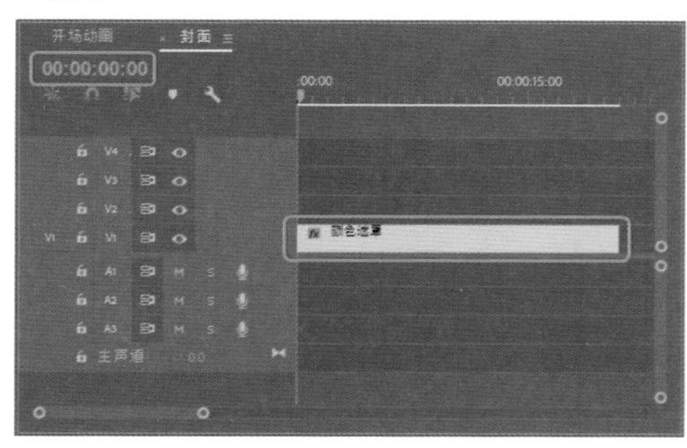

图13-18

Step 06 选中V1视频轨道中的【颜色遮罩】，为其添加【渐变】视频效果，在【效果控件】面板中将【渐变】下的【渐变起点】设置为360、281，将【起始颜色】设置为#54575F，将【渐变终点】设置为290、751，将【结束颜色】设置为#131519，将【渐变形状】设置为【径向渐变】，如图13-19所示。

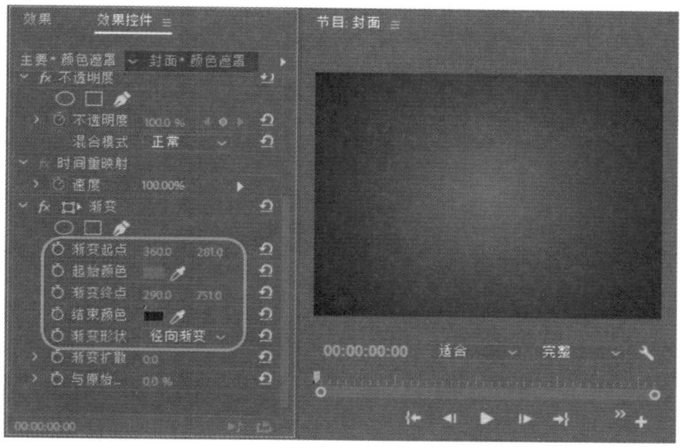

图13-19

Step 07 在【项目】面板中右击鼠标，在弹出的快捷菜单中选择【新建项目】|【颜色遮罩】选项，在弹出的对话框中单击【确定】按钮，再在弹出的对话框中将颜色值设置为#FFFFFF，如图13-20所示。

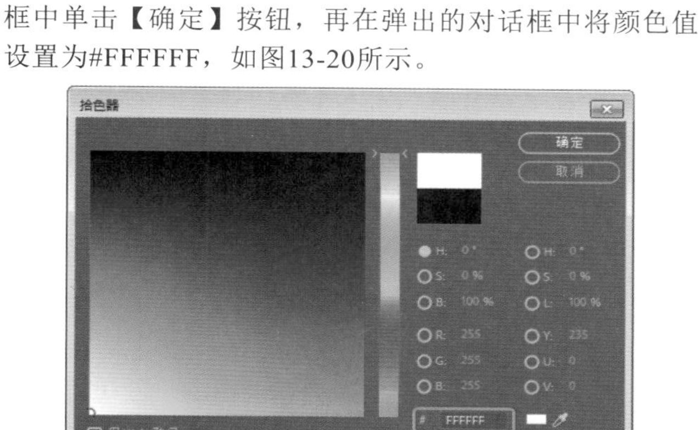

图13-20

Step 08 设置完成后，单击【确定】按钮，在弹出的对话框中将遮罩名称设置为【白色遮罩】，单击【确定】按钮。将当前时间设置为00:00:00:00，在【项目】面板中选择【白色遮罩】，将其拖曳至V2视频轨道中，将其开始处与时间线对齐，将其【持续时间】设置为00:00:21:00，如图13-21所示。

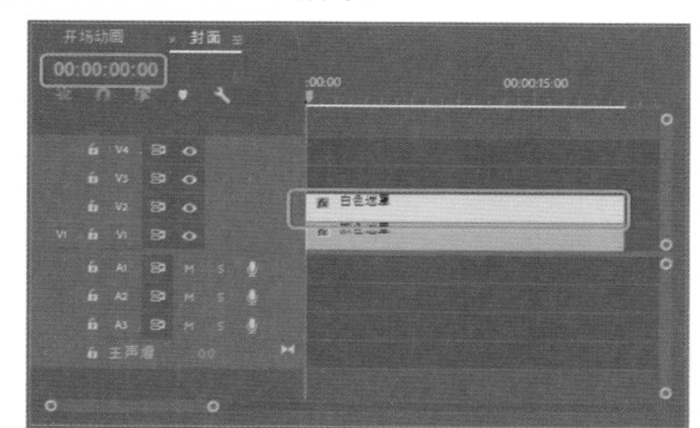

图13-21

Step 09 选中V2视频轨道中的【白色遮罩】，为其添加【径向擦除】视频效果。在【效果控件】面板中将【不透明度】设置为25%，单击其左侧的【切换动画】按钮，在弹出的对话框中单击【确定】按钮；将【混合模式】设置为【相乘】，将【径向擦除】下的【过渡完成】、【起始角度】分别设置为50%、-19.5°，将【擦除】设置为【两者兼有】，如图13-22所示。

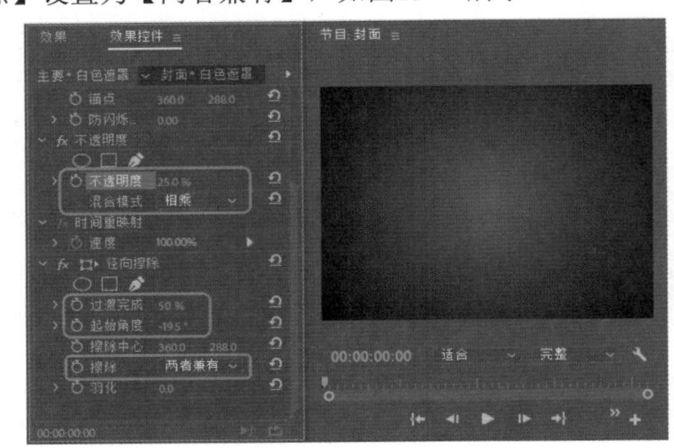

图13-22

Step 10 继续选中V2视频轨道中的【白色遮罩】，为其添加【投影】视频效果。在【效果控件】面板中将【投影】下的【阴影颜色】设置为#000000，将【不透明度】、【方向】、【距离】、【柔和度】分别设置为42%、1×13.0°、42、168，如图13-23所示。

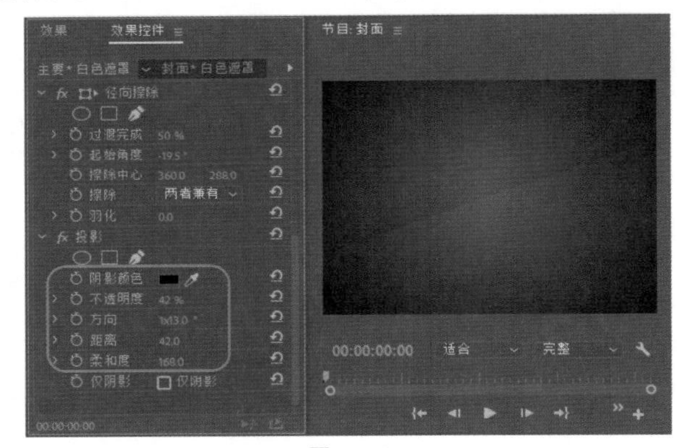

图13-23

Step 11 继续选中V2视频轨道中的【白色遮罩】，按住Alt键将其复制至V3视频轨道中。选中V3视频轨道中的素材文件，在【效果控件】面板中将【径向擦除】下的【起始角度】设置为-29°，如图13-24所示。

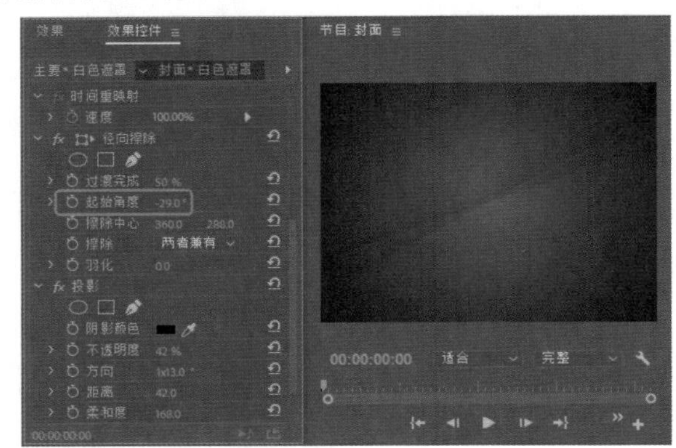

图13-24

Step 12 继续将该素材复制至V4视频轨道中，选中V4视频轨道中的素材文件，在【效果控件】面板中将【径向擦除】下的【起始角度】设置为-42°，如图13-25所示。

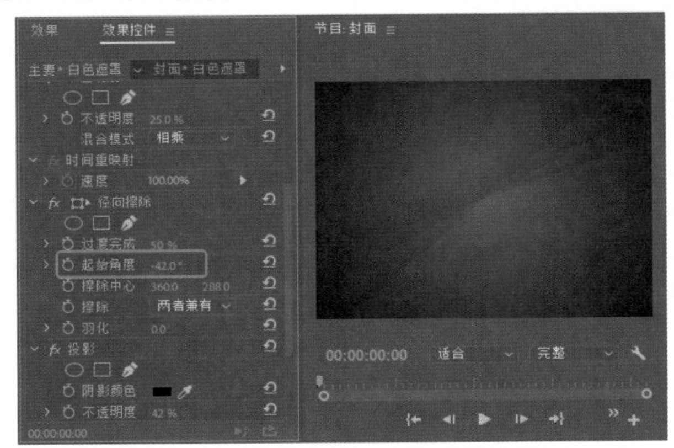

图13-25

实例173 制作预告封面动画

素材：

场景：环保宣传动画.prproj

制作完成预告封面后，将对其进行相应的设置，使其具备动画效果，其具体操作步骤如下。

Step 01 新建一个【序列名称】为【封面动画】的标准48kHz序列，将当前时间设置为00:00:00:00，在【项目】面板中选择【颜色遮罩】，将其拖曳至V1视频轨道中，将其开始处与时间线对齐，将其【持续时间】设置为00:00:20:01，如图13-26所示。

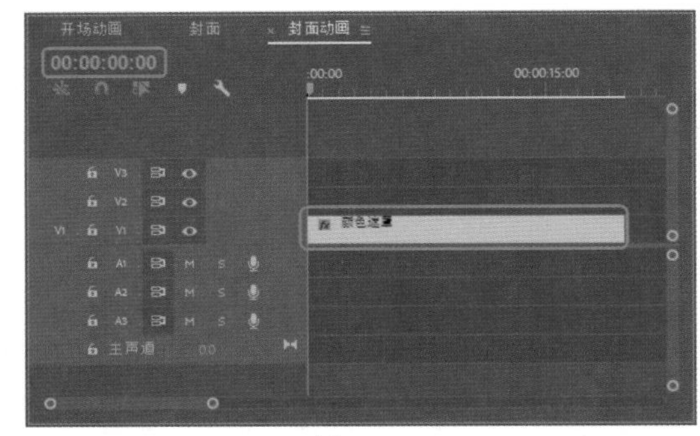

图13-26

Step 02 确认当前时间为00:00:00:00，在【项目】面板中选择【封面】序列文件，将其拖曳至V2视频轨道中，将其开始处与时间线对齐，将其【持续时间】设置为00:00:20:01，并取消【速度】与【持续时间】的链接，如图13-27所示。

Step 03 选中V2视频轨道中的【封面】序列文件，为其添加【径向擦除】视频效果。将当前时间设置为

00:00:01:10，将【过渡完成】设置为50%，单击【过渡完成】左侧的【切换动画】按钮，将【起始角度】设置为180°，单击【擦除中心】左侧的【切换动画】按钮，将【擦除】设置为【顺时针】，如图13-28所示。

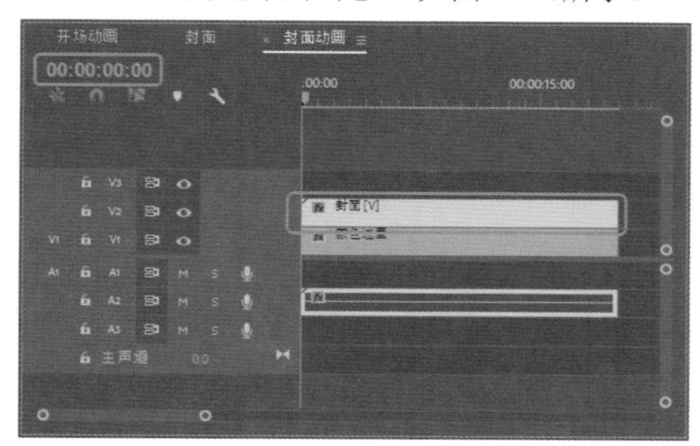

图13-27

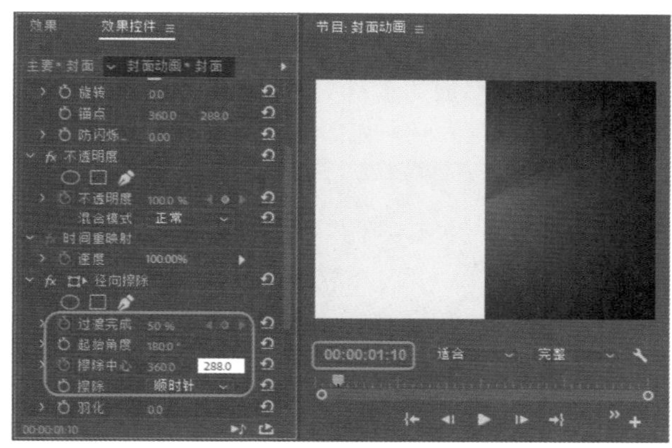

图13-28

Step 04 将当前时间设置为00:00:01:20，在【效果控件】面板中将【过渡完成】设置为79%，将【擦除中心】设置为360、386，如图13-29所示。

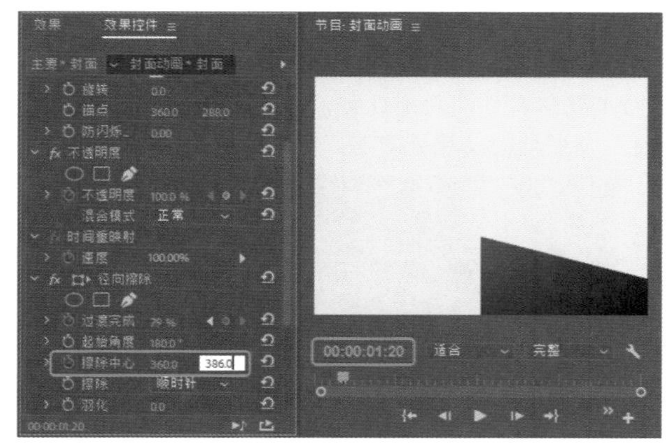

图13-29

Step 05 将当前时间设置为00:00:16:01，在【效果控件】面板中单击【过渡完成】及【擦除中心】右侧的【添加/移除关键帧】按钮，如图13-30所示。

Step 06 将当前时间设置为00:00:16:11，在【效果控件】面板中将【径向擦除】下的【过渡完成】设置为50%，将【擦除中心】设置为360、288，如图13-31所示。

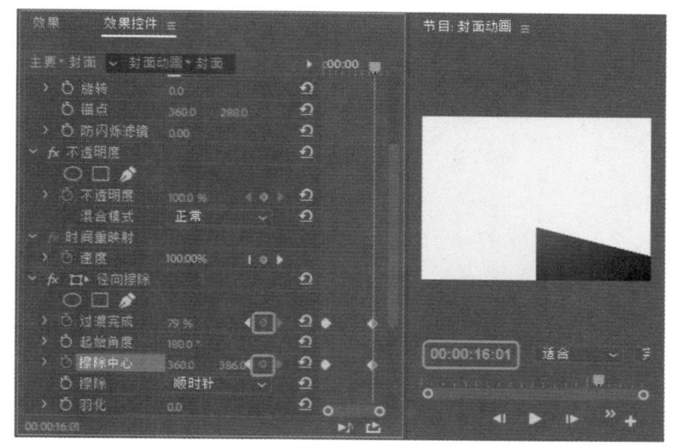

图13-30

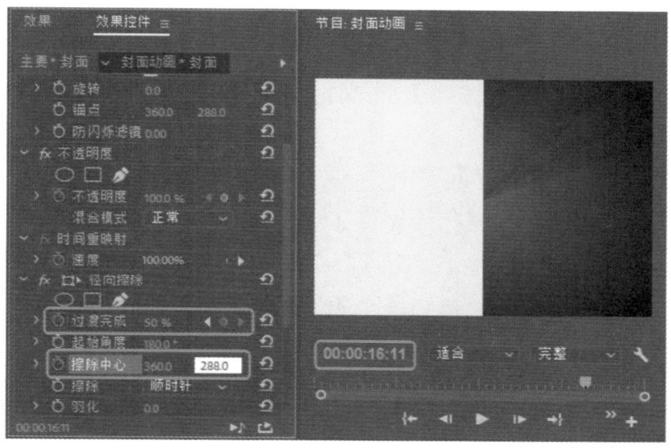

图13-31

Step 07 将当前时间设置为00:00:00:00，在【项目】面板中选择【封面】序列文件，将其拖曳至V3视频轨道中，将其开始处与时间线对齐，取消其【速度】与【持续时间】的链接，将其【持续时间】设置为00:00:20:01，如图13-32所示。

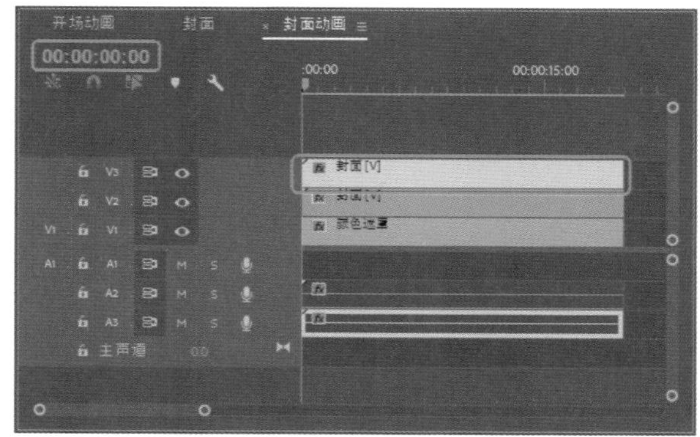

图13-32

Step 08 选中V3视频轨道中的【封面】序列文件，为其添加【径向擦除】视频效果。将当前时间设置为00:00:01:10，在【效果控件】面板中将【过渡完成】设置为50%，单击其左侧的【切换动画】按钮，将【起始角度】设置为180°，单击【擦除中心】左侧的【切换动画】按钮，将【擦除】设置为【逆时针】，如图13-33所示。

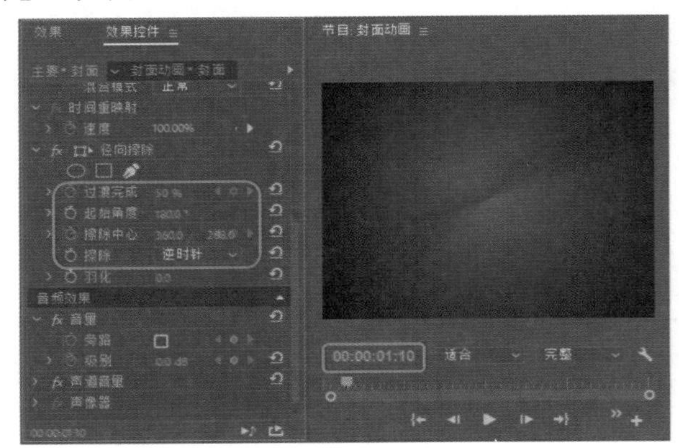

图13-33

Step 09 将当前时间设置为00:00:01:20，在【效果控件】面板中将【过渡完成】设置为53，将【擦除中心】设置为360、386，如图13-34所示。

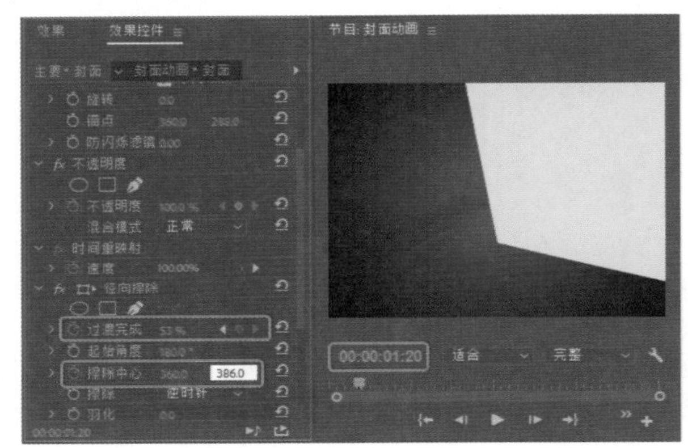

图13-34

Step 10 将当前时间设置为00:00:16:01，在【效果控件】面板中单击【过渡完成】及【擦除中心】右侧的【添加/移除关键帧】按钮，如图13-35所示。

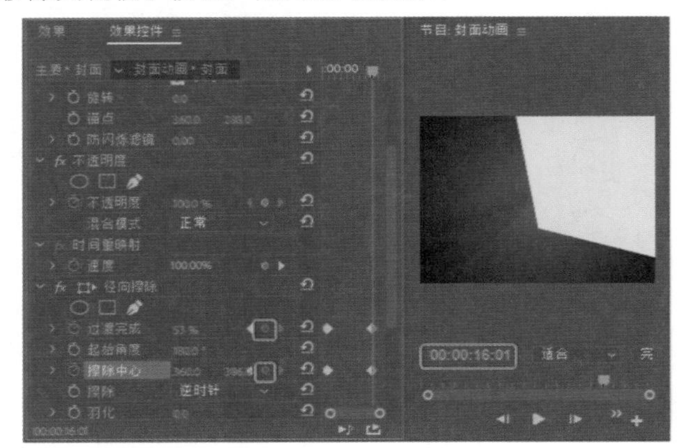

图13-35

Step 11 将当前时间设置为00:00:16:11，在【效果控件】面板中将【过渡完成】设置为50%，将【擦除中心】设置为360、288，如图13-36所示。

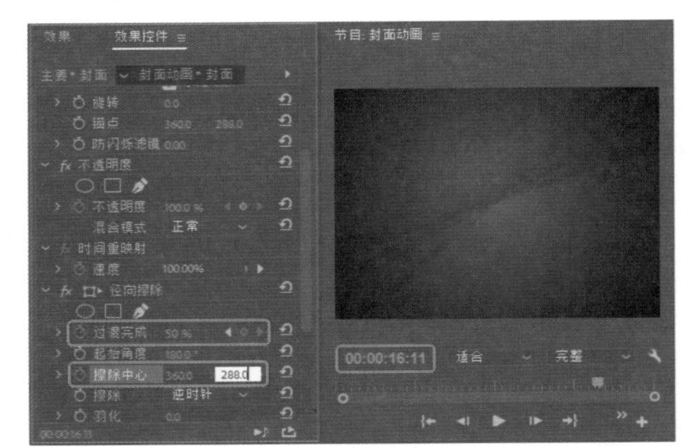

图13-36

Step 12 新建一个【序列名称】为【转动的足球】的标准48kHz序列，将当前时间设置为00:00:00:00，在【项目】面板中选择【视频02.mov】素材文件，将其拖曳至V1视频轨道中，在弹出的对话框中单击【保持现有设置】按钮。选中添加的素材文件，在【效果控件】面板中将【缩放】设置为50，如图13-37所示。

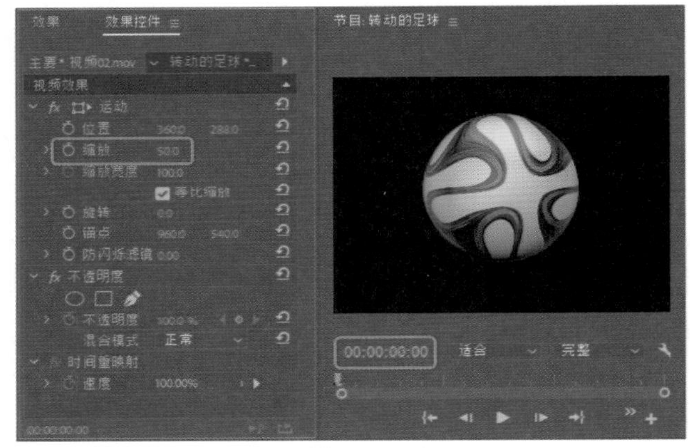

图13-37

Step 13 选中V1视频轨道中的【视频02.mp4】素材文件，按住Alt键向右复制六个视频，并将复制的视频的开始处与前一个视频的结尾处对齐，效果如图13-38所示。

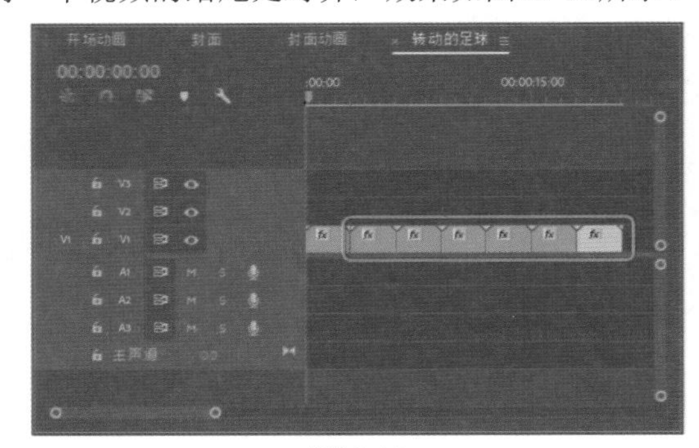

图13-38

Step 14 将当前时间设置为00:00:20:01，选中V1视频轨道中的最后一个视频素材，使用【剃刀工具】在时间线位置处单击鼠标，对选中的素材文件进行裁剪，如

图13-39所示。

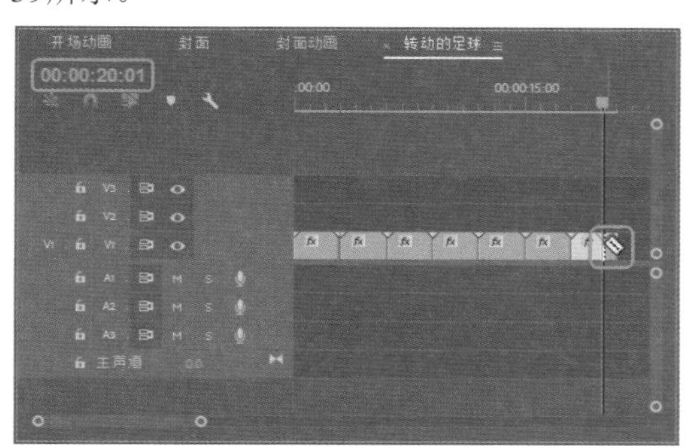

图13-39

Step 15 将时间线右侧的视频素材删除，切换至【封面动画】序列文件中，将当前时间设置为00:00:00:00，在【效果控件】面板中选择【转动的足球】序列文件，将其拖曳至V3视频轨道上方的空白处，自动创建V4视频轨道，将其开始处与时间线对齐。选中该素材文件，将当前时间设置为00:00:01:10，在【效果控件】面板中将【位置】设置为364、295，单击【位置】左侧的【切换动画】按钮，将【缩放】设置为33，如图13-40所示。

图13-40

Step 16 将当前时间设置为00:00:01:20，在【效果控件】面板中将【位置】设置为364、393，如图13-41所示。

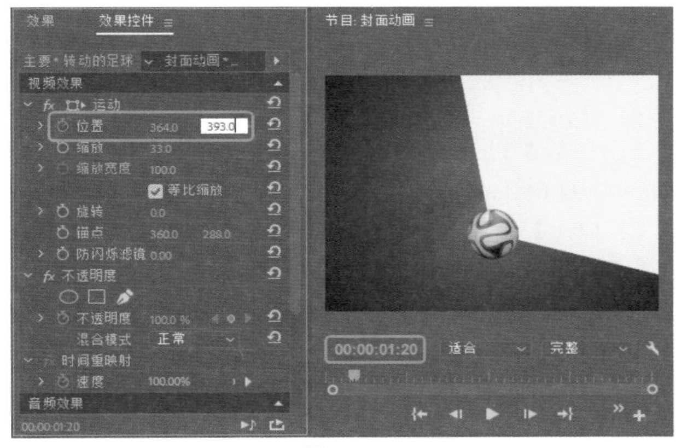

图13-41

Step 17 将当前时间设置为00:00:16:01，在【效果控件】面板中单击【位置】右侧的【添加/移除关键帧】按钮，如图13-42所示。

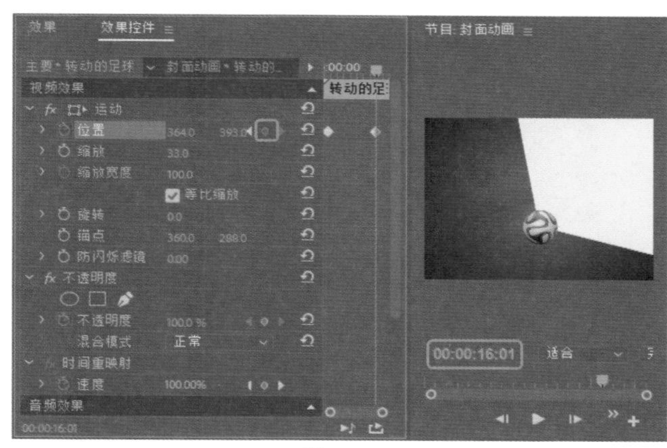

图13-42

Step 18 将当前时间设置为00:00:16:11，在【效果控件】面板中将【位置】设置为364、295，如图13-43所示，设置完成后，将V1视频轨道关闭。

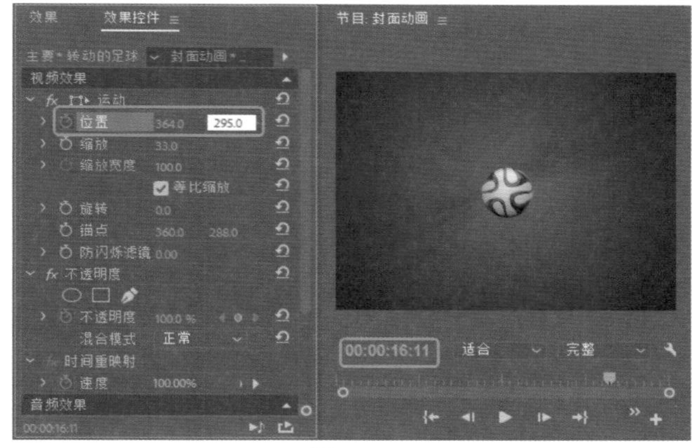

图13-43

实例 174 制作节目预告动画

素材：

场景：环保宣传动画.prproj

下面将介绍如何创建节目预告动画，其具体操作步骤如下。

Step 01 新建一个【序列名称】为【预告动画】的标准48kHz序列，并将视频轨道设置为11轨道，将当前时间设置为00:00:00:00，在【项目】面板中选择【颜色遮罩】，将其拖曳至V1视频轨道中，将其开始处与时间线对齐，将其【持续时间】设置为00:00:18:10，如图13-44所示。

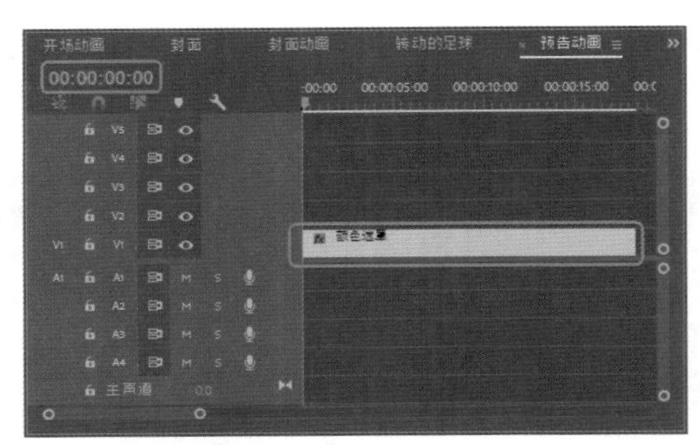

图13-44

Step 02 选中该素材文件，为其添加【渐变】视频效果，在【效果控件】面板中将【渐变起点】设置为360、195，将【起始颜色】设置为#A9AB9D，将【渐变终点】设置为472、576，将【结束颜色】设置为#A9AB9D，将【渐变形状】设置为【径向渐变】，如图13-45所示。

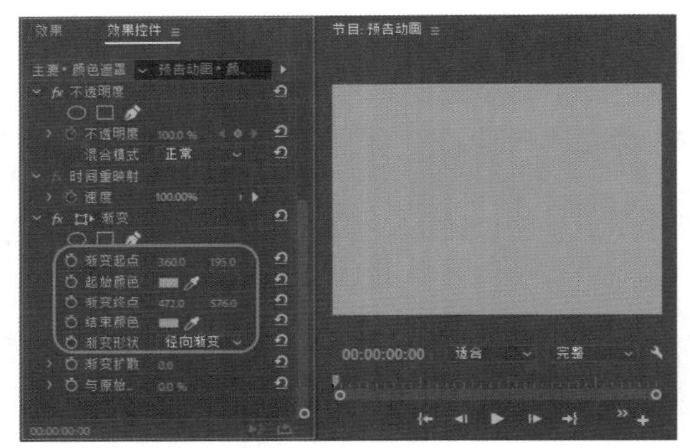

图13-45

Step 03 在菜单栏中选择【文件】|【新建】|【旧版标题】命令。

Step 04 在弹出的对话框中使用其默认设置，单击【确定】按钮，在弹出的字幕编辑器中，选择【椭圆工具】，按住Shift键绘制一个正圆。选中绘制的正圆，在【填充】选项组中将【填充类型】设置为【径向渐变】，将左侧色标颜色值设置为#FCFCFC，将【色彩到不透明】设置为69%；将右侧色标的颜色值设置为#FCFCFC，将【色彩到不透明】设置为0%，并调整色标的位置。在【变换】选项组中将【宽度】、【高度】均设置为598，将【X位置】、【Y位置】分别设置为398、286，如图13-46所示。

Step 05 设置完成后，关闭字幕编辑器，确认当前时间为00:00:00:00，在【项目】面板中选择【字幕01】，将其拖曳至V2视频轨道中，将其【持续时间】设置为00:00:18:10。选中该素材，在【效果控件】面板中将【缩放】设置为169，如图13-47所示。

Step 06 将当前时间设置为00:00:01:16，在【项目】面板中选择【颜色遮罩】效果，将其拖曳至V4视频轨道中，将其开始处与时间线对齐，将其【持续时间】设置为00:00:16:06，如图13-48所示。

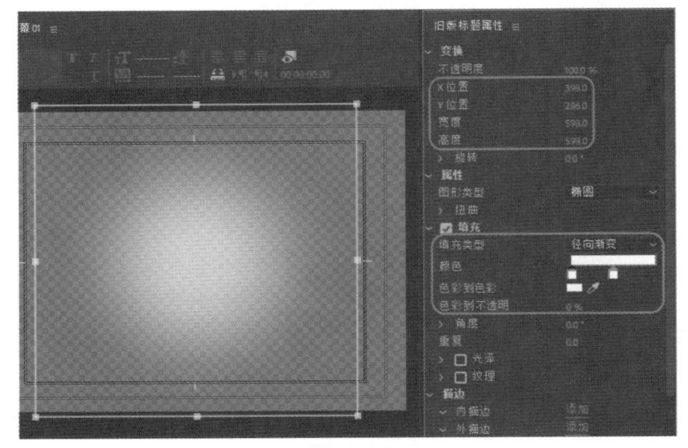

图13-46

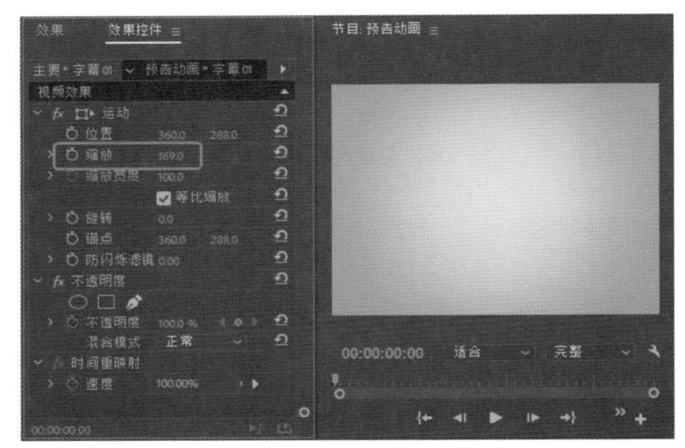

图13-47

图13-48

Step 07 继续选中该素材文件，为其添加【颜色替换】、【径向擦除】以及【投影】视频效果。将当前时间设置为00:00:02:06，在【效果控件】面板中将【颜色替换】下的【相似性】设置为8，将【目标颜色】设置为#DFF0C1，将【替换颜色】设置为#A3DF2E，单击【径向擦除】下的【过渡完成】左侧的【切换动画】按钮，将【起始角度】设置为-6°，将【擦除中心】设置为363、437，将【投影】下的【不透明度】、【方向】、【距离】、【柔和度】分别设置为35%、1×41°、10、50，如图13-49所示。

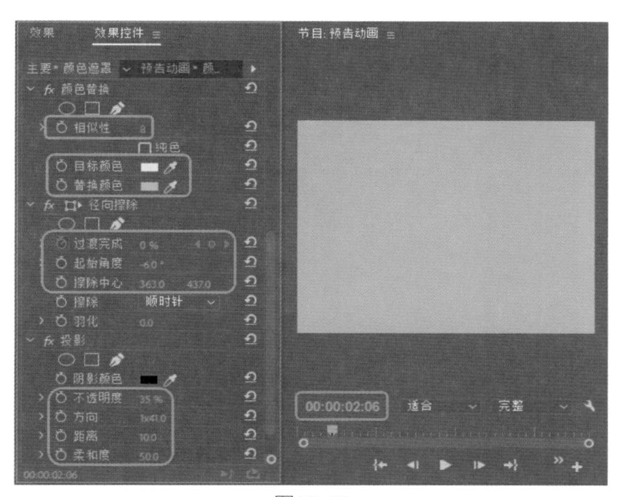

图13-49

Step 08 将当前时间设置为00:00:02:15，在【效果控件】面板中将【过渡完成】设置为30%，如图13-50所示。

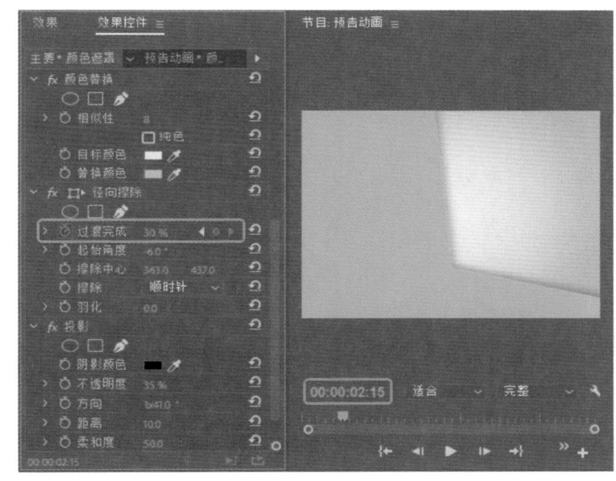

图13-50

Step 09 将当前时间设置为00:00:06:08，在【效果控件】面板中单击【过渡完成】右侧的【添加/移除关键帧】按钮，如图13-51所示。

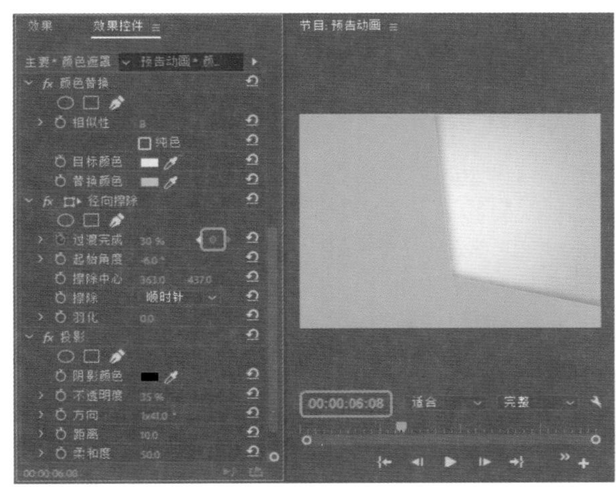

图13-51

Step 10 将当前时间设置为00:00:06:16，在【效果控件】面板中将【过渡完成】设置为0，如图13-52所示。

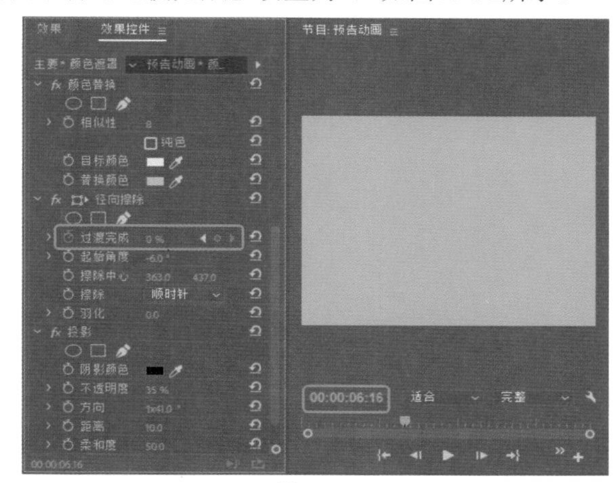

图13-52

Step 11 将当前时间设置为00:00:07:01，在【效果控件】面板中单击【过渡完成】右侧的【添加/移除关键帧】按钮，如图13-53所示。

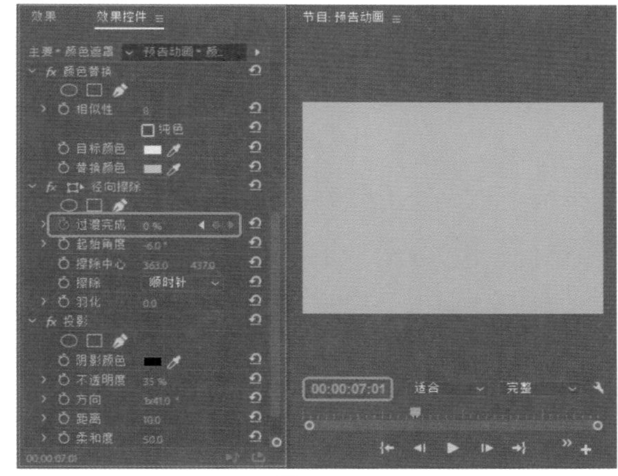

图13-53

Step 12 将当前时间设置为00:00:07:09，在【效果控件】面板中将【过渡完成】设置为30%，如图13-54所示。

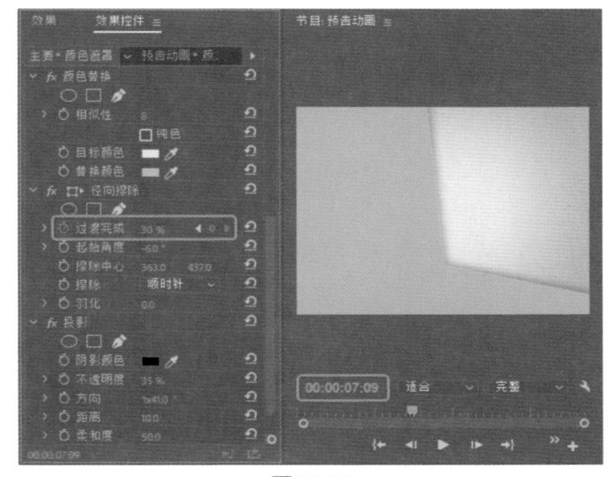

图13-54

Step 13 将当前时间设置为00:00:10:16，在【效果控件】面板中单击【过渡完成】右侧的【添加/移除关键帧】按钮，如图13-55所示。

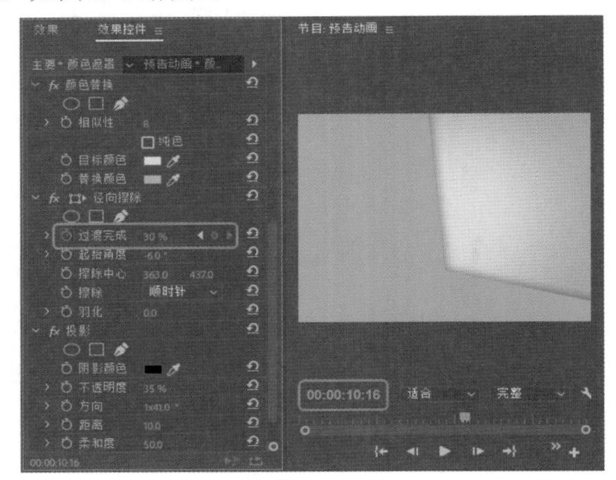

图13-55

Step 14 将当前时间设置为00:00:10:23，在【效果控件】面板中将【过渡完成】设置为28%，如图13-56所示。

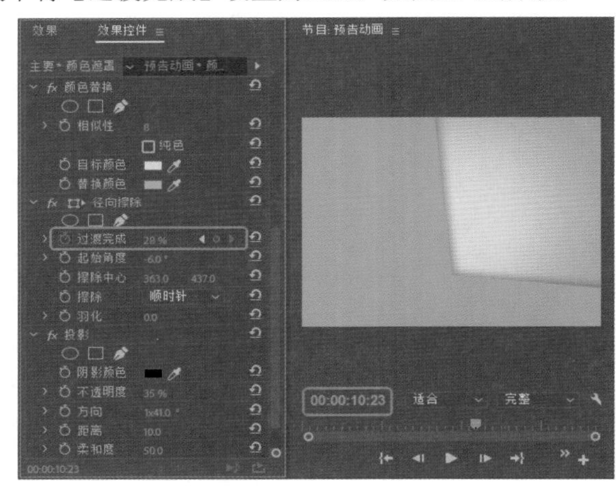

图13-56

Step 15 将当前时间设置为00:00:11:07，在【效果控件】面板中将【过渡完成】设置为0，如图13-57所示。

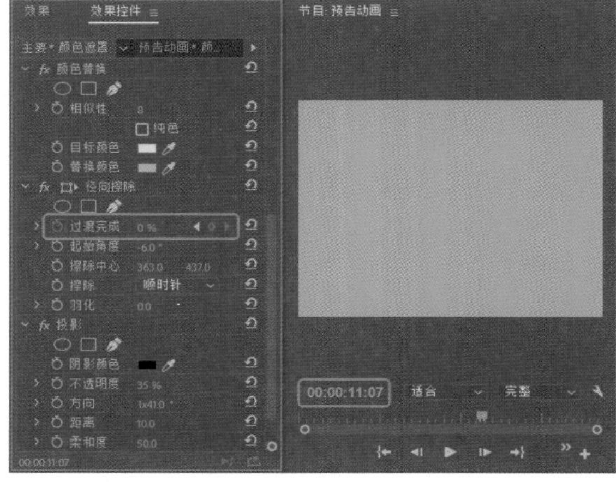

图13-57

Step 16 将当前时间设置为00:00:11:18，在【效果控件】面板中单击【过渡完成】右侧的【添加/移除关键帧】按钮，如图13-58所示。

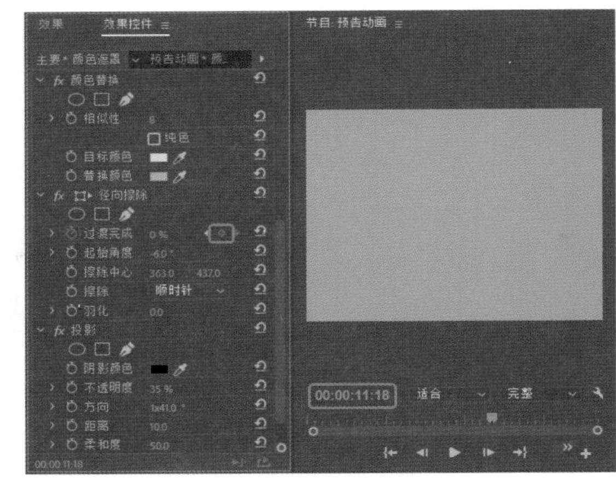

图13-58

Step 17 将当前时间设置为00:00:12:02，在【效果控件】面板中将【过渡完成】设置为30%，如图13-59所示。

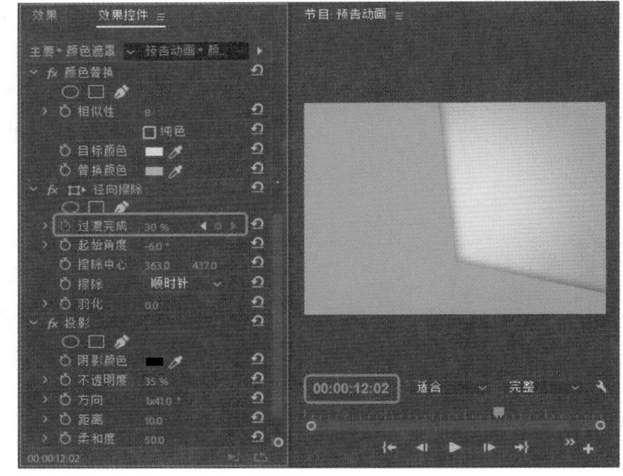

图13-59

Step 18 将当前时间设置为00:00:15:17，在【效果控件】面板中单击【过渡完成】右侧的【添加/移除关键帧】按钮，如图13-60所示。

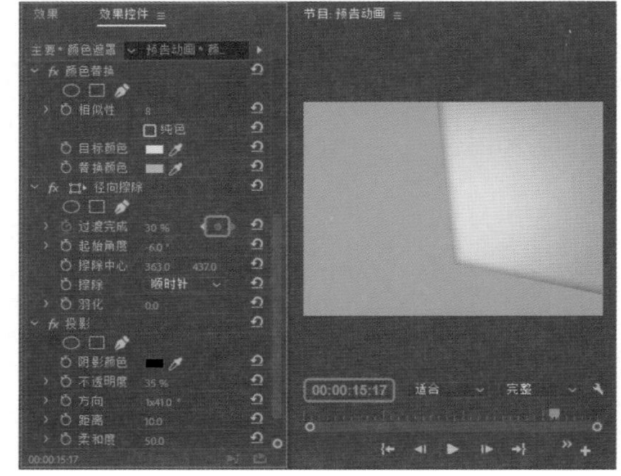

图13-60

Step 19 将当前时间设置为00:00:16:00，在【效果控件】面板中将【过渡完成】设置为0，如图13-61所示。

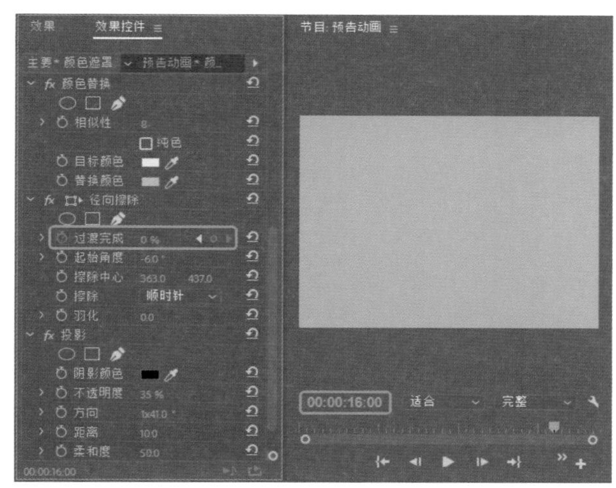

图13-61

Step 20 将当前时间设置为00:00:01:16，在【项目】面板中选择【颜色遮罩】素材文件，将其拖拽之V5视频轨道中，将其开始处与时间线对齐，将其【持续时间】设置为00:00:16:06，如图13-62所示。

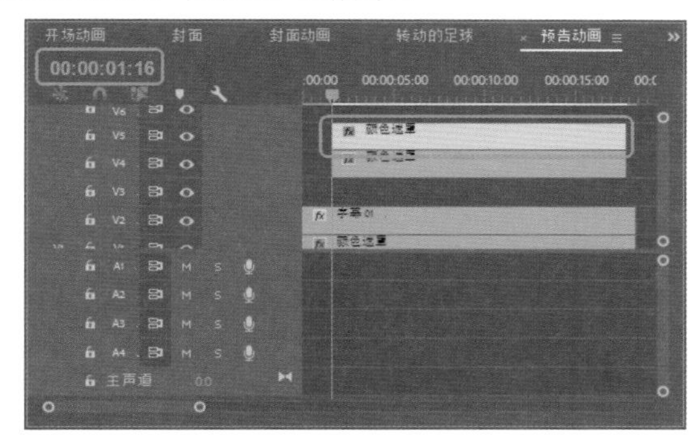

图13-62

Step 21 将当前时间设置为00:00:01:23，选中该素材文件，在【效果控件】面板中将【位置】设置为489、717，单击【位置】与【旋转】左侧的【切换动画】按钮，将【旋转】设置为-62.6°，如图13-63所示。

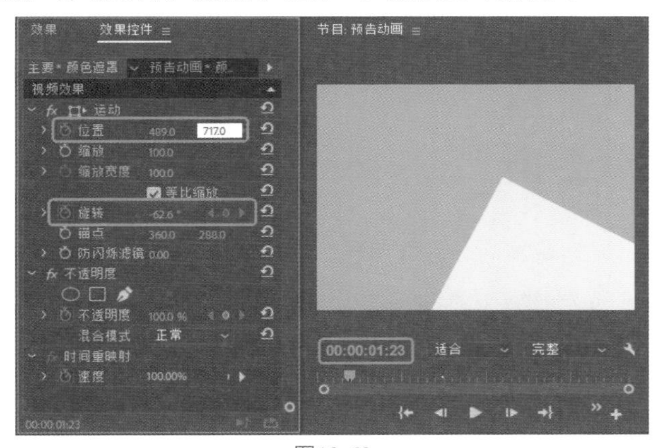

图13-63

Step 22 将当前时间设置为00:00:02:08，将【位置】设置为1022、134.4，将【旋转】设置为-118.3°，如图13-64所示。

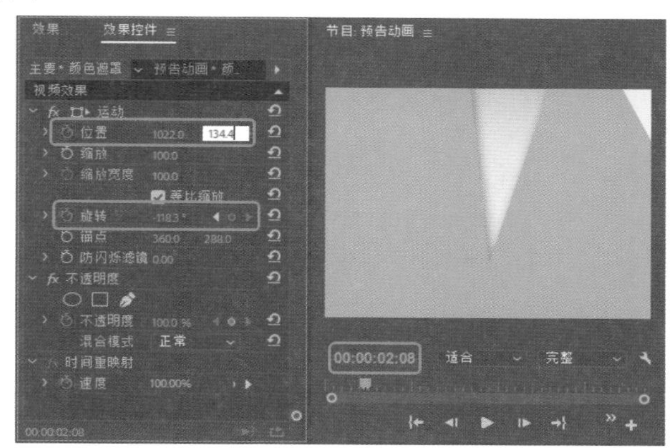

图13-64

Step 23 将当前时间设置为00:00:06:09，在【效果控件】面板中单击【位置】与【旋转】右侧的【添加/移除关键帧】按钮，如图13-65所示。

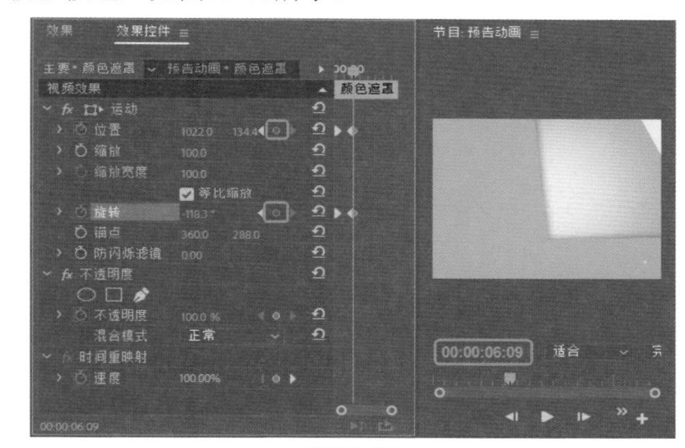

图13-65

Step 24 使用相同的方法添加其他关键帧，并根据相同的方法创建其他对象，如图13-66所示。

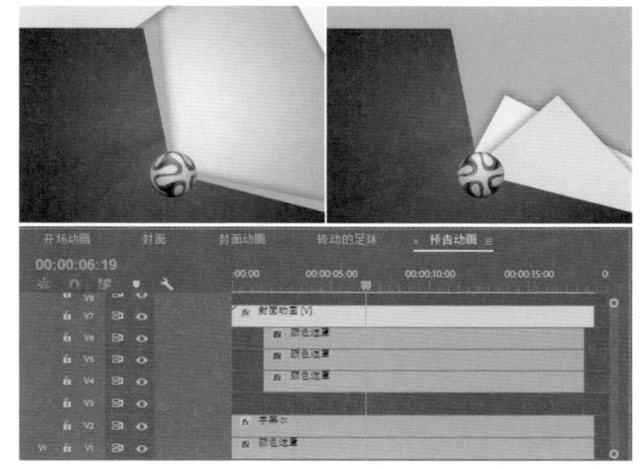

图13-66

Step 25 将当前时间设置为00:00:02:05，在【项目】面板中选择【图01.jpg】素材文件，将其拖曳至V3视频轨道中，将其开始处与时间线对齐，将其持续时间设置为00:00:04:11，如图13-67所示。

图13-67

Step 26 将当前时间设置为00:00:02:06，在【效果控件】面板中将【位置】设置为612、270，并单击其左侧的【切换动画】按钮，将【缩放】设置为61，如图13-68所示。

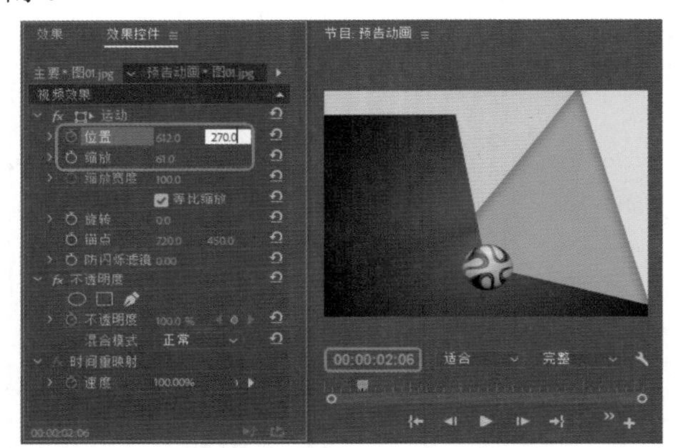

图13-68

Step 27 将当前时间设置为00:00:06:16，在【效果控件】面板中将【位置】设置为500、270，如图13-69所示。

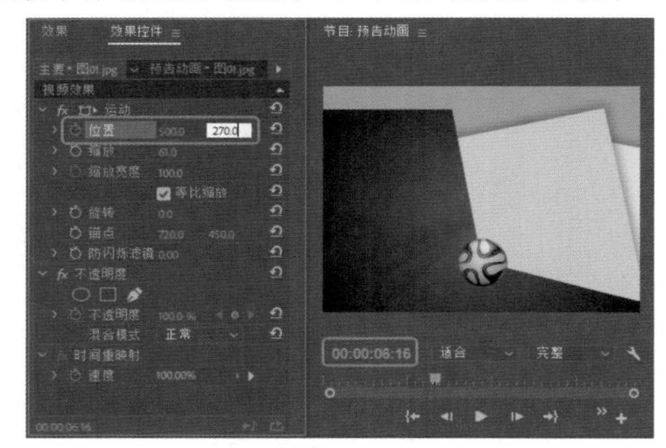

图13-69

Step 28 使用同样的方法添加另外两个素材文件，并对其进行相应的设置，效果如图13-70所示。

Step 29 在菜单栏中选择【文件】|【新建】|【旧版标题】命令。

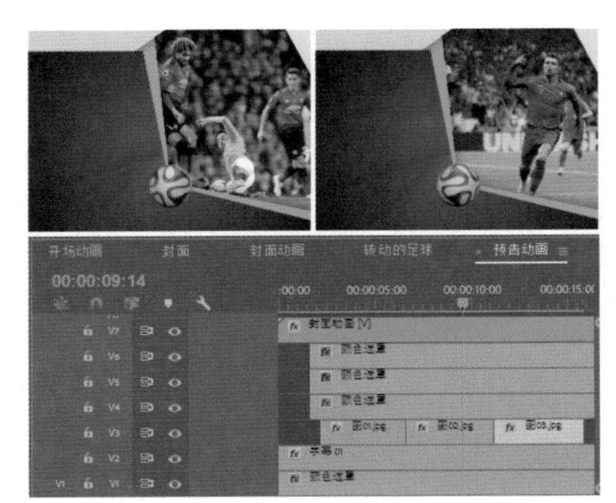

图13-70

Step 30 在弹出的对话框中使用其默认设置，单击【确定】按钮，在弹出的字幕编辑器中使用【文字工具】T输入文字。选中输入的文字，将【字体系列】设置为【黑体】，将【字体大小】设置为35，在【填充】选项组中将【颜色】设置为#FFFFFF，在【变换】选项组中将【X位置】、【Y位置】分别设置为164、110，如图13-71所示。

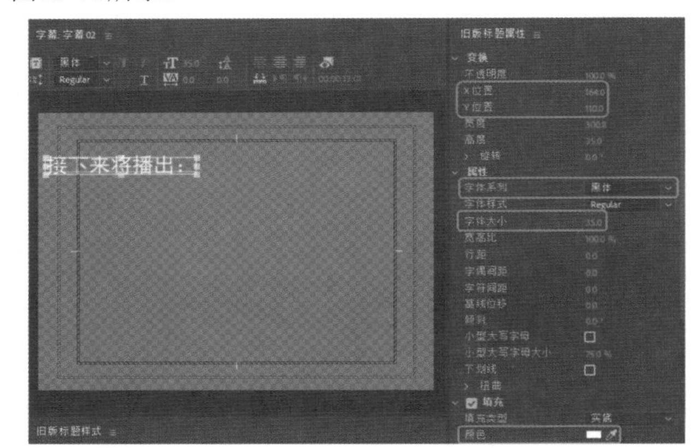

图13-71

Step 31 使用同样的方法再创建其他字幕，并进行相应的设置，效果如图13-72所示。

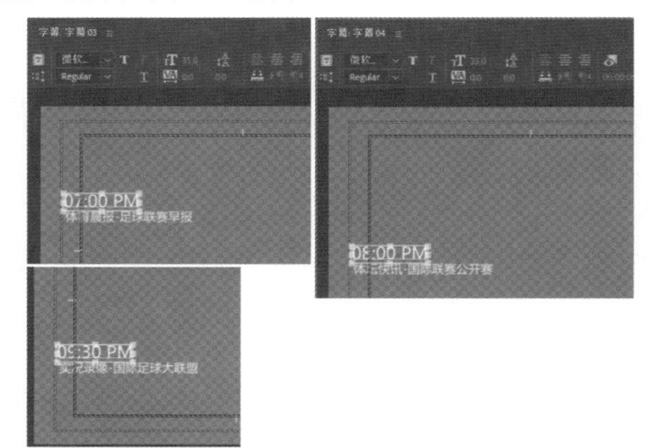

图13-72

Step 32 将当前时间设置为00:00:00:00，在【项目】面板中选择【字幕02】，将其拖曳至V8视频轨道中，将其开始处与时间线对齐，将其【持续时间】设置为00:00:18:10，如图13-73所示。

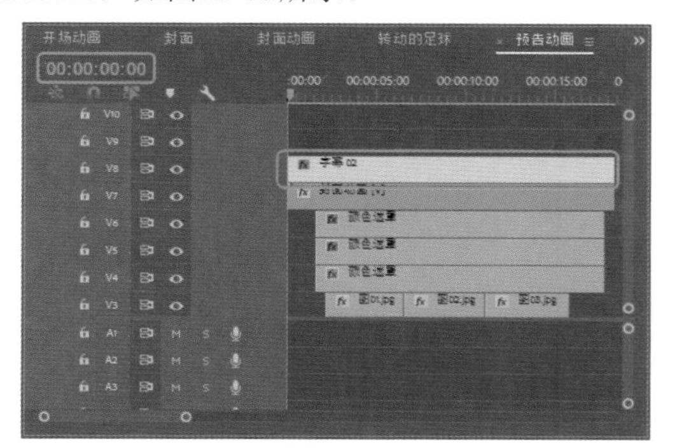

图13-73

Step 33 将当前时间设置为00:00:01:20，选中V8视频轨道中的【字幕02】，在【效果控件】面板中将【位置】设置为75、288，单击其左侧的【切换动画】按钮，如图13-74所示。

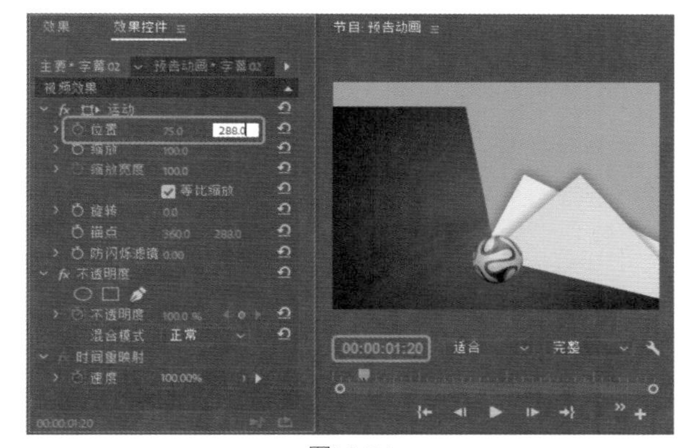

图13-74

Step 34 将当前时间设置为00:00:02:01，在【效果控件】面板中将【位置】设置为360、288，如图13-75所示。

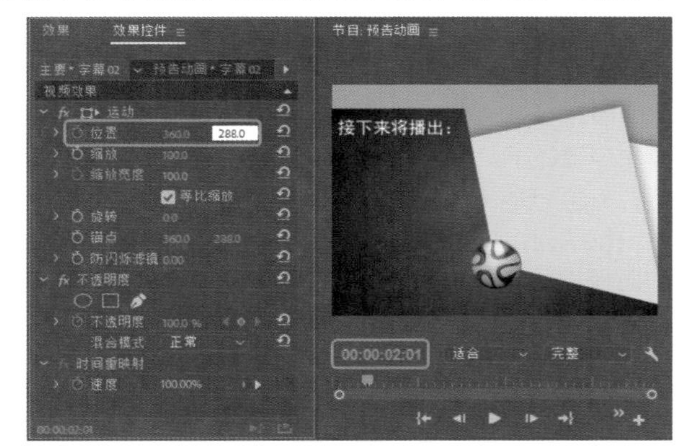

图13-75

Step 35 将当前时间设置为00:00:15:08，在【效果控件】面板中单击【位置】右侧的【添加/移除关键帧】按钮，如图13-76所示。

Step 36 将当前时间设置为00:00:15:15，在【效果控件】面板中将【位置】设置为75、288，如图13-77所示。

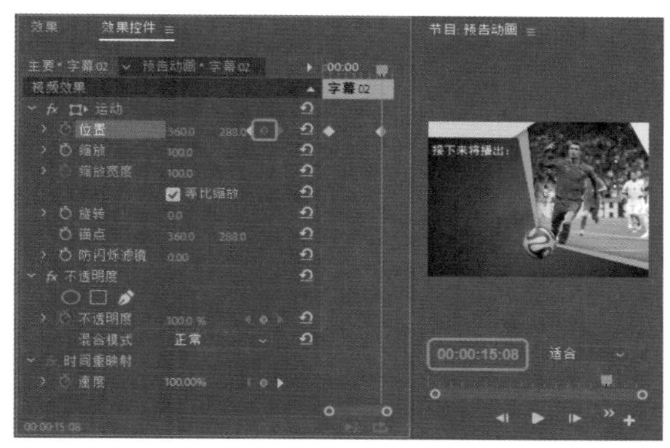

图13-76

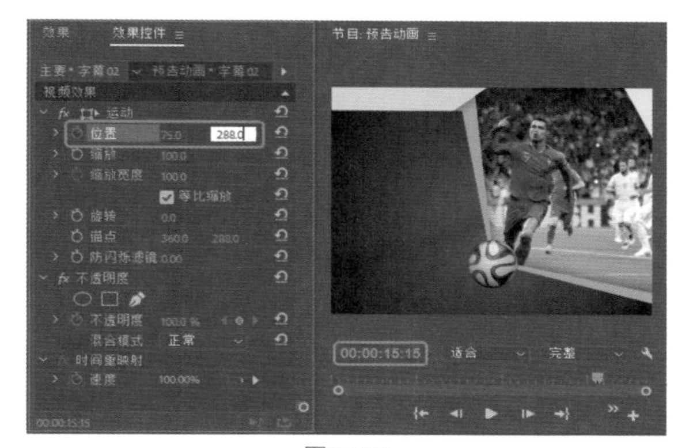

图13-77

Step 37 将当前时间设置为00:00:00:00，在【项目】面板中选择【字幕03】，将其拖曳至V9视频轨道中，将其开始处与时间线对齐，将其【持续时间】设置为00:00:18:10。将当前时间设置为00:00:01:23，在【效果控件】面板中将【位置】设置为35、288，单击其左侧的【切换动画】按钮，如图13-78所示。

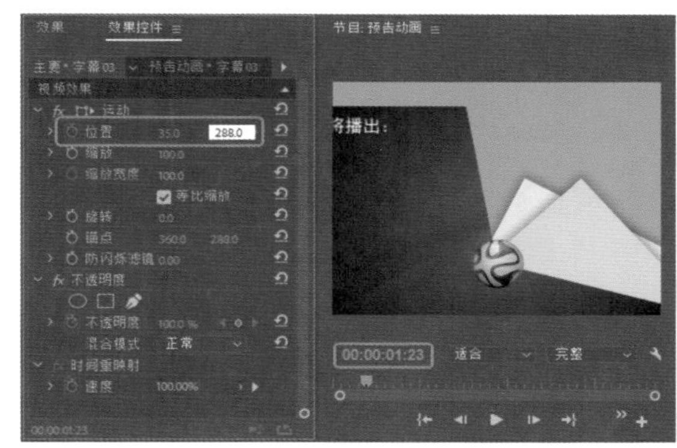

图13-78

Step 38 将当前时间设置为00:00:02:05，在【效果控件】面板中将【位置】设置为360、288，如图13-79所示。

Step 39 将当前时间设置为00:00:06:02，在【效果控件】面板中单击【不透明度】右侧的【添加/移除关键帧】按钮，如图13-80所示。

Step 40 将当前时间设置为00:00:06:16，在【效果控件】面板中将【不透明度】设置为30%，如图13-81所示。

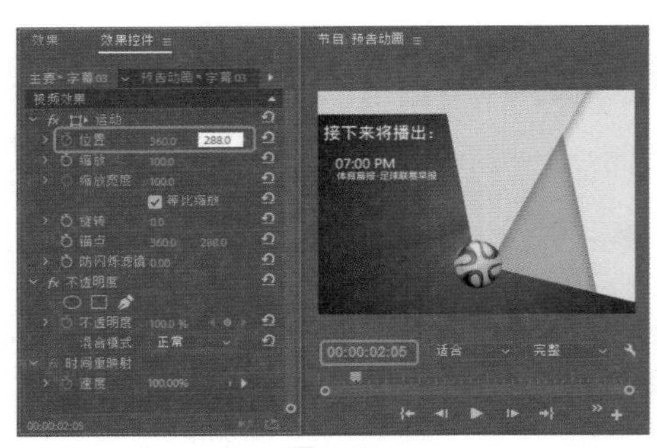

图13-79

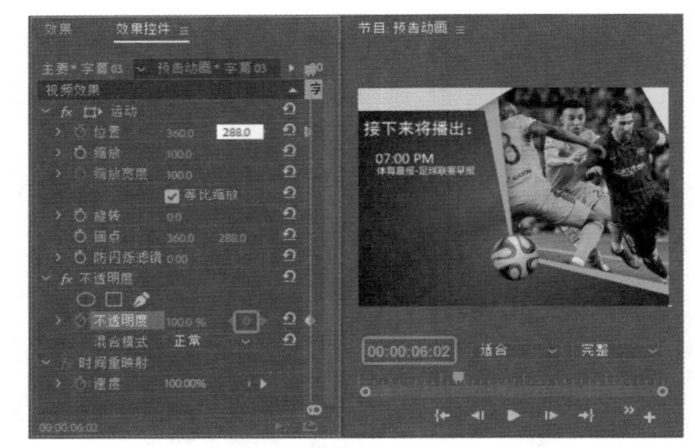

图13-80

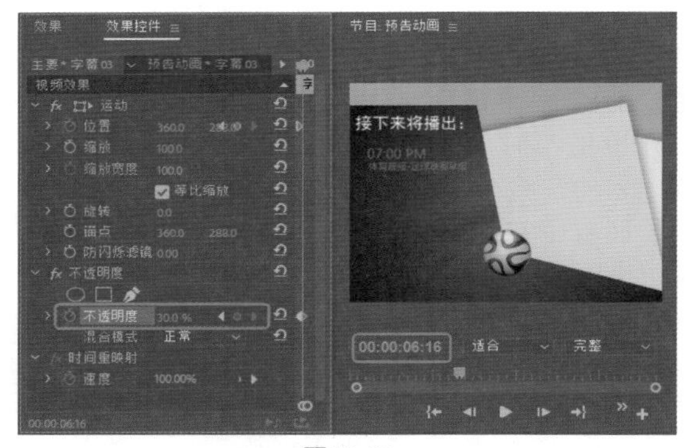

图13-81

Step 41 将当前时间设置为00:00:15:05，在【效果控件】面板中单击【位置】右侧的【添加/移除关键帧】按钮，如图13-82所示。

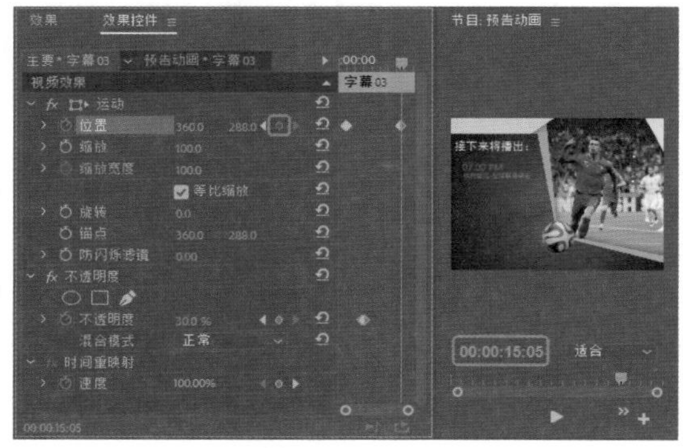

图13-82

Step 42 将当前时间设置为00:00:15:12，在【效果控件】面板中将【位置】设置为35、288，如图13-83所示。

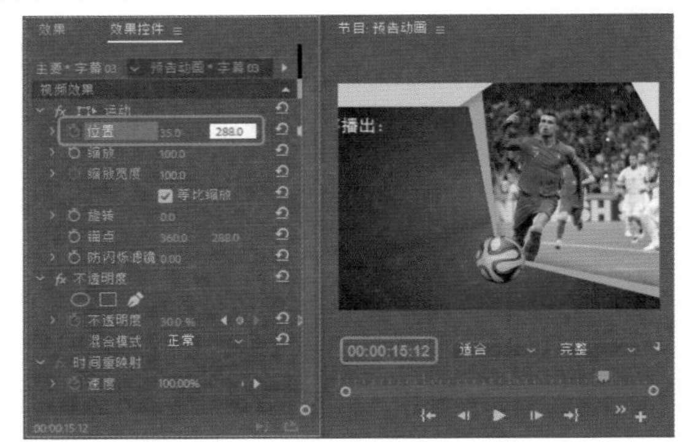

图13-83

Step 43 使用同样的方法添加其他文字，并对其添加的文字进行设置，效果如图13-84所示。

图13-84

实例 175 制作足球节目预告最终动画

素材：
场景：环保宣传动画.prproj

下面将介绍如何将前面所创建的序列进行嵌套，其具体操作步骤如下。

Step 01 新建一个【序列名称】为【足球节目预告】的标准48kHz序列，将当前时间设置为00:00:00:00，在【项目】面板中将【开场动画】序列文件拖曳至V1视频轨道中，将其开始处与时间线对齐，如图13-85所示。

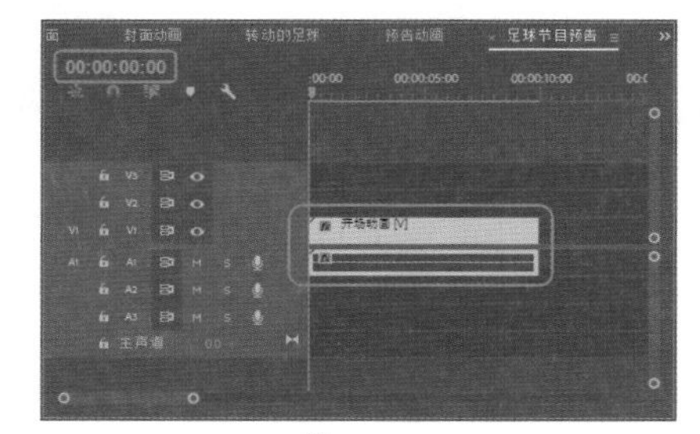

图13-85

Step 02 将当前时间设置为00:00:09:13，在【项目】面板中将【视频03.mov】视频文件拖曳至V2视频轨道中，将其开始处与时间线对齐，如图13-86所示。

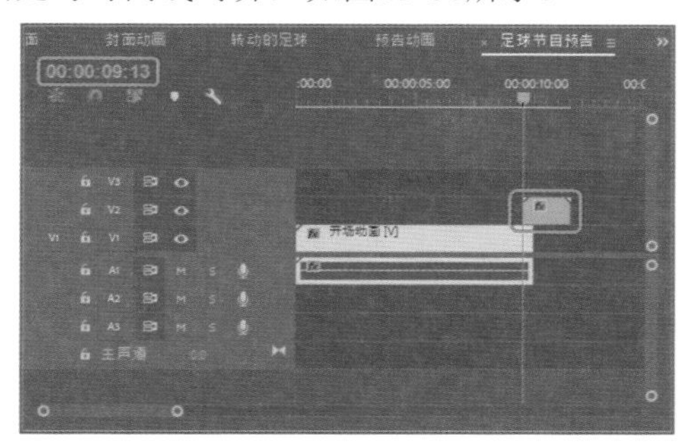

图13-86

Step 03 选中V2视频轨道中的视频文件，在【效果控件】面板中将【缩放】设置为54，如图13-87所示。

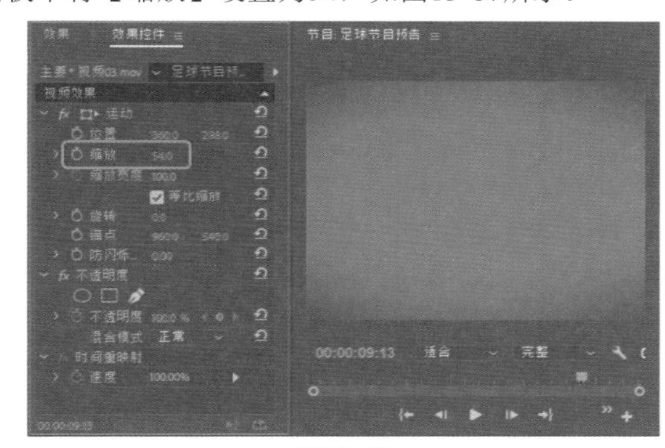

图13-87

Step 04 将当前时间设置为00:00:10:20，在【项目】面板中将【预告动画】序列文件拖曳至V3视频轨道中，将其开始处与时间线对齐，如图13-88所示。

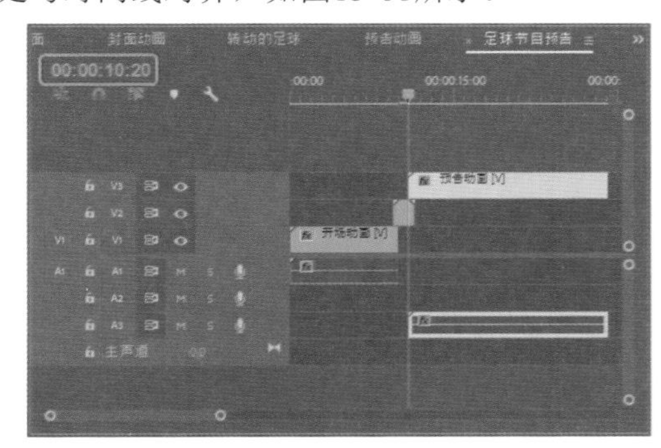

图13-88

Step 05 将当前时间设置为00:00:00:00，在【项目】面板中选择【背景音乐.mp3】音频文件，将其拖曳至A2音频轨道中。将当前时间设置为00:00:11:13，在工具箱中选择【剃刀工具】，在时间线位置对背景音乐进行裁剪，如图13-89所示。

Step 06 将裁剪后的左侧音频文件删除。将当前时间设置为00:00:30:24，使用【剃刀工具】在时间线位置对背景音乐进行裁剪，如图13-90所示。

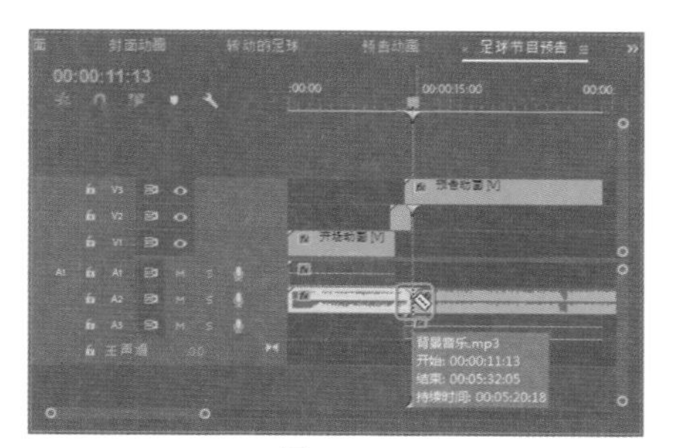

图13-89

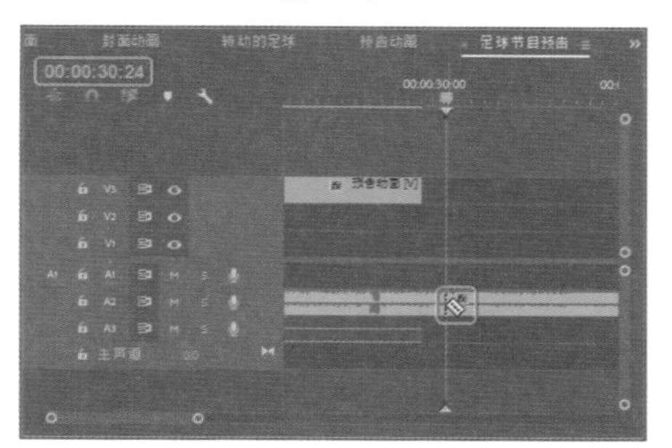

图13- 90

Step 07 将裁剪后的右侧音频文件删除。将当前时间设置为00:00:09:18，将剩余的音频文件的开始处与时间线对齐。将当前时间设置为00:00:26:07，选中音频文件，在【效果控件】面板中单击【级别】右侧的【添加/移除关键帧】按钮，效果如图13-91所示。

图13-91

Step 08 将当前时间设置为00:00:29:04，在【效果控件】面板中将【级别】设置为-30dB，如图13-92所示。

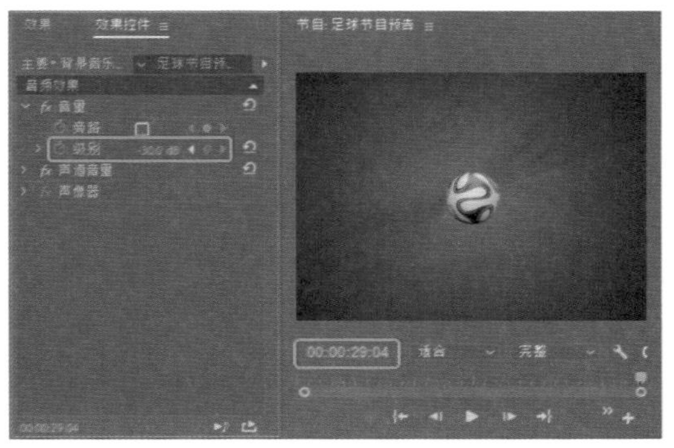

图13-92

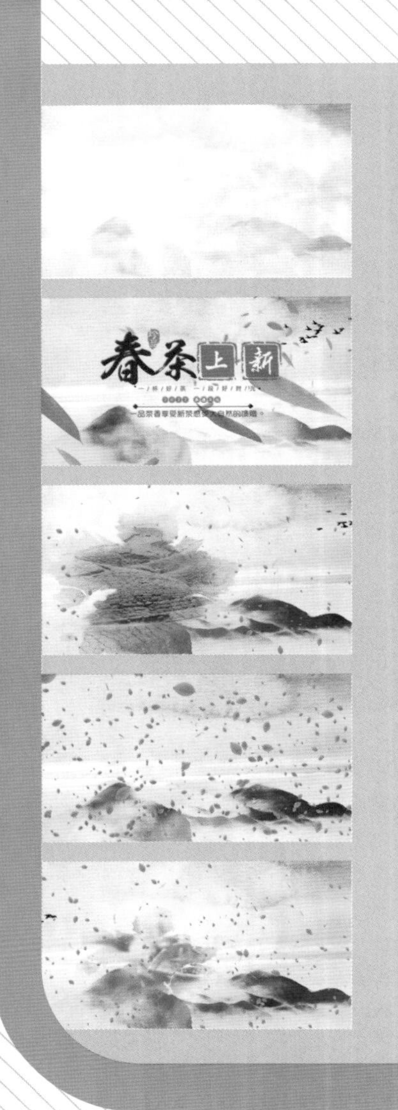

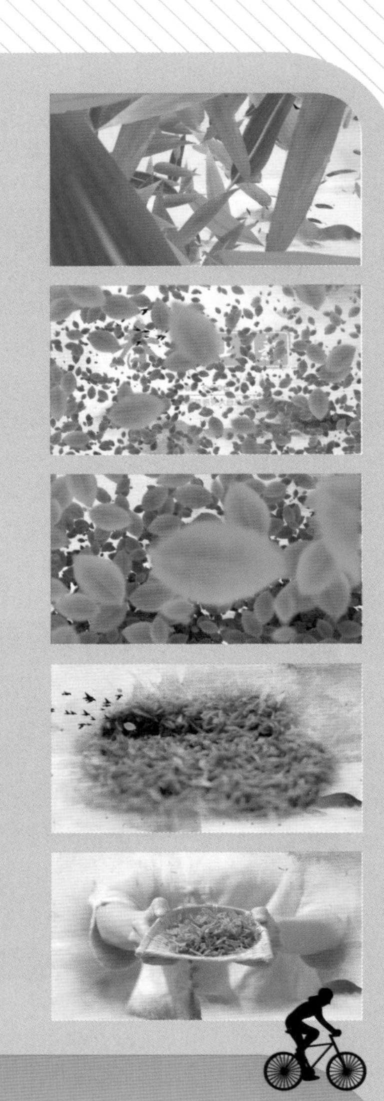

第14章 茶叶宣传动画

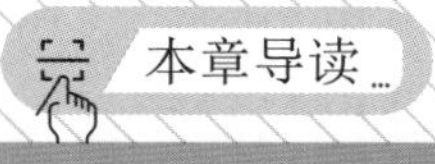

茶叶深受人们的喜爱，中国人饮茶的历史悠久。茶叶中含有机成分达四百五十多种，无机矿物元素达四十多种。饮茶不仅是一种惬意的心理享受，更是一种排毒养颜、健胃活血的生理享受。本案例将介绍如何制作茶叶宣传动画。

实例 176 制作茶叶标题动画

素材：

场景：茶叶宣传动画.prproj

在制作茶叶宣传动画之前，首先制作一个茶叶标题动画，为后面的内容进行引导，操作步骤如下。

Step 01 新建项目文件和1080p的AVCHD 1080p25序列文件，并将其命名为【茶叶标题】。在【项目】面板中双击鼠标，导入素材文件。在【项目】面板中右击鼠标，在弹出的快捷菜单中选择【新建项目】|【颜色遮罩】命令，在弹出的对话框中使用默认设置，单击【确定】按钮，在弹出的对话框中将颜色值设置为#00CBC4，如图14-1所示。

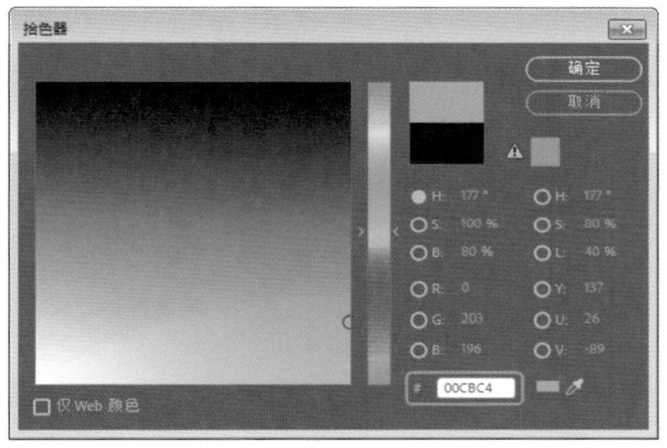

图14-1

Step 02 设置完成后，单击【确定】按钮，再在弹出的对话框中使用默认参数，单击【确定】按钮。将当前时间设置为00:00:00:00，在【项目】面板中将【颜色遮罩】拖曳至V1视频轨道中，将其开始处与时间线对齐，将其【持续时间】设置为00:00:09:06，如图14-2所示。

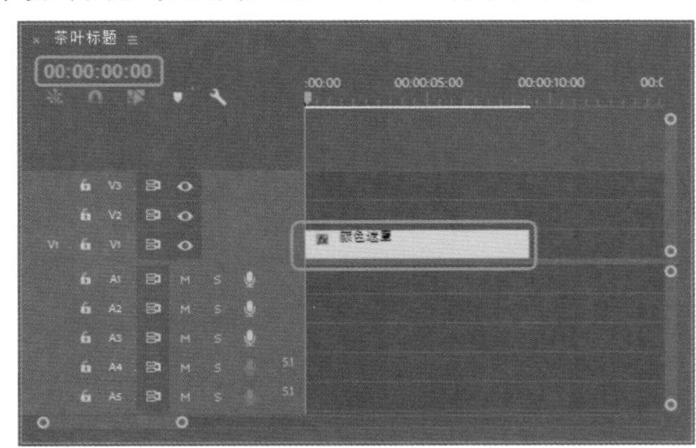

图14-2

Step 03 将当前时间设置为00:00:00:00，在【项目】面板中将【云.mov】素材文件拖曳至V2视频轨道中，将其开始处与时间线对齐，在【效果】面板中搜索【交叉溶解】过渡效果，并将其拖曳至【云.mov】素材文件的结尾处，如图14-3所示。

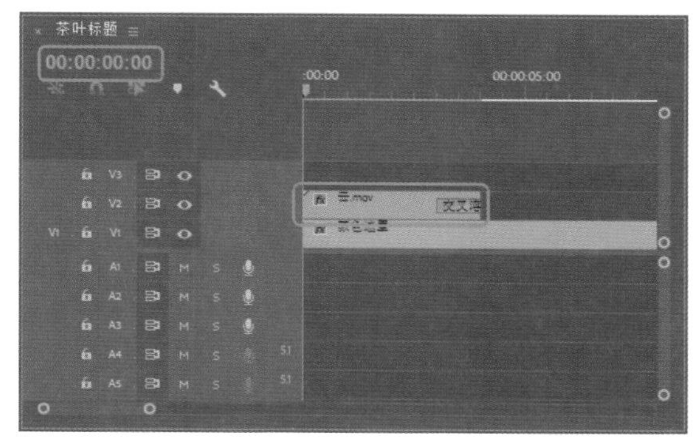

图14-3

Step 04 将当前时间设置为00:00:00:15，选中V2视频轨道中的素材文件，选择【剃刀工具】，在时间线位置对选中的素材文件进行裁剪，效果如图14-4所示。

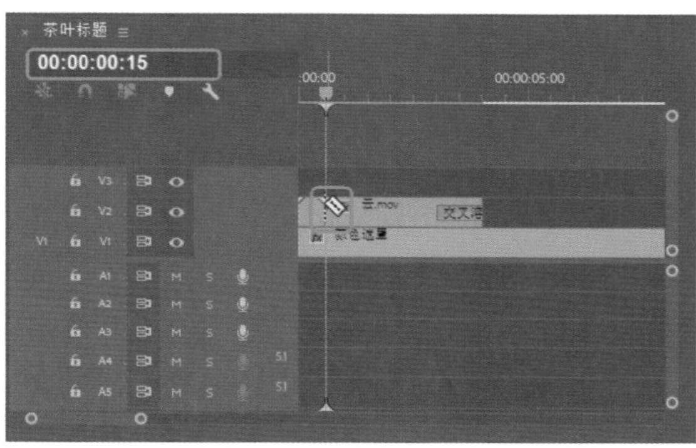

图14-4

Step 05 将时间线左侧的视频删除，将当前时间设置为00:00:00:00，将V2视频轨道中的素材文件的开始处与时间线对齐，如图14-5所示。

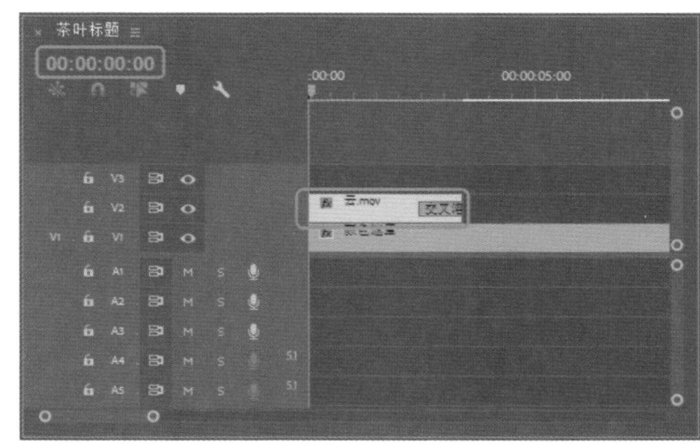

图14-5

Step 06 将当前时间设置为00:00:00:10，在【项目】面板中将【云.mov】素材文件拖曳至V3视频轨道中，将其开始处与时间线对齐。在【效果】面板中搜索【交叉溶解】过渡效果，并将其拖曳至V3视频轨道中【云.mov】素材文件的开始与结尾处，如图14-6所示。

Step 07 选中V3视频轨道中的【云.mov】素材文件，在【效果控件】面板中将【缩放】设置为152，如图14-7所示。

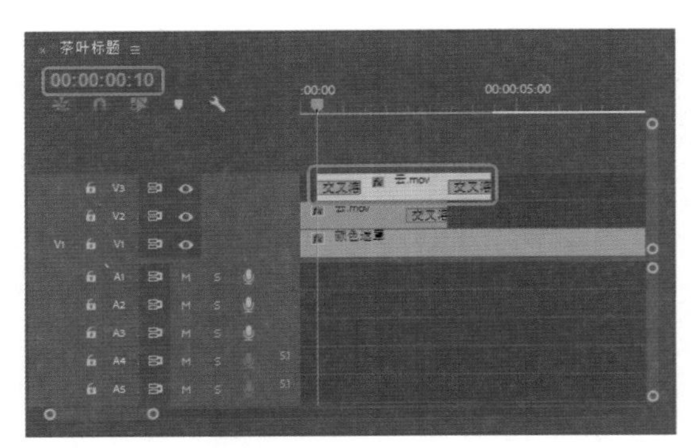

图14-6

图14-7

Step 08 将当前时间设置为00:00:01:24，在【项目】面板中将【叶子01.mov】素材文件拖曳至V3视频轨道上方，自动创建V4视频轨道，将其开始处与时间线对齐，如图14-8所示。

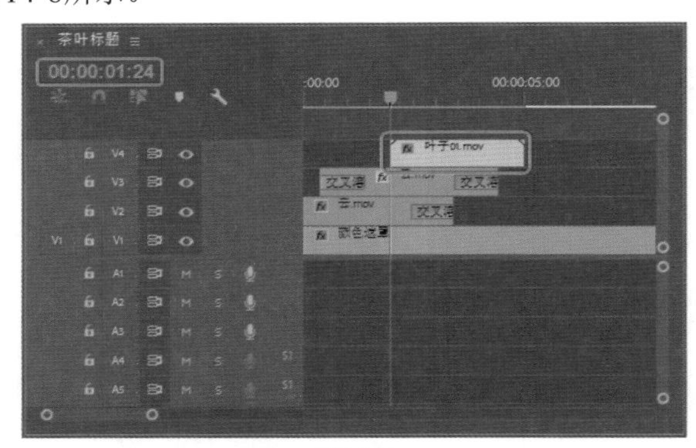

图14-8

Step 09 将当前时间设置为00:00:03:16，在【项目】面板中将【茶标题.png】素材文件拖曳至V4视频轨道上方，自动创建V5视频轨道，将其开始处与时间线对齐。将其持续时间设置为00:00:05:15，在【效果】面板中搜索【交叉溶解】过渡效果，并将其拖曳至V5视频轨道中【茶标题.png】素材文件的开始与结尾处，如图14-9所示。

Step 10 选中V5视频轨道中的【茶标题.png】素材文件，在【效果控件】面板中将【位置】设置为1016、406，将【缩放】设置为286，如图14-10所示。

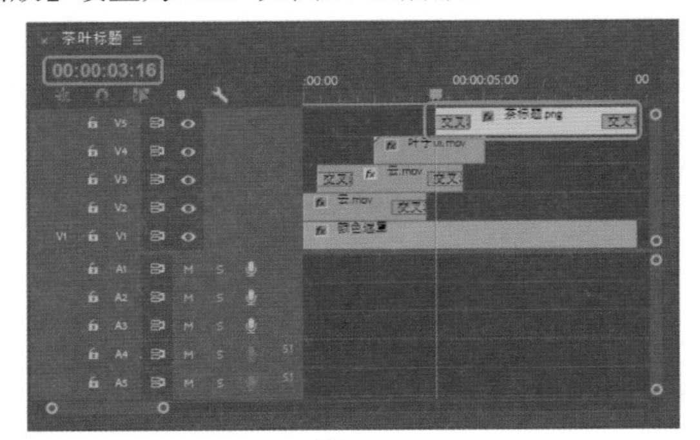

图14-9

图14-10

实例 177 为茶叶标题添加音效

素材：

场景：茶叶宣传动画.prproj

制作完茶叶标题动画之后，为转场添加音效才能使茶叶标题动画更加形象生动，其操作步骤如下。

Step 01 将当前时间设置为00:00:02:00，在【项目】面板中将【魔法音效.mp3】素材文件拖曳至A1音频轨道中，如图14-11所示。

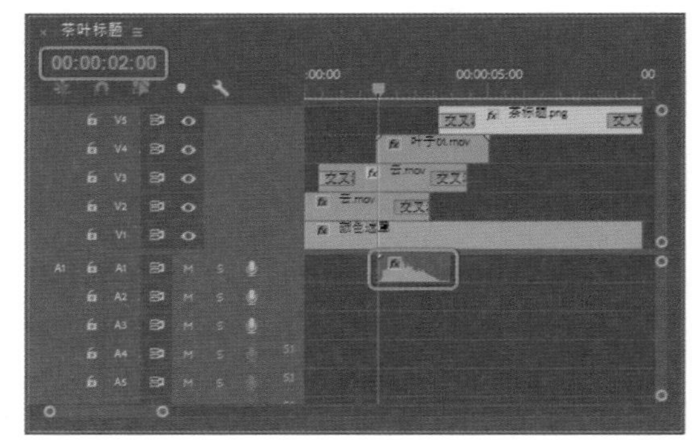

图14-11

Step 02 将当前时间设置为00:00:03:13，在【项目】面板中将【咚音效.mp3】素材文件拖曳至A2音频轨道中，如图14-12所示。将A1视频轨道关闭。

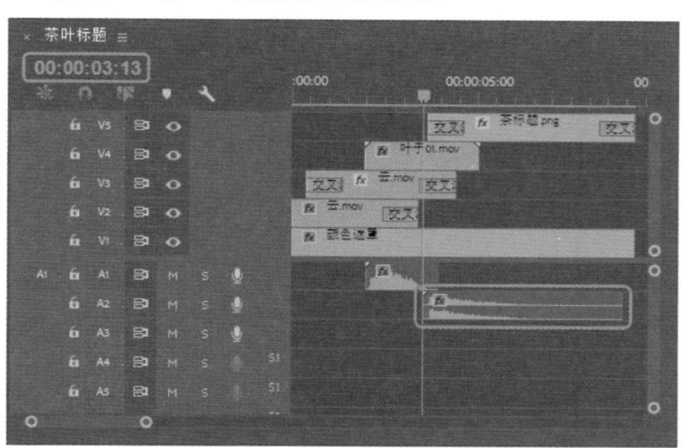

图14-12

实例178 制作茶叶展示动画

素材：

场景：茶叶宣传动画.prproj

本案例将介绍如何制作茶叶展示动画，首先添加茶叶视频素材文件，然后添加水墨晕开的视频素材，通过【轨道遮罩键】视频效果将两个素材文件进行结合，即可完成茶叶展示动画的制作。

Step 01 新建项目文件和AVCHD 1080p25的序列文件，并将其命名为【茶叶展示01】。将当前时间设置为00:00:00:00，在【项目】面板中将【茶视频01.mov】素材文件拖曳至V1视频轨道中，在弹出的对话框中单击【保持现有设置】按钮，将其开始处与时间线对齐，如图14-13所示。

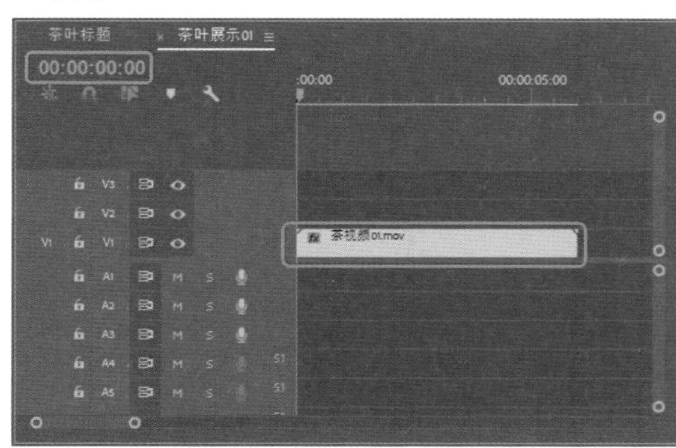

图14-13

Step 02 确认当前时间为00:00:00:00，在【项目】面板中将【水墨晕开.mp4】素材文件拖曳至V2视频轨道中，将其开始处与时间线对齐。将当前时间设置为00:00:05:24，选中该素材文件，使用【剃刀工具】在时间线位置处单击鼠标，对选中的素材文件进行裁剪，如图14-14所示。

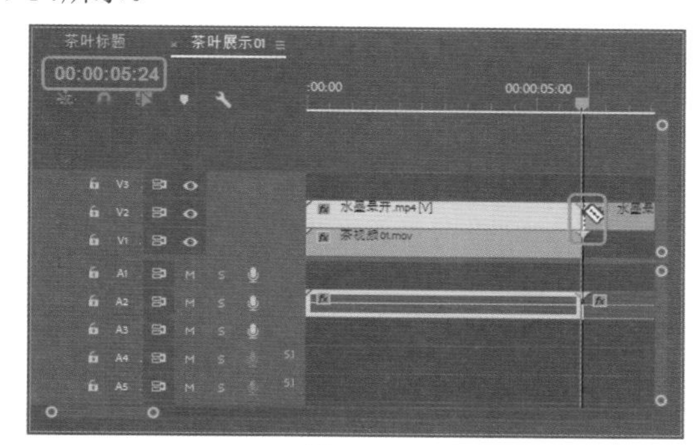

图14-14

Step 03 将时间线右侧的视频文件删除，选中时间线左侧的视频文件，在【效果控件】面板中将【位置】设置为998.5、529.5，取消勾选【等比缩放】复选框，将【缩放高度】、【缩放宽度】分别设置为75、65，如图14-15所示。

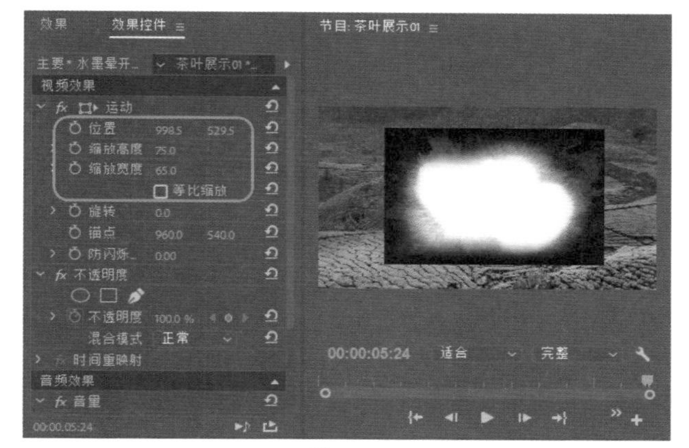

图14-15

Step 04 选中V1视频轨道中的【茶视频01.mov】素材文件，在【效果】面板中搜索【轨道遮罩键】视频效果，双击该效果，将其添加至选中的素材文件上。在【效果控件】面板中将【轨道遮罩键】下的【遮罩】设置为【视频2】，将【合成方式】设置为【亮度遮罩】，如图14-16所示。

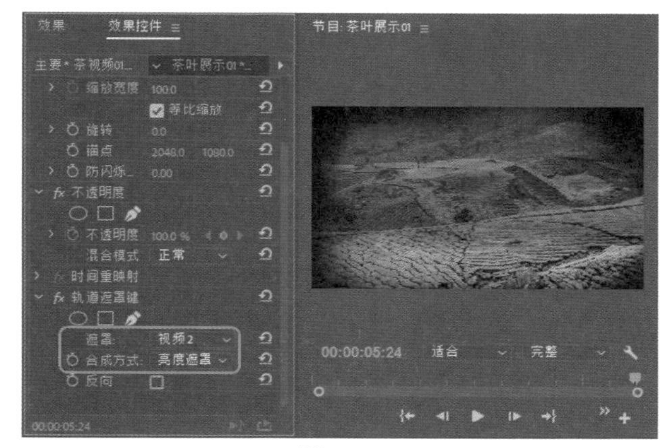

图14-16

Step 05 在【项目】面板中选择【茶叶展示01】序列文件，按Ctrl+C组合键进行复制，按Ctrl+V组合键进行粘贴，并将粘贴的对象重新命名为【茶叶展示02】。双击【茶叶展示02】序列文件，然后选中【茶叶展示02】序列文件中的【茶视频01.mov】素材文件，按Delete键将其删除。将当前时间设置为00:00:00:00，在【项目】面板中将【茶视频02.mp4】素材文件拖曳至V1视频轨道中，将其开始处与时间线对齐，将其【持续时间】设置为00:00:06:00，如图14-17所示。

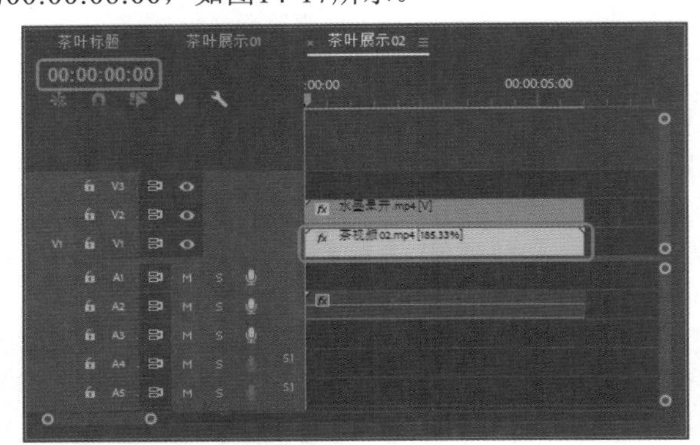

图14-17

Step 06 选中V1视频轨道中的【茶视频02.mp4】素材文件，在【效果】面板中搜索【轨道遮罩键】视频效果，双击该效果，将其添加至选中的素材文件上。在【效果控件】面板中将【轨道遮罩键】下的【遮罩】设置为【视频2】，将【合成方式】设置为【亮度遮罩】，如图14-18所示。

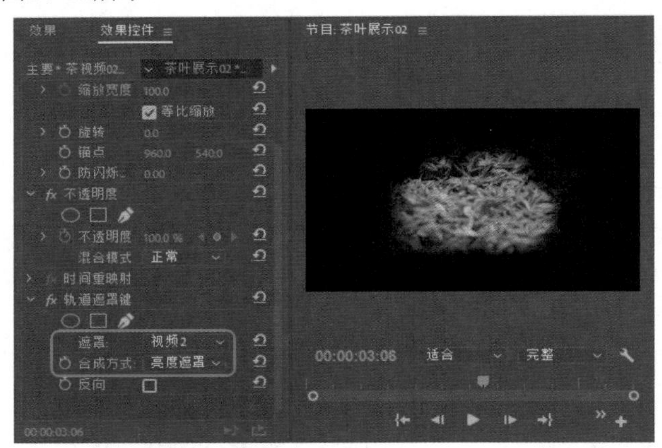

图14-18

Step 07 选中V2视频轨道中的【水墨晕开.mp4】素材文件，在【效果控件】面板中将【位置】设置为1024、554，将【缩放高度】、【缩放宽度】分别设置为108、115，如图14-19所示。

Step 08 在【项目】面板中选择【茶叶展示02】序列文件，按Ctrl+C组合键进行复制，按Ctrl+V组合键进行粘贴，并将粘贴的对象重新命名为【茶叶展示03】。双击【茶叶展示03】序列文件，然后选中【茶叶展示03】序列文件中的【茶视频02.mov】素材文件，按Delete键将其删除。将当前时间设置为00:00:00:00，在【项目】面板中将【茶视频03.mp4】素材文件拖曳至V1视频轨道中，将其开始处与时间线对齐，如图14-20所示。

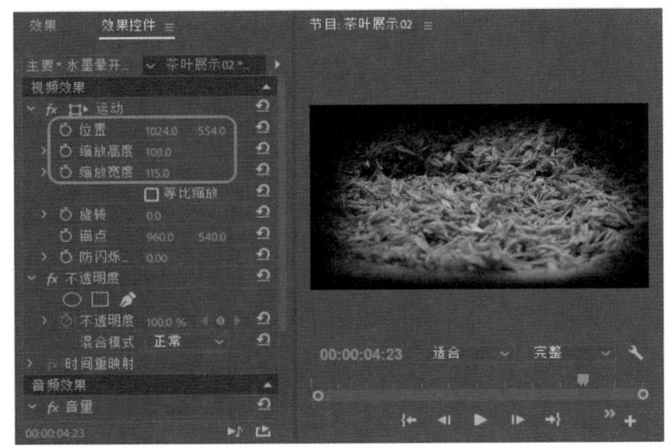

图14-19

图14-20

Step 09 选中V1视频轨道中的【茶视频03.mp4】素材文件，在【效果】面板中搜索【轨道遮罩键】视频效果，双击该效果，将其添加至选中的素材文件上。在【效果控件】面板中将【轨道遮罩键】下的【遮罩】设置为【视频2】，将【合成方式】设置为【亮度遮罩】，如图14-21所示。

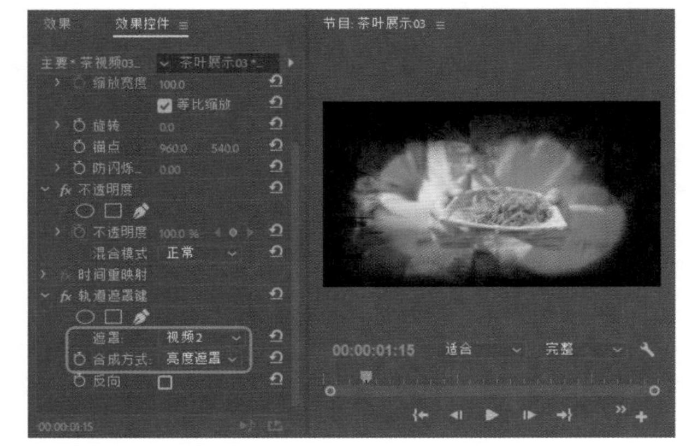

图14-21

Step 10 将当前时间设置为00:00:06:00，在【项目】面板中将【墨遮罩.jpg】素材文件拖曳至V2视频轨道中，将其开始处与时间线对齐，将其【持续时间】设置为00:00:06:08，如图14-22所示。

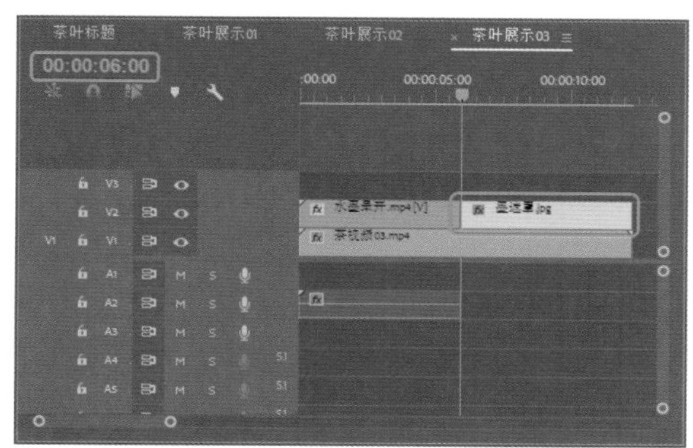

图14-22

实例179 制作茶叶宣传动画

素材：

场景：茶叶宣传动画.prproj

本案例主要将前面所制作的序列进行嵌套，并添加相应的素材文件进行过渡。

Step 01 新建项目文件和AVCHD 1080p25的序列文件，并将其命名为【茶叶宣传动画】。将当前时间设置为00:00:00:00，在【项目】面板中将【动态背景.mp4】素材文件拖曳至V1视频轨道中，将其开始处与时间线对齐，如图14-23所示。

图14-23

Step 02 确认当前时间为00:00:00:00，在【项目】面板中将【茶叶标题】序列文件拖曳至V2视频轨道中，将其开始处与时间线对齐，如图14-24所示。

Step 03 将当前时间设置为00:00:06:24，在【项目】面板中将【叶子02.mov】素材文件拖曳至V3视频轨道中，将其开始处与时间线对齐，如图14-25所示。

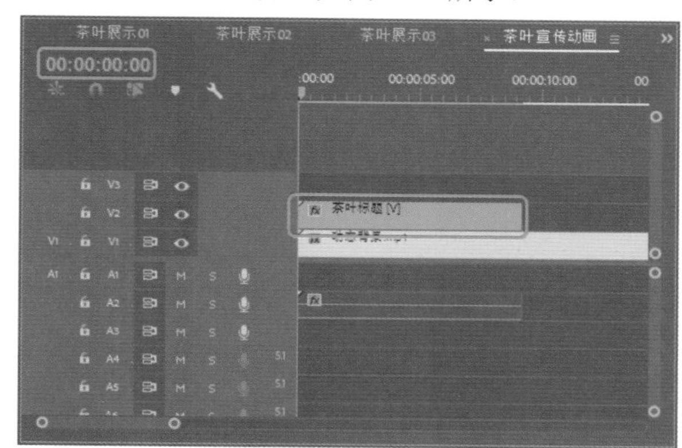

图14-24

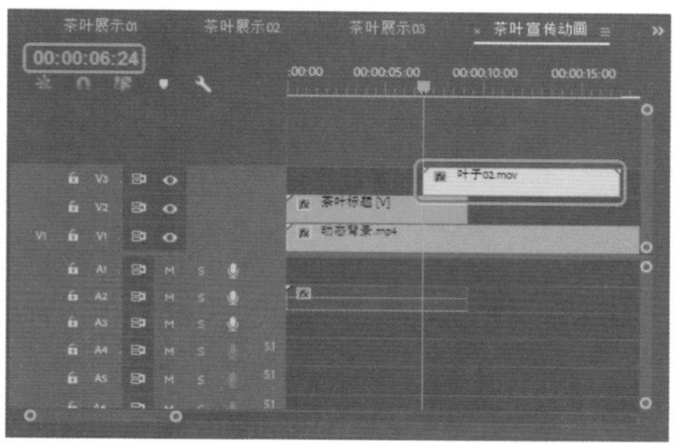

图14-25

Step 04 将当前时间设置为00:00:11:10，在【项目】面板中将【茶叶展示01】序列文件拖曳至V3视频轨道的上方，自动创建V4视频轨道，将其开始处与时间线对齐。在【效果】面板中搜索【交叉溶解】过渡效果，将其拖曳至【茶叶展示01】序列文件的结尾处，如图14-26所示。

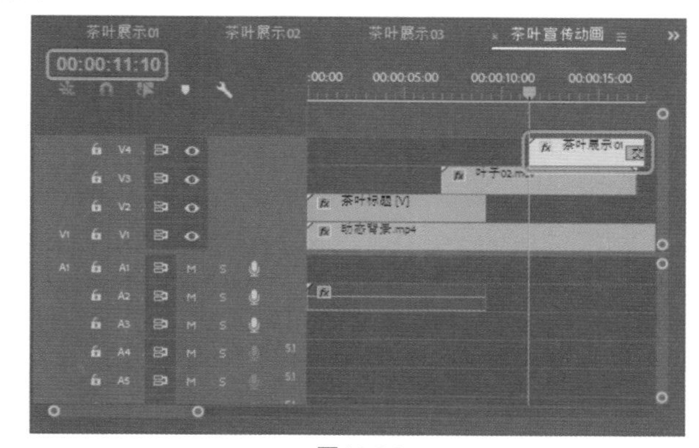

图14-26

Step 05 确认当前时间为00:00:11:10，选中V4视频轨道中的素材文件，在【效果控件】面板中将【位置】设置为960、544，单击【缩放】左侧的【切换动画】按钮，添加一个关键帧，如图14-27所示。

Step 06 将当前时间设置为00:00:16:14，在【效果控件】

面板中将【缩放】设置为104，如图14-28所示。

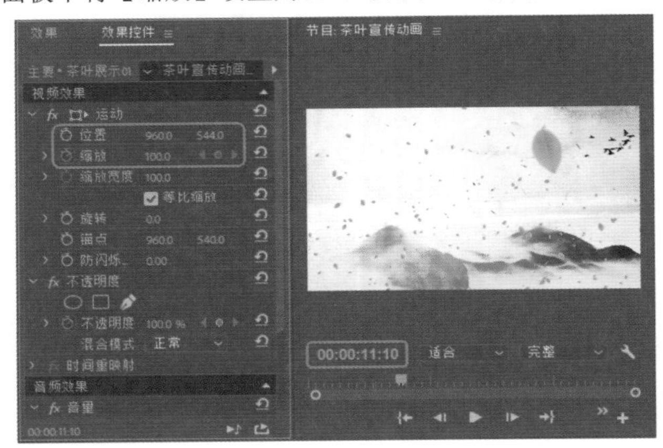

图14-27

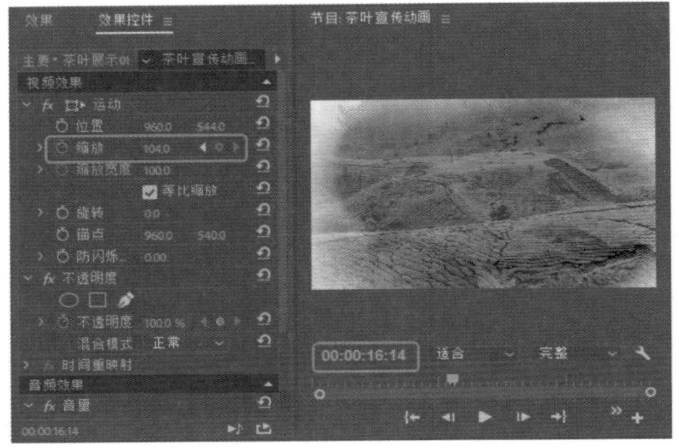

图14-28

Step 07 将当前时间设置为00:00:17:00，在【效果控件】面板中单击【不透明度】右侧的【添加/移除关键帧】按钮，添加一个关键帧，如图14-29所示。

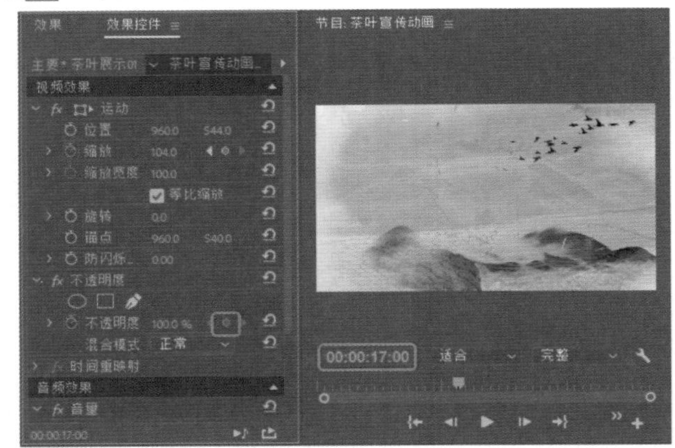

图14-29

Step 08 将当前时间设置为00:00:17:05，在【效果控件】面板中将【不透明度】设置为0%，如图14-30所示。

Step 09 将当前时间设置为00:00:15:20，在【项目】面板中将【叶子02.mov】素材文件拖曳至V4视频轨道的上方，自动创建V5视频轨道，将其开始处与时间线对齐，如图14-31所示。

图14-30

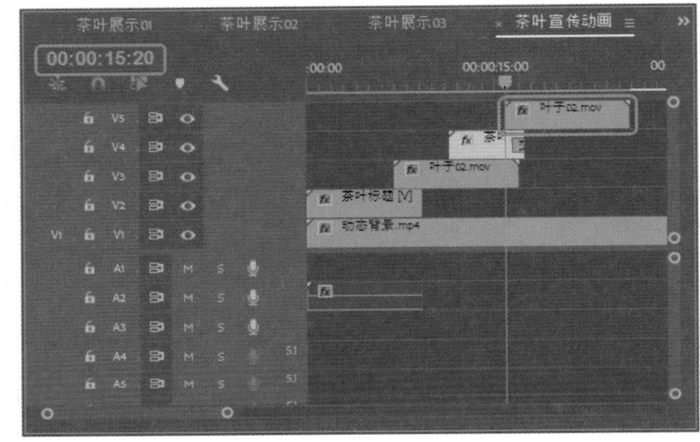

图14-31

Step 10 将当前时间设置为00:00:19:12，在【项目】面板中将【茶叶展示02】序列文件拖曳至V4视频轨道中，将其开始处与时间线对齐。在【效果】面板中搜索【交叉溶解】过渡效果，将其拖曳至【茶叶展示02】序列文件的结尾处，如图14-32所示。

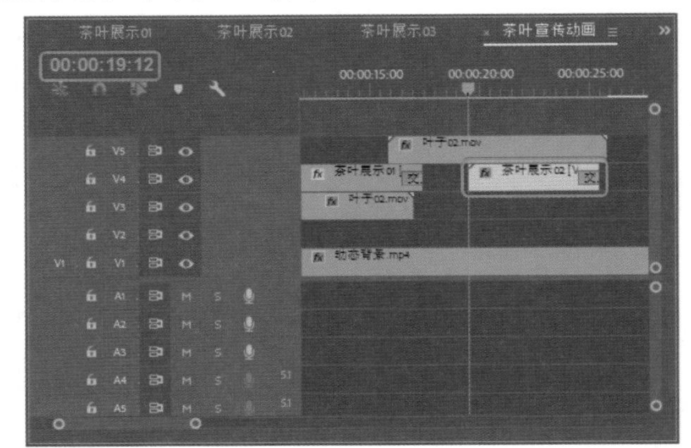

图14-32

Step 11 将当前时间设置为00:00:23:18，在【项目】面板中将【叶子02.mov】素材文件拖曳至V5视频轨道的上方，自动创建V6视频轨道，将其开始处与时间线对齐，如图14-33所示。

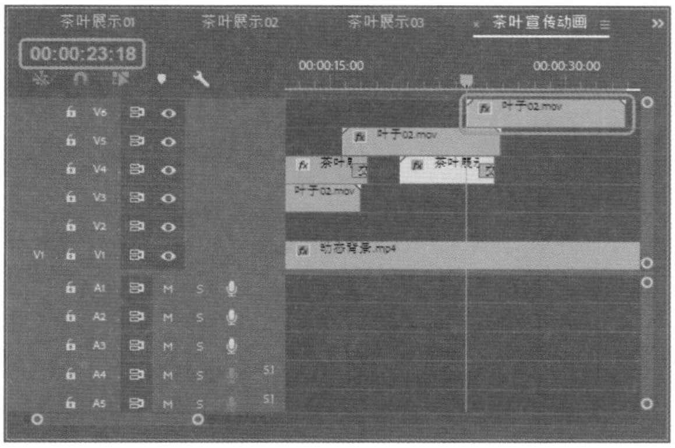

图14-33

Step 12 将当前时间设置为00:00:27:17，在【项目】面板中将【茶叶展示03】序列文件拖曳至V5视频轨道中，将其开始处与时间线对齐，如图14-34所示。

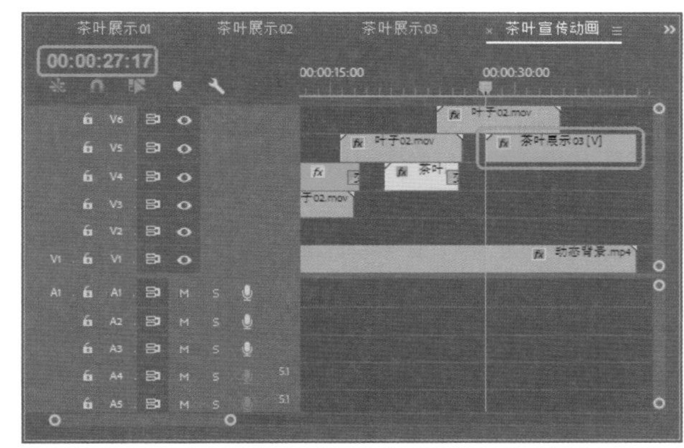

图14-34

实例180 添加背景音乐与转场音效

素材：
场景：茶叶宣传动画.prproj

将茶叶宣传动画制作完成后，需要添加背景音乐与转场音效进行完善，操作步骤如下。

Step 01 将当前时间设置为00:00:00:00，在【项目】面板中将【背景音乐.mp3】拖曳至A1音频轨道中，将其开始处与时间线对齐。将当前时间设置为00:00:01:05，选中添加的音频文件，使用【剃刀工具】在时间线位置单击鼠标，对选中的素材进行裁剪，如图14-35所示。

Step 02 将时间线左侧的音频文件删除。将当前时间设置为00:00:00:00，将音频文件的开始处与时间线对齐，如图14-36所示。

Step 03 再次选中该音频文件，将当前时间设置为00:00:40:00，使用【剃刀工具】在时间线位置处单击鼠标，对选中的音频文件进行裁剪，如图14-37所示。

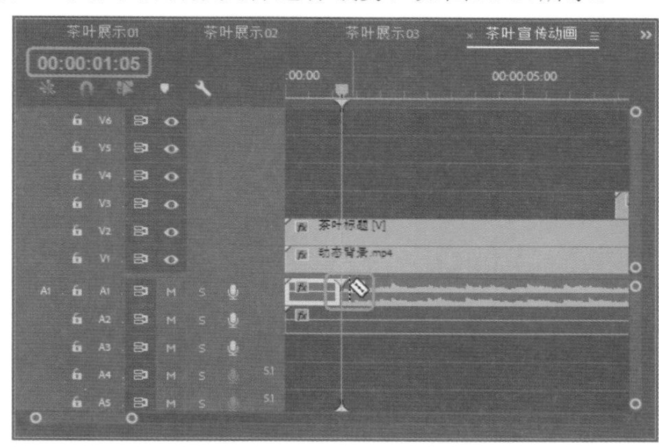

图14-35

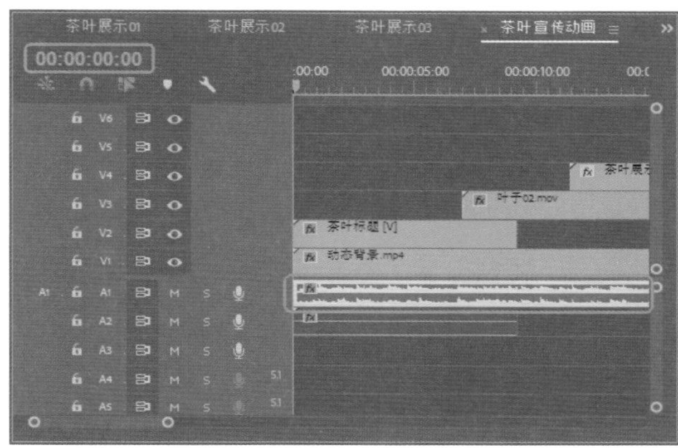

图14-36

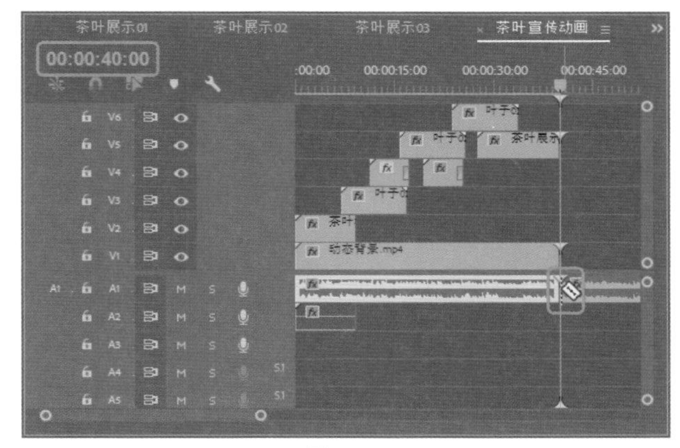

图14-37

Step 04 将时间线右侧的音频文件删除，将当前时间设置为00:00:36:04，选中时间线左侧的音频文件，在【效果控件】面板中单击【级别】右侧的【添加/移除关键帧】按钮，添加一个关键帧，如图14-38所示。

Step 05 将当前时间设置为00:00:39:24，在【效果控件】面板中将【级别】设置为-300dB，如图14-39所示。

Step 06 将当前时间设置为00:00:07:13，在【项目】面板中将【魔法音效.mp3】素材文件拖曳至A3音频轨道中，将其开始处与时间线对齐，图14-40所示。

图14-38

图14-39

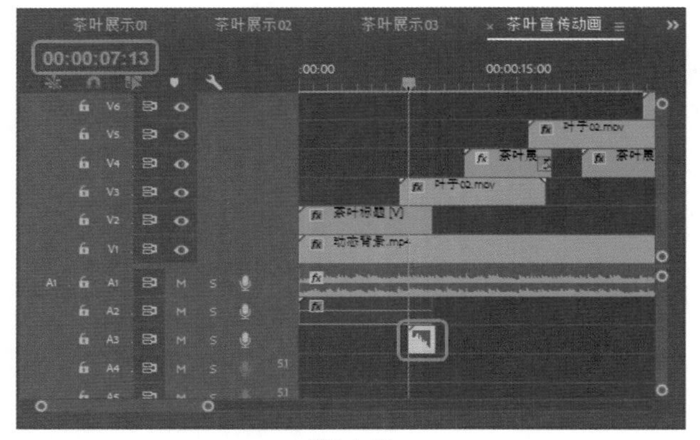

图14-40

Step 07 使用同样的方法在时间00:00:16:15、00:00:24:13位置处添加【魔法音效.mp3】素材文件，如图14-41所示。

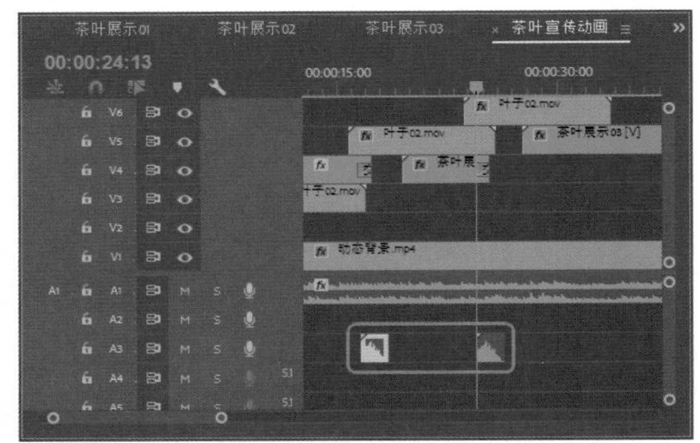

图14-41

Step 08 将当前时间设置为00:00:32:21，在【项目】面板中将【弹出音效.mp3】素材文件拖曳至A3音频轨道中，将其开始处与时间线对齐，如图14-42所示。

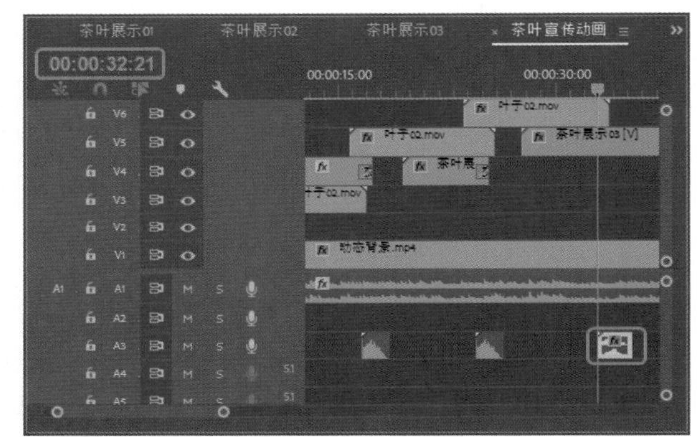

图14-42

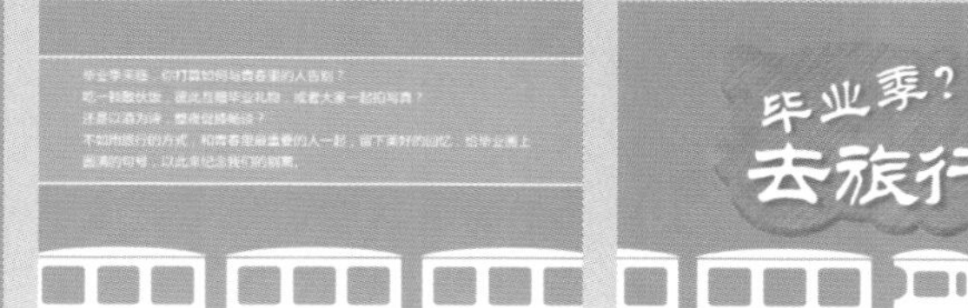

第15章 旅游宣传动画

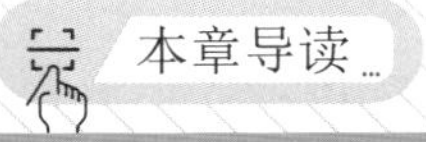

本章导读

旅游宣传动画是对一个旅游景点精要的展示和表现，通过一种视觉的传播路径，提高旅游景点的知名度和曝光率，以便更好地吸引投资者和增加旅游，彰显了旅游景点品质及个性，挖掘出具有景点特色的地域文化特征，增强景点吸引力。

实例181 制作开场动画

素材：
场景：旅游宣传动画.prproj

在制作旅游宣传片时，如果在一开始就展示旅游景点，会显得有些单调，因此，我们需要在展示旅游景点之前，制作一个简短的开场动画。本案例就来介绍一下开场动画的制作。

Step 01 新建一个【序列名称】为【开场动画】的标准48kHz序列，在【项目】面板中导入素材文件。确认当前时间为00:00:00:00，在【项目】面板中将【绿色背景.jpg】素材文件拖曳至V1视频轨道中，将其开始处与时间线对齐，然后在素材文件上单击鼠标右键，在弹出的快捷菜单中选择【速度/持续时间】命令，如图15-1所示。

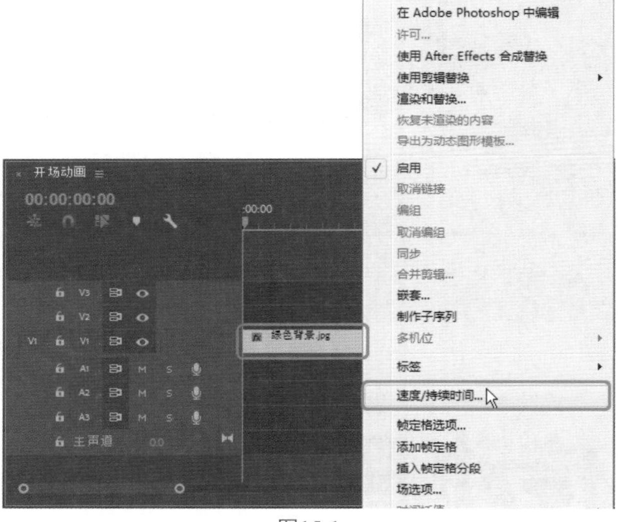

图15-1

Step 02 弹出【剪辑速度/持续时间】对话框，将【持续时间】设置为00:00:08:00，如图15-2所示。

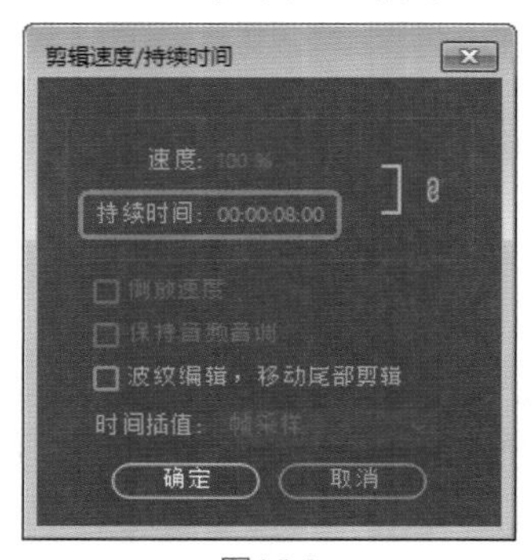

图15-2

Step 03 单击【确定】按钮，在菜单栏中选择【文件】|【新建】|【旧版标题】命令，在弹出的对话框中将【名称】设置为【直线】，单击【确定】按钮，在弹出的字幕编辑器中选择【直线工具】绘制直线，并选择绘制的直线，将【属性】下的【线宽】设置为6，将【填充】下的【颜色】设置为#FFFFFF，将【宽度】、【高度】分别设置为797、6，将【X位置】、【Y位置】设置为394、561，如图15-3所示。

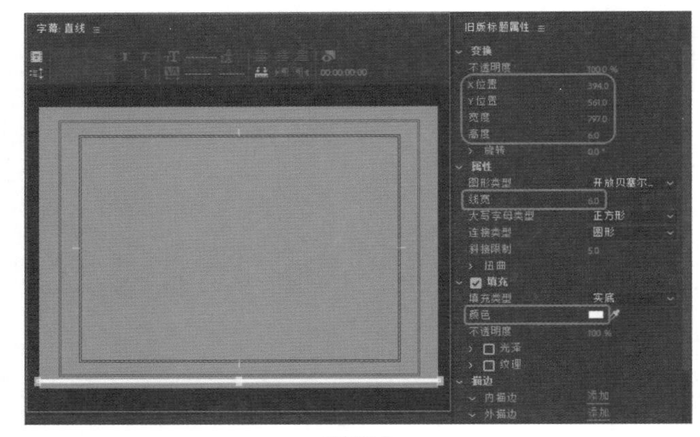

图15-3

Step 04 关闭字幕编辑器，确认当前时间为00:00:00:00，在【项目】面板中将【直线】字幕拖曳至V2视频轨道中，将其开始处与时间线对齐，将其结束处与V1视频轨道中【绿色背景.jpg】素材文件结束处对齐，如图15-4所示。

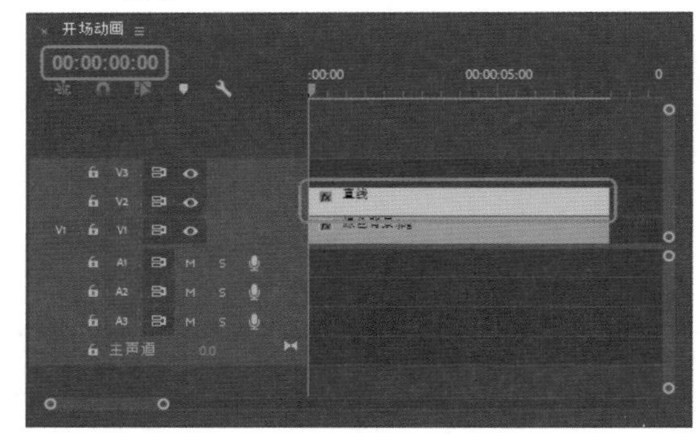

图15-4

Step 05 将当前时间设置为00:00:00:00，在【项目】面板中将【火车.png】素材文件拖曳至V3视频轨道中，将其开始处与时间线对齐，将其结束处与V2视频轨道中【直线】字幕结束处对齐。选中V3视频轨道中的【火车.png】素材文件，在【效果控件】面板中将【位置】设置为-899、457，并单击其左侧的【切换动画】按钮，如图15-5所示。

Step 06 将当前时间设置为00:00:01:12，在【效果控件】面板中将【位置】设置为-287、457，如图15-6所示。

Step 07 将当前时间设置为00:00:04:12，在【效果控件】面板中单击【位置】右侧的【添加/移除关键帧】按钮，即可添加一个关键帧，如图15-7所示。

图15-5

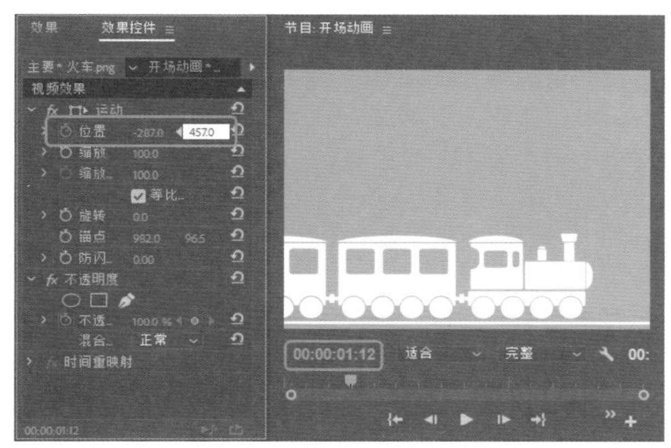

图15-6

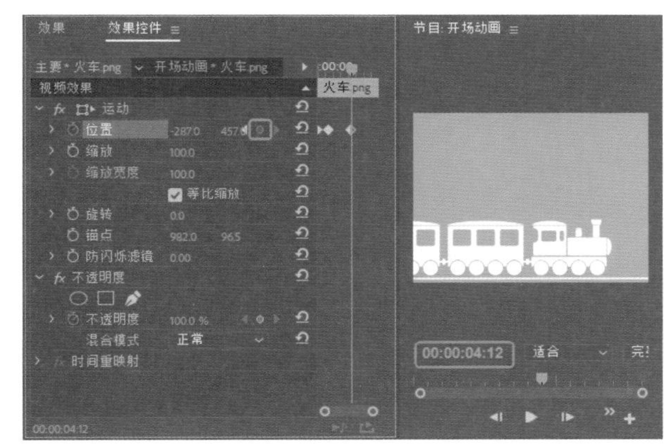

图15-7

Step 08 将当前时间设置为00:00:08:00，在【效果控件】面板中将【位置】设置为897、457，如图15-8所示。

Step 09 在菜单栏中选择【序列】|【添加轨道】命令，弹出【添加轨道】对话框，在该对话框中添加8条视频轨道，0条音频子混合轨道，如图15-9所示。

◎提示·◦

除了执行菜单命令外，用户还可以在【序列】面板的名称位置单击鼠标右键，在弹出的快捷菜单中选择【添加轨道】命令，这样也会弹出【添加轨道】对话框。

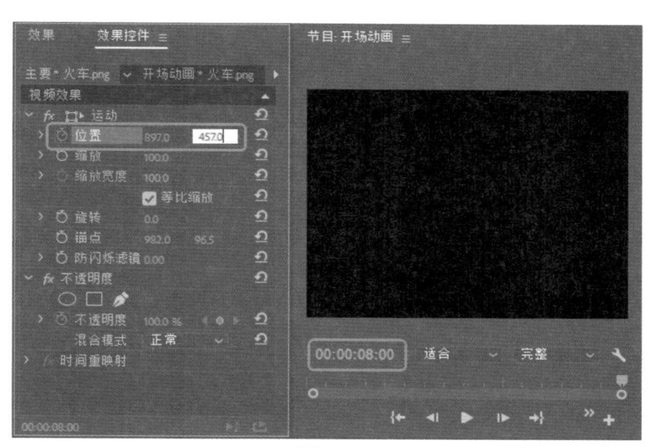

图15-8

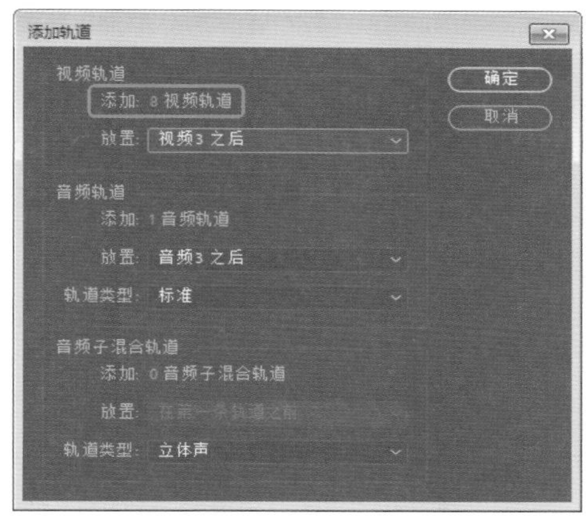

图15-9

Step 10 单击【确定】按钮，将当前时间设置为00:00:01:12，在【项目】面板中将【图片01.png】素材文件拖曳至V4视频轨道中，将其开始处与时间线对齐，并选择该素材文件，在【效果控件】面板中将【位置】设置为360、201，如图15-10所示。

图15-10

Step 11 在【效果】面板中搜索【线性擦除】视频效果，将其拖曳至【图片01.png】素材文件上，然后在【效果控件】面板中将【过渡完成】设置为100%，单击左侧的【切换动画】按钮，将【擦除角度】设置为170°，如

图15-11所示。

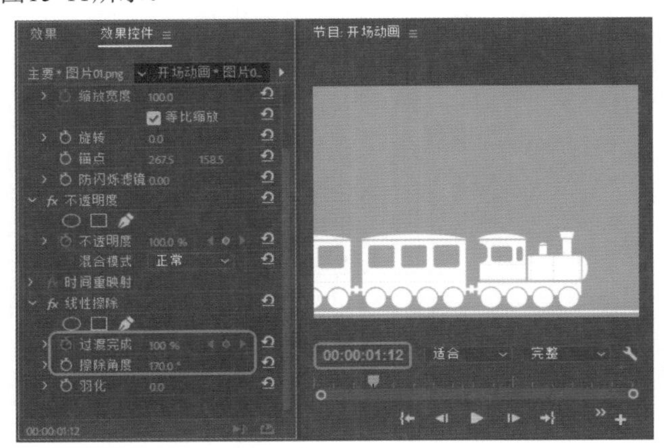

图15-11

Step 12 将当前时间设置为00:00:02:00，在【效果控件】面板中将【过渡完成】设置为0，如图15-12所示。

图15-12

Step 13 确认【图片01.png】素材文件处于选择状态，将当前时间设置为00:00:04:12，在【效果控件】面板中单击【位置】左侧的【切换动画】按钮，即可添加一个关键帧，如图15-13所示。

图15-13

Step 14 将当前时间设置为00:00:05:19，在【效果控件】面板中将【位置】设置为974、201，如图15-14所示。

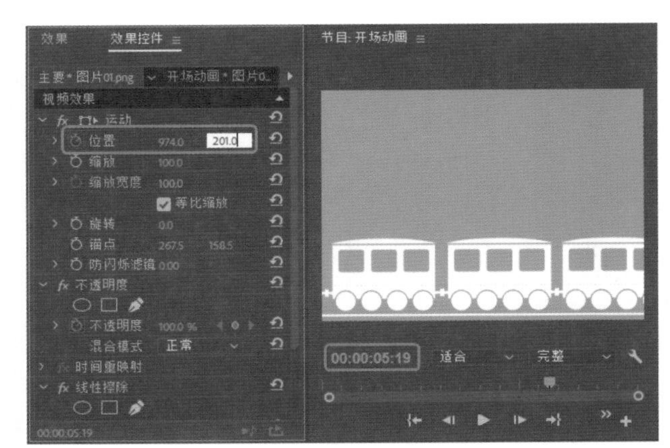

图15-14

Step 15 在菜单栏中选择【文件】|【新建】|【旧版标题】命令，在弹出的对话框中将【名称】设置为【毕业季】，单击【确定】按钮，在弹出的字幕编辑器中选择【文字工具】T输入文字。选中输入的文字，将【字体系列】设置为【华文隶书】，将【字体大小】设置为80，将【填充】下的【颜色】设置为白色；勾选【阴影】复选框，将【颜色】设置为#005A41，将【不透明度】、【角度】、【距离】、【大小】、【扩展】分别设置为47%、135°、8、0、30，将【变换】下的【旋转】设置为348°，将【X位置】、【Y位置】分别设置为370、143，如图15-15所示。

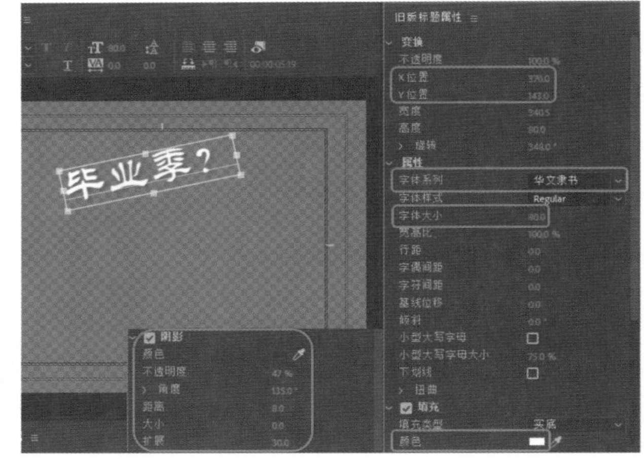

图15-15

Step 16 在字幕编辑器中单击【基于当前字幕新建字幕】按钮，弹出【新建字幕】对话框，将【名称】设置为【去】，单击【确定】按钮，返回到字幕编辑器中，然后将文字【毕业季？】更改为【去】。选中修改后的文字，将【字体大小】设置为130，将【旋转】设置为0，将【X位置】、【Y位置】分别设置为320、301，将【阴影】下的【距离】设置为13，如图15-16所示。

Step 17 再次单击【基于当前字幕新建字幕】按钮，弹出【新建字幕】对话框，将【名称】设置为【旅】，单击【确定】按钮，返回到字幕编辑器中，然后将文字

【去】更改为【旅】，并调整其位置，效果如图15-17所示。

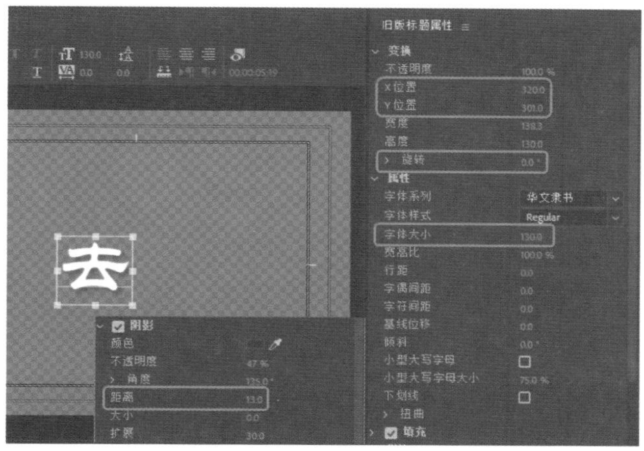

图15-16

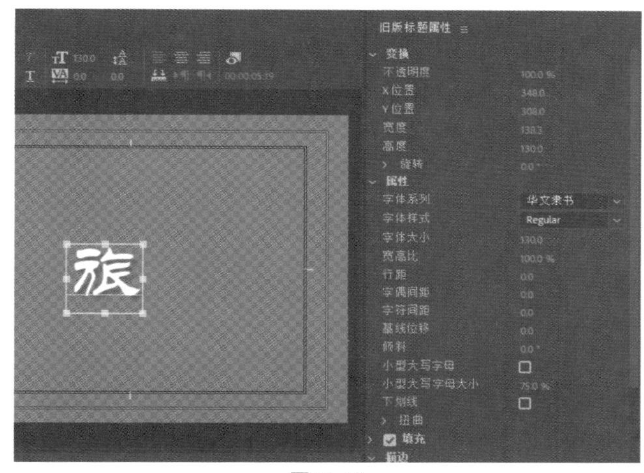

图15-17

Step 18 使用同样的方法，基于当前字幕新建【行】和【！】字幕，效果如图15-18所示。

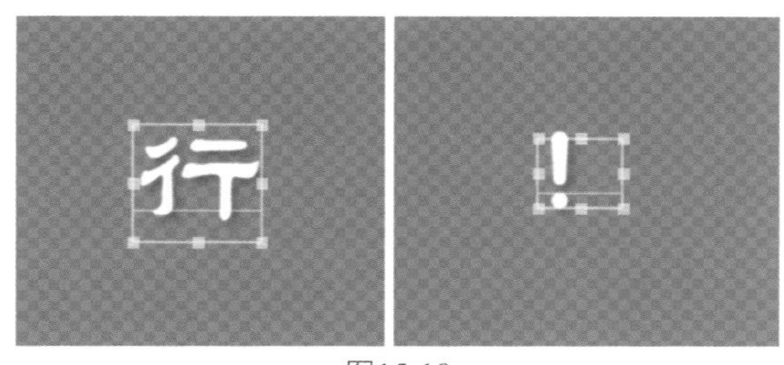

图15-18

Step 19 在菜单栏中选择【文件】|【新建】|【旧版标题】命令，在弹出的对话框中将【名称】设置为【透明矩形】，单击【确定】按钮，在弹出的字幕编辑器中选择【矩形工具】绘制矩形。选择绘制的矩形，将【填充】下的【颜色】设置为白色，将【不透明度】设置为15%；单击【外描边】右侧的【添加】按钮，添加一个外描边，将【大小】设置为3，将【颜色】设置为白色；将【宽度】、【高度】分别设置为792、185，将【X位置】、【Y位置】分别设置为394、179，如图15-19所示。

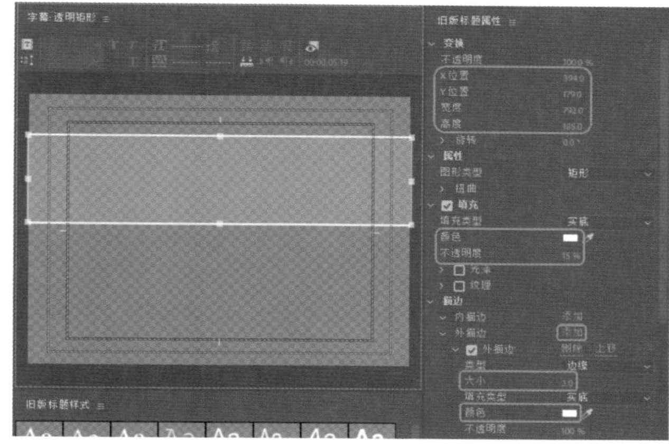

图15-19

Step 20 新建一个【开场宣传语】字幕，在弹出的字幕编辑器中选择【区域文字工具】，绘制文本框并输入文字。然后选择文本框，将【字体系列】设置为【微软雅黑】，将【字体大小】设置为20，将【行距】设置为12，将【填充】下的【颜色】设置为白色，将【变换】下的【宽度】、【高度】分别设置为666、225，将【X位置】、【Y位置】分别设置为396、216，如图15-20所示。

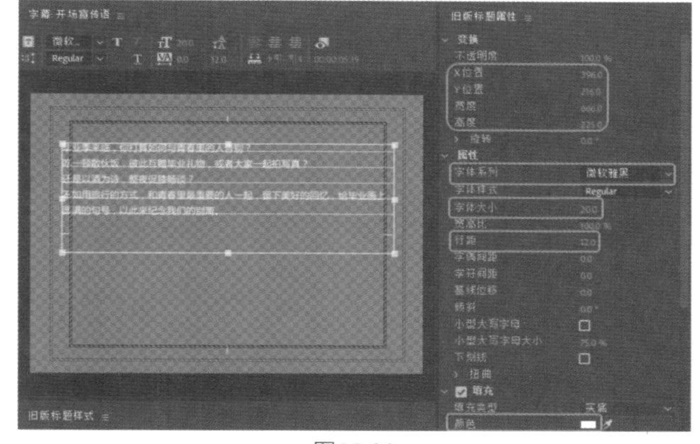

图15-20

Step 21 关闭字幕编辑器，将当前时间设置为00:00:02:00，在【项目】面板中将【毕业季】字幕拖曳至V5视频轨道中，将其开始处与时间线对齐。选中V5视频轨道中的【毕业季】字幕，在【效果控件】面板中将【位置】设置为360、51，然后单击【位置】和【旋转】左侧的【切换动画】按钮，如图15-21所示。

Step 22 将当前时间设置为00:00:03:00，在【效果控件】面板中将【位置】设置为360、288，将【旋转】设置为360，如图15-22所示。

Step 23 将当前时间设置为00:00:04:12，在【效果控件】面板中单击【位置】右侧的【添加/移除关键帧】按钮，即可添加一个关键帧，如图15-23所示。

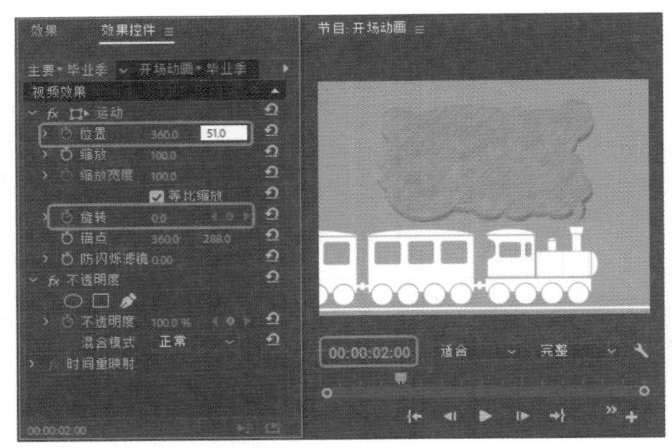

图15-21

图15-22

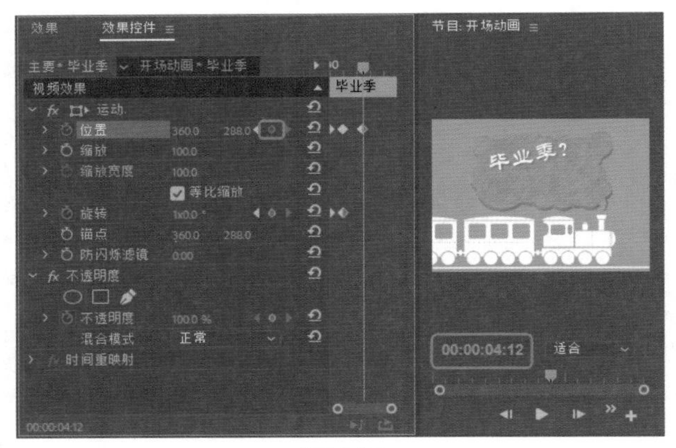

图15-23

Step 24 将当前时间设置为00:00:05:19，在【效果控件】面板中将【位置】设置为969、288，如图15-24所示。

Step 25 将当前时间设置为00:00:03:00，在【项目】面板中将【去】字幕拖曳至V6视频轨道中，将其开始处与时间线对齐。然后选择该字幕，在【效果控件】面板中将【位置】设置为295、250，将【缩放】设置为200，并单击左侧的【切换动画】按钮，将【不透明度】设置为0%，如图15-25所示。

Step 26 将当前时间设置为00:00:03:12，在【效果控件】面板中将【缩放】设置为100，将【不透明度】设置为100%，如图15-26所示。

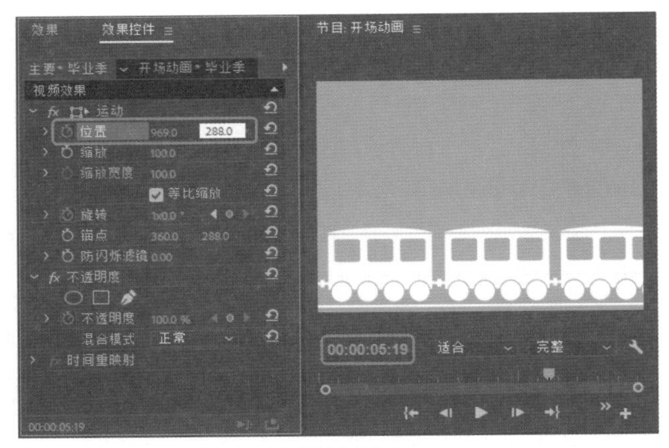

图15-24

图15-25

图15-26

Step 27 将当前时间设置为00:00:04:12，在【效果控件】面板中单击【位置】左侧的【切换动画】按钮，添加一个关键帧，如图15-27所示。

Step 28 将当前时间设置为00:00:05:19，在【效果控件】面板中将【位置】设置为909、250，如图15-28所示。

Step 29 使用同样的方法，在其他视频轨道中添加字幕并设置动画，效果如图15-29所示。

Step 30 将当前时间设置为00:00:05:19，在【项目】面板中将【透明矩形】字幕拖曳至V10视频轨道中，将其开始处与时间线对齐，将其结束处与V9视频轨道中【！】

字幕结束处对齐，如图15-30所示。

图15-27

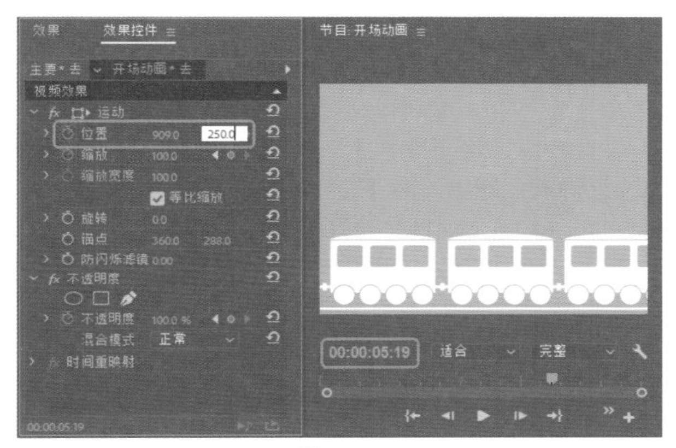

图15-28

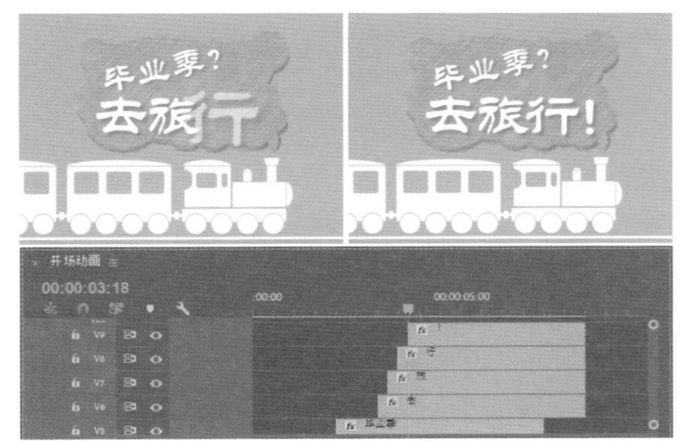

图15-29

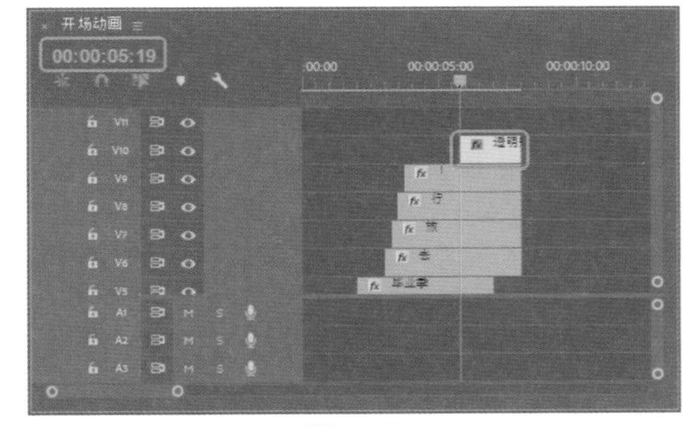

图15-30

Step 31 在【效果】面板中搜索【百叶窗】过渡效果，并将其拖曳至【透明矩形】字幕的开始处。选中添加的【百叶窗】过渡效果，在【效果控件】面板中单击【自西向东】按钮，如图15-31所示。

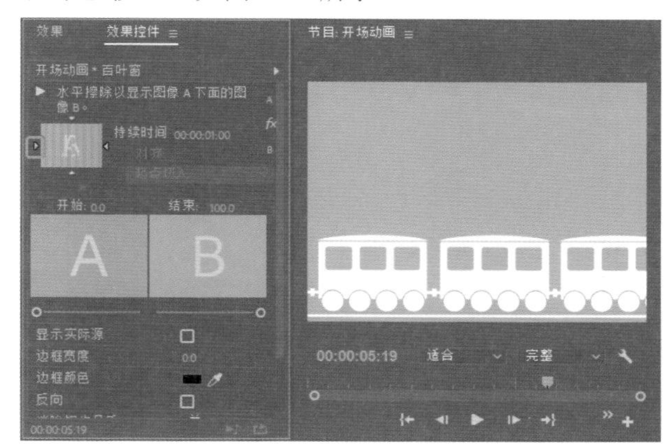

图15-31

Step 32 将当前时间设置为00:00:07:00，在【项目】面板中将【开场宣传语】字幕拖曳至V11视频轨道中，将其开始处与时间线对齐，将其结束处与V10视频轨道中【透明矩形】结束处对齐，如图15-32所示。

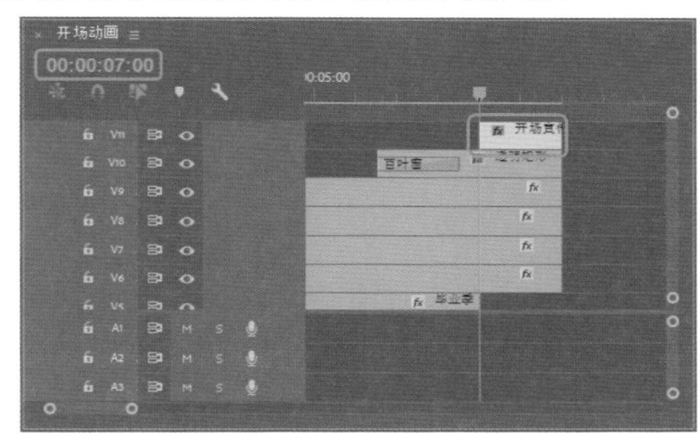

图15-32

实例 182 制作武汉景点欣赏动画

素材：

场景：旅游宣传动画.prproj

武汉地处江汉平原东部、长江中游，长江及其最大支流汉江在城中交汇，形成武汉三镇隔江鼎立的格局，市内江河纵横、湖港交织，水域面积占全市总面积四分之一。下面将介绍如何制作武汉景点欣赏动画。

Step 01 新建一个【序列名称】为【武汉景点欣赏】的标准48kHz序列，在菜单栏中选择【序列】|【添加轨道】命令，弹出【添加轨道】对话框，在该对话框中添加11条视频轨道，0条音频子混合轨道，如图15-33所示。

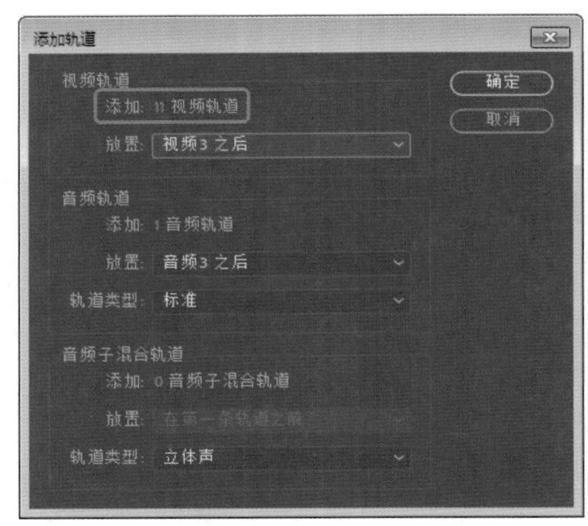

图15-33

Step 02 单击【确定】按钮，确认当前时间为00:00:00:00，在【项目】面板中将【武汉景点01.jpg】素材文件拖曳至V1视频轨道中，将其开始处与时间线对齐，将其【持续时间】设置为00:00:17:00，如图15-34所示。

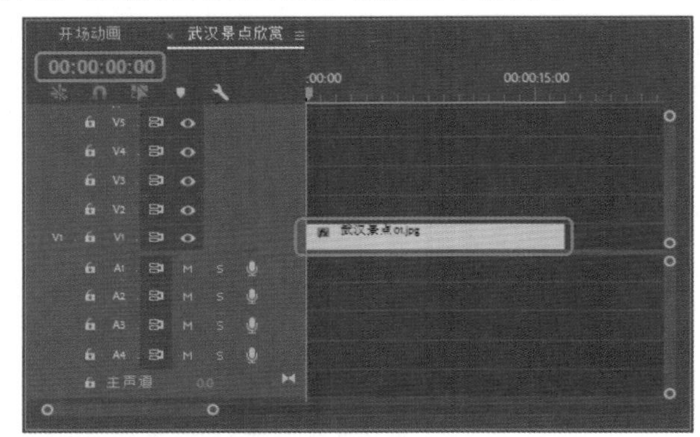

图15-34

Step 03 选中V1视频轨道中的素材文件，在【效果控件】面板中单击【缩放】左侧的【切换动画】按钮，添加一个关键帧，如图15-35所示。

图15-35

Step 04 将当前时间设置为00:00:01:00，在【效果控件】面板中将【缩放】设置为40，如图15-36所示。

图15-36

Step 05 新建一个名称为【矩形1】的字幕，在字幕编辑器中选择【矩形工具】绘制矩形。选择矩形，将【填充】下的【不透明度】设置为0%，单击【外描边】右侧的【添加】按钮，将【大小】设置为3，将【颜色】设置为#FC7215，将【变换】下的【宽度】、【高度】分别设置为345、237，将【X位置】、【Y位置】分别设置为207、159.5，如图15-37所示。

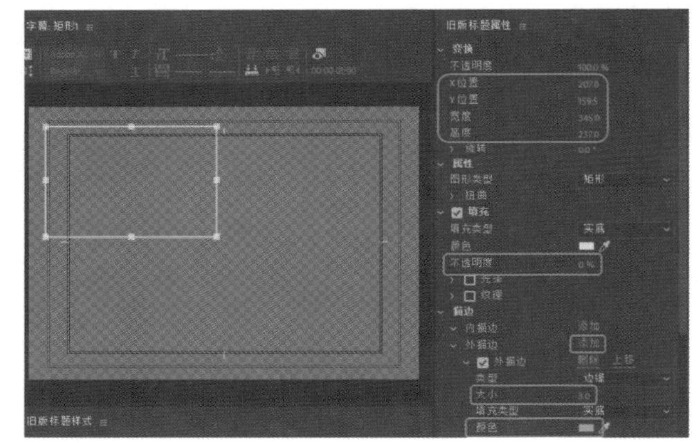

图15-37

提示

在实际操作过程中，如果在字幕编辑器中创建了某一对象，如矩形，应将矩形的【宽度】和【高度】都设置完成后，再设置其【X位置】和【Y位置】；如果先设置【X位置】和【Y位置】，再设置其【宽度】和【高度】，这样会因为对象大小的变化，其位置也随之发生变化。

Step 06 在字幕编辑器中单击【基于当前字幕新建字幕】按钮，弹出【新建字幕】对话框，将【名称】设置为【矩形2】，单击【确定】按钮，返回到字幕编辑器中。选择矩形，将【外描边】下的【颜色】设置为#FFF600，将【变换】下的【X位置】、【Y位置】分别设置为207、418，如图15-38所示。

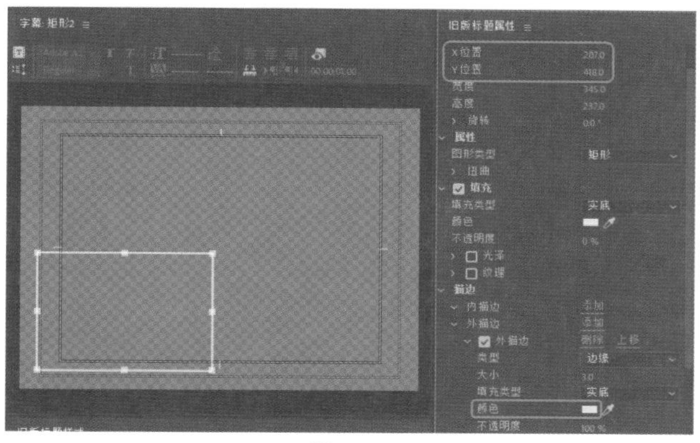
图15-38

Step 07 在字幕编辑器中单击【基于当前字幕新建字幕】按钮，弹出【新建字幕】对话框，将【名称】设置为【矩形3】，单击【确定】按钮，返回到字幕编辑器中，选择矩形，将【外描边】下的【颜色】设置为#01B4FF，将【变换】下的【X位置】、【Y位置】分别设置为579、159.5，如图15-39所示。

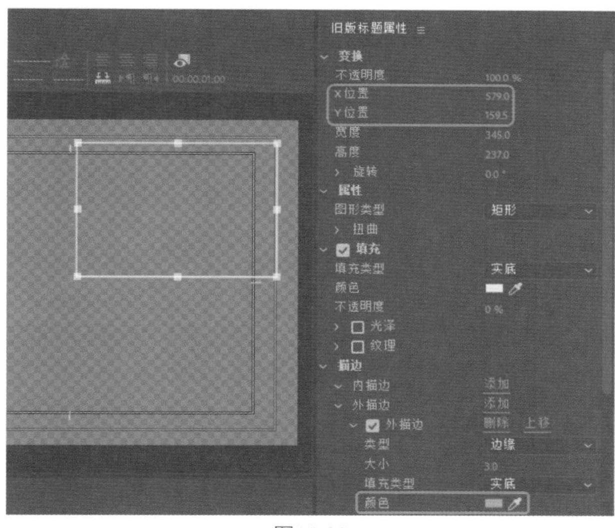
图15-39

Step 08 在字幕编辑器中单击【基于当前字幕新建字幕】按钮，弹出【新建字幕】对话框，将【名称】设置为【矩形4】，单击【确定】按钮，返回到字幕编辑器中，选择矩形，将【外描边】下的【颜色】设置为#DAFF6A，将【变换】下的【X位置】、【Y位置】分别设置为579、418，如图15-40所示。

Step 09 设置完成后，关闭字幕编辑器。将当前时间设置为00:00:02:00，在【项目】面板中将【武汉景点02.jpg】素材文件拖曳至V2视频轨道上，将其开始处与时间线对齐，将其结束处与V1视频轨道中【武汉景点01.jpg】素材文件结束处对齐，如图15-41所示。

Step 10 确认当前时间为00:00:02:00，选中V2视频轨道中的素材文件，在【效果控件】面板中将【位置】设置为198、169，将【缩放】设置为0，并单击【缩放】和【旋转】左侧的【切换动画】按钮，如图15-42所示。

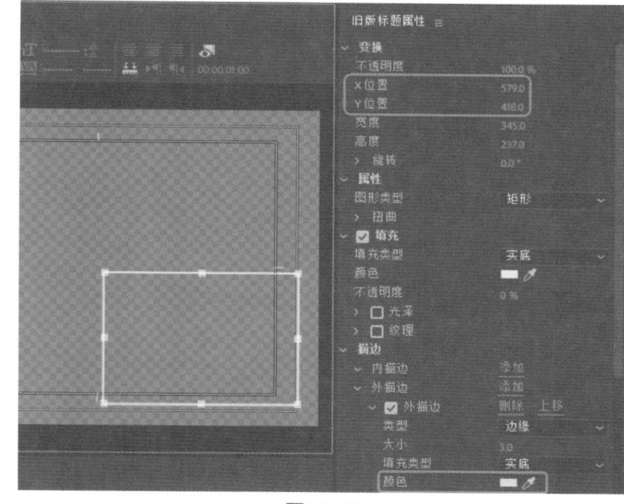
图15-40

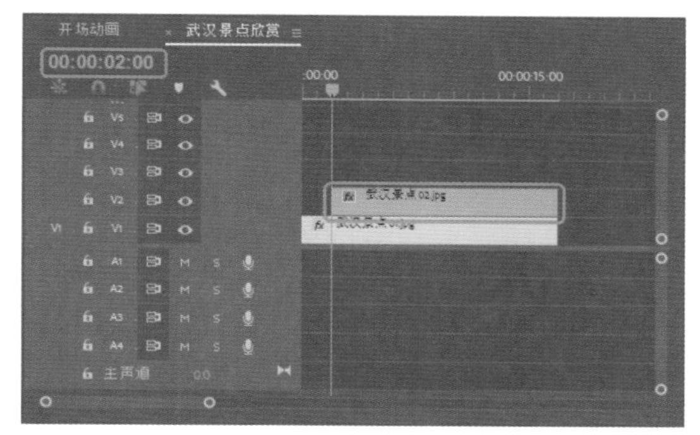
图15-41

图15-42

Step 11 将当前时间设置为00:00:03:00，在【效果控件】面板中将【缩放】设置为15，将【旋转】设置为360°，如图15-43所示。

Step 12 确认当前时间为00:00:03:00，在【项目】面板中将【矩形1】字幕拖曳至V3视频轨道上，将其开始处与时间线对齐，将其结束处与V2视频轨道中【武汉景点02.jpg】素材文件结束处对齐，如图15-44所示。

图15-43

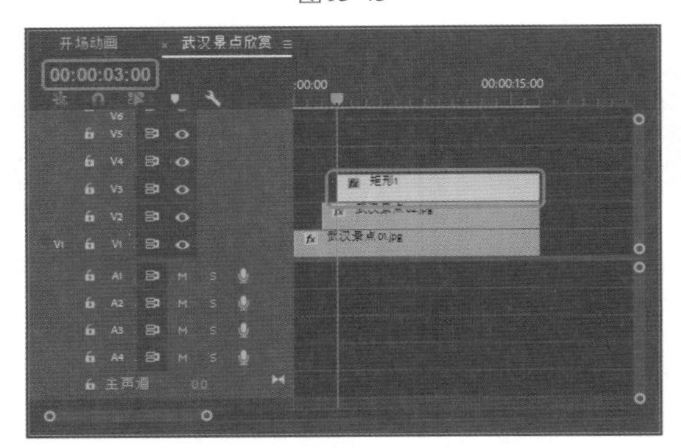
图15-44

Step 13 确认当前时间为00:00:03:00，选中V3视频轨道中的素材文件，在【效果控件】面板中将【位置】设置为360、8，并单击左侧的【切换动画】按钮，如图15-45所示。

图15-45

Step 14 将当前时间设置为00:00:04:00，将【位置】设置为360、288，如图15-46所示。

Step 15 确认当前时间为00:00:04:00，在【项目】面板中将【武汉景点03.jpg】素材文件拖曳至V4视频上，将其开始处与时间线对齐，将其结束处与V3视频轨道中【矩形1】字幕结束处对齐，然后在【效果控件】面板中将【位置】设置为873、407，并单击左侧的【切换动画】按钮，将【缩放】设置为15，如图15-47所示。

图15-46

图15-47

Step 16 将当前时间设置为00:00:05:00，在【效果控件】面板中将【位置】设置为198、407，如图15-48所示。

图15-48

Step 17 确认当前时间为00:00:05:00，在【项目】面板中将【矩形2】字幕拖曳至V5视频轨道上，将其开始处与时间线对齐，将其结束处与V4视频轨道中【武汉景点03.jpg】素材文件结束处对齐，在【效果控件】面板中将【位置】设置为5、525，并单击左侧的【切换动画】按钮，如图15-49所示。

Step 18 将当前时间设置为00:00:06:00，将【位置】设置为360、288，如图15-50所示。

图15-49

图15-50

Step 19 确认当前时间为00:00:06:00，在【项目】面板中将【矩形3】字幕拖曳至V7视频轨道上，将其开始处与时间线对齐，将其结束处与V5视频轨道中【矩形2】字幕结束处对齐，如图15-51所示。

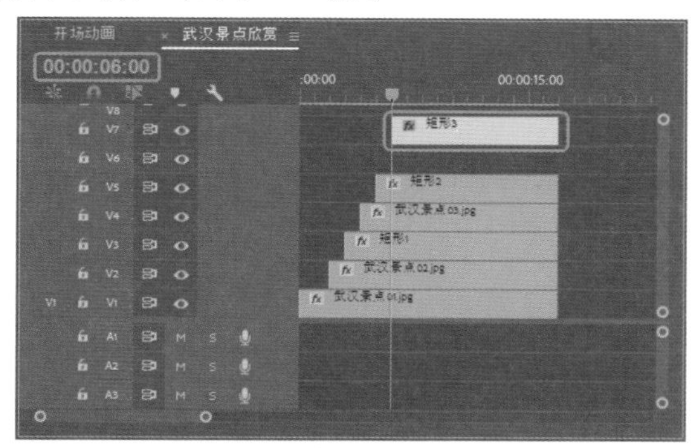

图15-51

Step 20 选中V7视频轨道中的【矩形3】字幕，在【效果控件】面板中将【位置】设置为360、7，并单击左侧的【切换动画】按钮，如图15-52所示。

Step 21 将当前时间设置为00:00:07:00，将【位置】设置为360、288，如图15-53所示。

Step 22 将当前时间设置为00:00:08:00，在【项目】面板中将【武汉景点04.jpg】素材文件拖曳至V6视频轨道上，将其开始处与时间线对齐，并将其结束处与V5视频轨道中【矩形2】字幕结束处对齐，选中该素材文件，在【效果控件】面板中将【位置】设置为521、-108，并单击其左侧的【切换动画】按钮，将【缩放】设置为15，如图15-54所示。

图15-52

图15-53

图15-54

Step 23 将当前时间设置为00:00:09:00，将【位置】设置为521、169，如图15-55所示。

Step 24 将当前时间设置为00:00:06:12，在【项目】面板中将【矩形4】字幕拖曳至V9视频轨道上，将其开始处与时间线对齐，将其结束处与V7视频轨道中【矩形3】字幕结束处对齐，然后在【效果控件】面板中将【位置】设置为360、-250，并单击左侧的【切换动画】按钮，如图15-56所示。

图15-55

图15-56

Step 25 将当前时间设置为00:00:08:00，在【效果控件】面板中将【位置】设置为360、288，如图15-57所示。

图15-57

Step 26 将当前时间设置为00:00:08:12，在【项目】面板中将【武汉景点05.jpg】素材文件拖曳至V8视频轨道上，将其开始处与时间线对齐，并将其结束处与V7视频轨道中【矩形3】字幕结束处对齐，选中该素材文件，然后在【效果控件】面板中将【位置】设置为521、-115，单击其左侧的【切换动画】按钮，将【缩放】设置为15，如图15-58所示。

图15-58

Step 27 将当前时间设置为00:00:10:00，在【效果控件】面板中将【位置】设置为521、407，如图15-59所示。

图15-59

Step 28 将当前时间设置为00:00:10:12，在【项目】面板中将【武汉景点06.jpg】素材文件拖曳至V10视频轨道上，将其开始处与时间线对齐，将其结束处与V9视频轨道中【矩形4】字幕结束处对齐，如图15-60所示。

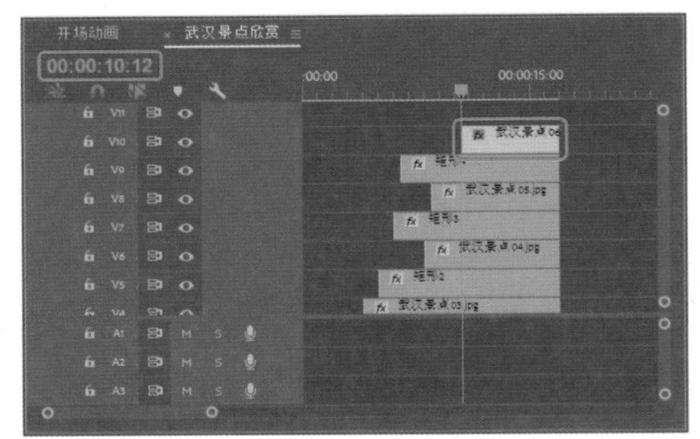
图15-60

Step 29 确认当前时间设置为00:00:10:12，选中V10视频轨道中的素材文件，在【效果控件】面板中将【缩放】设置为0，并单击其左侧的【切换动画】按钮，将【不透明度】设置为0%，如图15-61所示。

图15-61

Step 30 将当前时间设置为00:00:11:12，在【效果控件】面板中将【缩放】设置为40，将【不透明度】设置为100%，如图15-62所示。

图15-62

实例183 为武汉景点添加字幕

● 素材：

● 场景：旅游宣传动画.prproj

如果只有景点欣赏动画，而没有文字内容的话，会显得有些单调。而且，对景区不熟悉的人们，若没有文件介绍，则根本不会知道这是什么景点，因此，添加文字内容非常重要。本案例将介绍为武汉景点添加字幕的方法。

Step 01 新建一个【名称】为【武汉宣传语】的字幕，在字幕编辑器中选择【区域文字工具】，绘制文本框并输入文字。然后选择文本框，将【属性】下的【字体系列】设置为【微软雅黑】，将【字体大小】设置为20，将【行距】设置为16，将【填充】下的【颜色】设置为#261F00，将【变换】下的【宽度】、【高度】分别设置为617、166，将【X位置】、【Y位置】分别设置为399、444，单击【居中对齐】按钮，如图15-63所示。

图15-63

Step 02 在【项目】面板中双击【透明矩形】字幕，即可弹出字幕编辑器，然后单击【基于当前字幕新建字幕】按钮，弹出【新建字幕】对话框，将【名称】设置为【透明矩形2】，单击【确定】按钮。返回到字幕编辑器中，选择透明矩形，将【填充】下的【不透明度】设置为53%，将【外描边】下的【颜色】设置为#FFD800，将【变换】下的【宽度】、【高度】分别设置为821、252，将【X位置】、【Y位置】分别设置为403、441，如图15-64所示。

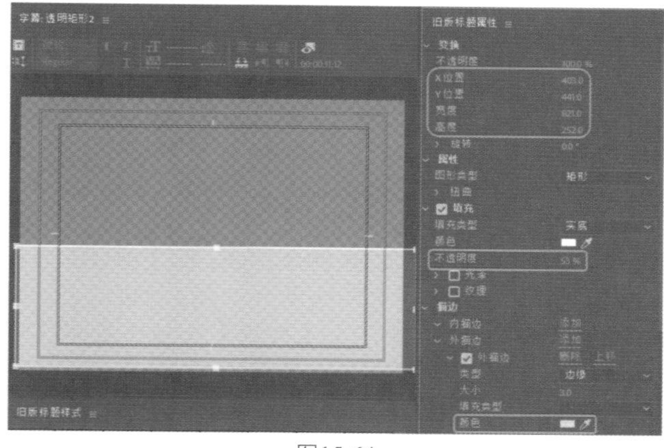

图15-64

Step 03 设置完成后，关闭字幕编辑器，将当前时间设置为00:00:12:00，在【项目】面板中将【武汉.png】素材文件拖曳至V11视频轨道上，将其开始处与时间线对齐，在【效果】面板中搜索【交叉缩放】过渡效果，并将其拖曳至【武汉.png】素材文件的开始处，如图15-65所示。

Step 04 选中V11视频轨道中的素材文件，在【效果】面板中搜索【投影】视频效果并双击，为选中的素材文件添加该效果，在【效果控件】面板中将【位置】设置为600、185，将【缩放】设置为17，将【不透明度】下的【混合模式】设置为【叠加】，将【投影】下的【阴影颜色】设置为#004379，将【不透明度】、【方向】、

【距离】、【柔和度】分别设置为50%、135°、47、0，勾选【仅阴影】复选框，如图15-66所示。

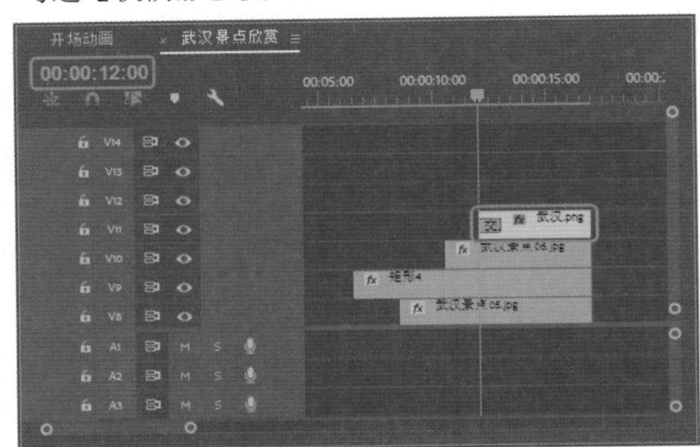

图15-65

图15-66

Step 05 将当前时间设置为00:00:12:00，在【项目】面板中将【武汉.png】素材文件拖曳至V12视频轨道上，将其开始处与时间线对齐，在【效果】面板中搜索【交叉缩放】过渡效果，并将其拖曳至V12视频轨道中【武汉.png】素材文件的开始处，如图15-67所示。

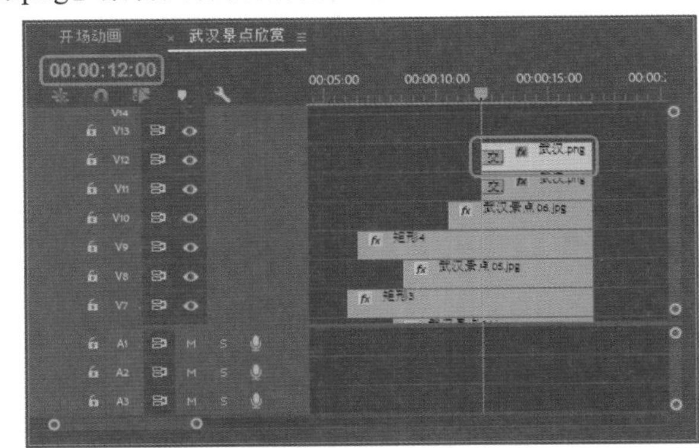

图15-67

Step 06 选中V12视频轨道中的素材文件，在【效果控件】面板中将【位置】设置为600、185，将【缩放】设置为17，如图15-68所示。

图15-68

Step 07 将当前时间设置为00:00:13:12，在【项目】面板中将【透明矩形2】拖曳至V13视频轨道上，将其开始处与时间线对齐，将其持续时间设置为00:00:03:13，在【效果】面板中搜索【百叶窗】过渡效果，并将其拖曳至V13视频轨道中【透明矩形2】的开始处，如图15-69所示。

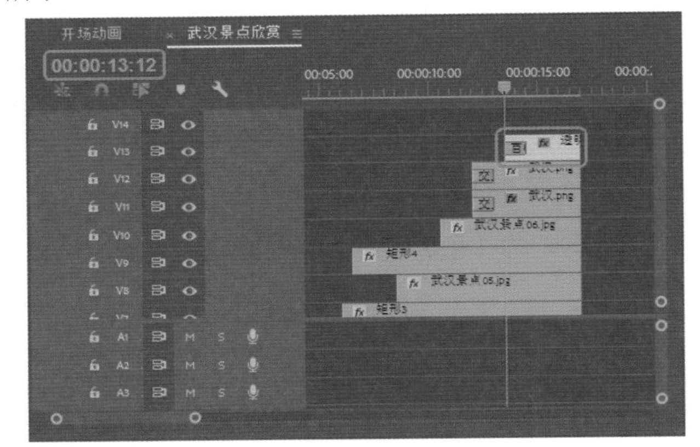

图15-69

Step 08 选中【透明矩形2】开始处的过渡效果，在【效果控件】面板中单击【自西向东】按钮，如图15-70所示。

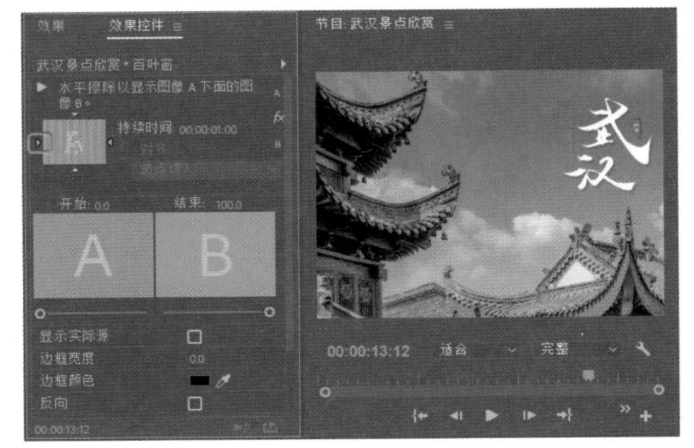

图15-70

Step 09 将当前时间设置为00:00:15:00，在【项目】面板中将【武汉宣传语】字幕拖曳至V14视频轨道上，将其开始处与时间线对齐，将其持续时间设置为00:00:02:00，在【效果】面板中搜索【滑动】过渡效果，并将其拖曳至V14视频轨道中【武汉宣传语】的开始处，效果如图15-71所示。

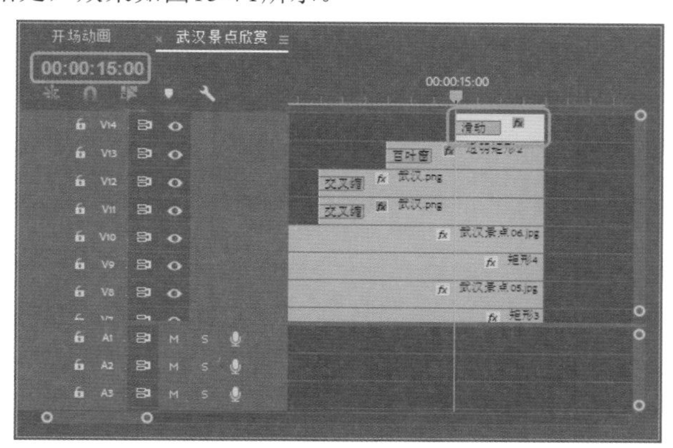

图15-71

在制作云南景点欣赏动画时，不仅需要构思景点欣赏的动画效果，还需要考虑怎样在动画中将景点完美地展示出来。

Step 01 新建一个【序列名称】为【云南景点欣赏】的标准4kHz序列，在菜单栏中选择【序列】|【添加轨道】命令，弹出【添加轨道】对话框，在该对话框中添加6条视频轨道，0条音频轨道，单击【确定】按钮，即可添加6条视频轨道。确认当前时间为00:00:00:00，在【项目】面板中将【云南景点01.jpg】素材文件拖曳至V1视频轨道上，将其开始处与时间线对齐，如图15-72所示。

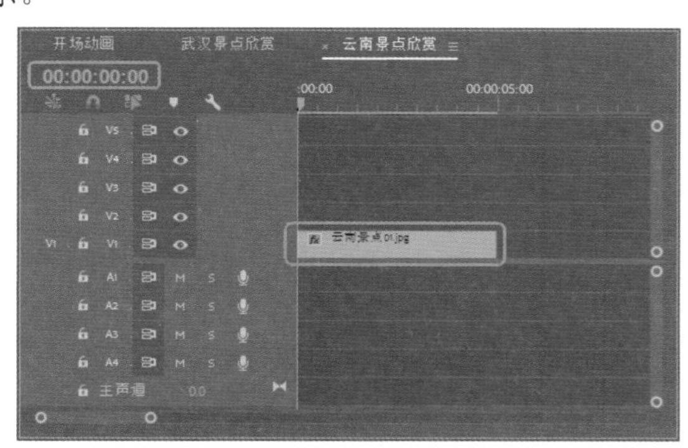

图15-72

Step 02 选中V1视频轨道中的素材文件，在【效果控件】面板中将【缩放】设置为68，如图15-73所示。

图15-73

Step 03 在【效果】面板中搜索【色彩】视频效果，将其拖曳至V1视频轨道中【云南景点01.jpg】素材文件上，为素材文件添加该效果，然后在【效果控件】面板中单击【着色量】左侧的【切换动画】按钮，添加一个关键帧，如图15-74所示。

图15-74

◎提示·◦

【色彩】：该特效可以修改对象的颜色信息，通过设置【颜色块】，将黑色或白色映射到设置的颜色块上。

Step 04 将当前时间设置为00:00:01:12，在【效果控件】面板中将【着色量】设置为0%，如图15-75所示。

Step 05 将当前时间设置为00:00:00:00，在【项目】面板中将【云南景点01.jpg】素材文件拖曳至V2视频轨道上，将其开始处与时间线对齐，如图15-76所示。

Step 06 在【效果】面板中搜索【裁剪】视频效果，并将其添加至V2视频轨道中的素材文件上，选中V2视频轨道中的素材文件，在【效果控件】面板中将【缩放】设置为68，将【裁剪】下的【右侧】设置为66，如图15-77所示。

图15-75

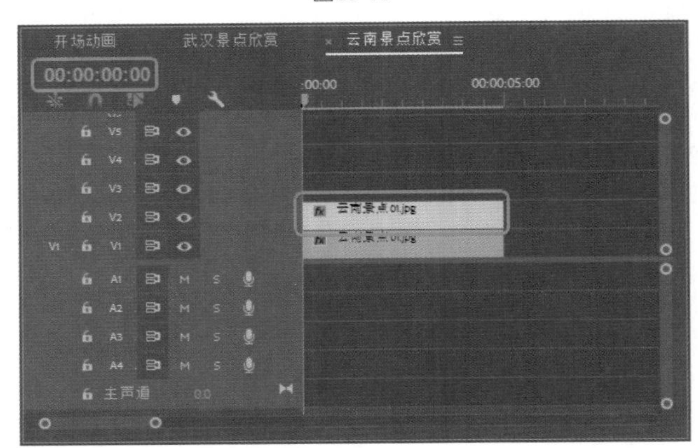

图15-76

图15-77

Step 07 将当前时间设置为00:00:00:12，选中V2视频轨道中的素材文件，按住Alt键将其拖曳至V3视频轨道上，将其开始处与时间线对齐，如图15-78所示。

Step 08 选择V3视频轨道中的素材文件，在【效果控件】面板中将【裁剪】下的【左侧】设置为65%，将【右侧】设置为0%，如图15-79所示。

Step 09 在【效果】面板中搜索【百叶窗】过渡效果，并将其拖曳至V2视频轨道中素材文件的开始处。使用同样的方法，在V3视频轨道中素材文件的开始处添加【百叶窗】过渡效果，如图15-80所示。

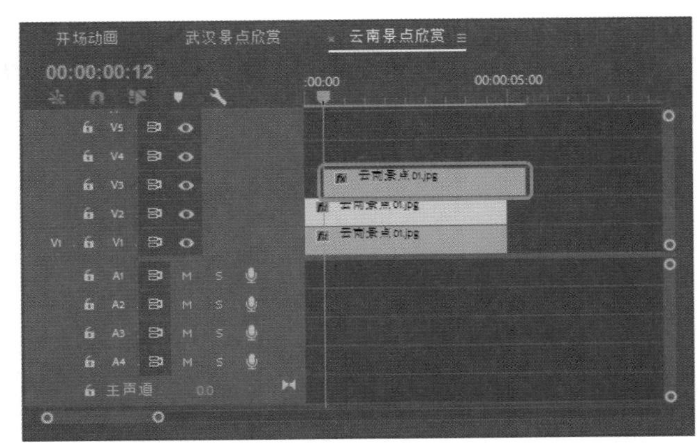

图15-78

图15-79

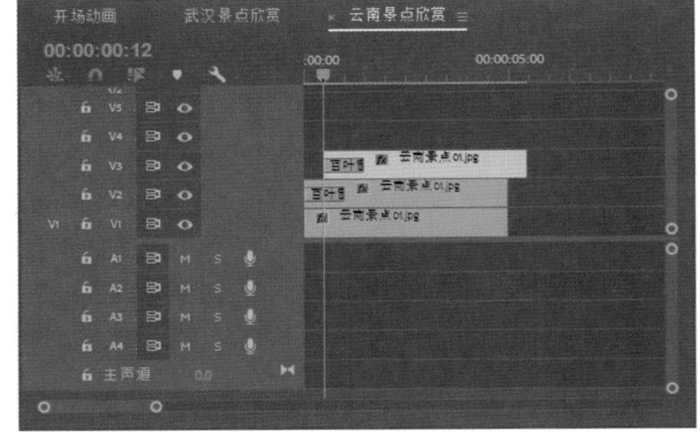

图15-80

Step 10 将当前时间设置为00:00:02:00，在【项目】面板中将【云南景点02.jpg】素材文件拖曳至V4视频轨道上。将其开始处与时间线对齐，将其持续时间设置为00:00:01:00，选中该素材文件，在【效果控件】面板中将【缩放】设置为79，如图15-81所示。

Step 11 将当前时间设置为00:00:03:00，在【项目】面板中将【云南景点03.jpg】素材文件拖曳至V4视频轨道上。将其开始处与时间线对齐，将其持续时间设置为00:00:01:00，选中该素材文件，然后在【效果控件】面板中将【缩放】设置为50，如图15-82所示。

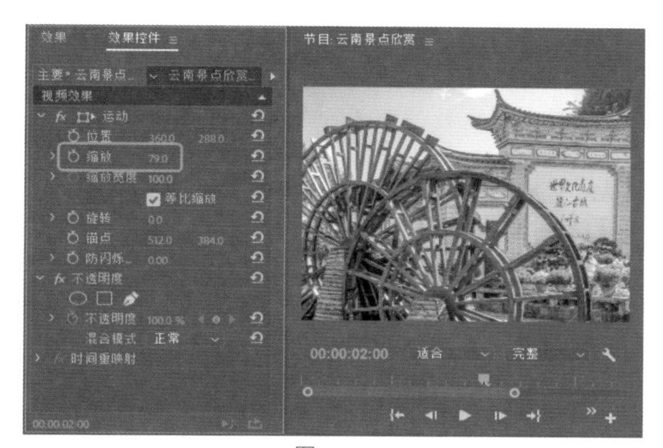

图15-81

图15-82

Step 12 将当前时间设置为00:00:04:00，在【项目】面板中将【云南景点04.jpg】素材文件拖曳至V4视频轨道上，将其开始处与时间线对齐，将其持续时间设置为00:00:02:00，选中该素材文件，在【效果控件】面板中将【缩放】设置为88，如图15-83所示。

图15-83

Step 13 将当前时间设置为00:00:05:00，在【项目】面板中将【云南景点05.jpg】素材文件拖曳至V5视频轨道上，将其开始处与时间线对齐，将其持续时间设置为00:00:03:00，然后在【效果控件】面板中单击【缩放】左侧的【切换动画】按钮，即可添加一个关键帧，将【不透明度】设置为0%，如图15-84所示。

图15-84

Step 14 将当前时间设置为00:00:06:00，在【效果控件】面板中将【缩放】设置为45，将【不透明度】设置为100%，如图15-85所示。

图15-85

Step 15 将当前时间设置为00:00:08:00，在【项目】面板中将【云南景点06.jpg】素材文件拖曳至V5视频轨道上，将其开始处与时间线对齐，将其持续时间设置为00:00:01:00，并选择该素材文件，在【效果控件】面板中将【缩放】设置为47，如图15-86所示。

图15-86

Step 16 将当前时间设置为00:00:09:00，在【项目】面板中将【云南景点07.jpg】素材文件拖曳至V5视频轨道上，将其开始处与时间线对齐，将其持续时间设置为00:00:01:00，并选择该素材文件，在【效果控件】面板中将【缩放】设置为45，如图15-87所示。

图15-87

实例185 为云南景点添加字幕

素材：
场景：旅游宣传动画.prproj

制作完成云南景点欣赏动画后，本案例将介绍为景点添加字幕的方法。

Step 01 新建一个【名称】为【云南宣传语】的字幕，在字幕编辑器中选择【区域文字工具】，绘制文本框并输入文字。然后选择文本框，将【属性】下的【字体系列】设置为【微软雅黑】，将【字体大小】设置为20，将【行距】设置为16，将【填充】下的【颜色】设置为#A3000C，将【变换】下的【宽度】、【高度】分别设置为637、171，将【X位置】、【Y位置】分别设置为397、435，单击【左对齐】按钮，如图15-88所示。

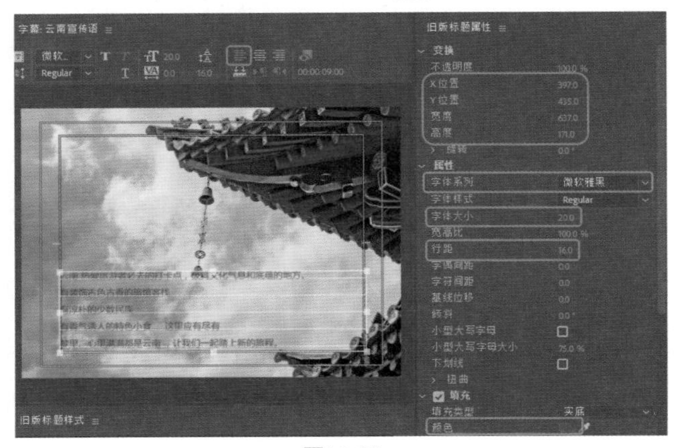

图15-88

Step 02 在【项目】面板中双击【透明矩形2】字幕，即可弹出字幕编辑器，然后单击【基于当前字幕新建字幕】按钮，弹出【新建字幕】对话框，将【名称】设置为【透明矩形3】，单击【确定】按钮，返回到字幕编辑器中，选择透明矩形，将【外描边】下的【颜色】设置为#A3000C，如图15-89所示。

图15-89

Step 03 设置完成后，关闭字幕编辑器，将当前时间设置为00:00:06:12，在【项目】面板中将【云南.png】素材文件拖曳至V6视频轨道上，将其开始处与时间线对齐，将其持续时间设置为00:00:03:13，在【效果】面板中搜索【带状滑动】过渡效果，并将其拖曳至【云南.png】素材文件的开始处，如图15-90所示。

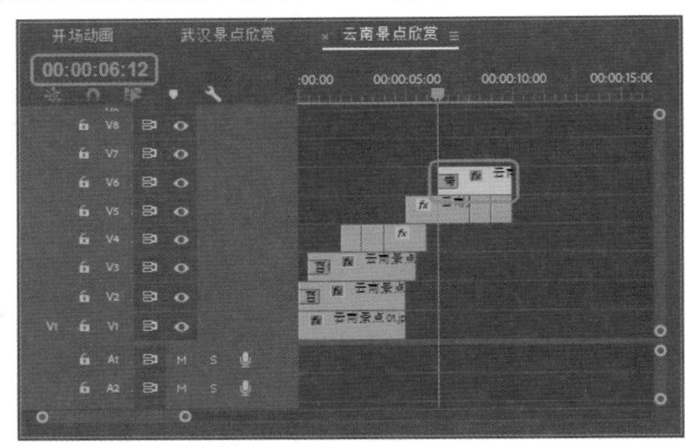

图15-90

Step 04 选中V6视频轨道中的素材文件，在【效果】面板中搜索【投影】视频效果并双击，为选中的素材文件添加该效果。在【效果控件】面板中将【位置】设置为123、141，将【缩放】设置为17，将【不透明度】下的【混合模式】设置为【叠加】，将【投影】下的【阴影颜色】设置为#004379，将【不透明度】、【方向】、【距离】、【柔和度】分别设置为50%、135°、47、0，勾选【仅阴影】复选框，如图15-91所示。

Step 05 将当前时间设置为00:00:06:12，在【项目】面板中将【云南.png】素材文件拖曳至V7视频轨道上，将其开始处与时间线对齐，将其持续时间设置为00:00:03:13，在【效果】面板中搜索【带状滑动】过渡效果，并将其拖曳至V7视频轨道中【云南.png】素材文件的开始处，选中V7视频轨道中素材文件，在【效果控件】面板中将【位置】设置为123、141，将【缩放】设置为17，如图15-92所示。

图15-91

图15-92

Step 06 将当前时间设置为00:00:06:12，在【项目】面板中将【透明矩形3】拖曳至V8视频轨道上，将其开始处与时间线对齐，将其持续时间设置为00:00:03:13，在【效果】面板中搜索【带状滑动】过渡效果，并将其拖曳至V8视频轨道中【透明矩形3】的开始处，如图15-93所示。

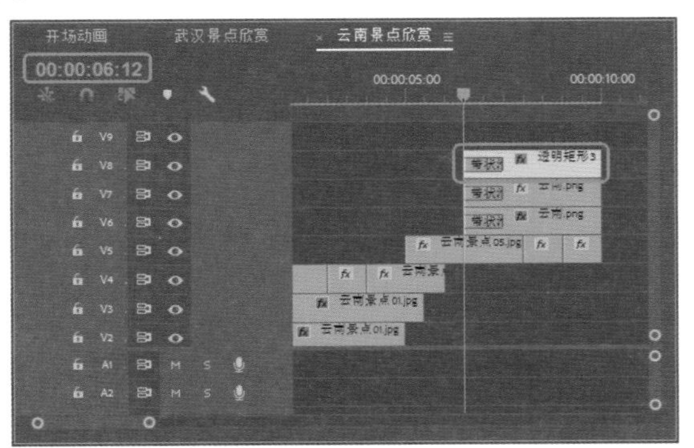

图15-93

Step 07 将当前时间设置为00:00:08:00，在【项目】面板中将【云南宣传语】字幕拖曳至V9视频轨道中，将其开始处与时间线对齐，将其持续时间设置为00:00:02:00，如图15-94所示。

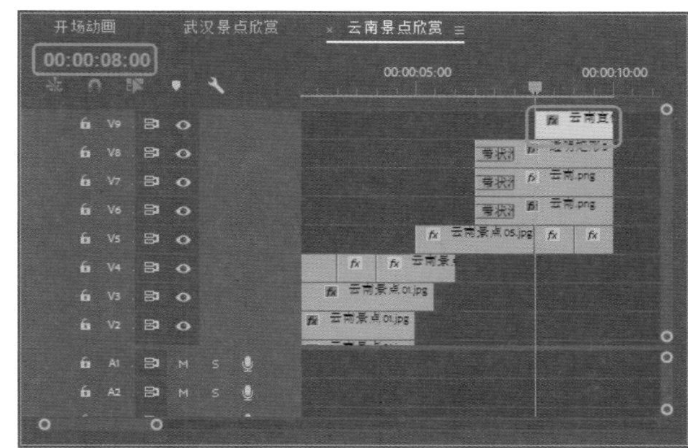

图15-94

Step 08 在【效果】面板中搜索【交叉溶解】过渡效果，并将其拖曳至V9视频轨道中【云南宣传语】的开始处，效果如图15-95所示。

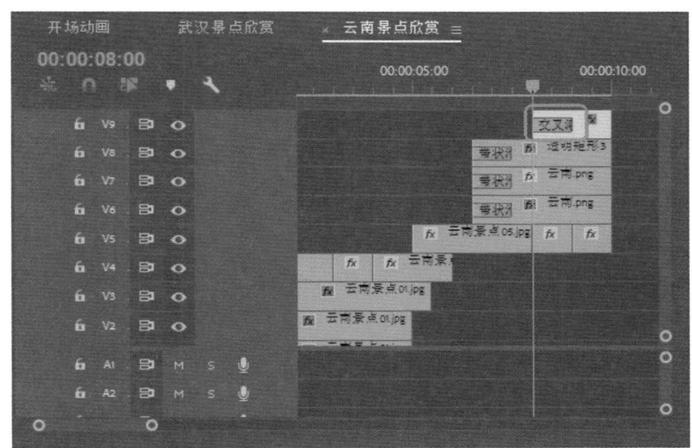

图15-95

下面将介绍如何制作成都景点欣赏动画。

Step 01 新建一个【序列名称】为【成都景点欣赏】的标准48kHz序列，并将视频轨道设置为8，确认当前时间为00:00:00:00，在【项目】面板中将【成都景点02.jpg】素材文件和【成都景点01.jpg】素材文件分别拖曳至V1视频轨道和V2视频轨道，将其开始处与时间线对齐，如图15-96所示。

图15-96

Step 02 选择V2视频轨道中的素材文件，然后将当前时间设置为00:00:00:12，在【效果控件】面板中将【位置】设置为326、288，将【缩放】设置为49，单击【缩放】左侧的【切换动画】按钮，单击【不透明度】右侧的【添加/移除关键帧】按钮，添加关键帧，如图15-97所示。

图15-97

Step 03 将当前时间设置为00:00:01:12，在【效果控件】面板中将【缩放】设置为40，将【不透明度】设置为0%，如图15-98所示。

图15-98

Step 04 选择V1视频轨道中的素材文件，在【效果控件】面板中将【缩放】设置为40，如图15-99所示。

图15-99

Step 05 将当前时间设置为00:00:02:00，在【项目】面板中将【成都景点03.jpg】素材文件拖曳至V3视频轨道上，将其开始处与时间线对齐，将其持续时间设置为00:00:09:12，然后在【效果控件】面板中单击【缩放】左侧的【切换动画】按钮，添加一个关键帧，将【不透明度】设置为0%，如图15-100所示。

图15-100

Step 06 将当前时间设置为00:00:03:00，在【效果控件】面板中将【缩放】设置为40，将【不透明度】设置为100%，如图15-101所示。

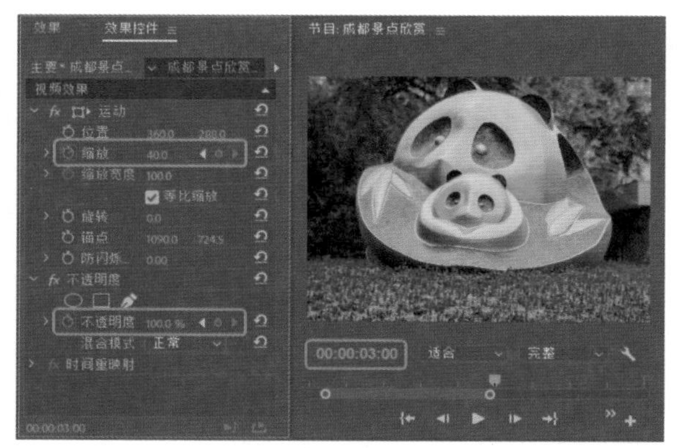

图15-101

Step 07 将当前时间设置为00:00:03:12，在【项目】面板中将【成都景点04.jpg】素材文件拖曳至V4视频轨道上，将其开始处与时间线对齐，将其持续时间设置为

00:00:02:00，然后在【效果控件】面板中单击【缩放】左侧的【切换动画】按钮，添加一个关键帧，将【不透明度】设置为%，如图15-102所示。

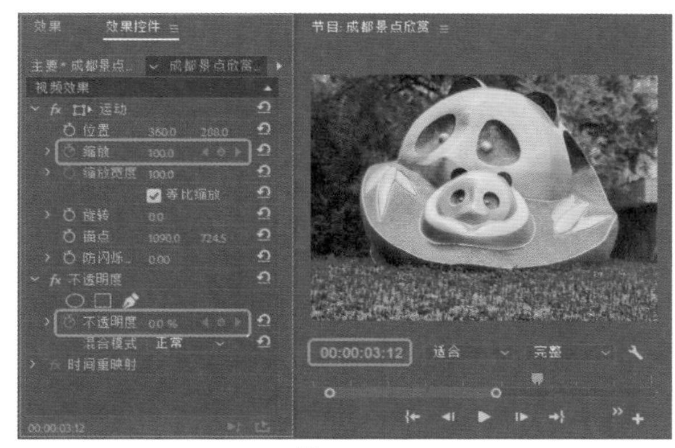
图15-102

Step 08 将当前时间设置为00:00:04:12，在【效果控件】面板中将【缩放】设置为40，将【不透明度】设置为100%，如图15-103所示。

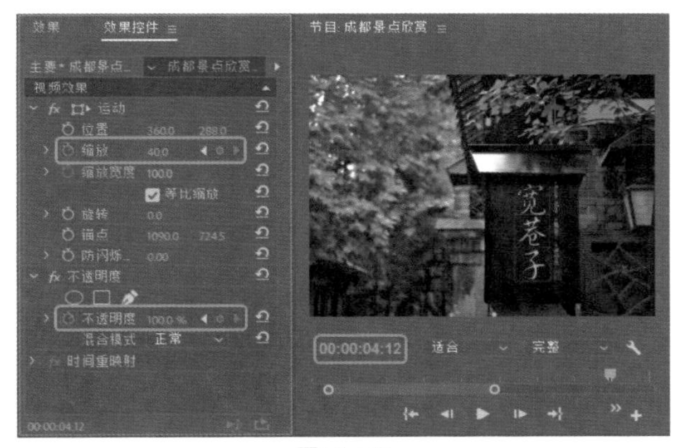
图15-103

Step 09 将当前时间设置为00:00:05:12，在【项目】面板中将【成都景点01.jpg】素材文件拖曳至V4视频轨道上，将其开始处与时间线对齐，将其持续时间设置为00:00:06:00，然后在【效果控件】面板中将【缩放】设置为40，如图15-104所示。

图15-104

Step 10 在V4视频轨道中【成都景点04.jpg】素材文件和【成都景点01.jpg】素材文件之间添加【风车】过渡效果，如图15-105所示。

图15-105

实例187 为成都景点添加字幕

素材：

场景：旅游宣传动画.prproj

制作完成景点欣赏动画后，本案例将介绍为景点添加字幕的方法。

Step 01 新建一个【名称】为【成都宣传语】字幕，在字幕编辑器中选择【区域文字工具】，绘制文本框并输入文字，然后选择文本框，将【属性】下的【字体系列】设置为【微软雅黑】，将【字体大小】设置为20，将【行距】设置为16，将【填充】下的【颜色】设置为#222800，将【变换】下的【宽度】、【高度】分别设置为624、169，将【X位置】、【Y位置】分别设置为403、443，单击【居中对齐】按钮，如图15-106所示。

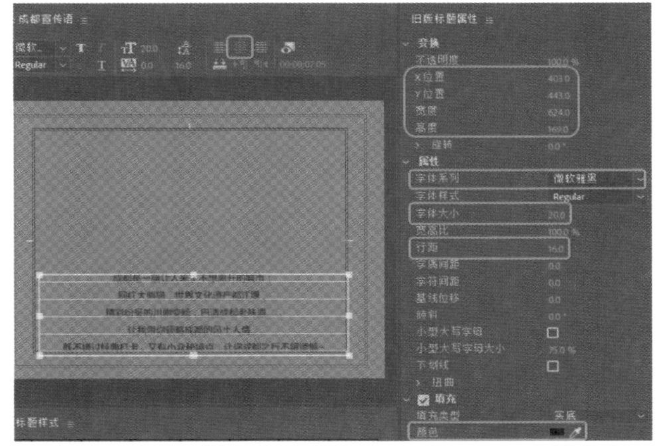
图15-106

Step 02 在【项目】面板中双击【透明矩形3】字幕，即可弹出字幕编辑器，然后单击【基于当前字幕新建字幕】

按钮，弹出【新建字幕】对话框，将【名称】设置为【透明矩形4】，单击【确定】按钮，返回到字幕编辑器中，选择透明矩形，将【外描边】下的【颜色】设置为#FFFE00，如图15-107所示。

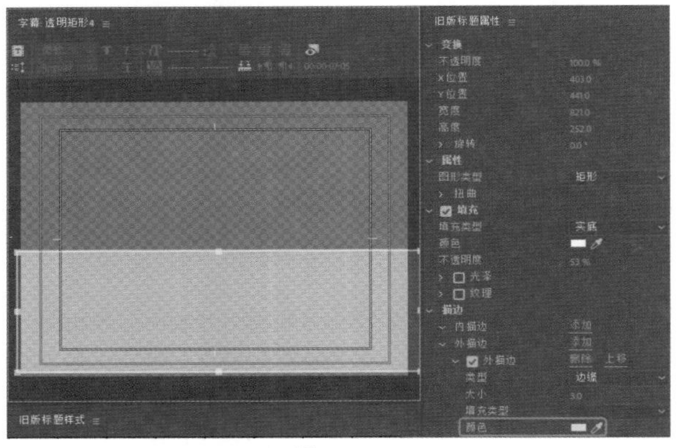

图15-107

Step 03 设置完成后，关闭字幕编辑器，将当前时间设置为00:00:06:12，在【项目】面板中将【成都.png】素材文件拖曳至V5视频轨道上，将其开始处与时间线对齐，选中V5视频轨道中的素材文件，在【效果】面板中搜索【投影】视频效果并双击，为选中的素材文件添加该效果，在【效果控件】面板中将【位置】设置为381、326，将【缩放】设置为0，单击【缩放】与【旋转】左侧的【切换动画】按钮，添加关键帧，将【锚点】设置为5、2110，将【不透明度】下的【混合模式】设置为【叠加】，将【投影】下的【阴影颜色】设置为#004379，将【不透明度】、【方向】、【距离】、【柔和度】分别设置为50%、135°、47、0，勾选【仅阴影】复选框，如图15-108所示。

图15-108

Step 04 将当前时间设置为00:00:08:00，在【效果控件】面板中将【缩放】与【旋转】分别设置为17、720，如图15-109所示。

图15-109

Step 05 将当前时间设置为00:00:06:12，选中V5视频轨道中的【成都.png】素材文件，按住Alt键将其拖曳至V6视频轨道中，将其开始处与时间线对齐，如图15-110所示。

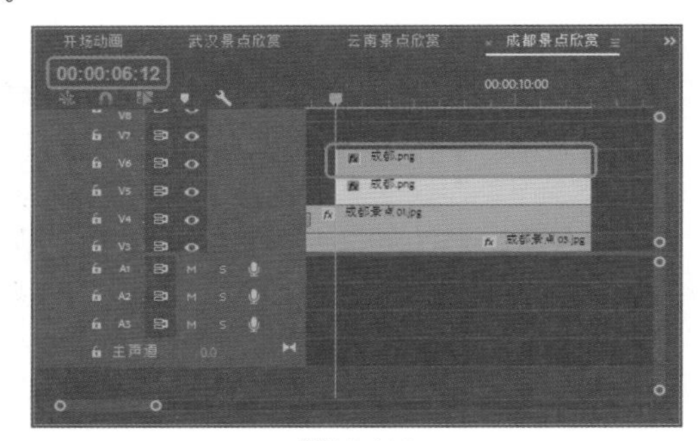

图15-110

Step 06 选中V6视频轨道中的素材文件，将【不透明度】下的【混合模式】设置为【正常】，并选中【投影】视频效果，按Delete键将其删除，效果如图15-111所示。

图15-111

Step 07 将当前时间设置为00:00:08:00，在【项目】面板中将【透明矩形4】拖曳至V7视频轨道上，将其开始处与时间线对齐，将其持续时间设置为00:00:03:12，在【效果】面板中搜索【百叶窗】视频效果并双击，为【透明矩形4】添加该效果，在【效果控件】面板中将【过渡完成】设置为100%，单击其左侧的【切换动画】按钮，将【宽度】设置为2，如图15-112所示。

图15-112

Step 08 将当前时间设置为00:00:09:00，在【效果控件】面板中将【过渡完成】设置为0，如图15-113所示。

图15-113

Step 09 将当前时间设置为00:00:09:12，在【项目】面板中将【成都宣传语】拖曳至V8视频轨道上，将其开始处与时间线对齐，将其持续时间设置为00:00:02:00，选中V8视频轨道中的【成都宣传语】字幕文件，在【效果控件】面板中将【缩放】设置为0，单击【缩放】与【旋转】左侧的【切换动画】按钮，添加关键帧，如图15-114所示。

图15-114

Step 10 将当前时间设置为00:00:10:12，在【效果控件】面板中将【缩放】、【旋转】分别设置为100、360°，如图15-115所示。

图15-115

实例 188 制作旅游宣传最终动画

素材：

场景：旅游宣传动画.prproj

制作完成开场动画序列，以及每个景区展示序列后，需要将它们嵌套在一个新的序列中，才能组成完整的动画效果。本案例将介绍嵌套序列的方法。

Step 01 新建一个【序列名称】为【旅游宣传片】的标准48kHz序列，确认当前时间为00:00:00:00，在【项目】面板中将【开场动画】序列拖曳至V1视频轨道上，将其开始处与时间线对齐，如图15-116所示。

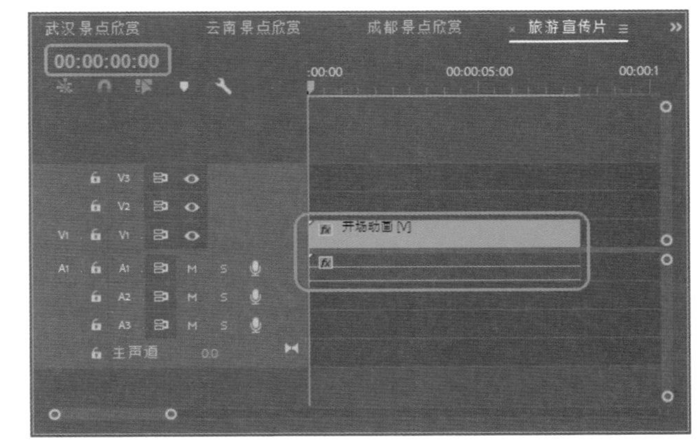

图15-116

Step 02 在【开场动画】序列上单击鼠标右键，在弹出的快捷菜单中选择【取消链接】命令，如图15-117所示。

Step 03 选择A1音频轨道中的【开场动画】序列，按Delete键将其删除，如图15-118所示。

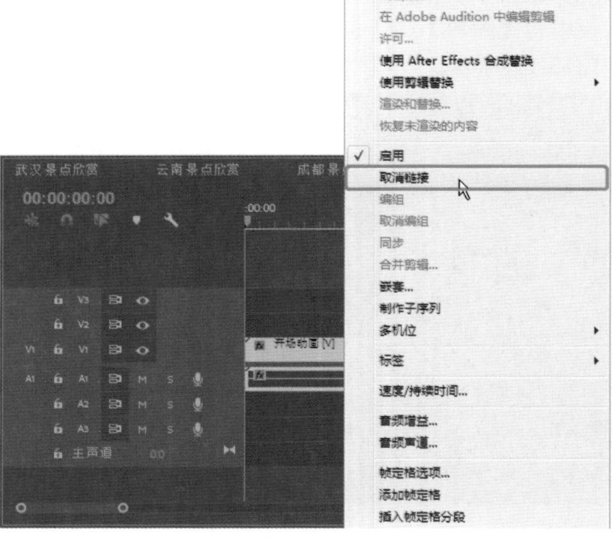

图15-117

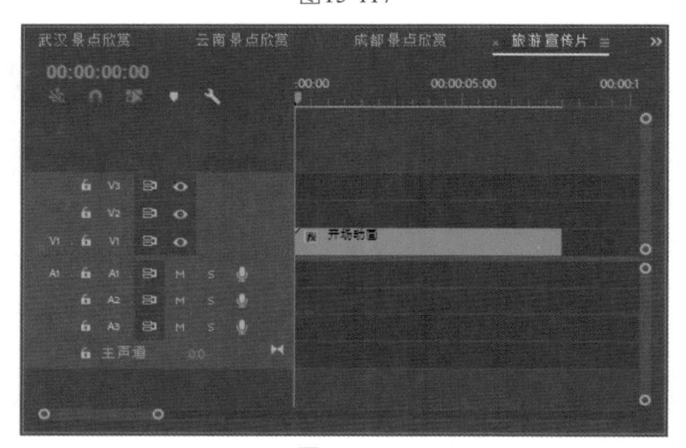

图15-118

Step 04 使用同样的方法，将其他序列添加至V1视频轨道上，并将音频文件删除，如图15-119所示。

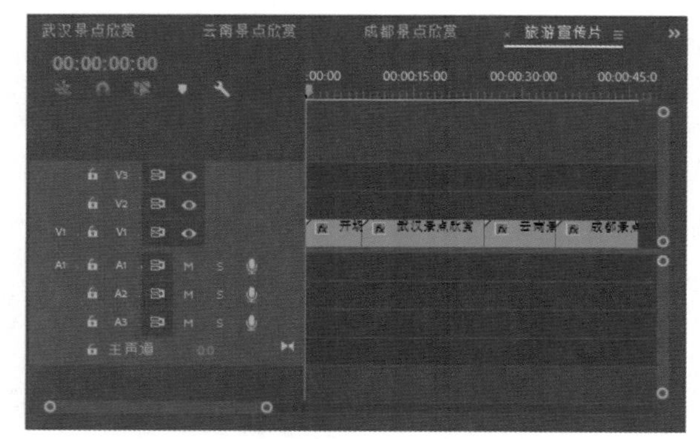

图15-119

Step 05 将当前时间设置为00:00:00:00，在【项目】面板中将【背景音乐.mp3】音频文件拖曳至A1音频轨道上，将其开始处与时间线对齐。选中添加的音频文件，将当前时间设置为00:00:47:13，使用【剃刀工具】在时间线位置单击鼠标，对音频进行裁剪，如图15-120所示。

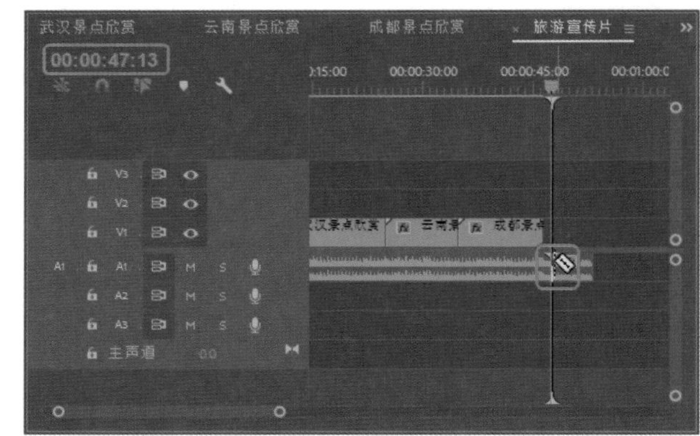

图15-120

Step 06 将时间线右侧的音频文件删除，选中剩余的音频文件，将当前时间设置为00:00:46:11，在【效果控件】面板中单击【级别】右侧的【添加/移除关键帧】按钮，添加一个关键帧，然后将当前时间设置为00:00:47:10，在【效果控件】面板中将【级别】设置为-60，如图15-121所示。

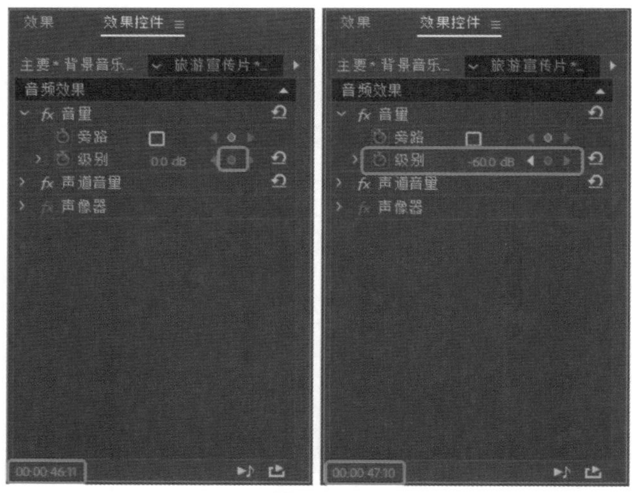

图15-121

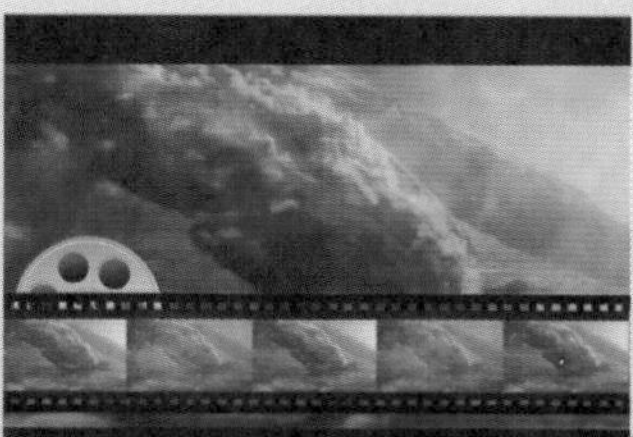

第16章 电影片头

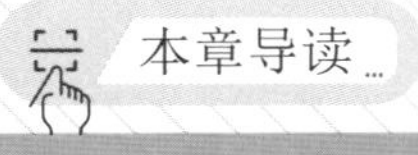

随着电影电视的发展，片头的种类越来越多，所涉及的方面愈发广泛。本章将重点讲解如何制作电影片头，如何将剪辑的精彩片段加工成绚丽的电影片头。

实例189 标题字幕

素材：
场景：电影片头.prproj

本案例通过设置【填充】、【外描边】和【阴影】来制作出标题字幕样式。

Step 01 启动软件后，在欢迎界面中单击【新建项目】按钮，弹出【新建项目】对话框，设置保存路径，将【名称】设置为【电影片头】，单击【确定】按钮，在【项目】面板中单击面板底部的【新建素材箱】按钮，将名称修改为【素材】，如图16-1所示。

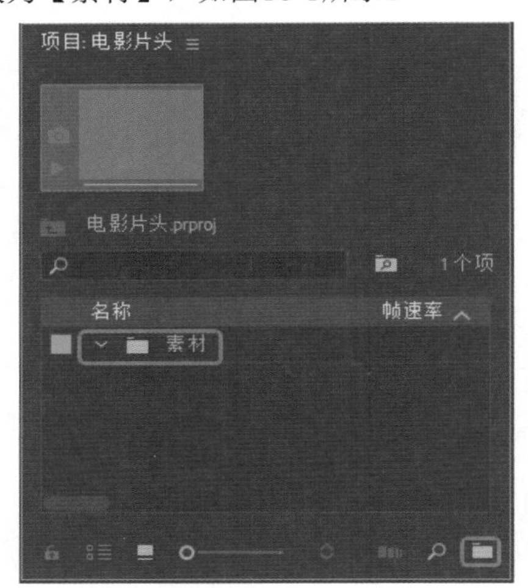

图16-1

Step 02 在【项目】面板的空白处双击鼠标，在弹出的【导入】对话框中选择【素材\Cha17】文件夹里的所有素材文件，并单击【打开】按钮，如图16-2所示。

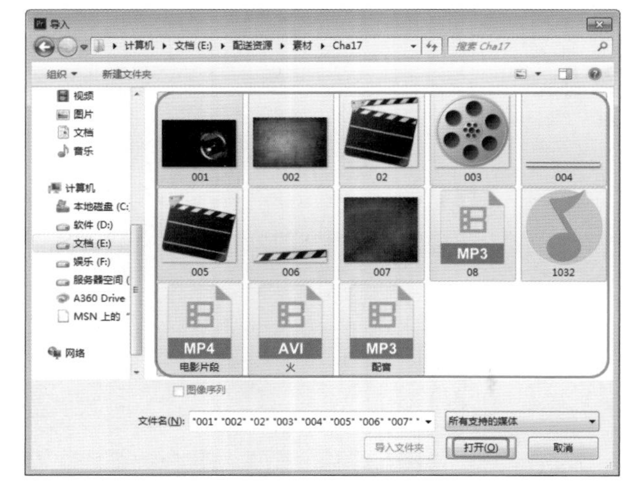

图16-2

Step 03 将导入的素材文件拖曳至【项目】面板的【素材】文件夹中，如图16-3所示。

Step 04 在【项目】面板中单击底部的【新建素材箱】按钮，并将名称修改为【标题动画】，如图16-4所示。

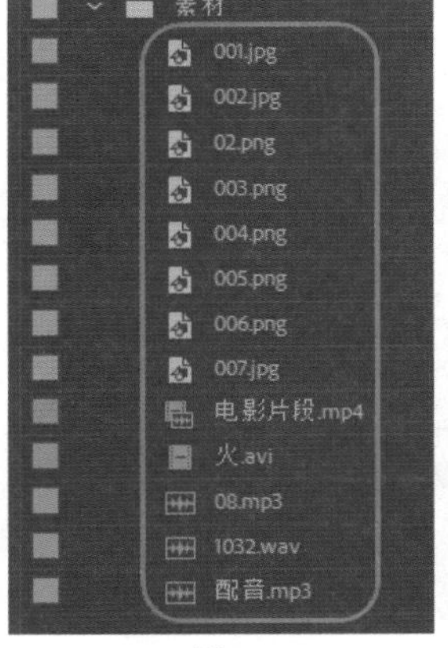

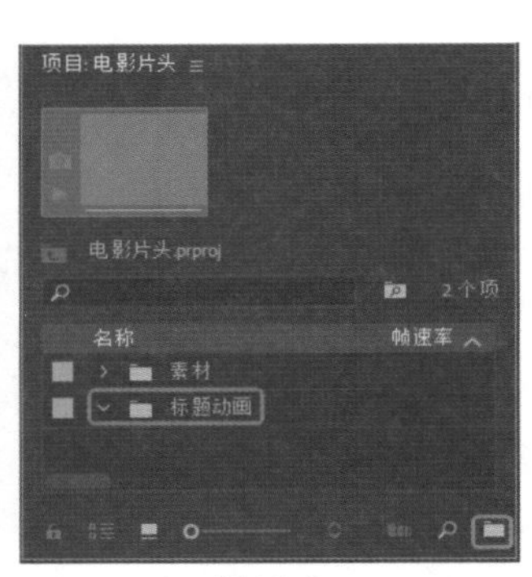

图16-3　图16-4

Step 05 在【项目】面板中选择【标题动画】文件夹，在菜单栏中选择【文件】|【新建】|【旧版标题】命令，弹出【新建字幕】对话框，将【名称】设置为【标题字幕】，其他保持默认值，单击【确定】按钮，如图16-5所示。

图16-5

Step 06 进入【字幕编辑器】中，使用【文字工具】输入【票房最佳镜头】，在【属性】选项组中将【字体系列】设置为【汉仪菱心体简】，将【字体大小】设置为88，将【填充】选项组下的【填充类型】设置为【斜面】，【高光颜色】RGB值设置为28、28、28，【高光不透明度】设置为100%，【阴影颜色】RGB值设置为211、209、209，将【阴影不透明度】、【平衡】、【大小】设置为100%、100、15，勾选【变亮】、【管状】复选框，【光照角度】、【光照强度】设置为41、100，如图16-6所示。

> 提示
>
> 在字幕编辑器中输入文字，有时文字会以方框的形式出现，则表明该字体无法显示该文字。用户在实际操作过程中，无须将其删除，调整字体即可。

Step 07 勾选【光泽】复选框，将【颜色】RGB值设置为249、249、246，将【不透明度】、【大小】、【角度】、【偏移】设置为100%、100、348°、0；展开【描边】选项组，单击【外描边】右侧的【添加】按钮，将【类型】设置为【边缘】，【大小】设置为16，将【填充类型】设置为【径向渐变】，将【颜色】左侧色标的颜色值设置为149、149、149，将右侧色标的RGB值设置为0、0、0，调整色标的位置，将【角度】、【重复】设置为0、2，如图16-7所示。

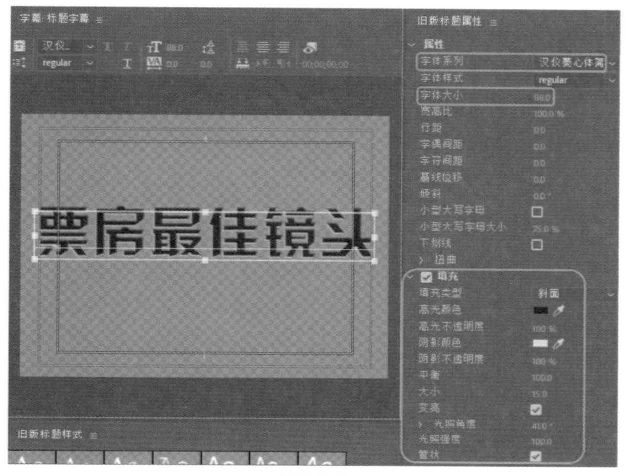

图16-6

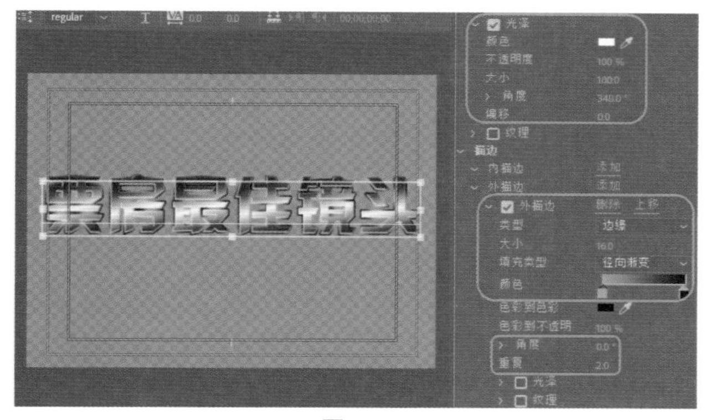

图16-7

Step 08 勾选【阴影】复选框，将【颜色】设置为0、0、0，将【不透明度】、【角度】、【距离】、【大小】、【扩展】设置为58%、-205°、13、0、35，如图16-8所示。

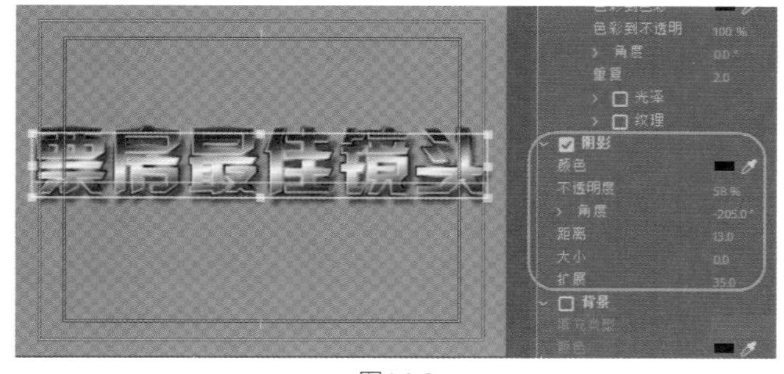

图16-8

Step 09 在【变换】选项组中将【X位置】、【Y位置】设置为328.2、241，如图16-9所示。

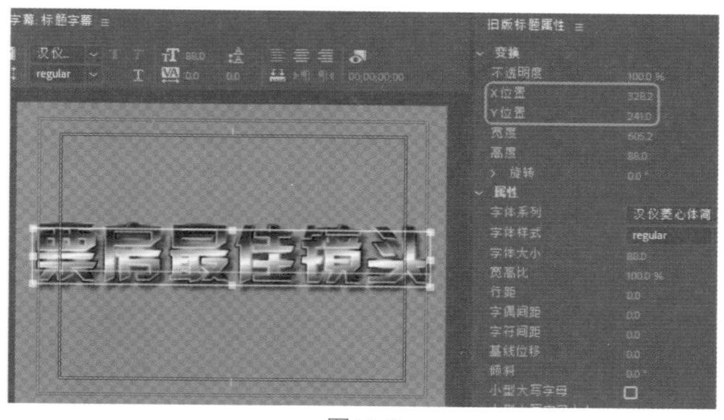

图16-9

实例190 标题动画

素材：

场景：电影片头.prproj

标题字幕制作完成后，下面将详细讲解如何制作标题动画。动画的标题是【票房最佳镜头】，所以在背景素材上，选择了一个镜头作为背景，使用【基本3D】和【镜头光晕】特效使其具有立体感。

Step 01 在【项目】面板的空白位置单击鼠标右键，在弹出的快捷菜单中选择【新建项目】|【序列】命令。

Step 02 弹出【新建序列】对话框，选择DV-24P文件下的【标准48kHz】，并将【序列名称】设置为【标题动画】，单击【确定】按钮。

Step 03 在【项目】面板中选择【标题动画】序列，将其拖曳至【标题动画】文件夹中，在文件夹中选择001.jpg素材文件，并将其拖曳至V1轨道中，如图16-10所示。

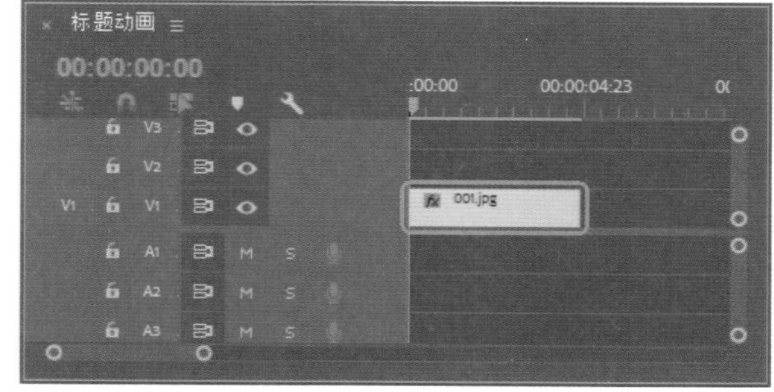

图16-10

Step 04 在V1轨道中选择添加的素材文件上单击鼠标右键，在弹出的快捷菜单中选择【速度/持续时间】命令，如图16-11所示。

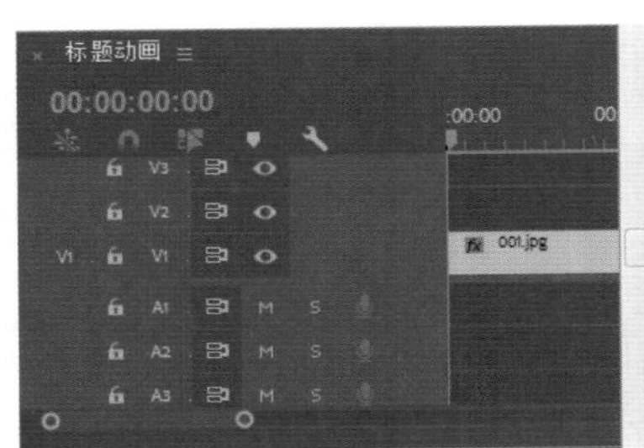
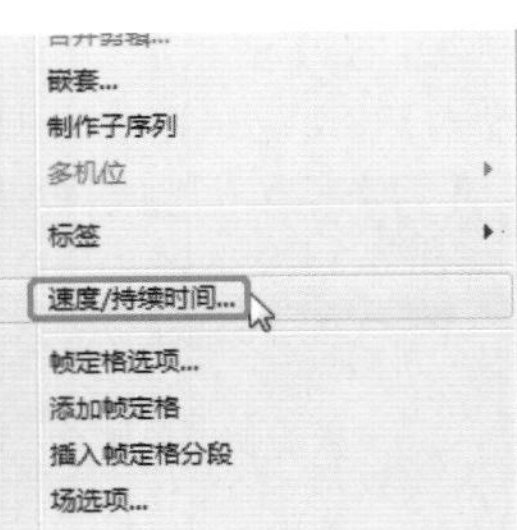

图16-11

Step 05 弹出【剪辑速度/持续时间】对话框，将【持续时间】设置为00:00:10:05，单击【确定】按钮，如图16-12所示。

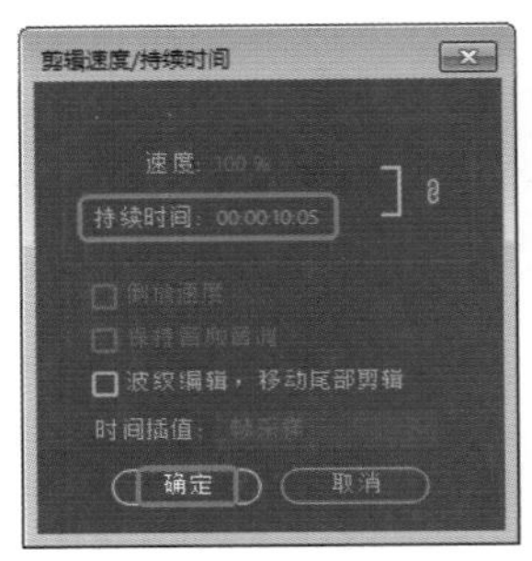

图16-12

Step 06 选择添加的素材文件，切换到【效果控件】面板中，将【位置】设置为360、240，将【缩放】设置为34，如图16-13所示。

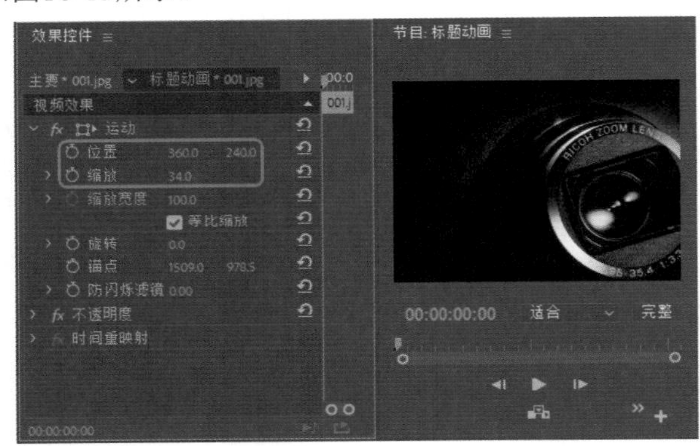

图16-13

Step 07 切换到【效果】面板中，选择【视频效果】|【透视】|【基本3D】特效添加到素材图片上。将当前时间设置为00:00:00:00，切换到【效果控件】面板中，分别单击【旋转】和【倾斜】左侧的【切换动画】按钮，添加关键帧，将【旋转】设置为90°，【倾斜】设置为-17°，并勾选【显示镜面高光】复选框，如图16-14所示。

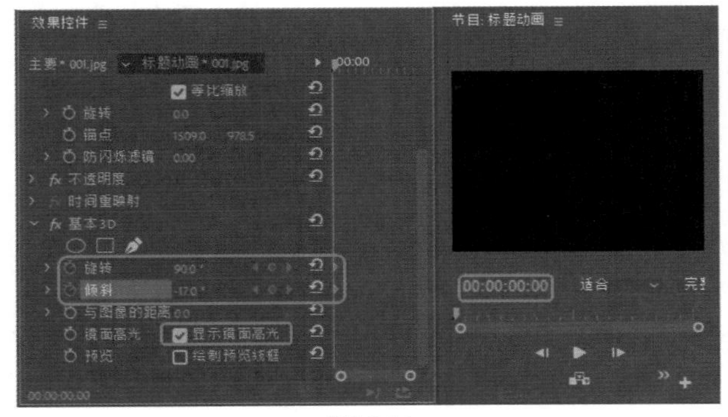

图16-14

Step 08 将当前时间设置为00:00:02:05，将【旋转】设置为0°，【倾斜】设置为0°，如图16-15所示。

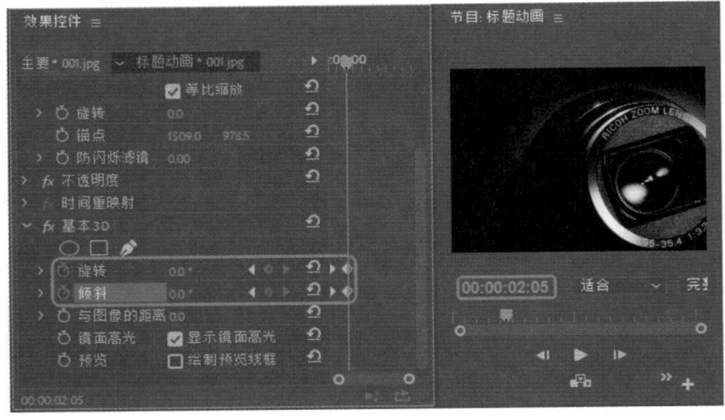

图16-15

Step 09 切换到【效果】面板中，搜索【镜头光晕】特效，将其添加到V1轨道中的001.jpg素材文件上。将当前时间设置为00:00:00:00，将【镜头光晕】选项组下方的【光晕中心】设置为-58.7、937.2，【光晕高度】设置为0，单击【光晕中心】、【光晕高度】左侧的【切换动画】按钮，将【镜头类型】设置为【50-300毫米变焦】，将【与原始图像混合】设置为0%，如图16-16所示。

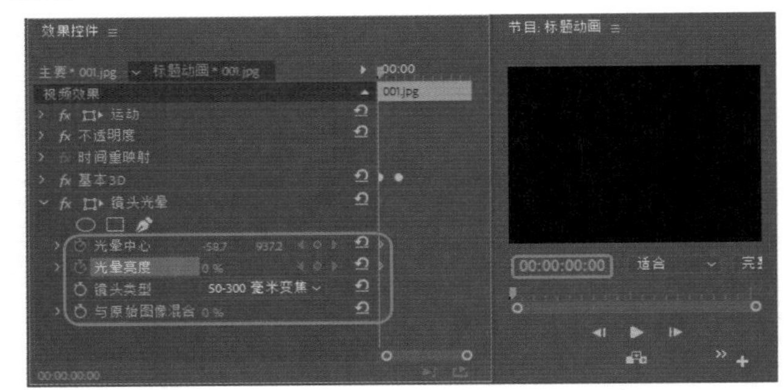

图16-16

Step 10 将当前时间设置为00:00:01:07，将【光晕亮度】设置为166%。将当前时间设置为00:00:08:21，单击【光晕亮度】右侧的【添加/移除关键帧】按钮，如图16-17所示。

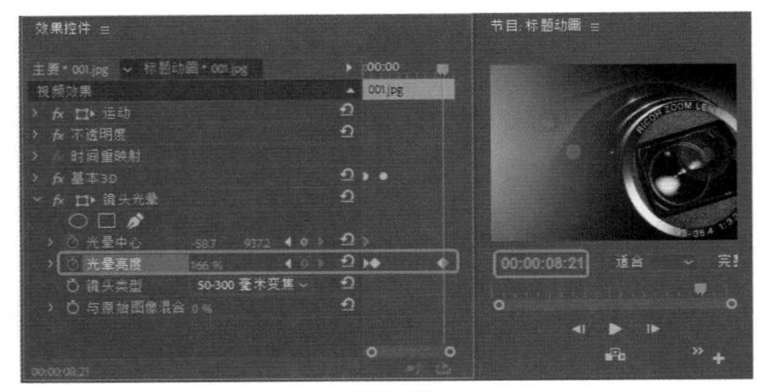

图16-17

Step 11 将当前时间设置为00:00:10:05，将【光晕中心】设置为4484、937.2，【光晕高度】设置为0，如图16-18所示。

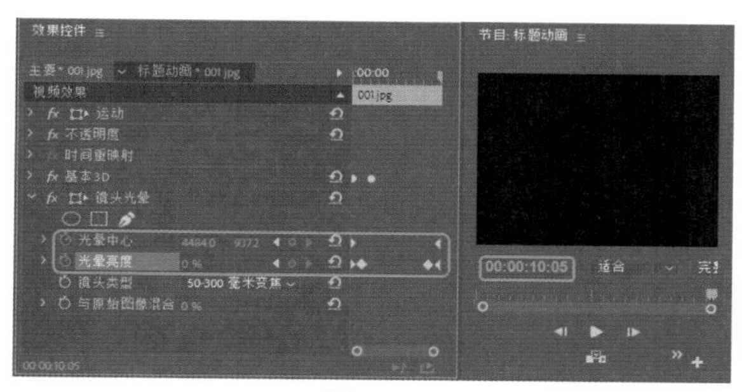

图16-18

Step 12 将当前时间设置为00:00:05:00，将【标题字幕】拖曳至V2轨道中，将开始处与时间线对齐，将结束处与V1轨道中的素材文件结束对齐，为标题字幕添加【镜头光晕】、【残影】效果，并设置其他关键帧，如图16-19所示。

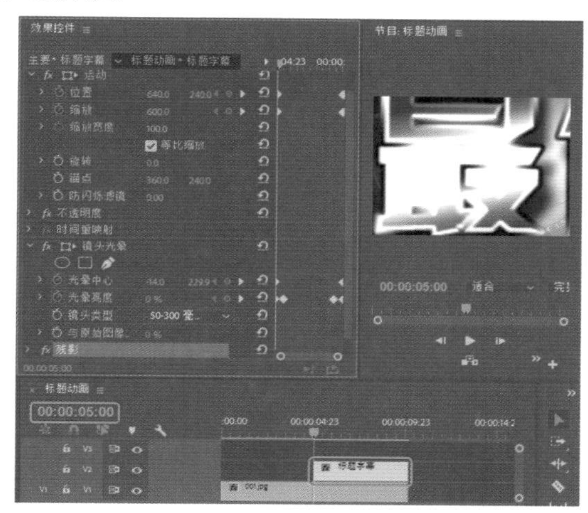

图16-19

将电影进行普通切换过于单调，本案例利用【颜色平衡（RGB）】特效将电影调整成暖色调，然后叠加火的视频，使整个电影片段在火光中展示，电影画面更为绚丽。

Step 01 在【项目】面板中新建【电影】文件夹，在该文件夹中新建标准48kHz序列，并将【序列名称】设置为【电影01】，如图16-20所示。

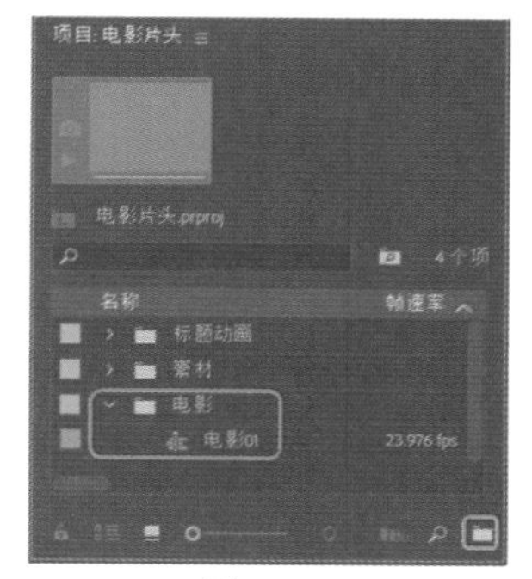

图16-20

Step 02 激活【电影01】序列，在【项目】面板文件夹中选择【电影片段.mp4】并将其拖曳至V1轨道中，弹出【剪辑不匹配警告】对话框，单击【保持现有设置】按钮，效果如图16-21所示。

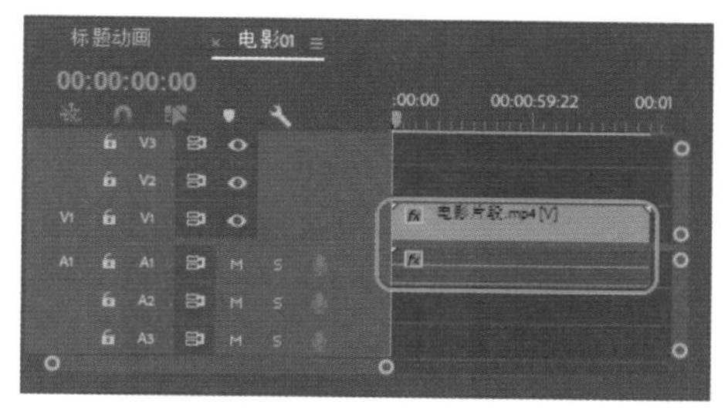

图16-21

Step 03 选择上一步添加的视频素材文件，单击鼠标右键，在弹出的快捷菜单中选择【取消链接】命令，然后将V1轨道中的音频删除，将【持续时间】设置为00:01:49:22，如图16-22所示。

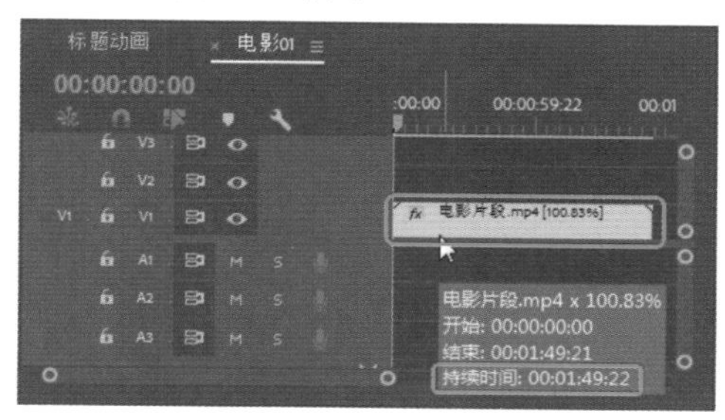

图16-22

Step 04 切换到【效果】面板中，选择【视频效果】|【图像控制】|【颜色平衡（RGB）】特效，并将其添加到【电影片段.mp4】视频素材文件上。切换到【效果控件】面板中，将【颜色平衡（RGB）】选项组下的【红色】设置为120，【绿色】设置为100，【蓝色】设置为60，如图16-23所示。

图16-23

> **提示**
>
> 【颜色平衡（RGB）】：利用该特效可以将对象按RGB颜色模式调节素材的颜色，达到校色的效果。

Step 05 将当前时间设置为00:00:00:00，在【项目】面板的【素材】文件夹中选择【火.avi】视频素材，拖曳至V2轨道中，将开始处与时间线对齐，将【持续时间】设置为00:01:49:22，如图16-24所示。

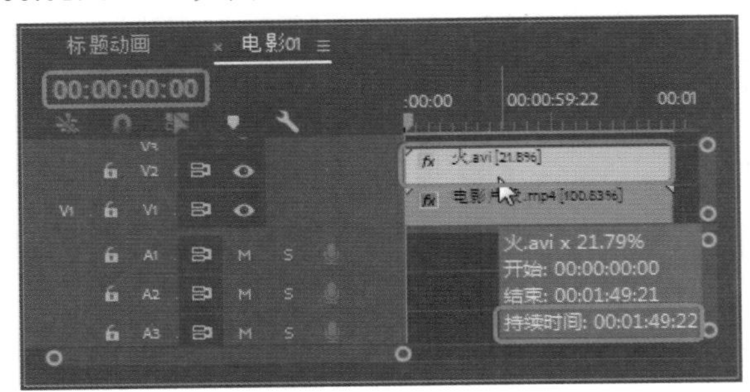

图16-24

Step 06 选择上一步添加的素材文件，切换到【效果控件】面板，将【缩放】设置为112，在【不透明度】选项组下将【混合模式】设置为【叠加】，如图16-25所示。

图16-25

实例192 电影02

素材：
场景：电影片头.prproj

本案例讲解如何对电影进行去色，将其变为黑白效果。电影01序列画面比较绚丽，而电影02序列采用了黑白效果，这样可以使两个影片更为醒目，给人以冲击的感觉。

Step 01 在【项目】面板中新建【电影02】序列，并将其拖曳至【电影】文件夹中，如图16-26所示。

Step 02 在【项目】面板选择文件夹中的【电影片段.mp4】视频素材，并将其添加到V1轨道上，弹出【剪辑不匹配警告】对话框，单击【保持现有设置】按钮，将【持续时间】设置为00:01:49:22，效果如图16-27所示。

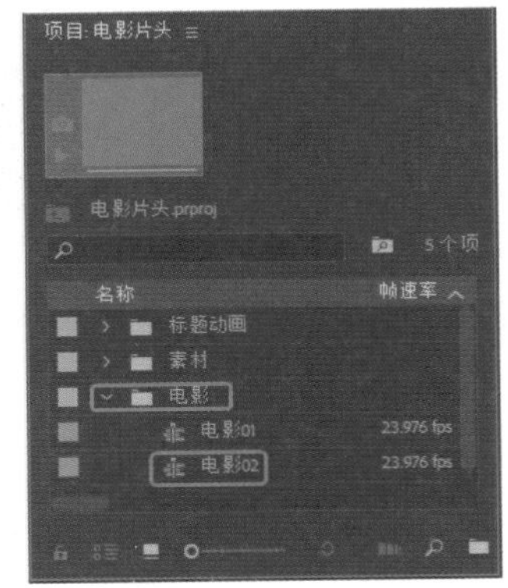

图16-26

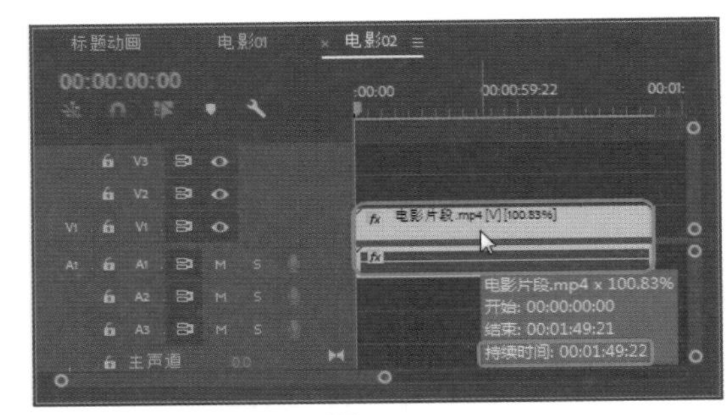

图16-27

Step 03 选择上一步添加的视频素材，单击鼠标右键，在弹出的快捷菜单中选择【取消链接】命令，如图16-28所示。

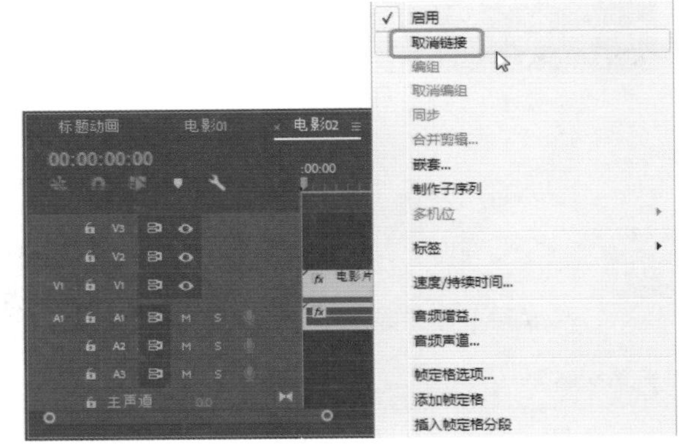

图16-28

Step 04 选择V1轨道中的音频，按Delete键将其删除，完成后的效果如图16-29所示。

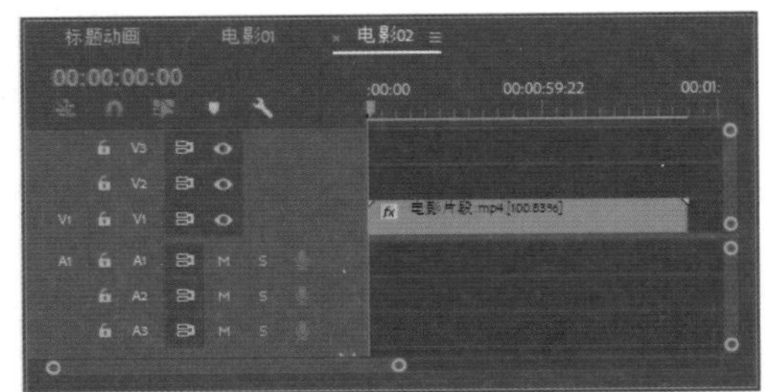

图16-29

Step 05 切换到【效果】面板，选择【视频效果】|【图像控制】|【黑白】特效，如图16-30所示。

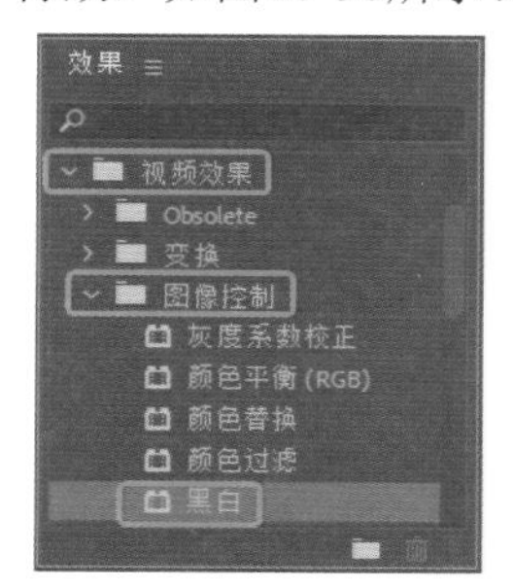

图16-30

◎提示◦

【黑白】：该特效可以将任何色彩的对象变成灰度图像，是常用的去色特效之一。

Step 06 选择【黑白】特效，并将其添加到V1轨道的素材文件上，如图16-31所示。

图16-31

实例193 电影03

素材：
场景：电影片头.prproj

本案例讲解如何利用素材图片，制作冷色调电影。本案例利用冷色图片，通过叠加的方式将视频转变为冷色调，目的是和电影01序列形成对比。

Step 01 在【项目】面板中新建【电影03】序列，并将其拖曳至【电影】文件夹中，如图16-32所示。

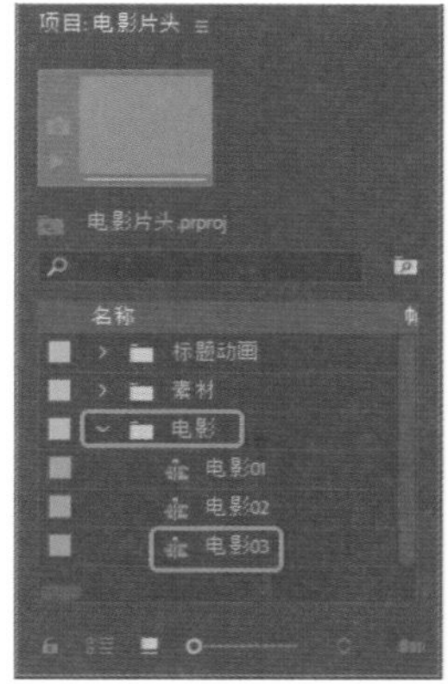

图16-32

Step 02 在【项目】面板选择文件夹中的【电影片段.mp4】视频素材，并将其添加到V1轨道中，弹出【剪辑不匹配警告】对话框，单击【保持现有设置】按钮，将【持续时间】设置为00:01:49:22，效果如图16-33所示。

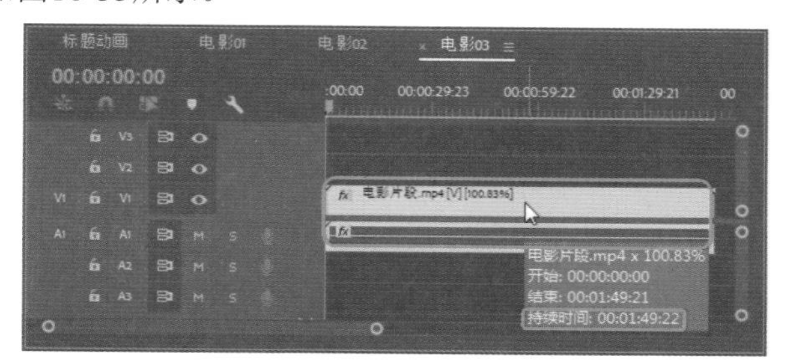

图16-33

Step 03 选择上一步添加的视频素材，单击鼠标右键，在弹出的快捷菜单中选择【取消链接】命令，如图16-34所示。

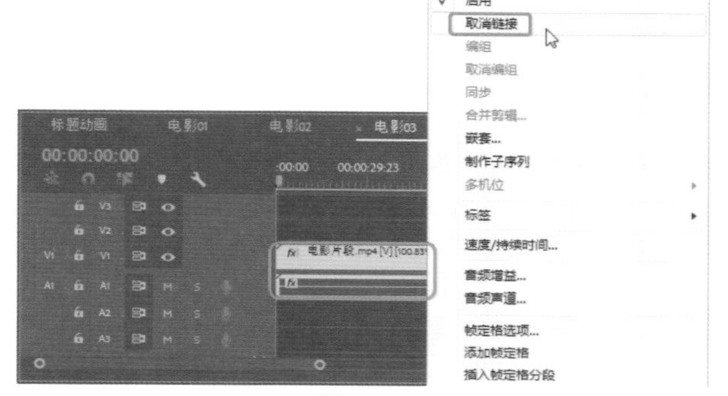

图16-34

Step 04 选择V1轨道中的音频，按Delete键将其删除，完成后的效果如图16-35所示。

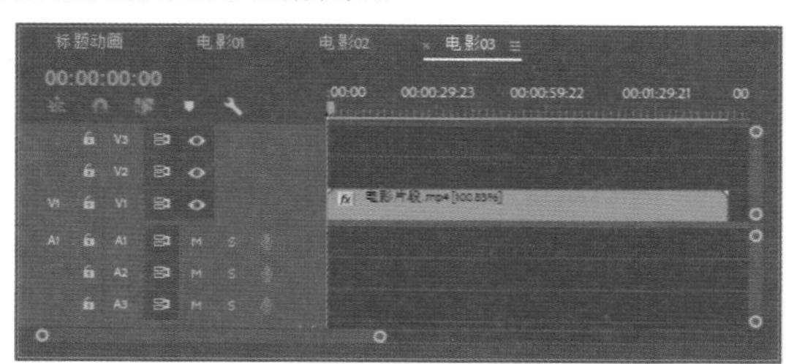
图16-35

Step 05 切换到【项目】面板，选择文件夹下的002.jpg文件，并将其拖曳至V2轨道，使其开始处与结束处与V1轨道中的素材文件对齐，如图16-36所示。

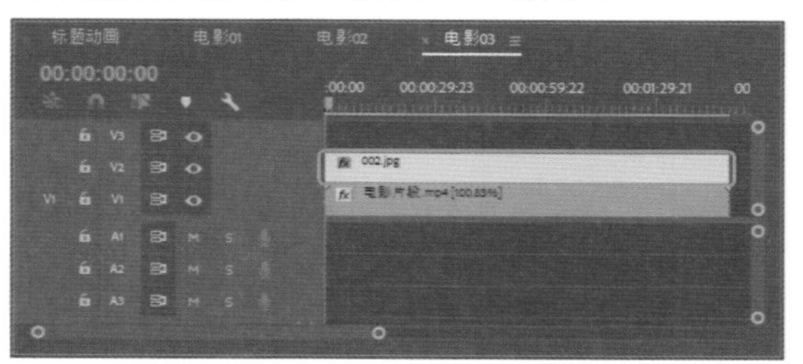
图16-36

Step 06 选择上一步添加的素材文件，切换到【效果控件】面板中，将【缩放】设置为93，在【不透明度】选项组中将【不透明度】设置为50%，将【混合模式】设置为【强光】，如图16-37所示。

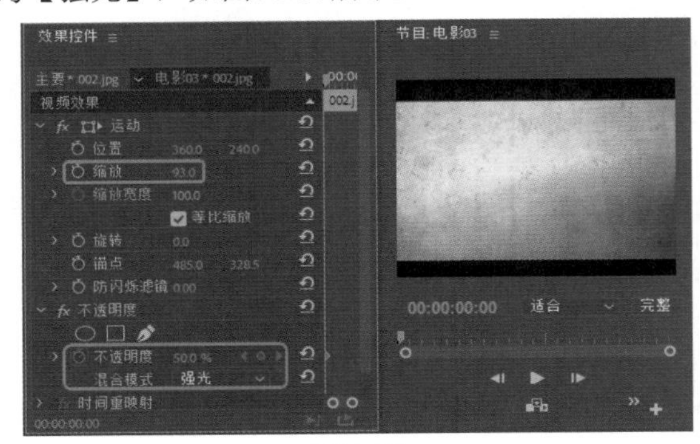
图16-37

◎提示·◦

【强光】：根据绘图色来决定是执行【正片叠底】模式还是【滤色】模式。当绘图色比50%的灰要亮时，则底色变亮，就执行【滤色】模式，这对增加图像的高光非常有帮助；当绘图色比50%的灰要暗时，则底色变暗，就执行【正片叠底】模式，可增加图像的暗部。当绘图色是纯白色或黑色时，得到的是纯白色和黑色。此效果与耀眼的聚光灯照在图像上相似。

实例194 胶卷电影动画

素材：
场景：电影片头.prproj

本案例结合实际生活中的电影胶卷，通过设置关键帧使胶卷不停的运动，然后通过将不同效果的影片添加到胶卷中，使其呈现电影放映的效果。

Step 01 在【项目】面板中单击【新建素材箱】按钮，并将新建的文件夹名称修改为【胶卷动画】，使用前面介绍的方法，在文件夹内新建【胶卷动画】序列，如图16-38所示。

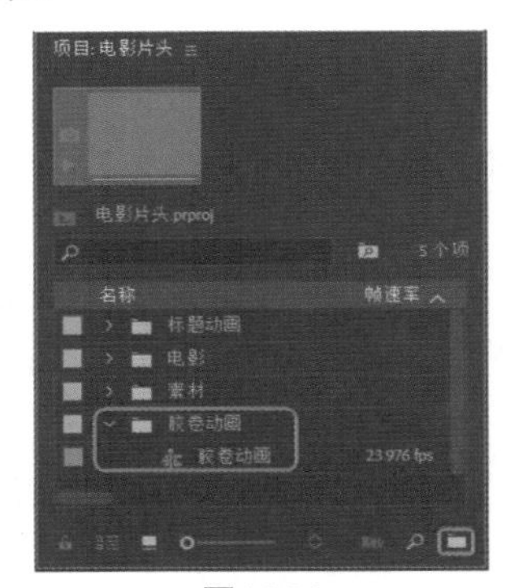
图16-38

Step 02 在【项目】面板中选择文件夹中的003.png素材，并将其添加到V1轨道中，并设置其【持续时间】为00:01:49:22，如图16-39所示。

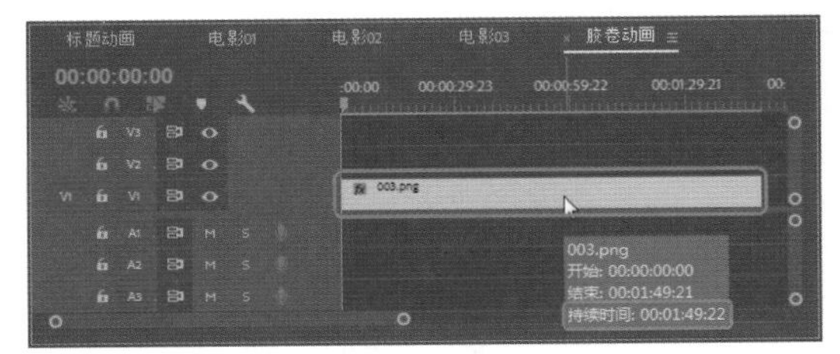
图16-39

Step 03 选择添加的素材文件，切换到【效果控件】面板中，将【位置】设置为97、313，【缩放】设置为39，如图16-40所示。

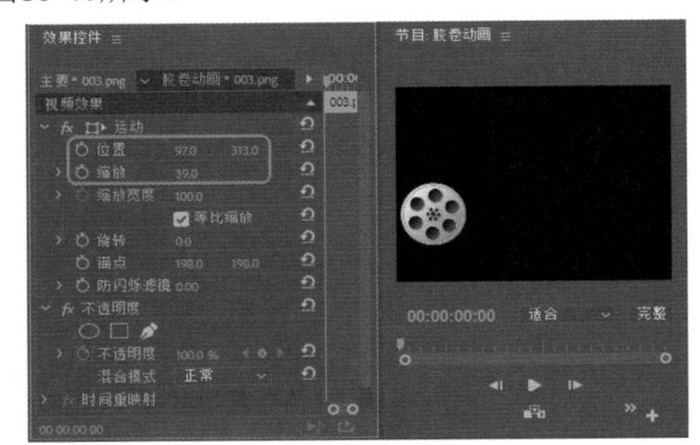
图16-40

Step 04 将当前时间设置为00:00:00:00，在【效果控件】面板中单击【旋转】左侧的【切换动画】按钮，添加关键帧，如图16-41所示。

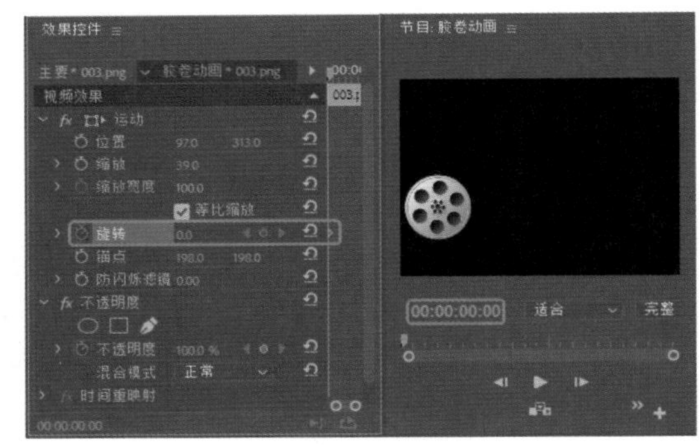
图16-41

Step 05 将当前时间设置为00:01:49:21，在【效果控件】面板中将【旋转】设置为10×0°，如图16-42所示。

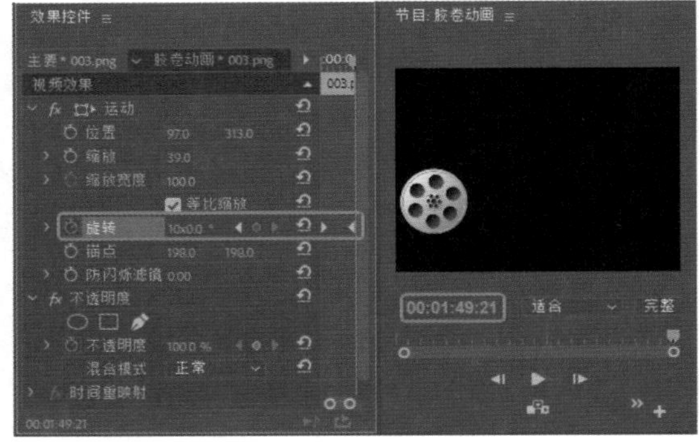
图16-42

Step 06 在【项目】面板选择文件夹中的004.png素材文件，将其拖至V2轨道中，使其开始和结束位置与V1轨道中的素材对象对齐，如图16-43所示。

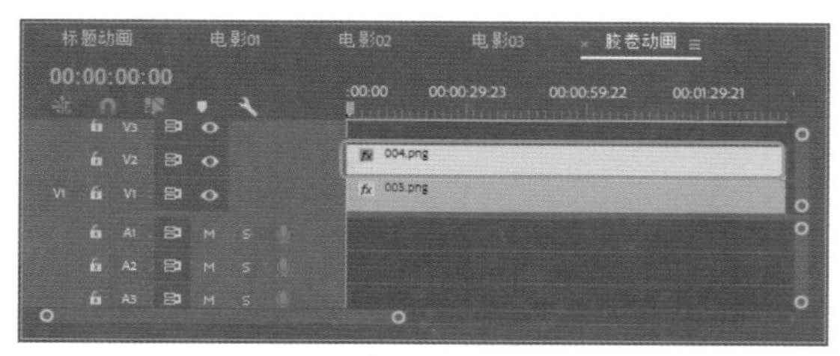

图16-43

Step 07 选择添加的素材文件，切换到【效果控件】面板，将当前时间设置为00:00:00:00，将【位置】设置为1204、360.2，单击【位置】左侧的【切换动画】按钮，将【缩放】设置为73，如图16-44所示。

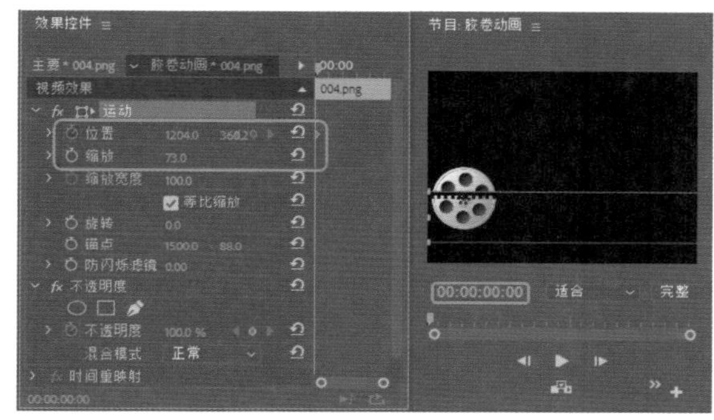

图16-44

Step 08 将当前时间设置为00:01:49:21，设置【位置】为-483、360，如图16-45所示。

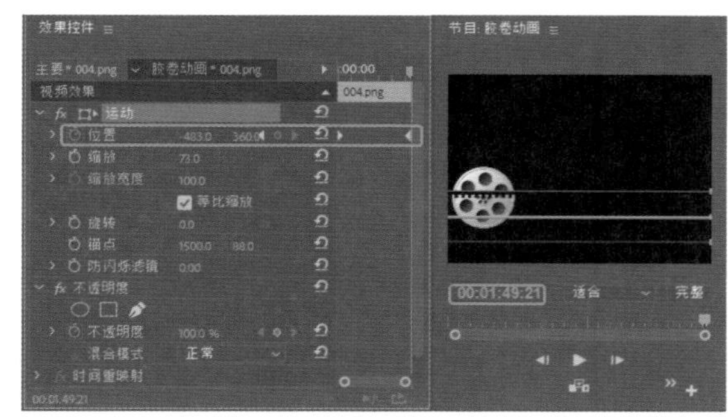

图16-45

Step 09 在【项目】面板中选择【电影02】序列，将其拖曳至V3轨道中，如图16-46所示。

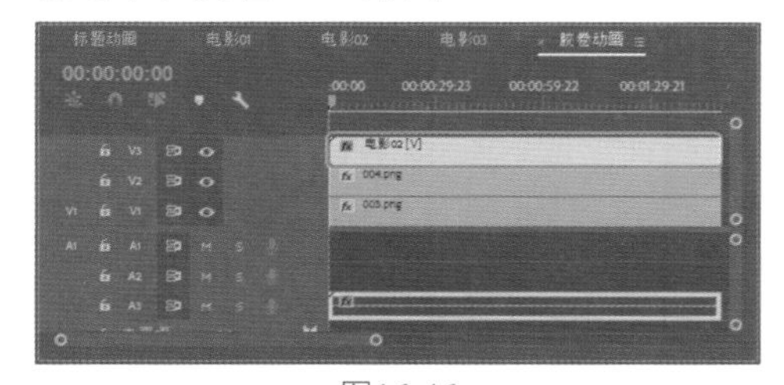

图16-46

Step 10 选择添加的序列文件，单击鼠标右键，在弹出的快捷菜单中选择【取消链接】命令，如图16-47所示。

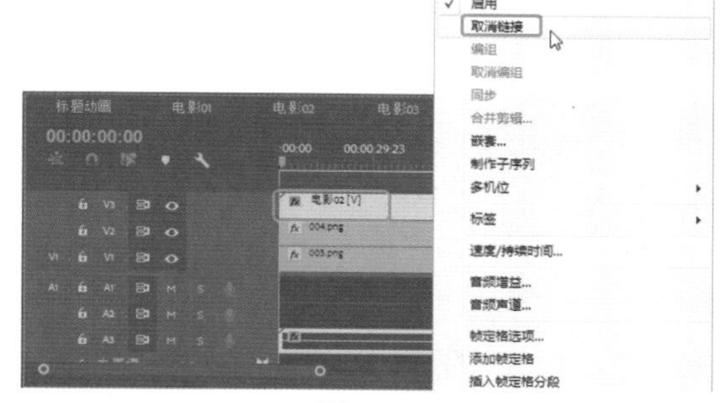

图16-47

提示

有时用户在将某一序列添加到另一序列文件中时，会发现添加的序列带有音频，这是系统在创建序列时添加的默认音频。如果感觉浪费音频轨道，可以利用【取消链接】命令将音频删除。

Step 11 将【电影02】的音频删除，然后选择V3轨道中的【电影02】序列，切换到【效果控件】面板中，将【位置】设置为71.2、360.9，将【缩放】设置为20，如图16-48所示。

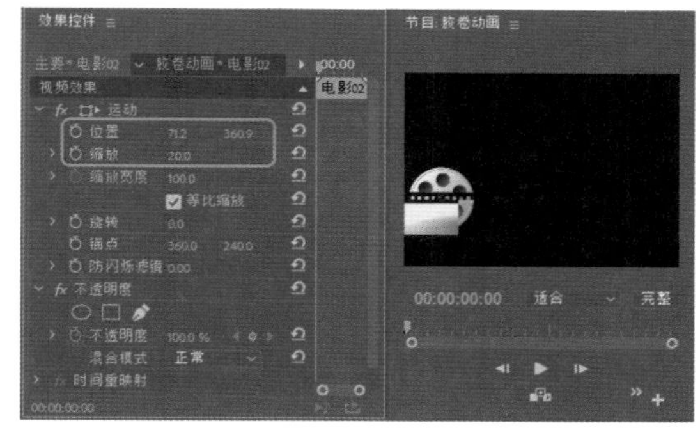

图16-48

Step 12 在【序列】面板轨道名称位置处，单击鼠标右键，在弹出的快捷菜单中选择【添加轨道】命令，弹出【添加轨道】对话框，添加4视频轨道，然后单击【确定】按钮，如图16-49所示。

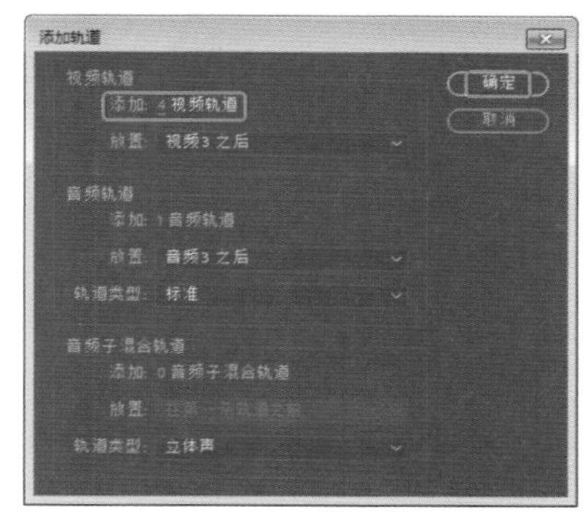

图16-49

Step 13 在【序列】面板中选择V4轨道，取消其他轨道的选择，然后选择V3轨道中的【电影02】序列，按Ctrl+C组合键进行复制。确认当前时间为00:00:00:00，按Ctrl+V组合键进行粘贴，如图16-50所示。

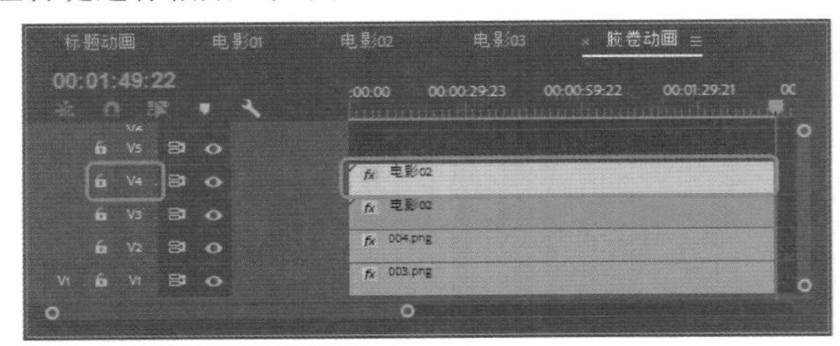

图16-50

Step 14 选择上一步复制的对象，切换到【效果控件】面板中，将【位置】设置为357.2、360.9，如图16-51所示。

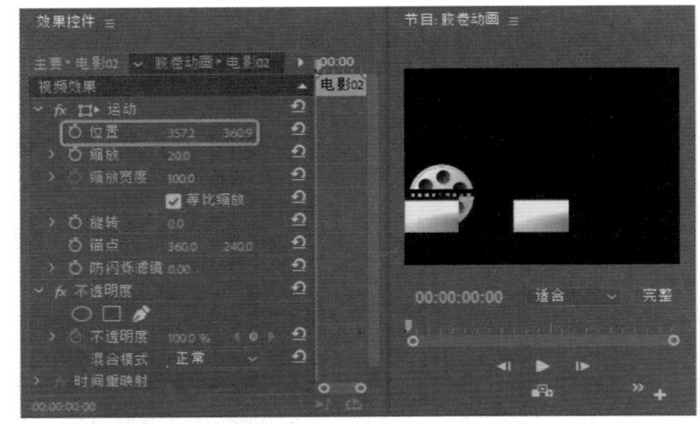

图16-51

Step 15 在【序列】面板中选择V5轨道，取消其他轨道的选择，然后选择V3轨道中的【电影02】序列，按Ctrl+C组合键进行复制。确认当前时间为00:00:00:00，按Ctrl+V组合键进行粘贴，如图16-52所示。

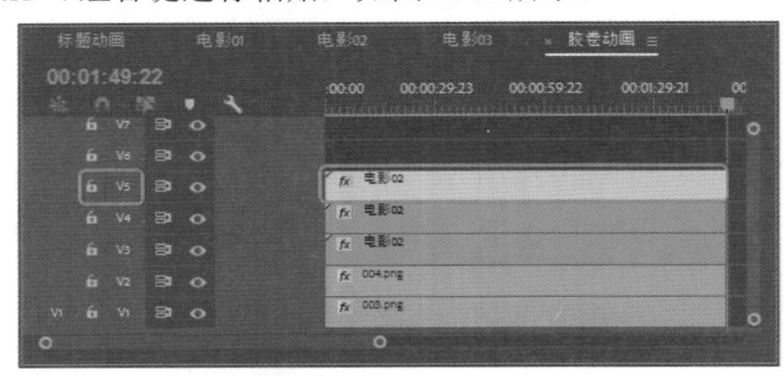

图16-52

Step 16 选择复制的【电影02】序列，切换到【效果控件】面板中，将【位置】设置为646.2、360.9，如图16-53所示。

Step 17 在【项目】面板中选择【电影03】序列，将其拖曳至V6轨道中，如图16-54所示。

Step 18 选择添加的序列文件，切换到【效果控件】面板中，将【位置】设置为213.6、360.9，将【缩放】设置为20，如图16-55所示。

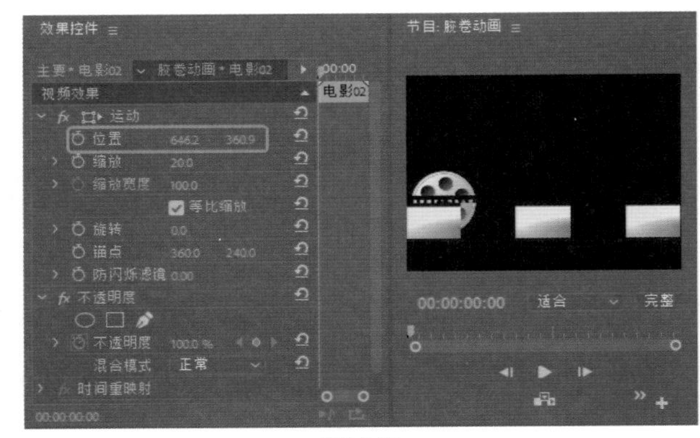

图16-53

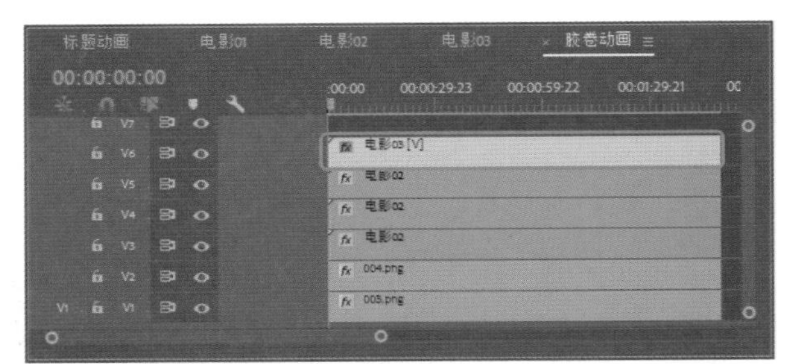

图16-54

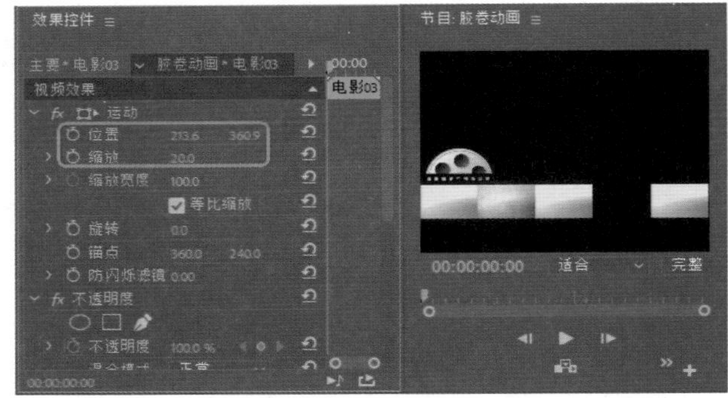

图16-55

Step 19 选择【电影03】序列，单击鼠标右键，在弹出的快捷菜单中选择【取消链接】命令，然后将【音频】轨道中的【电影03】删除，如图16-56所示。

图16-56

Step 20 在【序列】面板中选择V7轨道，取消其他轨道的选择，然后选择V6轨道中的【电影03】序列，按Ctrl+C组合键进行复制。确认当前时间为00:00:00:00，按Ctrl+V组合键进行粘贴，如图16-57所示。

图16-57

Step 21 选择上一步复制的对象，切换到【效果控件】面板中，将【位置】设置为500.6、360.9，如图16-58所示。

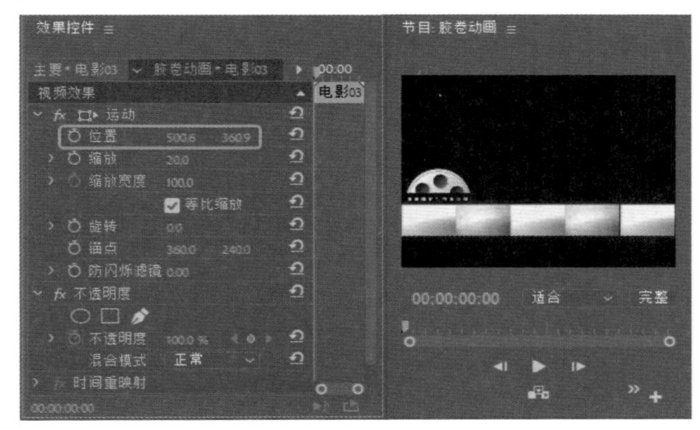

图16-58

实例 195 结束动画

素材：

场景：电影片头.prproj

本案例将介绍如何制作结束动画，结束字幕和标题字幕动画的制作相似。

Step 01 在【项目】面板中单击【新建素材箱】按钮，并将新建的文件夹名称修改为【结束动画】，使用前面讲过的方法，在文件夹内新建【结束动画】序列，如图16-59所示。

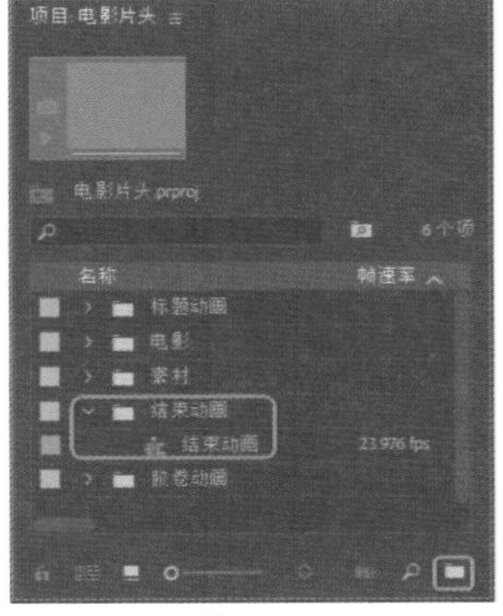

图16-59

Step 02 在【项目】面板中选择文件夹中的007.jpg素材，并将其添加到V1轨道中，设置其【持续时间】为00:00:07:05，如图16-60所示。

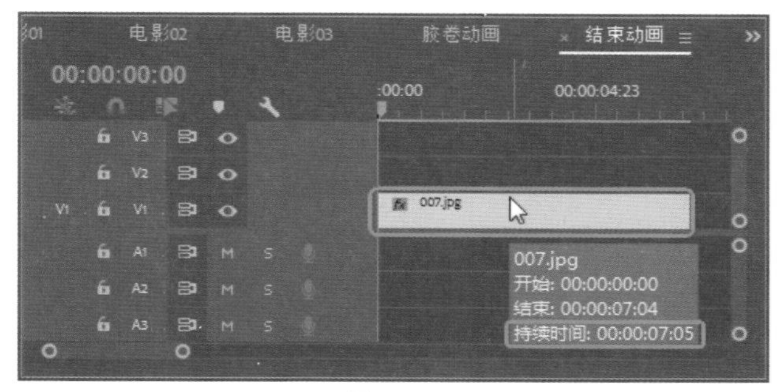

图16-60

Step 03 选择添加的素材文件，切换到【效果控件】面板中，将【位置】设置为360、192，将【缩放】设置为66，如图16-61所示。

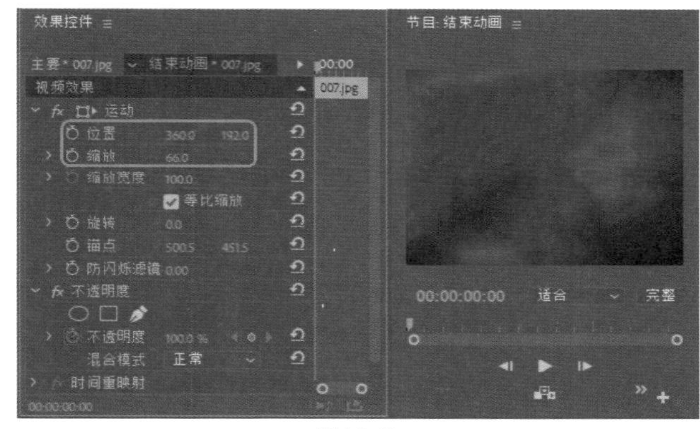

图16-61

Step 04 切换到【效果】面板中，搜索【镜头光晕】特效，并将其添加到V1轨道中的素材上。切换到【效果控件】面板中，将当前时间设置为00:00:00:00，将【镜头光晕】选项组中的【光晕中心】设置为70.9、361.2，将【光晕亮度】设置为0，单击【光晕中心】、【光晕亮度】左侧的【切换动画】按钮，如图16-62所示。

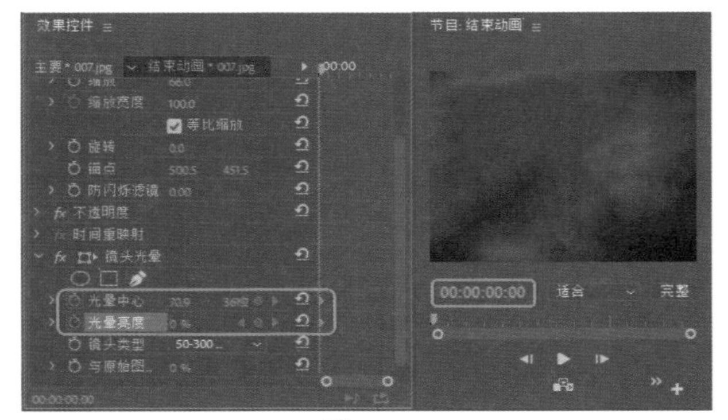

图16-62

Step 05 将当前时间设置为00:00:00:22，将【光晕亮度】设置为166，将当前时间设置为00:00:06:06，单击【光晕亮度】右侧的【添加/移除关键帧】按钮，如图16-63所示。

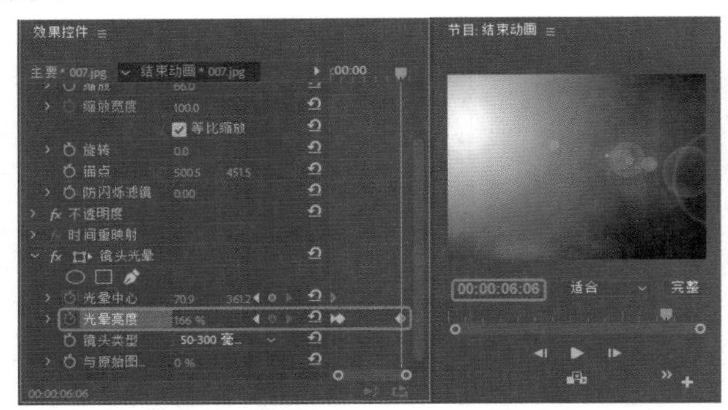

图16-63

Step 06 将当前时间设置为00:00:07:05，将【镜头光晕】选项组中的【光晕中心】设置为967.6、361.2，将【光晕亮度】设置为0，如图16-64所示。

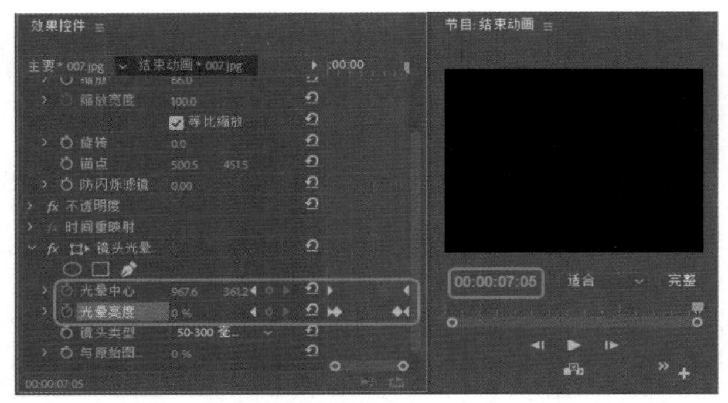

图16-64

Step 07 将当前时间设置为00:00:01:01，在【项目】面板中选择文件夹中的006.png素材文件并拖曳至V2轨道中，使其开始位置与时间线对齐，并设置其【持续时间】为00:00:00:23，如图16-65所示。

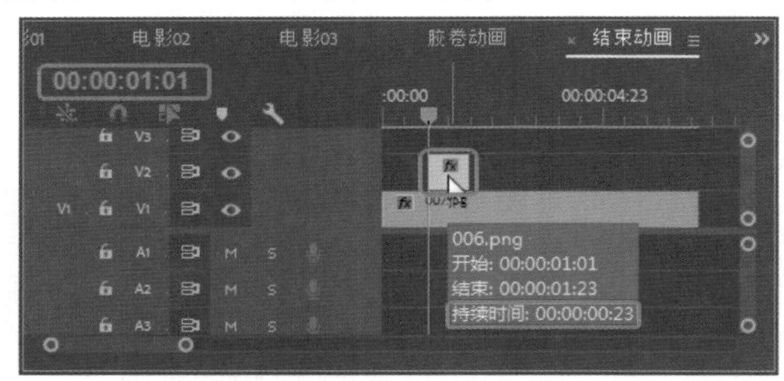

图16-65

Step 08 选择添加的素材文件，切换到【效果控件】面板中，设置【位置】为258.3、116.4，将【锚点】设置为9.5、27.5，如图16-66所示。

Step 09 将当前时间设置为00:00:01:01，切换到【效果控件】面板中，单击【旋转】左侧的【切换动画】按钮，并设置【旋转】为-18°，如图16-67所示。

Step 10 将当前时间设置为00:00:01:06，设置【旋转】为16°，如图16-68所示。

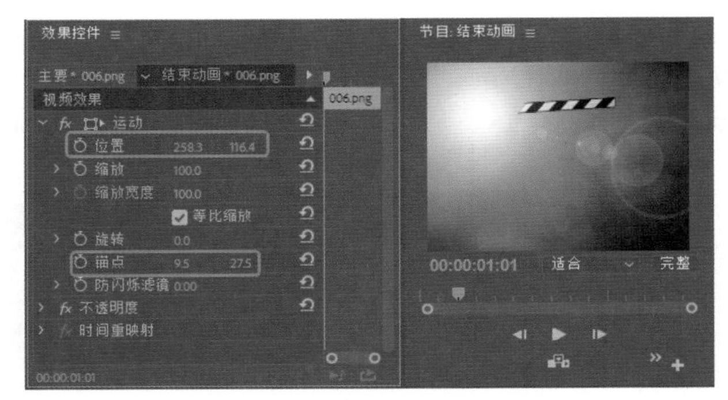

图16-66

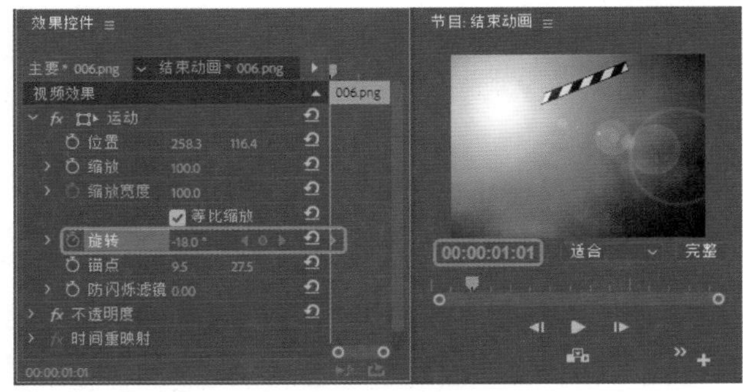

图16-67

图16-68

Step 11 在【项目】面板中选择005.png素材文件，并拖曳至V3轨道上，使其与V2轨道中的素材对齐，如图16-69所示。

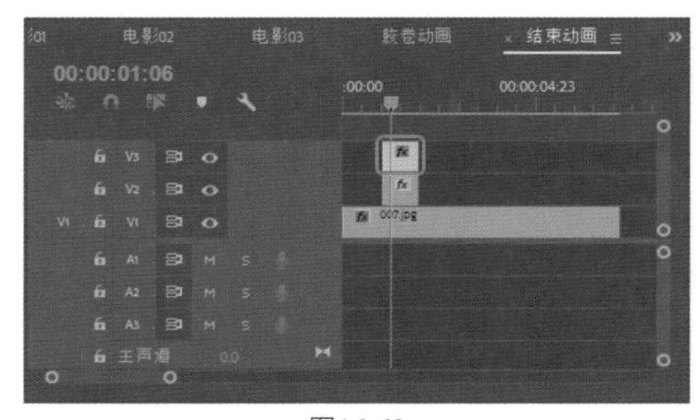

图16-69

Step 12 在【项目】面板中双击【标题字幕】字幕文件，在字幕编辑器中单击【基于当前字幕新建字幕】按钮，在弹出的【新建字幕】对话框中将【名称】设置为【结束标题】，进入字幕编辑器中，将文本更改为【谢谢欣赏】，在【属性】选项组中将【字体大小】设置为100，【字偶间距】设置为32，将【X位置】、【Y位置】设置为328.2、241，如图16-70所示。

图16-70

Step 13 在菜单栏中选择【文件】|【新建】|【旧版标题】命令，弹出【新建字幕】对话框，将【名称】修改为【圆】，其他保持默认值，如图16-71所示。

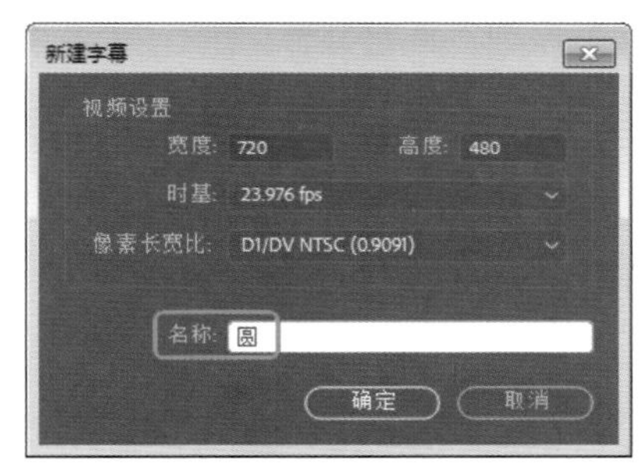

图16-71

Step 14 使用【椭圆工具】绘制椭圆，选择绘制的椭圆，将其【填充】选项组中的【颜色】设置为白色，在【变换】选项组中将【宽度】和【高度】都设置为471.5，然后单击【垂直居中】和【水平居中】按钮，如图16-72所示。

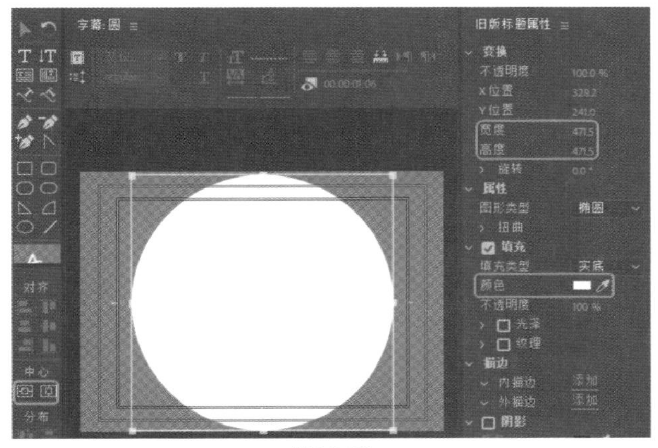

图16-72

Step 15 关闭字幕编辑器，切换至【标题动画】序列面板中，选择V2轨道中的【标题字幕】，在【效果控件】面板中选中【镜头光晕】特效，右击鼠标，在弹出的快捷菜单中选择【复制】命令，如图16-73所示。

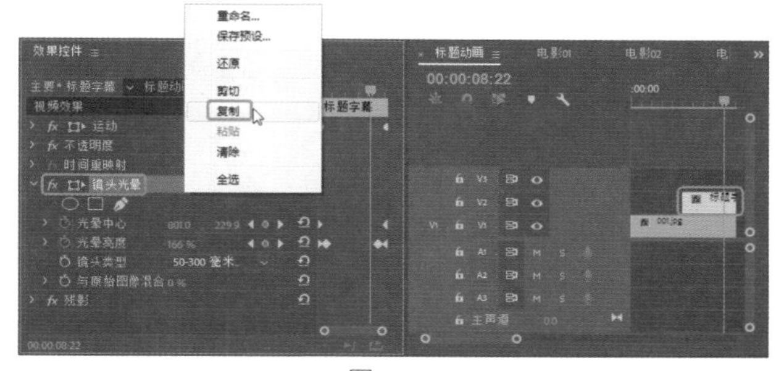

图16-73

Step 16 切换至【结束序列】序列面板中，将【结束标题】字幕添加到V2轨道，使其与006.png素材文件结束位置相连，结束位置与V1轨道中的007.jpg的结束位置对齐。在【效果控件】面板空白位置处右击鼠标，在弹出的快捷菜单中选择【粘贴】命令，将特效粘贴至【结束标题】字幕上，如图16-74所示。

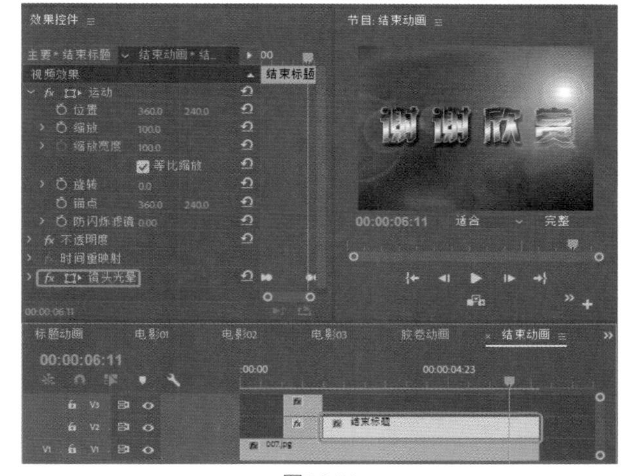

图16-74

Step 17 将当前时间设置为00:00:01:06，将【圆】字幕添加到V3轨道上方，系统自动新建V4轨道，将开始处与时间线对齐，将其结束处与V3轨道中005.png素材文件的结束位置对齐，如图16-75所示。

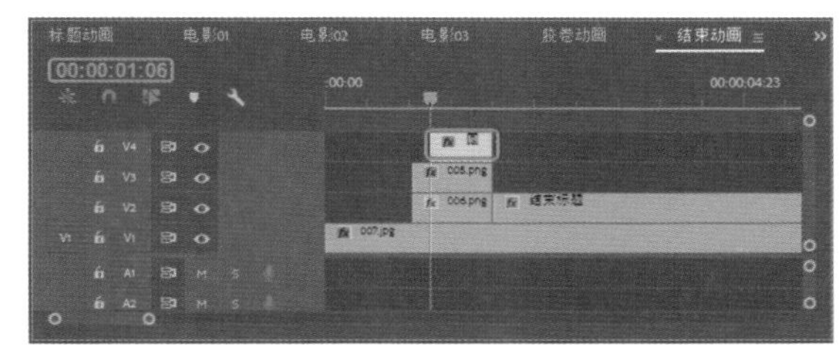

图16-75

Step 18 将当前时间设置为00:00:01:06，选择添加的【圆】字幕，切换到【效果控件】面板中，单击【缩放】左侧的【切换动画】按钮，添加关键帧，并将【缩放】设置为0，如图16-76所示。

图16-76

Step 19 将当前时间设置为00:00:01:08，将【缩放】设置为600，如图16-77所示。

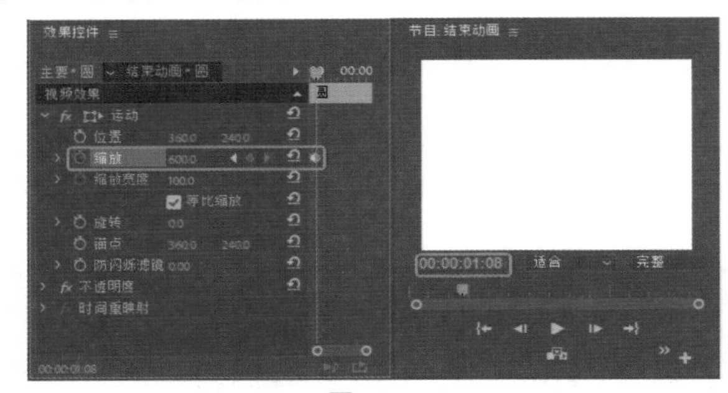

图16-77

Step 20 将当前时间设置为00:00:01:16，继续选择【圆】字幕，切换到【效果控件】面板，在【不透明度】选项组中单击【添加/移除关键帧】按钮，如图16-78所示。

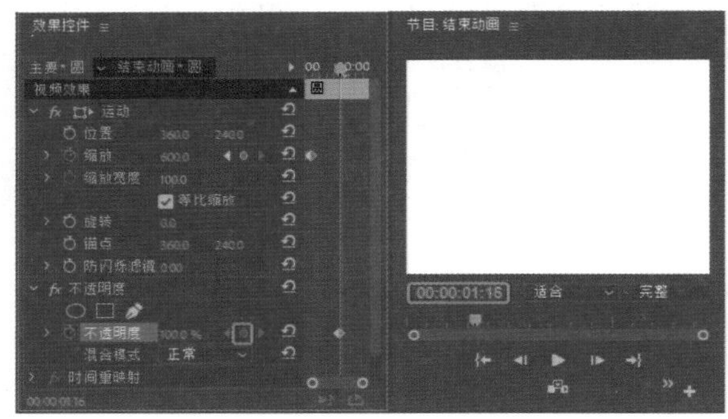

图16-78

Step 21 将当前时间设置为00:00:02:00，在【效果控件】面板中将【不透明度】设置为0%，如图16-79所示。

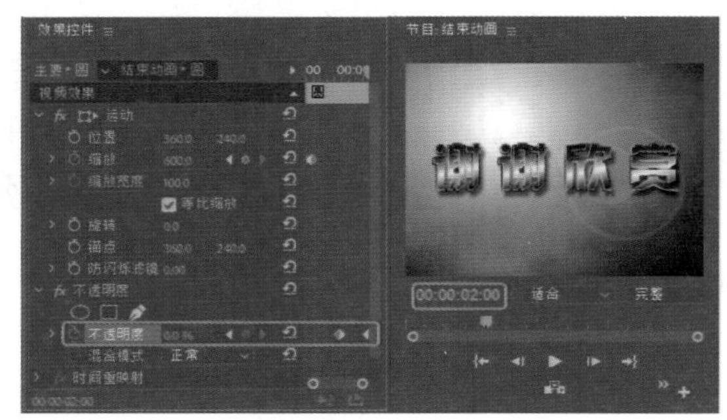

图16-79

实例196 最终动画

素材：

场景：电影片头.prproj

本案例将制作电影预告片的最终动画，就是将前面制作的各种序列进行组合，使其成为一个完整的影片，然后配合字幕，最终完成动画的设置。

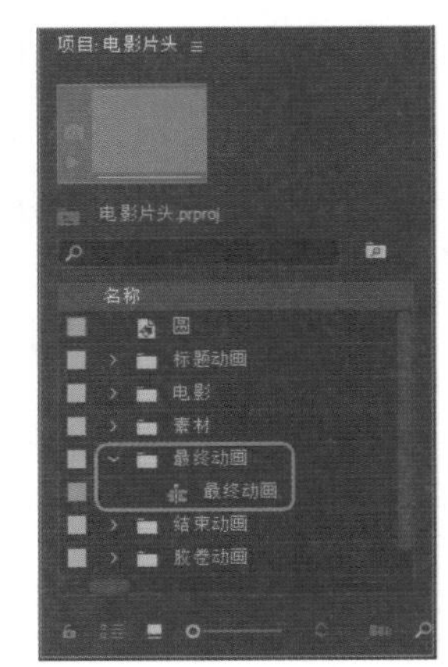

图16-80

Step 01 在【项目】面板中单击【新建素材箱】按钮，并将新建的文件夹名称修改为【最终动画】，使用前面讲过的方法，在其内新建【最终动画】序列，如图16-80所示。

Step 02 在【项目】面板中选择【标题动画】序列，并将其添加到V1轨道中，使其开始处为00:00:00:00，如图16-81所示。

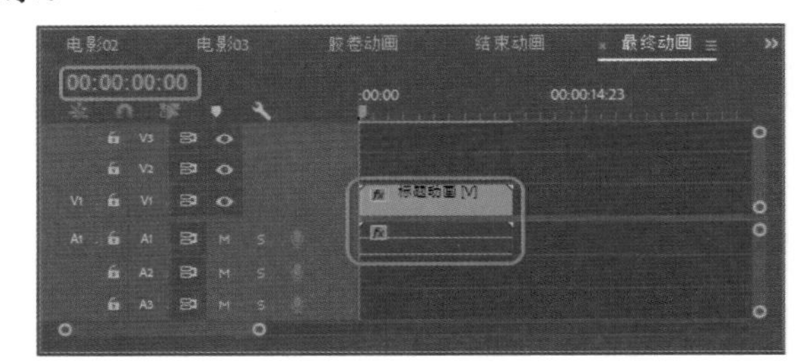

图16-81

Step 03 选择上一步添加的序列，单击鼠标右键，在弹出的快捷菜单中选择【取消链接】命令，如图16-82所示。

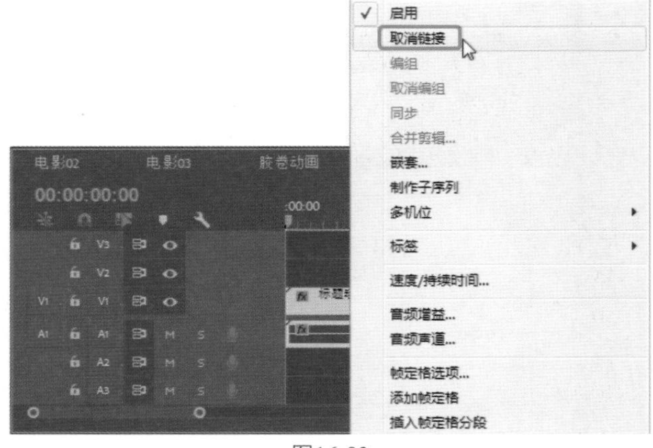

图16-82

Step 04 在音频轨道中将【标题动画】的音频删除，如图16-83所示。

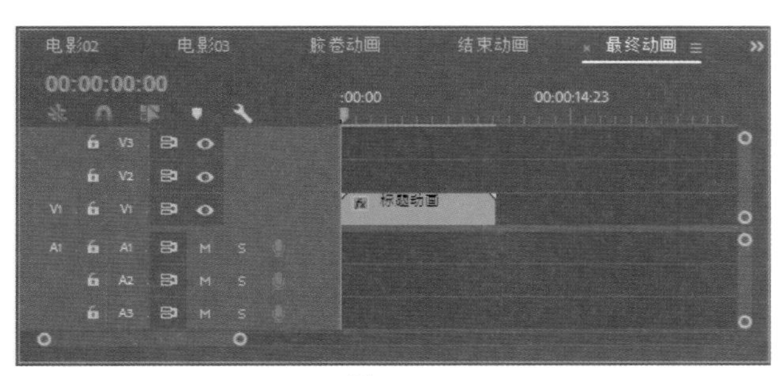

图16-83

Step 05 在【项目】面板中选择【电影01】序列，添加到V1轨道上，使其开始处与【标题动画】的结束处对齐，使用前面讲过的方法将【电影01】的音频删除，如图16-84所示。

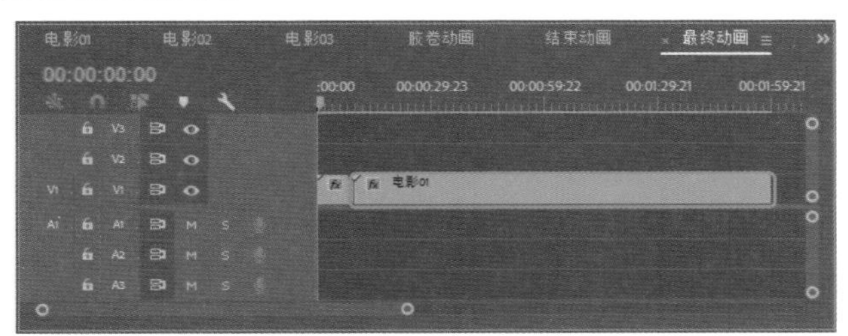

图16-84

Step 06 使用同样的方法添加【结束动画】序列，并将其音频删除，如图16-85所示。

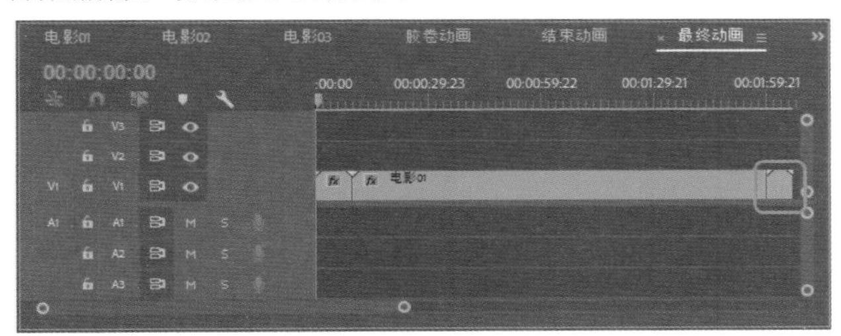

图16-85

Step 07 继续添加【胶卷动画】序列，并将其与V1轨道中的【电影01】序列对齐，并使用前面讲过的方法将其音频删除，如图16-86所示。

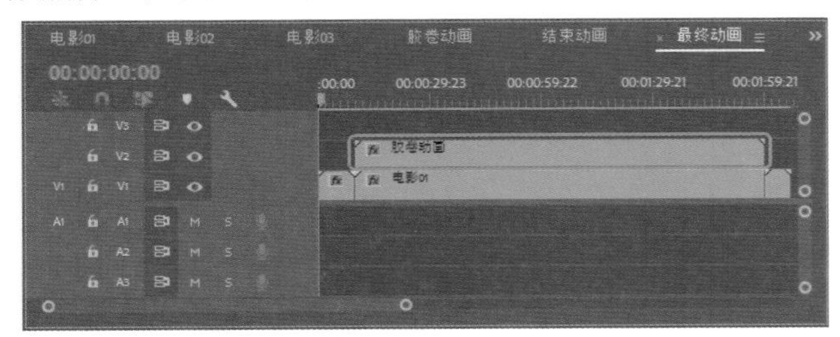

图16-86

Step 08 在【项目】面板中选择【最终动画】文件夹，在菜单栏中选择【文件】|【新建】|【旧版标题】命令，弹出【新建字幕】对话框，将【名称】设置为【电影字幕01】，其他保持默认值，单击【确定】按钮，如图16-87所示。

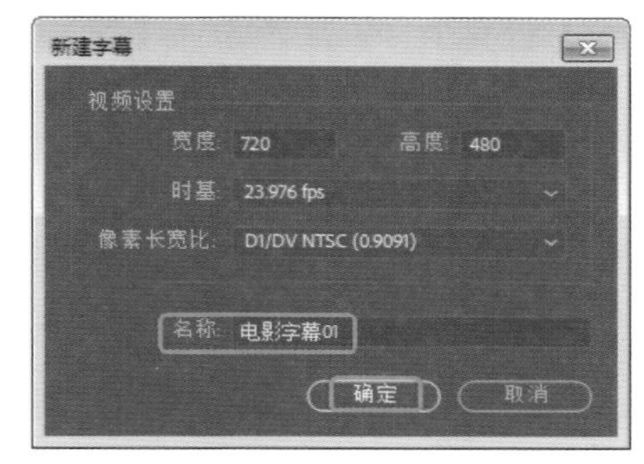

图16-87

Step 09 进入字幕编辑器，使用【矩形工具】绘制矩形，在【填充】选项组中勾选【纹理】复选框，然后单击【纹理】后面的图框按钮，弹出【选择纹理图像】对话框，选择02.png素材文件，然后单击【打开】按钮，如图16-88所示。

图16-88

Step 10 确认对象处于选择状态，切换到【变换】选项组中，将【宽度】和【高度】分别设置为291、177，将【X位置】设置为506，将【Y位置】设置为375.8，如图16-89所示。

图16-89

Step 11 使用【文字工具】输入【绝对精彩】，将【字体系列】设置为【微软雅黑】，【字体大小】设置为40，将【字偶间距】设置为10，取消勾选【填充】选项组中的【纹理】复选框，在【变换】选项组中将【旋转】设置为7°，将【X位置】设置为498，将【Y位置】设置为400，如图16-90所示。

图16-90

Step 12 在字幕编辑器中单击【基于当前字幕新建字幕】按钮，弹出【新建字幕】对话框，将【名称】设置为【电影字幕02】，如图16-91所示。

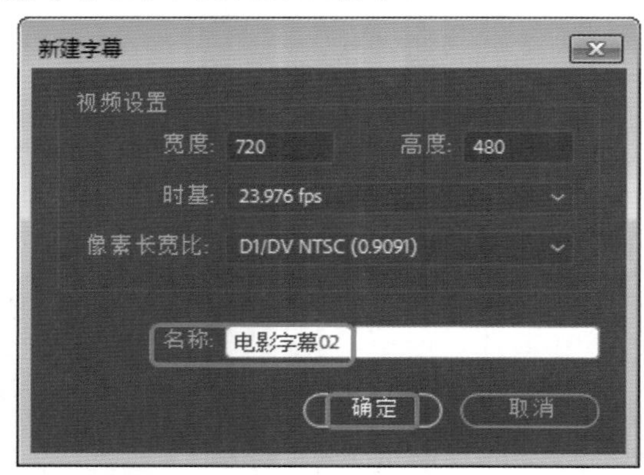

图16-91

Step 13 进入字幕编辑器，将文字更改为【影视剪辑】，将【字偶间距】设置为10，并在【填充】选项组中将【颜色】设置为红色，如图16-92所示。

Step 14 关闭字幕编辑器，将当前时间设置为00:00:23:11，将【电影字幕01】拖至V3轨道中，使其开始处与时间线对齐，将【持续时间】设置为00:00:05:05，如图16-93所示。

Step 15 在【效果】面板中搜索【交叉溶解】过渡效果，并拖曳至【电影字幕01】的开始处与结束处，将【持续时间】设置为00:00:01:06，如图16-94所示。

图16-92

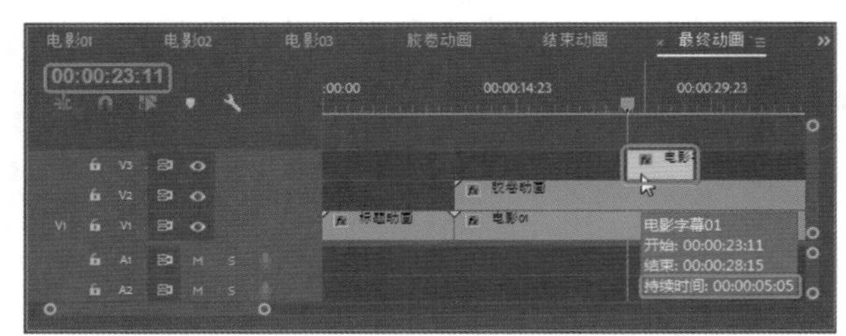

图16-93

图16-94

Step 16 将当前时间设置为00:00:36:09，在【项目】面板中将【电影字幕02】拖曳至V3轨道上，将开始处与时间线对齐，将【持续时间】设置为00:00:05:05。在【效果】面板中搜索【交叉溶解】过渡效果，并拖曳至【电影字幕02】的开始处与结束处，将【持续时间】设置为00:00:01:06，如图16-95所示。

Step 17 将当前时间设置为00:01:19:21，选择V3轨道中的两个字幕，按Ctrl+C组合键进行复制。然后选择V3轨道，取消其他轨道的选择，按Ctrl+V组合键进行粘贴，如图16-96所示。

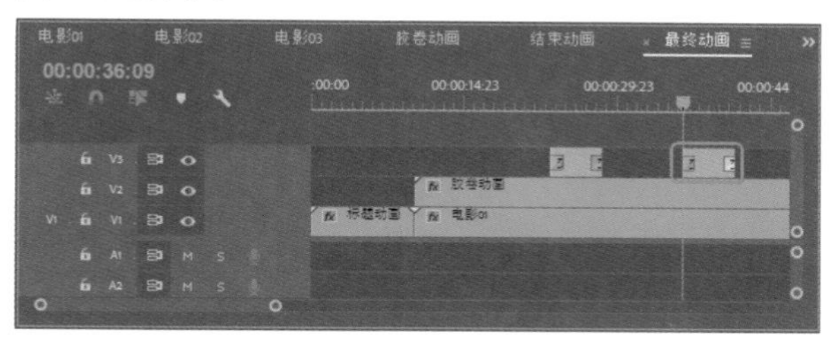

图16-95

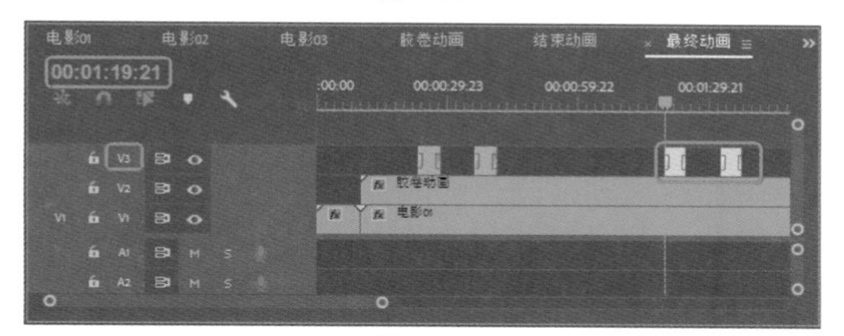

图16-96

实例197 添加音频

素材：
场景：电影片头.prproj

动画制作完成后，需要为动画添加音频文件，下面将介绍如何为电影片头添加背景音乐。

Step 01 将当前时间设置为00:00:00:00，在【项目】面板中将1032.wav拖曳至A1轨道上，将开始处与时间线对齐，将【持续时间】设置为00:00:10:05，如图16-97所示。

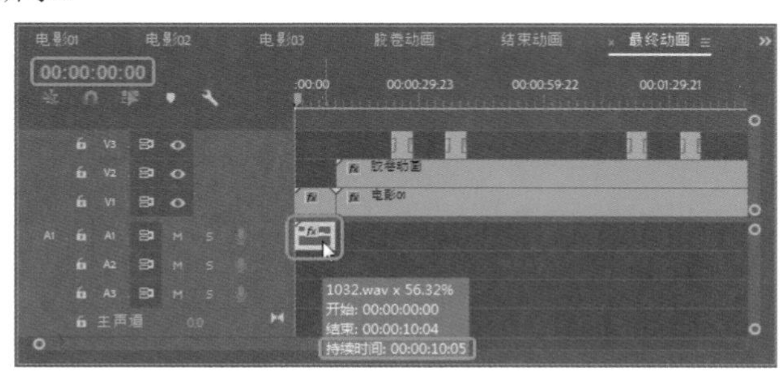

图16-97

Step 02 将当前时间设置为00:00:10:05，在【项目】面板中将【配音.mp3】素材文件拖曳至A1轨道上，将开始处与时间线对齐，将【持续时间】设置为00:01:49:22，如图16-98所示。

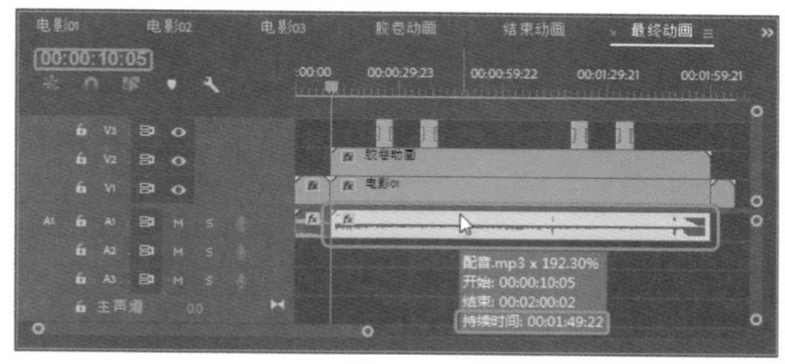

图16-98

Step 03 将当前时间设置为00:02:00:03，在【项目】面板中将1032.wav拖曳至A1轨道上，将开始处与时间线对齐，将【持续时间】设置为00:00:07:05，如图16-99所示。

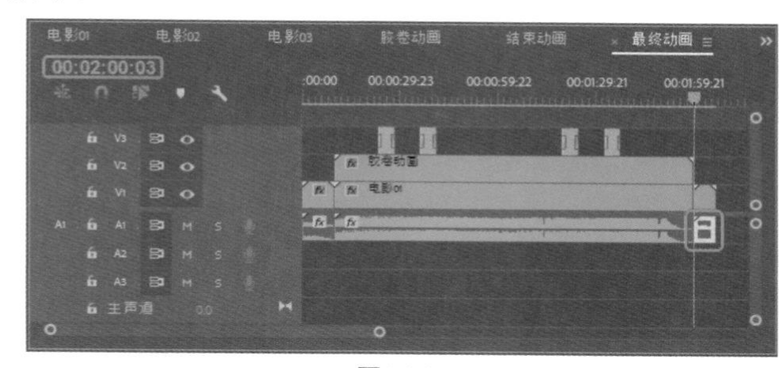

图16-99

Step 04 将当前时间设置为00:00:04:08，在【项目】面板中将08.mp3拖曳至A2轨道上，将开始处与时间线对齐。将当前时间设置为00:02:01:04，在【项目】面板中将08.mp3拖曳至A2轨道上，将开始处与时间线对齐，如图16-100所示。

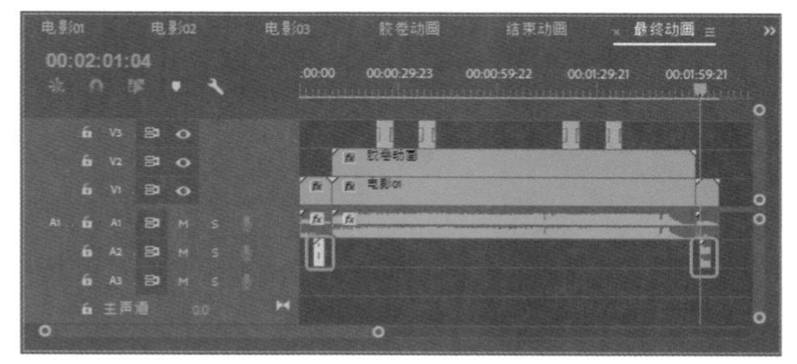

图16-100